“十四五”国家重点出版物
出版规划项目

中国肥料研究与应用全书
Books of Fertilizer Research and Application in China

磷肥制造与加工

钟本和 主编

Phosphate Fertilizers Manufacturing and Processing

化学工业出版社
·北京·

内容简介

全书在概述磷肥制造与加工领域的最新成果的基础上，系统介绍了从磷矿选矿、湿法磷酸、磷（复）肥及磷酸盐生产，到作物对磷肥的利用以及磷循环等环节的发展概况、生产原理、工艺装备、产品应用、前景与展望，对包括生产过程中产生的磷尾矿、磷石膏、氟、镍磷铁渣等废渣，废气的综合利用都进行了总结与论述。本书具有工农结合的鲜明特色，前瞻性、专业性和实践性较强。

本书对从事农业、磷肥制造与加工行业的生产企业、工程公司、高等院校、科研院所的专业技术人员具有较高的学术价值和工程应用参考价值，也可作为高等院校化工、农业相关学科本科生和研究生的教学参考用书。

图书在版编目（CIP）数据

磷肥制造与加工 / 钟本和主编. -- 北京 : 化学工业出版社，2025. 3. --（中国肥料研究与应用全书）.

ISBN 978-7-122-47124-6

Ⅰ. TQ442

中国国家版本馆CIP数据核字第2025TY9669号

责任编辑：刘　军　陈思逸　冉海滢　孙高洁
文字编辑：杨凤轩　师明远
责任校对：李露洁
装帧设计：王晓宇

出版发行：化学工业出版社
（北京市东城区青年湖南街 13 号　邮政编码 100011）
印　　装：北京建宏印刷有限公司
787mm×1092mm　1/16　印张 39¾　字数 930 千字
2025 年 11 月北京第 1 版第 1 次印刷

购书咨询：010-64518888　　售后服务：010-64518899
网　　址：http://www.cip.com.cn
凡购买本书，如有缺损质量问题，本社销售中心负责调换。

定　　价：328.00元

《中国肥料研究与应用全书》编辑委员会

本书编写人员名单

主　　　　编：钟本和

副　主　编：郭国清　王　臣　陈明良

主要编写人员：（按姓名汉语拼音排序）

陈明良　程清蓉　崔荣政　丁俊祥　冯　固　冯尚善
高　鹏　高永峰　龚海青　谷守玉　郭国清　何宾宾
何凤斌　侯翠红　化全县　黄成东　黄晶晶　焦小强
金　央　李　博　李欠欠　李荣杰　李　雪　李燕风
李炎龙　刘佳盛　刘　丽　刘鹏飞　刘　咏　马高飞
梅　毅　潘志权　彭　懿　齐帅亮　商照聪　申　博
孙国超　孙菊萍　汤建伟　王保明　王　臣　王辛龙
王　昕　王艳语　吴　熠　解岳南　徐晓军　许德华
续　珍　薛河南　严　山　严正娟　杨晶旭　杨　楠
於　娟　袁　宸　袁圣娟　赵　旺　郑秀兴　钟本和
钟艳君

各章负责人：第1章　王　臣
第2章　潘志权
第3章　郭国清
第4章　王辛龙
第5章　陈明良
第6章　孙国超
第7章　汤建伟
第8章　梅　毅
第9章　侯翠红
第10章　冯　固
第11章　李　博

序言

肥料是粮食的“粮食”，是保障国家粮食安全、人类营养健康和生态环境安全的重要的战略物资。肥料产业是关乎“粮食 - 资源 - 能源 - 环境”乃至经济社会绿色可持续发展的巨大产业。

进入新时代，绿色低碳发展成为高质量发展的主旋律。国家在“十二五”至“十四五”期间不断出台政策来优化肥料产业结构，其中 2015 年工业和信息化部下发了《推进化肥行业转型发展的指导意见》，农业部出台《到 2020 年化肥使用量零增长行动方案》，从肥料生产端和消费端同时推动肥料产业升级以及产品结构调整，加之不断优化的肥料施用技术以及不断改进的农化服务技术体系实现了我国化肥消费总量在 2015 年达到峰值后连续 10 年持续下降。

当前，我国提出了 2030 年实现“碳达峰”、2060 年实现“碳中和”的战略目标，在环境保护的高压态势下，新的肥料产品标准不断出台，肥料行业准入条件和环保标准不断提升，肥料产品质量逐渐提高，推动着肥料产业结构向着绿色低碳转型。因此，系统梳理中国肥料工业进步、分析肥料产业结构演变、了解行业技术现状等情况，对推动行业转型升级、提升国际竞争力、保障国家粮食安全、促进农业绿色发展以及提供国家政策制定依据都具有重要意义。基于此，受化学工业出版社的委托，我们组织了国内肥料领域的一线专家学者，编写了这套《中国肥料研究与应用全书》(以下简称《全书》)。

《全书》由十一个分卷组成，在强调历史性、阶段性、创新性的前提下，全面系统介绍了近年来我国肥料研究与应用领域，包括肥料创制、肥料产业、各大类肥料生产与加工、有机肥料制造、肥料生态环境效应、肥料精准科学施用技术等领域所取得的成果，充分反映了当前国内外肥料创新、生产与精准科学施用技术的最新进展。《全书》还通过成功案例分享和经验总结，结合国际前沿研究，细致分析了国家“十四五”

“十五五”肥料领域的研究现状、趋势和对策，针对农业可持续发展和行业绿色低碳转型的需要，对中国肥料发展方向和产品创新做了深入思考，提出了建议。

《全书》以独特的论述体系、编排方法和新颖丰富的内容，进一步开阔相关专业师生和肥料产业领域研发、管理人员的视野，提高科研工作者的系统思维和创新能力，创新绿色、清洁、可持续发展的肥料生产工艺，有助于高效率地发挥现有肥料品种的特长，提高现有肥料的应用效率，对我国新肥料的创制与科学施用具有重要的参考价值。

《全书》已顺利入选“十四五”国家重点出版物出版规划项目，这是对本书系的最大肯定与鼓励。

《全书》的编写得到了全国农业技术推广服务中心、中国氮肥工业协会、中国磷复肥工业协会、中国无机盐工业协会、中国化肥信息中心、中国农业科学院农业资源与农业区划研究所、中国科学院南京土壤研究所、北京市农林科学院、中国农业大学、南京农业大学、四川大学、西南大学、华东理工大学等单位的鼎力支持，这里表示衷心的感谢。

张福锁
2025 年 1 月

前言

磷肥作为作物生长发育不可或缺的化学肥料，是保障国家粮食安全的战略性生产资料。经过70余年的发展，我国磷肥工业突破了装置规模小、产品有效养分低、品种单一等瓶颈，实现了我国由进口大国到制造大国再到出口大国的历史性飞跃。近年来，我国磷肥工业尤其注意以科技创新为引领，不断提升自主创新和产业化水平。如今，无论是磷肥生产技术、装备制造，还是产品创新和施用技术都达到了国际先进水平。与此同时，磷肥产品结构也发生了显著变化，由单纯的低浓度产品，逐渐演变为以高浓度为主，兼顾高低浓度和通用与个性化搭配的格局，呈现出复合化、多样化的特点。这一系列的转变，为我国农业生产筑牢根基，为国家粮食安全提供了坚实保障。磷肥工业已然成为推动国民经济健康发展的重要基础。

我国磷肥工业目前正处于实现可持续发展的关键时期。“双碳”目标下磷肥行业面临着新挑战和新机遇；与此同时，农业生产方式正从传统粗放型向集约高效、绿色生态、科技驱动且注重可持续发展与个性化需求的方向加速转变，这对磷肥工业的发展提出了新要求，这就迫切需要加快磷肥行业绿色低碳循环发展的步伐。回顾我国磷肥工业发展历程，系统总结和吸取经验教训，并使其适应新时代的发展需求，对促进行业未来发展具有十分重要的意义。此外，经过几代磷肥行业科研工作者和工程技术人员的接力探索和艰苦奋斗，我国在磷肥制造与加工领域取得了丰硕成果，充分展示这些成果，不仅能够为磷肥行业的后继者提供启发与借鉴，更能激励他们继往开来，开拓创新。为此，我们在《中国肥料研究与应用全书》编委会的统筹指导下，组织全国磷肥制造与加工领域的专家和农业专家及工程技术人员共同编写了本书。

本书综合不同学科领域，深入分析作物生长发育对磷肥品种、磷肥理化性质、磷肥与土壤－作物体系匹配性的需求，创新性地打通了磷肥上下游产业链，搭建起了磷肥生产与作物生产两大产业的协作桥梁，对磷矿选矿、湿法磷酸及磷肥生产、作物对磷肥的利用以及磷循环等环节的发展概况、生产原理、工艺装备、产品应用、前景与展望等进行了全面总结与论述。本书立足国内外磷肥制造与加工产业发展现状与新趋势，结合现代农业发展需求，既注重论述基础原理，又注重介绍生产工艺技术与装备的应用实践；首次从磷素全生命周期角度着眼，分析了各环节影响磷素利用率的主要因素，提出了通过工艺技术及装备创新提升磷素利用效率的措施路径，量化了磷资源在整个磷供应链的流动及节能、减排潜力，并从产品终端提出了磷肥加工工艺中有益营养元素及其生物有效性的损失阻控机制；科学阐述了助剂在促进磷资源全链条高效利用、推动磷肥行业可持续发展、促进农业发展绿色转型中的作用。

本书共分为十一章。第 1 章概述了国内外磷肥产业发展概况并对发展趋势进行了展望；第 2 章介绍了我国磷矿资源状况，重点论述了适合我国磷矿资源现状的选矿工艺及典型设备，还介绍了磷尾矿综合利用现状；第 3 章论述了湿法磷酸生产原理、工艺和设备，介绍了磷酸浓缩及净化的工艺和设备，展望了磷酸浓缩、净化的发展趋势及用途，阐述了副产物磷石膏和氟的综合利用途径；第 4 章介绍了我国磷酸铵工业发展概况，重点论述了传统法肥料级磷酸一铵、料浆法磷酸一铵、肥料级磷酸二铵、水溶性磷酸一铵、液体磷酸铵和聚磷酸铵等产品的生产技术、用途和发展前景；第 5 章论述了硝酸磷肥的产品概况，重点介绍冷冻法和硝酸 - 硫酸（盐）混酸法硝酸磷肥生产工艺与典型设备及前景展望；第 6 章介绍了普通过磷酸钙、重过磷酸钙和富过磷酸钙的产品概况、生产原理、生产工艺及设备，论述了它们的技术发展趋势和发展前景；第 7 章论述了钙镁磷肥技术与产业的国内外发展历程，重点对钙镁磷肥的生产原理、生产工艺、典型设备和产品用途以及产业发展前景进行了介绍，简述了钙镁磷肥清洁生产过程中氟的处理及回收和镍磷铁渣的资源回收，对脱氟磷肥、钢渣磷肥等其他热法磷肥也进行简要介绍；第 8 章介绍了磷酸二氢钾、硫磷酸铵、磷酸铵镁、磷酸脲、磷矿粉、磷酸基复合肥和肥料级磷酸氢钙等其他磷酸盐肥料的产品概况、生产技术、用途和发展前景；第 9 章对磷肥制造过程中所使用的各类助剂（磷矿选矿助剂、结晶改性剂、造粒黏结剂等生产性助剂和磷素增效助剂、元素协同增效等功能性助剂）进行了分类介绍，论述了各类助剂的作用原理、种类及特性、应用及评价方法，展望了助剂与磷肥的协同发展趋势；第 10 章从作物生产需求出发，论述了磷肥在土壤 - 作物系统和磷肥加工过程中的养分损失与阻控机制，从磷肥 - 土壤性质 - 作物体系匹配的原理出发，阐述了从农作物生产需求角度推进磷肥和磷矿资源高效利用的途径，以及新型磷肥开发的新思路，介绍了土壤 - 作物系统中几种磷肥移动性和有效性损失检测的新方法；第 11 章着眼于磷素的全循环利用，实现产业绿色可持续发展，介绍了国内外磷循环的研究进展，概述了国外磷回收与再利用的政策，分析了我国磷排放和回收利用现状，提出了我国磷资源可持续利用的发展路径。

本书由钟本和担任主编，郭国清、王臣、陈明良担任副主编。参加编写人员有：第 1 章由中国磷复肥工业协会王臣、郑秀兴、冯尚善、崔荣政、黄晶晶编写；第 2 章由武汉工程大学潘志权、程清蓉，中国五环工程有限公司严山、李荣杰编写；第 3 章由中国五环工程有限公司郭国清、王昕、杨楠、马高飞、吴熠、於娟、解岳南，四川大学王辛龙、金央编写；第 4 章由四川大学王辛龙、许德华、钟本和、严正娟、钟艳君、李雪、杨晶旭编写；第 5 章由上海化工研究院有限公司陈明良、袁宸、商照聪编写；第 6 章由中石化南京工程有限公司孙国超、孙菊萍、李燕风、袁圣娟编写；第 7 章由郑州大学汤建伟、刘鹏飞编写；第 8 章由昆明理工大学梅毅、何宾宾，云天化股份有限公司薛河南，郑州大学汤建伟、刘咏、申博、刘鹏飞、丁俊祥、王保明、化全县、刘丽、何凤斌编写；第 9 章由郑州大学侯翠红、王艳语、化全县、谷守玉、齐帅亮、刘佳盛编写；第 10 章由中国农业大学冯固、彭懿、续珍、李炎龙、龚海青、黄成东、焦小强，江苏科技大学李欠欠编写；第 11 章由中国磷复肥工业协会李博、高永峰、徐晓军、高鹏、赵旺编写。审稿专家有：修学峰（第 1 章、第 9 章、第 11 章），孙国超（第 3 章、第 7 章），周首开、高永峰（第 1 章），杨培发（第 1 章、第 2 章、第 4 章、第 5 章、第 6 章），应建康（第 2 章、第 3 章、第 4 章、第 5 章、第 6 章、第 7 章、第 9 章），侯翠红（第 5 章、第 8 章），罗洪波（第 2 章、第 3 章、第 4 章、第 6 章、第 8 章、第 10 章），李军、徐金桥、李志刚（第3章），梅毅（第3章、第7章），王辛龙、张志业（第5章），汤建伟、陈志华（第6章），赵军（第7章、第8章、第9章、第10章、第11章），王仁宗（第9章），张卫峰、徐明岗、杨学云（第10章），冯固（第11章）。全书由钟本和、王臣、陈明良总审，由郭国清统稿。

本书在编写过程中得到了磷肥制造与加工行业相关单位的大力支持与帮助，在此向他们致以衷心的感谢！由于编者水平有限，书中难免有疏漏之处，敬请广大读者批评指正。

编者

2024年5月

目 录

中国肥料研究与应用全书

Books of Fertilizer Research and Application in China

FERTILIZER

第 1 章

磷肥产业发展概况

1.1 国外磷肥发展概况
1.2 国内磷肥发展概况
1.3 磷肥发展趋势展望

磷元素构成生命物质成分，是所有细胞中的核糖核酸（RNA）和脱氧核糖核酸（DNA）的组成成分，参与蛋白质和碳水化合物的合成，协助生命体所需能量的产生、转化与储藏，具有不可替代性，所以没有磷就没有生命。磷是生物体内的重要元素，是植物生长所必需的三大营养元素之一。磷肥是世界上最早实现商品化的用于农业生产的化学肥料。

世界磷肥发展始于19世纪中期，最早的磷肥品种主要是普钙，其次是炼钢炉的钢渣[1]。20世纪50年代初开始，英国、美国、法国、德国、意大利、日本等发达国家的磷肥工业快速发展，70年代初进入发展的成熟期。80年代末至90年代初，发达国家在环境保护、资源供应、土壤质量要求、现代农业发展需求、生态保护等各种因素影响下，其磷肥行业开始逐渐进入衰退期。

我国磷肥发展始于20世纪中期，60年代中期至80年代是过磷酸钙和钙镁磷肥等低浓度磷肥的快速发展阶段，90年代其发展进入成熟期。80年代中期至21世纪初期的前10年是磷酸铵等高浓度磷肥的快速发展阶段，2010年左右其发展进入成熟期。2015～2016年我国磷肥产能和产量达到峰值，然后逐年小幅下降趋稳，进入以质量提升、低碳绿色、满足现代农业发展需求为主要特征的内涵式发展阶段。

磷肥的发展为世界农业的发展做出了巨大贡献，磷肥的施用使全球自然陆地生态系统地上植物增产34.9%，农田地上植物增产13.9%[2]。随着人口的增加，粮食生产对磷肥的需求持续增长，带动了磷肥工业的发展。回顾主要磷肥产品的发展历程，国外主要集中在19世纪中期至20世纪中后期，国内则主要集中在20世纪中期至21世纪初期的几十年。

自2005年以来，我国磷肥的产能和产量规模均居世界首位，部分生产工艺和技术装备的品种、质量等已达到国际先进水平。我国磷肥产业为中国和世界的粮食生产和经济发展做出了重要贡献，是保障我国粮食安全、促进“三农”发展的重要基础性支柱产业，是世界粮食安全保障的重要组成部分。

1.1 国外磷肥发展概况

1.1.1 早期发展历程

1818年天然磷矿石在法国被发现，人们开始研究和利用磷矿粉作为肥料；1840年德国确定了氮、钙、镁、磷、钾等元素对农作物生长的意义，同年用硫酸处理骨粉制作肥料获得了良好的肥效[3, 4]。

1842年，英国John Lawes用磷矿石加硫酸制得过磷酸钙并取得专利，因其肥效超过骨粉（磷酸钙）而得名过磷酸钙；1862年，英国生产的过磷酸钙实物量已达20万吨，美国、俄国等也开始陆续生产过磷酸钙[2]。

1872年，德国H. & E. Albert公司建成了一座小型重过磷酸钙厂，首次实现重过磷酸钙的商业化生产；1896 年，美国开始生产重过磷酸钙[5]。用磷酸分解磷矿石制得的磷肥中有效 P_2O_5 含量相当于用硫酸分解磷矿石制得的过磷酸钙的 3 倍左右，故称重过磷酸钙。

19 世纪 80 年代俄国进行了磷矿粉的科学试验，其磷矿较多，磷矿粉消费量当时一直居世界前列；美国则将磷矿粉的施用作为一种农田基本建设措施，对缺磷土壤进行集中施用。

19 世纪初德国开始研制磷肥，19 世纪中期欧美发达国家的过磷酸钙、重过磷酸钙实现了商业化生产。

1.1.2 近代发展概况

1900 年，欧洲已建有 12 家重过磷酸钙生产工厂；1907 年，美国实现了重过磷酸钙商业化生产；1908 年，俄国学者普扬尼什柯夫和布利茨盖提出了采用硝酸分解磷矿石生产硝酸磷肥的工艺；1917 年，美国首次生产出磷酸一铵；1920 年，美国氰胺公司采用热法磷酸为原料建成年产 2.5 万吨的磷酸一铵工厂；1928 年挪威 Odda 公司成功开发出了冷冻法硝酸磷肥生产工艺[2, 5]。

20 世纪 30 年代，随着施肥机具的发展，开始生产了粒状过磷酸钙和氨化过磷酸钙，有效改善了过磷酸钙的物理性能，使其便于运输和机施，并降低了磷养分在土壤中的固定影响；1936 年挪威 Norsk Hydro 公司采用 Odda 公司的技术率先实现硝酸磷肥的商业化生产；1939 年德国 Arthur 等最早获得实验室制备熔融钙镁磷肥的专利。

1943 年美国田纳西河流域管理局（TVA）完成了钙镁磷肥的中试研究；1946 年美国加利福尼亚州的 Permanente 冶金公司的 2 台电炉转产熔融钙镁磷肥；1947 年日本成立“烧成磷肥研究会”研究钙镁磷肥的生产工艺；1948 年日本化学工业、日之出化学工业、电气化学工业 3 家公司联合试产熔融钙镁磷肥，产品在田间获得良好的应用效果，同期美国锰制品公司建成日产 50 吨钙镁磷肥的三相电炉。

1950 年日本日之出化学工业公司开发了钙镁磷肥的平炉法生产工艺；美国化学与工业公司开发了“成粒干燥器”（spherodizer）技术，法国钾盐工程公司（PEC）把该技术用于浓度低的碳化法硝酸磷肥生产中，在该公司的硝酸磷肥和硝磷铵系复合肥料技术中大力推广“成粒干燥器”造粒技术，在中国称喷浆造粒技术，苏联的料浆浓缩法磷酸铵、罗马尼亚的磷酸铵生产也采用这种方法将磷酸铵料浆造粒干燥；1955 年美国在密苏里建设了第一个采用湿法磷酸为原料生产磷酸铵的装置；50 年代中期，在农业增产的要求下，世界范围内磷肥朝着高浓度方向发展，低浓度的过磷酸钙产量在磷肥总产量中所占的比重开始呈下降趋势[2, 6-7]。

20 世纪 60 年代，美国 TVA 开发了预中和转鼓氨化粒化磷酸铵生产工艺，使磷酸铵在生产技术上和经济上取得了突破，在此后的 20 多年中世界上众多的磷酸铵生产装置均采用该工艺；日本向韩国、中国、巴西、越南等国出口熔融钙镁磷肥产品并输出电炉法、平炉法生产技术；随着过磷酸钙的广泛使用和湿法磷酸工业的发展，重过磷酸钙得到很大的发展，但以硫酸为主要原料的高浓度磷肥工业的发展受到了硫资源短缺的冲击，因而在合成氨装置大型化推动下的硝酸磷肥得到了迅速发展；水溶性聚磷酸铵也开始应用于农业生产[7-9]。20 世纪 70 年代，重过磷酸钙在发展中国家获得较快的发展；美国国家肥料开发中心研究成功的管道反应器中用氨中和磷酸、硫酸的技术首先应用于硫磷铵系复合肥的生产；美国、法国、西班牙等国开发出管式反应器代替槽式中和器，进一步简化了设备，节省了投资，降低了能耗[6, 10-11]。

20世纪80年代，随着苏联硝酸磷肥产量的大幅度提高，世界硝酸磷肥的发展进入鼎盛时期，1975年世界硝酸磷肥产量为314.13万吨P_2O_5，1989年世界硝酸磷肥产量达到历史最高水平，为437.61万吨P_2O_5，占世界磷肥总产量的15%以上；重过磷酸钙的年产量基本保持在500万吨P_2O_5左右；过磷酸钙所占的比重虽然总体上仍呈下降趋势，但其绝对产量下降并不多，直至2007年过磷酸钙仍是仅次于磷酸铵的第二大磷肥品种；管式反应器生产磷酸铵的技术得到快速发展，在国际上获得较好产业化应用的技术包括法国AZF“双管”反应器、西班牙ESPINDSEA“单管”反应器、美国Jacobs和西班牙INCRO公司的“混合”反应器（预中和＋管式反应器），以及挪威Norsk Hydro公司的DAP及NPK复合肥料工艺等[2, 12-15]。

20世纪90年代，重过磷酸钙产量虽然逐年下降，但重过磷酸钙仍是仅次于磷酸铵和过磷酸钙的世界第三大磷肥品种；用湿法磷酸生产的磷酸铵产品快速增长，1997年世界60%的湿法磷酸用于生产磷酸铵，其中磷酸一铵占30%，磷酸二铵占70%；苏联的解体导致了硝酸磷肥产量大幅下降[10, 13, 16]。

进入21世纪，磷酸铵管式反应器、磷肥生产装置设备大型化等技术和装备不断成熟，2010年之前沙特、摩洛哥、澳大利亚、印度等国家和地区建设了数套大规模DAP装置，其生产能力都在3000t/d以上，美国DAP单套装置产能最高达到了3712t/d。在DAP装置的技术改进方面，通过工艺优化和局部改造，大幅度提高了装置的产能，例如北非地区一家工厂，通过技术改进实现了将原设计的30万吨/年提高到了65万吨/年[15]。

20世纪初期欧美等发达国家开始研制硝酸磷肥、磷酸铵和钙镁磷肥等并实现了工业化和商品化生产，同时重钙、硝酸磷肥、磷酸铵等高浓度磷肥快速发展。20世纪中期，欧美等发达国家的磷肥发展到了成熟期，末期开始衰退。进入21世纪，磷肥开始在有磷矿资源优势和用肥市场优势的国家和地区朝着规模化和高效化的方向发展。

1.2 国内磷肥发展概况

新中国成立之际，我国农业生产水平低下、生产效率不高、农业基础薄弱、粮食产量很低，农业生产用肥主要是农家肥，大陆地区化肥只有硫酸铵一个品种，年产量仅0.6万吨。

新中国成立初期，因资源、技术、资金等条件缺乏，不具备大规模发展化肥包括磷肥工业的条件，国家决定在“一五”期间发展以磷矿粉为主的磷肥工业以满足农业生产的需求。从1951年起，中国科学院土壤研究所进行磷矿粉的肥效试验，50年代中期开始发展过磷酸钙和钙镁磷肥工业[17-18]。

1958～1960年国家开展了第一次土壤普查，并科学细致地分析了土壤养分状况，农业技术推广工作者利用土壤普查的基础信息，开始建立了适合当时社会条件和生产条件的施肥技术体系。1979 ～ 1985 年国家开展了第二次土壤普查，农业技术推广工作者利用土壤普查的基础信息，基于“土壤中缺什么就补什么，缺多少就补多少”的原则，先后推广了平衡施肥和测土施肥技术，为国家磷肥产业的发展提供了广阔的空间。

据联合国粮农组织统计，1950 ～ 1970 年，世界粮食增产近一倍，其中因扩大播种面积增产的粮食占 22%，提高单位面积产量增产的粮食占 78%。在提高的单位面积产量中，施用化肥的作用占 40% ～ 60%。1978 ～ 2005 年间，我国化肥的年施用量从不足 1000 万吨增长到 4500 万吨（纯养分）以上，对农业发展做出了巨大的贡献。

1998 年，全国磷肥产量为 648 万吨（以 P_2O_5 计），同期进口 294 万吨，出口磷肥 7 万吨，一年之内投入耕地的磷肥有 934 万吨。2000 年，我国耕地面积为 1.1292 亿公顷，平均每公顷施用磷肥 72.3kg, 与第二次土壤普查结果相比，土壤供磷状况已有所改善，土壤速效磷含量也有不同程度提高。尽管当时个别地区出现了多年施用磷肥较多、土壤中积累了较多的磷、施用磷肥效果不显著的情况，但农业耕地土壤中的速效磷含量总体上仍然偏低，根据全国各省提供的 1365 个农业耕地土壤的速效磷含量数据，低于 10mg/kg 的占 47.62%，高于 25mg/kg 的仅占 9.67%[19]。

我国农业生产的巨大市场需求，促进了磷肥产业的快速发展，但自 20 世纪 70 年代后期开始大规模施用磷肥以来，也逐渐出现了比较普遍的过量施用现象，导致磷肥利用率下降。据 2005 ～ 2014 年全国测土配方数据，全国县级农田土壤有效磷含量平均值已达 20mg/kg，其中＜10mg/kg（缺乏值）的占 8%，10 ～ 15mg/kg（临界值）的占 26%，15 ～ 25mg/kg（适宜值）的占 45%，＞25mg/kg（过量值）的占 21%。磷肥当季利用率低，粮食作物的约 20%，蔬菜果树的不足 10%。第三次全国土壤普查已于 2022 年开始，普查成果将为我国农业发展和对肥料包括磷肥的需求提供数据支持。

我国粮食产量至 2022 年已连续 8 年保持在 6500 亿公斤以上，安全保障能力进一步增强，农业已进入绿色转型的发展阶段，由高投入、高资源环境代价的农业发展转变为优质、高效、低碳、绿色、环保的可持续发展。在当前及今后农业生产肥料使用的一个较长阶段，一方面必须保持一定数量的优质化学肥料供应，并通过发展科学施肥和栽培技术，保障国家粮食安全；另一方面支持鼓励多用有机肥，减少化肥用量，提高肥料利用率，改良土壤和提高农产品质量等。

综合我国人口和粮食增长及经济发展对肥料的刚性需求，化肥产能、产量和消费情况，有机肥替代部分化肥、化肥使用零增长后的负增长，有机肥、绿肥、秸秆还田等技术的发展和使用量不断增加，科学施肥技术的提高，肥料利用率的提高，以及栽培等农业生产技术的发展，农业对磷肥等化学肥料的总需求量在一段时期内总体上将呈下降趋势，然后趋向于稳定。

1.2.1 低浓度磷肥

1942 年，在云南昆明诞生了我国第一个磷肥品种，即用昆阳磷矿石生产出了有效 P_2O_5 质量分数为 17% 的过磷酸钙产品，但由于农民施肥意识和产品销量等诸多原因，半年后停产。到新中国成立时，仅在我国台湾的基隆和高雄有 2 家过磷酸钙生产企业 [20]。

1.2.1.1 磷矿粉肥

1951 年开始，国家结合农业生产发展需要逐步开展了大量的磷矿粉肥的肥效试验。60 年代前期，摩洛哥磷矿粉肥因肥效显著得以在我国全国范围内推广应用，70 年代前期在 24 个省、直辖市、自治区开展了大量的磷矿粉肥的肥效试验，对磷矿粉肥的施用技术进行了较为透彻的研究。1976 年我国磷矿粉肥产量达到 140 万吨（实物量），但因磷矿粉肥在施用上存在活性较低、用量较大、肥效较差、运输不便等局限性，未能获得进一步推广，随着过磷酸钙和钙镁磷肥的快速发展，1979 年以后基本上不再生产使用磷矿粉肥 [21-22]。

1.2.1.2 过磷酸钙

1953 年国家决定以锦屏磷矿为原料试验研究过磷酸钙的生产，1955 年在上海建成了 1 万吨 / 年的中间试验厂，先后在哈尔滨、辽阳、济南和衡阳分别建设了 2 万～ 6 万吨 / 年的小型过磷酸钙厂，揭开了磷肥发展的序幕 [22]。

1958 年采用立式搅拌、回转化成工艺分别在太原和南京建成了 20 万吨 / 年和 40 万吨 / 年的大型粒状过磷酸钙装置，60 年代在湛江和株洲分别建成了 20 万吨 / 年的过磷酸钙装置，70 年代在大冶、铜陵分别建成了 20 万吨 / 年的过磷酸钙装置，80 年代末在甘肃金昌建成了 40 万吨 / 年的过磷酸钙装置 [22]。

1.2.1.3 钙镁磷肥

20 世纪 50 年代，我国台湾肥料公司研究试制了有效 P_2O_5 质量分数为 18% ～ 20% 的熔融钙镁磷肥。1956 年在四川乐山磷肥厂建成了第一套平炉法钙镁磷肥生产装置，距世界第一套钙镁磷肥装置投产即 1946 年美国用电炉生产熔融钙镁磷肥只有 10 年。1958 年，在北京化工实验厂建成 1 座直径 1.2m、高 2.8m 的水冷夹套炉体高炉钙镁磷肥装置。1958 ～ 1959 年，北京化工实验厂和浙江兰溪化肥厂先后采用冷风直筒型高炉生产出钙镁磷肥，但炉龄短、消耗高。

1963 ～ 1964 年，江西东乡磷肥厂先后将 $13m^3$ 和 $14m^3$ 两台高炉改造成热风腰鼓型，炉腹采用水夹套冷却，连续生产钙镁磷肥取得成功，产能分别达到 3 万吨 / 年和 6 万吨 / 年，开创了国内采用高炉生产钙镁磷肥的历史。高炉法钙镁磷肥生产工艺于 1964 年获国家科委发明二等奖之后，全国各地纷纷开始建设钙镁磷肥装置，主要利用大炼钢铁时期闲置的高炉改造生产钙镁磷肥，最大容积为 $82m^3$。高炉法钙镁磷肥生产技术为中国独创，在生产配料、工艺和能耗方面与电炉法和平炉法相比，具有相对较强的竞争优势。60 年代开始，我国对外出口砂状及粒状钙镁磷肥产品和钙镁磷肥生产技术。1966 年，我国钙镁磷肥的产量已超过日本，居世界首位。

1976 年，郑州工业大学提出玻璃结构因子配料方法，可以使用低品位磷矿，为钙镁磷肥直接利用低品位磷矿开创了一条新路。1980 年，广西鹿寨化肥厂优化了钙镁磷肥生产技术，采用精料、大风、高温的生产方法，进一步提高了产量、降低了能耗 [22-25]。

1.2.1.4 其他

磷矿粉肥、过磷酸钙和钙镁磷肥是我国磷肥产业发展起步阶段的主要磷肥品种，其他磷肥品种很少。其他低浓度磷肥品种主要有肥料级磷酸氢钙，是随着我国大规模、集约化的饲养业、养殖业和饲料加工业的发展而发展起来的。肥料级磷酸氢钙主要来自于饲料磷酸钙盐脱氟与脱杂生产工段的副产物（也称之为白肥），磷主要为枸溶磷。近期，有科研单位正在研究开发无酸活化磷矿生产适度水溶磷的活化磷肥。

1.2.2　高浓度磷肥

20 世纪 50 年代至 80 年代，我国科研院校及磷肥企业在磷酸铵等高浓度磷肥生产技术研发和工业化实践中取得多项重大科技成果，积累了经验，为我国磷酸铵等高浓度磷肥的发展奠定了坚实的技术基础。我国第二次土壤普查结果表明缺磷是提高我国农田土壤肥力的一个重要障碍因素，为了以尽可能小的代价尽快提高我国化肥中磷肥的比重，需要运用系统工程的方法来研究我国磷资源开发的有关问题，探寻根据我国的磷矿资源特点及磷肥需求特点开发我国磷矿及发展磷肥工业的道路。为此，国家计委与国家科委在“七五”攻关计划中安排了“全国磷资源开发系统研究”专题，共有 29 个单位近 500 人参加，历时 4 年，圆满地完成了研究任务，为我国科学合理开发磷矿资源、快速发展磷肥工业提供了合理的路径 [26]。

1.2.2.1　重过磷酸钙

1975 年，在广西柳城磷酸盐化工厂建成了热法重过磷酸钙生产装置，开启了我国重过磷酸钙生产的历史，填补了国内这一品种的空白。1982 年，我国第一套年产 10 万吨的湿法重过磷酸钙装置在云南建成，结束了我国重过磷酸钙依赖进口的历史 [27-28]。

1994 年，贵州熄峰 10 万吨 / 年重钙厂建成投产。1997 年，以引进技术的热法磷酸为原料在云南建成了 40 万吨 / 年重过磷酸钙装置，引进技术在湖北荆襄大峪口建成了 20 万吨 / 年湿法磷酸、56 万吨 / 年化成法造粒的重过磷酸钙装置。1999 年，引进技术在贵州瓮福建成了 30 万吨 / 年湿法磷酸、80 万吨 / 年（2×1335t/d）料浆法造粒的重过磷酸钙装置 [22, 29]。

20 世纪 90 年代，进口的磷酸二铵等高浓度磷肥在我国占据了较大的市场份额，国产的磷酸二铵等高浓度磷肥产品也已逐步打开了销路，单一养分的重过磷酸钙产品很难在市场推广，湖北、贵州两地建设的大型重过磷酸钙装置，进入 21 世纪后相继改产磷酸二铵等高浓度磷肥。我国重过磷酸钙产品在对东南亚国家出口上具备较强的优势，2017 年重过磷酸钙的消费量达 75.4 万吨 [2]。

1.2.2.2　磷酸铵

1966 年，南京化学工业公司磷肥厂建成我国第一套 3 万吨 / 年磷酸二铵工业装置。20 世纪 70 年代我国相继在安徽、江西、云南、广东等地建成了类似规模的工厂。80 年代初，我国科研院校组织开展了针对国内磷矿资源特点的高浓度磷肥生产技术研究，1983 年初国家科委下达了“六五”攻关项目，很快取得了一批重大成果，即上海化工研究院完成了“以浓缩磷酸制造磷酸一铵新工艺技术开发研究中间试验”，1984 年通过化工部鉴定，随后在上海市青浦磷肥厂、江苏徐州化肥总厂采用该技术分别建成了 1.5 万吨 / 年和 3 万吨 / 年磷酸一铵生产装置。1983 年，成都科技大学（现四川大学）与四川银山磷肥厂共同完成了“中和料浆浓缩法磷铵工艺”项目的实验室和中间试验规模的开发研究。浓缩磷酸法（也称传统法）与中和料浆浓缩法（也称料浆法）生产磷酸铵等高浓度磷肥的主要不同特点在于：前者对磷矿品位等质量要求较高，稀磷酸浓缩过程中耗能较高，但可将磷矿中所含的氟大部分蒸发出来进一步加工利用；后者存在对磷矿中所含氟难以提取利用，大部分仍留存在肥料中进入土壤等不足，但对磷矿品位等质量要求较低，在当时的技术经济条件下尤其适用于我国中低品位磷矿的开发利用，因而得到了广泛的推广应用 [2, 30-31]。

1988 年，成都科技大学、四川银山磷肥厂和南京化学工业公司设计院共同完成了“料浆浓缩 - 喷浆造粒干燥制粒状磷酸一铵”3 万吨 / 年工业性试验，南京化学工业公司设计院在此基础上完成了 3 万吨 / 年磷酸铵的通用设计并在全国广泛推广。1991 年，成都科技大学开发了喷浆造粒机内返料工艺，使生产磷酸铵时的返料比由传统的 3 ～ 4∶1 降低到 0.5∶1，节省了投资和成本，改善了车间操作环境。料浆法磷铵工艺是我国自主开发的生产工艺，创造性地解决了我国大量中低品位磷矿长期不能生产磷酸铵的难题，对我国磷肥工业的发展具有现实意义 [20, 32-33]，荣获 1988 年国家科学技术进步奖一等奖。

自 1980 年开始，国家和地方先后投入了约 500 亿元人民币，大力发展高浓度磷复肥和配套建设磷、硫、钾矿；在国内自主开发的利用中低品位磷矿的料浆法磷酸铵技术实现工业化和产业化的同时，从国外引进技术和装备建设 15 家大中型高浓度磷复肥厂，使我国高浓度磷复肥产能、产量、技术装备水平大幅提高，迅速缩小了与国外先进水平的差距。1987 年，我国第一套引进技术的 6 万吨 / 年磷酸、12 万吨 / 年磷酸二铵生产装置在铜陵建成投产。1989 年，南京、大连引进技术的 24 万吨 / 年磷酸二铵生产装置相继建成投产。1991 年，秦皇岛引进技术的 48 万吨 / 年磷酸二铵生产装置建成投产，贵溪引进的 12 万吨 / 年磷酸生产装置和第一套国产化 24 万吨 / 年磷酸二铵生产装置建成投产 [17]。在消化吸收再创新实现国产化技术的过程中，国产技术的磷酸铵生产装置快速发展。“七五”“八五”（1986 ～ 1995 年）期间，我国自主开发达到世界领先水平的料浆法磷酸铵等技术，在全国建设了 84 家工厂共 87 套装置，包括 3 万吨 / 年磷酸铵装置 79 套、6 万吨 / 年磷酸铵装置 5 套、4 万吨 / 年重钙装置 2 套、10 万吨 / 年重钙装置 1 套 [17]。

1.2.2.3 硝酸磷肥

上海化工研究院于 20 世纪 50 年代中期对碳化法、硝酸 - 硫酸法、硝酸 - 硫酸盐法、冷冻法、有机溶剂萃取法等多种硝酸磷肥生产方法开展了研究。1964 年与南京化学工业公司磷肥厂、南京化学工业公司设计院合作完成了 0.3 万吨 / 年碳化法硝酸磷肥中间试验，1977 年又与化工部化肥工业研究所合作完成了直接冷冻法硝酸磷肥中间试验。1978 年，南京化学工业公司完成了间接冷冻法硝酸磷肥中间试验。20 世纪 80 年代，山西天脊煤化工集团有限公司引进挪威 Norsk Hydro 公司的间接冷冻法工艺，建成以煤为原料的两条生产线共 90 万吨 / 年硝酸磷肥装置 [34-36]。

2011 ～ 2012 年，贵州金正大生态工程有限公司和贵州芭田生态工程有限公司分别启动大型硝基复合肥项目的建设，贵州金正大生态工程有限公司——金正大诺泰尔化学有限公司 60 万吨 / 年混酸法硝基复合肥项目于 2014 年 7 月在贵州瓮安建成投产，贵州芭田生态工程有限公司的 30 万吨 / 年冷冻法硝酸磷肥装置于 2015 年 5 月建成投产[37-38]。

1.2.2.4 其他

我国在发展磷酸铵等高浓度磷肥的同时，对养分浓度高、氮磷等养分协同、全水溶等使用性能好、养分缓慢释放、肥效和利用率高，以及高效利用资源的其他磷肥产品，如聚磷酸铵、磷酸二氢钾、硫磷酸铵、磷酸铵镁、磷酸脲等也开展了广泛的研究和产品开发，实现了工业化和产业化，部分产品已达到了一定的产能规模，有的产品正在快速发展。另外，部分科研单位和企业正在创新发展添加某些特定的高效营养物质、非营养的功能性物质等的新型磷肥产品。

1.2.3 技术装备

技术装备水平是衡量磷肥工业发展水平的重要标志。在我国磷肥生产工艺不断创新发展的过程中，技术装备水平不断提高、关键设备技术的创新突破，以及引进技术的消化吸收再创新，是磷肥生产装置规模大型化、技术装备现代化并走向国际化的前提条件，也是我国磷肥工业实现低碳绿色高质量发展的基础。

我国磷肥工业起步较晚，在发展的起步阶段，装置规模较小、技术装备水平相对落后。经过较短时期的快速发展，无论是自主研发的还是引进技术消化吸收再创新的磷肥生产装置技术装备，以及配套的硫酸和湿法磷酸生产装置的技术装备，都达到了国际先进水平。尤其是进入 21 世纪之后，我国高浓度磷肥的湿法磷酸和磷酸铵技术装备，包括湿法磷酸的萃取、过滤、真空浓缩工艺及装备，磷酸铵生产的预中和 - 氨化粒化、管式反应器 - 氨化粒化、管式反应器 + 预中和 - 氨化粒化、双管反应器 - 氨化粒化等造粒工艺及装备，以及单管反应器 - 转鼓造粒工艺及装备，均实现了自主研发的突破或引进技术的再创新，技术装备水平迅速提高，装置规模实现了大型化。

我国磷肥单系列装置最大生产规模，湿法磷酸年产达到了 45 万吨 P_2O_5，磷酸铵达到了 60 万吨 P_2O_5，均具备了完全自主的成套生产装置的设计和制造能力，整体达到国际先进水平。与湿法磷酸配套的硫酸生产技术装备，包括硫铁矿焙烧炉、硫黄焚烧炉、废热锅炉，以及净化、转化和吸收过程的大型设备，也均实现了国产化和大型化。硫铁矿制硫酸单系列装置最大规模从 20 世纪 80 年代之前的 8 万吨 / 年发展到了 56 万吨 / 年，硫黄制硫酸从无到有、从小到大、从大到强的单系列装置最大规模已发展到了 80 万吨 / 年，技术和设备均可自主设计和制造，整体为国际先进水平。重过磷酸钙装置，也从无到有、从弱到强，我国的重过磷酸钙生产装置及技术装备，目前也达到了世界先进的相近水平[39-40]。

我国磷肥技术装备已经进入国际先进行列，走向世界。中国五环工程有限公司 2000 年中标巴基斯坦 ENGRO 化工有限公司复合肥项目，2008 年中标突尼斯 36 万吨 / 年二水法磷酸总承包项目，2011 年中标印度尼西亚两套 20 万吨 P_2O_5/ 年半水 - 二水法磷酸总承包项目等多个海外磷肥工程。贵州磷化集团的中低品位磷矿高效综合利用系列技术及装备技术的研发与集成应用达到世界先进水平，2007 年成功中标 Sabic 选矿工程总承包项目。江苏新宏大集团公司积极开拓国际市场，取得国外总承包工程资质，磷酸过滤机等磷肥工业关键设备技术及产品远销美国、法国、英国、巴西等50多个国家和地区[25]。

1.2.4 绿色发展

工艺技术和装备的快速发展，有力地提高了我国磷肥生产节能减排水平。随着我国环境保护意识的不断提高，绿色发展已成为我国五大发展战略之一，各种环保法规纷纷出台，环境保护整治力度不断增强。我国磷肥行业发展过程中积累的问题逐渐显现出来，行业继续发展面临巨大压力，尤其是产业发展进入成熟期后，低碳绿色发展逐渐成为产业发展的主旋律。

我国磷肥行业在“三废”治理方面已经取得了巨大的进步，对“三废”处理装置加速升级，静电除尘、渗透过滤、SCR（SNCR）脱硝等先进技术在行业中得到应用和普及。废气中污染物排放明显减少；绝大多数企业污水经处理后全部回用，实现了污水零排放或近零排放；磷石膏安全无害化堆存和综合利用水平逐年提高，2020年磷石膏利用量已达3400万吨。目前，磷石膏综合利用的创新技术主要有：磷石膏制硫酸、水泥、硫酸铵，生产建筑材料石膏砌块、水泥缓冲剂、黏结石膏、粉刷石膏等，与磷石膏砖配套使用的石膏基干混砂浆、内墙腻子、粉刷石膏等新型建材；磷石膏无害化处理后进行采矿区充填；贵州磷化集团的悬浮态法分解磷石膏制硫酸联产石灰；金正大磷石膏制酸“切换式”联产硅钙钾镁肥/水泥等生产工艺技术。

在行业创新驱动发展战略的推动下，一批关键共性技术攻关取得重大进展，以节能、提高资源利用率为目标的绿色磷肥生产技术实现了产业化，主要有：贵州磷化集团自主开发的选矿技术和浮选药剂，使磷矿入选品位 P_2O_5 由原设计的30.72%降低到25%以下（最低可达20%），磷矿资源回收率大于90%，精矿回收率超过95%；中国五环工程有限公司自主开发的磷资源和磷石膏综合利用率更高、能耗更低的湿法磷酸半水-二水法工艺的大型成套技术和湿法磷酸半水法工艺及系统，自进入21世纪后在产业化、大型化方面取得了重大突破，采用半水-二水法工艺已在国内外先后建成了多套大中型磷酸装置，半水法工艺在使用磷矿浆等技术上也取得了许多突破，多套改进型的大中型半水法磷酸装置在国内实现了经济稳定运行；磷矿中氟、碘的回收规模进一步扩大；湿法磷酸深度净化技术取得积极进展：四川大学联合中化重庆涪陵化工有限公司开发的湿法磷酸净化分级利用技术、贵州磷化集团联合清华大学开发的微结构萃取器净化湿法磷酸技术，使净化后的湿法磷酸达到了食品级的水平；贵州磷化集团开发的以工业级磷酸为原料的冷却结晶法技术，使净化后的湿法磷酸达到了电子级的水平；采用工艺简单、低成本的化学沉淀法磷酸净化技术，磷酸MER值也达到了平均小于0.08，最低为0.04的水平，不仅满足了磷酸梯级利用的要求，也提高了氟的回收率；聚磷酸与聚磷酸铵工艺研究有了新的突破，为磷的高效利用提供了更多途径[18,39,41-43]。

1.2.5 主要成就

20世纪50年代至70年代，我国磷肥工业完成了过磷酸钙和钙镁磷肥等低浓度磷肥的探索与创新发展，实现了从无到有、一穷二白到初具规模的发展过程。20世纪80年代至21世纪前十年，完成了重过磷酸钙、磷酸一铵、磷酸二铵、硝酸磷肥等高浓度磷肥的探索与创新发展，实现了从弱到强、从初具规模到世界第一的发展过程。我国磷肥工业的发展，既遵循世界磷肥工业发展的一般规律，也走自己独特的道路，在自主研发、引进技术消化吸收等过程中不断创新，取得了许多重大突破和伟大成就。

1.2.5.1　产业规模从弱小到世界第一

1955 ～ 1980 年，我国磷肥工业实现了从无到有的创新发展，1978 年我国磷肥产量为 103 万吨 P_2O_5，1980 年磷肥产量为 231 万吨 P_2O_5。1980 ～ 2000 年，我国磷肥工业实现了初具规模，1990 年我国磷肥产量为 375 万吨 P_2O_5，1995 年磷肥产量为 619 万吨 P_2O_5，2000 年磷肥产量为 663 万吨 P_2O_5。2000 ～ 2010 年，我国磷肥工业完成了从初具规模到产量世界第一的跨越，2005 年我国磷肥产量为 1125 万吨 P_2O_5，成为产量世界第一，从此稳居世界首位，2007 年磷肥产量为 1351 万吨 P_2O_5，2010 年磷肥产量为 1582 万吨 P_2O_5，2017 年磷肥产量为 1641 万吨 P_2O_5，占世界磷肥产量的 36%，2021 年磷肥产量为 1684.4 万吨 P_2O_5[25]。

1.2.5.2　产业从分散到集中

我国磷肥工业发展初、中期，根据当时的经济技术水平采取了“一县一厂”的建设方针，1980 年全国建成磷肥生产企业 739 家，产品以过磷酸钙和钙镁磷肥为主，有效地满足了农业用肥需求和低浓度磷肥产品的运输半径要求，但产业的集中度非常低。

随着高浓度磷肥的发展、技术水平的提高和装置规模的大型化，大型高浓度磷复肥生产装置建设向原料配套条件较好的磷矿资源产地集中成为优势，“七五”“八五”期间，磷肥工业的发展开始向资源产地布局，以矿肥结合、酸肥结合为主，大中型高浓度磷肥装置的建设，主要在云南、贵州、湖北、安徽等磷资源大省和有副产硫酸的地区布局，磷肥产业开始由分散走向集中。

进入 21 世纪后，我国磷肥生产企业数量逐步减少、产能产量规模不断扩大，磷肥产业不断向资源产地集中。2000 年，全国磷肥生产企业减少到 554 家；2015 年全国规模以上的磷肥生产企业减少到 215 家。2000 年，磷肥产量前 5 名的云南、湖北、山东、四川、贵州，其产量之和占全国磷肥总产量的 47.61%，到 2020 年前 5 名的湖北、云南、贵州、四川、安徽，其产量之和占全国磷肥总产量的 88.97%，其中云南云天化集团有限公司和贵州磷化（集团）有限公司两大企业的磷肥产量占全国磷肥总产量的 39.63%[25]。

1.2.5.3　产品结构从低浓度到高低浓度

20 世纪 50 年代初我国磷肥工业从加工磷矿粉的“矿粉肥”开始，50 年代中期开始发展过磷酸钙，50 年代末开始发展钙镁磷肥。1955 年全国磷肥仅有单一过磷酸钙产品，产量为 0.1 万吨 P_2O_5。1980 年我国磷肥产量为 230.8 万吨 P_2O_5, 产品主要是过磷酸钙和钙镁磷肥，磷酸铵 1.3 万吨 P_2O_5 占比很小，低浓度磷肥占比接近 100%。1984 年我国磷肥产量为 236 万吨 P_2O_5，其中过磷酸钙 168.3 万吨 P_2O_5 占总产量的 71.3%，钙镁磷肥 64.4 万吨 P_2O_5 占比 27.3%，磷酸铵和重钙等高浓度磷肥占比 1.4%。80 年代末，我国磷肥产品中过磷酸钙和钙镁磷肥等低浓度磷复肥产量占磷肥总产量的 95.0%，磷酸铵和重钙等高浓度磷肥产量占比

5.0%[17, 25, 44-46]。

进入20世纪90年代，引进技术的大型磷肥装置相继建成投产，料浆法磷酸铵自主技术也获得了广泛的应用，建成了一大批小磷酸铵装置，高浓度磷肥开始快速增长。1990年我国磷肥产量为411.6万吨P_2O_5，高浓度磷肥24.0万吨P_2O_5占比5.8%；1995年磷肥产量为618.6万吨P_2O_5，高浓度磷肥106.8万吨P_2O_5占比17.3%；2000年磷肥产量为739.4万吨P_2O_5，高浓度磷肥226.3万吨P_2O_5占比34.1%。1998年过磷酸钙达到476万吨P_2O_5的最高值，生产企业超过500家；过磷酸钙和钙镁磷肥产量增加到507万吨，占当年磷肥产量的78%。1995～2018年，钙镁磷肥产量总体上呈下降趋势，生产企业数量缩减，每年实物产量下降至90万吨左右。2004年，全国磷肥产量为1017万吨P_2O_5，高浓度磷肥占比达到54%，首次超过低浓度磷肥。2008年，过磷酸钙和钙镁磷肥产量为337万吨P_2O_5，与1998年相比下降了34%，仅占当年磷肥产量的26%。2017年，过磷酸钙实物消费量为899.9万吨。2020年，全国磷肥产量为1589.1万吨P_2O_5，其中磷酸一铵、磷酸二铵等高浓度磷肥占磷肥总产量的95.9%[2, 47]。

1.2.5.4 贸易从净进口到出口

在磷肥进出口方面，1991年我国磷肥对外依存度高达39%，1998年磷肥净进口量达294万吨P_2O_5，占当年磷肥表观消费量的31%，其中DAP进口实物量高达550万吨，占当年世界DAP贸易总量的35%，占我国当年需求量的85%。2002年磷肥净进口量为169万吨P_2O_5，2006年净进口磷肥降到2.6万吨P_2O_5,基本实现自给，结束了依赖进口的历史。2007年磷肥产量为1351万吨P_2O_5，并且首次实现净出口。2015年净出口磷肥达550万吨P_2O_5，其中MAP和DAP出口实物量创历史新高，分别达到274.2万吨和801.9万吨，占当年磷肥总产量的32.2%，占全球贸易量的39.3%。2020年出口各种磷复肥476.9万吨P_2O_5，占磷肥总产量的30%，占全球贸易量的30%；全年净出口453万吨P_2O_5，其中MAP、DAP和TSP出口实物量分别为253万吨、573.2万吨和99.8万吨[32]。

1.2.5.5 技术从落后到先进

我国磷肥工业因发展起步晚，加上新中国成立之初“一穷二白”的技术经济条件，在低浓度磷肥和高浓度磷肥发展的起步阶段，技术装备水平与发达国家相比差距很大。经过不断创新发展，我国磷肥工业在技术和装备上从自主研发到与引进并举，再到创新突破，实现了装置规模的大型化和技术装备的现代化，生产技术和装备已进入国际先进行列，已成为能够承担设计、制造、安装，并完成整套磷肥生产建设工程的磷肥工业大国。

在装置规模上，低浓度磷肥单系列装置规模，过磷酸钙从1万吨/年粉状产品发展到40万吨/年粒状产品，高炉生产钙镁磷肥从13m^3（3万吨/年）发展到了82m^3；高浓度磷肥单系列装置规模，料浆浓缩法磷酸铵从3万吨/年发展到了30万吨/年，磷酸浓缩法磷酸二铵从3万吨/年发展到了60万吨/年，配套的湿法磷酸从1.5万吨P_2O_5/年发展到了45万吨P_2O_5/年，硝酸磷肥从0.3万吨/年的中间试验装置发展到45万吨/年，重过磷酸钙从10万吨/年发展到了56万吨/年。

在技术水平上，我国钙镁磷肥生产技术和产品在20世纪60年代就达到了国际先进水平，实现了出口；自主开发拥有完全独立知识产权的料浆法磷酸铵工艺形成的成套技术及装备，居世界同行业前列；磷矿选矿、磷酸、高浓度磷肥及配套的硫酸生产技术、装置规模和装备，均已逐步进入国际先进行列。我国磷肥工业装置建设能力也已经走出国门，从设计、制造、安装到开车完成的总承包的国外磷肥建设工程项目，包括突尼斯36万吨 P_2O_5/年二水法磷酸、印度尼西亚PJA和PKG公司的两套60万吨/年硫酸和两套20万吨 P_2O_5/年半水-二水法磷酸、埃及纳塞尔化学品公司（NCIC）10万吨/年工业级磷酸一铵等磷肥建设工程[18, 45]。

在选矿技术上，我国已成为世界胶磷矿选矿生产规模最大的国家，磷矿选矿技术已经整体达到国际领先水平，成套选矿技术和装备已经出口到国外，为全球中低品位磷矿的利用做出了重大贡献。

在氟回收利用技术上，我国自主开发回收湿法磷酸生产过程中的氟生产无水氟化氢技术和设备，目前在国内已建成多套产业化生产装置。该技术可直接回收磷酸生产过程中的氟生产氟化氢产品，大幅度提升了磷矿中氟的利用价值，可节约萤石资源，对世界磷肥工业做出了重大贡献。

在碘回收利用技术上，我国自主开发的回收磷矿中的碘生产单质碘的技术和装备为世界上独一无二的生产技术，该技术扩大了碘的供应来源，增加了国内碘的供应，使磷矿中的碘资源得到科学利用，对世界磷肥工业做出了重大贡献。

在磷石膏综合利用技术上，随着我国磷肥工业的快速发展，磷石膏“水洗、焙烧、浮选、中和”等无害化处理工艺技术也得到了快速发展，磷石膏综合利用途径不断拓展，利用量逐年提高，2020年我国磷石膏综合利用率达到了45.2%，进入国际先进水平。

1.2.6　发展中的问题与不足

我国磷肥产业经过近年来的快速发展，取得了世界瞩目的成就，但是在发展中还存在一些问题与不足，包括供求矛盾比较突出、结构调整有待深化、环境和资源保护压力增大、创新水平有待提升等。如何有效解决这些问题，克服产业发展中的不足，在我国进入高质量发展阶段，实现低碳绿色、优质高效、产业协同和磷素循环发展等，都面临着许多新挑战。

在供给与需求方面，目前产能过剩，国内化肥需求下降，矛盾依然较为突出。虽然2016年以来磷肥产能下降了12%，但产能过剩问题仍然相当严重，对国际市场出口依赖度高，2020年出口各种磷肥产品占总产量的30%。自“十三五”以来，随着我国种植结构的调整、肥效与肥料利用水平的提高，加之有机肥部分替代化肥，磷肥表观消费量持续下降，市场供大于求形势进一步凸显。

在结构调整方面，目前国内单一基础肥料占比较高，新型磷肥、工业级与食品级高附加值磷化工产品占比依然较低，产品结构调整任重道远；目前，云南、贵州两省已相继成立具有国际竞争优势的大型、综合性磷化工企业集团，国内仍有部分地区存在较多中等规模企业并存的局面，资源、产能、产量、成本优化配置与高水平研发优势未得到充分发挥，组织结构调整仍有提升空间。

在环境和资源保护方面，自“十三五”以来，长江经济带绿色发展被高度关注，“三磷”

治理力度持续加强，固废政策趋于全面化、细致化。其中，磷石膏排放与利用衔接环评制度纳入排污许可核定范围，磷石膏“以用定产”与“存量消纳”加速推行，产业发展面临环境保护的重大挑战；虽然云南、贵州的少数大型企业集团的磷矿回采率达到了95%以上，接近国际先进水平（如美国、北非等区域的资源回采率可达到95%～98%），但大部分中小矿山企业磷矿的回采率还较低。

在创新能力和水平方面，我国磷肥产业发展过程中，技术创新取得了许多重大突破和成就，但目前磷肥产业仍然面临着创新能力不足的问题。行业长期微利运营，多数磷肥企业科研投入占营收比例不到1%，远低于创新型企业科研投入水平，还存在创新体制和机制不够健全、科研队伍后劲不足等问题。磷肥产业发展进入成熟期，要实现低碳绿色、高质高效等发展目标，自主创新能力和水平有待于进一步提升。

1.3 磷肥发展趋势展望

我国磷肥发展目前已进入深度调整期，以产能、产量扩张为主要特征的外延式发展阶段已经过去，以质量提升、低碳绿色、满足现代农业绿色高质量发展需求为主要特征的集约化内涵式的发展还处在起步阶段。我国磷肥产业，将以适应农业发展变化、满足国内粮食生产需求和提升农产品品质为主要目标，朝着低碳绿色、高质高效、产业协同和磷素循环等趋势和方向发展。

1.3.1 低碳绿色发展

全球气候变暖已严重威胁全球生态安全，解决全球气候变暖问题已成为全人类面临的重大课题。2020年9月22日，我国政府在第七十五届联合国大会上提出我国将提高国家自主贡献力度，采取更加有力的政策和措施，二氧化碳排放力争于2030年前达到峰值，努力争取2060年前实现碳中和。我国经济已进入高质量发展阶段，低碳绿色发展是高质量发展的重要标志。《中华人民共和国土壤污染防治法》、新修订的《中华人民共和国食品安全法实施条例》《肥料中有毒有害物质的限量要求》（GB 38400—2019）等系列法规和强制性国家标准，从细节入手，全程监管化肥的生产端和使用端。2021年9月，工业和信息化部、人民银行、银保监会、证监会联合发布《关于加强产融合作推动工业绿色发展的指导意见》。2021年10月，中共中央、国务院发布了《关于完整准确全面贯彻新发展理念做好碳达峰碳中和工作的意见》。低碳绿色发展已成为当今时代发展的主旋律，也是磷复肥产业发展的必然趋势，满足国家碳达峰和碳中和的目标要求，满足现代农业的绿色发展要求，是现阶段磷复肥产业发展的重要任务。磷肥产业的低碳绿色发展，主要包括磷矿开采和加工的源头减排、磷酸和磷肥产品生产过程中的节能降碳降耗减排，以及磷石膏和磷尾矿的综合利用等主要方面。

在磷矿开采和加工的源头减排方面，我国中低品位矿多，富矿少，杂质含量高，采选难度大。目前，虽然贵州磷化集团、云南云天化股份有限公司等的选矿技术达到了较好的水平（P_2O_5回收率达到了90%以上），但大多数中小矿山和磷肥企业难选的中低品位磷矿的P_2O_5回收率较低（80%左右），磷矿中的氟、硅、钙、镁等还未能得到充分高效利用。强化磷矿资源的管理，规范有序开采磷矿资源，提高磷矿的回采率，加大中低品位磷矿选矿技术的开发应用，降低能耗，提高磷的回收率，提高氟、硅、钙、镁等磷矿共伴生植物营养资源和稀有金属元素的综合利用水平，是实现磷矿开采和加工的源头减排，并实现高效利用的主要发展趋势和方向。

在磷酸和磷肥产品生产过程中的节能降碳降耗减排方面，目前钙镁磷肥、过磷酸钙等生产过程中的粉尘和含氟气体等影响环境；料浆法磷酸铵产品中含氟量较高，传统法磷酸铵等高浓度磷肥造粒及干燥等生产过程的节能潜力较大；高浓度磷肥生产所需的湿法磷酸以二水法工艺为主（占80%左右），也存在产品磷酸含水量高（60%左右）、P_2O_5损失较大（5%左右）、高浓度磷肥生产综合能耗较高等问题。磷肥生产过程的节能降耗减排，一是优化现有各种磷肥产品的生产工艺，提高技术装备水平，减少粉尘和含氟尾气等污染物的排放；二是进一步研究半水-二水法、半水法等绿色湿法磷酸工艺，提高适应性，扩大产业化推广应用；三是不断开发磷肥生产新工艺，包括进一步研发盐酸分解中低品位磷矿、硫酸脲分解中低品位磷矿生产磷肥，低品位磷矿生产钙镁磷钾肥，以及非酸化活化磷矿中的P_2O_5生产磷肥等工艺，并实现工业化和产业化应用；四是研究开发磷肥生产过程中污水等磷循环利用的技术，研究开发提高磷肥生产过程中氟的回收利用和减少产品含氟量的技术。全面实现磷肥生产过程的节能降碳降耗减排，实现绿色产品、绿色工艺和绿色工厂的目标，是磷肥生产过程低碳绿色发展的主要趋势和方向。

在磷石膏和磷尾矿的综合利用方面，目前我国磷石膏无害化处理和综合利用已达到一定的水平，无害化处理的方法及技术主要有水洗、焙烧、浮选、中和等，综合利用途径主要有水泥缓凝剂、建筑材料、筑路材料和生态修复等；磷尾矿的综合利用技术，目前还处在研发阶段。研究开发减少磷石膏排放和无磷石膏排放的磷肥产品及工艺技术；研究开发磷石膏综合利用的新技术和新产品，降低能耗和综合利用成本，提高综合利用水平；研究开发减少磷尾矿的技术，研究开发利用磷尾矿的新技术和新产品，不断提高磷尾矿的综合利用水平，是磷石膏和磷尾矿综合利用低碳绿色发展的主要趋势和方向。

1.3.2 高质高效发展

我国正在进入高质量发展阶段。2021年7月我国发布了《中共中央 国务院关于新时代推动中部地区高质量发展的意见》，2021年11月国家发展改革委、财政部和自然资源部印发了经国务院批准的《推进资源型地区高质量发展“十四五”实施方案》。在磷肥产业内涵式高质量发展阶段，优化资产结构、原料结构和产品结构，实现磷肥行业运行提质增效；研究开发新型肥料产品，最大限度地使肥料养分的释施与土壤作物的养分需求和施肥技术相吻合，提高产品肥效和肥料利用率，实现磷肥产品的提质增效；加强“减磷增效”等农业种植技术的研究，科学合理施用磷肥，实现磷肥使用的提质增效等，是磷肥产业高质高效发展的主要方面。

在产业结构优化方面，一是继续深化推进矿肥结合、酸肥结合、肥化结合，以资本为纽带、产业为主线，跨行业、跨地区甚至跨国界整合重组，组建大型综合性企业集团等，延伸丰富产业链、优化资产结构、强化技术改造、提升技术装备水平、淘汰落后产能、提高资产效益、提升磷肥效用、优化资产结构；二是继续加大中低品位磷矿的科学利用，充分利用冶炼尾气、煤化工尾气等中的硫资源，开发利用磷尾矿、含磷污水的回收技术，加强磷矿和硫铁矿资源保护和高效利用，包括在有煤炭等能源资源优势的区域发展硝酸磷肥，开发利用富余盐酸分解磷矿制取磷肥，利用磷尾矿、低品位磷矿及钾长石等难以利用的资源生产普钙和钙镁磷肥等，拓展原料渠道，优化原料结构；三是在具有磷、硫等资源优势的一定区域范围内，发展肥效好、磷利用率高的中低浓度磷肥产品，在稳定提高基础肥料磷肥产品质量的同时发展与土壤作物养分需求相匹配的专用化、高效化、功能化和环保型的含磷肥料产品，提升磷肥效用，优化产品结构。

在磷肥产品的创新方面，全面提升磷酸一铵、磷酸二铵、硝酸磷肥、普钙、重钙和钙镁磷肥等产品的肥效和肥料利用率，重点是研究开发适用于不同土壤、不同作物、不同施肥方式的专用和高效的新型产品：一是创新发展速效性的产品，主要内容包括研发、推广全水溶性的农用 MAP、磷酸脲和硝酸磷肥等以速效性为主要性能特征的产品，实现作物营养需求与肥料养分的精准供给智能化，满足水、肥、药一体化农业设施及无人机施肥技术等发展需求；二是创新发展缓效性的产品，主要内容包括研发、推广聚磷酸铵，以及含有缓释性、控释性、稳定性等以缓效性为主要性能特征的产品，减少磷养分被土壤固定，减少养分流失，提高肥料利用率，并均匀供应作物满足其生长的养分需求；三是创新发展营养型的产品，主要内容包括研发、推广含锌腐酸、有机碳等有机物质和微量元素等以提高产品营养功效为主要性能特征的产品，满足农作物增产和品质提升的养分平衡需求，满足具有保健功能的农产品种植的功能农业发展需求，提高作物产量和品质；四是创新发展功能型的产品，主要内容包括研发、推广含有生物刺激剂、植物保护剂、植物生长调节剂、改良土壤等能改善植物生长环境的功能性物质或微生物等以增加产品“营养功效、物理性状功效”以外的其他有助于植物生长和农产品品质提升的功能为主要性能特征的产品，这类产品有望以低成本、高技术实现产业的高质量发展；五是创新发展智能型的产品，主要内容包括研发、推广满足作物从播种到收割的不同生长阶段及全生长期营养需求等的低碳绿色智能型的产品。智能型的产品，需要针对作物的养分需求规律，以及土壤和气候等环境条件，通过科学合理的产品配方和智能调控技术来满足需求；这类产品有望达到肥料产品中的速效性与缓效性营养物质有机结合、营养型和功能型物质的高效协同、养分释放速度与作物生长期的养分吸收速度同步；这类产品是在创新发展速效性、缓效性、营养型和功能型产品的基础上的再创新，是组合创新，是肥料工业和农业种植等产业协同的科研成果和高新技术的集成载体。

在磷肥使用科学化方面，我国粮食生产化肥当季利用率目前在 40% 左右，与欧美等发达国家 50% ～ 70% 的化肥利用率相比还有较大差距，特别是磷肥当季利用率较低。提高化肥利用率，尤其是提高化肥中磷的利用率，创新高效绿色的施用技术，实现高质高效发展的重点：一是选择与区域土壤作物及施肥方式相匹配的肥料产品，包括通过农业种植技术的研究，在充分了解掌握各种农作物种植的各种营养需求规律、区域土壤的养分状况和不同条件下的肥料养分供应能力，以及肥料中不同形态营养物质在土壤中的释放规律的基础上，按照特定区域土壤作物种植的产量和品质目标，选择与区域土壤作物和施肥方式相匹配的肥料产品，从而实现磷肥性质与土壤性质的匹配、磷肥与作物体系匹配、磷肥与氮素形态匹配、肥料磷素供应与作物需磷规律的匹配以及肥料磷素供应与土壤微生物养分需求规律匹配。二是研究确定土壤-作物体系生物学潜力最大化的磷肥用量，包括养分需求量的定量、土壤供磷强度的定量、植物和微生物活化吸收利用磷的生物学潜力定量等，由此计算出把植物和微生物活化吸收利用磷的生物学潜力考虑在内的磷肥用量。三是不断研发磷矿资源、有机物资源与生物学潜力的协同“减磷增效”技术，包括针对磷肥施用的土壤特性，在肥料产品中或施用时添加微量有机生物活性增效载体（如腐植酸、氨基酸、海藻酸、多肽等）的技术；针对某些作物具有利用非水溶性磷的特殊能力提供具有较高枸溶性磷产品的技术；提高磷肥养分移动性能的技术（采用滴灌等水肥一体化施肥技术、通过增加土壤孔隙度技术措施在磷肥产品中添加表面活性剂、水溶性磷肥产品包膜技术等）；改变土壤或肥料颗粒周边土壤的pH值技术；调节土壤解磷微生物功能的“激发碳”技术；根据土壤中磷盈余情况将施磷量控制在适宜范围内的施肥技术等。四是研究开发、推广应用科学施肥技术，包括通过快速检测等技术手段，了解掌握土壤中磷养分的盈余情况，根据种植的农作物对磷养分的需求规律，结合施肥方式和施肥技术选择施用与土壤类型、作物体系相匹配的肥料品种；在不断开展土壤养分及其供应条件和规律、肥料养分及其供应条件和规律研究的基础上，不断创新发展快速测土、控量施肥、水肥一体化技术，以及种肥同播（同步）、机械化施肥和精准变量施肥等科学施肥技术，不断创新发展与土壤作物养分需求相匹配的新型磷肥产品等，实现科学合理施用。

1.3.3　产业协同发展

我国磷肥工业在“七五”“八五”期间建设的大型高浓度磷肥生产装置，主要布局在原料配套条件较好的磷矿资源产地和有硫酸资源优势的省份区域。磷肥工业与磷矿资源和冶金副产硫酸资源等上游产业的衔接较好；与下游产业的协同方面，磷肥产业通过湿法磷酸净化向精细磷化工产业链的延伸，已经发展到一定的规模和水平，正在朝着进一步扩大产业规模的方向发展，与种植业等农业下游产业的协同发展则还比较薄弱。

在与上游相关产业的协同方面，一是在磷矿资源产地等具有磷资源优势的区域，以及冶金等具有副产低成本硫酸优势的区域，将继续朝着有效管控资源、高效利用资源、产品多样化、装备现代化等低碳绿色的方向不断深化发展；二是在有煤炭等能源资源优势的区域，将继续朝着发展硝酸磷肥或硝基复合肥、减少副产磷石膏排放、优化磷肥产品结构的趋势和方向发展；三是研究开发利用氯碱和氯化钾转化等副产盐酸分解中低品位磷矿以生产磷酸和磷复肥的技术并实现工业化和产业化，优化磷肥产业的产品结构和基础化工原料结构。

在与下游相关产业的协同方面，一是与产品端的下游产业协同发展，主要包括复合肥料、新型肥料，以及对磷肥生产过程中氟、钙、镁等资源综合利用等下游产业，将继续朝着融为一体、更加紧密衔接的趋势和方向发展；二是在磷矿加工和湿法磷酸工业的基础上，通过不断延伸产业链，将朝着高效利用磷矿中氟、钙、镁等资源，与磷酸铁、磷酸铁锂等新能源材料和饲料级、食品级磷酸盐下游产业更紧密衔接的趋势和方向发展；三是与种植业的下游产业协同发展，包括种植业和其他农资、农技等下游产业及其服务体系，将通过加强横向联合、与科研院校的深度合作等，确定共同目标、创新合作模式、实现产业协同，突破产业高质量发展的技术瓶颈，提高磷肥利用率，实现磷肥使用的提质增效。

在与肥料助剂产业的协同方面，朝着能够显著提高磷肥生产工艺效能、提高磷肥产品营养功效和增加产品功能的方向发展，通过与肥料助剂产业、科研院校和种植业等的深度合作，共同研究开发、不断创新高效的肥料助剂并在磷肥生产过程中、磷肥产品中或使用过程中合理添加的高效应用技术。与肥料助剂产业协同发展的重点：一是不断研究开发在肥料生产工艺过程中使用的“提高工艺效能”类的高效新型助剂，这类助剂以提高生产效率为主要性能特征，如选矿药剂、萃取剂等；二是不断研发创新在肥料产品中添加或施用时使用的“改善物理性状”类、“提高营养功效”类和“增加产品功能”类的高效新型助剂，这些类型的助剂以改善肥料使用性能、提高肥料营养功效和增加肥料“营养功效、物理性状功效”以外的其他有助于植物生长和农产品品质提升的功能为主要性能特征，如悬浮剂、防结块剂、螯合剂、磷素活化剂、生物刺激剂、植物保护剂、植物生长调节剂等。

1.3.4 磷素循环发展

磷矿是不可再生资源，随着全球磷肥及磷化工产业的发展，世界磷矿需求不断增长，据一些国家及国际专业机构对全球磷矿开采寿命的预测，少的只有几十年，多的也就 300 ～ 400 年。目前，从磷矿开采摄取的磷利用率较低，有相当部分进入到了水生系统，而水生系统中的磷循环是一个漫长的历史过程。有关研究表明，我国含磷主要产品消费体系的磷养分输入从 1980 年的 310 万吨（P）增长到 2010 年的 1006.9 万吨（P），但含磷废物循环利用率却从 70.6% 减少到 43.9%，致使我国磷资源代谢浪费养分和污染的总体特征逐渐强化。

目前欧洲国家在磷的循环利用方面走在了前面，已开始推广应用磷循环技术并配套相关政策措施，制订了实施计划和规划。如瑞士自 2016 年开始强制实施从污水 / 污泥、动物粪尿、动物骨粉中回收磷，以取代其所依赖的进口磷矿石，其中瑞士苏黎世州建立以污泥焚烧的灰烬为主要原料的磷回收系统，磷回收率可达到 75% 以上；又如荷兰的污水处理行业是全球的领跑者，磷回收技术研发处于国际领先水平，实施了“2018 营养物计划”行动，制定了“2050 荷兰循环计划”，将在 2030 年前减少荷兰 50% 的矿物原料、化石燃料和金属原料的使用，并在 2050 年实现“循环经济”等。我国磷资源储量虽然在世界排名第二位，但绝对数量占比较小（不到全球磷资源储量的 5%），目前每年开采的磷矿占全球的 46% 左右，生产全球 1/3 左右的磷肥，磷循环利用目前主要集中在秸秆回田等农业生态系统中的磷循环，基于物质流的磷循环目前主要处在研究阶段，磷循环利用的技术产业化应用得很少，相关政策、规划、计划和实施方案等目前也主要处在研究阶段。

磷肥产业的发展，在朝着低碳绿色、高质高效、产业协同等趋势和方向，实现磷矿资源的科学开采和合理加工、磷酸和磷肥产品主要生产过程的节能降碳降耗减排、磷尾矿和磷石膏的资源化利用，实现产业结构、原料结构和产品结构不断优化，实现不断开发新的提质增效的磷肥生产技术和使用技术、不断提高产品肥效和肥料利用率的同时，高效循环利用磷资源，也是产业可持续发展的必然趋势和方向。

目前，在保障我国农业生产需求和粮食安全的前提下，实现磷资源高效循环利用的技术发展和相关政策等战略举措包括：一是应合理控制矿物源磷肥产品产量，不断创新发展非矿物源的含磷肥料产品及其生产技术；二是应加大农业种植秸秆等废弃物磷回田技术的研究开发力度；三是应加强研究开发从工业废水中回收磷、从污水 / 污泥或动物粪尿中回收磷等的循环利用技术；四是应研究促进和加强磷循环利用的相关政策，研究制定磷资源循环利用的可持续发展战略等。

参考文献

[1] 高永峰．国内外磷化工行业发展情况及发展趋势．硫磷设计与粉体工程，2015(6): 1-8.
[2] 朱希茹，许梦瑶，王芳，等．主要磷肥产品的发展历程与展望．肥料与健康 (CAS)，2021(4): 10-16.
[3] 蒋柏藩，中国磷矿农业利用的研究．中国农业科学，1988(4): 62-67.
[4] 梁祖义．过磷酸钙名称探源．化工标准．计量 质量，2003, 23(9): 12.
[5] 李惠跃，陈靖宇，何佩华，等．重过磷酸钙的生产和应用．化肥工业，1999, 26(2): 11-15.
[6] 李玉峰．复合肥生产工艺综述．攀枝花学院学报，2002, 19(5): 83-85.
[7] 黄智安．大型磷铵装置技术探讨．磷肥与复肥，2004, 19(3): 13-16.
[8] 赵国军，冯军强．我国硝酸磷肥发展现状与建议．磷肥与复肥，2019, 34(10): 14-16.
[9] 许德军，钟本和，张志业，等．水溶性聚磷酸铵的制备及应用研究进展．化工进展，2021, 40(1): 378-385.
[10] 李兴林．料浆法制重钙及重钙改性试验研究．昆明：昆明理工大学，2004.
[11] 周吉庆．粒状磷酸一铵生产中尾气粉尘治理改造．武汉：武汉工程大学，2018.
[12] 上海化工研究院．国外磷肥工业品种生产技术水平和发展趋势．化肥工业，1977, 4(6): 70-78.
[13] 马步真．硝酸磷肥的现状与发展之我见．硫磷设计与粉体工程，2002(2): 9-12.
[14] 张福锁，张卫峰，马文奇，等．中国化肥产业技术与展望．北京：化学工业出版社，2007.
[15] 郑秀兴．复合肥料生产工艺的创新发展．磷肥与复肥，2021, 36(11): 1-6.
[16] 林乐．国内外磷铵发展概况和市场需求展望．化肥工业，1999, 25(3): 3-7.
[17] 林乐．我国磷复肥工业发展历程的回顾与展望．化肥工业，2004, 31(1): 11-17.
[18] 李庆逵．磷矿粉肥效问题的理论基础．科学通报，1966(2): 49-57.
[19] 谢如林，谭宏伟．我国农业生产对磷肥的需求现状及展望．磷肥与复肥，2001, 16(2): 6-9.
[20] 石元亮，王玲莉，刘世彬，等．中国化学肥料发展及其对农业的作用．土壤学报，2008, 45(5): 852-864.
[21] 山东省土壤肥料研究所．磷矿粉肥的肥效试验．土壤肥料，1975(5): 21-26.
[22] 曾宪坤．中国磷复肥工业的发展和展望．磷肥与复肥，2000, 15(1): 1-6.
[23] 江善襄，方天翰，戴元法，等．化肥工学丛书：磷酸、磷肥和复混肥料．北京：化学工业出版社，1999.
[24] 汤建伟，许秀成，化全县，等．新时代我国低浓度磷肥发展的新机遇．磷肥与复肥，2018, 33(5): 8-15.
[25] 胡敏．我国磷肥工业改革开放 40 年发展纪实．磷肥与复肥，2018, 33(12): 1-5.
[26] 成思危．探索我国磷资源开发的合理途径．磷肥与复肥，1992(1): 1-5.
[27] 张宝林．重过磷酸钙．化工矿山技术，1996(3): 38.
[28] 庄若骥，陈永康，马兆宁．粒状重钙工业装置试验．云南化工技术，1985(3): 1-12.
[29] 何玉家．贵州熄峰 10 万吨 / 年重过磷酸钙厂简介．磷肥与复肥，1998(6): 31-32.
[30] 王志强．我国磷铵工业的发展概况．南化科技，1994(4): 55-56.
[31] 钟本和，应建康．改革开放成就了中和料浆浓缩法磷铵工艺．磷肥与复肥，2018, 33(12): 44-47.
[32] 罗澄源，林乐，钟本和，等．磷酸铵类肥料技术讲座第一讲 概述．磷肥与复肥，1999, 14(2): 72-77.
[33] 王辛龙，许德华，钟艳君，等．中国磷化工行业 60 年发展历程及未来发展趋势．无机盐工业，2020, 52(10): 9-17.
[34] 石学勇，张兵印．我国硝基复混肥工艺技术发展现状．硫磷设计与粉体工程，2014(1): 39-43.
[35] 汪明远．硝酸磷肥的生产与发展．磷肥与复肥，2000, 15(4): 1-4.
[36] 程千华．硝酸磷肥工艺中硝酸钙结晶的分离过程．磷肥与复肥，2001, 16(4): 34-36.
[37] 汪家铭．金正大诺泰尔 60 万吨 / 年硝基复合肥项目投产．四川化工，2014, 5: 24.
[38] 赵国军，冯军强，张凌云，等．贵州芭田生态工程有限公司首套国产化冷冻法硝酸磷肥装置达产达标．磷肥与复肥，2018, 33(12): 94-96.
[39] 李志刚，邹文敏．中国五环工程有限公司在磷化工领域的改革发展之路．磷肥与复肥，2018, 33(12): 59-61.
[40] 高永峰．改革开放 40 年我国磷复肥市场与贸易．磷肥与复肥，2018, 33(12): 23-26.
[41] 孟文祥，吴松，陶志．以湿法工业级磷酸生产电子级磷酸的脱砷技术．磷肥与复肥，2014, 29(1): 47-48.
[42] 李荔，覃议．瓮福（集团）有限责任公司在绿色发展与生态建设上的路径探索．磷肥与复肥，2018, 33(12): 70-72.
[43] 温倩．我国湿法磷酸净化技术及其工业化进展．化肥工业，2012, 30(8): 20-23.
[44] 汤建伟．庆祝改革开放 40 周年．磷肥与复肥，2018, 33(12): 刊首语 .
[45] 何凤斌，赵文莲，焦立强，等．春华秋实 34 载，不负使命与担当．磷肥与复肥，2018, 33(12): 27-34.
[46] 王世魁，陈丽．改革开放 40 年我国磷复肥市场与贸易．磷肥与复肥，2018, 33(12): 12-15.
[47] 李志坚．化肥工业 60 年发展历程与经验启迪．中国石油和化工经济分析，2009(10): 26-30.

中国肥料研究与应用全书

Books of Fertilizer Research and Application in China

FERTILIZER

第2章

磷矿与选矿

2.1 磷矿资源状况

2.1.1 概述

磷是生命必需元素，磷矿是磷化工生产的核心原料。磷在自然界中存在的形式很多，在矿物中主要以磷酸盐形式存在。地壳中含磷矿物大约有120种，但具有工业价值的却不多，磷灰石型磷酸盐矿和含铝磷酸盐矿是较为重要的两种矿物。

磷矿是制取纯磷（黄磷、赤磷）和其他磷化工产品的原料，也可用作动物饲料。赤磷用于制造火柴和磷化物。黄磷可制农药，还可以制燃烧弹、曳光弹、信号弹、烟幕弹、发火剂。磷与硼、铟、镓的磷化物用于半导体工业。磷在冶金工业中用于炼制磷青铜、含磷生铁、铸铁等。磷酸锆、磷酸钛、磷酸硅等可作涂料、颜料、黏结剂、离子交换剂、吸附剂等。磷酸钠、磷酸氢二钠用于净化锅炉用水，后者还可制人造丝。六聚偏磷酸钠可作水的软化剂和金属防腐剂，磷酸钙盐用作动物饲料添加剂，磷的衍生物用于医药、农药、表面活性剂、消泡剂、增塑剂等。磷酸二氢铝胶材料耐火度高、耐冲击性好、耐腐蚀性强、电性能优越，用于尖端技术中。氟磷灰石晶体是最理想的激光发射材料，磷酸盐玻璃激光器已得到应用。

2.1.1.1 磷矿矿床类型

（1）磷灰石型磷酸盐矿床　由于磷矿成矿原因的不同，其组成、结构、杂质含量和物化性质也不同。天然磷矿按照矿石的成因可分为磷灰石和磷块岩两大类。它们的主要组成成分都是氟磷酸钙，其化学式通常写作$Ca_5(PO_4)_3F$。

① 磷灰石　磷灰石是化学通式为$X_5(ZO_4)_3$(F、Cl、OH)，晶体属六方晶系的磷酸盐矿物的总称。式中X代表Ca、Sr、Ba、Pb、Na、Ce、Y等，Z主要为P，还可为As、V、Si等。最常见的矿种是氟磷灰石，其次有氯磷灰石、羟基磷灰石、氧硅磷灰石、锶磷灰石等。磷灰石晶体较为常见，一般呈带锥面的六方柱，集合体呈粒状、致密块状、结核状，呈胶体形态的变种称为胶磷灰石，其矿石称为胶磷矿。磷灰石是提炼磷的重要矿物，其中氟磷灰石是商业上最主要的矿物。

磷灰石呈浅绿、黄绿、褐红等色，有玻璃光泽，具有不完全解离性质，断口不平坦。莫氏硬度为5，相对密度为3.18～3.21。加热后常可出现磷光。将钼酸铵粉末置于磷灰石上，加硝酸，可生成黄色磷钼酸铵，此法用于快速测试磷。磷灰石作为副矿物见于各种火成岩中，在碱性岩中可形成有工业价值的矿床，如俄罗斯科拉半岛的希比内磷灰石——霞石矿。规模巨大的磷灰石矿床主要为浅海沉积成因，以胶磷矿为主。

磷灰石有三种生成方式，分别生成于火成岩、沉积岩和变质岩中，生成于火成岩中的为内生磷灰石，一般作为副产物在中性或碱性岩石中富集；在沉积岩中的为外生磷灰石，是由生物沉积或生物化学沉积形成的，一般为结核状；在变质岩中的是经区域变质生成的。

磷灰石是人与动物硬体（牙、骨、结石）部分中的主要无机物，也是一种重要的生物材料。颜色好、结晶好的磷灰石可作为宝石或装饰材料，伴生元素多的磷灰石可以综合利用。各种磷矿石结晶外形如图 2-1 所示。

图 2-1　各种结晶磷矿石

无杂质者为无色透明，但常呈浅绿、黄绿、褐红、浅紫色。沉积成因的磷灰石因含有机质被染成深灰至黑色。磷灰石在偏光镜下为无色，一轴晶。典型含杂质的磷矿石见图 2-2。

图 2-2　含杂质磷矿石

纯的氟磷灰石含 P_2O_5 42.26%、CaO 55.56%、F 3.77%，但由于同晶取代作用与伴生杂质的影响，天然磷灰石往往比纯氟磷灰石品位低，其 P_2O_5 最高含量为41%，F 为2.8%～3.4%。同晶取代是指氟磷灰石 $Ca_5(PO_4)_3F$ 晶格中的一些独立离子被某些结晶化学半径相近的其他离子所取代，如 $Ca_5(PO_4)_3F$ 中的阳离子 Ca^{2+} 可能被 Ba^{2+}、Mg^{2+} 等阳离子部分取代，阴离子 F^-、PO_4^{3-} 可能被 OH^-、Cl^-、CO_3^{2-}、SO_4^{2-}、SiO_4^{2-} 等阴离子部分取代。

② 磷块岩　磷块岩因矿床的性质不同，又可以分为层状、结核状或卵石状，也有层状和结核状同时存在的。层状磷块岩是片状的氟磷酸钙与碳酸钙或硅酸盐共生的磷矿。贵州开阳、福泉磷矿，云南昆阳磷矿，越南、摩洛哥及美国佛罗里达磷矿都属于这一类。这一类磷块岩的特点是 P_2O_5 含量较高，铁、铝杂质含量一般比较低。磷块岩常含有结晶水，且多与

含碳酸盐的矿物共生，故其结构式可以写成 $Ca_5(PO_4)_3F \cdot nMCO_3 \cdot mH_2O(M = Ca、Mg)$。磷块岩除含氟磷酸钙之外，还常含有其他杂质，如碳酸盐、硅石（石英）、海绿石、高岭土及少量铁矿石或长石等。此外，它还含有有机胶质。氧化铁、氧化铝在海绿石、高岭土、铁矿石中含量较多。

磷块岩呈灰黑色，隐晶微晶结构，角砾状构造。主要矿物组成为磷灰石、方解石。图 2-3 为宜昌磷矿中磷层富矿，工业品位在 35% 左右。

图 2-3　宜昌磷矿中磷层富矿石

磷块岩是一种以碳氟磷灰石为主要矿物组分的沉积磷矿，脉石矿物有石英、玉髓、方解石、白云石、水云母、高岭石、海绿石及有机质等，颜色呈黄褐、绿褐、浅灰、深灰或黑色，硬度为 2 ～ 4，密度为 2.8 ～ 3.0g/cm^3。碳氟磷灰石有两种形态：一种是具有微细晶粒或隐晶质呈草莓状、葡萄状、皮壳状的集合体；另一种是非晶质或显微隐晶质呈胶体外貌的集合体，俗称“胶磷矿”，是磷块岩中最主要的一种形态。碳氟磷灰石用肉眼很难辨认，若在磷块岩上滴上含钼酸铵的硝酸溶液，则出现姜黄色的磷钼酸铵沉淀。海相沉积的磷块岩往往矿床规模巨大，具有很大的工业开采价值。

磷块岩是由几百万年前海洋、湖泊中许多含磷物的极小颗粒在海底或湖底沉积而成的沉积岩，也可以说分散状态的磷灰石是形成磷块岩的原始物质。磷块岩一般为细小的结晶体或呈隐晶质状态（隐晶质是矿物晶体细小，肉眼无法分辨而只能在显微镜下观察到的矿物颗粒）。浮游生物有机质在沉积过程中腐烂，所含磷质释放到水中，增加了深水磷的含量。长期以来，海底磷进一步聚集的公认机制是生物碎屑的沉淀与堆积，这种堆积包括有机物的硬壳和软体两部分。

根据磷矿的工业品位将岩石中 P_2O_5 含量＞18% 的称为磷块岩，8% ～ 18% 的称为磷质岩，＜8% 的称为含磷岩。根据成因将沉积成因的磷质岩称为磷块岩，而把岩浆成因或变质成因的结晶磷质岩称为磷灰岩。

（2）含铝磷酸盐矿床　含铝磷酸盐矿床在世界上分布相当广泛。美国佛罗里达的陆地岩砾磷矿床是含铝磷酸盐岩；我国四川什邡磷矿中的硫磷铝锶矿层是含铝磷酸盐矿。目前含铝磷酸盐矿用量较小，可作为硝酸磷肥生产原料或经煅烧后直接使用。

位于川中地区的“什邡式”磷矿床，呈东西向带状延伸，由下部的磷块岩和上部的硫磷铝锶矿组成[1-3]。“什邡式”磷矿床是国内外罕见的一种以磷为主，伴生有硫、铝、锶、稀土等多元素的综合磷矿床。其中，磷矿物除磷灰石外，还含有硫磷铝锶矿 $[SrAl(PO_4)(SO_4)(OH)_6]$，主要金属矿物有黄铁矿、磁铁矿、钛铁矿、稀土等多种有用矿物，脉石矿物主要有水云母、方解石、石英等。由于组成复杂，该类矿物选矿难度大，往往需要分级浮选。

四川绵竹地区城墙岩磷矿床属于“什邡式”磷矿床[4]，矿石的矿物组成为显微晶质磷灰岩、胶磷矿、玉髓、石英、黏土矿物、黄铁矿、褐铁矿、电气石等。胶磷矿镜下呈黄褐色、棕褐色非晶质 - 显微晶质状集合体，粒度极细，为碳氟磷灰石。形状不规则，呈显微球粒状或长条状，大小在 0.2 ～ 10mm，分选性差。

（3）磷铁矿床　中国北方低品位磷铁矿床主要分布在华北地台北部和塔里木地台北缘两

个巨大成矿带内[5]，多集中在河北、辽宁、吉林、内蒙古、山东、新疆等地。大部分矿体裸露地表，适于露天开采，露采储量约占80%。该类矿石中可回收的铁矿物主要为磁铁矿，采用磁选工艺回收；磷矿物主要是磷灰石，采用浮选工艺回收；钛铁矿多采用重-磁联合、重-浮联合或重-磁-浮联合工艺回收；其他伴生有益组分的回收包括浮选法回收硫钴、稀土作为稀土磷肥利用等。

北方低品位磷铁矿床中的主要矿石矿物为磁铁矿、磷灰石、钛铁矿等，铁与钛及磷的含量一般呈正相关关系，脉石矿物主要为辉石、角闪石、黑云母、长石等。矿石中有用组分主要为总铁（Fe）、P_2O_5、TiO_2，有害组分主要为SiO_2、S、F等[6]。磁铁矿呈不规则粒状、等轴粒状、半自形晶以及他形晶粒状集合体，其他形状集合体等形式赋存于矿石中，粒径一般为0.03～0.8mm，粗粒径可达1～3mm。有的呈浸染状、星散状分布，有的和钛铁矿构成不混溶连晶，有的边缘被赤铁矿交连取代。磷灰石呈柱状、厚板状、针状、粒状，粒径一般为0.1～0.8mm，集合体的达3mm以上；有的呈星散状分布，有的以包裹体的形式嵌布于斜长石、黑云母、角闪石中。钛铁矿呈半自形板状、鳞片状或不规则粒状，粒径一般为0.1～1mm。多与磁铁矿、赤铁矿连生形成不混溶连晶。磷铁矿矿石结构主要为磁铁-磷灰石、钛磁铁-磷灰石，矿石结构有自形-半自形粒状结构、花岗变晶结构、片柱状变晶结构、陨铁结构、镶嵌结构、填隙结构、包含结构、交代残余结构、平行连晶结构、固溶体结构等，矿石构造有块状、片麻状、条带状、网状、浸染状、间杂状构造等[7]。

（4）岩浆型磷矿床　据2011年青海省磷矿资源潜力评价成果报告，平安县上庄磷灰石矿床为岩浆型磷矿床。矿体严格受岩体控制，磷灰石呈浸染状分散在黑云母次透辉石相和黑云母次透辉石-低铁次透辉石岩相。矿石的有用矿物为磷灰石（3%～15%）、磁铁矿（5%～15%，包括少量钛铁矿）及黑云母，其他矿物有次透辉石（常具含霓次透辉石反应边，指示岩浆晚期碱质格外富集）、角闪石、榍石、黄铁矿（含少量黄铜矿）、长石、绿帘石及方解石等。稀土元素为伴生有益组分，以轻稀土元素（La、Ce、Nd、Sm）为主，均呈类质同相赋存于磷灰石及其他矿物中；单矿物中Re_2O_3的平均含量为：磷灰石0.693%、榍石1.25%、次透辉石0.032%、蛭石化黑云母0.014%、磁铁矿0.017%、硫化物0.007%、方解石0.133%。

按照矿石类型划分铁磷矿石（P_2O_5含量≥2%，可溶铁SFe≥8%）和磷矿石（P_2O_5含量≥2%，可溶铁SFe＜8%）。其中，铁磷矿石有益组分含量（%）：P_2O_5 3.39、SFe 10.74、Re_2O_3 0.106。磷矿石有益组分含量（%）：P_2O_5 3.54、SFe 5.60、Re_2O_3 0.083。上庄磷矿床P_2O_5平均品位为3.46%（东段）、3.03%（西段），此磷矿床为大型规模岩浆型磷矿。

2.1.1.2 磷矿石的品位

矿石的品位是指矿石中有用的元素或它的化合物含量的情况，常用化合物的质量分数来表示。对于以五氧化二磷(P_2O_5)的含量来划分品位的磷矿，一般含P_2O_5在28%以上的称为富矿，在18%以下的称为贫矿，在18%～28%之间的称为中等品位的磷矿。从磷矿化学加工的角度看，生产中所使用的磷矿最好都是富矿。在工业生产中为了进行技术经济指标（如每吨产品的矿石消耗量等）的比较，规定某一品位的磷矿作为标准矿（简称“标矿”）。将标准磷矿石规定为含 30% P_2O_5 的矿石，其他含量的磷矿石折算成标矿来比较。

2.1.2 全球磷矿资源分布

2.1.2.1 全球磷矿资源储量

美国地质调查局 2015 年公布的磷矿报告显示，全球磷矿石资源量逾 3 万亿吨。截至目前，全球磷矿石储量为 670 亿吨左右，主要分布在非洲、北美、亚洲、中东、南美的 60 多个国家和地区，其中经济储量的 85% 以上集中在摩洛哥、中国、美国、南非和约旦五个国家，仅摩洛哥一国的就占全球总量的 75% 之多，中国也是磷矿石大国之一。全球磷矿石储量见表 2-1。

表2-1 全球磷矿石储量 单位：万吨

国家	储量	国家	储量
摩洛哥	5000000	巴西	27000
中国	370000	哈萨克斯坦	26000
阿尔及利亚	220000	沙特阿拉伯	21100
叙利亚	180000	以色列	13000
南非	150000	突尼斯	10000
约旦	130000	加拿大	7600
俄罗斯	130000	塞内加尔	5000
美国	110000	印度	3500
澳大利亚	103000	墨西哥	3000
秘鲁	82000	多哥	3000
埃及	71500	越南	3000
伊拉克	43000	其他国家	30000
全球合计	6741700		

资料来源：2015 年美国地质调查局。

2.1.2.2 中国磷矿资源储量

我国已查明磷矿资源主要分布在四个省的九个区域：云南滇池，贵州开阳、瓮安，四川金河、清平、马边，湖北宜昌、胡集、保康。此四省的磷矿储量占全国近 75%，产量则占全国近 99%。富矿也主要集中分布在贵州、云南、湖北和四川四省，而贵州开阳集中了我国大部分富矿，其品位在 33% 以上的优质矿储量占全国的 78%。中国磷矿资源虽然较多，但是可利用的基础储量仅占资源总储量的 24%，而难以利用的资源储量占 76%。

中低品位矿多、富矿少是我国磷矿资源的特点之一。我国磷矿平均品位仅 16.95%，其中 93% 为中低品位磷矿，P_2O_5 大于 30% 的高品位磷矿储量只有 10.69 亿吨，仅占总储量的 8.12%，即使包括品位大于 26% 的中品位磷矿储量也不超过 30 亿吨。P_2O_5 大于 30% 的富矿工业储量集中分布在 5 个省份，所占比例分别为：云南 34.42%、贵州 43.69%、湖北 11.51%、四川 6.33%、湖南 2.06%。

2.1.2.3　全球磷矿产量

美国地质调查局 2015 年公布的全球磷矿产量数据显示，2014 年全球磷矿总产量为 2.2 亿吨左右，主产国有中国（1 亿吨）、美国（2710 万吨）、摩洛哥和西撒哈拉（3000 万吨）。2013 年和 2020 年全球磷矿石产量见表 2-2。

表2-2　全球磷矿石产量　　单位：万吨

国家	2013 年	2020 年	国家	2013 年	2020 年
中国	10800	8893	南非	230	210
美国	3120	4200	哈萨克斯坦	160	150
摩洛哥和西撒哈拉	1760	3700	印度	127	150
俄罗斯	1000	1300	阿尔及利亚	150	130
约旦	540	920	芬兰	—	100
沙特阿拉伯	300	650	乌兹别克斯坦	—	90
巴西	600	550	多哥	111	80
埃及	650	500	墨西哥	—	60
越南	237	470	叙利亚	500	36
突尼斯	350	400	加拿大	400	—
秘鲁	258	400	伊拉克	250	—
塞内加尔	80	350	其他国家	258	—
以色列	350	280	全球合计	约 22500	—
澳大利亚	—	270			

中国是全球产量最大的磷矿石生产国，2020 年以 40% 的磷矿石产量占比排名全球第一；摩洛哥是全球磷矿石储量最多的国家，但它和西撒哈拉的产量占比仅为 17%，位居第二。

从 2010 年开始，我国磷矿开采量逐年增加，到 2016 年达到峰值，开采量达到 14439.81 万吨。近年来随着磷肥施用量的下降，开采量逐年有所降低，到 2020 年降至 8893.31 万吨。近年来我国磷矿石开采量见图 2-4。

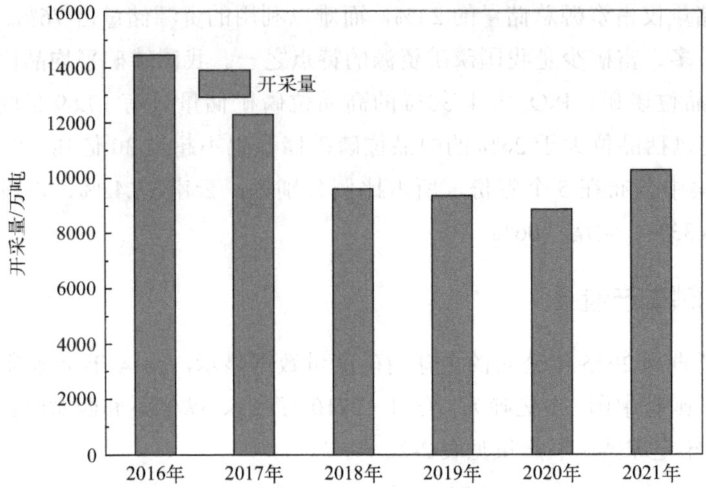

图 2-4 2016 ~ 2021 年全国磷矿石开采量及增长情况

2.2 磷矿质量与磷肥生产

2.2.1 磷酸铵生产对磷矿质量的基本要求

由于长期的开采，世界磷矿资源日趋贫化，优质磷矿越来越少，我国更是以中低品位磷矿居多。国外普遍使用经过选矿处理后的精矿，而国内许多生产企业直接使用采出的原矿[8]。表 2-3 是我国磷矿质量标准 HG/T 2673—95，从表中可见，我国 $m(MgO)/m(P_2O_5) \leqslant 10\%$ 的磷矿被列为一等Ⅱ，合格品 P_2O_5 含量仅 24.0%，对其中的杂质也未作任何限制。

表2-3 磷矿质量标准HG/T 2673—95　　单位：%

磷矿等级	$w(P_2O_5)$	$m(MgO)/m(P_2O_5)$	$m(R_2O_3)/m(P_2O_5)$	$w(CO_2)$	$w(H_2O)$
优Ⅰ	≥ 34.0	≤ 2.5	≤ 8.5	≤ 3.0	≤ 8.0
优Ⅱ	≥ 32.0	≤ 3.5	≤ 10.0	≤ 4.0	≤ 8.0
一等Ⅰ	≥ 30.0	≤ 5.0	≤ 12.0	≤ 5.0	≤ 8.0
一等Ⅱ	≥ 28.0	≤ 10.0	≤ 15.0	≤ 7.0	≤ 8.0
合格	≥ 24.0	—	—	—	—

磷酸铵生产主要有两种工艺：磷酸浓缩法、料浆浓缩法（以下简称“料浆法”）。“磷酸浓缩法”需要的磷酸浓度较高，故萃取磷酸需经过浓缩。如果直接使用杂质含量较高的

磷矿，在磷酸浓缩过程中会析出大量的固体悬浮物，使磷酸的黏度增高，形成难于清洗的酸不溶物垢层，堵塞换热管，使生产无法进行，因而该工艺需要使用品位高、质量好的原矿或富集的精矿[9]。根据生产经验，一般采用一等品［即 $w(P_2O_5) \geqslant 30\%$，$m(R_2O_3)/m(P_2O_5) < 12\%$，$m(MgO)/m(P_2O_5) < 5\%$］及以上标准的磷矿。“料浆法”则可以直接利用杂质含量高、又难以富集的中低品位磷矿，还可直接采用低浓度磷酸生产磷酸铵[10]。适应“料浆法”磷酸铵生产工艺要求的磷矿中 P_2O_5 含量宜大于 26.5%，最好在 28% 以上[11]。

磷矿中 P_2O_5 含量的高低直接影响最终产品的质量、装置生产能力的发挥以及原燃料、动力等消耗指标。磷矿品位越高，装置生产强度越大，产品质量越好，原燃料等消耗量相应降低，产品加工费用亦下降。

磷矿中的杂质主要指 CaO、Fe_2O_3、Al_2O_3、MgO 等。

CaO 不会对生产过程的控制造成有害影响，但在反应过程中要消耗硫酸，并增大磷矿的石膏值。据计算，每份CaO要消耗1.75份硫酸，过量CaO的存在，使硫酸消耗量增加。因此，要求磷矿中 CaO 含量尽量接近 $Ca_5(PO_4)_3F$ 的化学组成，即 $m(CaO)/m(P_2O_5)=1.31$[11]。

磷矿中的 Fe_2O_3 和 Al_2O_3 合称为倍半氧化物（用 R_2O_3 表示），它们在湿法磷酸生产过程中部分溶解于磷酸中，将对生产过程造成如下不利影响：①增加磷酸的密度和黏度。研究结果表明：磷酸溶液的密度与离子浓度之间存在线性关系，黏度的对数值也与离子浓度成线性关系。即：磷酸中 Fe^{3+}、Al^{3+} 浓度越高，则磷酸密度和黏度越大，磷酸黏度增加会影响湿法磷酸生产过程中硫酸钙结晶的成长，降低过滤机过滤强度。②当磷酸中 Fe^{3+}、Al^{3+} 达到饱和时，将析出 $FePO_4 \cdot 2H_2O$、$AlPO_4 \cdot 2H_2O$ 沉淀，造成 P_2O_5 损失。③在磷酸被氨中和时，Fe^{3+}、Al^{3+} 将形成胶体状的复杂化合物，使料浆黏度增大，特别是 Fe^{3+} 的化合物对料浆黏度的影响更为显著。大量铁、铝化合物的存在，使料浆浓缩困难，甚至不能正常进行。④铁铝磷酸盐均不溶于水，它们的存在使产品的 P_2O_5 水溶率降低。因此，必须对磷矿中 Fe_2O_3 和 Al_2O_3 的含量严格限制。“料浆法”工艺对磷矿中倍半氧化物含量一般要求 $m(R_2O_3)/m(P_2O_5) < 20\%$。对于 Fe_2O_3 尚须根据其在酸中的溶解性能确定其极限含量。此外，鉴于磷矿中某些元素（例如 Fe）含量过高时将造成料浆浓缩困难，因此即使使用高品位磷矿，也应该通过评价试验才能确定其对“料浆法”工艺的适用性[12]。

磷矿中的 MgO 几乎 100% 溶解于磷酸中，它对生产过程的影响主要表现在：①增大磷酸溶液的黏度和密度，影响湿法磷酸生产。②磷酸中大量 Mg^{2+} 存在，难以控制游离 SO_4^{2-} 浓度。当磷酸中 Mg^{2+} 浓度较高时，为了维持结晶成长必需的 SO_4^{2-} 浓度，实际控制的液相 SO_4^{2-} 浓度就相当高。这样既增加了硫酸消耗，又使产品质量下降。③当磷酸进行氨中和时，Mg^{2+} 生成难溶性的沉淀，使料浆中的固相量增加，从而大大增加料浆黏度，造成料浆浓缩困难。④产品中的磷酸镁盐 $Mg_3(PO_4)_2$ 不溶于水，Mg^{2+} 的存在使产品 P_2O_5 水溶率降低，产品质量下降[13]。因此，对磷矿中的 MgO 含量也必须严格限制。适应“料浆法”工艺的磷矿中 $w(MgO) < 3.0\%$[或 $m(MgO)/m(P_2O_5) < 10\%$]。

2.2.2　重过磷酸钙生产对磷矿质量的基本要求

重过磷酸钙（简称重钙）的生产过程虽然很简单，但与磷矿的质量和性质关系密切[14]。

磷矿质量和性质对重钙生产过程和产品质量的影响表现在两个方面：①生产过程中的物料性质能否适应起运、转移、筛分和破碎等机械操作，全程运行是否流畅。②在确定的生产条件下，磷矿被磷酸分解的程度是否达到预期要求，产品中有效磷含量和游离酸含量是否符合产品标准。第一方面涉及磷矿在磷酸中的反应动力学，在一定程度上与磷矿的反应活性有关，第二方面涉及反应物的溶解度性质，属热力学范畴，在很大程度上与磷矿中杂质种类和含量有关。

对于第一方面，磷矿反应活性与磷矿粉的比表面积有关[15]。磷矿粉的比表面积包括外比表面积和内比表面积，前者与磨矿细度有关。不同磷矿具有不同的比表面积，最大的与最小的相差30多倍[16]。某些反应活性低的磷矿的比表面积在矿粉细度的一定范围内变化不大，而某些反应活性高的磷矿，其细的颗粒比粗的比表面积增加较多。磷矿在磷酸中的反应速率正比于磷矿的比表面积。总之，磷酸分解磷矿的反应速率与磷矿颗粒的大小密切相关。磷矿颗粒愈细，比表面积愈大，反应速率就愈大，反应也进行得愈完全。其结果是缩短生产周期，提高效率，可以制得质量更佳的产品。

对于第二方面，磷矿石的主要成分为氟磷灰石，并含有不同量的杂质。对于制造重钙的化学过程，氟磷灰石可看作是磷酸钙和氟化钙的混合物 $Ca_3(PO_4)_2 \cdot CaF_2$。重钙的主要活性成分是磷酸一钙 $Ca(H_2PO_4)_2 \cdot H_2O$。生产重钙的目的是将不溶性的 $Ca_3(PO_4)_2$ 转化为水溶性的 $Ca(H_2PO_4)_2 \cdot H_2O$。然而，由于磷矿石中含有杂质，并不是所有的磷酸都被转化为 $Ca(H_2PO_4)_2 \cdot H_2O$，而是生成一些磷酸二钙 ($CaHPO_4 \cdot 2H_2O$)，以及铁、铝、镁的磷酸盐。磷酸二氢镁 $Mg(H_2PO_4)_2$ 能溶于水，但是磷矿中的MgO会降低磷酸中 H^+ 浓度，从而降低磷矿的分解速率。$CaHPO_4 \cdot 2H_2O$ 不溶于水，但能溶于中性柠檬酸铵溶液，称为枸溶性磷酸盐，其中的磷属于有效磷，在酸性土壤中能被作物吸收。产物中还包含部分未参与反应的磷酸，称为游离酸，其中的磷属于水溶磷。重钙含有一些游离酸是必要的，因为只有在酸性条件下 $Ca(H_2PO_4)_2 \cdot H_2O$ 才稳定[17]。

对我国多数磷矿来说，其铁、铝杂质含量不太高，但钙、镁含量较高[14]。磷矿中的铁、铝、镁和钙杂质对磷矿湿法加工的不利影响是多方面的。重钙生产对磷矿的质量要求是 P_2O_5 含量尽可能高，使所得产品品位高，而磷酸消耗量低。磷矿的 CaO/P_2O_5 质量比和磷矿品位对磷矿和磷酸消耗量以及重钙产品品级的影响列于表2-4[18]。

表2-4　磷矿品位和 CaO/P_2O_5 质量比对磷矿和磷酸消耗量以及重过磷酸钙 P_2O_5 含量的影响

CaO/P_2O_5 质量比	P_2O_5 来源 /%		磷矿 P_2O_5 品位 /%	每吨产品 P_2O_5 ①		产品中 P_2O_5 ② 总含量 /%
	矿石	酸		耗矿石 /t	耗酸（实物）/t	
1.7	24	76	33	0.73	1.4	47
1.5	27	73	33	0.82	1.35	46.1
1.35	30.2	69.8	33	0.92	1.29	45.2
1.5	27	73	28	0.596	1.35	43
1.5	27	73	38	0.71	1.35	48.5

① 磷酸含54% P_2O_5。酸化分子比 P_2O_5 : CaO=0.97。

② P_2O_5 含量随矿中挥发组分和游离水分的减少而增加，有效 P_2O_5 含量由于产品中 P_2O_5 不溶于柠檬酸盐而降低。按磷矿石和酸的组成，这两种因素可大致相互抵消。

CaO/P_2O_5 质量比作为确定生产重钙酸比率的起点。磷矿中 CaO/P_2O_5 质量比增加，重钙中由矿石转化来的 P_2O_5 相应减少；当矿石中 CaO/P_2O_5 质量比不变时，磷矿品位提高，产品 P_2O_5 含量随之增加。表 2-4 说明了一般趋势，经济上最佳的酸矿比可以通过实验确定。磷酸和磷矿中杂质含量愈大，副反应愈多。最通常的计算方法是将最初的 P_2O_5（从磷酸中得到的 P_2O_5）和第二次的 P_2O_5（从磷矿中得到的 P_2O_5）之间的比值作为基本的工艺参数。此外，钙盐常以 $CaCO_3$ 形式出现，在用粉状法生产重钙的过程中，碳酸盐的影响和对普钙的影响是相似的，即导致磷酸的消耗量增高，并且碳酸盐和有机物的存在导致严重的发泡问题。因此，一般生产重钙的 $m(CaO)/m(P_2O_5) \leqslant 1.42$。

$Mg(H_2PO_4)_2 \cdot H_2O$ 及不同的水合物 $Mg(H_2PO_4)_2 \cdot 2H_2O$ 和 $Mg(H_2PO_4)_2 \cdot 3H_2O$ 的溶解度比 $Ca(H_2PO_4)_2 \cdot H_2O$ 大得多，从磷酸和二次磷矿中带入的镁都成为磷酸盐溶解在液相中，而不像磷酸钙盐那样很大部分从液相中结晶出来。在这种情况下，相同含湿量的重钙物料中，由于镁的影响，不但液相量增大，而且液相的盐浓度也增高。例如，磷矿中 m（MgO）/m（P_2O_5）=0.05（磷矿含 30%P_2O_5，1.5%MgO），在重钙物料中也基本保持此比例。重钙物料中液相量高以及其所含的磷酸和盐类的浓度高时，将导致物性不良，表现在黏性、不松散流动和堆置过程中不会自然失水，甚至吸水和结块。磷酸和二次磷矿中的镁含量高，会造成磷矿分解速率显著下降，使重钙物料中游离磷酸含量的递减速率下降，物料液相中游离磷酸浓度高，是造成物性不好的因素之一。因此，一般生产重钙要求 $m(MgO)/m(P_2O_5) \leqslant 1.5\%$。

铁、铝的氧化物即 Fe_2O_3、Al_2O_3 同样对产品质量是有害的。当在高浓度的游离酸情况下，铁、铝的酸式磷酸盐使产品的物理性质差，产品很黏而且具有摇溶性，在生产装置中可引起许多操作问题。在重过磷酸钙的生产中料浆在反应器里滞留时间延长，主要是由不溶性的磷酸铁和磷酸铝晶体引起的。最初，反应器中生成的铁和铝的酸式磷酸盐是无定形状态，这些物质在柠檬酸和中性的柠檬酸钙中呈不溶性。在固化期间如果温度维持在 65 ～ 79℃以上，这些无定形盐类在反应槽中转化成构溶性的水合结晶。一般用于重钙生产的磷酸控制 $m(R_2O_3)/m(P_2O_5) < 10\%$ 就可以操作，$m(R_2O_3)/m(P_2O_5) < 8\%$ 更容易获得优质产品。

综上所述，磷矿的活性对重钙生产的影响比对磷酸生产的影响更大，活性差的磷矿要求磨得更细和反应时间更长，因此，某些火成型磷灰石生产重钙就难以取得满意的结果，要求磷矿晶体具有较大的比表面积，以有利于磷矿的分解，提高分解率，加快分解速率[19]。对于磷矿的有害杂质如 MgO、Fe_2O_3、Al_2O_3 等要求尽可能低，以提高产品水溶性、减少有效 P_2O_5 的退化、改善产品的物理性状。

2.2.3 普通过磷酸钙生产对磷矿质量的基本要求

磷矿的物理性质和化学组成与普通过磷酸钙（普钙）生产的工艺条件、产品质量和技术经济指标有着密切关系[16]。

生产普钙要求磷矿的细度要比生产磷酸高得多，磷矿的物理结构决定了硫酸分解磷矿的难易程度[20]。磷矿和硫酸的反应速率与磷矿粉的比表面积、扩散系数、扩散层厚度、固体表面的溶质浓度、溶液中的溶质浓度等因素相关。硫酸与矿粉的反应为液固反应，固液接触面积与反应速率成正比，磷矿粉的细度直接影响磷矿的利用率，细度越小的矿粉比表面积越大，酸矿接触面积越大，反应速率越快，P_2O_5 转化率越高，后期熟化越容易进行。但是当矿粉细度超过一定值后，会出现结块现象，阻碍矿粉与硫酸的接触，P_2O_5 转化率反而下降，且矿粉越细，粉尘量越多，研磨时间越长，耗电量越大，生产成本越高。在实际生产中，矿粉细度要结合工艺参数及经济成本综合考虑[21]。一般要求磷矿粉（浆）通过 100 目筛颗粒的质量分数在 90% ～ 93% 之间。若磷矿活性较差，应提至 95% 以上。磷矿粉水分控制在 15% 以下，磷矿浆水分则须小于 26%，这样有利于生产过程及水平衡的控制。

磷矿中的 P_2O_5 含量和产品质量、原料消耗有直接关系，磷矿中 P_2O_5 含量决定普钙产品中的有效磷含量，对磷矿主要组分含量的要求是 P_2O_5 含量高，CO_2、SiO_2、水分适量，Fe_2O_3、Al_2O_3、MgO 含量低。磷矿中 P_2O_5 含量降低，相应杂质含量增加，导致硫酸消耗和产品成本的增加。按一级品普钙有效磷质量分数大于 16% 的要求，磷矿中 P_2O_5 的质量分数一般不能低于 28%[21]。

磷矿中碳酸盐含量高，导致硫酸消耗增加，但适量碳酸盐的存在也有一定的好处：碳酸盐与硫酸的反应是放热反应，使反应物温度升高，水分得以蒸发，而且 CO_2 和蒸汽等的逸出对物料起到了充分的搅拌作用，并使产品疏松多孔，物理性能良好。磷矿中 $CaCO_3$ 质量分数增大，导致过磷酸钙产品养分含量降低、原料硫酸消耗量增大[22]；但由于 $CaCO_3$ 与硫酸反应放出的 CO_2 有利于生产过程中产物骨架的形成，因而磷矿中存在适量的 $CaCO_3$ 对生产过程有利。所以磷矿中的 CO_2 质量分数以 2% ～ 3% 为宜。

倍半氧化物 R_2O_3 与硫酸作用，生成难溶性的磷酸铁、磷酸铝，引起有效 P_2O_5 的退化，并增加硫酸消耗。R_2O_3 含量高时，生产过程不容易控制，前期料浆较稀，后期不易固化，产品黏结成块。Fe_2O_3 质量分数增大导致产品有效 P_2O_5 质量分数降低和游离水质量分数大幅增加，其他指标的变化幅度则相对较小。Al_2O_3 的影响规律与 Fe_2O_3 类似，但 Al_2O_3 的不利影响程度比 Fe_2O_3 更大[23]。R_2O_3 质量分数的增大导致产品有效 P_2O_5 质量分数降低，且对产品质量的不利影响程度比碳酸盐大。一般要求 $m(R_2O_3)/m(P_2O_5) < 8\%$。

磷矿中的 F 一般以 CaF_2 形式存在，其中大部分 CaF_2 与 $Ca_3(PO_4)_2$ 复合形成 $Ca_5(PO_4)_3F$。在生产过程中 CaF_2 与硫酸反应生成 HF，HF 再与 SiO_2 反应形成 SiF_4，部分生成 H_2SiF_6。CaF_2 质量分数增大导致原料硫酸的消耗量增加幅度较大，相应产物总量的变化较大，因此对产率和消耗定额的影响较大。CaF_2 对产品质量指标的影响也较大，其对产品质量指标的影响幅度介于倍半氧化物和碳酸盐之间。

我国磷矿中 MgO 以碳酸盐和硅质矿物与物化性质相近的磷矿物共存，因此精选十分困难，只有细磨才能促使矿物单体解离[23]。此外，镁盐能与磷酸作用，生成磷酸二氢镁，磷酸二氢镁在过磷酸钙液相中的溶解度较大，降低了液相氢离子的活性，使磷矿后期分解速率降低，延长了熟化时间，而且磷酸二氢镁的吸湿性较强，常使产品物理性状变坏，因此，一般要求磷矿 $m(MgO)/m(P_2O_5) < 6\%$[24]。

SiO_2 和硅酸盐的存在，增加磷矿的硬度，降低粉碎效率。含有少量 SiO_2 使磷矿中的氟在反应过程中生成 SiF_4 逸出，有利于提高磷矿中氟的逸出[25]。

2.2.4 钙镁磷肥生产对磷矿质量的基本要求

生产熔融钙镁磷肥对磷矿的要求不同于湿法磷肥，钙镁磷肥炉料是通过几种原料（磷矿、熔剂、燃料）的混配来达到适宜组成的，必要时甚至可以使用几种磷矿，因而对原料适应性很强[26]。其对磷矿原矿中 P_2O_5 含量要求不高，可直接使用中低品位磷矿，特别是不适合酸法加工的高镁磷矿更有优越性，但是从经济效益与产品质量上考虑，希望 P_2O_5 含量尽可能高一些。一般用 P_2O_5 含量为20%左右的中低品位磷矿生产一级钙镁磷肥是可行的，由于合理利用了磷矿中的组分，从而也是经济的，可提高我国磷矿资源的可利用率，为我国磷资源安全提供保障。

中低品位磷矿中 $CaCO_3$、$MgCO_3$、SiO_2、Al_2O_3、Fe_2O_3 等杂质含量一般较高，这些杂质虽然在生产湿法磷酸、重钙、黄磷、普钙等产品中是有害物质，但含量最大的 $CaCO_3$、$MgCO_3$、SiO_2 却是钙镁磷肥的有用成分，其含量可以高一些；其中的 CO_2 分解后，又可提高钙镁磷肥中有效 P_2O_5 含量。同时利用中低品位磷矿生产的钙镁磷肥适合在南方酸性和缺磷土壤上施用，既可以增加土壤中有效磷的含量和提高pH值，又可以增强作物的抗病和抗倒伏能力。磷矿中的MgO能降低炉料熔点，含MgO 6%～10%的磷矿属自熔性磷矿。含 SiO_2 12%～20%的磷矿是生产熔融钙镁磷肥的最佳原料[27]。

过量的 Fe_2O_3 和 Al_2O_3 是有害的。磷矿中 Fe_2O_3 在高炉内被还原成FeO或Fe，FeO起着与MgO相似的作用，能降低炉料熔点，但是铁与磷结合生成磷铁，造成磷的损失。通常钙镁磷肥生产配料中 Fe_2O_3 的含量控制在3%左右，则转化率可达到90%以上。一定量的 Al_2O_3（质量分数不大于5%）也有降低炉料熔点的作用。

此外，磷矿粒度要适当。若粒度过大，矿石不易熔化；粒度太小，在炉内又会堵塞料间空隙，使透气性变坏。因此要求入炉的磷矿具有较好的热稳定性，粒度为10～120mm，最好为50～120mm[28]。

2.2.5　湿法磷酸生产对磷矿质量的基本要求

湿法磷酸生产时，为了稳定运行、提高技术经济指标、增加经济效益，工厂通常都愿意采用品位高、杂质少、质量稳定的磷矿作原料。装置生产规模愈大，使用精料的必要性也愈大；磷矿品位愈高，装置的经济效益也愈大。一般而言，采用二水物流程，装置规模不太大的工厂对磷矿的要求可以低一些；采用半水物流程，或者装置规模大的二水物流程的工厂都要求提高磷矿的品位，减少其中杂质的含量；采用半水-二水、二水-半水流程等再结晶流程，则要考虑难溶性杂质的累积，对磷矿中杂质的限量要求更高一些。高品位磷矿适用于任何湿法磷酸生产流程；如果磷矿的 P_2O_5 品位较低，但是杂质的含量在规定的范围以内，这类磷矿中的含磷物质主要被石英等与反应过程无关的附生矿物所稀释，因此采用这类磷矿进行湿法磷酸生产时，生产能力降低，为了提高经济效益，这类磷矿最好经过选矿富集；对于低质量磷矿，其 P_2O_5 品位低，甚至中等品位磷矿中有害杂质的含量远超过规定的指标，那么这类磷矿都无法直接用于湿法磷酸生产，其唯一的利用途径是通过选矿降低杂质含量，提高 P_2O_5 品位[29]。

对于湿法磷酸生产企业来说，磷矿 P_2O_5 品位的高低，主要影响经济效益。磷矿 P_2O_5 品位愈低，单位 P_2O_5 产品的加工经济指标也愈低，包括反应槽容积利用系数、过滤机生产强度、设备动力消耗以及消泡剂用量等指标都降低，也就是说装置的生产能力降低。如果湿法磷酸生产时直接使用“低质量”磷矿，碰到的问题不仅有经济问题，还有技术问题。由于“低质量”磷矿中含有较多的有害杂质，磷矿的反应过程及硫酸钙的结晶过程不能正常进行，有可能根本生产不出磷酸，即使生产出磷酸，也由于含杂质过多而无法进行浓缩，或无法加工利用。磷矿中有害杂质的允许含量常与 P_2O_5 品位有关，P_2O_5 品位高的磷矿相对地允许有较多的杂质存在。近年来，考虑到磷矿的贫化，对磷矿中杂质的要求略有降低[30]。

在选择湿法磷酸生产的原料磷矿时，下列因素必须予以考虑：

① 磷矿中的 $m(CaO)/m(P_2O_5)$。磷矿中的 $m(CaO)/m(P_2O_5)$ 是决定单位 P_2O_5 产品硫酸消耗量的因素，而硫酸消耗量则是构成湿法磷酸生产成本的一项主要因素。$m(CaO)/m(P_2O_5)$ 愈大，硫酸的消耗量也愈多。按纯的氟磷灰石计，$m(CaO)/m(P_2O_5)$ 的理论值为 1.31[$n(CaO)/n(P_2O_5)$ 为 3.33][30]。因此，磷矿中的 $m(CaO)/m(P_2O_5)$ 超过此值时，即表示该磷矿需要消耗额外的硫酸，增加额外的生产成本。我国磷矿中的 $m(CaO)/m(P_2O_5)$ 一般较高，这是由于磷矿中通常伴生白云石、石灰石等碳酸盐附生矿物，这类碳酸盐矿物难以用一般的选矿方法除去[31]。湿法磷酸生产一般要求 $m(CaO)/m(P_2O_5) \leqslant 1.45$。

② 磷矿中的 MgO 含量。磷矿中镁盐在酸解反应后几乎全部溶解在磷酸溶液中，甚至经浓缩后也不会析出，这是由于磷酸镁盐在磷酸溶液中的溶解度很大，因此镁盐严重影响磷酸生产过程。在磷矿酸解反应过程中，MgO 要中和磷酸中的第一个 H^+，降低磷酸第一个 H^+ 的浓度，影响磷矿的反应。如果为了保持一定 H^+ 浓度而增加硫酸用量，则溶液中 SO_4^{2-} 浓度过高，造成硫酸钙结晶过程恶化。除此以外，由于镁盐的吸水性以及过大的溶解度，制成的磷肥产品的物理性能不好。因此，磷矿中 MgO 含量已成为评价磷矿质量的主要指标之一。国外生产厂商对磷矿中 MgO 含量的限制要求较为严格，而我国磷矿由于在成因、结构上的特殊性，磷矿中 MgO 含量一般都较高[32]，这对湿法磷酸的生产带来很大困难，即使制成了磷酸也很难浓缩，这种磷酸在使用上的局限性很大。因此，如何降低原料磷矿中 MgO 含量，已成为我国磷矿选矿技术的一个重要研究方向。湿法磷酸生产一般要求磷矿的 $m(MgO)/m(P_2O_5) \leqslant 0.013$。

③ 磷矿中的倍半氧化物含量。磷矿中铁和铝的含量是影响湿法磷酸生产的一个消极因素。铁和铝主要来自黏土，可以通过浮选、磁选除去其中的大部分。磷矿反应过程中，铁和铝不仅会干扰硫酸钙结晶的成长，而且会在磷酸中形成淤渣，尤其在浓缩磷酸时更为严重。常见的磷酸淤渣是铁和铝的复杂磷酸盐沉淀如 $(FeAl)_3KH_{14}(PO_4)_5 \cdot 4H_2O$ 以及其同晶系列的各种化合物，沉淀物不仅造成 P_2O_5 损失，而且使用磷酸加工磷肥时，还会导致磷肥产品物理性能不佳以及降低产品中有效 P_2O_5 含量。铁、铝含量过高的磷矿在酸解反应过程中，会生成铁、铝磷酸盐沉淀，与磷石膏一起排出系统，这也是造成 P_2O_5 损失的重要因素之一[33]。湿法磷酸生产一般要求 $m(R_2O_3)/m(P_2O_5) \leqslant 0.109$。

④ 磷矿中的硅含量。磷矿中通常总是含有不等量的硅，其多以石英的形态存在。磷矿反应过程中，二氧化硅部分被反应生成的氢氟酸侵蚀，被侵蚀的程度与其物理性状有关，活性较大的硅很容易与氢氟酸反应生成氟硅酸（H_2SiF_6），后者对金属材料的腐蚀性要比氢氟酸小得多。因此，湿法磷酸生产中，一般要求磷矿中含有必需量的二氧化硅。

⑤ 磷矿中的硫化物含量。磷矿一般含硫不多，磷矿中的硫一般以硫酸盐形式存在，也可以硫化物形式存在（某些磷矿常含有 FeS_2）。当硫以硫酸盐形式存在时，对磷酸的生产无

甚影响；若以硫化物形式存在，会给反应过程带来麻烦，因为硫化物在一定条件下与酸作用生成的 H_2S 气体逸出，会腐蚀多种不锈钢，而且 H_2S 气体剧毒，会给生产操作环境带来安全隐患。

⑥ 磷矿中的有机物含量。大多数磷矿，尤其是沉积型磷矿，常含有不等量有机物。当磷矿中的有机物含量不多时，对生产操作的影响不大，但当有机物含量较高时，会给操作带来很大的麻烦。有机物会使反应生成的 CO_2 气体泡沫稳定坚韧，产生泡沫现象。泡沫现象一旦产生后，就会给磷矿的反应散热、料浆的输送及过滤造成困难。此外，有机物碳化形成极为细小的碳粒，极易堵塞滤布，使滤饼的过滤速率降低。所以磷矿的泡沫现象也是评价磷矿特性的指标之一。

2.3 选矿

2.3.1 我国磷矿选矿概况

2.3.1.1 我国磷矿资源的特点

我国磷资源在地域分布、磷品位和矿物组成上都有独特的性质。这些特性对矿石的开采、选矿、磷肥加工、产品运输和销售，甚至对磷酸盐产业的布局都产生重大影响。

（1）富矿少，中低品位矿多　在已经探明的储量中，P_2O_5 品位大于 30% 的富矿仅占探明储量的 8.12%，几乎全部集中在云南和贵州两省。磷矿 P_2O_5 的平均品位为 16.95%，因此绝大部分磷矿必须通过选矿富集将其 P_2O_5 品位提高到 28% 以上才能满足生产湿法磷酸和高浓度磷肥的要求。

（2）采矿难度大　由于绝大部分磷矿成矿年代久远，埋藏深，岩化强、矿石胶结致密，约有 75% 以上的矿层是倾斜 - 缓倾斜薄至中厚矿体，这种矿体不论是露天开采还是地下开采都会带来一系列技术问题，往往造成高损失率、高贫化率和高开采强度。

（3）选矿难度大，难选矿多，易选矿少　沉积型磷块岩占总储量的 85%，我国磷矿 90% 是高镁磷矿，矿石中有用矿物的粒度细且有用矿物与脉石矿物结合紧密，不易解离，一般要求磨矿细度到 −200 目的颗粒占 90% 以上才能使单体解离，属于世界上难选的磷矿石之一。

（4）北方磷矿多属于变质型矿床，磷品位低，伴生有益元素少，虽然易选，但选矿比大，精矿的生产成本高。

2.3.1.2 我国磷矿矿物工艺学

磷矿石的矿物工艺学研究主要为矿石的选别和化学加工提供基础数据，对磷资源的评估、选矿工艺流程的确定等都起着基础与先导的作用。中低品位磷矿是主要磷矿资源，浮选工艺广泛使用于磷矿选矿的实际过程中，经过多年的发展，已经形成了如正浮选、反浮选、正-反浮选和双反浮选等浮选工艺。浮选工艺的选择主要取决于磷矿石中脉石矿物的类型、含量和成分。因此，对中低品位磷矿的矿物工艺学特征进行研究具有明显的现实意义。

（1）硅质胶磷矿　此种类型磷矿石的特点是脉石矿物主要由硅酸盐矿物所组成，其中含有少量铁的氧化物。含磷矿物主要是胶磷矿及部分细晶磷灰石。这类胶磷矿多呈鲕粒状结构与脉石成胶结物出现，浸染粒度很细，无完整结晶形态；一般为半风化和风化磷块岩，主要粒度范围在 0.05 ～ 0.25mm；为非晶质、隐晶质、超显微粒磷灰石微晶集合体与极微粒脉石矿物的机械混合物。国内一些学者对此类型磷矿石作了相关系统深入的研究[34-36]。

（2）碳酸盐胶磷矿　此种类型磷矿石的特点是脉石矿物主要为碳酸盐矿物，其次还有硅酸盐矿物，以及氧化铝、氧化铁等杂质。磷块岩中的主要杂质成分都以构晶离子的形式赋存于各种脉石矿物中。

王树林等[37]、庞建涛[38]等通过利用光学偏光显微镜观测，分别对湖北的磷矿进行了矿物工艺学分析，研究成果对后续选矿工艺提供了指导。

（3）混合型胶磷矿　此种类型磷矿石的特点是胶磷矿不仅含有与碳氟磷灰石紧密共生的极细杂质，而且还与细微粒黏土、褐铁矿及白云石共生。矿样中主要脉石矿物为石英、玉髓，其次为白云石，单独脱除某一种脉石矿物难以满足下游生产装置用矿要求。矿样的主要构造类型为条带状（条纹）和块状，主要结构为团块状、粒状、凝胶状，对粒状结构胶磷矿磨矿易产生连生体。当黏土矿物的粒度在 10μm 以上时，在磨矿过程中比较容易与胶磷矿解离。而胶磷矿中粒度只有数微米的黏土矿物，在磨矿过程中难以完全解离。

石和彬等[39]利用光学显微分析测定了云南中低品位硅钙质磷块岩矿物的嵌布粒度，利用 X 射线衍射分析了物相，利用扫描电镜微区分析和光电子能谱仪分析了各矿种的化学组成，全层样中主要矿物的体积分数约为：胶磷矿 50.6%、白云石 21.8%、石英 15.3%、硅铝酸盐矿物 9.7%、褐铁矿 2.5%。

吴书明[40]等对江西朝阳磷矿进行了研究，选取中矿段四矿区和老鸦嘴采场混合矿进行物相分析，该矿样含石英和玉髓矿 30% ～ 35%、胶磷矿 30%、白云石 25% ～ 30%，还含有少量的方解石、黏土和金属等矿物。矿石结构主要为泥晶胶状结构和磷质粒屑结构，岩石硅化现象严重，岩石构造为纹层-条带状构造及块状构造。高镁矿石为混合型磷块岩矿石，胶磷矿嵌布类型以细粒级为主，P_2O_5 品位为 13.63%，MgO 含量为 5.28%。

我国河北、吉林、辽宁、山东、内蒙古、新疆等地是北方低品位磷矿的主要集中地，晶质磷灰石矿占探明储量的 93%（包括内生磷矿、变质岩浆型磷灰石矿及基性火山岩变质磷灰石矿），该类型磷矿 P_2O_5 品位一般都在 3% ～ 6%，品位很低[41]。

湖南石门磷矿属海相沉积硅钙质磷块岩[42]，矿石品位低，杂质含量高，嵌布粒度细，碳泥质多，是较难选的矿石。由于矿床储量大，矿源充足，是我国亟待开发的重要后备磷矿资源。矿石中主要有用矿物为磷块岩、少量磷灰石。脉石矿物绝大部分为白云石，其次为石英、方解石、碳泥质等。金属矿物有黄铁矿、闪锌矿、褐铁矿等。磷块岩主要呈胶状和层纹状，与白云石密切相嵌，呈浑圆型、豆状、棱角状碎屑嵌布。白云石呈隐晶质及微细粒嵌布。石英呈细粒镶嵌集合体、团块状、脉状产出。方解石以团状、脉状产出。炭泥质呈云雾状弥散于矿石中，呈层纹分布。矿石呈假鲕状、条带状构造，是典型的硅钙质胶磷矿。

2.3.2 我国磷矿主要选矿工艺

目前浮选工艺占据世界磷矿选矿实践的主导地位，这是因为浮选工艺相对于其他分选方法具有更强的适应性。我国磷矿资源绝大部分都采用浮选法处理。国外报道的胶磷矿选矿工艺除了浮选外，还有化学选矿工艺、物理选矿工艺（例如静电分选、加热处理、煅烧、擦洗脱泥）、生物选矿工艺等。近年来，这些工艺流程在国内亦有相关的研究报道，但实际应用非常少见。选矿过程采用何种工艺是由磷矿石和捕收剂的性质来决定的。

2.3.2.1 磷矿石的性质

在进行磷矿石的矿物工艺学研究以后，了解待选磷矿的物相组成、元素含量、嵌布粒度，就可以根据主要成分的含量确定磨矿细度、制备或购买主要成分的单一纯矿物，研究纯矿物的性质，进而研究纯矿物的可浮性，比较其差异，筛选捕收剂、抑制剂和活化剂，优化药剂制度等。

2.3.2.2 磷矿选矿捕收剂

（1）捕收剂的结构特征　磷矿捕收剂根据其与有用矿物（磷灰石）与杂质矿物（脉石矿物）作用力的强弱，分为正浮选捕收剂和反浮选捕收剂，与有用矿物作用力强的称为正浮选捕收剂，反之，与杂质矿物作用力强的称为反浮选捕收剂。捕收剂由两种或两种以上的基本单元组成，基本单元是亲水基、亲固基和烃基。其中，亲水基和亲固基都具有亲水作用，又统称为极性基，烃基是疏水性的，又称为非极性基。捕收剂的基本结构如图 2-5 所示。

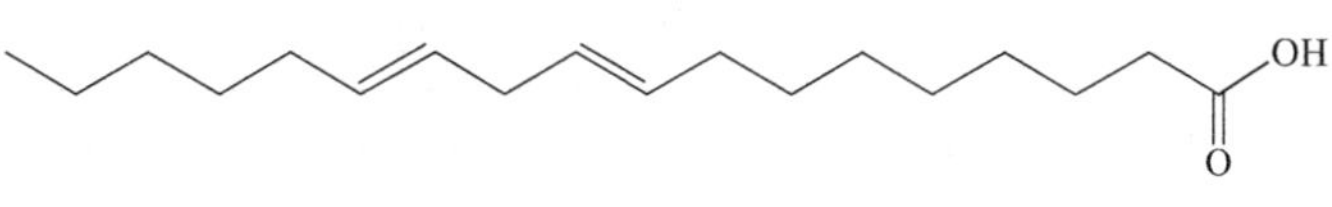

图 2-5　捕收剂的基本结构特征

非极性基一般由烃基组成，包括脂肪烃和芳香烃；极性基由羧基、氨基、酰胺基、羟肟酸基、磷酸基、膦基、硫酸酯基、磺酸基等组成。

捕收剂分子中非极性基对浮选性能的影响包括三个方面：①捕收剂分子或离子定向吸附于矿物表面时，捕收剂的非极性基朝外，能形成疏水膜，提高矿物的可浮性，非极性基的结构特点直接影响疏水性的大小；②非极性基相互间的缔合作用（范德华力、静电力、氢键力等）能影响捕收剂在矿物表面的吸附牢固程度；③非极性基还通过诱导效应、共轭效应以及空间效应等方式对极性基的吸附能力产生影响[43-46]。上述三种作用如图 2-6 所示，捕收剂分子中非极性基含有相同碳原子时，捕收剂中非极性基疏水能力大小顺序为脂肪基＞脂环基＞芳香基。研究结果表明，碳链长短对脂肪酸捕收剂的性能有重要的影响，捕收剂碳链长度的增加首先会降低药剂分子的溶解度和分散性，一般认为疏水基的碳链每增加一个碳，溶解度降低三分之一；其次，对捕收剂分子的胶束化行为产生影响，疏水基的碳链延长药剂疏水基之间的引力增加，从而导致药剂分子更容易在较低的浓度下形成胶束；再次，非极性基上靠近极性基的碳原子（α- 碳原子）上连接有强拉电子基团时，由于诱导效应，极性基亲核性增强，增加捕收剂分子与矿物表面正离子的相互作用力，从而提高捕收剂的捕收能力；最后，也增加了亲水基团与溶剂水的相互作用力，增加捕收剂在水溶液中的分散性。

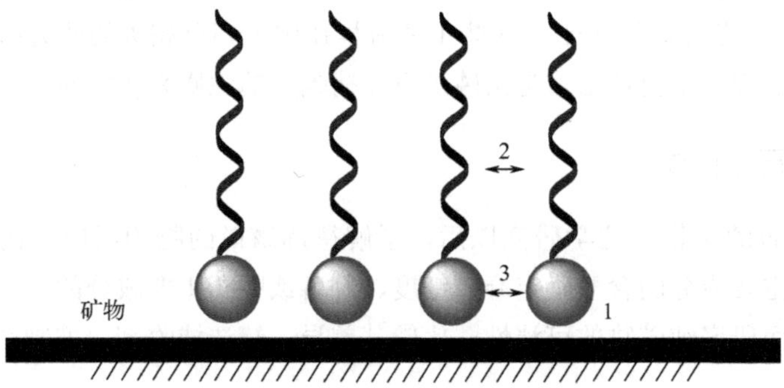

图 2-6　捕收剂分子中非极性基的作用机理

捕收剂分子中极性基对浮选性能的影响包括三个方面：

首先，捕收剂分子中键合原子或离子性质对矿物表面离子的键合和吸附能力有影响，键合原子的性质决定捕收剂对矿物的选择性和在矿物表面的吸附强度，捕收剂中常见键合原子的性质列于表 2-5 中。

表2-5　捕收剂中常见的键合原子

性质	O	N	S
电子构型	$1s^22s^22p^4$	$1s^22s^22p^3$	$1s^22s^22p^63s^23p^4$
电负性	3.5	3.0	2.5
有效价电子数	6	5	6
孤对电子数	2	1	2
极性化	差	好	强
氢键强度	强	强	弱
成键特点	多离子性	少离子性	共价性
空间可达性	低	低	高

根据表 2-5 中所列元素的性质，键合原子分为两种不同类型，O、N 是一类，S 是另一类。O、N 原子的电子构型分别是 $1s^22s^22p^4$ 和 $1s^22s^22p^3$，价态分别是 −2 和 −3；S 原子的电子构型为 $1s^22s^22p^63s^23p^4$，与 O、N 不同，S 除了可以形成正常的 −2 价化合物以外，还可以存在更高的价态，使 S 在配位性能上与 O 和 N 产生较大差别。从键合原子的电负性看，存

在着电负性减小的顺序：O（3.5）>N（3.0）>S（2.5）。电负性代表了化合物分子中原子吸引电子的能力，O 高达 3.5 的电负性值说明它吸引电子的能力极强，可以与元素周期表中多数金属元素形成离子键。因此，O 是一种作用能力广泛的键合原子。但是分子或基团中某一原子的电负性并不是一个不变的常数，它受到相邻原子甚至间隔原子的影响而改变。对于组成复杂的基团，将其中某一原子（键合原子）作为基团的代表，计算出受到连接原子的影响之后的电负性的修正值，将其看作基团电负性，因此，基团电负性比原子电负性具有更广泛的适用性。捕收剂中常见的基团电负性值列于表 2-6 中。

表2-6　捕收剂中常见的基团

性质	COOH	CH(Cl)COOH	CH(OH)COOH	SO_3H
电负性	4.06	4.11	4.13	4.25
有效价电子数	6.02	6.25	6.68	6.99

例如：在胶磷矿反浮选体系中，捕收剂的作用是浮出白云石，加强新型捕收剂的选择性和对白云石的捕收能力是胶磷矿反浮选脱镁捕收剂的设计方向。根据表 2-9 中所列基团的电负性值，选取电负性值大的—SO_3H 基团对浮选更为有利，—SO_3H 基团的特点是增加吸附活性基点或增加亲固基的电子效应，使其更易阴离子化。因此，以—SO_3H 基团为亲固基的捕收剂为胶磷矿反浮选脱镁捕收剂的首选。

其次，捕收剂分子中键合原子或离子的相互协同作用对捕收剂在矿物表面的吸附稳定性有影响。当亲水基上含有两个或两个以上的键合原子（基团），或者键合原子与金属表面离子的键合能形成五元环或六元环时，能增强亲水基的吸附稳定性。但形成四元环或七元环对吸附稳定性的贡献不大。

最后，捕收剂分子中键合基团的结构对捕收剂在矿物表面选择性有较大影响。亲水基具有互变异构体时，对矿物表面金属离子的选择性增强。例如羟肟酸 C(O)-NH(OH) 具有结构异构体 C(OH)═NH(O)，其对表面 Ca^{2+} 的键合能力比 Mg^{2+} 强；而亚磷酸亲水基 $P(OR)_3$ 有结构异构体 $RP(O)(OR)_2$，其对表面 Ca^{2+} 的键合能力比 Mg^{2+} 弱。

（2）捕收剂的设计　捕收剂的分子结构设计是根据目的矿物的组成和分离要求，通过理论推导和计算，确定浮选分离目的矿石的捕收剂分子结构或组成。捕收剂分子结构设计理论包括捕收剂结构与性能的关系、捕收剂极性基的选择、捕收剂非极性基的结构设计等方面。国内外学者在捕收剂结构与性能关系方面做了大量的基础研究工作，相继提出了一些捕收剂结构选择和设计的原则和方法。其中，王淀佐等[46]对捕收剂结构与性能的关系提出了临界胶束浓度（CMC）判据、亲油亲水平衡值（HLB）判据、基团电负性判据、分子轨道指数判据等多种捕收剂结构性能判据，建立了一套适合分子结构设计的理论和方法，把浮选药剂分子结构设计引入定量设计阶段。图 2-7 描述了捕收剂在浮选过程中的行为和相互作用过程。从图 2-7 可以看出，当目标矿物与捕收剂在水溶液中混合时，在搅拌的作用下，捕收剂的亲水端与矿物表面发生定向吸附，疏水端向矿物表面外部伸展，当有气体通入水溶液时，捕收剂与气体作用产生吸附矿物的气泡，气泡上浮将目的矿物带到液相表面。

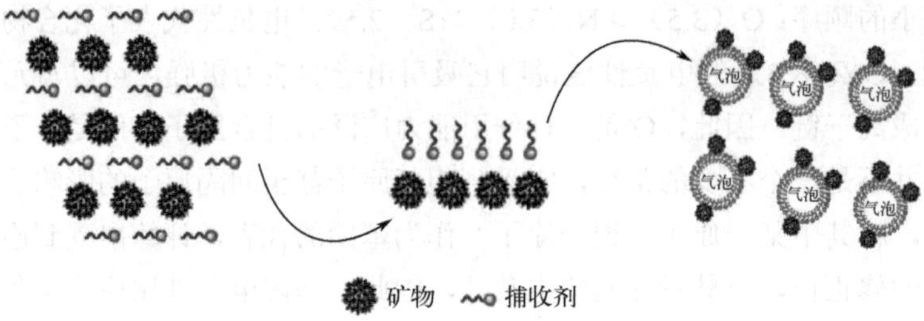

图 2-7 捕收剂作用机理示意图

目前已知合成的捕收剂见表 2-7。

表2-7 常见的合成磷矿捕收剂

名称	结构式	备注
混合脂肪酸	$CH_3(CH_2)_n(CH=CH)_m(CH_2)_rCOOH$	植物油酸水解产物
塔尔油	$CH_3(CH_2)_n(CH=CH)_m(CH_2)_rCOOH$	木浆皂酸化产物，含松香酸
氧化石蜡	$CH_3(CH_2)_n(CH=CH)_m(CH_2)_rCOOH$	石蜡被氧化经皂化分离脂肪酸
α- 卤代油酸	$CH_3(CH_2)_n(CH=CH)_m(CH_2)_rCH(Cl)COOH$	植物油酸氯化产物
α- 羟基代油酸	$CH_3(CH_2)_n(CH=CH)_m(CH_2)_rCH(OH)COOH$	α- 卤代油酸水解产物
α- 磺基代油酸	$CH_3(CH_2)_n(CH=CH)_m(CH_2)_rCH(SO_3H)COOH$	植物油酸自由基磺化产物
α- 硝基代油酸	$CH_3(CH_2)_n(CH=CH)_m(CH_2)_rCH(NO_2)COOH$	植物油酸自由基硝化产物
α- 氨基代油酸	$CH_3(CH_2)_n(CH=CH)_m(CH_2)_rCH(NH_2)COOH$	α- 卤代油酸氨化产物
羟基油酸	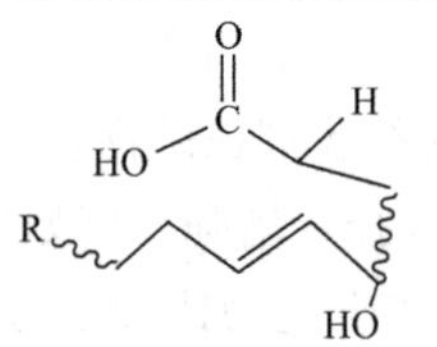	亚油酸催化水合产物
双羟基油酸	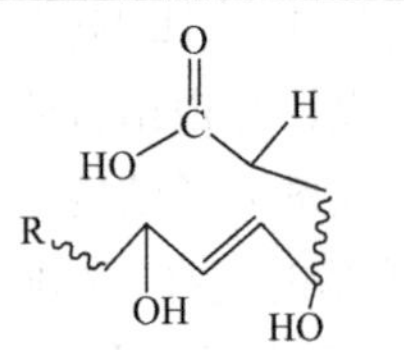	亚油酸环氧化水解产物
羟基磺基硬脂酸	$CH_3(CH_2)_nCH(OH)CH(SO_3H)(CH_2)COOH$	油酸环氧化亚硫酸加成产物
羟基磺基硬脂酸	$CH_3(CH_2)_nCH(OH)CH(PO_3H_2)(CH_2)COOH$	油酸环氧化亚磷酸加成产物
三羟基代油酸	$CH_3(CH_2)_nCH(OH)CH(OH)(CH_2)_rCH(OH)COOH$	α- 羟基代油酸环氧化水解开环产物
油酸柠檬酸酯	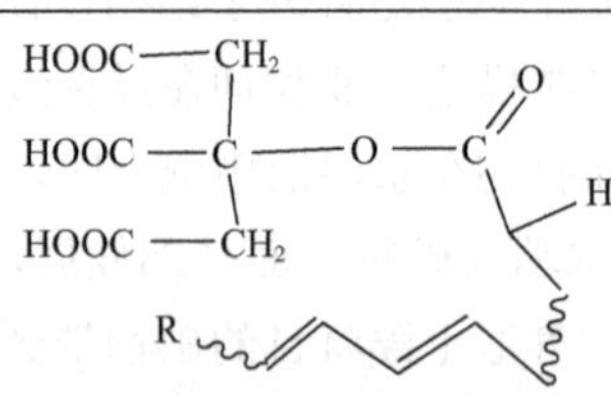	油酸与柠檬酸酯化缩合产物

续表

名称	结构式	备注
α- 氯代油酸柠檬酸酯	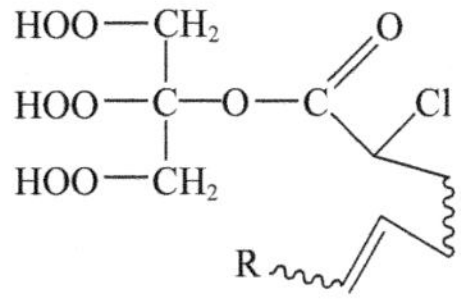	α- 氯代油酸与柠檬酸酯化缩合产物
油酸二硫代二甲酯	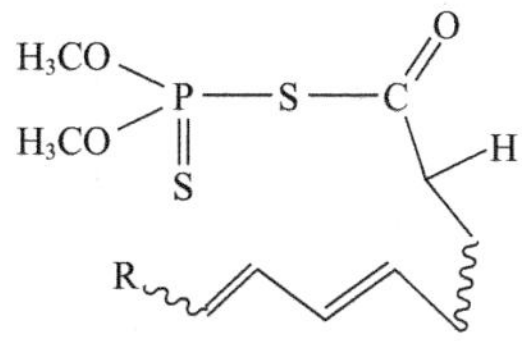	油酸与二硫代磷酸二甲酯缩合产物
油酸季戊四醇酯	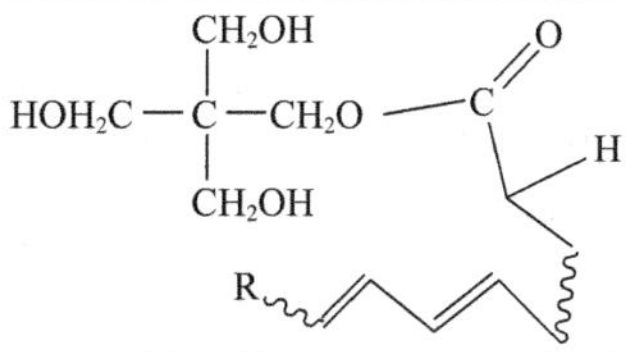	α- 油酸与季戊四醇酯化缩合产物
油酸酰胺	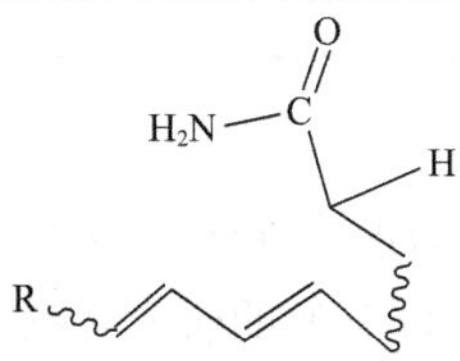	油酸酰胺化得到的产物
油酸乙醇酰胺	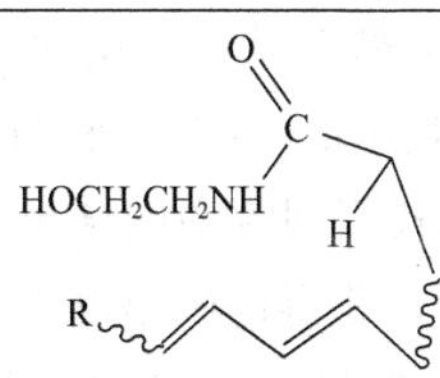	油酸与乙醇胺酰胺化得到的产物
油酸甘酰胺	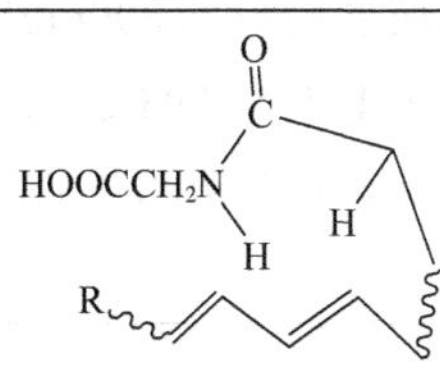	油酸与甘氨酸酰胺化得到的产物
α- 氯代油酸羟肟酸	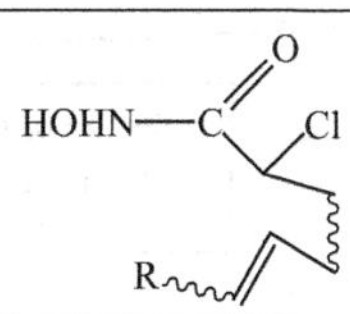	α- 氯代油酸与羟胺酰胺化得到的产物
油酸羟肟酸	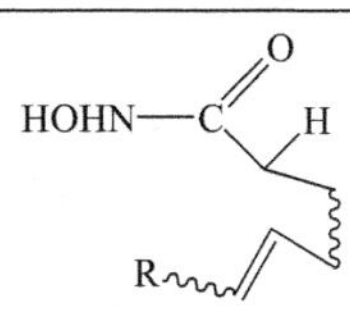	油酸与羟胺酰胺化得到的产物
甲基苯羟肟酸	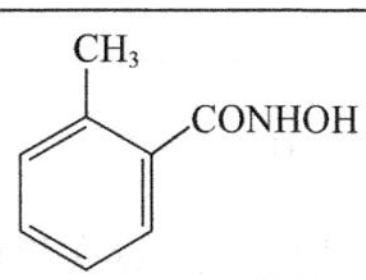	甲基苯甲酸与羟胺缩合的产物

续表

名称	结构式	备注
脂肪醚胺	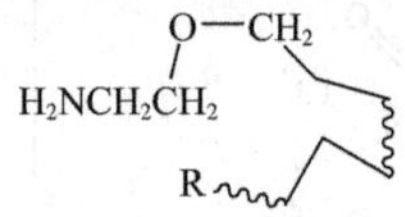	脂肪醇与氮杂环丙烷苯甲酰开环水解产物
脂肪醚胺	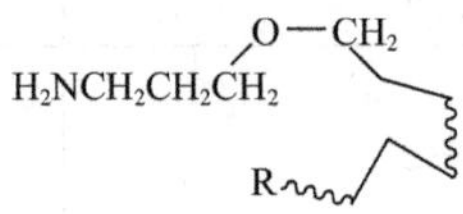	脂肪醇与丙烯腈加成、加氢的产物
油酸氨基乙酸	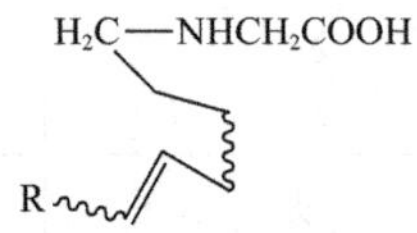	脂肪胺与氯乙酸缩合得到的产物
油酸氨二乙酸	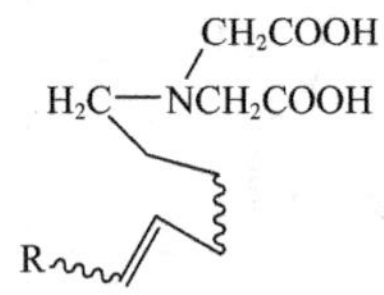	脂肪胺与两个氯乙酸缩合得到的产物

（3）捕收剂与矿石的相互作用

① 捕收剂对矿物可浮性的影响。磷矿的可浮性研究是指捕收剂对磷矿中有用矿物（磷灰石）和杂质矿物（脉石矿物）回收率（上浮率）的研究。捕收剂不同、浮选条件不同，浮选回收率各异。陈金鑫[47]等研究了氯代硬脂酸对磷灰石的可浮性，讨论了捕收剂用量、矿浆pH、抑制剂用量、矿浆温度对磷灰石回收率的影响，获得选矿温度为15～25℃、pH为7.5～10、捕收剂用量为200mg/L时能得到较好回收率的结果。水玻璃对磷灰石有一定的抑制作用，但不能完全抑制磷灰石。对于石英，获得选矿温度为25℃、pH为10、捕收剂用量为100mg/L时能得到较好回收率的结果，水玻璃用量为200mg/L时能完全抑制石英。陈凯[48]等采用羟基膦基硬脂酸皂作为捕收剂，用HCl和NaOH调节矿浆pH值，在捕收剂用量为6.0×10^{-5}mol/L时，考察了pH对磷灰石、白云石和石英可浮性的影响，结果见图2-8。

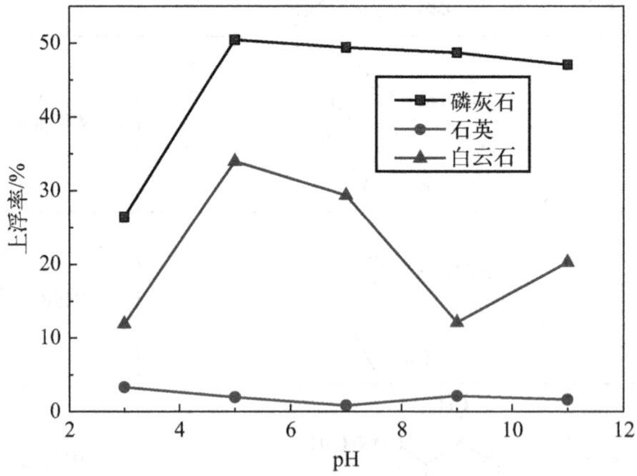

图2-8　pH与纯矿物的上浮率关系图

石英通常作为脉石矿物被抑制而非作为捕收目标，随着 pH 值的不断升高，石英的上浮率呈稳定不变的趋势，但是总体上上浮率很低，几乎可以忽略不计。白云石的上浮率呈先升高后下降的趋势，且白云石上浮率下降趋势较为缓慢。当 pH=5 时，虽然磷灰石的上浮率达到最高值 50.45%，但是此时白云石的上浮率也达到最高值 34%，上浮率相差仅 16.45%。而 pH=9 时，磷灰石的上浮率虽然略微降低，为 48.7%，但此时白云石的上浮率达到最低值，为 12.13%，两者上浮率相差 36.57%。综上所述，在 pH=9 时，磷灰石和白云石可以达到最大的分选性，此条件下氧化镁上浮率达到最低值，同时对磷的浮选性较强。

α- 磺酸基硬脂酸钠捕收剂具有强电负性的 -SO_3H 基团，能够与固体表面发生静电和氢键吸附，而烷烃长链具有很强的疏水作用。梁欢[49]等用 HCl 和 NaOH 调节矿浆 pH 值，在捕收剂用量为 5.0×10^{-5}mol/L 时，通过单矿物试验考察 α- 磺酸基硬脂酸钠对胶磷矿和白云石的浮选差异性，同时对比硬脂酸钠的浮选性能，结果见图 2-9。

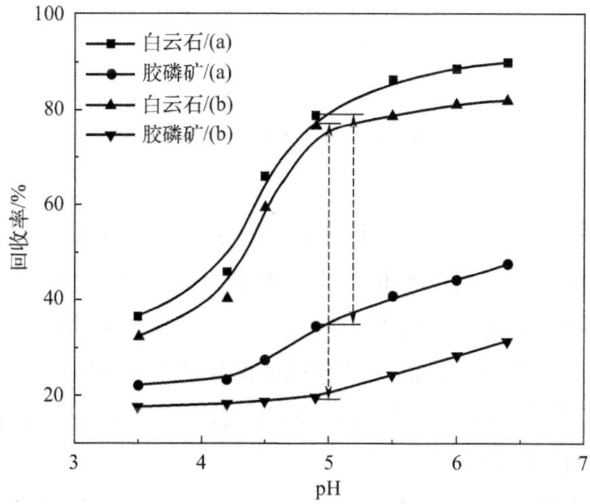

图 2-9　pH 对捕收剂硬脂酸钠（a）和 α- 磺酸基硬脂酸钠（b）分别对白云石和胶磷矿的浮选差异性的影响。

由图 2-9 可知，在 pH = 3.5 ～ 6.5 的酸性条件下，α- 磺酸基硬脂酸钠对胶磷矿和白云石的捕收能力均弱于硬脂酸钠，但对两种矿物的分选性明显优于硬脂酸钠。当 pH = 4.9 时，α- 磺酸基硬脂酸钠体系中胶磷矿与白云石的回收率差值达到 57.02%，而硬脂酸钠体系中两种矿物的回收率差值仅为 46.51%。由此可知，α- 磺酸基硬脂酸钠作为捕收剂具有选择性强的优点，对胶磷矿和白云石的分离效果显著，能大大降低磷精矿中的 MgO 含量。

通过改变捕收剂的浓度，控制矿浆 pH=4.9，分别考察硬脂酸钠（a）和 α- 磺酸基硬脂酸钠（b）用量对胶磷矿和白云石的可浮性影响，浮选回收率结果如图 2-10 所示。

由图 2-10 可知，随着两种捕收剂浓度的增大，胶磷矿和白云石的回收率都逐渐增高；但两种捕收剂对胶磷矿和白云石的分选性，随着捕收剂浓度的增大而逐渐减小。当 α- 磺酸基硬脂酸钠的药剂浓度为 7×10^{-5}mol/L 时，白云石的回收率可达到 82.17%，但白云石与胶磷矿的回收率仅相差 43.73%。由此可知，增加 α- 磺酸基硬脂酸钠的药剂浓度能明显提高白云石的回收率，但胶磷矿和白云石的分选性却大打折扣。因此，对于钙镁质胶磷矿，需要对 α-

磺酸基硬脂酸钠进行药剂复配反浮选，才能同时满足磷精矿中 P_2O_5 和 MgO 的品位要求。

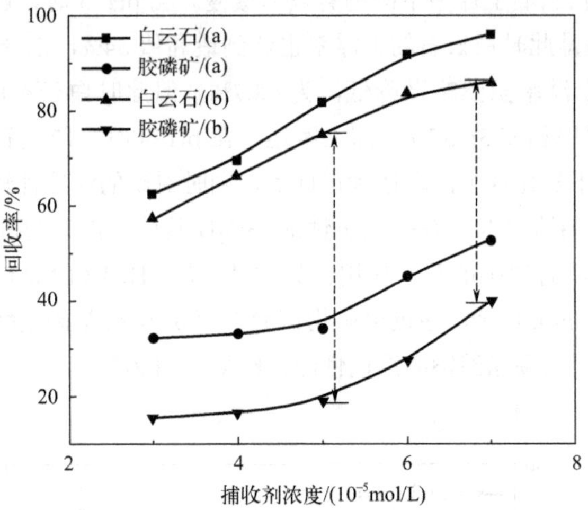

图 2-10　捕收剂浓度对硬脂酸钠（a）和 α- 磺酸基硬脂酸钠（b）分别对白云石和胶磷矿的浮选差异性的影响

单一使用 α- 磺酸基硬脂酸钠捕收剂尚不能同时满足高分选性和强捕收能力的性能要求，因此，需要通过复配 α- 磺酸基硬脂酸钠和硬脂酸钠进行浮选，控制矿浆 pH=4.9，固定复配捕收剂的总浓度为 5×10^{-5}mol/L，考察不同复配摩尔比对胶磷矿和白云石的可浮性影响。

研究显示，通过对 α- 磺酸基硬脂酸钠和硬脂酸钠进行复配，复配捕收剂中 α- 磺酸基硬脂酸钠与硬脂酸钠的摩尔比为 4∶1 时，既能保证胶磷矿与白云石的高分选性，又能满足对白云石的强捕收能力的性能要求。

罗惠华等[50]发现对磷矿浮选捕收能力的大小顺序为棉油酸化油＞大豆酸化油脂肪酸＞蓖麻酸化油脂肪酸＞玉米酸化油脂肪酸。而选择性上表现出大豆酸化油脂肪酸与玉米酸化油脂肪酸相当，优于棉油酸化油和蓖麻酸化油脂肪酸。因此，应选用不饱和脂肪酸特别是亚油酸和亚麻酸含量高的脂肪酸作为捕收剂，利于胶磷矿的浮选。但是以此酸化油作为磷矿浮选捕收剂，必须通过脂肪酸结构的修饰改性、改型以及添加少量的表面活性剂增大酸化油的浮选性能。Zhou 等[51]分别用试剂级的 5×10^{-5}mol/L 棕榈酸、硬脂酸、油酸、亚油酸和亚麻酸的钠盐作为捕收剂，以风化的磷灰石纯矿物作为实验矿物。经过 Hallimond 管浮选发现，在酸性条件下不饱和脂肪酸的浮选性能随着 pH 值的增大而增大，亚麻酸的捕收性能最好，油酸和亚油酸的捕收性能比较接近；而在碱性条件下不饱和脂肪酸的捕收能力随着 pH 值的升高而降低，亚油酸的捕收能力最强，油酸次之，亚麻酸最弱。而饱和酸无论在酸性条件下还是碱性条件下几乎没有浮选性能。可见不同的脂肪酸在相同的试验条件下具有不同的浮选效果，因此在磷矿的选矿中应重视不同脂肪酸对浮选矿物的差异性。

② 捕收剂对矿物接触角的影响。接触角常用来表征矿物表面的润湿性，接触角越小，则矿物表面越亲水；接触角越大，则矿物表面越疏水，矿物越容易附着于气泡表面，矿物可浮性越好[51]。在自然 pH 值的条件下，研究羟基膦基脂肪酸类捕收溶液与磷灰石作用的接触

角，随着药剂浓度的增大，其接触角呈现先增大后减小的趋势，浓度由 10g/L 变化至 20g/L 的过程中，经过膦酸作用后的接触角变大至 58.9°，相对应浓度下药剂的疏水化作用最强，这表明捕收剂的疏水端发挥了作用，使其更易于和矿物颗粒结合，增加了矿物表面的疏水性。浓度为 20g/L 时，其接触角最大，疏水化作用最强，更易于使矿物上浮。由此可以确定该捕收剂的最大浓度。

在上述实验的基础上，确定药剂浓度为 20g/L，改变其溶液的 pH 值，测定该 pH 值下的接触角大小。

结果显示，pH 对药剂的接触角有一定影响。随着溶液 pH 值增大，其接触角呈现先增大后减小的趋势。当溶液的 pH 值变化至 9.13 时，其接触角达到最大值，为 92.5°，此时药剂的疏水化作用最强。之后浓度增大，其接触角减小，疏水化作用减弱，可能是因为溶液中 OH^- 使药剂中疏水端水解，从而出现分层与油脂析出的现象。综上所述，溶液的 pH 值为 9.13 时，药剂的疏水化作用最佳，更易于浮选。由此可以确定该捕收剂用于磷灰石上浮的最佳 pH。

③ 捕收剂对 ζ 电位的影响。ζ 电位是表征在液体介质中矿物固体表面双电层电位的参数，与矿物的表面电性、溶液界面离子电荷及浓度有关。当矿物的表面电性一定时，它只与液体界面离子电荷及浓度有关。

④ 捕收剂的临界胶束浓度。表面张力是液体体系的最基本性质之一，是了解液体表面宏观现象的重要性能参数，对液体的润湿性、平铺性、悬浮力等方面有指导意义。当液体表面的分子能量大于液体内部能量时，分子从内部迁移至表面所需要的拉力称为表面张力。

在自然 pH 值的条件下，捕收剂的浓度对其表面张力有一定的影响。随着浓度的逐渐增大，溶液的表面张力不断降低，且变化趋势逐渐减缓，至浓度为 0.10g/L 时，溶液的表面张力趋于稳定不变，此浓度则是该药剂的临界胶束浓度。

⑤ 泡沫性能测试。捕收剂的泡沫性能主要有起泡性和泡沫稳定性，一般由泡沫高度和半衰期来表示，其受捕收剂的性质、浓度和介质的 pH 值的影响。

研究表明，羟基膦基脂肪酸在浓度为 20g/L、pH 为 9 ～ 10 时作为磷矿捕收剂泡沫性能较好。

2.3.2.3 磷矿选矿其他助剂

我国磷矿资源“丰而不富”，80% 磷矿资源为中低品位胶磷矿，必须通过浮选富集才能被利用。脂肪酸由于来源广、价格低廉、污染小，是常用胶磷矿选矿捕收剂，但这种捕收剂存在两点不足：一是捕收能力一般而选择性差；二是耐低温性能差，耐硬水性差，大大制约了其使用效果。为了提高对胶磷矿选别的效果，往往需要加入 pH 调整剂、增效剂和抑制剂，提高其对胶磷矿的捕收能力和选择性。

（1）pH 调整剂　磷矿选矿时，由于介质的 pH 改变会引起矿石表面电性的变化，从而影响矿石的可浮性，因此选矿过程中需要加入 pH 调整剂。常用的碱性 pH 调整剂为 NaOH 或 Na_2CO_3，而酸性 pH 调整剂为 H_2SO_4 或 H_3PO_4。

（2）增效剂　增效剂是指能增加选矿捕收剂选矿效率的活性物质。它能有效提高捕收剂在选矿介质中的分散性，降低临界胶束浓度，或改善气泡的均匀性，提高其流动性。增效剂的作用主要表现在三个方面：①促进主要捕收剂在矿浆中的分散性，提高与矿物的接触机会；②强化捕收剂极性基的极性，提高其在水中的溶解度，增强低温浮选效果；③强化捕收剂非极性基的疏水性能，增强捕收能力。

① 改性脂肪酸增效剂。将脂肪酸进行 α 位改性，能大大增加脂肪酸作为捕收剂的捕收能力和选择性。如 α- 取代羧酸（磺化软脂酸钠、氯代环烷酸、全氟烷酸、三线碱渣磺化产物以及 α- 烷基硝基脂肪酸、α- 硝基脂肪酸等）单独使用或与其他药剂混用，均优于单独使用脂肪酸的浮选结果。研究者对 C_{12} ～ C_{16} 的异构酸、α- 磺酸基羧酸与塔尔油进行了比较，认为前者表现出较多的浮选活性和对硬水以及低温矿浆较高的适应性，可以作为脂肪酸类捕收剂的增效剂[52]。

将脂肪酸进行羧基改性，得到的羧酸酯也能作为脂肪酸类捕收剂的增效剂。如脂肪酸木糖醇酯、脂肪酸季戊四醇酯、脂肪酸甘露醇酯和脂肪酸聚氧乙烯醇酯等与塔尔油混用均获得较理想的浮选指标[53]。同样多元酸及其酯如脂肪酸二聚物和三聚物、磺化琥珀酸单油酰胺乙酯、磺化琥珀酸聚氧乙烯单酯、*N*- 烷基磺化琥珀酰胺酸盐以及二元酸聚氧乙烯单酯等与脂肪酸 、塔尔油和燃料油混用，对磷灰石和硅质脉石有较好的分选效果[54]。

将脂肪酸用硫酸酸化，能大大改善脂肪酸的溶解性、抗低温性和选择性，获得良好的选矿指标[55]。

② 聚氧乙烯醚增效剂。近年来国内不少研究者对使用表面活性剂作为脂肪酸及其皂类捕收剂的增效剂进行了许多研究，对使用复合增效剂也进行过一些探索，旨在降低浮选温度、节约成本。浮选磷矿时，在脂肪酸类捕收剂中加入少量其他种类的表面活性剂产生协同效应，提高捕收性能，这是实现磷矿常温浮选的有效方法。两种或两种以上表面活性剂按一定比例所形成的复配体系的表面活性效果优于单一组分，其中聚氧乙烯醚增效剂的作用占主导地位。

Sis 等[56] 采用油酸钠为主要捕收剂、正十二烷为辅助捕收剂、硅酸钠为脉石的抑制剂和分散剂、壬基酚聚氧乙烯醚类表面活性剂为油酸钠的增效剂，对佛罗里达中部的磷酸盐矿石进行了表面张力和浮选的试验研究。在常温下，油酸钠的临界胶束浓度为 20 ～ 58mg/L。由于非离子表面活性剂的存在，非离子表面活性剂的乙烯氧基链包围着阴离子表面活性剂的极性基团，降低了离子头之间的静电排斥力，从而降低了阴离子表面活性剂的临界胶束浓度，有利于磷酸盐矿石的浮选。

罗惠华等[57,58] 考察了几种表面活性剂对磷矿捕收剂的增效作用，以贵州瓮福白岩磷矿为试验样品，试验结果表明：对于贵州瓮福白岩磷矿，通过在捕收剂中添加表面活性剂，可以提高捕收剂对磷酸盐矿物的选择性。

李冬莲等[59-61] 采用油酸为捕收剂，分别采用十二烷基磺酸钠、十二烷基苯磺酸钠、十六烷基三甲基溴化铵、Tween 80 等各种表面活性剂为增效剂，对胶磷矿和方解石的混合矿进行浮选，结果表明：非离子表面活性剂和阴离子表面活性剂对羧酸类捕收剂的捕收性能具有很大的改善作用，表面活性剂和羧酸类捕收剂混合使用，可以很好地提高羧酸类捕收剂对胶磷矿的低温浮选性能。

史继斌等[62]采用菜籽油脚为基本原料，经皂化后，再与松香皂相混合，并加入Tween 80，制备了复合捕收剂SYT-1，并与氧化石蜡皂浮选磷矿石进行对比试验，结果表明其效果明显优于氧化石蜡皂。原矿P_2O_5品位为9.02%，经一粗一精一扫的闭路试验，取得了理想的指标：精矿P_2O_5品位达30.12%，磷回收率达91.26%。说明Tween 80对脂肪酸类捕收剂具有明显的增效作用。

郑居然[63]在分析大峪口磷矿性质的基础上，对7种捕收剂进行了筛选实验，结果表明：采用复合捕收剂PA-42（由某种脂肪酸与表面活性剂揉合而成）可以取得较好的技术经济指标。

③ 醇类和羟基羧酸增效剂。中低品位胶磷矿常用脂肪酸类捕收剂，常需要加热，目的在于提高药剂的分散性和水溶性，改善其捕收性能，但能耗增加，投资加大，成本增大。醇类和多羟基化合物具有良好的气泡性和助溶能力，且原料易得，可以作为磷矿捕收剂的增效剂。

李冬莲等[64]通过试验筛选出SDS和十二醇作为棉油皂脚的增效剂，获得低温捕收剂$DWB_{9\text{-}3}$，获得了良好的选矿效果。通过对选矿机理的研究，证明由于醇类物质的存在，表面活性剂在水溶液中的CMC发生很大的变化，同时也常常增加表面活性剂的表面活性，少量极性有机物的存在导致溶液表面张力达到最低值。

赵晓[65]等合成了9,10-二羟基硬脂酸、9,10,12,13-四羟基硬脂酸、9,10,12,13,15,16-六羟基硬脂酸，并对其表面化学性质和应用性能方面进行了研究，测定了其克拉夫特点、钙离子稳定性、钙皂分散性消耗量、表面张力、临界胶束浓度和泡沫性能等，结果表明：与油酸、亚油酸、亚麻酸以及硬脂酸相比，它们具有更好的钙皂分散性能和钙离子稳定性，并在低温和中性条件下具有更好的水溶性，不仅克服了普通脂肪酸皂不耐硬水和中性条件下溶解性差两大缺陷，也克服了饱和脂肪酸低温溶解性差和不饱和脂肪酸氧化不稳定的问题，是较好的脂肪酸捕收剂的增效剂。

陈凯等[66]利用α-羟基油酸合成了2,9,10-三羟基硬脂酸，并用作膦基脂肪酸捕收剂的增效剂，对硅钙质胶磷矿进行浮选，通过闭路浮选最终可得到精矿P_2O_5品位为29.73%、P_2O_5回收率为92.23%的优秀浮选指标。

（3）抑制剂　抑制剂是指能与指定矿物发生强烈的吸附作用、抑制该矿物随气泡上浮的选矿药剂。抑制剂分为有机抑制剂和无机抑制剂。无机抑制剂一般与矿物表面离子发生静电吸附或化学吸附，阻止捕收剂与矿物表面离子发生相互作用，达到抑制其上浮的目的；而有机抑制剂是极性基团有选择性地吸附于被抑制的矿物表面，亲水基团向外使矿物表面形成亲水膜，阻止捕收剂与矿物发生吸附作用。因此，小分子有机抑制剂应具有选择性好的极性基团，能与被抑制矿物表面发生强烈的吸附作用，同时还要有亲水基团在矿物表面形成亲水膜。结构如下式：

$$X\text{-}(CH_2)_n\text{-}K$$

式中，X为一个或多个极性基团，K为一个或多个亲水基团，n为1～2。

一般地，X、K为羟/巯基、氨/胺基、硫代/羧基、磺基、硫酸酯基、磷/膦酸基等。

一般来说，较好的矿物捕收剂的短链同系物也是该矿物较好的抑制剂，例如，α-羟基硬脂酸是白云石和磷灰石矿物的捕收剂，而羟基乙酸也是它们的较好抑制剂。抑制剂与被抑制矿石的相互作用如图 2-11 所示。

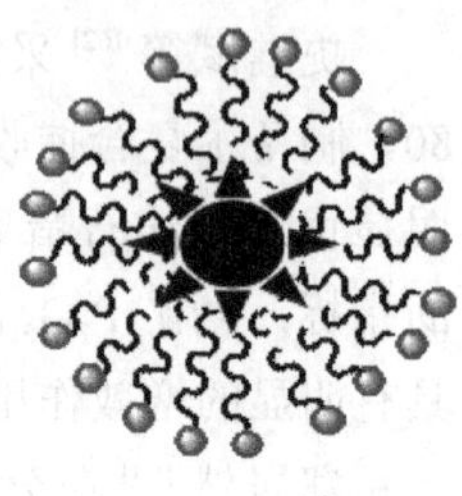

图 2-11　抑制剂与被抑制矿石的相互作用示意图

对于磷矿选矿而言，能抑制有用矿物磷灰石上浮的，称为反选抑制剂；能抑制脉石矿物（一般为白云石、方解石、石英和硅酸盐）上浮的，称为正选抑制剂。

① 硅质矿物抑制剂。硅质脉石矿物指硅酸盐矿物和石英，因为硅质脉石与钙质胶磷矿可浮性差异大，采用合适的药剂制度就能很好地分离有用矿物和脉石矿物。由于 SiO_3^{2-} 能与脉石矿物表面发生选择性吸附，一般采用水玻璃作为硅质矿物抑制剂。

② 碳酸盐矿物抑制剂。碳酸盐矿物主要指白云石和方解石，其无机抑制剂为水玻璃、碳酸钠、氢氟酸等。水玻璃中的 SiO_3^{2-}、碳酸钠中的 CO_3^{2-}、氢氟酸中的 F^- 能与白云石表面的钙、镁离子发生吸附作用，吸附于碳酸盐矿物的表面，抑制碳酸盐矿物的上浮。碳酸盐矿物的有机抑制剂为淀粉、羧甲基纤维素、植酸、古尔胶和木质磺酸盐。

植酸是一种有机螯合剂，在磷矿浮选中能和矿浆中的 Ca^{2+}、Mg^{2+}、Fe^{3+} 等多种金属离子生成稳定的螯合物，提高浮选选择性，从而有效抑制方解石、白云石及其他脉石矿物。罗廉明等 [67] 以油酸钠为捕收剂，自制 YZS 抑制剂，对江苏锦屏磷矿矿石（含 P_2O_5 9.06%，MgO 11.97%，CaO 30.26%）进行正浮选，试验结果表明：一次精选即可获得 P_2O_5 含量为 36.74%、MgO 含量为 1.07%、回收率为 93.01% 的较好指标。黄靖宇等 [68] 自制了一种钙镁螯合剂，以云南某低品位硅钙质胶磷矿（含 P_2O_5 18.36%，SiO_2 39.03%，CaO 29.89%，MgO 2.01%）为研究对象，利用此药剂为抑制剂，采用单一正浮选的一粗一精一扫工艺流程，分段加药，得到了 P_2O_5 品位为 27.35% 的磷精矿。

碳酸钠是磷灰石与白云石的抑制剂，对白云石和磷灰石有抑制作用，这就造成了白云石与磷灰石分离困难。但文献 [49] 利用对称性原理，得到碳酸钠对白云石的抑制作用大于对磷灰石的抑制作用。在脂肪酸捕收剂 DC-1 浮选磷矿实验中，利用碳酸钠抑制白云石时发现，随着碳酸钠用量的增加，精矿 P_2O_5 品位逐渐增加，回收率先增加后降低。当碳酸钠用量为 3.4kg/t 和 4.4kg/t 时，虽然矿浆 pH 值达到最佳浮选条件，精矿品位和回收率也均未达到最佳值，但综合考虑精矿品位、回收率因素，Na_2CO_3 用量选取为 5.4kg/t，此时精矿 P_2O_5 品位为 24.81%，回收率为 93.54%。可以考虑利用反浮选来进一步提高精矿 P_2O_5 品位。

国外研究人员用玉米淀粉作脉石抑制剂，对巴西地区磷矿石进行浮选，发现玉米淀粉的抑制效果比瓜尔豆胶、丹宁酸、乙基纤维素、羧甲基纤维素要好 [69-70]。

聚萘磺酸是萘磺酸与甲醛缩合的产物，在低品位难选硅钙质胶磷矿选矿中用作碳酸盐矿物的抑制剂。余俊等 [71] 利用脂肪酸捕收剂 DC-1 作为捕收剂、水玻璃作为硅酸盐矿物的抑制剂、碳酸钠和聚萘磺酸作为碳酸盐矿物的抑制剂，通过正选脱除硅酸盐和部分白云石，再用反选脱除白云石，对大峪口三层低品位磷矿进行浮选，获得了很好的选矿指标。

羧化壳聚糖是壳聚糖与氯乙酸反应得到的产物，它能与 Ca^{2+}、Mg^{2+} 形成螯合物，因此可以作为白云石和方解石的抑制剂。张文谱 [72] 等研究了羧化壳聚糖对白云石和方解石的抑制行为，发现在碱性条件下，羧化壳聚糖能抑制白云石和方解石，但对磷灰石的影响较小。虽然壳聚糖在弱碱性条件下对白云石和方解石有较强的抑制作用，对磷灰石影响较小，可以分离磷灰石和碳酸盐矿物，但在强碱性条件下对白云石和方解石抑制能力减弱，而且在弱碱性介质中，羧化壳聚糖用量增大时，也能强烈抑制磷灰石，达不到有效分离磷灰石和碳酸盐矿物的目的。黄原胶虽然对白云石和方解石有强烈的抑制作用，但对磷灰石的抑制能力也很强，不能作为磷灰石选矿中碳酸盐矿物的抑制剂，但在较高的磨矿细度下，可以作为白云石的抑制剂。

③ 磷矿抑制剂。磷矿抑制剂主要用于反浮选工艺，通过浮选脉石将其与磷矿分离。常见的磷矿抑制剂为硫酸、磷酸、氟硅酸、硫酸铝等。

a．无机酸及复配类抑制剂。硫酸、磷酸、氟硅酸既可以用作磷矿抑制剂，又可以作为pH调整剂，可单独使用或混合使用，或和其他药剂复配后使用。目前国内选矿厂反浮选时都用到了此类抑制剂，再加之反选捕收剂研究成熟，捕收碳酸盐等脉石矿物效果好，所以得到广泛的应用。徐忠发等[73]在处理四川某高镁质胶磷矿时，将硫酸和TXZ试剂以一定比例复配后使用，精矿指标优于单独使用硫酸时的指标，当原矿中P_2O_5含量为21.89%、MgO含量为7.92%时，通过单反浮选工艺处理后，磷精矿中P_2O_5含量达到34.11%，MgO含量为0.92%，P_2O_5回收率达到81.59%，回收率提高了9个百分点。骆兆军等[74]用双膦酸作抑制剂处理佛罗里达州风化型磷酸盐型磷矿石时，得到磷精矿中P_2O_5含量为30.6%、回收率为82.6%的选矿指标，表现出很好的选择性。

b．磷酸类衍生物抑制剂。磷酸抑制作用好，生产时结钙现象没有使用硫酸时严重，但是价格偏贵，因此影响很多选矿厂的选用。而磷酸类衍生物因为含有磷酸根离子，浮选中与磷矿石中的Ca^{2+}有较强的吸附作用，因此抑制效果明显。罗惠华等[75]研制了一种W-98磷矿物抑制剂，应用到瓮福高镁质胶磷矿的反浮选工艺中，获得了满意指标。当原矿中P_2O_5含量为27.33%、MgO含量为6.19%时，可获得磷精矿中P_2O_5含量为37.34%、MgO含量为0.73%，P_2O_5回收率达到92.39%的选矿指标。药剂W-98为磷酸类衍生物，实践中W-98用量少，与硫酸配合使用时硫酸用量从15.0kg/t减少到5.0kg/t，节约了成本，缓解了结垢严重的现象。

2.3.2.4 浮选工艺

浮选是指将矿物磨到一定细度，调制成合适的矿浆浓度，在一定的条件下利用捕收剂（表面活性剂）通过物理吸附或化学吸附将矿物颗粒黏附于泡沫表面，再通入空气将其浮出的选矿方法。在这类选矿方法中，如果浮出的是有用矿物，则称之为正浮选；如果浮出的是杂质矿物，则称之为反浮选。国内胶磷矿绝大部分采用浮选工艺，包括：正浮选工艺、反浮选工艺、正反浮选工艺、双反浮选工艺等。反正浮选工艺脱除多种性质不同的脉石矿物，亦有相关的报道。

正浮选工艺主要适用于硅质磷矿和变质型硅钙质磷矿，分选效果较好。由于硅质脉石矿物和钙质胶磷矿的表面性质差异大，其对表面活性剂的吸附能力差异大，导致可浮性差异大，在合适的药剂制度下就能很好地分离。

反浮选工艺主要适用于胶磷矿中含钙（镁）脉石矿物的脱除，对于沉积型的钙（镁）磷矿浮选指标较好。由于胶磷矿和钙（镁）脉石矿物的表面电性质相近，物理吸附性质的差别小，所以在选矿时一般要加入对胶磷矿吸附能力强的抑制剂作用于胶磷矿的表面，阻止其与捕收剂（表面活性剂）发生吸附作用，减少胶磷矿的上浮。

正反浮选工艺和双反浮选工艺都通过除去硅酸盐和碳酸盐矿物达到富集磷矿物的目的，适用于较难选的沉积型硅钙（镁）质磷块岩。

浮选工艺的选择主要取决于磷矿石中脉石矿物的类型、含量、嵌布粒度和成分。因此，对中低品位硅钙质磷块岩的矿物工艺学特征进行研究是选择浮选工艺的前提。

（1）浮选药剂　浮选工艺确定之后，浮选药剂成为选矿应用的关键因素。国外关于胶磷矿浮选药剂的研究始于 20 世纪 90 年代初期。浮选药剂包括捕收剂、抑制剂、增效剂等。早期的捕收剂有脂肪酸、脂肪胺等，这类药剂选择性差，对温度敏感，消耗量大。随着合成技术的进步，各类药剂的研究有了长足的发展，越来越多的化学药剂被证明能应用于胶磷矿浮选，药剂的选择性也有了很大的提升，并且药剂生产成本和用量也降低很多，大大提升了胶磷矿浮选工厂的经济效益。捕收剂按其分子所带电荷分为阴离子捕收剂、阳离子捕收剂和两性捕收剂。增效剂和捕收剂能产生协同作用，包括烷基酚聚乙氧基醚、煤油、乙氧基磺酸盐等。抑制剂与捕收剂类似，与矿物发生吸附作用。与磷灰石发生吸附作用的为磷灰石抑制剂，包括硫酸、磷酸、硅氟酸等；与白云石发生吸附作用的为碳酸盐矿物抑制剂，包括聚萘磺酸、磺基酚醛聚合物、水玻璃、淀粉、氢氟酸等；与硅质脉石矿物发生吸附作用的为硅质脉石矿物抑制剂，主要有水玻璃。

① 阴离子捕收剂。阴离子捕收剂是磷矿浮选中最常用的捕收剂。第一类为脂肪酸类捕收剂，包括混合脂肪酸、塔尔油、氧化石蜡。该类捕收剂具有原料易得、环境友好、成本低廉等优点，但由于对温度敏感、选择性差、不抗硬水等缺点而其适用范围小、入选矿品位高和药剂用量大。第二类为 α 位改性脂肪酸，常见的有 α- 卤代脂肪酸、α- 羟基脂肪酸、α- 磺基脂肪酸。该类捕收剂具有原料易得、选择性高、分散性好的优点，使其具有适用范围广、低温性能好、药剂用量少的特点，但也存在成本略高、合成设备投入大、废水需要处理等缺点。第三类为双键改性脂肪酸，常见的有多羟基脂肪酸、羟磺基脂肪酸、羟膦基脂肪酸、脂肪酸硫酸酯。此类捕收剂具有水溶性好、捕收力强、选择性好等优点。

混合脂肪酸一般由植物油脚在碱性条件下经过高压或常压水解后酸化得到，内含 C_8 ～ C_{18} 的脂肪酸。其结构如下：

$$CH_3(CH_2)_n(CH{=}CH)_x(CH_2)_mCOOH$$

塔尔油又名妥尔油、塔罗油、纸浆浮油、液体松香，以硫酸盐法制木浆的蒸煮废液中的肥皂为原料，再经硫酸酸化而制得，它为脂肪酸和树脂酸的混合物，脂肪酸和树脂酸各占 45% 左右（重量），是棕褐色至黑色的油状液体，相对密度为 0.950 ～ 1.024。其中脂肪酸主要是不饱和酸（油酸、亚油酸、亚麻酸）及少量饱和酸（C_5 ～ C_{24} 酸），树脂酸主要是松香酸和新松香酸，其结构为：

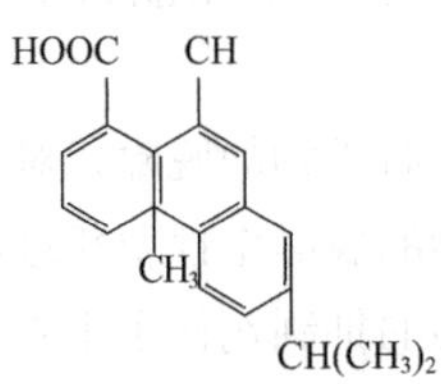

松香酸

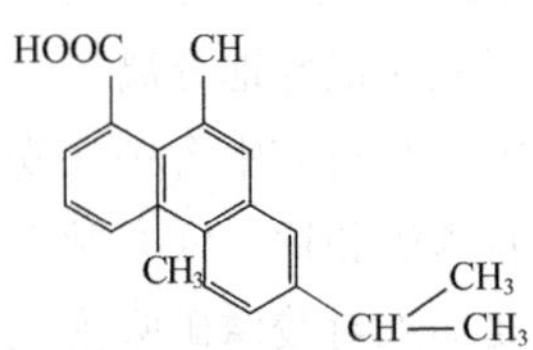

新松香酸

粗塔尔油中脂肪酸起主要捕收作用，松香酸捕收作用不太强，但起泡能力强，所以将粗塔尔油与氧化石蜡皂联合使用浮选效果好。将粗塔尔油减压蒸馏，使树脂酸与不饱和脂肪酸分离，得到的脂肪酸馏分再进一步皂化后，得到精塔尔油及皂。精塔尔油及皂中不饱和脂肪酸达 90% 以上，其浮选捕收性较好，且低温时在矿浆中分散性较好，是氧化矿较好的阴离子捕收剂。

石蜡在高温下被氧化，生成 $C_5 \sim C_{32}$ 脂肪酸，经皂化分离、闪蒸提纯后制得氧化石蜡。氧化石蜡皂因含有 $C_{18} \sim C_{32}$ 以上的长链脂肪酸，可大幅提高矿物表面的疏水性，同时也兼备起泡性，因而能取代多种脂肪酸皂类作为阴离子捕收剂，用于多种矿物产品的浮选工艺。

对脂肪酸进行 α 位改性，得到 α- 卤化、磺化等脂肪酸。由于 α 位原子 / 基团有较强的电负性，能提高脂肪酸的酸性，皂化后亲水性比脂肪酸强，因此提高了捕收剂的捕收能力。

对脂肪酸中的双键改性，其中胡亚油酸或亚麻酸经过环氧化、开环反应制得羟磺酸基、磷酸基脂肪酸，能提高脂肪酸的起泡性、捕收能力，皂化后可以提高捕收剂的选矿效率。

② 阳离子捕收剂。阳离子捕收剂常用于胶磷矿反选脱硅，但由于其成本高、泡沫黏稠，在工业化磷矿选矿中很少使用，一般用于金属矿物选矿和石英矿物选矿。用于胶磷矿选矿的主要是脂肪胺、醚胺、脂肪多胺、酰胺等。

脂肪胺类捕收剂主要有十二胺、十八胺等，其制备方法是脂肪酸在催化剂作用下用氨气进行氨解，获得脂肪腈中间体，脂肪腈通过加氢得到脂肪胺。由于加氢过程中会有副反应产生双烷基胺（仲胺）和三烷基胺（叔胺），所以加氢时要通入适量的氨气来防止副反应的发生。主要反应为：

$$CH_3(CH_2)_nCOOH + NH_3 = CH_3(CH_2)_nCN + 2H_2O$$

$$CH_3(CH_2)_nCN + 2H_2 = CH_3(CH_2)_nCH_2NH_2\text{，其中}n = 10\text{、}16$$

醚胺是较好的磷矿反选脱硅阳离子捕收剂，其是由脂肪醇与丙烯腈或氮杂环丙烷对甲苯磺酰反应制备的，其主要反应式为：

$$CH_3(CH_2)_nCH_2OH + CH_2{=}CHCN = CH_3(CH_2)_nCH_2OCH_2CH_2CN$$

$$CH_3(CH_2)_nCH_2OCH_2CH_2CN + 2H_2 = CH_3(CH_2)_nCH_2OCH_2CH_2CH_2NH_2$$

$$CH_3(CH_2)_nCH_2OH + CH_2(NTs)CH_2 = CH_3(CH_2)_nCH_2OCH_2CH_2NHTs$$

$$CH_3(CH_2)_nCH_2OCH_2CH_2NHTs + H_2O = CH_3(CH_2)_nCH_2OCH_2CH_2NH_2 + TsOH$$

脂肪多胺是由脂肪胺与丙烯腈或氮杂环丙烷对甲苯磺酰反应制备的，其主要反应式为：

$$CH_3(CH_2)_nCH_2NH_2 + CH_2{=}CHCN = CH_3(CH_2)_nCH_2NHCH_2CH_2CN$$

$$CH_3(CH_2)_nCH_2NHCH_2CH_2CN + 2H_2 = CH_3(CH_2)_nCH_2NHCH_2CH_2CH_2NH_2$$

$$CH_3(CH_2)_nCH_2NH_2 + CH_2(NTs)CH_2 = CH_3(CH_2)_nCH_2NHCH_2CH_2NHTs$$

$$CH_3(CH_2)_nCH_2NHCH_2CH_2NHTs + H_2O = CH_3(CH_2)_nCH_2NHCH_2CH_2NH_2 + TsOH$$

③ 两性捕收剂。常见的两性捕收剂为氨基酸类捕收剂，其中包括 α- 氨基脂肪酸、脂肪氨基乙酸和脂肪胺亚甲基磷酸等。该类捕收剂具有原料易得、选择性和分散性均好、捕收能力强的优点，缺点是成本高。

α- 氨基脂肪酸是由 α- 卤代脂肪酸酯经过氨化、水解制备得到的。其主要反应为：

$$CH_3(CH_2)_nCH(Cl)COOMe + NH_3 = CH_3(CH_2)_nCH(NH_2)COOMe + HCl\uparrow$$

$$CH_3(CH_2)_nCH(NH_2)COOMe + NaOH \longrightarrow CH_3(CH_2)_nCH(NH_2)COONa + MeOH$$

脂肪胺基乙酸是由脂肪胺与氯代乙酸酯或丙烯腈反应，再经过水解得到的。其主要反应如下：

$$CH_3(CH_2)_nCH_2NH_2 + ClCH_2COOMe \longrightarrow CH_3(CH_2)_nCH_2NHCH_2COOMe + HCl\uparrow$$

$$CH_3(CH_2)_nCH_2NHCH_2COOMe + NaOH \longrightarrow CH_3(CH_2)_nCH_2NHCH_2COONa + MeOH$$

$$CH_3(CH_2)_nCH_2NH_2 + CH_2{=}CHCN \longrightarrow CH_3(CH_2)_nCH_2NHCH_2CH_2CN$$

$$CH_3(CH_2)_nCH_2NHCH_2CH_2CN + NaOH + H_2O \longrightarrow CH_3(CH_2)_nCH_2NHCH_2CH_2COONa + NH_3$$

④ 羟肟酸捕收剂。羟肟酸捕收剂包括芳基羟肟酸、脂肪羟肟酸和 α- 取代羟肟酸。该类捕收剂具有原料易得、捕收力强、选择性较好的优点，但因成本高，在磷矿选矿中很少应用。主要制备方法如下：

$$CH_3(CH_2)_nCH_2CH_2COOMe + NH_2OH \longrightarrow CH_3(CH_2)_nCH_2CH_2CONHOH + MeOH$$

$$CH_3(CH_2)_nCH(NH_2)COOMe + NH_2OH \longrightarrow CH_3(CH_2)_nCH(NH_2)CONHOH + MeOH$$

⑤ 其他捕收剂。通过脂肪酸羧基改性得到的还有脂肪酰胺、脂肪酸酯类，这类捕收剂为非离子捕收剂。其制备方法如下：

$$CH_3(CH_2)_nCH_2CH_2COOMe + NH_3 \longrightarrow CH_3(CH_2)_nCH_2CH_2CONH_2 + MeOH$$

$$CH_3(CH_2)_nCH_2CH_2COOMe + C(CH_2OH)_4 \longrightarrow CH_3(CH_2)_nCH_2CH_2COOCH_2C(CH_2OH)_3 + MeOH$$

$$CH_3(CH_2)_nCH_2CH_2COOH + HOC(CH_2COOH)_2COOH \longrightarrow CH_3(CH_2)_nCH_2CH_2COOC(CH_2COOH)_2COOH$$

（2）反浮选工艺　反浮选工艺适用于高碳酸盐低硅磷矿石的浮选，在弱酸性介质下磷矿物被抑制，然后用选择性强的捕收剂浮出碳酸盐矿物。该工艺简单（图 2-12），碳酸盐矿物分离效率高，且实现了常温浮选，可以有效降低成本，是目前应用较为广泛的方法。近年来，已开发出一系列性能优异的反浮选脱镁剂并应用于实际生产中。

反浮选工艺一般采用“一粗二扫”工艺流程。对于碳酸盐型胶磷矿如云南、贵州、湖北、四川主要磷矿矿区的磷矿，因为嵌布粒度较细，磨矿细度需要达到 −200 目 85% 以上才可以解离。胶磷矿中含硅质矿物较少，一般在 18% 以下，粗选主要是将碳酸盐矿物浮出，脱除白云石和方解石，通过加入抑制剂将胶磷矿抑制，尽量让其少上浮。粗选后的磷精矿一般能达到湿法磷酸的加工要求，但上浮尾矿中胶磷矿含量也较多，所以上浮尾矿中需要加入抑制剂并进行两次扫选，达到尾矿排放要求。

蒋忠文[76]利用癸酸与 *N*- 氯代丁二酰亚胺反应得到氯代癸酸，并将其用于碳酸盐型胶磷矿（P_2O_5 品位为 26.04%）的浮选，获得精矿 P_2O_5 品位达到 30% 的指标。

潘志权等[77]以工业棉籽油酸为原料，高温高压下脂肪酸的双键水解而引入羟基活性基团，进一步与助剂按比例复配得到一种高效反浮选捕收剂 HY-1，将其用于宜昌某高镁磷矿（P_2O_5 含量为 26.83%、MgO 含量为 5.81%、CaO 含量为 29.67%、SiO_2 含量为 18.22%）的浮选试验，经“一反一扫”简单浮选工艺流程获得了精矿中 P_2O_5 含量为 34.59%、P_2O_5 回收率

96.46%、MgO 含量为 0.28% 的良好浮选指标。

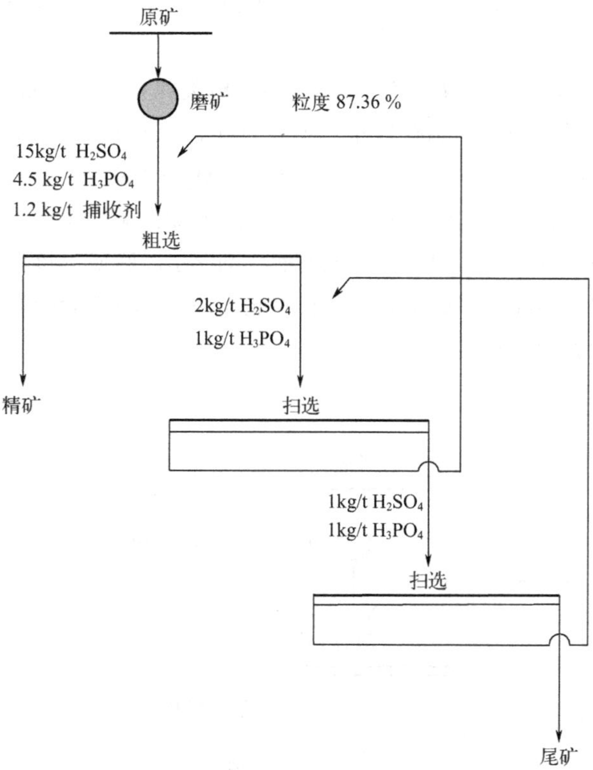

图 2-12 反浮选工艺流程图

FC-2B 是一种阴离子除镁捕收剂[78]，由 α- 氯代硬脂酸[79] 和 α- 羟基硬脂酸复配皂化而成，具有捕收能力强、分散性好、选择性优的特点，对磷矿中碳酸钙镁有很强的选择吸附能力，是一种高效反浮选脱镁药剂。将其用于云南海口矿区胶磷矿的反浮选，通过简单的“一反一扫”浮选工艺闭路流程可将原矿 P_2O_5 品位由 23.11% 提高到 29.78%、磷回收率达到 92.51%、MgO 除去率达到 90%，具有很好的选矿效果。在此基础上研究了 α- 羟基油酸与大豆油酸对胶磷矿和白云石的可浮性，前者对矿物的选择性、在水中的分散性、耐低温性等都优于后者。类似的捕收剂有 HB-021、MG、Yj-1 等，对不同矿区的胶磷矿都有很好的选矿效果。

HY-2B 是由 α- 磺基油酸与大豆油酸复配皂化的反浮选脱镁捕收剂，将其应用于四川马边低品位碳酸盐型胶磷矿的反浮选[80]，在磨矿细度为 92.11%（−0.074mm）的条件下，采用“一粗一精二扫”选矿工艺，获得磷回收率为 85.37%、P_2O_5 含量为 33.88%、MgO 除去率达到 86.34% 的选矿指标。针对传统脂肪酸捕收剂选择性差、常温下分散性和溶解性差的问题，以工业棉籽油酸为原料，高温高压下脂肪酸的双键水解而引入羟基活性基团，进一步与 HY-2B 按比例复配得到一种高效反浮选捕收剂 HY[81]，将其用于宜昌某高镁磷矿的浮选试验，MgO 脱除率高达 95%，药剂用量仅 0.84kg/t，表明反浮选捕收剂 HY 具有良好的浮选性能，其协调作用改善了捕收剂的常温溶解性，同时增强了其对钙离子、镁离子的选择性。

湖北富邦化工科技有限公司生产的 FB-1 混合型脂肪酸捕收剂[82]由混合脂肪酸和活化剂组成，将其应用于湖南石门地区胶磷矿的浮选，采用“一粗一精一扫”流程，获得综合精矿产率为 47.69%、P_2O_5 含量为 29.63%、磷回收率为 80.20% 和 MgO 含量为 0.96% 的良好指标。

K-04 混合型磷矿反浮选捕收剂[83]用天然脂肪酸类原料研制而成，用它对湖北南漳等地胶磷矿进行浮选，在磨矿至 −200 目左右的条件下，获得精矿 P_2O_5 品位为 30% ～ 33%、MgO 含量为 0.4% ～ 0.8%、磷回收率为 90% ～ 94%、MgO 去除率为 92% ～ 97% 的浮选指标。

（3）正浮选工艺　正浮选工艺适用于含高硅质矿物低镁磷矿石的浮选，在弱碱性介质下碳酸盐和硅质矿物被抑制，然后用选择性强的捕收剂浮出胶磷矿。该工艺简单，胶磷矿分离效率高，但一般需要加热浮选，成本高，只有湖北大峪口、黄麦岭磷矿和北方低品位磷矿采用此工艺。工艺流程如图 2-13 所示。

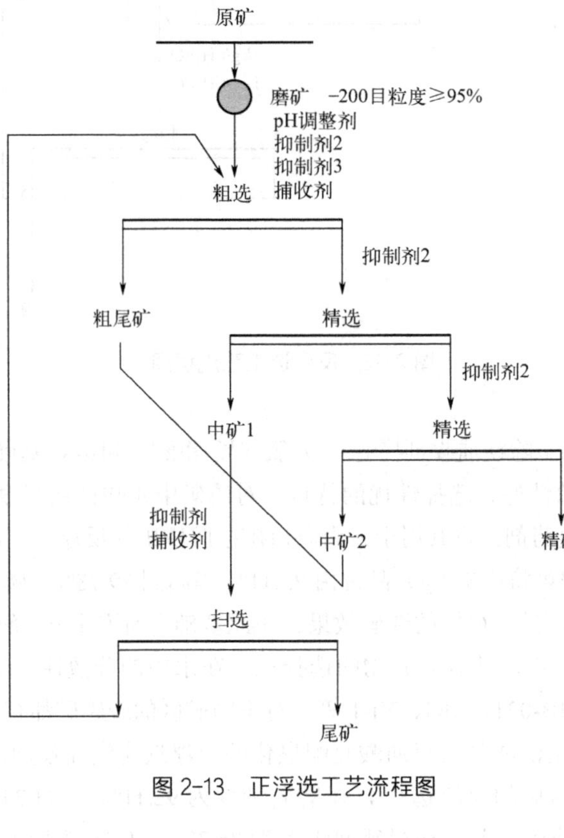

图 2-13　正浮选工艺流程图

吴艳妮等[84]利用动植物油脂化工副产品为主要原料，配以适量的增效剂，研制出一种廉价的捕收剂 AW-25，用它对我国北方低品位磷矿进行正浮选，获得了精矿 P_2O_5 品位大于 30%、磷回收率大于 80% 的选矿指标。戴新宇等[85]利用 Dy-P 捕收剂，对北方 P_2O_5 品位为 4.39% 的磷矿进行浮选，获得精矿 P_2O_5 品位为 36.88%、磷回收率为 92.69% 的选矿指标。刘养春等[86]利用油酸为捕收剂、阴离子和非离子表面活性剂为增效剂，对湖北硅钙质胶磷矿（P_2O_5 含量为 21.7%、MgO 含量为 1.52%、CaO 含量为 31.69%、SiO_2 含量为 24.00%）进行正浮选，获得磷精矿 P_2O_5 品位大于 27%、回收率大于 75% 的选矿指标，但是没有报道精矿中 MgO 的含量。

潘行等[87]以工业硬脂酸为原料，经简单路线合成了一种新型 α- 氯代长链烷基羟肟酸浮选捕收剂，进一步与脂肪酸钠复配得到一种复合捕收剂，将其用于云南某中低品位难选磷矿（P_2O_5 含量为 22.46%、MgO 含量为 0.52%、CaO 含量为 27.97%、SiO_2 含量为 34.84%）的浮选试验，经“一粗一精”简单浮选流程得到精矿 P_2O_5 品位为 30.73%、磷回收率为 92.17%、MgO 含量为 0.67% 的良好指标，且药剂用量少，表明羟肟酸作为磷矿捕收剂具有良好的选择性及捕收性。

葛英勇等[88]研制了一种螯合型捕收剂 YH-2，对湖北大峪口三层矿（P_2O_5 含量为 17.36%、MgO 含量为 4.43%、CaO 含量为 32.56%、SiO_2 含量为 30.6%）进行了正浮选试验，结果表明：在 35℃下，通过“一粗一精”工艺流程，获得了精矿 P_2O_5 品位为 31.16%、MgO 含量为 1.31%、磷回收率为 90.27% 的良好指标。陈凯等[89]利用两种改性脂肪酸复合研制了一种 ZQ-C 捕收剂，用它对湖北胶磷矿（P_2O_5 含量为 24.99%、MgO 含量为 1.42%、CaO 含量为 33.2%、SiO_2 含量为 22.8%）进行正浮选试验，通过“一粗一精一扫”工艺流程，获得精矿 P_2O_5 品位为 28.7%、MgO 含量为 1.50%、磷回收率为 92.23% 的选矿指标。潘志权等[90]利用菜籽油下脚料为原料，通过皂化、酸解、氯化、氨基化等单元反应合成了一种新型氨基酸型捕收剂，用于云南某中低品位难选磷矿的浮选试验，证明 α- 氨基酸型捕收剂的水溶性、浮选性、药剂用量都得到明显改善。通过对云南晋宁胶磷矿（P_2O_5 含量为 20.68%、MgO 含量为 1.45%、CaO 含量为 30.39%、SiO_2 含量为 36.53%）低温（10 ～ 12℃）与高温（31 ～ 33℃）条件下的浮选对比试验证明：该捕收剂具有良好的耐低温浮选性能。利用菜籽油下脚料为原料，通过皂化、酸解、氯化、酯化合成了一种 α- 氯代脂肪酸柠檬酸单酯捕收剂[79]，将它与 α- 氯代脂肪酸钠复配得到了复合捕收剂，应用于云南晋宁胶磷矿得到 P_2O_5 含量为 29.01%、磷回收率为 84% 的选矿指标。

（4）正反浮选工艺　正反浮选工艺适用于含高硅质矿物高 / 中镁磷矿石的浮选，首先在弱碱性介质下碳酸盐和硅质矿物被抑制，用选择性强的捕收剂浮出胶磷矿；再用磷酸或硫酸抑制胶磷矿，用反浮选捕收剂选出碳酸盐矿物，获得磷精矿。该工艺流程长（图 2-14），由于利用了正浮选，一般需要加热浮选，成本高，只有湖北大峪口采用此工艺进行工业化生产。

陈云峰等[91]以 PF-QWS 为正浮选捕收剂，HY-2B 为反浮选捕收剂，碳酸钠为 pH 调整剂，水玻璃、六偏磷酸钠、磷酸、硫酸为抑制剂，对湖北大峪口磷矿（P_2O_5 含量为 17.09%、MgO 含量为 5.29%、CaO 含量为 35.4%、SiO_2 含量为 25.8%) 进行了选矿试验，在常温（20 ～ 30℃）条件下，获得了 P_2O_5 含量为 28.31%、MgO 含量为 1.91%、磷回收率为 82.86% 的精矿指标。

潘志权等[92]利用 HY-1 和 HP-1 对湖北大峪口磷矿（P_2O_5 含量为 17.09%、MgO 含量为 5.29%、CaO 含量为 35.4%、SiO_2 含量为 25.8%）采用常温正反浮选工艺获得了较好的选矿指标：磷精矿中 P_2O_5 含量为 29.03%、磷回收率为 78.22%、MgO 含量为 0.71%。为该中低品位硅钙质胶磷矿的开发利用提供了参考。

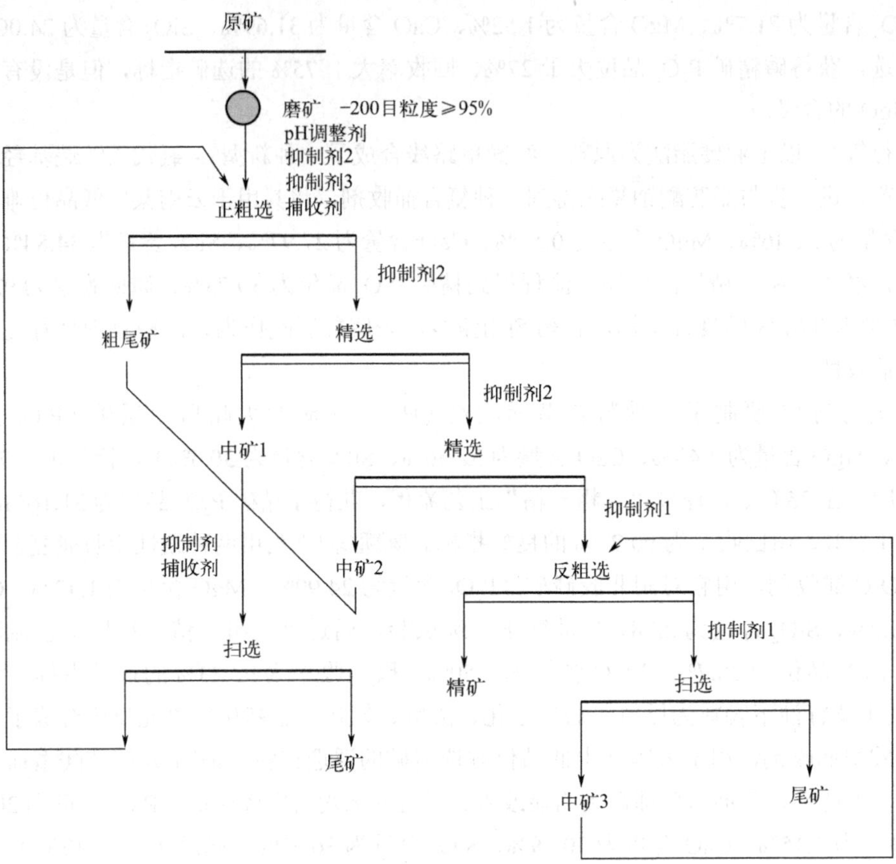

图 2-14 正反浮选工艺流程图

章颖等[93]利用 XP-1 为正浮选捕收剂、FC-2B 为反浮选捕收剂，对云南海口磷矿（P_2O_5 含量为 9.16%、MgO 含量为 4.67%、CaO 含量为 34.61%、SiO_2 含量为 20.12%）采用常温正反浮选工艺，获得精矿中 P_2O_5 含量为 28.54%、MgO 含量为 0.80%、磷回收率为 80.40% 的优异指标。

（5）双反浮选工艺 双反浮选工艺适用于含高硅质矿物高 / 中镁磷矿石的浮选，首先在弱酸性介质下用混酸作抑制剂，用脱镁捕收剂浮出碳酸盐矿物，得到脱镁磷精矿，并将尾矿中的磷矿通过扫选回收并放入原矿进行循环浮选；再用脱硅捕收剂浮出硅质矿物，获得磷精矿，尾矿通过扫选回收磷矿并进行循环浮选。双反浮选工艺的优点是“选少抑多”，浮选药剂主要吸附在尾矿上，对后续的磷酸加工有好处，但由于脱硅捕收剂泡沫黏度大，消泡困难，带来操作不便。而且要注意回水不能混用。工艺流程如图 2-15 所示。

葛英勇等[94]利用 MG 和 CE-609 作捕收剂，对湖北某地镁硅质矿物含量较高的难选胶磷矿（P_2O_5 含量为 25.07%、MgO 含量为 2.70%、CaO 含量为 40.77%、SiO_2 含量为 12.82%）采用阴离子捕收剂反浮选镁、阳离子捕收剂反浮硅的双反浮选工艺，取得了磷精矿 P_2O_5 品位为 32.51%、MgO 含量为 0.87%、R_2O_3 含量为 2.37%、磷回收率为 91.23% 的良好指标，实现了胶磷矿与白云石、长石等杂质矿物的有效分离。

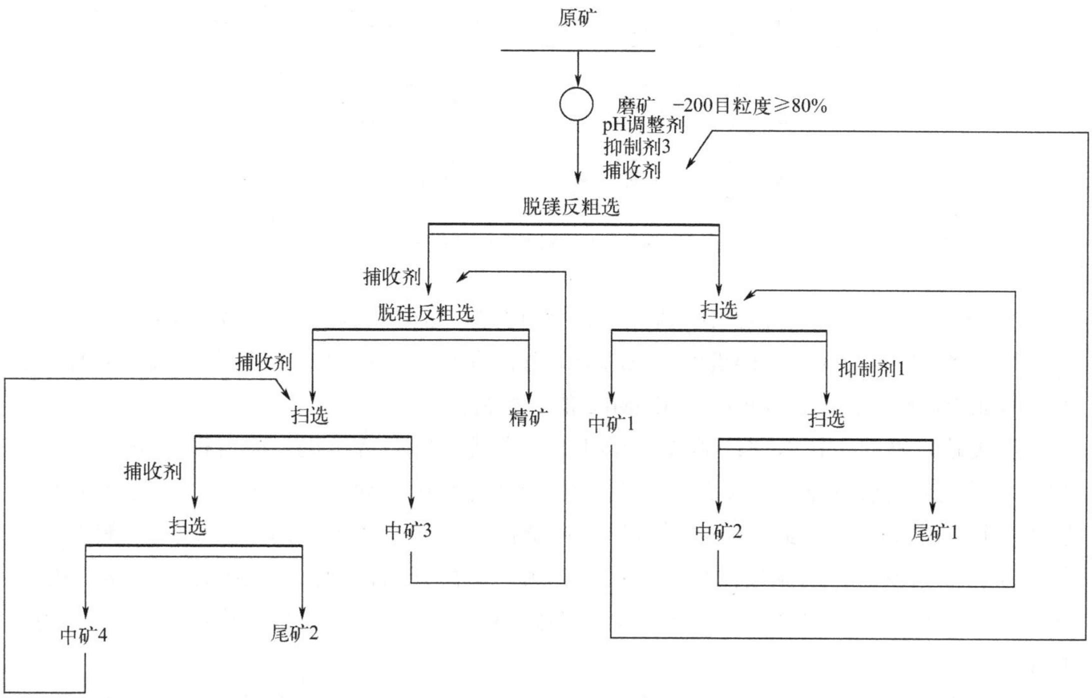

图 2-15　双反工艺流程图

赵凤婷[95]利用 LS 和 YP3 作捕收剂，对云南某地镁硅质矿物含量较高的难选胶磷矿（P_2O_5 含量为 23.39%、MgO 含量为 2.31%、CaO 含量为 34.94%、SiO_2 含量为 26.18%）采用阴离子捕收剂反浮镁、阳离子捕收剂反浮硅的双反浮选工艺，得到精矿 P_2O_5 含量＞30%、MgO 含量＜0.4%、磷回收率大于 72% 的选矿指标。

王巍等[96]利用 QY 和 W-2 作捕收剂，对湖北某地镁硅质矿物含量较高的难选胶磷矿（P_2O_5 含量为 17.45%、MgO 含量为 5.75%、CaO 含量为 29.51%、SiO_2 含量为 31.70%）采用双反浮选工艺流程，通过单因素及正交试验方法对参数进行了优化，获得闭路精矿 P_2O_5 品位为 28.5%、磷回收率为 80.2% 的选矿指标。

虽然双反浮选工艺在实验室有一定的研究，也取得了较好的选矿指标，但实际工业应用还有很多问题需要解决。例如：矿浆泡沫黏度大、流动性不好造成实际应用的困难。湖北兴发集团于 2020 年完成了双反浮选工艺的工业化应用。

（6）浮选工艺主要设备　磷矿浮选需要破碎、磨矿、选矿、浓密、过滤、干燥等主要设备。加工生产线通常为：开采的磷矿石先由颚式破碎机初步破碎至合适细度后，经由提升机、给矿机均匀送入球磨机，由球磨机对矿石进行粉碎、研磨，经过球磨机研磨的矿石细料再进入下一道工序分级；螺旋分级机借助固体颗粒密度不同而在液体中沉淀速度不同的原理，对矿石混合物进行分级，粗粒级返回再磨，细粒级经过溢流进入搅拌桶，根据不同矿物的特性加入不同的药物，搅拌均匀后进入浮选机，将有用矿物与其他物质分离开。在有用矿物被分离出来后，因其含有大量水分，须经浓密机初步浓缩，再经烘干机烘干，即可得到干燥的矿物或浓缩到一定含水率时，直接进入磷精矿加工工序。其工艺流程图如图 2-16 所示。

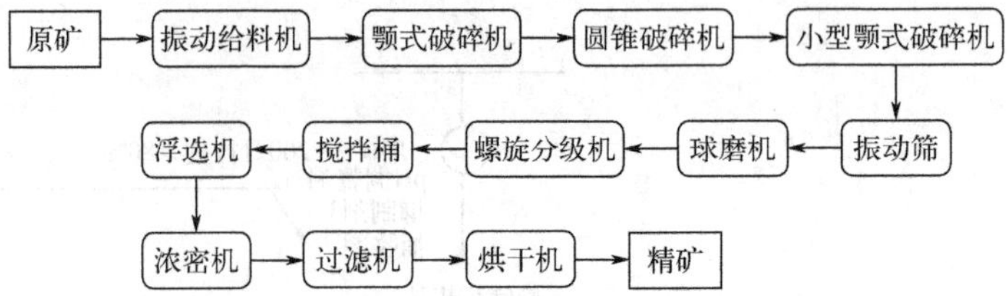

图 2-16 浮选过程全流程图

① 颚式破碎机。具有破碎比大、产品粒度均匀、结构简单、工作可靠、维修简便、运营费用经济等特点。颚式破碎机广泛应用于矿山、冶炼、建材、公路、铁路、水利和化工等众多行业中，破碎抗压强度不超过 320MPa 的各种物料。

颚式破碎机的工作原理：颚式破碎机工作方式为曲动挤压型，电动机驱动皮带和皮带轮，通过偏心轴使动颚上下运动，当动颚上升时肘板与动颚间夹角变大，从而推动动颚板靠近固定颚板，与此同时物料被压碎或劈碎，达到破碎的目的；当动颚下降时，肘板与动颚夹角变小，动颚板在拉杆弹簧的作用下，离开固定颚板，此时已破碎物料从破碎腔下口排出，随着电动机连续转动而动颚做周期运动破碎机压碎和排放物料，实现批量生产。

② 圆锥球磨机。圆锥球磨机是对被破碎的物料再进行粉碎的关键设备。圆锥球磨机广泛应用于水泥、硅酸盐制品、新型建筑材料、耐火材料、化肥、黑色与有色金属选矿以及玻璃陶瓷等生产行业，对各种矿石和其他可磨性物料进行干式或湿式粉磨。球磨机由水平筒体、进出料空心轴及磨头等部分组成。筒体为长的圆筒，钢板制造，由钢制衬板与筒体固定。筒体内装有研磨体，研磨体一般为钢制圆球，并按不同直径和一定比例装入筒体中，研磨体也可用钢段，根据研磨物料的粒度加以选择。物料由球磨机进料空心轴进入筒体内，当球磨机筒体转动时，研磨体由于惯性和离心力、摩擦力的作用，附在筒体衬板上被筒体带动，当被带到一定高度时，由于重力作用而被抛落，下落的研磨体像抛射体一样将筒体内的物料击碎。

物料由进料装置经进料空心轴螺旋均匀进入磨机第一舱，该仓内有阶梯衬板或波纹衬板，内装各种规格钢球，筒体转动产生离心力将钢球带到一定高度后落下，对物料产生重击和研磨作用。物料在第一仓达到粗磨后，经单层隔仓板进入第二仓，该仓内镶有平衬板，内有钢球，将物料进一步研磨。粉状物通过卸料箅板排出，完成粉磨作业。

③ 槽式浮选机。槽式浮选机主要用于选别磷矿和铜、锌、铅、镍、金等有色金属，也可以用于黑色金属和非金属的粗选和精选。

浮选机由电动机三角带传动带动叶轮旋转，产生离心作用形成负压，一方面吸入充足的空气与矿浆混合；另一方面搅拌矿浆与药物使其混合，同时细化泡沫，使矿物黏合在泡沫之上，浮到矿浆面再形成矿化泡沫。调节闸板高度，控制液面，使有用泡沫被刮板刮出。

浮选机必须保证矿浆吸入足够量的空气（有的浮选机是外部压风机压入空气的）并尽量弥散于整个槽内。由于空气弥散愈细愈平均，矿粒与气泡接触的机会就愈多，浮选的效率也就愈高。浮选机要保证对矿浆有良好的搅拌作用，使矿粒不沉淀而呈悬浮状态均匀地分布在槽内，同时促进某些难溶性药剂的溶解，以利于药剂和矿粒充分作用。在浮选机内矿浆轮回活动，可以增加矿粒与气泡的接触机会。在浮选过程中，有时需要调整泡沫层的厚度及矿浆流量，并且在运行时从给矿到浮出精矿及尾矿的排出，都是连续进行的过程。

④ 浮选柱。浮选柱可用于处理黑色、有色、非金属矿石，以及化工、造纸、环保等行业中的废渣、废液，特别是应用于老矿山企业的技术改造、产能挖潜，能达到“多、快、好、省”的效果。浮选柱是一种新型高效无机械搅拌充气式浮选设备，采用矿粒与微细气泡逆流平稳接触的流动方式，提供了大量捕收矿粒的机会。柱内气泡细小均匀，表面积大，在逆流条件下与矿粒接触机会更多，消除了有用矿物在浮选过程中的“短路”现象，有利于提高浮选速度和回收率。

浮选柱由浮选柱柱体（柱体内附有给矿装置、泡沫溢出或刮出装置以及泡沫槽、压缩空气输入管网和风包等）、泡沫淋洗水装置、导泡槽、矿浆分配器、浮选柱底部阶梯型结构等主要部分组成。

a．泡沫淋洗水装置　安装在浮选柱顶部的泡沫淋洗水装置将清水均匀地喷洒到泡沫表面，可清洗泡沫间夹带的部分矿浆，使泡沫合并和二次富集，精矿品位得到进一步提升。

b．导泡槽　可促使泡沫精矿迅速排出。

c．矿浆分配器　伞状矿浆分配器，多点布置，给矿平稳均匀，可调节矿浆喷射距离，解决了导炮索、木屑等杂物堵塞问题。

d．浮选柱底部阶梯型结构（图 2-17）　通过在各阶梯层上均匀布置喷枪式微泡发生器，保证了气泡均匀分布和喷枪发泡效果，解决了大型浮选柱中部气量不足的问题，也统一了微泡发生器的规格，便于生产管理。

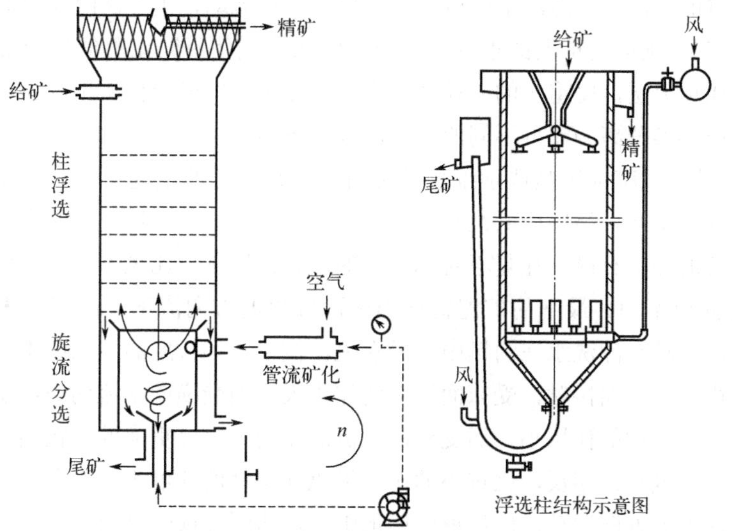

图 2-17　浮选柱结构示意图

随着我国磷矿选矿技术的进步，目前不论是在选矿药剂开发、选矿设备的制造，还是选矿工艺的进步等方面，我国磷矿选矿技术均在国际上取得了领先地位。在 20 世纪 70 年代，我国磷矿选矿药剂均从国外进口，主要采购美国花王公司的选矿药剂。现在全国建设了多个选矿药剂生产厂，如云南磷化集团、湖北富邦、孝感天翔、武汉强盛等，都能生产出质优价廉的浮选药剂产品。由于选矿效果好、价格便宜，完全占领了国内市场。在选矿装置大型化方面我国磷矿选矿技术也处于世界前列，如：云南磷化集团已建成了400万吨/年选矿装置，湖北宜化集团、兴发集团分别建成了300万吨/年和200万吨/年选矿装置。浮选柱在磷矿选矿中也取得了工业应用，如：云南磷化集团建成了400万吨/年浮选柱装置，大大提高了选矿效益。在选矿工艺方面，我国磷矿选矿技术取得了很好的经济效益。

2.3.2.5 重浮联合选矿工艺

磷矿重选工艺比较简单，采用的选矿设备也简单，不需要选矿药剂，产生的尾矿对环境的污染也比较小。但由于单一重选精矿很难达到湿法磷酸的加工要求，必须联合浮选才能获得合格的磷精矿。根据矿石性质和作用原理的不同，重选可分为重介质选矿、跳汰选矿、摇床选矿、溜槽选矿、水力或风力分级、洗矿。

① 重介质选矿。利用不同矿粒的密度差分离矿物的一种选矿方法。重介质的比重介于重矿粒和轻矿粒之间。把物料导入重介质选矿设备中时，比重大于重介质的矿粒下沉于槽底，比重小于重介质的矿粒上浮于重介质表面，再将已经分离的重、轻矿粒截取分离，完成分选过程。常用的重介质选矿设备振动槽主要由槽体、传动装置、分离隔板和支架组成。重介质振动槽工作时，先将浓度较高的重介质从振动槽的首端给入槽中，在槽体的往复振动作用下，介质呈悬浮状态，形成流动性较大的且具有一定分选比重的重介质床层。然后原矿从槽的首端给入，由于槽体的运动，矿石边向前运动，边按比重开始分层。比重大于分选比重的重矿粒穿过介质床层，沉积于槽底，并在槽的振动下向前滑行，从分离隔板下面排出；比重小于分选比重的轻矿粒，悬浮于介质床层上层随介质流动，由分离隔板上面排出。

② 跳汰选矿。跳汰是重要的重选法之一。跳汰过程使不同比重的矿粒混合物在垂直运动的介质中按比重分层，比重小的矿粒位于上层，比重大的矿粒位于下层。然后借助于机械作用或水流作用将其分离为比重不同的产物，分别排出。

③ 摇床选矿。摇床选矿是选别细颗粒物料应用最广泛的重选法之一。摇床分选的过程是由给水槽给入冲洗水，沿床面的倾斜方向即横向呈均匀薄层流过，矿浆由给矿槽给到床面上，在横向水流的冲洗和纵向往复不对称运动的联合作用下，比重不同、粒度不同的矿粒在床面运动的方向也不同。最细的矿泥直接沿床面倾斜的方向流下。沉积在床面来复条间的矿粒由于床面的摇动和冲洗水在沟槽中形成涡流，按比重和粒度的不同产生分层。比重大的矿粒在下层，由于和床面接触，受床面运动的作用大，而受横向水流的作用小；比重小的矿粒在上层，受床面运动的作用小，而受横向水流的作用大。比重大的矿粒沿纵向运动的速度大，横向运动的速度小；相反，比重小的矿粒沿纵向运动的速度小，横向运动的速度大。它们沿着各自合速度的方向运动，矿粒形成扇形矿带，达到分选的目的。

④ 溜槽选矿。溜槽选矿是利用倾斜面水流选矿的方法。将矿粒混合物给入倾斜面不大的斜槽内，在水流的冲击力、颗粒的重力、离心力、摩擦力的作用下，矿粒按比重沉积在槽内的不同地带，比重小的被流水带走，从而达到分选的目的。

单一采用重选方法一般不能达到期望的选矿效果，更重要的问题是：在精矿达到湿法磷酸生产要求时，尾矿因其中的 P_2O_5 含量高，达不到抛尾的要求；或在尾矿基本达到抛尾要求时，精矿达不到湿法磷酸生产要求。如果采用重浮联合工艺，则能较好地满足精矿达标和尾矿抛尾的要求。重浮联合选矿工艺，能减少浮选药剂的用量，减少尾矿对环境的污染，节约生产成本。

宜化集团利用重介质选矿[97]，对原矿 P_2O_5 含量为20%左右的胶磷矿进行重选，获得 P_2O_5 含量为26%～28%的磷精矿，尾矿中 P_2O_5 含量为18%左右。尾矿再用跳汰和摇床选矿获得的磷精矿 P_2O_5 含量为26%～28%，磷精矿再通过单一反浮选，获得的精矿 P_2O_5 品位达32%、MgO含量达0.8%。将重选装置建设在矿山，节约了运输成本，降低了尾矿的回填成本。

杨茂椿[98]根据滇池地区晋宁、昆阳、海口中低品位胶磷矿的矿物特性，采用重选分离硅质脉石矿物，再在不同磨矿细度下采用浮选流程分选，达到了胶磷矿有效分选的目的。通过摇床分选确定了重选入选矿的粒度：晋宁矿为−0.28mm、昆阳矿为−0.20mm、海口矿为−0.28mm。通过重选，获得了部分磷精矿，但不能获得好的选别指标，且昆阳和海口重选磷精矿MgO含量大于2%，因此必须采用浮选脱镁。可以考虑将含MgO较少的浮选精矿与重选精矿混合，使最终精矿含MgO的量达到国家酸法二类标准。在重浮联选实验中，作者采用 ϕ75 水介质旋流器和 ϕ125 复合旋流器进行重选，获得部分磷精矿。对于尾矿，对磨矿细度未达到−200目95%的矿粒再磨后进行正浮选或反浮选，得到了 P_2O_5 含量≥28%、MgO含量＜0.8%良好的选矿指标。

洪家薇[99]采用水介质旋流器＋矮柱浮选槽构成的重浮联合流程，分选晋宁磷矿Ⅳ矿段中低品位矿石获得的综合指标为：精矿产率为63.84%，P_2O_5 品位为28.34%，回收率为83.15%。该流程只有一段重选作业，二段浮选作业，无精选作业，无中矿返回，流程极为简单。因流程中无中矿返回，所以分选过程稳定，且易于操作。从重选精矿和尾矿筛分分析结果看：重选精矿中+0.037mm粒级占90%以上，重选粒级回收率较高的是+0.074mm部分，说明水介质旋流器能回收粗粒级别，而对细粒分选效果较差。重选尾矿中−0.074mm粒级含量为92%，正好适合胶磷矿浮选的粒度特性。因此，采用重浮联合流程在较粗的给矿粒度（±50%−200目）条件下，就可获得较好的分选指标，而不必细磨。

从目前重浮联合选矿工艺研究来看，由于磷灰石相对密度为3.18～3.21、白云石相对密度为2.86～3.20、长石相对密度为2.00～2.57，相对密度非常接近，重选一般只能用于脱除硅质矿物，无法脱除白云石，而且硅质矿物的脱除率也不高，所以还需要借助浮选。在工业生产时必须建设两套装置，所以如果没有特殊原因，工厂基本不采用此工艺。

主要设备　重选设备有水力分级的分级箱、分泥斗，重介质分选的圆锥形重介质分选机、重介质振动槽、重介质旋流器、斜轮重介质分选机、跳汰机、溜槽分选机、摇床、涡流分选机、光电分选机等。重选设备大体上可分为摇床、溜槽选矿设备、跳汰机和重介质选矿设备4类。2000年以来，这些选矿设备在我国发展较快，出现了不少新型设备，如新型螺旋选矿机、动筛跳汰机、离心跳汰机等，已达到或接近世界先进水平，在选矿工业中发挥了重要作用。重选设备是根据有用矿物与脉石矿物密度差进行选别的设备，因此不同矿物的密度差是影响选别指标的主要因素，同时，矿粒的粒度大小、形状和介质性质对选别指标也有影响。不同的重选设备能获得不同质量的产品，所以在选用重选设备时，既要考虑到物料性质，也要注意对产品质量的要求。

2.3.2.6 浮化联合选矿工艺

（1）化学选矿工艺　化学选矿的处理对象与物理选矿特征相同，但其分选原理及产品形态均与物理选矿不同。化学选矿的分选原理与传统的冶金过程相似，均利用无机化学、有机化学、物理化学及化工过程的基本原理解决各自的工艺问题。其原则流程一般包括原料准备、矿物原料焙烧、矿物浸出、固液分离、浸出液处理等 5 个主要作业工序。本节讨论的胶磷矿的化学选矿不包括焙烧工艺。

化学选矿是根据胶磷矿、白云石或方解石与酸性物质反应速率的差别来分离胶磷矿中的碳酸盐，所以一般要考虑酸的强度和浓度。利用强酸时，酸的浓度要低一些，反应时间短一些；利用弱酸时，酸的浓度要高一些，反应时间长一些。与浮选脱镁法相比，化学选矿具有生产流程短、设备投资少、磷损失低的优点，但选矿废液处理相对浮选法更困难一些。化学选矿的脱镁剂分为无机脱镁剂和有机脱镁剂，无机脱镁剂有硫酸、盐酸和硝酸等，有机脱镁剂有短链脂肪酸和多元酸。

周玉新等[100]改进了 Petersell 用硫酸处理磷矿进行脱镁的方法，在硫酸溶液中加入硫酸镁（来源于脱镁液），利用生成的酸式盐对胶磷矿（P_2O_5 含量为 32.83%、MgO 含量为 1.79%）脱镁，获得 P_2O_5 含量为 32.60%、MgO 含量为 0.50% 的磷精矿。张雪杰等[101]研究了硫酸脱镁的动力学模型，对胶磷矿（P_2O_5 含量为 31.00%、MgO 含量为 3.30%）进行化学脱镁，获得了 P_2O_5 含量为 30.73%、MgO 含量为 1.14% 的磷精矿，磷回收率达到 97.39%。何光洪等[102]利用硫酸对胶磷矿（P_2O_5 含量为 30.52%、MgO 含量为 2.86%）进行化学脱镁，获得了 P_2O_5 含量为 29.74%、MgO 含量为 0.95% 的磷精矿，磷回收率达到 97.40%。田文祥等[103]研究了利用混酸（硫酸、磷酸）对磷矿石（P_2O_5 含量为 31.65%、MgO 含量为 0.55%）脱镁的过程，发现脱镁过程中精矿中镁等杂质的含量一直下降，但钙、磷的含量基本保持不变。闫成硕等[104]研究了磷矿酸性废水脱镁化学反应模型，指出在不同离子效应、酸效应和盐效应的相互作用下，脱镁过程的主反应、次反应、强反应及弱反应等。

方进[105]等利用冷冻法硝酸磷肥副产粗硝钙液带入的游离硝酸，浸取出磷矿（P_2O_5 含量为 32.05%，MgO 含量为 3.50%）中的 CaO 和 MgO，达到脱镁目的，获得的磷精矿 P_2O_5 含量≥ 35%、MgO 含量＜1.0%。陈小林等[106]用硝酸脱除磷尾矿中的镁，将其用于生产氢氧化镁，有效地利用了磷矿中的镁元素。

（2）浮化联合选矿工艺　虽然化学选矿对不同矿种和不同嵌布粒度的适应性较强，但只对碳酸盐杂质矿物的高品位胶磷矿有好的适应性。对于中低品位胶磷矿，化学选矿的磷损失大，对高硅质胶磷矿的硅杂质也不能很好地脱除，因而难以达到湿法磷酸的生产要求。化学法脱镁的应用，势必是一种相对较有效的解决方法，但单一的化学法脱镁还存在许多不可避免的问题需要解决，如：脱镁的同时造成磷损失，引入新的杂质，大部分的化学法研究成果还停留在实验室探索阶段，不适用于工业化生产等。因此，探索一种组合式化学法脱镁预处理技术，不仅镁净化率和磷回收率高，而且镁资源又可得到有效利用，是一个具有经济竞争力的研究方向，对于磷矿资源可持续发展具有十分重要的社会意义和推广应用前景。

李杰恩等[107]利用浮化联合流程对云南晋宁胶磷矿（P_2O_5 含量为 16.97%、MgO 含量为 2.21%、CaO 含量为 27.45%、SiO_2 含量为 36.61%）进行选别，获得了磷精矿 P_2O_5 品位为 28.6%、磷损失率为 1.5% 的优异指标。陈凯等[89]利用单一正浮选耦合化学浮选，将磷矿（P_2O_5 含量为 24.99%、MgO 含量为 1.42%、CaO 含量为 33.20%、SiO_2 含量为 22.80%）的 P_2O_5 品位提高到 29.45%、MgO 含量降低到 0.30%。采用“一粗二精一再一扫”和化学脱镁联合流程，对荆襄低品位胶磷矿（P_2O_5 含量为 16.05%、MgO 含量为 5.47%、CaO 含量为 39.57%、SiO_2 含量为 31.63%）进行浮化联合选别，获得的精矿 P_2O_5 品位为 31.5%、MgO 含量为 0.60%；采用同样的工艺和药剂对低品位胶磷矿（P_2O_5 含量为 15.54%、MgO 含量为 5.56%、CaO 含量为 36.57%、SiO_2 含量为 32.53%）进行浮化联合选别，获得的精矿 P_2O_5 品位为 31.68%、MgO 含量为 0.80%。这种方法由于需要对脱镁液进行回收利用，需要对传统的选矿厂进行较大的改造，因此目前只停留在实验室阶段。

（3）焙烧消化工艺　目前世界上大部分的磷矿脱镁处理方法主要是高温煅烧法。高温煅烧法是将一定粒度的磷矿石置于 850℃以上的高温煅烧，使磷矿中的碳酸镁等碳酸盐分解，然后用水消化，使氧化钙和氧化镁转化为细粒悬浮态氢氧化钙和氢氧化镁，随消化水流走，以达到脱镁的效果。这种简单的高温煅烧法主要存在能耗高、后续湿法磷酸生产过程中反应速率低以及磷石膏过滤分离难等缺点。

针对硝酸磷肥对磷矿品位的要求较高以及传统的磷矿浮选工艺存在尾矿堆积的问题，贵州芭田研究了磷矿经破碎、煅烧、球磨后采用硝酸铵溶液浸取的工艺，外加驱氨装置使反应混合料浆中的氨逃逸，反应温度为 850 ～ 900℃。但由于驱氨能耗高，中试后停止了该项研究。后来改用硝酸进行二次浸取，从而降低磷矿中的 MgO 含量。该工艺生产的浸取液中硝酸铵含量的高低，决定了下游装置的硝化能力。为有效回收粗硝钙液中的磷，以及提高下游硝酸磷肥装置的生产能力和节约生产成本，开展了冷冻法硝酸磷肥副产粗硝钙液用于磷矿脱镁的研究。通过将胶磷矿富集技术与冷冻法硝酸磷肥技术相结合，磷矿中的磷、钙、镁等有益矿物质元素得以充分利用，而且无尾矿和磷石膏产生，以期为磷化工循环产业链探索出一条生态、环保、可持续发展之路。

张澜曦等[108]将胶磷矿加热到 1200℃煅烧，再用硫酸铵溶液浸取脱镁，逸出的氨用硫酸吸收进行循环，浸出液冷却结晶得到硫酸镁铵，母液循环，实现了一步浸取脱除磷矿中的镁，缩短了含镁磷矿脱镁的工艺流程，提高了镁回收利用的附加值，降低了成本，实现了无废液、废渣的排放，提高了企业的综合经济效益。

2.4　磷尾矿综合利用

2.4.1　磷尾矿现状

磷尾矿是磷矿经选矿后的固体废弃物，也属于中低品位磷矿。随着磷矿开采量持续增加[109]，磷尾矿的数量也以惊人的速度上升[110-112]。每 100 万吨磷矿入选后会产生 30 万～ 40 万吨磷尾矿，我国每年产生的磷尾矿近 700 万吨 [113]，其中 85% 以上都是胶磷矿选矿过程产生的 [114]，浮选尾矿占了绝大多数 [115-117]。磷尾矿中 P_2O_5 含量低，镁、钙等杂质含量较高，难以利用，得不到有效处理的磷尾矿长期堆存，引发了一系列环境污染、生态破坏和安全问题 [118-120]；同时还占用了大量的土地。因此对磷尾矿资源的二次开发利用格外重要 [121]。

磷尾矿除含磷外，还含有许多矿物，如镁、钙、铁、铝及少量的锰、锑、铜等，尤其是含有丰富的氧化镁，镁含量能达到 18% 左右，是一种不可多得的富镁资源。磷尾矿的废置也是资源极大的浪费 [122]。磷尾矿的综合利用，既可以变废为宝，回收大量的镁、磷资源，又可以减少“三废”排放，减少对环境的污染，避免占用宝贵的土地资源。面对全球磷矿资源稀缺性日渐显现的挑战和越来越高的环保要求，把磷尾矿当作一种二次资源，进行合理开发利用有着至关重要的作用与意义 [123]。

2.4.2 磷尾矿综合利用途径

2.4.2.1 生产建筑材料

对于品质较差的磷尾矿，难以对其中的矿物进行回收利用，可用于制作建筑材料，解决地方建筑材料紧缺的问题。根据磷尾矿的性质特点，制作适用的建筑材料，是磷尾矿资源二次利用的一个重要途径。

管宗甫等 [124] 发现磷尾矿可制成促进水泥熟料煅烧的助剂，主要是因为磷尾矿本身所具有的多种元素对水泥煅烧有助熔效果，可在正常烧成条件下使熟料含有较多的 C_3S，同时在适宜液相条件下使形成的 C_3S 亚微结构得到改善，因此可得到强度更高的水泥熟料。

杨丽等 [125] 对贵州某地磷尾矿作为清洁胶结充填原料的可行性进行了研究。通过浸出试验，研究 Cu、Pb、Zn、Cd 这 4 种重金属元素的浸出液，结果表明浸出液中 4 种重金属元素浓度都未超过国家污染物排放标准，可以作为清洁的胶结充填原料。研究表明，水泥、粉煤灰、磷尾矿按 1∶2∶6 比例混合时，得到的充填原料具有最大抗压强度。

林小化 [126] 等利用白云石质磷尾矿制备抗水化环保型钙镁质耐火材料，通过理论分析，预烧温度控制在 700 ～ 1200℃之间，对得到的中间物进行消化，探讨了消化温度、消化时间、用水量对耐火材料性能的影响。

李晓燕 [127] 等以云南堆存磷尾矿为主要原料，它占 81%、添加的软夹层占 9%、黑色页岩占 10%，预热温度为 400℃，预热时间为 10min，烧结温度为 900℃，烧结时间为 50min，获得了养花陶粒，其有效磷含量为 8.32%、全磷含量为 14.86%、1h 吸水率为 13.82%、堆积密度为 922.43kg/m^3、抗压强度为 270.29N。

王丹 [128] 等将磷尾矿应用于水泥生产中。用磷尾矿取代部分原料配制生料，在工业窑进行了试生产，并通过 XRD、TG-DTA、岩相、SEM-DES 分析方法，与普通硅酸盐水泥熟料进行对比。结果表明：磷尾矿作为原料制备的硅酸盐水泥熟料，可以降低生料中碳酸钙的分解温度；减少熟料中的游离氧化钙含量，显著改善了生料的易烧性。掺磷尾矿熟料晶型形貌较好，M Ⅰ型的 C_3S 和 β-C_2S 的含量有所增加，有利于熟料早期和后期强度的提高。但由于磷尾矿本身磷含量波动大且试验装置工业均化效果不佳，实际生产的熟料质量有一定的波动。

李家劲[129]将云南磷化集团提供的反浮选磷尾矿用于泡沫混凝土的制备，研究了磷尾矿分别作为惰性和活性填料制备泡沫混凝土时质量分数和抗压强度的联系。试验结果表明：在泡沫混凝土产品达到A3.5B05级抗压强度的情况下，磷尾矿作为惰性填料时，质量分数最多可以达到6.9%，并且抗压强度和用量呈现良好的线性递减关系；在磷尾矿被煅烧后作为活性填料制备时，质量分数最多可达11.32%，煅烧后的磷尾矿的早期活性激发更加明显。

虽然磷尾矿在回填矿井、烧制水泥等方面有一定的应用，但受运输成本的影响，具有区域性，处理量有限，因此对其进行深加工，提高其经济附加值是重要的发展方向。

2.4.2.2　生产肥料

解田等[130]为了综合回收磷尾矿中的磷和镁，针对瓮福磷矿选厂含 P_2O_5 5.63%、MgO 18.02%的高镁浮选磷尾矿进行混酸酸解反应试验，使磷尾矿中的主要成分磷、镁得到有效活化。在1000mL的反应瓶中加入磷尾矿100g、硫酸15g、磷酸110g，在液固比为3∶1、搅拌速度为300r/min、反应温度为50℃、反应时间为20min的最佳工艺条件下，磷尾矿的 P_2O_5 品位和转化率分别达到31.34%、82.44%，所制得的磷镁复合肥有效 P_2O_5 含量近30%、有效MgO含量超过10%，其主要营养成分磷和镁含量高，工艺流程简单、能耗少，为磷尾矿资源化再利用提供了新途径、新思路。

范志平等[131]以磷尾矿为主要原料，加入水稻秸秆和酱油渣废弃资源，其中，酱油渣提供氮源，秸秆为培养基透气和提供有机质、黑曲霉等微生物，具有较好解磷效果，在黑曲霉含量为5%、乳酸菌含量为4%、醋酸菌含量为3%和巨大芽孢杆菌含量为5%的条件下，对磷尾矿粉进行发酵解磷，得到了速效磷含量为2442.50mg/kg的肥料，磷转化率为78.7%。通过此工艺制备出的解磷复合微生物菌剂效果明显，为以磷尾矿生产含磷生物肥料的工艺提供依据。

郭举等[132]发明了一种利用磷尾矿制备硝酸钙镁肥的方法，取一定粒度的尾矿粉，往尾矿粉中加入一定量的蒸馏水，配成一定浓度的尾矿浆，逐步加入硝酸，在一定条件下反应，反应结束后过滤，向滤液中加入石灰或氢氧化钙将滤液pH值调为6.5～7，再次过滤，滤液经过真空浓缩、干燥等工序，即可制得硝酸钙镁肥。这项发明以磷尾矿为原料，制备硝酸钙镁肥，很好地实现了废弃物资源的合理利用，是一种经济效益好、环境污染少的绿色环保型工艺。

周坤等[133]以高镁磷尾矿为研究对象，在磷尾矿用硫酸浸出的基础上，对磷酸氢二铵法制备磷酸铵镁进行试验研究。研究结果表明：在矿浆pH为7.5、反应温度为20℃、反应时间为10min、硫酸镁过量系数为1.00的条件下，可获得磷酸铵镁产率为74.87%的较好指标。且通过XRD分析，所制得产品具有良好的磷酸铵镁晶体结构特征，表明此制备方法具有可行性。

张萍花等[134]对硝酸复合溶剂浸取法对磷尾矿中磷、镁、钙的回收工艺进行了研究，考察了多种因素对磷尾矿酸解过程的影响，并对工艺条件进行了优化。当液固比为4∶1、反应时间为2h、硝酸质量分数为42%、反应温度为60℃、转速为400r/min、硝酸钙质量分数为15%时，镁、钙的回收率分别为94.53%、90.07%，P_2O_5 的回收率为72.92%，P_2O_5 质量分数由7.12%提高到20.65%。但这种方法要与硝酸法湿法磷酸配合才具有经济效益。

2.4.2.3 生产填料

江书航等[135]对云南某磷尾矿进行了物相和成分分析，针对其SiO_2含量较高的特点，以碳酸钠为溶剂提取其中的SiO_2，再以反应制得的硅酸钠母液为原料通过化学沉淀法制备了超细SiO_2，考察了SiO_2提取条件和超细SiO_2制备条件，确定最优的SiO_2提取条件为：煅烧温度850℃、投料比1.6∶1、煅烧时间10min；超细SiO_2制备条件为：终点pH = 7、盐酸浓度1mol/dm^3、表面活性剂CTAB添加量0.94%。用XRF、XRD、BET、激光粒度仪、FTIR对产品进行了表征，所得超细SiO_2是非晶态物质，D_{50}=120nm、比表面积为652.19m^2/g、纯度为99.05%。

张家鑫等[136]以磷尾矿为原料，通过盐酸分解尾矿提取Ca^{2+}、Mg^{2+}、PO_4^{3-}等离子，再用稀硫酸沉淀石膏晶须，然后将滤液浓缩得到氯化镁，所得氯化镁中加入改性剂用直接沉淀法得到氢氧化镁阻燃剂（MH）。考察了镁离子浓度、反应温度、改性剂用量、反应时间对MH疏水性和粒径的影响；以环氧树脂（EP）为基材，考察了MH的阻燃性能。结果表明：当镁离子浓度为1.2mol/L、反应温度为85℃、改性剂用量为8%（质量分数）、反应时间为1.5h时，活化指数达到0.96，平均粒径达到7.69μm；当MH添加量为20%（质量分数）时，EP阻燃复合材料的极限氧指数（LOI）达到31.8%。

颜鑫[137]等以高镁磷尾矿为原料，以净化后的石灰窑窑气为碳化气，以纳米碳酸钙中试装置为平台，利用20万吨/年 纳米碳酸钙生产技术，独辟蹊径地通过煅烧反应、梯级浸取、复合碳化反应、氨化反应等系列化学反应和过滤、干燥等多步物理步骤，将高镁磷尾矿中大量的碳酸钙和碳酸镁分别以高纯度轻质碳酸钙和氢氧化镁的形式分离出来，同时得到磷精矿粉等3个具有工业利用价值的产品。

参考文献

[1] 夏学惠，袁俊宏，杜家海，等. 中国沉积磷矿床分布特征及资源潜力. 武汉工程大学学报，2011, 33(2): 6-11.
[2] 刘宗达. 硫磷铝锶矿的综合利用. 化工环保，1994, 44(3): 80-83.
[3] 喻婵娟，应建康，李军，等. 硫磷铝锶矿制取磷酸的研究. 化工矿物与加工，2008, 2: 7-10.
[4] 黎龙昌，张伟，邹林，等. 四川绵竹地区城墙岩磷矿床地质特征及沉积环境. 西北地质，2021, 54(3): 142-154.
[5] 夏学惠，连卫. 中国北方内生磷矿资源分布特征及潜力. 武汉工程大学学报，2011, 33(3): 81-86.
[6] 韩豫川，夏学惠，肖荣阁，等. 中国磷矿床. 北京：地质出版社，2012: 692-694.
[7] 杨丽珍，魏祥松. 北方低品位磷矿综合回收利用选矿研究及利用. 化工矿产地质，2007, 29(1): 27-30.
[8] 李成秀，文书明. 我国磷矿选矿现状及其进展. 矿产综合利用，2010, 2: 22-25.
[9] 钟本和，赵虹."料浆浓缩法"磷铵工艺. 贵州化工，1989, 2: 33-34.
[10] 钟本和. 料浆法磷铵生产工艺发展与五大磷肥工程改造. 中国工程科学，2004, 6: 22-25, 34.
[11] 冯余清."料浆法"生产磷铵对磷矿质量的要求. 磷肥与复肥，1990, 5(1): 41-45.
[12] 钟本和，张允湘，应建康，等. 料浆法磷铵工艺的发展和展望. 四川大学学报(工程科学版), 2003, 35(2): 1009-3087.
[13] 应建康，钟本和，张允湘，等. 料浆法磷铵工艺的技术经济优势. 磷肥与复肥，1997, 12(4): 1-5.
[14] 贡长生，梅毅，宋锡高，等. 现代磷化工技术和应用(上册). 北京：化学工业出版社，2013: 543-556.
[15] 孔剑梅. 提高重钙装置产品质量的技改探讨. 化工设计，2007, 17(6): 46-50.
[16] 武贵先. 磷矿质量对普钙和重钙生产的影响(节译). 山西化工，1995, 4: 56-58.
[17] 胡正荣. 料浆法重钙装置提高产品水溶磷的技改. 磷肥与复肥，2009, 24(1): 46-48.
[18] 陈学智. 磷矿杂质对重过磷酸钙生产的影响. 磷肥与复肥，1992, 7(3): 58-59.
[19] 张克峰，刘春，何兵兵，等. 料浆法制备重过磷酸钙工艺条件优化的研究. 磷肥与复肥，2015, 30(4): 10-11.
[20] 石松林，钟发敏. 高铁铝磷矿制过磷酸钙生产工艺的改进. 磷肥与复肥，2009, 24(6): 19-20.
[21] 刘美霞，薛绍秀，张丹，等. 过磷酸钙生产工艺概述及磷矿品质对工艺的影响. 磷肥与复肥，2018, 33(12): 85-87.
[22] 舒飞. 过磷酸钙生产中磷矿的搭配. 广东化工，2003, 30(4): 10-11, 47.
[23] 谭艳霞. 仿真探讨磷矿组分对过磷酸钙生产的影响规律. 化工矿物与加工，2021, 50(2): 24-29.
[24] 谢文俊. 高(含)镁磷矿生产过磷酸钙的实践. 磷肥与复肥，2002, 6: 1007-6220.

[25] 高德振．浓酸矿粉法制备过磷酸钙基复混肥的工艺开发．郑州：郑州大学，2014.
[26] 欧阳国才．低品位磷矿在钙镁磷肥生产中的利用与探讨．湖北化工，1989, 1: 38-42.
[27] 王光龙．钙镁磷肥生产中开阳磷矿的使用．磷肥与复肥，1991, 6(1): 28-33.
[28] 陈武平．无机化工工艺学．北京：化学工业出版社，2016: 215-219.
[29] 吴佩芝．湿法磷酸．北京：化学工业出版社，1987.
[30] 黎元平．宜昌磷矿在湿法磷酸和料浆法磷酸一铵生产中的应用综述．硫磷设计与粉体工程，2017, 3: 20-23, 4.
[31] 章守陶，唐琛明．磷矿杂质对湿法磷酸生产的影响及处理．硫磷设计，1997, 4: 25-29.
[32] 刘志彦．磷矿中镁对湿法磷酸的影响因素及利用探析．科技创业月刊，2013, 26(02): 171-172, 174.
[33] 管秀华．磷矿中铁、铝、镁杂质对二水物湿法磷酸反应过程的影响．湖南化工，1991, 4: 29-32.
[34] 秦玉芳，王其伟，李娜，等．内蒙古某低品位磷矿浮选工艺研究．有色金属（选矿部分），2019, 3: 17-22.
[35] 田兴，石和彬，赵静，等，湖北某中低品位硅质磷矿工艺矿物学研究．武汉工程大学学报，2012, 34(3): 45-50.
[36] 陈金鑫．磷灰石常温捕收剂研制及其与矿物表面作用机理研究．沈阳：东北大学，2015.
[37] 王树林，黄志良，罗欣，等．宜昌磷矿工艺矿相学研究．武汉工程大学学报，2012, 34(2): 55-59.
[38] 庞建涛，肖喆，王灿霞，等．云南某碳酸盐型磷块岩矿工艺矿物学研究．化工矿物与加工，2015, 2(45): 3-4.
[39] 石和彬，王树林，梁永忠，等．云南中低品位硅钙质磷块岩工艺矿物学研究．武汉工程大学学报，2008, 30(2): 5-8.
[40] 吴书明．江西省朝阳磷矿低品位胶磷矿选矿实验研究．武汉：武汉工程大学，2016.
[41] 夏学惠，东野脉兴．中国北方内生低品位磷铁矿床综合利用前景．北京：中国大地出版社，2005.
[42] 左大学，王仁宗，阮自斌．高镁中低品位胶磷矿反浮选研究．磷肥与复肥，2011, 26(5): 29-31.
[43] 王义友．α- 氯代脂肪酸的合成．无锡：江南大学，2007.
[44] Feng D, Aldrich C. Influence of operating parameters on the flotation of apatite. Minerals Engineering,2014, 17: 453-455.
[45] 黄小芬，张覃．胶磷矿晶体结构研究．矿物学报，2011, 31(3): 566-570.
[46] 王淀佐，胡岳华．浮选药剂分子设计理论的应用与发展．矿冶工程，1987, 7(2): 18-23.
[47] 陈金鑫．磷灰石常温捕收剂研制及其与矿物表面作用机理研究．沈阳：东北大学，2015.
[48] 陈凯．油酸改性胶磷矿捕收剂的合成及浮选应用．武汉：武汉工程大学，2019.
[49] 梁欢．新型胶磷矿浮选药剂的研制及开发．武汉：湖北省化学工业研究设计院，2017.
[50] 罗惠华，汤家焰，李成秀，等．胶磷矿选矿中不同植物脂肪酸的常温浮选性能．武汉工程大学学报，2013, 35(1): 17-20.
[51] Zhou F,Yan C J,Wang H Q, et al.Flotation behavior of four C18 hydroxamic acids as collectors of rhodochrosite.Minerals Engineering,2015, 78: 15-20.
[52] 唐云．浮选药剂在胶磷矿浮选中的应用研究．成都：四川大学，2001.
[53] 骆兆军，钱鑫，王文潜．磷矿捕收剂的发展动向．云南冶金，1999, 28(2): 17-20.
[54] 骆兆军，王文潜，钱鑫．磷矿浮选进展．化工矿物与加工，1999, 7: 2-3.
[55] Stefanovskaya L K,Krylova R Y,Gorokhova V K,et al.New Collec ting Reagent for Dressing Lean Phosphate Ores.Pererab. Okislennykh. Rud,1985, 5: 27-29.
[56] Sis H,Chander S.Improving froth characteristics and flotation recovery of phosphate ores with non ionic surfactants.Minerals Engineering,2003, 16: 587-595.
[57] 罗惠华，汤家焰，李成秀，等．不同表面活性剂对改性脂肪酸捕收剂的增效作用．武汉工程大学学报，2013, 35(3): 30-33.
[58] 罗惠华，钟康年，魏以和．增效作用对磷灰石浮选的影响．化工矿物与加工，2000(5): 8-10.
[59] 李冬莲，彭儒．胶磷矿、方解石捕收剂研究．化工矿山技术，1991, 20(5): 22-24.
[60] 李冬莲，卢寿慈，谢恒星．磷灰石常温浮选溶液化学的研究．矿冶工程，1999, 19(1): 35-37.
[61] 李冬莲，卢寿慈．磷灰石浮选增效剂作用机理研究．国外金属矿选矿，1999(8): 19-21.
[62] 史继斌，许瑞波，王明艳．一种脂肪酸类复合捕收剂的合成及应用研究．广东有色金属学报，2005, 15(4): 1-3.
[63] 郑居然．脂肪酸类捕收剂对大峪口磷矿选别效果的研究．化工矿物与加工，2003, 6: 8-10.
[64] 李冬莲，张央．中低品位胶磷矿复配低温捕收剂作用机理研究．武汉工程大学学报，2011, 33(3): 16-19.
[65] 赵晓．油脂基多羟基硬脂酸的合成与性质研究．无锡：江南大学，2013.
[66] 陈凯，潘志权．复合捕收剂对湖北某硅钙质胶磷矿的浮选试验研究．化工矿物与加工，2019, 57(3): 47-52.
[67] 罗廉明，华萍．新型碳酸盐矿物抑制剂的制备及应用研究．化工矿物与加工，1999, 9(10): 11-12.
[68] 黄靖宇，史大军，潘志权．云南某低品位硅钙质胶磷矿的浮选试验研究．化工矿物与加工，2020, 49(2): 12-16.
[69] 梁永忠，罗廉明，夏敬源，等．磷矿浮选碳酸盐抑制剂应用研究．化工矿物与加工，2009(2): 1-2.
[70] Guimaraes R C,Araujo A C, Peres A E C.Reagents in igneous phosphate ores flotation.Minerals Engineering,2005(18): 199-204.
[71] 余俊，姜振胜，叶林，等．低品位硅钙质胶磷矿选矿试验研究．化工矿物与加工，2012, 41(5): 7-9.
[72] 张文谱．高分子抑制剂对磷灰石和含钙碳酸盐矿物浮选行为的影响及机理研究．江西理工大学，2020.
[73] 徐忠发，张覃，陈艳．复配抑制剂在磷矿反浮选中的应用．选矿选煤，2010, 39(11): 42-43.
[74] 骆兆军，钱鑫，王文潜．国内外磷矿选矿的新进展．中国矿业，1998, 8(4): 50-54.
[75] 罗惠华，钟康年，魏以和，等．抑制剂 W-98 在瓮福磷矿反浮选中的选矿研究．武汉化工学院学报，2002, 24(4): 49-52.
[76] 蒋忠文，姜小明，胡宗超．α- 氯代癸酸磷矿捕收剂的合成及其浮选性能．贵州科学，2012, 30(1): 46-49.
[77] 张明，黄齐茂，潘志权．一种胶磷矿反浮选捕收剂及其制备方法：CN103357509A.2013-10-23.
[78] 章颖，蔡坤，潘志权，等．新型脱镁捕收剂 FC-2B 浮选云南海口磷矿试验研究．化工矿物与加工，2014, 43(1): 1-3.
[79] 黄齐茂，邓成斌，向平，等．α- 氯代脂肪酸柠檬酸单酯捕收剂合成及应用研究．矿冶工程，2010, 30(2): 31-34.
[80] 黄齐茂，蔡 坤，王 巍，等．α- 磺酸基油酸皂捕收剂的应用．武汉工程大学学报，2012, 34(2): 1-5.
[81] 黄齐茂，潘行，张明，等．高效反浮选捕收剂的合成与应用．武汉工程大学学报，2013, 35(4): 43-47.
[82] 王仁宗，熊良峰，阮自斌．磷矿低温反浮选中应用脂肪酸钾皂捕收剂的实验研究．磷肥与复肥，2011, 26(2): 16-17.

[83] 陈南华．磷块岩反浮选的新型高效捕收剂 K-04. 武汉工程大学学报，2011, 33(3): 72-78.
[84] 吴艳妮，魏祥松，陈南华，等．北方低品位磷矿浮选捕收剂的研制与应用．武汉工程大学学报，2011, 33(3): 72-78.
[85] 戴新宇，于克旭，李红玲，等．北方低品位磷矿浮选捕收剂的研制与应用．武汉工程大学学报，2011, 33(3): 56-58.
[86] 刘养春，宋文义，徐会会，等．湖北某胶磷矿浮选工艺研究．化工矿物与加工，2014, 43(8): 1-4.
[87] 潘行，何太国，罗伍容，等．羟肟酸磷矿捕收剂合成与应用．矿产综合利用，2013(4): 22-25.
[88] 葛英勇，张敏，张元龙，等．新型螯合捕收剂 YH-2 浮选低品位胶磷矿研究．矿冶工程，2011, 32(1): 25-28.
[89] 陈凯，潘志权．复合捕收剂对湖北某硅钙质胶磷矿的浮选试验研究．化工矿物与加工，2019, 48(3): 47-52.
[90] 潘志权，黄齐茂，马雄伟．氨代脂肪酸及其制备方法: CN101531605A.2009-09-16.
[91] 陈云峰，冯程，黄齐茂，等．湖北某胶磷矿浮选工艺研究．化工矿物与加工，2012, 41(5): 1-3.
[92] 黄齐茂，李锋，蔡坤，等．湖北某硅钙质胶磷矿反正浮选工艺研究．化工矿物与加工，2010, 39(12): 1-3.
[93] 章颖，蔡坤，潘志权，等．新型脱镁捕收剂 FC-2B 浮选云南海口磷矿试验研究．化工矿物与加工，2014, 43(1): 1-6.
[94] 葛英勇，甘顺鹏，曾小波．胶磷矿双反浮选工艺研究．化工矿物与加工，2006, 35(8): 8-10.
[95] 赵凤婷．双反浮选工艺在胶磷矿选别中的应用．磷肥与复，2010, 25(2): 70-72.
[96] 王巍，黄齐茂，蔡坤，等．中低品位胶磷矿阳离子捕收剂应用研究．化工矿物与加工，2012, 41(4): 1-4.
[97] 杨丽珍，曹继福，杨洪茂，等．宜昌磷矿细粒物料重选试验研究．化工地质，1992(4): 58.
[98] 杨茂椿．滇池地区中低品位胶磷矿重浮选矿试验研究．化工矿物与加工，2004, 33(5): 3-5.
[99] 洪家薇．晋宁磷矿中低品位磷块岩选矿试验研究．化工矿物与加工，1999, 28(10): 7-10.
[100] 伍沅，黄玉琼，贺小平，等．磷矿除镁方法．磷肥与复肥，1993, 8(1): 42-45.
[101] 张雪杰，张志业，王辛龙．高镁磷矿化学脱镁过程的工艺研究．化工矿物与加工，2010(2): 1-3.
[102] 何光洪，党压固．磷矿净化脱镁的研究．四川化工，2005, 8(5): 3-6.
[103] 田文祥，窦焰，崔鹏，等．磷矿石化学浸提脱镁过程研究．化学工程，2016, 44(7): 50-54.
[104] 闫成硕，朱家文，范先国，等．磷矿酸性废水脱镁化学反应模型研究．化工矿物与加工，2014, 43(2): 8-13.
[105] 方进，李菊，孟品品，等．冷冻法硝酸磷肥副产粗硝酸钙液用于磷矿脱镁的研究．无机盐工业，2021, 53(6): 180-184.
[106] 陈小林，刘代俊，谭得勤，等．磷尾矿硝酸脱镁制取氢氧化镁工艺研究．化工矿物与加工，2012, 41(3): 6-8.
[107] 李杰恩，何宾宾，杨秀山，许德华，张志业．中低品位磷矿预处理提磷降杂技术研究．无机盐工业，2020, 52(4), 33-36.
[108] 张澜曦，张钦，张富强，卢玉莲，韩瑜，张娇．磷矿脱镁直接制备硫酸铵镁工艺技术．磷肥与复肥，2019, 34(8), 11-12.
[109] 刘颐华．我国与世界磷资源及开发利用现状．磷肥与复肥，2005, 20(5): 1-5, 10.
[110] Sis H,Chander S. Reagents used in the flotation of phosphate ores: a critical review. Minerals Engineering,2003, 16(7), 577-585.
[111] 王政．硫酸法回收磷尾矿中磷和镁及其动力学研究．贵阳．贵州大学，2009.
[112] Phosphate Rock．Mineral Commodity Summaries．Virginia: Geological Survey(USGS), 2008.
[113] Seifelnassr A A S,Ahmed A A．Enrichment of abutartur phosphate ore wastes．Physicochem Probl Miner Process,1998, 32:135-147.
[114] 吴初国．我国磷矿资源优势与可持续供应的对策建议．化肥工业，2004(4): 3-5.
[115] 张卫峰，马文奇，张福锁，等．中国、美国、摩洛哥磷矿资源优势及开发战略比较分析．自然资源学报，2005, 20(3): 378-386.
[116] 尹丽文．中国磷矿资源分布及开发建议．资源与人居环境，2009, 10(10): 26-27.
[117] 陈嘉甫，谭光熏．磷酸盐的生产与应用．成都．成都科技大学出版社，1989.
[118] 王海军．矾山磷矿尾矿回收铁试验研究．金属矿山，2005(3): 60-62.
[119] 马金平．矿产资源综合回收与利用．中国矿业，2010, 19(9): 57-59, 70.
[120] Ruan R W,Jiankang W,Jinghe C.Bacterial heap-leaching:practice in Zinjinshan copper mine.Hydrometallurgy, 2006, 83: 77-82.
[121] 中国资源综合利用年度报告 (2012). 中国资源综合利用，2013, 31(4): 6-12.
[122] Gnandi K,Tchangbedji G,Killi K,et al.The impact of phosphate mine tailings on the bioaccumulation of heavy metals in marine fish and crustaceans from the coastalzone of Togo．Mine Water and the Environment,2006, 25(1): 56-62.
[123] 吴礼定，曾波，王生军，等．中低品位磷矿尾矿的综合利用研究进展．云南化工，2008, 35(6): 55-58.
[124] 管宗甫，陈益民，郭随华，等．磷矿石、磷渣、磷尾矿在烧成高强度水泥熟料中的作用．硅酸盐通报，2005, 24(3): 81-84.
[125] 杨丽，邱跃琴，金恒，等．磷尾矿在胶结充填材料制备中的应用，矿冶工程，2014, 34(z1) : 475-477.
[126] 林小化．白云石质磷尾矿制备抗水化环保镁钙质耐火材料．贵阳 : 贵州大学，2019.
[127] 李晓燕．磷尾矿烧制陶粒工艺及资源化利用的试验研究．重庆：重庆大学，2016.
[128] 王丹，齐砚勇，朱战甫，邓磊．磷尾矿作原料在水泥生产中的工业试验分析．水泥，2017, 12:6-10.
[129] 李家劲，向兴，尹亚，许顺祥，石芳雅，薛俊，曹宏．以磷尾矿作为填料制备泡沫混凝土的研究．混凝土实用技术，2016, 12:151-153.
[130] 解田，高晓明，贾双珠．等．高镁磷尾矿渣制取磷镁复合肥的工艺条件初步研究．化工矿物与加工，2010, 39(12): 19-21.
[131] 范志平，王修俊，程艳波，等．高效分解磷尾矿粉复合微生物菌剂的制备．河南农业科学，2013(11): 72-75.
[132] 郭举，李文飞，张丹，等．一种利用磷尾矿制备硝酸钙镁肥的方法 : 201410563330.2014-10-22.
[133] 周坤，唐云，张群，潘斐禹．矿业研究与开发，2015, 35(4): 31-33.
[134] 张萍花，李梦婷，李晓玲，燕云洁，李沙沙．高镁钙磷尾矿酸解液净化除杂工艺条件研究．宿州学院学报，2018, 33(5): 113-116.
[135] 江书航，张华丽，吴汉军，周红，潘志权．某磷尾矿制备超细二氧化硅的工艺研究．化学与生物工程，2014, 31(11): 71-75.
[136] 张家鑫，潘益，夏琰，吴汉军，潘志权，张华丽．磷尾矿制备氢氧化镁阻燃剂的试验研究．非金属矿，2014, 43(3): 64-68.
[137] 颜鑫．一种高镁磷尾矿富集并联产轻质碳酸钙和氢氧化镁的方法 : 201811171049.8.2018-10-09.

中国肥料研究与应用全书

Books of Fertilizer Research and Application in China

FERTILIZER

第3章

湿法磷酸

3.1 湿法磷酸工业发展概况

湿法磷酸是磷肥工业的核心。湿法磷酸生产工艺是指无机酸分解磷矿的工艺，按照分解磷矿的原料酸的不同，主要可分为硫酸法、硝酸法和盐酸法。

硫酸分解磷矿生产湿法磷酸，主要是围绕取得稳定、质量好的硫酸钙结晶（石膏）而进行的。在不同的反应温度、磷酸浓度、硫酸浓度条件下，硫酸钙结晶可生成二水硫酸钙（$CaSO_4 \cdot 2H_2O$）、半水硫酸钙（$CaSO_4 \cdot 1/2H_2O$）和无水硫酸钙（$CaSO_4$）。

硝酸分解磷矿，可以直接制得氮磷（钾）复合肥料。其主要特点在于硝酸分解磷矿时，硝酸既作为酸解剂，把磷矿中的 P_2O_5 转变为可被农作物吸收的形式；同时其本身含有的氮也作为有效成分留在产品中，起到以氮带磷的作用。在硫资源短缺或者富产硝酸的国家或地区生产硝酸磷肥较适宜。

盐酸分解磷矿生产湿法磷酸，生成的盐酸盐为水溶性盐，对含杂质较高的低品位磷矿（特别是含硅较高的磷矿）有较好的适应性，同时不耗硫酸，因此在缺乏硫资源、副产盐酸丰富且磷矿品位较低的地区具有一定优势。

以上三种湿法磷酸生产工艺中，硫酸法的应用最为广泛。硫酸法制湿法磷酸的工业生产，至今已有一百五十年的历史，已形成一个非常完整的、现代化的磷酸生产体系。通常所言的湿法磷酸就是指硫酸法制湿法磷酸。

中国在 1980 ～ 2000 年期间，引进了多达 42 套磷酸铵及配套的湿法磷酸装置（规模在 110 ～ 1000t/d P_2O_5），涵盖了世界上所有的湿法磷酸生产工艺技术，二水法：RP、Prayon、Jacobs-Dorr、Badger；半水法：OXY；半水 - 二水法：Norsk-Hydro 等技术。其中，1988 年湛江化工厂引进了国内第一套 OXY 公司的半水法磷酸装置，规模为日产 P_2O_5 110t；1993 年红河州磷肥厂引进了第一套 Norsk-Hydro 的半水 - 二水法磷酸装置，规模为日产 P_2O_5 210t；1993 年瓮福磷肥厂引进了 Prayon 的二水法磷酸装置，规模为日产 P_2O_5 1000t。这些湿法磷酸技术的引进，为国内湿法磷酸工艺的发展和壮大奠定了基础。

1990 ～ 2000 年间，中国五大磷肥基地（贵州瓮福矿肥基地、广西鹿寨化肥总厂、湖北黄麦岭磷化公司、云峰化工公司和湖北荆襄磷化公司）的建成，在战略上完成了磷复肥的产业布局，促进了国家磷复肥工业的发展，满足国家对磷复肥的基本需求，带动了国内硫酸法二水法湿法磷酸工艺技术的发展。在此 10 年间，以各设计院为纽带，产学研相互促进，通过技术、装备和施工的消化吸收和再创新，硫酸法二水法湿法磷酸工艺取得了较大进步，实现了硫酸法二水法湿法磷酸的工艺设计、制造和施工的国产化。

2000 ～ 2010 年期间，随着市场对磷复肥质量要求的提高，以及国内磷矿质量的下降，对磷酸工艺提出了更高的要求，要求新的湿法磷酸装置大型化、适应中品位磷矿、达到新的环保要求。在此期间，以磷肥行业的生产企业和各设备制造厂为主体，以各设计院为纽带，产学研相结合，通过自主创新，形成了具备自主知识产权和设备全部国产化的世界先进水平的“836（即年产 80 万吨硫酸、30 万吨磷酸（P_2O_5）和 60 万吨 DAP）”成套技术，建设了十多套年产 30 万吨 P_2O_5 二水法湿法磷酸装置，工艺技术和装备达到了世界先进水平，并出口到多个国家。除了在工程上完成年产 30 万吨 P_2O_5 二水法湿法磷酸工艺装置的通用设计外，在二水法湿法磷酸工艺技术上，通过加强研究二水法湿法磷酸理论，针对不同的磷矿类型，建立不同的数学模型，优化了工艺流程，增加了 P_2O_5 转化率，提高了年操作时间。在此基础上，国内多家企业、设计院和大学，如中国五环工程有限公司、上海化工研究院、四川大学、南化集团设计研究院等，都自主开发了具有自主知识产权的二水法湿法磷酸工艺，并申请相应的专利。各种工艺流程主要体现在多格方槽、低位闪冷、反应尾气高效氟吸收、分级浓缩、浓缩多级氟吸收、稀酸澄清槽脱硫工艺等，应用上述技术在国内建设了数十套二水法湿法磷酸装置，中国的二水法湿法磷酸工艺已处于世界先进水平。

在材质和装备上，相关制造厂加大研究，取得了显著成效，一些关键材质的强度和抗腐蚀能力得到加强，设备技术水平不断提高，过滤机从之前的 304L、316L 升级到 904L，再到加工难度大的 2205、2507 双相不锈钢。搅拌器从 304L、316L 碳钢衬胶、碳钢包衬升级到 904L 再到 2205、2507 双相不锈钢。

在设备规格上，核心设备过滤机中的转台过滤机的最大面积可达 $320m^2$，翻盘过滤机的最大面积可达 $240m^2$，带式过滤机的最大面积可达 $144m^2$；反应槽中的搅拌器，最大功率可以达到 400kW；料浆循环泵的能力达到 $15000m^3/h$。当前二水法湿法磷酸装置的单系列可达年产 50 万吨 P_2O_5。

在环境保护上，氟回收率不断提高，尾气中氟的排放指标可以达到 $5mg/m^3$，浓缩装置的氟回收率可达 90%，回收的氟硅酸作为原料生成无水氟化氢，为氟化工产业提供了宝贵资源。

当前二水法湿法磷酸工艺的收率可达 95% 左右，副产的磷石膏品质可以达到磷石膏（GB/T 23456—2018）要求的二级指标以上。

进入 21 世纪，随着中国节能减排、碳达峰碳中和等政策的实施，客观上对湿法磷酸工艺技术的要求进一步提高，需要湿法磷酸工艺的物耗和能耗低、产品酸浓度高，为此一方面寻找新流程和新方法；另一方面利用现有流程进行创新和提高，目前在这方面的工作进展较快，如半水 - 二水法湿法磷酸工艺、半水法湿法磷酸工艺等，其中半水 - 二水法湿法磷酸工艺因其包括半水过程且磷石膏会发生重结晶，因此具备物耗较低、酸浓度较高的特征，符合节能减排、碳达峰碳中和的要求。

中国现有半水 - 二水法湿法磷酸装置近十套，除红河州磷肥厂为引进的外，其他均利用国内自主知识产权技术并且设备全部实现国产化，最大的装置规模为年产 38 万吨 P_2O_5；半水法磷酸装置有多套，最大的装置规模为年产 20 万吨 P_2O_5。

二水 - 半水法湿法磷酸工艺因生产的磷石膏含结晶水少，有利于磷石膏的综合利用，在中国实施“以渣定产”政策的背景下，也逐渐得到关注和推广。

3.2 硫酸法湿法磷酸工艺

根据硫酸分解磷矿制湿法磷酸时，形成的硫酸钙种类的不同，如二水硫酸钙（$CaSO_4 \cdot 2H_2O$）、半水硫酸钙（$CaSO_4 \cdot 1/2H_2O$）和无水硫酸钙（$CaSO_4$），可将湿法磷酸流程分为二水法（DH法）、半水法（HH法）和无水法（AH），以及上述方法组合形成两步反应的再结晶法，再结晶法又可分为半水-二水法（HDH法）和二水-半水法（DHH法）等二步法流程。目前有价值的，在全世界范围内有工业化运行业绩的主要有以下四种工艺：二水法（DH法）、半水法（HH法）、半水-二水法（HDH法）和二水-半水法（DHH法）。

在工业化生产上，硫酸法制湿法磷酸依据磷矿与硫酸的化学反应、$CaSO_4$-H_3PO_4-H_2SO_4-H_2O四元体系相图、$CaSO_4$在粗磷酸中的结晶过程来实现。在多年实践中，因无水硫酸钙（$CaSO_4$）结晶细小而无法分离，并且反应温度高，对设备腐蚀严重，导致无水法湿法磷酸流程逐渐被放弃。

3.2.1 化学反应原理

硫酸法制湿法磷酸的化学反应，主要是磷矿与硫酸的反应，磷矿的主要化学成分为$Ca_5(PO_4)_3F$，它和硫酸反应，化学反应式如下：

$$Ca_5(PO_4)_3F + 5H_2SO_4 + 5mH_2O \longrightarrow 5CaSO_4 \cdot mH_2O\downarrow + 3H_3PO_4 + HF\uparrow$$

除主反应外，在反应槽中还会发生其他反应，主反应生成的HF与磷矿中带入的SiO_2生成H_2SiF_6：

$$6HF + SiO_2 = H_2SiF_6 + 2H_2O$$

H_2SiF_6受热分解：

$$H_2SiF_6 = SiF_4 + 2HF$$

少量的H_2SiF_6与SiO_2反应生成SiF_4：

$$2H_2SiF_6 + SiO_2 = 3SiF_4\uparrow + 2H_2O$$

SiF_4与反应生成的其他气相产物一起进入尾气吸收系统。

磷矿中的铁、铝、钠及钾等杂质发生下列反应：

$$(Fe，Al)_2O_3 + 2H_3PO_4 = 2(Fe，Al)PO_4\downarrow + 3H_2O$$

$$(Na，K)_2O + H_2SiF_6 = (Na，K)_2SiF_6\downarrow + H_2O$$

磷矿中所含的白云石和方解石的主要成分为碳酸镁和碳酸钙，在反应槽中硫酸与其发生化学反应并放出CO_2：

$$CaCO_3 + H_2SO_4 = CaSO_4 + H_2O + CO_2\uparrow$$

$$CaCO_3 \cdot MgCO_3 + 2H_2SO_4 = CaSO_4 + MgSO_4 + 2H_2O + 2CO_2\uparrow$$

生成的镁盐几乎全部溶解于磷酸溶液中，产生的CO_2和SiF_4气体及水蒸气等一并离开反应系统。

3.2.2　磷矿的分解

硫酸法制湿法磷酸的化学反应，主要是磷矿与硫酸的反应，在生产上，一般先把磷矿加入到过量 H_3PO_4 环境中，磷矿分解成磷酸一钙后，再与硫酸反应生成硫酸钙，硫酸钙形成较大的结晶。因此上述反应是分两步进行的：

第一步：把磷矿加入到循环料浆和 / 或返回磷酸提供的溶液环境中，溶液环境里有过量的 H_3PO_4，磷矿在过量的磷酸溶液环境中生成磷酸一钙：

$$Ca_5(PO_4)_3F+7H_3PO_4 \longrightarrow 5Ca(H_2PO_4)_2 + HF\uparrow$$

第二步：为保证收率，在上述环境加入稍过量的硫酸，过量硫酸与磷酸一钙反应生成硫酸钙，在反应完成的同时，还留有足够的时间，让 $CaSO_4$ 结晶在溶液中完成，保证 H_3PO_4 与 $CaSO_4$ 结晶的相态分离：

$$5Ca(H_2PO_4)_2+5H_2SO_4+5mH_2O \longrightarrow 10H_3PO_4+ 5CaSO_4\cdot mH_2O\downarrow$$

在湿法磷酸生产中，第一步生成 $Ca(H_2PO_4)_2$ 溶液，称为溶解反应或萃取反应，第二步生成 $CaSO_4 \cdot mH_2O$，在磷矿分解反应过程中，生成 $CaSO_4 \cdot mH_2O$ 是非常迅速的，并且完成结晶，实现 H_3PO_4 与 $CaSO_4 \cdot mH_2O$ 的相态分离。

磷矿分解要获得较快的分解速率、较小的钝化现象，为此系统中需保持较大的 H_3PO_4 和较小的 H_2SO_4 浓度，一般来说，由于系统的循环料浆比较多，溶液中 H_3PO_4 的量能充分保证。研究表明，在游离硫酸浓度低于 2% 的条件下，钝化现象固态膜的影响可忽略不计，并得到很高的转化率，在半水法中，系统中 SO_4^{2-} 浓度为 −2% 时，磷矿的分解率最大，见图 3-1。

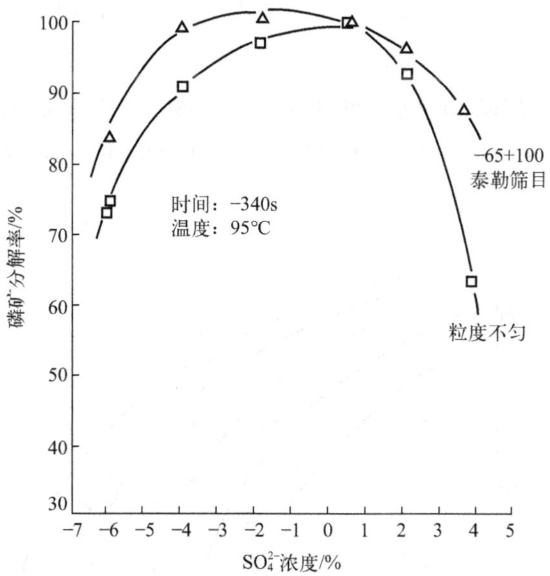

图 3-1　磷矿分解率与磷酸中 SO_4^{2-} 浓度的关系[1]

3.2.3　硫酸钙的结晶

硫酸与磷酸一钙反应生产硫酸钙，在反应完成的同时，还留有足够的时间，让 $CaSO_4$

结晶，反应式如下：

$$5Ca(H_2PO_4)_2+5H_2SO_4+5mH_2O \longrightarrow 10H_3PO_4 + 5CaSO_4 \cdot mH_2O \downarrow$$

反应式中 $CaSO_4$-H_3PO_4-H_2O 三元体系的热力学平衡曲线如图 3-2 所示。

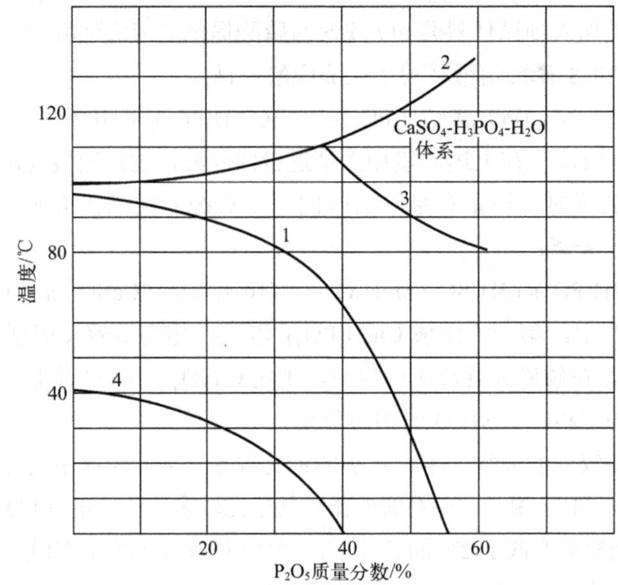

图 3-2 $CaSO_4$-H_3PO_4-H_2O 系统

1—二水物 - 半水物热力学平衡曲线；2—磷酸沸点；3—半水物 - 无水物曲线；4—介稳无水物曲线

但实际生产中为了控制 $CaSO_4 \cdot mH_2O$ 结晶，H_2SO_4 一般是过量的，反应遵循 $CaSO_4$-H_3PO_4-H_2SO_4-H_2O 四元体系，图 3-3 是 $CaSO_4 \cdot 1/2H_2O$ 与 $CaSO_4 \cdot 2H_2O$ 相互转化平衡的相图。

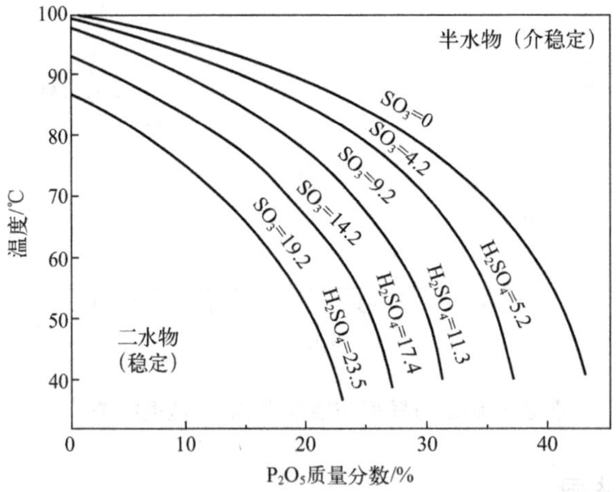

图 3-3 $CaSO_4$-H_3PO_4-H_2SO_4-H_2O 四元体系平衡图

图 3-3 表明，当增大 H_2SO_4，半水物 - 二水物的平衡点将向降低磷酸浓度和温度的方向移动。根据此图的数据得出，当温度一定时，四元体系中半水物 - 二水物转化平衡的轨迹是一条线性很好的直线，可用如下的直线方程式表示：

$$c(SO_3)=[Ac(P_2O_5)+B]\times 100\%$$

式中　A和B——直线的斜率和截距，见表3-1；

$c(P_2O_5)$——磷酸溶液中 P_2O_5 浓度，省去百分号；

$c(SO_3)$——与对应磷酸溶液中 P_2O_5 浓度平衡的 SO_3 浓度，%。

表3-1　不同温度下的A及B值

体系温度 /℃	A	B
50	−0.944	38.0
55	−0.928	36.4
60	−0.925	34.7
65	−0.915	32.9
70	−0.901	30.2
75	−0.891	28.2
80	−0.885	25.4

不同的湿法磷酸反应工艺，对应不同的相图和操作条件，见图 3-4 和图 3-5。

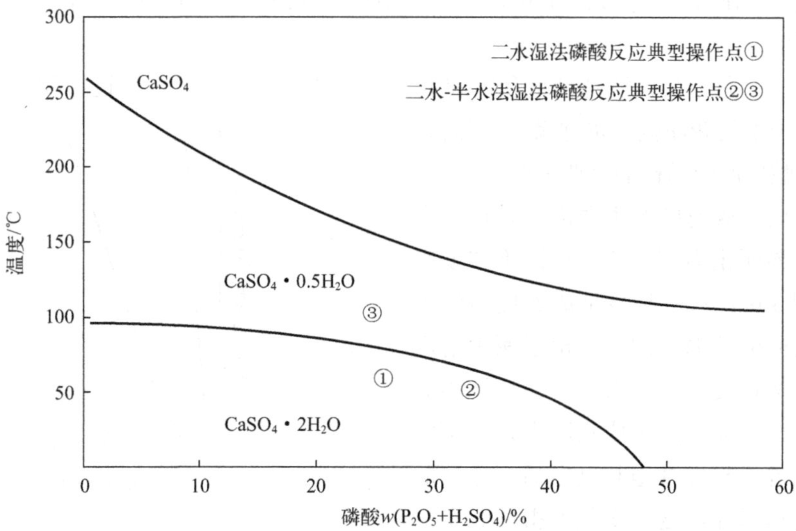

图 3-4　二水及二水 - 半水四元体系相图及操作点

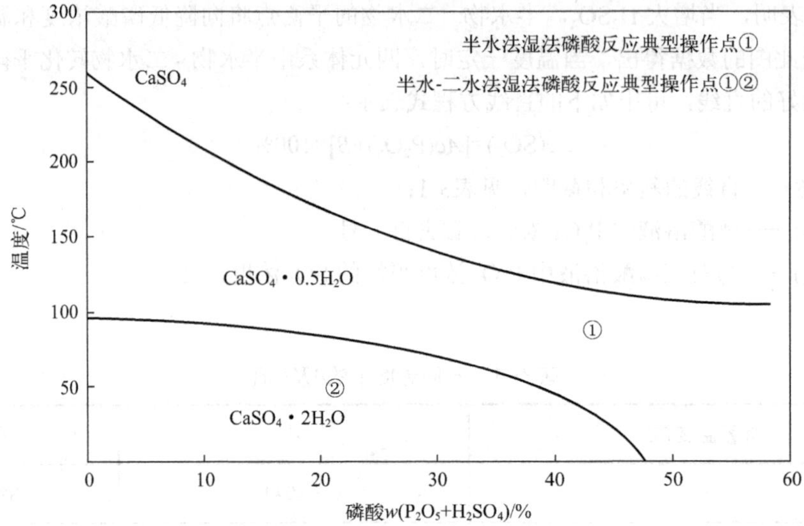

图 3-5　半水及半水 - 二水四元体系相图及操作点

3.2.4　$CaSO_4$ 在粗磷酸中的结晶过程

湿法磷酸生产对硫酸钙的结晶一般有两个明确的要求，一是保证在特定的条件下，得到的硫酸钙晶形是稳定的，不会发生任何晶形的转变；二是结晶粗大，具有良好的分离和洗涤性能。

硫酸钙晶体的生成包括晶核的生成和晶体的成长两步。

（1）晶核的生成　硫酸钙晶核是在粗磷酸的硫酸钙过饱和溶液中新生成的硫酸钙微小晶体粒子，是晶体生长过程中的核心，晶核的生成机理有两种。

一次成核：在硫酸钙过饱和磷酸溶液中，不加晶种而在粗磷酸中自发形成的晶核，也称为第一类晶核。

二次成核：通过在硫酸钙过饱和粗磷酸溶液中加入晶种，晶种与过饱和溶液中的微小晶体碰撞所产生的新晶核，也称第二类晶核，这是湿法磷酸生产中晶核的重要来源。

影响晶核生成速度的主要因素是过饱和度、温度和界面张力等，其中以过饱和度影响最大。图 3-6 表示了晶核生成速度与溶液过饱和度之间的关系。图中列出了两种情况下的晶核生成速度。可以看出：在达到临界过饱和度之前，晶核的生成实际上是不可能的。一旦超过了临界过饱和度之后，晶核的生成速度迅速增加，这一变化使得曲线有一个明显的转折。

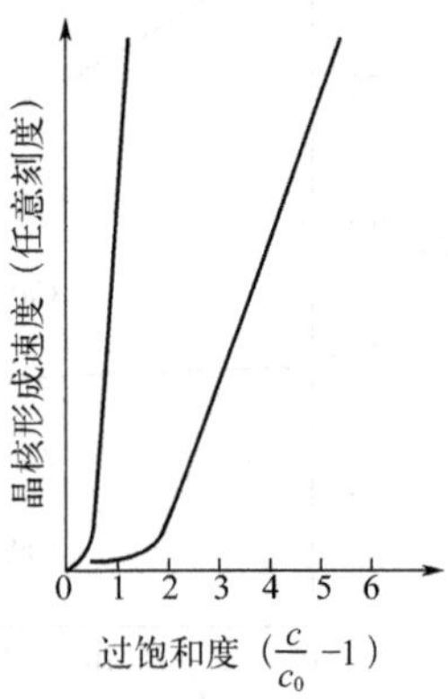

图 3-6　晶核生成速度与溶液过饱和度的关系

c——溶液的过饱和度（溶解度）；c_0——过饱和溶液浓度

硫酸钙在磷酸料浆溶液中的过饱和度是硫酸钙结晶的推动力，因此结晶的好坏与过饱和度相关。

在生产上，一般先加入磷矿到过量 H_3PO_4 环境中，磷矿分解成磷酸一钙后，再加入硫酸形成硫酸钙，硫酸钙形成较大的结晶，主要反应式可简化成以下三步来分析：

① 把磷矿加入到循环料浆和 / 或返回磷酸提供的溶液环境中，溶液环境里有过量的 H_3PO_4，磷矿在过量的磷酸溶液环境中生成磷酸一钙：

$$Ca_5(PO_4)_3F+7H^+ \longrightarrow 5Ca^{2+} +3H_2PO_4^- + HF\uparrow$$

② 一般浓硫酸在加入反应前，会与返酸混合稀释，发生离子化反应：

$$H_2SO_4 \longrightarrow 2H^+ + SO_4^{2-}$$

③ Ca^{2+} 遇到 SO_4^{2-} 生成硫酸钙结晶：

$$5Ca^{2+}+5SO_4^{2-} +5mH_2O \longrightarrow 5CaSO_4\cdot mH_2O\downarrow$$

此反应是三步反应中最慢的，是整个生产过程的控制步骤。为了更好地操作，需要知道生产状态所对应的硫酸钙溶解度。二水硫酸钙在硫酸与磷酸混合酸中的溶度积经验式 [1] 如下：

$$c_{Ca}(c_{so_4})^n = K$$

$$n=1.25-0.01t$$

$$K=0.46-(2.40-\lg t)/0.912c_{P_2O_5}$$

式中 c_{Ca}——粗磷酸中Ca^{2+}的浓度，%；

c_{so_4}——粗磷酸中 SO_4^{2-} 的浓度，%；

n——粗磷酸中 SO_4^{2-} 的影响指数，无量纲；

t——粗磷酸的温度，℃；

$c_{P_2O_5}$——粗磷酸中 P_2O_5 的浓度，%；

K——二水硫酸钙在此状态下的溶度积。

上述公式最佳适用范围：

$$25℃<t<70℃$$

$$15\%<c_{P_2O_5}<35\%$$

$$0\%<c_{so_4}<10\%$$

在实际生产中，为了方便生产过程的分析，将 SO_4^{2-}（以 SO_4% 浓度来表示）和 Ca^{2+}（以 CaO% 浓度表示）的溶度积表示如下：

$$[SO_4^{2-}][CaO]=K_S$$

75℃下测得 30%P_2O_5、25%（体积）硫酸钙结晶悬浮磷酸溶液中的饱和溶度积经验数值：

$$K_S = [SO_4^{2-}][CaO]=0.83$$

硫酸钙结晶悬浮磷酸溶液中硫酸钙溶度积过饱和度达到能自发成核时，这个极限过饱和度称为临界过饱度，以 K_{SSL} 表示，测得上述 75℃、30%P_2O_5、25%（体积）溶液中，搅拌功率约为 0.8kW/m³ 的条件下，当硫酸钙结晶悬浮磷酸溶液中 SO_4^{2-} 浓度 2% ～ 4%，临界过饱和的溶度积经验数值：

$$K_{SSL}=[SO_4^{2-}][CaO]=1.30$$

实际生产中，在临界过饱和度自发成核区，结晶以非常高的速度生成。在此区操作会得到许多细晶，对结晶过程十分不利，故生产中应尽可能避免进入此区域，而选择在 K_S 和临界过饱和度 K_{SSL} 线之间操作。此时无自发生成晶核而结晶的速度公式如下：

$$\Phi(K_{SS}-K_S)=Q$$

式中 K_{SS}——悬浮磷酸溶液的溶度积（以CaO和SO_4^{2-}的质量分数表示）；

K_S——饱和溶液的溶度积（以 CaO 和 SO_4^{2-} 的质量分数表示）；

Q——无自发生成晶核而结晶出的石膏量（正规结晶成长反应），kg/(m³ · h)；

Φ——结晶传质常数，75℃下 30% 磷酸料浆中含 25%（体积）固体时此值为 214kg/(m³ · h)。

西方石油公司在不同工艺条件下测得生成的半水硫酸钙的晶核生成速率 B，得到晶核生成速率 B 与 SO_4^{2-} 浓度 c 的关系式如下：

$$B=\exp(13.1384)c^{2.83}$$

式中 B——晶核生成速率，颗粒数/(mL·min)；

c——SO_4^{2-} 浓度，%。

（2）晶体的生长 大于临界尺寸的晶核一旦形成，晶体即开始生长。晶体的生长与晶核的生成一样，与溶液的过饱和度有密切关系。

美国西方石油公司在不同工艺条件下测得生成的半水硫酸钙的结晶成长速率 G 与 SO_4^{2-} 浓度 c 的关系式如下：

$$G=\exp(2)\,c^{-0.90}t^{-0.91}$$

式中 G——结晶成长速率，μm/min；

t——停留时间，min；

c——SO_4^{2-} 浓度，%。

从实验测定知，结晶成长速率一般约 0.1μm/min，无论怎样控制，结晶成长速率提高的幅度都不大，最高只能达到 0.24μm/min 左右。

3.2.5 二水法磷酸生产工艺

二水法流程是湿法磷酸生产中应用最早、最为广泛的流程，约有 80% 的湿法磷酸装置采用二水法工艺。

3.2.5.1 工艺概述

利用硫酸分解磷矿生产湿法磷酸时，控制工艺条件，使硫酸钙以二水石膏（$CaSO_4 \cdot 2H_2O$）结晶形式沉淀的工艺流程称为二水法工艺，反应式如下：

$$Ca_5(PO_4)_3F+5H_2SO_4+10H_2O = 3H_3PO_4+5CaSO_4\cdot 2H_2O\downarrow +HF\uparrow$$

世界上第一个采用二水法工艺生产磷酸的工厂于 1870 ～ 1872 年在德国 Bibelich 建成，为间歇生产方式。1932 年道尔公司采用道尔流程在加拿大 Trail 建厂，生产含 31% ～ 32%P_2O_5 的磷酸，成为了湿法磷酸发展史上一个重要的里程碑。道尔流程采取了两个重要措施，其一是首次应用了韦伯（Weber）提出的用回浆来控制石膏结晶；其二是采用了两台连续的奥利弗（Oliver）转鼓式过滤机，对反应料浆进行有效的液、固相分离。此后，普莱昂（Prayon）流程、罗纳普朗克（Rhone-Poulenc）流程、吉科布斯 - 道尔科（Jacobs-Dorr）流程、费森斯（Fisons）流程等工艺流程相继被开发，在世界各地均有不少建厂业绩[2]，其中普莱昂流程应用最多，据不完全统计，世界上日产 1000t P_2O_5 以上的装置有数十套，最大单系列能力已达到日产 1800t P_2O_5。

我国在 1990 ～ 2000 年期间，引进多套二水法湿法磷酸工艺技术，包括吉科布斯 - 道尔科流程（湖北荆襄磷化公司、湖北黄麦岭磷化公司和秦皇岛华瀛公司）、普莱昂流程（云峰化工公司和贵州宏福磷肥厂）、罗纳普朗克流程（江西贵溪化肥厂）以及斯温森等温反应流程（广西鹿寨化肥总厂）等。

二水法流程具有许多优点：

① 二水硫酸钙（$CaSO_4 \cdot 2H_2O$）晶体在生产系统中具有很好的稳定性，在生产过程中不会发生脱水相变；

② 能形成粗大、易于过滤和洗涤的二水硫酸钙（$CaSO_4 \cdot 2H_2O$）晶体；

③ 工艺操作简便，弹性大，运转时间长且开工率高，年有效操作时间一般大于 300 天；

④ 对原料磷矿的适应性强，可承受原料磷矿指标的变化。

二水法湿法磷酸工艺虽然经历了很长的历史时期，其间经过几次重大的改革，却依然存在着某些带有根本性的内在缺点[1]，例如：

① 制得的磷酸浓度不高，一般含 P_2O_5 24% ～ 28%，须浓缩，能耗较高；

② 磷石膏中晶间 P_2O_5 的损失大，磷矿的 P_2O_5 转化率低，一般为 95% 左右。

典型的二水法工艺流程介绍如下：

（1）吉科布斯 - 道尔科流程　该流程的前身是著名的道尔（Dorr）流程，采用多槽系统及回浆流程，从倒数第 2 个反应槽用泵将大量料浆送回第 1 个槽，获得的石膏结晶粗大，有可能生产出含 P_2O_5 30%～32% 的磷酸，P_2O_5 转化率为95% 。回浆充分分散了磷矿粉和硫酸，降低反应槽液相的过饱和度，为获得粗大结晶提供了有利条件。直到现在，回浆仍被认为是有效的，并被广泛采用。1974 年以后，美国的吉科布斯工程公司（Jacobs Engineering Group Inc.）取得了该技术专利后，改称为吉科布斯 - 道尔科（Jacobs-Dorrco）流程，生产流程基本上没有改变，但将料浆冷却方法全部改为真空冷却。

（2）普莱昂流程　普莱昂（Prayon）流程是比利时普莱昂冶金公司开发的，1950 年就已在美国建厂。80 年代初期，已成为世界上建厂数最多、总产量最大的湿法磷酸工艺流程。目前普莱昂二水法工艺已发展至第四代。

普莱昂流程的明显特点是使用了六格方形分解槽，以年产 33 万吨 P_2O_5 的工厂为例，单个溶解槽容积为 245m^3，三个圆形消化槽的容积与单个溶解槽相同，总容积为溶解槽的一半。磷矿经粉碎后贮存于给料箱，破碎程度视磷矿品位而定。矿粉经称量后倒入卸料斗，送至分解槽第一室。浓硫酸加入反应槽第二室、第三室及消化槽第一室中，返酸与浓硫酸混合，稀释浓硫酸浓度。

第四代普莱昂工艺采用低位闪冷的方式移除反应热。反应槽第六室的部分料浆被抽入低位真空闪蒸冷却器中，经蒸发移除反应热后循环返回第一室中。反应槽出料溢流入依次排列的三个消化槽中，借助在消化槽中的停留时间消除料浆的过饱和度并使石膏结晶继续生长。料浆离开消化槽后进入伯德 - 普莱昂翻台过滤机中，分离磷酸与石膏结晶，分离出的稀酸进入浓缩系统的蒸发器中，按需求浓缩至规定浓度[3]。

现代普莱昂二水物流程（图 3-7）首先必须能获得良好的石膏结晶，具有好的过滤性能以及高的 P_2O_5 回收率。同时，倾向于将低品位磷矿用于大型的磷酸工厂。单系列生产规模现已达到 1800t/d P_2O_5。

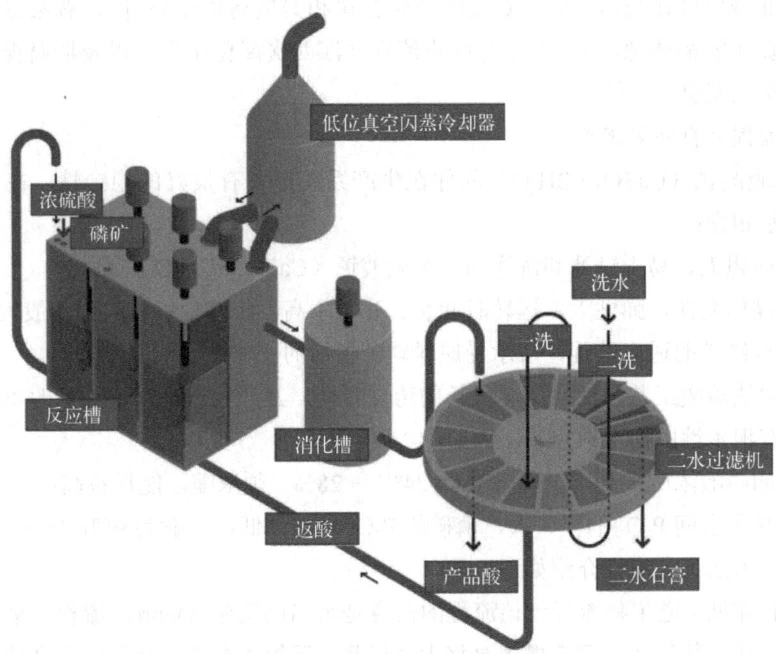

图 3-7 普莱昂二水法流程示意图

（3）罗纳普朗克流程 罗纳普朗克（Rhone-Poulenc，R-P）流程的前身是圣戈邦（Saint-Gobain）流程，可分为单槽工艺与双槽工艺。

罗纳普朗克单槽工艺为传统工艺流程，其最大的特点是磷矿及硫酸的分解反应过程与石膏结晶过程均在一个没有隔板、只有一个中心搅拌器的反应器中进行。反应后的料浆用泵输送至转台过滤机中进行过滤，再送至磷酸浓缩工段。

在总结和发扬单槽工艺优点的基础上，后续又开发出双槽工艺（简称“DIPLO”工艺），以适应采用不同磷矿生产的需要，也使 P_2O_5 收率、石膏过滤强度等工艺指标有了一定的提高。它实际上是把原来的单槽一分为二成为两个反应槽，总容积不变。

（4）斯温森等温反应流程（巴杰尔真空等温流程） 斯温森等温反应流程（Swenson isothermal reaction process）是美国肥料公司（American Fertilizer Co.，AFC）开发的。

反应槽是一个有内衬的圆柱形槽，中心有一个导流筒，附一个不锈钢的螺旋桨搅拌器，反应槽在负压下运行，反应生成的剩余热量在负压下通过蒸发水分而移走，使磷矿的反应在恒定的温度下进行，故名“等温反应槽”。加入的磷矿可以是干矿粉，也可以是矿浆（含固量至少 65%）。当加入干矿粉时，须先与稀磷酸在料浆槽中混合，而后用泵输送；当加入矿浆时，则从反应槽底部加入，维持料浆槽一定的料面来控制加料量。将 93% 或 98% 的硫酸（以及稀磷酸）加到搅拌桨稍上一点的地方，借螺旋桨的快速转动，硫酸得以迅速分散。

由于导流筒的作用，料浆在槽内以很高的速率循环，可使加入的物料获得充分而迅速的分散，循环量与加料量之比可达 300∶1，甚至更高。这种方式得到的循环料浆可称为“内回浆”，以区别于通常的外回浆。

反应槽维持的绝对压力为 30.6kPa(A)，反应温度恒定在 79℃，磷酸浓度为 29% P_2O_5。为了消除反应生成的泡沫，加入适量的消泡剂。反应后的料浆从溢流口流出，通过大气腿进入料浆中间槽，再泵送至过滤机。

斯温森公司认为：为了使 P_2O_5 损失保持在一定范围内，并获得良好的石膏结晶，过程的设计及运行必须遵守下列反应槽运行参数：

① 液相 SO_4^{2-} 浓度　对大多数磷矿来说，适宜的液相总 SO_4^{2-} 浓度应控制在 1.5% ～ 2.5% 的范围内。过低的 SO_4^{2-} 浓度将会增大石膏中 P_2O_5 的取代；过高时，例如 4% SO_4^{2-} 则将发生磷矿的包裹现象。

② 反应温度　提高反应温度将会降低溶液的黏度，既可增大离子的扩散速率，又有利于减少 P_2O_5 的取代和晶核生成。

③ 料浆的含固量　增加料浆中的固体含量（从 10% 增到 40%），将提供更多的结晶表面积，有利于降低溶液的过饱和度以及缩短溶液的核晶过程。但是，相反地也阻碍了料浆的搅拌和输送。因此，对操作而言，料浆中含固量只能在 35% ～ 40% 的范围内。

④ 搅拌　增大搅拌强度，有利于反应物的迅速扩散，避免局部过饱和的发生，为结晶过程提供有利的条件。然而，当料浆的搅拌过于剧烈时，容易导致晶体破碎，不利于结晶的成长。

（5）中国自主知识产权的二水法湿法磷酸生产工艺　国内多家企业、设计院和大学，如中国五环工程有限公司、上海化工研究院、四川大学、南化集团设计研究院等都开发了具有自主知识产权的二水法湿法磷酸工艺流程，2000 年后，国内所有的二水法湿法磷酸装置都采用自主知识产权的二水法湿法磷酸生产工艺技术。

自主知识产权技术特点如下：

据生产实践，核实了 80℃下含 25%P_2O_5 和 32%P_2O_5 的磷酸溶液在含 25%（体积）硫酸钙结晶悬浮磷酸溶液中的饱和溶度积经验数值：

25%P_2O_5 的数值如下：

$$K_S = [SO_4^{2-}][CaO]=1.325$$

32%P_2O_5 的数值如下：

$$K_S = [SO_4^{2-}][CaO]=1.18$$

在生产实践中，重新研究和认识到了大流量循环料浆在提供充足的 H_3PO_4 溶液、适合的 SO_4^{2-} 浓度和足够的晶种作用下，优惠的回浆倍数为 30 ～ 40 倍。

工艺流程主要体现为多格方槽、低位闪蒸冷却和料浆循环、反应尾气高效氟吸收技术等，具体如下：

① 多格方槽技术　工艺流程特点是分解槽和消化槽均采用方形槽，混凝土衬胶衬砖结构，并且连在一起，布置紧凑。以年产 30 万吨 P_2O_5 的工厂为例，反应工序为 9 格方槽、6 格反应槽、3 格消化槽，正方形排列，物料呈 S 形流动，增加物料的反应时间，提高了反应收率，同时没有管道连接，减少清理时间，提高了生产效率。

② 低位闪蒸冷却和料浆循环技术　反应料浆通过一个闪蒸冷却回路，在闪蒸冷却器中蒸发水分，可以有效控制料浆温度，蒸发的水分经过洗涤后形成热水，还可以用作后续工序的过滤机滤布洗涤水，既实现了水平衡，又提高了过滤机滤布洗涤效果。

当装置生产规模较大时，需要额外提供料浆循环回路，让经过一定反应和结晶时间的料浆返回到反应槽前端，促进结晶长大便于过滤。

③ 反应尾气高效氟吸收技术　国内环境保护政策对磷酸装置尾气排放中氟的指标不断收紧，尾气中氟的最终排放指标要求达到 $5mg/m^3$。为达到此要求，除了改变反应槽的条件外，还需对尾气回收工艺进行优化，现一般采用一文一塔一分离和一塔三级洗涤工艺，这样可以较好地达到排放要求。

3.2.5.2　工艺流程说明

典型的二水法工艺（图 3-8）由如下工序组成：反应工序、料浆过滤工序、尾气洗涤工序。

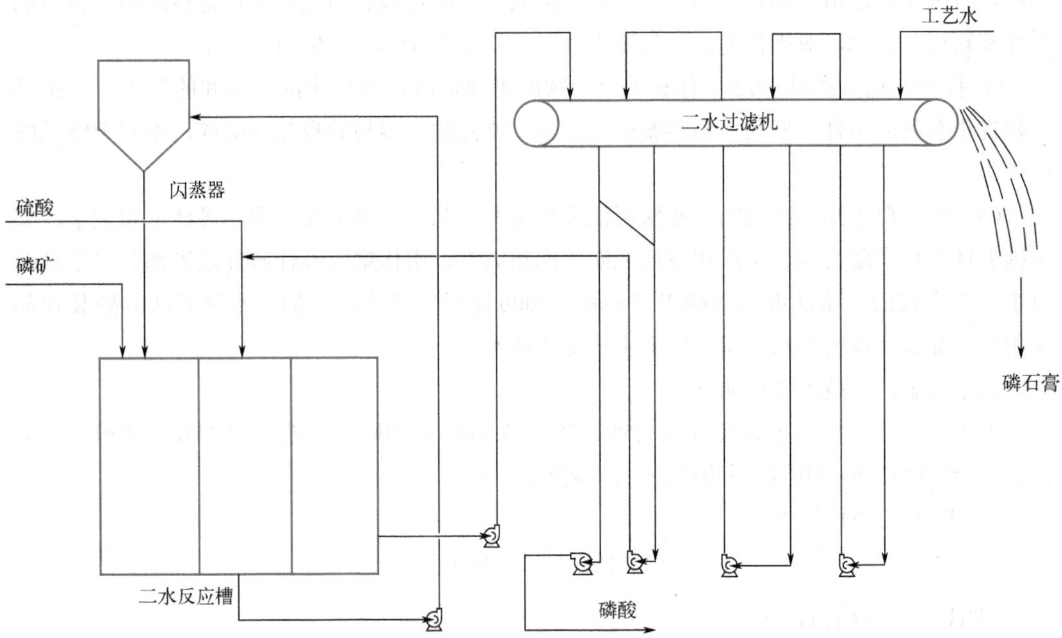

图 3-8　典型二水法工艺流程示意图

（1）反应工序　以年产 30 万吨 P_2O_5 的工厂为例，反应工序为 9 格方槽、6 格反应槽、3 格消化槽，正方形排列，物料呈 S 形流动。

磷矿浆送到反应槽的第一格槽，浓硫酸送到反应槽第二、三格槽和消化槽的第一格槽。

磷矿浆、硫酸和磷酸在反应槽中进行化学反应，生成二水硫酸钙（$CaSO_4 \cdot 2H_2O$）和磷酸。

在反应过程中，硫酸稀释和放热反应产生的热量使反应料浆温度升高，为了维持反应温度稳定，必须冷却反应料浆。反应料浆的冷却是在闪蒸冷却系统中完成的。

同时加入磷矿生成的料浆从反应槽第 6 格槽溢流至消化槽第 1 格槽，结晶长大后的料浆从消化槽第 3 格槽经过滤机给料泵送往过滤机。

（2）料浆过滤工序　反应料浆经过滤机给料泵送到过滤机上进行过滤，滤饼用来自反应工序的热水进行逆流洗涤，洗涤后的石膏滤饼被排入石膏料斗。将过滤酸送往稀酸澄清槽，多余的过滤酸和经逆流洗涤得到的洗液返回到反应工序的反应槽。

过滤机上装有抽风罩，将其排出的气体引到尾气洗涤器中进行洗涤后随烟囱排放。抽风罩的覆盖区域包括加料过滤区和三段洗涤区，以维持良好的操作环境。

（3）尾气洗涤工序　来自反应槽、消化槽的尾气首先进入一个高效文丘里洗涤器，经洗涤后进入第一洗涤塔，在洗涤塔中被循环洗涤液洗涤；从第一洗涤塔出来的气体由反应尾气风机抽出，和来自过滤机的尾气一起送入第二洗涤塔，在第二洗涤塔内经过两级洗涤后，尾气含氟量符合环保标准，由洗涤塔顶部的排气管排入大气。

3.2.5.3　工艺主要操作条件

工艺主要操作条件如下：

（1）反应工序　反应槽温度控制在 75 ～ 85℃左右，液相过滤酸浓度控制在 24% ～ 28% P_2O_5 左右，反应料浆含固量控制在 30% ～ 35%。

（2）料浆过滤工序　料浆温度为 70 ～ 80℃，系统压力为 35 ～ 40kPa。

3.2.6　半水法磷酸生产工艺

半水法磷酸生产工艺因可用粒度较大的磷矿直接生产高浓度磷酸，并且磷酸杂质含量比同等量的二水法磷酸少而得到发展。

3.2.6.1　工艺概述

半水法磷酸生产工艺最早于 1960 年由英国的 Fisons（费森斯）公司开发成功，现在为挪威 YARA 公司（前身是挪威 Hydro 公司）所有。半水法磷酸生产工艺在较高的磷酸浓度下操作，石膏以半水硫酸钙（$CaSO_4 \cdot 1/2H_2O$）的形态析出[3]。

美国西方石油公司也开发了半水法磷酸生产工艺流程，称为 OXY- 半水法流程，可直接生产含 42%P_2O_5 的浓磷酸。

国内多家单位进行了半水法磷酸生产工艺研究，如上海化工研究院于 1957 年开始半水物的实验室研究，并先后完成了国产主要磷矿采用半水物流程的生产工艺研究；1990 年云南省化工研究院在昆明化肥厂建设了年产 1.5 万吨 P_2O_5 的半水法磷酸装置。

广东湛化集团于 1990 年引进美国西方石油公司的 OXY- 半水法工艺包，建设单系列设计能力为年产 3.3 万吨 P_2O_5 的半水法磷酸装置，于 1994 年投产。

为了提高磷收率，半水法磷酸生产工艺流程多被半水 - 二水法磷酸生产工艺流程所替代。

半水法湿法磷酸技术的原理如下：

$$Ca_5(PO_4)_3F + 5H_2SO_4 + \frac{5}{2}H_2O \longrightarrow 5CaSO_4 \cdot \frac{1}{2}H_2O\downarrow + 3H_3PO_4 + HF\uparrow + Q$$

反应实际上分两步进行：

第一步：在溶解槽中，磷矿和循环料浆/返酸中的磷酸进行反应，在过量的磷酸溶液中生成磷酸一钙，同时与不足的硫酸生成部分 $CaSO_4 \cdot \frac{1}{2}H_2O$：

$$Ca_5(PO_4)_3F + 7H_3PO_4 \longrightarrow 5Ca(H_2PO_4)_2 + HF\uparrow$$

经过研究，在硫酸不足时，磷矿的分解率与 SO_4^{2-} 浓度的关系如图 3-1 所示。

从图 3-1 磷矿分解率与磷酸中 SO_4^{2-} 浓度关系中，可以看到，当磷酸中 SO_4^{2-} 浓度为 −2% 时，磷矿的分解率最大。故在半水法工艺中，要获得最大的分解率，克服钝化现象，同时获得稳定的半水硫酸钙结晶，必须将混合酸中 SO_4^{2-} 浓度控制在 0% 以下，通常为 −1.0 ～ −1.7%。

第二步：剩余的磷酸一钙在结晶槽中与过量硫酸反应生成磷酸和半水磷石膏结晶：

$$2Ca(H_2PO_4)_2 + 3H_2SO_4 + H_2O \longrightarrow 4H_3PO_4 + 2CaSO_4 \cdot \frac{1}{2}H_2O\downarrow + H_2SO_4$$

在半水法工艺中，第一步生成 $Ca(H_2PO_4)_2$，称为溶解反应，第二步生成 $CaSO_4 \cdot \frac{1}{2}H_2O$，实现 H_3PO_4 与 $CaSO_4 \cdot \frac{1}{2}H_2O$ 的相态分离，称为结晶。

虽然反应式中只有 $CaSO_4$-H_3PO_4-H_2O 三元体系，但实际上为了控制 $CaSO_4 \cdot \frac{1}{2}H_2O$ 结晶，H_2SO_4 一般是过量的，反应遵循 $CaSO_4$-H_3PO_4-H_2SO_4-H_2O 四元体系，相图如图 3-5 所示。

3.2.6.2 工艺流程说明

半水法工艺的流程图见图 3-9。由于半水法工艺的反应在分开的 2 个区域进行，故将反应器设置为溶解和结晶两个分区，磷矿加入溶解区，硫酸和稀磷酸（从半水过滤机返回的洗涤液和部分循环磷酸）加入结晶区，控制适宜的反应条件，通过真空闪蒸移除反应热和硫酸稀释热，反应料浆的温度控制在 95 ～ 100℃的范围内 [4]。

半水法的优点如下：

① 能耗低　无需浓缩可直接生产 P_2O_5 浓度在 38% ～ 45% 的浓磷酸，相比于二水法工艺，每吨 P_2O_5 产品可减少 1 ～ 1.5t 蒸汽的消耗，产品酸能直接用于 MAP、DAP 和 NPK 的生产。

② 产品酸质量好　半水法产品酸的浓度在 40%，杂质及固相含量相对低，通常在 1% 以下，制成的肥料中水溶性 P_2O_5 含量较高。

③ 流程短，建设投资较低　由于省去磷酸浓缩系统以及稀酸储存工序，半水法工艺流程较短，因此每吨 P_2O_5 的电耗可较二水法节省 20% ～ 27%。

半水法的缺点如下：

① P_2O_5 回收率较低　由于半水法流程中 SO_4^{2-} 不足，增多了 HPO_4^{2-} 在石膏中的晶格取代，因此石膏中晶格磷损失较大。通常半水法 P_2O_5 回收率为 90% ～ 94%。较低的 P_2O_5 回收率会增加原料磷矿的消耗，同时也会使磷石膏中磷含量偏高，不利于石膏再利用。

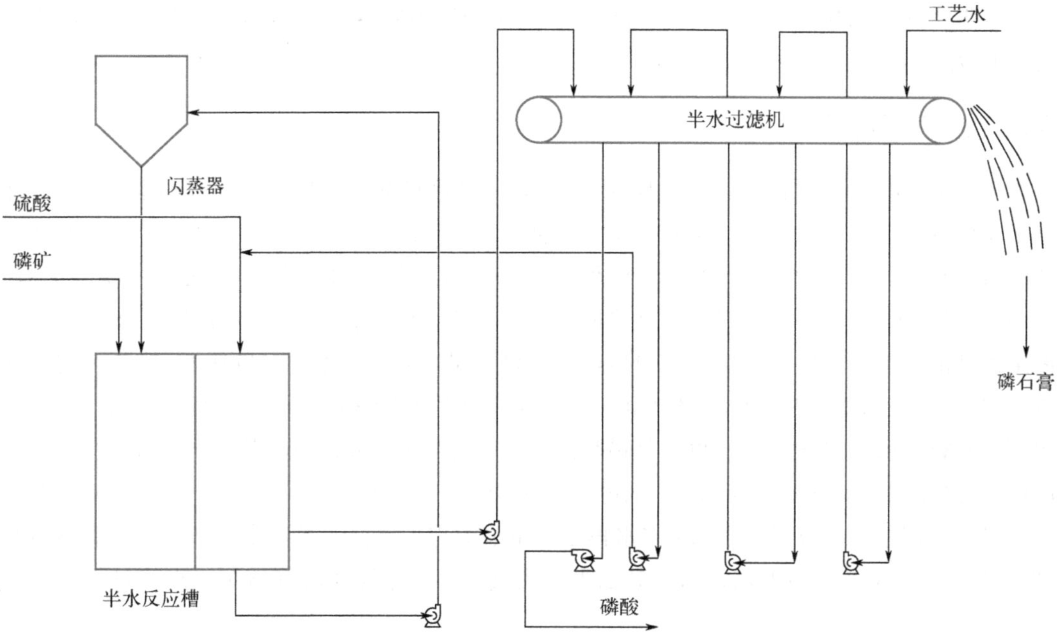

图 3-9　半水法湿法磷酸工艺流程简图

② 不能直接采用磷矿浆生产　从系统水平衡分析，半水法工艺不能直接采用磷矿浆生产，否则会导致生产系统水不平衡。而国内大多磷肥企业多采用矿山直接输送浮选磷矿浆，或者自设湿法磨矿流程，因此在配套半水法流程时，原料磷矿浆需要过滤脱水至合理范围以适应半水法流程水平衡要求。这样会增加相应投资和运行费用。

③ 操作弹性小，控制难度大　相较二水法工艺，半水法流程反应条件指标控制较严格；与半水 - 二水法相比，半水法是一步反应，因此在出现不利状况时难以补救。

3.2.6.3　工艺条件和生产操作

工艺主要操作条件如下：

溶解槽温度控制在 95 ～ 100℃左右，结晶槽控制在 90 ～ 95℃左右；

液相过滤酸浓度控制在 38% ～ 45%（以 P_2O_5 计）左右；

反应料浆固含量控制在 30% ～ 35%。

3.2.7　半水 - 二水法磷酸生产工艺

半水 - 二水法磷酸生产工艺分为半水 - 二水再结晶稀酸（一步法）流程和半水 - 二水再结晶浓酸流程（二步法）。

半水 - 二水法工艺是在二水法和半水法工艺的基础上发展起来的，兼具两种工艺各自的优点。

与二水法工艺相比，半水 - 二水法工艺生成的磷酸具有浓度高、质量好和收率高的优点，并且提高了磷石膏品质。

与半水法工艺相比，半水 - 二水法工艺提高了磷回收率，其可以达到98% 以上，磷石膏中 P_2O_5 含量低。

3.2.7.1 工艺概述

半水 - 二水法磷酸生产工艺分为半水 - 二水再结晶稀酸（一步法）流程和半水 - 二水再结晶浓酸流程（二步法），一步法流程生产 30% ～ 35% P_2O_5 的磷酸，主要工艺有日本日产（Nissan）H 法、日本钢管公司（NKK）流程、日本三菱流程、法国厄尔泰（Heurtey S.A.）流程、法国普罗利（S. Prorea S.A.）流程、比利时中央 - 普莱昂工艺等；二步法流程生产 38% ～ 45% P_2O_5 的磷酸，主要工艺有日本日产（Nissan）C 法、诺斯克 - 海德罗（Norsk-Hydro）流程、拉森流程、法国厄尔泰（Heurtey S.A.）流程、日本钢管公司 NKK- 詹姆斯联合流程、美国道尔 - 奥利弗 HYS 法等。半水 - 二水再结晶稀酸流程生产的是稀磷酸，不具备生产优势，在生产实际中，已被能生产浓磷酸的半水 - 二水再结晶浓酸流程所替代。

目前，国外应用较多的半水 - 二水再结晶浓酸流程工艺技术是日本日产公司的 Nissan C 法和挪威 YARA 公司的工艺技术，其在生产实践中存在年操作时间偏短、维修量大、投资较高等待完善的地方[1]。

国内多家单位进行了半水 - 二水法磷酸生产工艺研究，如上海化工研究院于 1970 年在研究半水物的实验后转为研究半水 - 二水法实验，并先后完成了半水 - 二水法的中试装置；1990 年云南省红河州磷肥厂引进了 Norsk-Hydro 公司的日产 210 吨 P_2O_5 的半水 - 二水法磷酸生产装置。

2010 年后，中国五环工程有限公司开发出具有自主知识产权的半水 - 二水再结晶浓酸流程（二步法）工艺技术。该技术做到了年操作时间与二水法相当、能耗低、装置投资比较合理等，先后在印尼和中国云南、湖北、甘肃、重庆等地建设了多套半水 - 二水法磷酸生产装置，最大装置单系列能力可以达到年产 40 万吨 P_2O_5。

3.2.7.2 工艺特点说明

半水 - 二水再结晶浓酸流程工艺生产的磷酸浓度一般在 38% ～ 45% P_2O_5 之间，在这一磷酸浓度下，必须将半水物料浆先进行过滤，分离大部分滤液，甚至若干次洗涤滤饼至其中磷酸的含量减小到转化过程能够顺利进行为止，经过滤后的半水石膏在二水转化槽中转化，生成的二水石膏经再次过滤和洗涤，得到干净的二水石膏，即完成整个流程。因此，浓酸流程是“二步法”的流程，即全过程必须经过两次过滤和洗涤。

半水 - 二水再结晶浓酸流程是以半水物流程为基础的再结晶流程，同时也是半水物流程的继续发展，半水 - 二水再结晶浓酸流程既保留了半水物流程的优点，又克服了半水物流程的不足。

该流程包括半水工序磷矿分解、结晶和二水工序转化（再结晶）两个既独立又密切联系的过程。半水工序磷矿分解在磷酸、硫酸、硫酸钙和水四元体系中高温条件下进行，并生成半水物结晶，该过程力求形成粗大的半水物晶体，以利于随后的过滤和洗涤。二水工序转化（再结晶）过程是半水物晶体在控制的优惠工艺条件下进行再结晶，进而转化为粗大、均匀的二水物结晶。

硫酸分解磷矿先发生半水反应，生成高浓度磷酸溶液和难溶性的半水石膏 $CaSO_4 \cdot 1/2H_2O$，与高浓度成品磷酸分离后的半水石膏在稀磷酸溶液系统中溶解，释放其中未反应的磷矿并再转化成二水石膏 $CaSO_4 \cdot 2H_2O$，即重结晶。

半水反应的反应式如下：

$$Ca_5(PO_4)_3F + 5H_2SO_4 + \frac{5}{2}H_2O \longrightarrow 5CaSO_4 \cdot \frac{1}{2}H_2O + 3H_3PO_4 + HF + Q$$

半水反应实际上是分两步进行的：

第一步，在溶解槽中，磷矿和循环料浆/返酸中磷酸进行分解反应，在过量的磷酸浓溶液中生成磷酸一钙，磷酸一钙同时与不足的硫酸生成部分 $CaSO_4 \cdot \frac{1}{2}H_2O$：

$$Ca_5(PO_4)_3F + 7H_3PO_4 \longrightarrow 5Ca(H_2PO_4)_2 + HF\uparrow$$

第二步，剩余的磷酸一钙在结晶槽中与过量硫酸反应生产磷酸溶液和半水磷石膏结晶：

$$2Ca(H_2PO_4)_2 + 3H_2SO_4 + H_2O \longrightarrow 4H_3PO_4 + 2CaSO_4 \cdot \frac{1}{2}H_2O\downarrow + H_2SO_4$$

二水反应：分离后的半水石膏在稀磷酸溶液中进行水化，生成二水石膏。主要反应如下：

$$3H_2O + 2CaSO_4 \cdot \frac{1}{2}H_2O \longrightarrow 2Ca^{2+} + 2SO_4^{2-} + 4H_2O$$

$$2Ca^{2+} + 2SO_4^{2-} + 4H_2O \longrightarrow 2CaSO_4 \cdot 2H_2O$$

总反应为：$CaSO_4 \cdot \frac{1}{2}H_2O + \frac{3}{2}H_2O \longrightarrow CaSO_4 \cdot 2H_2O + Q$

3.2.7.3　工艺流程说明

装置由如下工序组成：矿浆过滤、半水反应、半水料浆过滤、二水反应、二水料浆过滤、尾气洗涤。工艺流程图如图 3-10 所示。

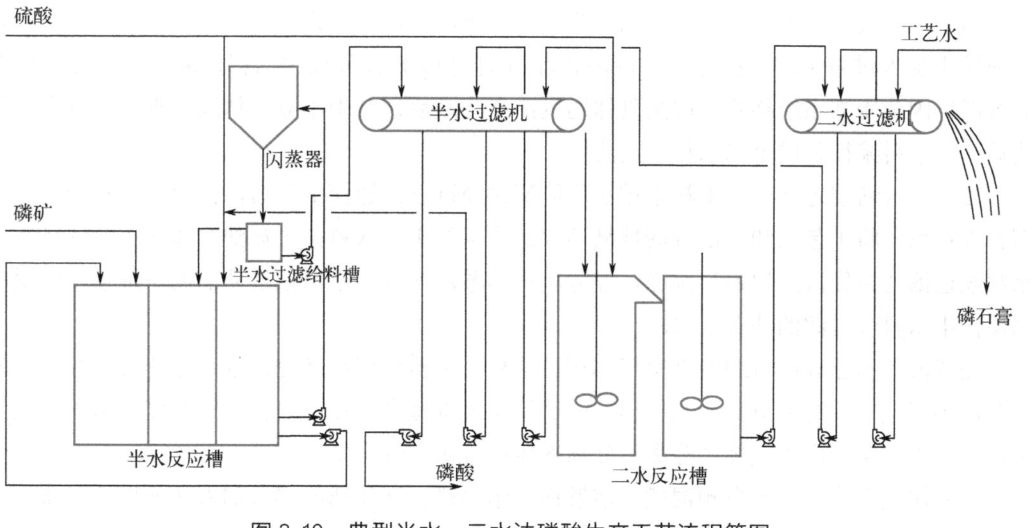

图 3-10　典型半水 - 二水法磷酸生产工艺流程简图

（1）矿浆过滤　将磷矿浆送至陶瓷过滤机或板框压滤机除去水分，过滤后制得含水量为10%～15%的磷矿矿饼，经皮带计量输送至反应槽。

（2）半水反应　半水反应系统由预混槽、溶解槽、结晶槽、熟化槽组成。

浓硫酸，与半水反应料浆过滤送来的返酸按比例稀释后，送至预混槽、溶解槽和结晶槽中。

反应料浆依次溢流至预混槽、溶解槽、结晶槽、熟化槽，再经熟化槽循环返回至预混槽。通过循环料浆的流量控制溶解槽中的硫酸根离子含量。

磷矿在溶解槽中分解产生半水硫酸钙，控制溶解槽中硫酸根离子含量为负。而在结晶槽中则维持适度过量的硫酸，以促进半水硫酸钙晶体的增长。晶体在熟化槽中进一步长大，以得到易过滤的粗大结晶。

硫酸稀释和放热反应产生的热量使反应料浆温度升高，为了维持稳定的反应温度，以保证得到半水硫酸钙结晶，反应料浆必须冷却。

反应料浆的冷却是在闪蒸冷却系统中完成的。反应料浆通过位于结晶槽的闪蒸冷却器给料泵进行循环，冷却料浆从闪蒸冷却器借重力作用经过滤给料槽回到结晶槽。抽取部分冷却后的料浆经过滤给料泵送至半水料浆过滤机。

闪蒸室逸出的蒸汽中含有氟化物和P_2O_5雾沫，蒸汽经过旋风除沫器分离雾沫后进入氟吸收工序。

（3）半水料浆过滤　半水反应料浆经过滤给料泵送到半水料浆过滤机上进行过滤。滤饼用来自后续的二水料浆过滤机的过滤酸进行一次洗涤，以回收滤饼中夹带的磷酸。洗涤后的石膏滤饼连同滤布冲洗水通过石膏料斗一并倾入二水转化槽。滤布用来自后续的二水料浆过滤机的返酸和经过加热的工艺水冲洗。

过滤酸经过滤酸泵送往酸贮存工序，多余的过滤酸和一次洗液进入返酸槽，由返酸泵返回到半水反应系统。

过滤机上装有抽风罩，以将气体引到尾气洗涤器。风罩的覆盖区域包括加料过滤区和洗涤区，以维持良好的操作环境。

（4）二水反应　半水石膏由半水料浆过滤机排出后，借重力作用落入二水反应槽。二水反应槽中加入过量硫酸，把结合在硫酸钙晶格间的P_2O_5释放出来而得以回收，同样反应热通过低位闪蒸冷却系统移除。闪蒸气体通过洗涤冷凝后，其中不凝气体通过真空泵排空。转化后的二水料浆被泵送至二水料浆过滤机。

（5）二水料浆过滤　二水料浆过滤后的滤饼经过三次逆流洗涤后，其中二水石膏送至磷石膏堆存场。将工艺水和一部分酸性循环水站排水用于二水料浆过滤滤饼和滤布的洗涤。二水料浆过滤滤饼经过三次逆流洗涤，过滤所得的酸液作为半水料浆过滤的滤饼洗水，而返酸则用作半水料浆过滤的滤布洗水。

经滤液分离器分离得到的真空气体在过滤机冷凝器中用循环冷却水进行洗涤，并使水汽冷凝，不凝气体由过滤机真空泵抽出，使过滤系统维持在负压下操作。真空度由泄入空气量来控制，真空泵抽出的气体经分离器分离液体后排入大气。

（6）尾气洗涤　将来自预混槽、溶解槽、结晶槽、熟化槽的尾气加入文丘里洗涤器、第一洗涤塔和第二洗涤塔进行两级洗涤，在文丘里洗涤器和洗涤塔中被循环洗涤液洗涤后经过反应尾气风机排出；将来自过滤机和二水转化槽的尾气一起送入第三洗涤塔，在第三洗涤塔内经过洗涤，尾气含氟量符合环保标准后，由洗涤塔出口与经过滤尾气风机和反应尾气风机的尾气一起排入大气。

3.2.7.4 工艺条件和生产操作

工艺主要操作条件如下：

（1）半水反应　预混槽温度控制在约85℃，溶解槽温度控制在95～100℃，结晶槽控制在90～95℃。

控制溶解槽中CaO适当过量，游离硫酸根浓度为负，以利于矿粉的迅速分解；维持结晶槽中适度过量的硫酸，以促进半水硫酸钙晶体的增长，游离酸浓度为1.5%～2.5%。

液相过滤酸浓度控制在38%～42% P_2O_5。

反应料浆含固量控制在30%～33%。

（2）半水料浆过滤　料浆温度为75～80℃，系统压力为35～40kPa(G)。

（3）二水反应　二水转化槽反应温度控制在55～60℃，二水转化槽压力为微负压。

反应料浆液相游离SO_4^{2-}浓度控制在5%～7%，反应料浆中P_2O_5浓度约为11%～16% P_2O_5，反应料浆含固量控制在30%～35%。

（4）二水料浆过滤　料浆温度为55～65℃，系统压力为35～40kPa(G)。

（5）真空系统　半水闪蒸冷却器压力为15～20kPa，二水闪蒸冷却器压力为15kPa。

3.2.8 二水－半水法磷酸生产工艺

3.2.8.1 生产原理

二水-半水法磷酸生产（简称二水-半水工艺）工艺是以二水工艺为基础的再结晶流程，转晶过程以二水工艺形成的二水磷石膏为原料，根据$CaSO_4$-H_3PO_4-H_2SO_4-H_2O四元体系，$CaSO_4 \cdot 2H_2O \rightleftharpoons CaSO_4 \cdot 1/2H_2O + 3/2H_2O$的平衡受$H_3PO_4$浓度、$H_2SO_4$浓度和温度的影响。提高$H_3PO_4$浓度、$H_2SO_4$浓度和温度，平衡都会向右移动。因此，为了得到半水硫酸钙晶体，应适当增加H_3PO_4浓度、H_2SO_4浓度和温度。但是半水硫酸钙晶体是介稳态，条件控制不当，二水石膏很可能会直接脱水转化为结晶细小的无水物，从而增加了后续过滤难度。因此要求对结晶转化条件严格控制。

20世纪60年代中期，日本中央玻璃公司（CGC）开发了二水-半水再结晶稀酸流程。比利时普莱昂公司也在早些时候开发了类似的流程。普莱昂公司着眼于二水流程副产磷石膏的净化，做了一定的研究，研究结果指出：在较低的液相硫酸浓度（1%～2% H_2SO_4）下，温度升高至110～130℃时，有可能将二水硫酸钙结晶脱水转化为半水结晶。在此研究基础上，普莱昂公司开发出了新普莱昂流程，实际上就是二水-半水再结晶流程。后来上述两个类似的流程又合并成为中央-普莱昂（Central-Prayon）二水-半水再结晶流程。此后，普莱昂公司又提出了“普莱昂可转换流程”，此流程实际上是一个二水结晶流程，但在配置上留有余地，随时可以转换成中央-普莱昂二水-半水再结晶流程。德国的费雷格特磷酸盐公司开发了一个名为DDR的流程，也属于二水-半水再结晶流程[2]。

二水-半水工艺有一些明显的优点：

① P_2O_5 转化率比二水工艺高，一般可以达到98%～99%以上；

② 磷酸质量分数较高，一般为27%～32%；

③ 磷石膏质量好，其中 P_2O_5 质量分数在0.5%以下，利于后续加工；

④ 可以利用化学能代替传统的高温煅烧法将二水磷石膏脱水转化，不仅回收了磷石膏中的 P_2O_5，得到了纯度较高的半水石膏，而且在后续磷石膏加工过程中还可以节约能耗。

这类流程也存在某些不足之处，例如：

① 全系统的热过程不尽合理，如在分解过程中为了形成二水结晶，需移走大量的热，但在转化过程中为了将二水结晶脱水成为半水结晶，又需要大量热来升高脱水的温度，因而系统综合能耗较高；

② 半水结晶是一个介稳定固相，在稀磷酸溶液中形成的半水结晶的稳定性更差；

③ 在转化过程的溶液中，形成的半水结晶"过度脱水"成无水物的趋势是存在的。

3.2.8.2 工艺流程说明

工艺主要包括二水反应、二水料浆过滤、结晶转化、半水料浆过滤、尾气洗涤工序，工艺流程图如图3-11所示。

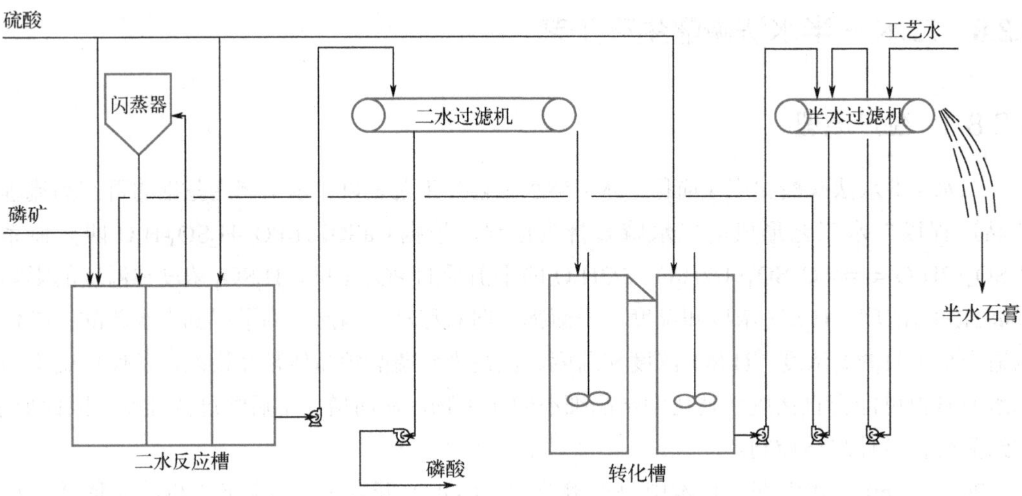

图3-11 典型二水-半水法磷酸生产工艺流程简图

（1）二水反应 将磷矿浆及后续工序返回的过滤酸和洗涤酸，同时送入二水反应槽1区，浓硫酸送入二水反应槽2区。磷矿浆、硫酸和磷酸在二水反应槽中进行反应，生成二水硫酸钙（$CaSO_4 \cdot 2H_2O$）结晶和磷酸混合的料浆。反应生成的二水料浆进入二水反应槽3区和4区后，进入消化槽养晶待过滤。

放热反应产生的热量使反应料浆温度升高，为使温度维持稳定，以保证二水硫酸钙结晶，反应料浆采用真空闪蒸冷却完成。

（2）二水料浆过滤　将消化槽的二水料浆送至过滤机进行液固分离。将得到的滤液一部分作为成品磷酸送出系统，另一部分和二水石膏送入转化中间槽。

（3）结晶转化　将来自转化中间槽的二水石膏送入结晶转化槽中，加入硫酸和适量回用的磷酸，在蒸汽加热条件下，二水石膏脱水转化为半水石膏。结晶转化槽的半水料浆溢流至养晶槽养晶待过滤。

（4）半水料浆过滤　出结晶转化槽的半水料浆进入过滤机进行过滤分离，采用多级串联洗涤的方式进行，回收滤饼中的可溶性磷酸。过滤酸（滤液）、洗涤酸（一洗液）返回二水反应工序的二水反应槽1区使用。分离得到的半水石膏送往磷石膏利用工序。

（5）尾气洗涤　反应工序产生的含氟气体经微负压系统送入反应尾气洗涤塔中，洗涤后经排气筒排放。洗水可循环使用，达到一定浓度后可回用至洗涤工序作为滤布洗水使用。

过滤工序产生的过滤尾气经微负压系统送入过滤尾气洗涤塔，洗涤后和处理后的反应尾气一起经排气筒排放。

3.2.8.3　工艺条件和生产操作

工艺主要操作条件如下：

（1）二水反应　二水反应槽中温度控制在70～85℃，游离硫酸浓度控制在1%～2%，液相过滤酸浓度控制在30%～35% P_2O_5，反应料浆含固量控制在30%～35%。

（2）半水反应　转化槽反应温度控制在95～105℃，游离 SO_4^{2-} 浓度控制在6%～10%，磷酸浓度约为25% P_2O_5，反应料浆含固量控制在30%～35%。

3.2.9　典型生产设备

硫酸法湿法磷酸工艺的主要关键设备有反应槽、反应槽搅拌器、过滤机、轴流泵、离心风机等。

3.2.9.1　反应槽

随着装置大型化的发展，利用独特的多格反应槽，可实现槽体的模块化组合，形成不同系列装置规模。合适的单格反应槽规格及搅拌器功率，降低了设备占地面积及施工难度。反应槽槽体通常为混凝土结构，内衬橡胶板和碳砖，橡胶衬里壁部和底部选用常压胶板，顶部选用耐高温预硫化胶板，胶板与混凝土之间设置有导电找平层；反应槽底部和侧部衬碳砖。在搅拌器下部，还设有用碳砖砌成的防涡和防磨结构。

3.2.9.2　反应槽搅拌器

反应槽搅拌器轴通常采用管式轴，其设计具有足够的强度以传递驱动桨叶所需的扭矩，并考虑了可能出现下层桨叶埋入料浆时的工况。

搅拌器的设计应考虑初期投入与长期维护的综合成本，要求长周期内稳定可靠的运行，保证磷酸装置顺利操作，在整体上达到良好的综合收益。

磷酸装置搅拌器常见腐蚀和磨蚀失效，磷酸料浆中影响因素复杂，不同杂质、温度及操作条件等对材料腐蚀和磨蚀的影响各不相同，Cl^- 含量的高低是影响搅拌器选材的主导因素。

3.2.9.3 过滤机

（1）翻盘过滤机　我国从 20 世纪 50 年代开始研制翻盘过滤机，于 2001 年前实现国产化和系列化。在以后的 20 多年内，从结构形式、制造加工等方面进行了持续改进，设备的故障率降低，维修费用大幅下降，易损件的使用寿命明显延长，设备性能满足磷酸生产工艺的要求，可与国外过滤机相媲美[4]，其结构见图 3-12。

目前国外翻盘过滤机在湿法磷酸装置中应用的最大面积达 240m^2，我国翻盘过滤机在湿法磷酸装置中成功应用的最大过滤面积为 120m^2，其他行业应用最大过滤面积可达 160m^2[5]。

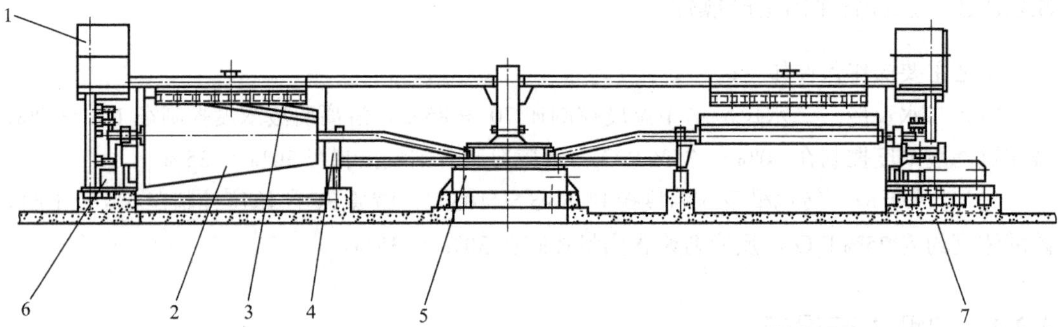

图 3-12　典型翻盘过滤机结构简图

1—平台；2—滤盘；3—加料斗；4—托轮；5—转盘；6—错气盘；7—传动装置

（2）转台过滤机　随着国内磷化工行业发展及装置规模扩大的需要，由于转台过滤机的过滤面积可以做得很大，操作简单，其结构与翻盘过滤机类似，在国内外湿法磷酸装置中得到广泛应用。20 世纪 90 年代以前，转台过滤机主要依靠进口，伴随着关键设备国产化的进程，转台过滤机已完全实现了国产化及系列化，其结构见图 3-13。

对于工程应用中出现的滤盘易结垢、不易清理，上下错气盘易磨损，冲洗水流量大，喷头易堵塞问题，通过改进滤盘结构，减少螺栓数量，便于快速拆卸；对滤盘进行保温，减轻结垢；对错气盘结构及材质进行改进，减少磨损，提高使用寿命；对喷头的结构进行改进，对减少冲洗水用量等一系列措施进行持续改进，从原材料到制造过程的全方位把控，使得整机的性能达到了国际先进水平[6]。

（3）带式过滤机　带式过滤机在设备布置及卸料方面有着其他过滤机无法比拟的优势。20 世纪 90 年代以前，带式过滤机主要依靠进口，到了 20 世纪 90 年代，国产带式过滤机已经实现量产，并制定了相关的国家标准，推动了带式过滤机的广泛应用。由于受胶带宽度、托辊强度等因素制约而无法大型化，带式过滤机的最大过滤面积仅达 144m²。针对工程应用中出现的滤布易跑偏、纠偏设施故障率高、托辊易变性等现象，提高零部件加工精度，定期更换易损件，并加强维护保养，使得带式过滤操作更平稳。其结构见图 3-14。

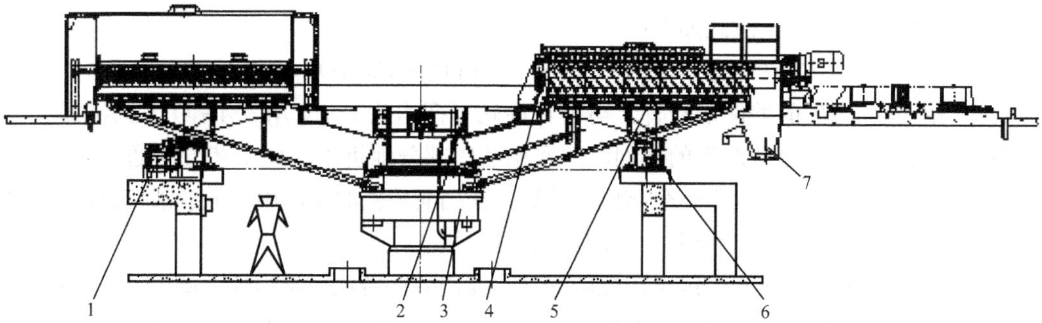

图 3-13 典型转台过滤机结构简图

1—转台驱动；2—中心平台；3—错气盘；4—螺旋卸料装置；5—转台；6—托轮；7—渣斗；

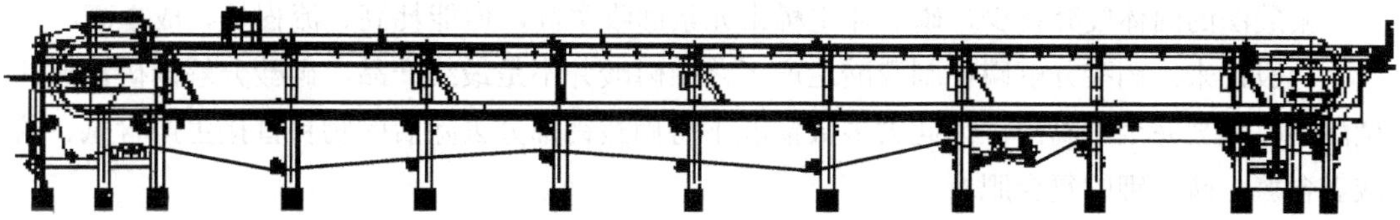

图 3-14 典型带式过滤机结构简图

3.2.9.4 轴流泵

这类泵包括反应料浆循环泵和浓缩循环泵，具有大流量、低扬程、低转速的特点。

反应料浆循环泵输送介质温度高而腐蚀加剧，且含固量较高，对泵过流材质具有强烈的腐蚀性和磨蚀性，因此采用 Cr30、CD4MCu 甚至超级双相钢这类既耐腐蚀又有相当高硬度的材料。

浓缩循环泵输送介质温度高而腐蚀加剧，不过含固量较少，泵过流材质要求耐腐蚀且有一定的耐磨蚀性，因此选用 CD4MCu、Sanicro28 或 Hastelloy C-276 等材质。

3.2.9.5 离心风机

由于反应尾气风机和过滤尾气风机输送气体介质中含有多种酸雾成分和微量氟及水汽，介质腐蚀性极强，因此其壳体一般采用碳钢衬胶，叶轮采用碳钢衬胶或双相不锈钢；且介质含有一定量的粉尘，故风机设置叶轮喷洗系统，以减少叶轮因结垢产生的不平衡而振动，从而延长风机的连续运行时间和总体寿命。

3.3 硝酸法湿法磷酸工艺

3.3.1 化学反应原理

用硝酸分解磷矿的反应式如下：

$$Ca_5(PO_4)_3F + 10HNO_3 = 3H_3PO_4 + 5Ca(NO_3)_2 + HF\uparrow$$

将硝酸分解磷矿的酸解液冷却，可使硝酸钙以四水物 $Ca(NO_3)_2 \cdot 4H_2O$ 形式结晶析出，从而与磷酸分离。随冷却温度的不同，四水硝酸钙部分地析出。此工艺方法通常称为冷冻法。但一般通过冷冻法难以完全分离出硝酸钙。在硝酸磷肥的生产中，酸解液仅分离约 80% 的硝酸钙后即用于生产含氮和磷的二元复合肥料。

在硝酸酸解液中加入硫酸或可溶性硫酸盐，使硝酸钙转化成难溶性的硫酸钙沉淀后与溶液分离的方法称为硝酸 - 硫酸（硫酸盐）法。用互不相溶的溶剂萃取硝酸酸解液也可以使磷酸与硝酸钙分离，从而得到纯磷酸。

3.3.2 硝酸法生产工艺

硝酸法的固体废弃物少，磷矿伴生稀土元素回收率高，但能耗高、流程长、成本高。

一般说来，硝酸分解磷矿制磷酸生产工艺中磷酸并不是最终产品，硝酸分解磷矿形成的硝酸钙很难被完全分离出。因此大多数情况下将硝酸钙部分去除后的物料直接生产含氮、磷或者含氮、磷、钾的复合肥料。

分离硝酸钙的方法有几种不同的技术路线，冷冻法是行之有效并被广泛采用的方法，此法由奥达公司（Odda Smelteverk A/S）发明。将硝酸酸解液冷却到一定温度后，硝酸钙会以四水合物 $[Ca(NO_3)_2 \cdot 4H_2O]$ 的晶体形式析出。自 20 世纪 50 年代以来，用冷冻法除去约 80% 的钙，而后制成硝酸磷肥的方法已被大规模地应用于工业生产[3]。

硝酸钙通过液 - 液溶剂萃取的方法被分离出来，再用液氨与磷酸和硝酸的萃取溶剂相进行中和以制取氮 - 磷复合肥，该工艺曾被广泛地研究，著名的流程有法国 APC. (Azote et Produits Chimiques）公司的 APEX 流程和芬兰梯比 OY 公司的梯比 OY（Typpi OY）流程。VEBA 化学公司（现在为 Chemische Werk Huls）曾开发过一种工艺，就是将硫酸和硝酸混合后与磷矿进行反应，最终钙以半水硫酸钙结晶形式被除去。在此过程中形成的 HNO_3 溶液用于制取硝酸磷肥。在此工艺中使用硝酸旨在加速磷矿的分解，以减小反应器的容积，也可以减小物料的黏度，改善半水物结晶，使过滤容易。

20 世纪 60 年代中期硫短缺期间，硝酸法曾一度引起人们较大的兴趣，后因其经济性受到怀疑和产生争议而未能实现工业化。

以磷酸作为产品的硝酸分解磷矿路线，以前曾有两种不同的工艺。

一种工艺是由美国圣保罗氨制品公司开发的。该工艺中 95% 的硝酸钙通过冷冻结晶从酸解液中分离出来，剩余的钙则以硫酸钙形式去除。硝酸钡不溶于磷酸溶液，因此硝酸则以硝酸钡沉淀的形式除去，而硝酸钡沉淀用氨和二氧化碳处理，得到的碳酸钡循环利用，其中生成的硝酸铵则作为副产肥料出售。

另一种工艺是由诺斯克·海德鲁（Norsk Hydro）开发的。该工艺前部分与冷冻法相同，用硫酸处理冷冻法产生的分离了部分硝酸钙的磷酸溶液以硫酸钙沉淀除去其中的钙，再用真空蒸发的方法除去硝酸，蒸发过程中将磷酸浓缩至60%～65% P_2O_5的浓度，此磷酸产品可用于生产饲料级磷酸盐。回收的硝酸可循环用于分解磷矿。

3.3.2.1 美国圣保罗氨制品公司的流程[1]

该工艺的基本流程分四部分：

① 磷矿的酸解与氟的脱除 磷矿与预热过的58%～60% HNO_3浓度的硝酸混合后反应。硝酸用量按磷矿中钙含量计算过量0%～15%，硝酸用流出反应器的热物料预热。反应产生的热量可以将反应混合物升温至沸点，热量可自供。体系中的氟以SiF_4的形式逸出，必要时需加入少量活性硅，氟在反应部分逸出60%～80%。

反应过程中，必须向反应器中鼓入空气，其作用是：（a）防止反应液相起泡，尤其是磷矿未焙烧时更有必要，因为磷矿在1500～2000℃下焙烧后其中的有机物基本分解逸出，反应时起泡现象较轻。（b）空气中的氧能将硝酸分解产生的一氧化氮氧化成易于回收的二氧化氮，二氧化氮在氟吸收部分用碳酸钠溶液吸收后生成硝酸钠。（c）鼓入的空气可作为载体，将反应过程中形成的四氟化硅气体带出。

由于反应在沸腾状态下进行，大量含硝酸的水蒸气与四氟化硅一起从反应物表面逸出，进入氟吸收器，在氟吸收器中水蒸气和硝酸完全冷凝，四氟化硅被吸收转化成氟硅酸，并与硝酸钠反应生成氟硅酸钠：

$$3SiF_4+4NaNO_3+2H_2O = 2Na_2SiF_6+SiO_2+4HNO_3$$

吸收液中硝酸的含量约为20%～30%，将部分吸收液蒸发、冷凝，得到的硝酸送回反应器或送到硝酸铵工段。若要送回反应器，则其浓度必须由反应器进料浓度决定，不可太稀。

② 硝酸钙的结晶分离 硝酸钙的结晶在2～3个结晶器中进行。将经过冷却的磷酸溶液导入结晶器中心部分，形成的晶体由中心管出料进入离心机分离。结晶器中磷酸溶液从顶部溢流至外圈而排出。通常两次结晶比较经济，因为在第一次中，用18℃的地下水冷却，可结晶除去60%的硝酸钙。在第二次中，将物料冷冻至-10℃，可以除去剩余的硝酸钙直至残留量为硝酸钙总量的5%。为了保证结晶除去95%的硝酸钙，反应器出料中硝酸的浓度必须控制在一个合适的范围，过高和过低都不利于结晶除钙。

结晶硝酸钙用新鲜的硝酸洗涤，以回收其中所夹带的磷酸，洗涤液返回至反应系统。酸不溶性固体残渣留在分离出来的硝酸钙固体中。

第一次结晶的进料用第二次结晶的液相出料来冷却。在这一热交换器中，第一次结晶的进料被冷却而第二次结晶后所得到的磷酸产品被加热。

③ 净化和浓缩 经二次结晶分离硝酸钙后的磷酸溶液被送至残余硝酸根离子脱除工序，在此硝酸根离子与碳酸钡料浆反应产生的硝酸钡沉淀不溶于磷酸溶液，残留的硝酸根离子以硝酸钡沉淀的形式分离除去。

在体系中按硝酸根离子的化学计量加入碳酸钡，可以除去98% ～ 99%残存于磷酸中的硝酸根离子。过滤分离出来的硝酸钡浆化后与氨和二氧化碳加压接触反应，生成碳酸钡沉淀和硝酸铵溶液，过滤分离出来的碳酸钡可循环利用，而硝酸铵溶液则送至硝酸钙转化部分的浓缩器。

脱除了残余硝酸根离子的磷酸溶液仍含有残余的钙离子，这部分残余的钙离子约占反应料浆中总钙量的5%。磷酸溶液在残钙脱除工序中通过加入硫酸，形成石膏沉淀而脱除钙。所需的硫酸用量极少，而钙的脱除却十分彻底。分离出来的石膏用水洗涤后弃之，洗涤液与磷酸溶液合并送去浓缩。

磷酸经真空蒸发浓缩至54% P_2O_5的浓度，也可浓缩成67% ～ 72% P_2O_5的过磷酸。

④ 硝酸钙的转化　该部分是将硝酸钙转化成硝酸铵肥料。

将四水合硝酸钙溶于氨水中并与循环的含50%硝酸铵的溶液混合导入垂直搅拌加压反应器中，反应器压力控制在345kPa左右，与通入的二氧化碳和氨反应生成硝酸铵和碳酸钙沉淀。当物料流出加压反应器时由于压力下降而蒸发，产生的蒸汽可用于硝铵液两效蒸发器的第二效。

反应料浆经过滤机分离出碳酸钙，碳酸钙固体经逆流洗涤可回收其中约1.7%的硝酸铵。为了使反应器中形成的碳酸钙沉淀易于过滤，必须将过滤所得的NH_4NO_3滤液的一半返回到反应器，以减少反应器中的碳酸钙固含量。

二效蒸发系统可以将硝酸铵浓缩至83% NH_4NO_3的浓度，这既可以作为液体肥料，亦可以喷淋粒化制成固体硝酸铵产品。

⑤ 消耗定额　以产量为100t/d P_2O_5、浓度为54% P_2O_5的磷酸工厂规模为基准，1t P_2O_5产品的消耗定额如表3-2所示。

表3-2　美国圣保罗氨制品公司硝酸法流程消耗定额（以1t P_2O_5产品计）

项目	规格	消耗	项目	规格	消耗
磷矿	36% P_2O_5	2.88t（煅烧）	蒸汽		5.62kg
硝酸	59% HNO_3	4.23t	冷却水		0.1481m^3
氨		1.12t	人工		2.43人·h
硫酸	98% H_2SO_4	0.166t	维修		每年占投资的4%
碳酸钠		0.09t	废物排放		每年占投资的0.6%
碳酸钡		0.021t	另外副产硝酸铵	83%溶液	5.1t
电		110.9kW·h			

3.3.2.2　诺斯克·海德鲁（Norsk Hydro）的流程

诺斯克·海德鲁的流程是从硝酸磷肥厂引申出来的，利用硝酸磷肥厂硝酸分解磷矿并分离了大部分硝酸钙而得到的含硝酸和少量硝酸钙的磷酸溶液经过脱除钙和硝酸根离子而制取纯度较高的磷酸产品，可用于制造饲料级的磷酸盐产品。

工艺流程如图 3-15 所示。

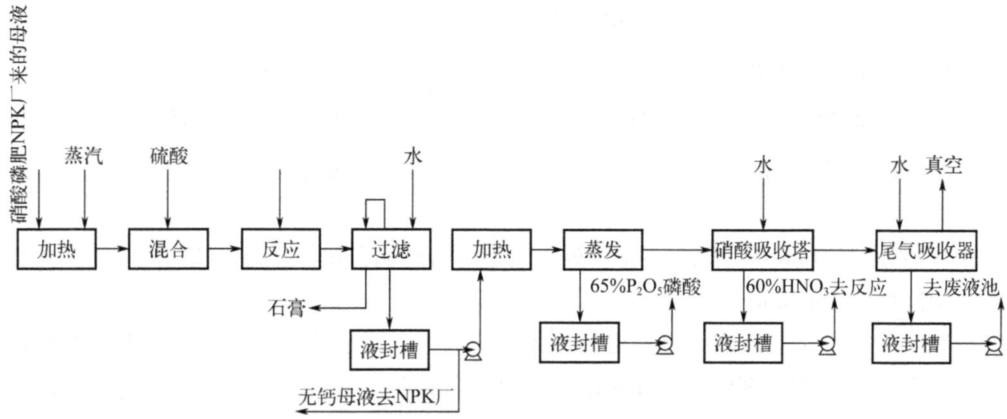

图 3-15　诺斯克·海德鲁（Norsk Hydro）的流程简图

来自硝酸磷肥 NPK 厂的含硝酸和少量硝酸钙的磷酸母液经预热后与硫酸在搅拌槽中混合反应，硫酸钙沉淀结晶，过滤分离，滤液经真空蒸发，含硝酸的水蒸气用水吸收得到 60% 的硝酸，返回 NPK 厂作分解磷矿之用。自吸收塔顶排出的气体已不含硝酸，经冷凝后排放。

蒸发后的磷酸浓度约为 60% ～ 65% P_2O_5，其中氟含量低于 500mg/kg。

如有必要，石膏过滤后的滤液可直接送至 NPK 厂的中和器中生产 P_2O_5 水溶率达 95% 的 NPK 复合肥，在此情况下可用硫酸铵代替硫酸来沉淀钙。

硫酸用量取决于硝酸磷肥厂中硝酸钙的分离效率。如果冷冻分离硝酸钙，则 1t P_2O_5 约耗 0.4t 硫酸（H_2SO_4），而冷冻分离的四水硝酸钙约为 0.65t（以 N 计）。

3.4　盐酸法湿法磷酸工艺

3.4.1　化学反应原理

用盐酸分解磷矿，当磷矿完全分解时，生成磷酸、氯化钙和氟化氢：

$$Ca_5(PO_4)_3F + 10HCl = 3H_3PO_4 + 5CaCl_2 + HF\uparrow$$

磷矿中的杂质也同时被分解：

$$CaCO_3 \cdot MgCO_3 + 4HCl = CaCl_2 + MgCl_2 + 2H_2O + 2CO_2\uparrow$$

$$Al_2O_3 + 6HCl = 2AlCl_3 + 3H_2O$$

$$Fe_2O_3+6HCl \longrightarrow 2FeCl_3+3H_2O$$

$$SiO_2+4HF \longrightarrow SiF_4+2H_2O$$

产生的 SiF_4 部分呈气态逸出，剩下的转化成了液态氟硅酸：

$$SiF_4+2HF \longrightarrow H_2SiF_6$$

如果盐酸量少，磷矿不能完全分解，就会有氯化磷酸二氢钙生成：

$$Ca_5(PO_4)_3F+7HCl+3H_2O \longrightarrow 3CaClH_2PO_4 \cdot H_2O\downarrow +2CaCl_2+HF\uparrow$$

由于析出的氯化磷酸二氢钙晶体十分细小，含氯化钙浆液黏稠难以过滤，故应避免该反应发生。

在盐酸分解的料浆中，除酸不溶物外，全为可溶性化合物。因此，磷酸的分离和提纯是盐酸法制磷酸工艺的关键。

历经半个多世纪，磷酸分离和提纯技术已经有了长足的进步。主要的制取工艺有：有机溶剂萃取法、中和沉钙法、氯化磷酸二氢钙法等，但真正实现工业化的只有有机溶剂萃取法。

早期以色列矿业公司（Israel Mining Industries，IMI）最先实现有机溶剂液 - 液萃取分离氯化钙的工业化生产，所用的溶剂多为四至五个碳的醇类溶剂。尽管醇类溶剂对磷酸的萃取能力并不好，但氯化钙存在所产生的“盐析效应”使这种工艺获得成功，而且制得的磷酸纯度也比较高[2]。

用有机溶剂把分解液中的磷酸萃取出来，大量的氯化钙和其他阳离子氯化物则留在废液里，从而达到分离和提纯的目的。许多有机溶剂具有此功能，其中 C_4 醇、C_5 醇或其混合醇特别适用。其萃取和反萃取反应如下：

$$H_3PO_4+CaCl_2+ROH \longrightarrow H_3PO_4 \cdot ROH+CaCl_2$$

$$H_3PO_4 \cdot ROH \longrightarrow H_3PO_4+ROH$$

3.4.2 盐酸法生产工艺

最早的盐酸分解磷矿专利发表于 1935 年。20 世纪 50 年代末至 60 年代初以色列矿业公司开发了采用醇类溶剂液 - 液萃取以分离磷酸和氯化钙的专利技术，并最早实现了工业化。

在有机溶剂萃取法分离氯化钙工艺出现后的十余年间，以色列和其他一些国家建立了许多盐酸法磷酸工厂。以色列的海法（Haifa）化学公司利用年产 10 万吨硝酸钾工厂副产的盐酸分解磷矿，年产 1.6 万吨磷酸，于 1968 年投产，至今仍在运行，硝酸钾年生产能力已增至 20 万吨，磷酸 3 万吨。其磷酸用于生产工业级和食品级磷酸盐以及控释 NPK 复肥。以色列的阿莱德化工公司（Arad Chemical Ind. Ltd.）亦建有日产 500 吨 P_2O_5 的工厂，用于生产磷肥。

日本东洋制碱公司在山口县建有一厂，规模为日产 7t P_2O_5，后来扩大了一倍，并增加了离子交换系统，产品纯度高，可代替热法磷酸。

美国开塞铝业化学公司（Kaiser Aluminum & Chemical Corp.）在路易斯安那州建有一厂。道（Dow）化学公司在美国得克萨斯州及加拿大安大略省各建一厂，后者规模为日产

32 ～ 35 吨 P_2O_5。

在巴西 Copebras 一个属于美国的公司（Celanese Corp & Trades Inc.）建有年产 1.6 万吨 P_2O_5 的工厂，产品磷酸用于制造食品、饲料、洗涤剂。

国内的盐酸分解磷矿制磷酸的研究工作始于 1965 年。早期化工部太原化工研究院、四川省自贡市化工研究院、大连工学院等均开展过小规模的实验室研究。大连工学院在小试的基础上进行过模型试验。1971 年上海骨胶厂与上海化工研究院协作，对盐酸分解骨炭和磷矿，有机溶剂液 - 液萃取制磷酸进行了连续模型试验，并在此基础上于 1973 年设计并建成了一套年产 500t 58% P_2O_5 的磷酸生产车间。

在硫资源缺乏或能得到廉价盐酸时，采用盐酸分解磷矿制磷酸具有一定的经济意义。

由于盐酸分解磷矿形成的物料基本不含易结垢的组分，因此物料易于输送和处理。制成的磷酸可浓缩到很高浓度或者制成过磷酸。成品磷酸的纯度比硫酸法高，可直接用于工业磷酸盐或饲料级磷酸盐的生产。

盐酸法磷酸工艺的关键在于有机溶剂液 - 液萃取分离氯化钙。传统方法大多采用 C_4 ～ C_5 醇作为溶剂，已工业化的装置大多采用正丁醇或异戊醇。

3.4.2.1 盐酸法磷酸生产工艺的物理化学基础

磷矿被盐酸分解后得到主要含氯化钙和磷酸的均相水溶液。采用液 - 液溶剂萃取分离氯化钙与磷酸的途径有两条：①从酸解液中选择性地萃取磷酸而让氯化钙等留在萃余液中；②从酸解液中萃取氯化钙及其他杂质而让磷酸留在萃余相中。通常采用的是选择性地萃取磷酸，这就要求选用的有机溶剂具有磷酸在其中的溶解度大而氯化钙及其他杂质在其中的溶解度小的特性。溶剂的这种特性通常用分配系数 D 来衡量：

$$D=\frac{\text{磷酸在溶剂相中的平衡浓度}}{\text{磷酸在水相中的平衡浓度}}$$

溶剂除了要求其对磷酸有较强的萃取能力（即较大的 D 值）外，还需具有对氯化钙和其他杂质的排斥能力，也就是要尽可能少地萃取除磷酸外的其他物质，这样才能实现磷酸的提纯分离。

溶剂的这种性能用分离因素 β_i 表示：

$$\beta_i = D_{H_3PO_4} / D_i$$

式中 $D_{H_3PO_4}$——溶剂对H_3PO_4的分配系数；

D_i——溶剂对杂质 i 组分的分配系数。

由于磷酸萃取过程中所用的磷酸浓度范围和实际生产对系统中溶剂量的限制，故溶剂的选择范围很小。考虑到溶剂的稳定性以及来源是否广泛并兼顾价格因素，盐酸法磷酸工艺中惯常使用的是醇类，这是因为醇类具有选择性排斥氯化钙的特性。

盐酸分解磷矿的酸解液与有机相的萃取过程主要需考察 $CaCl_2$-HCl-H_3PO_4-H_2O- 溶剂五元相平衡体系。相比于无氯化钙存在的体系，氯化钙的大量存在对磷酸和盐酸的分配系数产生了很大的影响。由于其体系的复杂性，关于杂质组分对体系平衡的作用规律的研究还不完全，仅局限在非常有限的区域内。

先考察磷酸与正丁醇和异戊醇的相平衡基本体系，其数据见早期文献。如图 3-16 所示，两个体系的多相分层区域的磷酸浓度均不高，正丁醇更低些。这就决定了萃取体系必须在较低的磷酸浓度下进行方能实现有效的萃取分离。这两个三元组分相图都有着形状大体相同的溶解度曲线。在下面的多相区内的平衡连接线倾斜度逐渐变化，靠近多相区顶部倾斜度较大些。多相区的形状决定了用该种溶剂萃取磷酸时的特性，如何经济合理地制定操作条件取决于该种特性。

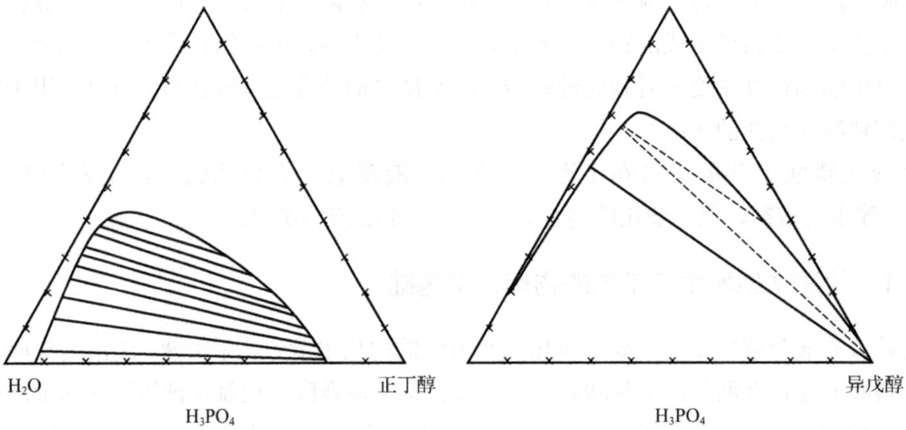

图 3-16　磷酸与正丁醇和异戊醇体系相图

盐酸分解磷矿后的酸解液中有一定量的盐酸存在，这对于磷酸在溶剂相和水相中的分配情况有一定的影响。盐酸的存在，在一定范围内能使醇溶剂对磷酸的分配系数增大。由于溶剂对磷酸和盐酸的分配系数不同，在平衡的溶剂相中，盐酸与磷酸的物质的量之比与原酸解液是不同的，如表 3-3 所示。盐酸很明显优先分配于溶剂相[3]，通常在工艺中这是不希望发生的。但是，在某些需将这两种酸部分分离的场合，可以有效地利用这一现象。

表3-3　水相与溶剂相中盐酸与磷酸物质的量之比

萃取所用溶剂	HCl/H_3PO_4（物质的量之比）	
	水相	溶剂相
正丁醇	1.26	1.57
异戊醇	0.73	0.9

酸解液中氯化钙的含量约在 15% ～ 20% 的范围，钙的大量存在对磷酸的分配系数影响十分显著。在醇类溶剂体系中，较高的磷酸浓度下，氯化钙的存在降低磷酸的分配系数；反之，在较低的磷酸浓度下，氯化钙的存在却使磷酸的分配系数升高。如表 3-4 所示为异戊醇为溶剂萃取的情况。显然，在较低的磷酸浓度范围内，氯化钙的存在能显著地改善磷酸的萃

取效率。表 3-5 为 H_3PO_4- 正丁醇 -$CaCl_2$-HCl-H_2O 体系的一些实验数据，这些数据对盐酸法磷酸工艺中用正丁醇萃取磷酸分离氯化钙的操作具有一定的参考指导作用。

表3-4　异戊醇萃取情况

组成 /%		溶剂对 H_3PO_4 的分配系数
H_3PO_4	$CaCl_2$	
62.9	0	0.68
63.2	2.2	0.48
48.9	0	0.41
48.9	9.7	0.37
35.9	0	0.21
36.9	14.7	0.37
34.9	4.6	0.23
25.6	0	0.08
25.6	13.1	0.29

表3-5　正丁醇萃取情况

原始溶液组成 /%			水相				醇相				$K_{P_2O_5}$	K_{HCl}	K_{CaCl_2}
P_2O_5	HCl	$CaCl_2$	密度 /(g/cm³)	平衡浓度 /%			密度 /(g/cm³)	平衡浓度 /%					
				P_2O_5	HCl	$CaCl_2$		P_2O_5	HCl	$CaCl_2$			
3	1.03	15.2	1.1638	2.43	0.271	16.2	0.85	1.24	0.96	0.252	0.372	3.55	0.015
4.97	1.09	15.2	1.183	4.05	0.142	16.8	0.862	1.66	1.04	0.431	0.41	7.3	0.926
5	4.99	15.3	1.1966	3.46	1.878	18.16	0.8905	2.72	3.69	0.667	0.786	1.97	0.037
6.9	0.99	15.23	1.1992	5.4	0.11	16.83	0.8704	2.29	1.47	0.458	0.425	13.4	0.027
7.02	4.95	15.3	1.2139	4.81	1.78	18.65	0.8979	3.85	3.99	0.85	0.805	2.24	0.045
10	4.87	15.25	1.2371	5.52	1.52	19.01	0.9127	5.85	3.84	1.24	1.06	2.52	0.065
15	1	15.3	1.2653	10.5		18.04	0.9145	6.42	2.05	0.615	0.61		0.034
14.95	4.92	15.05	1.2743	10.3	1.284	19.91	0.9425	8.9	4.07	1.455	0.858	3.14	0.073
3	1	20.02	1.2187	2.3		21.8	0.8539	1.23	1.19	0.656	0.539		0.03
5.05	1	20.2	1.2339	3.39		22.3	0.8642	2.05	1.492	0.771	0.594		0.034
7.02	1	20.23	1.2505	4.7		22.85	0.8753	3.14	1.63	0.673	0.673		0.038
10	4.9	20.3	1.2957	5.8	1	25.3	0.9234	6.25	4.95	1.31	1.08	4.93	0.052
15	1	20.3	1.3034	9		23.4	0.9275	7.25	2.58	1.95	0.805		0.083
15.15	3.02	19.8	1.3188	9.56		24.5	0.9416	8.77	3.47	1.98	0.915		0.081

考察如图 3-17 所示的 $CaCl_2$-H_2O- 醇三元体系可以估计水相中钙离子浓度的影响。增加氯化钙含量会使溶剂相中的水含量降低以及水相中的溶剂含量降低，亦即产生典型的“盐析”作用。在用盐酸分解磷矿所得酸解液的组成范围内，溶剂相有一个确定的但是较低的氯

化钙浓度，此浓度随水相中氯化钙浓度的增加而仅稍有增加。当水相中氯化钙浓度超过30%时，它在溶剂相中的溶解度就急剧增加。因此，如果实际操作中达到如此高的氯化钙浓度则会使醇类溶剂失去萃取分离的效用。

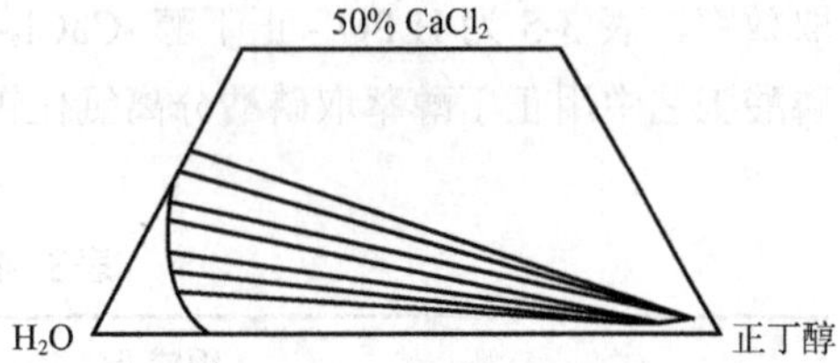

图 3-17　$CaCl_2$-H_2O-醇三元体系相图

以色列矿业公司（IMI）曾经将氯化钙在醇类溶剂萃取磷酸的体系中的这一特性应用于湿法磷酸的萃取净化工艺，即有意加入氯化钙，以增加溶剂对磷酸的萃取效果。

在萃取操作过程中，在萃取段，较高的氯化钙浓度促进磷酸进入溶剂相，而在用水反萃取段，极低的钙离子浓度以及醇类溶剂本身对磷酸并不具有大的分配系数对反萃取有利。故而氯化钙的存在使得对磷酸萃取能力并不大的醇类溶剂也能够适用于该工艺了，加之正丁醇和异戊醇是早期来源较广易于获得的溶剂，因此该工艺大多采用醇类溶剂作为萃取剂。

3.4.2.2　盐酸法磷酸生产工艺的组成部分

盐酸法磷酸的生产工艺（图3-18）分为以下几个主要部分：

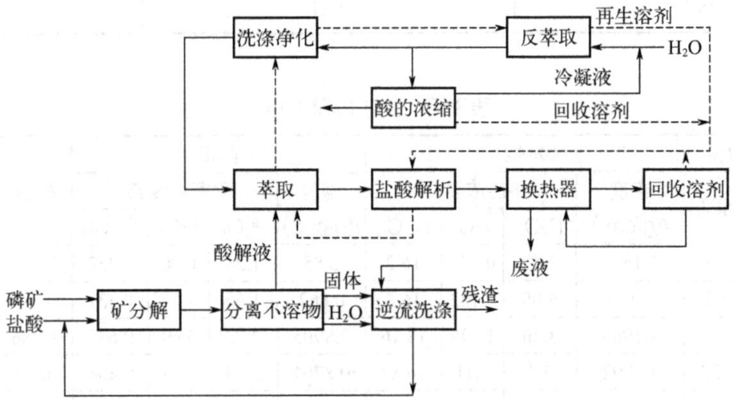

图 3-18　典型盐酸法湿法磷酸工艺流程简图

（1）矿的分解及不溶性残渣的分离　酸分解包括原料供应、盐酸分解磷矿、沉降分离酸分解液中的酸不溶性固体残渣以及逆流倾析洗涤残渣的沉降洗涤四个部分。

工业浓盐酸（一般浓度为30% HCl）与来自逆流倾析系统的洗涤液混合后加入反应槽，浓度通常在20%～25% HCl，逆流倾析系统洗涤水的用量即根据此浓度调节。

盐酸分解磷矿的主要化学反应式为：

$$Ca_5(PO_4)_3F+10HCl \longrightarrow 3H_3PO_4+HF+5CaCl_2$$

盐酸的理论用量可以按照矿中的钙全部转化为氯化钙所需氯化氢的量来计算，盐酸的实际用量为理论用量的102%～105%时磷矿即可分解完全。

几种典型矿种的组成及其盐酸消耗量列于表3-6中。

表3-6　几种典型矿种的组成及其盐酸消耗量

地区		矿种组成 /%（干基）								每吨 P_2O_5 所需盐酸消耗量 /t
		P_2O_5	CaO	F	SO_4	R_2O_3	SiO_2	CO_2	烧失量	
佛罗里达	77BPL	35.2	49.4	3.9	0.7	1	3.7	2.7	6.1	1.85
	70BPL	32.5	47.5	3.3	0.8	1.9	7	3.2	8.7	1.96
摩洛哥		31.5	50.2	4	1.2	1.1	2.7	5.4	8.6	2.03
奥林达		34.8	48	3.4	0.2	1.2	6.3	3.2	5	1.9
以色列		28.9	51	3.8	0.12	0.14	0.68	7.8	13.3	2.35
开阳		30.3	45.2	2.2		2.8			6.94	1.98

酸解液在反应过程中温升一般为 18 ～ 20℃，因此工业上如在室温（25℃）下反应，则体系温度在 40 ～ 45℃之间。

分解时间与分解率和酸解液中固体残渣的沉降速度有关，而残渣的沉降速度亦与矿种有关。分解时间加长，残渣的沉降速度减慢。通常 10 ～ 15min 的分解时间较为合适。

盐酸分解磷矿的反应进行得很快，故无需将矿石研磨过细。从酸不溶物的分离方面考虑，一般研磨至通过 1mm 左右（即 20 目）筛孔即可。

分解过程中逸出的气体主要是二氧化碳，并夹带一些氯化氢，其数量及所产生泡沫的稳定性与矿组成有关。在反应器设计中应考虑设置机械除泡装置，对有机质含量较高的磷矿则必须在分解过程中添加消泡剂。

酸分解后形成的酸不溶物的量因矿种而异，对于典型磷矿指标而言，约占投入矿量的 10% ～ 11%。分离酸不溶物的沉降稠厚器的沉降面积 $2m^2/(d \cdot t\ P_2O_5)$ 基本能满足分离的要求。酸分解后的料浆添加少量的絮凝剂后进入沉降稠厚器。

分离出来的固体残渣经逆流倾析系统用水洗涤后丢弃。逆流倾析系统的沉降稠厚器数量及布置由磷矿品位（或品质）决定，通常设置两至三台，其面积为 $1m^2/(d \cdot t\ P_2O_5)$。

用浓度为 20% ～ 25% HCl 的盐酸分解磷矿后典型的酸解液的组成如表 3-7 所示。

表3-7　典型的酸解液的组成　　单位：%

组分	佛罗里达砾石矿		摩洛哥矿	奥林达矿	费龙矿	开阳矿①
	77BPL	70BPL				
P_2O_5	126	120	111	126	106	93.33
H^+②	2	1.9	1.8	2	1.62	
Cl	222	222	204	207	218	
Ca	126	128	123	127	119	96.6
总 Fe	1.2	2.8		0.9	0.22	1.37
SiO_2	6.2	5.2	8	7	7.4	6.876
密度 /(g/cm^3)	1.342	1.338	1.33	1.34	1.328	1.285

① 分解磷矿所用盐酸浓度为 19.5% HCl。

② 甲基橙指示终点。

磷矿分解后的物料中酸不溶固体残渣的绝大部分（约 90%）是在酸分解磷矿的过程中再生形成的，只有很少的不溶性 SiO_2 及有机质是未被分解的残渣。再生形成的残渣主要是一种复杂的化合物，结晶形态为正八面体，晶体大小在 1 ～ 10μm 之间。根据酸分解体系组成的不同，晶体大小有所不同。这种复杂化合物含钙、硫酸根离子、铝、氟、硅，并带有 12 ～ 13 个结晶水。后来证明与哈萨克斯坦共和国中部发现的一种叫做水氟钙钇矾（Chukhrovite）的矿石的组成、晶相结构以及物化性质一致，从一系列深入的研究中得知其化学式为 $Ca_4AlSiSO_4F_{13}\cdot 13H_2O$。这种化合物的形成有利于除去体系中氟、铝、可溶性硅以及硫等杂质，尤其是氟。有些湿法磷酸的部分净化（除去 Al 和 F）技术即是通过这一化合物的形成来实现的。当分解过程中酸用量为理论用量的 105% 时，约占矿中氟总量 55% 的氟进入酸不溶性残渣，其余 45% 进入液相。

实际上，当盐酸用量为理论用量的 97% 时，矿的分解率即可达 99% 以上[7]，但略微过量的盐酸有利于后续的萃取过程，可避免萃取过程中因酸度过低而造成磷酸一钙盐的析出。酸不溶性残渣的量随酸矿比的减小而增加。酸用量减少到 95% 的理论用量时，残渣的量增加约一个百分点，酸用量再减少，残渣量显著增加。然而酸用量过大不利于残渣的形成和分离，矿中的氟和其他杂质更多地进入液相，从而影响到液 - 液萃取工序的工艺指标。

反应体系中增大钙离子的浓度有利于氟转入不溶性残渣。在酸用量一定的情况下增大分解体系的盐酸浓度亦有利于矿的分解和氟转入不可溶的形式，例如在酸用量为理论用量的 95%，体系中盐酸的浓度自 23.5% HCl 增大至 26% HCl 时，残渣中的氟含量占所投入矿中总氟量的百分比由 56% 增加到 59%。然而，盐酸浓度的增大必须考虑到逆流倾析系统的水用量、形成的酸解液组成对后续萃取工序的影响以及浓盐酸的价格等因素。

（2）有机溶剂液 - 液萃取分离氯化钙　有机溶剂萃取部分包括两个主要工序——萃取和反萃取，以及两个辅助工序——萃取相的洗涤净化和萃余相的盐酸解析。流程如图 3-19 所示。各工序的液相组成情况见表 3-8。

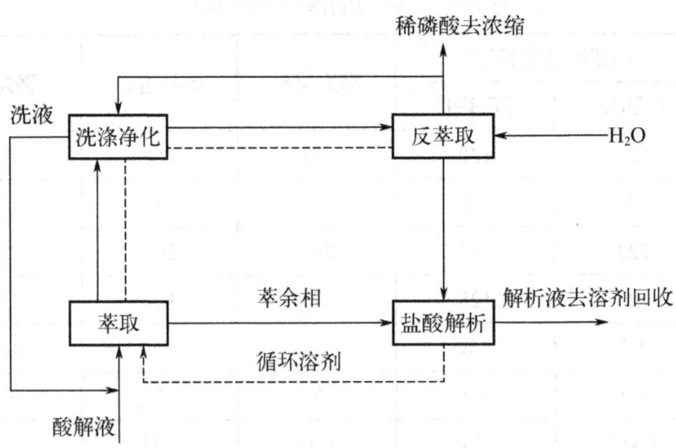

图 3-19　有机溶剂液 - 液萃取分离氯化钙流程图

表3-8 各工序的液相组成情况

液－液接触操作	进料				出料			
	水相		溶剂相		水相		溶剂相	
	大量	少量	大量	少量	大量	少量	大量	少量
萃取	H^+, Ca^{2+}, PO_4^{3-}, Cl^-		H^+, Cl^-	PO_4^{3-}, Ca^{2+}	Ca^{2+}, Cl^-, H^+	PO_4^{3-}	PO_4^{3-}, Cl^-, H^+	Ca^{2+}
洗涤净化	H^+, PO_4^{3-}, Cl^-		PO_4^{3-}, Cl^-, H^+	Ca^{2+}	H^+, PO_4^{3-}, Cl^-, Ca^{2-}		PO_4^{3-}, Cl^-, H^+	
反萃取			PO_4^{3-}, Cl^-, H^+		PO_4^{3-}, Cl^-, H^+			
盐酸解析	Ca^{2+}, Cl^-, H^+	PO_4^{3-}			Ca^{2+}, Cl^-		H^+, Cl^-	PO_4^{3-}, Ca^{2+}

① 萃取　酸分解液在本工序通过溶剂萃取实现磷酸与氯化钙的分离。磷酸和游离盐酸进入溶剂相，氯化钙与残存的游离盐酸以及少量溶解于水中的溶剂（醇）则留在水相中。

溶剂相与水相的流量之比称为相比。合适的相比除了与溶剂的特性有关以外，还与萃取级数、萃取率以及装置的生产能力相关。在满足萃取分离指标的情况下溶剂用量越少越好。但溶剂用量太少，则需增加萃取级数，这将增加设备投资。对于某些体系，溶剂用量有一个底限，若低于此限，萃取级数将趋于无穷，已无实际意义。最经济适宜的相比须根据所选溶剂的价格、来源是否广泛、物料体系的特性和萃取率指标要求等综合考虑后确定。确定了相比和所需达到的萃取率后便可根据体系的平衡数据和物料流率求出理论萃取级数。

理论萃取级数的确定可参考有关液 - 液萃取专著或化学工程手册。由于实际的萃取设备每一级都不可能达到平衡，因此有一个级效率的问题，导致实际萃取级数比理论萃取级数大。

实验证明，用正丁醇作为溶剂萃取分解液，在相比为 1.8 ～ 2.4 时萃取级数取 12 ～ 13 级可取得比较满意的结果。

② 萃取相的洗涤净化　酸解液经过萃取后，萃取相（即溶剂相）中除了磷酸、盐酸外还有少量的氯化钙以及铁等其他杂质离子，在其进入反萃取工段前设置洗涤净化工段，用部分经反萃取得到的稀磷酸溶液对其逆流洗涤，以除去萃取相中的氯化钙等杂质，这不仅可以增加产品的纯度，还能使后续的反萃取工序易于获得完全反萃。

洗涤净化操作适宜的相比以及所需的级数也需依照体系平衡数据以及预期净化指标确定。试验证明，溶剂为正丁醇的萃取体系，在相比（萃取相∶稀磷酸）为 10∶23 时，经六级逆流洗涤，氯化钙的净化率即可达到 95% 左右，净化条件是：萃取相组成为 P_2O_5 41 ～ 54g/L、HCl 35 ～ 48g/L、$CaCl_2$ 3 ～ 4g/L。

加入稀磷酸洗涤相时能够成功分为两相，是洗涤净化工序的关键问题之一。如前所述，从 H_3PO_4 - 正丁醇 - 水三元体系相图以及盐酸和氯化钙存在下的平衡数据可知，相图中溶解度曲线所包容的分层区受氯化钙浓度和盐酸浓度的影响而有所变化。如图 3-20 所示，上工段萃取相位于 *E* 点，处于含氯化钙的平衡线上，当加入稀磷酸 *D* 洗涤净化时，根据直线规则，操作线为 *DE*，当盐酸含量太高时，操作线大部分落在互溶区，这样体系极可能落到互溶区导致溶液不能分层，失去了洗涤净化的功能。因此萃取相中盐酸的含量不可太大，须控制在 5% 以下，这时分层效果很好。

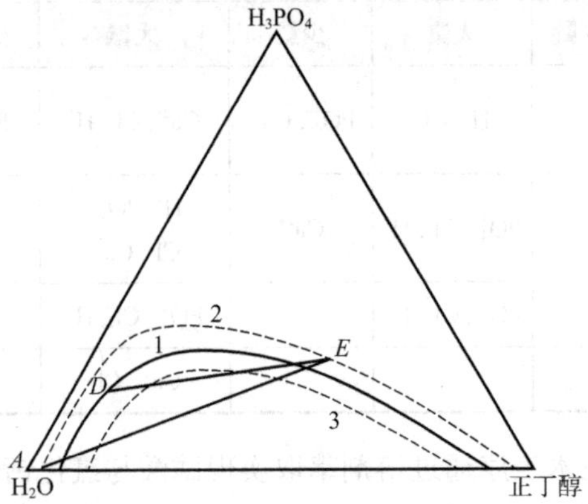

图 3-20　H_3PO_4 - 正丁醇 - 水三元体系相图

1—H_3PO_4- 正丁醇 -H_2O 纯体系平衡曲线；2—含 $CaCl_2$ 时的平衡曲线；3—含 HCl 时的平衡曲线

在确定洗涤净化工序液 - 液接触的操作级数时，也有不以钙而以铁作为杂质代表进行计算的情况，这时必须研究铁在水相和醇相中的平衡组成以及分配系数，以此数据确定理论级数。例如当萃取相组成为 12% ～ 14% H_3PO_4、6% HCl，洗涤净化相比为 1.7 ～ 2，洗涤净化前后铁含量分别为 0.298g/L 和 0.01g/L 时，则理论级数为 6，实际上取 8 ～ 9。

③ 反萃取　经过洗涤净化以后的萃取相进入反萃取工段，用水和来自稀酸浓缩工段第二和第三效加热器的冷凝液（含有盐酸）进行逆流反萃取。磷酸和盐酸进入水相，溶剂得到再生。

洗涤净化后的醇相中氯化钙含量已极低，在反萃取中不存在其“盐析效应”，有利于盐酸从醇相转移入水相。采用含盐酸的冷凝液反萃取可以提高磷酸转入水相的完全程度，减少反萃取水的用量。这可以从前面提到的盐酸对磷酸与醇形成的多元体系平衡的影响情况中得到说明。

反萃取过程的适宜相比和级数除了与溶剂特性有关以外，还须考虑在获得满意反萃取率的前提下尽可能地减少反萃取所用水或盐酸水溶液的量，即采用尽可能大的相比，以得到尽可能浓的磷酸，这样可以减少后续浓缩工序中的蒸汽消耗量和蒸发负荷。

反萃取理论级数也同样以平衡数据为依据，根据相比和反萃取期值计算确定，且同样要考虑级效率的问题。实践证明在以正丁醇为溶剂的情况下以相比为 10∶3 反萃取时，经过 8 级逆流反萃取，P_2O_5 的反萃率可达到 92% 以上，反萃取的条件是醇相进料含 P_2O_5 21 ～ 40g/L、HCl 22 ～ 46g/L，再生的醇相中磷酸的含量不超过 2g(P_2O_5)/L，这样低的含量将不会影响萃取工段的萃取率。

另一组以正丁醇为溶剂的数据亦列于此，可与上述数据相印证：反萃取进料含 P_2O_5 54 ～ 58g/L，相比为 4 ～ 4.5，级数为 6 ～ 8，出口水相含 P_2O_5 89 ～ 109g/L，出口醇相含 P_2O_5 2.2g/L。

④ 萃余相的盐酸解析　萃取工序排出的萃余相氯化钙盐水中含有盐酸和少量溶剂，在排放之前可以用反萃取工序再生的溶剂将其解析出来进入溶剂相。大量氯化钙的存在可以促进盐酸进入醇相，同时溶剂中所饱和的水分亦部分转移到水相。

该工序的相比非人为确定，因为萃余相的量和反萃取后再生的醇相的量均为定值。其级数根据预期的盐酸回收率而定。一般以正丁醇为溶剂时 6 ～ 8 级可以达到工艺要求。

盐酸法磷酸生产工艺萃取设备的种类较多，各种类型用于盐酸法磷酸生产工艺的综合经济比较并未见报道。最常见的用于盐酸法磷酸生产工艺的液 - 液接触设备是混合澄清器。

如图 3-21 所示的箱式多级混合澄清器是最早被以色列矿业公司用于盐酸法磷酸生产工艺的萃取设备，且在该工艺中应用最普遍。

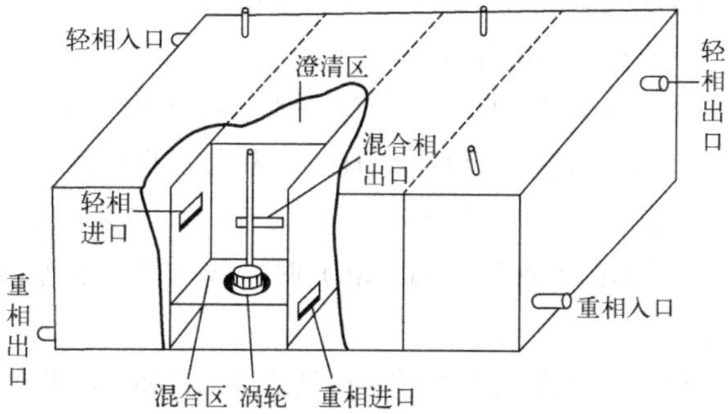

图 3-21　箱式多级混合澄清器[7]

混合澄清器每级分混合和澄清两个区，混合区设有搅拌器，级与级之间用不同泵输送物料，物料流借助重力作用从一级流入另一级。这种设备具有紧凑的特点，而且不存在复杂的级与级之间的连接管路。

如果萃取过程允许少量物料在混合区与澄清区之间返混的话，则这种混合澄清器从流体动力学方面考虑是一种很合适且能操作得很好的萃取器。混合区与澄清区之间的物料返混程度取决于搅拌速度以及重轻两相物料的流率。

混合澄清器的设计关键在于依据操作条件确定混合区与澄清区的长度比例。确定这种比例的依据是液 - 液接触达到两相平衡的时间和两相分离（即分层）所需的时间。当采用 C_4 ～ C_5 醇作为溶剂时，在萃取、洗涤净化、反萃取和盐酸解析四工序的混合澄清操作中，由于溶剂与水是部分互溶的，因此传质速率非常快。就萃取工序而言，一般液 - 液搅拌混合 5min 之后即可达到或接近两相平衡。另外，由于高电解质含量的影响，相分离亦是快而完全的，一般相分层时间在萃取工段不超过 10min。萃取操作中物料在设备中的停留时间必须依据这些条件而定，混合澄清器两个区的尺寸比例亦须就此而定。

混合澄清器中搅拌器的型式和搅拌强度对相分离速度亦有一定的影响，以保证达到理想的相际传质为原则。搅拌器相对于轻重相界面有一个确定的位置，该位置与搅拌速度无关。为了防止混合区的液流扰动影响澄清区，在澄清区一侧必须设置一挡板。

混合澄清器的级效率很高，有时接近理论平衡级，一般为 0.75，甚至接近 1.0。

如果采用塔式设备作为液-液接触单元，对于板式塔，视一块塔板为一级，对于填料塔，则视等板高度为一级。根据理论级数和塔板效率或全塔效率确定塔高。

该流程在操作中的温度变化对参数的影响较小，系统的温度并不加以特别控制，一般范围在 20 ～ 50℃之间，液-液接触操作部分的所有设备和管路的材质均可用 PVC 硬塑料，物料输送可采用柱式计量泵，以方便控制物料流率。鉴于溶剂的易燃易爆特性，操作现场的所有电气装置必须采取防爆保护措施。

（3）稀磷酸的蒸发浓缩　反萃取得到的稀磷酸溶液中含有盐酸和溶剂（约 3% 的醇），在酸的蒸发浓缩过程中必须回收。该过程必须考虑三个因素：其一，溶剂的全部回收；其二，回收尽可能浓的盐酸水溶液；其三，热量的经济利用。多效负压蒸发浓缩特别适合这种情况。稀磷酸的沸点在常压下大约在 104℃，13.3kPa 时为 60℃；产品磷酸（95%H_3PO_4）常压下沸点为 200℃，6.67kPa 时为 115℃，操作可使用石墨设备。蒸汽的利用率很容易达到每吨馏出物消耗 0.45 ～ 0.50t 蒸汽的指标。

由于进料中磷酸和盐酸的浓度较低，当溶剂和部分水分离时不会发生氯化盐的析出，于是可以采用 H_2O-溶剂体系的气液平衡数据，但必须考虑酸的存在引起的沸点升高。对于从磷酸中分离氯化氢和水，在磷酸浓度低于 70% H_3PO_4 的宽广范围内都可以用 HCl-H_2O 系统的气液平衡数据，而在磷酸浓度高于 70% H_3PO_4 时，磷酸分子和水分子的结合趋势加强，必须对平衡数据进行校正。

在由三效蒸发器组所组成的浓缩蒸发系统中得到的蒸馏液和底流的典型例子如表 3-9 所示。

表3-9　三效蒸发器组得到的蒸馏液与底流组成

第三效	蒸馏液	12% 正丁醇，0.1% HCl
	底流	22% H_3PO_4，8.8% HCl
第二效	蒸馏液	5% HCl
	底流	32% H_3PO_4，10% HCl
第一效	蒸馏液	20% HCl
	底流（产品）	80% H_3PO_4，0.5% HCl

如果将磷酸浓缩至 90% H_3PO_4 以上，氯化氢基本上可以完全除尽。

来自水蒸气夹套的冷凝液和第二、第三效蒸馏冷凝液都可以作为反萃取相返回液-液萃取系统。从第一效出来的蒸馏冷凝液（20% HCl）可以考虑作为氯化氢吸收液（如果有其他工艺提供的气体氯化氢的话）送往吸收塔，制成 30% 的盐酸供分解磷矿使用。亦可以直接作为分解磷矿所用的部分盐酸原料，但此时必须考虑反应系统残渣逆流倾析系统的洗涤水用量的减少，以避免矿分解系统中盐酸浓度过低。

热交换器采用石墨列管换热器，布置方式除采用全逆流的 3-2-1 形式之外，亦可采用 3-1-2 的方式，末端配以管壳式降膜蒸发器。热交换器外壳采用石棉加强酚醛树脂涂层衬里，以防腐蚀。真空度由二级蒸汽喷射器产生。进料段（第三效）温度必须限制在 60℃以下，以避免醇与磷酸的酯化反应。

由于稀磷酸的杂质含量很低，因此在蒸发器中不易结垢，能够获得较高的传热系数。所得浓缩酸的质量与热法磷酸类似，有些组分（如砷、铅等重金属）还比热法磷酸低，因此可在工业级和饲料级磷酸盐制造中应用。适当处理后还可用于食品级磷酸盐的制造。浓缩酸的典型组成如表 3-10 所示。

表3-10 浓缩酸的典型组成

组分	含量 /%
H_3PO_4	80 ～ 95
P_2O_5	58 ～ 69
重金属（以 Pb 计）	0.002 ～ 0.01
As	＜0.004
CaO	0.008 ～ 0.04
Fe_2O_3	0.003 ～ 0.05
Al_2O_3	痕量
Cu	0.009
Cr	0.007
V	0.004
SiO_2	痕量
SO_4^{2-}	痕量
Mg	痕量
F	痕量

（4）氯化钙废液中溶剂的回收　虽然溶剂基本上处于液 - 液萃取闭路循环中，但总是有部分溶剂溶解在氯化钙废液中。溶解的量理论上为盐酸解析工段两相物流液 - 液接触达到平衡时水相中溶剂的含量。由于大量氯化钙的存在，醇类溶剂在氯化钙盐水中溶解的量低于在水中溶解的量。通常而言，正丁醇在氯化钙盐水中的含量为 1% 左右。

从流程的经济性考虑，由于溶剂的消耗量直接影响到工艺成本，这部分溶解的溶剂在废液处理排放前必须回收。

最常用的几种醇类溶剂都能与水形成共沸物，因此，最简单的回收方法是共沸精馏。溶剂回收的最适宜程度几乎完全取决于经济因素——蒸汽费用和溶剂费用。从离开精馏塔的盐水中回收热量可以减少操作费用。

H_2O- 正丁醇体系的共沸点为 97.25℃，共沸物组成为 63% 的正丁醇和 37% 的水，在室温下分为两相，醇相含醇 80%，水相含醇 6% 左右，因此醇相作为萃取溶剂，水相可与回收盐酸后的萃余液混合作为精馏进料，或回流到精馏塔。

精馏所需的塔板数可以水 - 醇体系的平衡数据为依据计算出来，但必须考虑到大量氯化钙的存在对醇中平衡含量的影响。由于氯化钙的存在，共沸精馏实际上是电解质的精馏。

在缺乏可靠的数据作为依据的情况下，必须进行一定规模的模拟试验以取得大规模设计的参数。

精馏过程中所需热量的89%用在加热进料至沸点，因此，塔底物流（氯化钙废液）的余热必须加以回收，用来预热进料。可采用管壳式换热器预热进料（石墨管，软钢壳体内衬橡胶），通常可以回收60%～70%的热量。按回收60%计，该工段蒸汽消耗量为800kg/t P_2O_5。

从精馏塔底排出的氯化钙溶液，回收余热后作为废料排放。在某些特殊情况下可回收氯化钙作为副产品出售（如果经济的话）。还可以考虑将氯化钙与硅或铝的氧化物高温反应制成盐酸并循环利用，高温反应的副产物为硅酸钙或铝酸钙。

除了共沸精馏以外，还有两种溶剂回收方法可供采用，一种方法是用活性炭吸附，而后用蒸汽提取；另一种方法是用一种与水不混溶的高沸点溶剂进行萃取，而后用蒸馏分离两种溶剂。这两种方法无需加热大量盐水，可以省去共沸精馏中回收余热的热交换器（这是溶剂回收段的投资主项）。但据称这两种方法与共沸精馏相比较并无太多的优点。

由于溶剂是相对较为昂贵的原料，因此流程的溶剂消耗量是十分令人关注的一个指标。就该种技术而言，如果操作得当，原则上除了气相挥发之外没有其他较大的损失之处，因为超过95%的溶剂并未离开液-液接触系统。国外工厂实际操作的数据表明溶剂损失在4～8kg/t P_2O_5。

控制气相挥发溶剂损失的着眼点无非是液-液接触系统的设备气密性以及溶剂回收精馏系统设备的气密性和冷凝效率。

3.4.2.3 以色列矿业公司（IMI）流程

以色列矿业公司在海法建立的一座规模为日产1t P_2O_5的示范工厂是典型的盐酸法磷酸生产流程。

厂房为钢架结构，三面围石棉瓦，一面敞开。厂房较高区域为四层，该层设置矿斗和多效蒸发浓缩装置，两设备均从四层延伸至三层。仪表和电气控制系统设在二层。矿斗下是酸解槽。酸解料浆借助重力流至设在室外的稠厚器和逆流倾析洗涤系统。

磷矿粉用斗式提升机送入矿斗后用一台可调速的旋转星形给料机加料，然后进入装有涡轮式搅拌器的预混合器，在此以逆流倾析系统返回的洗涤水所浆化，淤浆借重力流入第一台酸解器。工业用浓盐酸（30%HCl）即此时加入酸解器。酸解器串联连接，以提供所需要的停留时间（10～15min），并防止短路。每个酸解器均装有双层涡轮搅拌器。酸解器中盐酸的浓度可以根据来自逆流倾析系统的洗涤水用量（取决于矿的特性）调整，一般在20%～25%HCl范围内。

原料磷矿粉细度一般通过1mm左右（20目）筛孔即可。

酸分解后的料浆中添加少量絮凝剂，沉降倾析。沉降稠厚器后接两台逆流洗涤稠厚器（每台面积为1m^2，用于洗涤酸不溶性残渣），澄清的酸解液借助重力溢流，底流料浆流率为50～70kg/h，用泵打出，输送管为硅橡胶管。

酸解器组、稠厚器组和酸分解液贮槽的设备材质全部选用软钢衬橡胶。而与溶液接触的金属部分用 Hastelloy C（含 54%Ni, 16%Cr, 16%Mo, 5%Fe, 4%W）。

液 - 液接触部分采用箱式混合澄清器，混合澄清器中的搅拌器采用四叶涡轮或螺旋桨。混合澄清器以三级为一单元，规格有两种，型式相同，仅澄清区的长度不同。萃取采用三个单元（即九级），洗涤净化、反萃取和盐酸解析分别采用两个单元（即分别为六级），占有楼面空间如表 3-11 所示。

表3-11 各级混合澄清器占楼面空间

混合澄清器	占楼面空间 /m^2
萃取	2.5
洗涤净化	2
反萃取	2
盐酸解析	1.5
总计	8

溶剂通常为正丁醇或异戊醇。该装置可在相比为 2∶1 至 10∶1 时操作，因此，可对不同的溶剂和原料按不同的工艺要求作生产性试验。

搅拌马达为可变速的防爆电机，转速为 60 ～ 300r/min。

重相和轻相（即水相和溶剂相）的平均总流率为 1000L/h。所有输送泵采用柱式计量泵。此外，在反萃取和盐酸解析槽之间装有一个平衡计量槽，借助此根据一定时间内液面下降的量来判断溶剂消耗量，并在此补加新鲜溶剂。

液 - 液接触部分的设备和管路的材质均采用硬质聚氯乙烯塑料。

蒸发浓缩部分采取三效逆流蒸发。约含 3% 溶剂的稀磷酸进料在第三效中控制其温度低于 60℃，以防止醇与酸的酯化反应。第三效蒸发器夹套中的冷凝液以及该效的蒸发冷凝液均可以返回至液 - 液接触系统，作洗涤净化或反萃取之用。第二效蒸发器夹套出来的冷凝液（约含 20%HCl）可部分用作酸解用盐酸，或者用来吸收来自邻近工厂的氯化氢气体以制得 30% ～ 32%HCl 的盐酸，继而用作酸解原料。

蒸发器采用石墨列管换热器，外壳用石棉加强酚醛树脂涂层衬里。各效溶液均以泵送入，仍采用硅橡胶管的可变速蠕动泵。

由于稀磷酸的杂质含量很低，因此在蒸发器中结垢的现象降到了很低的程度，于是可获得相当高的传热系数。

从含溶剂约 1% 的氯化钙废液中回收溶剂的操作是在填料塔中以共沸精馏的形式进行的。塔里填充碳质拉西环。进料由塔底流预热后进入精馏塔，以回收底流余热。

通过中心控制系统可以手动控制各电气设备，分解系统和液 - 液接触系统分别具有相互独立的联锁机构，因此矿粉、盐酸、洗涤液和洗涤水中的任何一环停止动作时，则整个分解系统即会停止动作。同样在液 - 液接触系统中，任何一个搅拌驱动装置停止动作时，所有该系统的驱动器均停止动作。

由于所有的液体输送均采用了计量泵，因此不再使用流量计，仅冷凝水由转子流量计计量。总蒸汽消耗量由蒸汽流量计计量。

3.4.2.4 氯化钙循环利用的过程

盐酸法磷酸生产工艺的缺点之一就是必须处理大量副产的氯化钙盐水。如果能将氯化钙回收生产盐酸并循环利用，就不仅可以解决分解磷矿所需的盐酸来源的问题，还可以避免产生大量氯化钙盐水排放。

以色列曾利用氯化镁热分解产生盐酸的技术来处理氯化钙，称为 Aman 流程，但氯化钙的热分解温度比氯化镁高，且分解效率比氯化镁低。

美国联盟化学公司（Allied Chemical Corp.）曾开发过盐酸分解磷矿、液 - 液溶剂萃取分离氯化钙和氯化钙热解制氯化氢的循环利用技术。氯化钙热解工艺将氯化钙与硅和铝的含氧化合物在水存在下进行高温反应，反应产生的氯化氢用于磷矿的分解，副产物硅酸钙和铝酸钙作为粗水泥原料。

硅和铝的氧化物或者其混合物与氯化钙在高温下的反应按下式进行：

$$2CaCl_2+2H_2O+SiO_2 = Ca_2SiO_4+4HCl$$

$$CaCl_2+H_2O+Al_2O_3 = CaAl_2O_4+2HCl$$

上述化学反应在耐高温的碳砖衬里的流化床反应器中进行，合适的温度为 700 ～ 950℃。反应物中氯化钙的含量不超过 15%，反应停留时间 2h 以上。反应出来的热气体经旋风除尘后进预热器预热，预热器在 400℃下操作。

工艺流程如图 3-22 所示。

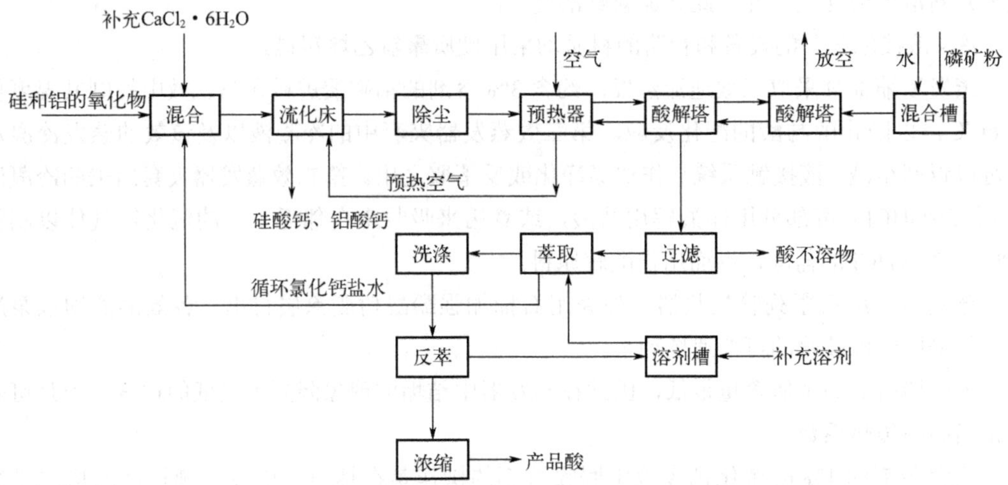

图 3-22 美国联盟化学公司盐酸法工艺流程简图

自预热器出来的冷却气体（约含 10%HCl）通入第一酸解塔，酸解塔内衬防酸砖，在塔中与酸解液逆流接触，气体从第一酸解塔出来时冷却至 100℃。磷矿的酸解过程在三个串联的塔中通过与含氯化氢的气体逆流反应完成。后两个塔中需内衬橡胶和聚丙烯。

磷矿料浆含固量最好控制在 20% ～ 40%。第三酸解塔顶排出的气体中一般已含氯化氢，可直接放空。

自第一酸解塔出来的酸解液经过滤除去酸不溶物后进入萃取系统。萃取系统与前面章节所述相同，采用醇类溶剂。

该流程热解后的含氯化氢的气体亦可以用水吸收成盐酸后作为分解磷矿之用，这样分解氯化钙用水吸收氯化氢后的工艺过程将与前面章节所述相同。

3.4.3　盐酸法制磷酸的经济性

盐酸法磷酸自 20 世纪 60 年代初工业化至 70 年代初的十年间以色列和其他一些国家建立了一些工厂。后来逐渐转向对硫酸法湿法磷酸采用液 - 液溶剂萃取的净化磷酸工艺来生产纯度较高的磷酸。这种转向可能主要由于盐酸的来源及操作成本等经济因素。

在此工艺的投资方面，尽管液 - 液接触操作是该流程的中心，但是该部分的设备费用却是最低的，这部分占设备投资的比例很小。在酸解部分，稠厚器投资占比较大。由于蒸发浓缩系统中的设备需要特殊材料制作，尤其是蒸发器组，故蒸发浓缩系统占整个工艺投资的比例最大。在溶剂回收部分，回收余热的热交换器占该部分投资比例较大。

原料消耗有磷矿、盐酸和溶剂，动力消耗有电、蒸汽和冷却水。蒸发操作中的热消耗在总操作费用中占比很大，因此，采用多效蒸发。电能消耗占比很小。如果操作得当，溶剂损耗不大，因为 95% 以上的溶剂循环于液 - 液萃取系统中。而原料成本的比重则依当地情况而定。

相较于硫酸法湿法磷酸生产工艺，盐酸法磷酸生产流程的产品成本比较高，因此只有在有廉价盐酸可利用或者有盐酸副产或废弃并引起水源污染、造成公害的地区，或者硫资源供应紧张的时候，采用这条流程才可能具有经济性，因为在这种情况下它不仅可使资源得到充分利用、解决公害问题，还能降低生产成本，使之接近于湿法磷酸成本。而蒸汽、冷却水及溶剂消耗则是这种流程的固有缺点，即使在设备配置和操作中达到相当完善的程度，要在指标上大幅度降低上述消耗却很困难。

表 3-12 为日产 100t P_2O_5 规模的工厂的生产工艺消耗指标。

表3-12　日产100t P_2O_5规模的工厂的生产工艺消耗指标

项目	消耗（以 1tP_2O_5 产品计）
磷矿（34%P_2O_5）	3t
盐酸（30% ～ 34%HCl）	2t（以 100%HCl 计）
溶剂	4kg
蒸汽	4.3t
电能	100kW·h
冷却水（25℃）	165m^3
工艺水	3m^3

详细的经济分析以及与湿法磷酸和热法磷酸的经济性比较需要就生产所在地的资源价格

以及所处的自然经济条件逐项进行。在某些场合，譬如最终产品为饲料级或食品级乃至药品级磷酸盐时，这种流程可能比热法磷酸或湿法磷酸净化工艺具有其独特的经济优势。

3.4.4 国内盐酸法制磷酸的研究

国内一些单位对于盐酸分解磷矿、制备磷酸及磷酸盐的研究，做了大量的工作。

上海化工研究院早在20世纪70年代，以骨粉为原料，进行了IMI法磷酸中试规模验证试验，证明此法在技术上是可行的，但对磷矿质量提出了一定要求。

该院采用含 P_2O_5 27.6%的开阳磷矿，成功地研制了氯磷铵，其工艺流程见图3-23。

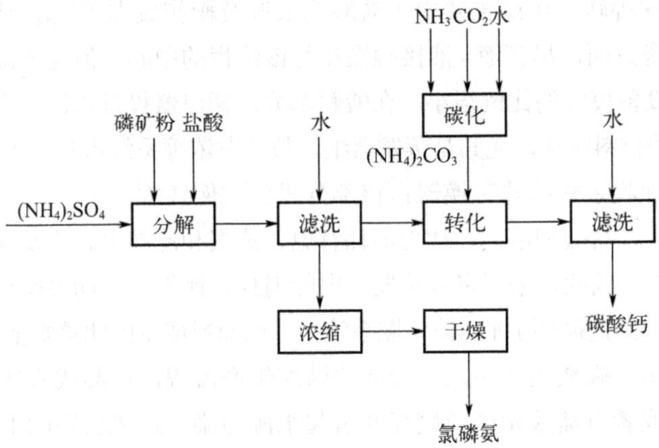

图3-23 上海化工研究院氯磷铵工艺流程简图

随后，邯郸化工研究所采用含 P_2O_5 30.88%的承德磷矿，农药厂副产盐酸，也研制出了氯磷铵，并进行过田间施肥试验。

西南农学院、中国农业科学院、沈阳农学院先后进行了氯磷铵大面积田间肥效试验。数据表明，PO_4^{3-} 对氯磷铵在田间的 Cl^- 残毒有抑制作用，其肥效与氮、磷相等的磷铵相当，是一种高效磷复肥。

20世纪80年代初，华东化工学院对萃取剂及反萃取方式、产品类型进行了卓有成效的研究，该院筛选的S34E萃取剂，具有良好的萃取性能，以水反萃取制得较纯磷酸。以磷酸氢二铵溶液反萃取制得磷酸二氢铵，产品质量均达到工业级产品指标，磷的总收率大于95%，但要排放氯化钙废液。

华中师范大学在萃取剂的筛选和工艺流程等方面也作了大量的研究，该校筛选的S612-610萃取剂达到正丁醇的萃取能力，并能很好地脱钙离子，但分离铁离子的能力欠佳，以水及氢氧化钾反萃取均制得工业级磷酸和磷酸二氢钾，P_2O_5 回收率为96%～98%，也要排放氯化钙废液。

从1984年起湖北省化学研究所在盐酸法工艺技术方面做了大量的工作，以盐酸盐析协同效应，研究盐酸分解磷矿工艺，先制备中间产物——氯化磷酸二氢钙，再将其制成磷酸及多种磷酸盐，形成封闭循环流程（简称CY工艺流程）。

氯化磷酸二氢钙简称P01，分子式为 $CaClH_2PO_4 \cdot H_2O$，世界上首次报道这个化合物在

1957年，直到1976年国外记载的均是硫酸、盐酸或磷酸、盐酸等混合酸分解磷矿制备出P01，且都是含有其他磷酸盐的混合物。该所采用单一一种盐酸分解磷矿，制备出不含其他磷酸盐的P01，而且形成了一个具有生产实际意义的加工磷矿的工艺流程，其原则流程又分为两种。

第一种是CY-Ⅰ工艺流程，见图3-24。

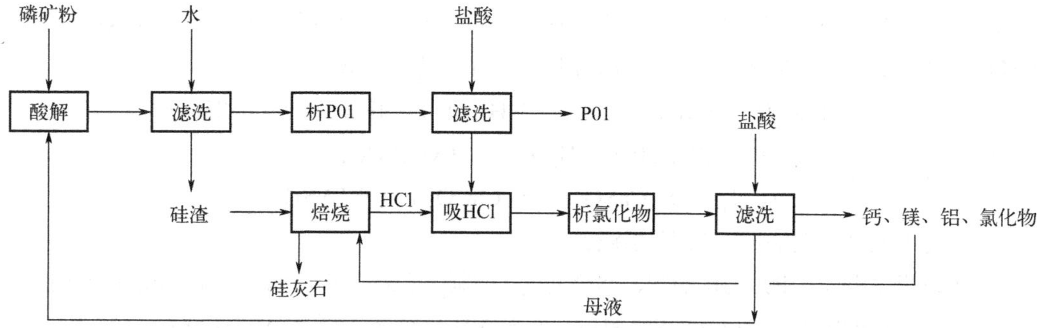

图3-24 CY-Ⅰ工艺流程简图

CY-Ⅰ工艺流程有以下主要特点：

① 磷矿 P_2O_5 品位及各种杂质含量均不受限制，采用高镁（MgO含量＞10%）、高铁铝（Fe_2Cl_4+Al_2O_3含量＞10%）胶磷矿均能制备出P01。

② 以盐酸洗涤P01，可把其夹带母液中的氟、砷、铁及重金属盐等除去，能比较经济地制得饲料级及食品级磷酸、磷酸盐。

③ 最终母液不排放，返回分解磷矿，因此不但 P_2O_5 收率高，还可达到环保最高标准——零排放水平。

④ 从封闭循环操作的母液中不断富集和提取磷矿中的稀土、碘及铀等多种伴生元素。

⑤ 由P01可制取多种磷酸盐，如图3-25所示。

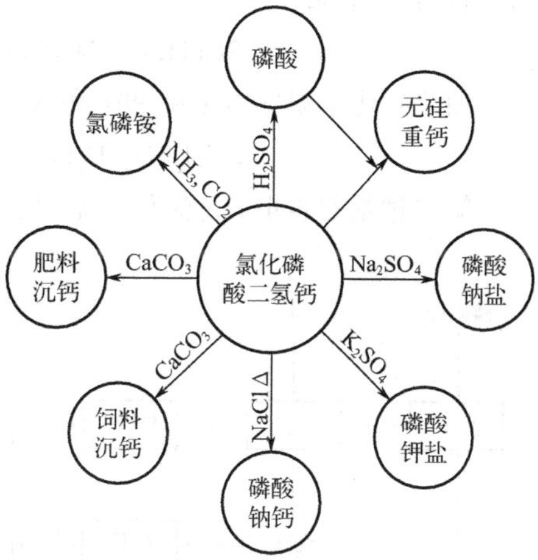

图3-25 氯化磷酸二氢钙下游产品

a．磷酸 由于P01用纯净硫酸分解容易，耗酸少，能制得比较纯净的工业级磷酸，副产的磷石膏色白，不含 SiO_2，可直接作建材用，反应温度高时生成半水磷石膏。其反应式如下：

$$CaClH_2PO_4\cdot H_2O + H_2SO_4 \xlongequal{\quad} H_3PO_4 + CaSO_4\cdot H_2O\downarrow + HCl$$

b．沉淀磷酸钙 将P01用水打成浆，用碱性化合物调pH值，均能产生沉淀磷酸钙，如

$$2CaClH_2PO_4\cdot H_2O + CaCO_3 \xlongequal{\quad} 2CaHPO_4\cdot 2H_2O\downarrow + CaCl_2 + CO_2\uparrow$$

$$2CaClH_2PO_4\cdot H_2O + Na_2CO_3 \xlongequal{\quad} 2CaHPO_4\cdot 2H_2O\downarrow + 2NaCl + CO_2\uparrow$$

一般盐酸法分解磷矿，两步沉淀法制饲料级沉淀磷酸钙，其 P_2O_5 利用率为60%左右，而该工艺达到100%。

c．重过磷酸钙 P01与磷酸伴和，造粒后在120℃左右干燥，即制得重过磷酸钙。其反

应式如下：

$$CaClH_2PO_4 \cdot H_2O + H_3PO_4 = Ca(H_2PO_4)_2 + HCl\uparrow + H_2O\uparrow$$

该法的优点在于：P01 可视为 $Ca(H_2PO_4)_2 \cdot CaCl_2 \cdot 2H_2O$ 复盐，故制重过磷酸钙耗用的磷酸比硫酸法制重钙少；由于制重钙不用原矿，这样就不存在硫酸法制重钙对磷矿石活性及细度的特殊要求，任何磷矿石均能制得重钙；由于 P01 内无硅砂，故 CY-Ⅰ工艺流程制备的是无硅重钙，水溶性 P_2O_5 含量高达 50% 以上。

d. 氯磷铵 P01 与硫铵反应，经过过滤、浓缩、干燥即可制得氯磷铵，即 $mNH_4H_2PO_4 \cdot nNH_4Cl$，用 CY-Ⅰ工艺制备的产品，$m:n$ 接近于 1。其反应式如下：

$$CaClH_2PO_4 \cdot H_2O + (NH_4)_2SO_4 = NH_4H_2PO_4 + NH_4Cl + CaSO_4 \cdot 2H_2O\downarrow$$

$$2NH_3 + CO_2 + H_2O = (NH_4)_2CO_3$$

$$(NH_4)_2CO_3 + CaSO_4 = CaCO_3\downarrow + (NH_4)_2SO_4$$

该法为小氮肥厂发展的一条有效途径。

e. 磷酸钾、钠盐 P01 与硫酸钾、钠盐反应，控制一定温度和浓度，可制得磷酸钾、钠盐：

$$CaClH_2PO_4 \cdot H_2O + K_2SO_4 + H_2O = KH_2PO_4 + KCl + CaSO_4 \cdot 2H_2O\downarrow$$

$$CaClH_2PO_4 \cdot H_2O + Na_2SO_4 + H_2O = NaH_2PO_4 + NaCl + CaSO_4 \cdot 2H_2O\downarrow$$

f. 磷酸钠钙 磷酸钠钙是新一代的全价饲料磷酸盐，美国在 1969 年首先用沉淀磷酸钙与纯碱焙烧制得：

$$2CaHPO_4 + Na_2CO_3 = 2CaNaPO_4 + CO_2\uparrow + H_2O\uparrow$$

湖北省化学研究所采用 P01 和 NaCl 焙烧也制得这种产品：

$$CaClH_2PO_4 \cdot H_2O + NaCl = CaNaPO_4 + 2HCl\uparrow + H_2O\uparrow$$

第二种是 CY-Ⅱ工艺流程，见图 3-26。

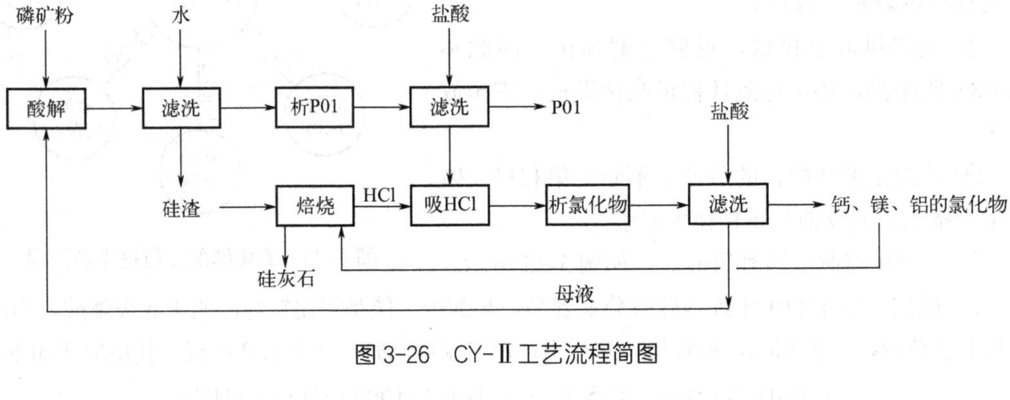

图 3-26 CY-Ⅱ工艺流程简图

此流程与前人工作的不同之处有两点：一是将制备的 P01 尽量净化，除去磷矿带入的杂质，特别是有机溶剂萃取效率差的铁离子等，使萃取、反萃取级数大大减少，稀磷酸浓度升高。二是在萃取水相废盐水中通入 HCl，盐析出钙、镁、铝的氯化物，母液夹带溶剂返回分解磷矿，形成无废液排放循环流程。氯化物可制成二水氯化钙（$CaCl_2 \cdot 2H_2O$）用作高速公路的融雪剂，在无销路时可焙烧再生氯化氢，形成氯化氢封闭循环流程。其反应式如下：

$$CaCl_2 \cdot 2H_2O+SiO_2 \xlongequal{\quad} CaSiO_3+2HCl\uparrow+H_2O\uparrow$$

3.4.5 典型生产设备

盐酸法路线从始至终氯离子含量高，设备防腐耐蚀要求较硫酸法路线更高，特别是在氯离子浓度且温度较高下操作时，对设备的防腐耐蚀要求更苛刻。

3.4.5.1 IMI流程设备选材

由于料液中含有 HCl、H_3PO_4、HF 及有机溶剂等复杂组分，即使在较低温度，一般金属材质也难以承受这种混酸介质的腐蚀，因此广泛采用非金属材料。不要求换热、盛装 50℃以下料液的设备，如混合澄清器、萃取工序的所有贮槽，以及输送料液的管道全部采用玻璃增强聚乙烯衬里。盛装 100℃左右料液的设备，如矿石酸解工序的各反应器、倾斜分离器、稠厚器、贮槽等均采用钢衬橡胶材料，直接与溶液接触的金属部分可选用 Hastelloy C 等材料。在有换热要求的多效蒸发器、热交换器中的换热用管子，大多采用不透性石墨材质。三效蒸发器及最终提浓器的壳体、汽提塔、内蒸器均采用由合成树脂拌和石棉等惰性物质制成的特殊耐酸材料。

3.4.5.2 盐酸法主要设备及特点

（1）酸分解槽　矿粉进入装有涡轮式搅拌器的预混合器时，被由逆流倾析系统返回的洗涤液所浆化，淤浆依靠重力流入第一台酸分解槽，在此加入工业浓盐酸。酸分解槽一共三台，串联连接。盐酸分解磷矿的反应很快，无需将矿石研磨过细。

磷矿含有的碳酸根及选矿工艺中可能加入的有机浮选剂，在反应工序遇盐酸产生大量气泡，其主要为二氧化碳气体并夹带一些氯化氢。每个酸分解槽均装有双层涡轮搅拌器，每个涡轮有四片桨叶，上部涡轮用来破碎泡沫。酸分解槽的设计中也可考虑添加消泡剂。壳体材料为碳钢衬橡胶，与介质直接接触的金属部件选用 Hastelloy C 材料。

（2）沉降稠厚器　酸解后的料浆添加少量絮凝剂后进入沉降稠厚器，沉降倾析。分离出来的固体残渣用逆流倾析法进行固液分离。逆流倾析洗涤系统的沉降稠厚器的数量及布置由矿的情况决定，通常两到三台。澄清的酸解液借助重力溢流，底部料浆流入下一级沉降稠厚器。壳体材料为碳钢衬橡胶，与介质直接接触的金属部件选用 Hastelloy C 材料。

（3）混合澄清器　箱式多级混合澄清器是 IMI 最早使用的萃取设备。萃取级数与设备投资相关，综合考虑相比（进料的溶剂相与水相的流量之比）及所需达到的萃取率，选择合适的萃取级数。

混合澄清器中的搅拌器采用四叶涡轮或螺旋桨，根据萃取剂特性，采用可变速的防爆电机。混合澄清器以三级为一个单元。萃取段采用三个单元（即九级），洗涤净化、反萃取和盐酸解析分别采用两个单元（即六级）。液 - 液接触部件材料为硬质聚氯乙烯塑料。

（4）蒸发器　蒸发浓缩部分采用三级逆流蒸发。换热器采用石墨列管换热器，末端配以管壳式降膜蒸发器。换热器外壳采用涂层或衬胶钢壳，换热管采用酚醛浸渍不透性石墨材质。由于稀磷酸的杂质含量很低，蒸发器中不易产生结垢现象，换热系数较高。

3.5 湿法磷酸浓缩

目前磷化工中的湿法磷酸朝着更高浓度的要求发展；且随着氟化工产业的茁壮成长，在磷化工产业中，本来作为磷矿伴生资源的氟也受到重视。湿法磷酸浓缩，一方面使湿法磷酸增浓的同时提升了湿法磷酸品质，有利于提升下游产品的品质；另一方面对湿法磷酸中的氟脱除提取利用，提高了湿法磷酸的附加产值。

3.5.1 湿法磷酸浓缩工艺

3.5.1.1 浓缩原理

湿法磷酸浓缩以其加热方式的不同，分为直接加热蒸发和间接加热蒸发两种。

（1）直接加热蒸发　直接加热蒸发是将稀磷酸从浓缩器（或雾化塔）顶部喷入，与来自加热炉的热气体直接接触传热，把溶液中的水分和氟化物蒸发出来并被气流带走，达到浓缩磷酸的目的。这种直接接触蒸发能解决由间接传热蒸发引起的腐蚀和结垢问题，但这类流程由于燃料费用太高和废气不能达到环保要求，现已逐渐减少使用。

（2）间接加热蒸发　间接加热蒸发是采用列管式换热器，用水蒸气作为加热源间接加热稀磷酸溶液，使其蒸发浓缩。尽管这种方法有容易结垢、传热效率低等固有缺点，但由于它操作控制简单、不污染空气，故现在仍被广泛采用。

间接加热蒸发所使用的蒸发器有间歇蒸发器、热虹吸蒸发器、强制循环蒸发器、降膜蒸发器等。其中以强制循环真空蒸发器的应用最为普遍，它的主要优点为：在减少大气污染的同时获得副产品氟硅酸；操作温度较低，设备选材价格上有优势；采用立式的列管换热器，在列管上端维持一定的静压，使加热器列管最高端与蒸发器的液位之间保持最小液体压头（通常约为 2 ～ 3m），增大换热管中的绝对压力以超过磷酸的饱和蒸气压，保证磷酸在加热管内不“暴沸”，从而减少传热管结垢；大量磷酸的强制循环，增大磷酸在换热器列管内的流速，提高了传热效率的同时，也减轻换热管内的结垢情况；占地面积小而生产能力大。

磷酸浓缩过程中，磷酸溶液中的氟硅酸将部分分解成 SiF_4 和 HF，并随蒸汽逸出：

$$H_2SiF_6\text{（溶液）} \longrightarrow SiF_4\uparrow + 2HF\uparrow$$

随着磷酸浓度和组成的变化，逸出的氟化物也不相同。一般来说，浓缩初始阶段，在酸浓度低于 50%P_2O_5 时，HF 和 SiF_4 的摩尔比小于 2∶1，即气相中有过量 SiF_4 存在。过量 SiF_4 遇水发生水解析出白色硅胶：

$$3SiF_4+(2+n)H_2O \longrightarrow 2H_2SiF_6+SiO_2\cdot nH_2O\downarrow$$

当磷酸浓度大于 56%P_2O_5 时，HF 和 SiF_4 的摩尔比大于 2∶1，这时气相中的 HF 过量，这会增加对吸收设备和管线的腐蚀。

浓缩过程中随着磷酸浓度的增加，溶解在磷酸中的氟化物的逸出率显著升高。

湿法磷酸浓缩过程，由于受到磷酸蒸发器的结构材料对温度的限制，需要采用真空操作来降低溶液的沸点。在常压下 71.8%H_3PO_4（即 52%P_2O_5 磷酸）的沸点为 127.85℃，66.5%H_3PO_4（即 48%P_2O_5 磷酸）的沸点为 120.15℃。当采用真空操作时，磷酸沸点可降低到 80 ～ 90℃。

理论上可以将磷酸浓缩到很高浓度，但是随着磷酸浓度的提高，稀磷酸溶液中的某些杂质组分会因为溶解度的降低而以沉淀形式析出，导致磷酸黏度升高，蒸发操作变得异常困难。实际生产中，当磷酸黏度上升到 70mPa · s 以上时，浓缩便难以进行。

3.5.1.2　工艺流程

典型的强制循环真空蒸发磷酸浓缩的工艺流程图如图 3-27 所示。

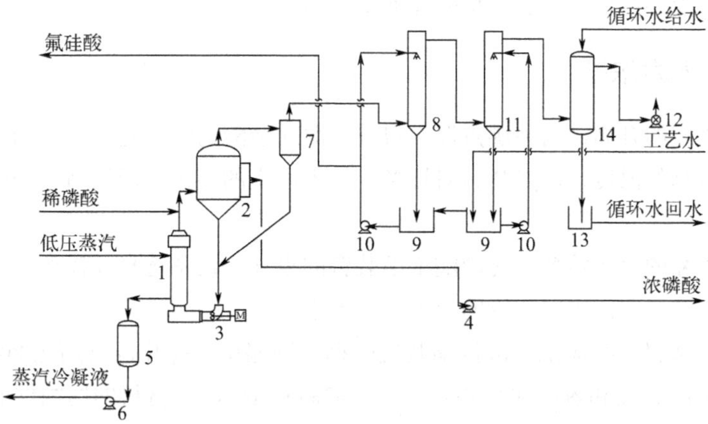

图 3-27　典型的强制循环真空蒸发磷酸浓缩的工艺流程图

1—石墨换热器；2—蒸发器；3—循环酸泵；4—浓磷酸泵；5—冷凝水槽；6—冷凝水泵；7—旋风分离器；8—第一氟吸收器；9—吸收塔循环槽；10—循环泵；11—第二氟吸收塔；12—真空泵；13—冷凝器密封槽；14—大气冷凝器

稀磷酸经计量后进入磷酸浓缩强制循环回路，与大量循环磷酸混合。磷酸在循环酸泵的作用下进入列管式石墨换热器，采用低压蒸汽加热至 75 ～ 85℃，之后进蒸发器闪蒸，蒸发出部分水分，获得浓磷酸。浓磷酸由浓磷酸泵外送。蒸发器逸出的蒸汽中含有氟化物和 P_2O_5 雾沫，蒸汽经过旋风分离器分离雾沫，然后依次进入第一氟吸收器和第二氟吸收器进行氟吸收。第一氟吸收器的循环氟硅酸浓度达到规定浓度时，开启阀门，将氟硅酸溶液送往氟硅酸贮槽。吸收所需的水分由第二氟吸收器的循环液来补充，工艺水加入第二氟吸收器进行循环洗涤。第二氟吸收器出来的气体进入浓缩冷凝器，用循环冷却水冷却。不凝性气体经浓缩真空泵抽出排入大气。

3.5.2　生产特性和关注点

湿法磷酸的浓缩过程有如下特性：

3.5.2.1 腐蚀性

气、液两相均有强烈的腐蚀性。湿法磷酸是一种混合酸，其中除含有25%～40%P_2O_5的磷酸外，还含有4%左右的游离硫酸和与约2%氟对应的氟硅酸或氢氟酸。这种混合酸具有极强的腐蚀性，尤其是在高温、高流速的条件下腐蚀性更为强烈。在蒸发浓缩过程中，从混合酸逸出的蒸汽中含有四氟化硅和氟化氢，同样具有强烈的腐蚀性，严重腐蚀设备和管道。

3.5.2.2 固体物料沉淀

湿法磷酸中溶有硫酸钙、磷酸一钙、氟硅酸钙、氟化钙、氟硅酸钾、氟硅酸钠、磷酸铁、磷酸铝等杂质，它们大多处在饱和甚至过饱和状态。当对磷酸浓缩提浓时，这些杂质大都超过其溶解度而析出沉淀，黏结在浓缩设备的内壁上，增加导热热阻，降低设备的导热性能，并引起溶液受热不均，产生严重的起泡现象而形成酸雾。

3.5.2.3 真空蒸发浓缩

随着磷酸浓度的升高，溶液沸点温升很大；湿法磷酸的浓缩是一种较为困难而复杂的操作。为了降低浓缩的温度，减轻物料对设备、管道产生的腐蚀，湿法磷酸的浓缩通常采用真空蒸发浓缩方式。

由于磷酸浓缩的上述特性，对磷酸浓缩装置的设计、设备选择及操作最需要关注的是材料腐蚀、结垢和二次蒸汽中氟化物的处理三个因素。

（1）腐蚀与选材　在湿法磷酸浓缩装置的循环回路中，操作温度高达80～90℃，磷酸介质中又含有硫酸、氟和氯的化合物及2%～4%的固相，对材料的腐蚀性非常强，操作条件十分恶劣。

在浓缩装置中与酸直接接触的设备有蒸发器、酸加热器和循环泵。设备内部的橡胶衬里在正常操作条件下对磷酸与氟硅酸完全可以耐腐蚀。随着现在施工水平的逐步提高，目前闪蒸室材质多选用碳钢衬胶、衬砖。酸加热器多选用石墨换热器，磷酸走管程石墨管。循环泵材质选用CD4MCu或相当即可。氟硅酸循环泵一般选用塑料泵。

（2）结垢的防止　在间接加热蒸发系统中，如设计或操作不当，在热传递表面容易结垢。这是由于溶解的盐类如石膏和氟硅酸盐等随着磷酸浓度的增加，其溶解度降低而析出沉积，引起结垢，影响热的传递和系统阻力。

为了防止或者尽可能减少结垢，磷酸浓缩装置的设计与操作应注意以下几点：

① 将换热器置于适当的静压头下，可防止磷酸在换热器管内暴沸而破坏正常的传热过程；

② 采用特殊合金热交换器时，蒸汽与磷酸间的温差不可过大，通常不超过50℃，可防止析出的盐类在合金钢表面沉积；

③ 磷酸应以较高的流速在热交换器内循环，冲刷换热器管路内壁，防止固体沉积，以提高传热系数；

④ 磷酸通过热交换器的温升不可过高，不超过 4℃；

⑤ 在循环酸中保持适当的固体含量，加上较高流速，对垢层具有较强的冲刷自洁作用；

在蒸发回路内要有足够的容量，这样可提供足够的结晶表面和结晶时间来消除溶解在磷酸中盐类的过饱和度，避免大量结晶形成，并促进晶粒长大，以减少循环回路内壁上盐类的析出。

⑥ 定期用特制除垢剂循环清洗。

3.5.3 发展新方向

3.5.3.1 多级蒸发操作

随着磷酸浓度的提高，其沸点上升很快，而磷酸蒸发器结构材料又受到温度限制。对于大型磷酸浓缩装置，每小时蒸发能力常常高达几十吨水，为免受设备尺寸限制和提高浓缩装置操作弹性，可采用多级蒸发分段浓缩。

分段浓缩技术是利用湿法磷酸在中浓度段（40% ～ 42%P_2O_5）时其他盐类杂质溶解度相对较低的特性，将磷酸的浓缩分两段完成。过滤后稀酸泵将 25% 左右 P_2O_5 的稀磷酸送到一段浓缩系统，将其浓缩到 40% P_2O_5 后送到磷酸陈化槽陈化。经陈化澄清后的上部清酸由泵送到二段浓缩系统，将 40% P_2O_5 的磷酸浓缩到 52% ～ 54% P_2O_5 后送至浓磷酸贮槽，完成整个浓缩过程。

中国五环总承包的突尼斯项目设置三段浓缩，配置了 5 套浓缩回路。第一段为预浓缩，将 25% P_2O_5 稀磷酸浓缩到 29% P_2O_5，设置一套浓缩回路；第二段为中间产品浓缩，将 40% P_2O_5 磷酸浓缩到 50% P_2O_5，设置三套浓缩回路；第三段为最终产品浓缩，将 50% P_2O_5 磷酸浓缩到 60% P_2O_5，设置一套浓缩回路。

设置三级浓缩回路，首先有效降低了中间产品和最终产品中的固含量，保证最终产品中的固含量达标。将第一段浓缩的 29% P_2O_5 磷酸与第二段浓缩的 50% P_2O_5 磷酸在贮槽中混合成 40% P_2O_5 磷酸，在 40% P_2O_5 浓度下，各种杂质的溶解度最低，杂质从磷酸液相中析出，生成继沉淀盐，从而降低了磷酸中固含量并保证最终产品磷酸中的固含量能够满足要求。

3.5.3.2 氟回收系统

氟回收过程中，闪蒸室逸出的尾气依次通过第一氟吸收塔和第二氟吸收塔，吸收塔内以循环氟硅酸溶液喷淋气体。

小塔流程以小塔径、高气速为特点。由于气速高，对进真空系统前的气体的气液分离要求高，采用旋转分离器。因气速高，塔内停留时间短，故操作弹性小，操作难度大。

大塔流程以大塔径、低气速为特点。由于气速低，塔内停留时间长，操作弹性大。大塔流程中，第一氟吸收塔内气速多控制在 3m/s 左右，第二氟吸收塔内气速多控制在 4m/s 左右。

根据项目规模、项目用地、操作水平以及操作弹性等多方面综合考虑来选择大塔流程还是小塔流程，目前国内多采用大塔流程。

氟作为一种资源，可作为氟系产品的原料。提高氟的回收率，在环保和经济上都具有重大意义。因此，目前已经出现了三级氟回收系统，即依次设置三个氟吸收塔。后续这种三级氟回收系统会日益增多。

3.5.3.3 蒸汽热能利用

通常全厂低压蒸汽等级多在 0.40 ～ 0.50MPa，蒸汽温度为 170 ～ 200℃，而浓缩石墨换热器内蒸汽压力<0.14MPa，换热器进汽压力<0.2MPa，目前通常采用蒸汽饱和器以脱盐水喷淋降温，使低压蒸汽达到饱和状态，从而发挥低压蒸汽的最大潜热，提高蒸汽的有效利用率。这样虽然发挥了低压蒸汽的最大潜热，但会造成部分热量浪费，同时会消耗脱盐水。在浓缩系统与酸性循环水之间安装余压发电设备，产生的电并入全厂的 10kV 系统使用，从而有效提高低压蒸汽热能利用效率。

3.5.4 典型设备

典型的强制循环真空蒸发系统主要设备包括：由蒸发器、酸加热器和循环泵等组成的蒸发系统，雾沫分离器，氟吸收设备（单级或多级氟洗涤器），大气冷凝器等。

（1）酸加热器　磷酸浓缩换热器常用不透性石墨换热器，主要型式有列管式和块孔式。当装置所需换热面积较大时，采用立式列管式石墨换热器（图 3-28）。其结构形式为浮头式，管程介质为磷酸，换热管采用不透性浸渍石墨，管箱材料采用碳钢衬胶或不透性浸渍石墨，壳程介质为蒸汽，外壳采用碳钢衬胶。为保护石墨换热器不被压力波动、温差应力、机械振动损坏，在磷酸进、出口管道上均设置膨胀节；为防止循环酸中带入的杂质堵塞换热管而影响换热效果和出现爆管、裂管现象影响设备运行，在管程介质进口端，通常会设置过滤器。

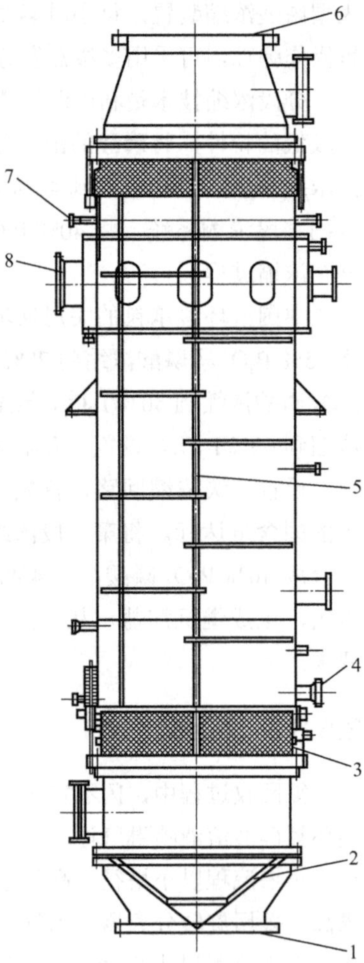

图 3-28　立式列管式石墨换热器

1—磷酸进口；2—循环过滤器；3—石墨管板；4—冷凝液出口；5—石墨管；6—磷酸出口；7—蒸汽出口；8—蒸汽进口

石墨换热器利用石墨材料导热性能好，减少超级不锈钢的使用，可节约投资。

（2）蒸发器　蒸发器为碳钢衬橡胶设备，在液相部位衬一层碳砖。蒸发器总容积的取值范围为 9 ～ 14m³/(h·t)，通常液相占蒸发器总容积的 25% ～ 33%。来自换热器的磷酸在蒸发器接近液位处或底部蒸发。加入蒸发器的酸封盖住液体的表面，降低液面下沸腾所引起的泡沫危险，从而减少酸沫飞溅而造成的 P_2O_5 损失。

蒸汽线速度决定蒸发器的横截面积，而蒸汽线速度由蒸发器的操作压力决定。设计的蒸汽线速度应满足酸滴能逆着蒸汽流下落到液相部分，为此通常控制气速在 5m/s 以内。

（3）循环泵　根据生产能力与采用的换热器型式，列管式换热器的总压头在 4 ～ 5m 液柱，当采用小孔径的块孔式换热器时，总压头可达到 16 ～ 18m 液柱。

由于块孔式有一个较高的压力降，需要较高的压头，所以，使用块孔式换热器时需用离心泵，而列管式换热器则使用低压头大扬量的轴流泵。

（4）雾沫分离器　雾沫分离器（图 3-29）的常用型式有：隔板和旋风式，一般采用碳钢衬胶。设计合理的蒸发器，正常操作时 P_2O_5 损失不超过 2% ～ 3%。然而，当超过额定蒸发能力时，其损失明显增加，同时使回收的氟硅酸中 P_2O_5 含量增加。

设置雾沫分离器可防止蒸发器内的磷酸随蒸发气体大量进入氟吸收系统从而造成过量的 P_2O_5 损失和影响氟硅酸质量的现象发生。

（5）氟吸收设备　以氟硅酸形态存在于稀磷酸中的氟在磷酸浓缩过程中部分逸出。

在真空浓缩中，氟回收过程以循环氟硅酸溶液喷淋气体，通过补充水或部分水蒸气冷凝（如通过再循环的冷却器），来维持所需的氟硅酸浓度。

磷酸真空浓缩的氟吸收设备一般为碳钢衬胶空塔，通常将回收的氟制成氟硅酸，回收率约为 85% ～ 90%。

（6）大气冷凝器　由于经济和防腐方面的原因，水冷却冷凝器常常用于冷凝蒸发器排出的水蒸气，它起到了真空泵的作用。而与大气冷凝器相连的真空泵则排出其中的不凝性气体，以避免不凝性气体积累而破坏真空。

典型的大气冷凝器（图 3-30）为直接接触式冷凝器，常用折板和喷头两种形式，水蒸气在冷却水中冷却。

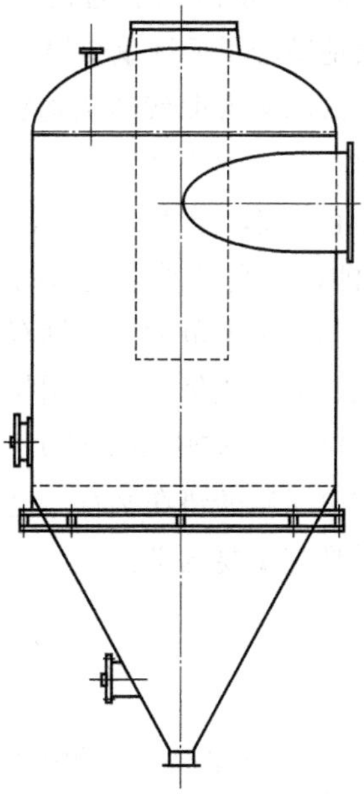

图 3-29　雾沫分离器

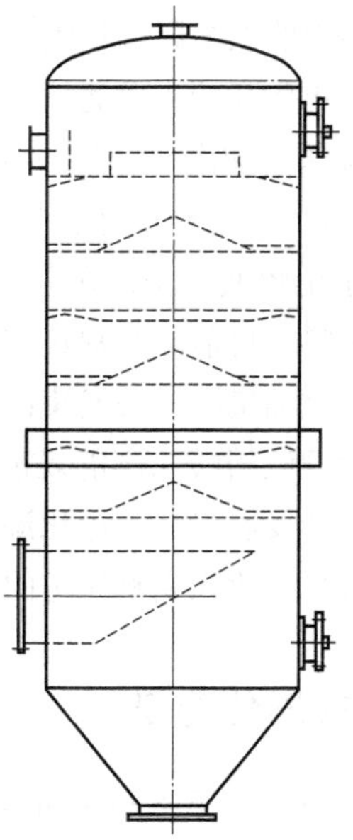

图 3-30　大气冷凝器

3.6 湿法磷酸净化

3.6.1 湿法磷酸净化背景

自1890年第一套电炉黄磷开始，百余年来由热法工艺生产的磷酸因纯度高一直是精细磷化工产品的主要原料。同时部分有机磷产品，如草甘膦，只能从单质磷出发。而早期湿法磷酸净化技术不成熟，制得的磷酸杂质含量太高，难以用于工业磷化工产品的生产，主要用于磷肥生产。因此，20世纪热法工艺在中高端磷化工产品生产上独占鳌头。

热法工艺每生产一吨黄磷约耗电1.5万千瓦·时，且在1400℃的高温下进行反应，产生大量的废气废水，对磷矿品质要求高，面临能源、环境和资源的多重压力。在其他原材料价格未上涨前，电能消耗约占黄磷生产成本的一半。多数黄磷企业为了节约成本选用相对火电便宜的水电，而水电依赖丰水期的特性导致黄磷生产具有季节性，市场不稳定。进入21世纪，全球资源紧缺问题日益突出，电力资源受限，焦炭及上游磷矿石价格上涨，进一步加大了黄磷的生产成本；国家环保政策陆续出台，如2009年的《黄磷行业准入条件》及2019年长江经济带的“三磷”整治极大地限制了黄磷的行业规模和产量，黄磷产能逐渐萎缩，行业开工率降低；我国超大规模集成电路、大屏幕液晶显示器和锂电池等电子产品发展迅猛，电子工业所需的高品质磷酸盐用量大幅度增加，而热法磷酸重金属含量较高，容易导致后端产品的重金属含量（尤其是砷含量）严重超标。在此背景下，湿法磷酸净化是大势所趋。

相较热法磷酸，湿法磷酸利用无机酸分解磷矿粉，能耗低、污染小、对磷矿品位要求较低，经过净化处理后得到的净化湿法磷酸品质可以和热法磷酸相媲美。此外，在湿法磷酸生产过程中，磷矿中的大部分重金属元素留在酸解渣中，从源头上遏制了重金属元素进入磷酸，使得湿法磷酸中的重金属含量大大降低，极大地减轻了后续重金属元素的脱除压力。

从20世纪90年代开始，发达国家逐渐用净化湿法磷酸取代热法磷酸[8]，并实现了大型化生产。中国的湿法磷酸净化起步较晚，且发达国家对中国进行技术封锁，发展相对落后。但在21世纪初中国的湿法磷酸净化技术得到了长足发展，自主开发了溶剂萃取法净化湿法磷酸技术，实现了用较低品位磷矿[9]生产净化磷酸，为高品质磷酸盐的生产提供了来源较为广阔、廉价的原料。目前，瓮福集团、四川大学和华中师范大学均拥有自主知识产权的湿法磷酸净化技术，瓮福集团、兴发集团、中化集团、云天化集团、六国化工等我国大型磷化工企业具有的净化湿法磷酸总产能规模每年超百万吨（以85%磷酸计）。基于目前我国磷化工行业的现有技术和发展形势，净化湿法磷酸取代热法磷酸势在必行。这对提升我国磷化工产业的总体技术水平、建立完整先进的磷化工体系具有重要意义。

3.6.2 湿法磷酸净化方法

湿法磷酸中含有大量可溶与不可溶的杂质，且杂质含量高，理化性质差异很大。因此，单一的除杂方法往往难以达到要求的净化水平。依据各杂质的特点，湿法磷酸的净化方法可分为化学净化法和物理净化法两大类。

3.6.2.1 分类

（1）化学净化法

化学沉淀法是一种应用较早的湿法磷酸化学净化法。该法是在湿法磷酸中加入化学沉淀剂，其与杂质离子反应生成沉淀物，经固液分离达到净化的目的。目前主要应用在湿法磷酸净化脱氟、脱硫和去除金属离子等方面。该方法具有操作简单、投资少的优点。但因为沉淀物本身的溶解度及其与各杂质的相互作用，导致净化深度不够，并且可能引入其他离子。

① 沉淀法脱氟。湿法磷酸中的氟含量过高会影响人体与动物的健康。氟的脱除常采用钠或钾盐作为沉淀剂，形成 Na_2SiF_6 或 K_2SiF_6 沉淀。但沉淀物在酸中可部分溶解，因此不能达到很高的脱氟率。王保华[10]以 K_2CO_3 为沉淀剂来脱除湿法磷酸中的氟，在 K_2CO_3 加入量为理论值的 1.3 倍，温度为 50℃，搅拌速度为 250r/min，反应时间为 90min 的工艺条件下，湿法磷酸脱氟率可以达到 80% 以上。钟本和等[11]以 Na_2CO_3 为脱氟剂，在 Na_2CO_3 加入量为理论值的 1.2 倍，温度为 50℃，搅拌速度为 300r/min，反应时间为 2h 的工艺条件下湿法磷酸脱氟率为 60% 左右，加入助剂可以使脱氟率达到 95% 以上。沉淀法脱氟还可以采用在脱除金属离子时加入脱氟沉淀剂共沉淀的办法，使部分氟与 Ca、Al、Fe 或 Pb、As 形成结晶性络合物沉淀。

② 沉淀法脱硫。采用硫酸法路线生产湿法磷酸时，为了提高磷酸的回收率常加入过量的硫酸。因此，湿法磷酸中一般含有 3% 左右的硫酸。目前净化脱硫的方法很多，除沉淀法外还有溶剂萃取法和离子交换法等。但沉淀法操作简便、脱硫剂廉价易得，在工业上应用较为普遍。沉淀法脱硫是通过向湿法磷酸中加入钙盐或钡盐，其与硫酸根离子反应，生成微溶的 $CaSO_4$ 或不溶的 $BaSO_4$[12]。黄美英等[13]使用磷矿和碳酸钡作脱硫剂，在 70℃下反应 3h，硫酸根离子的脱除率可达到 98% 以上；再结合溶剂萃取法，可使净化酸中的硫酸根离子含量低于 0.01%，满足工业级磷酸关于硫酸根离子的指标要求。采用钙盐脱硫的办法成本较低，沉淀过滤强度较高，但硫酸钙在磷酸中有部分溶解，导致硫酸根离子的脱除率不能满足要求。采用钡盐脱硫则硫酸根离子的脱除率较高但生成的硫酸钡沉淀结晶较细过滤困难。可以采用钙盐和钡盐联合脱硫的方式，在保证硫酸根离子脱除率的基础上尽可能地提高沉淀过滤性能。

③ 沉淀法脱除多种金属杂质。湿法磷酸中铁、镁、铝等金属阳离子杂质的脱除，可采用氨气或其他碱性化合物等，调节溶液 pH 至 3 左右，即可达到良好的脱除效果。柳潇等[14]采用十二烷基苯磺酸钠为除杂剂，净化后各杂质含量明显降低，铝、铁等金属离子以形成继沉淀的形式被除去。湿法磷酸中铅、砷、镉等重金属阳离子杂质的脱除，常采用加入硫化物与重金属离子形成难溶性硫化物的方法。

（2）物理净化法　物理净化法有浓缩法、结晶法、离子交换法、物理吸附法、溶剂沉淀法、溶剂萃取法等。

① 浓缩法。浓缩法可以用来脱除湿法磷酸中的氟杂质。氟杂质主要以 H_2SiF_6 形式存在，加热浓缩时大部分氟杂质分解为气态氟化物 HF 与 SiF_4 形式而逸出。但若逸出气体中 HF/

SiF_4（物质的量之比）小于 2 会生成 H_2SiF_6 与硅胶，导致氟的逸出量降低。由于与 HF 相比，SiF_4 具有较大的蒸气压，可通过向湿法磷酸中加入活性二氧化硅的方式，促进 HF 转化为 SiF_4 来提高氟的逸出量，提升脱氟率[15]。阳杨等[16]研究了湿法磷酸浓缩脱氟过程，在加入 NaOH、$BaCO_3$ 和 $Al(OH)_3$ 等添加剂的情况下，脱氟率可达 83%。在湿法磷酸加热浓缩过程中，$M(H_2PO_4)_2$ 溶解度降低，形成 $M(H_2PO_4)_2 \cdot nH_3PO_4$（M 为二价金属，$n$=2 ～ 5）结晶从溶液中析出，可脱除部分二价金属。浓缩法是对湿法磷酸的初步净化，并为后续净化提供了高浓度磷酸。但浓缩过程存在高温和强酸腐蚀的共同作用，对设备材质要求较高。

② 结晶法。结晶法利用磷酸和杂质离子在晶体和母液中的平衡分配不同，实现磷酸和杂质离子的分离。可以根据析出晶体的不同，将结晶法分为以下 3 类：

（a）以半水磷酸形式析出。将湿法磷酸浓缩至含 P_2O_5 约 84%，再稀释至含 P_2O_5 约 73%，滤去析出的沉淀，缓慢冷却磷酸溶液，并在一定的时候引入晶种，使磷酸以半水晶体形式析出，将晶体与母液进行分离。

（b）通过磷酸脲结晶净化湿法磷酸。该方法是在湿法磷酸中引入尿素形成的磷酸脲结晶，过滤后晶体与硝酸反应，得到纯净的磷酸和硝酸脲结晶。也可用三聚氰胺代替尿素净化湿法磷酸，且三聚氰胺可循环使用[17]。

（c）析出磷酸盐结晶，如磷酸钙或磷酸铵等，然后将其转化成磷酸。

结晶是化工行业中应用广泛的单元操作，技术成熟。但在湿法磷酸净化应用上却存在一些问题，现在一般都将其应用于工业磷酸的进一步纯化过程。

③ 离子交换法。离子交换法利用 H^+ 阳离子交换树脂与湿法磷酸中的金属离子作用，或是 OH^- 阴离子交换树脂与湿法磷酸中的非金属离子作用，达到脱除杂质离子的目的。离子交换法一般仅用于阳离子的去除。但使用该法需要配合多种离子交换树脂，依次逐个除去湿法磷酸中的各种杂质，工艺复杂，树脂消耗量大，再生成本高。因此，该法一般不用于工业湿法磷酸净化。

④ 物理吸附法。物理吸附法以高比表面积、不溶于液相体系的固体材料作为吸附剂，通过物理吸附作用除去湿法磷酸中的杂质。湿法磷酸脱色过程常使用该方法，常用的吸附剂有活性炭。活性炭由含碳有机物如木质素等高温炭化而成，其多孔的结构和较高的比表面积，可以提供很好的吸附性能。粉末活性炭价廉、易得，但再生、回收困难。工业上目前常用颗粒活性炭。

⑤ 溶剂沉淀法。溶剂沉淀法通过向湿法磷酸中加入大量能与水完全互溶的有机溶剂，并引入一定量的碱金属或铵根离子，使磷酸进入有机相，而杂质转化成不溶性的盐，固液两相分离后，只需精馏有机相就可以得到净化磷酸。该方法常用的有机溶剂有甲醇、丙酮、异丙醇和甲基乙基酮等，其中甲醇价格低廉，使用广泛。但该方法需要通过精馏回收有机溶剂并获得净化磷酸，能耗较高，溶剂也会有所损失。若用碱反萃有机溶剂生成相应的磷酸盐结晶，则可以避免从磷酸中分离大量有机溶剂，只需从水 - 醇母液中回收醇。李新柱等人研究了用甲醇沉淀法净化湿法磷酸，并制备了工业级磷酸一铵[18]。

⑥ 溶剂萃取法。溶剂萃取也叫液 - 液萃取，是化工基本单元操作之一。溶剂萃取法在湿法磷酸净化中的应用是基于磷酸可溶于有机溶剂，而杂质相对难溶于有机溶剂的，利用这种平衡分配差异可实现磷酸与杂质的分离。溶剂萃取法具有产品纯度高、能耗低、产能大、设

备和工艺流程较为简单且易于实现连续化生产的优点，是一种广泛应用并大规模工业化的湿法磷酸净化方法。

3.6.2.2　溶剂萃取法净化湿法磷酸

（1）溶剂萃取法原理　溶剂萃取法是利用混合溶液中的一种溶质在不同溶剂中具有不同溶解度的性质，使其从混合溶液中转移至与混合溶液互不相溶或部分互溶的另一相中。所以溶剂萃取实际上是物质从一个液相转移到另一个液相的传质过程，一般其中一相是水溶液，另一相是有机溶剂，分别称为水相和有机相。在溶剂萃取过程中，因为混合溶液中含有各种不同的组分，而各组分在水相和有机相中的溶解度不同，从水相转移至有机相的物质的量也不同，利用这一点可以实现两种或两种以上不同组分的分离，从而达到分离提纯的目的。

在完成萃取后，为实现目标物质回收和萃取剂再生的目的，还需要进行与萃取相反的过程——反萃操作，即将目标物质从萃取后的有机相转移到水相。用于反萃的水相一般为纯水。此外，为了强化分离，在萃取完成后常引入洗涤步骤，即用一定组成的水溶液与萃取有机相接触，以洗涤除去与被萃取组分一起进入有机相的其他组分。由萃取、洗涤和反萃三个步骤构成一个循环，使得被萃取组分从水相转移到有机相，又从有机相返回到水相，达到净化分离的目的，同时实现萃取剂再生。

在溶剂萃取法净化湿法磷酸的过程中，大量的磷酸从水相（湿法酸）转移到有机相（萃取剂），而大部分杂质残留在水相（萃余酸）。可采用部分产品反萃酸作为洗涤液对萃取液进行洗涤。洗涤后有机相经纯水反萃，磷酸从有机相转移到水相，得到产品净化磷酸，萃取剂再生。

（2）溶剂萃取法表征参数和影响因素　溶剂萃取过程的主要表征参数有分配比（D）、分离系数（β）和萃取率（E）。

分配比（D）的定义为：

$$\text{分配比}(D)=\frac{\text{有机相中被萃取组分的浓度}}{\text{水相中被萃取组分的浓度}} \tag{3-1}$$

分配比表示在一定条件下萃取剂对被萃取组分的萃取能力。D 值越大，说明萃取能力越强，被萃取组分越容易进入有机相中。分配比除了与被萃取组分、萃取剂的性质相关外，还会随着原料液、稀释剂、萃取温度等条件的改变而变化。

分离系数（β）的定义为：

$$\beta=\frac{D_{\mathrm{A}}}{D_{\mathrm{B}}} \tag{3-2}$$

其中，A、B 分别表示两种被萃取组分。分离系数可以定量地表示萃取剂分离原料液中 A、B 两种物质的难易程度。β 值的大小表示物质分离效果的好坏。β 值越大，分离效果越好，萃取剂对 A 物质的选择性越高。若 β=1，则表明萃取剂不能把 A、B 两种物质分离。溶剂萃取的目的是将原料液中的各种组分分离，而不只是把某一种组分提取出来，所以并不只是 D 值大就可以了，还要看相应的 β 值。而有些体系，D 值并不大，β 值很大，经过多级萃取，也可以达到各物质分离的目的。

萃取率（E）的定义：

$$萃取率（E）=\frac{有机相中被萃取组分的量}{原料液中被萃取组分的量}\times 100\% \tag{3-3}$$

萃取率表示物质被萃取的完全程度，与分配系数和操作条件有关。因此寻找合适的萃取剂，选择最佳的萃取条件至关重要。

温度是影响萃取过程的关键操作条件，对萃取剂与原料液的互溶度有显著影响。一般来说，温度升高，互溶度增加，两相区域变小；温度特别高时，两相区域消失，导致萃取过程不能进行。因此，从热力学角度，萃取应选择较低的操作温度，以获得较好的萃取分离效果。对于溶剂萃取法净化湿法磷酸体系，磷酸萃取过程是微放热反应，降温有利于萃取率的提高。但若温度过低，流体黏度会过大，不利于两相流体流动、传质和分相。故应选择合适操作温度。

（3）萃取剂的选择

萃取剂的选择是溶剂萃取法的关键。有机溶剂若要作为工业萃取剂，一般需满足以下条件：①萃取剂分子中至少有一个萃取功能基，能与被萃取组分结合形成萃合物。功能基一般都有孤对电子，可以提供配位原子。通常功能基是O、N、P、S等原子。②萃取剂分子中有相当长的碳链或芳环，可以使萃取剂及萃合物易溶于有机相，难溶于水相或在水相中的溶解度不大。但萃取剂的碳链也不能过长，以免萃取剂在常用条件下是固体或黏度过大。③萃取剂对希望被萃取物质的萃取能力大、萃取容量大、选择性好，又要容易被适当的反萃剂反萃。④萃取剂的化学稳定性好，不易水解，受热、被光照时不易分解质变，能耐酸、碱、盐、氧化剂或还原剂的作用。⑤萃取剂易与水相分层，不产生第三相，一般情况下不发生乳化现象。要求萃取剂与水相密度相差大，黏度小，且表面张力合适，以保证两相混合、分离、流动性能和两相间传质状况良好。⑥萃取剂要无刺激性，挥发性低，不易燃，无毒或毒性很小，便于安全操作。⑦萃取剂价格便宜，来源丰富，在循环使用时损耗小，因为这直接关系到生产成本的高低。

湿法磷酸净化过程常采用的萃取剂主要有5类：

① 醇类。常用碳原子数为4～5的脂肪醇，如正丁醇、异丁醇、异戊醇等。低碳醇微溶于水，必须对萃取剂进行回收。如IMI流程需要在稀磷酸浓缩过程中回收溶解在稀磷酸中的萃取剂，还需专门回收溶解在萃余水相中的萃取剂，都需要消耗大量蒸汽。另外低碳醇易挥发，为了减少萃取剂损耗，需要保证整个溶剂萃取过程和萃取剂回收过程的设备气密性，增加了设备制造和维护费用。

② 磷酸酯。磷酸三丁酯较为常用。磷酸三丁酯在较宽的磷酸浓度范围内对磷酸的萃取能力强，选择性好；在水中的溶解度很小，萃取过程中溶解在接触水相中的损耗很小，可以不对这部分萃取剂进行回收，免去了溶剂回收步骤，缩短了工艺流程；化学性质非常稳定，是一种比较适用于湿法磷酸净化的萃取剂。

③ 醚类。常用的有异丙醚、二异丙醚。醚类的闪点、沸点都很低，需要在低温下萃取，要消耗一定的冷量，且挥发性强，极度易燃，与空气混合会形成爆炸性混合物，危险性较大。

④ 酮类。常用的有甲基异丁基甲酮、丙酮。但酮类对低浓度磷酸没有萃取能力，必须以高浓度磷酸为萃取对象。因此，对原料湿法磷酸的浓度要求高，导致前端的浓缩负荷高，对磷矿品位要求高。

⑤ 胺及酰胺。胺类萃取磷酸的同时，对阴、阳杂质离子的萃取率较高，选择性不好。

萃取剂可以是单一的溶剂，也可以是两种或两种以上的溶剂混配，如目前典型的溶剂萃取法净化湿法磷酸工业化流程，但是萃取剂选择的发展方向是混合萃取剂。因为各种溶剂各有优缺点，在具体应用时，可以根据实际情况，选择合适的溶剂混配成混合萃取剂，扬长避短，以达到最佳的萃取效果。

（4）典型的溶剂萃取法工业化流程

溶剂萃取法是唯一广泛应用、大规模工业化的湿法磷酸净化方法。最早将该法应用于湿法磷酸净化的是以色列矿业公司（IMI）的流程。1959 年以色列矿业公司使用正丁醇和 / 或异戊醇作为萃取剂实现了磷酸与氯化钙的分离，制得了比普通湿法磷酸纯度高很多的净化磷酸，三年后 IMI 建立了使用该工艺的第一个小型试验工厂。至此，这种湿法磷酸净化方法开始受到重视，特别是欧洲和日本等电力费用相对较高的地区，对溶剂萃取法净化湿法磷酸的研究与开发应用，都有了相当大的进展。在这些地区出现了很多湿法磷酸净化工厂，采用溶剂萃取法净化湿法磷酸，制取高纯度的磷酸以代替热法磷酸，甚至是生产工业级和食品级磷酸。日本东洋制碱公司建立的溶剂萃取法净化湿法磷酸工厂生产高纯度食品级磷酸，其成本只有热法路线的 80%。

虽然溶剂萃取法净化湿法磷酸技术在国外早已广泛应用，但是各国对该技术都严格保密。直到 21 世纪初，中国才真正实现溶剂萃取法净化湿法磷酸技术的工业化，在贵州宏福实业开发有限公司建成一条年产 1000t P_2O_5 的净化磷酸中试生产线。目前典型的溶剂萃取法净化湿法磷酸工业化流程见表 3-13。

表3-13　典型的溶剂萃取法净化湿法磷酸工业化流程

工业化流程	开发公司	萃取剂
Albright & Wilson 流程	英国奥尔布莱特·威尔逊公司	MIBK
Rhone - Poulenc 流程	法国罗纳 - 普朗克公司	TBP
IMI 流程	以色列矿业公司	DIPE 或 85%（体积分数）DIPE+15%（体积分数）BuOH
Prayon 流程	比利时普雷昂公司	DIPE（50% ～ 95%）+TBP（5% ～ 45%）
Iprochim/Icechim 流程	罗马尼亚化学工程公司与化工研究院	BuOH
Budenheim 流程	德国巴登哈姆公司	异丙醇
四川大学流程	四川大学	TBP+ 煤油
瓮福流程	瓮福集团	MIBK
华中师范大学流程	华中师范大学	低碳醇

① Albright & Wilson 流程　Albright & Wilson 流程由英国奥尔布莱特 · 威尔逊公司开发。该流程采用甲基异丁基甲酮（MIBK）作萃取剂，要求湿法磷酸预先浓缩至 54% ～ 57% P_2O_5，经预处理、萃取、洗涤、反萃制得净化磷酸。由于 MIBK 在磷酸水溶液中有 1% ～ 2% 的溶解度，因此需要对水相进行溶剂回收处理。萃取工段早期采用混合澄清槽，后改为转盘塔。该流程的净化磷酸中硫酸根离子含量偏高，若生产对硫酸根离子要求较高的磷酸，还需进行后处理。

② Rhone-Poulenc 流程　Rhone-Poulenc 流程由法国罗纳 - 普朗克公司开发。该流程采用磷酸三丁酯（TBP）作萃取剂，要求湿法磷酸预先浓缩至 40% ～ 50% P_2O_5，经预处理、萃取、洗涤、反萃制得净化磷酸。净化磷酸经浓缩可制得工业级磷酸，经脱砷、脱氟等后处理，可制得食品级磷酸。该流程可在萃取阶段加入一定量的硫酸，以提高溶剂对磷酸的萃取率；在洗涤阶段加入少量的碱液以降低萃取相中的硫酸根离子含量。因 TBP 在磷酸水溶液中的溶解度很小，低于 0.1%，可不对水相进行溶剂回收处理。

③ IMI 流程　IMI 流程由以色列矿业公司开发。该公司是最早开发液 - 液萃取法净化湿法磷酸技术并实现工业化的公司。IMI 流程一开始并不是用于硫酸法湿法磷酸的净化，而是用于盐酸法湿法磷酸的净化。以色列海法化学公司在 20 世纪 60 年代、印度 BILT 公司在 20 世纪 80 年代建立的盐酸法湿法磷酸工厂采用的都是 IMI 流程，一般采用正丁醇或异戊醇作为萃取剂进行溶剂萃取。后来在盐酸法湿法磷酸净化流程的基础上发展了适用于硫酸法湿法磷酸的净化流程。采用的萃取剂是 85%（体积分数）异丙醚 +15%（体积分数）正丁醇或异丙醚。萃取在 0 ～ 2℃下进行，反萃取在 30℃下进行，萃取设备为混合澄清槽。该流程的净化磷酸中硫酸根离子含量偏高，若生产对硫酸根离子要求较高的磷酸，还需进行后处理。

④ Prayon 流程　Prayon 流程由比利时普雷昂公司开发。该流程采用二异丙醚和磷酸三丁酯的混合物作萃取剂。该萃取剂对金属离子的选择性较好，但对氟、硫酸根离子和砷的选择性较差，必须进行预处理并浓缩至 58% ～ 60% P_2O_5。预处理包括加磷矿粉脱除硫酸根离子，加活性炭脱除有机质。浓缩酸经萃取、洗涤、反萃制得净化磷酸。

⑤ Iprochim/Icechim 流程　Iprochim/Icechim 流程由罗马尼亚化工工程公司与化工研究院开发。该流程采用正丁醇作萃取剂。27% ～ 30%P_2O_5 的湿法磷酸，经硫化钠沉淀脱砷、碳酸钠沉淀脱氟与碳酸钙沉淀脱硫酸根离子后，过滤。滤液中再加入碳酸钡进行深度脱硫酸根离子，过滤，分离出经预处理的磷酸进入萃取系统。因正丁醇微溶于水，需精馏回收溶于萃余液和反萃稀磷酸中的少量正丁醇。该流程的净化磷酸中硫酸根离子含量偏高，其主要应用于工业磷酸盐的生产。

⑥ Budenheim 流程　Budenheim 流程由德国 Budenheim 公司开发。该流程将溶剂萃取法与离子交换树脂法相结合，采用异丙醇作萃取剂、H 型阳离子交换树脂作交换树脂，最后得到的产品为工业级 75% 磷酸。该流程的净化磷酸品质较高，阳离子含量很低。

⑦ 四川大学流程　四川大学流程由国内四川大学联合中化重庆涪陵化工有限公司合作开发。该流程步骤依次包括预处理、脱硫、过滤分离、萃取、深脱硫、洗涤、反萃和浓缩。预处理是在湿法磷酸中加入脱硫剂、脱氟剂、脱色剂，利用共沉淀原理，将脱硫、脱色、脱氟有序结合为同一工序，起到相互促进的作用，有利于各种杂质的脱除。首创采用三段脱硫技术，第一段先将磷矿粉预脱硫，第二段用碳酸盐初脱硫，第三段将深脱硫放在萃取后的有

机相中进行，在有机相中生成的硫酸钡晶体会很快地沉降到酸相中。三段脱硫工艺达到国际先进水平，不仅彻底保证了硫酸根离子的脱除效果，还解决了硫酸钡的分离难题。采用磷酸三丁酯和煤油混合萃取剂，配方简单、经济高效，突破了国外选用单一磷酸三丁酯作萃取剂时黏度大、不利于分相、对稀磷酸萃取率低的技术难题。首次在湿法磷酸净化领域使用高效振动筛板萃取塔代替国外的脉冲塔，并借鉴振动筛板塔在其他行业中的使用情况，改进振动筛板结构，塔板效率大幅提高。该流程贯彻分级利用原则，反萃酸生产工业级磷酸，进一步精制脱除重金属、砷、氟等物质后得到食品级磷酸；萃余酸返回肥料装置生产含磷肥料；洗涤酸生产精制磷酸盐等产品，提高了磷资源的综合利用率，既有利于生产高档产品，又充分利用了资源，降低了能耗。

四川大学溶剂萃取法净化湿法磷酸流程如图 3-31 所示。

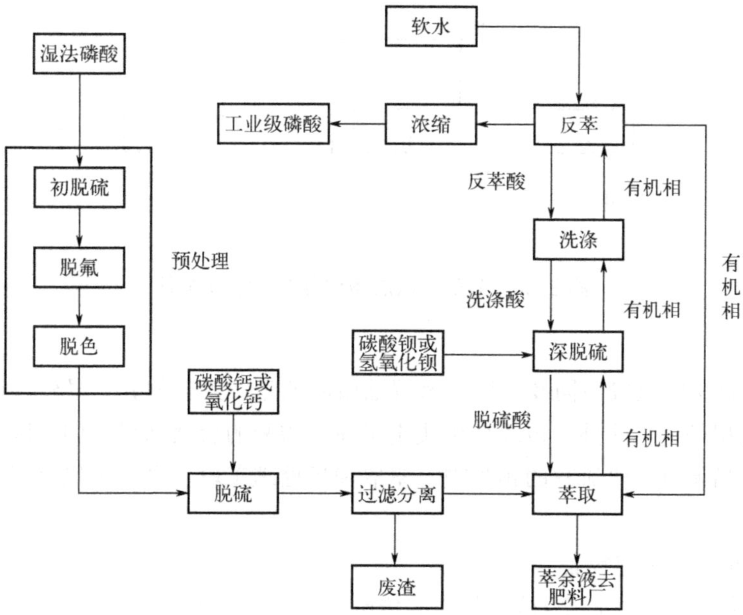

图 3-31　四川大学溶剂萃取法净化湿法磷酸流程图

⑧ 瓮福集团流程　瓮福集团于 2006 年引进以色列矿业公司的 IMI 流程，建立了我国第一套年产 6 万吨 P_2O_5 湿法磷酸净化装置。2008 年，瓮福集团通过自主研发，并联合清华大学，开发了微结构萃取器净化湿法磷酸技术。将微反应器运用于磷酸净化过程，有效提高了反萃速率，缩小了设备尺寸。瓮福流程采用的萃取剂是甲基异丁基甲酮，其他技术参数暂未公开。

⑨ 华中师范大学流程　华中师范大学于 2009 年与湖北三宁化工股份有限公司合作，建立了年产 1 万吨湿法磷酸净化工业试验装置。该流程主要工艺过程包括预处理、萃取、后处理等，所用萃取剂为醇类，其他技术参数暂未公开。

综上，目前已工业化的湿法磷酸净化流程都是以溶剂萃取法为主，配合其他净化方法来完成湿法磷酸的净化。如图 3-32 所示，在用溶剂萃取法处理前，原料磷酸一般需要浓缩，使磷酸达到一定的浓度。在浓缩过程中，部分氟和二价金属杂质被除去。浓磷酸进入预处理工段，进行脱硫、脱氟及脱除有机色素，以降低萃取工段的处理负荷。在萃取工段，浓磷酸中加入了一定量的萃取剂，萃取后绝大部分杂质残留在萃余酸（水相）中，大部分磷酸进入萃取相。萃余酸中含有少量的磷酸，可以用于生产磷肥。萃取相通过较纯的稀磷酸洗涤除去杂质，在反萃后得到净化磷酸。净化磷酸可以根据实际需求进行浓缩和进一步处理。

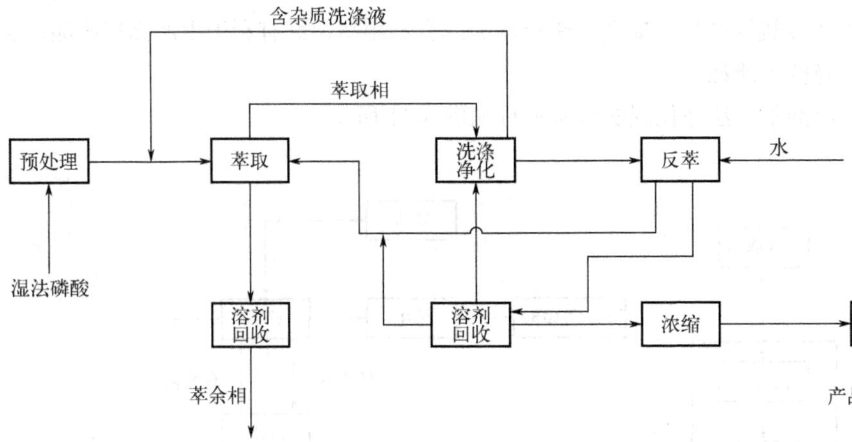

图 3-32　溶剂萃取法净化湿法磷酸流程图

不同产地磷矿的组成不同及不同厂家湿法磷酸的生产工艺差异，导致湿法磷酸的杂质组成与含量大相径庭。此外，市场变化决定了净化磷酸的后续利用方向。因此，可以根据实际情况，适当调整净化流程的预处理、萃取和后处理工段，进一步优化工艺路线，提升经济效益。

（5）典型的溶剂萃取设备

液 - 液萃取过程是一个液 - 液两相间的传质过程，通常是一相以液滴的形式分散到连续相中进行传质，再液滴聚并，两相澄清分层完成萃取。萃取设备必须同时满足两相分散情况好又容易分相的要求。因两相间的密度差小，界面张力不大，为了使两相能有效分散快速完成传质，通常需要外界补给能量，如搅拌、脉冲、振动等。根据两相分散和聚并方式的差别，发展了多种萃取设备。目前已得到工业应用的萃取设备有三十多种，常用于磷酸净化的萃取设备有混合澄清器、筛板塔、脉冲筛板塔、往复振动筛板塔和转盘萃取塔等。前两种萃取设备为逐级接触式，后三种为微分（连续）接触式。

① 混合澄清器　这种设备无论是单级还是多级操作，每一级都是由一混合器和一澄清器组成，是最早被应用于磷酸净化的萃取设备。如图 3-33 所示，湿法磷酸和萃取剂在混合室中借助机械搅拌作用实现两相的充分混合接触，发生传质；然后混合液溢流进入澄清室澄清分相。混合澄清器可间歇操作，亦可连续操作；操作弹性大，易于控制两相流量比；两相的混合和分离可以很充分，每级的效率很高，可以接近理论级。但混合澄清器设备体积庞大，占地面积较大，溶剂存量大，设备费用和操作费用较高。

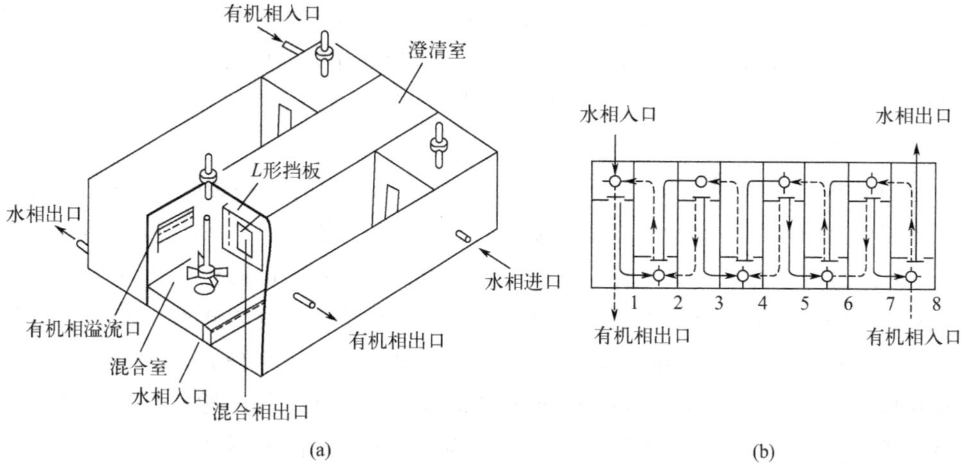

图 3-33 箱式混合澄清器结构示意图（a）和简单示意图（b）

② 筛板塔 筛板塔与筛板精馏塔的结构相似，如图 3-34 所示，塔内等间距安装有一系列筛板，筛板的孔径较精馏塔小。轻液从塔底部进入，经筛孔分散成液滴后，上升通过连续水相，在上一层筛板下面聚并，形成一层轻相；轻相经筛孔再分散，上升再聚并，如此重复，直至塔顶分层后排出。重液连续相从塔顶部进入，水平流过筛板后，经溢流堰流入降液管，进入下一块筛板，如此反复，最后从塔底排出。若重液是分散相，则不设置溢流堰，将降液管改为升液管，轻液连续相流入升液管进入上一层塔板。分散相每经过一块筛板都被分

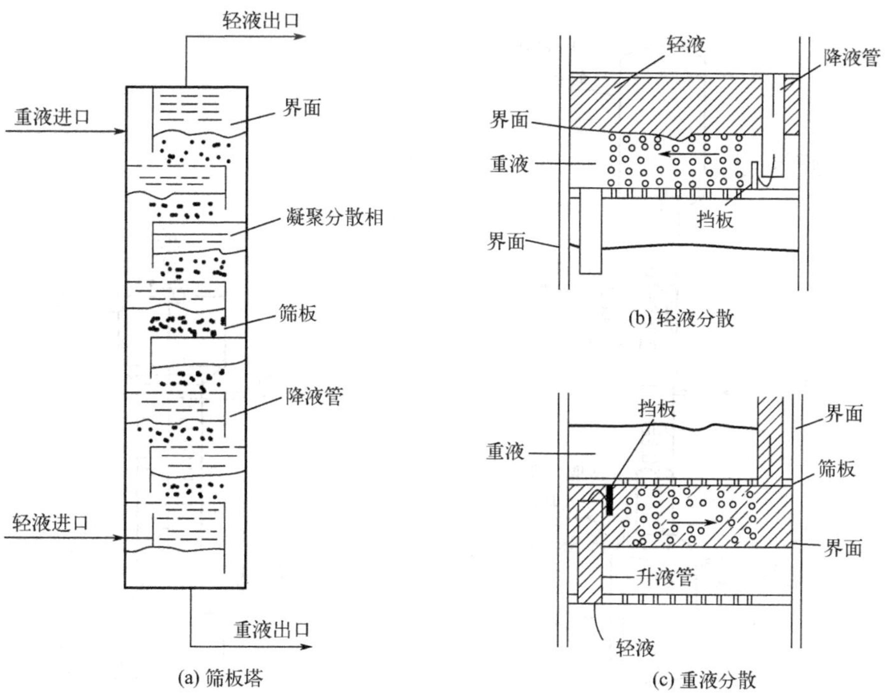

图 3-34 筛板塔[19]

散成液滴，有效更新了液滴的表面，强化了与连续相的传质过程；分散后又聚并。每一块筛板相当于一个混合澄清器，将塔内两相的轴向返混限制在相邻两板之间，提高了萃取过程的传质推动力。筛板塔结构简单，价格低廉，但对界面张力高的萃取体系，难以实现分散相的有效分散，级效率较低。

③ 脉冲筛板塔　如图 3-35 所示，脉冲筛板塔中间装有若干块带孔的筛板，用支撑柱和固定环按一定的间距固定。由脉冲泵输入能量，使塔内的萃取体系产生脉冲运动，分散相在塔内发生持续的分散、聚并行为，同时可以增强液滴内的扰动和两相界面更新，提高传质速率。塔的上、下两端有澄清段，分别供有机相和萃余相澄清分相。脉冲筛板塔没有降液管，筛板孔径为 3 ～ 6mm，板间距为 50mm，开孔率可达 20% ～ 25%。脉冲信号的频率和振幅一般分别在 100 ～ 260 次 /min 和 6.25 ～ 25mm 之间。脉冲筛板塔结构简单，不需要在塔内设置专门的机械搅拌或往复运动构件，但处理能力不高，能耗较大，轴向返混严重。

④ 往复振动筛板塔　如图 3-36 所示，往复振动筛板塔的结构与脉冲筛板塔类似，只是其中的筛板均固定于一根作上下往复运动的中心轴上。当塔内充满萃取体系物料时，浸没在液体中的筛板作往复运动，液体经筛孔喷射分散成小液滴，可以显著增加两相的接触面积和湍动程度，提高两相传质速率。往复振动筛板塔以筛板的上下往复运动代替了脉冲筛板塔液体的上下往复运动。与此对应，往复振动筛板塔的筛板孔径和开孔率均较大。筛板孔径一般为 7 ～ 16mm，开孔率达 55%。该塔传质效率高，制造容易，流体流动阻力较小，能耗较低，操作方便，是一种综合性能较好的萃取设备。

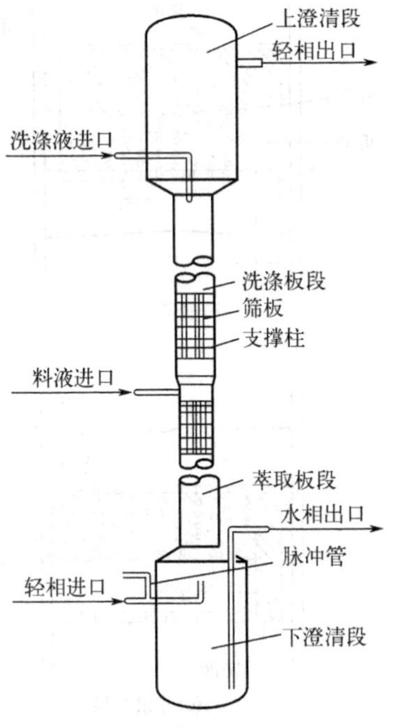

图 3-35　脉冲筛板塔

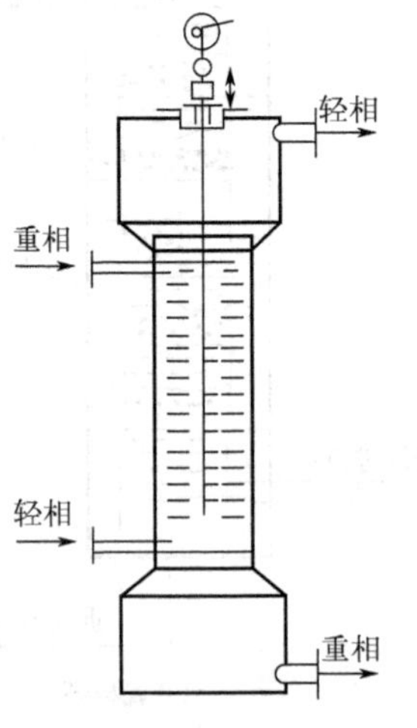

图 3-36　往复振动筛板塔

⑤ 转盘萃取塔　转盘萃取塔基本结构如图 3-37 所示。塔内壁上安装有一系列等间距的固定环，在旋转的中心轴上水平安装有一系列同样间距的圆形转盘。塔的两端是两相澄清分相区，两相流体的入口之间安装有固定格栅，以隔开两相传质和分相区域。当转盘由电机带动高速旋转，迫使两相流体一起转动时，流体内部产生高的速度梯度和剪应力，使连续相产生强烈的漩涡，同时使分散相破裂成许多小液滴，可以有效增加分散相的截留量和两相接触面积，强化传质过程。固定环将塔分成多个区间，将转盘带动流体产生的旋涡限制在区间内，减小了塔内的轴向返混。转盘转速会显著影响塔的分离效率和生产能力，转速一般选为 80 ～ 150r/min。此外，塔的分离效率和生产能力还与塔的结构参数如转盘直径和转盘与固定环的距离等有关。通常塔径与转盘直径之比为 1.5 ～ 3，塔径与固定环开孔直径之比为 1.3 ～ 1.6，塔径与转盘间距之比为 2 ～ 8。转盘萃取塔结构简单，操作方便，分离效率高，操作弹性大，处理量大，工业应用较为广泛。

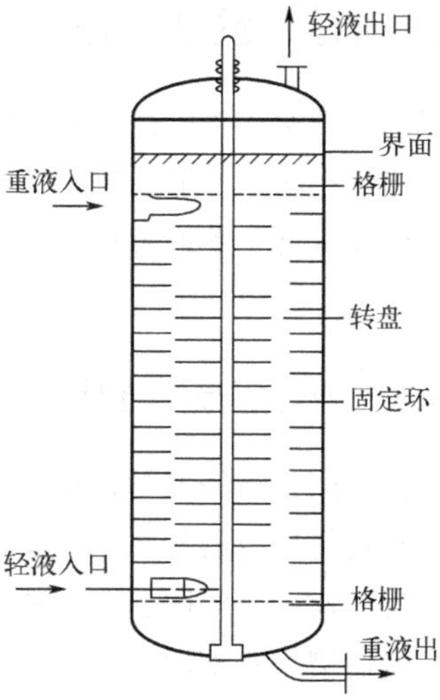

图 3-37　转盘萃取塔

3.6.3　净化磷酸产品的性能与标准

目前中国国内销售的工业湿法净化磷酸均符合 HG/T 4069—2022 标准的要求，为无色透明或略带浅色的稠状液体，其主要指标要求见表 3-14。

表3-14　工业湿法净化磷酸HG/T 4069—2022标准的指标要求

项目		指标					
		75% 磷酸			85% 磷酸		
		优等品	一等品	合格品	优等品	一等品	合格品
色度 / 黑曾	≤	20	30	40	20	30	40
氯化物（以 Cl 计）含量 /%	≤	0.0005	0.001	0.002	0.0005	0.001	0.002
硫酸盐（以 SO_4 计）含量 /%	≤	0.01	0.02	0.03	0.01	0.02	0.03
铁（Fe）含量 /%	≤	0.002	0.003	0.005	0.002	0.003	0.005
铅（Pb）含量 /%	≤	0.001	0.002	0.003	0.001	0.002	0.003
镉（Cd）含量 /%	≤	0.001	0.002	0.003	0.002	0.003	0.003
砷（As）含量 /%	≤	0.0001	0.001	0.002	0.0001	0.0005	0.001
氟（F）含量 /%	≤	0.01	0.02	0.03	0.01	0.02	0.03
镁（Mg）含量 /%	≤	0.002	—	—	0.002	—	—
钙（Ca）含量 /%	≤	0.002	—	—	0.002	—	—
总有机碳（TOC）（以 C 计）含量 /%	≤	0.007	—	—	0.007	—	—

3.6.4 湿法磷酸净化技术展望

国内外的湿法磷酸净化技术已相当完善、成熟，未来的技术改进预估主要集中在净化流程的关键步骤溶剂萃取工段。如何提高萃取速率、强化萃取过程，对湿法磷酸净化技术的发展具有重要意义。萃取过程强化方法主要有微化工技术强化、乳化萃取技术强化和双膜微萃取技术强化等。

3.6.4.1 微化工技术强化

瓮福集团与清华大学合作，共同开发完成了湿法磷酸高值化和清洁生产的微化工技术及应用。与传统反应器相比，微反应器因微米级的尺寸，具有比表面积大、传递速率高等显著优势。将微反应器应用于湿法磷酸净化，可有效强化萃取净化过程。该技术内容包括：发明了垂直流微槽、双重微筛孔阵列和双重管径微通道等多种微结构元件，研制了工业规模的微型湿法磷酸萃取器、反萃取器、脱色反应器、洗涤器和中和反应器等；提出了湿法磷酸净化微化工系统内沉淀物迁移控制与在线清洗技术相结合的万吨级微化工系统长周期维护策略，成功实现了微化工技术在湿法磷酸净化中的大规模产业化应用，在国际上首创 12 万吨 / 年湿法磷酸净化微化工系统。

3.6.4.2 乳化萃取技术强化

四川大学溶剂萃取法净化湿法磷酸技术采用的关键萃取设备为振动筛板塔和混合澄清器。此类常规萃取手段萃取速率慢，物料停留时间长，导致萃取设备普遍较大、系统内维持循环的萃取剂总量大、萃取剂降解损耗严重等问题。四川大学针对该问题创新研发出乳化萃取技术。该技术不需要在萃取体系中添加界面活性剂，简单的筛网搅拌即可使萃取剂和磷酸形成油包水的乳状液，油水两相传质面积显著增加，萃取速率大大提高；乳化得到的乳状液经旋流器破乳，之后缓慢搅拌，即可得到澄清的油水两相，实现系统的连续运转，生产出符合行业要求的净化磷酸。该技术具有装置小、溶剂投入小、溶剂损耗小、容易大型化等显著特点。采用该技术建设的年产 0.6 万吨的乳化萃取法净化磷酸生产线于 2009 年在云南常青树化工顺利开车。2016 年在中化重庆涪陵化工建设了年产 5 万吨的乳化萃取法净化磷酸工业装置。该公司年产 15 万吨的乳化萃取法净化磷酸工业装置于 2022 年 4 月开车投产。

3.6.4.3 双膜微萃取技术强化

传统萃取操作通常是一相以液滴的形式分散到连续相中进行传质，再液滴聚并，两相澄清分层完成萃取。相应地，目前的萃取设备极易出现两相分散好、传质速率快但易乳化难分相或两相分散差、分相容易但传质速率慢的情况，亦即传质速率和分相速率间的矛盾。解决该矛盾的关键在于改变两相的接触方式。四川大学创新研发出双膜微萃取技术，提出了两相以双连续相、微萃取的形式进行接触传质。双连续相则不会有分散相出现，两相出萃取器即刻分相；微萃取则使双连续相的传质面积和传质系数足够大，传质速率足够快。双膜微萃取技术经小型试验证明，具有传质速率快、萃取时间短、级效率高、装置处理量大、操作弹性大、即刻分相、不易堵塞等显著优点。

3.6.4.4 其他强化方式

除了如前所述的三种强化方式外，还有反胶团溶剂萃取、预分散萃取、液膜萃取、外加场强化（如微波、超声波、磁场、电泳等）萃取等方式。但这些方式局限于自身的特点，暂时难以产业化应用。如有需要，请参看相关专著。

3.7 磷石膏

3.7.1 磷石膏的特性

湿法磷酸生产是通过硫酸分解天然磷矿来实现的。用硫酸与磷矿反应生产磷酸时，生成的硫酸钙晶体和磷酸溶液通过固液分离，得到磷酸。

磷石膏不同于一般的土和尾矿，具有二次再结晶特性。磷石膏的抗剪强度和渗透性具有很大的离散性。澄清速度比较快，同时呈现颗粒越细、沉积深度越大的趋势。

总之，磷石膏是一种胶结性较好的材料，对于稳定性是有利的；另外，磷石膏易溶蚀。掌握磷石膏的特性对研究石膏堆场的稳定性及安全性非常重要。

3.7.2 磷石膏的安全堆存

磷石膏是生产磷酸过程中的副产物，每生产 1t 磷酸产品（以 100%P_2O_5 计）约产生 5t 磷石膏，磷石膏的主要成分为二水硫酸钙（$CaSO_4 \cdot 2H_2O$），并含有少量的 CaO 和微量的重金属离子及放射性元素，以及未分解的磷矿粉、P_2O_5 和游离酸等杂质。按照我国《一般工业固体废物贮存和填埋污染控制标准》（GB 18599—2020）、GB 5085 鉴别标准和 GB 5086 及 GB/T 15555 鉴别方法，磷石膏属于第Ⅱ类一般工业固体废物，即在对磷石膏进行浸出试验而获得的浸出液中，有一种或一种以上污染物的浓度超过 GB 8978 最高允许排放浓度，或者是 pH 值在 6 ～ 9 范围之外的一般工业固体废物。

随着磷化工企业的发展，磷石膏的排放量日益增大，每年的磷石膏年产量约为 7000 万吨，而且还将以每年 10% 的速度增加，磷石膏的处置主要有两个方面，一是进行磷石膏综合利用，二是采取堆存处置。磷石膏的综合利用仍然存在较多问题，一是关键技术尚未突破。如目前尚缺乏经济、适用、清洁的预处理工艺，磷石膏处理量大、节能高效的焙烧技术和设备还需要研究攻关，磷石膏制硫酸联产水泥亟须能耗低、经济适用的低温分解技术。二是受限于经济运输半径。建材产品具有很强的地域特性，存在经济运输半径和合理的销售范围，而高浓度磷复肥企业多处于偏远山区，且相对集中，企业自产的磷石膏建材产品存在受当地市场容纳能力限制和长距离运输的困难[20-23]。

3.7.2.1 磷石膏库的工程分类

按工艺流程分类，磷石膏堆存处理的方式主要有湿法堆存和干法堆存，其中，湿法堆存可即时回收废水和可溶磷，环保节能、操作方便、运行费用较低。干法堆筑的磷石膏库安全性相对更高，环保压力更小。

按堆坝法分为上游式堆坝法、下游式堆坝法、中线式堆坝法等，我国 90% 以上磷石膏库都采用上游式堆坝法。

按地形分类，磷石膏库可以分为山谷型、山坡型和平地型。

3.7.2.2 磷石膏库的安全预防措施建议

从国内外发生的磷石膏库事故来看，须总结事故原因，扎实做好预防措施，建议如下：

（1）需聘请有相应资质的单位进行磷石膏库的选址、勘察、设计、安全评价、施工、监理等工作。

（2）在磷石膏库的设计、施工、勘察、操作、安全、环保等标准、规范不全的情况下，一般磷石膏库的设计参考 AQ 2059—2016《磷石膏库安全技术规程》的有关规定，环保设计参照一般固废Ⅱ类的标准要求。建设单位应制定《磷石膏库操作运行细则》，对磷石膏库从业人员进行岗前安全培训。

（3）严格按照《磷石膏库操作运行细则》，做好库内的日常及汛期管理工作，严格控制池内水位及库内干滩长度，严禁外水排入磷石膏库。

（4）严格按照《磷石膏库操作运行细则》和设计要求，加强排水设施的日常管理维护，确保排渗设施的可靠性，认真做好建设与使用过程中的维护管理工作。

（5）参考《冶金矿山尾矿设施管理规程》的有关规定，做好监测及日常检查巡视工作，一旦发现坝体沉降、位移、干滩长度、浸润线埋深等监测结果出现异常或者出现渗漏、沉陷、开裂、隆起等异常情况时，应及时处理，以免隐患扩大和恶化。

3.7.3 磷石膏的综合利用

我国磷矿资源储量占全球磷矿资源储量的 6%，占据世界第二的位置。我国磷石膏的产地与磷矿资源分布有关，主要产自云南、湖北、贵州、山东、安徽、重庆、江苏、四川、广东、陕西等地。相关数据显示：湖北、云南、贵州、山东、安徽五省份磷石膏产量占全国总产量分别为 24.85%、24.62%、14.71%、7.03%、5.65%。

近年来，我国磷石膏产量整体趋于平稳。2010 年我国磷石膏产量约为 6200 万吨；2020 年全国磷石膏产量约 7700 万吨，磷石膏利用量约 3400 万吨；2021 年全国磷石膏产量约 8000 万吨，磷石膏利用量约 3650 万吨，国内已堆存的磷石膏总量超过 5 亿吨。磷石膏的产排和堆存已成为制约磷化工行业可持续发展的敏感性安全环保问题，磷石膏给磷化工企业带来高昂的堆场建设和运维费用。

由图 3-38 可以看出：在 2015 年达到 8000 万吨的顶峰后，磷石膏的产量随后下降。随着农业对磷肥需求量的减少，未来磷石膏的产量还会进一步下降；磷石膏的利用量、利用率随着利用途径的进一步拓宽呈现上升态势，但磷石膏产量的增幅与利用量增幅的剪刀差依然存在，环保风险和压力依然巨大。

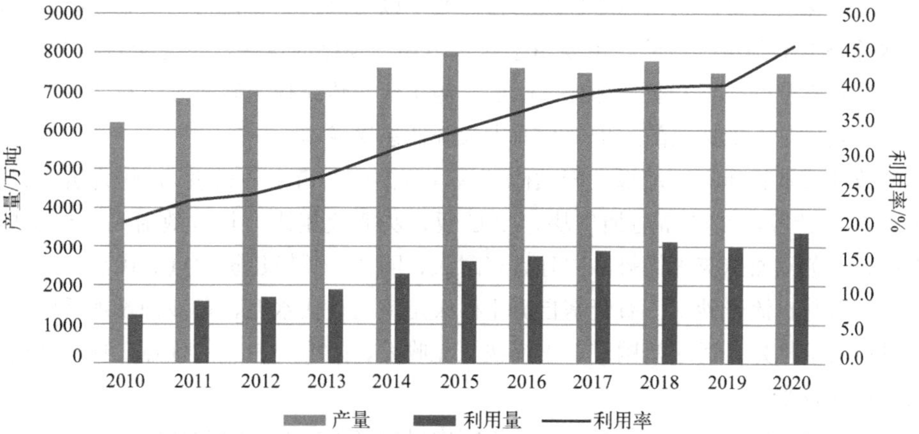

图 3-38 2010 ~ 2020 年我国磷石膏的产量、利用量及利用率

磷石膏的处置已成为制约磷化工高质量发展的关键因素，事关产业生死。磷石膏本身含有有害杂质，如可溶性 P_2O_5、F^-、有机物等，给磷石膏的无害化堆存及资源化利用增加了难度。

针对磷石膏本身含有的有害杂质，可采取前端治理技术，结合磷酸装置对磷石膏进行预处理和无害化改性，可使磷石膏性质与天然石膏接近。无害化磷石膏渗滤液的 pH 值、磷、氟和氨氮等指标达到工业废水排放标准，磷石膏中磷酸盐、氟化物和有机质达到第 Ⅰ 类一般工业固体废物排放标准，可使磷石膏堆存的安全环保风险得到极大降低。磷石膏改性后杂质含量各项指标达到 GB/T 23456—2018 一级品标准，就可满足磷石膏综合利用的原料要求。

目前，磷石膏利用途径呈现多元化的态势。我国磷石膏综合利用主要在建材、化工、农业、生态修复等。在建材行业，建筑石膏粉和 α 高强石膏粉作为建材原料，可生产水泥缓凝剂、石膏砌块、石膏板、石膏砂浆等；以磷石膏为原料的化工行业产品主要有硫酸、硫酸盐等；在农业方面可用作土壤调理剂、钙肥等。据统计，磷石膏在建材行业的利用占比超过 40%，是我国磷石膏消纳的主要行业。

3.7.3.1 建材

磷石膏主要成分为 $CaSO_4 \cdot 2H_2O$，含量高达 70% ～ 90%，此外还含有多种其他杂质，例如磷、氟、共晶磷、磷酸盐及有机物。磷石膏中所含的杂质，对磷石膏制备不同建材产品的质量产生不良影响，因此有必要采用预处理措施降低磷石膏中杂质的含量。当前，我国贵州、湖北、云南、重庆、四川、山东等省市的磷石膏利用发展迅猛，各种以磷石膏为基础材料的新型建筑材料得到广泛应用。主要的建材制品有改性防潮轻质石膏墙板、石膏腻子粉、空心楼盖结构配套用石膏模盒及石膏路基垫层等[24]。

现阶段，工业副产石膏在建材方面的应用主要有以下几种[22-23]：

（1）石膏模盒　石膏模盒是用于现浇混凝土空心楼盖结构中的填充材料，使用其作为填充内模，在施工结束后无需拆模，石膏模盒与无梁楼盖合成一体，形成石膏空腔无梁楼盖。适用范围广，具有强度高、空心率大、抗冲击力强、密封隔音效果好、环保轻质防火、板面平整、节省工程造价等优点。

（2）轻质抹灰石膏砂浆　轻质抹灰石膏砂浆是以煅烧好的石膏粉为主要胶凝材料，加入玻化微珠等外加剂预混制成的，主要用于建筑内墙、顶棚的抹灰，可完全替代黄砂、青砂、水泥，且具有不空鼓、不开裂、环保、阻燃、施工快等传统抹灰砂浆不可替代的作用，采用机械喷涂，效率是人工抹灰的三倍，从而大大降低建筑成本。

（3）改性防潮轻质石膏墙板　轻质隔墙板（双凹槽石膏空心条板），作为装配式建筑产品纳入装配率计算，其产品与加气块、ALC板、灰渣板相比，具有效益高、施工周期短、布线方便、可免双面抹灰等优势。同时具有耐火、隔音、减轻建筑承重等优点。

（4）石膏基自流平砂浆　石膏基自流平砂浆是室内替代水泥、黄沙铺设地板的轻质胶凝材料，具有流动性好、适应范围广、干燥快、无收缩、耐磨、阻燃的优点，更重要的是施工速度快，自动找平。

（5）石膏腻子粉　石膏腻子粉主要用于室内以找平为主要目的的基层表面处理材料。

（6）石膏砌块　石膏砌块有实心、空心及各种规格型号，用于建筑中框架结构和其他结构的非承重墙体的内隔墙砌筑，它最大的特点是防火阻燃，并且双面光滑无需抹灰，直接刮腻子或贴墙纸、墙布。

工业副产石膏在建材上的应用还有陶瓷装饰材料、水泥添加剂等，也可制成石膏基导电材料、磁性材料、隔热材料等。

此外，正在研发石膏基水泥、免煅烧防水石膏砖、石膏基路缘石、路面砖、石膏路基垫层等。

以上类别的石膏建材产品均有一定程度的应用。但由于各地方政府及相关主管部门重视程度及地方情况差异较大，各产品利用率均比较低。其主要原因是企业、社会对工业副产石膏的认识形成了惯性思维，对其综合利用及相关产品认识不足，导致对产品开发、市场推广等投入过少，没有形成规模效应。

3.7.3.2　水泥缓凝剂[20]

水泥缓凝剂是水泥生产中的添加剂，使用量为水泥总量的3%～5%。我国水泥行业所用的缓凝剂原料大部分为天然石膏，且消耗量与日俱增。用磷石膏取代天然石膏生产水泥缓凝剂，能够相应地降低水泥的生产成本，具有广阔的市场前景。磷石膏制水泥缓凝剂的过程主要包括磷石膏预处理、煅烧、收尘及成球4个环节。

磷石膏制备水泥缓凝剂须进行前期处理，未经处理的磷石膏制备的水泥缓凝剂所面临的主要问题是水泥早期强度偏低。因此，在磷石膏使用前必须对其进行相应处理。

（1）对P_2O_5的处理　磷石膏中P_2O_5能够影响水泥早期强度的C_3S反应，使得水泥硬化产物早期强度明显降低。影响程度与P_2O_5含量有关，当P_2O_5含量小于1%时，水泥早期强度没有受到影响，相反，水泥28天强度有所提高；P_2O_5含量为1%～2%时，水泥早期强度受到影响，28天强度无明显变化；P_2O_5含量大于2%时，水泥早期强度和后期强度受到的影响较大。

通常情况下，磷石膏中的P_2O_5主要有三种存在形式：未洗净的水溶性磷、未完全分解磷矿石中的不溶性磷以及磷石膏晶格中的晶间磷。再浆洗涤处理能够有效除去水溶性磷，水力旋流器可以有效去除磷矿颗粒中的不溶性磷。

（2）对水泥粒度的控制 为保证水泥熟料早期水化速率，可加大水泥熟料的粉磨粒度，粒度越小，水化速率越快，所需石膏掺量越大，这样就会有更多的石膏与 C_3S 在早期水化反应生成 AFT 和 AFM 的混合物，大大提高水泥的早期强度。

（3）控制混合材掺量 现代水泥生产中，为提高硅酸盐水泥的耐久性、抗腐蚀性以及降低生产成本，通常会向水泥熟料中加入一定比例的混合材，但多数混合材会降低水泥的早期强度。因此，在水泥早期强度较低时应严格控制混合材的掺量，或者选用两种以上显碱性和惰性的混合材掺混，提高水泥的早期强度。

现代水泥生产工艺中，石膏是主要的缓凝剂，随着天然石膏资源逐渐枯竭，磷石膏的应用变得刻不容缓。这就要求相关科研工作者深入研究磷石膏的成分和性能，对其多变性和复杂性充分掌握，创新现有磷石膏净化工艺，完善现有标准，扩大磷石膏的应用范围和领域。

3.7.3.3 化工制品

磷石膏除杂后，可用于生产化工产品、建筑制品和土壤改良剂等，也可从中回收可用组分。

（1）磷石膏制酸副产石灰[25] 由于磷石膏含水量达 20% 以上，传统的热力学干燥能耗较大。目前新型磷石膏制酸技术采用非热力学脱水，同时利用分解尾气的余热干燥游离水，可以大幅减少去除磷石膏中游离水的能耗。

磷石膏与碳在高温下反应得到二氧化硫和氧化钙，二氧化硫经过净化后进入硫酸装置生产硫酸，氧化钙经冷却后得到石灰。其工艺流程见图 3-39。

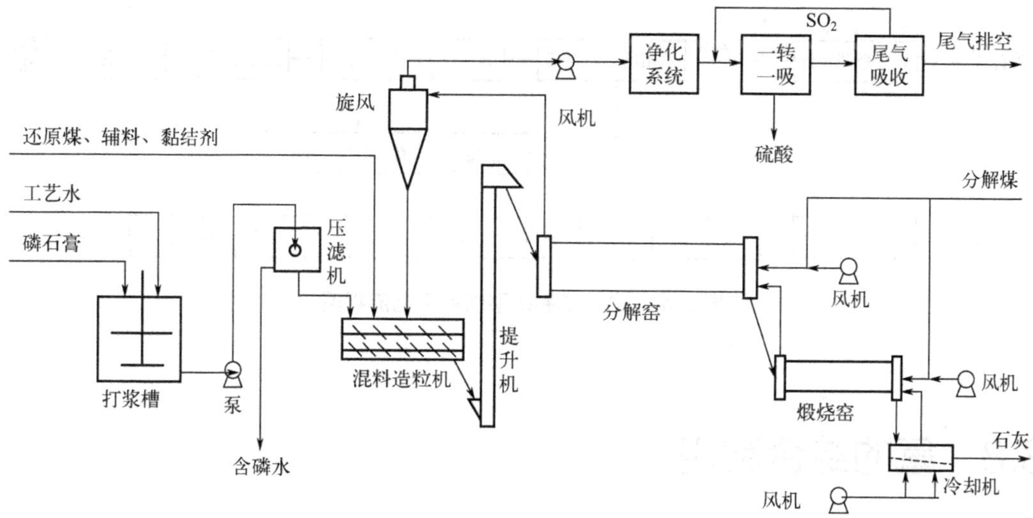

图 3-39 磷石膏化学分解生成硫酸副产石灰的流程示意图

（2）磷石膏制硫酸钾、硫酸铵[26] 硫酸钾是重要的无氯钾肥。用磷石膏生产硫酸钾的方法分为一步法和两步法。一步法是以氨为催化剂，用磷石膏与氯化钾反应直接得到硫酸钾。该法工艺简单，但副产氯化钙难以回收，会污染环境，因此尚未工业化。两步法是磷石膏先与碳酸氢铵反应制硫酸铵，再与氯化钾进行反应的两步反应体系。此方法由氨吸收、石灰石煅烧、碳化、石膏转化、硫酸钾结晶与干燥、石膏沉淀、蒸馏等工序组成。且副产氯化铵和碳酸钙可循环利用，无废料排放。目前，国内企业采用该方法较多，但年产量不足20万吨[27-29]。其工艺流程见图3-40。

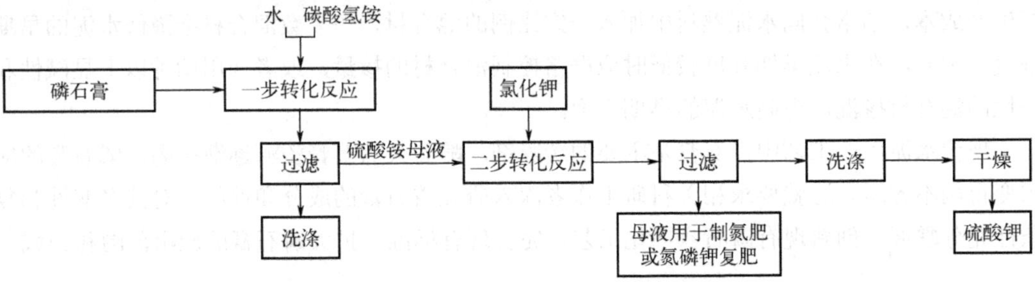

图3-40　磷石膏两步法生产硫酸钾的工艺流程示意图

硫酸铵是农业生产中硫、氮肥的重要原料。以磷石膏制取硫酸铵基于以下原理：$2NH_3+CO_2+CaSO_4\cdot 2H_2O = CaCO_3(s)+(NH_4)_2SO_4+H_2O$。该工艺技术把$CO_2$转化为碳酸钙的同时，又将磷石膏中的硫转化为化肥产品，是一个加工增值的生产过程。但此技术还需进一步优化：一是原料价格较高，硫酸铵市场低迷，经济效益差；二是副产碳酸钙需要更合理的利用。工艺流程见图3-41。

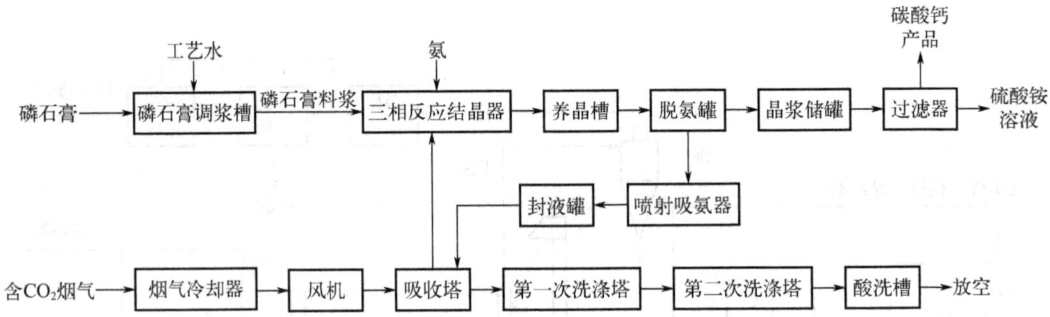

图3-41　磷石膏制硫酸铵的工艺流程图

3.8　氟的综合利用

3.8.1　氟在磷酸生产中的分布

自然界中的氟资源主要存在于萤石和磷矿石中，虽然萤石含氟量高，但萤石是不可再生资源。随着工业的快速发展，萤石资源供不应求。世界各国对萤石资源的保护都相当重视，

2003 年我国不再发放新的萤石资源开采的许可证，并且提高关税限制萤石的出口。磷矿中伴生的氟成为新的氟资源。磷矿石中伴生的氟占总氟资源的 90%。目前由于我国生产技术和重视程度等原因，磷矿中伴生的氟资源未能得到充分利用，仅是每年流失的氟资源就远远大于国内氟的需求量。综合利用磷矿中的氟不仅能够节约资源、保护环境，而且可有效解决我国萤石资源短缺问题。

在磷矿石中，伴生有 2% ～ 4% 的氟，这些氟的存在形态有两种，即 $Ca_{10}F_2(PO_4)_6$(氟磷灰石) 和 $CaSiF_6$(氟硅酸钙)，其中以 $Ca_{10}F_2(PO_4)_6$ 为主。在普钙和湿法磷酸的实际生产中，在利用硫酸对磷矿粉分解的时候，从湿法磷酸萃取中逸出的氟通常都占总量 5% ～ 10%，进入到二水石膏中的氟占据 25% ～ 40% 的比例，而最后 65% ～ 70% 的氟进入到了磷酸中。在浓缩磷酸时，进入到气相中的氟占据了总量的 38% ～ 45%，并且这些氟基本上都是气体 (HF 和 SiF_4)，可通过水来吸收，从而得到我们常见的副产品 H_2SiF_6(氟硅酸)。通常情况下，由于磷矿组分的差异性，氟的回收率相差较大，氟的回收率一般处于 38 ～ 54kg（100% H_2SiF_6）/t P_2O_5 之间。

3.8.2 氟的综合利用途径

3.8.2.1 氟硅酸盐

生产的氟硅酸盐主要指氟硅酸钠、氟硅酸钾、氟硅酸钙、氟硅酸镁、氟硅酸铵等，基本都是采用氟硅酸溶液与相应的金属化合物反应而得到的。比如氟硅酸钠的生产，主要是采用氟硅酸溶液与工业盐，即芒硝 / 纯碱 / 烧碱反应生成氟硅酸钠料浆及相应的酸。此方法制备过程中副产酸的浓度高低主要决定于原料氟硅酸的浓度以及相应金属氟化物溶液的饱和度。反应体系料浆浓度过高，易生产细颗粒的氟硅酸钠，后续过滤困难，干燥收率低；反应体系料浆浓度过低，成品氟硅酸钠颗粒大，但副产酸环保处理费用高，且副产酸中溶解氟硅酸盐的量相对较多，收率较低，成本相对较高。故生产氟硅酸盐要综合考虑成品氟硅酸钠的粒度、副产酸的浓度、产业化实施装备的选择以及生产成本等多项因素。

氟硅酸钠是氟硅酸盐中的最大宗产品，另外，我国也小规模生产一些其他氟硅酸盐产品，如氟硅酸钾、氟硅酸镁、氟硅酸铵等。以氟硅酸钠产品为例，生产方法根据钠盐原料不同可分为氯化钠法和硫酸钠法，按照操作过程可分为连续法和间歇法。目前我国的 Na_2SiF_6 供大于求，市场前景不佳。

氟硅酸钠的生产原理为：

$$H_2SiF_6+Na_2SO_4 \longrightarrow Na_2SiF_6+H_2SO_4$$

或：

$$H_2SiF_6+2NaCl \longrightarrow Na_2SiF_6+2HCl$$

其生产过程为：将澄清的氟硅酸配成 12%H_2SiF_6 与 24% ～ 26%NaCl 或者 Na_2SO_4 溶液反应，经过滤分离后，在振动流化床内干燥得到氟硅酸钠产品。

3.8.2.2 氟化氢

氟化氢是氟化工产业的基础原料，以磷基新材料副产氟硅酸制备无水氟化氢的技术已经较为成熟，国内贵州瓮福、湖北兴发均有氟资源回收利用生产无水氟化氢装置投产。利用无水氟化氢产品开发后续高附加值的含氟高分子材料、含氟精细化学品等氟化工产品，可有效延伸产业链，提高企业的盈利能力和竞争力，同时缓解环境污染和氟资源不足的困境。

无水氟化氢在低于20℃时是一种无色发烟液体，容易聚合，能腐蚀含硅物质，对皮肤有极强的烧伤力，溶于水时放热生成氢氟酸。它是一种有机原料氟化剂，用来生产冷冻剂“氟利昂”、氟树脂、有机氟化物和元素氟。在石油化工中用作芳烃、脂肪族化合物烷基化制高辛烷值汽油的液态催化剂。开采某些矿床时，用于腐蚀地层、稀有元素和提取放射元素，在核能工业和核武器生产中，它是生产六氟化铀的原料。

（1）国外相关技术　20世纪70年代以来，国外研究开发了利用磷矿石中的氟来生产氢氟酸。目前已研究开发的工艺方法主要有：①直接利用磷矿石法；②过磷酸钙废气法；③ IMC 法；④ Buss 法；⑤浓硫酸法。

① 直接利用磷矿石法　是直接把水蒸气通到高温磷矿石上，产生的 HF 气体用 80℃以上的碱性溶液（如硫酸钠）处理，制成酸性氟化钠；然后在 250 ～ 300℃下酸性氟化钠热分解，得到高浓度的 HF。HF 的回收率在 98% 以上，磷矿石中氟的利用率达 90%。

② 过磷酸钙废气法　是用碱性水溶液吸收磷酸和过磷酸钙生产过程中所产生的四氟化硅废气，得到氟硅酸钠；再加热分解氟硅酸钠，得到氟化钠和四氟化硅；氟化钠与浓硫酸反应得到 HF 气体与硫酸钠，HF 气体经冷凝或用水吸收得到无水氟化氢或氢氟酸。

③ IMC 法　是在 1 ～ 10℃下将氨水通入 18% ～ 30% 的氟硅酸溶液中，反应至 pH=8；过滤除去二氧化硅，得到氟化铵溶液；在 100 ～ 135℃下浓缩（至含水量低于 4%），使氟化铵转化为氟化氢铵，再让氟化氢铵与氟化钠作用得到氟化氢钠；然后热分解氟化氢钠得到 HF 气体和氟化钠，HF 气体经冷凝或用水吸收得到无水氟化氢或氢氟酸。

④ 浓硫酸法　已实现产业化的只有瑞士 KvaemerAG 公司，采用浓硫酸法使氟硅酸脱水，然后减压蒸馏以制取氢氟酸。

（2）国内相关技术　20世纪90年代以来，国内一些大专院校和科研院所开始进行“湿法磷酸副产氟硅酸生产氟化氢技术”的研究与开发。但它们都处在小试阶段，未进行中试与产业化生产。如吉首大学与华东研究院以氟硅酸为原料，用氨中和得到氟化铵溶液，同时副产二氧化硅，再将氟化铵溶液在一定条件下反应得到 KHF_2，并释放出氨，加热 KHF_2 即可得到氟化氢气体和氟化钾。天津化工研究设计院以氟硅酸钠、硫酸为原料，先制得四氟化硅气体，然后其在高温下水解，制得气相法二氧化硅与氟化氢。四川大学用湿法磷酸副产物氟硅酸先制得氟化钙，再按萤石法工艺制得氟化氢。

目前，我国的萤石硫酸法转炉生产氟化氢的工艺水平，无论是产能、产量、质量都已得到长足的发展，有的装置已达到国际先进水平，但还是存在设备腐蚀、能效不高、较多应用贵重合金以及生产装置设备维护费高、环境污染严重等问题。开发利用磷化工副产物氟硅酸中的氟资源，不仅有利于氟化工，还有利于磷化工及相关行业的协调发展，同时大大缓解氟化工面临的萤石资源开采问题，对于社会经济的可持续发展有着重大的战略意义。

3.8.2.3　氟化铵

氟化铵用途极为广泛，它可用来制造现今使用的几乎全部氟盐，如氟化钠、氟化钾、氟化氢铵、氟化锂、氟化铝、无水氟化氢、三氟化铝等，也可以作为制造高能燃料的原料，在稀有元素和稀有金属的提取过程中也越来越多地使用氟化铵。另外，高纯度的氟化铵还可用于电子工业、化学分析及生物医药等行业。因此，氟化铵作为一种重要的无机氟原料，越来越受到人们的重视，国内外出现许多生产氟化铵的方法。

（1）氨气氨化工艺　李世江等将水、氟硅酸与氨水加入反应槽，通过控制反应器的 pH 值、温度制得白炭黑和氟化铵。该发明有效解决了氟硅酸开发利用的问题，采用氟硅酸为原料大大降低了生产成本，缓解了磷肥行业的环保问题，开发了新的氟源，还联产白炭黑增加了氟硅酸的附加值。但是，该法氨化率不高，得到的氟化铵溶液浓度偏低，另外产品氟化铵中的 SiF_6^{2-} 和硅含量偏高，无法应用于纯度要求较高的电子和医药行业。

针对氨化率不高的问题，明大增团队的多步氨化法效果较好，工艺流程示意图见图 3-42。

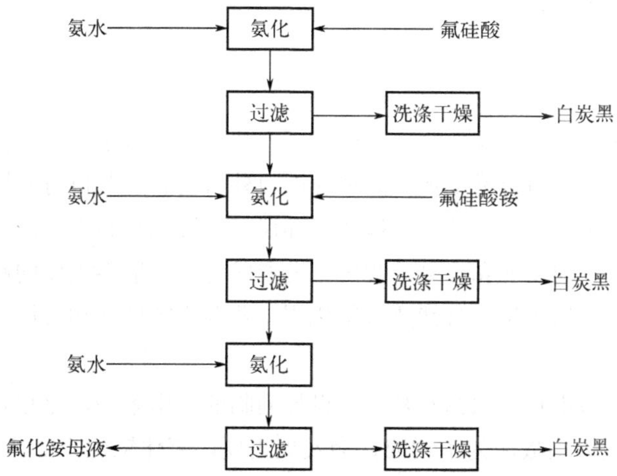

图 3-42　多步氨化法制备氟化铵的工艺流程图

该法采用多次氨化，过滤分步进行，大大提高了整个反应的氨化率，其关键是向第一步过滤所得滤液中补加氟硅酸铵，解决了氟硅酸氨化后母液中氟化铵浓度偏低的问题。

后来，明大增等又提出氟硅酸氨化连续制取白炭黑和氟化铵的方法，这种连续的生产工艺有效克服了间歇法工艺设备利用率低和自动化程度低的缺点，提供了一种流程短、自动化程度高且易于工业化的氟硅酸氨化制取氟化铵的方法。但是，他们在这两个专利中并没有提及氟化铵母液后续加工所得产品纯度及杂质含量。

（2）碳铵氨化工艺　用碳铵氨化氟硅酸制备氟化铵主要见于卢爱军等的文献报道。其特点是：用重结晶的方法纯化原料碳铵，用助剂净化氟硅酸，将经过纯化的碳铵氨化氟硅酸生产高纯氟化铵和二氧化硅。其中卢爱军等采用碳铵多次氨化氟硅酸制备高纯氟化铵和高纯二氧化硅的效果较好，工艺流程示意图见图 3-43。

该法以磷肥副产氟硅酸和碳铵为原料不仅降低了成本，还为氟硅酸的利用找到新途径，用碳铵多次氨化使氟化铵的收益大大提高，联产附加值高的高纯二氧化硅提高了整个工艺的经济效益。

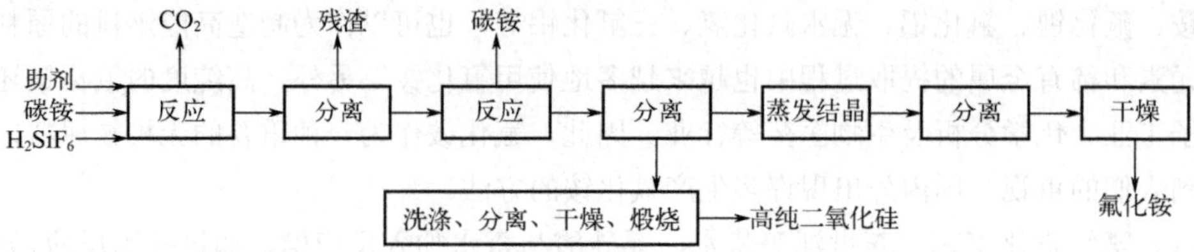

图 3-43　碳铵氨化氟硅酸制备氟化铵的工艺流程图

无论用哪种方法制备高纯氟化铵，都需要在得到粗产品后对其进行提纯，尤其是用氨化法制备氟化铵，产品纯度相对较低，杂质硅及金属离子含量偏高。氟化铵产品中的杂质主要是由原料带入及反应过程条件控制不当而产生的。由于制备氟化铵所用氟源不同，因此氟化铵所含杂质也不同。以 HF 为氟源制备的氟化铵所含杂质主要是金属离子，而以氟硅酸为原料制备氟化铵所含杂质主要是硅。

3.8.2.4　氟化铝

氟化铝作为电解铝主要的添加剂，在电解铝工业中占据着重要的地位。随着我国经济的高速发展、技术进步和出口贸易增加，为适应国内外市场和企业自身发展的需要，氟化铝工业生产的工艺技术、装备、自动控制、检测、环保、资源综合利用、产品质量和管理水平等各方面都得到了大幅度的发展和提高。我国已发展成为当今世界主要的氟化铝生产和出口国家之一。但是随着社会的进步，必然要求氟化铝工业要不断创新和发展，以满足各方面发展的需要。

气候变暖、环境污染和资源枯竭是当今世界面临的突出难题，这也是未来氟化铝行业存在与发展所面临的重大挑战。为了适应社会发展需要，氟化铝生产必将向着“效益最大化、环境友好化、品质卓越化、资源广泛化”的方向发展。

国内使用磷肥副产氟硅酸生产高性能氟化铝的研究思路是使用氟硅酸制无水氟化氢，然后利用无水氟化氢与氢氧化铝反应生产高性能无水氟化铝；或利用氟硅酸生产氟化铵，它再与氢氧化铝反应生成氟化铝。主要技术如下：

（1）氟硅酸分解法　在浓硫酸加热的条件下，氟硅酸分解为四氟化硅和氟化氢，通过分离和精制得到氢氟酸，氢氟酸与氢氧化铝反应制得高性能氟化铝。四氟化硅用于制备氟硅酸和白炭黑。

$$H_2SiF_6\cdot SiF_4(aq) \longrightarrow 2SiF_4+2HF$$

$$3HF+Al(OH)_3 \longrightarrow AlF_3+3H_2O$$

$$5SiF_4+2H_2O \longrightarrow 2H_2SiF_6\cdot SiF_4+SiO_2$$

（2）氟硅酸 - 氨法　氟硅酸和氨水反应生成氟化铵溶液和白炭黑的混合料浆，过滤分离后得到氟化铵溶液，经浓缩得到固体氟化铵和氟化氢铵的混合物，过滤得到的白炭黑滤饼经洗涤、干燥得到白炭黑产品。将氟化铵或氟化氢铵高温下汽化后与固体氢氧化铝按反应配比送入流化床反应器，反应温度控制在 500 ～ 600℃，反应生成氟化铝，将氨和水蒸气的混合气体冷凝得到氨水。氟硅酸法制备氟化铝的化学方程式如下：

$$H_2SiF_6+6NH_3\cdot H_2O \longrightarrow 6NH_4F+SiO_2+4H_2O$$

$$6NH_4F+2Al(OH)_3 \longrightarrow 2AlF_3+6NH_3(g)+6H_2O$$

在全球低碳经济的工业革命浪潮下，氟化工必然会向着质量更优、效益更好的方向发展。

3.8.2.5 冰晶石

氟硅酸生产冰晶石主要有三种工艺：

（1）直接法（酸法） 氟硅酸溶液分别与氢氧化铝和纯碱（烧碱或工业盐）反应，分离硅胶后得到氟化铝和氟化钠溶液，将两种溶液混合制得冰晶石。

（2）氨法 氟硅酸溶液与氨反应，分离硅胶制得氟化铵，再加入硫酸铝溶液和硫酸钠溶液反应制得冰晶石。

（3）氟化铵 - 铝酸钠法（碱法） 氟硅酸溶液与氨反应，分离硅胶制得氟化铵，再加入铝酸钠溶液反应制得冰晶石。

方法（3）在碱性条件下，产品中 F、Al、Na 的损失较大，对设备耐蚀要求较高。但得到的冰晶石半成品粗大，利于洗涤和过滤。

在工艺的不断发展过程中，各生产企业坚持发展磷肥的同时，抓好含氟废气和废水的回收利用，结合优势资源，积极发展冰晶石行业，可使企业获得更好的经济效益。

参考文献

[1] 姚永发，方天翰．磷酸 磷铵 重钙技术与设计手册．北京：化学工业出版社，1997.

[2] 皮埃尔 · 贝凯（法）．磷矿和磷酸：湿法磷酸的原料、工艺和经济．陈明磊，张国信译．北京：化学工业出版社，1988.

[3] 吴佩芝．湿法磷酸．北京：化学工业出版社，1987.

[4] 康启星．PF-55 翻盘真空过滤机的故障分析与技改措施．硫酸设计与粉体工程，2000, 6: 35-38.

[5] 彭璟．国产大型翻盘式过滤机故障处理与改进措施．磷肥和复肥，2011, 26(1): 26-28.

[6] 段付岗．湿法磷酸生产中转台式过滤机运行状况分析．磷肥与复肥，2009, 24(6): 23-26.

[7] 赵廷仁，刘建清，尹其光．湿法磷酸精制技术的现状与进展．化工进展，1992(2): 45-49.

[8] 王娜，庞世花，孟昭颂，等．湿法磷酸净化技术．山东化工，2016, 45(17): 60-62.

[9] 刘代俊，蒋绍志，罗洪波，等．中国磷矿资源贫化危机与挑战．无机盐工业，2005(5): 1-4.

[10] 王保华．湿法磷酸净化脱氟的实验研究．化工矿物与加工，2014, 43(7): 14-16.

[11] 钟本和，李军，陈亮，等．湿法磷酸脱色脱氟实验研究．化肥工业，2006(1): 31-34, 53.

[12] 黄燕，傅亚男，胡健，等．湿法磷酸的脱硫研究．贵州工业大学学报（自然科学版），2001(3): 68-74.

[13] 黄美英，李军，龚海燕，等．浓缩湿法磷酸中硫酸根的脱除研究．化肥工业，2004(2): 18-20, 5.

[14] 柳潇，丁一刚，邓伏礼，等．十二烷基苯磺酸钠净化湿法磷酸的工艺研究．山东化工，2018, 47(6): 6-7.

[15] 程德富．湿法磷酸在真空浓缩过程中氟的逸出和深度脱氟．化肥工业，1997(3): 15-18.

[16] 阳杨，盛勇，周佩，等．湿法磷酸浓缩后的氟分配及脱氟工艺研究．磷肥与复肥，2015, 30(9): 31-33, 7.

[17] 侯长军，霍单群，党杰修．磷酸三聚氰胺复盐结晶法净化湿法磷酸技术进展．化工进展，1996, 15(5): 32-35.

[18] 李新柱，郭宗端，贾亮，等．甲醇沉淀法净化湿法磷酸制备工业级磷酸一铵．无机盐工业，2016, 48(2): 40-41, 67.

[19] 朱家骅，叶世超，夏素兰，等．化工原理．2 版．北京．科学出版社，2005.

[20] 中科创投．磷石膏无害化预处理与新型改性磷石膏水泥缓凝剂．

[21] 中国磷复肥工业协会．"十二五"磷石膏利用现状及当前工作重点 // 中国磷复肥工业协会．第二十三届全国磷复肥行业年会．北京，2016.

[22] 叶学东．2018 年我国磷石膏利用现状、问题及建议．磷肥与复肥，2019, 34(7): 4.

[23] 叶学东．新常态下磷石膏利用现状、问题及思考．第五届全国磷复肥 / 磷化工技术创新论坛论文集，2016.

[24] 刘项，孙国超．二氧化碳矿化磷石膏制硫酸铵和碳酸钙技术．硫酸工业，2015(2): 2.

[25] 王辛龙，张志业，等．硫磺分解磷石膏制硫酸关键技术及工程进展．第六届全国磷复肥 / 磷化工技术创新论坛论文集，2017.

[26] 王艳语．磷石膏：副产物还是废物？ - 兼论"磷石膏农用"．吴鸣建，译．第六届全国磷复肥 / 磷化工技术创新论坛论文集，2017.

[27] 李兵，包炜军，等．磷石膏净化预处理技术 // 第六届全国磷复肥 / 磷化工技术创新论坛论文集，2017.

[28] 开磷集团．发展循环经济构建和谐社会努力开拓磷化工行业可持续发展道路——开磷集团磷石膏开发利用情况介绍 // 中国磷复肥工业协会．第二十三届全国磷复肥行业年会．北京，2016.

[29] 鲁西集团．鲁西集团磷石膏资源化利用途径及规划 // 中国磷复肥工业协会．第二十三届全国磷复肥行业年会．北京，2016.

中国肥料研究与应用全书

Books of Fertilizer Research and Application in China

FERTILIZER

第4章

磷酸铵

4.1 磷酸铵工业发展概况

磷酸铵类肥料主要是指磷酸一铵（monoammonium phosphate，MAP）和磷酸二铵（diammonium phosphate，DAP），它们是复合肥料的最主要的品种，其次是它们的脱水产物聚磷酸铵（ammonium polyphosphate，APP），然后是尿素磷酸铵、硫磷酸铵和硝磷酸铵等，这三者属于磷酸铵与尿素、硫酸铵或硝酸铵的复合肥料。磷酸铵类肥料的主要品种见表4-1。

表4-1 磷酸铵类肥料的主要品种

名称	简称	主要有效组分	$N-P_2O_5$①	$N-P_2O_5-K_2O$ 典型成分
磷酸一铵	MAP	$NH_4H_2PO_4$，$(NH_4)_2HPO_4$	11-49, 10-46, 12-52, 11-47, 11-44, 10-42, 11.5-60.5, 11.5-54.5, 11.8-60.8, 11-59.2	
磷酸二铵	DAP	$(NH_4)_2HPO_4$, $NH_4H_2PO_4$	18-46, 16-48, 14-42	
硫磷酸铵	APS	$NH_4H_2PO_4$, $(NH_4)_2SO_4$, $(NH_4)_2HPO_4$	16-20	13-13-13, 14-28-14, 12-36-12, 6-24-24
硝磷酸铵	APN	$NH_4H_2PO_4$, $(NH_4)_2HPO_4$, NH_4NO_3	23-23	14-14-14, 17-17-17
氯磷酸铵		$NH_4H_2PO_4$, $(NH_4)_2HPO_4$, NH_4Cl	18-22, 20-20	14-14-14, 12-18-14
尿素磷酸铵	UAP	$NH_4H_2PO_4$, $(NH_4)_2HPO_4$, $(NH_4)_2CO_3$	28-28, 20-20	22-22-11, 19-19-19, 17-17-17, 14-28-14
聚磷酸铵	APP	$(NH_4)_{n+2}P_nO_{3n+1}$, $NH_4H_2PO_4$, $(NH_4)_2HPO_4$	流体 10-34, 11-37 固体 18-58, 23-44	
偏磷酸铵	AMP	NH_4PO_3	12-60	

① $N-P_2O_5$ 表示的是肥料中N的含量和 P_2O_5 的含量，例如11-49表示肥料中N的含量为11%，P_2O_5 的含量为49%。

磷酸一铵和磷酸二铵养分含量高，物理性质和农化性质优良，既可作肥料直接施用，也是复合肥和液体肥料的重要磷源。聚磷酸铵养分含量更高，因其对金属离子有螯合作用，故在土壤中不易退化，它既可作微量元素肥料的载体，也是液体肥料的优良原料。尿素磷酸铵和硝磷酸铵是高浓度氮磷复合肥，所含尿素氮和硝态氮各具独特的农化性质。硫磷酸铵物性好，不吸潮，含有植物需要的硫养分，对缺硫土壤特别适用。

早在1920年，美国氰胺公司（American Cyanamid Company）开始生产MAP。20世

纪 30 年代初期，加拿大 Dorr 公司管理的工厂建设了 MAP 的生产装置。从 1940 年到 1955 年，在美国和欧洲相继建设了许多类似的生产装置，它们一般有三个氨中和槽，将磷酸（含 P_2O_5 36% ～ 38%，质量分数）加到第一中和槽，通氨完成约 80% 的中和反应，其余的氨加入第二中和槽，只有少量的氨加入第三中和槽。当需要提高产品的氮含量时，可在第一中和槽加硫酸。将中和料浆加入双轴造料机中用 8 ～ 12 倍的返料进行造粒后在转筒干燥机中干燥。对干燥后的颗粒进行筛分，合格颗粒作产品，粗粒粉碎后与粉粒一道作返料。

生产 DAP 的工艺是从生产 MAP 的工艺演变过来的。1954 年美国首次工业化生产 DAP，其流程与生产 MAP 差不多，第一中和槽的加氨量相当于 MAP 所需氨量或稍多一点，第二中和槽中加氨到 DAP 所需量的 80%，在第三中和槽中最终完成氨化，但后来又改在造粒机中完成加氨。生产 DAP 与生产 MAP 的不同之处是：前者在造粒和干燥过程中的氨逸出量要大得多，需要用酸及高效吸收设备进行氨回收，同时还需要采用较低的干燥温度。

20 世纪 50 年代初，美国 Tennessee Valley Authority（TVA）研制出了转鼓氨化造粒机，首先用于过磷酸钙或重钙的造粒，并于 1956 年获准专利。这种造粒机既简单，又耐用，过磷酸钙、MAP、DAP 和 NPK 三元复合肥均可用它造粒，这在化肥工业上是一项重大的技术革新。从此，预中和 - 转鼓氨化造粒便成为生产颗粒磷酸铵和复合肥的通用流程，但这种流程的缺点是预中和设备庞大，且只能用 P_2O_5 质量分数小于 40% 的磷酸进行氨中和（为避免料浆过稠而不便操作和输送），因而干燥产品要耗较多燃料。

1947 ～ 1955 年间已出现了很多关于管式反应器的专利，但直到 1965 年仍很少见到工业化装置。美国 TVA 对管式反应器进行了 10 多年的研究之后，于 20 世纪 70 年代建立起中试装置，用管式反应器代替预中和槽，将磷酸和氨同时通入反应管中。在剧烈的中和反应下，利用反应热可以除去酸中的大量水分，甚至可不必进行产品干燥。管式反应器的开发成功是磷酸铵工业的重大技术进步。

20 世纪 70 ～ 80 年代，磷酸铵生产技术改革的重点是降低能耗，提高设备生产能力，降低原料消耗和减少环境污染。在采用了管式反应器和高效的氨回收设备之后，有的生产流程已经实现不用干燥操作，氨回收率达到 99% 以上，设备生产能力提高 20% ～ 40%。

用上述方法生产磷酸铵通常都是以 P_2O_5 质量分数为 50% ～ 54% 的湿法磷酸为原料，这种磷酸一般都是由二水物流程生产的湿法磷酸浓缩而来，而用含杂质量太高的湿法磷酸生产磷酸铵会遇到困难。南京化学工业公司磷肥厂于 1966 年建成了第一套年产 3 万吨磷酸铵工业装置。我国在 20 世纪 70 年代末 80 年代初又相继在安徽、江西、云南、广东等地建成了年产 12 ～ 24 万吨规模的磷酸铵装置，它们均采用浓缩磷酸为原料。

为了充分利用我国储量丰富但杂质含量较高的磷矿，成都科技大学（现四川大学）和四川银山磷肥厂合作，借鉴国外经验，于 1983 年成功开发了中和料浆浓缩法制磷酸铵工艺，并在 1984 年和 1987 年先后完成喷雾干燥制粉状磷酸铵和喷浆造粒制粒状磷酸铵两种流程的中试。1988 年又在银山磷肥厂完成了料浆浓缩 - 喷浆造粒干燥的年产 3 万吨磷酸铵工业性试验。在此基础上南京化学工业公司设计院完成了年产 3 万吨料浆法磷酸铵的通用设计，并在全国推广。1993 年四川硫酸厂与成都科技大学合作建成了年产 6 万吨料浆法磷酸铵工业装置，1998 年在山东鲁北化工总厂建成了年产 15 万吨的料浆法磷酸铵生产装置。

进入 21 世纪，料浆法磷酸铵工艺逐步实现了装置大型化及设备国产化，并且通过与采用传统磷酸浓缩工艺的引进技术装置联产，促进后者根据国情优化工艺流程和参数，提高了生产强度和操作稳定性，降低了消耗和产品成本，使其技术水平跻身世界前列，具备推广建设的优势。经过多年独立自主的开发、完善、推广，装置逐步走向系统化和大型化，我国拥有完全独立知识产权的料浆浓缩法磷酸铵工艺形成的成套技术及装备，已经成为我国高浓度磷复肥工业的主导工艺路线之一，技术水平位居世界同行业前列。2017 年，我国采用料浆浓缩法磷酸铵工艺建设的装置实物产量达到 1895.8 万吨（国家统计局数据），折 P_2O_5 877 万吨，占据了我国磷肥产量的半壁江山。我国已经从世界最大的磷酸铵进口国，转变为出口大国 [1]。

为加快我国磷复肥工业的发展和技术进步，20 世纪 80 ～ 90 年代我国先后从国外引进了多项先进的磷酸和磷酸铵生产技术。在磷酸铵方面主要有美国 Davy-Mckee 管式反应 - 转鼓氨化造粒制 MAP、DAP 和 NPK 复合肥技术（大连、南京、云南），法国 AZF 双管反应器制 DAP 技术（秦皇岛），西班牙 ERT-ESPINDESA 单管反应、一次氨化制 MAP 和 DAP 技术（鹿寨）。这批大中型工厂的建成对加速我国磷复肥工业的发展和技术进步起到了促进作用。这些装置经过多年生产磨合，DAP 的生产技术已被我国大部分企业所掌握 [2, 3]。我国是世界上应用 DAP 工艺类型最多的国家之一，生产技术成熟，产量大。2018 年，DAP 实物产量为 1623.8 万吨 [4]。目前，我国单套 DAP 装置以年产 60 万吨为主，采用管式反应 + 氨化造粒工艺，该工艺节能，产品外观较好，有利于装置大型化。现阶段 DAP 装置的改进主要表现为尾气的深度治理，如尾气处理中增加电除雾，降低尾气的湿度，同时降低尾气中粉尘排放浓度等。

与此同时，近年来随着水溶肥及新型农业的发展，高纯度、高质量磷酸铵产品应运而生，如工业级磷酸一铵（总养分≥ 72）、水溶性磷酸一铵（总养分≥ 66%）、聚磷酸铵等。

聚磷酸铵（APP）是一类具有 P—O—P 交替结构的无机聚合物，是磷酸（铵）工业的下游产品。APP 因晶型不同，其性能和应用领域不同 [5]。低聚合度（数均聚合度一般低于 10）的 Ⅰ 型（或无定形）APP 因其良好的水溶性、对养分的缓释性、对中微量金属元素的螯合性和对土壤的改良作用而成为磷肥工业的新兴产品 [6-8]。欧美国家对 APP 的研究起步较早 [9-11]，二十世纪六七十年代，美国 TVA 便研制出聚合度分布适宜的水溶性 APP 并成功实现产业化，其常用的规格为 11-37-0 和 10-34-0。我国对水溶性 APP 的研究起步较晚，上海化工研究院在 20 世纪 80 年代中期研究以热法磷酸或浓缩湿法磷酸和尿素为原料的两步法（结晶生产磷酸脲 - 磷酸脲热解）生产 10-30-0 水溶性 APP，并且在农业上进行了应用试验。1997 年四川大学鲁厚芳等 [12] 以磷酸一铵为原料在实验室制备了水溶性 APP。随后我国水溶性聚磷酸铵进入缓慢发展阶段，直至近十年来，我国水溶性 APP 在生产技术及研发上进入了快速发展时期。其中，四川大学、云天化集团、贵州川恒化工股份有限公司等单位在水溶性聚磷酸铵工艺的开发及产业化实施方面均取得一定进展 [8, 13-17]。

目前，水溶性 APP 生产技术路线主要包括：①过磷酸氨化法。该法采用 TVA 流程生产水溶性 APP，产品型号主要为 11-37-0（液体），聚合态磷分布 n=1 ～ 9。该工艺成熟，可实现连续操作，但所用反应原料为过磷酸，不论是采用热法磷酸，还是通过湿法磷酸净化、浓缩后得到过磷酸，其生产成本均较高。代表性的生产企业为广西越洋化工、中化长山 [18]。

② 磷铵（酸）- 尿素法。此法为国内生产水溶性 APP 的主流工艺。目前形成规模的是捏合机生产固体聚磷酸铵间歇流程 [19, 20]，工艺简单，生产成本相对较低，但存在产品质量不稳定、产品多以焦磷酸铵为主等不足。代表性的生产企业包括什邡市长丰化工、云南天耀

化工、贵州川恒化工及成都云图控股等[8]，产品型号主要为18-58-0（固体）及15-64-0（固体）等，聚合态磷分布 n=1 ～ 2。尽管水溶性APP产业在国内发展10余年，目前仍处于起步阶段。过磷酸氨化法生产APP，虽工艺简单、产品质量好，但生产成本高、产品为液体不便于运输，限制了该技术的规模化推广。磷铵（酸）- 尿素法的生产原料成本低，产品为固体，该法适合我国国情，但存在产品质量不稳定、磷形态分布差、生产过程无法连续稳定运行、产能小、冷却造粒困难等不足。因此，国内APP产业目前亟待解决的问题是如何实现低成本、连续、规模化生产优质的APP产品。

综上所述，国外发达国家，如英国、美国、法国、意大利、德国、日本等，其磷复肥行业的快速发展起步于20世纪50年代初，在70年代初进入发展的成熟期，这期间也是这些国家的高度发展期。在随后近20年的成熟期内，这些发达国家在环境保护、资源供应、土壤质量要求、现代农业发展需要、生态保护等各种因素共同影响下，80年代末90年代初其磷复肥行业开始逐渐衰退。我国磷肥工业走过了一条由进口产品到进口技术再到出口产品的发展之路，实现了由进口大国向制造大国再到出口大国的历史跨越，成为全世界磷肥产量第一的生产大国，取得了令世界瞩目的成就。磷肥产品的数量、品质、生产技术，以及磷肥行业的设备制造、企业管理、市场营销和盈利水平，都实现了由量变到质变的跨越；磷肥产品也从单一养分、低浓度走向了高浓度、复合化、多品种。其中，2007年是标志性的一年，我国首次成为磷肥的净出口国。

4.2 产品概况

磷酸有三个氢离子，可以依次与氨中和生成磷酸一铵 $NH_4H_2PO_4$（MAP）、磷酸二铵 $(NH_4)_2HPO_4$（DAP）、磷酸三铵 $(NH_4)_3PO_4$。工业生产的磷酸铵肥料实际上是磷酸一铵和磷酸二铵的混合物，以磷酸一铵为主的肥料称为磷酸一铵（占80%以上），含N7% ～ 11%，含 P_2O_5 41% ～ 52%；以磷酸二铵为主的肥料称为磷酸二铵，含N 13% ～ 18%，含 P_2O_5 38% ～ 48%。磷酸三铵不稳定，在常温下就能放出氨变成磷酸二铵。磷酸二铵较稳定，但当温度达到90℃时开始分解放出氨变成磷酸一铵。磷酸一铵是稳定的，加热到130℃以上才会分解放出氨变成焦磷酸甚至偏磷酸，磷酸一铵的熔点为190℃。它们的主要性质列于表4-2，磷酸一铵晶体为四方晶系，磷酸二铵晶体为单斜晶系，磷酸三铵晶体为三斜晶系。

表4-2 磷酸铵盐的主要性质

性质	$NH_4H_2PO_4$	$(NH_4)_2HPO_4$	$(NH_4)_3PO_4$
结晶形态	正方晶系	单斜晶系	斜方晶系
w(N)/%	12.2	21.2	28.6
$w(P_2O_5)$/%	61.8	53.8	48.3

续表

性质	$NH_4H_2PO_4$	$(NH_4)_2HPO_4$	$(NH_4)_3PO_4$
$m(N):m(P_2O_5)$	1∶5.1	1∶2.5	1∶1.7
密度 (19℃)/(kg/m³)	1803	1619	—
比热容 (25℃)/[(kg/(mol·K)]	0.1424	0.1821	0.2301
熔融温度 /℃	190.5	分解	分解
生成热 $\Delta H_{298}^{\ominus}$ /(kJ/mol)	−1451	−1574	−1673
溶解热 $\Delta H_{sol}^{\ominus}$ /(kJ/mol)	16	14	—
熔融热 $\Delta H_{f}^{\ominus}$ /(kJ/mol)	35.6	—	—
临界相对湿度 (30℃)/%	91.6	82.5	—
pH(0.1mol/L 溶液)	4.4	8.0	9.0

4.2.1 磷酸一铵

磷酸一铵热稳定性好，不易吸潮，在水中溶解度大。磷酸一铵即使加热到 100℃，也难察觉其分解放出氨，大约在 130℃才会有氨气和蒸汽放出。固体磷酸一铵的氨和水蒸气平衡压力见表 4-3，从表中数据可以看出，磷酸一铵在低于 125℃进行干燥作业时，氨损失是非常小的。

表4-3 固体磷酸一铵的氨和水蒸气平衡压力

温度 /℃	p_{NH_3}/Pa	p_{H_2O}/Pa
125.1	9.5	60.6
135.0	15.7	537
144.9	40.2	617
150.9	99.3	1000
160.7	164	1023
170.0	1350	5138
179.1	1823	9093
199.0	5517	2.05×10^4
219.5	6803	1.93×10^4
199.5	1.82×10^4	1.70×10^4
349.4	2.09×10^4	2.37×10^4

磷酸一铵在水中的溶解度见图 4-1，可以看出磷酸一铵在水中有较大的溶解度，且随着温度的升高而急剧增大。而磷酸一铵水溶液的氨平衡分压很低。

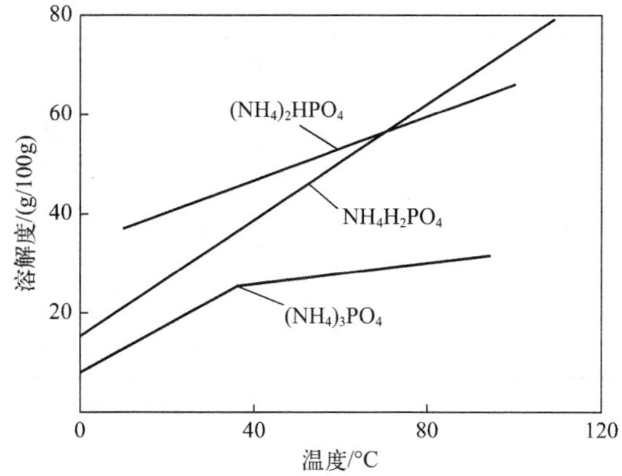

图 4-1　磷酸铵在水中的溶解度

磷酸一铵肥料系列产品目前主要有料浆浓缩法磷酸一铵、传统法磷酸一铵、工业级磷酸一铵、水溶性磷酸一铵等产品。各产品标准见表 4-4 ～表 4-7。

表4-4　GB/T 10205—2009对粒状料浆法磷酸一铵、磷酸二铵的要求

项目		料浆法磷酸一铵			料浆法磷酸二铵		
		优等品 11-47-0	一等品 11-44-0	合格品 10-42-0	优等品 16-44-0	一等品 15-42-0	合格品 14-39-0
外观		颗粒状，无机械杂质					
总养分 $(N+P_2O_5)$ 的质量分数 /%	≥	58.0	55.0	52.0	60.0	57.0	53.0
总氮 (N) 的质量分数 /%	≥	10.0	10.0	9.0	15.0	14.0	13.0
有效磷 (P_2O_5) 的质量分数 /%	≥	46.0	43.0	41.0	43.0	41.0	38.0
水溶性磷占有效磷的百分率 /%	≥	80	75	70	80	75	70
水分 (H_2O) 的质量分数①/%	≤	2.5	2.5	3.0	2.5	2.5	3.0
粒度 (1.00 ～ 4.00mm)/%	≥	90	80	80	90	80	80

① 水分为推荐性要求。

表4-5　GB/T 10205—2009对粉状磷酸一铵的要求

项目		传统法		料浆法		
		优等品 9-49-0	一等品 8-47-0	优等品 11-47-0	一等品 11-44-0	合格品 10-42-0
外观		粉末状，无明显结块现象，无机械杂质				
总养分 $(N+P_2O_5)$ 的质量分数 /%	≥	58.0	55.0	58.0	55.0	52.0
总氮 (N) 的质量分数 /%	≥	8.0	7.0	10.0	10.0	9.0

续表

项目		传统法		料浆法		
		优等品 9-49-0	一等品 8-47-0	优等品 11-47-0	一等品 11-44-0	合格品 10-42-0
有效磷 (P_2O_5) 的质量分数 /%	≥	48.0	46.0	46.0	43.0	41.0
水溶性磷占有效磷的百分率 /%	≥	80	75	80	75	70
水分 (H_2O) 的质量分数① /%	≤	3.0	4.0	3.0	4.0	5.0

① 水分为推荐性要求。

表4-6　HG/T 4133—2021对工业磷酸二氢铵的要求

项目		指标		
		Ⅰ类	Ⅱ类	Ⅲ类
主含量 [以 $(NH_4)H_2PO_4$ 计]/%	≥	99.0	98.5	98.0
主含量 (以 P_2O_5 计)/%	≥	61.1	60.8	60.5
总氮 (以 N 计) 的质量分数 /%	≥	12.0	11.8	11.5
砷 (As) 的质量分数 /%	≤	0.0050	—	—
氟化物 (以 F 计) 的质量分数 /%	≤	0.02	—	—
硫酸盐 (以 SO_4 计) 的质量分数 /%	≤	0.5	0.9	—
水分的质量分数 /%	≤	0.2	0.3	0.5
水不溶物的质量分数 /%	≤	0.1	0.2	0.2
pH 值 (10g/L 溶液)		4.2 ～ 4.8		

表4-7　HG/T 5048—2016对水溶性磷酸一铵的要求

项目		指标	
		Ⅰ型 (11.5-60.5-0)①	Ⅱ型 (11.5-54.5-0)①
总养分 (总 N+ 水溶性 P_2O_5) 的质量分数 /%	≥	72.0	66.0
总氮 (N) 的质量分数① /%	≥	10.5	10.5
水溶性磷 (P_2O_5) 的质量分数① /%	≥	59.5	53.5
水不溶物的质量分数 /%	≤	0.3	0.5
水分 (H_2O) 的质量分数① /%	≤	0.5	1.5
pH 值 (10g/L 溶液)		4 ～ 5	
砷的质量分数② /%	≤	0.0050	

续表

项目		指标	
		Ⅰ型 (11.5-60.5-0)①	Ⅱ型 (11.5-54.5-0)①
铅的质量分数②/%	≤	0.0050	
镉的质量分数②/%	≤	0.0010	
铬的质量分数②/%	≤	0.0050	
汞的质量分数②/%	≤	0.0005	
细度 /%		供需协商	

① 每个类别中的配合式为该类别的典型配合式，企业可以生产其他配合式的产品。总氮和水溶性磷的测定值与标明值之间允许有 1.0% 的绝对负偏差，并且所有项目都应符合表中相应类别的要求。若未标明类别，则应按总养分对应的类别进行判定。

② 各重金属元素生态指标也可由生产厂家根据产品用途与客户协商确定，但不得低于 GB/T 23349 中的指标值。

4.2.2　磷酸二铵

磷酸二铵的稳定性比磷酸一铵差，其平衡氨分压见表 4-8。磷酸二铵在高于 80℃下进行干燥作业，氨逸出量就会明显增大。磷酸二铵水溶液比它的固体有更高的氨蒸气压。例如 50℃时磷酸二铵饱和溶液的平衡氨分压是 1000Pa，它是相同温度下干盐氨分压的 37 倍。磷酸二铵在水中的溶解度也很大（图 4-1）。

表4-8　固体磷酸二铵的平衡氨分压

温度 /℃	50	60	70	80	90	100	110	120	124	130
p_{NH_3}/Pa	26.7	66.7	147	307	760	1200	2139	3667	4510	6360

磷酸一铵（MAP）和磷酸二铵（DAP）的比较：

（1）MAP 的密度较 DAP 大，故对包装、储存和运输均较为有利。

（2）MAP 的稳定性和临界相对湿度较 DAP 高，故 MAP 可散装储运。

（3）MAP 的氨蒸气压很低，故在生产和使用过程中氨损失较 DAP 小得多。

（4）DAP 与过磷酸钙混合时因生成磷酸二钙而结块，并使 P_2O_5 水溶率降低。MAP 与过磷酸钙相混时，则退化程度较小。

（5）用杂质（主要指金属离子）含量高的磷酸生产 DAP 时，难以制得符合 18-46-0 规格的产品；生产 MAP 对磷酸质量要求相对较低，磷酸可预澄清。

（6）MAP 的 P_2O_5 质量分数可达 52%，对缺磷不缺氮的地区，采购 MAP 比较合适。

（7）作为复混肥或掺混肥的磷原料，MAP 的适应范围较 DAP 广。用 MAP 作磷源生产悬浮肥料时，只需补充氨即可达到最大溶解度的氮磷比，用 DAP 时则需补加磷酸，这对一般液体肥料厂来说会增加麻烦。

（8）MAP 在土壤中溶解后 pH 在 4.4 左右，有利于磷被作物吸收利用；DAP 溶解后 pH

在 8.0 左右，如果是碱性土壤，就可能释放出氨，使种子或幼苗受到伤害。用 MAP 与尿素混合作基肥时，由于其略带酸性，能减少尿素的氨挥发损失。

（9）DAP 含氮量较 MAP 高，当直接施用时，其氮磷比较 MAP 更适合作物。

（10）用管式反应器生产 MAP 时，氨损失少，设备生产能力高，产品无需热风干燥。

由于生产 DAP 对原料磷酸质量要求较高，目前在优质磷矿日渐匮乏的情况下，利用中品位磷矿生产 MAP 已日渐得到重视，国内肥料 DAP 及 MAP 产量目前基本相当。

4.2.3 聚磷酸铵

聚磷酸铵（ammonium polyphosphate, APP），别名多聚磷酸铵、缩聚磷酸铵，是一种含氮的聚磷酸盐，分子通式为 $(NH_4)_{n+2}P_nO_{3n+1}$，化学结构式如图 4-2 所示。按聚合度大小，APP 可分为低聚 APP、中聚 APP 和高聚 APP 三种。高聚 APP 是一种同时含有氮、磷两种阻燃元素的高效磷系无卤阻燃剂。低聚 APP（聚合度＜20）为水溶性的，可作肥料使用，特别是大量用作配制高浓度复合肥的基础磷肥，又称为农用 APP，具有养分含量高、螯合性和缓释性好、性质稳定、水溶性好、速溶和 pH 值接近中性等特点。

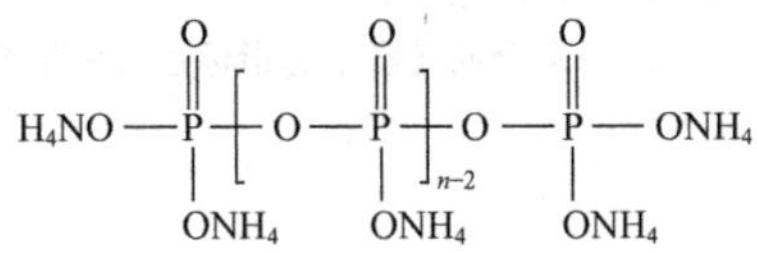

图 4-2　聚磷酸铵的结构式

通常的 APP 是一种混合物，由结构与性质相似但分子量不同的 APP 分子组成，常用 n 来表示其平均聚合度。组成 APP 的主要元素为磷、氧和氮，在 APP 中磷含量（以 P_2O_5 计）约为 60% ～ 80%，氮含量约为 10% ～ 20%。目前作为肥料的 APP 的 n 一般不大于 10，其中主要含焦磷酸铵、三聚磷酸铵和四聚磷酸铵，且以焦磷酸铵的比例最高，不同厂家生产的产品存在聚合度分布比例的差异。固体形态的 APP 分为结晶型和无定形两种，二者均为白色固体，结晶型 APP 在常温下比较稳定，目前已知有六种晶型（Ⅰ、Ⅱ、Ⅲ、Ⅳ、Ⅴ和Ⅵ型），其中最为常见且已经实现商业化生产的是Ⅰ型和Ⅱ型。Ⅰ型 APP 分子具有直链结构，它的绝大部分—O—NH_4^+ 离子键暴露在晶体外侧，易遭受水分子的攻击进而发生电离，Ⅰ型更倾向于水溶性；Ⅱ型 APP 在水中具有较低的溶解度，是因为它的—O—NH_4^+ 离子键隐藏在晶体内部，不容易被环境中的水分子攻击而电离。Ⅰ型 APP 往往具有较低的聚合度，且自身晶体结构的特点也决定了其在水中具有较高的溶解度，将其用作阻燃剂的性能往往不如Ⅱ型和其他晶型。Ⅰ型 APP 的制备方法简单，原料廉价易得，当聚合度低于 10 的时候，Ⅰ型 APP 呈全水溶，是一种有效的磷酸盐肥料，符合高效水溶肥原料的需求。

肥料 APP 产品包括液体和固体两种形态。国外主要为液体 APP 产品，主要型号有 10-34 和 11-37，其中美国 11-37 型 APP 的聚合度分布见表 4-9。而在缺乏液肥的贮存、运输和施用服务系统的地区，生产固体 APP 意义更大，固体 APP 常见的型号有 18-58/60、23-44、22-46、14-65、13-67 等。我国肥料级聚磷酸铵的产品要求见表 4-10。固体 APP 易吸潮，其吸湿点（临界相对湿度）与中和度（APP 中的氢被 NH_4^+ 置换的分数）有关。随着中和度的增高，其吸湿点也相应升高。APP 的黏度随着 P_2O_5 含量的增加而增高。当 P_2O_5 质量分数达 64% 时，聚合度的增加使黏度急剧升高。

表4-9 美国液体APP 11-37中的聚合度分布

磷素形态	正磷酸	焦磷酸	三聚磷酸	四聚磷酸	五聚磷酸	六聚以上
所占比例 /%	25	35	15	10	8	7

表4-10 HG/T 5939—2021肥料级聚磷酸铵的技术要求

项目		指标			
		固体		流体	
		Ⅰ类	Ⅱ类	Ⅰ类	Ⅱ类
外观		均匀的固体粉末或颗粒，无可见机械杂质		均匀流体，无可见机械杂质	
总养分 ($N+P_2O_5$) 的质量分数①/%	≥	68.0	54.0	46.0	43.0
有效磷（以 P_2O_5 计）的质量分数 /%	≥	55.0	41.0	36.0	33.0
总氮（以 N 计）的质量分数 /%	≥	12.0	12.0	9.0	9.0
聚合率 /%	≥	75.0	60.0	65.0	60.0
水不溶物的质量分数 /%	≤	0.5	1.0	0.2	0.5
水分的质量分数②/%	≤	3.0	3.0	—	—
pH 值③（1∶250 倍稀释）		标明值	标明值	标明值	标明值

① 组成产品的单一养分测定值与标明值负偏差的绝对值应不大于 1.5%，且总养分应大于等于标明值。

② 水分仅对固体产品作要求，以生产企业出厂检验数据为准。

③ pH 值应以单一数值标明，测定值与标明值的差值的绝对值应不大于 1.0，固体产品标明值应在 4.0 ～ 9.0 之间，液体产品标明值应在 5.0 ～ 9.0 之间。

4.3 生产原理

4.3.1 生产所需原料

（1）磷酸 生产磷酸铵肥料的主要原料是湿法磷酸。目前世界上 90% 以上的湿法磷酸是采用二水法流程生产的，一般都是先得到 20% ～ 30% P_2O_5 的稀磷酸。这种酸可不经过浓缩直接用料浆浓缩法生产磷酸铵。如果稀磷酸杂质含量不高，也可先浓缩到 40% ～ 54% P_2O_5 的磷酸，然后用于生产磷酸铵。

可以把磷酸看成是一种 P_2O_5 与 H_2O 反应得到的化合物，水量充分时，可得到分子式为

H_3PO_4 的正磷酸；如果水量不足或正磷酸脱水，可以生成结合水更少的其他形式的磷酸：

$$焦磷酸：2H_3PO_4-H_2O \xlongequal{\quad} H_4P_2O_7$$

$$三聚磷酸：3H_3PO_4-2H_2O \xlongequal{\quad} H_5P_3O_{10}$$

$$四聚磷酸：4H_3PO_4-3H_2O \xlongequal{\quad} H_6P_4O_{13}$$

或用下列通式表示：

$$nH_3PO_4-(n-1)H_2O \xlongequal{\quad} H_{n+2}P_nO_{3n+1}$$

磷酸继续脱水还可生成偏磷酸：

$$nH_3PO_4-nH_2O \xlongequal{\quad} (HPO_3)_n$$

磷酸中各组分的含量随着磷酸浓度而变，其相互关系如图 4-3 所示。例如 100% H_3PO_4 的磷酸中约有 12.7% 以焦磷酸形式存在。在 P_2O_5 质量分数不超过 69%（95% H_3PO_4）的磷酸水溶液中磷酸基本上全以正磷酸形式存在。在 76% P_2O_5 (105%H_3PO_4) 的磷酸中大约含 42% 焦磷酸、8% 三聚磷酸、1% 四聚磷酸和 49% 正磷酸。当 P_2O_5 质量分数达 78% 时，则聚磷酸的量占 P_2O_5 总量的 73%。

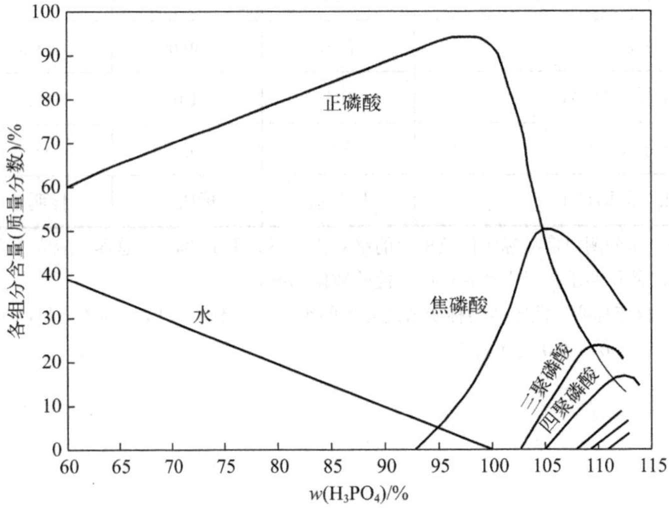

图 4-3　磷酸中各组分含量随着磷酸浓度的变化

正磷酸是三元酸，可生成三种不同取代的磷酸盐，即一代磷酸盐 (XH_2PO_4)、二代磷酸盐（X_2HPO_4）和三代磷酸盐（X_3PO_4）。正磷酸的三个离解常数是：

$$H_3PO_4 \rightleftharpoons H^+ + H_2PO_4^- \qquad K_1 = 1.1\times10^{-2}$$

$$H_2PO_4^- \rightleftharpoons H^+ + HPO_4^{2-} \qquad K_2 = 1.2\times10^{-7}$$

$$HPO_4^{2-} \rightleftharpoons H^+ + PO_4^{3-} \qquad K_3 = 1.8\times10^{-12}$$

一代磷酸盐是弱酸，当 pH=4.5 时才是稳定的；二代磷酸盐已呈弱碱性了，在 pH=9.5 时才稳定；三代磷酸盐只能在强碱性溶液中，即 pH≈14 时才是稳定的。由于磷酸是个多元弱酸，故其溶液有较大的缓冲性，常用不同比例的混合磷酸盐配制 pH 缓冲溶液。

湿法磷酸中常含有一定量的杂质，它们是铁、铝、镁、钾、钠和钙等金属离子，也有硫酸根、氟硅酸根、氟和氯等阴离子。其含量取决于磷矿原料成分和加工流程。铁、铝和镁等杂质含量高，会使磷酸浓缩过程因黏度过大和加热管壁结垢而产生困难。

磷酸中的杂质含量高，会使产品中N和有效P_2O_5含量下降。这种影响一方面来自酸中惰性物质和杂质化合物的稀释作用，另一方面是磷酸中的钙、铁、铝和镁等离子与氨和磷之一或二者反应生成了不希望的枸不溶磷化合物，从而降低了肥料中的水溶和有效养分含量。美国国家肥料开发中心通过试验，研究了磷酸铵中杂质总量（Al_2O_3+Fe_2O_3+MgO+CaO+S+F）与产品中N和P_2O_5含量的关系，研究表明当杂质总量超过8%时，就难于获得合格的18-46-0 DAP产品。要想生产出规格为18-46-0的DAP产品，磷酸中的杂质含量比（MER）$\dfrac{w(Fe_2O_3)+w(Al_2O_3)+w(MgO)+w(MnO_2)}{w(P_2O_5)}$应小于0.10，固体悬浮物应小于2%。当杂质含量比较高时，可加入含氮量高的尿素，如杂质含量比在0.135～0.155，则只能生产规格为16-48-0的产品。

（2）氨　氨是氮磷复肥生产的重要原料，一般磷肥企业都配有合成氨装置，复肥厂都配有液氨储罐、液氨蒸发器和供氨系统。氨的重要物理性质见表4-11，不同温度下氨的饱和蒸气压和蒸发潜热见表4-12。

表4-11　氨的重要物理性质

项目	温度	指标
分子量		17.03
沸点/℃		−33.35
凝固点/℃		−77.7
临界温度/℃		133
临界压力/kPa		11425
比热容/[J/(kg·K)]	0℃	2097
	100℃	2226
	200℃	2105
生成热/(kJ/mol)	0K	−39.22
	298K	−46.32
水中溶解度/%	0℃	42.8
	20℃	33.1
	40℃	23.4
	60℃	14.1

表4-12 氨的饱和蒸气压和蒸发潜热

温度 /℃	饱和蒸气压 /MPa	蒸气的密度 /(kg/m³)	蒸发潜热 /(kJ/kg)	温度 /℃	饱和蒸气压 /MPa	蒸气的密度 /(kg/m³)	蒸发潜热 /(kJ/kg)
-45	0.0545	0.500	1401.2	5	0.5157	4.108	1244.6
-40	0.0718	0.645	1387.3	10	0.6150	4.859	1226.1
-35	0.0932	0.823	1373.1	15	0.7287	5.718	1206.9
-30	0.1195	1.038	1358.6	20	0.8572	6.694	1187.2
-25	0.1516	1.297	1343.7	25	1.0027	7.795	1166.7
-20	0.1902	1.604	1328.4	30	1.6650	9.034	1145.5
-15	0.2363	1.966	1312.7	35	1.3499	10.431	1123.4
-10	0.2909	2.390	1296.4	40	1.5545	12.005	1100.5
-5	0.3549	2.883	1279.7	45	1.7814	13.774	1076.8
0	0.4294	3.452	1262.4	50	2.0326	15.756	1052.1

4.3.2 化学反应原理

磷酸铵生产过程中的主要反应是生成磷酸一铵和磷酸二铵的反应，从下面反应方程式可以看出，气氨与磷酸液体之间的反应是强放热反应：

$$H_3PO_4(l)+NH_3(g) = (NH_4)H_2PO_4(s) \quad \Delta H=-134.5kJ/mol \tag{4-1}$$

$$H_3PO_4(l)+2NH_3(g) = (NH_4)_2HPO_4(s) \quad \Delta H=-215.5kJ/mol \tag{4-2}$$

同时各种杂质也将与氨进行反应，生成相应的盐，这些盐大多数都析出晶体形成浆液。其反应式如下：

$$H_2SO_4(l)+2NH_3(g) = (NH_4)_2SO_4(s) \quad \Delta H=-265.3kJ/mol \tag{4-3}$$

$$H_2SiF_6(l)+2NH_3(g) = (NH_4)_2SiF_6(s) \quad \Delta H=-184.5kJ/mol \tag{4-4}$$

$$H_2SiF_6(l)+6NH_3(g)+(2+x)H_2O = 6NH_4F+SiO_2\cdot xH_2O \tag{4-5}$$

$$CaSO_4\cdot 2H_2O + H_3PO_4(l)+2NH_3(g) = CaHPO_4\cdot 2H_2O+(NH_4)_2SO_4 \tag{4-6}$$

$$Fe_2(SO_4)_3(l)+2H_3PO_4(l)+6NH_3(g) = 2FePO_4(s)+3(NH_4)_2SO_4(s) \quad \Delta H=-586.5kJ/mol \tag{4-7}$$

$$Al_2(SO_4)_3(l)+2H_3PO_4(l)+6NH_3(g) = 2AlPO_4(s)+3(NH_4)_2SO_4(s) \quad \Delta H=-586.5kJ/mol \tag{4-8}$$

$$MgSO_4(l)+H_3PO_4(l)+2NH_3(g)+3H_2O = MgHPO_4\cdot 3H_2O+(NH_4)_2SO_4 \quad (pH<4) \tag{4-9}$$

$$MgSO_4(l)+H_3PO_4(l)+2NH_3(g)+6H_2O = MgHPO_4\cdot 6H_2O+(NH_4)_2SO_4 \quad (pH>4) \tag{4-10}$$

实际上，氨与氟、磷酸、铁铝之间的反应不仅生成上面的一些简单化合物，在氨化过程中还会生成一些复杂的络合物，即一些非水溶性的类似胶态的化合物，呈微晶状，见表4-13。

表4-13 氨中和反应过程中产生的复杂络合物

分子式	代号	粒度	存在条件
$NH_4(Al,Fe)HF_2PO_4$	S	0.01 ～ 20μm	F/(Fe+Al) 的原子比＜1.5，pH=2 ～ 6.2 F/(Fe+Al) 的原子比 =1 ～ 3，pH＜3 F/(Fe+Al) 的原子比＞3，pH＜4
$NH_4(Al,Fe)H_2(PO_4)_2 \cdot 0.5H_2O$	Q	5 ～ 10μm	F/(Fe+Al) 的原子比＜1.5，pH=2 ～ 6.2 F/(Fe+Al) 的原子比 =1 ～ 3，pH＜3
$NH_4(Al,Fe)_3H_8(PO_4)_6 \cdot 6H_2O$	R	10μm	95℃，60 ～ 120min 后，pH=1.8 ～ 2
$(NH_4)_2(Al,Fe)H_2F(PO_4)_2 \cdot nH_2O$	T	5 ～ 10μm	100℃，40h, pH＞6，n=2 ～ 2.5
$NH_4(Al,Fe)_2(PO_4)_2OH \cdot 2H_2O$	U	5 ～ 10μm	pH=7 ～ 8

表中列出了非水溶性化合物形成的条件，即取决于湿法磷酸中的 F/(Al+Fe) 的原子比和 pH 值，这可以由图 4-4 形象地看出。在 F/(Al+Fe) 的原子比为 0.5 ～ 8 和 pH 值为 1 ～ 8 时，可能形成 (Al，Fe)$PO_4 \cdot nH_2O$、Q、S 以及 $(NH_4)_3AlF_6$ 等化合物。变化趋势如下：当 F/(Al+Fe) 的原子比小于 1.5，pH 值为 2 ～ 6.2 时形成 Q 和 S 化合物。pH 值大于 6.2 时 Q 化合物消失，形成（Al，Fe）$PO_4 \cdot nH_2O$ 凝胶（G）和 S 化合物，这种情形下过滤极为困难。当 F/（Al+Fe）的原子比增大时，Q 化合物消失，S 化合物单独存在的区域增大，即转变点的 pH 值减小。图中 F/（Al+Fe）的原子比大于 3 时，相应的 pH 值小于 3。T、U、R 化合物需要较长时间才能形成，所以与动力学过程有关。

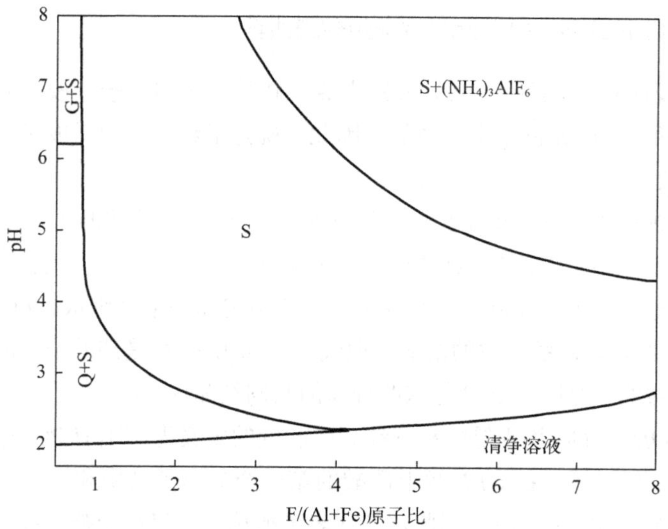

图 4-4 F/(Al+Fe) 原子比和 pH 对形成磷酸盐的影响

安藤和秋山尧认为，非水溶性的铁铝复合盐的形成机理与氨化料浆中氟的存在形态有关。湿法磷酸中氟可能以 F^-、SiF_6^{2-}、AlF_6^{3-} 等形态存在，在氨化过程中，会发生下述反应：

$$SiO_2 \cdot nH_2O + 6F^- \rightleftharpoons SiF_6^{2-} + 4OH^- + (n-2)H_2O \tag{4-11}$$

$$AlF_6^{3-} \rightleftharpoons Al^{3+} + 6F^- \tag{4-12}$$

$$FeF_6^{3-} \rightleftharpoons Fe^{3+}+6F^- \qquad (4\text{-}13)$$

因此可这样认为，当 pH 值低于 2 时，式（4-11）主要向右进行，大多数氟以 SiF_6^{2-} 形态存在于酸中，由于很多磷酸中 F/Si 原子比大于 6，即硅量不足不能与全部氟结合成 SiF_6^{2-}，同时也因式（4-12）、式（4-13）存在，部分氟以 F^-、AlF_6^{3-}、FeF_6^{3-} 形式存在。形成 S 化合物需要有 F^- 存在，而形成 Q 化合物则不需要。在 pH 为 2 ～ 2.7 的酸性条件下，氨化料浆中非水溶性的铁铝磷酸盐主要以 Q 化合物存在，同时也共存部分 S 化合物。

当 pH＞2.7 后，随 pH 的增大，式（4-11）向左进行，使氟离子含量增加，S 化合物增多，Q 化合物则逐渐减少。通常在湿法磷酸中 F/(Al+Fe) 原子比为 4 ～ 6，式（4-11）向左进行所生产的 F^- 比形成 S 化合物所需要的 F^- 还要多得多，其结果使式（4-12）也主要向左进行，Al^{3+} 减少，AlF_6^{3-} 增加。当 pH 高于 6 后，S 化合物中 $NH_4AlHF_2PO_4$ 的溶解度增大，这样一方面使 S 化合物中所含 $NH_4FeHF_2PO_4$ 的比例增大，另一方面因溶液中 AlF_6^{3-} 浓度增大，故在 pH＞6 后生成冰晶型化合物 $(NH_4)_3AlF_6$。此外，随 pH 增大，式（4-11）明显向左移动，形成大量含水硅胶 $SiO_2 \cdot nH_2O$。安藤等人研究表明，络合物的形成影响料浆的黏度。例如，当 pH 到 2.7 时，黏度出现极大值，这与大量固形物生成，特别是同 Q 化合物生成有关。当 pH 为 4 ～ 4.5 时，黏度出现最低值，与上述的胶状物消失有关。pH 高于 4.5 后，黏度又急速上升，当镁含量高时特别明显。在 pH 为 5 ～ 6 时，黏度又出现极大值，这与生成硅胶有关。

4.3.3 生产热力学分析

4.3.3.1 NH_3-H_3PO_4-H_2O三元体系溶解度相图

上述的两个反应式（4-1）、（4-2）分别生成了磷酸一铵和磷酸二铵，但氨与磷酸反应进度不同，形成这两种盐的比例是不一样的。因此当确定最终产品的组成时，可进一步用相图来确定其工艺条件。

利用 NH_3-H_3PO_4-H_2O 三元体系相图（图 4-5），可以对磷酸铵的生产过程进行物理化学分析。原点为水点。图中 *E* 点代表纯磷酸一铵的饱和溶液组成。*D* 点代表纯磷酸二铵的饱和溶液组成。*C* 点代表同时被磷酸一铵和磷酸二铵共同饱和的溶液组成。*EC* 线是磷酸一铵的溶解度曲线，*DC* 线表示磷酸二铵的溶解度曲线。三角形 *EBC* 是磷酸一铵的结晶区，三角形 *DAC* 则是磷酸二铵的结晶区。*ACB* 是这两种盐的共同结晶区。

图上 *OEB*、*ODA*、*OC* 均为等中和度线。中和度的定义为 NH_3/H_3PO_4 摩尔比。磷酸分子可以依次失掉三个氢离子。在 *OEB* 线上磷酸的第一个氢离子被中和，生成磷酸一铵，在此线上 NH_3 与 H_3PO_4 的摩尔比为 1，因此这条代表磷酸第一个氢离子被中和的直线上，中和度定为 1。在 *ODA* 线上磷酸第二个氢离子被中和，生成磷酸二铵，NH_3 与 H_3PO_4 的摩尔比为 2，即中和度为 2。在 75℃时，水点与磷酸一铵和磷酸二铵的共饱和点 *C* 的连线 *OC* 的中和度为 1.42。在磷酸一铵（*B* 点）和磷酸二铵（*A* 点）组成点的连线 *BA* 上所有点的中和度都在 1 ～ 2 之间。将 *BA* 线段等分成 100 份，从水点 *O* 出发引向 *BA* 线段的各个等分点的射线，都是代表该点中和度的等中和度线。图上△ *BOA* 里，将 *OB* 等分成 100 份，*B* 点含游离水的量为零，*O* 点含水分的量为 100%。沿 *OB* 线上各点作平行于 *BA* 线的平行线，可以得到若干条含水量相等的线，这些线称为等水线。

在磷酸一铵结晶区和磷酸二铵结晶区里，也可将 *EB*、*DA* 线等分 100 份，再沿各个等分点作平行于 *EC* 和 *DC* 的平行线，在这些平行线上液相量相等，故称这些线为等液相量线或等液固比线。这可以由杠杆定律证明。

由 NH_3-H_3PO_4-H_2O 三元体系的多温溶解图（图 4-6）可以看出，以磷酸一铵和磷酸二铵为两个主要结晶区。

用氨中和磷酸时，系统的组成点在顶点与初始组成点（NH_3 和给定的磷酸浓度）的连线上。当中和度一定时，等中和度线也就定了。因此系统的组成点在初始组成点的连线与等中和度线的交点上。初始磷酸浓度为 35% ～ 45%P_2O_5，中和度为 1.2 ～ 2，在 75℃的 NH_3-H_3PO_4-H_2O 溶解度图上系统的组成点均在不饱和区内，但由于用氨中和磷酸的反应是放热反应，在中和过程中系统水分被蒸发，则系统组成点沿等中和度线向远离水点方向移动而进入结晶区。例如，当制造以磷酸二铵为主体的肥料时，中和度应控制在 1.42 ～ 2 之间。制得的料浆在干燥过程中，水分不断被蒸发，系统的复合物相组成点沿等中和度线向 *AB* 线方向移动。由图 4-7 可以看出，当系统复合物相组成点沿等中和度线移动到 *O′* 时，系统组成点处于磷酸二铵结晶区内，系统析出的固相为磷酸二铵，此时固相点为 *A* 点，液相点为磷酸二铵溶解度线上的 *F* 点。当复合物相组成点由 *O′* 移动至 *K* 时，液相点由 *F* 点移到 *M* 点，此时固相点仍然为 *A* 点。

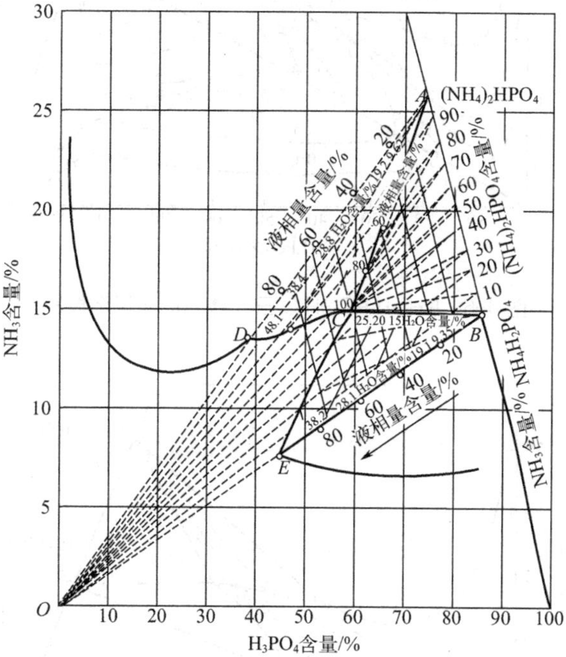

图 4-5　75℃的 NH_3-H_3PO_4-H_2O 三元体系的溶解度图

系统的液相和固相的重量比（简称液固比）可以应用杠杆定律进行计算。在中和过程中，随着水分的不断蒸发，液相量不断减少，因此液固比在中和过程中不断降低。当复合物相组成点在 *O′* 点时，液相量∶固相量 =*AO′*∶*O′F*；复合物相组成点移动到 *K* 时，液相量∶固相

量 $=AK:KM$。由图可以明显看出 $AO':O'F>AK:KM$，可见随着蒸发的进行，料浆水分不断减少，液固比不断下降。

磷酸铵料浆的复合物相组成点向 G 点移动，固相组成点在刚到达 G 点时仍为磷酸二铵的组成点 A，此时液相组成点达到共饱和点 C。C 点的自由度为 1（自由度 =3−3+1），即温度给定以后，共饱和点 C 的组成不能再自由选择了。随着蒸发的继续进行，液相组成为共饱和点组成并保持不变，即液相点停留在 C 点，而固相点则因同时析出了磷酸一铵，将由 A 点沿 AB 线向 B 点方向移动，一直到水分蒸发完时，复合物相组成点移动到 O'' 点，固相点亦移动到 O'' 点为止。在生产磷酸铵类肥料时，各个不同中和度情况下，所有复合物相组成点在蒸发过程中的移动情况都与此相似。

将浓磷酸在加压升温的条件下进行氨化也可获得流动性好的料浆。从图 4-6 和图 4-8 可以看出，磷酸铵的溶解度随温度的升高增大得很快。含 40%P_2O_5 以上的磷酸在加压中和反应器或管式反应器中氨化，中和反应热可使料浆温度升到 150℃以上，相应蒸气压达 0.2MPa 以上，借自身压力，料浆即可直接喷入造粒机或喷雾塔中生产粒状或粉状磷酸铵。

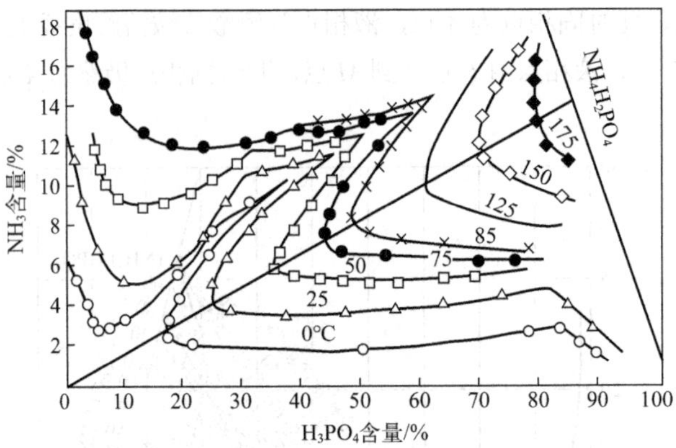

图 4-6 NH_3-H_3PO_4-H_2O 三元体系的多温溶解图

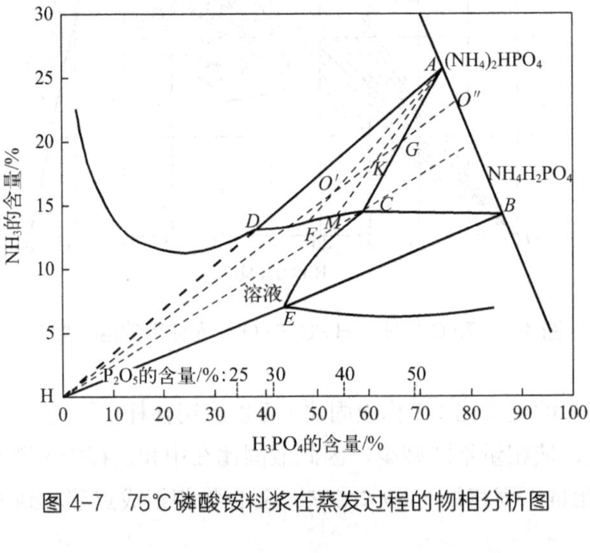

图 4-7 75℃磷酸铵料浆在蒸发过程的物相分析图

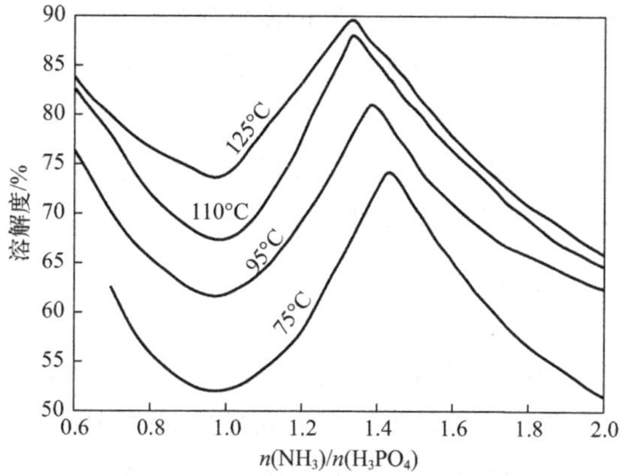

图 4-8 磷酸铵在水中的溶解度与温度和 $n(NH_3)/n(H_3PO_4)$ 的关系

4.3.3.2 $NH_4H_2PO_4$-H_2O体系的性质

图 4-9 是 $NH_4H_2PO_4$-H_2O 体系的性质列线图，它列出了溶解度、密度和蒸气压与磷酸一铵质量分数和温度的关系，*AB* 是冰与溶液的饱和线。横向线系列是等蒸气压线；纵向线系列是等密度线。例如从给定磷酸一铵质量分数和温度坐标引线相交，交点所在的等蒸气压线压力读数，即为溶液的蒸气压；而交点所在的等密度线密度读数，即为溶液的密度。又如要确定给定磷酸一铵质量分数和蒸气压下溶液的沸点，则从磷酸一铵质量分数坐标引线与等蒸气压线相交，交点对应的温度坐标读数即是溶液的沸点。如将此等蒸气压线向左延长至与磷

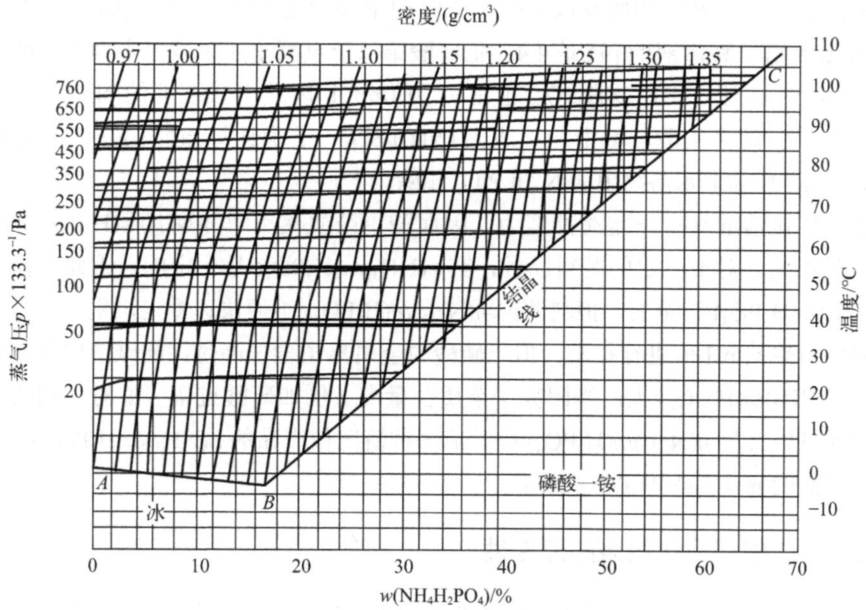

图 4-9 $NH_4H_2PO_4$-H_2O 体系的性质

酸一铵质量分数为零的坐标轴相交，交点对应的温度坐标读数即为该压力下水的沸点，两沸点之差即为该溶液的沸点升高值。不同温度下磷酸铵的溶解度可以由温度坐标引线与 *BC* 线相交的交点得到，交点对应的浓度（以磷酸一铵质量分数表示）即为饱和浓度。

图 4-9 虽然是用纯物质作出的，与湿法磷酸得出的实际体系有一定差异，但当缺乏可靠的实测数据时，也可供磷酸铵生产和设计时参考。

4.3.3.3 磷酸氨化溶液的蒸气压

由于磷酸铵生产是气固液三相过程，尽管氨作为反应剂与液相反应，但气液两相间的传递方向在推动力的改变下会发生改变，氨有可能从液相中向气相逸出。从 NH_3-H_3PO_4-H_2O 三元体系的磷酸铵饱和溶液的氨蒸气分压情况得出，NH_3 的平衡蒸气分压随着饱和溶液中的 NH_3/H_3PO_4 摩尔比（即中和度）的增加而显著升高。如在 75℃时，当溶液中 $n(NH_3)/n(H_3PO_4)$ 为 1.3 时，则气相中氨平衡蒸气分压为 120Pa；$n(NH_3)/n(H_3PO_4)$ 为 1.7 时，氨的蒸气分压为 800Pa；$n(NH_3)/n(H_3PO_4)$ 为 1.9 时，氨的蒸气分压为 4kPa。可以看出，当中和度超过 1.8 以后，气相中氨蒸气分压急剧上升。氨平衡蒸气分压的增高，意味着在中和操作时，会增大氨的逸出量，在工艺上须采取氨回收措施避免氨损失。

由于氨与磷酸中和的化学反应是放热反应，反应热可将随原料磷酸带入的大量水分蒸发，在蒸发水分的同时氨也进入气相，并在气相中保持一定的（随中和度而定）氨蒸气分压。若将这样的尾气全部回收，则由于大量水蒸气冷凝，给系统带入大量水分，增加了干燥负荷，若不回收则造成大量氨损失。因此在生产上采用多段中和来解决这个矛盾。

4.3.3.4 磷酸氨化料浆的中和度与pH之间的关系

纯磷酸被氨中和时，其中和度 $n(NH_3)/n(H_3PO_4)$ 和 pH 之间有确定的关系。通常把磷酸第一个氢离子完全被氨中和而变成磷酸一铵时的中和度定为 1，这时 $n(NH_3)/n(H_3PO_4)$ 也是 1，0.1mol/L 磷酸一铵溶液的 pH 是 4.4；把磷酸第二个氢离子完全被氨中和成磷酸二铵时的中和度定为 2，这时 $n(NH_3)/n(H_3PO_4)$ 也是 2，0.1mol/L 磷酸二铵溶液的 pH 是 8.0。湿法磷酸中常含有少量游离硫酸，氨中和后成为 $(NH_4)_2SO_4$。准确计算 $n(NH_3)/n(H_3PO_4)$ 时，需将 $(NH_4)_2SO_4$ 中的 N 和非水溶物中的 N 和 P_2O_5 扣除。

由于磷酸铵溶液具有一定缓冲能力，因而酸中杂质离子对 $n(NH_3)/n(H_3PO_4)$ 与 pH 的关系影响不是很大。对于一定的肥料品种，其 $n(NH_3)/n(H_3PO_4)$ 是一定的。因此，控制中和料浆的 $n(NH_3)/n(H_3PO_4)$ 很重要，但料浆的 $n(NH_3)/n(H_3PO_4)$ 不便快速测定，生产中常采用酸碱滴定法测定料浆的 pH 值进行控制。但当磷酸中金属离子含量高时，酸碱滴定法测得的中和度较实际 $n(NH_3)/n(H_3PO_4)$ 大；当阴离子杂质含量高（例如硫酸过量多）时，则酸碱滴定法测得的中和度较实际 $n(NH_3)/n(H_3PO_4)$ 小。前一种情况使产品的 $n(NH_3)/n(H_3PO_4)$ 偏低；后一种情况使产品的 $n(NH_3)/n(H_3PO_4)$ 偏高。

4.3.3.5 湿法磷酸氨化料浆的流变性

湿法磷酸的氨化料浆，特别是浓缩料浆的黏度，对料浆浓缩法生产磷酸铵的工艺至关重要。当未经浓缩的湿法磷酸氨化到一定 pH 值或磷酸铵料浆浓缩到一定浓度后，经常出现非牛顿流体性质，这时料浆黏度随着剪切速率而变。如用旋转黏度计测定黏度，则测得的黏度随转速改变，且经常出现黏度随测量转筒转速的增高而降低的情况，显示出假塑性流体的性质。

这时其流变性可用幂律方程来描述：

$$\tau = KD^n$$

式中 τ——剪应力，N/m^2；

D——剪切速率，s^{-1}；

K——稠度系数，$Pa \cdot s^n$；

n——流动指数。

对于假塑性流体，又可定义一个表观黏度：$\mu_a = \dfrac{\tau}{D} = KD^{n-1}$。

假塑性流体的 $n<1$。当 $n=1$ 时，即为牛顿流体，这时稠度系数即为黏度。磷酸铵料浆在一定剪切速率范围内属假塑性流体，在更高的剪切速率下可能变成牛顿流体。

影响黏度的因素很多，黏度通常随着温度的升高而降低，随着浓度或固形物含量的增加而升高。对固相粒子均一的料浆，它的黏度与固相体积分数和液相黏度的关系可用下式表示：

$$\eta_P = \frac{0.403\eta_e}{0.403 - \varphi_s}$$

式中 η_P——料浆黏度，$mPa \cdot s$；

η_e——液相黏度，$mPa \cdot s$；

φ_s——固相体积分数。

此公式的准确度随着固相含量的降低而增大。可以得出，料浆黏度随着固相体积分数的增加而急剧增加。

然而凝胶物质的生成严重影响料浆黏度。例如国外某变质磷矿 B 中含有相当量的硅酸盐，硫酸分解磷矿后形成的单硅酸 $Si(OH)_4$ 存在于磷酸中。当磷酸被氨中和到 pH>2.5 之后，溶液中 OH^- 浓度已足以起催化作用，使单硅酸聚合成凝胶。原矿变质程度愈高，湿法磷酸中硅含量愈高，中和料浆黏度愈大。当这种磷酸被中和到 pH>4.0 之后，实际上已无法进行氨化操作。

又如国外某磷矿 C 含铁、铝、镁杂质的量较高，生产的湿法磷酸氨化至 pH>2.85 后，由于料浆形成了具有网状结构的凝胶而料浆黏度急剧升高。为了使料浆在氨化和浓缩过程中有足够的流动性，这种磷酸氨化时的 pH 不能超过 2.8。为此，需在产品干燥之前再进行二次加氨，或在氨化造粒机中补氨。

磷酸中的杂质对氨化料浆黏度的影响至今仍缺乏系统的研究。张凤华等用化学试剂模拟不同杂质含量的湿法磷酸，保持磷酸中 P_2O_5 含量 30%、SO_3 含量 3% 不变，其他 4 种主要杂质含量的变化范围是 Fe_2O_3 0.27% ～ 2.32%、Al_2O_3 0.06% ～ 2.38%、MgO 0 ～ 2.29%、F 1.35% ～ 2.86%（按 SiF_6^{2-} 加入），用二次回归正交组合设计试验法研究了杂质对磷酸铵料浆黏度的影响。用氨气将磷酸中和到 pH=4.9，再于 85℃测料浆黏度，得出了表述杂质含量对料浆黏度影响的数学模型：

$$Y=44.08-0.205X_{Fe_2O_3}-21.47X_{Al_2O_3}-20.73X_{MgO}-0.74X_F+1.16X_{Fe_2O_3}X_{MgO}$$
$$+4.24X_{MgO}X_{Al_2O_3}+1.21X_{Al_2O_3}X_F+1.323X^2_{Al_2O_3}+1.53X^2_{MgO}$$

式中　　Y——料浆黏度，mPa·s。

$X_{Fe_2O_3}$、$X_{Al_2O_3}$、X_{MgO}、X_F——Fe_2O_3、Al_2O_3、MgO、F的质量分数，%。

上述杂质的质量分数可用下式计算：

$$X_{Fe_2O_3}=\frac{m(Fe_2O_3)}{m(P_2O_5)}\times100\%$$
$$X_{Al_2O_3}=\frac{m(Al_2O_3)}{m(P_2O_5)}\times100\%$$
$$X_{MgO}=\frac{m(MgO)}{m(P_2O_5)}\times100\%$$
$$X_F=\frac{m(F)}{m(P_2O_5)}\times100\%$$

为了揭示个别杂质对料浆黏度影响的规律，在保持另三种杂质含量在平均水平且不变的条件下改变给定杂质含量，其结果见图 4-10。从图中可看出，铝和镁对料浆黏度影响最大，铁与氟的影响较小。从数学模型的交互项还可看出，镁与铝、镁与铁、铝与氟的交互效应不可忽视。由此看来，对于杂质含量高的湿法磷酸，在决定其能否采用料浆法生产磷酸铵之前，应对其氨化料浆的流变性进行试验。

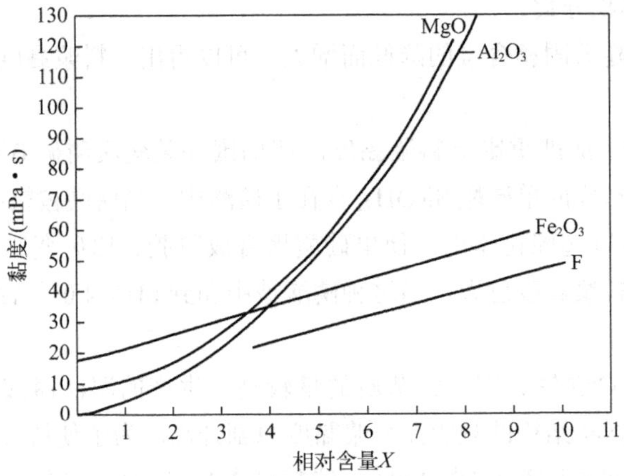

图 4-10　磷酸中的杂质对氨化料浆黏度的影响

4.3.3.6　磷酸铵料浆的比热容

表 4-14 列出某磷酸铵料浆比热容的实测数据。

当溶液中溶质含量小于 40% ～ 50% 时，则可将溶质与溶剂的比热容相加以近似计算溶液的比热容。例如水与磷酸一铵的比热容分别是 4.184kJ/(kg · K) 和 1.238kJ/(kg · K)，则含水 50% 磷酸铵料浆的比热容是 0.5×4.184+0.5×1.238=2.711[kJ/(kg · K)]，它与表 4-14 中的实测值 2.720kJ/(kg · K) 很接近。

表4-14　磷酸铵料浆比热容与含水量的关系

磷酸铵料浆 $w(H_2O)$/%	磷酸铵料浆比热容 /[kJ/(kg·K)]	磷酸铵料浆 $w(H_2O)$%	磷酸铵料浆比热容 /[kJ/(kg·K)]
20	1.841	40	2.427
25	1.987	50	2.720
30	2.134	60	3.192

4.3.4　聚磷酸铵生产原理

APP 的生产方法根据所使用的氮源不同，主要分为尿素缩合法和氨气聚合法。尿素缩合法是指在生产制备 APP 时，尿素作为主要原料之一，并作为缩合剂，通过控制反应条件（温度、时间、物料配比和分压等），2 个或 2 个以上原料小分子相互作用以共价键结合形成大分子，并伴有失去 NH_3 和 CO_2 小分子的缩聚反应。氨气聚合法是指在生产制备 APP 时，氨气作为主要原料，在密闭反应体系中与另外一种原料进行加成聚合的链式反应，最终实现单体经聚合后生成一种高分子聚合物。此外，根据反应体系中磷源的不同，聚磷酸铵的生产方法大致分为磷酸体系、磷酸盐体系和五氧化二磷体系三种。不同生产方法的反应方程式见表 4-15。

表4-15　聚磷酸铵生产方法及反应原理

生产方法		反应原理
尿素缩合法	磷酸 - 尿素缩合法	$n\mathrm{H_3PO_4}+(n-1)\mathrm{CO(NH_2)_2} \longrightarrow (\mathrm{NH_4})_{n+2}\mathrm{P}_n\mathrm{O}_{3n+1}+(n-4)\mathrm{NH_3}+(n-1)\mathrm{CO_2}$
	磷酸铵盐 - 尿素缩合法	$n\mathrm{NH_4H_2PO_4}+(n-1)\mathrm{CO(NH_2)_2} \longrightarrow (\mathrm{NH_4})_{n+2}\mathrm{P}_n\mathrm{O}_{3n+1}+2(n-2)\mathrm{NH_3}+(n-1)\mathrm{CO_2}$
	磷酸脲缩合法	$n\mathrm{H_3PO_4\cdot CO(NH_2)_2} \longrightarrow (\mathrm{NH_4PO_3})_n+ n\mathrm{CO_2}\uparrow +n\mathrm{NH_3}\uparrow$
氨气聚合法	磷酸氨化法	$(3n+1)\mathrm{H_3PO_4}+2(2n+2)\mathrm{NH_3} \longrightarrow 4(\mathrm{NH_4})_{n+2}\mathrm{P}_n\mathrm{O}_{3n+1}$
	聚磷酸氨化法	$\mathrm{H}_{n+2}\mathrm{P}_n\mathrm{O}_{3n+1}+(n+2)\mathrm{NH_3} \longrightarrow (\mathrm{NH_4})_{n+2}\mathrm{P}_n\mathrm{O}_{3n+1}$
	磷酸铵 - 五氧化二磷聚合法	$n(\mathrm{NH_4})_2\mathrm{HPO_4}+n\mathrm{P_2O_5}+n\mathrm{NH_3} \longrightarrow 3(\mathrm{NH_4PO_3})_n$

在 1969 年以前，人们普遍认为磷酸（盐）的脱水作用形成了具有 P—O—P 交替结构的聚磷酸盐；而引入体系的尿素、P_2O_5 等缩合剂，仅仅与已经生成的水结合，进而促进了磷酸（盐）的脱水进程。然而，Shen 等提出，尿素的加入能明显降低缩聚反应的温度，尿素在磷酸铵分子 P—ONH_4 键断裂过程中可能起到了比已知更为密切的作用；同时，一种尿素 - 磷酸盐中间体缩聚机理也被提出（图 4-11），并被 Yang 等人（2019）证明 [13]。

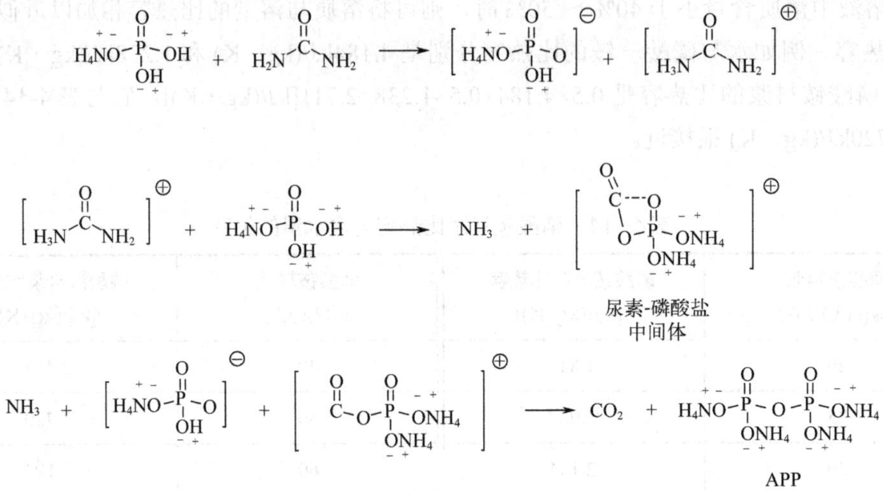

图 4-11　磷酸一铵（MAP）/ 尿素体系的缩聚机理

4.4　传统法肥料级磷酸一铵

工业上生产的肥料级磷酸一铵（MAP），一般含 N 9% ～ 12%，含 P_2O_5 42% ～ 52%。目前生产磷酸一铵的方法可分为浓酸法和稀酸法，浓酸法又称为磷酸浓缩法，常称为传统法；稀酸法又称为料浆浓缩法，简称料浆法。这两种方法的区别主要是中和反应与浓缩的先后次序（图 4-12）。传统法是先将稀磷酸浓缩，再进行氨中和反应；而料浆法则是先将稀磷酸氨化中和，再将中和料浆浓缩。图 4-12 中的后处理过程包括造粒和干燥过程。与此同时，在料浆法的基础上，通过氨化除杂也可生产水溶性磷酸一铵（总养分为 64% ～ 66%）或工业级磷酸二铵产品。

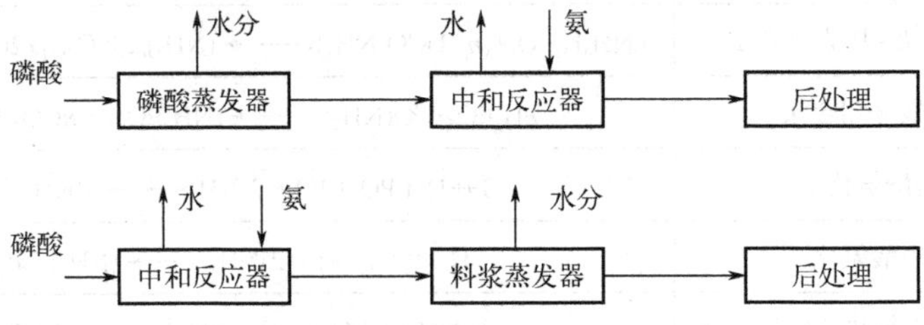

图 4-12　磷酸浓缩法与料浆浓缩法生产磷酸铵的流程对比

4.4.1　生产工艺

磷酸浓缩法适合品位高质量好的磷矿，特别是利用磷酸浓度高的特点，理论上在同一套生产装置中可以很方便地实现磷酸一铵、磷酸二铵和高浓度三元复肥多种产品生产的切换。

实际上在我国磷矿质量的具体情况下，当采用 TVA 的转鼓氨化造粒工艺装置生产粒状 MAP 时，实践证明造粒机内的液相平衡较难控制，返料比很大，生产强度缩小。粒状肥料产品主要用于直接施用，与 MAP 相比，DAP 的氮磷比更接近作物需求，而且我国的磷酸铵市场建立远早于生产，受长期施用美国进口 DAP 的影响，农业上更接受粒状 DAP 产品，因此我国磷酸浓缩法生产的磷酸铵产品，基本上以粒状 DAP 为主，粉状 MAP 的产能很小。

浓缩磷酸经中和反应后的料浆可通过造粒干燥得到粒状 MAP，或进行喷雾干燥获得粉状 MAP。磷酸浓缩法粒状 MAP 的生产流程可参考后面的 DAP 生产流程。传统法粉状 MAP 的生产流程（图 4-13）特别短，这里以西班牙 Espindesa-Ert 和我国云天化三环公司的管式反应器流程为例说明。浓缩后的磷酸与氨气进入管式反应器，反应后的料浆由喷头雾化喷入干燥塔内而自由落下，因酸浓度较高，不需要高温烟道气，仅用逆流空气便可实现对产品干燥冷却。因此塔体可以采用帆布制成，成为名副其实的软塔。塔底的粉状 MAP 含水量约 5%，塔顶尾气用洗涤器回收氨。挪威 Minifos 公司的粉状 MAP 流程与此相仿，但采用了导管式反应器作为中和反应器，塔顶采用两次洗涤回收氨。

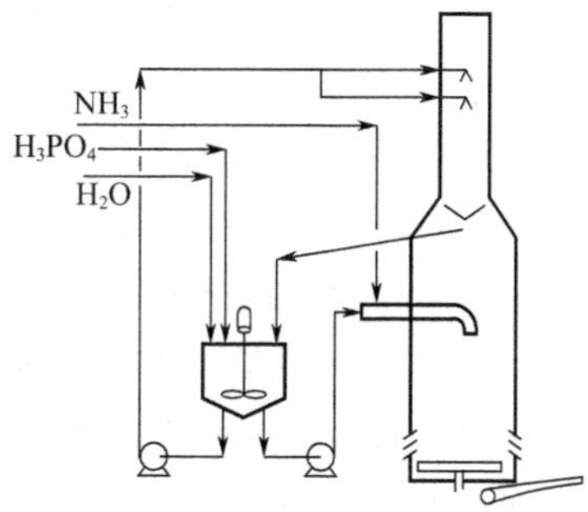

图 4-13　磷酸浓缩法粉状 MAP 生产流程

采用浓缩淤渣酸生产粉状 MAP 也属于传统法范畴，由于淤渣酸浓度稍低，采用自热冷却干燥不能实现产品水平衡，因此该工艺采用流化床喷雾干燥塔，保留管式反应器氨化磷酸后雾化，干燥塔结构形式与料浆法粉状 MAP 工艺相同。由于增加了热风逆流流化床干燥，所得产品水分可控，虽然是粉状产品，但是没有特别细的粉，细颗粒粒度均匀，产品物性比软塔工艺更好。

4.4.2　典型设备

通过蒸发器的磷酸浓度从 26%P_2O_5 浓缩到 45% ～ 52%。蒸发器一般为强制循环的真空蒸发器。磷酸用泵循环，通过换热器进入闪蒸室，所得蒸汽经气液分离后送入吸收器回收氟。但这种蒸发器适应杂质较少的高品位矿所得的磷酸。若杂质含量较高，随着磷酸浓度增高，铁铝镁杂质的磷酸盐化合物将析出大量晶体，形成酸性垢层，紧贴于换热器的传热管壁上，并很快堵塞管子，从而终止蒸发器的运行。为避免这种现象，曾经采用过浸没燃烧、鼓泡浓缩或喷雾浓缩等浓缩工艺。浸没燃烧是将燃料直接喷入浸没在磷酸中的燃烧器，燃烧后的热气体直接进入磷酸中进行热交换，因没有传热壁面，故不存在结垢的问题。鼓泡浓缩与浸没燃烧相似，只不过是将在蒸发器外产生的热气引入蒸发器（图 4-14）内。这些浓缩方法由于尾气量处理大，环境影响严重，与真空浓缩相比劣势突出，现在基本已经不采用了。近年来真空浓缩用于磷酸系统也有许多改进，如采用淤渣循环，同时采用结晶器的思路设计蒸发器，可以让杂质析出于淤渣结晶表面，从而大大延缓了传热管壁垢层的生长，使真空浓缩也可用于杂质相对较多的磷酸。

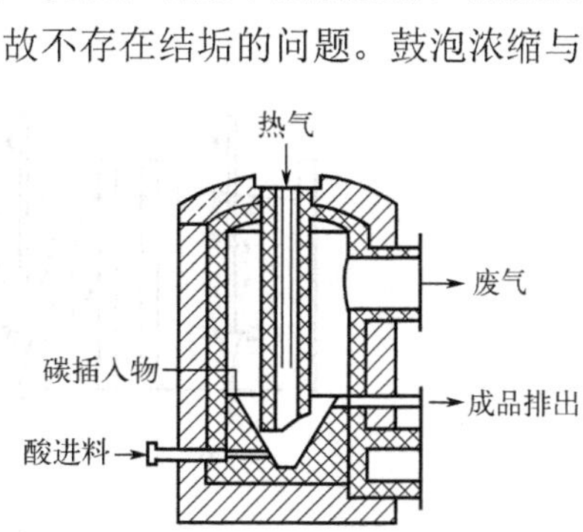

图 4-14　鼓泡式蒸发器

浓缩后的磷酸用泵送入中和反应器内进行氨中和反

应。因酸中已脱去大量水分，故反应器体积可以相对较小。由于反应器中存在三相之间的相互作用，为了改善反应过程，提高反应速率，产生了各种类型的反应器。浓缩磷酸氨中和一般常用三种类型的反应器，即常压搅拌式反应器、加压反应器、管式反应器。

4.4.2.1 常压搅拌式反应器

常压搅拌式反应器常称中和槽（图 4-15），向大气敞开。基本结构为一圆形筒体，筒体内装有搅拌桨，槽底设有加氨管。氨气从具有孔口的分布管中喷出，分散成小气泡，在料浆中上升，并不断与料浆中的磷酸反应，搅拌桨强化了气液间的传质，由于 MAP 控制中和度较低，在 1.0 ～ 1.15 的范围内，逸出的氨很少，可不必回收，反应尾气洗涤后放空。磷酸中杂质随 pH 升高析出，与 MAP 析出结晶一起形成白色料浆。三相体系中既存在气液相间的反应，又存在液固相间的结晶过程。为了简化分析过程，人们常常把液相和固相的混合料浆作为拟均相处理，可看成黏度较大的液体。就气液相间的反应来看，因气氨与磷酸间的本征化学反应极为迅速，而气体向液相的质量传递相对较慢，因而强化反应的关键是提高气液相间的传质速率。因此强化搅拌作用，使气泡成为较细的小泡，可以产生较大的反应面积和增强气液相间的湍动作用，从而强化反应过程。浓缩磷酸经中和反应后蒸发了大量水分，可以减少后面干燥工段的热负荷。若浓度足够高，甚至可以利用反应热实现自热干燥。

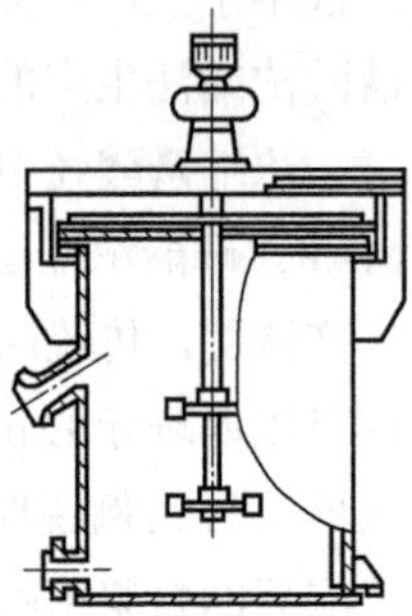

图 4-15　搅拌槽式中和反应

在搅拌式鼓泡反应器中，气体依赖搅拌桨的运动而分散与破碎。当转速很低时，气体穿过搅拌器而并未被分散，如图 4-16（a）所示，此时的搅拌功率与未通气的搅拌功率相差无几，操作状态为气流控制区。随着搅拌转速的增加，气体逐渐被搅拌器所分散，当搅拌转速超过某一临界转速时［图 4-16（b）～（d）］，则有气体进入搅拌器的下方，这一临界转速称为最小临界分散转速 N_{CD}。此时的搅拌功率与气体的等温膨胀功率相等，操作状态为气流和搅拌器共同控制区。当搅拌转速增加到某一转速 N_R［图 4-16（d）～（e）］时，大量气泡再循环回搅拌器，N_R 称为再循环转速，其值大约为 N_{CD} 的 3 倍，操作状态为搅拌器控制区。当搅拌桨为六直叶圆盘式时，设通气量为 $Q(m^3/s)$，液面距反应器底高 H，搅拌桨直径为 $D(m)$，反应器内径为 $T(m)$，搅拌桨距底部高度为 $C(m)$，$H/T=1$，$C/T=1/4$，可用下式估算 N_R。

$$N_R = \frac{1.5Q^{0.2}T}{D^2}$$

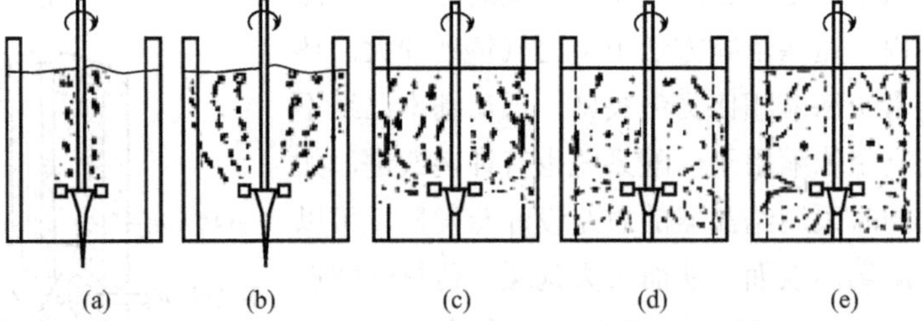

图 4-16　反应器内气体流动状态

4.4.2.2 加压反应器

如果中和反应过程能除掉更多的水分，中和反应器出来的料浆也有可能不需要外加热能，即可利用中和反应热达到自热干燥的目的。因此中和槽的改进是加压反应器。加压反应器是密封的，与大气隔绝。因中和热产生的水蒸气使容器内压力升高，也使料浆的蒸气压升高，对应的沸点升高。因磷酸铵的溶解度随温度的升高而增加，黏度随温度升高而减小。在加压反应器中，料浆的沸点（0.1MPa 表压）比常压下约高 20℃，因此加压反应器可在比常压反应器中水分含量低得多的情况下操作。这样所得到的料浆含水量低，可以降低造粒时添加的返料量，固体处理部分的设备规模相应缩小，干燥时所需消耗的燃料量可降低过半。加压反应器取消了搅拌桨，采用氨气喷入形成料浆循环。料浆内循环主要有两种形式：一种为氨气从底部向上喷入，气泡和热虹吸作用带动料浆向上通过导流筒循环，形成内环流。采用这种内循环形式的又称导管反应器（图 4-17），压力为 0.1MPa，温度为 145℃，循环比为 20/1，蒸汽分离强度为 650 ～ 800kg/（m^2 · h），设备材料为 316L 不锈钢，使用寿命可达十年以上。另一种是氨气从壁面切向喷入，带动料浆形成旋流循环。

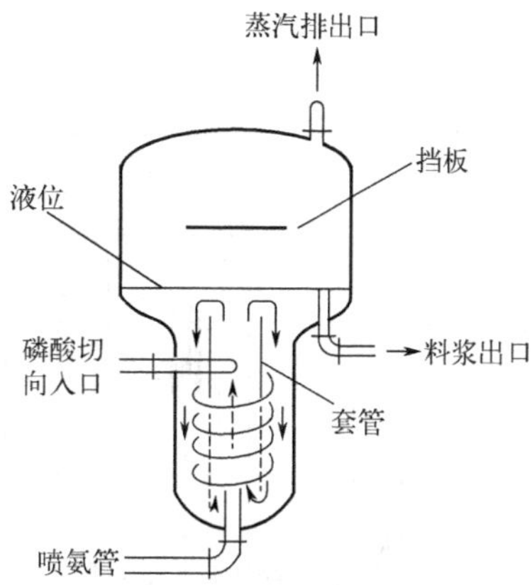

图 4-17 导管反应器

4.4.2.3 管式反应器

因生产磷酸铵反应中的气液相间的反应为飞速反应，如果反应器内部能形成活塞流，则反应器在维持原有反应速率的情况下体积大为缩小，传统法磷酸铵生产装置中和反应器已经大量采用各种管式反应器。在传统法 DAP 生产中，管式反应器已成为主流反应器，因此在 DAP 生产工艺中再作详细介绍。

4.5 料浆法磷酸一铵

4.5.1 料浆法粒状 MAP 生产工艺

料浆法生产磷酸铵工艺首先进行稀磷酸的氨中和反应，然后多效浓缩稀磷酸铵料浆。图 4-18 是我国早期小型料浆法粒状 MAP 生产的典型流程。中和反应部分采用搅拌槽，料浆浓缩采用强制循环双效蒸发，干燥采用喷浆造粒干燥。从萃取磷酸工序来的二水法磷酸未经浓缩，浓度约 20% ～ 24%P_2O_5。稀磷酸首先送入干燥尾气洗涤器循环洗涤干燥尾气，洗涤酸部分泵送到中和槽与气氨进行反应，所得到的稀中和料浆进入Ⅱ效蒸发室，经真空浓缩后再进入Ⅰ效蒸发室。将从Ⅰ效蒸发室出来的浓缩料浆送入料浆缓冲槽，此时含水

25% ～ 30%。将新鲜蒸汽送入Ⅰ效蒸发室的加热器，料浆在闪蒸室中分离出的蒸汽进入Ⅱ效蒸发器的加热器管间作为热源。Ⅱ效闪蒸室分离的蒸汽进入混合冷凝器，被循环水混合冷凝，产生真空。料浆缓冲槽中的料浆被泵送入喷浆造粒干燥机，用压缩空气雾化喷涂在返料料幕上造粒，同时与热烟气并流干燥，出造粒干燥机的物料经筛分得到粒度为 2 ～ 4mm 的合格颗粒产品并送去包装，大于 4mm 的粗颗粒经破碎，与小于 1mm 的细颗粒一起，由返料胶带输送机送回造粒干燥机头。干燥尾气经旋风除尘器干法除尘后，进浮球喷淋塔，用原料磷酸洗涤、除沫后排空。

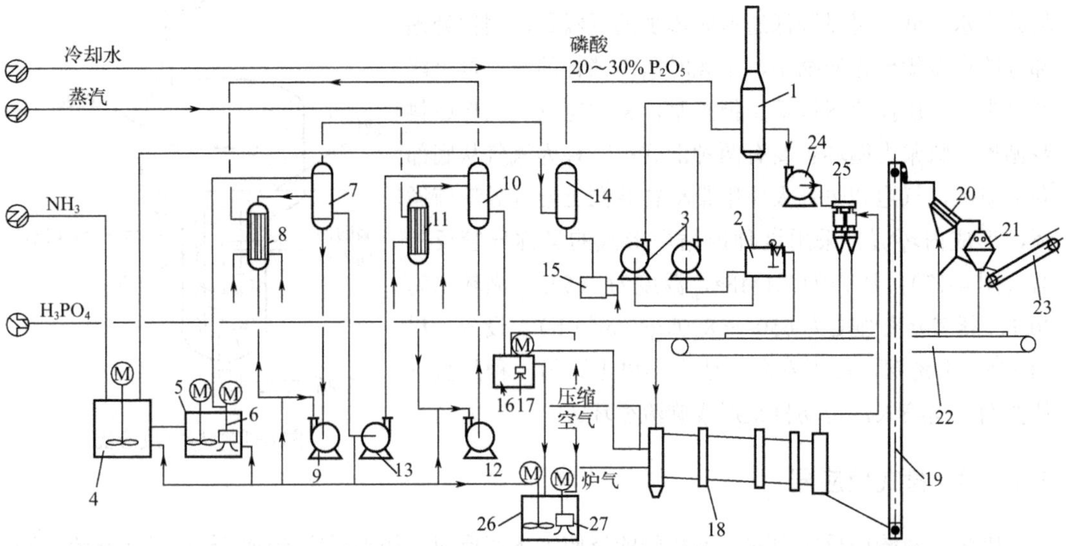

图 4-18　典型的料浆法粒状 MAP 生产流程

1—尾气洗涤塔；2—洗液循环槽；3—洗液循环泵；4—中和槽；5—蒸发给料槽；6—蒸发给料泵；7—Ⅱ效闪蒸室；8—Ⅱ效加热器；9—Ⅱ效循环泵；10—Ⅰ效闪蒸室；11—Ⅰ效加热器；12—Ⅰ效循环泵；13—过料泵；14—混合冷凝器；15—液封槽；16—料浆缓冲槽；17—喷浆泵；18—喷浆造粒干燥机；19—斗提机；20—振动筛；21—链式破碎机；22—返料胶带输送机；23—成品胶带输送机；24—干燥尾气风机；25—旋风分离机；26—地下槽；27—地下槽泵

这个流程在我国料浆法磷酸铵生产装置大型化过程中得到了很大改进：

在浓缩料浆造粒干燥工序，我国开发了带内筛分的内返料喷浆造粒干燥机，使外返料比（返料与成品质量流量比）由 4 ～ 6 降低到小于 1，大大缩小了返料系统的负荷及配套设备规模，减少了物料和热量损失，优化了操作环境。

在稀酸氨中和工序，先后开发了外环流自然循环氨化反应器、中和 - 稀效浓缩一体化反应器和强制循环氨化蒸发反应器。后者因具有运行稳定可靠、生产强度大、反应迅速完全、氨损小、开停车方便、中和尾气可再次利用、无气相排放等优势，目前已成为料浆法磷酸铵生产装置的主流中和反应器。

在稀料浆浓缩工序，随着装置规模扩大和能源价格不断上涨，多效浓缩的降耗 / 投资比较效益日益显著，后期建设的大型料浆法磷酸铵生产装置多采用三效浓缩系统，中和蒸汽与Ⅰ效闪蒸室的二次蒸汽一起，进入Ⅱ效加热器的管间，实现中和蒸汽的两次使用。常规双效料浆浓缩的汽水比（消耗的初始生蒸汽与蒸发出物料中水分的质量比）为 0.62，而三效料浆浓缩的汽水比可降低到0.32以下，与磷酸单效浓缩的汽水比1.2相比，更是降低了70%以上。这不仅极大地降低了能耗，还可接受较低浓度的二水湿法稀磷酸，从而降低磷矿的质量要求，拓宽磷矿来源。

此外，通过合理设置中和、浓缩、闪蒸室的位置高度，实现各个蒸发器之间的自流过料，取消了给料槽及其泵、过料槽及其泵，简化了流程，提高了操作稳定性，降低了热损失，减少了逸出蒸汽的无序排放，改善了车间操作环境。由于取消了敞开式料槽，三效浓缩的浓效料浆密闭状态下的压力可达0.1MPa（表压）以上，温度超过120℃，三效浓缩的传热总温差大于原来的双效浓缩，因此三效浓缩尽管增加了一套蒸发器，但投资并未顺比增加50%。由于料浆温度升高而黏度变小，浓缩料浆的终点浓度也可以提高，这既可以在热效率较高的多效浓缩中多蒸发水分，也可以由于高温料浆携带的显热和冷却结晶热在后续干燥过程中转化为物料中水分的汽化热，降低干燥热负荷。

真空浓缩的循环水系统采用单泵循环，通过抬高液封槽位置循环热水自流入凉水塔，或者抬高凉水塔位置使循环凉水自流入混合冷凝器，仅用一台循环水泵完成循环水的封闭循环，使循环水各槽液位无需控制，简化稳定了操作。

4.5.2　料浆法粉状MAP生产工艺

进入新世纪以来，我国高浓度复合肥产业发展迅猛，作为高浓度复合肥的最佳磷源，料浆法粉状MAP获得了比粒状产品更大的发展。与粒状MAP相比较，料浆法粉状MAP的生产流程更简洁，能耗更低，更环境友好，产品成本也比粒状低。新世纪以来国内新建的大中型料浆法磷酸铵生产装置，其产品几乎都是粉状MAP。

料浆法粉状MAP的喷雾干燥工艺，早期曾采用过离心喷盘雾化-热烟气并流干燥流程，由于离心喷盘操作不稳定、易振动，干燥塔壁易结料，现在已经不采用了。目前主流的喷雾干燥工艺是“压力式雾化-热空气逆流流化床干燥工艺”。

图4-32是料浆法粉状MAP的代表性生产流程图。

来自湿法磷酸萃取装置储槽的稀磷酸（浓度约22%P_2O_5）用磷酸加料泵计量加入强制循环氨化蒸发反应器的闪蒸室。来自液氨储罐，经蒸发汽化后的氨气计量调节加入位于氨化反应器反应段下端的氨喷嘴经喷射进入反应段，与循环料浆反应，生成中和度为0.97～1.02、含水量约50%、温度达到沸点的磷酸一铵稀料浆。沸腾料浆在气液分离器（闪蒸室）中分离蒸汽后，进入下降管，在中和料浆循环泵的推动下再进反应段循环。部分中和料浆从循环泵出口流入浓缩工序Ⅲ效蒸发室的循环泵进口。

强制循环氨化蒸发反应器闪蒸室顶分离的反应蒸汽经过旋风除沫器除沫后，与浓缩工序Ⅰ效闪蒸室的二次蒸汽合并，进入浓缩工序Ⅱ效加热器的管间。

Ⅲ效蒸发室料浆在其气液分离器（闪蒸室）、下降管、循环泵、加热器之间循环加热，分离二次蒸汽，部分料浆从循环泵出口向Ⅱ效循环泵进口过料。在Ⅱ效蒸发室完成与Ⅲ效蒸发室相同的循环、加热、闪蒸，部分料浆由循环泵出口过料到Ⅰ效循环泵进口的过程。在Ⅰ效蒸发器也完成相同的循环、加热、闪蒸分离过程。含水量约22%的Ⅰ效完成料浆从料浆循环泵出口进入料浆过滤器过滤后，经高压泵加压输送至干燥塔顶喷雾干燥。

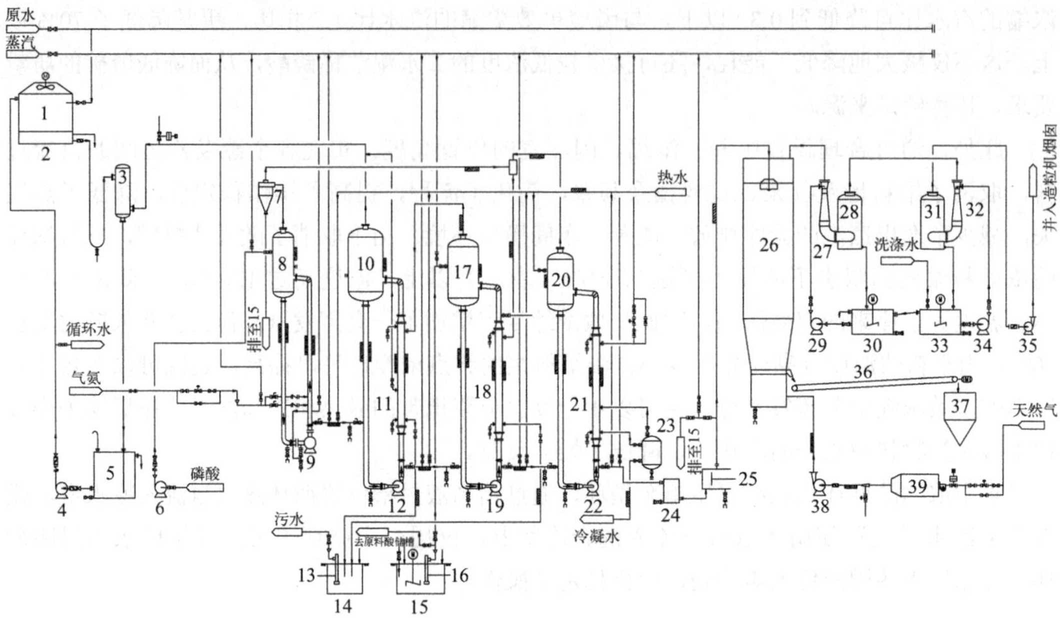

图 4-19　料浆法粉状 MAP 生产流程

1—凉水塔；2—凉水池；3—混合冷凝器；4—循环水泵；5—液封槽；6—磷酸加料泵；
7—旋风除沫器；8—强制循环氨化蒸发反应器；9—反应器循环泵；10—Ⅲ效闪蒸室；
11—Ⅲ效加热器；12—Ⅲ效循环泵；13—污水泵；14—污水槽；15—料浆收集槽；
16—料浆输送泵；17—Ⅱ效闪蒸室；18—Ⅱ效加热器；19—Ⅱ效循环泵；20—Ⅰ效闪蒸室；
21—Ⅰ效加热器；22—Ⅰ效循环泵；23—Ⅰ效冷凝水平衡罐；24—料浆过滤器；
25—三缸高压泵；26—干燥塔；27—一洗文丘里；28—一洗除沫塔；29—一洗循环泵；
30—一洗循环水槽；31—二洗除沫塔；32—二洗文丘里；33—二洗循环水槽；34—二洗循环泵；
35—尾气风机；36—成品皮带输送机；37—成品料斗；38—热风机；39—燃气热风炉

Ⅰ效加热器管间的低压饱和加热蒸汽来自蒸汽管网，经调节阀调节（根据Ⅰ效料浆温度）后进加热器传热冷凝，冷凝液经气液平衡罐平衡，分离的蒸汽返回Ⅰ效加热器，冷凝液依靠自身压力返回锅炉软水罐。Ⅰ效闪蒸室分离的二次蒸汽与氨化反应器经过旋风除沫器除沫的二次蒸汽合并，进Ⅱ效加热器的管间，加热Ⅱ效循环料浆。Ⅱ效闪蒸室分离的三次蒸汽进Ⅲ效加热器的管间，加热Ⅲ效循环料浆。Ⅱ效加热器和Ⅲ效加热器的冷凝液进污水池。污水池中的水用液下泵补充到凉水塔集水池。Ⅲ效闪蒸室出来的四次蒸汽进混合冷凝器，用循环水冷凝后产生真空。

来自装置污水池的补充水进凉水塔的集水池，自流入混合冷凝器冷凝的Ⅲ效闪蒸室分离的蒸汽，产生约 0.04 ～ 0.06MPa 的真空度。循环冷凝水从大气腿下降到液封槽。循环水泵从液封槽底抽循环热水到凉水塔喷头，喷洒冷却后落入凉水塔集水池，进行循环。凉水塔集水池的溢流输送部分热水去湿法磷酸装置的过滤机盘下水槽冲洗滤布等。

根据装置布置的具体情况，也可以将混合冷凝器的液封槽出水口位置抬高到高于凉水塔喷淋器 3 ～ 4m，循环冷却水自流入凉水塔喷洒冷却，循环水泵从凉水塔集水池抽水上混合冷凝器。

约 120℃的Ⅰ效浓缩料浆从循环泵出口进料浆过滤器滤去固体颗粒后，进高压料浆三缸柱塞泵加压至 6 ～ 8MPa，变频调速控制流量后，经有排污高压阀的高压料浆管送到干燥塔顶的压力式料浆喷雾器雾化闪蒸，雾化料浆从干燥塔顶喷洒而下，与塔底上升的热空气逆流接触换热，蒸发水分。基本成形的细颗粒落入塔底的干燥流化床层，在流化床中经过相对较长时间的停留，强化与温度最高的进口热空气换热，物料进一步完成干燥。

干燥介质环境空气用鼓风机鼓进燃气热风炉，燃烧天然气加热至 500℃左右的热空气，由热风机抽吸，在热风机前配入冷风，温度调节至 125 ～ 130℃后进入干燥塔的底部气室，通过风帽板均布后进入流化床，与干燥物料换热后上升至塔顶。从塔顶侧面出塔的约 50℃的干燥尾气，先进一洗文丘里，用一洗循环水喷淋洗涤后，进一洗除沫塔分离洗涤液，再进二洗文丘里，用循环水喷淋洗涤，进二洗除沫塔分离除沫后，用尾气风机抽吸至尾气烟囱，从 40m 高处达标排空。

进塔热风温度通过改变热风机配风流量调节。出干燥塔尾气的温度则通过改变喷雾料浆流量和热风机进口阀开度控制。干燥塔内保持微负压，通过调节尾气风机进口阀控制。

干燥尾气二洗循环槽洗涤水来自凉水塔的集水池，二洗循环槽洗涤水溢流至一洗循环槽，一洗循环槽洗涤水溢流至料浆收集槽后，返回料浆浓缩蒸发器。

干燥热风根据具体环境条件，可以通过燃气热风炉加热产生，也可以采用蒸汽加热或者间壁加热的燃煤热风炉加热产生。其中采用蒸汽加热时，热风机变为冷风鼓风机，无需配风，通过控制鼓风机进口阀和蒸汽流量调节热风温度和流量，这都可以在控制室实现。控制方便，无需设操作岗位。可以采用低压蒸汽作为干燥热源，是逆流流化床喷雾干燥的一大优势。

4.5.3　典型设备

4.5.3.1　氨化反应器

料浆浓缩法 MAP 生产装置常用的氨化反应器有常压搅拌中和槽、外环流快速氨化反应器、中和浓缩一体化反应器和强制循环氨化蒸发反应器。常压搅拌中和槽的基本结构与前述传统法 MAP 相同。对于料浆浓缩法磷酸铵工艺，常压搅拌中和槽的优点是氨化中和过程中析出的杂质过饱和度消除较好，后续浓缩加热管结垢相对较缓。缺点是中和蒸汽外排，不仅浪费热量还影响环境。

（1）外环流快速氨化反应器　如图 4-20 所示，此反应器特别适合稀酸的氨中和反应。气氨以 60m/s 的速度由喷嘴喷入，与送入的磷酸混合，得到的料浆由于热虹吸作用由上升管进入闪蒸室，料浆经闪蒸分离蒸汽后再次进入下降管循环，物料停留时间约 5 ～ 8 分钟。反应产生的蒸汽经分离后可送入浓缩蒸发器加以利用。外环流快速氨化反应器的优点是无动力消耗，但是当生产负荷较大时容易产生节涌振动，当装置临时停车时为了防止料浆沉降堵塞循环管需要放料，影响开车率。与槽式中和流程相比，它具有停留时间短、生产强度高、氨损失小、无机械搅拌装置，以及可回收利用蒸发的二次蒸汽等优点。

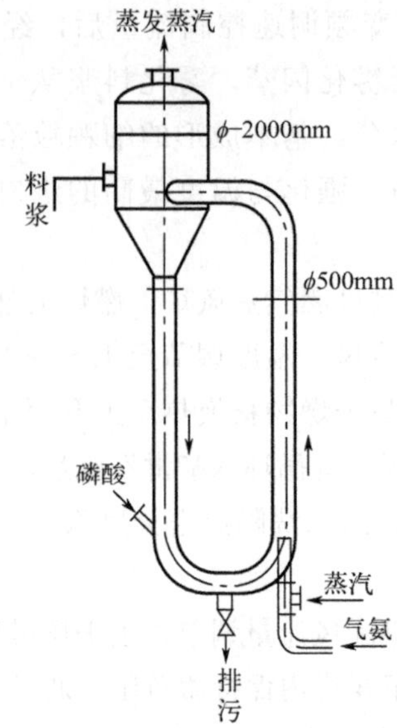

图 4-20 外环流快速氨化反应器

外环流快速氨化反应器性能见表 4-16

外环流快速氨化蒸发流程还具有如下特点：

① 可以利用快速氨化反应器产生的二次蒸汽预热磷酸，使中和反应过程蒸发掉更多磷酸料浆中的水分。

② 快速氨化蒸发属常压中和，因此，磷酸浓度不能过高（应低于 40%P_2O_5），否则因料浆黏度过大而无法操作。

③ 所用磷酸的温度和浓度不能过低，否则中和热不足以使溶液达沸点，同时反应器中会出现水击现象，即通氨时出现强烈振动。这是由于氨与酸在通入的氨气泡表面反应后，气泡中的氨被汽化的水蒸气取代，此水气泡进入低温区骤然冷凝产生水击。在槽式中和器中也可能出现水击现象。为防止产生水击，可将磷酸预热或提高磷酸浓度。

四川大学对外环流快速氨化反应器的数学模型与工程方法技术进行了研究并得出了以下结论：

① 用外环流快速氨化反应器生产磷酸一铵和磷酸二铵（磷酸浓度≤ 35%P_2O_5) 的工艺技术是可行的、经济的。它具有反应体积小、氨化时间短、生产强度高、无需机械搅拌装置、用电少、尾气中氨含量低等优点，是磷酸氨化的高效反应器。

② 在磷酸一铵和磷酸二铵的工业生产条件下，将氨化反应器视作全混流反应器，进行工业反应器的设计不会带来大的误差。

③ 影响外环流快速氨化反应器运行的重要参数是反应管单位时间内单位截面积的生产负荷。在最佳负荷条件下气泡分散，气液湍动剧烈，反应速率最大，反应器运行稳定。这一生产负荷是设计外环流快速氨化反应器的依据，也是反应器放大的准则。

（2）中和浓缩一体化反应器　这是将外环流快速氨化反应器和料浆稀效真空浓缩蒸发器相结合的一种氨化中和反应器，即利用强制循环蒸发器的特点，将磷酸直接加入蒸发器的闪

表4-16　外环流快速氨化反应器的性能

型号	反应段直径/m	循环管直径/m	分离室直径/m	设备质量/t	磷酸(P_2O_5)/%	生产能力（按酸计）/（t/h）	生产能力（按氨计）/（t/h）	氨气压力/MPa	料浆（含水量）/%	料浆温度/℃	料浆pH	$n(NH_3)/n(H_3PO_4)$	蒸发水量/（t/h）	排气含氨量/（g/m^3）
CAN-100	0.6	0.6	2.0	4.6	19～22	100～120	5～7	0.1	53～57	100	4.5～5.2	1.1～1.2	5～7	0.1～0.7
CAN-150	0.8	0.7	2.6	5.4	19～22	150～180	8～10	0.1	53～57	100	4.5～5.2	1.1～1.2	9～11	0.1～0.7

蒸室，气氨在其加热器出口上端管道上喷入，与循环料浆反应。利用蒸发器同时作为反应器，从而节约了中和反应器的设备投资，简化了流程，氨化反应也更稳定迅速，氨逸出更少。这种反应器的缺点是不仅不能利用反应蒸汽，还会额外增加循环冷却水的负荷。此外氨化中和过程中析出的杂质会部分析出在加热管表面，加快稀效加热管壁的结垢速度，有时稀效加热器比浓效加热器的运行周期更短，缩短装置整体运行清洗周期。

（3）强制循环氨化蒸发反应器　可以看成在外环流快速氨化反应器的底部增加一台循环泵，也可以看成中和浓缩一体化反应器去掉了加热器，只是反应器的循环泵是大流量低扬程的轴流泵。这种反应器结合了以上 2 种反应器的优点，避免了其缺点。为了保留搅拌槽中和反应器的优点，强制循环氨化蒸发反应器的闪蒸室容积按照充分消除杂质析出的过饱和度要求设计，远远超过满足氨化反应速率和气液分离的需要，通常反应物料在反应器中的停留时间在 40 分钟左右。虽然增加了一点固定资产投资，但是气相带沫少，进入蒸发器料浆的中和度波动小，还延长了浓缩系统的运行清洗周期。从稳定生产的角度看，所得远大于付出。这种反应器运行稳定不振动，反应完全，氨逸出量极小，生成的磷酸铵料浆流动性好，杂质过饱和度消除良好，后续蒸发器加热管操作周期长，开停车方便，反应蒸汽与浓效蒸发器的二次蒸汽等压便于利用，因此成为目前国内料浆浓缩法磷酸铵生产装置的主流氨化反应器。

4.5.3.2　喷浆造粒干燥机

料浆浓缩法粒状 MAP 生产装置采用的造粒干燥设备是将造粒和干燥结合在一起完成的喷浆造粒干燥机，这种干燥机适合物料含水率较高、干燥负荷较大的物料造粒干燥。喷雾物料与高温热烟气并流进入干燥机头部，物料含水急剧闪蒸使热烟气迅速降温，而且物料表面是湿球温度，不会导致物料高温分解。

图 4-21 是内返料喷浆造粒干燥机。该机为倾斜侧卧的圆筒体，由碳钢制作，外覆保温层。机内微负压操作。旋转筒体（简称转筒）支承在两端辊子托架上，转筒由大齿轮带动缓慢旋转，转筒水平倾角为 1°～ 3°，齿轮传动转速为 3 ～ 5r/min。转筒前端有进料箱，尾端有出料箱，筒体与进、出料箱之间由迷宫式密封连接，筒体前端内壁装有倾斜或螺旋抄板，使返料能顺利导入筒内，内壁其余部分装有 T 形升举式抄板，它们有的与轴平行，有的与轴成 12°倾角排列。尾部一段是无抄板光滑圆筒，目的是减少干燥物料扬起撒落时产生的粉尘被尾气带走，造成损失。热气体经环形栅栏式气体分布器进入筒内，使进气分布均匀。造粒区和干燥区之间由环形挡圈隔开，使造粒区保持较大的填充系数。转筒尾部装一夹角为 35°的截椎体作为内部分级装置，经分级溢出了大颗粒后的细粒部分通过沿转筒内壁设置的一条反螺旋返料通道，返回到干燥机头部，再经螺旋抄板送入干燥机中。为了使大于 40mm 的物料分离出来，以免进入斗提机堵卡提斗，转筒尾部设有栅条转筒筛。具有内返料装置的干燥机特点是外返料比低，一般是 0.5 ～ 1.5，内返料比约 0.2 ～ 1。而无内返料装置的干燥机返料倍数通常为 4 ～ 6。因此，内返料装置使机外设备负荷大大减少，能耗下降，物料机械损失减少，操作环境得到改善。

450℃以上的高温热烟气从机头进料箱均布送入旋转筒体，外返料由返料皮带输送进入头部机箱，经导料抄板进入转筒。浓缩磷酸铵料浆被泵送入设置在进料箱内的二流式喷枪，用压缩空气雾化水平喷出。转筒内壁面的抄板将物料抄扬起来后自然落下形成料幕，雾化磷酸铵料浆喷在料幕上，涂布在返料颗粒表面，使颗粒增大。部分雾滴水分闪蒸后失去黏性形成自成粒。较大的雾滴也会团聚返料细粉形成黏结成粒。喷浆造粒干燥机内的三种成粒机理中，应以涂布造粒为主，同时有一些自成粒，尽量避免黏结成粒，否则会造成造粒机内粒度失衡或颗粒外形不规整。随圆筒旋转，物料颗粒与热气流同向往机尾运动。出造粒机物料水分含量降至 2% 以下，温度约 90℃，物料在干燥机内的停留时间为 20 ～ 40min。干燥机转筒内的逆向输送螺旋，即内返料螺旋将细颗粒物料由造粒机转筒尾部的预筛分区送回到干燥机头，从而大大降低外返料量。从出料箱溢出的物料经斗提机提升去筛分，筛出 2 ～ 4mm 的合格颗粒作成品，筛上粗颗粒经破碎，与筛下细粉一起，由外返料皮带机送回造粒机。喷浆造粒干燥机尾气出口温度为 100 ～ 110℃。由于热风温度高，喷浆造粒干燥机的设备生产强度较大，转筒长度一般仅 12m。转筒直径为 4.5m 的喷浆造粒干燥机年生产能力在 10 万～ 15 万吨之间。

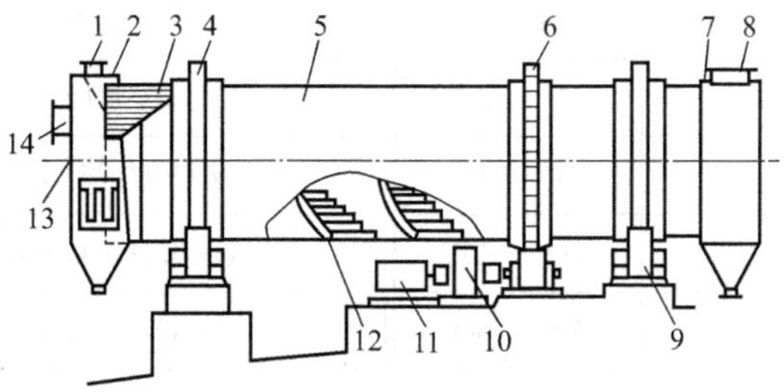

图 4-21　内返料喷浆造粒干燥机

1—返料入口；2—烟道气进气箱；3—头部导料抄板；4—轮箍；
5—壳体；6—齿轮；7—卸料箱；8—尾气出口；9—辊子托架；
10—减速机；11—电动机；12—返料螺旋；
13—二流式料浆喷枪；14—热空气入口

喷浆造粒干燥机的一些设计参数见表 4-17。生产磷酸铵时，喷浆造粒干燥机的技术指标见表 4-18。

表4-17　一些喷浆造粒干燥机的设计参数

项目	法国 PEC 公司	南京化学工业公司	
处理物料	磷酸铵和 NPK	磷酸铵	NPK
生产能力 (磷酸铵)/（t/h）	13.0	4.2	1.0
外形尺寸 /mm	ϕ4250×12000	ϕ3000×9500	ϕ1600×11000
转速 /（r/min）	4	5	—
停留时间 /min	13	6 ～ 7	6.1
倾角 /（°）	1	1	1° 30′

续表

项目	法国 PEC 公司	南京化学工业公司	
功率 /kW	125	40	10
挡圈高度 /mm	770	350	250
抄板径向高 /mm	420	125	180
抄板 /mm	4250	3000	3000
填充系数 /%	13	—	10
水分蒸发强度 /[kg/(m³·h)]	15 ～ 18	20	16 ～ 18

表4-18　生产磷酸铵时喷浆造粒机技术指标

项目	指标	项目	指标
转筒尺寸 /m	ϕ4.5×16	水分蒸发强度 /[kg/(m³·h)]	25 ～ 30
生产能力 (磷酸铵)/(t/h)	25 ～ 28	蒸发 1kg 水能耗 /MJ	4.6 ～ 5.03
料浆水分 /%	30 ～ 35	压缩空气耗量 /(m³/m³)	50 ～ 70
产品水分 /%	0.5 ～ 1.0	排气体积 (110℃)/(km³/h)	70
进气温度 /℃	500 ～ 600	各粒级产率 /%	—
出气温度 /℃	100 ～ 110	1 ～ 4/mm	70 ～ 80
返料温度 /℃	60 ～ 70	＞4/mm	20
出料温度 /℃	80 ～ 90	＜1/mm	10

无外返料喷浆造粒干燥机的结构示意见图 4-22。

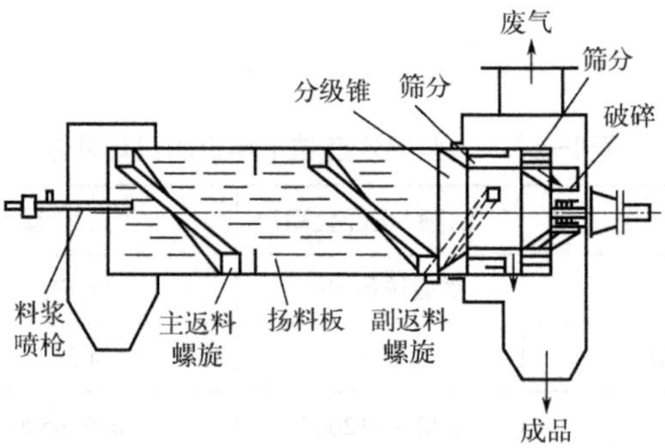

图 4-22　无外返料喷浆造粒干燥机的结构示意

该机尾部设有返料装置、破碎装置和多级分级装置。这些装置都按工艺要求匹配组合。由造粒段和干燥段来的不同粒径的颗粒先后在筒体尾部的光滑段和锥体段得到预分级（锥体段为一截头圆锥)。这里由于颗粒群在转动筒体内运动发生偏析现象，大颗粒在外围，小颗粒在中央，在锥体大头处集中了较多细粒子。因此，返料螺旋的进口就开在大头端细粒子集中的位置。细粒在此进入螺旋并返回机头再次涂布造粒，而预分级的粗粒则从锥体小头端溢出。为了提高分级效率，在锥体小头外端设有第二级分级装置，它由粗、细层筛网组成。第二级分出的细粒经过副返料螺旋送入主返料螺旋。分出的合格粒子从下部卸出进入斗提式机去成品皮带机。分出的粒度大于4mm 的粗粒则进入一个通过辅助传动装置带动的内破碎机，破碎后的细粒经过通道汇入副返料螺旋。由此在一个转筒内同时完成了造粒、干燥、分级、返料、破碎等过程，不再有外部返料进入机头，从而实现了全内返料喷浆造粒干燥。无外返料喷浆造粒干燥机试验结果见表 4-19。

表4-19　无外返料喷浆造粒干燥机试验结果

项目	指标	项目	指标
造粒机规格 /mm	ϕ3000×12000	热风入口温度 /℃	400 ～ 450
设计能力 /（t/ 年）	30000	热风出口温度 /℃	约 90
筒体转速 /（r/min）	5	成品率 (1 ～ 4mm)/%	>90
筒体倾角 /（°）	1	内返料比	6 ～ 7
料浆含水量 /%	28 ～ 31		

总的说来，返料是转筒造粒工艺的主要调节手段。在特定条件下有可能实现完全不用外返料，但考虑到多品种生产的需要和操作控制的灵活方便，则保留一定的外返料仍是必要的。

4.5.3.3　流化床喷雾干燥塔

图 4-23 是料浆浓缩法制粉状 MAP 装置采用的流化床喷雾干燥塔的结构图。

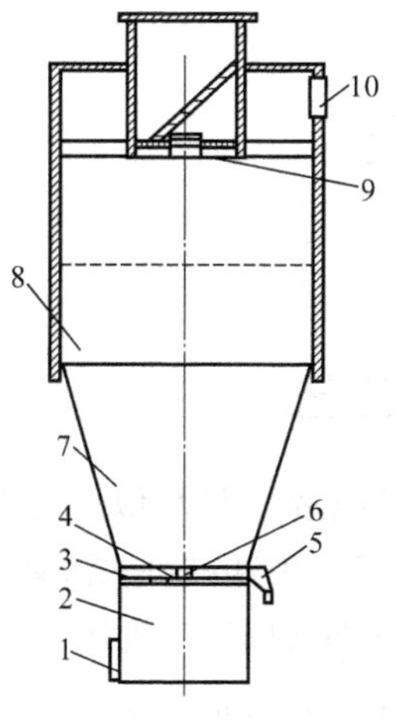

图 4-23　料浆法粉状 MAP 流化床喷雾干燥塔

1—热风进口；2—气室；3—风帽板；4—流化床层；5—出料口；6—观察孔；7—锥体；8—塔体；9—料浆喷雾器；10—尾气出口

由于流化床喷雾干燥塔逆流干燥，温度最高的进口热风与已经干燥的物料接触换热，因此热风温度不超过 130℃。经过流化床层以后，热风温度更是下降到 80℃以下。因此干燥塔除了下部的热风进风气室、风帽板、锥体部分由碳钢制作外，直筒段塔体及以上部分全部都是砖混结构，不仅节约投资，保温效果还好。

高温高压浓缩磷酸铵料浆进塔顶的压力式喷枪，经螺旋喷嘴雾化、闪蒸降温后顺塔而下，热空气从塔底气室的进风口进入，经风帽板上 2 千多个风帽分散鼓入流化床层，流化物料与之换热干燥，床层上的物料溢流进出料口，出料口贴近在调速皮带上，通过调节皮带走速控制出料流量和流化床层高度，并在出料管中形成料封。出流化床热空气继续上升，与喷淋而下的粉粒换热降温。随着塔截面扩大，气速逐渐降低，被气流带上的细粉被下行雾滴“洗涤”重新落入流化床，塔顶干燥尾气温度约 50℃，尾气从塔顶出气口出塔去洗涤除尘。由于塔顶气速不到 0.4m/s，尾气含尘量很小且粒径很细小，而且温度较低，因此不设干法旋风除尘，直接去喷淋洗涤。干燥塔内微负压操作，因此整个干燥系统无外逸气体，操作环境比粒状产品好得多。

年产 12 万～ 18 万吨磷酸铵的单系列塔的直径为 9m，流化床风帽板直径为 4.5m，气室高 3m，钢锥斗高 8m，干燥塔直筒段高 16m，加上气室下距地面高度及塔顶操作室顶棚，总塔高约 32m。单塔生产能力视浓缩料浆浓度、温度和产品水分要求变动。这种喷雾塔的产品虽然是粉状，但是流化床有筛选作用，因此产品粒度均匀，粒径在 0.6mm 左右，细粉很少，只要喷嘴工况良好，也很少有大颗粒，只需在产品皮带进料斗处设一固定筛网，就可筛出大颗粒。

由于出塔物料和尾气温度较低，干燥塔的热损失较小，进塔高温料浆的显热和析出结晶热得以蒸发水分，因此尽管干燥热风进口温度较低，但是干燥热效率很高，比高温烟气干燥的喷浆造粒干燥机节能。用天然气加热空气作热源时，实测 1t 产品天然气消耗比喷浆造粒干燥机低 40% 以上。

4.6 肥料级磷酸二铵

4.6.1 传统法磷酸二铵生产工艺

生产磷酸二铵（DAP）的工艺与磷酸一铵相似。主要工艺控制是选择适当的中和度。为了避免在生产和使用过程中过大的氨损失和减少水溶磷的退化，生产 DAP 时中和度常控制在 1.8 左右。由于料浆的液相含量（即液固比）直接影响造粒和干燥操作，所以在生产磷酸二铵类肥料的操作控制中确定最适宜中和度时，必须研究在含水量一定的条件下中和度与料浆液固比的关系。当温度为 75℃，料浆含水量为 20% 时，中和度为 2.0 的料浆液相含量为 48%；中和度控制在 1.55 时料浆的液相含量为 81%。即水分含量为 20% 时，若将料浆的中和度从 2.0 降到 1.55，相应的液相含量将由 48% 上升至 81%。这是由于液相组成点由 *D* 点向共饱和点 *C* 移动时，饱和溶液中溶入的固体量是逐步增加的，所以总的液相含量亦随之明显增加。料浆的液固比增大意味着料浆的稠厚度下降，而在造粒过程中采用较稀的料浆就必须增大返料的倍数。因此，从 NH_3-H_3PO_4-H_2O 三元体系的物相分析来看，控制中和度接近 2.0 时，料浆的液固比最小，干燥造粒过程中使用的返料量最少，这对生产是有利的。

另外，中和度大于 1.8 后氨蒸气分压剧增。若要降低氨蒸气分压，应当控制中和度稍低一些，但中和度值控制过低又会使液相量增加，干燥造粒阶段返料量增大。因此，兼顾上述因素，DAP 生产中选择中和度为 1.8 左右较为合适。

传统法生产磷酸二铵（DAP）采用浓缩湿法磷酸氨化 - 转鼓造粒 - 转筒干燥工艺。其原则流程如图 4-24 所示。

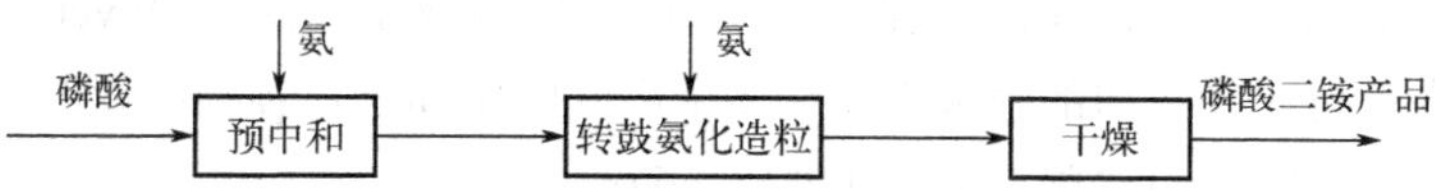

图 4-24　传统法粒状 DAP 生产原则流程

4.6.1.1　预中和槽-转鼓氨化流程

基本流程见图 4-25。将 36% ～ 45%P_2O_5 浓度的磷酸加入尾气洗涤循环槽，洗涤造粒、干燥尾气后泵入预中和槽，通入气氨，中和度控制在 1.3 左右，温度升至 110 ～ 120℃。因中和度不高，气相氨分压很低，尾气可直接排空。预中和的料浆溢流或泵送入转鼓氨化造粒机，继续通气氨或液氨氨化。返料加入转鼓，与氨化料浆混合造粒。成粒后的湿料进入回转干燥窑干燥。在这个流程中，传统法生产 DAP 的氨化过程分两段进行，第一段用搅拌槽反应，第二段在转鼓中进行。预中和槽控制中和度要满足料浆蒸发水分量尽可能大，而氨蒸气分压又要尽可能小，使预中和槽排放尾气可以不经处理直接放空，氨损失很少。

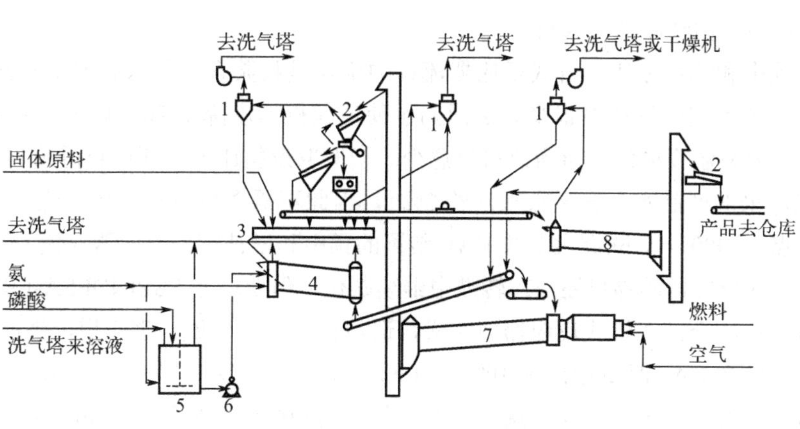

图 4-25　预中和槽 - 转鼓氨化流程

1—旋风除尘器；2—振动筛；3—细粉输送皮带；4—造粒机；5—中和槽；6—料浆泵；7—干燥机；8—冷却器

根据磷酸铵料浆的性质分析，一般来说，当中和度为1时，系统饱和溶液的溶解度较小，因而液固比小，料浆流动性能差。当中和度增高到1.2～1.3时，系统饱和溶液的溶解度增大，因而液固比随之增大，料浆流动性能得到改善，并且此时液相黏度增加不多，气相氨蒸气分压低，尾气含氨量微小，占总氨量的0.2%～0.3%，氨损失不大，故预中和槽的中和度多控制在1.2～1.3之间。

采用槽式预中和流程生产DAP时，大量反应热被蒸发出的水蒸气带走，每吨DAP带走的热约7.3×10^5kJ，这时造粒机就不存在大的热转移问题。由于大量中和热已在预中和槽中释放，造粒机中的反应热不会给造粒过程带来太大影响，比较容易将造粒过程控制在80～90℃的适宜温度下进行，因此一些厂家直到现在还采用这种流程生产DAP。美国田纳西流域管局TVA流程用36%～45%P_2O_5浓度的浓缩磷酸作为原料，中和反应分成预氨化中和和转鼓氨化两个阶段完成。转鼓氨化部分排出尾气中所含氨量约占总氨量的6%～15%，故尾气需要通过洗涤塔用原料磷酸洗涤回收氨后再排出放空。Dorr-Oliver流程用32%P_2O_5浓度的磷酸作为原料，预中和部分采用3～4个串联的中和槽，各槽中和度依次增高，而转鼓氨化排出尾气的含氨量约占总氨量的4.7%～6.0%。

预中和槽中的料浆用泵送到转鼓造粒机继续氨化至中和度为1.8～1.9。为了能用泵输送料浆，料浆至少应含水12%～14%，而造粒允许的物料含水量为3%～5%，超过则容易产生过度粒化，因此预中和槽流程生产DAP通常需要采用较高的返料比，一般为5～6倍。

4.6.1.2 管式反应器-转鼓氨化流程

TVA流程的重大改进是采用管式反应器替代中和槽，二者间的最大差别是前者的中和反应是在接近绝热的条件下进行的。如果将中和料浆通过反应管直接喷入造粒机，则造粒机中物料温度会大大超过100℃，物料中液相量太大，使造粒过程无法进行，也无法控制氨损失。用管式反应器生产DAP的关键是移走多余的反应热，保持造粒机在最佳操作温度80～90℃的范围内，因此涉及整个生产系统的热平衡。所采取的主要措施是加大冷却气体的流量。转鼓中氨化反应热用于汽化水分，水蒸气被强排风机抽走，送入尾气洗涤塔；但这还不足以使物料温度降至90℃以下，必须在干燥器出口的冷却器中强化物料冷却，给转鼓造粒机的入料口返回经冷却的返料。

与槽式预中和流程相比，管式反应器流程的优点是料浆含水分只有4%～5%，若只考虑水平衡，则该流程的返料量很少。然而为了使造粒机温度降至90℃以下，则需要较多的冷返料。显然返料温度愈低，所需返料量愈少。一般取返料比为4即可获得满意的效果。由于从造粒机出来的产品水分含量很低（约2%），因此不需要再进行热风干燥，这是该流程的另一个优点。1980年后欧洲大多数DAP装置的预中和槽被管式反应器取代。

上述出管式反应器的物料还需在转鼓中继续氨化，但西班牙ESPINDESA-ERT管式反应流程中，氨化反应全部在管式反应器中完成，造粒机中不再加氨。据报道，生产MAP时氨损失可忽略。生产DAP时氨逸出仅10%～15%，明显低于多数现有流程。所有原料磷酸通过两级含氨尾气洗涤装置，造粒机逸出氨的回收率达99%。反应管用316L不锈钢制作。生产能力为每小时25吨DAP的反应管，直径为10.2cm，长6.1m，伸入造粒机1.52m，能在中和度为 1.0 ～ 2.0 之间时正常工作，造粒机内无需二次加氨，因而转鼓尺寸较小，操作简化。由于物料在管式反应器中停留时间短，酸中杂质还来不及生成水不溶性磷酸盐复合物，因而产品水溶磷含量高达 98%。造粒机返料比仅为 2.5 ～ 3.5，出造粒机的 DAP 含水 3%。

西班牙 SA Cros 公司为了使系统操作灵活，既能生产 DAP，同时又能生产氮磷钾三元复合肥（NPK），开发了混合流程。系统中既保留了预中和槽，又采用了管式反应器。为解决生产 DAP 时从造粒机转移热量的难题，可将一部分磷酸供给预中槽，其余部分磷酸供给管式反应器。适当分配二者的比例，即可满足热平衡要求。这一流程的另一优点是气体洗涤器和预中和槽可以用较稀的磷酸。生产 NPK 复肥时则可不用预中和槽，充分利用管式反应器改善水平衡，减少返料量。

4.6.1.3　法国AZF双管反应器流程

法国 AZF 采用双管反应器流程（图 4-26），除了在转鼓氨化器设置了第一管式反应器外，在干燥器入口设置了第二管式反应器。在生产 DAP 时，磷酸总量中的一部分被送入第二管式反应器与氨中和后喷入干燥器，即将转鼓中多余的热能转移到干燥器中，比较巧妙地解决了移走热能与回收热能的问题。目前世界上已有 8 套装置在运行。我国秦皇岛中阿化肥公司也引进了一套。

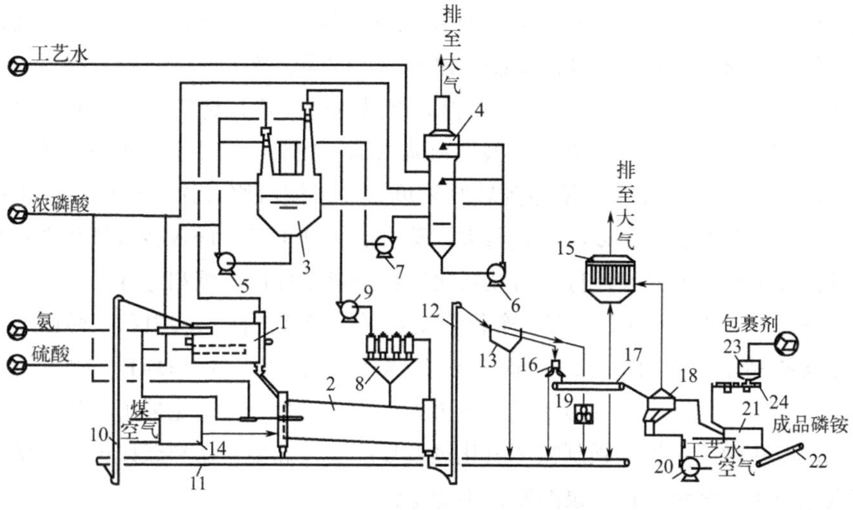

图 4-26　法国 AZF 双管反应器流程

1—氨化造粒中和器；2—干燥中和器；3—文丘里洗涤器；4—最终尾气洗涤塔；5—文丘里洗涤循环泵；6—最终洗涤循环泵；7—最终尾气风机；8—旋风除尘器；9—干燥尾气风机；10—返料斗提机；11—返料皮带；12—磷酸铵输送斗提机；13—振动筛；14—热风炉；15—布袋除尘器；16—三通阀；17—冷却输送皮带；18—沸腾冷却器；19—破碎机；20—冷却风机；21—包裹机；22—成品输送带；23—包裹剂贮斗；24—螺旋秤

此流程中第一管式反应器的中和度约 1.4。料浆在转鼓中进一步氨化，中和度控制在 1.9 ～ 1.95 范围内，氨逸出量约 10%，比预中和槽工艺低。第二管式反应器在中和度为 1 ～ 1.1 的条件下操作，氨逸出量小于 2%。第二管式反应器的目的其一是利用中和热，既减轻转鼓的热负荷，又可取消干燥烟道气，实现无热干燥流程。其二是生成一定量的细粉，其中 30% 进入旋风除尘器，然后返回转鼓造粒器，其余部分附在 DAP 颗粒上。生成的 MAP 细粉的粒度 80% 大于 50μm，这种细粉的反应活性很高，极易氨化。干燥器出口产品的最后中和度为 1.87。

AZF 开发的气体洗涤系统包括两个文氏洗涤器和一个旋液分离洗涤塔。文氏洗涤器中由硫酸、磷酸配制的铵盐溶液（pH 4 ～ 5），可脱除气相中所含的氟。旋液分离洗涤塔内用 pH 2 ～ 3 的弱酸溶液喷洒吸收。双管系统降低了返料量，提高了氨利用率（由 96% 变成 98.7%），降低了能耗。同时双管系统是多功能复肥生产装置，既能生产 DAP，也能生产 MAP 和三元复合肥。

4.6.2 料浆法粒状磷酸二铵生产工艺

由于 DAP 料浆的氨分压很高，因此不能进行 DAP 稀料浆浓缩。在料浆浓缩法浓缩工序中只能浓缩 MAP 稀料浆，浓缩后的 MAP 料浆与传统法预中和槽的料浆性质相近，只是中和度稍低，因此将浓缩后的 MAP 料浆二次氨化至中和度为 1.3 ～ 1.4，然后进转鼓氨化造粒机造粒氨化成 DAP 颗粒，再经干燥，同样可得料浆法粒状 DAP。按照这个思路，2006 年，四川大学和贵州开磷集团合作，以中化开磷公司的二水稀磷酸储槽底流渣酸为原料，采用酸性料浆浓缩 - 二次氨化 - 转鼓氨化造粒 - 转筒干燥流程生产粒状 DAP，建设了 20 万吨 / 年的生产装置，取得了很好的效果，产品颗粒外观比典型传统法生产的 DAP 颗粒还要漂亮，当年在市场上供不应求。为此贵州开磷集团又建了一套同类装置。

料浆浓缩法粒状 DAP 生产的关键是要控制好进入转鼓氨化造粒机的料浆浓度。为了尽可能降低进入转鼓料浆的水分，采用了酸性料浆浓缩，控制一次中和料浆的中和度在 0.8 左右，料浆流动性较好，因此可以浓缩到较高浓度。在浓缩料浆二次氨化中，料浆中和度从 0.8 提升到 1.4，中和度提高较多，通氨量大，蒸发的水分也多，进入转鼓氨化造粒机的料浆水分比传统法预中和槽的料浆还低，后续氨化造粒干燥过程得以顺利进行。

料浆浓缩法粒状 DAP 生产还有一个优势就是采用稀酸洗涤二次中和、转鼓氨化和干燥尾气，由于稀酸黏度小流动性好，洗涤效果好，氨收率更高。由于 DAP 生产的造粒机和干燥机逸出的氨较多，洗涤酸中和度已经达到 0.4 左右，因此一次氨化采用常规槽式中和，而浓缩料浆二次氨化则采用加压强制循环氨化蒸发反应器，高温带压料浆既改善了流动性，也可以自流入造粒机，避免了输送泵的操作不稳定性。

料浆浓缩法粒状 DAP 由于使用稀磷酸的渣酸为原料，酸中固体杂质降低了磷酸纯度，而且稀酸不经浓缩就中和，所有酸中杂质均进入了 DAP 产品中，因此料浆法粒状 DAP 的总养分含量要比传统法 DAP 低一些，中化开磷公司的产品大致在 60% 左右。如果用其他来源的中品位磷矿，则养分含量更低。

料浆浓缩法磷酸铵的养分含量比传统法低，这历来是料浆法工艺被诟病的主要原因之一。单纯从氮磷浓度高、储运使用费用低来看，养分含量越高越好。但是从生产原料、生产成本综合分析，当初用热法磷酸生产肥料磷酸铵的总养分含量高达 73%，最后还是被淘汰了。

采用相同质量的磷矿，由于传统法工艺磷酸在浓缩过程中，有氟逸出和形成部分淤渣，使磷酸得以净化，因此料浆浓缩法磷酸铵的养分含量大致比传统法低 3% 左右。当料浆浓缩法采用中品位磷矿为原料时，产品养分含量比传统法要低 6% ～ 9%。以传统法 DAP 标准的 64% 养分含量为基准，则料浆浓缩法磷酸铵养分为传统法的 86% ～ 90%。考虑到料浆浓缩法磷酸铵的原料磷矿本来只能生产养分含量为 12% ～ 14% 的三、四级品普钙，这种普钙产品的养分含量只有传统法 DAP 的 19% ～ 22%，因此料浆法工艺无疑极大地提高了肥料养分含量。此外，料浆法磷酸铵养分含量虽然比传统法要低一些，但是比尿素的 46%、硫酸钾的 50% 还是要高得多。而且作为磷源在生产标准等级 15-15-15 的三元复合肥时，不仅是物性，还有浓度，料浆法 MAP 的适配性也更好一些。

料浆浓缩法磷酸铵生产工艺由于将二水法稀磷酸直接氨中和，磷酸中的氟固化在中和料浆中不逸出，因此肥料产品的氟含量比传统法磷酸铵高一些。这个现象的利弊需要从两方面分析。一方面是肥料磷酸铵中的氟对农作物的影响。一般情况下，对于作物植株中的氟含量，施用料浆浓缩法磷酸铵和对照施用化学纯磷酸一铵并无明显差别，即使在最不利的砂质不施石灰土壤中施用料浆法磷酸铵，作物植株的干基氟含量也不到 10mg/kg，远低于 30 ～ 50mg/kg 的允许含量。这是可以理解的，因为与土壤本身所含氟相比，每亩土壤每年由肥料磷酸铵施用带入的几百克氟（1 亩 ≈666.7m^2），有数量级倍数的差距，其影响自然可以忽略不计。另一方面是氟作为一种资源，在磷酸铵生产中回收的经济性。原来湿法磷酸生产中回收的氟都用于生产氟硅酸钠和氟化铝等产品，经济性不高，近年来湿法磷酸装置副产无水氟化氢的技术渐趋成熟，经济性大有提高，但是否值得在料浆浓缩法磷酸铵生产过程中回收氟，还需论证，其技术也有待开发完善。

4.6.3 典型设备

4.6.3.1 转鼓造粒机

生产 DAP 的典型设备之一是转鼓造粒机（图 4-27）。这里的转鼓造粒机与前述的喷浆造粒机不同，虽然都是圆筒形，但转鼓造粒机较短，机内温度控制得较低，约 80℃，将已干燥的返料和料浆喷入转鼓，在转鼓的滚动下形成粒子，其成粒机制有团聚作用和涂布作用，主要机理为前者。图 4-27 中管式反应器伸入转鼓造粒机内。图中部件为管式反应器部件，转鼓造粒机下部框形架为氨分布管。造粒过程中，氨与粒子继续进行氨化反应。气氨透过颗粒的空隙渗入内部，与内部的液态游离磷酸和液固态磷酸一铵继续进行反应，同时反应蒸发的水分挥发到气相中去，因此这是一种气固液三相间的反应与传递过程，但它是以固体粒子为基础进行的。转鼓造粒机中主要造粒机理为团聚造粒，在这一过程中温度和水分含量对造粒的影响见图 4-28。对任何一种配合的物料，在每一个温度下都有一个最佳水分含量。当温度升高和水分含量增加时，若进入到Ⅰ区则粒度将会成球体，增长过大；当温度降低和水分含量太小时，若进入到Ⅱ区，则成粉粒过多。在团聚法造粒中一般要将成品中的细粒子筛分出作为返料加入造粒系统，返料的颗粒可以成为造粒过程中的最初粒核。对于生产磷酸二铵来讲，工艺流程的关键是保持适当的热平衡，移去多余的热量，使造粒温度保持在 80 ～ 90℃，同时保持尽可能低的返粒比。需要说明的是，这些系统中若最终控制中和度在 1.12 左右，也可用于生产 MAP。

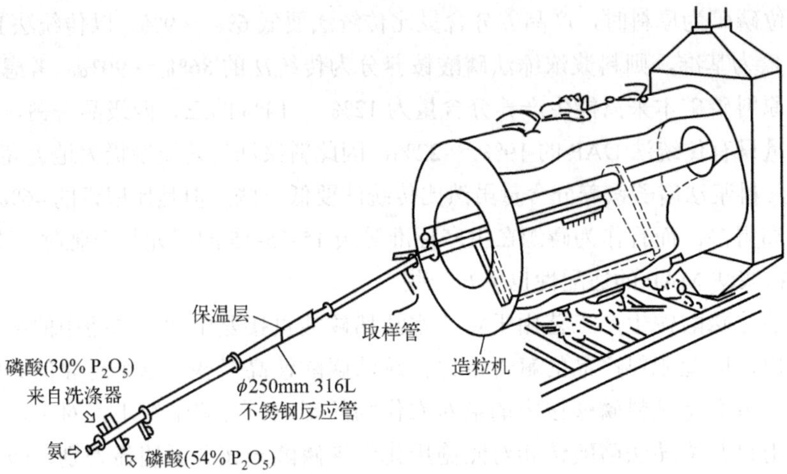

图 4-27　TVA 生产 MAP/DAP 的转鼓造料机及管式反应器

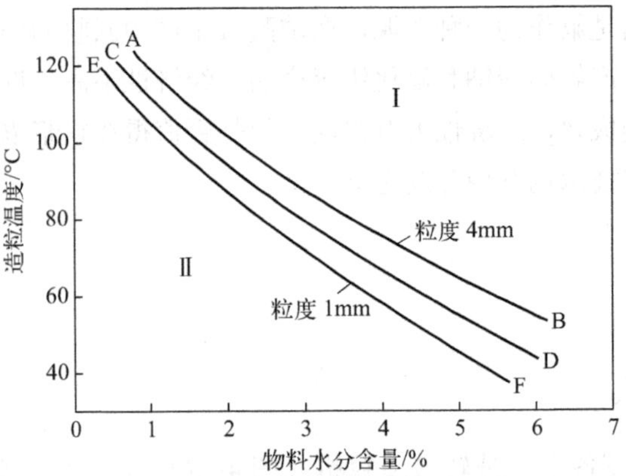

图 4-28　造粒条件曲线

4.6.3.2　管式反应器

管式反应器中氨与磷酸的反应主要受传质速度的控制，只要反应物料能迅速完全混合，即可立即完成反应过程。1947 ～ 1955 年，已有大量专利报道了用液氨、气氨或氨溶液与单一的或混合的磷酸、硫酸、硝酸在管式反应器中进行中和反应。反应物在反应管中约 1 ～ 2s 即可完成反应，但由于结垢、堵塞和腐蚀问题未得到很好解决，直到 1965 年工业化装置仍不多见。通过美国 TVA 和西班牙 SA Cros 公司的大量研究，在管式反应器的设计和操作方面积累了丰富经验之后，到 20 世纪 70 年代才在磷酸铵和复合肥生产中获得推广应用。管式反应器结构简单，内部三相呈激烈的翻腾状态，气泡切割迅速，流速也很快，三相体系以输送状态可在近似绝热的条件下反应，因而料浆温度可以在很短的时间内上升至加压沸点，反应温度可达 180℃，热利用率相当高，对后续干燥过程极为有利。图 4-29 是美国的 TVA 管式反应器，TVA 管式反应器中氨从伸入管中心的小管引入。磷酸和硫酸分别从主管相对两侧的支管引入，两支管与主管形成十字状，故又称十字管反应器。当使用液氨为原料时，为了使磷酸与氨混合均匀和防止反应温度过高，在液氨中要混合一定的水。氨与水先在T形管中混合后伸入主管一定距离，再与已混合好的磷酸、硫酸混合液进行反应。硫酸的加入是以硫酸铵的形式补充氮元素，同时降低料浆黏度，增加料浆的流动性，缓解反应器结垢。有时为了控制温度，也从另一支管加入氨回收塔洗涤水。反应物经过长约6m的反应管后，在不到1s的时间内即完成反应。反应热使温度升高到150℃以上，产生背压0.2～0.25MPa。生成的高温浓溶液或熔体借助于自身压力通过90°弯头的圆形喷口或长条形槽口喷出，分布在造粒机物料床上。应尽量避免这种黏稠物料喷到造粒机的其他部件上，因为其迅速冷却后会立即堆积成块。

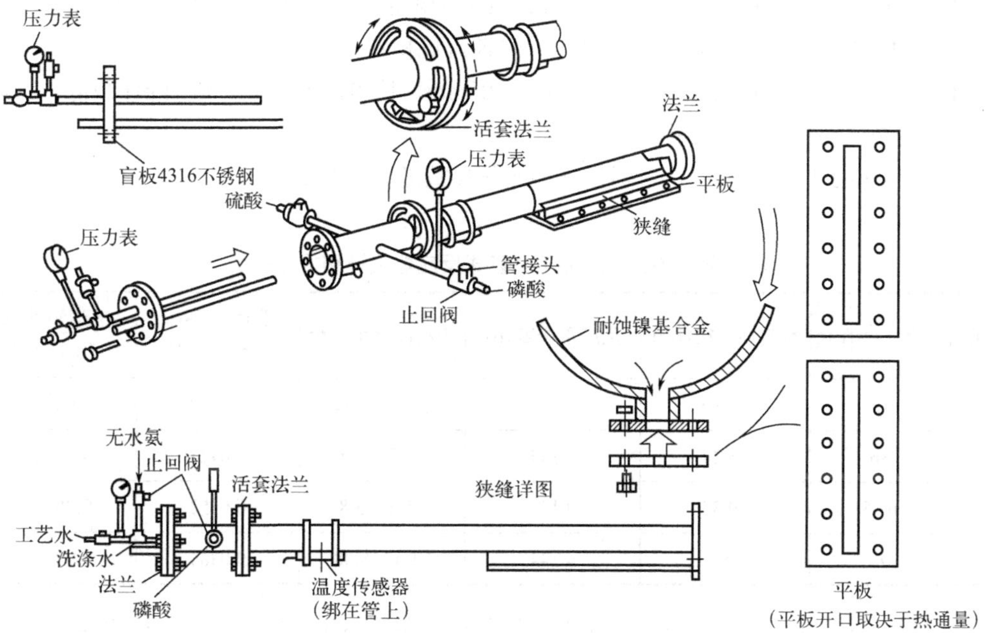

图4-29 TVA管式反应器

在生产条件下物料的腐蚀性较大，反应管应采用耐蚀镍基合金，如C-276制造，生产DAP时由于中和度较高，可用316L不锈钢制造。管式反应器更多用于DAP的生产。

TVA管式反应器设计和操作要点：

（1）反应管最佳热通量为9.8×10^4kJ/（h·cm^2）（按反应管内截面积计）。

（2）通氨的管道应伸入管内0.48m，让磷酸与硫酸混合均匀后再与氨反应。

（3）送入反应管1kg液氨应混合0.2kg水，但在生产DAP时，因要加入氨回收塔洗涤水，可不加水。

（4）为防止管道结垢，每1t产品需配料加入23kg硫酸。

（5）为了减轻反应管的腐蚀，每吨产品的配料中至少应有450kg湿法磷酸。湿法磷酸中的固体杂质对反应管的操作影响不大，已用含20%固体悬浮物的磷酸进行生产。

（6）反应管长度不应小于 3m，用 52% ～ 54%P_2O_5 的湿法磷酸生产 MAP 时，最大通氨负荷是 0.055kg/(h · cm^3)，生产 DAP 时是 0.028kg/(h · cm^3)（按反应管体积计）。

（7）从反应管喷出的浓溶液或熔体的位置应在造粒机中部或稍偏向进料端，至少距进料端距离应是造粒机全长的 1/3，喷出高度距造粒机的物料床至少 0.6m。

（8）若同时将一部分磷酸加入造粒机中，则可获得更好效果。

（9）全部硫酸必须都加于反应管中，这样可避免在生产含氯化钾复肥时，由于氯化钾与硫酸反应，在有氨存在时产生氯化铵烟雾。

（10）在氨出口的下游管壁安装一热电偶，用以测定反应管的表面温度。通常表面温度保持在不超过 150℃，以延长反应管寿命和减少氨逸出，调节加水量可实现温度控制。

（11）安装自动蒸汽吹扫系统以便停车时将管中物料吹扫干净。最好定期进行蒸汽吹扫。

（12）氨和酸的计量必须准确可靠，流量必须稳定并按比例自动调节。供酸的泵需有 0.5 ～ 1.0MPa 的扬程以克服反应器的背压并保证流量稳定。

（13）最容易腐蚀的管段距喷氨口 200 ～ 500mm，这里温度最高，溶液 pH 最低，因此，这一段可用法兰连接，以便更换。

生产 DAP 的 TVA 十字管反应器设计和操作参数见表 4-20。

表4-20　生产DAP的TVA管式反应器设计和操作参数

参数	产率 / (t/h)	反应管直径 /cm	反应管长度 /m	喷料口 /cm×cm	氨负荷 /[kg/(h·cm^3)]	热通量 /[kJ/(h·cm^2)]
指标	15	12.16	7.62	30.48×2.54	0.0482	9.98×10^4
	36	15.24	9.144	50.8×2.54	0.0427	9.91×10^4
	67.5	20.32	9.144	91.44×3.8	0.0452	9.98×10^4
	90	25.4	9.144	91.44×5.08	0.0384	9.98×10^4

在管式反应器中，氨和酸的反应是在接近绝热的条件下进行的，其反应热的绝大部分都用于蒸发酸中的水分，这时料浆虽因水分蒸发而变稠，但由于温度很高，故仍保持足够的流动性，并能依靠自身压力喷出，无需用泵输送。

用管式反应器进行磷酸氨化具有如下特点。

（1）由于不用预中和槽，减少了造粒机返料，因而节省了相应的设备投资。

（2）充分利用反应热除去水分，节约了产品干燥的燃料消耗，在一定条件下甚至可以无需干燥。

（3）不用料浆输送泵。用液氨作原料时，不用氨蒸发器。

（4）由于反应时间短，来不及形成水不溶磷酸盐复合物，故产品水溶磷含量高。

（5）操作简单，设备启动快，1min 内各物料流速即可稳定，而预中和槽开车后需较长时间才能稳定。

（6）由于物料在反应器中停留时间极短，缓冲性很小，因此，要求反应物计量准确、流量稳定、完全按比例调节，绝对不允许流量中断或波动太大。

（7）生产 MAP 时氨逸出约 1% ～ 3%，生产 DAP 时氨逸出 15% ～ 20%，有时会更高。前者的尾气处理只需少量酸洗或只用水洗即可，而后者需大量酸洗以回收尾气中的氨。

经过较长时间的研究和摸索，对管式反应器的设计和操作已积累了不少经验。反应管的结垢和腐蚀问题也已逐步得到解决。操作要点如下：

（1）反应管温度过高或过低都会影响造粒质量，用绑在管壁上的热电偶指示温度变化即可，不必测定反应管内的实际温度。

（2）反应物流量需准确计量并保持稳定，如果酸中断，就可能引起管道堵塞。

（3）反应管中加水对反应温度和造粒都有很大影响，完全不加水会引起管道堵塞和造成“管喷”，已含磷酸铵的洗涤液不能从喷氨管加入，以避免堵塞。

（4）反应管中的 $n(NH_3)/n(H_3PO_4)$ 对造粒影响较大，需试验确定其最佳值。

（5）氨和磷酸进入反应管的量和直接进入造粒机的量之比应用试验确定，以期获得最佳效果。

（6）开车初期容易出现“管喷”现象，即突然产生很大的振动和喷出，一般是由于管道堵塞造成。堵塞物多半是硫酸铵。在下列情况下容易“管喷”：

① 硫酸加入量过大，磷酸加入量过少；

② 开始时通氨量过大；

③ 液氨中混合水量过少；

④ 未用洗涤液调节反应管温度；

⑤ 用了磷酸储槽底部含沉淀过多的磷酸；

⑥ 反应管表面温度超过 150℃。

针对上述情况，开车时需按洗涤液→磷酸→硫酸→氨的顺序投料。起始加氨速度应缓慢提升，并注意用洗涤液调节反应管温度。

（7）反应管壁和喷浆口容易结垢，它与磷酸所含杂质种类和量有关。例如含镁多的磷酸形成的垢层主要是 $MgNH_4PO_4 \cdot H_2O$，它不溶于水，微溶于酸，蒸汽吹扫无效。又如含氟硅酸较多的磷酸在氨存在下水解生成含 SiO_2 的垢层，用蒸汽吹扫也无效，只能拆开用机械清理。

（8）操作不当时，也可能产生硫酸铵结晶使管道堵塞，引起“管喷”。如果发现喷氨管上的表压升高，可能是由于结垢堵塞引起背压升高，这时应停止供料并用蒸汽吹扫或用稀酸清洗。通常在配料中加入适量的硫酸即可大大减轻结垢。用聚四氟乙烯衬里的反应管也不能完全避免结垢。

4.6.3.3 干燥机

从造粒机出来的物料通常含水 3% ～ 4%，还须进一步干燥到含水 2% 以下才有良好的储存性能。在磷酸铵类颗粒肥料的生产中常采用转筒干燥机，图 4-30 是这类干燥机的结构示意图。年产 24 万吨磷酸二铵的生产流程所用转筒干燥机的筒体尺寸是 ϕ 3m×24m，转筒倾角为 2°～ 6°，转速为 2.5 ～ 5r/min，由变频电机改变转速以适应不同物料对干燥时间的要求。转筒的装载系数约 20% ～ 25%。根据产品物性和干燥要求，停留时间约 6 ～ 15min。

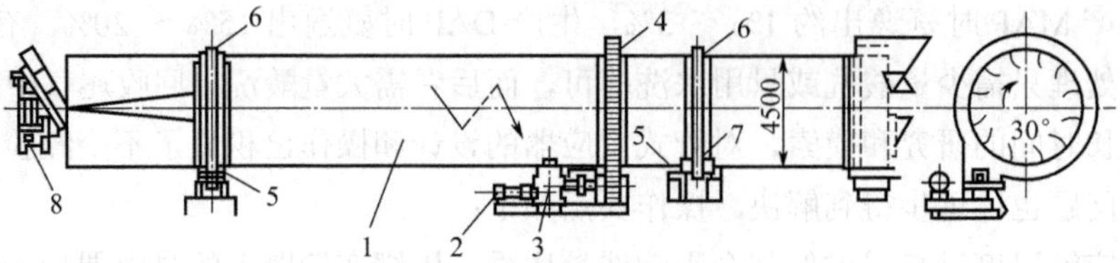

图 4-30　转筒干燥机结构示意（单位：mm）

1—筒体；2—主电机；3—减速箱；4—大齿轮；5—侧挡轮；
6—滚圈；7—托轮；8—防堵系统

干燥机筒体上有若干组振锤或振打钢球，以防筒壁结疤。干燥机进料端设有螺旋抄板，促使物料较快向前推进。中部是弯形抄板，尾部出料段是间隔 10cm 的格栅，使大块物料不进入斗提机。

为避免物料分解，常采用热气与物料并流。转筒内的气速保持在 2 ～ 3m/s，以减少物料被气流带出。干燥用的烟道气是由毗邻干燥机进料端的燃烧室提供的。烟道气还需在混合室中掺混空气以达到所需要的温度。干燥机进、出口气体温度指标如下：

产品	进口温度 /℃	出口温度 /℃
DAP	343	85
MAP（回滴法）	429	85
MAP（管式反应器）	136	90
NPK（无尿素或硝酸铵）	320	85
NPK（有尿素）	120 ～ 140	80 ～ 85
NPK（只有硝铵）	200 ～ 250	80 ～ 85

4.6.3.4　振动筛和破碎机

干燥机出来的物料通过振动筛分成大于 4mm 的粗颗粒、1 ～ 4mm 的合格颗粒和小于 1mm 的细粉三部分。其中 1 ～ 4mm 的作为产品，粗颗粒经破碎后与细粉一道作为造粒的返料。通常复肥厂都采用双层振动筛，它的结构示意如图 4-31 所示，其振动装置见图 4-32。

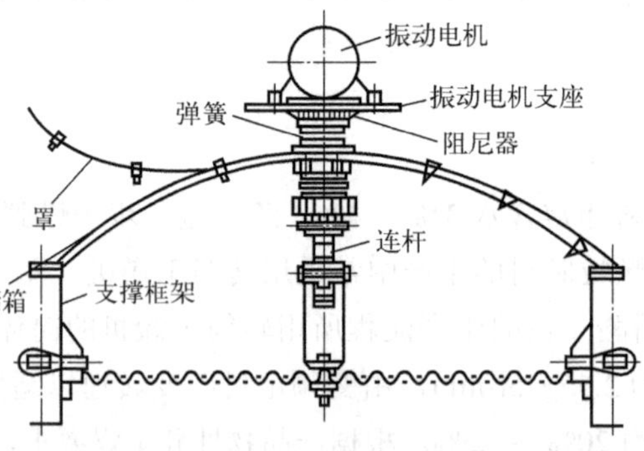

图 4-31　振动筛结构示意

振动筛的筛箱是固定不动的，当振动电机转动时，电机轴两端的半圆形偏心块随着转动，产生了周期性的惯性力，经减振弹簧传到连杆，此连杆直接与筛网连接而使筛网作上下振动。由于筛面倾斜37°，通过振动和重力的作用，物料不断过筛并向下滑动。将物料机械地分为网上和网下部分，并分别收集。四个振动电机的振动频率不应调成一致，以免发生共振，降低效果。

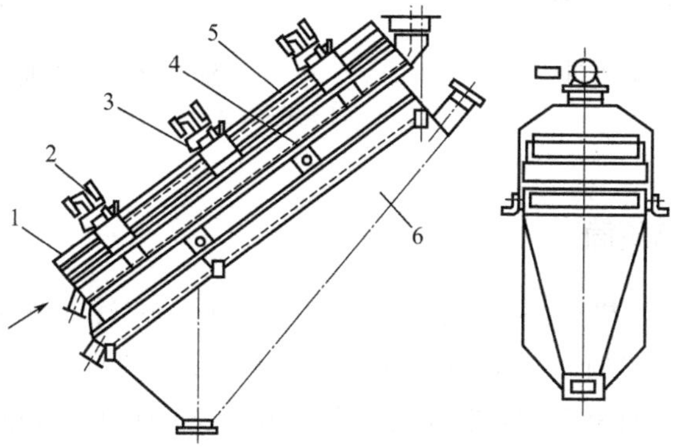

图4-32 振动装置

1—筛箱；2—振动电机；3—振动装置；4—筛网；5—防尘罩；6—收料斗

ZWS1260型振动筛技术特性如下：筛网面积为1200mm×6000mm；上层筛孔尺寸为4mm×50mm；下层筛孔尺寸为1.4mm×50mm；双振幅为3～5mm；振动频率为1450r/min；处理量为80～90t/h；电机功率为0.85×4kW；质量为3014kg；外形尺寸为7110mm×1660mm×1730mm。

筛分后的粗颗粒需要进行破碎。复肥厂曾用过的破碎机有锤式破碎机、辊式破碎机、笼式破碎机等，但由于未完全干的复肥常具有挤压结块性，因此，破碎机很容易发生堵塞。长时间的经验证明，链式破碎机具有机械结构简单、不易堵塞、清理和维修方便的特点，近年来在复肥厂获得了较普遍的应用。

链式破碎机（图4-33）是一种双转子链式破碎机。每一个转子上悬有4～8组多排链条。转子平行安装在机壳内，由独立的电机驱动作相向旋转。转子高速旋转时，链条向四周呈辐射状伸开，使加入的物料不断受到打击而粉碎。

链式破碎机的转子见图4-34。它是一个轴套管，外焊有10个等距圆盘，在圆盘上均匀分布8个销孔，使链条挂在圆盘上，通过定距套调整悬挂位置，使链条交错排列。链条用20MnV耐磨钢制成，寿命可达7200h。

链式破碎机规格用转子直径和宽度表示。转子直径是指链条端点运动轨迹直径。例如ϕ600mm×800mm链式破碎机是指转子直径为600mm，转子宽度为800mm，转速为1470r/min，链条数为8×10，电机功率为30×2kW，生产能力为14～18t/h，进料粒度为4～20mm，出料粒度为0～4mm，机器质量为3311kg。

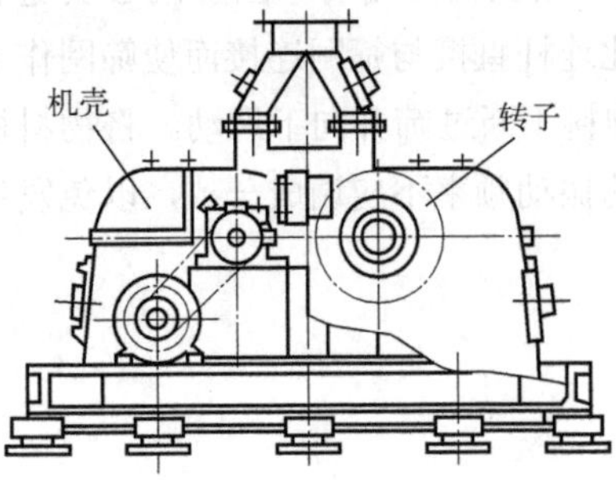

图 4-33 链式破碎机

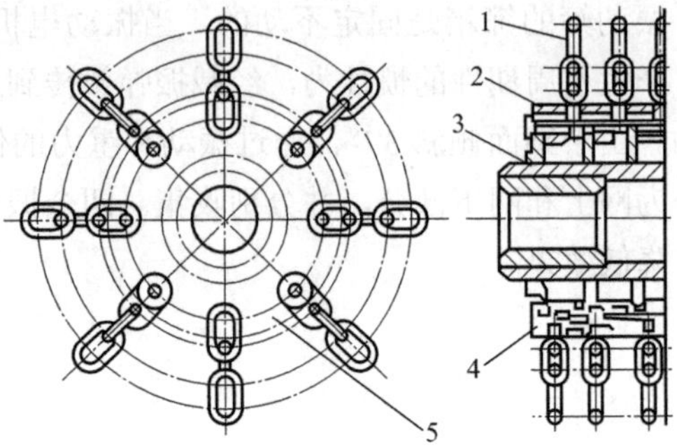

图 4-34 链式破碎机的转子

1—链条；2—定距套；3—轴套管；4—销轴；5—圆盘

4.6.3.5 冷却机和包裹筒

经干燥、筛分后的合格产品温度仍然比较高，需进一步冷却到 45 ～ 50℃再进行产品调理或包装。冷却机的结构（图 4-35）与干燥机差不多，但物料与冷却空气是逆流流动。筒内装进料螺旋抄板，使空气与物料良好接触。年产 24 万吨磷酸铵的生产流程所用冷却机的尺寸是 ϕ 2.2m×12m，倾角为 1.8°，转速为 4.9r/min，填充系数为 15%，停留时间为 11min。

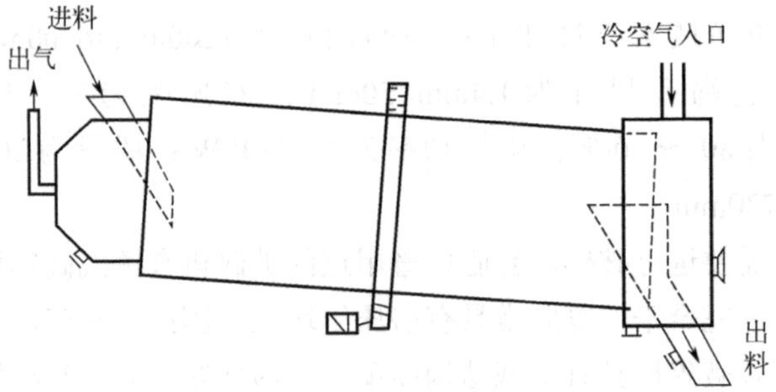

图 4-35 冷却机示意

产品冷却是防止结块的重要措施，但用空气作冷却剂的效率很低。已有不少工厂利用液氨进入氨蒸发器之前节流制冷，在换热器中与空气热交换，使空气温度降到 4 ～ 12℃。但这时空气相对湿度已 100%，可能含有雾滴，进入冷却机会使产品受潮。为此，在进冷却机前先将空气加热升温 2℃以降低其相对湿度。以上措施对处理吸湿性强的 NPK 复肥效果良好。

近来用流化床冷却器冷却颗粒复肥也获得广泛应用（图 4-36）。由于冷却空气与颗粒之间的热交换接触面积大，换热效率很高，因而其生产强度比转筒冷却机要大。出流化床空气的温度实际上与出口物料的温度接近一致（约 50℃）。流化床层高 200mm，自由截面上空气流速约 1.8m/s。筛板面积为 18m^2 的流化床冷却器生产能力为 40t/h。

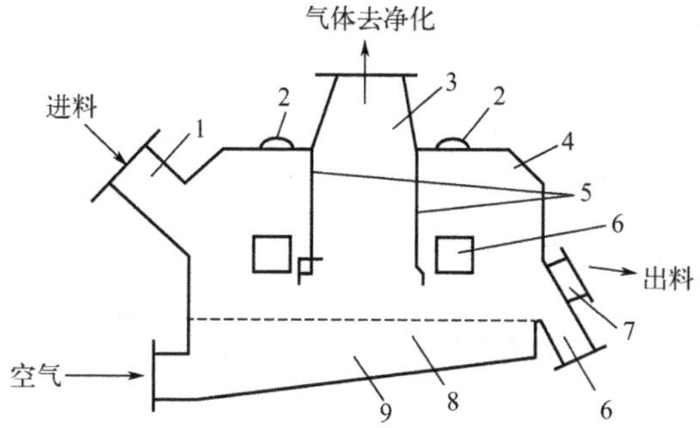

图 4-36 流化床冷却器

1—溜管；2—照明灯；3—气体出口；4—壳体；5—隔板；
6—清理孔；7—产品出口；8—流化筛板；9—气体分布箱

为了防止 DAP 和 NPK 复肥吸潮结块，还需对产品作进一步表面处理。处理过程在包裹筒内进行。包裹筒（图 4-37）为 ϕ2.2m×5.7m 的钢制圆筒，倾角为 4°，转速为 8.6r/min。包裹油（例如十八胺）通过喷嘴喷洒在颗粒床上，包裹剂（例如硅藻土）则用螺旋输送机送入包裹筒。颗粒在筒内不停滚动使其混合均匀。每吨产品大约加 15kg 包裹剂、3kg 包裹油。

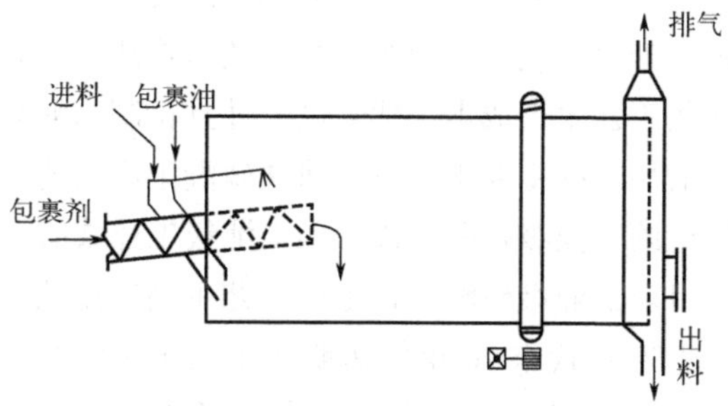

图 4-37 包裹筒示意

4.7 水溶性磷酸一铵

近年来随着水溶肥及现代化农业的发展，工业级磷酸一铵（总养分≥ 72%）、水溶性磷酸一铵（总养分≥ 66%）等高浓度、水溶性磷酸铵产品应运而生。

4.7.1 工业级磷酸一铵生产工艺

工业级磷酸一铵主要应用于灭火剂或滴灌水溶肥，随着水肥一体化技术的普及和推广，水溶肥近年来得到了迅速的发展，由此带动了工业级磷酸一铵产业的发展和壮大。国内外工业级磷酸一铵的生产工艺主要有：热法磷酸氨中和法、湿法磷酸有机萃取净化法和湿法磷酸氨中和直接净化法等。各生产工艺主要优缺点如表4-21所示。

表4-21 工业MAP生产工艺比较

生产工艺	优点	缺点
热法磷酸氨中和法	生产工艺相对简单，可生产各种磷酸盐	原料生产成本最高
湿法磷酸有机萃取净化法	净化后磷酸纯度高，后续生产工艺简单，可生产各种磷酸盐	流程长，萃余酸处理较难，投资大，生产成本较高
湿法磷酸氨中和直接净化法	工艺流程短，投资小，生产成本低	副产白肥较难处理，装置只能生产单一产品

热法磷酸氨中和法以含杂质少、纯度高的热法磷酸为原料，与氨中和后得到较纯的磷酸一铵溶液，经过结晶、离心分离、干燥等步骤即可生产工业级磷酸一铵产品。采用热法磷酸为原料，工艺简单，磷收率高，无副产白肥，其主要不足是生产原料热法磷酸的能耗高、污染大，因此产品生产成本高。为了降低生产成本，溶剂萃取精制湿法磷酸可替代热法磷酸为原料生产工业级磷酸一铵[21]，目前部分企业采用该工艺。该工艺与以热法磷酸为原料生产工业级磷酸一铵技术相比，原料精制磷酸纯度基本相同，精制稀酸可不经浓缩，先氨化再多效浓缩后冷却结晶并干燥，可减少装置投资，降低加工能耗，并改善产品结晶性状，其产品品质较好。尽管用精制磷酸为原料生产工业级磷酸一铵与热法磷酸为原料相比生产成本大大降低，但是相对化学法净化工艺生产成本仍然较高，并且精制磷酸装置投资较大，总体流程较长。因此，目前湿法磷酸精制酸主要用于取代热法磷酸生产其他工业级磷酸盐，仅有少数精制磷酸装置生产特殊用途的工业级磷酸一铵，如电池级工业磷酸一铵等，市场占比较小。

经过近些年的发展，目前工业级磷酸一铵生产工艺主要以湿法磷酸化学净化法为主。该技术四川大学早在20世纪80年代末90年代初期就在原什邡化工总厂（现属宏达集团）进行了开发和应用。2003年，四川大学在蓝剑化工进行了此项技术的工业扩大试验，通过进一步完善此项技术，产品成本进一步降低，并于2004年建成年产2.5万吨工业级磷酸一铵生产装置，生产出合格的工业级磷酸一铵产品，后又分别于2005年、2014年，采用该工艺技术建设了四川绵阳川银化工年产1万吨工业级磷酸一铵装置、云天化云峰年产5万吨工业级磷酸一铵装置等，产品质量达到了工业级磷酸一铵国家标准的各项指标要求。经过四川大学不断努力升级，该技术已具备全流程DCS过程控制、三段氨化中和净化、精制磷酸铵溶液节能三效浓缩、浓缩物料高效稳态连续结晶、母液全封闭循环等特色，在国内外同类工艺中处于技术领先地位。自从2003年四川大学成功研发并规模化工业生产以后，化学净化法在行业内备受关注，特别是近年来，已有多家企业相继采用化学净化法生产工业级磷酸一铵，其中四川龙蟒和湖北祥云分别达到40万吨/年和20万吨/年的产能，目前国内市场上工业级磷酸一铵产量超过200万吨/年。

4.7.1.1 精制湿法磷酸制工业级磷酸一铵工艺

以二水湿法磷酸溶剂萃取得到的精制磷酸生产工业级磷酸一铵的典型工艺流程见图4-38。

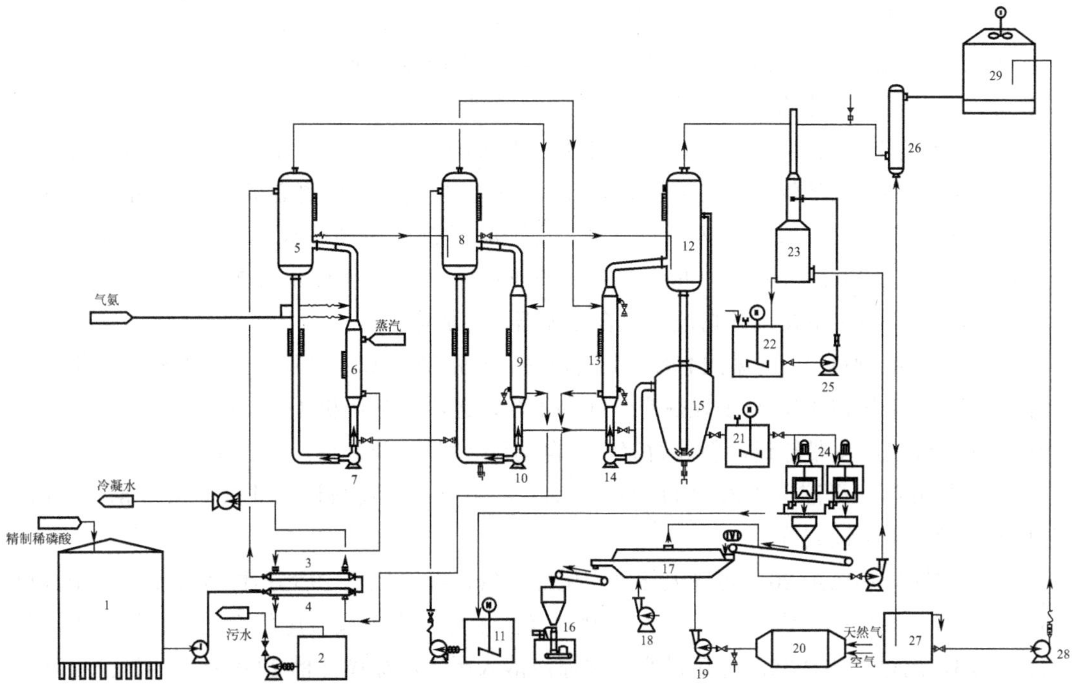

图 4-38 精制湿法磷酸制工业级磷酸一铵工艺流程图

1—稀精制磷酸储槽；2—冷凝水槽；3、4—磷酸预热器；5、8、12—Ⅰ、Ⅱ、Ⅲ效闪蒸室；6、9、13—Ⅰ、Ⅱ、Ⅲ效加热器；7、10、14—Ⅰ、Ⅱ、Ⅲ效循环泵；11—母液槽；15—奥斯陆结晶器；16—包装机；17—振动流化床干燥器；18—冷却鼓风机；19—热风机；20—燃气热风炉；21—结晶缓冲槽；22—尾气洗涤循环槽；23—尾气洗涤塔；24—离心机；25—洗涤循环泵；26—混合冷凝器；27—液封槽；28—循环水泵；29—凉水塔

来自精制湿法磷酸装置中稀精制磷酸储槽 1 的原料磷酸经中和加料泵先后送入一、二段磷酸预热器 3、4，被蒸发加热器冷凝水预热后进中和浓缩（Ⅰ效）一体化闪蒸室 5。

来自气氨缓冲罐的气氨进中和浓缩（Ⅰ效）一体化加热器 6 上部出口的反应管段与循环溶液反应氨化。

Ⅰ效一体化蒸发反应器物料在反应段、闪蒸室（气液分离器）5、下降管、Ⅰ效强制循环泵 7、Ⅰ效加热器 6 之间循环流动，进行加热、反应、蒸发、分离，部分物料从Ⅰ效闪蒸室 5 溢流入Ⅱ效闪蒸室 8。Ⅰ效闪蒸室蒸汽进Ⅱ效加热器 9 的管间。

锅炉房来的加热蒸气进中和浓缩（Ⅰ效）一体化蒸发器的加热器 6 的管间，加热管内物料，加热器冷凝水经疏水阀进二段磷酸预热器 3 预热原料酸后，用热水泵送回锅炉房的软水罐，或去精制磷酸装置的反萃塔反萃有机相得到工业精制稀磷酸。

Ⅱ效物料由Ⅱ效循环泵 10 送入Ⅱ效加热器 9 的管内，与Ⅰ效二次蒸汽换热升温，进Ⅱ效闪蒸室 8 分离蒸汽降温，液相物料由下降管进Ⅱ效循环泵 10 完成循环，部分物料从Ⅱ效闪蒸室溢流至Ⅲ效闪蒸室 12。

Ⅱ效加热器冷凝水经疏水阀与Ⅲ效加热器冷凝水一起进一段磷酸预热器 4，加热原料磷酸后进冷凝水槽 2，部分冷凝水可泵送去补充干燥尾气洗涤水。Ⅱ效闪蒸室 8 的蒸汽进Ⅲ效加热器 13 的管间。

Ⅰ、Ⅱ、Ⅲ效之间的过料，根据情况也可以在循环泵的出进口之间进行。

Ⅲ效奥斯陆结晶蒸发器的上部清液由Ⅲ效循环泵14送入Ⅲ效加热器13的管内，与Ⅱ效二次蒸汽换热升温，进Ⅲ效闪蒸室12分离蒸汽降温，液相物料由下降管下降冲刷搅拌奥斯陆结晶器15的下部物料，结晶器中物料上升扩张沉降，清液溢流进Ⅲ效循环泵14循环，含结晶溶液从结晶器底部放出，去结晶缓冲槽21，搅拌均匀后，进离心机24过滤分离。

Ⅲ效奥斯陆结晶蒸发器的闪蒸蒸汽进混合冷凝器26，用循环水混合冷凝产生真空。来自循环水凉水塔29的循环水进混合冷凝器经液封槽27，用循环水泵28送入凉水塔喷嘴，喷洒冷却后，由凉水塔接水池自流入混合冷凝器，完成循环。

结晶缓冲槽物料进离心机24离心分离母液，结晶滤饼卸入进料斗，用变频皮带机喂料进振动流化床干燥器17，与干燥热空气换热干燥，经冷却鼓风机18鼓入冷空气冷却后，干燥产品出干燥机经皮带输送，料斗暂储，由自动包装机16包装后，去仓库暂存。

离心机分离的母液进母液槽11并搅拌均匀，用槽泵将物料返回Ⅱ效闪蒸室8，分流部分母液去肥料磷酸铵装置。

空气进燃气热风炉20，燃烧天然气产生热空气，经热风机19增压配入冷空气调节温度后，送入振动流化床干燥机17，与结晶物料换热干燥，出干燥机尾气用尾气风机送入尾气洗涤塔23，用循环水洗涤除沫后排空。洗涤液落入尾气洗涤循环槽22搅拌后用洗涤循环泵25循环送入除尘器洗涤尾气，部分洗涤液分流去母液槽，并补充加热器冷凝水。

这个流程采用蒸汽冷凝液预热原料磷酸，因此氨化反应热基本用于蒸发物料中的水分。氨化反应与Ⅰ效蒸发器合并，实现中和浓缩一体化，既缩短了流程，节约了投资，产生的氨化蒸汽与Ⅰ效浓缩的二次蒸汽一起，进入Ⅱ效加热器管间二次复用，大幅度降低了浓缩蒸汽消耗。

与料浆浓缩法肥料磷酸铵的浓缩逆流流程不同，该工艺采用顺流浓缩，Ⅰ效是最稀溶液，Ⅲ效是完成溶液。在实现中和浓缩一体化简化流程的同时，没有增加冷却循环水的负荷，而且Ⅲ效完成物料在真空下出料温度不到70℃，基本无需再冷却，搅拌均匀后即可送离心机进行液固分离，最大限度利用了反应蒸发的热量。

工艺控制的难点是奥斯陆结晶器中结晶的粒度控制，控制不好就可能出现结晶粒度过大造成系统停车。解决的办法可以是适当缩小奥斯陆结晶器的容积，减少物料结晶停留时间，降低出料结晶粒度，然后在扩大的结晶缓冲槽（加冷却夹套）中冷却，通过控制冷却速度调节晶体粒度。

4.7.1.2 化学净化法制工业级磷酸一铵工艺

以湿法稀磷酸为原料采用化学净化法生产工业级磷酸一铵的基本生产工艺流程如图4-39所示。

稀磷酸经过脱硫、氨化、过滤、蒸发浓缩、冷却结晶、干燥等工序得到工业级磷酸一铵，同时副产白肥[22]。国内二水法稀磷酸 P_2O_5 浓度范围在22%～26%，其MER值在0.12～0.6之间（取决于磷矿活性、品位和杂质含量）。一般情况下MER值越小，磷酸品质越好，生产工业级磷酸一铵产品时副产白肥量越小，工业级磷酸一铵产品的收率越高。与此同时，湿法磷酸生产中需要控制硫酸过量，因此原料磷酸中含有一定量的 SO_4^{2-}，若不尽量

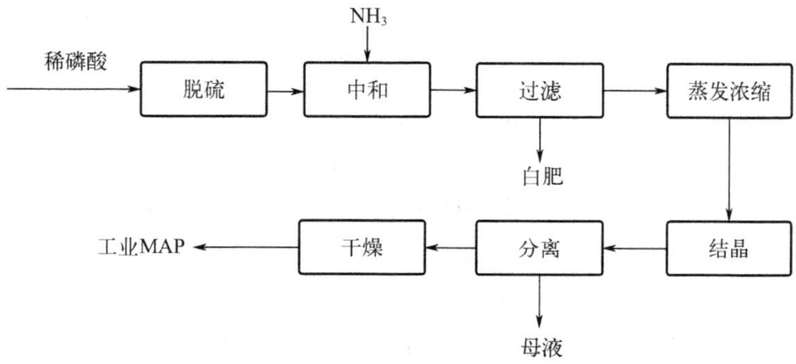

图 4-39 化学净化法工业级磷酸一铵生产工艺流程

预先去除，则会影响后续磷酸一铵的结晶过程[23-24]，使最终产品的纯度和收率降低。因此湿法稀磷酸净化的第一步是脱除硫酸根离子。脱硫过程是使用一种能够与 SO_4^{2-} 生成沉淀的物质（钙盐或钡盐等），与原料磷酸反应后，经固液分离除去硫酸盐。最经济的脱硫剂就是原料磷矿，目前工业上多采用磷矿浆脱硫，在脱硫的同时可以分解部分磷矿，降低磷酸生产的硫酸单耗。脱硫最好在湿法磷酸装置中完成，将湿法磷酸料浆过滤机下的滤液泵送到搅拌脱硫槽中，按计量（过量）加入磷矿浆，搅拌完成反应后，泵送至磷酸储槽沉降分层，储槽底部设转耙，收集底流稠浆返回湿法磷酸反应槽，上层清液去氨中和。随磷酸氨化反应的进行，物料 pH 值升高，湿法磷酸中的铁、铝、镁、钙等杂质生成的复杂化合物杂质溶解度降低，析出结晶。为了控制杂质结晶析出粒度，便于后续过滤分离，氨中和反应一般在串联多级中和槽中完成，中和槽结构型式同肥料磷酸铵装置（图 4-15）。氨中和后的料浆，通过板框压滤机过滤，滤饼称为白肥，可作为复合肥的原料，也可与湿法磷酸混合去生产普通料浆浓缩法磷酸铵。过滤得到的清液即磷酸一铵水溶液。清液的相对密度约 1.20 ～ 1.25，经过蒸发浓缩，相对密度达到约 1.40，蒸发浓缩的目的是分离水分提高溶液浓度，获得过饱和的磷酸一铵溶液去冷却结晶。溶液浓缩采用强制循环蒸发浓缩，目前最先进节能的浓缩流程是采用三效蒸发浓缩工艺，可以尽可能地降低能耗和生产成本。浓缩后的磷酸一铵溶液需要进一步冷却结晶，结晶有间歇结晶和连续结晶两种形式。间歇结晶比较简单，结晶装置一般由多个结晶槽并联组成，切换操作，使整个生产过程可以连续进行。连续结晶具有生产能力大、操作简便、成本低的特点，目前云天化云峰、绵竹三佳、龙蟒等企业均有连续结晶装置。结晶完成后料浆经过离心分离，得到结晶母液与湿结晶产品。母液可部分循环，湿晶体经过干燥得到工业级磷酸一铵成品。在化学净化法得到澄清的磷酸一铵溶液后，后面的工序与精制湿法磷酸生产工业级磷酸一铵的流程基本相同。化学净化法工艺的关键是氨化料浆的过滤分离杂质的操作控制，而过滤是否良好主要取决于氨化过程。此外，采用该工艺建设生产装置的难点在于是否有配套装置将部分母液及白肥进行资源化利用。

4.7.2 水溶性磷酸一铵生产工艺

前述所及，工业级磷酸一铵的主要用途是作水溶肥或灭火剂原料，这两种用途对磷酸一铵的要求主要是水溶性和吸湿性要达标，使用工业级磷酸一铵是高配，使用成本相对较高。

为此，在降低磷酸一铵纯度而又能满足水溶肥或灭火剂应用条件的基础上，可以适当降低化学净化法的氨化净化程度，生产水溶性磷酸一铵，总养分 N+P_2O_5 在 66% ～ 72% 范围内。这样可提高主产品的氮磷收率，简化流程，减少白肥产生，从而降低生产成本。该工艺与工业级磷酸一铵生产工艺的区别在于，一是氨化净化程度降低，进入白肥的磷减少，收率得以提高；二是工业级磷酸一铵通过冷却结晶干燥得到，而水溶性磷酸一铵由高温浓缩料浆通过干燥塔直接喷雾干燥得到，流程简化，能耗降低，装置生产强度大。目前，成都云图控股股份有限公司、四川川恒控股集团股份有限公司、四川宏达股份有限公司等企业均采用该工艺生产水溶性磷酸一铵。工艺流程如图 4-40（a）所示，在净化得到磷酸一铵澄清溶液后，其工艺流程与料浆浓缩法流化床逆流喷雾干燥制粉状MAP的流程完全相同[25]，这里不再赘述。

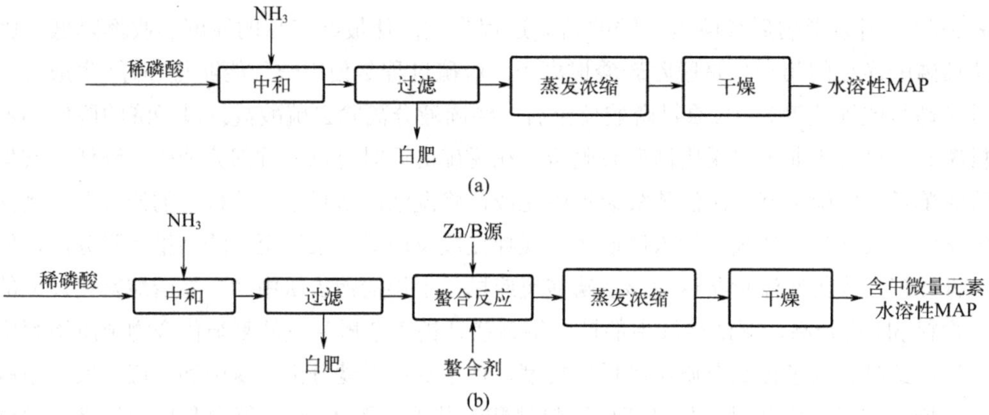

图 4-40　水溶性磷酸一铵及含中微量元素水溶性磷酸一铵的流程图

值得一提的是，无论是采用溶剂萃取法还是化学净化法生产工业级或水溶性磷酸一铵，都需先将磷酸中的金属离子杂质脱除，而后续为了制备含中微量元素肥料又需向基础肥料中再添加各种螯合态中微量元素，这种先去除后添加的操作，既浪费了资源，又增加了生产成本，同时还会由于混合不均及不溶物的存在导致喷灌时堵管。为此，四川大学近年来在湿法磷酸料浆浓缩法生产 MAP 的基础上，开发了利用湿法磷酸中金属阳离子生产含中微量元素的原位螯合水溶性磷酸一铵肥料技术[26-27]。系统探究了柠檬酸等螯合剂螯合湿法磷酸中金属阳离子的特性[28-29]，制备了含中微量元素的水溶性磷酸一铵肥料，研制了多种螯合配方，形成了成套工艺技术与系统集成[30]。不仅所生产的产品保留了湿法磷酸中原有的中微量元素，还提高了磷收率，提升了产品竞争力。该技术为国内首创，所得产品在农田试验上也表现出良好的结果，2019 年内蒙古大地云天化化工有限公司利用该技术已建成 12 万吨 / 年水溶性磷酸一铵工业装置；2020 年，成都云图控股股份有限公司利用该技术改进了原有水溶性磷酸一铵生产工艺，生产出了含锌水溶性磷酸一铵，其流程如图 4-40（b）所示。

4.7.3　典型设备

目前，生产水溶性磷酸一铵的主要设备包括中和反应槽、过滤机、蒸发浓缩装置、结晶器等。中和反应槽、蒸发浓缩装置等与料浆浓缩法生产肥料 MAP 基本相同，在此不作赘述，过滤用板框压滤机和离心分离机等都是常规定型设备，这里主要介绍结晶设备。

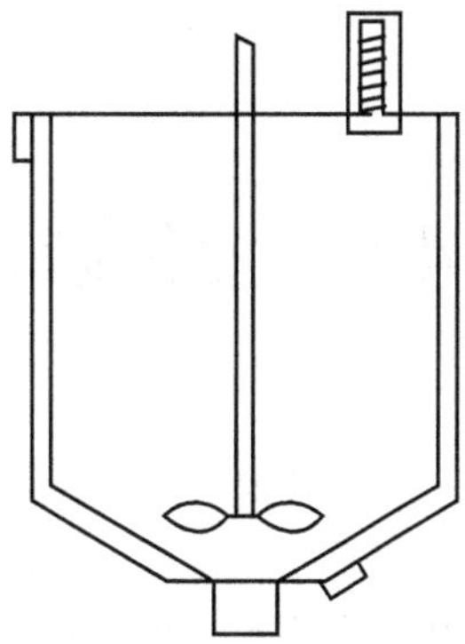

图 4-41　间歇结晶器

目前工业上用的结晶设备主要有间歇结晶器与连续结晶器。间歇结晶器结构如图 4-41 所示，是一带搅拌的敞口圆筒锥底槽，外设冷却夹套。将热的饱和磷酸一铵溶液放入槽中，在缓慢搅拌下，溶液逐渐冷却，达到过饱和析出结晶，稳定后放出料浆去过滤，再放入热溶液重复进行。间歇结晶器通常对结晶过程不加任何控制，所得晶体较大，但常形成晶簇而包裹母液，以致影响产品纯度。因其操作简单，造价低廉，还被广泛应用。连续结晶器具有生产能力大、操作简便、占地面积小等优点，目前已经成功应用在工业级磷酸一铵生产装置上。现代连续结晶器有多种形式，在大型结晶器中有两种类型用得较多：Oslo 分级型结晶器（图 4-42）和晶浆循环型结晶器（图 4-43）。Oslo 分级型结晶器又称母液循环型结晶器，通过加热蒸发提高溶液浓度以致达到过饱和，通过真空闪蒸降低物料温度，无需冷媒冷却。其特点是过饱和度产生的区域与晶体生长区域分别置于结晶器的两处，随循环清液带出的细小晶体在加热器中重新溶解。晶体在结晶器中流态化悬浮，为晶体生长提供较好的条件，可生产出粒度较大而均匀的晶体。晶浆循环型结晶器又称 DTB 型结晶器，内循环率很高，可使晶体质量分数保持在 30% ～ 40% 的水平，并可明显地消除高过饱和度区域，器内各处的过饱和度较为均匀。如果结晶产品粒度上限要求不严，可以不设淘洗腿。目前趋于发展晶浆循环型结晶器，主要是因为生产能力较大，晶体也比较整齐。应用于工业级磷酸一铵装置上的连续结晶器主要是 DTB 型结晶器及其改进的结晶装置[31-32]。

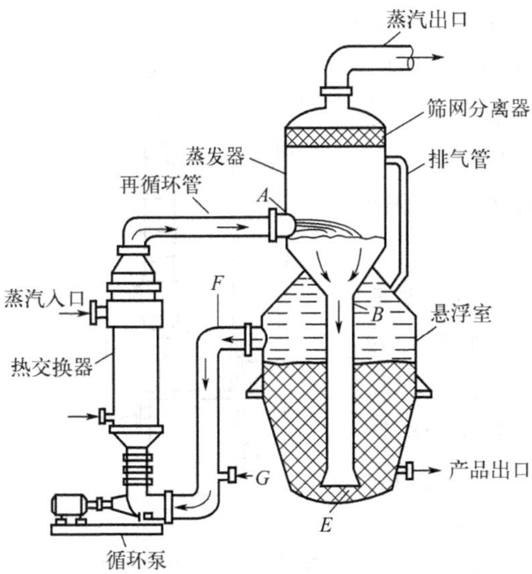

图 4-42　Oslo 分级型结晶器

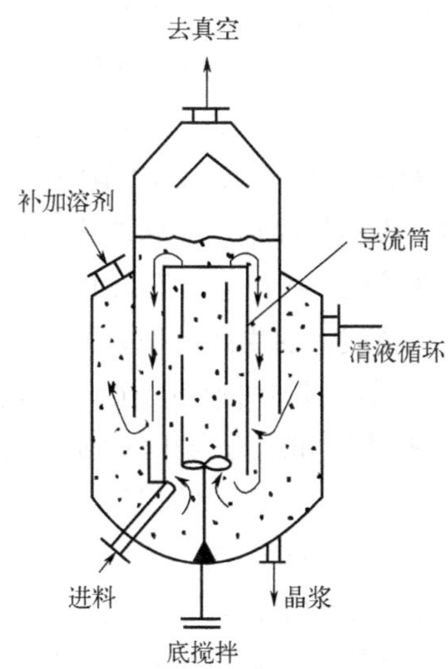

图 4-43　带下搅拌无淘洗腿的 DTB 型结晶器

4.8 液体磷酸铵

液体复合肥在国外发展较快，其优点是生产简单、价格低、机械化施用方便、可同时进行除草杀虫作业，其缺点是养分浓度比固体复合肥料低，长距离运输成本高，适宜于就近施用，也不宜长期贮存，否则需建造大型贮槽罐。液体磷酸铵的储运施用要求其在0℃时也呈均匀的溶液或悬浮液状态，没有固体析出沉积，这就需要在三元相图中选择磷酸铵溶解度最大的区域作为生产控制指标。

从磷酸铵-水溶液相图可以看出在所有温度范围内，磷酸一铵和磷酸二铵的共溶点处的溶解度最大。中和度为1.5时，中和度线在各个温度条件下都存在一个舌形的液相区域，此时磷酸铵盐的溶解度最大。0℃时，其值为185g/100g，相对密度为1.44，黏度约2.2×10^{-2}Pa·s。

用含杂质较少的磷酸如热法磷酸可生产7-21-0（N-P_2O_5-K_2O）和8-24-0的液体磷酸铵，杂质较多的湿法磷酸可生产5-15-0和6-18-0的液体磷酸铵。此类液体磷酸铵肥料属中性肥料，pH约等于7。

液体磷酸铵由磷酸和氨直接中和得到。湿法磷酸中的杂质在氨化反应后会生成不溶性铁铝盐，为避免这些盐类沉淀，应当控制反应条件，使它们生成细小的质点高度分散于液体中，呈胶体型悬浮态。可采取的主要措施有：

（1）提高中和反应速率　反应越快，杂质析出的晶体质点越细小，悬浮性能越好。生产中可采用喷射反应管使中和反应在瞬间完成。

（2）降低中和反应温度　反应温度低，杂质晶粒细小，悬浮性能好，但降温过多需要较大的冷却装置和较多的冷却用水，反应温度一般选50～60℃。

（3）控制反应过程的pH值　采用高低pH值中和法，即反应时控制物料pH>7，加速反应，在中和反应完成时再添加磷酸回调，将物料pH值降低到6.2～6.7。

（4）添加悬浮剂，如膨胀土，可以改善液体磷酸铵杂质的悬浮性能。添加量一般在1%左右。

液体磷酸铵的生产流程如图4-44所示，其特点主要是采用管式反应器与快速冷却循环，使晶粒细小。将压力为0.1MPa的磷酸和压力为0.4MPa的气氨经计量后同时加入到喷射管反应器1中，喷射管反应器的下端安装在带搅拌的料浆冷却循环槽2内，反应后的料浆由循环泵输送到旋流板冷却塔3的上部与空气进行逆流冷却，然后返回循环槽。循环槽料浆的温度由料浆循环量和冷却空气用量来控制。液体磷酸铵成品溢流到成品槽。

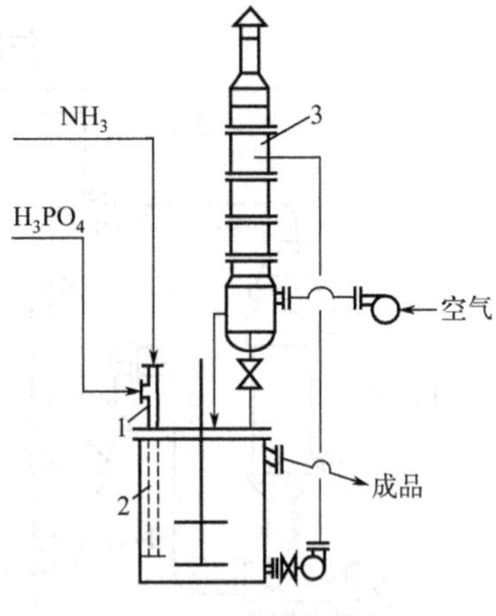

图4-44　液体磷酸铵生产流程
1—喷射管反应器；2—料浆冷却循环槽；3—旋流板冷却塔

4.9 聚磷酸铵

目前所生产的肥料级 APP 包括液体和固体形态。国外主要生产和使用的是液体 APP 产品，主要包括 10-34 和 11-37 两种规格。我国广西越洋、中华长山等企业整体将国外技术转移到国内，生产液体 APP，产品型号为 11-37。而我国其他企业主要生产固体 APP 产品，常见的型号有 18-58/60、23-44、22-46、14-65、13-67 等。

4.9.1 液体聚磷酸铵

美国田纳西河谷流域管理局（TVA）于 1967 年通过热法过磷酸在管式反应器中的氨化，获得了低聚 APP 液体肥，开创了水溶性 APP 产业，之后为降低成本，湿法磷酸被引入聚合体系。热法磷酸生产的 APP 养分规格为 11-37，湿法磷酸生产的 APP 养分规格为 10-34。TVA 生产 APP 基于磷酸 / 过磷酸氨化法，过磷酸原料多从磷酸浓缩而来。生成过磷酸要增加成本，但可以从节省的运输费中得到补偿。聚磷酸含量低的过磷酸在管式反应器中与氨反应，可生成高浓度 APP。TVA 生产液体 APP 的流程如图 4-45 所示。液氨与液肥产品在一段氨蒸发器中换热而部分蒸发，再进入二段氨蒸发器与 82℃的产品溶液热交换而全部汽化，进管式反应器时温度为 54℃。用计量泵将已预热至 118℃的过磷酸送入管式反应器与氨进行反应，反应温度可达 316 ～ 371℃。生成的熔融体进入混合槽中与水和循环液混合，保持溶液温度为 82℃，混合槽中液氨加入量约占总加氨量的 40%。混合槽上部有一填料洗涤

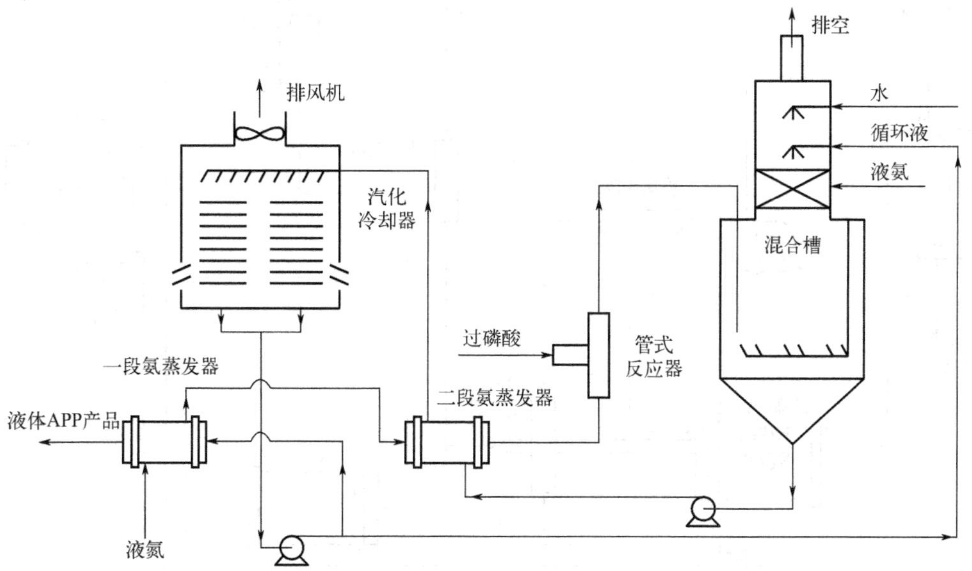

图 4-45 TVA 生产液体 APP（10-34，11-37）流程（过磷酸氨化法）

段，用冷却过的循环液喷淋回收氨，水则从更上一层加入喷淋，也可起到回收氨的作用。混合槽中的溶液通过二段氨蒸发器后，进入汽化冷却器进一步冷却，一部分作为循环液返回混合槽，另一部分经过一段氨蒸发器冷却到27℃即为产品。

此工艺的关键在于参与聚合反应的磷酸浓度，需采用浓度较高的磷酸或过磷酸，常用的磷酸浓度为115%、105%及95%，产品聚合度分布宽。若磷酸原料浓度高，则可省略浓缩步骤，因而适宜采用热法磷酸为原料。我国磷矿品质较差，湿法磷酸中杂质含量较高，磷酸浓缩困难。因此，常采用净化手段降低湿法磷酸中的杂质含量，从而提高磷酸浓度，以满足生产需求。总体来说，磷酸/过磷酸氨化法生产水溶性APP工艺简单，便于连续操作，体系流动性好，但体系中水的存在阻碍了聚合反应的正向进行，聚合率和生产强度较低，且所需磷酸浓度较高，不论是采用热法磷酸，还是通过湿法磷酸净化、浓缩后所得磷酸，其生产成本均较高。

4.9.2 固体聚磷酸铵

4.9.2.1 磷酸氨化法生产固体聚磷酸铵

（1）美国TVA生产固体聚磷酸铵流程　TVA开发的用磷酸在管式反应器中氨化，生产出含APP熔融体的流程，主要用于制备液体和悬浮肥料，后用于制造颗粒复合肥，即在制得水溶性APP后，经冷却、料幕造粒等步骤后得到产品，同时可根据需求添加尿素等而制得含水溶性APP的复合肥料［如尿素聚磷酸铵（UAPP）］，其生产工艺流程见图4-46。一部分磷酸在洗涤器回收氨后，再回到磷酸贮槽，用泵将磷酸从贮槽送到酸加热器，升温到65℃后再进入管式反应器。将来自氨蒸发器的气氨预热到55℃后与磷酸同时进入管式反应器。进管式反应器的$n(NH_3)/n(H_3PO_4)$为1.0时制得APP，比值为0.6、1.4和0.6时分别制得MAP、DAP和UAPP。不足的氨从埋于转筒冷却器颗粒床下部的氨分布管加入。管式反应

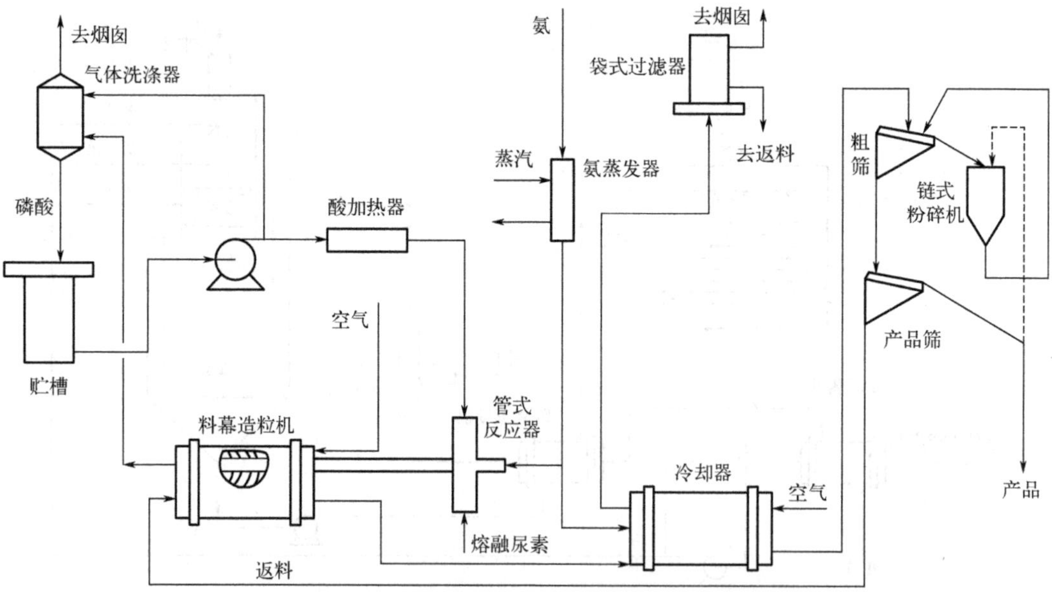

图4-46　TVA开发的生产水溶性APP（固体）工艺流程图[33]

器中巨大的反应热产生的蒸汽压力达 0.34 ～ 0.37MPa，用此压力使熔融体通过 3 个喷嘴喷洒在造粒机中的料幕上。在造粒机转动过程中，造粒机内壁上的抄板将颗粒物料和返料细粉不断抄起，汇集落到一个倾斜的汇料盘上，物料再从料盘上落下形成料幕，熔融体喷洒在此料幕上，使其中的颗粒涂布在薄层料浆上而不断长大（见图 4-47）。从造粒机出来的物料进入转筒冷却器，与冷空气逆流而冷却到约 38℃。废气排入袋式过滤器除去粉尘。将出冷却器的颗粒送去过筛，大颗粒经链式粉碎机打细后与细粒一道送去作返料。有时也需将部分合格产品粉碎作返料。过筛和粉碎机工作时产生的粉尘也与冷却器废气一道进入袋式过滤器，收集的细粉送去作返料。该流程没有干燥机，其返料比也较通常的造粒机低，因而节能效果良好。此方法生产出的 APP 品级是 11-56，其中聚磷酸占 P_2O_5 总量的 20%；UAPP 的品级有 48-8 和 26-26 两种，前者聚磷酸含量占 P_2O_5 总量的 25%，后者占 10%。UAPP 的物性和颗粒外观都很好，不需要表面调理。此外，TVA 还使用双轴造粒生产含聚磷酸铵的肥料，流程见图 4-48，双轴造粒机示意图见图 4-49。

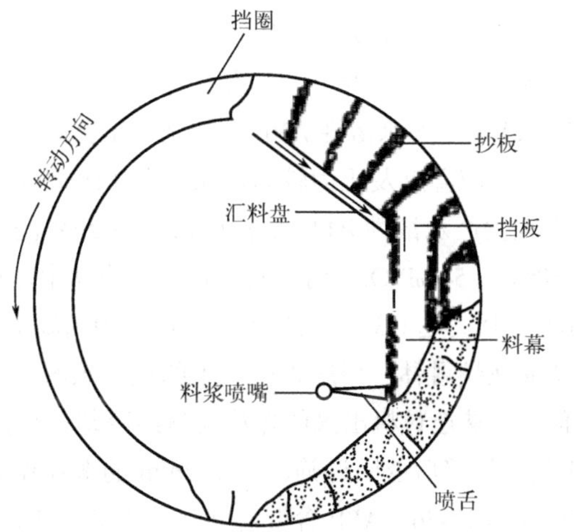

图 4-47 料幕造粒示意图

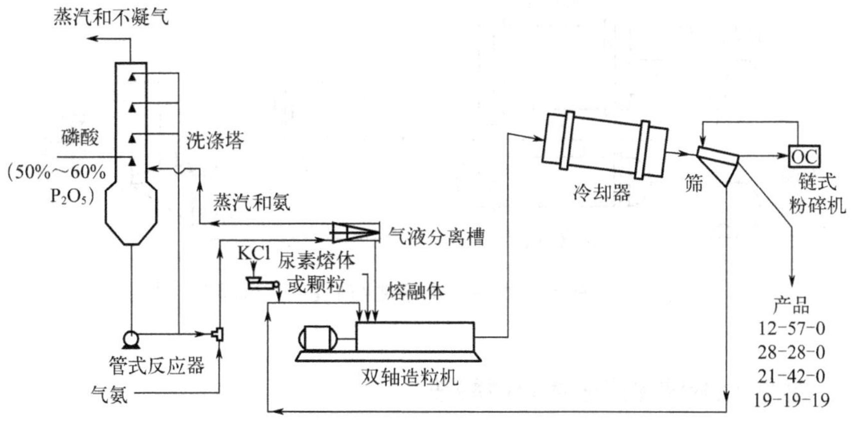

图 4-48 TVA 使用双轴造粒生产含聚磷酸铵肥料的流程

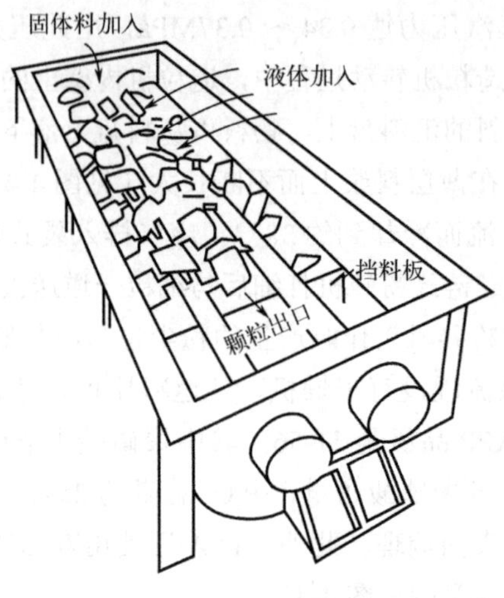

图 4-49　双轴造粒机示意图

（2）印度 RCF 公司生产固体聚磷酸铵流程　20 世纪 80 年代，印度 RCF 公司在液体肥的储运及机械施肥配套设施不配套的情况下，开发了颗粒状聚磷酸铵复合肥工艺，工艺流程如图 4-50 所示。此工艺与 TVA 生产水溶性 APP 粒状肥料工艺类似，主要在管式反应器中利用磷酸与氨气的中和热使得反应温度及压力较高，从而发生缩聚反应生成水溶性 APP，再经过造粒、冷却、筛分等步骤生产水溶性 APP 含量为 15% ～ 20% 的颗粒状聚磷酸铵。预热到 85 ～ 90℃的商品磷酸（50% ～ 54%P_2O_5）用气氨在管式反应器中氨化。中和热产生的过热蒸汽，使温度达 230 ～ 250℃，压力达 0.3 ～ 0.5MPa。在这样的高温下，全部游离水和部分结构水蒸发出来之后形成聚磷酸铵熔融体。反应管中产生的过热蒸汽充当雾化剂，使熔融体形成雾粒喷洒在转鼓中的料幕上。从造粒机出来的颗粒物料经冷却、筛分，2 ～ 4mm 粒级的颗粒作为产品，超过 4mm 的颗粒打碎后返回过筛，小于 2mm 的颗粒作为返料送回造粒机，返料比为 2.5 ～ 3.5。典型的品级为 12-56，APP 含量占 P_2O_5 总量的 15% ～ 20%。如果产品中 APP 大于 30%，则难以固化；小于 10% 则流动性差，结晶过快。两种情况都不利于造粒。

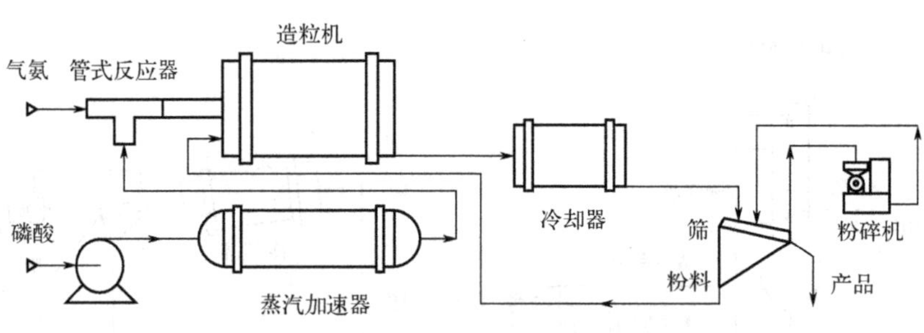

图 4-50　RCF 公司生产水溶性 APP 的工艺流程图[34]

4.9.2.2　磷酸-尿素法生产固体聚磷酸铵

20 世纪 60 年代末，为了改进产品性能，尿素开始取代氨气被用于磷酸体系制备 APP。

其工艺步骤为：首先将磷酸与尿素进行预混合，操作温度大约在 40 ～ 90℃之间，在此过程中，会有一部分磷酸与尿素反应生成磷酸脲。接着升高反应温度，使尿素、磷酸和磷酸脲发生反应生成 APP。其中，生成焦磷酸铵的反应在 150℃左右进行，在 170 ～ 220℃时，焦磷酸铵与尿素会进一步反应，生成 APP，其工艺流程图如图 4-51 所示。该方法生产 APP，受反应时间、原料比例、升温速率、温度等因素影响。胡炳成等[35]采用磷酸和尿素作为原料合成 APP，结果表明，随着反应时间的延长和温度的升高，产物的聚合程度显著增加；随着物料配比 n（尿素）/n（磷酸）的增加，聚合度增幅变小，当 n（尿素）/n（磷酸）大于 2.2 时，产物聚合度逐渐下降。刘丽霞等[36]的研究表明，当反应体系的升温速率大于 3℃ /min 时，产物聚合度发生明显下降。张长水等[37]进行的正交试验表明，温度越高，反应速率越快，预混合温度低于 100℃时聚合反应不充分，但温度为 200℃时会产生粘黏问题。

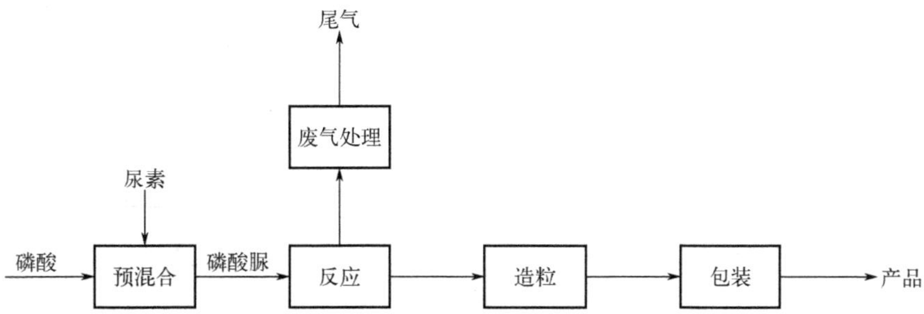

图 4-51 磷酸 - 尿素法制备 APP 的工艺流程图

4.9.2.3 磷酸铵-尿素法生产固体聚磷酸铵

（1）磷酸铵 - 尿素法间歇生产固体聚磷酸铵　为了解决长久以来因为原料中存在水而 APP 聚合度难以提高的问题，研究者们开始采用磷酸铵代替磷酸作为磷源，此工艺的关键为缩合剂的选择及热缩合反应器的选择。早期的研究主要在磷酸铵的熔融体中通入氨气进行氨化生产 APP，随着研究的深入，研究者发现利用尿素作为缩合剂和氨化剂具有更多的优势。因此，磷酸铵 - 尿素法至今仍为合成 APP 的主流方法之一。目前，用 MAP、DAP 及二者的混合物三种形式的磷酸铵盐与尿素反应都可以得到 APP 产品，但相较而言，用 MAP 效果最佳，这是因为 MAP 具有较强的酸性，能够促进聚合反应进行，提高产品的聚合度。MAP- 尿素法生产 APP 的具体操作流程如下：将 MAP 和尿素按计量研磨混合均匀，之后一起置于高温聚合反应器内，在设定温度下聚合反应一段时间即可得到 APP 产品。通常为了得到较纯的晶体类型，可以向原料中加入特定晶型的 APP 晶种或是在反应的后期向体系提供无定形态的 APP。MAP- 尿素法制备 APP 的工艺流程图如图 4-52 所示。为了获得更高聚合度的 APP 产品，可在捏合釜式反应器中进行磷酸铵盐的缩聚反应，具体生产流程如图 4-53 所示。

磷酸铵 - 尿素法生产聚磷酸铵具有工艺简单、生产能力较大、生产成本低等优点。同时，此法在反应过程中由于没有水的参与，聚合度和反应强度都有所提高，但体系中发泡熔体的难输送性，使其难以连续生产，且产品多以焦磷酸铵为主。因此，采用捏合机等间歇反应器生产APP时，容易产生产品的批次差异，阻碍了进一步的规模化生产。目前，我国贵州川恒化工股份有限公司及云图控股等企业采用磷酸铵与尿素于捏合机中间歇生产固体水溶性APP，产品型号主要为18-58及15-64等。

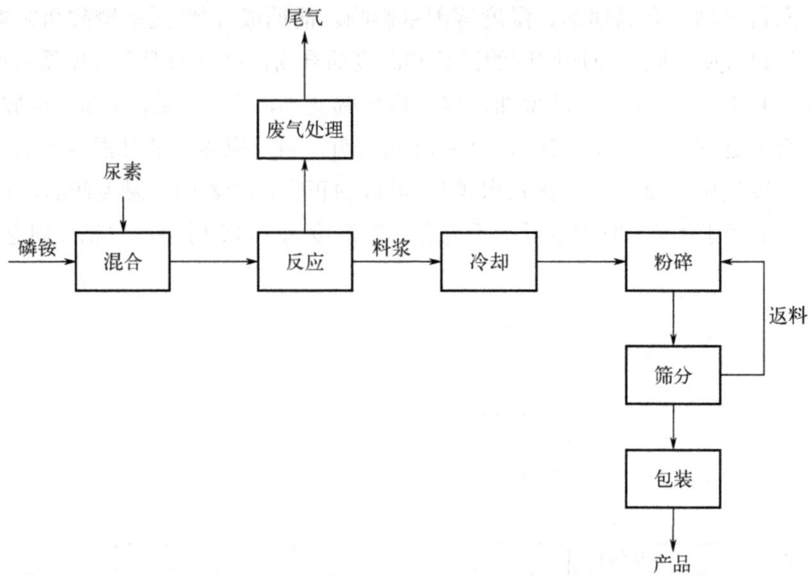

图4-52 MAP-尿素法制备APP工艺流程图

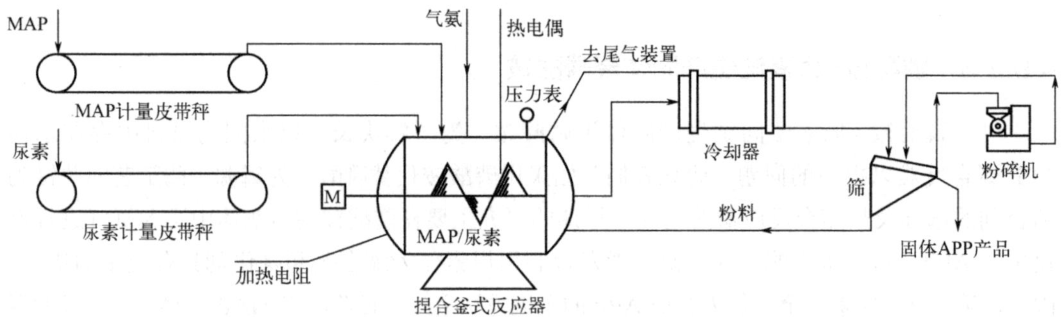

图4-53 捏合釜式反应器生产固体水溶性APP的主要工艺流程

（2）磷酸铵-尿素法连续生产固体聚磷酸铵　磷酸铵-尿素法是生产固体APP的主流方法。但是，传统捏合机工艺生产固体APP存在聚合反应时间长、不能连续生产和产物以焦磷酸盐为主的问题。已有研究表明，具有更高PDI值（聚合度分布宽泛表征）的APP在土壤中的磷释放更能与植物的整个生长周期同步，具有更高的磷素利用效率（图4-54），因此控制农用APP的聚合度分布意义重大。目前我国主流的APP产品中聚合态磷几乎都为焦磷酸，个别产品包含少量三聚磷酸。因此亟需开发新的工艺，实现磷酸铵-尿素法连续生产农用APP和在聚合度分布水平上实现对APP产品质量的控制，以适应农用APP不断增长的市场需求。基于此，四川大学在磷酸铵-尿素热缩合法的基础上，开发了采用料浆浓缩法磷酸铵一步连续缩聚生产 APP 技术[14, 15]，工艺流程见图 4-55，主要包括原料熔融及混合、连续聚合反应、破碎造粒、筛分返料及尾气吸收等步骤。

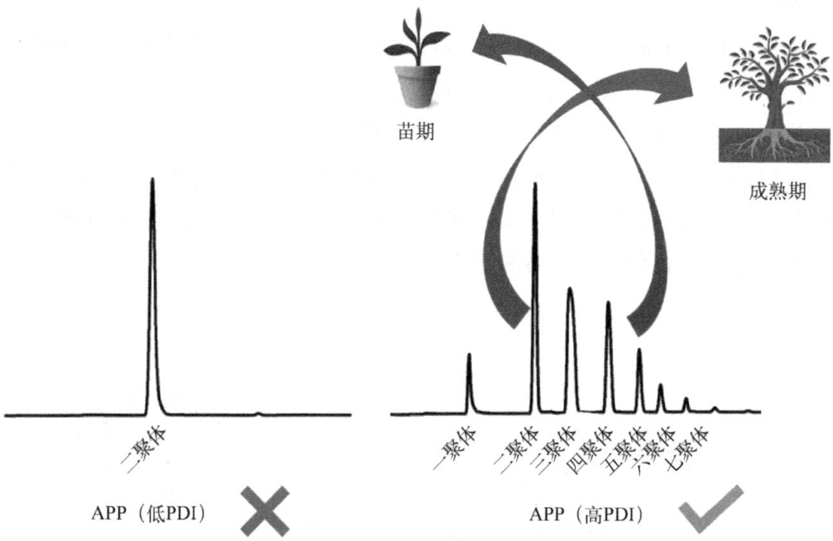

图 4-54　高 PDI 值 APP 持续供磷示意图

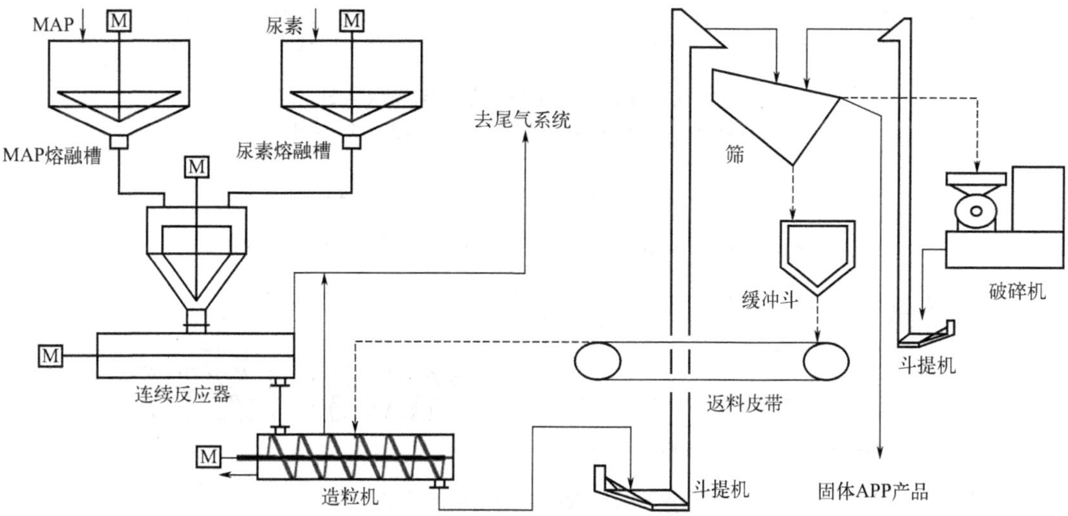

图 4-55　MAP- 尿素法连续生产固体 APP 的主要工艺流程

该技术具有以下特色：①反应时间短：传统捏合机工艺中，磷酸铵和尿素从投料到 APP 出料历经数小时；而达到相同聚合度，连续聚合反应器只需几分钟的物料停留时间。②反应器内特殊的搅拌、输送元件和特殊的元件组合使物料的传热传质效果大大改善。③聚合度分布可控：该技术能够实现连续、规模化生产，能够在聚合度分布水平上实现对 APP 产品质量的控制，确保连续、稳定地生产出优质 APP 产品。

四川大学进一步开发了双螺杆挤出连续法生产 APP 的新技术，该技术采用双螺杆挤出机实现了 APP 的反应挤出，APP 产品聚合度分布可通过改变工艺条件来调节，且原料可以是非全水溶的料浆磷酸铵。双螺杆挤出机主要由电动机、减速器、进料桶、机筒、螺杆、加热冷却装置和控制系统等部件构成。图 4-56 是一个典型的聚合物反应挤出过程采用的双螺杆挤出机示意图，图中省略了机筒的加热冷却装置和控制系统。双螺杆挤出机的螺杆由不同形状的螺纹模块串联组装形成，便于实现反应挤出过程中物料的输送与混合。例如，熔融区使用的全推进式螺纹具有较大的输送能力，确保了物料的顺利加入；而反应区则多用啮合盘式螺纹元件，以满足反应对混合传质的要求；脱挥建压区采用较小螺距的螺纹，物料在此处逐渐充满机筒并产生压力，确保了产品从机头口模处顺利挤出。双螺杆挤出机主要是按照螺杆的啮合和转向情况进行分类的。各种类型的特点如图 4-57 所示。

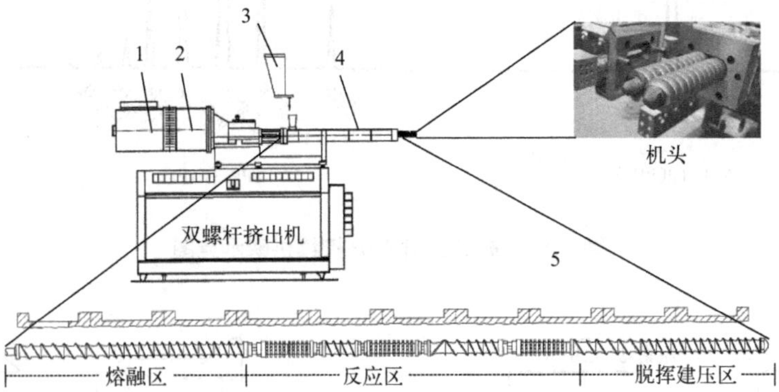

图 4-56　双螺杆挤出机各部分结构示意图

1—电动机；2—减速器；3—进料桶；4—机筒；5—螺杆

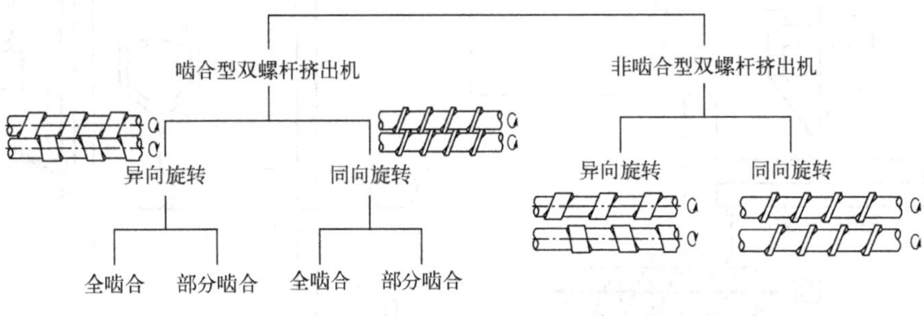

图 4-57　双螺杆挤出机的分类

4.10　磷酸铵类肥料生产尾气的净化

磷酸铵生产过程中，氨化反应热蒸发产生的蒸汽中含氨和少量氟，干燥机尾气含尘和少量氨，物料的破碎、筛分、斗提、皮带输送及产品包装等环节均有粉尘逸出。为了回收物料和保护环境，需要净化生产尾气。

一般磷酸铵装置产生的含尘干气体都是先经过旋风除尘器干法分离大部分固体粉尘后返回系统，然后通过湿法气体洗涤系统洗涤除沫后达标排空。

4.10.1 磷酸铵生产尾气的干法除尘

粒状磷酸二铵装置通常设三组旋风除尘器：一组供干燥机，一组供冷却机，一组供其他设备（包括破碎、筛分、斗提及皮带运送等）。气体进入旋风除尘器的温度必须高于其露点，否则粉尘会在除尘器中吸湿，造成设备堵塞。因此，除尘器都需保温，有的还需加蒸汽保温盘管。为了防止细粉黏结在器壁上，有的在除尘器中央悬挂一条铁链，当进气沿筒壁做旋转运动时，将带动铁链沿壁转动，将附在筒壁上的细粉扫下。旋风除尘器分离回收的细粉返回系统作为造粒返料使用。

冷却机的出口热气体送去作干燥机稀释空气，可以节约加热干燥空气的燃料消耗。

干法除尘也可以采用布袋除尘，布袋除尘对尾气粉尘的防吸湿要求更高，必须有良好的保温措施。

4.10.2 磷酸铵生产尾气的湿法洗涤净化

磷酸铵装置尾气洗涤净化流程的类型比较多，以下是南京磷肥厂所采用的流程（图 4-58)。

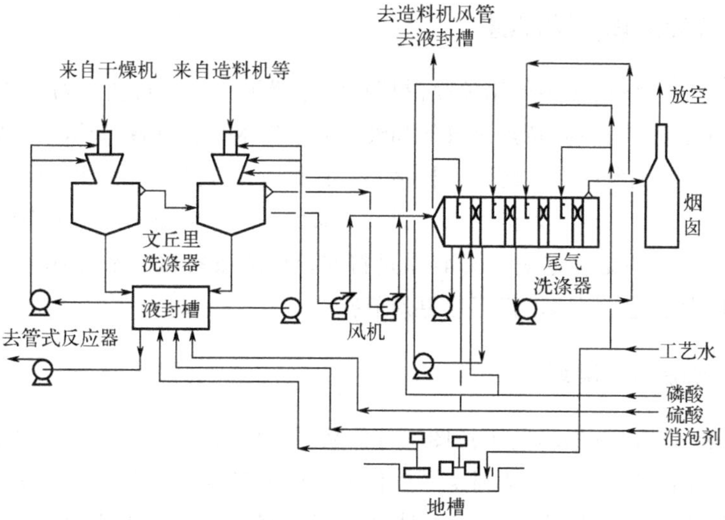

图 4-58 磷酸铵装置尾气洗涤流程

经过旋风除尘器的干燥机排气中还含有氨和少量细小粉尘，进入文丘里洗涤器用磷酸回收其中的氨和进一步除去微尘。来自造粒机和预中和槽的气体含较多的氨和水蒸气，含粉尘很少，直接进入文丘里洗涤器回收氨。来自各设备的含尘气体汇集后先通过旋风除尘器，再进入文丘里洗涤器。

在文丘里洗涤器的液封槽中，52% ～ 54% P_2O_5 的原料磷酸与尾气洗涤器来的含 15% ～ 36% P_2O_5 的洗涤液混合，循环洗涤回收气体中的氨。必须控制液封槽洗涤液的 $n(NH_3)/n(H_3PO_4)$ 不能大于 0.5，如果 $n(NH_3)/n(H_3PO_4)$ 进入磷酸铵溶解度最小的 0.9 ～ 1.1 的范围，就可能产生结晶，堵塞洗涤系统。有时为调整产品品级需要添加硫酸时，也可以从液封槽加入，以增强对氨的回收能力。气体通过文丘里洗涤器后，粉尘和氨基本上回收完全，但尚残留少量氟化物。

为了达到尾气排放标准，经过文丘里洗涤器的气体还需通过尾气喷淋填料洗涤器除去氟化物、残余的氨和粉尘。尾气喷淋填料洗涤器共分四段：第一段用稀硫酸回收残余的氨，控制洗液 pH 在 5 ～ 6；第二、三段用水吸收氟化物；第四段为捕沫段。气体通过尾气洗涤器后温度降到 45 ～ 65℃，气体中氨回收率可达 99%。

磷酸铵工业使用的气体洗涤器类型很多，常用的有文丘里洗涤器、错流喷淋填料洗涤器、旋风喷淋洗涤塔、浮球填料塔及组合洗涤系统等。

4.10.2.1 文丘里洗涤器

图 4-59 是磷酸铵装置常用的一种文丘里洗涤器简图。它的外形尺寸是 ϕ3m×11.2m，它由 316 不锈钢制成。在内筒上部有一导流锥，它与内筒之间的间隙形成文丘里缩口，洗涤液从导流锥顶部向下均匀分布，在缩口处受到高速气流的冲击而高度分散，并与气体充分混合，使气体中的粉尘和氨被酸液吸收。气体折回外筒导向板螺旋上升从上部排出，达到气液分离的目的。洗涤液从下部进入液封槽循环使用，一部分送去预和槽或管式反应器。

4.10.2.2 错流喷淋填料洗涤器

图 4-60 是磷肥厂使用较多的错流喷淋填料洗涤器示意图，它被认为是洗涤吸收尾气中氟化物最满意的装置。其主要特点是气体和液体分别作水平和垂直流动，气液接触良好，填料能得到良好冲洗，因此能有效防止填料堵塞。它与竖式洗涤系统相比，能够容易地将一系列浓度递减的洗液段串联起来逆流洗涤，提高洗涤效率。填料由聚丙烯编织而成。填料箱可以拆除，清洗和维修都比较方便。图 4-61 是将文丘里洗涤器和错流喷淋填料洗涤器组合起来的装置，这种设备更为紧凑，投资也更为节省。

4.10.2.3 旋风喷淋洗涤塔

图 4-62 是旋风喷淋洗涤塔的示意图。气体从塔下部切线方向进入，形成从底部到顶部的螺旋形气流。由此产生的离心力避免了气体大量挟带液滴。由于气体在塔中的运动较一般喷淋塔剧烈，因而洗涤吸收强度比一般空塔高。旋风喷淋洗涤塔的主要特点是气体阻力小，容易设计和操作，不易堵塞。

4.10.2.4 浮球填料塔

浮球填料塔可与喷淋塔组成磷酸铵生产尾气湿法净化系统，其流程见图 4-63。第一段用浮球填料塔回收氨，吸氨后的磷酸返回生产系统。第二段用 0.5% ～ 2% CaO 的石灰乳或水脱除氟化物。组合系统的氨回收率达 99%，氟脱除率达 80% ～ 90%。

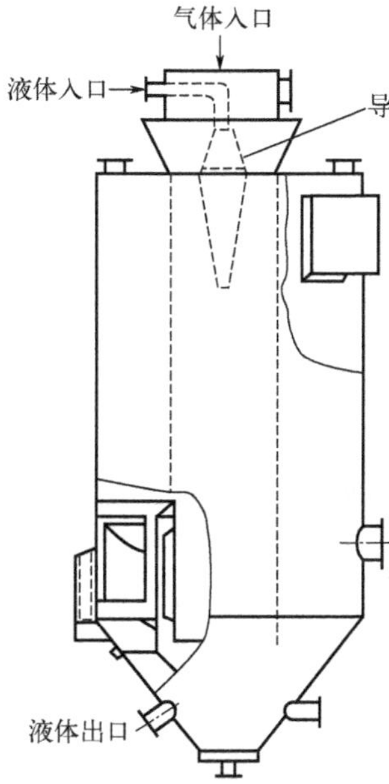

图 4-59 文丘里洗涤器

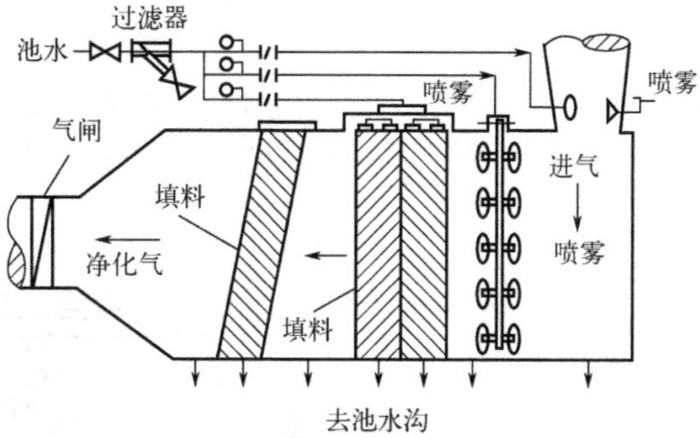

图 4-60 错流喷淋填料洗涤器

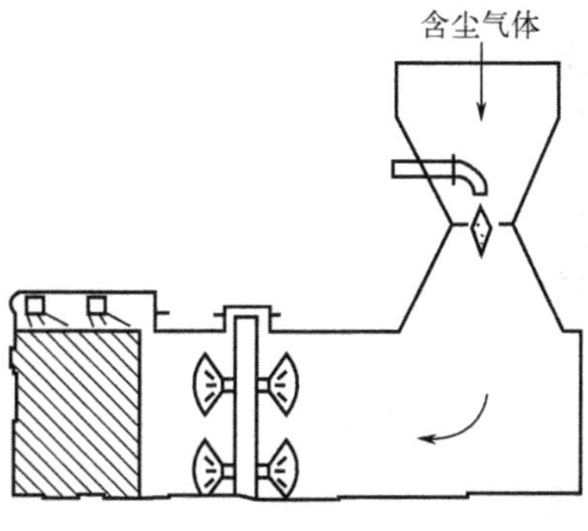

图 4-61 文丘里 - 错流喷淋填料洗涤器组合

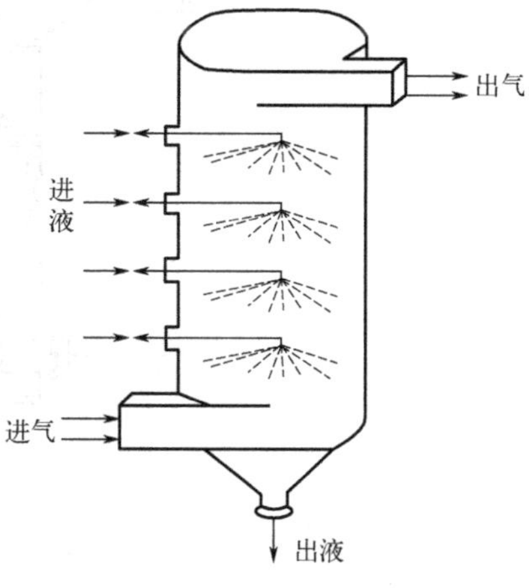

图 4-62 旋风喷淋洗涤塔

浮球填料塔（图 4-64）吸收段尺寸是 2.6m×10m，共分三层，每层高 1.2m，内装直径为 38 ～ 40mm 的聚丙烯空心球，每个球重 6 ～ 9g。捕沫段尺寸是 3.8m×3.3m，共有 4 个液体喷嘴，喷液量为 $100m^3/h$，进气量为 $60000m^3/h$，进气温度为 50 ～ 80℃，压力降为 3920Pa，气体线速为 3m/s，喷淋密度为 $50m^3/(m^2 \cdot h)$。

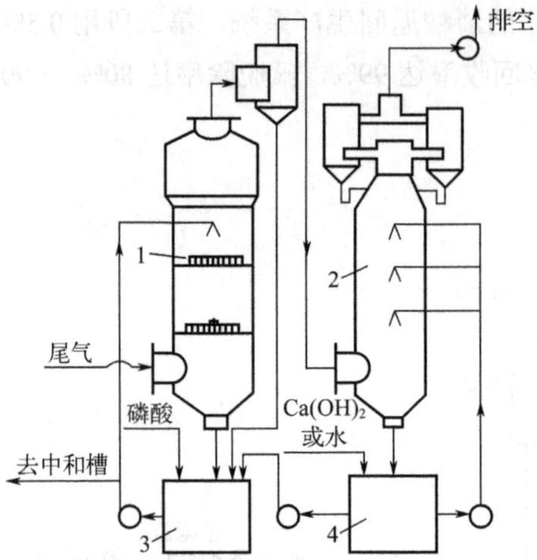

图 4-63　浮球塔 - 喷淋塔组合系统

1—浮球填料塔；2—喷淋空塔；3—洗涤磷酸循环槽；4—水或石灰乳洗涤循环槽

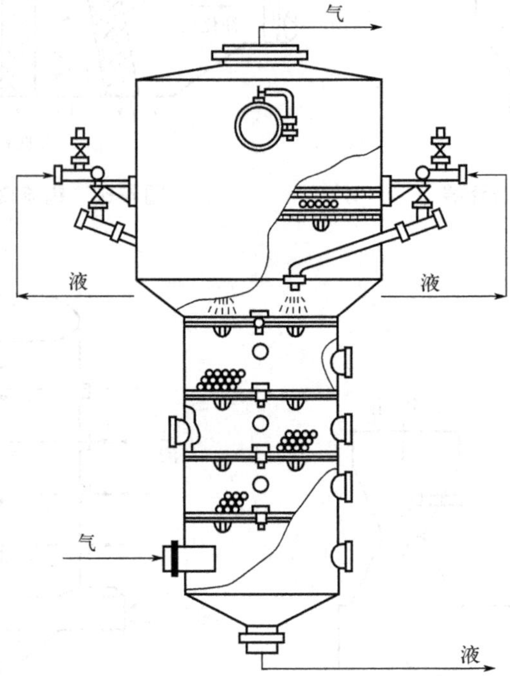

图 4-64　浮球填料塔

4.11　技术展望

由于我国磷矿以中低品位磷矿为主，磷矿品质差，其发展历程必然与国外不同[38]。磷酸铵类肥料包括料浆浓缩法MAP、DAP，传统法DAP、MAP，工业级磷酸一铵，水溶性磷酸一铵等[8, 39-40]。总体上，我国磷酸铵系列肥料产品已形成产能过剩的局面，迫切需要转型升级，开发新型高端磷酸铵肥料产品。其中，料浆浓缩法MAP、传统法DAP等作为传统磷酸铵肥料产品，生产装置技术成熟成型，产量较大，支撑了我国磷复肥供给的基本面，这种局面在可以预见的将来不会改变。但是无论产能还是技术，这些传统产品将来的发展空间有限。工业级磷酸一铵和水溶性磷酸一铵，因其全水溶性的特性，可作为喷灌、滴灌肥料施用，可大幅度节水，提高养分利用率，符合现代农业的发展方向，具有较好的应用前景。各类产品或生产工艺主要展望如下：

（1）料浆法磷酸铵生产工艺仍将为我国提供强有力的基础肥料支撑　我国自主开发，具有完全知识产权的"中和料浆浓缩法制磷酸铵工艺"，适合我国磷矿资源的具体情况，特别是料浆浓缩法粉状磷酸铵产品，作为我国高浓度复合肥主流生产工艺的最佳磷源，其生产工艺简洁，在单位产能投资、能耗、腐蚀、运行稳定性、产品成本等方面均具有显著优势。经过40多年的开发完善，料浆浓缩法磷酸铵工艺已经实现装置大型化、设备完全国产化，整体技术水平居国际领先地位，产能占我国磷复肥产能的半壁江山，多年来为我国的粮食安全作出了巨大贡献。随着我国磷矿资源的逐渐贫化，料浆浓缩法磷酸铵工艺适应中低品位磷矿的优势将更加显著，因此，在今后很长时期内，该工艺技术作为我国磷复肥产业的主导工艺路线，仍将为我国现代化农业提供强有力的基础肥料支撑。

"中和料浆浓缩法制磷酸铵工艺"在技术层面已经基本成熟，今后的完善提高，例如可以在经济地提取回收产品所含氟元素，以及络合产品所含铁镁等杂质元素，使其成为水溶性中微量养分等方面进行开发研究。

（2）传统法DAP工艺将与料浆浓缩法磷酸铵工艺并存，持续保障我国高浓度磷复肥的市场供给　国外磷酸铵产品主要以传统法磷酸二铵（DAP）为主，20世纪80年代，我国引进了十多套大中型磷酸铵装置，全部采用传统的"磷酸浓缩工艺"生产粒状DAP，包括多种具体工艺技术路线。伴随我国磷矿选矿技术的发展和DAP生产装置的多年磨合、调整和完善，传统法DAP的生产技术已被我国大部分生产企业所掌握，进入新世纪后产能增加很快，成为我国磷复肥产业的另一支柱。2018年，DAP实物产量为1623.8万吨。目前，国内单套DAP装置生产能力以60万吨/年为主，采用管式反应器+转鼓氨化造粒工艺，该工艺节能，产品外观较好，有利于装置大型化。DAP装置的改进完善主要表现为尾气的深度治理和降低产品单耗，如尾气处理增加电除雾，通过降低尾气的湿度实现尾气排放"脱白"，同时进一步降低排放尾气的含尘量。传统法DAP与料浆浓缩法MAP一起，将长期为我国基础肥料市场提供保障。

（3）水溶性磷酸一铵将大力发展　水肥一体化可精准地向作物根部提供营养，使肥料利用率提高30～50个百分点，是提高肥效的重要途径，也是肥料产品升级的重要方向。工业级磷酸一铵主要应用于灭火剂或滴灌水溶肥，特别是随着现代农业水肥一体化技术的普及和推广，水溶肥近年来得到了迅速发展，由此带动了工业级磷酸一铵的发展和壮大。湿法磷酸化学净化法生产工业级磷酸一铵是目前主流技术，已趋于成熟，全国工业级磷酸一铵年产量已达200余万吨。与此同时，随着磷酸铁锂市场的进一步发展，工业级磷酸一铵作为其主要原料之一，也将得到进一步发展和推广。

工业级磷酸一铵为结晶状，应用于水溶肥或灭火剂时，成本相对较高。为此，在降低MAP纯度而又能满足水溶肥和灭火剂应用要求的基础上，适当降低氨化净化程度，生产粉状水溶性磷酸一铵（总养分 $N+P_2O_5$ 为66%～72%），可进一步提高磷元素收率，降低生产成本，减少白肥产生。在水溶性磷酸一铵肥料产品中添加作物需要的螯合态中微量元素如锌元素等，是水溶性磷酸一铵肥料的发展方向。目前这种产品在农田试验上也表现出良好的结果，今后有望得到进一步发展。

（4）聚磷酸铵亟需规模化应用推广　农用APP在20世纪70年代左右就已经被美国、以色列等国家应用于水溶性肥料，目前在发达国家已得到广泛的应用。近年来，农用APP作为一种新型肥料逐渐进入我国化肥市场，据保守估计国内目前APP农用肥料的需求量约在30万吨/年，几年内其市场规模有望攀升到100万吨/年。而目前我国APP的产能很低，2018年，我国液体农用APP产量在3万吨，固体农用APP产量在1.7万吨，其多用于水溶肥体系。随着我国土地流转，规模化现代农业生产对水肥一体化技术的需求与日俱增，水溶性肥料作为水肥一体化技术应用的配套肥料，在提高养分利用效率方面作用突出，对保障我国农业持续高效发展具有重要意义。水溶性聚磷酸铵具有良好的水溶性、高养分含量和对中微量金属元素的螯合性等特点，是解决目前水溶肥研制技术瓶颈的理想磷源。随着我国APP生产技术向低成本、可控制备方向发展，未来APP在我国复合肥行业的市场占有率必将日益提高，APP在我国水溶肥行业具有广阔的应用前景。

近年来，APP不仅可作为水溶肥的基础原料，还可作为复合肥的基础原料应用于专用肥的生产。2022年12月26日，《含聚合态磷复合肥料》团体标准正式实施，标志着聚磷酸铵肥料推广应用上了一个新台阶，APP将在促进作物专用新型肥料发展和我国化肥产业结构升级方面发挥重要作用。

参考文献

[1] 钟本和，应建康. 改革开放成就了中和料浆浓缩法磷铵工艺. 磷肥与复肥，2018, 33(12): 44-47.

[2] 应建康，钟本和，方为茂，等. 传统DAP与料浆法MAP联产工艺及装置设计 . 2006新时期技术创新经验交流会论文集. 北戴河，2006: 212-217.

[3] 钟本和，应建康，方为茂 . MAP与DAP联产技术近期的发展与改进. 硫磷设计与粉体工程，2006(3): 9-11, 53.

[4] 白海丹. 我国磷铵行业现状及发展趋势. 硫酸工业，2019(7): 1-4.

[5] Watanabe M, Sakurai M, Yamaguchi Y, et al. Phase transition of APP form I to II and synthesis of APP form II from the system of ammonium orthophosphate-urea. Phosphorus Sulfur Silicon Relat Elem, 1999, 144: 235-238.

[6] McBeath T M, Lombi E, McLaughlin M J, et al. Polyphosphate-fertilizer solution stability with time, temperature, and pH. J Plant Nutr Soil Sci, 2007, 170(3): 387-391.

[7] Holloway R E, Bertrand I, Frischke A J, et al. Improving fertiliser efficiency on calcareous and alkaline soils with fluid sources of P, N and Zn. Plant Soil, 2001, 236(2): 209-219.

[8] 许德军，钟本和，张志业，等. 水溶性聚磷酸铵的制备及应用研究进展. 化工进展，2021, 40(1): 378-385.

[9] Getsinger J G, Siegel M R, Mann H C. Ammonium polyphosphates from superphosphoric acid and ammonia. J Agric Food Chem, 1962, 10(4): 341-344.

[10] Wakefield Z T, Egan E P. Melting points in orthophosphoric acid-pyrophosphoric acid system. J Agric Food Chem, 1962, 10(4): 344-346.

[11] Chem A. New routes to clear liquid fertilizers. Chem Eng News, 1975, 53(35): 22.

[12] 鲁厚芳，钟本和. 聚磷酸铵肥料的制备研究. 磷肥与复肥，1997(4): 11-13.

[13] Yang J, Kong X, Xu D, et al. Evolution of the polydispersity of ammonium polyphosphate in a reactive extrusion process: Polycondensation mechanism and kinetics. Chem Eng J, 2019, 359: 1453-1462.

[14] Yang J, Xie W, Kong X, et al. Reactive extrusion of ammonium polyphosphate in a twin-screw extruder: polydispersity improvement. Chem Eng Proces, 2018, 133: 58-65.

[15] 王辛龙，杨升东，许德华，等. 含螯合态中微量元素的水溶性聚磷酸铵及其制备方法. 中国，CN109503236A. 2019-03-22.

[16] 王辛龙，谢汶级，许德华，等. 一种测定水溶性聚磷酸铵中不同形态磷酸盐的方法. 中国，CN109060990B. 2020-04-28.

[17] 王辛龙，梁文，许德华，等. 磷铵母液的处理及MAP联产含中微量元素APP的工艺. 中国，CN109574735A. 2019-04-05.

[18] 印华亮. 农用聚磷酸铵的研发及应用. 磷肥与复肥，2018, 33(8): 17-18.
[19] 雷波，袁海斌，王佳才，等. 一种由湿法磷酸生产全水溶性固体聚磷酸铵的方法. 中国，CN105621381A. 2016-06-01.
[20] 林明，印华亮. 谈聚磷酸铵水溶液在液体肥料发展中的重要作用. 企业科技与发展，2014(5): 12-14.
[21] 李英翔，吴长莹，念吉红. 工业 MAP 磷酸盐工艺特点. 盐科学与化工，2018, 47(6): 49-51.
[22] 杨林，冷新科，张志业，等. 一种白肥的高值化应用工艺. 中国，CN106477543A. 2017-03-08.
[23] Xu D, Xiong X, Xu D, et al. Experimental determination of solubility and metastable zone width of ammonium dihydrogen phosphate in $(NH_4)_2SO_4$+ water and NH_4F+ water systems. Fluid Phase Equilib, 2018, 468: 1-8.
[24] 熊星，张必江，许德军，等. 降温速率对磷酸二氢铵介稳区影响的研究. 无机盐工业，2016, 48(6): 48-50.
[25] 孔行健，张必江，张志业，等. 气旋喷嘴、振动流化床和振动流化床干燥系统. 中国，CN205536898U. 2016-08-31.
[26] 王辛龙，许德军，许德华，等. 一种磷酸铵肥料的生产方法. 中国，CN111662115A. 2020-09-15.
[27] 王辛龙，许德华，许德军，等. 含中微量元素的全水溶磷酸一铵的制备方法. 中国，CN109928806A. 2019-06-25.
[28] 万佳丽，张志业，王辛龙，等. 湿法磷酸中锰离子的高值化利用研究. 磷肥与复肥，2018, 33(4): 34-36.
[29] 郭磊，王烨，杨贵翔，等. 原位高效利用湿法磷酸中 Mn^{2+} 的工艺研究. 磷肥与复肥，2019, 34(3): 5-6, 10.
[30] Xu D, Wan J, Xu D, et al. Chelation of metal ions with citric acid in the ammoniation process of wet-process phosphoric acid. Can J Chem Eng, 2020, 98: 665-675.
[31] 孔行健，张志业，王辛龙，等. 结晶器和磷酸一铵的结晶方法. 中国，CN105836723A. 2016-08-10.
[32] 孔行健，张志业，王辛龙，等. 结晶器. 中国，CN205699542U. 2016-11-23.
[33] Mcgill K E, Kerns O S. Update on curtain granulation of phosphates. 1990.
[34] 罗澄源，林乐，钟本和，等. 磷酸铵类肥料技术讲. 第八. 含聚磷酸铵肥料的生产. 磷肥与复肥，2000, 15(5): 65-69.
[35] 胡炳成，吕春绪，刘祖亮，等. 低聚磷酸铵的合成及其在灭火剂中的应用. 爆破器材，2001(6): 30-33.
[36] 刘丽霞，陶文亮，李龙江. 聚磷酸铵的合成及其阻燃性能研究. 贵州化工，2009, 34(1): 1-3, 9.
[37] 张长水，叶勇，何晓霞，等. 正交法优化聚磷酸铵的合成工艺研究. 应用化工，2008, 37(6): 592-594.
[38] 刘建雄. 我国磷矿资源开发利用趋势分析与展望. 磷肥与复肥，2009, 24(2): 1-4.
[39] 钟艳君，陈彦逍，王辛龙，等. 浅析我国磷化工绿色化发展现状与趋势. 磷肥与复肥，2019, 34(9): 9-12.
[40] 王辛龙，许德华，钟艳君，等. 中国磷化工行业 60 年发展历程及未来发展趋势. 无机盐工业，2020, 52(10): 9-17.

中国肥料研究与应用全书

Books of Fertilizer Research and Application in China

FERTILIZER

第5章 硝酸磷肥

用硝酸分解磷矿制得的氮磷（钾）复合肥料通常称为硝酸磷肥[1]，产品主要成分为硝酸铵、磷酸铵和磷酸钙盐。其主要特点是硝酸分解磷矿时，硝酸起到双重作用：既利用了硝酸的化学能来分解磷矿，把磷矿中的 P_2O_5 转变为可被作物吸收的形态，其本身又能作为作物的养分留在产品中，起到了“以氮带磷”的作用。

硝酸磷肥工艺技术于1908年由俄罗斯学者普扬尼什柯夫和布利茨盖首先提出，许多学者也做了大量的研究工作[2]。20世纪20年代后，德国率先生产出硝酸磷肥。1928年挪威奥达（Odda）公司成功地开发了冷冻法硝酸磷肥生产工艺——奥达法。在此基础上，许多公司进行了改进，出现诸多改良流程，如Norsk Hydro流程、Stamicarbon流程、Hoechst - Uhde流程、Kampra-Nitro流程、BASF流程和Kaltenbach-SCHZ流程等。20世纪50～60年代，因世界硫资源紧张，以硫酸为主要原料的高浓度磷复合肥工业的发展受到限制，促进了硝酸磷肥的迅速发展。法国推出的PEC混酸法和碳化法工艺，因流程简单，很快在世界各地得到推广，并建设了许多生产装置，同期美国也开发了TVA混酸法流程。恰逢合成氨装置进一步大型化，合成氨成本大幅下降，促进了氨的消费，也推动了硝酸磷肥的发展，硝酸磷肥工业也开始发展高浓度、高水溶率的品种以满足农业上的要求，因而出现了Norsk Hydro深度冷冻法、捷克的直接冷冻法、硫铵循环法和溶剂萃取法等工艺流程，并向大型化发展，与年产30万吨合成氨装置配套的100万吨以上的硝酸磷肥工厂相继投入生产，标志着硝酸磷肥技术的成熟和良好的经济效益[3]。

美国因硫资源丰富、硫价格较低，加上已习惯使用水溶率高的肥料等原因，其硝酸磷肥产品占比很小。在硫资源缺乏的地区和国家，硝酸磷肥是发展复合肥的有效途径之一。硝酸磷肥生产装置主要集中在欧洲，20世纪70年代末期亚洲许多国家也相继建成了硝酸磷肥生产厂。20世纪70～80年代随着苏联硝酸磷肥的发展，硝酸磷肥产量大幅度提高。1975年，世界硝酸磷肥产量为31.43万吨（以 P_2O_5 计，下同），1989年达到历史最高水平的437.61万吨，占世界磷肥总产量的15%以上。1989年以后，随着苏联的解体，其硝酸磷肥装置逐渐关闭，1993年基本上全部停产，使世界硝酸磷肥产量大幅度下降，1996年世界硝酸磷肥产量为102.0万吨，现基本维持在110.0万～120.0万吨。

我国20世纪50年代中期开始进行硝酸磷肥的研究，上海化工研究院对碳化法、硝酸-硫酸法、硝酸-硫酸盐法、冷冻法和有机溶剂萃取法都进行过研究。1964年上海化工研究院与南化公司合作完成了年产3000吨碳化法硝酸磷肥中间试验，在此基础上，又发展了硝酸-硫酸（硫酸盐）法工艺生产氮磷钾三元复合肥料。1977年上海化工研究院与化工部化肥所合作完成了直接冷冻法硝酸磷肥中间试验[4]，1978年南化公司完成了间接冷冻法硝酸磷肥中间试验[5]。

20世纪70年代国内开始引进Norsk Hydro公司的冷冻法流程，于80年代在山西建成了90万吨/年硝酸磷肥装置[6]，另在济南建设了一套15万吨/年冷冻法硝酸磷肥装置（已停产）。80年代由上海化工研究院提供基础数据，南化公司设计院进行工程设计，在开封化肥厂建设了年产16.5万吨的硝酸-硫酸-硫酸盐法流程的硝酸磷肥车间（已停产）。进入21世纪，随着国内对硝基肥需求的增加，利用国内技术和设备，芭田建设了两套单套年产15万吨的冷冻法装置，金正大建设了两套单套年产25万吨硫酸（铵）混酸法硝酸磷肥生产装置[7]。

5.1 产品概况

5.1.1 产品成分

硝酸磷肥是一种含有氮磷 (钾) 成分的复合肥料，其主要成分由硝酸盐、磷酸盐和钾盐等组成。

用 X 射线对硝酸磷肥成品进行衍射分析结果表明：其主要结晶相为 NH_4NO_3（Ⅳ）、$NH_4H_2PO_4$ 和 $CaHPO_4$，次要相中有化学式为 $Fe(NH_4)_2H_2F(PO_4)_2$ 的 T 化合物 [4]。

硝酸盐：主要成分为硝酸铵 (NH_4NO_3)，还有少量的硝酸钙 [$Ca(NO_3)_2$]，均能溶解于水。

磷酸盐：主要成分有磷酸铵、磷酸钙、磷酸镁、磷酸铁 (铝)。在这些磷酸盐中，主要的是磷酸铵和磷酸钙，而磷酸镁和磷酸铁 (铝) 都是少量的。

磷酸铵：主要成分为磷酸一铵 ($NH_4H_2PO_4$) 和磷酸二铵 [$(NH_4)_2HPO_4$]，都能溶解于水。

磷酸钙：主要成分为磷酸二钙 ($CaHPO_4$)，是枸溶性的磷酸盐；在 pH 较低时，可能存在着磷酸一钙 [$Ca(H_2PO_4)_2$]，其是水溶性的磷酸盐；在 pH 较高时，也可能存在着磷酸三钙 [$Ca_3(PO_4)_2$] 或其他的碱性磷酸盐，都属于难溶性的磷酸盐。

磷酸镁：主要成分为磷酸二镁 ($MgHPO_4$)，是枸溶性的磷酸盐；在 pH 较高时，也可能存在着磷酸铵镁 ($MgNH_4PO_4$)，也是枸溶性的磷酸盐。

磷酸铁 (铝)：主要成分为磷酸铁 (或铝)($FePO_4$，$AlPO_4$)，是枸溶性的磷酸盐，也可能生成磷酸铁 (或铝) 铵的复盐，如 $(Fe，Al)NH_4H_2(PO_4)_2 \cdot \frac{1}{2} H_2O$ 等。

钾盐：在生产三元复肥时，产品中主要成分为氯化钾（或硫酸钾）、硝酸钾和磷酸氢钾，都能溶解于水。

硫酸盐：在硝酸 - 硫酸法或硝酸 - 硫酸盐法中，产品中含硫酸铵或硫酸钙。硫酸铵能溶解于水，而硫酸钙是不溶于水的。

硝酸磷肥产品一般用 N、P_2O_5 和 K_2O 的含量表示，如 N∶P_2O_5∶K_2O=20∶20∶0 或 15∶15∶15 可表示为 20-20-0 或 15-15-15。对磷酸盐部分，还应表示出磷酸盐的水溶率；氮肥分为硝态氮和铵态氮两部分，常规硝酸磷肥中硝态氮约占总氮量的 45%，铵态氮约占总氮量的 55%。

硝酸磷肥产品中磷酸盐有三种形态：水溶性的磷酸盐包括磷酸一铵、磷酸二铵和磷酸一钙等；枸溶性的磷酸盐包括溶解于 2% 柠檬酸、中性柠檬酸铵或碱性柠檬酸铵溶液中的磷酸二钙和磷酸二镁和磷酸铁（铝）等；难溶性的磷酸盐包括未分解的磷矿和生成的碱性磷酸盐等。有效磷为水溶性磷和枸溶性磷之和，产品中水溶性磷占有效磷的百分率称之为磷水溶率。

各种硝酸磷肥工艺流程所制得的产品主要规格如下：

冷冻法：20-20-0、28-14-0、15-15-15 等。

硫铵循环法：28-14-0、20-13-0 等。

硝酸 - 硫酸法：20-20-0、12-12-0 等。

硝酸 - 磷酸法：20-20-0、26-13-0 等。

碳化法：18-12-0、10-14-0 等。

产品规格还与工艺条件和磷矿的质量有关，如冷冻法制得不同磷水溶率产品的规格为：

30% 水溶率：产品的规格为 20-20-0。

50% 水溶率：产品的规格为 21-21-0。

70% 水溶率：产品的规格为 22-22-0。

80% ～ 85% 水溶率：产品的规格为 23-23-0。

在三元复肥中提高磷水溶率后，产品的规格可由 15-15-15 提高到 17-17-17。

5.1.2 产品物性

肥料的物理性质（物性）与化学性质不同，一般不出现在肥料管理法规中，但在生产过程、市场交易和产品使用中很重要，不仅仅关系到肥料的农化性质和肥效，还影响到肥料的装卸、运输、储存和施肥等过程的操作。肥料的物性也应当是产品质量的一个方面。用户无法凭直觉知道肥料产品的养分含量是多少，但能凭直觉评价产品物性的好坏。

肥料的物性包括：熔点、颗粒大小、颗粒的偏析性、颗粒强度、真密度、堆密度、休止角、吸湿性、临界相对湿度、热稳定性、结块性、酸碱度、盐指数等[8]，本节仅针对硝酸磷肥的一些特性[9-12]进行叙述。

5.1.2.1 吸湿性

吸湿性是指肥料暴露在大气中，能从大气中吸收水分的能力。肥料所具有的蒸汽分压比大气中的蒸汽分压低，大气中的蒸汽冷凝到肥料的表面，被肥料吸附下来，该过程与肥料的干燥过程相反。肥料的吸湿性就由这两个蒸汽分压的大小来决定，差值越大，吸湿性越强。为了衡量一种肥料的吸湿性大小，定义在某一温度下与这一肥料饱和溶液的蒸汽分压相当的该温度下空气的相对湿度数值，为该肥料的临界相对湿度（critical relation humidity，CRH），它是衡量肥料或盐类吸湿性的主要标志之一，肥料的临界相对湿度数值越高，吸湿性越小。

肥料或盐类的临界相对湿度是由肥料或盐类的化学成分决定的，如硝酸钙饱和溶液的蒸汽分压特别低，硝酸铵也很低，因此它们的 CRH 值都比较低，因而吸湿性较强。

肥料吸湿后，将会发生变湿、溶解、变形、软化、结壳和变色等物性的变化，造成干燥能量的浪费。同时由于肥料粒子强度降低后，会发生肥料粉碎。当肥料出现软化和变形时，肥料的流动性变差，有时可能无法流动，当然也无法运输、贮存和使用。吸湿后也可能发生结块。肥料吸湿带来很多问题，因此肥料的吸湿性不容忽视。

肥料吸湿性的判断，仅仅用上面说的 CRH 值还不够，肥料的 CRH 值可以表示出吸湿开始的条件和吸湿的推动力，但还需要测定吸湿速度和浸湿深度，以确定肥料性状在贮存时的变化。

表 5-1 和图 5-1 中列出了几种规格硝酸磷肥和其他几种复合肥料的 CRH，硝酸钙最低，磷酸一钙和磷酸一铵比较高。由表 5-1 可知混合肥料 CRH 比单一盐的 CRH 要低，因此硝酸

磷肥的 CRH 要低于硝酸铵的 CRH，这与实际测定的数据（CRH55% ～ 60%）是一致的。同样道理三元复合肥比二元复合肥的 CRH 还要低 5% ～ 10%。同时在硝酸磷肥中，硝酸钙的含量应加以限制，否则含硝酸钙的硝酸磷肥的 CRH 还要下降，吸湿性更要增加。

表5-1　硝酸磷肥和一些复合肥料的临界相对湿度

肥料	规格	CRH/%
硝酸磷肥	20-20-0	55 ～ 60
	20-13-0	57
	15-15-15	45 ～ 50
硝磷铵	25-25-0	55 ～ 60
尿素 - 磷酸铵	33-22-0	50 ～ 55
	29-29-0	50 ～ 55
	20-20-20	40 ～ 45
多磷铵	15-60-0	60 ～ 65
尿素 - 多磷铵	30-30-0	50 ～ 55

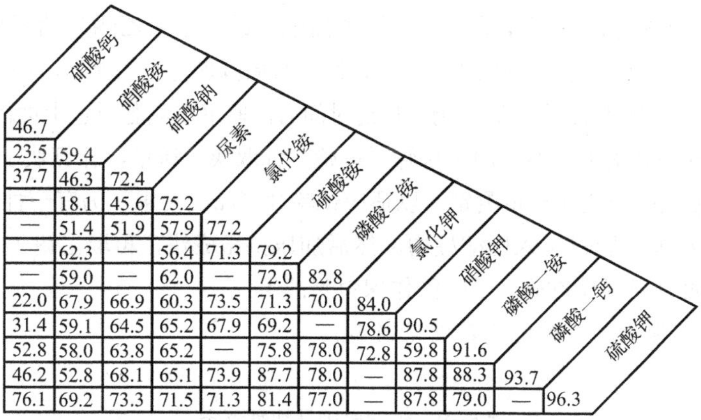

图 5-1　部分纯肥料盐及其二元混合物在 30℃时的临界相对湿度

虽然硝酸铵、硝酸磷肥和尿素 - 磷酸铵三者的 CRH 很接近，但水分吸收速度相差很大，以硝酸铵最大，硝酸磷肥其次，尿素 - 磷酸铵最小，约为硝酸磷肥的一半，这是肥料吸湿过程的实际结果。在浸湿深度上，也是硝酸铵最大，但尿素 - 磷酸铵超过硝酸磷肥，这是由于硝酸磷肥内部的毛细作用和表面结壳阻止了水分的浸湿，从而可保证内部肥料性状不变。

由于硝酸磷肥 CRH 值较低（55% ～ 60%），水分吸收速度较快，因此硝酸磷肥是一种容易吸湿的肥料。硝酸磷肥的浸湿深度比尿素和尿素 - 磷酸铵浅，但仍和尿素系肥料一样有吸湿性。所以这类肥料比较适用于气温低和湿度低的地区，还必须用防潮包装和有防潮的贮存条件，不宜于散装贮运。

5.1.2.2 结块性

肥料在贮存后，不能保持其原有的自由流动的能力，即为结块。例如硝酸铵是结块性比较严重的肥料，它在贮存后会结成大块，这样就需花费很大的能量将肥料打碎后使用。结块给肥料使用和贮存带来许多麻烦，因此结块性也是肥料很重要的性质之一。

引起肥料结块的因素很多，肥料的组成、含水量、粒度、贮存条件和调理剂对结块性均有一定影响。

结块程度用贮存后肥料中产生块子（+2 目或＞10mm）的质量分数（%）来表示，TVA 对结块性的分类见表 5-2。

表5-2　肥料结块性分类

块子的质量分数 /%	结块程度
0	自由流动
＜15	轻度结块程度
15 ～ 30	中等结块程度
＞30	严重结块程度

结块性通用的测定方法是大袋测定法：将被测肥料在受压下贮存，测定其生成的块子质量分数（%）。具体方法是用 4 层纸加二层柏油纸（或 1 层聚乙烯）的纸袋装成每袋肥料 23kg 重，在其上面堆压 20 包（每包 23kg 重），测定时周围保持空气流通，测定时间为 1 个月、3 个月、6 个月、9 个月和 12 个月等，到达规定时间后，取下被测肥料包上面的 20 包肥料，将被测肥料包自 1m 高处落下，然后用 2 目筛子过筛，称取块子质量，计算块子质量分数（%）。此法亦可用 1.4kg 装的小袋作模拟测定，以适应试验性产品的要求。另有一种快速测定法，仅用 7 天时间，即将被测肥料装入压缩柱内，然后加压挤压成饼，再取出饼子，用破碎仪测定饼的强度。由于此法不易做准确，故仅能作探索测试用。

TVA 对硝酸磷肥结块性的测定数据见表 5-3。

表5-3　硝酸磷肥结块性测定

肥料规格	含水量 /%	调理情况	+2 目块子质量分数 /%			
			贮存 1 个月	贮存 3 个月	贮存 6 个月	贮存 9 个月
20-20-0	1.0	无	7	21	29	40
		1% 高岭土	3	7	12	22
		1% 煅烧漂白土	0	0	0	0
		2% 高岭土	0	0	0	0
	0.6	无	1	5	3	11
		1% 高岭土	0	0	0	0

续表

肥料规格	含水量 /%	调理情况	+2 目块子质量分数 /%			
			贮存 1 个月	贮存 3 个月	贮存 6 个月	贮存 9 个月
26-13-0	0.7	无	5	2	12	34
		2% 高岭土	0	0	1	1
15-15-15	0.6	无	18	35	56	—
		2% 高岭土	0	0	5	

由表 5-3 数据可得出：硝酸磷肥产品含水量达 1% 时，如不加调理剂是有结块性的，这是由产品中大量的硝酸铵造成的，26-13-0 产品比 20-20-0 产品的块子质量分数（%）高可说明此点，但硝酸磷肥结块程度比硝酸铵要低得多。表中数据还说明了三元 15-15-15 产品比二元产品块子质量分数（%）更高。游离水含量越高，块子质量分数（%）也越高。以上数据表明硝酸磷肥产品不加调理剂是不合适的。

5.1.2.3 热稳定性

硝酸磷肥中含有大量硝酸铵，硝酸磷肥的热稳定性取决于其产品中所含硝酸铵的热分解程度。硝酸铵受热后会发生分解，此时产生的热量，如果积累就有发生爆炸和燃烧的危险，这就是硝酸铵的热稳定性，这也是含硝酸铵产品生产、贮存和运输上的安全问题。硝酸磷肥产品同样也存在生产、贮存和运输上的安全问题。

将硝酸铵加热到 110℃时逐渐发生吸热分解反应：

$$NH_4NO_3 = NH_3 + HNO_3 - 174.4kJ$$

分解速率不仅决定于温度，还决定于其他因素，如硝酸铵比表面积、杂质含量等。熔融物中含有硝酸会带来自动催化热分解的作用。

在温度为 200 ～ 270℃范围内硝酸铵主要发生如下分解反应：

$$NH_4NO_3 = N_2O + 2H_2O + 36.8kJ$$

二氧化氮对硝酸铵的热分解速率有显著影响，其是硝酸热分解的产物：

$$NH_4NO_3 + 2NO_2 = N_2 + 2HNO_3 + H_2O + 232kJ$$

将硝酸铵迅速加热到 260 ～ 300℃，发生所谓爆炸性分解，生成的产物中有氮气、一氧化氮和二氧化氮。

含有硝酸铵的复合肥料对热的不稳定性可表现为几种不同形式，由于呈现某一形式不稳定性的配方，在其他不稳定性方面，可能完全呈现惰性（也可能不是这样），所以这几种形式最好分别予以研究。热不稳定性的不同形式可分为下列几类：

（1）引信型反应，即局部热引发后，分解作用在环境温度下波及整个料堆；

（2）高温下的自发分解或冒烟分解；

（3）储存期间缓慢自发反应引起的自热。

热不稳定性基本上是由分解反应造成的，因此分解温度很关键。当硝酸磷肥受热达到一定温度时，会发生激烈的分解反应，而放出大量的热量和气体，造成爆炸或燃烧事故。

5.1.3 产品标准

我国1989年首次发布了《硝酸磷肥》国家标准（GB/T 10510），后分别于1998年、2007年和2023年对原标准进行了修订。其中，GB/T 10510—2007对硝酸磷肥、硝酸磷钾肥具体的要求如表5-4所示。

表5-4 对硝酸磷肥、硝酸磷钾肥的要求

项目		硝酸磷肥			硝酸磷钾肥		
		优等品	一等品	合格品	优等品	一等品	合格品
		27-13.5-0	26-11-0	25-10-0	22-10-10	22-9-9	20-8-10
总养分（$N+P_2O_5+K_2O$）的质量分数/%	≥	40.5	37.0	35.0	42.0	40.0	38.0
水溶性磷占有效磷的百分率/%	≥	70	55	40	60	50	40
水分（游离水）的质量分数/%	≤	0.5	1.0	1.2	0.6	1.0	1.2
粒度（粒径1.00～4.75mm）/%	≥	95	85	80	95	85	80
氯离子（Cl^-）的质量分数/%	≤	—	—	—	3.0	3.0	3.0

注：1. 单一养分测定值与标准值负偏差的绝对值不得大于1.5%。

2. 如硝酸磷钾肥产品中氯离子含量大于3.0%，并在包装容器上标明“含氯”，可不检验该项目；包装容器上未标明“含氯”时，必须检验氯离子含量。

5.1.4 硝酸磷肥的特点

硝酸磷肥是由硝酸分解磷矿制得的一种既含铵态氮和硝态氮又含水溶性磷和枸溶性磷的复合肥料，制取该肥料的主要优点是利用硝酸分解磷矿粉，既可节省硫资源，又可获得高浓度的有效成分，适合硫资源缺乏的国家或地区。

硝酸磷肥是一种重要的商品复合肥料，深受欧洲国家欢迎，特别是北欧一些国家对硝酸磷肥的肥效给予较高的评价。硝酸磷肥在我国也有较大的发展，国产硝酸磷肥主要规格是26.7-12.9、15-15-15等，将其在北方九省的各种农作物、水果和蔬菜上进行了广泛施用，均取得了明显的增产效果[13]。

硝酸磷肥具有以下特点：

（1）硝酸磷肥既含铵态氮又有硝态氮，硝态氮肥料广泛应用于各种作物，但用于旱田和水田时的效果差异较大。在水稻上施用硝态氮易发生反消化，且易淋失，造成氮素损失。

（2）硝酸磷肥中含有枸溶性磷和水溶性磷两部分，水溶性磷含量对作物产量的影响与土壤性质有关，磷水溶率达到50%即可满足酸性土壤和石灰性土壤上麦、稻等作物的磷素要求。

（3）选择适宜的施用时期是提高硝酸磷肥肥效的重要因素之一，硝酸磷肥宜作底肥或早期追肥施用，充分满足作物初期营养的需要。

总之，硝酸磷肥是一种既含氮又含磷的复合肥料，有效成分达40%以上，全国范围内的试验证明，它对各种作物都具有显著的增产作用。但硝酸磷肥在多雨的南方水田上的效果稍差，硝酸磷肥的硝态氮损失较大，导致增产效果差。而硝态氮对小麦、玉米、棉花、茶叶、烟草、香蕉、甘薯等作物都是适用的。

5.2　生产原理

用硝酸分解磷矿时，磷矿中的主要组分氟磷酸钙与硝酸反应生成磷酸、硝酸钙和氟化氢：

$$Ca_5(PO_4)_3F + 10HNO_3 \xlongequal{\quad} 3H_3PO_4 + 5Ca(NO_3)_2 + HF$$

磷矿硝酸分解液是一个复杂的含多种组分的体系，除主要组分为磷酸和硝酸钙之外，还含有镁和倍半氧化物的硝酸盐、硅酸、氟硅酸等其他化合物。直接使用分解产物是不合适的，因为其具有强烈的腐蚀性和吸湿性。酸解产物中 $Ca(NO_3)_2$ 是一种吸湿性较强的盐，会导致肥料在运输、贮存和施肥上的困难，必须对其进行中和或氨化。

磷矿中 CaO/P_2O_5 物质的量比一般约在 3.3 ～ 4.0 之间，硝酸分解磷矿后，磷矿中的钙都转变成 $Ca(NO_3)_2$ 的形式，而在氨化中和时，所形成的沉淀磷酸钙 ($CaHPO_4$) 中 CaO/P_2O_5 物质的量比仅为 2∶1。直接中和时在有过量 Ca 存在下会生成碱性较强、CaO/P_2O_5 物质的量比较高的磷酸盐，发生磷酸盐退化，使磷从有效形态转变成无效的形态，严重影响肥料的品质；中和产品中有多余的 $Ca(NO_3)_2$ 存在，它是一种吸湿性强的盐，使得产品容易吸收水分，造成肥料的物性大大恶化；多余钙的存在还会使肥料的养分品位下降。因此，除去（或固定）多余的钙，使溶液中 CaO/P_2O_5 物质的量比降低到小于或等于 2.0 是硝酸磷肥生产工艺过程中必不可少的步骤。除钙量多少，也直接决定产品中磷酸盐水溶率的高低。

$Ca(NO_3)_2$ 是一种在酸性溶液中溶解度较大的盐，它能完全溶解于酸解液中，因此要除去它，必须经过如冷冻或加沉淀剂等方法处理，将硝酸钙转变成固相或其他钙盐沉淀，这要比在硫酸法中除去硫酸钙 $CaSO_4$ 的过程复杂得多，这是硝酸磷肥生产工艺的主要缺点。

硝酸磷肥生产一般都包括下列几个基本过程：

① 用硝酸分解磷矿得到主要含磷酸、磷酸盐和硝酸钙的萃取液；

② 采用不同措施处理硝酸钙，调节萃取液中 CaO/P_2O_5 的物质的量比；

③ 经中和、料浆浓缩和造粒（或粒化），颗粒的筛分、冷却和包装得到产品。

不同的硝酸磷肥制造过程的主要差异就在于硝酸钙的处理方法，由于除钙或固定钙的方法不同而产生了多种生产方法：冷冻法、硝酸 - 硫酸（盐）法、硝酸 - 磷酸法、碳化法、有机溶剂萃取法等。

（1）冷冻法　冷冻法是利用硝酸钙在体系中的溶解度随温度变化较大的特点，冷却酸解液的方法，使多余的 CaO 以 $Ca(NO_3)_2 \cdot 4H_2O$ 结晶的形式从酸解液中析出。根据除钙量的多少，可以得到不同水溶性 P_2O_5 的产品。

冷冻法的主要优点是使用的原料（氨、硝酸和磷矿）比较单一，可以得到养分浓度和磷水溶率高的产品。缺点是流程较长，能耗较大，对磷矿质量要求高。

（2）硝酸 - 硫酸（盐）法　此法利用硫酸根离子和钙生成不溶性的硫酸钙结晶，固定或者分离酸解液中的钙，使溶液中可溶性 CaO 与 P_2O_5 物质的量比≤ 2.0，从而制得含有水溶性 P_2O_5 和枸溶性 P_2O_5 的硝酸磷肥。P_2O_5 水溶率依据硫酸（盐）的加入量而定。

在硝酸 - 硫酸（盐）法硝酸磷肥中磷石膏可分离也可不分离。

不分离流程以法国 PEC 流程为主，该流程是适用于硝酸 - 硫酸法、硝酸 - 硫酸盐法、硝酸 - 磷酸法和碳化法的通用流程。

分离石膏的方法以日本旭化成流程为主，根据硫酸钙结晶的基本原理分离磷石膏，提高了产品的浓度，使过程容易进行。

（3）硝酸 - 磷酸法　硝酸 - 磷酸法是将磷酸加入硝酸分解磷矿的酸解液中，使多余的钙以 $CaHPO_4 \cdot 2H_2O$ 沉淀析出，以满足除钙的要求，磷酸可用来调节产品的 N∶P_2O_5 和改变产品 P_2O_5 水溶率，灵活性较大，流程简单，缺点是要消耗磷酸。对有磷酸生产装置的企业有较大吸引力。主要流程有美国 TVA 氨化粒化流程、法国 PEC 流程、荷兰 DSM 流程、荷兰斯塔米卡本公司（Stami Carbon）流程。

（4）碳化法　碳化法是在有稳定剂存在的条件下，直接用氨和二氧化碳转化酸解液中多余的钙，产生碳酸钙沉淀，达到固定多余钙的目的。

其基本反应式如下：

$$Ca_5(PO_4)_3F+10HNO_3 = 5Ca(NO_3)_2+3H_3PO_4+HF$$

$$5Ca(NO_3)_2+3H_3PO_4+6NH_3 = 3CaHPO_4+2Ca(NO_3)_2+6NH_4NO_3$$

$$2Ca(NO_3)_2+4NH_3+2CO_2+2H_2O = 2CaCO_3+4NH_4NO_3$$

在生产过程中，当酸解液被氨中和到 pH4.0 时，反应已按上面第二式进行完毕，磷酸全部生成磷酸二钙 $CaHPO_4$，而多余的钙需在 pH7 ～ 8 的条件下，才能与氨和二氧化碳反应，生成碳酸钙沉淀。但在此时易发生如下反应：

$$2CaHPO_4+Ca(NO_3)_2+2NH_3 = Ca_3(PO_4)_2+2NH_4NO_3$$

因此在生产中需要添加稳定剂，以阻止磷酸盐的退化。

在中和过程中，pH 值达 2.2 ～ 2.7 时，会有大量磷酸一钙 $[Ca(H_2PO_4)_2]$ 析出，使料浆十分稠厚，所以操作上一定要避开此 pH 值范围，这是碳化法中和过程的关键。

此法流程简单，硝酸浓度不需要太高，但产品中 P_2O_5 是全枸溶性的。我国曾在 20 世纪 60 年代初在南京建设过年产 3000t 碳化法硝酸磷肥中试装置。

（5）硝基过磷酸钙　此法是用浓度较高的硝酸（65% ～ 70%）分解磷矿，生成吸湿性较低的 $Ca(NO_3)_2 \cdot 3H_2O$。按照普钙的生产工艺用硝酸代替硫酸生产硝酸磷肥，故称之为硝基过磷酸钙法。工艺上不需要除去多余的钙，流程非常简单，产品水溶率可达 80%。但产品养分浓度低，规格一般为 8-16-0，生产过程有 NO_x 气体逸出，污染环境，还存在硝酸钙的吸湿性问题。

（6）有机溶剂萃取法　利用有机溶剂（如特戊醇、异丁醇等）可以选择性萃取磷酸的特性，将酸解液中磷酸萃取到有机相中，与水相中的硝酸钙分离，达到除去多余钙的目的。得到的产品浓度和水溶率高，硝酸浓度也不需要太高，但需消耗比较贵的有机溶剂。

5.3　生产工艺与设备

5.3.1　冷冻法硝酸磷肥工艺

冷冻法硝酸磷肥工艺是世界上应用得最早和最多、生产能力最大的一种硝酸磷肥生产方法，其典型代表是挪威 Norsk Hydro 工艺，已在世界上建有十几套大型装置，总生产能力在 1000 万吨以上。其他冷冻法硝酸磷肥工艺如 Stamicarbon 流程、Hoechest-Uhde 流程、Kamka-Nitro 流程、BASF 流程等亦有一定的产能。冷冻法硝酸磷肥典型工艺流程比较见表 5-5。代表性产品规格有 20-20-0、28-14-0、26-13-0 等。在生产过程中加入钾盐后，可制成三元复合肥料。

冷冻法工艺过程主要包括：硝酸分解磷矿、酸不溶物分离、$Ca(NO_3)_2 \cdot 4H_2O$ 结晶分离、母液氨中和、中和料浆的浓缩、浓缩料浆造粒、干燥、成品包装、硝酸钙的处理等。基本工艺流程图见图 5-2。

表5-5　冷冻法硝酸磷肥典型工艺流程比较

项目	挪威 Norsk Hydro	西班牙 Stamicarbon	德国 Uhde
酸解器	槽式	槽式	槽式
酸不溶物分离设备	沉降槽或水旋流器 + 洗涤鼓	螺旋沉降式离心机	沉降式离心机
冷冻结晶设备	间歇倒槽式蛇管搅拌槽	多台串联连续夹套搅拌槽	间歇倒槽式蛇管、多台串联连续夹套搅拌槽
结晶终点温度 /℃	−5	0 ～ 10	5
冷却剂	20% 氨水	35% ～ 40% 硝酸钙	35% ～ 40% 硝酸钙
硝酸钙结晶分离设备	双转鼓真空过滤机	双活塞推料离心机	双活塞推料离心机
母液中和设备	带搅拌中和槽	无搅拌中和槽	带搅拌中和槽
中和料浆浓缩	一次通过式常压蒸发浓缩	自然循环真空蒸发浓缩	强制循环真空蒸发浓缩
造粒	喷淋塔式造粒或者双轴造粒	喷淋塔式造粒或者双轴造粒	双轴造粒
硝酸钙转化	二步法，先制成两铵液，然后与硝酸钙反应	一步法，硝酸钙液直接与 CO_2、NH_3 反应，也可二步法	一步法，硝酸钙液直接与 CO_2、NH_3 反应
碳酸钙分离设备	真空带式过滤机	真空带式过滤机	转鼓或带式过滤机
除钙率 /%	85	75	75
产品 P_2O_5 水溶率 /%	70	50	50

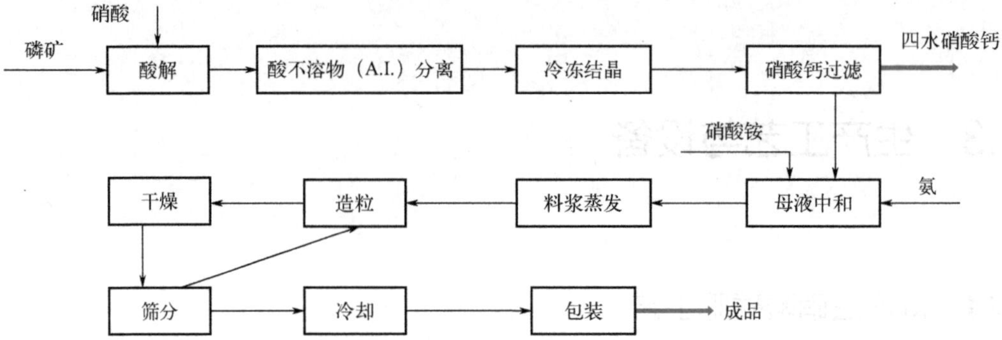

图 5-2　冷冻法硝酸磷肥工艺流程图

5.3.1.1　原料

（1）硝酸　硝酸是硝酸磷肥工艺过程的主要原料。分解磷矿所用硝酸浓度，就磷矿分解过程而言，45%HNO_3 就已足够。但实际所用硝酸浓度因各种生产工艺流程要求不同而有很大的差别。

在冷冻法硝酸磷肥生产中，因工艺过程要求，需要的硝酸浓度大于 55%HNO_3。中压法生产的硝酸勉强可用，全高压法和综合加压法所生产的 58% ～ 60% 的硝酸是适宜的。

（2）磷矿　磷矿的 P_2O_5 含量（品位）是磷矿质量最重要的指标之一。国际上习惯把磷矿品位分为三个等级：①高品位磷矿，P_2O_5 含量＞33%，最高达 38% ～ 39%；②中品位，P_2O_5 含量为 30% ～ 33%；③低品位，P_2O_5 含量为 26% ～ 30%。P_2O_5 含量低于 26% 的商品磷矿较少见。

磷矿质量对磷矿加工过程的影响表现在原材料消耗、能源消耗、产品质量、生产装置的能力发挥等方面。磷矿中所含杂质对加工过程的影响比较复杂，与所采用的加工工艺相关。不同的磷矿加工工艺对磷矿的质量要求有所差异。在硫酸法加工工艺中的一些磷矿指标如磷矿的反应活性、比表面积、钾、钠等在冷冻法硝酸磷肥生产中并不重要，对冷冻法硝酸磷肥工艺影响很大的是磷矿中酸不溶物的含量。

磷矿中的杂质对冷冻法硝酸磷肥生产的影响概述于表 5-6。

表5-6　磷矿中的杂质对冷冻法硝酸磷肥生产的影响

杂质类型	影响过程	产生的影响
镁	酸解、结晶、中和和浓缩	主要有害杂质，增加溶液黏度，硝钙结晶过滤困难，中和料浆变稠、浓缩困难，降低磷的水溶率
酸不溶物	全过程	设备磨蚀，管道堵塞，造成结晶细小而过滤困难，影响中和和浓缩时料浆黏度，产品品位降低
铁、铝	中和、浓缩	增加中和和浓缩时料浆黏度，降低磷的水溶率
硫、有机物	酸解	造成 NO_x 逸出，增加酸用量，造成环境污染

续表

杂质类型	影响过程	产生的影响
氟	酸解	与硅反应，冷却时遇水水解，造成管道堵塞
碳酸盐	酸解	产生泡沫
氯和碘	酸解	增加不锈钢材料的腐蚀

国外硝酸磷肥工艺所使用的磷矿品质一般较高，杂质较少，尤其是对冷冻法硝酸磷肥工艺影响较大的镁含量和酸不溶物含量（用 SiO_2 表示）均很低（见表 5-7）。

表5-7　国外冷冻法硝酸磷肥工艺常用磷矿

磷矿种类	磷矿组分含量 /%						
	P_2O_5	CaO	MgO	Fe_2O_3	Al_2O_3	SiO_2	CO_2
科拉磷矿	40.80	53.17	0.08	0.08	0.12	0.26	0.01
约旦磷矿	33.37	53.34	0.23	0.14	0.25	2.30	5.95
瑞典磷矿	38.53	53.20	0.30	0.40	0.23	3.68	0.66
摩洛哥磷矿	35.11	53.00	0.16	0.11	0.45	0.86	2.86
突尼斯磷矿	30.55	49.68	0.99	0.55	0.74	1.64	
美国 TGS 磷矿	33.10	53.20	0.60	0.80	0.40	1.60	1.90
佛罗里达磷矿	32.90	52.63	0.27	1.21	0.84	1.15	3.21
以色列津磷矿	33.54	54.50	0.30	0.23	0.43	0.53	1.65
阿尔及利亚磷矿	33.00	53.64	0.85	0.32	0.50	0.62	

上海化工研究院曾对多种国产磷矿进行过冷冻法硝酸磷肥工艺评价试验，对多种国产磷矿冷冻法对硝酸磷肥工艺的适应性作出了评价 [14-20]（见表 5-8）。

表5-8　中国磷矿冷冻法硝酸磷肥工艺评价结果

磷矿种类	磷矿组成含量 /%							
	P_2O_5	CaO	MgO	Fe_2O_3	Al_2O_3	CO_2	SiO_2	评价结果
宜昌店子坪矿	33.90	48.53	1.33	1.34	0.76	4.10	4.90	产品的 N/P_2O_5=2；NO_x 逸出量较大，矿中氯离子较高，中和和浓缩料浆黏度中等
英坪焙烧矿	36.59	51.25	1.31	0.45	0.35	1.30	3.87	产品的 N/P_2O_5=1，各项指标合理
英坪反浮选矿	34.18	49.76	1.76	0.47	0.37	6.01	3.86	不适宜，NO_x 逸出量大，中和料浆黏稠
磨坊反浮选矿	33.94	47.54	0.97	0.95	0.75	2.83	8.23	产品的 N/P_2O_5=2，各项指标尚可

续表

磷矿种类	磷矿组成含量 /%							
	P_2O_5	CaO	MgO	Fe_2O_3	Al_2O_3	CO_2	SiO_2	评价结果
大峪口精选矿	33.56	46.42	1.88	0.62	0.33	4.51	9.10	产品的 N/P_2O_5=2；A.I. 分离困难，中和料浆黏度偏高，要求严格控制工艺指标
王集精选矿	31.90	44.50	1.73	0.73	0.60	3.75	12.75	产品的 N/P_2O_5=2；A.I. 分离困难，工艺指标控制严格
保康精选矿	31.94	44.74	0.83	1.23	1.69	3.45	12.43	不推荐；NO_x 逸出量很大，A.I. 分离困难
黄麦岭精选矿	34.08	48.01	1.65	1.34	0.34	4.98	3.07	不推荐；NO_x 逸出量很大，工艺指标控制严格
锦屏精选矿Ⅰ	35.83	52.12	2.80	0.42	0.08		0.32	产品的 N/P_2O_5=1，各项指标尚可
锦屏精选矿Ⅱ	37.40	51.67	1.69	0.12	0.06	4.41	0.15	产品的 N/P_2O_5=1；氟逸出量大，浓缩终点含水量偏高
矾山精选矿	36.25	51.73	0.59	1.09	0.41	1.72	2.88	产品的 N/P_2O_5=1；含一定量硫化物，NO_x 逸出量大，其他各项指标很好
何家岩磷矿	30.34	46.37	2.35	1.28	1.50	3.60	10.16	产品的 N/P_2O_5=2；可操作，不推荐使用
昆阳磷矿	31.74	43.89	0.52	1.94	2.05	3.35	15.41	产品的 N/P_2O_5=2；A.I. 含量高，分离难度大，其他各项指标合理
晋宁磷矿	32.47	44.20	0.40	0.98	1.25	2.76	14.90	产品的 N/P_2O_5=2；A.I. 含量高，分离难度大，其他各项指标合理
海口擦洗矿Ⅰ	31.84	42.41	0.08	0.72	0.83	1.97	20.20	产品的 N/P_2O_5=1；A.I. 含量高，分离难度大，其他各项指标合理
海口擦洗矿Ⅱ	32.24	43.46	0.13	0.85	0.87	1.91	17.70	产品的 N/P_2O_5=1；A.I. 含量高，分离难度大，其他各项指标合理
海口脱硅矿	36.11	50.63	0.62	0.49	0.54	2.99	5.22	产品的 N/P_2O_5=1，各项指标合理
开阳磷矿	30.93	44.76	2.45	1.32	1.03	5.30	8.43	不适宜，NO_x 逸出量大，中和料浆黏度大，操作困难
开阳用沙坝矿	34.39	49.30	1.51	1.45	0.99	4.24	3.14	产品的 N/P_2O_5=2，各项指标合理

5.3.1.2 硝酸分解磷矿过程

（1）酸解反应机理

① 化学反应　由于磷矿除了氟磷酸钙外，还含有许多其他化合物，且这些化合物都能与硝酸反应，因此硝酸分解磷矿过程的化学反应机理涉及多组分体系，极为复杂。

硝酸分解磷矿时，磷矿中的主要组分氟磷酸钙与硝酸反应生成磷酸、硝酸钙和氟化氢：

$$Ca_5(PO_4)_3F + 10HNO_3 \xlongequal{} 3H_3PO_4 + 5Ca(NO_3)_2 + HF\uparrow$$

在硝酸用量为化学理论计算值或超过理论计算值时，反应几乎是完全的。

但若硝酸用量不足，则发生以下反应：

$$2Ca_5(PO_4)_3F + 14HNO_3 \xlongequal{} 3Ca(H_2PO_4)_2 + 7Ca(NO_3)_2 + 2HF\uparrow$$

$$Ca_5(PO_4)_3F + 4HNO_3 \xlongequal{} 3CaHPO_4 + 2Ca(NO_3)_2 + HF\uparrow$$

硝酸用量不足时，反应并不严格按照上述两反应进行，反应产物中还存在游离磷酸。

磷矿中的杂质也可以与硝酸发生以下反应：

$$CaF_2 + 2HNO_3 \xlongequal{} Ca(NO_3)_2 + 2HF\uparrow$$

$$CaCO_3 + 2HNO_3 \xlongequal{} Ca(NO_3)_2 + H_2O + CO_2\uparrow$$

$$MgCO_3 + 2HNO_3 \xlongequal{} Mg(NO_3)_2 + H_2O + CO_2\uparrow$$

$$R_2O_3 + 6HNO_3 \xlongequal{} 2R(NO_3)_3 + 3H_2O$$

$$FeO + HNO_3 \longrightarrow Fe(NO_3)_3 + NO_x + H_2O$$

反应过程中会释放出二氧化碳，产生泡沫并加快磷酸盐的分解过程。硝酸可能被还原，释放出有害的氮氧化物。

反应释放出的氟化氢由于初生态的氟活性很强，能与磷矿中所含的硅酸盐或石英及铁、铝的倍半氧化物作用，发生下列反应：

$$4HF + SiO_2 \xlongequal{} SiF_4 + 2H_2O$$

$$6HF + SiO_2 \xlongequal{} H_2SiF_6 + 2H_2O$$

$$2HF + SiF_4 \xlongequal{} H_2SiF_6$$

$$12HF + Al_2O_3 \xlongequal{} 2H_3AlF_6 + 3H_2O$$

$$12HF + Fe_2O_3 \xlongequal{} 2H_3FeF_6 + 3H_2O$$

$$3SiF_4 + 3H_2O \xlongequal{} 2H_2SiF_6 + H_2SiO_3$$

系统中大部分氟以氟硅酸形态存留于溶液中，溶液中的氟硅酸受热发生分解：

$$H_2SiF_6 \xlongequal{} SiF_4\uparrow + 2HF\uparrow$$

逸出的四氟化硅在冷却时遇水会发生水解反应：

$$SiF_4 + 2H_2O \xlongequal{} SiO_2(\text{白色胶状物}) + 4HF\uparrow$$

所产生的白色胶状物给尾气管道和尾气处理系统带来很大的麻烦。

磷矿硝酸分解液是一个复杂的含多种组分的体系，主要组分为磷酸和硝酸钙，此外还含有镁和倍半氧化物的硝酸盐、硅酸和氟硅酸等其他化合物。为了防止在硝酸钙冷冻结晶过程中析出磷酸氢钙，冷冻法硝酸磷肥流程常使用过量硝酸分解磷矿，因而酸解液中还含有游离硝酸。

② 反应动力学　硝酸分解磷矿是一个非均相反应过程，其反应速率由反应物和生成物的扩散速度所控制，磷矿的溶解速度可用 Noyes Whitney 方程表示：

$$\frac{\mathrm{d}c}{\mathrm{d}t} = \frac{DS}{V\delta}(c^* - c)$$

式中　$\mathrm{d}c/\mathrm{d}t$——溶解速度；

c——溶液中溶质的浓度；

c^*——溶液中溶质的饱和浓度；

D——扩散系数；

S——颗粒的表面积；

V——溶解物的质量；

δ——扩散层厚度。

从方程可知，分解反应速率主要决定于磷矿性质和细度、反应温度、硝酸浓度和用量及搅拌强度。

与硫酸分解磷矿不同的是，在硝酸分解磷矿时，所产生的化合物是可溶性的，不会在磷矿表面形成固态膜。

（2）酸解过程的影响因素　如前所述，磷矿与硝酸之间的相互作用是一个相当复杂的物理化学过程，磷矿的分解程度与许多因素有关。

磷矿的分解程度以磷矿中 P_2O_5 的分解率来表示。在连续稳定的生产条件下，P_2O_5 的分解率测定方法如下：称取一定量的酸解液，过滤，分析滤液中的 P_2O_5，同时残渣用水洗至中性，烘干并称重，分析残渣中的 P_2O_5 量。

$$P_2O_5\text{的分解率}=\left(1-\frac{\text{残渣质量}\times w_{P_2O_5,\text{残}}}{\text{滤液量}\times w_{P_2O_5,\text{滤}}+\text{残渣量}\times w_{P_2O_5,\text{残}}}\right)\times 100\%$$

硝酸在合适的条件下分解磷矿时，磷矿中的大部分成分都能溶于溶液中。磷矿中的磷灰石 [$Ca_5(PO_4)_3F$] 和伴生碳酸盐矿物几乎全部溶解于硝酸中，而倍半氧化物溶解情况差异较大且分解率相对较低，与磷矿中含 Fe、Al 的伴生矿物种类和形态有关，也与磷矿处理方式相关，磷矿经煅烧处理后（何家岩精矿和英坪煅烧矿）的分解率显著降低。

① 磷矿细度　由于硝酸分解磷矿是一个化学溶解过程，化学反应速率主要由扩散过程所控制，扩散过程速度正比于颗粒表面积。而颗粒的表面积正比于颗粒直径的平方，增加磷矿的细度有利于提高分解速率。

多种磷矿试验表明，用 55% 浓度的硝酸分解不同粒径的磷块岩矿粉时，反应 60min 后，磷矿的分解率都可以达到 96% 以上。磷块岩粒度从粉状增大到 20mm，其分解率有所降低。但用硝酸分解磷矿粒度从 1mm 到 5 ～ 7mm 的磷块岩，平均 2 ～ 2.5h 后都达到了较高的分解率（96% ～ 98.6%），这样的分解时间和分解率在工业上是可以接受的。

由于中国磷矿一般含有较高的酸不溶物，酸不溶物的分离是一个需要考虑的步骤。酸不溶物的分离难度和分离程度直接与酸不溶物的粒度有关，而酸不溶物的粒度一般又与磷矿的粒度相关。用硝酸分解较大粒度的磷矿后，一般也可以得到较大粒度的酸不溶物，有利于酸不溶物的分离。并且使用大颗粒的磷矿作原料，可以降低磷矿粉碎过程的动力消耗，有利于磷矿的运输，减少酸解过程的发泡现象。并且与硫酸分解磷矿不同，在用硝酸分解磷矿时，不存在磷矿被包裹导致磷矿分解不完全的问题，因此在硝酸磷肥工艺中可以使用粒度较大的磷矿。粒度为 0 ～ 1mm，甚至 0 ～ 2mm 的磷矿应用于硝酸磷肥工艺均是可以接受的。

② 硝酸浓度和用量　苏联许多学者对硝酸分解磷矿的过程进行了研究。当硝酸用量为理论用量时，随着硝酸浓度的增加，磷酸盐的分解率上升，浓度为 40% ～ 50%HNO_3 时达到最

大值。进一步将硝酸浓度提高，分解率又下降。用 30% ～ 40% 浓度的硝酸分解磷块岩时，分解过程在 15 ～ 20min 后即结束；若把硝酸浓度提高到 56%，分解时间就延长。这是因为磷矿分解主要由扩散过程所控制，随着硝酸浓度的增加，溶液黏度也增加，不利于扩散过程的快速进行，减少了氢离子进入磷矿表面的机会。因此使用太高浓度的硝酸分解磷矿是不适宜的。

硝酸用量对磷矿的 P_2O_5 分解率有很大的影响，为了加速磷矿的分解和获得较高的 P_2O_5 分解率，一般用化学计算量适当过量的硝酸来分解磷矿。事实上，硝酸分解磷矿过程对硝酸浓度和用量的要求还与冷冻结晶工序相关。虽然硝酸浓度对磷矿 P_2O_5 分解率及分解速率的影响很小，但在冷冻法硝酸磷肥工艺中，硝酸钙冷冻结晶工序对硝酸浓度有一定要求，因此冷冻法硝酸磷肥工艺中所用硝酸浓度一般在 55% 以上。为了避免在冷冻分离硝酸钙过程中析出磷酸一钙，酸解过程应在过量硝酸的情况下进行，实际酸解过程中硝酸用量一般为理论计算量的 105% ～ 120%。

③ 反应温度　由于硝酸分解磷矿过程的速率决定于扩散规律，仅在较小程度上决定于反应物之间的化学反应动力学，并且研究表明，反应速率常数随温度的增加是相当缓慢的（40℃，0.270；45℃，0.298；50℃，0.314；55℃，0.311），因此，从动力学角度看，温度对反应速率的影响不大。但酸解液的黏度随温度的升高而降低，反应物的扩散过程容易进行，反应物也能充分混合。综合而言，反应温度升高有利于反应过程的进行。

温度对硝酸分解磷矿的影响见图 5-3。

随着温度升高，可缩短磷灰石分解时间至 30 ～ 60min。但在较高温度下，可能由于硝酸发生部分分解，实际参与分解磷矿的硝酸量减少，反而使得磷矿中 P_2O_5 分解率降低。并且温度过高，硝酸和氟化物的蒸气压亦很高，逸入气相的氮氧化物量增加［据资料报道，每处理 1t P_2O_5 的煅烧矿损失 N(呈 NO_x 形态)约 6.55kg，其中 1.1kg 为 HNO_3 蒸气］；同时增加酸解液对设备材质的腐蚀。由硝酸分解磷矿的热效应可知，酸解工艺条件下，反应热可以维持酸解温度在 55 ～ 65℃，过程无需额外的加热或冷却。事实上酸解反应温度也宜控制在 55 ～ 65℃。

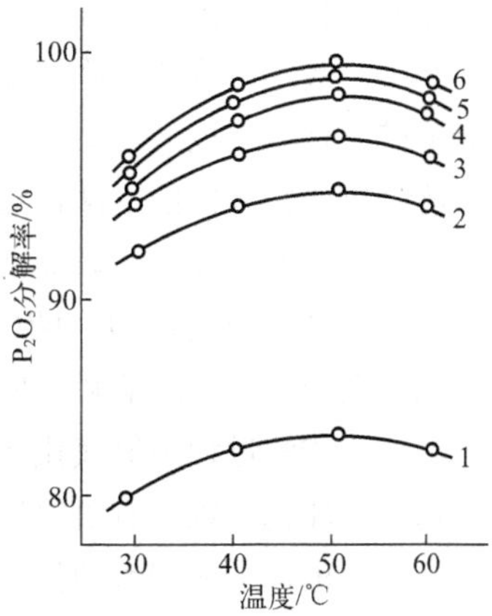

图 5-3　不同硝酸用量和温度对磷矿 P_2O_5 分解率的影响

1—80%；2—100%；3—110%；4—120%；5—140%；6—150%

④ 反应时间　在适当的工艺条件下，较短的反应时间内，即可以达到较高的 P_2O_5 分解率。事实上，硝酸分解磷矿的分解时间受硝酸用量、搅拌强度和磷矿粒度等因素的影响。在硝酸用量确定的前提下，就须研究原料磷矿的粒度和分解时间的关系。在冷冻法硝酸磷肥工艺条件下，对粒度小于 2mm 的磷矿，一般情况下酸解反应时间可以设定为 60min。

⑤ 搅拌强度　搅拌的作用是使磷矿和硝酸充分混合均匀，确保磷矿能分解完全，同时酸不溶物能与酸解液一起溢流出酸解槽。搅拌强度与酸解槽内搅拌桨桨叶直径和搅拌转速有关，一般以一定的搅拌桨端点线速度来确定搅拌强度。硝酸分解磷矿过程的搅拌是为了达到较快的扩散速度，因此无需强烈搅拌，而且加强搅拌也增加了动力消耗。

（3）酸解过程的泡沫现象　大多数磷矿，尤其是沉积型磷矿常含有碳酸盐和有机物以及其他可被氧化的物质。这些杂质的存在使磷矿在酸解过程中生成 CO_2 气体和氮氧化物。由于酸解液黏度较高，反应过程中生成的气体变成泡沫，称为泡沫现象。泡沫现象一旦发生后，就会给酸解反应、料浆输送带来很大的麻烦。泡沫能使矿粉漂浮于其上，并短路出酸解槽，泡沫现象严重时反应物料甚至可以达到液泛的程度而操作不能正常进行。因此磷矿的发泡性能也是评价磷矿特性的指标之一。

磷矿的发泡性能与矿的化学组成和细度、酸解槽的搅拌强度、反应温度等有关，可以以试验测定的泡沫稳定指数（BS）来表示。通过试验测定不同时间内生成的泡沫高度，以时间为横坐标，泡沫高度为纵坐标作图，计算泡沫曲线下的面积，此面积即定义为泡沫稳定指数（cm · min），该指数既能反映磷矿的发泡能力，也能反映生成泡沫的稳定性。

根据上海化工研究院多年来对多种中国磷矿及部分国外商品磷矿试验积累的经验，认为可以把 BS=50cm · min 作为磷矿酸解过程中是否需要添加消泡剂的判别标准。即 BS＜50cm · min 时认为所用磷矿是低发泡性的磷矿，在酸解过程中可以不加消泡剂；如果 BS＞50cm · min, 则应考虑添加消泡剂。上海化工研究院冷冻法硝酸磷肥评价试验结果表明，可用于冷冻法硝酸磷肥工艺流程的绝大多数国产磷矿的 BS 值小于 50cm · min，属于低发泡性磷矿。

消除泡沫的方法有：①磷矿煅烧处理。将某种磷矿在 700 ～ 900℃进行煅烧处理，使磷矿中所含有的碳酸盐分解生成碱土金属氧化物和二氧化碳，有机物以及磷矿中可能含有的硫化物也在煅烧过程中除去；经过煅烧的磷矿进行酸解时可大大减轻泡沫现象并且也可大大减少氮氧化物的逸出；一部分硅酸盐化合物在煅烧过程中得到烧结，对酸不溶物的分离有一定的帮助，酸不溶物的沉降速度和过滤速度均大大增加。但由于能耗很高和环保问题，一般不对磷矿进行煅烧处理。②机械式击泡。在酸解槽内用搅拌器使物料产生强烈对流，从而气体不能聚集成较稳定的泡沫，也可以在料面上装设桨叶，通过桨叶的运动击破泡沫。③添加消泡剂。消泡剂实际上是表面活性剂，其主要作用是通过降低泡沫的表面张力从而达到消沫的目的。消沫效果与消泡剂的类型和使用量有关。上海化工研究院进行的泡沫测试结果表明：添加合适的消泡剂对酸解反应过程中所出现的泡沫能起到显著的消泡作用。

（4）酸解过程中氮氧化物的逸出　由于大多数磷矿，尤其是沉积型磷矿常含有可被氧化的物质如硫化物以及有机物等。在磷矿酸解过程中这些物质与硝酸反应生成的氮氧化物随尾气一起逸出，造成硝酸的损失和大气污染：

$$2HNO_3+[C] = 2HNO_2+CO_2$$

$$4HNO_2+[C] = 4NO+2H_2O+CO_2$$

$$6HNO_2+[S] = 6NO+H_2SO_4+2H_2O$$

$$HNO_3+2NO+H_2O = 3HNO_2$$

$$2HNO_2 = NO+NO_2+H_2O$$

为了减少硝酸的损失，提高系统总的氮得率，减少大气污染，对于含硫化物或有机质含量高的磷矿必须采取某些措施。磷矿煅烧可以使磷矿中以硫化物形态存在的硫和有机质基本上被除去，从而减少磷矿酸解过程中硝酸的损失。相关报道表明：经煅烧的磷矿在被硝酸分解时的氮氧化物逸出率数据差别不大，一般为 0.5% ～ 1%。但煅烧过程能耗很高，设备投资大，一般不采用这种方法。

为了控制氮氧化物的污染，现在一般采用在酸解过程中添加尿素的方法加以防治，取得了明显效果。在酸性溶液中尿素可以与亚硝酸反应：

$$HNO_2+CO(NH_2)_2 = N_2+HNCO+2H_2O \quad (5\text{-}1)$$

$$HNO_2+HNCO = N_2+CO_2+H_2O \quad (5\text{-}2)$$

$$HNCO+H_2O+H^+ = NH_4^+ +CO_2$$

当亚硝酸浓度低时，反应（5-1）远快于反应（5-2），因此在有过量硝酸存在的介质中总反应为：

$$HNO_2+CO(NH_2)_2+HNO_3 = N_2\uparrow +CO_2\uparrow +NH_4NO_3+H_2O$$

事实上添加尿素的作用是将NO_x变成N_2，把对环境有害的NO_x变为无害的惰性气体N_2从而减少了污染，但从数量上并没有减少硝酸的损失和提高系统氮的总得率。尿素用量可由下式计算：

$$Q = bc\frac{60}{46}\times 0.93\times\frac{1000}{100}+\frac{60}{46}\times 0.93W_0+a(1+b)\frac{1000}{100}$$

式中　Q——每吨矿所需要的尿素质量，kg；

a——酸解液中规定的尿素过量率，%；

b——分解1t磷矿所需要的硝酸，t；

c——溶解在硝酸中的氮氧化物量（以NO_2计），%；

60和46——尿素和二氧化氮的分子量；

0.93——按照化学方程式计算，1mol NO_2所消耗的尿素量，mol；

W_0——每吨磷矿酸解时逸入气相中的氮氧化物量（以NO_2计），kg。

但添加尿素不利于酸不溶物的分离，在尿素存在下酸解液的澄清效率明显下降。

（5）酸解工艺　天脊公司硝酸磷肥工艺的磷矿酸解流程由并联的两个系列组成，见图5-4。

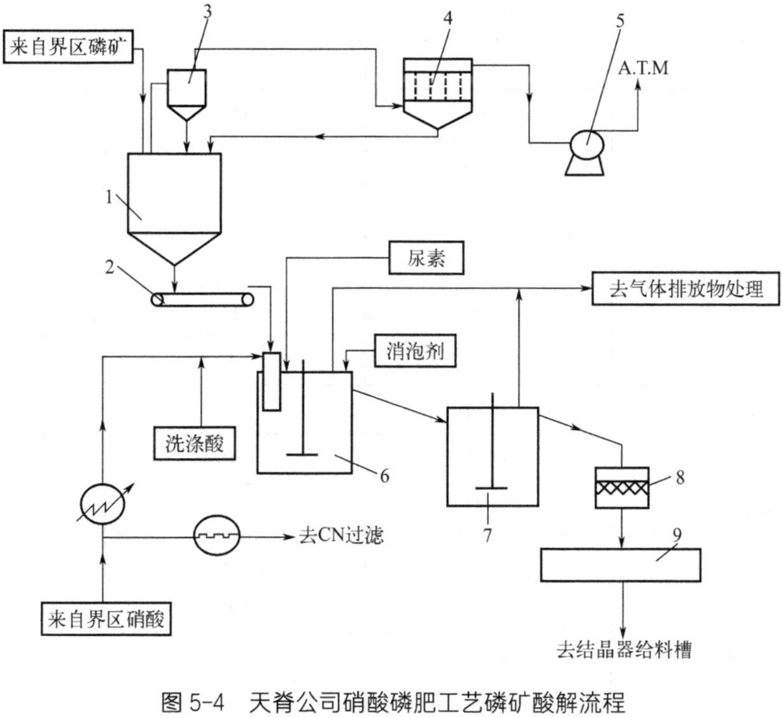

图5-4　天脊公司硝酸磷肥工艺磷矿酸解流程

1—磷矿贮斗；2—皮带计量秤；3—旋风分离器；4—袋滤器；5—引风机；6—1#酸解槽；7—2#酸解槽；8—粗滤器；9—酸不溶物分离系统

经干燥的磷矿粉通过气动输送系统输送到界区内的磷矿贮斗，通过星型给料器落到皮带计量秤上，经计量送入两台串联带搅拌的不锈钢制酸解槽内，同时加入新鲜硝酸和部分洗涤酸在槽内进行酸解反应，过滤后含酸不溶物的酸解料浆进入到酸不溶物分离系统。

由于磷矿含碳酸盐和有机物，会生成泡沫，需加入消泡剂。由于磷矿中含有还原性化合物，而酸解温度过高时酸解过程中有 NO_x 逸出，为了尽可能降低其对环境的影响，需添加尿素或尿液到酸解槽中。

常规酸解工艺条件：

磷矿细度：约 1.0mm ；硝酸浓度：55% ～ 60% ；硝酸用量：理论用量的 105% ～ 125% ；反应温度：55 ～ 65℃ ；停留时间：1 ～ 1.5h。

5.3.1.3 酸不溶物分离

（1）酸不溶物的化学组成和粒度　磷矿在形成和开采过程中总是伴生或夹带一些杂质矿物如海绿石、黄铁矿、方解石、白云石、硅酸盐、高岭土、长石、石英等。在以硝酸分解磷矿时，这些矿物中有一部分不溶于硝酸，而成为酸不溶物的固体残渣。不同矿种，甚至同一矿脉内不同矿区的磷矿，其酸不溶物的含量和组成亦各异。我国已开发应用的磷矿中，绝大部分含有相当数量的酸不溶物[21]。部分磷矿的酸不溶物含量见表 5-9。

表5-9　国内主要磷矿酸不溶物（A.I.）含量

矿种	P_2O_5 含量 /%	MgO 含量 /%	A.I. 含量 /%
宜昌店子坪矿	33.90	1.33	5.66
英坪焙烧矿	36.59	1.31	4.16
磨坊反浮选矿	33.94	0.97	10.52
大峪口精选矿	33.56	1.88	9.48
王集精选矿	31.90	1.73	10.70
保康精选矿	31.94	0.83	12.43
黄麦岭精选矿	34.08	1.65	4.67
何家岩磷矿	30.34	2.35	10.58
昆阳磷矿	31.74	0.52	15.62
晋宁磷矿	32.47	0.40	15.06
海口擦洗矿	32.24	0.13	17.84
海口脱硅矿	36.11	0.62	5.78
开阳磷矿	30.93	2.45	9.10
开阳用沙坝矿	34.39	1.51	3.35
锦屏精选矿	37.40	1.69	0.74
矾山精选矿	36.25	0.59	2.88

（2）酸不溶物分离方法　磷矿中的酸不溶物给生产过程带来许多不利的影响。含固体颗粒的酸解液会给系统设备如泵、搅拌槽、离心机等带来严重磨蚀；酸不溶物颗粒易于在设备的静止部位和管道的水平部位沉积，造成堵塞；固体颗粒附着于冷却器管子表面上生成污垢，会降低换热效率；在硝酸钙结晶工序，酸不溶物给硝酸钙分离造成麻烦；同时，结晶硝酸钙所带细小的酸不溶物在硝酸钙转化时又使转化生成的碳酸钙结晶变细，显著降低过滤分离的生产强度；如果酸不溶物留在最终的产品中，有效养分浓度降低。因此，对磷矿中的酸不溶物进行分离很有必要，尤其是对含有大量酸不溶物的国内磷矿，酸不溶物的分离成了硝酸磷肥工艺中的重要一环。

从黏度较高的酸解液中分离粒度仅几微米的极细颗粒是难度较高的技术，在工业上实现时存在最佳分离效率的问题，按 Norsk Hydro 公司的操作经验，粒度在 50μm 以上的酸不溶物颗粒应加以脱除。

已经或曾经研究和使用的酸不溶物分离方法有重力沉降分离和离心沉降分离。

① 重力沉降分离　依靠重力的作用酸解液中的酸不溶物颗粒自然下沉，从而使酸不溶物与酸解液分离的操作称为重力沉降。影响沉降过程的主要因素是颗粒粒度、颗粒与酸解液间的密度差和酸解液的黏度。

重力沉降的分离效果一般可通过沉降试验确定。沉降试验是根据悬浮液在重力场中的沉降分区现象，通过测定各区随时间而出现的变化，研究悬浮液中固体颗粒的沉降特性，再根据其特性选择和计算分离设备的型式和大小。

将一定浓度的悬浮液置于大量筒中，均匀搅拌并静置于实验台上，不久便可观察到沉降过程中出现分区现象，如图5-5所示。沉降开始前，悬浮液分布均匀（筒1）；经短暂时间后，固体颗粒在重力作用下沉降，悬浮液沿筒高逐渐出现若干分区（筒2）。最上层是澄清区A，其下是沉降区B，有时A区与B区的分界面不清，难以判断；D区为压缩区，在该区内颗粒靠自身的挤压和相互干扰作用而沉降，其沉降速度比B区的沉降速度小得多；B区和D区之间没有明显的分界面，仅存在一个过渡区C。筒3、筒4与筒2相似，随时间的延长，沉降区减小而压缩区增大。K区为粗粒区。筒5的临界点表示B区和C区刚消失，使A区与D区直接接触。筒6表示悬浮液已达到沉降的最终阶段，其压缩区浓度达到最终浓度。实际上，观察悬浮液沉降情况时，除A区与B区、A区与D区外，其余各区没有明显的分界面。

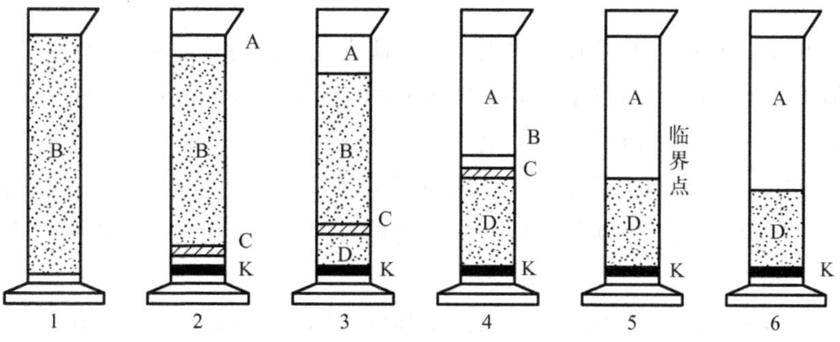

图 5-5　浆体沉降过程的分区现象

A—澄清区；B—沉降区；C—过渡区；D—压缩区；K—粗粒区

在连续工作的分离设备中，悬浮液的沉降过程与量筒内的沉降过程相似，虽然有物料不断地给入与排出，但沉降区 B 总是存在的。

一般沉降试验是将一定浓度的待测溶液充分搅拌后静置，立即观察并计时，记录沉降区和澄清区界面在每个计时的位置，即每个时刻的澄清区高度。以沉降时间为横坐标，澄清区高度为纵坐标，作出沉降时间与澄清区高度的关系曲线，即沉降曲线，如图 5-6 所示。但对于磷矿硝酸分解液，由于溶液的黏度、固体颗粒的粒度和固液之间的密度差等因素，在进行沉降试验时，如果不采取其他措施（如添加絮凝剂等），则悬浮液并没有清晰的界面供测定，因此试验采用固定压缩区高度，即以确定的浓相量方法进行。测定稀相和浓相中的固体量即可得到一定的沉降时间内酸不溶物的沉降率，以沉降时间为横坐标，沉降率为纵坐标，作出沉降时间与沉降率的关系曲线，也称为沉降曲线。上海化工研究院对多种磷矿酸不溶物沉降试验结果表明：在沉降时间达到 2h 后沉降曲线趋于平稳，也就是说酸解液的沉降槽可按 2h 的停留时间设计。

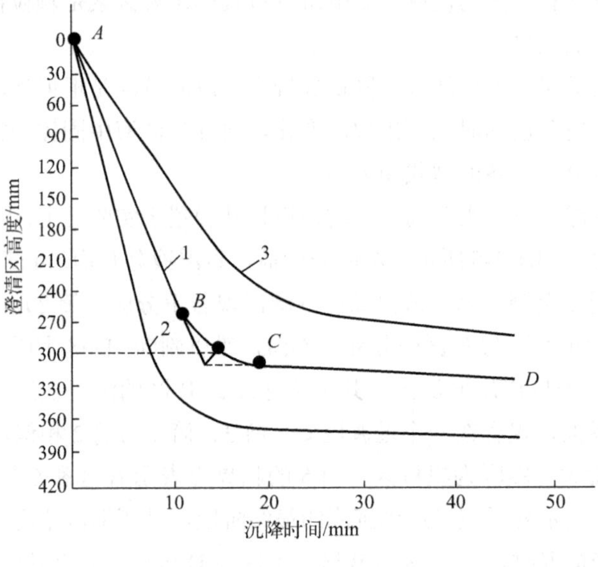

图 5-6　沉降曲线

1—泥水浓度为 25g/L；2—泥水浓度为 10g/L；3—泥水浓度为 50g/L

酸不溶物的分离程度与其粒径有很大关系。研究表明在冷冻法硝酸磷肥磷矿酸解条件下所得酸解液中酸不溶物自然沉降的分割粒径为 0.04mm，即 0.04mm 以上粒径的酸不溶物含量为在自然沉降时酸不溶物的沉降率的上限。

重力沉降实际上是在重力场的作用下浓缩悬浮液。自从 1905 年道尔发明第一台耙式浓缩机以来，浓缩设备得到了不断的发展。常用的重力浓缩设备有耙式浓缩机、多层倾斜板浓缩机和深锥浓缩机。

重力沉降方法是硝酸磷肥酸不溶物分离中最常用的。Norsk Hydro、BASF、Stamicarbon 等硝酸磷肥工艺流程中均有采用此方法分离酸不溶物的工厂案例。天脊公司 Norsk Hydro 工艺原设计采用水力旋流器加洗涤鼓用于分离酸不溶物，在难以达到工艺要求后也改成了耙式浓缩机。

沉降槽的生产能力 W(清液量 m^3/h) 与颗粒的沉降速度 v(m/h) 和沉降槽的截面积 F(m^2) 有关：$W=3600Fv$

对于一个生产规模已定的工厂，所需要的沉降槽的截面积 F 由所要求分离的酸不溶物颗粒直径决定。要求分离的酸不溶物粒子越细，颗粒沉降速度 v 越小，所需要的沉降槽的截面积 F 就越大。罗马尼亚硝酸磷肥工厂的沉降槽的直径达 5m。

为了缩小沉降槽的自身尺寸，减少沉降槽的占地面积，上海化工研究院早在 1976 年就在冷冻法硝酸磷肥中试中采用斜板沉降器来分离硝酸磷肥中的酸不溶物，可以使酸解液中的酸不溶物含量＜1%；BASF 曾在硝酸磷肥工厂中使用斜板沉降器（lemilla sattler）来分离酸不溶物，使粒度在 60μm 以上的酸不溶物得到沉降。也可在酸解液中添加絮凝剂，使微颗粒凝集在一起加快颗粒的沉降速度。

酸不溶物在重力沉降槽中沉降，控制沉降分离出的微粒粒径是很重要的。如果很细的颗粒沉降，将给后面的过滤操作带来很多问题。

② 离心沉降分离　离心沉降分离是利用固液两相的密度差，将分散在悬浮液中的固相颗粒在离心场中进行分离的过程。

在离心沉降过程中，颗粒的离心沉降速度等于重力沉降速度与离心分离强度的乘积，而离心分离强度在实际运行中可以达到很大的数值，从而使离心沉降速度比重力沉降速度大得多。这就是离心沉降分离细颗粒特别有效的原因。

在酸不溶物分离过程使用的离心沉降设备主要是水力旋流器和沉降离心机。

荷兰 Stamicarbon 公司在格林工厂采用三台沉降离心机来分离酸不溶物，由于考虑到大颗粒的磨损，在进沉降离心机之前将大颗粒酸不溶物先除去。瑞典洽平厂亦采用三台德国产沉降离心机分离酸不溶物，转鼓直径为 0.43m，转速为 1000 ～ 1500r/min。根据生产经验，对于含 1% 酸不溶物的科拉磷矿，酸不溶物可脱除 70% ～ 80%，离心机转鼓一般 3 ～ 6 个月检修一次。德国 Uhde 公司为巴基斯坦设计的工厂也曾使用沉降离心机，其工作条件是使＞60μm 的细粒沉降，对排出的含少量液相的沉淀物不作洗涤，直接送往后面的复合肥料造粒机，进入成品中。

沉降离心机设备紧凑，但磨损严重，对材质要求较高，可能不适合使用酸不溶物含量较高的国内磷矿的硝酸磷肥流程。

（3）酸不溶物过滤　经沉降分离后浓相中含有大量的酸解液，应尽可能回收，并且不允许为了洗涤酸不溶物废渣而往系统中引入过多的水，因此一般采用过滤的方法进行固液分离。

上海化工研究院对多种磷矿的酸不溶物分离试验的结果表明，无论采用真空过滤还是压滤过滤，过滤强度均很低，难以满足工厂生产要求。

由于酸不溶物主要由石英、未分解的磷矿和黏土等组成，不会变形，在过滤过程中也不会因过滤压力的变化而造成滤饼孔隙率发生变化，属不可压缩性滤饼，因此可以按不可压缩性滤饼的过滤操作原理选择过滤方式。

影响过滤能力的因子主要有过滤压力、过滤温度、酸解液黏度、浓相液固比、滤饼厚度和酸不溶物粒度组成等。实验表明上述因子中，过滤压力、过滤温度、滤饼厚度等因子对过滤强度虽然有影响但影响程度不大，而酸不溶物粒度组成对特定的矿种及确定的酸不溶物分离率也是定值，所以能够调节的因子唯有酸解液黏度和浓相液固比。虽然对于相同的滤液性质和液固比来说，过细的酸不溶物粒度是左右过滤速度的关键因素，但同样粒度的固体若液相介质不同，过滤时差别将很大。如对于100%通过200目（75μm）的固体颗粒，含水固体悬浮液（55℃时黏度为0.5mPa · s）的过滤强度为400 ～ 600kg干渣/(m^2 · h),而液相介质为酸解液（60℃时黏度为9mPa · s）的过滤强度仅为50kg干渣/(m^2 · h)，显然控制过滤的主导因素是液体而非固体。由过滤试验也可知，洗涤过程远远快于过滤过程，尽管滤渣层固体粒级情况未变，但液体通过滤饼的速度发生了很大变化，显然问题的焦点亦在液体的黏度。试验也发现，若浓相液固比从1 ～ 2增加到5 ～ 6，过滤速度将减少。因此要提高过滤速度就需要降低酸解液的黏度，减小浓相液固比。由于过程中不允许引入水，经分析和研究，上海化工研究院开发了硝酸再浆工艺，提出了用硝酸与浓相再浆，然后二次沉降的方法，以提高浓相的过滤强度。试验结果表明效果非常显著：经再浆，溶液黏度由9mPa·s降到3mPa·s，浓相液固比由5～6降到3～4，过滤强度可达到200kg干渣/(m^2·h),提高至之前的4倍，效果显著。

（4）酸不溶物分离工艺　某公司硝酸磷肥装置原设计采用水力旋流器-洗涤鼓工艺分离酸不溶物，该装置由两组，每组三台并联的水力旋流器组成，为了避免泵送所带来的磨蚀和动力问题，将酸解槽的标高提高12m，利用位差作为分离推动力。经分离后，顶流与底流的重量比为8∶1，底流的液固比约为7.0。底流进入洗涤鼓漂洗，酸不溶物的分离率约为29%，出洗涤鼓的料浆液固比约为1，在随后的皮带过滤机上过滤，过滤强度可达400kg/(m^2 · h)。但在实际生产中存在很多问题，不能达到酸不溶物分离的目的。

改造后的工艺采用“沉降槽自然沉降＋洗涤鼓逆流洗涤”方法，工艺流程见图5-7。酸解槽溢流出来的酸解液进入沉降槽中心管内，较大的酸不溶物靠重力沉积在槽底，然后通过电磁阀定时间歇排放至缓冲槽，依靠重力较稳定地进入洗涤鼓，在缓慢转动的洗涤鼓内，螺旋抄板将酸不溶物固体逐步推向尾部，洗涤水将酸不溶物夹带的酸解液洗出。

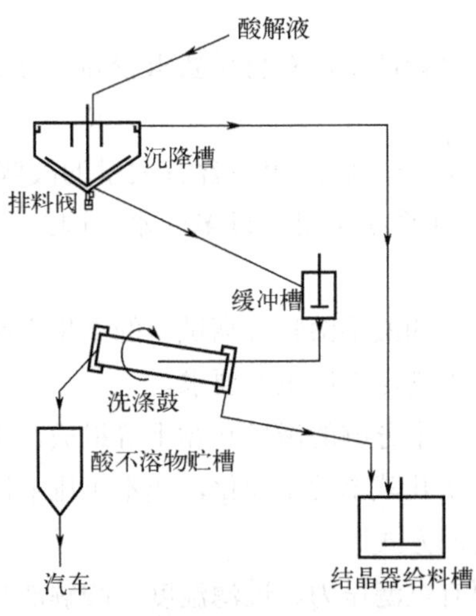

图5-7　某公司硝酸磷肥酸不溶物分离工艺流程

5.3.1.4　硝酸钙的结晶分离

（1）冷冻结晶过程的物理化学分析

① $CaO-P_2O_5-N_2O_5-H_2O$ 体系的相图分析　硝酸分解磷矿所得到的酸解液基本组成是 $Ca(NO_3)_2$ 和 H_3PO_4。$Ca(NO_3)_2 \cdot 4H_2O$ 冷冻结晶过程是建立在随着温度变化该体系中各盐组分的溶解度变化有所差异之相平衡基础上的。酸解液冷冻时 $Ca(NO_3)_2 \cdot 4H_2O$ 的析出率取决于分解磷矿所用的硝酸的浓度和用量、冷冻终点温度及溶液 CaO/P_2O_5 比值。如硝酸浓度越高，析出的 $Ca(NO_3)_2 \cdot 4H_2O$ 结晶量越多。

$CaO-P_2O_5-N_2O_5-H_2O$ 体系可以用下列互为反应当量的盐和酸表示：

$$Ca_3(PO_4)_2+6HNO_3 = 2H_3PO_4+3Ca(NO_3)_2$$

② 冷却结晶 $Ca(NO_3)_2 \cdot 4H_2O$ 的相图分析　在磷矿硝酸分解液中 CaO/P_2O_5 的物质的量比与原矿中的 CaO/P_2O_5 的物质的量比是相同的，一般为 3.5 ～ 4.0。为了得到含有一定水溶性 P_2O_5 的肥料，需降低此比值到 2.0 以下。冷冻法硝酸磷肥工艺采用冷却酸解液使之析出 $Ca(NO_3)_2 \cdot 4H_2O$ 的方法除去部分 CaO 以达到目的，从酸解液中除去的 CaO 量愈多，则加工所得的复合肥料中的水溶性 P_2O_5 含量也愈高。

③ 影响 $Ca(NO_3)_2 \cdot 4H_2O$ 结晶的因素　温度范围为 +20 ℃至 −15 ℃、硝酸浓度为 47% ～ 55%、硝酸用量为理论计算量的 130% 的情况下，使用科拉精选磷矿的硝酸分解液结晶分离 $Ca(NO_3)_2 \cdot 4H_2O$ 的工艺条件，试验结果显示：在相同硝酸用量下，以 $Ca(NO_3)_2 \cdot 4H_2O$ 形式分离 CaO 的程度取决于原始硝酸的浓度和溶液的冷却温度；原始硝酸浓度高，分离相同数量的 CaO 可以消耗较少的冷量。原始硝酸浓度对四水硝酸钙结晶分离率以及产品中 P_2O_5 水溶率有显著影响。

（2）四水硝酸钙的冷冻结晶过程　冷冻结晶过程是冷冻法硝酸磷肥工艺中的主要环节，结晶的好坏不仅影响最终产品中水溶性 P_2O_5 的含量，而且也影响后续的结晶分离、硝酸钙熔融及硝酸钙转化等工序的操作。

结晶是一项相当复杂的操作技术，结晶条件控制得当，就能获得粒度大均匀的 $Ca(NO_3)_2 \cdot 4H_2O$ 结晶，便于过滤和洗涤；如控制不好，结晶细小黏稠，难以过滤和洗涤，给操作增加难度并损失冷量。因此需要对 $Ca(NO_3)_2 \cdot 4H_2O$ 的结晶动力学过程进行分析，了解各参数对结晶过程的影响，使结晶过程在较佳的条件下进行。

冷却结晶过程一般包括三个步骤：a. 酸解液的冷却，产生作为结晶过程推动力的过饱和度；b. 结晶的成核；c. 晶体的成长。

晶核是过饱和溶液中新生成的微小晶体粒子，成核现象在结晶过程中占有举足轻重的位置。成核现象可以分为两种形式：初级成核和二次成核。溶液在不含外来物质的情况下自发地产生晶核的过程称为初级均相成核；在外来物质的诱导下的成核过程称为初级非均相成核。在溶液中含有被结晶物质的晶体的条件下产生的成核现象统称为二次成核。二次成核的主要机理是接触成核，即晶核是晶体与其他固体接触时所产生的晶体表层的碎粒。

晶核的生成过程是由盐的过饱和溶液发生局部的浓度变化（或称为浓度波动）而产生的。无论是晶核能够产生或是晶核能够长大，都必须有一个推动力，这个推动力是一种浓度差，称为过饱和度。由于过饱和度的大小直接影响着结晶的成核和晶体的成长这两个过程，因此过饱和度是结晶过程中一个极其重要的因素。溶液含有超过饱和量的溶质称为过饱和溶液。

晶核形成速率为单位时间内在单位体积溶液中生成新粒子的数目。成核速率是决定晶体产品粒度分布的首要动力学因素。结晶过程要求有一定的成核速率，但如果成核速率超过要求，必然导致晶体产品细碎，粒度分布范围宽，产品质量差，而且对结晶器的生产强度也有不利的影响。

为了获得满足要求的结晶成品，溶液的冷却过程要求按一定的规律进行控制。

① 控制酸解液的冷却速率　控制酸解液的冷却速率是为了避免晶核的大量生成，促成结晶缓慢生长。硝酸钙结晶过程中的成核现象属于接触成核。需要严格控制冷却结晶过程中冷冻剂与溶液的温差，尽量延长结晶成长时间，以获得良好的结晶。

② 控制被冷却酸解液中的过饱和度　控制被冷却酸解液的过饱和度，使介稳区内结晶尽量靠近平衡曲线，防止大量晶核的骤然形成。

③ 结晶的终点温度　结晶的终点温度主要由产品的水溶率（结晶过程的除钙率）决定，但也要考虑结晶料浆的流动性与冷量（能耗）的合理利用因素。

对于浓度为56.82%HNO_3，用量为理论计算量的110%的硝酸分解王集磷矿所得的酸解液，测得结晶起始温度（加晶种）为26.5℃。若要求P_2O_5水溶率为70%左右，则酸解液最终冷却温度应为−5℃。

（3）硝酸钙冷却结晶方法　冷却结晶工序是冷冻法硝酸磷肥工艺的核心，也是不同的冷冻法硝酸磷肥工艺的主要差异。

硝酸钙的冷却方式可分为直接冷冻法和间壁冷却法。

① 直接冷冻法　直接冷冻法是指酸解液与冷却剂直接接触从而酸解液降温析出$Ca(NO_3)_2\cdot 4H_2O$结晶的方法，要求冷却剂必须与酸解液不互溶、不发生化学反应，如低沸点的饱和烃化合物（如丙烷、丁烷等）或航空煤油。

直接冷冻法与间壁冷却法相比，不存在会形成结晶结垢的冷却界面，同时煤油液滴呈细分散状与溶液换热，结晶器的传热强度和结晶强度显著提高，大幅减少了投资和能耗。但直接冷冻法工艺对原料磷矿中酸不溶物要求更严格，酸解液中的SiO_2胶体易与煤油形成一种难以分离的固/液两相乳状液，带来煤油损耗；结晶粒度比间壁冷却法的要小很多。

由于存在工业化过程中难以解决的问题，直接冷冻法硝酸磷肥工艺至今没有得到推广。

② 间壁冷却法　间壁冷却法指酸解液与冷却介质不直接接触，而是通过传热面（夹套或盘管）间接传递冷量时酸解液降温析出结晶的方法。工业化的冷冻法硝酸磷肥工艺几乎都采用间壁冷却法，代表性的工艺流程有Uhde、Stamicarbon和Norsk Hydro。

a．Uhde工艺　酸解液经水预冷，由60℃降至25℃，然后在结晶器中被冷却剂（35%～40%硝酸钙）冷却，结晶终点温度通常在10～15℃，产品P_2O_5水溶率一般在30%～40%。氨中和和硝酸钙转化所用液氨在汽化后提供的冷量已能满足硝酸钙冷却结晶对冷量的需求，因此只需一台冷冻机开车，运转正常后不必使用。结晶器传热面上的硝酸钙结垢采用蒸汽熔化。

b．Stamicarbon工艺　采用连续间壁冷却结晶器。多台结晶器串联使用，酸解液依次通过每台结晶器，总停留时间为1.5～2.0h，冷却剂（40%硝酸钙）并流进入每台结晶器的夹套和中心导流筒夹套。在第一台结晶器中利用冷却水将酸解液由60℃降至较低温度（约

30℃），可以减少冷冻机的冷量消耗。夹套上所黏结的硝酸钙结晶垢层一般1小时清理一次，将75℃热硝酸钙溶液通入夹套内3～5min，使硝酸钙结晶垢层熔化脱落被激烈流动的料浆带走。

过程控制要点是每台结晶器的冷却和结晶过程稳定保持在介稳区内进行，避免析出过多的细小晶核。还将过滤后的部分母液返回第一台结晶器以调节液固比。

连续结晶流程冷量消耗低于 Norsk Hydro 工艺，但更适用于含杂质较少的磷矿，结晶器直径较小，适宜于中小型工厂。

c．Norsk Hydro 工艺　采用程序操作的间壁冷却法，结晶器台数与生产规模相配，结晶时间为5～6小时，酸解液先用水冷却到60℃，然后进入结晶器内，在此酸解液由制冷系统来的冷却剂（20%氨水）逐步从60℃冷却至所需温度，随后含结晶的悬浮液排出至过滤机进料槽，结晶器重新充装60℃的热酸解液，新装入的热酸解液能够满意地溶解结晶器盘管上沉积的结晶垢层，使冷却盘管传热表面获得更新。冷却剂采用较高压头的送液泵注入温度最低的结晶器，串联逆流通过结晶器后进入冷冻机贮槽，结晶器流出的冷却剂温度约为25℃，然后在制冷系统中将氨水由25℃冷却到−15～−25℃，循环使用。

Norsk Hydro 工艺是目前冷冻法硝酸磷肥流程中较为成熟和稳妥可靠的流程，大型装置建设较多，有更多的成熟经验，相对来说比较适应杂质较多的磷矿。

（4）硝酸钙结晶过滤与洗涤　结晶工序析出的 $Ca(NO_3)_2 \cdot 4H_2O$ 结晶须从酸解液中分离出来，这样才能降低体系的钙磷比，从而得到水溶率较高的产品。目前已建成的冷冻法硝酸磷肥工厂中，$Ca(NO_3)_2 \cdot 4H_2O$ 结晶分离设备主要有活塞推料离心机和双转鼓真空过滤机。

为了提高N和 P_2O_5 的得率，并且有利于硝酸钙的进一步处理，需在过滤过程中把结晶所吸附的酸解母液洗涤到最低限度。$Ca(NO_3)_2 \cdot 4H_2O$ 在水和不同浓度硝酸中的溶解度差异较大，随硝酸浓度的增大及温度的降低而减小，58%HNO_3、10℃洗涤时溶解0.3t/t，15℃水洗涤时溶解3.9t/t。$Ca(NO_3)_2 \cdot 4H_2O$ 在过滤和洗涤过程中因穿滤和洗涤溶解的损失可达20%，即在硝酸钙结晶分离过程中可造成20%的冷量损失，并且硝酸钙溶解在母液硝酸中会使酸解设备利用率降低。为了减少结晶损失，应当尽可能使结晶长得均匀而又粗大，减少穿滤损失和滤饼的含液量，从而减少洗涤用硝酸和水的量，降低溶解损失。

（5）工艺流程　硝酸钙结晶分离采用双转鼓真空过滤机。结晶悬浮液通过过滤机给料槽底部的电磁阀加入到过滤机第一鼓的盛料槽，通过过滤真空泵提供真空，将液体抽入过滤鼓内，然后由虹吸风机将过滤鼓内液体虹吸至滤液分离器进行固液分离。在过滤鼓上形成滤饼的固体结晶通过反吹风机反吹至第二鼓的盛料槽，被洗涤酸再浆，在洗涤鼓内分离后再用洗涤水洗涤，洗涤后将硝酸钙冲刷入硝酸钙熔融槽中，洗涤酸一部分返回酸解工序。

5.3.1.5 母液氨中和

（1）过程的基本物理化学分析　经冷冻结晶法分离四水硝酸钙后的母液中主要成分是磷酸、硝酸、氢氟酸、氟硅酸、硝酸钙及由磷矿带入的杂质与硝酸反应生成的硝酸盐（如硝酸镁、硝酸铁、硝酸铝等），并含有少量酸不溶的固体悬浮物（如二氧化硅等）。其在用氨中和时，经过一系列化学反应后将得到含有磷酸盐和硝酸盐的料浆。母液的氨中和看起来是一个简单的过程，但实际上是一系列多组分的气液相化学反应，同时伴随有多种固体沉淀物的生成，使得氨化过程相当复杂。特别是杂质含量较高的磷矿，氨中和过程中生成大量的凝胶状物质，将会使中和料浆黏度急剧上升，给氨中和操作带来很大困难。

氨中和工序是生产过程中控制的主要关键步骤之一。

母液用氨中和时可发生以下一些化学反应。

氨首先中和游离硝酸和磷酸的第一个氢离子，生成硝酸铵和磷酸一铵：

$$NH_3+HNO_3 = NH_4NO_3$$

$$NH_3+H_3PO_4 = NH_4H_2PO_4$$

同时磷酸一铵与母液中的 $Ca(NO_3)_2$ 和 $Mg(NO_3)_2$ 进行反应，生成磷酸一钙和磷酸一镁：

$$2NH_4H_2PO_4+Ca(NO_3)_2 = Ca(H_2PO_4)_2+2NH_4NO_3$$

$$2NH_4H_2PO_4+Mg(NO_3)_2 = Mg(H_2PO_4)_2+2NH_4NO_3$$

继续中和，磷酸一钙和磷酸一镁转化生成磷酸二钙和磷酸二镁：

$$Ca(H_2PO_4)_2+Ca(NO_3)_2+2NH_3 = 2CaHPO_4+2NH_4NO_3$$

$$Mg(H_2PO_4)_2+Mg(NO_3)_2+2NH_3 = 2MgHPO_4+2NH_4NO_3$$

此时如继续中和，磷酸二钙和磷酸二镁将转化成磷酸三钙和磷酸三镁：

$$2CaHPO_4+Ca(NO_3)_2+2NH_3 = Ca_3(PO_4)_2+2NH_4NO_3$$

$$2CaHPO_4+Mg(NO_3)_2+2NH_3 = Mg_3(PO_4)_2+2NH_4NO_3$$

如中和过程继续下去，可以生成碱性更强的磷酸盐，甚至回到氟磷酸钙。磷酸三钙和氟磷酸钙均为难溶性的磷酸盐，这些反应将造成磷酸盐的退化。

在氨中和时，母液中含有的 HF 和 H_2SiF_6 可以生成氟硅酸铵和氟化钙：

$$H_2SiF_6+2NH_3 = (NH_4)_2SiF_6$$

$$H_2SiF_6+3Ca(NO_3)_2+6NH_3+2H_2O = 3CaF_2\downarrow+6NH_4NO_3+SiO_2$$

此时很容易生成胶状的 SiO_2，而影响中和料浆的性质。

母液中铁、铝的硝酸盐在氨中和时可生成磷酸铁（铝）：

$$2H_3PO_4+Fe(NO_3)_3+4NH_3 = NH_4H_2PO_4+FePO_4+3NH_4NO_3$$

$$2H_3PO_4+Al(NO_3)_3+4NH_3 = NH_4H_2PO_4+AlPO_4+3NH_4NO_3$$

此外，氨中和时铁、铝、镁、氟、硅等还可能生成更复杂的化合物，影响中和反应的进行。由于母液中成分多，影响因素也较多，所以实际氨中和过程中的反应还要复杂得多。

（2）中和过程的控制　反应物料的 pH 值能及时地反映中和过程进展情况，控制 pH 值可有效地控制中和度。

所谓中和度（有时称之为氨化度）是指实际料浆中铵态氮的量（%）占依据中和料浆的组成计算所得的理论铵态氮量（%）的百分数：

$$\eta=\frac{w(NH_4-N)}{w(NO_3-N)+w(T-P_2O_5)w(W-P_2O_5)\times\frac{14}{71}}\times100\%$$

式中　η——中和程度，简称中和度或氨化度；

$w(NH_4-N)$——料浆中铵态氮含量，%；

$w(NO_3-N)$——料浆中硝态氮含量，%；

$w(T-P_2O_5)$——料浆中 P_2O_5 总含量，%；

$w(W-P_2O_5)$——料浆中水溶性 P_2O_5 含量，%。

测试出料浆 pH 值与中和度之间的关系，就可以从 pH 值推断中和过程的进展程度。

中和料浆的流动性对于操作来说是十分重要的，料浆具有良好的流动性，有利于在搅拌情况下氨的扩散以及料浆在设备系统的通道和管道内的畅流；如果料浆流动性不好，会达到无法操作的地步，造成系统被迫停车。料浆的流动性（或称之为稠厚性）是一个宏观的定性概念，其与料浆中固体物含量、液体黏度、固体沉淀物大小与结构以及流体的触变特性等有关。一般情况下，料浆的流动性可简单地用黏度表示，料浆黏度大，流动性必然差。

在硝酸磷肥的中和料浆中，一般含固体沉淀物约 10% ～ 15%，其中主要是磷酸二钙，它具有良好的结晶态和较大的晶粒，不会显著地影响料浆的黏度和流动性，只有在中和反应条件恶化的情况下，产生细小的氟磷酸钙时才有可能影响料浆的流动性。料浆中固体沉淀物的其余部分是铁、铝和镁等的磷酸盐和氟化物，这些称为"R""S""Q"等的化合物大部分是呈胶凝状的细小结晶体，必然会影响料浆的黏度。

上海化工研究院曾测定了何家岩磷矿母液中和时不同 pH 值下料浆的黏度，测定结果表明：黏度与 pH 值的关系密切，pH 2.0 以后黏度急剧上升，到 pH 2.7 时出现第一个黏度最高点，黏度达到 3.00Pa · s 以上；pH 值过了 2.7 以后，料浆黏度又急速下降，在 pH 值为 4.0 时左右时达到最低点；继续中和，黏度又开始上升，进入第二个高黏度区。

在中和前期（pH ≤ 2.7），磷酸一钙析出和氟化物沉淀时生成胶状 SiO_2，以及生成大量的凝胶状水不溶性磷酸盐，包括"Q"和"S"化合物，pH=2.7 时 Fe、Al 和 F 盐的沉淀率基本达到了 100%，因而料浆黏度达到最大值；pH 值继续上升，磷酸盐结晶逐渐长大，黏度就相应下降；到 pH 4.0 以后，黏度又再次上升，这是因为此时"S"化合物向"S"+$(NH_4)_3AlF_6$ 化合物演变，同时产生胶状 SiO_2。在有镁盐存在时，镁在 pH 3.0 ～ 4.5 时生成胶状的 $MgNH_4HFPO_4$ 结晶，会增加料浆的黏度，使操作困难；到 pH 4.5 以后，可能生成镁铵冰晶石 $MgNH_4AlF_6$，此化合物也是细小的结晶，因而影响料浆的黏度。如果镁含量很高，情况会更严重，以至于过程无法进行下去。因此对磷矿中的镁含量应特别重视。

不同磷矿所得到的 pH- 黏度曲线形状基本一致，在 pH 2.7 左右出现第一个高黏度区，在 pH 4.0 以后出现第二个高黏度区，只是所得到的料浆黏度有所差异。在实际操作中，应根据黏度曲线，考虑中和槽的配置和各槽料浆 pH 值的控制，以避开高黏度区，使操作稳定并满足中和工艺的要求。

除了氨化度（即料浆 pH 值）对料浆黏度有决定性影响外，还有几个对中和料浆黏度影响较大的因素：通氨强度、搅拌强度、中和温度及料浆 N/P_2O_5。

通氨强度是单位时间单位中和槽体积的通氨量，是设备的生产强度。通氨强度低意味着设备投资大。由上海化工研究院对某磷矿冷冻母液中和试验结果显示：通氨强度越大，中和料浆的黏度也越高，并且如果通氨强度太大，还会出现：①由反应热引起的水分蒸发超过了允许范围，从而引起了反应物料的不稳定流态；②由反应器内局部过氨化现象引起磷酸盐有效率的退化；③由反应器内局部过氨化现象引起逸出尾气中氨量的增加。因此应选择合适的通氨强度以满足工艺的需要。

搅拌强度对料浆黏度的影响也很大。搅拌强度一般用搅拌桨叶的端点线速度表示，搅拌强度高，有利于氨的扩散和反应的进行，在可能情况下以选择高的端点线速度为宜。

氨中和反应是强烈放热反应，反应热约 418kJ/molP_2O_5，可使料浆升温到 100 ～ 120℃，并蒸发出大量水分。

中和温度的控制与料浆 N/P_2O_5 有关，主要考虑磷酸一铵的结晶温度问题。如果中和料浆温度低于磷酸一铵的结晶温度，则在中和过程中可能析出磷酸一铵结晶，对料浆的性质（黏度等）有很大影响，操作会有困难。

（3）中和工艺流程　硝酸钙过滤后的母液的主要成分是硝酸、磷酸及少量的硝酸钙，其呈强酸性，必须氨化中和到中性才能进一步处理。硝酸磷肥氨中和过程一般在二至四个（通常是三个）串联的带搅拌的中和槽中常压进行。

根据生产规模和单台中和槽的能力，某公司硝酸磷肥装置使用了四条中和线。为了满足负荷要求，避开中和过程中的两次黏度高峰，中和过程分三段完成。来自于硝酸钙过滤工序的母液与来自界区的硝酸换热后，温度由 0℃升至 22.6℃并进入母液分配器，两个分配器将母液分为两个系列四条线分别进入第一个中和槽，与来自于中和氨蒸发器的气氨反应，同时来自硝酸钙转换工序浓度 92% 的硝酸铵也加入到第一个中和槽，pH 控制在 1.8 ～ 2.0。物料依次溢流进入第二、三个中和槽，每个中和槽料浆的停留时间大约 45 分钟，pH 值分别控制在 2.8 ～ 3.0 和 5.8 ～ 6.0。三个槽中和所用氨量分别为 65%、25% 和 10%。氨化过程使料浆温度升高，同时蒸发一部分水，常压操作下每个槽的料浆温度大约在 125 ～ 135℃。合格的中和料浆溢流入 NP 蒸发给料槽。中和工序工艺流程见图 5-8。

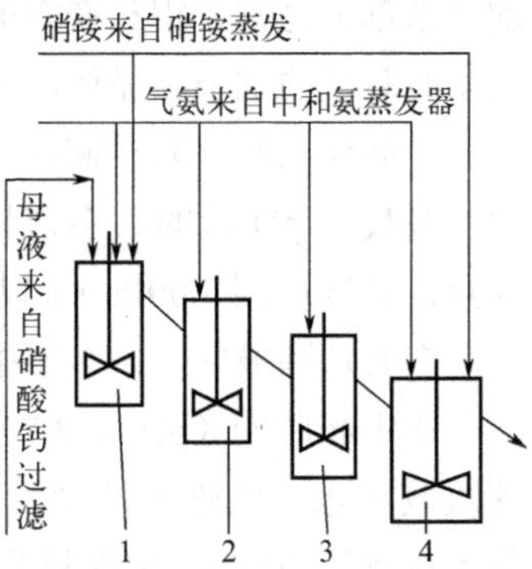

图 5-8　某公司硝酸磷肥中和工序工艺流程

5.3.1.6　中和料浆的浓缩

（1）浓缩过程基本分析　中和料浆包含固相和液相两部分，固相是钙、镁、铁、铝等的磷酸盐和氟化物，这些化合物在浓缩过程中比较稳定，不易发生本质上的变化，除了使料浆的表观黏度和其他一些物理化学性质发生变化之外，一般不影响料浆蒸发浓缩过程的进行。液相主要是硝酸铵和磷酸铵的水溶液。因此可以视中和度的高低将此体系简化为 NH_4NO_3-$NH_4H_2PO_4$-H_2O 三元体系或 NH_4NO_3-$NH_4H_2PO_4$-$(NH_4)_2HPO_4$-H_2O 四元体系。

相关研究结果显示：

① 硝酸磷肥料浆在蒸发浓缩过程中，为了避免或减少磷酸一铵结晶的析出，在控制浓缩终点浓度为 80% ～ 95% 范围内时，应采用常压操作。但如果深度浓缩，即浓缩终点浓度为 98% 以上时，可以适当地使用真空操作，以在一定程度上降低物料的沸点，避免因过热造成盐类分解或磷酸盐转化成焦磷酸盐。

② 磷酸盐水溶率提高，意味着料浆中磷酸一铵含量增加。磷酸盐水溶率降低和 N/P_2O_5 比提高（意味着料浆中硝酸铵含量增加），相应的磷酸一铵量减少，此时析出磷酸一铵结晶

的可能性减少，可以适当使用一定的真空度来浓缩这种料浆。

盐溶液的沸点主要是压力和浓度的函数。决定硝酸磷肥料浆沸点与浓度关系的主要因素是可溶性盐的水溶液部分，帕拉特（Pratt）和诺伊斯（Noyes）在研究 NH_4NO_3-$NH_4H_2PO_4$-H_2O 体系的等压溶解度时，测定了沸点与浓度之间的关系。

因此 NH_4NO_3-$NH_4H_2PO_4$-$(NH_4)_2HPO_4$-H_2O 四元体系的结晶温度与组成的关系对硝酸磷肥生产厂的料浆浓缩有更直接的指导作用。可以得到以下规律性认识：

① 与 NH_4NO_3-$NH_4H_2PO_4$-H_2O 三元体系类似，四元体系也有一个低共熔点；对于无水体系低共熔点位置在 20% 的磷酸铵附近，随着含水量的增加，低共熔点位置逐步向低磷酸铵方向移动；

② 水含量增加，结晶温度下降；

③ $(NH_4)_2HPO_4$ 含量增加，结晶温度下降。

由于磷酸二铵在高温下是不太稳定的，氨蒸气分压较高，会造成氨损失，故磷酸二铵含量不宜太高。从相图上可看出：体系中和度控制在磷酸二铵占磷酸铵总量的 20%、磷酸铵总量与总干盐量之比为 20/100 左右时，溶液的结晶温度是最低的，此时操作是有利的。

在 NH_4NO_3-$NH_4H_2PO_4$-$(NH_4)_2HPO_4$-H_2O 四元体系 ($N/P_2O_5=1$) 中的氨蒸气分压和 $(NH_4)_2HPO_4$ 含量的关系：随着 $(NH_4)_2HPO_4$ 含量增加，氨蒸气分压明显上升。

在料浆浓缩过程中，熔融料浆的流动具有牛顿特性，即熔融料浆的黏度 (η) 与温度 (T) 有如下关系：

$$\lg\eta=a+bT^{-1}$$

式中系数 a 和 b 的值如下：

N/P_2O_5	a	b
1∶1	−2.204	1409.1
1∶0.8	−2.013	1318.2
1∶0.7	−1.532	1090.9
1∶0.5	−1.169	909.1

在高温（150℃以上）和低含水量（0.3% ～ 0.4%）的条件下，正磷酸铵盐有部分将脱水形成非正磷酸铵盐，如在 180℃下加热 3h 后，NH_4NO_3-$NH_4H_2PO_4$ 体系的脱水可以达到平衡，此时正磷酸铵盐中有 34% 转化为焦磷酸盐，还有 6% 为三聚和四聚磷酸盐的混合物，即约有 40% 的正磷酸铵盐转化成非正磷酸铵盐。但若在高温下停留时间较短，则非正磷酸盐的量很少，如含水量为 0.4% 的熔融物，从加热开始到测定结束的时间约 20min，非正磷酸盐的含量在 0.1% ～ 6.8%。

为使硝酸磷肥中和料浆的浓缩操作能顺利进行，对于第一段浓缩，关键在于使料浆的沸点高于磷酸一铵的结晶温度，防止磷酸一铵结晶析出，以免在浓缩操作中产生结垢降低传热系数。为了做到这点，①浓缩必须在常压或低真空度下操作；②控制中和料浆的 N/P_2O_5 在较高水平；③氨中和度控制在 $(NH_4)_2HPO_4$ 量占总磷酸铵量的 20% 左右为宜，对于 P_2O_5 水溶率高的产品尤其如此；④料浆浓缩终点浓度应选择在越过磷酸一铵结晶区的范围。对于第二段浓缩，由于熔盐凝固点不受体系压力限制，因此可以采用较高的真空度。此时主要的问题是防止正磷酸盐脱水变成焦磷酸盐或多磷酸盐化合物，以免体系黏度增加，同时生成难以清洗的结垢，因此需尽量缩短料浆通过加热段的停留时间。

（2）料浆浓缩工艺过程　从液相中蒸发水分所需要的能量要比从固体物料中除去同样数量的水分所需能量少得多，因此将中和料浆浓缩到一定浓度后再造粒。磷矿质量好的中和料浆通过浓缩可把料浆的水分含量减少到 0.5% ～ 1%，直接送入喷淋造粒塔成粒。如果杂质比较多，一般将水分含量降到 2% ～ 3% 后进入返料造粒器造粒。我国磷矿 MgO 含量高，杂质较多，浓缩料浆时水分含量控制在 5%，然后进入返料造粒器造粒。

硝酸磷肥中和料浆浓缩加热主要有三种类型：自然循环型、强制循环型和一次通过型。

① 自然循环型　料浆在加热管内受热汽化，形成气 - 液两相混合物，而在蒸发器的循环管一侧充满了分离二次蒸汽后的浓溶液，由于存在密度差而形成循环流动的推动力。料浆必须在加热管中汽化形成热虹吸是自然循环能够存在的前提条件，因此管壁形成结垢是一种先天性缺陷。

自然循环型蒸发器设备简单，动力消耗少。但只适合流动性极好的料浆，要求磷矿杂质极少。加热管比较容易结垢和堵塞，需要经常清理，并且总传热系数相对较低。

② 强制循环型　在料浆循环回路中添加一台强制循环泵，因此外加动力驱使流体定向流动，加快料浆在加热管内的流速，料浆在加热管内处于过热状态而不汽化，当流体进入蒸发室后因压力的突然降低而产生闪蒸作用。与相同操作条件下的自然循环比较，总传热系数可提高一倍左右，并且由于流体的冲刷作用，减少了管壁的结垢。

③ 一次通过型　即 Norsk Hydro 公司开发的专有工艺。在料浆蒸发器的加热管前配置一台预热器，将中和料浆从约 120 ～ 125℃预热到约 150℃，通过加热管将料浆温度提升到 180 ～ 185℃后进入蒸发室，没有料浆循环管。加热管长度较长，允许一部分料浆在管内沸腾，产生气液二相流，二相流可以达到极高的速度，以提高传热系数，缩短料浆在加热管内的停留时间，减少副反应。加热管内料浆汽化易造成管壁结垢，操作周期很短。

天脊集团硝酸磷肥装置 NP 浓缩部分依据产能规模和单台设备处理能力分为两个系列。工艺流程和设备见图 5-9，来自中和工序的中和料浆由给料泵送至蒸发器，在真空度为 0.08MPa 下用 2.0MPa 蒸汽加热蒸发，水分含量从 15% ～ 20% 降到 2% ～ 3%，175℃的熔液进入液封槽并通过控制阀送到造粒工段。操作温度要控制在 180℃以下，以避免硝酸铵分解。

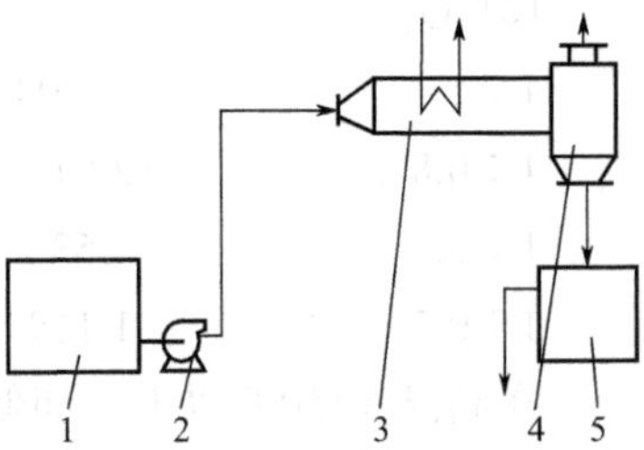

图 5-9　硝酸磷肥料浆浓缩过程工艺与设备

1—给料槽；2—给料泵；3—蒸发器；4—分离器；5—液封槽

5.3.1.7　浓缩料浆造粒

（1）成粒方法　硝酸磷肥造粒方法依据所使用的磷矿质量及浓缩后最终所能达到的浓度可分为：塔式喷淋造粒和返料造粒。

① 塔式喷淋造粒　塔式喷淋造粒原用于硝酸铵或尿素的生产，后也应用于硝酸磷肥的生产，具有固体输送量少、返料比低的优点。由于造粒塔在投资中占有较大比重，适合于大规模的生产装置。对喷淋熔体的黏度和浓度有较高要求。

塔式喷淋造粒是中和料浆经浓缩后最终浓度达到基本无水的程度，并且具有较好的流动性，然后通过一种特殊设计的喷头将料浆喷淋成粒、冷却固化，得到粒度在 1.0 ～ 3.0mm 的丸粒。

使用塔式喷淋造粒的前提是料浆须能浓缩到99.0%以上，该造粒方法适合于磷矿质量达到苏联科拉精选磷矿或摩洛哥精选磷矿品位的硝酸磷肥装置。

两段浓缩后浓度为99.0%以上的料浆送入造粒塔的加料混合槽，在槽内与一部分不符合颗粒要求的返料和经磨细并干燥的钾盐（生产三元肥）混合，混合料浆熔体从造粒塔塔顶旋转喷头的喷孔喷出，形成细小液滴从塔顶落下，与上升的冷空气接触凝结成粒，造粒塔的有效高度为45～55m，塔顶用轴流风机抽吸环境空气强制地使其由下而上通过塔身。出造粒塔的颗粒温度为80～90℃，再用冷却装置冷却到40℃。喷淋造粒塔的成品颗粒粒度为1～3mm，少量的细粉经筛分后返回造粒塔上的加料混合槽。后来为了制取粒度为2～2.5mm的较大颗粒，有效塔高要求达到70～75m。

旋转喷头采用特殊设计，喷头内部有类似于刮刀的装置，以防止含固体的料浆因离心作用在喷头内部分层。

塔式喷淋造粒在采用Norsk Hydro流程和Stamicarbon流程的硝酸磷肥装置中得到广泛使用。

② 返料造粒　中和料浆视料浆经过或不经过浓缩，然后在造粒机中与固体细粒混合、喷涂成粒，含一定水分的肥料颗粒（粒度一般在2～4mm）进干燥器干燥后得到成品。造粒机种类有转鼓、盘式、喷浆和双轴。但在硝酸磷肥的生产中没有看到转鼓和盘式造粒的报道。

返料造粒的特点是需要大量的返料以及庞大的干燥、筛分和破碎设备，流程长，设备多，投资大，能耗高，维修频繁，但能适应杂质比较多的磷矿，对料浆适应性强，含水量高、流动性差的料浆也能操作。尽可能在浓缩过程中除去料浆中的水分，对于节约能耗、减少设备投资都是至关重要的。

双轴造粒机造粒广泛应用于复合肥料的生产中，当用于生产冷冻法硝酸磷肥时，将料浆浓缩到90%～95%，返料比为4～6。其优点是对料浆的N/P_2O_5比和料浆黏度变化适应性强，运转稳妥可靠，灵活性大，缺点是返料比较大。采用冷返料造粒或熔盐造粒可使返料比显著下降。

在Uhde工艺及部分Norsk Hydro工艺和Stamicarbon工艺中采用双轴造粒工艺。由于国内磷矿质量较差，天脊公司和芭田公司的硝酸磷肥装置均采用双轴造粒工艺。浓缩到95%～97%的料浆流入双轴造粒机内，与返料比约3～5的干返料混合，通过桨叶的搅拌、剪切和捏合，料浆和粉料成粒。

影响造粒的因素主要有造粒物料的液相量（物料的含水量和物料中固体的溶解量）、物料温度、造粒机内液固比、返料粒度组成、造粒温度等。硝酸铵体系的肥料由于硝酸铵溶解度较大，在造粒时硝酸铵对含水量和温度特别敏感，这就要求料浆的含水量在保证其适宜流动性的前提下尽可能低，以减小返料比。

（2）工艺过程　硝酸磷肥造粒和干燥工艺流程见图5-10。造粒和干燥由两个独立系列组成。来自浓缩工序的熔体在造粒机内与返料混合成粒，颗粒靠重力流入干燥机中，在干燥机内与来自加热器的热空气直接接触干燥至颗粒水分含量在0.6%以下。然后颗粒物料经筛分、冷却后得到所要求的产品。

从双轴造粒机出来的是不圆整颗粒，对产品的销售和机械化施肥有影响。

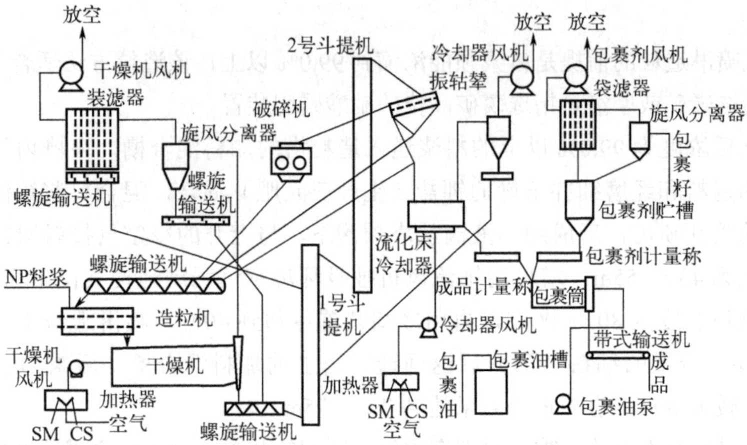

图 5-10　硝酸磷肥造粒和干燥工艺流程图

5.3.1.8　硝酸钙的处理

冷冻法硝酸磷肥冷冻结晶分离所得的硝酸钙数量颇大，主要与成品 P_2O_5 水溶率有关。一般的商品磷矿生产 50%P_2O_5 水溶率产品时，每吨磷矿约可副产四水硝酸钙 1.5t。副产的四水硝酸钙吸湿性强，并且含氮量低，一般需加工成适当的产品。生产上成熟的加工处理方法主要有三种。

（1）加入硝酸、氨或硝酸铵，制成 $5Ca(NO_3)_2 \cdot NH_4NO_3 \cdot 10H_2O$　出过滤机的硝酸钙结晶中含有少量酸不溶物及磷酸、硝酸盐等，为使后续工序更为顺畅，同时提高产品质量，将硝酸钙结晶熔融后调节溶液浓度，然后用氨中和，生成不溶性磷酸钙盐等沉淀物，经过滤工序去除，沉淀物加入到产品造粒工段。向去掉沉淀物的硝酸钙溶液通入氨气中和其中的硝酸，同时加入硝酸或硝酸铵，使 $Ca(NO_3)_2$ 和 NH_4NO_3 的物质的量之比为 5∶1，随后浓缩，使熔融液含水量从约 30% 降至 15% ～ 16%，含 N 量为 15.5%。熔融物中 $Ca(NO_3)_2$ 与 NH_4NO_3 的物质的量之比和含水量是重要的控制指标。$5Ca(NO_3)_2 \cdot NH_4NO_3 \cdot 10H_2O$ 复盐造粒对晶种有特殊要求，如果造粒系统中缺乏晶种则较难成粒。熔融复盐冷却后可长期保持过饱和度状态而不结晶，即使成粒，颗粒也松软，无法成型。造粒系统中添加晶种后，熔融复盐可迅速结晶固化，生成的颗粒有较好的机械强度。

① 圆盘造粒　将熔融物喷洒到圆盘造粒机的成粒区固体物料上，黏结团聚成粒，达到粒度要求的颗粒流出造粒机，经筛分得到产品。圆盘造粒工艺简单，可直视，但单个圆盘规模小，操作环境差。国内使用圆盘造粒工艺生产 $5Ca(NO_3)_2 \cdot NH_4NO_3 \cdot 10H_2O$ 产品的厂家较多。

② 滚筒或钢带造粒　熔融物通过分布器倾卸在冷却滚筒上成片状，片状产品吸湿性较大。或通过分布器滴落在钢带上，钢带上的液滴在钢带下冷却水的作用下冷却成颗粒。产品物性好于片状。

③ 油冷造粒　为荷兰 Stamicarbon 公司开发应用。熔融物自高位槽流入旋转喷头，通过喷头喷孔，呈抛物线轨迹喷洒在含有石蜡、温度为 45 ～ 50℃的油浴槽中，冷却固化成粒，形成的颗粒在离心分离机中与油分离，油用泵送至冷却器冷却后再重新返回油浴槽，含有

0.5% ～ 1.0% 油的颗粒筛分后，粒度为 1 ～ 3mm 的合格成品送去包装，筛上大颗粒经破碎后与不合格的小细粒合并进入油浴槽中作为复盐固化的晶种。

所制得的含 N15% ～ 15.5% 的圆颗粒具有良好的物理性能，产品吸湿性明显好于结晶产品，吸湿速度与尿素相近。

④ 流化床造粒　由国内开发并在芭田和鲁西得到了应用，单套装置规模大，产品质量好。

熔融物（浓缩浆料）在转鼓流化床造粒机内雾化喷涂造粒。在转鼓内壁设置均匀分布的折型抄板，转鼓内有固定流化床，晶种颗粒（返料）从转鼓的入料端连续加入，抄板把转鼓底部颗粒抄入流化床，颗粒从溢流口流落，形成连续均匀的料帘。在转鼓轴向垂直于料帘的侧面安装有多个喷嘴，喷嘴把造粒原料液雾化成液滴喷向料帘，液滴与运动颗粒碰撞接触，在颗粒表面包覆、固化，增大后的颗粒落到转鼓底部，再次被抄入流化床，重复上述过程。造粒返料来源于小颗粒、大颗粒破碎后的散料，必要时用部分成品作造粒返料。结晶热由流化空气带走。造粒后物料经振动筛两级筛分，小颗粒直接作为造粒机的返料，大颗粒经破碎机破碎后同样作为造粒机返料，合格粒径的颗粒进入冷却机进行冷却后包装。

（2）加入氨和二氧化碳，制成石灰硝酸铵　直接以氨和二氧化碳处理去掉沉淀物的硝酸钙溶液，使之转化成硝酸铵和碳酸钙，碳酸钙不分离，料浆经浓缩、造粒制成含 N 20% 的石灰硝铵。缺点是在高温浓缩阶段会发生如下反应：

$$2NH_4NO_3 + CaCO_3 \xlongequal{\quad} Ca(NO_3)_2 + 2NH_3 + CO_2 + H_2O$$

产品中有硝酸钙结晶，影响产品的贮存性能，并且还造成氨的损失。

（3）与氨和二氧化碳反应制成硝酸铵和碳酸钙　出过滤机的硝酸钙结晶熔融后首先用氨中和，严格控制溶液浓度和 pH 值，过滤掉沉淀物（主要是磷酸钙盐）的硝酸钙溶液用 NH_3 和 CO_2 反应转化，生成硝酸铵和碳酸钙，硝酸铵溶液经浓缩后可以返回到中和系统调节 N/P_2O_5 比例，也可以直接制得颗粒硝酸铵。碳酸钙如何利用是该工艺的难点。

在工业上得到应用的转化法有两种工艺：①硝酸钙溶液直接在搅拌槽或吸收塔内用氨和二氧化碳处理，称之为气相法或一步法。②为了更好地控制碳酸钙结晶生长，先在吸收塔内用循环的硝酸铵母液和碳酸钙的洗涤液吸收氨和二氧化碳，形成的碳酸铵 - 硝酸铵溶液再与硝酸钙反应，称之为液相法或二步法。Norsk Hydro 公司使用液相法工艺。

有两种转化法生产硝酸铵：①气相转化法生产硝酸铵　经净化的硝酸钙溶液在专门设计的转化反应器内与气氨和二氧化碳直接反应转化，二氧化碳由反应器底部通入，气氨从反应器（塔）的三个不同高度处送入，其进口都在相应的冷却段下部。为了降低氨损，硝酸钙溶液从装有洗涤器的塔顶加入。②液相转化法生产硝酸铵　在填料吸收塔中用硝酸铵溶液吸收氨和二氧化碳，生成碳酸铵 - 硝酸铵溶液。在此过程中有大量的反应热放出，通过外部冷却器用水冷却到 40℃，然后大部分溶液返回塔内作循环吸收液用，以保证塔内的喷淋密度，一部分进入转化反应槽与去掉沉淀物的硝酸钙溶液在 60 ～ 70℃下反应生成硝酸铵和碳酸钙。将悬浮有碳酸钙的硝酸铵溶液送至碳酸钙过滤机过滤，含 60%NH_4NO_3 的滤液一部分作为新鲜硝酸铵进入碳化塔吸收 CO_2，另一部分进入硝酸铵溶液浓缩工序经浓缩后返回硝酸磷肥氨中和系统，调节产品的 N/P_2O_5 比。

某公司使用的是 Norsk Hydro 液相法硝酸钙转化技术，工艺流程见图 5-11。

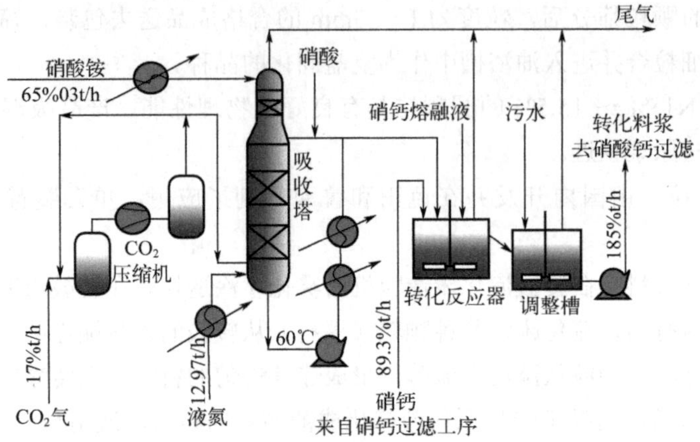

图 5-11　某公司硝酸磷肥硝酸钙吸收转化工艺流程图

5.3.2　硝酸－硫酸（盐）混酸法硝酸磷肥工艺

5.3.2.1　酸解结晶基本原理

硝酸 - 硫酸混酸法是利用硝酸和硫酸的氢离子分解磷矿，硫酸根离子 (SO_4^{2-}) 则和钙生成不溶性的硫酸钙 ($CaSO_4 \cdot nH_2O$) 结晶，固定酸解液中的钙，使溶液中 CaO 与 P_2O_5 物质的量比小于或等于 2.0，从而制得含有水溶性 P_2O_5 和枸溶性 P_2O_5 的硝酸磷肥[22, 23]。依据反应系统条件，所产生的硫酸钙水合结晶可以是二水、半水或无水物。湿法磷酸工艺实际上是从过程热力学和结晶动力学角度研究如何形成稳定的硫酸钙结晶形态，并获得粗大、整齐的晶体，使得硫酸钙具有良好的过滤性能及洗涤效果。

在已经工业化的工艺流程中，所得到的硫酸钙结晶为二水物。虽然德国 VEBA 公司在 1976 年提出硝酸 - 硫酸混酸法制硝酸磷肥之半水物流程，上海化工研究院也做了相关研究[24]，但未见有半水物流程的建厂报道。

5.3.2.2　酸解结晶过程的化学反应

磷矿被硝酸分解生成硝酸钙和磷酸，在添加硫酸或硫酸盐（硫酸铵或硫酸钾）后，它们与硝酸钙反应生成二水石膏结晶和硝酸（盐）溶液，然后将二水石膏与磷酸、硝酸（盐）溶液进行分离，过程不存在硫酸分解磷矿时磷矿被硫酸钙包裹的问题，所得到的磷石膏含磷量很低。

磷矿的硝酸和硫酸分解溶液是一个含多组分的体系，主要组分为磷酸、硝酸、硝酸钙、硫酸钙，此外还含有铁和倍半氧化物的硝酸盐和氟硅酸盐等其他化合物。

磷矿中含有的各种矿物组分在酸解时都能与硝酸、硫酸发生反应，磷矿主要组分氟磷灰石在酸解时的反应如下：

$$Ca_5(PO_4)_3F+10HNO_3 = 5Ca(NO_3)_2+3H_3PO_4+HF\uparrow$$

$$Ca_5(PO_4)_3F+5H_2SO_4+2H_2O = 5CaSO_4\cdot 2H_2O+3H_3PO_4+HF\uparrow$$

$$Ca_5(PO_4)_3F+7H_3PO_4 = 5Ca(H_2PO_4)_2+HF\uparrow$$

$$Ca(NO_3)_2+H_2SO_4+2H_2O = CaSO_4\cdot 2H_2O+2HNO_3$$

$$Ca(NO_3)_2+(NH_4)_2SO_4+2H_2O = CaSO_4\cdot 2H_2O+2NH_4NO_3$$

$$Ca(NO_3)_2+K_2SO_4+2H_2O = CaSO_4\cdot 2H_2O+2KNO_3$$

磷矿中伴生的杂质矿物亦能与硝酸发生反应，反应式如下：

$$CaCO_3(\text{方解石})+2HNO_3 = Ca(NO_3)_2+H_2O+CO_2\uparrow$$

$$CaCO_3\cdot MgCO_3(\text{白云石})+4HNO_3 = Ca(NO_3)_2+Mg(NO_3)_2+2H_2O+2CO_2\uparrow$$

含有倍半氧化物的化合物如褐铁矿、海绿石、黄铁矿等可以硝酸盐的形式进入溶液：

$$FeS_2+HNO_3 \longrightarrow Fe(NO_3)_3+NO_x+SO_2\uparrow+H_2O$$

$$R_2O_3+6HNO_3 = 2R(NO_3)_3+3H_2O$$

反应释放出的HF由于初生态的F活性很强，能与磷矿中所含的硅酸盐或石英（SiO_2）作用，使大部分的氟以氟硅酸形态存留在溶液中：

$$SiO_2+6HF = H_2SiF_6+2H_2O$$

如在酸解过程中添加了硫酸钾，则氟硅酸与其反应生成溶解度很小的氟硅酸钾：

$$K_2SO_4+H_2SiF_6 = K_2SiF_6+H_2SO_4$$

生成的氟硅酸钾沉淀和硫酸钙一起被分离，造成钾盐损失。需用碱液洗涤才能回收钾，以降低钾的损耗。工业生产中，还应当注意加入钾盐时带入的氯离子，因为氯离子对不锈钢设备有严重的腐蚀。

硝酸-硫酸混酸工艺的酸解条件基本与冷冻法硝酸磷肥的酸解条件相同，但因无硝酸钙结晶过程对硝酸用量和硝酸浓度的要求，并且磷矿还可以被硫酸分解，硝酸浓度也就不需要在55%HNO_3以上。硝酸用量由产品的N∶P_2O_5质量比和P_2O_5水溶率确定，硫酸消耗量根据产品中P_2O_5水溶率确定。硫酸消耗量愈大，则被固定的钙量愈多，产品中水溶率也愈高。

制取50%水溶率肥料时，反应式为：

$$2Ca_5(PO_4)_3F+8HNO_3+6H_2SO_4+2H_2O = 4Ca(NO_3)_2+6CaSO_4\cdot 2H_2O+6H_3PO_4+2HF$$

用硫酸或可溶性硫酸盐来沉淀出磷矿硝酸分解液中的石膏这一过程，与硫酸分解磷矿制取磷酸的过程相似，获得粗大、易过滤的硫酸钙结晶也是这一过程的技术关键，因此湿法磷酸生产中的方法和原理可参考应用于这一过程。

当酸解结晶液中CaO与SO_4^{2-}成当量关系，或控制液相中一定的SO_3浓度时，采用返浆（作为晶种）等办法，可以满意地获得较高的石膏结晶过滤强度。

料浆中硝酸钙的存在使硫酸钙的溶解度下降明显，在温度为20℃时，分别添加0.1mol/L、0.2mol/L和0.5mol/L的硝酸钙，将使硫酸钙的溶解度分别下降28%、48%和68%。体系中提高磷酸浓度，也将使硫酸钙的溶解度降低，但降低幅度不大，而提高硝酸浓度将增加硫酸钙的溶解度。

与湿法磷酸生产过程一样，磷矿中Fe、Al和Mg等杂质的存在影响硫酸钙的结晶，但影响程度要小得多，因为混酸体系物料的黏度要小得多。正因为物料黏度小，硫酸钙结晶生长容易，混酸体系的控制条件（温度、时间、SO_3浓度等）比湿法磷酸工艺宽松，虽然难以获得过滤性能良好的聚合晶结晶石膏（硝酸浓度高的情况下才能获得），但所得基本是粗大的斜方晶型石膏结晶。

可以发现，HNO_3 的存在缩小了硫酸钙二水物结晶区域。为了防止出现半水物结晶，酸解结晶过程的温度控制成了关键，并且过程所能接受的温度也远小于二水法湿法磷酸工艺的酸解温度。

在硝酸 - 硫酸（盐）混酸法硝酸磷肥中，磷石膏可以分离也可以不分离。不分离石膏的流程以法国 PEC 流程为主，该流程是适用于硝酸 - 硫酸法、硝酸 - 硫酸盐法、硝酸 - 磷酸法和碳化法的通用流程。磷矿的酸解、结晶、中和在 12 ～ 15 台 U 形反应器中进行。中和后料浆进入喷浆造粒干燥器，在返料的存在下造粒和干燥，再经筛分、破碎和冷却后得到成品。分离石膏的流程以日本旭化成流程为主，根据硫酸钙结晶的基本原理分离磷石膏，提高了产品的浓度，使操作容易进行。

上海化工研究院曾在 1980 年对四川金河磷矿以硝酸 - 硫酸混酸法制硝酸磷肥进行了研究。硝酸浓度为 40%HNO_3，硫酸浓度为 93%H_2SO_4。得到的目标产品中 N 和 P_2O_5 的含量均不低于 12%，P_2O_5 水溶率为 30%，$N/P_2O_5=1$。

由 $CaSO_4$-H_3PO_4-HNO_3-H_2O 体系的多温平衡相图结合 $CaSO_4$-H_3PO_4-H_2SO_4-H_2O 四元体系相图可知，影响混酸法体系中石膏结晶的因子有溶液中 SO_4^{2-} 含量、游离 HNO_3 含量、结晶温度以及是否有足量的晶核均匀分散在溶液中。混酸法与二水湿法磷酸生产方法的主要区别是由于 HNO_3 的存在，混酸法溶液的黏度较湿法磷酸要低得多，因而也一定程度地提高了磷石膏的过滤强度，但 HNO_3 的存在，易使结晶区进入 $CaSO_4 \cdot 1/2H_2O$ 区域，这是酸解结晶过程要绝对避免的，因此结晶温度和 SO_4^{2-} 含量不能过高。研究发现将磷矿分两部分加入，一部分磷矿作为第一段酸解过程原料可以用硝酸先分解然后加入硫酸，生成硫酸钙结晶，并使结晶良好成长以得到较高的过滤强度；也可让酸解和石膏结晶过程结合在一起进行，一起进行时可能会稍微降低结晶的过滤强度，但可以简化流程布置，并且还可降低氮损失。另一部分磷矿作为第二段酸解过程的原料用滤液和洗液分解。在第一段酸解过程中加入大约 75% 的磷矿，使溶液中的 Ca^{2+} 和 SO_4^{2-} 浓度基本相当，以此控制硫酸钙的晶核生成速度和结晶生长速度。液相中 SO_4^{2-} 含量不足会造成二水石膏结晶形状不好，过滤强度明显下降，过高则会出现部分半水物石膏结晶，因此过高和过低的 SO_4^{2-} 含量均不适宜。为了避免进入半水硫酸钙的结晶区，系统温度须控制在 60℃左右。为了得到均匀的石膏结晶，还需控制结晶时间在 2h 左右，得到基本相同的结晶过滤强度，混酸法结晶时间远较湿法磷酸结晶时间短。另外 25% 的磷矿加在第二段酸解过程中，利用滤液中的游离 HNO_3 分解第二段加入的磷矿，第二段酸解过程的时间 1h 已足够。产品 P_2O_5 水溶率可通过控制第二段磷矿的加入量调节。

在用硫酸铵作为磷矿硝酸分解液中石膏的沉淀剂时，酸解过程和结晶过程一般分开进行，过程中增加酸不溶物的分离工序，可以减少细小的酸不溶物对石膏结晶的影响，改善石膏的过滤性能，所得到的石膏含酸不溶物的量低，质量好，相当于给石膏本身进行了一次精制，有利于石膏的再利用。

在用硫酸钾作为磷矿硝酸分解液中石膏的沉淀剂时，由于在酸解过程中，HF、SiO_2 和硫酸钾、硝酸钾进行以下反应时生成溶解度很小的氟硅酸钾，和硫酸钙一起被分离，会造成钾盐损失。

$$6HF+SiO_2+2KNO_3 = K_2SiF_6\downarrow +2HNO_3+2H_2O$$

$$6HF+SiO_2+K_2SO_4 = K_2SiF_6\downarrow +H_2SO_4+2H_2O$$

5.3.2.3　氨中和过程

混酸法与冷冻法的氨中和过程原理基本相同。

分离石膏后的酸解液中主要含有磷酸、硝酸、氟硅酸、硫酸钙和钙、镁、铁、铝等的硝酸盐，成分极为复杂，氨中和过程将产生复杂的化学反应，并生成许多盐类，有的盐类的溶解度极小，成为高分散度的胶状物，严重影响中和料浆的性质，会使料浆黏度突然上升，给中和操作带来很多困难，甚至无法继续进行。

氨中和是硝酸磷肥生产流程中的关键过程之一。硝酸磷肥酸解液氨中和过程基本类似，硝酸 - 硫酸（盐）混酸法酸解液在氨中和时，因有硫酸钙的存在，可能会发生下面的反应：

$$4Ca(NO_3)_2+6H_3PO_4+2HF+11NH_3$$

$$=\!=\!=\!= 3CaHPO_4+3NH_4H_2PO_4+8NH_4NO_3+CaF_2$$

$$2CaHPO_4+CaSO_4\cdot 2H_2O+2NH_3 =\!=\!=\!= Ca_3(PO_4)_2+(NH_4)_2SO_4+2H_2O$$

生成难溶的 $Ca_3(PO_4)_2$，导致磷酸盐的退化；当有氟化钙存在时，更易促进退化反应的进行，降低磷酸盐的有效率。故在氨中和时，pH 值的控制极为重要。

5.3.2.4　浓缩和造粒过程

混酸法的浓缩和造粒过程原理与冷冻法的基本相同。

硝酸磷肥中和料浆在送造粒干燥前，一般通过蒸发浓缩除去料浆中的大部分水，这样可大幅度降低干燥负荷，减少干燥设备投资，同时在燃料操作费用上也较为经济。对于流动性较好的料浆，甚至可以浓缩至浓度为 99% 以上再送造粒塔造粒冷却，可以省去造粒后固体颗粒的干燥过程。

氨中和后的料浆浓缩方法和浓缩终点浓度一般与料浆性质有关。依据混酸法中和料浆的物性，通常采用强制循环真空蒸发浓缩方法，但浓缩终点浓度很难达到 95% 以上，因此造粒工艺基本采用返料造粒中的喷浆造粒方法。国内料浆法磷酸铵工艺流程中大多采用喷浆造粒方法，因此国内对喷浆造粒设备制造和工艺操作具有丰富的经验。

5.3.3　典型设备

5.3.3.1　酸解反应设备

酸解槽结构见图 5-12，用于硝酸分解磷矿，一般是两台串联，进行连续分解。在硝酸 - 硫酸混酸法中也采用类似的设备，用于酸解和结晶。

酸解槽是用 316L 不锈钢板焊制的圆筒形设备，其底部为锥形或蝶形，在大型工厂中则为略有倾斜度的平底。内装由 316L 不锈钢制成的搅拌桨，其桨叶型式为透平桨。为了加强搅拌效果，槽体内壁焊有挡板。

在酸解槽顶盖上开有人孔以及加矿、排气等接口，侧壁开有溢流口，底部开有卸料口。

酸解槽所需容积可按下式确定：

$$V=\frac{G\tau}{\eta n\rho}$$

式中　V——酸解槽容积，m^3；

G——每小时酸解液量，t/h；

τ——酸解时间（一般为 1h），h；

η——酸解槽的装载系数（一般为 0.6 ～ 0.65）；

n——串联的酸解槽台数；

ρ——酸解液密度，kg/m^3。

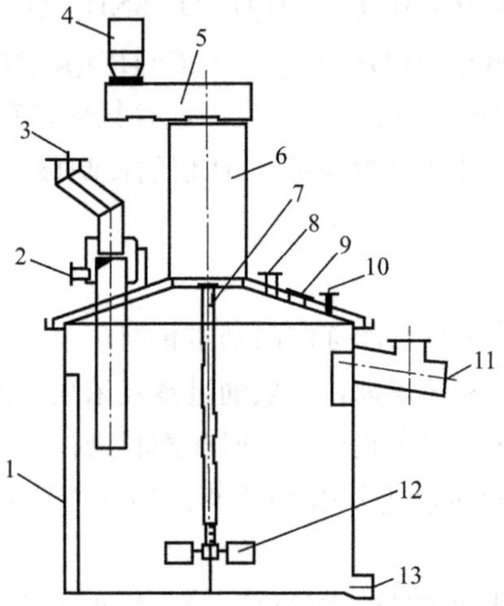

图 5-12　酸解槽结构图

1—壳体；2—硝酸进口；3—磷矿进口；4—电动机；5—减速机；6—机架；7—传动轴；8—排气口；9—人孔；10—消泡剂入口；11—出料口；12—搅拌桨；13—放料口

5.3.3.2　酸不溶物分离设备

酸不溶物分离设备按分离原理分为重力沉降设备和离心沉降设备。

（1）重力沉降设备　常用的重力沉降设备有耙式浓缩机、多层倾斜板浓缩机和深锥浓缩机。

① 耙式浓缩机　耙式浓缩机由于其结构简单，可以大型化，仍然是目前最为普遍应用的设备。耙式浓缩机通常可分为中心传动式和周边传动式两大类，结构分别见图 5-13 ～图 5-15。国产的中心传动浓缩机直径已达 100m，国外已达 183m。国产的周边传动浓缩机直径也已达到 100m，美国 Eimco 公司生产的最大直径达 198m。

② 多层倾斜板浓缩机　斜板沉降的基本原理是所谓的“浅层”沉降，即通过缩短沉降距离来提高沉降效果。理论上沉降效率提高倍数相当于“斜板的水平投影面积为原沉降槽的面积的增加系数”。

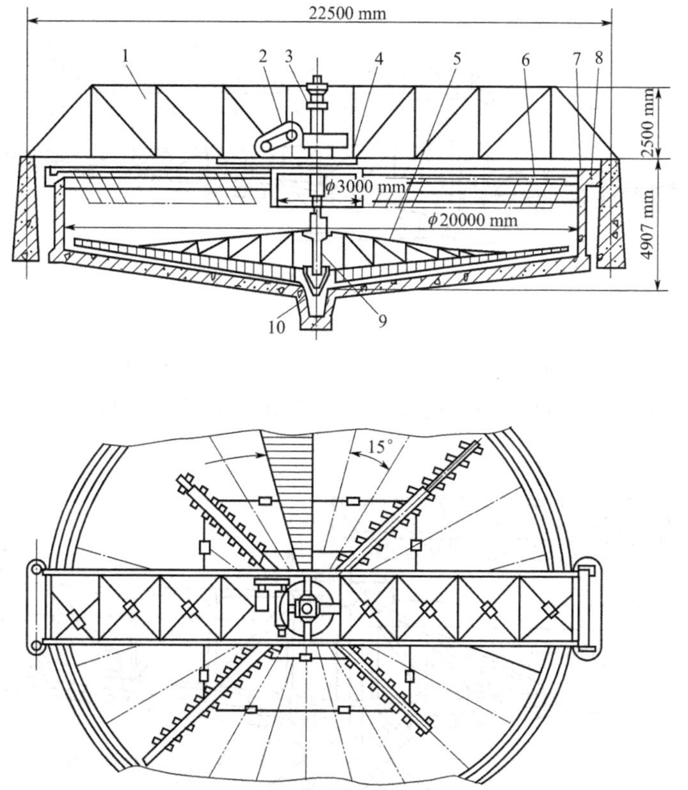

图 5-13　桥式中心传动耙式浓缩机结构

1—桁架；2—传动装置；3—耙架提升装置；4—受料筒；5—耙架；6—倾斜板；7—浓缩池；8—环形溢流槽；9—竖轴；10—卸料斗

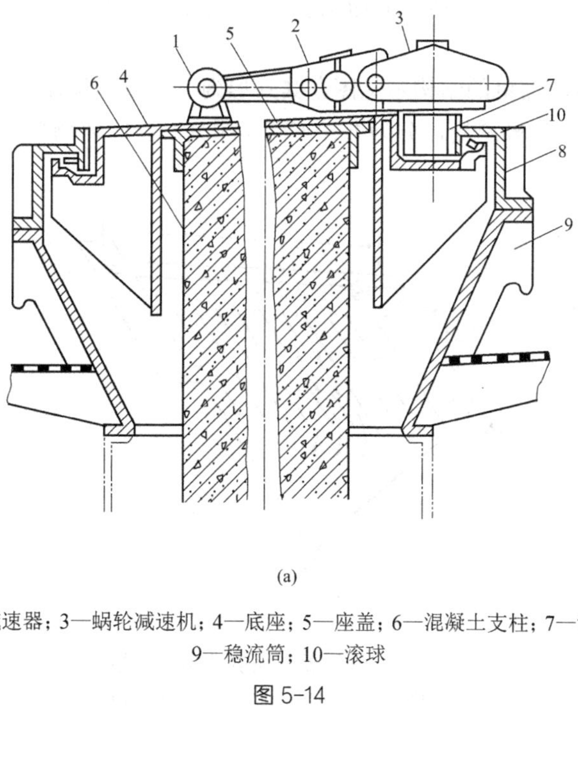

(a)

1—电动机；2—减速器；3—蜗轮减速机；4—底座；5—座盖；6—混凝土支柱；7—齿轮；8—内齿圈；9—稳流筒；10—滚球

图 5-14

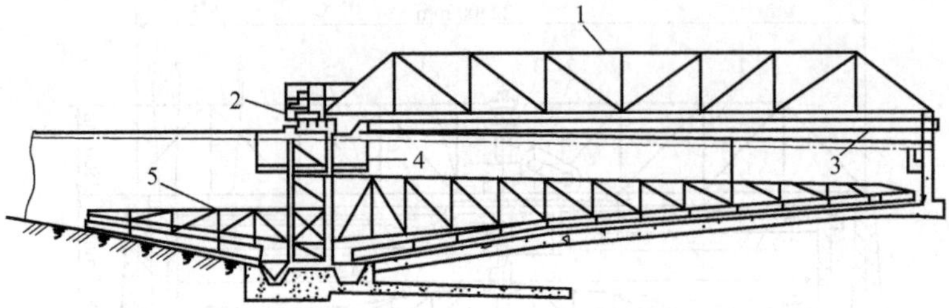

(b)

1—桁架；2—传动装置；3—溜槽；4—给料井；5—耙架

图 5-14 中心柱式中心传动耙式浓缩机（a）及传动机构（b）

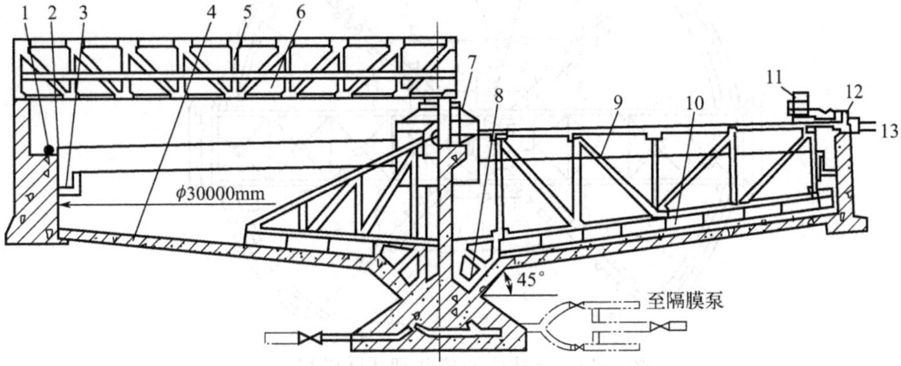

图 5-15 周边传动耙式浓缩机结构

1—齿条；2—轨道；3—溢流槽；4—浓缩池；5—托架；6—给料槽；7—集电装置；8—卸料口；9—耙架；10—刮板；11—传动小车；12—辊轮；13—齿轮

图 5-16 为倾斜板浓缩机的结构示意图。其外形为一斜方形箱体，下装一个角锥形漏斗，斜方形箱内安装有平行的倾斜板，分为上、下两层排列。含固体物料沿整个箱体宽度进入到

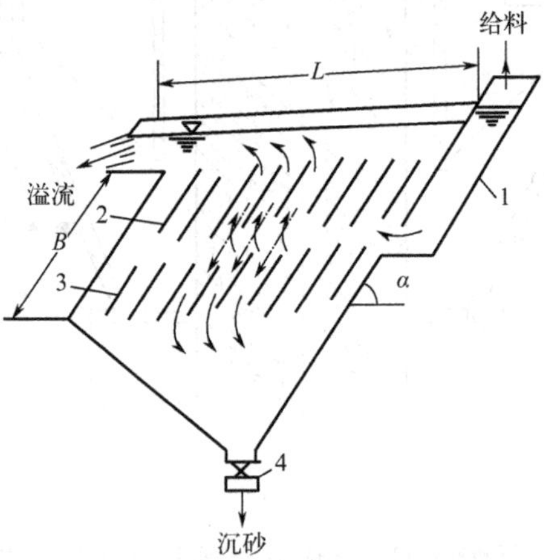

图 5-16 倾斜板浓缩机结构示意图

1—给料槽；2—浓缩板；3—稳定板；4—排砂嘴

两层倾斜板之间，然后向上流过上层倾斜板的间隙。在物料流动过程中，由于密度差，固体颗粒下沉而清液向上，固体颗粒在板间沉降，故上层倾斜板被称为浓缩板。沉降到板面的固体颗粒借助重力向下滑动，并落在下层板的空隙继续浓缩，下层倾斜板的主要用途是减少旋涡的搅动，使浓缩过程稳定地进行，故下层倾斜板被称为稳定板。底流浓相从角锥形漏斗的底部排放，稀相由上部溢流槽排出。

倾斜板浓缩机的关键部件是倾斜板，包括材质、板间间距、倾斜角 α、长度 L 等。通常板间距大于 10mm，斜角 α 在 45°～55°之间。

倾斜板浓缩机的优点是构造简单、不耗用动力、容易制造、单位面积的生产能力大、沉降效率高，但其不宜大型化，单台处理量小。

③ 深锥浓缩机　深锥浓缩机的结构示意见图 5-17。其特点是池深尺寸大于池直径尺寸，整机呈立式桶锥形。与耙式浓缩机相比，具有占地面积少、处理能力大、自动化程度高等优点。

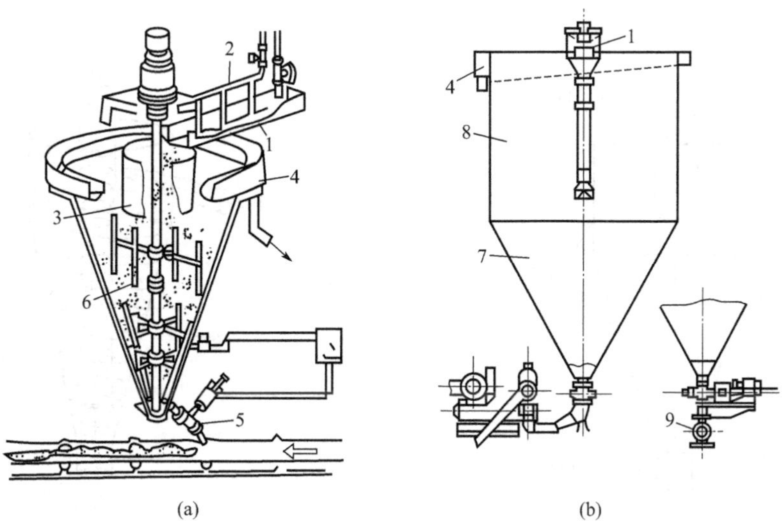

图 5-17　深锥浓缩机结构示意图

（a）英国；（b）苏联

1—给料装置；2—絮凝剂添加管；3—中心隔板；4—溢流槽；5—排料阀；6—搅拌器；7—圆锥部分；8—圆筒部分；9—轮式排料装置

重力沉降方法是硝酸磷肥酸不溶物分离方法中最常用的。Norsk Hydro、BASF、Stamicarbon 等硝酸磷肥工艺流程均有采用此方法分离酸不溶物的工厂案例。天脊公司 Norsk Hydro 工艺采用水旋器加洗涤鼓来分离酸不溶物，在难以达到工艺要求后，也改成了耙式浓缩机。酸不溶物在重力沉降槽中沉降，控制沉降分离出的微粒的粒径是很重要的。沉降颗粒过细将给后续的过滤操作带来很多问题。

（2）离心沉降设备　在酸不溶物分离上使用的离心沉降设备主要是水力旋流器和沉降离心机。

① 水力旋流器　水力旋流器的主要优点是构造简单、内部无活动部件、经济方便、体积小、产能大、分离范围广，但磨损严重，泵送消耗大。

水力旋流器典型结构见图5-18。其基本的分离原理是离心沉降，所需的旋流运动是由流体本身所形成的。水力旋流器工作时，待分离的悬浮液以一定的压力从切向进料口进入器内，并在器内形成强烈的旋转运动，由于离心沉降作用，大部分细颗粒（稀相）通过溢流口排出，而粗颗粒（浓相）则由锥底处的底流口排出，根据要求分离的粒级来确定水力旋流器的尺寸。流体在水力旋流器内的流动模型见图5-19。

水力旋流器 - 洗涤鼓主要在Norsk Hydro工艺流程中使用，在N-H公司三号厂安装了四台水力旋流器，圆筒部分直径为350mm。天脊公司硝酸磷肥装置中酸不溶物分离设备由二组，每组三台并联的旋流器组成，为了避免泵送所带来的磨蚀和动力问题，酸解槽的标高提高12m，利用位差作为分离推动力。经分离后，顶流与底流的重量比为8∶1，底流的液固比约为7.0。底流进入洗涤鼓漂洗，酸不溶物的分离率约为29%，出洗涤鼓的流体液固比约为1，在随后的带式过滤机上过滤，过滤强度可达400kg/(m^2·h)。但在实际使用中发现存在很多问题，不能达到酸不溶物分离的目的，现已不再使用。

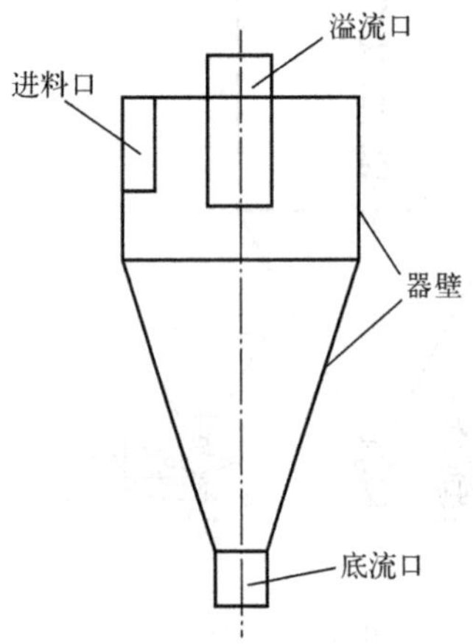

图5-18　水力旋流器结构示意图

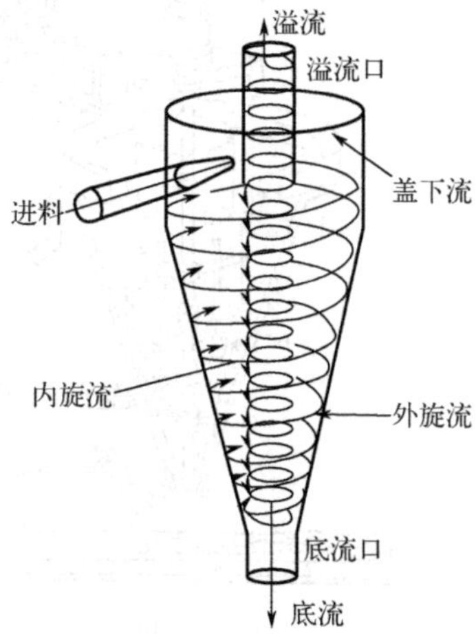

图5-19　水力旋流器的液流双螺旋模型

② 沉降离心机　沉降离心机借助于重力和离心力作用分离固体颗粒，类型有螺旋卸料式、无孔转鼓式、蝶式和管式等。沉降离心机结构示意图见图5-20。

荷兰Stamicarbon公司在格林工厂采用三台沉降离心机来分离酸不溶物，由于考虑到大颗粒的磨损，在进沉降离心机之前将大颗粒酸不溶物先除去。瑞典洽平厂亦采用三台德国产沉降离心机分离酸不溶物，转鼓直径为0.43m，转速为1000～1500r/min，根据生产经验，对于含1%酸不溶物的科拉磷矿，酸不溶物可脱除70%～80%，离心机转鼓一般3～6个月检修一次。德国Uhde公司为巴基斯坦设计的工厂也曾使用沉降离心机，其可将＞60μm的细粒沉降，排出的含少量液相的沉淀物不用洗涤，直接送往后面的复合肥料造粒机，进入成品中。

沉降离心机设备紧凑，但磨损严重，对材质要求较高，不适合于使用酸不溶物含量较高的国内磷矿的硝酸磷肥流程。

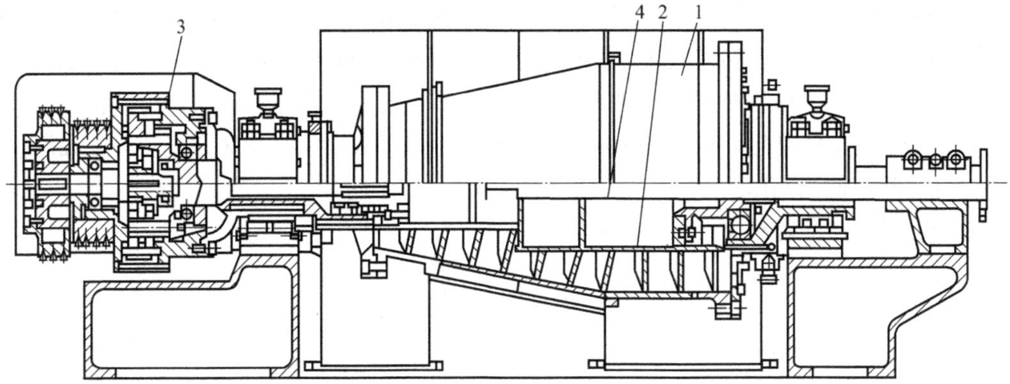

图 5-20　沉降离心机结构图

1—转鼓；2—螺旋；3—减速机；4—加料管

5.3.3.3　结晶器

硝酸钙结晶的好坏决定了冷冻法硝酸磷肥工艺能耗的高低，结晶设备是冷冻法硝酸磷肥工艺的核心设备。在已有的工业化装置中硝酸钙结晶都采用了槽式结晶设备。

某公司采用 20 个结晶器串联倒槽间歇操作的结晶系统。结晶器结构如图 5-21 所示，由槽体、顶盖、底部封头、冷却盘管、内部支架、接管等组成，设备材质使用 316 或 316L 不锈钢。结晶器高径比比较大，$\phi 3000\times 6725$，总容积为 47.5m^3，有效容积为 37m^3。结晶器内设置 13 组冷却盘管，按外中内排列，总传热面积为 1361m^2，盘管规格为 $\phi 76.1\times 2.5$，总长

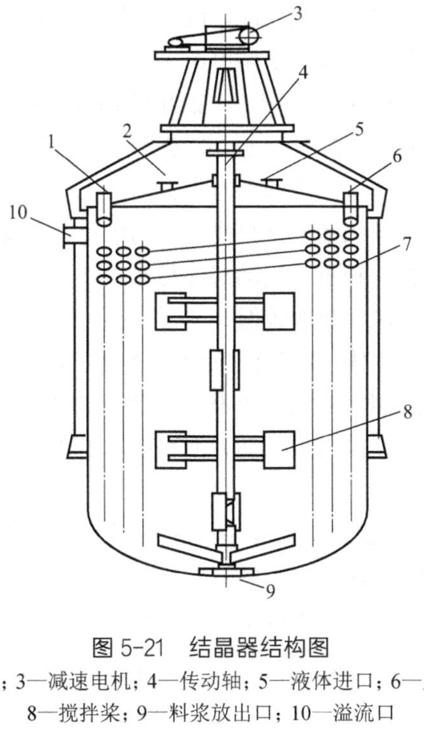

图 5-21　结晶器结构图

1—盐水进口；2—排气口；3—减速电机；4—传动轴；5—液体进口；6—盐水出口；7—冷却盘管；8—搅拌桨；9—料浆放出口；10—溢流口

度达 941m，因此冷却介质采用的是黏度较小的 20% 氨水。搅拌器由长度为 7230mm 的空心搅拌轴和 5 层桨叶组成，转速较慢，允许空转，搅拌电机带有事故电源。桨叶的布置和型式是为了满足冷却结晶过程对搅拌的要求，能扰乱冷却盘管表面形成的液膜，使其得到不断更新，以减少盘管上的结垢，也有利于结晶的成长。结晶器底设计有特殊的气动遥控底阀以便实现结晶器程序倒槽操作。

每台结晶器所需容积 V 由下式计算：

$$V=\frac{G(\tau+1)}{\rho\eta n}$$

式中 V——结晶器容积，m^3；

G——每小时结晶的料浆量，t/h；

τ——结晶时间（一般为 5 ～ 6h），h；

ρ——料浆密度，kg/m^3；

η——结晶器的装载系数；

n——结晶器台数；

5.3.3.4 结晶分离设备

结晶分离设备主要有活塞推料离心机和双转鼓真空过滤机。

（1）活塞推料离心机 双级活塞推料离心机，是连续操作、液压脉动卸料的离心过滤机，在全速运转下进行进料、分离、洗涤、干燥、卸料等操作程序。电动机驱动锥型转鼓全速旋转，悬浮液由进料管连续引入，均匀分布于转鼓小端滤网上，液相物经滤网和转鼓壁滤孔排出转鼓，固相物截留在滤网上形成滤渣，同时滤渣在离心力的锥面分力作用下，连续向转鼓大端滑动，排出转鼓，从前机壳下部排出。

Uhde 和 Stamicarbon 工艺的硝酸磷肥工厂的硝酸钙分离设备都采用了活塞推料离心机。早期用的是单级，分离的硝酸钙结晶不进行洗涤，含液量较高（约 10%），硝酸钙结晶含 1.5% ～ 2.0% 的 P_2O_5。目前基本采用双级活塞推料离心机，在同一设备内进行硝酸钙结晶的过滤和洗涤，流程得到简化。双级活塞推料离心机的优点是设备简单、操作方便、占地面积小、分离后的硝酸钙含液量低。缺点是运动部件易磨损、稳定性差、需经常维修、对酸不溶物含量高的磷矿适应性较差、洗涤效率较低。

（2）双转鼓真空过滤机 双转鼓真空过滤机为 NH 工艺专有（图 5-22），集过滤、再浆洗涤与置换洗涤于一身分离硝酸钙结晶。其优点是采用多次洗涤，洗涤效率较高；转速慢，磨损小，操作与维修简单；生产能力大，动力消耗低，工艺适应性强。缺点是结构复杂、附属设备多、滤饼含液量高。

设备由一台过滤鼓和一台洗涤鼓组成，两台转鼓放在各自的半圆形盛料浆槽内，槽内放置框式搅拌器，其作用是使槽内的结晶悬浮起来。转鼓表面使用不锈钢滤网（不用滤布）。双转鼓支承在固定的中心管上，中心管内中间由斜板隔开，一端由抽风机抽气，使鼓内形成低真空，另一端则鼓风吹卸滤饼和再生滤网。在中心管中还有一根虹吸管，自鼓风端插入，以便将滤出的滤液吸出。

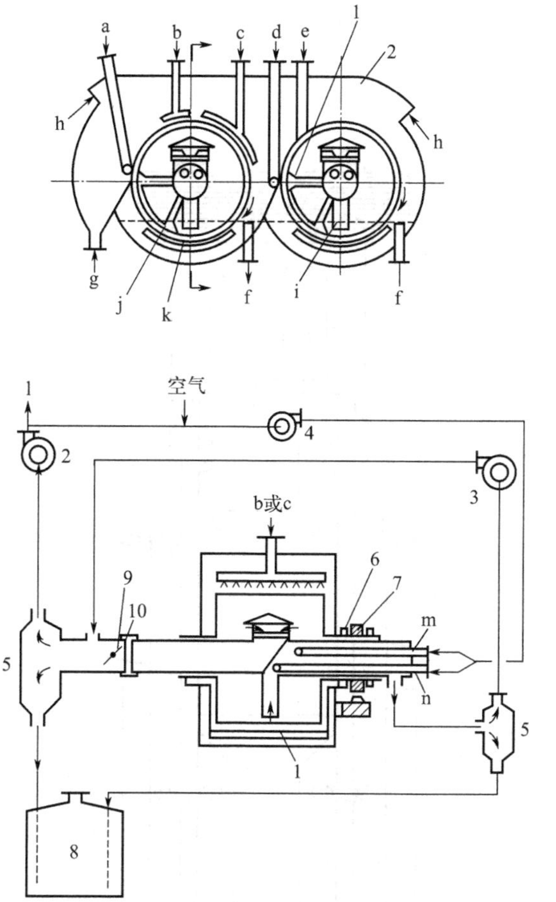

图 5-22　双转鼓过滤机原理图

a—硝酸钙熔体入口；b—水；c—58% HNO_3；d—洗涤酸；
e—结晶料浆入口；f—溢流口；g—硝酸钙熔体；h—吸入空气；
i—母液吸入口；j—滤布再生；k—搅拌器；
l—排入酸性气体洗涤系统；m—吹滤并用气；n—滤布再生用气；
1—搅拌桨；2—大抽风机 :3—小抽风机；4—鼓风机；
5—分离器；6—搅拌器传动滑环；7—轴承；
8—母液或洗酸贮缸；9—蝶阀；10—软连接

5.3.3.5　中和设备

一般硝酸磷肥工艺中和设备设置为多台串联，进行有控制的氨化，这是由中和反应的特性——强放热、物料易过氨化决定的。其结构有两种型式：U 形反应器（图 5-23）和槽式中和器（图 5-24）。

U 形反应器由法国 PEC 公司在 20 世纪 60 年代开发应用，容积有限，动力消耗大，现已基本被槽式中和器取代。

槽式中和器为 304L、316L 不锈钢制成的圆筒形设备，外壁保温，内装带强烈搅拌作用的透平桨，顶盖装有多根带有通针的通氨管以防局部剧烈的过氨化。一般为三台串联，以使氨化过程分三段进行，避开中和料浆的高黏稠区。中和器内壁装有折流挡板，以避免物料在中和器内形成旋流。在搅拌桨和挡板的共同作用下，中和料浆在器内形成涡流，使中和反应得以均匀地、充分地进行。

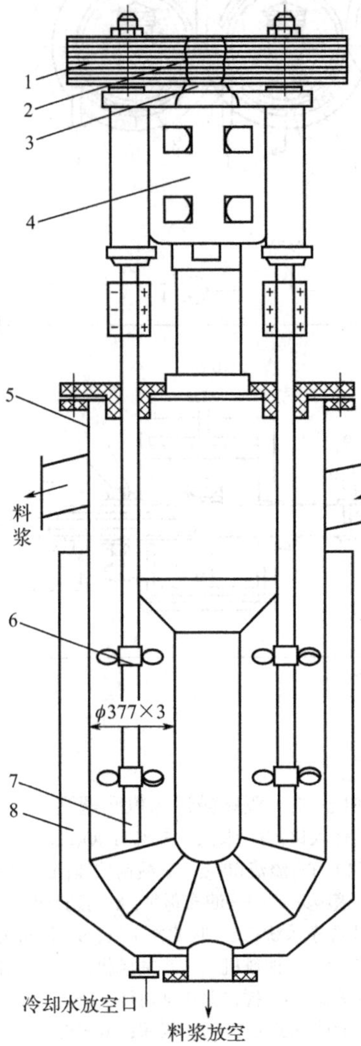

图 5-23 U形反应器结构

1—大皮带轮；2—小皮带轮；3—电动机；4—支架；5—器体；6—螺旋桨；7—轴；8—夹套

槽式中和器所需容积可按下式确定：

$$V=\frac{G\tau}{n\eta\rho}$$

式中 V——中和器容积，m^3；

G——每小时料浆量，t/h；

τ——中和时间（一般为1h），h；

n——串联的中和器台数（一般为三台）；

η——中和器的装载系数（一般为 0.6 ～ 0.65）；

ρ——料浆密度，kg/m^3。

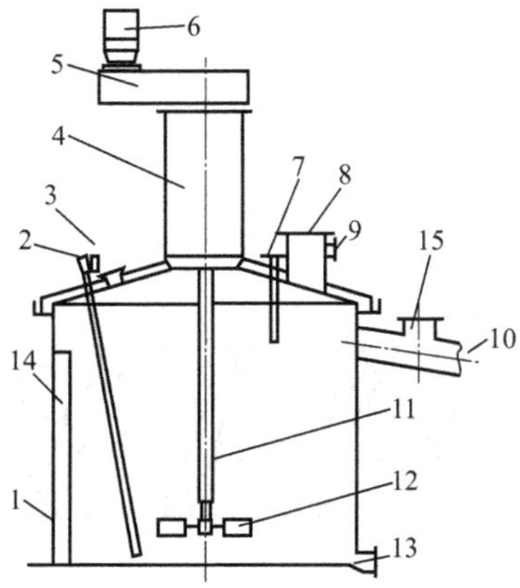

图 5-24　槽式中和器结构图

1—壳体；2—通孔；3—氨入口；4—机架；5—减速机；6—电动机；7—料浆入口；8—手孔；9—排气口；10—料浆溢流口；11—传动轴；12—搅拌桨；13—料浆放出口；14—挡板；15—清理口

5.3.3.6　造粒设备

使用高品质磷矿时硝酸磷肥料浆可以浓缩到 99.0% ～ 99.5%，可以采用操作简单、无需干燥的造粒塔喷淋造粒。但我国磷矿质量差，硝酸磷肥采用返料造粒更切实可行。硝酸磷肥可采用的返料造粒设备有双轴造粒机和喷浆造粒干燥机。

（1）双轴造粒机　双轴造粒机见图 5-25。设备为一台水平的 U 形长槽，槽内有两根反向旋转的轴，轴上安装桨叶，桨叶呈双螺旋分布，为增加耐磨性，桨叶端部表面堆焊有耐磨合金。返料和浓缩到 95.0% ～ 97.0% 浓度的料浆分别由加料口和料浆管从造粒机头部加入，通过桨叶的搅拌、剪切和捏合，黏结和涂布成粒，并不断地将成粒物料推向造粒机尾部，由卸料口排出送干燥工序。

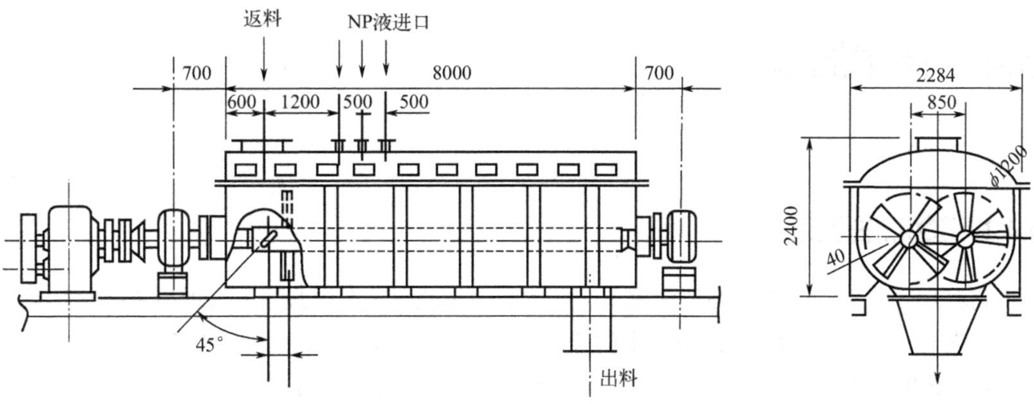

图 5-25　双轴造粒机（单位：mm）

双轴造粒机结构简单、灵活性高、可适应工艺操作条件较大的变动。但需要大量的返料，能耗高。设备壳体材料为碳钢，桨叶为碳钢＋耐磨合金，桨轴为耐压碳钢管。

（2）喷浆造粒干燥机　喷浆造粒干燥机是在有返料的情况下，将造粒和干燥合并在一个回转圆筒内完成的颗粒肥料设备（图 5-26），由 PEC 公司应用到各种硝酸磷肥工厂上，也推广到磷酸铵和复合肥造粒。

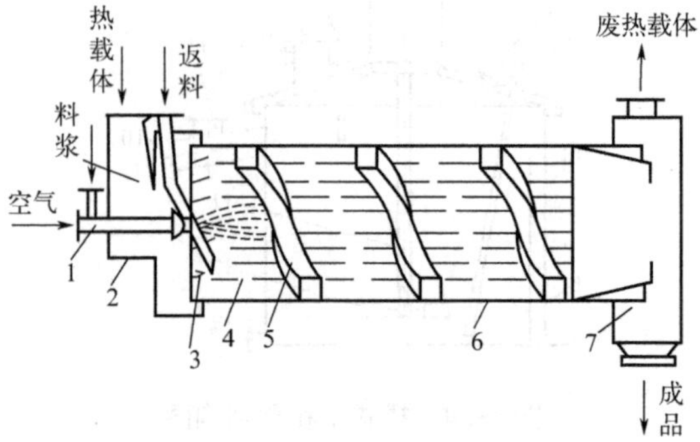

图 5-26　喷浆造粒机的结构原理图

1—喷嘴；2—进料箱；3—螺旋导料板；4—升降式抄板；5—逆向螺旋输送机；6—设备筒体；7—出料箱

碳钢制的筒体倾斜安装在基础上，通过齿轮带动筒体旋转。返料管由进料箱顶端伸入筒体内部，热空气进口管由箱侧导入，并使进气均匀地分布在整个干燥机截面上，料浆喷枪从进料箱端部插入筒体内部。出料箱顶端设有尾气排出管。

筒体内分为造粒区、干燥区、无抄板区和筛分区。料浆喷枪的喷嘴通常采用气流式、二流式雾化结构。浓缩到 85% ～ 90% 的料浆喷洒入筒内与细粉料幕黏结涂布成较大颗粒。热空气与颗粒湿表面充分接触汽化水分，完成传热传质过程。

喷浆造粒干燥机生产能力大，制得的产品物化、力学性能好，其容积蒸发强度可达 15 ～ 20kg/(m^3 · h), 返料倍数 2 ～ 2.5，合适的填充系数为 15% ～ 20%。

5.4　技术展望

5.4.1　冷冻法工艺

得到广泛应用的冷冻法硝酸磷肥工艺基本是由挪威奥达公司最早开发的冷冻法硝酸磷肥生产工艺——奥达（Odda）法基础上的改良工艺。世界上用得最多、生产能力最大的 Norsk Hydro 工艺的最大改进也是为了提高产品的水溶性磷，硝酸钙冷冻结晶温度从 0 ～ 10℃降低到 −5℃，提高了硝酸钙的结晶率，产品的水溶性磷含量也从 30% ～ 50% 提高到 70% 以上，同时增加了对原料磷矿的适应性。但总体来说冷冻法硝酸磷肥工艺对原料磷矿要求较高，欧洲硝酸磷肥企业使用的是苏联科拉或者摩洛哥的优质磷矿。上海化工研究院按 Norsk Hydro 公司工艺对国内众多精选磷矿进行了硝酸磷肥工艺适应性评价，结果表明：除了北方地区精选矾山磷矿（或类同于矾山磷矿）外，其他地区的精选磷矿单独使用都不是很合适。天脊公司长期的实际使用结果也表明，磷矿来源是影响装置正常运转的关键因素。

我国磷矿特征是主要分布于云、贵、鄂、川、湘；磷矿石多为中低品位，杂质含量较高，尤其是 MgO 含量较高；可选性较差，属世界公认的较难选磷矿石。这些特征决定了我国大部分磷矿经精选后仍然不符合传统冷冻法硝酸磷肥的要求。杂质含量高造成氨中和过程和中和料浆浓缩过程难以连续进行。

我国仅有两套冷冻法硝酸磷肥生产装置，采用的工艺类同，基本属于 Norsk Hydro 深冷工艺，需要使用质量比较好的磷矿才能保障生产装置平稳运行。影响冷冻法硝酸磷肥生产装置稳定运行的杂质主要是磷矿中的镁，它造成氨中和料浆和浓缩料浆黏度高、流动性差，过程难以连续进行下去。因此，有必要开发适合于我国磷矿特点的冷冻法硝酸磷肥工艺，或者改变工艺条件使国产磷矿也能生产出优质硝酸磷肥产品。

天脊公司中和后料浆浓度达到了 80% ～ 85%，浓缩料浆终点浓度要求达到 95% ～ 97%，使用的是双轴造粒设备造粒。可以进一步研究增大对磷矿的适应性的优化措施，如：降低现有的中和料浆浓度和浓缩料浆终点浓度以使料浆具备良好的流动性，采用喷浆造粒工艺等。

5.4.2　混酸法工艺

我国现有大量的副产硫酸铵来自于烟气氨法脱硫、焦化副产和己内酰胺副产，硝酸 - 硫酸铵硝酸磷肥工艺值得推广。

开封化肥厂硝酸 - 硫酸混酸法硝酸磷肥装置的主要问题是无法控制酸解结晶过程中的温度，导致酸解结晶料液中存在大量不稳定的半水石膏，半水石膏在过滤过程中转化成二水石膏，造成滤布堵塞、过滤设备结垢，严重影响过滤过程。为了降低酸解温度只好在酸解结晶槽加水，造成后续浓缩设备负荷过大，无法满足生产要求。也采取过酸解液循环冷却的措施，但冷却设备结垢严重。原设计中曾考虑过使用硫酸铵替代硫酸，但当时无法稳定获得硫酸铵。

使用硫酸铵替代硫酸可以控制酸解结晶过程的温度，防止过程中出现半水石膏。所得到的磷石膏中磷含量低，质量好于湿法磷酸工艺得到的磷石膏，磷石膏可利用程度高。

参考文献

[1] 化肥工业大全编辑委员会．化肥工业大全．北京：化学工业出版社，1988.
[2]〔苏联〕M.H. 纳比耶夫．硝酸磷肥．孙倩，丁德承，陈明磊，译．北京：化学工业出版社，1983.
[3] 联合国工业发展组织．化肥手册．北京：中国对外翻译出版公司翻译出版，1984.
[4] 上海化工研究院，陕西省化肥研究所．直接冷冻法硝酸磷肥中间试验总结报告 .1977(内部资料) .
[5] 南化公司磷肥厂．冷冻法硝酸磷肥中间试验总结报告 .1979(内部资料) .
[6] 天脊煤化工集团公司．硝酸磷肥装置最终设计文件 .1983(内部资料) .
[7] 陈明良．硝酸磷肥生产技术与发展趋势．中国化工学会 2019 年会．山东青岛 .2019.
[8] 江善襄．磷酸、磷肥和复混肥料．北京：化学工业出版社，1999, 12.

[9] 上海化工研究院．冷冻法硝酸磷肥资料调研总结 .1972(内部资料).
[10] 石油化工规划设计院，山西省化工局．硝酸磷肥技术考察资料汇编 .1978(内部资料).
[11] 石油化工规划设计院，山西省化工局．硝酸磷肥技术考察资料汇编（续）.1978(内部资料).
[12] 上海化工研究院，陕西省化肥研究所．硝酸磷肥参考资料选编（第一期，第二期，第三期，第四期、第五期）.1973(内部资料).
[13] 荆宏健．冷冻法硝酸磷肥生产技术．北京：化学工业出版社，2002, 2.
[14] 上海化工研究院．王集精矿冷冻法硝酸磷肥评价试验报告 .1985, 8(内部资料).
[15] 上海化工研究院．瓮福、大峪口、黄麦岭磷精矿湿法加工制肥评价试验总结报告 .1986, 10(内部资料).
[16] 上海化工研究院．锦屏精选磷矿湿法加工制肥初步评价试验报告 .1988, 4(内部资料).
[17] 上海化工研究院．云南海口擦洗磷矿冷冻法硝酸磷肥评价试验报告 .1988, 12(内部资料).
[18] 上海化工研究院．海口（脱硅）磷矿冷冻法硝酸磷肥评价试验报告 .1992, 4(内部资料).
[19] 上海化工研究院．河北矾山磷精矿制肥评价试验报告 .1993, 6(内部资料).
[20] 上海化工研究院．昆阳 - 瓮福 - 矾山混矿硝酸磷肥试验室评价试验报告 .1999, 7(内部资料).
[21] 上海化工研究院．硝酸磷肥酸不溶物分离试验总结报告 .1993, 5(内部资料).
[22] 上海化工研究院．硝酸磷肥 - 硫铵循环法资料汇编 .1977（内部资料）.
[23] 上海化工研究院．硝酸 - 硫酸混酸法硝酸磷肥评价试验报告 .1981, 8(内部资料).
[24] 胡庆堂．硫酸 - 硝酸混酸法制硝酸磷肥中半水硫酸钙结晶过程研究．上海：上海化工研究院，1988.

中国肥料研究与应用全书

Books of Fertilizer Research and Application in China

FERTILIZER

第6章

过磷酸钙

6.1 普通过磷酸钙

6.1.1 产品概况

普通过磷酸钙是世界上最早工业化的化肥品种，为区别于重过磷酸钙、富过磷酸钙、高浓度过磷酸钙等品种，而称之为普通过磷酸钙，简称普钙，英文缩写为 SSP。

6.1.1.1 产品成分

普钙由磷矿粉（浆）和硫酸直接混合反应制得，其主要成分为一水合磷酸二氢钙 [或称一水磷酸一钙，$Ca(H_2PO_4)_2 \cdot H_2O$] 和无水硫酸钙（$CaSO_4$）。此外，还含有游离磷酸（H_3PO_4）、游离水、磷酸铁、磷酸铝、二水合磷酸二氢镁［$Mg(H_2PO_4)_2 \cdot 2H_2O$］、氟硅酸（$H_2SiF_6$）、氟硅酸盐 [$(K, Na)_2SiF_6$]、硅酸和其他杂质。其有效 P_2O_5 质量分数为 12% ～ 20%。

6.1.1.2 产品物化性质

普钙的外观因磷矿成因和组成不同，呈深灰、灰白、淡黄等颜色。普钙含游离酸的量为 3% ～ 5% P_2O_5，其水溶液呈酸性，pH 值为 3 左右。普钙的物化性质主要有：水溶性、吸湿性、结块性、热稳定性、化学特性等。

（1）水溶性　普钙主要有效成分为一水合磷酸一钙 [$Ca(H_2PO_4)_2 \cdot H_2O$]，易溶于水，是一种水溶性的速效磷肥。

（2）吸湿性　普钙中易溶于水的盐类和易形成水合物的盐在空气中有吸收水分的能力，其中磷酸二氢镁是主要吸湿物质。吸湿性大小常用吸湿点表示，水溶性盐的吸湿点是指给定温度下饱和盐溶液的水蒸气分压与同样温度下空气的饱和水蒸气分压之比，可称临界相对湿度（CRH）。粉状普钙含水量为 9% ～ 12%、游离酸含量为 5% P_2O_5 时，CRH 为 30% ～ 40%，在空气相对湿度为 80% 的情况下，粉状普钙为吸湿产品。粒状普钙含水量降至 7% 以下，CRH 在 70% 左右，轻度吸湿。不管粉状还是粒状，普钙产品均需封闭包装，同时应避免受潮。

（3）结块性　普钙具有一定的结块性，特别是在产品温度，产品中水分、游离酸含量高的情况下包装时，产品结块现象尤为明显。因此，普钙产品应在物料温度小于 50℃、游离酸含量不超过 5% P_2O_5、水分含量尽可能低的条件下进行包装。还可以加入表面活性剂（防结块剂）防止产品结块，可在一定程度上改善普钙的转化率，并促使物料松散。

（4）热稳定性　加热普钙至 120℃以上时，其中的一水合磷酸一钙 $Ca(H_2PO_4)_2 \cdot H_2O$ 失去结晶水而成为无水磷酸一钙 $Ca(H_2PO_4)_2$，水溶性 P_2O_5 含量随之降低；若继续加热到 150℃，无水磷酸一钙 $Ca(H_2PO_4)_2$ 失去结合水而转化成焦磷酸氢钙 $CaH_2P_2O_7$；如再继续升温至270℃以上，焦磷酸氢钙将转变成枸溶性的偏磷酸钙$Ca(PO_3)_2$。因此，在生产粒状普钙时，必须严格控制干燥温度。

（5）堆积特性 普钙在自由堆放时的堆密度为1.0～1.1t/m^3，若堆高至11m左右可达1.25t/m^3；粒状普钙在不压紧时的堆密度为0.85～0.87t/m^3，在堆高7.3m压紧层内达0.95～0.98t/m^3。普钙的堆密度随金属盐杂质含量的升高会有所升高。粉状普钙的休止角为34°～45°，粒状普钙的休止角为32°～37°。

（6）比热容 由磷灰石制成的普钙（未中和游离酸的产品），在105～110℃下干燥到恒重的粉状物质，其比热容为0.938J/(g·℃)；含水量为15.1%时的比热容为1.424J/(g·℃)。普钙含水量越大，比热容越大，其产品的比热容通常在0.967～1.030J/(g·℃)之间。

（7）化学特性 普钙的有效成分为一水合磷酸一钙，并含少量游离磷酸，属于酸性肥料。普钙与过量的碱性物质作用时，磷酸一钙会转化成难溶于水的磷酸二钙，甚至转化成不溶于水的磷酸三钙$Ca_3(PO_4)_2$，从而降低其肥效。

6.1.1.3 产品用途

普钙能供给植物磷、钙、硫等元素，具有改良碱性土壤作用；与氮肥混合使用，有固氮作用，减少氮的损失；能促进植物的发芽、长根、分枝、结果及成熟。普钙适用于各种作物和中性、微碱性和碱性土壤，由于其本身含有大量的石膏和游离酸，因而特别适用于碱性土壤；既可以作基肥、追肥，又可以作种肥和根外追肥。

普钙除了能直接作为单一磷肥施用外，还可用作复混肥料的原料，将其与含氮和（或）钾养分标明量的肥料一起，按照需要的复混肥料品级加工。

磷酸三钙$Ca_3(PO_4)_2$及二水合磷酸氢钙$CaHPO_4 \cdot 2H_2O$等磷酸盐能溶于动物体内的胃酸，其中的钙和磷能参与动物体内的新陈代谢，又是骨骼、荷尔蒙、酶和维生素的组成元素，是参与动物体内生物化学能量转化必不可少的元素。因此普钙可作为生产饲料添加剂的原料。

普钙和有机肥一起施用可以减少普钙与土壤的接触，有效避免可溶性磷变成难溶性磷而降低肥效；普钙与有机肥拌施入土后形成疏松的团块，水分易于渗入而使可溶性磷溶解，植物根尖分泌的根酸和有机肥同时缓慢作用于难溶的磷酸钙，又能使磷酸钙逐渐溶解，从而进一步提高普钙中磷的利用率；普钙与有机肥拌施，还能变单一施肥为复合施肥，增加了施给植物的元素种类，而且促进植物对磷的吸收利用，较好地满足了作物营养需求；普钙与有机肥拌施入土后，可避免因常法施磷后土壤含磷浓度过高而影响土壤中微生物的正常活动，保护了土壤的活性。两者配合使用，效果好。也可以在发酵好的有机肥中适当添加植物益生菌营养液，再进一步通过微生物来调节土壤，增加土壤肥力，使土壤更加疏松透气、保肥、保水；增强有益微生物的繁殖，抑制病原菌的生长，提高果树的抗病能力。

6.1.1.4 产品标准

普钙产品的技术指标应符合GB/T 20413—2017《过磷酸钙》标准，具体指标见表6-1和表6-2。

表6-1 疏松状普通过磷酸钙的技术指标（GB/T 20413—2017）

项 目		优等品	一等品	合格品	
				Ⅰ	Ⅱ
有效磷（以 P_2O_5 计）的质量分数 /%	≥	18.0	16.0	14.0	12.0
水溶性磷（以 P_2O_5 计）的质量分数 /%	≥	13.0	11.0	9.0	7.0
硫（以 S 计）的质量分数 /%	≥	8.0			
游离酸（以 P_2O_5 计）的质量分数 /%	≤	5.5			
游离水的质量分数 /%	≤	12.0	14.0	15.0	15.0
三氯乙醛的质量分数 /%	≤	0.0005			

表6-2 粒状普通过磷酸钙的技术指标（GB/T 20413—2017）

项目		优等品	一等品	合格品	
				Ⅰ	Ⅱ
有效磷（以 P_2O_5 计）的质量分数 /%	≥	18.0	16.0	14.0	12.0
水溶性磷（以 P_2O_5 计）的质量分数 /%	≥	13.0	11.0	9.0	7.0
硫（以 S 计）的质量分数 /%	≥	8.0			
游离酸（以 P_2O_5 计）的质量分数 /%	≤	5.5			
游离水的质量分数 /%	≤	10.0			
三氯乙醛的质量分数 /%	≤	0.0005			
粒度（1.00 ～ 4.75mm 或 3.35 ～ 5.60mm）/%	≥	80			

6.1.2 生产原理

普钙的生产是用硫酸分解磷矿，使磷矿中难溶于水的氟磷酸钙转化成易溶于水并可被植物吸收的磷酸一钙的过程。

6.1.2.1 对原料质量的一般要求

（1）磷矿粉的细度 硫酸分解磷矿是液 - 固反应，故反应速率与液固相接触面积成正比，而比表面积与颗粒直径成反比。矿粉（矿浆也一样）越细，比表面积越大，与硫酸反应越快，反应就进行得越完全，从而取得较高的转化率。然而，提高矿粉细度势必降低磷矿研磨设备的生产能力，同时增加电耗和生产成本。为此，应综合考虑磷矿的反应活性、易磨性及工艺设备特性等因素，确定磷矿粉的经济合理的细度。工业生产上通常要求磷矿粉的细度为 90% 以上通过 100 目。

（2）磷矿粉或磷矿浆的水分含量 磷矿中带入的一部分水分，使实际反应的硫酸浓度有所降低。为了保证磷矿粉有良好的流动性，在贮存和运输过程中不致产生困难，通常控制磷矿粉水分含量在 1% 以下。

当用矿浆法生产普钙时，矿浆的含水量则是一个重要的指标，在保证矿浆具有一定的流动性的情况下，应设法尽可能地降低含水量。当采用的硫酸浓度为 92.5% 时，按照化学反应所需要的水分，矿浆中含水量以不超过 26% ～ 28% 为宜。

（3）硫酸浓度　硫酸的浓度不仅直接关系到普钙的含水率与单位磷矿的普钙产率，还影响到磷矿的分解率及料浆固化的速度，以及产品的物理性质。采用稀酸矿粉法工艺时硫酸浓度一般控制在 60% ～ 78%，采用浓酸矿浆法工艺时一般采用 92.5% 硫酸或 98% 硫酸。

6.1.2.2　化学反应过程

硫酸分解磷矿分两个阶段进行。第一阶段包括混合与化成工序，因受磷矿特性、工艺操作条件及工艺设备性能的影响，反应时间约需 15 ～ 50min。其主要的化学反应式如下：

$$Ca_5(PO_4)_3F+5H_2SO_4+\frac{1}{2}H_2O = 3H_3PO_4+5CaSO_4\cdot\frac{1}{2}H_2O+HF \tag{6-1}$$

第一阶段磷矿粉用量约为理论量的 70%，剩余的 30% 磷矿粉与第一阶段反应生成的磷酸进行反应，生成磷酸一钙。第二阶段反应过程中，第一阶段反应所生成的 $CaSO_4\cdot\frac{1}{2}H_2O$ 失去结晶水，通常称这个过程为熟化。同样，受磷矿特性及所含杂质的影响，第二阶段反应时间需数日至一个月不等。第二阶段的主要化学反应式如下：

$$Ca_5(PO_4)_3F+7H_3PO_4+5H_2O = 5Ca(H_2PO_4)_2\cdot H_2O+HF \tag{6-2}$$

$$2CaSO_4\cdot\frac{1}{2}H_2O = 2CaSO_4+H_2O \tag{6-3}$$

两个阶段的总反应式为：

$$2Ca_5(PO_4)_3F+7H_2SO_4+3H_2O = 3Ca(H_2PO_4)_2\cdot H_2O+7CaSO_4+2HF \tag{6-4}$$

总反应式的标准反应热为 −649.84kJ/mol，说明硫酸分解磷矿过程是一个放热反应过程。

由于磷矿中还含有少量的铁、铝、镁、硅等杂质，故在第一阶段同时发生一系列副反应：

$$(Ca, Mg)CO_3+H_2SO_4 = (Ca, Mg)SO_4+CO_2\uparrow+H_2O \tag{6-5}$$

$$(Fe, Al)_2O_3+3H_2SO_4 = (Fe, Al)_2(SO_4)_3+3H_2O \tag{6-6}$$

$$(Fe, Al)_2O_3+6H_3PO_4 = 2(Fe, Al)(H_2PO_4)_3+3H_2O \tag{6-7}$$

在普钙生产中，磷矿中一部分氟将以 SiF_4 和 HF 形态逸出。使用我国各种磷矿时，从混合机和化成室逸出的氟通常占磷矿中总氟量的 40% ～ 50%，用水吸收后转变为 H_2SiF_6，其余则以氟化物和氟硅酸盐的形式存在于肥料中。化学反应式如下：

$$4HF+SiO_2 = SiF_4+2H_2O \tag{6-8}$$

$$3SiF_4+3H_2O = 2H_2SiF_6+SiO_2\cdot H_2O \tag{6-9}$$

$$SiF_4+2HF = H_2SiF_6 \tag{6-10}$$

第二阶段发生如下副反应：

$$(Fe, Al)_2(SO_4)_3+3Ca(H_2PO_4)_2 = 2(Fe, Al)(H_2PO_4)_3+3CaSO_4 \tag{6-11}$$

$$(Fe,Al)(H_2PO_4)_3+2H_2O = (Fe,Al)PO_4 \cdot 2H_2O+2H_3PO_4 \quad (6-12)$$

生成的 (Fe，Al) $PO_4 \cdot 2H_2O$ 以及它们与磷酸一钙反应生成的磷酸复盐均为枸溶性，会导致产品中水溶性磷的退化。

6.1.2.3 相图分析与分解动力学

在反应的第一阶段，由于硫酸是强酸，反应温度又高（可达 110℃以上），因此反应速率很快，特别是在初期反应尤为剧烈。反应生成的半水硫酸钙结晶呈细小的针状、棒状或帚形晶簇交叉堆积而形成骨架。随着反应的进行，CO_2、水蒸气和 SiF_4 等气体不断逸出，逸出气体使反应物料出现许多孔隙，这些孔隙吸附大量的液相，促使反应料浆逐渐固化成疏松多孔状。反应生成的半水硫酸钙系介稳态，随着反应的进行，逐渐转变为无水硫酸钙。硫酸钙析出的顺序与磷酸浓度和反应温度有关。苏联塔彼罗娃和舒里吉娜实验研究的硫酸钙在 $CaSO_4$-H_3PO_4-H_2O 体系中溶解度的多温曲线见图 6-1[1]。

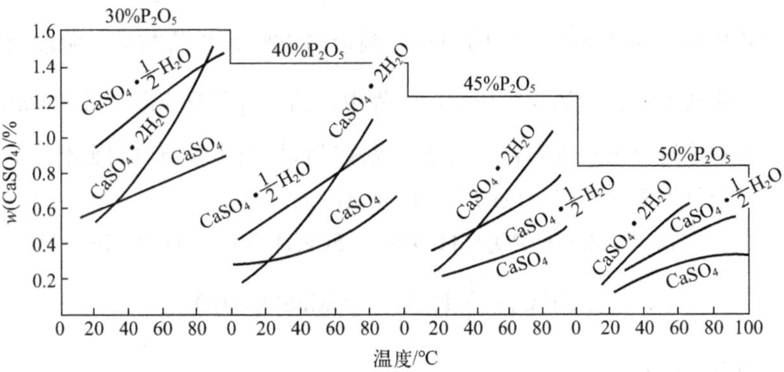

图 6-1 硫酸钙在磷酸溶液中的溶解度多温曲线图

可以看出，当磷酸浓度为 30% P_2O_5，温度为 50℃时，最先析出的固相应为 $CaSO_4 \cdot \frac{1}{2}H_2O$，并进一步转变为 $CaSO_4 \cdot 2H_2O$，然后转变为 $CaSO_4$；当磷酸浓度为 45% ～ 50% P_2O_5，温度为 80℃（或更高）时，最初析出的固相应该是 $CaSO_4 \cdot 2H_2O$，但在实验中并未发现析出 $CaSO_4 \cdot 2H_2O$，而是越过这个相，立即析出 $CaSO_4 \cdot \frac{1}{2}H_2O$，$CaSO_4 \cdot \frac{1}{2}H_2O$ 再以一定的速率转变为 $CaSO_4$。因此，第一阶段反应即将结束时，在化成室内温度条件下，可以预料只有 $CaSO_4 \cdot \frac{1}{2}H_2O$ 转变为 $CaSO_4$ 的过程。

反应的第二阶段自料浆固化后开始，在晶簇间包藏的液相与固体磷矿粉颗粒之间进行。生成的磷酸一钙起初溶解于液相中，反应较快。当溶液达到过饱和，析出 $Ca(H_2PO_4)_2 \cdot H_2O$ 结晶后，反应速率不断减缓。析出的 $Ca(H_2PO_4)_2 \cdot H_2O$ 结晶与 $CaSO_4 \cdot \frac{1}{2}H_2O$ 的结晶骨架交互生长，使普钙物料的固体结构进一步完善。刚固化或反应不良的物料具有明显的触变性，其固体结构易被外力破坏而使物料变回稠浆状。所以，料浆化成（浆状物料转化成表面干燥、物理性质良好的固体状物料）的过程应尽可能在“安静”的环境——化成室中进行。从化成室移出的物料通常称为鲜肥，约含游离磷酸 11% ～ 14% P_2O_5，含有效磷 13% P_2O_5，还有部分未分解的磷矿粉。鲜肥还需进行熟化，以使大部分游离酸与未分解的磷矿粉继续反应。当游离酸含量降至 3% ～ 5% 时即为普钙产品。

在第二阶段的反应过程中，提高反应温度，可以加快磷酸分解磷矿粉的速率，但磷酸一钙的溶解度也随之增大，磷酸的第一离解常数变小，使得反应介质中液相的 H^+ 活度下降较快，不利于磷矿粉的继续分解，而且磷酸一钙的水解或者与其铁铝硫酸盐的反应造成水溶性磷的退化。因此，为尽快生成磷酸一钙，及时析出 $Ca(H_2PO_4)_2 \cdot H_2O$ 结晶并减缓液相 H^+ 活度下降，应逐步降低第二阶段的反应温度并适时移出物料中的水分。物料在化成室内时温度最高，鲜肥熟化初期（2 ～ 3 天）用大堆熟化，使堆内温度维持在 70℃左右；当游离酸含量降至约 7% 时，再翻成小堆熟化或多次翻堆，在散热降温的同时逸出水分和 SiF_4。降温也使硫酸钙的溶解度下降，介稳的半水硫酸钙转化为稳定的无水硫酸钙，并在矿粒表面形成致密的结晶，矿粒表面的 $Ca(H_2PO_4)_2 \cdot H_2O$ 结晶膜也在不断增厚，两者都会阻碍这部分矿粒进一步参与反应，造成第二阶段分解反应速率越来越慢，以致熟化 10 ～ 20 天还不能彻底完成反应，最终磷矿的分解率只能达到 92% ～ 95%。

6.1.3 生产工艺与设备

6.1.3.1 生产方法

普钙生产方法，按操作方式可分为间歇法、半连续法和连续法三种。间歇法是磷矿与硫酸的混合、化成分别在间歇操作的设备中分批进行，早期普钙的生产均采用这种方法，后来仅有少数小型工厂沿用。半连续法则是硫酸、磷矿的混合在间歇操作的设备中进行，而化成工序为连续运行；或者硫酸、磷矿在连续操作的设备中混合，而化成工序采用间歇操作，少数中、小型工厂采用半连续法生产。连续法是各生产工序都在连续操作的设备中进行，这是当前普钙工厂普遍采用的生产方法。

根据不同的原料状态，普钙的生产方法可分为稀酸矿粉法（简称干法）、浓酸矿浆法（简称湿法）及矿粉浓酸补水法。

（1）稀酸矿粉法　稀酸矿粉法是世界上广泛采用的一种方法，故又称为传统法。它是用浓度为 60% ～ 78% 的稀硫酸与磷矿粉混合，再经过化成及熟化工序制成粉状普钙。此处的稀硫酸是相对于 92.5% 及 98% 浓度的浓硫酸而言，实际上此法所用的硫酸浓度是根据所用磷矿的特性以及其他工艺条件，通过评价试验予以确定的。按照不同的工艺条件，稀酸矿粉法又分为传统法、三高一细法（即高硫酸浓度、高硫酸温度、高搅拌强度及细磷矿粉）与两高两低高温熟化法（即高搅拌强度、高的磷矿粉细度、低硫酸浓度、低硫酸温度及高的熟化温度）三种不同的操作方法。

（2）浓酸矿浆法　浓酸矿浆法则是以浓硫酸（92.5% 或 98%H_2SO_4）与经过加水湿磨的磷矿浆进行混合，然后同样经化成与熟化工序制成粉状普钙。此法的特点是：浓硫酸直接加入混合机与磷矿浆进行反应，省去了加水稀释配酸和调温的麻烦；磷矿加水湿磨，故无需干燥，因而可以露天堆存，既节省仓库的投资，又节约燃料。湿磨磷矿较干磨磷矿的电耗低，生产强度高，劳动环境条件好，但缺点是球磨机中的钢球消耗略高。

浓酸矿浆法的反应机理与传统法相比有所不同：湿磨过程中，水分布于磷矿表面并渗透入内部微孔中；浓硫酸加入磷矿浆中时，在扩散的过程中首先在磷矿颗粒表面形成稀硫酸，这时稀硫酸马上开始与磷矿进行反应。一方面硫酸被不断消耗，另一方面生成的磷酸又稀释了硫酸，所以实际反应的硫酸始终处于浓度较低的范围内，从而避开了硫酸钙钝化区域。还因为硫酸的稀释热和反应热都在体系内，反应温度迅速升高到130℃左右，反应进行得非常剧烈迅速。

矿浆含水量在一定程度上决定了参与反应的硫酸浓度，并且影响最终产品的含水量。含水过多的矿浆所制得的产品含水量也多，物理性能不好，而且有效 P_2O_5 含量相应下降。所以在保证矿浆流动性良好的前提下，尽量降低矿浆的含水量非常重要。

某些磷矿颗粒致密、吸水性低，矿浆含水量也相应较低，通常在24%～28%之间，利用这一特点采用浓酸矿浆法特别有利。低品位磷矿若与磷矿浮选相结合，可以省去磷矿干燥过程，更加经济合理。

（3）矿粉浓酸补水法　矿粉浓酸补水法是将98%的浓硫酸不经稀释，直接与磷矿粉在第一段锥形混合器内进行反应，然后在第二段卧式混合器内补入水或生产氟硅酸钠时的母液，生成的料浆再进入化成设备，经固化切削后即为新鲜普钙。

此法的特点是：可以简化硫酸稀释冷却流程，补入的水量易于控制，使产品中的含水量达到最少。在使用同样的磷矿时，该法制得的产品质量较传统法的好，转化率高，有效 P_2O_5 含量较高，水分含量较低。

6.1.3.2 生产工艺流程

不论哪种生产方法，普钙生产一般都包括混合化成、熟化中和、含氟气体吸收、成品包装及贮存等工序。如需生产粒状普钙，则增加造粒工序。

（1）混合化成工艺流程　普钙生产的混合化成工序，是将硫酸和磷矿粉（或磷矿浆）进行混合与化成作业，以完成第一阶段反应，为第二阶段反应创造条件。

混合化成的典型工艺流程介绍如下。

① 间歇式流程　间歇式流程是早期普钙生产所采用的流程。典型的间歇式流程如图6-2所示。

磷矿粉和硫酸分别按照每批的用量加入混合机内混合，随即流入化成室，待固化后切削并移出进行熟化。其特点是设备比较简单，投资及维修费用低；不必使用精密计量仪表，便于简易投产；但是劳动强度较大，劳动条件较差。具体的操作是将计量后的磷矿粉和一定浓度的硫酸按比例加入混合机中，经过搅拌逐渐形成稠厚的料浆，随即放入化成室，然后进行下一批混合操作。如此反复进行直至化成室装满为止。料浆在化成室中很快固化成多孔的料块，此时将车厢化成室缓慢拉出，物料经切削、打散即成为新鲜普钙。

混合机和化成室均采用密闭操作，反应中产生的含氟气体和水蒸气由风机抽送至氟吸收系统。

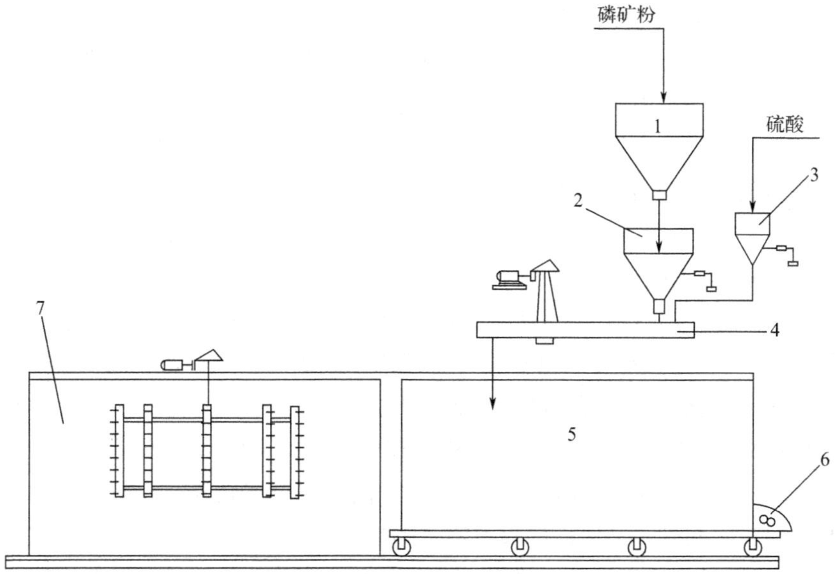

图 6-2 间歇式普钙生产工艺流程图

1—矿粉贮斗；2—矿粉计量器；3—硫酸计量器；4—盘式混合机；5—车厢化成室；6—车厢化成室传动装置；7—切削机

② 回转化成室流程 回转化成室的工艺流程如图 6-3 所示。

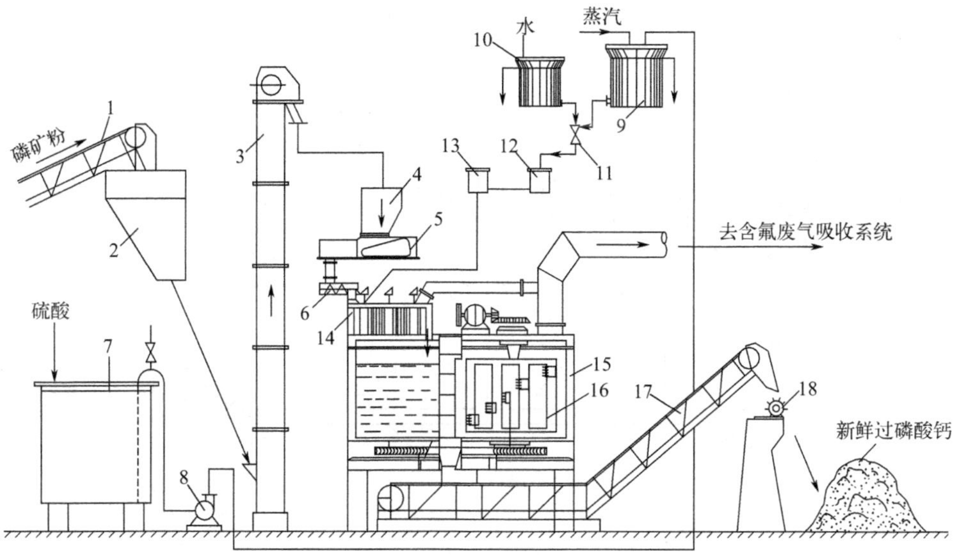

图 6-3 回转化成室生产普钙的工艺流程图

1—皮带输送机；2—磷矿粉贮斗；3—斗式提升机；4—带有重量式计量器的矿粉贮斗；5—重量式计量器；6—螺旋加料器；7—硫酸储槽；8—泵；9—硫酸高位槽；10—水高位槽；11—配酸槽；12—浓度计；13—流量计；14—立式混合机；15—回转化成室；16—切削器；17—皮带输送机；18—撒扬器

磷矿粉和一定浓度的硫酸分别按工艺条件计量后，同时连续地加入立式混合机，经数分钟（通过试验确定具体的时间）混合搅拌，逐渐成为稠厚的料浆；料浆流入回转化成室内继续反应 1 ～ 2h（具体时间由试验确定），并随回转化成室缓慢旋转而逐渐固化，当抵达切削区时即被切削器切成碎片；切下的碎片通过化成室的中心筒落于特种皮带输送机上送去撒扬；撒扬后的新鲜普钙集中到熟化仓库进行熟化（即第二阶段反应）。

在混合和化成过程中产生的含氟气体被引至氟吸收系统进行处理。

回转化成室流程具有的主要特点如下：

a．连续生产，操作稳定。

b．可配用各种型式的混合机。

c．混合与化成的时间较长，对磷矿品种适应性大，难分解的磷矿也能使用。

d．既可以用传统的稀酸矿粉法操作，也能用浓酸矿浆法操作，三高一细法及两高两低高温熟化法等用回转化成室流程生产均有成熟的操作经验。

e．回转化成室在生产运行时，室内料层较厚，物料中的水分不易蒸发，致使液相中 P_2O_5 浓度稍低，从而影响第二阶段的反应速率。同时因料层较厚，含氟气体逸出的阻力较大，氟逸出率偏低，对副产品氟盐的收率略有影响。

f. 回转化成室的中心卸料管与特种皮带输送机不易密封。考虑到特种皮带输送机的清理，又不便设置全密封罩，所以存在漏气问题。

g．回转化成室设备施工的要求严格，施工周期较长，维修工作量较大。

③ 皮带化成室流程　皮带化成室流程如图 6-4 所示。

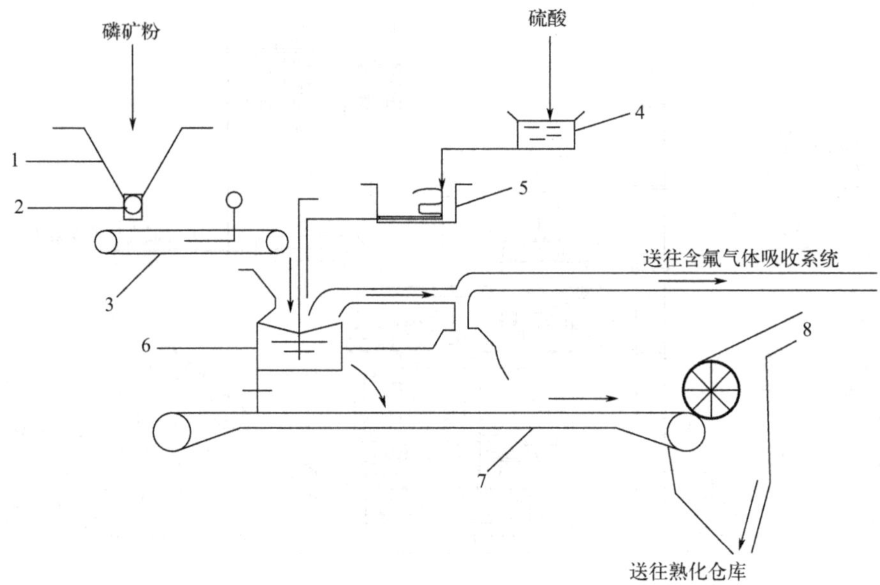

图 6-4　皮带化成室生产普钙的工艺流程图

1—矿粉加料斗；2—星形加料器；3—皮带计量器；4—硫酸高位槽；5—硫酸计量槽；6—透平混合机；7—皮带化成室；8—切削器

磷矿粉和一定浓度的硫酸经分别计量后同步进入混合机（根据磷矿特性及选用的工艺流程确定连续式混合机的选型）进行混合、反应，生成的料浆流入皮带化成室的皮带上继续反应，料浆随着皮带向前移动，并逐渐固化，到达端头时被切削器切碎，再经撒扬，而后送熟化仓库进行熟化（即第二阶段反应）。

皮带化成室的皮带上方设有罩子，罩子与皮带接触的边缘用软橡胶板密封。混合化成过程中产生的含氟气体和水蒸气，由排风机通过罩子上的排气孔连续抽送至氟吸收系统进行吸收和洗涤。

皮带化成室流程具有下列特点：

a．连续生产，操作稳定。

b．可以配合多种混合设备进行连续作业。

c．酸矿混合后的反应料浆落到皮带化成室的胶带上形成较薄的料层，有利于水分蒸发和含氟气体的逸出，因而能提高新鲜普钙液相中 P_2O_5 浓度，有利于第二阶段反应，产品水分含量较低，物理性能较好。

d．物料在皮带化成室上的停留时间（即化成时间）较短（一般为 10 ～ 30min），故只适用于容易分解的磷矿，对于难分解的磷矿以及酸矿混合的料浆，因需要较长时间才能固化，不宜使用皮带化成室。

e．皮带化成室较易制造与安装，施工周期短，维修较方便。

f．开停车方便。

④ 链板化成室流程　链板化成室流程如图 6-5 所示。

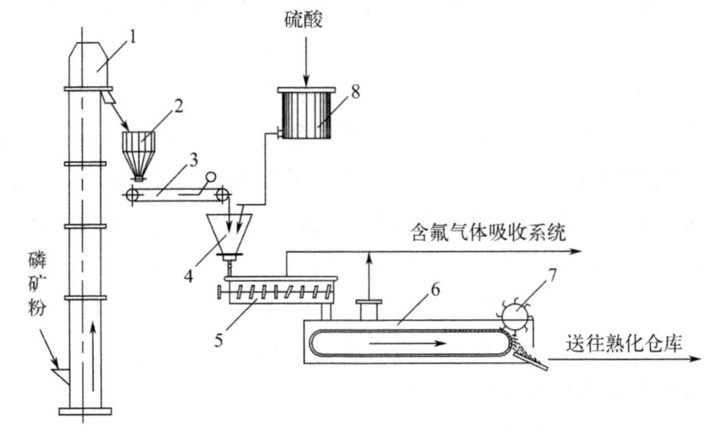

图 6-5　链板化成室生产普钙的工艺流程图

1—斗式提升机；2—矿粉加料斗；3—带式计量器；4—锥形混合器；5—卧式混合机；6—链板化成室；7—回转切削器；8—硫酸计量槽

磷矿粉与一定浓度的硫酸各自经过计量后，同步进入锥形混合器（根据原料磷矿的评价试验，确定是否还需增设一台混合机或另选其他型式的混合机替代锥形混合器）进行混合，反应生成的料浆流入链板化成室继续反应并逐渐固化；当其随链板运行至端部时即被切削器切碎；随后同皮带化成室流程一样，经过撒扬后送往熟化仓库进行熟化（第二阶段反应）；混合、化成过程中产生的含氟气体及水蒸气，同样由排风机通过链板化成室上方的排气管抽送至氟吸收系统处理。

链板化成室流程的核心设备为链板化成室，又称布罗德菲尔德（Broadfield）化成室。此流程的主要特点如下：

a．连续生产，操作稳定。

b．可配用锥形混合器或其他型式的混合设备连续作业。

c．对磷矿品种有较大的适应性，既具有回转化成室的优点，又不需配用特种胶带输送机。

d．在同样的操作条件下，链板化成室的料层较皮带化成室的厚，而较回转化成室的薄，反应时氟的逸出率也相应处于二者之间。

e．流程中主要设备的结构均较简单，容易制造、安装，施工周期短，开停车方便，具有与皮带化成室流程相似的优点。

f．生产过程中必须控制好各项工艺条件，以免发生料浆稀薄而从链板化成室板缝间泄漏的问题。若所用原料系较难分解的磷矿，则宜在锥形混合器之后增设一台卧式混合机，或者选用其他适当型式的混合机，以保证进入链板化成室的料浆有足够的稠度。

上述四种混合化成流程除间歇式流程外，其余三种均为广泛使用的连续式流程。各连续式流程的混合设备并非固定不变，而应根据所用原料磷矿特性，通过评价试验，进行技术与经济论证，择优选用。又如经过混合、化成、切削所得的新鲜普钙，通常都撒扬后再送熟化仓库进行熟化。但由于原料磷矿的 MgO 含量过高或者在混合时的硫酸用量较高等原因，需要高温熟化时，则经过切削的新鲜普钙不要撒扬而直接送往熟化仓库进行第二阶段反应。总之，工艺流程、设备选型、工艺操作条件等均应通过所用原料磷矿的评价试验来确定。

（2）熟化中和工艺流程　磷矿与硫酸通过混合化成工序完成了第一阶段反应。由于生产普钙的第二阶段反应速率非常缓慢，不便在一个设备内完成，因此需将尚未反应完全的物料转移到仓库内堆存，使其继续进行反应，这个过程称为熟化。熟化过程的操作方法以及熟化需要的时间，均与磷矿组成及其特性、混合化成的工艺条件等密切相关，同样应根据原料磷矿的评价试验结果，进行技术与经济的综合分析比较，择优选定。新鲜普钙经过熟化后，其游离酸含量若能符合标准规定，则可作为粉状普钙成品出厂，或者根据市场需要进一步加工成粒状普钙后出厂。如经过取样分析，新鲜普钙的游离酸含量高出标准规定，则要进行中和处理，直至其游离酸含量符合标准规定，方可作为粉状普钙成品出厂，或者用以加工成粒状普钙出厂。现将熟化与中和两个工序分述如下。

① 熟化工艺流程　当反应进入第二阶段后，第一阶段反应生成的磷酸开始分解第一阶段尚未反应的磷矿。随着反应的进行，磷酸浓度逐渐降低，反应速率随之减慢。第二阶段反应通常需持续 5 ～ 30 天。反应时间长短取决于原料磷矿的组成与特性、矿粉细度、硫酸浓度与用量、熟化温度等。如用容易分解的磷块岩作为生产普钙的原料，一般较以磷灰石为原料所需的熟化时间短些。对于同一磷矿，提高矿粉的细度或增加硫酸用量，都能在一定程度上缩短熟化期，但前者将降低磨机生产能力和增加电耗，后者会相应提高普钙的游离酸含量，而不得不增加中和剂的用量。不同的磷矿用以生产普钙的最优化熟化温度也不一样，为此，当原料磷矿确定以后，宜通过评价试验确定包括熟化工序在内的各项工艺优化条件，以求得最佳的生产效果。基于上述情况，工业生产中常采取以下几种熟化方法。

a．降温熟化法　新鲜普钙刚离开化成室的温度常达 100℃左右，且含有较多的水分。

在用 MgO 含量≤ 2% 的磷矿作为原料生产时，实践表明适宜的熟化温度为 35 ～ 45℃，但离开化成室的新鲜普钙，如在被切削后就转送熟化仓库大堆存放，即使熟化 30 天，堆中央的温度也可能有 60 ～ 70℃，转化率难以迅速提高。此外，磷矿中的铁铝杂质在反应时生成的酸性磷酸铁、铝盐，在熟化过程中因游离酸浓度逐渐降低，在较高温度下容易转变成溶解度小的中性磷酸盐析出，导致水溶性 P_2O_5 含量下降。其化学反应式如下：

$$Fe(H_2PO_4)_3+2H_2O \rightleftharpoons FePO_4 \cdot 2H_2O+2H_3PO_4 \tag{6-13}$$

$$Al(H_2PO_4)_3+2H_2O = AlPO_4 \cdot 2H_2O+2H_3PO_4 \tag{6-14}$$

$FePO_4 \cdot 2H_2O$ 与 $AlPO_4 \cdot 2H_2O$ 均系中性盐，不溶于水，仅部分溶于柠檬酸铵溶液（pH=7），发生这样的反应，表明有效 P_2O_5 退化。为了避免或减少有效 P_2O_5 退化，首先应在混合反应时提高硫酸用量（可以为理论用量的 110% ～ 115%），以加快磷矿在第一阶段的反应速率。磷矿中的铁、铝杂质被硫酸分解的速率比氟磷酸钙被硫酸分解的速率慢，提高硫酸用量就可使氟磷酸钙在铁、铝杂质尚未被硫酸分解之前先被硫酸大部分分解，以减轻铁、铝杂质对普钙产品质量的影响。其次，在新鲜普钙离开化成室时，对其进行切削和撒扬，在熟化过程中进行翻堆，均有助于新鲜普钙中的部分水分蒸发，温度有所下降，以促使第一阶段反应中生成的 $Ca(H_2PO_4)_2 \cdot H_2O$ 溶解度降低而结晶析出。由于部分水分蒸发，液相中 P_2O_5 浓度随之提高，从而有利于第二阶段反应进行，游离酸含量下降，有效 P_2O_5 含量及转化率提高。因此，当使用 MgO 含量≤ 2%，铁、铝杂质含量较高的磷矿生产普钙时，采取降温熟化法既能缩短熟化期，又能有效阻止铁、铝杂质在熟化过程中可能引起的退化。

b. 保温熟化法　用高 MgO 含量的磷矿生产普钙的适宜熟化温度为 65 ～ 80℃，若仍采用适用于低 MgO 含量磷矿的降温熟化法，势必延缓第二阶段反应，甚至使熟化期超过 30 天。为此，用高 MgO 含量磷矿生产时，应采取保温熟化法，即离开化成室的新鲜普钙只需切削而不要撒扬。经过切削的新鲜普钙转送熟化仓库中堆存和熟化，在熟化过程中不翻堆，以保持料堆的温度，加速熟化反应的进行，直至取样分析结果表明游离酸含量及转化率均已达到预定指标，即可作为粉状普钙成品出厂，或按照需要进行造粒或氨化。

② 中和工艺流程　为使磷矿迅速分解，缩短熟化时间，防止或减少有效 P_2O_5 退化，常将硫酸实际用量增加到理论用量的 110% ～ 115%，随之而来的是熟化普钙的游离酸含量也较高。游离酸含量高的普钙，具有吸湿性和腐蚀性。具有吸湿性的产品，因其吸收空气中的水分而影响产品的物理性质，且在施用时易沾污播撒设备，黏附于施肥机械的料斗壁上，导致难以均匀施肥。普钙若含有较多的游离酸，不仅会腐蚀其包装材料和施肥机械，而且施用这种高游离酸含量的产品将使种子的发芽率降低。为此，出厂的普钙必须严格控制其游离酸含量不得超过产品标准的规定。有些普钙生产工厂，为了充分挖掘设备生产潜力，常在生产中提高硫酸用量，使磷矿得以迅速分解并加快熟化进程，然后用中和剂将熟化普钙中过多的游离酸中和掉。但新鲜普钙不应在未经熟化的情况下进行中和，这样会使其中尚未分解磷矿的反应停止，从而降低磷矿的分解率。

常用的中和剂有石灰石粉、石灰、白云石粉、氨、碳酸氢铵、骨粉、磷块岩粉、钙镁磷肥、脱氟磷肥等。使用不同的中和剂，虽均能中和游离酸，但对普钙的质量有不同的影响。

以骨粉为例，骨粉的主要成分为磷酸三钙，商品骨粉含 15% ～ 35% P_2O_5（依不同的加工方法而定）。用骨粉中和普钙中的游离酸时，将发生如下化学反应：

$$4H_3PO_4+Ca_3(PO_4)_2+3H_2O \rightleftharpoons 3Ca(H_2PO_4)_2 \cdot H_2O \quad (6\text{-}15)$$

由上式可知，用骨粉作中和剂能使普钙的有效 P_2O_5 含量有所提高。

以磷块岩粉作为中和剂，对普钙的有效 P_2O_5 含量无显著影响，或仅有少量提高。由于游离酸分解磷块岩粉较慢，加入的磷块岩粉难以在短期内完全分解，因此宜选用容易分解的磷块岩粉作为中和剂。

用不含磷的石灰石粉、石灰、白云石粉、蛇纹石等作为中和剂时，一般能较快地中和普钙中的游离酸，但要严格控制用量并力求混合均匀，否则将使普钙的有效 P_2O_5 含量下降甚至有效 P_2O_5 退化。以石灰石粉为例，它与游离酸的反应如下：

$$2H_3PO_4+CaCO_3 = Ca(H_2PO_4)_2+CO_2\uparrow+H_2O \quad (6\text{-}16)$$

如将普钙的总酸度降低得过多，会使 $Ca(H_2PO_4)_2$ 转变成难溶于水的 $CaHPO_4$：

$$Ca(H_2PO_4)_2 = CaHPO_4+H_3PO_4 \quad (6\text{-}17)$$

若再增加石灰石粉的用量，则导致有效 P_2O_5 的退化，其反应式如下：

$$2CaHPO_4+CaCO_3 = Ca_3(PO_4)_2+CO_2\uparrow+H_2O \quad (6\text{-}18)$$

为稳妥起见，在以石灰石粉、石灰等为中和剂时，不可将普钙中的游离酸全部中和掉，且要将中和剂与普钙混合均匀，以免因局部过量而产生上述退化现象。

用磷块岩粉、骨粉或钙镁磷肥等中和普钙中的游离酸，均可改善普钙的物理性质。但在使用白云石粉或蛇纹石等含镁的中和剂时，则不能改善普钙的物理性质，其原因是反应生成的 $Mg(H_2PO_4)_2$ 具有吸湿性，其反应如下：

$$CaMg(CO_3)_2+4H_3PO_4 = Ca(H_2PO_4)_2+Mg(H_2PO_4)_2+2CO_2+2H_2O \quad (6\text{-}19)$$

$$Mg_2SiO_4+4H_3PO_4 = 2Mg(H_2PO_4)_2+H_2SiO_3+H_2O \quad (6\text{-}20)$$

用氨或碳酸氢铵中和普钙中的游离酸时，如用量适当，不仅可以改善物料的物理性质，同时还使产品含有 1% ～ 5% 的氮；当中和游离酸的第一个氢离子时，生成的是磷酸一铵，所以不影响普钙的水溶性 P_2O_5 含量：

$$H_3PO_4+NH_3 = NH_4H_2PO_4 \quad (6\text{-}21)$$

但若增加氨的用量，则发生下列反应：

$$NH_4H_2PO_4+NH_3 = (NH_4)_2HPO_4 \quad (6\text{-}22)$$

$$Ca(H_2PO_4)_2+NH_3 = CaHPO_4+NH_4H_2PO_4 \quad (6\text{-}23)$$

$$Ca(H_2PO_4)_2+(NH_4)_2HPO_4 = CaHPO_4+2NH_4H_2PO_4 \quad (6\text{-}24)$$

又由于普钙中 $CaSO_4$ 的存在，发生下列反应：

$$H_3PO_4+CaSO_4+2NH_3 = CaHPO_4+(NH_4)_2SO_4 \quad (6\text{-}25)$$

$$Ca(H_2PO_4)_2+CaSO_4+2NH_3 = 2CaHPO_4+(NH_4)_2SO_4 \quad (6\text{-}26)$$

以上这些反应生成大量的 $CaHPO_4$，虽然有效 P_2O_5 含量的降低不显著，但是水溶性 P_2O_5 含量却急剧下降。

若再增加单位 P_2O_5 的氨用量，则生成 $Ca_3(PO_4)_2$，因而导致有效 P_2O_5 的退化。反应式如下：

$$2H_3PO_4+3CaSO_4+6NH_3 = Ca_3(PO_4)_2+3(NH_4)_2SO_4 \quad (6\text{-}27)$$

$$3CaHPO_4+2NH_3 = Ca_3(PO_4)_2+(NH_4)_2HPO_4 \quad (6\text{-}28)$$

$$Ca(H_2PO_4)_2+2CaSO_4+4NH_3 = Ca_3(PO_4)_2+2(NH_4)_2SO_4 \quad (6\text{-}29)$$

氨、含氨的溶液、碳酸氢铵等均可用作普钙的中和剂。一般生产中使用氨，产品称为氨化普钙。为避免发生有效 P_2O_5 退化，通常通氨量为普钙质量的 2% ～ 3%，即控制 pH 4.2 ～ 4.5，产品含 N 约 3%。氨化反应为放热反应，用气氨中和可使物料的温度升高，物料中的一部分水分得以蒸发，蒸发的水量常相当于通入的氨量。

用不同中和剂中和所需的时间亦不同。如用氨中和仅需 1 ～ 2min；用骨粉或石灰石粉、白云石粉中和，则需数小时；而用磷块岩粉中和，甚至需要 3 ～ 4 天的时间。因差异较大，中和工艺流程亦应根据所用的中和剂来做出相应的选择。

选用磷块岩粉作中和剂时，在普钙的熟化后期，用抓斗将普钙在地坪上摊平，然后将经过计量的磷块岩粉（应选用容易分解的磷块岩，并将其研磨得比用作普钙原料的磷矿粉更细）均匀地撒在熟化的普钙上面，随即用抓斗抓成堆，并再翻堆一两次。如能通过打散机撒扬，则磷块岩粉与熟化普钙可混合得更均匀。

当用骨粉、钙镁磷肥、石灰石粉或白云石粉作中和剂时，可将中和剂装入料斗，经料斗出料口下面的调速螺旋加料机（或皮带加料机、星型加料机等）定量地将中和剂加到正以一定速度输送熟化普钙的胶带输送机料面上。撒有中和剂的熟化普钙被送至打散机打散混合，最后通过胶带输送机送至普钙造粒系统或直接装车出厂。

中和工艺流程图如图 6-6 所示。

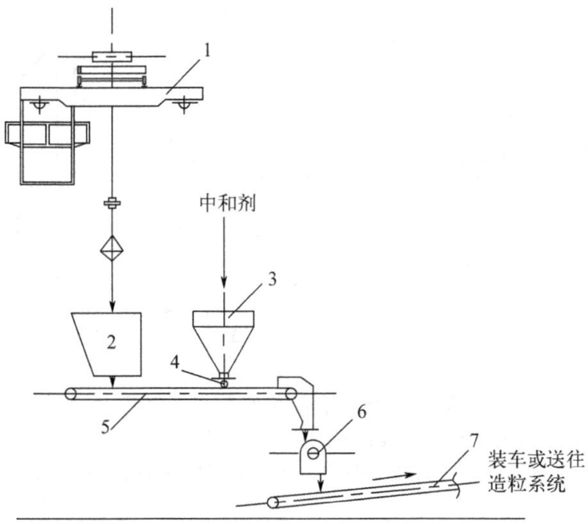

图 6-6　中和工艺流程图

1—桥式抓斗起重机；2—粉肥料斗；3—中和剂加料斗；4—星形下料机；5—胶带输送机；6—打散机；7—胶带输送机

用氨中和普钙的游离酸，制得的产品呈粒状，具有良好的物理性质，除含磷以外，还含有氮，其代表性的品级为 4-16-0。

用氨作为中和剂的工业生产多采用连续混合氨化造粒流程。首先选用卧式双轴造粒机进行普钙的氨化与造粒，然后依次进行干燥、冷却、筛分，即得氨化普钙成品。双轴造粒机的特点是操作弹性大，可在较高的液固比下操作，产品成分均匀，运转时的推力能将黏结的物料推向前，双轴的搓揉作用可使粒状成品具有较高的强度。其不足之处是动力消耗较大，设备维修费用较高，操作时观察不到机内物料的成粒情况，难以及时调节控制，而且液体原料不易从底部引入。目前工业化生产中，普钙的氨化均是在氨化 - 转鼓造粒机内进行的。氨化反应为放热反应，普钙在氨化时，物料温度可能升高到近 100℃，为此，亦有工厂将普钙的氨化及氨化普钙的冷却合并在氨化 - 冷却器中进行。氨化 - 转鼓造粒机的氨化与造粒操作，与氨化 - 冷却器基本相同，均是将熟化普钙加入氨化段，氨管埋设在料层中，氨由氨管上的一些小孔喷出，随即将普钙中的游离酸中和。氨化过程的废气中含有极微量的氨和普钙微粒，可借排风机将废气抽送至旋风分离器，将普钙微粒予以回收。氨化后的普钙经过撒扬、筛分、称量、包装，即得袋装的氨化普钙成品。筛出的大块，经破碎后再次筛分。如需提高产品的含氮量，则可将尿素或硝酸铵的溶液通过埋于料层下的管子上的小孔喷出，与普钙充分混合、造粒。氨化普钙生产工艺流程如图 6-7 所示。

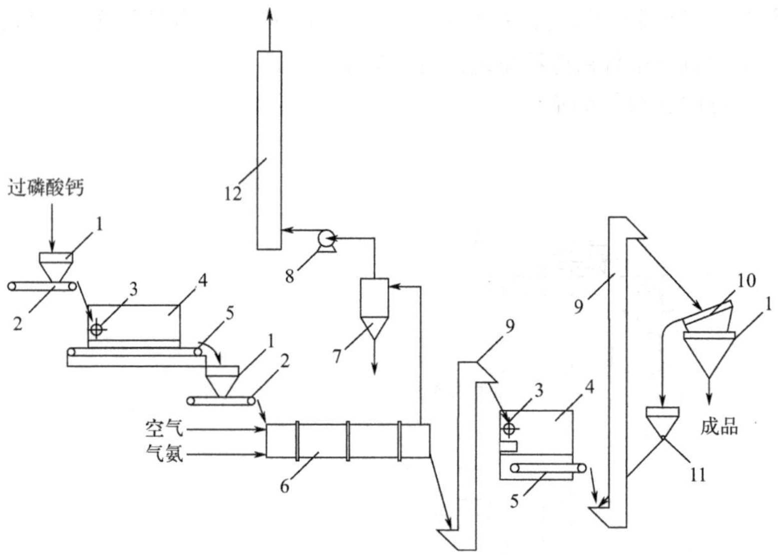

图 6-7　氨化普钙生产工艺流程图

1—料斗；2—皮带加料机；3—撒扬机；4—集料室；5—皮带输送机；6—氨化 - 转鼓造粒机；7—旋风分离器；8—排风机；9—斗式提升机；10—振动筛；11—粉碎机；12—排气筒

有的生产厂家在普钙氨化后再挤压造粒，虽可省去冷却工序，但需在挤压后进行破碎并去掉棱角磨光，因此仅小规模生产采用。

（3）含氟气体吸收工艺流程　在普钙生产的混合化成过程中，磷矿含氟总量的 40% ～ 50% 呈 SiF_4 逸出；剩余的氟，一部分以 H_2SiF_6 形式留存于普钙的液相中，另一部分则以各种氟硅酸盐及氢氟酸盐的形式留存在普钙中。随 SiF_4 一起逸出的水蒸气和 CO_2，有时还夹杂少量酸雾、硅胶等。在用稀酸矿粉法生产时，气体中常带有少量磷矿粉尘。若所用的原料硫酸系其他工业生产的废硫酸，且其中含有低沸点的有机物时，低沸点的有机物也将随含氟废气一并逸出。为了保证生产操作人员身体健康和环境不受污染，普钙工厂通常都是将混合化成系统保持在约 300Pa 的负压下操作。其具体的做法是用排风机将混合化成系统生产时逸出的含氟气体引入氟吸收系统并用水逆流循环吸收，达到排放标准后经排气筒放空。吸收的反应如下：

$$3SiF_4+3H_2O = 2H_2SiF_6+SiO_2 \cdot H_2O \quad (6\text{-}30)$$

为符合排放标准，应设法提高吸收效率。因 SiF_4 的蒸气分压影响，提高吸收效率的有利因素是：较低的气体和吸收液温度、较高的气体含氟浓度、较低的吸收液浓度。其中气体温度及含氟浓度由混合化成的工艺条件所决定。吸收液的温度一般控制在 50 ～ 60℃，吸收液（即 H_2SiF_6 溶液）浓度则取决于回收利用的要求。吸收液浓度每降低 1%，吸收效率能提高 1.3% 左右。从回收利用的角度考虑，希望尽量提高 H_2SiF_6 浓度，但当 H_2SiF_6 浓度超过 12% 时，吸收效率明显下降。为此，工业生产中只有采用高效设备，并多段吸收，才能既保证排放的尾气符合标准，又便于回收的 H_2SiF_6 溶液进行加工利用。

含氟气体吸收工艺流程如图 6-8 所示。由混合化成系统来的含氟气体，在排风机的抽吸下先进入沉降室沉降，然后依次通过 1# 文丘里洗涤器、1# 吸收塔、2# 文丘里洗涤器、2# 吸收塔、文丘里尾气洗涤器，最后经尾气洗涤塔放空。排风机应能使混合化成系统维持 300Pa 左右的负压，以免含氟气体外逸污染操作环境；但负压也不宜过高，否则将有过多的空气进入系统，从而降低气体的含氟浓度，影响吸收效率。

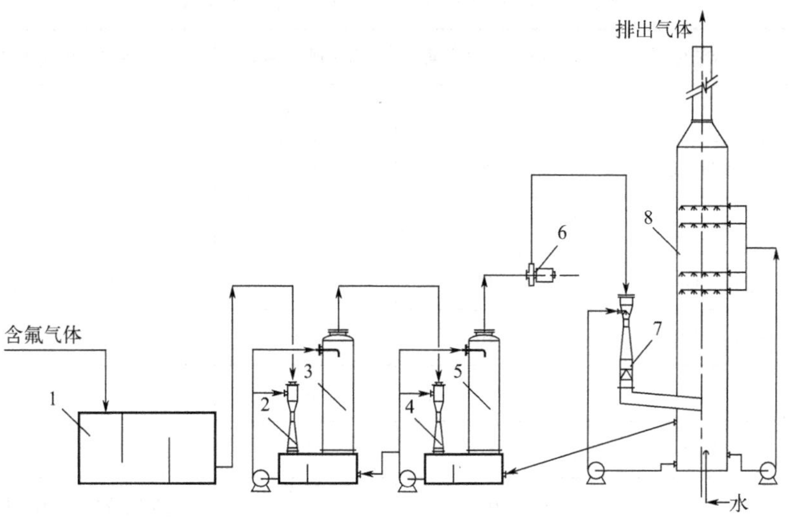

图 6-8　含氟气体吸收工艺流程图

1—沉降室；2—1# 文丘里洗涤器；3—1# 吸收塔；4—2# 文丘里洗涤器；5—2# 吸收塔；6—排风机；7—文丘里尾气洗涤器；8—尾气洗涤塔

普钙生产的废气中氟化物最高允许排放浓度、最高允许排放速率执行 GB 16297—1996《大气污染物综合排放标准》，具体排放指标见表 6-3。

表6-3　普钙生产企业新污染源大气污染物氟化物排放限值

污染物	最高允许排放浓度 /（mg/m³）	排气筒 /m	最高允许排放速率 /（kg/h）		无组织排放监控浓度限值	
			二级	三级	监控点	浓度 /（μg/m³）
氟化物	90	15	0.10	0.15	周界外浓度最高点	20（监控点与参照点浓度差值）
		20	0.17	0.26		
		30	0.59	0.88		
		40	1.0	1.5		
		50	1.5	2.3		
		60	2.2	3.3		
		70	3.1	4.7		
		80	4.2	6.3		

普钙生产中还产生少量的污水，其中含有少量硫酸、磷酸根离子、氟化物和硅胶，需加石灰中和处理后达标排放或返回系统使用。

普钙废水排放执行 GB 15580—2011《磷肥工业水污染物排放标准》，具体排放指标见表 6-4。

表6-4　新建普钙生产企业水污染物排放限值　单位：mg/L（pH值除外）

序号	污染物	直接排放限值	间接排放限值	污染物排放监控位置
1	pH 值	6～9	6～9	企业废水总排放口
2	化学需氧量（COD_{Cr}）	70	150	
3	悬浮物	30	100	
4	氟化物（以 F 计）	15	20	
5	总磷（以 P 计）	10	20	
6	总氮	15	60	
7	氨氮	10	30	
8	总砷	0.3	0.3	车间或生产设施废水排放口
单位产品基准排水量 /（m^3/t）		0.3	0.3	排水量计量位置与污染物排放监控位置一致

在土地开发密度已经较高、环境承载能力开始减弱，或环境容量较小、生态环境脆弱、容易发生严重环境污染问题而需要采取特别保护措施的地区，普钙生产企业执行表 6-5 中规定的水污染物特别排放限值。

表6-5　水污染物特别排放限值　　单位：mg/L（pH值除外）

序号	污染物	直接排放限值	间接排放限值	污染物排放监控位置
1	pH 值	6～9	6～9	企业废水总排放口
2	化学需氧量（COD_{Cr}）	50	100	
3	悬浮物	20	40	
4	氟化物（以 F 计）	10	15	
5	总磷（以 P 计）	0.5	1.0	
6	总氮	10	20	
7	氨氮	5	15	
8	总砷	0.1	0.1	车间或生产设施废水排放口
单位产品基准排水量 / （m^3/t）		0.2	0.2	排水量计量位置与污染物排放监控位置一致

（4）造粒工艺流程　粉状普钙通常是指经过熟化后的普钙。实际上它并非全是粉末。由于它具有一定的黏结性与可塑性，因而其中常混有数十毫米的大颗粒，不便于机械施用。粉状普钙在施入土壤后，其大部分水溶性 P_2O_5 易被土壤中的铁、铝、钙等氧化物化合成为难溶于水的磷酸盐，即普钙的有效 P_2O_5 被土壤固定，导致其应有的肥效不能发挥。粉状普钙造粒后，因其比表面积小，被土壤固定的情况大为减少。同时，粒状普钙通常有良好的物理性质，便于机械化施肥。因此，粒状普钙可获得较同样 P_2O_5 含量的粉状普钙高的 P_2O_5 利用率。

生产粒状普钙时，上述中和作业既可在熟化仓库内进行，也可在粉状普钙由熟化仓库往造粒工段输送的过程中进行。如需生产含微量元素的普钙，可在加中和剂的同时将微量元素均匀地加入粉状普钙中，或者将微量元素的溶液喷在造粒机中的普钙料床上。普钙中添加微量元素的种类及用量，均应根据农业生产的需要而定。普钙的微量元素含量一般取：B 0.001%、Cu 0.004%、Mn 0.009%、Zn 0.01%。

普钙造粒使用的方法有：盘式造粒法、转鼓造粒法及挤压造粒法。工业生产中多采用转鼓造粒法。

造粒过程主要由造粒、干燥、筛分、破碎、成品冷却及尾气净化等工序组成。其具代表性的生产工艺流程图如图 6-9 所示。

① 造粒工序　熟化的普钙从熟化仓库经皮带输送机、贮斗及皮带加料器均匀加入造粒机。与此同时，小于 1mm 的细粉经返料输送机也加入造粒机。物料在造粒机内成粒的原理是利用物料具有胶体的触变性能，当其受到某种机械作用（搓揉、挤压或长时间翻动）时，胶体遭到破坏，液相从内部渗出到物料的表面上，从而成为黏性的物料。粉状普钙的粒化就是在造粒机内普钙粉末受到相互间的压力和在旋转状态下的离心力作用而破坏胶体，普钙内部的液体通过毛细管挤压出来聚集到表面上，粉状普钙即被这种渗出的液体黏合成较大的颗粒。在实际生产中，为促进普钙的成粒作用，常喷入一定量的水使普钙增湿。通常喷洒水

的压力为 0.2 ～ 0.49MPa，这样可使水通过喷嘴形成很细的雾状水珠，均匀地洒到翻动的料面上，使一部分细的粉末表面被水所润湿，这些粉末就形成了粒子的核心，然后继续黏附周围的干粉而逐渐变大。物料在造粒机内约停留 12min，到大部分物料颗粒都达到 1 ～ 4mm、含水量约 16% ～ 18% 时离开造粒机，沿溜管进入干燥机。＜1mm 的细粒返料在造粒机内类似喷洒的水珠，成为粒子的核心，粉状普钙在其周围粘滚粒径逐渐增大。当配料中返料过多而粉状产品不够时，从造粒机出来的颗粒会达不到足够大小的粒度，而供水太多又会使物料成糊状，使操作情况恶化。

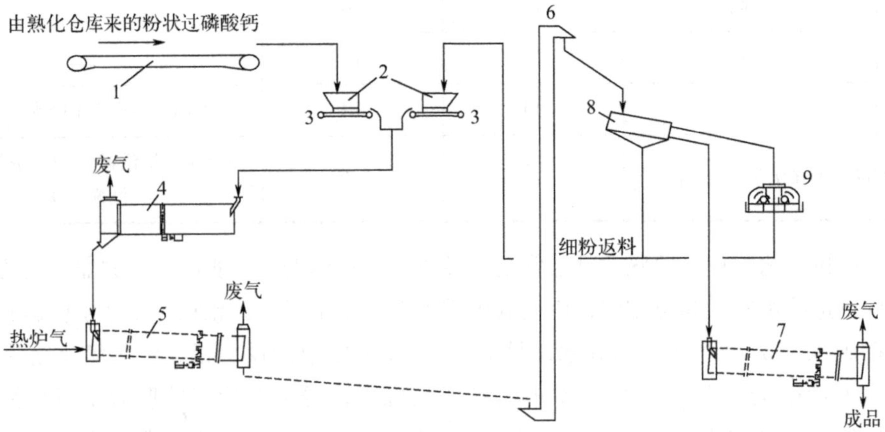

图 6-9　粒状普钙生产工艺流程图

1—皮带输送机；2—贮斗；3—皮带加料器（可以计量）；4—转鼓造粒机；5—回转干燥机；6—斗式提升机；7—回转冷却机；8—双层振动筛；9—破碎机

② 干燥工序　粒化后的普钙含水量高达 16% ～ 18%，必须进行干燥以改善产品物理性质。粒化后干燥前物料的机械强度很低，用手指按即可变形或散开。在干燥过程中随着水分的蒸发，物料中的盐又继续结晶使粒子变硬。粒子干燥到水分含量＜5% 时，就具有足够的机械强度。

物料由造粒机出来直接落入干燥机内。由燃烧炉来的 500℃热炉气亦同时送入干燥机与物料直接接触，按并流原理换热进行干燥，这样可使物料在干燥过程中的温度不超过 105℃。如采用逆流换热，就可能会使物料温度过高，因而造成部分 P_2O_5 变成难以吸收的形态。

③ 筛分、破碎工序　经造粒、干燥后的物料，其中大部分为 1 ～ 4mm 的合格粒子，此外尚有一部分＞4mm 和＜1mm 的粒子。从干燥机出来的物料，由斗式提升机提升到双层振动筛进行筛分。此时物料分为三部分：最上层为＞4mm 的粗粒落入破碎机进行破碎，破碎后的物料与干燥机出来的物料一起用斗式提升机送入双层振动筛，进行闭路循环筛分；筛下为＜1mm 的细粉，经返料输送机送入造粒机内重新造粒；中间的 1 ～ 4mm 合格粒子流入冷却机进行冷却。

④ 成品冷却工序　从筛分机出来的合格粒子物料温度在 75℃左右，而成品物料的温度

要求不超过40℃，否则包装时会损坏包装袋，而且物料会吸潮结块。冷却是在回转冷却机内进行的，空气从卸料端吸入，与物料逆流换热。冷却后的成品通过输送系统送至散装库堆存或经包装后袋装贮存。

⑤ 尾气净化工序　造粒过程中产生的尾气主要是造粒尾气、干燥尾气、冷却尾气和除尘尾气，造粒尾气经湿法洗涤后达标排放，干燥尾气先经旋风除尘器除尘后再经湿法洗涤后达标排放，冷却尾气和除尘尾气经旋风除尘器、布袋除尘器除尘后达标排放。

6.1.3.3 生产工艺条件

为保证产品质量并取得较好的技术经济效益，除要选用品位高、杂质少、反应活性好的磷矿外，在生产过程中需严格控制各项工艺条件。生产普钙的主要工艺条件如下：

（1）磷矿粉的细度　综合考虑磷矿的反应活性、易磨性及工艺设备特性等因素，确定磷矿粉的经济合理的细度。工业生产上通常要求磷矿粉的细度为90%以上通过100目。

（2）磷矿粉或磷矿浆的水分含量　对于稀酸矿粉法，通常控制磷矿粉水分含量在1%以下。

对于浓酸矿浆法，当采用的硫酸浓度为92.5%时，矿浆含水量以不超过26%～28%为宜。

（3）硫酸用量　当硫酸用量不足时，第一阶段反应生成的磷酸量不足以分解剩余的氟磷酸钙，磷矿分解不完全，磷矿的分解率和有效P_2O_5的含量就降低。相反，如果硫酸用量过多，则生成的磷酸太多，除了用于分解剩余的氟磷酸钙形成磷酸一钙之外，多余部分则以游离磷酸形态存留于成品中。若游离磷酸含量太高，产品物理性质变坏，须经中和后才能出厂。

生产中硫酸的实际用量常为理论用量的110%～115%。

（4）硫酸浓度　硫酸的浓度不仅直接关系到普钙的含水率与产率，还影响到磷矿的分解率、料浆固化的速度和产品的物理性质。

采用稀酸矿粉法时硫酸浓度一般控制在60%～78%，采用浓酸矿浆法时一般采用92.5%硫酸或98%硫酸。

（5）硫酸温度　硫酸进混合设备时的温度与酸矿反应密切相关。提高硫酸温度能加速磷矿的分解反应，提高磷矿的分解率，促进水分蒸发和氟的逸出，并改善产品的物理性质（如将硫酸温度从52℃升高到70℃，产品的水分含量降低0.8%）。但是硫酸的温度过高，也会同浓度过高一样，产生包裹现象，使磷矿的进一步分解受阻。

磷矿的某些组分对确定硫酸温度有一定的影响。磷矿中Fe_2O_3、Al_2O_3含量较高时，用50～60℃的硫酸与之反应较好，而用高MgO含量的磷矿作原料时，硫酸的温度则以70～80℃较为合适。

冬季气温低，对于同一磷矿，使用的硫酸温度应比夏季高5～10℃。

（6）酸矿混合搅拌强度与混合时间　在适当的硫酸浓度与硫酸温度下，提高酸矿混合的搅拌强度，可以相应地提高液相在矿粉颗粒表面的相对流速，减少扩散阻力，降低矿粉颗粒表面溶液的过饱和度，使颗粒表面形成较易渗透的薄膜，故能加快分解反应的速率。如硫酸的浓度与温度选用不当，则即使提高搅拌强度，也不能明显加快分解反应速率，甚至会因搅拌强度过大而造成$CaSO_4 \cdot \frac{1}{2}H_2O$形成的骨架受到破坏，致使料浆难以固化。同时，过分提高搅拌强度，将加剧搅拌桨的机械磨损和增加功率消耗。

搅拌强度通常以搅拌桨叶末端的线速度表示。立式多桨混合机各搅拌桨的线速度不一样，从加料口算起的第 1 ～ 3 桨可取 8 ～ 12m/s，靠近下料口处的 1 桨或 2 桨，因料浆渐稠，可取 5 ～ 7m/s。卧式混合机所采用的桨叶线速度一般都比立式混合机高一些，多采用 12 ～ 15m/s，也有采用 18 ～ 20m/s 的。

混合时间是指酸矿在混合机中混合搅拌的时间，亦即物料在混合机中的停留时间。混合时间长短与磷矿的分解难易程度、矿粉细度、混合机型式、混合搅拌强度等有关。在同样的立式混合机和同样的搅拌强度下，容易分解的磷矿只需混合 2 ～ 4min，难分解的磷矿需要混合 4 ～ 10min。通常磷矿石比磷块岩需要更长的混合时间。对于同一矿种，细的矿粉比粗的矿粉需要的混合时间少，立式混合机的混合时间为 2 ～ 10min，而锥式混合器的混合时间仅 2 ～ 5s。

混合时间如果不够，则料浆分解率低且不易固化；混合时间若过长，料浆会太稠，流动性差，给操作带来困难。为此，在磷矿、混合机的型式与搅拌强度均已确定后，宜通过试验确定最优的混合时间，以求得最佳的生产效果。

（7）化成时间　化成时间是指混合机的稠厚料浆从进入化成室起，直至成为新鲜普钙从化成室卸出为止的一段时间。化成时间除了要保证料浆能固化为性能良好的固体外，并没有一个绝对的上限值。通常以离开化成室的新鲜普钙的分解率不低于 70%，达到 85% ～ 90% 作为依据。对于容易分解的磷矿使用皮带化成室流程时，化成时间为 10 ～ 20min；而对于难分解的磷矿使用车厢化成室流程、回转化成室流程或链板化成室流程时化成时间多为 30 ～ 60min，个别的达到 90min。

化成时间应根据硫酸浓度、硫酸用量、混合搅拌强度等条件通过试验确定。

（8）熟化条件　普钙的熟化条件主要包括熟化时间和熟化温度，这都需要通过试验来确定。采用容易分解的磷矿时，熟化时间通常为 1 ～ 2 个星期，而采用难分解或中低品位的磷矿时，熟化时间通常为 2 ～ 3 个星期。根据试验结果，综合考虑熟化反应速率、水溶性 P_2O_5 有无退化等各种利弊因素以确定合适的熟化温度。对于某些铁铝杂质含量较高的中低品位磷矿，不宜采用较高的熟化温度，一般在 40 ～ 60℃之间熟化。

（9）中和要求　为了工艺需要而用较大的硫酸用量分解磷矿，或者由于混合化成的工艺条件失控，普钙成品的游离酸含量超过标准规定（5.5% P_2O_5）时，必须用中和剂将超出标准规定的游离酸中和掉，直至普钙成品中游离酸含量不超过 5.5% P_2O_5。

（10）造粒及干燥工艺条件　普钙的含水量与造粒时间有密切关系。如普钙含水量过低，则造粒过程进行缓慢，甚至不能成粒。增加普钙（包括经干燥、筛分后<1mm 的返料在内）的含水量，造粒时间会缩短。可是，如为缩短造粒时间而增加普钙的含水量，则造粒后的干燥负荷会随之加大，能耗亦要相应增加。生产实践表明，造粒时物料含水量通常为 12% ～ 17%（不同磷矿生产的普钙，造粒时的最佳含水量各有差异），物料在造粒机中的停留时间为 7 ～ 12min。

湿的粒状普钙离开造粒机即直接进入干燥机，与热炉气并流进行干燥。进干燥机的热炉气温度约 500℃，出干燥机的尾气温度约 100 ～ 120℃。出干燥机的粒状普钙温度必须控制在 75 ～ 105℃。因温度过高 $Ca(H_2PO_4)_2 \cdot H_2O$ 将失去结晶水成为 $Ca(H_2PO_4)_2$，水溶性 P_2O_5

含量降低。如加热到 150℃，将发生如下反应：

$$Ca(H_2PO_4)_2 = CaH_2P_2O_7 + H_2O \tag{6-31}$$

焦磷酸钙 $CaH_2P_2O_7$ 没有肥效。为了防止有效 P_2O_5 退化，实际上是要控制进干燥机的热炉气温度，使出干燥机的粒状普钙温度不高于 105℃。

6.1.3.4　典型设备

（1）混合设备

① 立式多桨混合机　立式多桨混合机为钢壳内衬防腐蚀材料的椭圆形槽，其外壁和底部用钢板焊制，内壁衬耐酸混凝土或以耐酸瓷砖作防腐蚀层。沿其纵长方向设置有 3 ～ 5 个搅拌桨，搅拌桨一般用钢衬橡胶。每个搅拌桨有 2 ～ 3 层桨叶，每层两桨叶成 180°，相邻的桨叶层成 90°，与轴成 30°。第 1 桨（靠近进料口的搅拌桨）的桨叶端点线速度为 8 ～ 10m/s，末桨（靠近出料口的搅拌桨）的桨叶端点线速度为 5 ～ 6m/s，以适应料浆渐稠的情况。第 1 桨与末桨之间的搅拌桨桨叶端点线速度为 7m/s 左右。混合机的出料口处设有可以升降调节的闸板，借以根据不同磷矿矿种控制硫酸与磷矿粉的搅拌混合时间。

立式多桨混合机的结构见图 6-10。

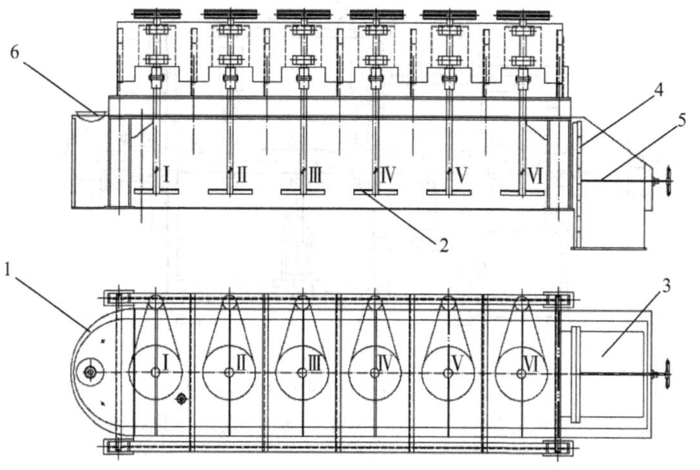

图 6-10　立式多桨混合机结构示意图

1—混合槽；2—搅拌器；3—出料口；4—出料口挡板；5—挡板压紧螺旋；6—加料口

立式多桨混合机对于不同的磷矿矿种，可以采用不同的桨数、不同的搅拌速度和不同的混合时间，因而适应性较大。

立式混合机的容积可按下式计算：

$$V = \frac{G\tau}{60\psi}$$

式中　V——混合机的容积，m^3；

G——料浆体积，m^3/h；

ψ——装载系数（一般为 55% ～ 65%），%；

τ——料浆在混合机内的停留时间，min。

料浆在混合机内的停留时间，与磷矿的特性、工艺操作条件密切相关，宜通过评价试验确定，并据此进行混合机的设备设计。

② 卧式混合机　卧式混合机为钢制内衬防腐蚀材料的长槽，上部为长方形，底部为半圆形。槽内装有桨叶式或螺片式搅拌器，硫酸和矿粉进入后即被桨叶剧烈地搅拌。通常把槽体分为两种或三种不等的截面，进料（磷矿粉及硫酸）端的截面较大，搅拌强度也较大，出料（料浆）端的截面较小，搅拌强度也较低。

卧式混合机因物料在其中停留的时间较短，故适用于容易分解的磷矿。它的结构简单，操作及维修均较方便，且含氟气体中夹带矿粉的现象大为改善，因此氟硅酸的含磷量较低，用以加工成的氟盐副产品质量较好。

料浆在卧式混合机的停留时间也与立式多桨混合机一样，需根据磷矿特性及工艺操作条件而定。料浆的停留时间除可通过调节磷矿粉与硫酸的加料速度进行控制之外，还可通过改变轴的转速进行控制。

卧式混合机的结构如图 6-11 所示。

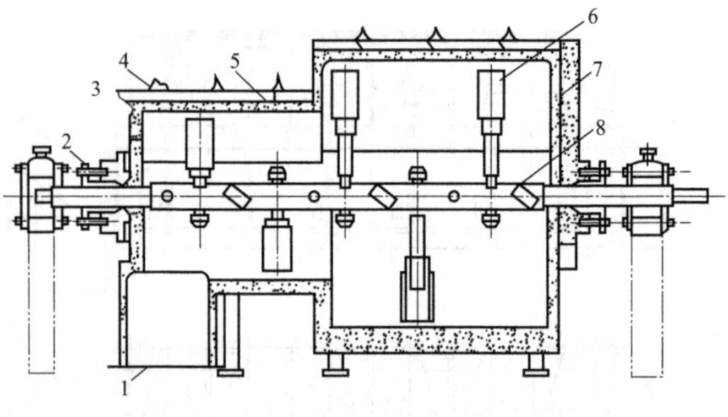

图 6-11　卧式混合机结构示意图

1—出料口；2—轴支承装置；3—壳体；4—吊环；5—上盖；6—搅拌桨；7—防腐层；8—轴

此外，还有一种双轴卧式混合机。它与上述卧式混合机的不同之处在于：有两根平行轴彼此相对旋转，轴上有许多按螺旋线排列的桨叶，这些桨叶将进入混合机的磷矿粉和硫酸混合均匀，并推向出料口。双轴卧式混合机也是钢制内衬防腐蚀材料的长槽，上部为长方形，底部为半圆形。与上述卧式混合机的不同之处是沿长轴的均为等截面。

卧式混合机的容积计算式与立式多桨混合机的计算式相同，妥善的办法仍然是通过评价试验确定。

③ 透平混合机　透平混合机的结构如图 6-12 所示。

透平混合机的外壳为圆筒形钢壳，内衬防腐蚀材料，内设透平式搅拌桨，桨叶的端点线速度为 7 ～ 15m/s。机身侧壁下面的料浆出口处设有闸门，用以调节机内料面高度，控制混合时间。

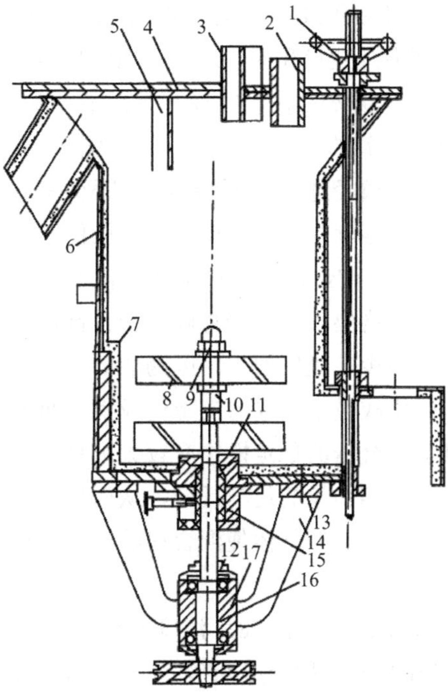

图 6-12　透平混合机结构示意图

1—控制闸门的手轮；2—矿粉管；3—硫酸管；4—盖；5—挡板；6—壳体；7—折流挡板；8—叶轮；9—圆螺母；10—上轴；11—抛料环；12—下抛料环；13—法兰；14—支架；15—填料箱；16—轴；17—轴承座

透平混合机的生产强度较大，占地面积小，投资较省。但由于酸矿的混合时间短，一般只适用于容易分解的磷矿，同时要求准确地供应磷矿粉和硫酸。此外，含氟气体中夹带矿粉的现象也比较严重。

透平混合机不仅用于生产普钙，还可用于生产重钙。

④ 锥形混合器　锥形混合器的示意图如图 6-13 所示。

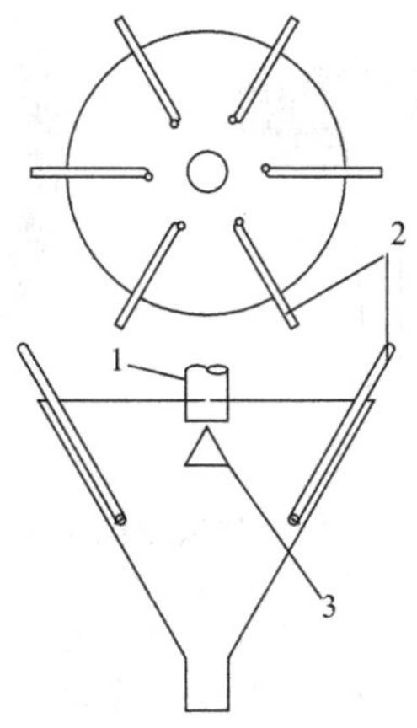

图 6-13　锥形混合器结构示意图

1—喷嘴；2—矿粉转向器；3—硫酸分配盘

锥形混合器形似漏斗，可用不锈钢或各种增强塑料等制成。硫酸和水分别在锥形混合器顶部以切线方向向下喷入。喷嘴应能便于更换和调节方向，以改变液体喷射的方向，并控制锥体内的漩涡并防止酸或水溅出。磷矿粉从锥体的中部借助转向器分散到硫酸所形成的旋涡中。酸矿混合料通过锥底的出料口排出。出料短管的直径必须与生产规模相适应，管径过大，势必存留不住料浆，也就不能形成漩涡状的料面。管径过小，将使料浆无法及时排出而导致外溢的事故。

锥形混合器结构简单，生产强度高，无传动装置，操作维修均较方便。但由于酸矿在其中混合的时间过于短促（仅约 2 ～ 5s），对加料量的变化十分敏感，因而仅适用于容易分解的磷矿，同时对酸矿的计量有严格要求。硫酸与磷矿粉在锥形混合器中主要是进行混合，很少发生化学反应，所以在其中极少有废气逸出。因为酸矿在锥形混合器中来不及反应，料浆自然不会变稠，所以其下游的化成设备宜选用皮带化成室，而不宜选用链板化成室。

硫酸温度与浓度对于锥形混合器的稳定操作有较大影响。如用热的稀硫酸生产，则在锥形混合器中稀硫酸与磷矿粉发生相当量的化学反应，从而使锥形混合器的运行很不稳定，难以充分混合酸矿，并且化学反应产生的气体使混合料的密度减小，导致混合料来不及从出料口排出而从混合器溢出。

实践证明，较为理想的操作条件是将 78% 浓度硫酸于室温下送入锥形混合器，与此同时送入水，水量应刚好将 78% H_2SO_4 稀释成 65% ～ 70% H_2SO_4（具体数据根据评价试验确定）。如此送入的硫酸及水同磷矿粉充分混合。若要使用高浓度硫酸，则必须先稀释到工艺操作条件要求的浓度，并冷却到 49℃以下，才可送入锥形混合器，否则大量的稀释热使混合料的温度急剧升高，反应过于激烈，难以保证在充分混合的情况下稳定运行。

（2）化成设备

① 回转化成室　回转化成室是对磷矿适应性强的一种化成设备，其结构如图 6-14 所示。

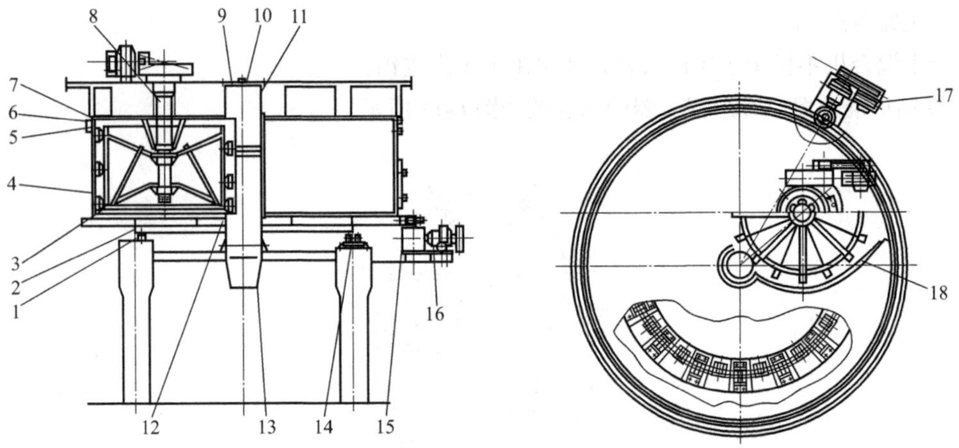

图 6-14　回转化成室结构示意图

1—挡轮；2—轨道；3—针轮地盘；4—筒体；5—托架；6—液封槽；7—密封挡板；8—切削器；9—中心管盖；10—小盖；11—中心筒；12—填料箱体；13—下料锥管；14—托轮；15—传动装置；16—摆线针轮减速机；17—电机；18—隔板

回转化成室由筒体、顶盖、切削器、中心筒、传动装置和支撑装置等组成。筒体与底板同由传动机构通过蜗轮或托轮驱动。筒体围绕中心筒在托轮上缓慢旋转。顶盖及中心筒均是固定的。顶盖下面悬挂一垂直的弧形护板，用以将顶盖上的进料口与切削器分隔开。硫酸与磷矿粉经混合机混合后所形成的料浆由顶盖上的进料口进入筒体及中心筒之间的环室中，随着筒体缓慢旋转，料浆逐渐固化。最后被旋转着的切削器切碎，并经中心筒卸于其下面的运输设备上，转送到熟化仓库进行熟化。回转化成室旋转一周需 0.8 ～ 2.5h，可根据料浆固化所需时间而定。切削器的转速为 6 ～ 24r/min，但旋转方向与筒体的旋转方向相反。进入回转化成室的料浆在固化过程中会发生膨胀，故在进料口靠近中心筒外壁处设有偏心器，以形成自由间隙而减轻物料对中心筒的摩擦。

筒体与顶盖的材料均为碳钢内衬辉绿岩钢筋混凝土，切削器需选用高铬钢或高镍铬合金、刚玉等耐腐蚀又耐磨的材料制作。筒体与顶盖之间用砂或油密封。

② 皮带化成室　皮带化成室的结构如图 6-15 所示。

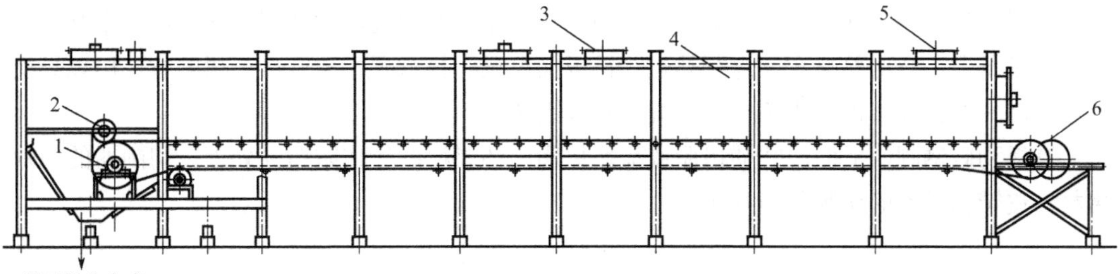

图 6-15　皮带化成室结构示意图

1—头轮；2—切削器；3—含氟气体出口；4—抽风罩；5—料浆入口；6—尾轮

皮带化成室和普通皮带输送机相似，也是由机架、头轮、尾轮、托辊、皮带等组成的。由混合机进入皮带化成室的料浆一般尚未完全固化。为避免料浆流淌到外面，皮带化成室进料端（约为皮带全长的 1/3）用槽形托辊。料浆在皮带上随着皮带往前运行而逐渐固化。为使固化的物料碎裂以利于其中的水分蒸发和含氟气体逸出，除进料端用槽形托辊外，其余均为平行托辊。头轮上方设切削器，用以将化成物料切碎后转运至熟化仓库中进行熟化。根据物料所需的停留时间控制皮带运行速度，应根据磷矿特性和工艺条件确定，一般约 10 ～ 30min。皮带面上料层平均厚度约 150 ～ 250mm。

皮带化成室的结构材料与普通皮带输送机基本上相同，只是为了防腐蚀，头轮、尾轮及托辊的表面均内衬橡胶。由于进入混合机的料浆温度可达 120℃，且含有游离酸，如若皮带全用天然橡胶制造，虽可使用但难以持久，因此宜用氯丁橡胶、丁基橡胶或丁苯橡胶作面层。切削器刀片用酚醛层压板或刚玉、高铬钢、高镍铬合金等材料制造。抽风罩为薄钢板内衬软聚氯乙烯或玻璃钢。

皮带化成室的有效面积为总面积的 65% ～ 75%，生产强度约 400 ～ 1000kg/(m^2 · h)。

皮带化成室的物料装载容积和宽度的计算方法：

a．皮带化成室的物料装载容积的计算公式为：

$$V = G\tau$$

式中　V——物料装载容积，m^3；

G——料浆量，m^3/h；

τ——停留时间，min。

b．皮带化成室宽度的计算公式：

$$B = \frac{V}{L\delta}$$

式中　B——皮带化成室的有效宽度，m；

V——物料装载容积，m^3；

L——皮带化成室的长度，m；

δ——化成物料在皮带面上的平均厚度，m。

③ 链板化成室　链板化成室的结构如图6-16所示。链板化成室的结构与普通链板输送机相似。在它的牵引链板上固定有平板、鳞板或浅槽板以承载化成物料。从混合设备进入化成室的料浆随链板向前移动并逐渐固化。当到达头轮处时被旋转的切削器切碎而落于其下面的运输设备上，转送熟化仓库进行熟化。链板面上设有抽风罩，罩上接一根气管，用以导出反应中产生的含氟气体与水蒸气，送废气吸收系统。

链板为碳钢制，板面用呋喃树脂或酚醛树脂、环氧树脂等作防腐蚀处理。切削器的刀片用材与皮带化成室的切削器刀片相同。

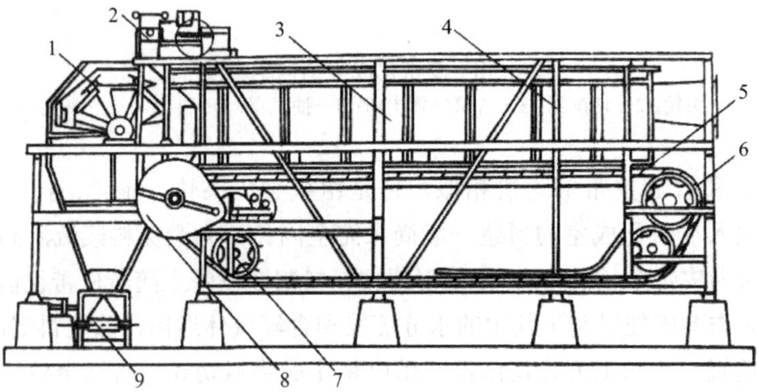

图6-16　链板化成室结构示意图

1—切削器；2—液压驱动装置；3—抽风罩；4—机架；5—链板；6,7—链轮；8—链轮罩；9—输送机

物料在链板面上停留的时间，可根据磷矿特性及所用工艺操作条件，在20～60min之间选定。链板面上的堆料高度同生产规模及链板速度有关，通常可达600～800mm。

链板化成室的结构比回转化成室简单，安装检修比较方便，各种型式的链板都可以单独装卸或局部修理。其单位设备面积的生产强度比皮带化成室高。链板面经防腐蚀处理后，使用期限高于皮带。

链板化成室的物料装载容积和链板有效宽度计算方法：

a．链板化成室物料装载容积的计算公式为：

$$V = G\tau$$

式中　V——物料装载容积，m^3；

G——料浆量，m^3/h；

τ——停留时间，min。

b. 化成链板有效宽度的计算公式：

$$B=\frac{V}{L\delta}$$

式中　B——化成链板的有效宽度，m；

V——物料装载容积，m^3；

L——化成链板的有效长度，m；

δ——化成物料在链板上的平均厚度，m。

（3）撒扬机　通常新鲜普钙通过撒扬机抛送至熟化仓库。撒扬机为一高速旋转的圆筒，沿圆筒轴向焊有数排叶片，物料落到撒扬机上被叶片打碎并撒扬。经过空气冷却和水分蒸发，物料温度一般可从 70 ～ 90℃降到 30 ～ 60℃ 。

（4）氟吸收设备

① 文丘里吸收器　文丘里吸收器具有结构简单、投资小、吸收效率高等优点。其作为第一级吸收设备时，吸收率为 92%，阻力降为 200mm H_2O 左右；作为第二级吸收设备时，吸收效率为 60% 左右。

文丘里吸收器作为氟吸收设备，如采用循环吸收方式则喷嘴易被硅胶堵塞，又因液体和气体的分散度高，其后需接除雾沫设备，因此一般设计为立式文丘里吸收器与喷淋吸收塔的组合。

文丘里吸收器的结构如图 6-17 所示。

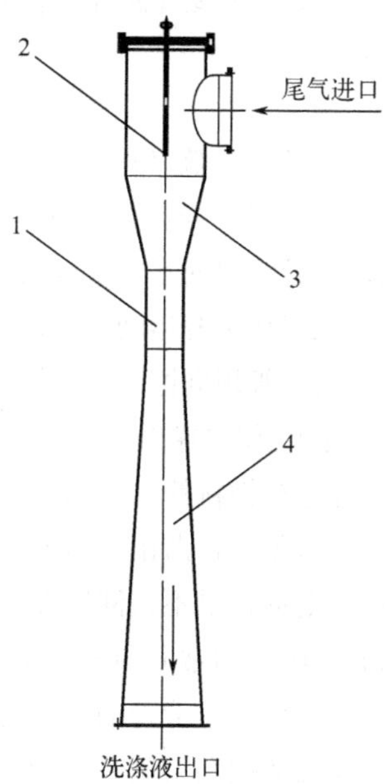

图 6-17　文丘里吸收器结构示意图

1—喉管；2—喷头；3—收缩管；4—扩散管

② 喷淋吸收塔　喷淋吸收塔为一中空的圆柱形体，塔内设有喷头，上部设有除沫器。气体由下部进入与吸收液逆流接触。气体入塔后流速降低，增加了气液接触时间，以利于吸收。喷淋吸收塔下部设有循环槽，循环槽中的吸收液循环使用。当吸收液中出现较多的硅胶或其他固体杂质时应及时清理，以免影响正常操作。

喷淋吸收塔结构如图 6-18 所示。

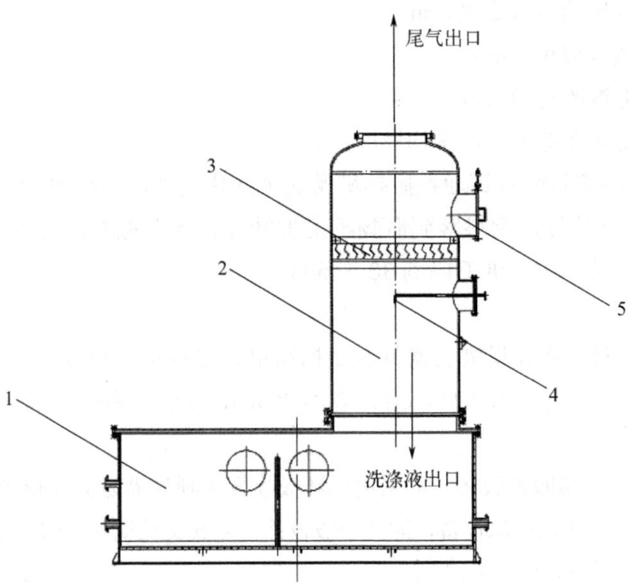

图 6-18　喷淋吸收塔结构示意图

1—循环槽；2—塔体；3—除沫器；4—喷头；5—人孔

（5）造粒设备

① 盘式造粒机　盘式造粒机有一倾斜的旋转圆盘。圆盘分内盘与外盘，内盘供普钙或部分酸化磷矿、复混肥料造粒，外盘则供颗粒物料涂敷中和剂或包裹剂用。圆盘上方设有液体组分分布器，以备在需要时适当增加造粒物料的水含量或其他液体组分含量。造粒物料进入圆盘后，一是因摩擦力，物料随旋转的圆盘作上升运动；二是当上升到一定高度后受重力作用而往下滚动；三是由于离心力的作用，物料被甩向圆盘的边缘。在这三种力的共同作用下，物料按一定的轨迹运动，并团聚成粒。待达到要求的粒度后，依次从内盘、外盘边缘溢出。

圆盘的倾角可调，但不能小于湿造粒物料的自然休止角，否则物料随圆盘转动而不能产生落差和滚动。但倾角亦不可过大，以免物料滞留于盘的下部而不能上下滚动成粒。如适当加大倾角，同时相应提高圆盘转速，则物料虽不致滞留在盘的下部，但卸出的颗粒直径却偏小。为此，圆盘的倾角在 40°～60°范围，通常取 50°左右。

盘式造粒机内盘面结疤是用盘面清扫刮刀清理的，它是由正反电动机经变速箱、拉杆自动来回移动进行的，而外盘面则用人工清扫刮刀间断清疤。圆盘的正上方靠近加料口处还设有抽风口以排出粉尘。

盘式造粒机的生产强度与造粒物料的性质有密切关系，如普钙造粒时的生产强度约为

0.4 ～ 1.0t/(m²·h)，复混肥料造粒时的生产强度为 0.2 ～ 0.8t/(m²·h)。根据单位时间内的造粒物料量及该物料造粒时的盘式造粒机生产强度，即可求出圆盘的直径，其计算公式如下：

$$D=\sqrt{\frac{Q}{0.785G}}$$

式中　D——盘式造粒机的圆盘直径，m；

Q——造粒物料量，t/h；

G——盘式造粒机的生产强度，t/(m²·h)。

受造粒物料性质的影响，盘式造粒机的生产强度范围较大，妥善的做法是将造粒物料通过试验或实际生产求得较准确的生产强度，再据此选用合适的盘式造粒机型号。

盘式造粒机的圆盘直径确定后按下式计算圆盘的转速：

$$n=22\sqrt{\frac{1}{D}}$$

式中　n——圆盘转速，r/min；

D——圆盘直径，m。

圆盘的边高与圆盘直径之比一般为 0.12 ～ 0.19。

盘式造粒机的传动功率按下式计算：

$$N_0=0.2K\frac{1}{\eta}H\left(\frac{D}{2}\right)^3 n\gamma$$

式中　N_0——需用的传动功率，kW；

K——刮刀阻力系数，采用固定刮刀时为 1.5；

η——机械传动效率，一般为 0.85 ～ 0.9；

H——圆盘边高，m；

D——圆盘直径，m；

n——圆盘的转速，r/min；

γ——造粒物料的堆密度，t/m³。

盘式造粒机实际配用的电动机功率尚需考虑一定的电动机容量备用系数，即是：

$$N=K_0N_0$$

式中　N——需用功率，kW；

K_0——电动机容量备用系数，一般为 1.2 ～ 1.5，大型的盘式造粒机取低限值；

N_0——需用的传动功率，kW。

生产能力为 10t/h 的盘式造粒机结构见图 6-19，此盘式造粒机生产的成品粒径在 2 ～ 5mm。其详细规格为：外圆盘直径为 5200mm，外圆盘边高 350mm，内圆盘直径为 4000mm，内圆盘边高 500mm，圆盘倾斜角在 45 ～ 60°（可调，一般为 50°），圆盘转速在 8 ～ 11r/min。电动机功率为 28kW，转速为 1500r/min，清扫刮刀用电动机功率为 1.7kW，转速为 1000r/min。

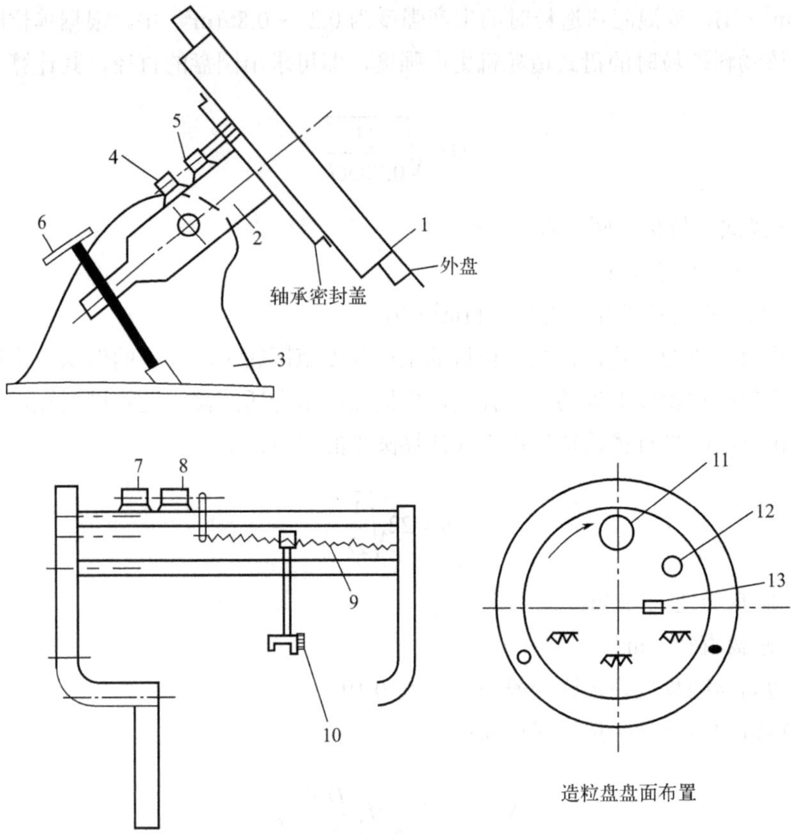

图 6-19　盘式造粒机结构示意图

1—圆盘；2—机架；3—机座；4—电动机；5,8—变速箱；6—调节角度首轮；7—正反转电动机；9—拉杆；10—盘面清扫刮刀；11—滚珠轴承；12—内齿轮；13—小齿轮

盘式造粒机可用于普钙及部分酸化磷矿的造粒。其结构简单，设备及操作费用均较低，运行直观，操作容易控制，成粒率高（一般为 60% ～ 80%），产品呈圆粒状。盘式造粒机的成型机理是利用黏结剂和物料自身的黏结力，以致颗粒强度较低，需进一步干燥以提高其强度。盘式造粒机的生产强度通常为 0.4 ～ 1t/(m^2 · h)，大规模生产时需多台同时作业。

② 转鼓造粒机　转鼓造粒机为一中空的转筒，转筒上装有大齿轮，它通过减速机与电动机连接。电动机通过减速机及转筒上的大齿轮使转筒按照一定的速度旋转。转筒造粒机内距进口约 1m 处沿圆周设有导向板。转筒的进出口均设有挡圈，以保证转筒内能留存一定数量的造粒物料。转筒内安装 1 根带有 3 ～ 5 个喷嘴的水分配管，管子用支架固定，第一个喷头的喷水量约为总水量的 70%，它安装在离进口端 1m 处，第二个喷头离进口端 2m，最后一个喷头在离出料端 1.5m 处。用约 400kPa 的高压水通过喷嘴喷成细雾状，以润湿造粒物料（需要时还可安装 1 根蒸汽管通蒸汽，在提高造粒物料温度的同时，润湿造粒物料）。经润湿的物料随着转动的转筒不断翻动和滚动而团聚成粒。转筒内安装有刮刀或挠性橡胶板，用以清除黏附在筒壁上的物料。采用挠性橡胶板即在转筒内按圆周均匀设置若干块挠性橡胶板，筒壁上隔一定的距离开有呼吸孔，以便将粘在挠性橡胶板上的物料随旋转的筒体上升到高处后，靠物料的自重离开挠性橡胶板面坠落下来，达到自动清除结疤的目的。

转鼓造粒机的结构如图 6-20 所示。

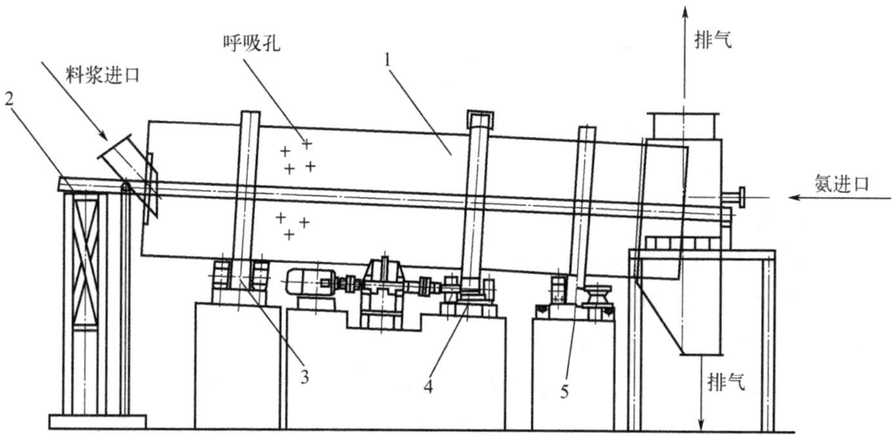

图 6-20　转鼓造粒机结构示意图

1—筒体；2—管梁；3—前托轮装置；4—传动装置；5—挡托轮装置

转鼓造粒机有效容积的计算式如下：

$$V_0 = \frac{Q\tau}{\gamma\psi}$$

式中　V_0——转鼓造粒机的有效容积，m^3；

Q——造粒物料量，t/h；

τ——造粒物料在转鼓造粒机内的停留时间，h；

γ——造粒物料的密度，t/m^3；

ψ——转鼓造粒机内物料装载系数，%。

造粒物料在转鼓造粒机内的停留时间与物料特性及工艺条件有关，通常为 2 ～ 15min。转鼓造粒机内物料装载系数一般为 15% ～ 30%。妥善的办法是通过试验或实际生产求得 τ 和 ψ的数值，再按照造粒机的有效长度 L_0 与有效直径 D_0 之比（L_0/D_0 一般为 2 ～ 5.5），即可算出 V_0。根据造粒机的结构及筒体内壁可能结疤的情况，最后确定转鼓造粒机的长度和直径。

转鼓造粒机的转速计算式如下：

$$n = \frac{L_0}{\pi D_0 \tan\alpha\tau}$$

式中　n——转鼓造粒机的转速，r/min；

L_0——转鼓造粒机的有效长度，m；

D_0——转鼓造粒机的有效直径，m；

α——转鼓造粒机的倾斜角，°；

τ——造粒物料在转鼓造粒机内的停留时间，min。

其较简单的计算方法是采用转鼓造粒机临界转速的 20% ～ 50% 计算得到（造粒机的临界转速 $=\dfrac{42}{\sqrt{D}}$，式中 D 为造粒机直径，m）。

转鼓造粒机的传动功率可按下式计算：

$$N_1 = 0.186D^3Ln\gamma\psi$$

式中　N_1——转鼓造粒机的传动功率，kW；

D——转鼓造粒机的直径，m；

L——转鼓造粒机的长度，m；

n——转鼓造粒机的转速，r/min；

γ——造粒物料的密度，t/m^3；

ψ——转鼓造粒机内物料装载系数，%。

转鼓造粒机的电动机需用功率考虑 20% ～ 40% 的备用系数，即是：

$$N=(1.2\sim1.4)N_1$$

式中　N——转鼓造粒机的电动机需用功率，kW；

N_1——转鼓造粒机的传动功率，kW。

以上功率计算的备用系数按照转鼓造粒机内衬挠性橡胶板考虑。如转鼓造粒机不是内衬挠性橡胶板，而是设有刮刀装置，则另要考虑为克服在运行中刮刀产生的阻力需要的功率，其计算公式如下：

$$N_2 = \frac{f\sigma\upsilon}{102}$$

式中　N_2——为克服刮刀产生的阻力需要的功率，kW；

f——刮刀与黏结物料的接触面积，cm^2；

σ——黏结物料的强度，kg/cm^2；

υ——刮刀的刮料线速度，m/s。

此时：

$$N=(1.2\sim1.4)(N_1+N_2)$$

式中　N——转鼓造粒机（带有刮刀装置）的电动机需要的功率，kW；

N_1——转鼓造粒机的传动功率，kW；

N_2——为克服刮刀产生的阻力需要的功率，kW。

转鼓造粒机操作方便，工艺条件容易控制，可以根据需要将适量的微量元素加入返料中，在转鼓造粒机中混合并造粒，生产含有微量元素的粒状普钙。

生产氨化普钙的氨化造粒机的结构与转鼓造粒机相似，由于氨化反应快，物料在氨化造粒机内的停留时间不决定于氨化，而是决定于造粒所需的时间。另外，就是将蒸汽管改为氨分布管。氨分布管可以是在开有孔的圆管上焊接两块钢板，形成的一条类似鸭嘴状的长窄缝（如图 6-21 所示）。

氨分布管可用 3 块支撑板固定于横穿转鼓造粒机筒体内部的管梁上，其长度约为筒体总长的 3/4 即可。

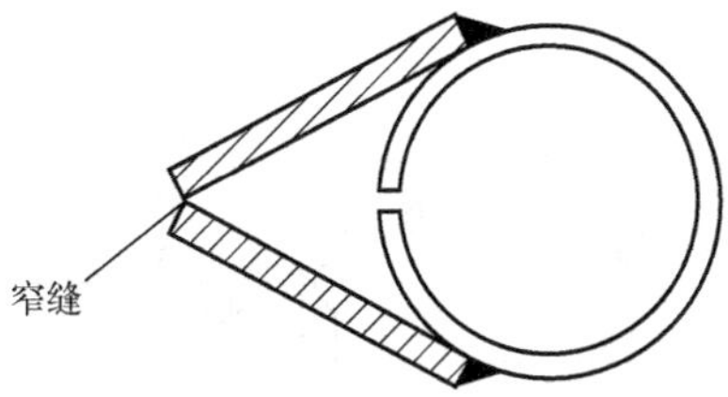

图 6-21　鸭嘴状氨分布器

③ 挤压造粒机　挤压造粒机的结构如图 6-22 所示。

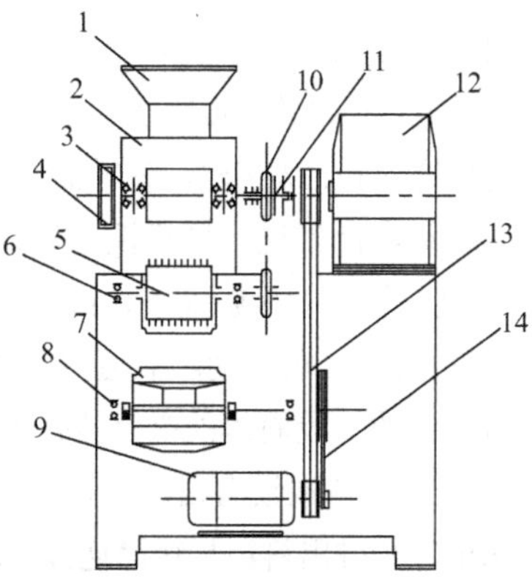

图 6-22　挤压造粒机结构示意图

1—料斗；2—挤压轧辊；3,6,8—轴承；4—齿轮；5—整形轮；7—分料筛；9—电动机；10—链轮；11—联轴器；12—减速箱；13,14—传动皮带

挤压造粒机是将造粒物料在两个表面中挤压的造粒机。当物料在一对相向旋转的辊隙中受到挤压时，物料因分子的内聚力和静电力而黏结成为 5 ～ 20mm（根据产品粒度要求调节辊隙）的连续薄板，然后将薄板破碎、筛分，大粒作为成品，小粒作为返料。对于某些物料，在施压后物料粒子接触点处产生热点，致使物料熔融形成熔结桥，待物料温度下降后即成为固体桥。因此，挤压造粒不加或加少量黏结剂即可使物料有效成型。如控制造粒物料的含水量≤ 5%，则挤压成粒后无需干燥，成粒率可达 90%，颗粒强度≥ 15N。此种情况下，挤压造粒机的投资小，能耗低；但经破碎、筛分的产品外形不如盘式造粒机及转鼓造粒机的圆，且在储运和施用时会产生粉尘。为弥补这一缺陷，不少生产厂将经过筛分粒度合格而外形不够圆整的粒料进行磨角、抛光、调理，制成正式的产品。

挤压造粒工艺对物料的自由水分有严格要求（一般水分含量≤ 5%），而通常普钙的水分含量为 12% ～ 15%，因此，普钙不能直接进行挤压造粒，除非事先经过干燥或延长熟化期使其自然干燥，待水分含量符合要求后再进行挤压造粒。当然普钙可添加其他适当的配料，用挤压造粒的方法生产二元或三元复合肥料。

（6）干燥设备　经过造粒的湿粒状普钙含有一定的水分，具有可塑性、易于黏结。因此造粒后的湿粒状物料必须立即进行干燥。一般用于粒状普钙干燥的设备均选用回转干燥机。其结构如图 6-23 所示。

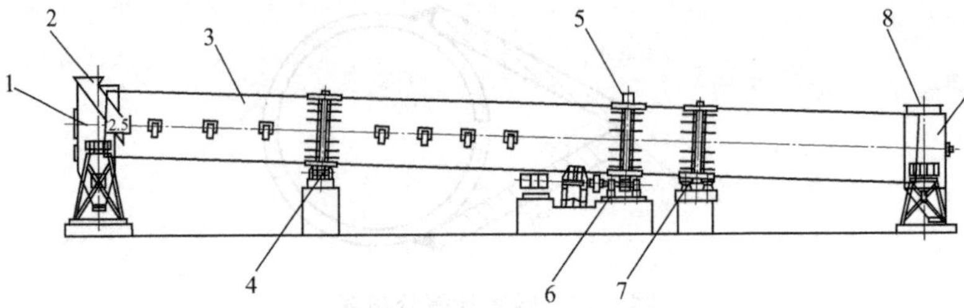

图 6-23　回转干燥机结构示意图

1—热气体进气箱；2—湿料进口；3—筒体；4—前托轮装置；5—齿轮罩；6—传动装置；7—挡托轮装置；8—尾气出口；9—卸料箱

回转干燥机为一倾斜的卧式圆筒，其支承和传动装置与上述转鼓造粒机相似，它亦由装在转筒外的滚筒支承在前后托轮上。后托轮附有挡轮，以阻止转筒沿轴向移动。传动是由电动机经减速机、联轴器和开式齿轮带动安装在筒体上的大齿轮，使转筒旋转。筒内壁靠近进料端的一段设有导料抄板，以便将进入干燥机的物料向前推进。导料板之后设升举式抄板，随着筒体的旋转将物料抄起然后撒下，以增加热炉气与物料的接触面积，改善蒸发水汽的扩散条件，从而提高干燥效率。在重力作用下，物料不断向出料端移动。靠近出料端 1 ～ 2m 的一段不设抄板，以免尾气带出过多的微粒。在靠近进料端的一段筒体外壁上装有击锤，筒体旋转时自动敲击筒壁，以便黏结在筒内壁上的物料脱落下来。出料端设有格栅，可将大块物料分离排出。为了防止冷空气进入转筒或热炉气从转筒内逸出，在进出料箱与转筒连接处均装有迷宫式密封装置。

为防止水溶性 P_2O_5 含量降低和有效 P_2O_5 退化，普钙采取并流干燥方式，即热炉气也从进料端进入回转干燥机。

回转干燥机的有效容积计算式如下：

$$V_0 = \frac{G}{Q}$$

式中　V_0——干燥机筒体的有效容积，m^3；

G——需要蒸发的水量，kg/h；

Q——单位时间及单位容积的干燥强度，$kg/(m^3 \cdot h)$。

需要蒸发的水量可由湿料含水率、干料含水率及每小时的产量求出。

干燥强度则与进干燥机的热炉气温度及湿料的含水率有关，它通常在 25 ～ 65kg/(m^3·h)，一般可取 30 ～ 40kg/(m^3 · h)。

筒体长度 L 与直径 D 之比一般为 4 ～ 8，在此范围内，先选择流经筒内的气流速度不超过 2 ～ 3m/s，对于非常干的、细的物料，出口气流速度不大于 0.5 ～ 1m/s，再考虑实际筒体容积要比有效容积大等因素，最后确定筒体的长度 L 与直径 D。

回转干燥机筒体的转速计算式如下：

$$n = \frac{mKL}{D\tau \tan\alpha}$$

式中　n——筒体转速，r/min。

m——抄板系数，其值如下：

升举式抄板，m=0.5；

扇形式抄板，m=1；

均布式抄板，m=0.75。

K——流向系数，其值如下：

并流时，K=0.2 ～ 0.7，较重物料选较大值；

逆流时，K=0.5 ～ 2.0，较重物料选较小值。

L——筒体长度，m。

D——筒体直径，m。

τ——物料在筒体内停留时间，min。

α——筒体倾斜角，°。

筒体的转速也可按筒体直径 D 粗略估算为 $\frac{4}{\sqrt{D}} \sim \frac{8}{\sqrt{D}}$。通常筒体圆周速度为 10 ～ 20m/min。

回转干燥机电动机需用功率计算与转鼓造粒机的电动机需用功率计算完全相同，即运用转鼓造粒机的电动机功率的两个公式计算回转干燥机传动功率。

（7）冷却设备

① 回转冷却机　回转冷却机结构类似回转干燥机，为一倾斜的卧式圆筒，其支承和传动装置均与上述回转干燥机相似。物料在出气端经设有迷宫式密封装置的进料箱中的进料溜管进入冷却机内。因冷空气直接由大气吸入，故进气的卸料端不设带密封装置的出料箱。为了提高冷却效率，转筒内装有升举式抄板，但这样使若干合格粒度的成品粒肥被摔碎，物料中小于 1mm 的粒级就会比冷却前增多，其增加量大约占粒肥总量的 5%。筒体外壁不设击锤。物料与冷空气采取逆流方式。

回转冷却机的结构如图 6-24 所示。

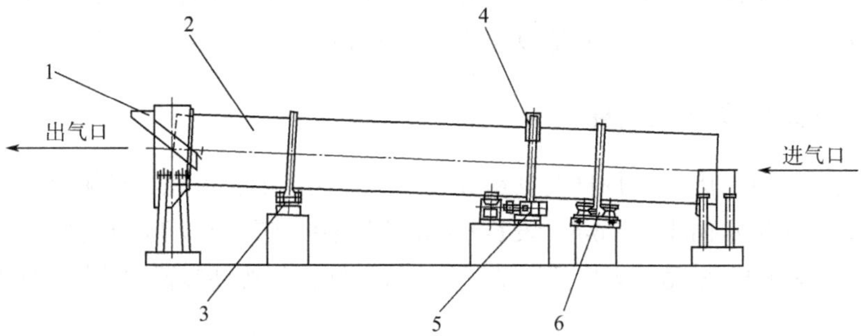

图 6-24　回转冷却机结构示意图

1—进料口；2—筒体；3—前托轮装置；4—齿轮罩；5—传动装置；6—挡托轮装置

a. 回转冷却机筒体的有效容积可按下式计算：

$$V_0 = \frac{Q}{K\Delta t}$$

式中　V_0——筒体的有效容积，m^3；

Q——需要移走的热量，kcal/h（1kcal/h=1.163W）；

K——容积传热系数，kcal/(m³·h·℃)（1kcal=4184J）；

Δt——平均温差，℃。

筒体长度 L 与直径 D 之比一般为 4 ～ 8，这样，可由求出的 V_0 确定 L 与 D 的具体尺寸。

b．筒体的转速可按下式确定：

$$n=\frac{4}{\sqrt{D}}\sim\frac{8}{\sqrt{D}}$$

确定转速后，物料在筒内的停留时间可按下式计算：

$$\tau=\frac{mKL}{nD\tan\alpha}$$

式中　τ——物料在筒体内的停留时间，min。

m——抄板系数，其值如下：

升举式抄板，m=0.5；

扇形式抄板，m=1；

均布式抄板，m=0.75。

K——流向系数，其值如下：

并流时，K=0.2 ～ 0.7，较重物料选较大值；

逆流时，K=0.5 ～ 2.0，较重物料选较小值。

L——筒体长度，m。

n——筒体转速，r/min。

D——筒体直径，m。

α——筒体倾斜角，°。

c．回转冷却机的传动功率及电动机需用功率与转鼓造粒机的计算公式相同。

② 流化床冷却器　流化床冷却器见第 4 章（图 4-61）。

6.1.3.5　消耗定额及产品能耗

普钙的消耗定额，因原料规格及其组成、生产方法、工艺流程、机械化与自动化程度、生产管理水平等而有所不同。表 6-6、表 6-7 列出的为某厂年产 20 万吨粉状普钙装置的消耗定额及产品能耗，表 6-8、表 6-9 列出的为某厂年产 6 万吨粒状普钙装置的消耗定额及产品能耗。

表6-6　年产20万吨粉状普钙装置消耗定额（不含磨矿、干燥、成品包装）（以1t实物计）

序号	名称	单位	消耗定额
1	磷矿（干基折标）P_2O_5：31.98%	t	0.58
2	硫酸（100% H_2SO_4）	t	0.33
3	工艺水	t	0.23
4	电	kWh	13
5	仪表空气（0.6MPa）	m^3	0.06

表6-7　年产20万吨粉状普钙装置的产品能耗（不含磨矿、干燥、成品包装）

序号	名称	单位	消耗指标	单位能耗量/MJ	能量折算值/（kgce/t）	单位能耗/（kgce/t）
1	工艺水	t	0.23	7.54	0.2571	0.059
2	电	kWh	13		0.1229	1.6
3	仪表空气（0.6MPa）	m^3	0.06	1.59	0.054	0.003
合计						1.662

注：1kgce 表示 1kg 标准煤所具有的能量。

从表 6-7 看出，1t 粉状普钙产品的能耗为 1.662kg 标准煤。

表6-8　年产6万吨粒状普钙装置消耗定额（以1t实物计）

序号	名称	单位	消耗定额
1	磷矿（干基折标）P_2O_5：32%	t	0.632
2	硫酸（98% H_2SO_4）	t	0.397
3	石灰石（折 100%$CaCO_3$）	t	0.05
4	工艺水	t	1.7
5	电	kWh	19.4
6	煤（Q=3850kcal/kg）	t	0.0835

表6-9　年产6万吨粒状普钙装置的产品能耗

序号	名称	单位	消耗指标	单位能耗量/MJ	能量折算值/(kgce/t)	单位能耗/(kgce/t)
1	工艺水	t	1.7	7.54	0.2571	0.437
2	电	kWh	19.4		0.1229	2.384
3	煤	t	0.0835	16120	550	45.925
合计						48.746

从表 6-9 看出，1t 粒状普钙产品的能耗为 48.746kg 标准煤。

6.1.4　技术展望

由于普钙具有其他一些化肥品种不可替代的优势，可以满足不同地区、不同层次消费者的需要。随着高浓度肥料的大量使用，土壤缺硫的问题日趋突出，使用普钙对土壤补充硫元素不失为一种简单而有效的方法。但传统的普钙生产技术也有不足之处，主要体现在：粉状产品水分含量高，容易结块，储存、运输和使用均不方便，不利于机械化施肥；生产过程中有大量含氟废气无组织排放，污染环境；熟化期过长，半成品占据了庞大的熟化仓库，搬运和翻堆操作增加动力消耗；普钙中所含磷几乎全为水溶性的，虽然易被植物吸收，也易造成磷损失，肥料利用率不高。因此，采用先进的生产技术对传统普钙生产工艺予以改造升级及产品结构调整意义重大。

在普钙的发展中，还有“富钙”和“重钙”两种方向，这两种技术升级方式虽然能够有效提升磷含量，但是无法有效解决养分单一以及环境污染问题；另外，这类产品生产中需使用磷酸，会产生其他环境污染问题。由此可见，普钙的技术升级应朝复合化方向发展。普钙的复合化发展，不是先生产普钙，然后实现复合化，而是应在普钙生产中，通过一次加工即可实现普钙复合化，即同步复合。应用同步复合化生产方式，能够促使传统普钙产品升级换代，如：可利用硫酸尿素代替硫酸对磷矿进行分解。

如今，普钙复合化生产工艺路线越来越多。通过对目前的生产工艺分析，普钙复合化生产主要有“干法”和“湿法”两种常见工艺类型。其中，“湿法”工艺流程有很多种，但是，各类“湿法”生产工艺流程有一个共同特点，即需利用硫酸尿素水溶解作用对磷矿粉进行分解，然后通过造粒干燥制得氮磷二元复合肥。“湿法”工艺比传统工艺有进步和提高，但生产过程中需加入大量的水，干燥时又要脱水，与节能节水的要求不符。尿素的加入虽然会减少氟化氢的排放，但仍难完全消除，对环境的污染和健康的危害依然存在。“干法”工艺首先将硫酸尿素制成固体解磷剂，然后在生产中将其与干磷矿粉以干法混合并直接造粒，无需干燥即可制得氮磷二元复合肥（造粒时加入钾盐又得三元复合肥）。该肥料在生产过程中无解磷反应，因而没有 $Ca(H_2PO_4)_2 \cdot H_2O$ 生成，也无氟化氢放出，不会污染环境。该肥料遇水或施入土壤时遇水后，即可发生解磷反应，原位产生含有 $H_2PO_4^-$ 的可供植物吸收的 $Ca(N_2H_4CO)_4(H_2PO_4)_2$。尿素中的氮也可供植物吸收，并且因其处于络合状态，还具有缓释作用，利用率可提高 20% 左右。

这种在无水条件下生产而在原位生成含有普钙中 $H_2PO_4^-$ 的 $Ca(N_2H_4CO)_4(H_2PO_4)_2$ 的工艺，其产品保留了传统普钙产品的优点，生产过程中无额外的氟化氢和其他“三废”排放，不会污染环境和损害健康，产品无需干燥。与新“湿法”工艺相比节水、节能，工艺更简单、流程更短、占地少、投资更小，氮的利用率更高，是普钙升级换代的一种更为先进的工艺技术。

尿素过磷酸钙（USP）生产工艺属于“湿法”工艺，其基本原理是采用硫酸脲溶液分解磷矿粉。在反应过程中，硫酸先与磷矿粉反应生成硫酸钙，后者又与尿素形成稳定的加合物四尿素硫酸钙[2]。

USP 生产工艺流程一般由硫酸脲合成、分解化成、熟化及氨化、掺混造粒等工序组成。

生产 USP 的主要原料为硫酸、尿素和磷矿粉。磷矿粉的选择是本工艺的关键。由于 USP 生产工艺采用硫酸脲为分解液，其酸度较硫酸弱，因此对磷矿粉的活度要求比较高。另外磷矿粉的品位要求大于 $30\%P_2O_5$，细度要求是全部通过 80 目筛，或不能通过 100 目筛的应小于 10% ～ 15%。

USP 生产工艺流程如下：

一定比例的尿素、硫酸和水依次加入混合槽中，充分搅拌使尿素溶解，并反应生成硫酸脲溶液，然后在桨叶混合器中将磷矿粉和硫酸脲按一定比例混合，混合时间依据磷矿活性系数的不同而不同。物料从混合器出来后直接进入化成室，化成时间一般为 30 ～ 60min，温度保持在 90℃左右。新鲜 USP 应进行堆放熟化，使余酸继续反应及水分进一步蒸发，一般室温下熟化 6 ～ 12 天，并在过程中适当翻动物料。进一步改善 USP 物料的方法是进行氨化，中和余酸。氨化的结果增加了 USP 与其他肥料的配伍性。USP 产品的一般规格是 20-10-0 的粉状肥料。为了适应市场的各种需求，可以对其进行造粒，加入 KCl、DAP 等肥料掺混成各种规格的肥料。

由于 USP 生产工艺过程的绝大部分与过磷酸钙的生产工艺相近，因而 USP 生产工艺可立足于过磷酸钙装置进行技术改造，从而节省投资。

目前，普钙生产还有如下升级技术：

（1）快速熟化生产技术　为了尽可能缩短新鲜普钙的熟化所需时间，节约投资，加速资金周转，提高企业的经济效益，一些国家曾先后研究普钙生产的快速熟化法，甚至是无熟化法，现简要介绍如下[3,4]。

① 分段加矿法　据苏联资料介绍，将磷矿粉平均分成两部分，一半较粗的磷矿粉与按全部磷矿粉计算所需的硫酸（浓度为 60% ～ 65%，温度为 50 ～ 60℃）混合搅拌，反应约 0.5h 后，将另一半较细的磷矿粉加入反应料浆中，混合搅拌 20 ～ 30min，转化率可达 93% 以上。因前一半磷矿粉是与浓度较低而且过量的硫酸反应，其全部分解成为磷酸，后一半磷矿粉较细，又是在磷酸与硫酸的混酸中反应，不会生成钝化膜，因而反应快速。

② 分段加酸法　实践表明，磷矿与浓度较低的硫酸反应，生成粗大的硫酸钙结晶，在磷矿表面形成可透性膜，酸向矿粒表面的扩散阻力小。基于此，将分解磷矿所需的硫酸平均分成两部分，一半的硫酸（浓度为 60% ～ 62%）先与全部的磷矿粉混合搅拌，而后加入另一半的硫酸（浓度为 78% ～ 80%）继续混合搅拌，反应迅速，所得物料较干燥，熟化时间大大缩短。苏联某厂按此法，以难分解的希宾磷矿为原料，熟化 3 天的转化率达 93% 以上。中国的锦屏磷矿亦曾用此法生产，同样取得了提高鲜肥转化率和快速熟化的效果。

③ 提高磷矿粉细度法　磷矿与硫酸的化学反应属多相反应，而多相反应的速率与反应物的比表面积成正比。苏联崔林所开展的难分解磷灰石精矿细度对转化率影响的实验结果如表 6-10 所示，认为选用比表面积为 3800cm²/g 的细度是适宜的，但不同的磷矿有不同的要求。美国 TVA 用通过 200 目达 95% 的磷矿粉与浓度为 98% 的硫酸反应 0.5h 后，不经熟化即可造粒氨化处理。

表6-10　磷灰石精矿细度对转化率的影响

比表面积 / (cm^2/g)	矿粉细度筛分			硫酸用量 / （H_2SO_4 份数 /100 份磷矿）	熟化时间 /d	转化率 /%	备注
	-30μm	-60μm（250 目）	+150μm（100 目）				
1090	19.0	46.2	14.25	68	1	83.16	标准粒度的磷灰石精矿
					10	92.02	
3800	86.2	95.8	0	68	1	89.08	
					10	97.00	
7500	100	100	0	68	1	92.90	
					10	98.30	

④ 增加硫酸用量法　对于某些磷矿，如将硫酸用量增至理论用量的 125% ～ 130%，同时加强搅拌，则当天的转化率即达 92% 以上，但产品中游离 P_2O_5 含量高达 16% ～ 17%，必须进行中和处理。如有条件，则宜进行氨化，以生产氨化普钙。

⑤ 稀硫酸反应法　苏联波任用易于反应的卡拉 - 塔乌磷矿与浓度为 55% 的硫酸反应，经过 1 ～ 1.5h 转化率可达 95% ～ 97%。但所得的料浆不能固化，需与已经干燥的成品混合，再于 70 ～ 90℃下干燥 30 ～ 60min，而得到最终成品。李沙琴（Lee Shawchen）亦曾研究过稀酸快速熟化生产普钙。

⑥ 硫酸与磷矿共磨法　美国曾做过佛罗里达磷矿与 40% ～ 60% 浓度的硫酸共磨的试验，1 天后转化率即达到 94% ～ 97%。酸矿共磨过程中，磷矿表面上的硫酸钙结晶膜易被消除，故能提高反应速率。但在选用此法生产时，应先对研磨设备及研磨体的防腐蚀予以妥善解决。

⑦ 用硫酸与盐酸或硝酸处理磷矿　苏联曾用难分解的磷灰石进行混酸处理的试验，方法是将按全部磷矿计算的理论用量的硫酸与 75% 的磷矿混合并强烈搅拌，由于对这部分磷矿而言硫酸过量，故反应迅速，磷矿分解率可达 95%，而游离磷酸含量很高。剩余的 25% 磷矿与其所需理论用量的盐酸混合，因盐酸分解磷矿的能力强，经过搅拌，很快磷矿接近完全分解。盐酸与磷矿的化学反应如下：

$$Ca_5(PO_4)_3F+10HCl = 3H_3PO_4+5CaCl_2+HF \tag{6-32}$$

$$CaCl_2+2H_3PO_4 = Ca(H_2PO_4)_2+2HCl \tag{6-33}$$

反应生成的 HF 与磷矿中的 SiO_2 作用生成 SiF_4，用水吸收逸出的含氟气体与 HCl，SiF_4 水解成 H_2SiF_6。用饱和 NaCl 溶液从吸收液中沉淀出 Na_2SiF_6，同时获得的盐酸可循环使用。其反应式如下：

$$3SiF_4+3H_2O = 2H_2SiF_6+SiO_2 \cdot H_2O \tag{6-34}$$

$$H_2SiF_6+2NaCl = Na_2SiF_6+2HCl \tag{6-35}$$

按照此法生产，不需要熟化，可使难分解磷灰石的转化率达到 92% ～ 93%，而易分解磷块岩的转化率达 95% 左右，最终产品中残留约 0.3% 的 HCl，消耗的盐酸量很少。

苏联用难分解的希宾磷灰石进行的试验表明：100 份磷矿需用 68 份硫酸，如额外再添加硝酸，能显著提高分解率。过量 10%（对硫酸用量而言）的硝酸，仅熟化 1 天，转化率达 93%。

⑧ 添加硝酸盐或 KCl 法　传统法生产普钙的硫酸用量为 2.2 ～ 2.5 份 H_2SO_4/ 份 P_2O_5。采用添加硝酸盐法生产时，硫酸用量可降至 1.4 份 H_2SO_4/ 份 P_2O_5。在混合搅拌硫酸与磷矿的过程中，添加 $Ca(NO_3)_2$ 或 NH_4NO_3、$NaNO_3$ 等到料浆中，添加量仅为 0.0072 ～ 0.024 份 / 份 P_2O_5（即硝酸盐用量为反应物质量的 0.3% ～ 1.0%），反应 10 ～ 15min，转化率达 98%。添加硝酸盐能加速反应的原因，系硝酸盐与硫酸反应后生成硝酸与硫酸盐，硫酸与硝酸的混合酸处理磷矿之故。添加 KCl 能使磷矿与硫酸的反应速率加快，其原因似为硫酸与 KCl 作用生成 $KHSO_4$ 与 HCl，遂能起到如硫酸与盐酸混合酸处理磷矿的效果。

⑨ 添加表面活性剂法　德国专利中，在硫酸与磷矿粉混合反应时，加入非离子型表面活性剂（环氧乙烷与脂肪醇、脂肪酸长链烃等的缩聚物），用量为 100 ～ 150g/t，酸解时

间可缩短20%～30%，且可用粗粒磷矿生产，因而能提高研磨机的生产能力，节约电耗。此外，此法的产品物理性能好，不结块。美国的专利则是在硫酸与磷矿混合反应时，加入0.001%～2%（以酸矿的总质量计）的烷基磺酸钠，能取得缩短熟化期和提高转化率的效果。

以上为快速熟化的几种主要途径。实际上，在生产中可根据具体条件选用或另辟有效途径。例如，曾有报道同时采用上述提高磷矿粉细度法、增加硫酸用量法及稀硫酸反应法三项措施，酸矿混合1h后，转化率达到95%以上，中和后出厂或氨化生产粒状氮磷复合肥料（氨化普钙）。总之，原料确定后，应选取具有代表性的矿样进行试验，并根据试验结果选定工艺流程及优化的工艺条件，使生产能取得最好的技术经济效益。

（2）无化成熟化过磷酸钙生产技术　无化成熟化过磷酸钙生产技术的核心是提高鲜钙的转化率，希望鲜钙转化率能在90%～95%，然后将鲜钙加工成粉状或粒状的过磷酸钙产品。本工艺采用“二高二低”不稠化料浆方法来提高鲜钙的磷转化率，解决无熟化问题。“二高”指矿粉细度高、搅拌强度高，“二低”指硫酸浓度低、反应温度低。具体工艺路线如下[5]：

经过粉碎的磷矿和水一起进入球磨机进行湿磨，使矿浆中磷矿细度尽可能地高，矿浆浓度常规。而后矿浆和硫酸一起进入高强度搅拌的混合器，经过短时间的强烈搅拌后进入反应槽制造不稠化料浆，在磷矿转化率达到93%时送去进行造粒干燥。造粒干燥采用内返料喷浆造粒干燥机。将混合反应尾气和造粒干燥尾气合并进入尾气洗涤系统，尾气洗涤液返回反应槽。由于反应完全，产品中游离P_2O_5含量小于5%，故产品无需中和。

本工艺与传统普钙生产工艺相比有如下优势：设备数量少、电耗低、占地小、工作环境大大改善。

利用无化成熟化粒状过磷酸钙装置还可以生产重钙和富钙。

（3）无堆置熟化普钙连续生产技术　该技术采用氟硅酸与磷矿粉预混合反应，再与过量的浓硫酸进一步反应，将反应后的普钙料浆送到转鼓造粒机中与另一部分磷矿粉一起造粒，经干燥后直接制成粒状普钙产品，或在造粒过程中再加入其他基础肥料，可制得粒状氮磷钾复合肥产品[6]。该工艺适应性广，可改变生产品种。反应系统采用Mo_2Ti或316L材料。该工艺有如下技术特点：

① 循环利用工艺生产过程副产氟硅酸，无需配置氟硅酸后续加工工序，还降低了硫酸消耗量5%～7%。

② 酸矿反应在较低温度（75～80℃）下进行，可减少氟气的逸出。同时，含氟气体的吸收在低氟硅酸浓度下进行，提高其吸收效率。

③ 酸矿反应中采用过量的浓硫酸，充分利用了稀释热和反应热，反应系统达到自热平衡。

④ 普钙料浆中磷矿分解率高（＞95%），流动性好，有利于泵送。

⑤ 对磷矿的适应性强，磷矿分解率＞87%。

⑥ 该工艺可生产总养分为25%～30%的粒状氮磷钾复混肥料，基础肥料可以是尿素、氯化铵、氯化钾、硫酸钾以及磷酸铵等。

（4）硝酸硫酸混酸法生产普钙技术　对于低品位磷矿，采用传统法生产时有时会出现产品不合格的情况，可以采用硝酸代替部分硫酸的混酸工艺[7]。该工艺有以下优点：磷矿的转化率提高，产品达到国标合格品要求，不会产生不合格品；生产的普钙产品不但物理形状好、干燥疏松，而且含有少量氮，实际上属于氮磷复合肥料；在现有普钙装置上进行改造，只需增加混酸装置与计量设施；熟化速度加快，与硫酸法相比缩短了 3 ～ 5 天，且水溶性 P_2O_5 含量增加，游离酸含量减少，有利于作为复混肥料的原料；生产方法简单，严格配矿，稳定混酸指标，其余按传统法要求操作即可。

（5）磷矿粉一步法制粒状普钙技术　该技术从根本上改变了普钙的生产方法。该技术将粉状普钙生产与粒化两个工艺过程合二为一，直接生产粒状普钙。采用防钝化活性剂，能大大促进硫酸与磷矿粉的反应，减少硫酸钙包裹现象的产生，从而大大提高反应速率，使反应在短时间内完成。该技术取消了普钙的熟化工段，节省了熟化仓库的投资，解决了普钙熟化过程中大量含氟气体的无组织排放问题。采用该工艺生产的产品颗粒均匀、不易结块[8]。

（6）熟化仓库散发气体有组织处理排放技术　以前的熟化仓库大多为半敞开结构，在熟化过程中会有大量的含氟气体无组织排放，对环境污染较大，熟化仓库内操作环境也很恶劣。熟化仓库散发气体有组织处理排放技术就是把熟化仓库全封闭，把熟化仓库设计成初期熟化区、中后期熟化区与堆存区，库内设翻堆与转运抓斗桥式起重机。初期熟化区与其他两个区域采用实体墙隔开。熟化仓库设置若干视频监控点，采用机械通风，使得库内形成微负压，在初期熟化区一端设置封闭操作室，库内抓斗桥式起重机通过实时视频监控远程遥控操作。

（7）工业废硫酸无害化处理生产普钙技术　工业废硫酸无害化处理生产普钙技术是以废硫酸作为原料，生产合格的普钙产品，三废经处理后达标排放。该工艺利用废硫酸生产普钙产品，变废为宝，资源得以充分利用，能实现利益的最大化。

本技术原料磷矿粉碎采用干磨工艺，混合化成采用“稀酸矿粉法”、回转化成工艺，熟化采用堆置熟化生产方法。

混合化成、熟化仓库产生的废气含氟、少量挥发性有机物、尘，经尾气风机抽引先进入文丘里洗涤器 + 氟吸收塔用水洗涤吸收废气中的氟、尘，再经净化塔通入空气，将有机物氧化成氮氧化物、二氧化碳和水，除去有机杂质，经装有吸附剂的吸附塔进行吸附，除去氮氧化物和酸性气体及酸雾，最后再次用水洗涤吸收尾气中的有害物质后达标排放。

本技术排出的污水主要是含氟、硝态氮及 COD 高的酸性污水，污水处理采用除氟 + 高级氧化 + 生化处理工艺。

6.1.5　产品发展前景

普钙是世界上最早用化学方法加工生产的磷肥品种，不仅含有硫、钙、镁、硅等中微量元素，而且工艺简单，市场接受度高，在磷肥生产中占据一定的比例。普钙的养分可以固定在土壤中存储起来，待作物需要时吸收，不像氮肥施多了会污染环境。

另外，普钙产品存在容易返潮、板结等缺点，制约了它的发展。在节能减排的政策下，普钙企业的生产技术还比较落后，副产物利用率低，影响了普钙行业的发展。

我国现有普钙厂家主要以中小企业为主，具有较强自主创新能力、形成规模效应的大型企业较少，行业集中度较低。低端产品同质化现象严重，部分中小企业采取低价竞争策略，影响了行业的利润水平，导致企业资金周转困难，无法保证产品质量、售后服务及必要的研发投入，对行业的发展造成不利影响。

总体而言，产品附加值较低的普钙，由于其本身具有的各种特性，在目前的化肥市场上仍然有一定的发展空间，在接下来若干年内不会被市场淘汰，但也不会过快、过好地发展。

因此积极加强技术改造、提高产品质量是延长产品寿命的关键所在。如无熟化造粒技术，采用浓酸矿浆法并同时采用集散微机自控技术，特别是对设备实行定型化、系列化等技术改造措施，不仅可以提高产品质量和产率，降低生产劳动强度，还能增强企业的自身竞争力。

6.2　重过磷酸钙

6.2.1　产品概况

重过磷酸钙是一种高浓度水溶性磷肥，是磷肥中的一个重要品种。它是用磷酸分解磷矿而制成的，通常含有效 P_2O_5 45%～48%，相当于普钙所含有效 P_2O_5 14%～18% 的三倍左右，故称为“三倍”或“三重”过磷酸钙，即重过磷酸钙，简称重钙，英文缩写为 TSP。

6.2.1.1　产品成分

重钙的主要成分为一水合磷酸二氢钙 [或称一水磷酸一钙，$Ca(H_2PO_4)_2 \cdot H_2O$]。由于原料磷酸和天然磷矿中含有杂质，故产品中还带有少量的其他组分，如硫酸钙（$CaSO_4$）、磷酸铁（$FePO_4$）、磷酸铝（$AlPO_4$）、磷酸二氢镁 [$Mg(H_2PO_4)_2$]、氟硅酸盐 [$(K, Na)_2SiF_6$]、磷酸二钙（$CaHPO_4$）、未反应完全的磷矿、游离磷酸和水分等。

6.2.1.2　产品物化性质

重钙外观与普钙类似，根据磷矿产地不同通常呈灰白色、深灰色或灰黑色。未经造粒的重钙为粉粒状，夹带有不规则的小颗粒，疏松多孔。造粒后的重钙通常为 1 ～ 4mm 的圆形颗粒，堆密度为 0.88 ～ 1.1t/m^3。纯的一水磷酸一钙在常温常压下为白色结晶，分子量为 252.09，密度为 2.22g/cm^3。

磷酸一钙、游离磷酸和磷酸二氢镁是水溶性化合物，磷酸铁、磷酸铝和磷酸氢钙能部分或全部溶于中性柠檬酸铵溶液中，水溶性的和柠檬酸铵溶性的磷化合物均是重钙中的有效成分，上述几种化合物换算成的 P_2O_5 称为有效 P_2O_5。

重钙呈微酸性，适宜长途运输和贮存。易溶于盐酸、硝酸，溶于水，几乎不溶于乙醇。受潮后易结块，加热失水（100℃）。

6.2.1.3　产品用途

重钙是一种水溶性肥料，微酸性，不但可以提供大量元素磷，还能提供中量元素硫和钙，可用作基肥、种肥、根外追肥、叶面喷洒肥及生产复混肥的原料。重钙用作肥料可用于各种土壤和作物，广泛适用于水稻、小麦、玉米、高粱、棉花、瓜果、蔬菜等各种粮食作物和经济作物；肥效高，适应性强，具有改良碱性土壤作用；既可以单独施用也可与其他养分混合使用，若和氮肥混合使用，具有一定的固氮作用。重钙还可用于玻璃制造、塑料稳定剂和牲畜辅助饲料等。

6.2.1.4 产品标准

重钙产品的技术指标应符合 GB/T 21634—2020《重过磷酸钙》标准，具体指标如表 6-11 和表 6-12 所示。

表6-11 粉状重过磷酸钙的技术指标（GB/T 21634—2020）

项目		Ⅰ型	Ⅱ型	Ⅲ型
总磷（以 P_2O_5 计）的质量分数 /%	≥	44.0	42.0	40.0
水溶性磷（以 P_2O_5 计）的质量分数 /%	≥	36.0	34.0	32.0
有效磷（以 P_2O_5 计）的质量分数 /%	≥	42.0	40.0	38.0
游离酸（以 P_2O_5 计）的质量分数 /%	≤	7.0		
游离水的质量分数 /%	≤	8.0		

表6-12 粒状重过磷酸钙的技术指标（GB/T 21634—2020）

项目		Ⅰ型	Ⅱ型	Ⅲ型
总磷（以 P_2O_5 计）的质量分数 /%	≥	46.0	44.0	42.0
水溶性磷（以 P_2O_5 计）的质量分数 /%	≥	38.0	36.0	35.0
有效磷（以 P_2O_5 计）的质量分数 /%	≥	44.0	42.0	40.0
游离酸（以 P_2O_5 计）的质量分数 /%	≤	5.0		
游离水的质量分数 /%	≤	4.0		
粒度（2.00 ～ 4.75mm）/%	≥	90		

6.2.2 生产原理

6.2.2.1 对原料质量的一般要求

（1）磷矿　磷矿质量的好坏应以矿中所含的有益组分和有害组分来综合衡量。生产重钙的磷矿可分为两个部分，第一部分用于生产中间产品磷酸，称为一次磷矿；第二部分用于生产重钙，称为二次磷矿。重钙生产对磷矿组分的要求是 P_2O_5 含量尽可能高，CaO/P_2O_5 质量比尽可能小，磷矿中含有的 Fe_2O_3、Al_2O_3、MgO、SiO_2 尽可能少，CO_2 适量。

二次磷矿的反应活性对于重钙生产至关重要。活性差的磷矿难于被磷酸分解，若采用化成法生产则需要磨得很细，或者反应熟化时间很长；若采用料浆法生产则分解率很低，半成品物性很差，生产过程难以正常维持。采用过量的单一磷酸或磷酸与硫酸的混合溶液去分解磷矿的方法来测定磷矿反应活性，若测得的反应活性指标≥ 99%，则可以认为该种磷矿具有较好的反应活性。

（2）磷酸　用来分解磷矿的磷酸必须具有足够的酸性，或足够的 H^+ 浓度，它与 P_2O_5 浓度和杂质 Fe、Al、Mg 含量有关。一般说来 P_2O_5 浓度越高，离解后的第一个氢离子浓度也越高，但是杂质 Fe、Al、Mg 的存在会中和掉一部分磷酸，使磷酸中 H^+ 浓度减少。杂质含量高的磷酸黏度大、悬浮物多，当温度降低时还会有沉淀物析出，给贮存和运输带来麻烦。

此外，磷酸中固体含量也应有所限制，一般应≤ 1%（以质量分数计）。

6.2.2.2　化学反应过程

重钙的生产包含如下过程：酸矿混合生成料浆、料浆固化 - 化成（或料浆造粒）、熟化、造粒、游离磷酸中和等。

（1）酸矿混合生成料浆　磷矿的主要成分氟磷酸钙不溶于水和柠檬酸。欲将其中所含的磷释放出来被植物吸收，必须将其转变成可溶性的磷酸一钙或微溶的磷酸二钙。

重钙生产的第一步是将磷酸和磷矿粉搅拌混合在一起，进行初步的反应，生成由磷酸一钙结晶和被其所饱和的磷酸以及未分解的磷矿所组成的料浆。视所用磷酸浓度不同，料浆含水量不同。此料浆可在化成机中继续反应固化，亦可直接送去造粒机造粒。

重钙生产的原理是用磷酸去分解磷矿中的氟磷酸钙，打破原有分子结构，使其重新组合成磷酸一钙分子。在氟磷酸钙分子中 CaO∶P_2O_5 为 5∶1.5，而磷酸一钙中应为 1∶1，故以磷矿为原料生成磷酸一钙时必须补充 P_2O_5，即补充磷酸。

重钙生产中，最主要的化学反应如下：

$$Ca_5(PO_4)_3F+7H_3PO_4+5H_2O = 5Ca(H_2PO_4)_2 \cdot H_2O+HF \tag{6-36}$$

上述反应实际上包含了氟磷酸钙溶解和一水磷酸一钙结晶两个过程。在反应的初始阶段，磷酸溶液尚未被磷酸一钙所饱和，氟磷酸钙的分解进行得相当快；但当溶液被磷酸一钙饱和之后，分解速率就大大减缓。随着氟磷酸钙继续被分解，形成过饱和溶液后，磷酸一钙结晶开始析出，反应体系由黏稠的浆体逐渐变成固体。此时氟磷酸钙的分解仍在继续，但反应速率相当缓慢，若要得到较高的分解率通常需要 2 ～ 4 个星期。

磷矿中含有的杂质碳酸盐 $(Ca, Mg)CO_3$，如石灰石、白云石等极易被磷酸分解，形成磷酸二氢盐，释放出 CO_2 气体：

$$(Ca, Mg)CO_3+2H_3PO_4 = (Ca, Mg)(H_2PO_4)_2 \cdot H_2O+CO_2\uparrow \tag{6-37}$$

或

$$CaCO_3 \cdot MgCO_3+4H_3PO_4 = Ca(H_2PO_4)_2 \cdot H_2O+Mg(H_2PO_4)_2 \cdot H_2O+2CO_2\uparrow \tag{6-38}$$

磷矿中的铁铝氧化物与磷酸反应，生成中性磷酸盐：

$$(Fe, Al)_2O_3+2H_3PO_4+H_2O = 2(Fe, Al)PO_4 \cdot 2H_2O \tag{6-39}$$

铁和铝的中性磷酸盐的溶解度温度系数是负值，即随着温度的升高它们的溶解度减小，结晶量增多。无定形的 $AlPO_4 \cdot 2H_2O$ 会缓慢地转变成复盐 $CaAlH(PO_4)_2 \cdot 6H_2O$ 和 $CaAl_6H_4(PO_4)_8 \cdot 2H_2O$。当液相中存在过量的 Fe_2O_3 时，会生成无定形的 $FePO_4 \cdot 2H_2O$，在 pH 值为 2 时也会生成复盐 $CaFe_2H_4(PO_4)_4 \cdot 5H_2O$。

湿法磷酸中通常含有少量的 H_2SO_4、H_2SiF_6、Fe_2O_3、Al_2O_3、MgO 等杂质。实际上在反应的初始阶段，H_2SO_4 首先和磷矿中的碳酸盐或 CaF_2 反应，直接或间接地生成硫酸钙。反应式如下：

$$CaCO_3+H_2SO_4+(n-1)H_2O = CaSO_4 \cdot nH_2O+CO_2\uparrow \tag{6-40}$$

$$CaF_2+H_2SO_4+nH_2O = CaSO_4 \cdot nH_2O+2HF \tag{6-41}$$

$$MgCO_3+H_2SO_4 = MgSO_4+CO_2\uparrow+H_2O \tag{6-42}$$

$$MgSO_4+Ca(H_2PO_4)_2 \cdot H_2O+nH_2O = CaSO_4 \cdot nH_2O+Mg(H_2PO_4)_2 \cdot H_2O \tag{6-43}$$

有碳酸盐存在的情况下，氟硅酸首先和它们反应生成氟硅酸盐。此外，氟硅酸也能分解氟磷酸钙生成氟硅酸钙：

$$(Ca, Mg)CO_3+H_2SiF_6 = (Ca, Mg)SiF_6+CO_2\uparrow+H_2O \tag{6-44}$$

$$Ca_5(PO_4)_3F+5H_2SiF_6 = 5CaSiF_6+3H_3PO_4+HF \tag{6-45}$$

磷酸中带入的 Fe、Al、Mg 杂质是已经中和了部分磷酸而形成的磷酸盐，它们以液相或固相形式存留在磷酸中，不再参与分解磷矿的反应。

上述反应中析出的氟化氢与矿中的二氧化硅或硅酸盐作用生成四氟化硅和氟硅酸：

$$4HF+SiO_2 = SiF_4+2H_2O \tag{6-46}$$

$$6HF+H_2SiO_3 = H_2SiF_6+3H_2O \tag{6-47}$$

氟硅酸与硅酸进一步反应，或在一定的温度下生成四氟化硅，它呈气态逸出：

$$2H_2SiF_6+H_2SiO_3 = 3SiF_4+3H_2O \tag{6-48}$$

$$H_2SiF_6 = SiF_4+2HF \tag{6-49}$$

另外一部分氟硅酸与磷矿中的 K^+、Na^+ 结合，生成氟硅酸盐存留在重钙产品中。

$$K_2O+H_2SiF_6 = K_2SiF_6+H_2O \tag{6-50}$$

$$Na_2O+H_2SiF_6 = Na_2SiF_6+H_2O \tag{6-51}$$

重钙的生产是用磷酸分解磷矿的液固相反应过程。由于使用的原料磷酸浓度较高，酸矿反应的液固比较低，反应产物磷酸一钙又从液相中结晶析出，于是反应过程基本上是在料浆或半干状态下进行的，磷酸必须扩散到磷矿颗粒表面才能与之反应。因而，反应速率（R）与磷矿颗粒的表面积（S）、扩散系数（D）及酸浓度（A）成正比，而与矿粒表面的扩散层阻力（厚度）（r）成反比。

$$R \propto \frac{SDA}{r}$$

扩散系数（D）还是温度、酸中杂质含量等的函数。所以，归结起来影响反应速度和完全程度的因素包括：磷矿反应活性、磷矿细度、磷酸浓度、磷酸用量、反应温度以及混合搅拌的剧烈程度等。

① 磷矿反应活性 磷矿反应活性是衡量磷矿被酸分解难易的尺度。其测定方法是将质量和粒度一定的磷矿颗粒置于恒定的温度下，用按化学计算量过量的纯磷酸或磷酸与硫酸的混合溶液分解磷矿，在规定的时间内测定磷矿分解率，绘出分解率与分解时间的关系曲线，根据曲线的伸展情况来评价磷矿的反应活性。

国内沉积型磷块岩类磷矿的分解率与混酸中的硫酸浓度有很好的线性关系，因此，可以用下式表示：

$$y=a+bx$$

式中 y——磷矿的分解率，%；

a——磷矿在纯磷酸溶液中的分解率，即反应活性；

x——磷酸与硫酸混酸中的硫酸浓度，%；

b——代表直线方程的斜率，亦定义为抗阻缓系数，其值越大表明该种磷矿的抗阻缓能力就越大（一般为负值）。

国内外还对磷矿的物相组成进行了研究，结果表明：磷灰石的晶格常数 α_o、CO_2 指数（定义为C—O 链和 P—O 链吸收强度之比）与磷矿的组成及其反应活性有很好的相关性。一般说来，沉积型磷块岩因具有微晶结构的特点，反应活性高；而火山岩型的磷灰石则由于地质成因晶粒粗大，且二氧化碳含量较低，所以反应活性相对较低；变质磷块岩的反应活性介于两者之间。

② 磷矿细度 磷酸分解磷矿的反应速率与磷矿颗粒的大小关系密切。颗粒越细，比表面积越大，反应速率就越大，反应也进行得越完全，其结果是缩短生产周期，提高效率，制得质量更佳的重钙产品。

重钙生产若仅仅从提高磷矿分解速率和分解率来考虑，将磷矿磨得更细一些显然是更好的，但从技术经济综合因素来看，磷矿颗粒又不能过细，因为颗粒越细粉碎时的动力消耗就越多，生产能力也就越低。根据众多的试验和生产实践经验，生产重钙时二次磷矿的细度多数采用通过 200 目筛不少于 90%，对于个别难分解的磷矿也可采用更细的粒度。

③ 磷酸反应活性 根据质量作用定律，化学反应的速率与反应物质的浓度成正比。采用浓度较高的磷酸分解磷矿可使分解过程加快，并且由于液相量和带入水分较少，反应生成的料浆含水分也少，有利于其后续工序的进行。当形成固化物料时将得到物理性质较好的产品；当料浆送去造粒干燥时，返料量和蒸发水量减少。

磷酸浓度一般是指 P_2O_5 浓度，更准确地说应为第一氢离子的浓度，即 $[H^+]$。不含杂质磷酸的 $[H^+]$ 随 P_2O_5 浓度升高而升高，而对于含有较多 Fe、Al、Mg 杂质的磷酸，尽管 P_2O_5 浓度较高，但 $[H^+]$ 并不一定高，因为一部分氢离子已被杂质阳离子所中和。

磷酸的反应活性除了与 $[H^+]$ 有关外，还与 H^+ 的活性有关。随着磷酸浓度升高，黏度也逐渐增大，H^+ 的活性便相应降低，反而减缓了反应速率。因此，并不是磷酸浓度越高对反应就越有利。对于某一种特定的磷矿，通常需要通过试验来求得最优的磷酸浓度。

从反应式可知，理论上所需要的磷酸浓度为 88.4% H_3PO_4（64.09% P_2O_5），此即为上限值，若进一步提高磷酸浓度则反应所需水分不足。实际生产中磷酸浓度总是远低于这个浓度值。采用化成法时磷酸浓度一般为47%～50% P_2O_5，$[H^+]$为0.64%～0.69%。当浓度过低时，化成物料水分过多，潮湿黏结，后处理困难；若浓度过高，则液相不够，搅拌混合困难，磷矿分解率下降。采用料浆法时磷酸浓度为38% ～ 42% P_2O_5，$[H^+] \geqslant 0.5\%$，浓度太高，反应混合困难，料浆太稠，流动性差，不利于输送和造粒；反之，若磷酸浓度太低，则料浆含水分过多，造粒时需增加返料量，增加产品干燥时的负荷和能耗。

图6-25为氢离子浓度和黏度与磷酸浓度的关系图[3]。从图中可以看出，磷酸浓度在26% ～ 46% P_2O_5 时，氢离子浓度曲线斜率很大，氢离子浓度的增加对反应起主要作用，在这一范围内，磷矿分解率随磷酸浓度增高而增高，但到某一临界值时曲线趋于平缓，氢离子浓度增加不大，而磷酸黏度急剧增加，它们的综合效应反而使磷矿分解率下降。这一磷酸浓度的临界值因矿种而异，对于磷块岩约为46% ～ 48% P_2O_5，而对磷灰石则可高达50% ～ 55% P_2O_5。

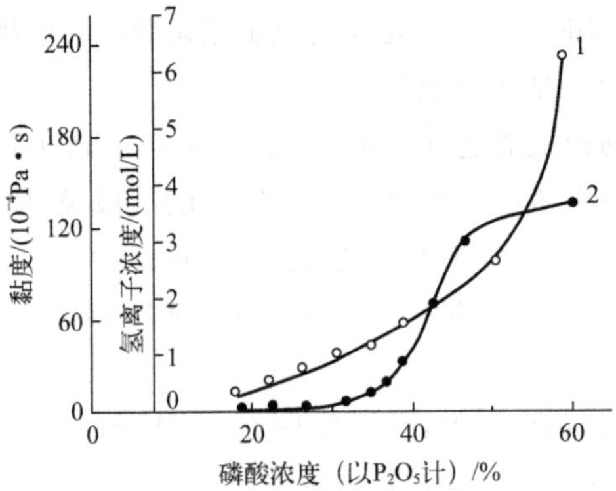

图 6-25 40℃时 $CaO-P_2O_5-H_2O$ 体系饱和溶液的氢离子浓度和黏度与磷酸浓度的关系

1—黏度；2—氢离子浓度

④ 磷酸用量　根据质量作用定律，增加反应物中的某种组分将使反应平衡向生成反应产物的方向移动。从反应式（6-36）可看出，增加磷酸用量有利于生成磷酸一钙，即有利于磷矿的分解并提高其分解速率。

从另一方面说，磷酸用量增加意味着磷酸第一氢离子的中和度降低，即被磷酸一钙饱和的溶液中的氢离子浓度和活度增高，显然这对磷矿的进一步分解以及分解的完全程度是有利的。

所以，磷酸用量不足则磷矿分解不完全。但是，当磷酸用量超过实际反应需要时，又会有一部分过剩的磷酸，此即为游离磷酸存留于重钙半成品中，超过某个范围就会使半成品的物理性质恶化，给生产过程带来困难，需要采取中和处理，才能使最终成品达到所要求的规格。

确定磷酸用量的方法通常有三种：

a．按酸中 P_2O_5/矿中 P_2O_5 质量比计。此法很直观，应用方便，但带有相当的经验成分，不够精确。因为主要以矿中的 P_2O_5 为基准，除了 $Ca_5(PO_4)_3F$ 外还有 $CaCO_3$、CaF_2 和其他杂质阳离子所消耗的磷酸并未计入，只是在原有基础上适当增量以弥补不足。

b．按（酸中 P_2O_5+矿中 P_2O_5）/矿中 CaO 质量比计。此法也比较方便，较上一种方法要准确一些，但仍然未计入其他杂质阳离子所消耗的磷酸。

c．按化学反应式计算。此种方法比较合理也比较精确，尤其是当磷酸和磷矿中含杂质较多时计算值更接近于实际状况。

按化学反应式计算磷酸用量的方法如下：以 100 质量份干基磷块岩计的理论磷酸用量 n 为：

$$n=\frac{\left[\frac{2w(\mathrm{CaO})}{56.1}+\frac{2w(\mathrm{MgO})}{40.3}+\frac{2w(\mathrm{Fe_2O_3})}{159.7}+\frac{2w(\mathrm{Al_2O_3})}{102}-\frac{2w(\mathrm{P_2O_5})}{142}\right]\times 100}{[\mathrm{H^+}]}$$

式中　$w(CaO)$、$w(MgO)$、$w(Fe_2O_3)$、$w(Al_2O_3)$、$w(P_2O_5)$——磷矿中各组分的质量分数，%；

$[H^+]$——磷酸中第一氢离子浓度，%。

根据试验结果或生产实践，实际最优的磷酸用量可以高于或低于理论磷酸用量，通常以理论用量的百分数表示。

⑤ 反应温度　按照化学反应定律，反应速率与反应温度成正比关系。试验结果也证明了这点，用 40%P_2O_5 的磷酸分解苏联磷矿时，分解温度从 40℃提高到 100℃，磷矿的分解率可提高一倍，而且反应料浆的黏度低、流动性好，有利于输送和喷洒分散。

磷酸分解磷矿的反应过程生成的热量极为有限，欲维持较高的反应温度则需加热磷酸或整个反应体系。反应温度取决于磷矿的反应活性和磷酸的氢离子浓度，通常在 40 ～ 100℃之间。对于优质磷矿和磷酸，反应温度在 40 ～ 60℃已能满足要求；而对于含杂质较多的磷矿和磷酸，反应温度则需在 75 ～ 85℃；料浆法生产的反应温度通常为 90 ～ 100℃。预热磷酸以提高反应温度是最简易可行的方法，磷酸预热的温度可稍低于所需要的反应温度。

提高反应温度显然是强化反应的有效手段，但是有时也不得不顾及其他因素。例如在某些情况下反应速率虽然加快，但反应产物在体系中的溶解度也增大，结晶析出的量减少；或者，反应速率过快，反应产物固化太快给工业生产带来不便。另外，提高反应温度，杂质的反应速率也相应加快，其分解率也增加了，这当然是不希望发生的。所以，对于某一种特定条件，其最优的反应温度需通过试验确定。

除上述因素外，磷矿的分解速率还与混合搅拌的情况有关。磷酸与磷矿混合时物料形态变化过程可依次分为流动期、塑性期和固态期。流动期内反应物料为均匀的料浆，混合效果好；塑性期反应物渐趋黏稠，混合已略有困难；固态期反应物已凝结成固体，较干燥也易粉碎。设法延长流动期有利于酸矿充分混合和反应。降低磷酸浓度、反应温度和矿粉细度都能减慢初始反应速率，延长反应料浆的流动期。

（2）熟化　如前所述，磷酸分解磷矿的过程 [反应式（6-36）] 进行得很慢。从酸矿混合形成料浆、料浆固化到造粒干燥，这一反应贯穿于全过程，并且远未达到平衡终点。化成法工艺是将已经固化的物料转移到仓库内堆存，让其继续缓慢地反应和析出磷酸一钙结晶。习惯上称此过程为熟化。

熟化反应的速率主要取决于温度、磷酸浓度和磷酸第一氢离子的中和度等因素。一般来说，提高温度可以加速反应进行，缩短熟化期；但是另一方面磷酸一钙在液相中的溶解度随着温度的降低而降低，当温度降低时，磷酸一钙将更多地从过饱和溶液中结晶析出，从而增大了液相氢离子的浓度和活性，有利于磷矿的分解，所以提高温度对磷酸一钙的结晶析出是不利的。对于铁铝杂质含量较高的磷矿，反应生成的酸性磷酸铁铝盐在较高的温度下更容易转变为枸溶性磷酸盐，导致 P_2O_5 水溶率降低。另外，当温度降低时，由于反应速率不均生成的少量磷酸二钙在磷酸溶液中的溶解度增大，它溶解为液相再转变为磷酸一钙的趋势也增大，这有利于磷矿的继续分解，使产品中枸溶性 P_2O_5 转变为更多的水溶性 P_2O_5。熟化物料中液相磷酸浓度对熟化反应的速率有重要影响，较高的磷酸浓度对提高熟化反应速率有利。化成法的熟化物料中液相磷酸浓度完全取决于参与反应的初始磷酸浓度（48% ～ 50% P_2O_5），而料浆法或稀酸返料造粒法则有所不同，其初始磷酸浓度较低（38% ～ 42% P_2O_5），当分解反应达到某一程度时，加入大量返料与料浆混合，或在化成机内固化，或在造粒机内造粒，此时系统中水分含量降低，CaO、P_2O_5 含量增大，系统组成点更加远离 $CaHPO_4$ 结晶区，深入 $Ca(H_2PO_4)_2 \cdot H_2O$ 结晶区，结晶析出量也相应增多；随着磷酸一钙结晶的析出，对磷酸离解的抑制作用减少，从而增大了磷酸第一氢离子的浓度，促进磷矿进一步分解。这就是在料浆法的造粒过程以及稀酸返料固化法的化成过程中，磷矿分解率会大幅度上升的原因。

（3）游离磷酸的中和　磷酸分解磷矿的反应很难达到完全的程度，磷酸的中和度通常也达不到 100%，尤其是当采用反应活性不好的磷矿时，为了提高磷矿的分解率，有时不得不增加磷酸用量，这时磷酸的中和度将进一步降低，也就是说总有一部分多余的磷酸未参与反应。另外从平衡相图上也可看出，即使达到了平衡，酸式盐一水磷酸一钙的结晶只能和具有较高 P_2O_5 浓度的饱和溶液共存，而且这些饱和溶液的中和度远低于固相点的中和度，所以固相处在有游离磷酸的酸性介质中[9]。

游离磷酸含量过高的重钙物理性质很差，且具有腐蚀性，会给包装、运输、贮存带来困难，而且还会伤害农作物和种子。所以在产品出厂销售之前应将其中过多的游离磷酸用中和剂中和掉，使其含量降低到产品标准容许的范围内。

原则上凡是能和磷酸迅速起中和反应，而又不致影响肥料物理化学性质的各种碱性物质都可作为中和剂。通常使用的固体中和剂有石灰石、石灰、白云石、钙镁磷肥、反应活性好的磷矿等；气体中和剂有氨；液体中和剂很少使用，因为工艺过程比较复杂也不经济。

上述几种含有 Ca^{2+} 的固体中和剂与磷酸反应，生成磷酸一钙，反应式如下：

$$Ca^{2+}+2H_3PO_4+H_2O = Ca(H_2PO_4)_2 \cdot H_2O \quad (6\text{-}52)$$

用钙镁磷肥中和游离磷酸，反应速率较快，约 2h 即可完成。通常以钙镁磷肥的碱度值作为依据，即中和磷酸中第一氢离子时 1 份钙镁磷肥所能中和的 P_2O_5 量。用钙镁磷肥作为中和剂带入了一部分有效 P_2O_5，可使重钙成品中总 P_2O_5 含量降低较少，而且原来碱性的钙镁磷肥得到了某种程度的酸化，一部分枸溶性 P_2O_5 将转化成水溶性 P_2O_5。

若中和剂用量过大，磷酸被过度中和，液相酸度降低，水溶性的一水磷酸一钙 $Ca(H_2PO_4)_2 \cdot H_2O$ 将首先转化为枸溶性的磷酸二钙 $CaHPO_4$；若再进一步中和达到碱性的情况下，会生成难溶性的一水磷酸三钙 $Ca_3(PO_4)_2 \cdot H_2O$ 或羟基磷灰石 $Ca_5(PO_4)_3OH$，所以重钙生产应避免过度中和。

白云石与磷酸反应生成易溶性的镁盐：

$$(Ca, Mg)(CO_3)_2+4H_3PO_4 = Ca(H_2PO_4)_2 \cdot H_2O+Mg(H_2PO_4)_2 \cdot H_2O+2CO_2 \quad (6\text{-}53)$$

肥料中加入镁离子对植物是有益的，但是磷酸二氢镁的吸湿性很强，含量过多会影响肥料的物理性质。

用磷矿作为中和剂其反应如方程式（6-36）。

用氨中和游离磷酸时首先生成磷酸一铵：

$$H_3PO_4+NH_3(g) \xlongequal{} NH_4H_2PO_4 \quad (6\text{-}54)$$

若过度氨化时则生成磷酸二铵：

$$H_3PO_4+2NH_3(g) \xlongequal{} (NH_4)_2HPO_4 \quad (6\text{-}55)$$

此时酸度降低，同样会促使磷酸一钙转变为磷酸二钙，甚至转变为磷酸三钙，使水溶性 P_2O_5 含量退减。

当存在一定的液相时，使用固体中和剂有利于磷酸扩散，中和过程容易进行，反之则中和反应缓慢。散碎的物料接触比表面积大，容易中和，而颗粒状物料比表面积小，中和反应常常只在颗粒表层进行。故重钙半成品的中和通常在造粒、干燥之前进行更为有效。

（4）氟的逸出和回收　重钙生产在反应、熟化和干燥过程中由磷酸和磷矿带入的氟，一部分以四氟化硅或氟化氢气态逸出，需加以处理或回收利用。

由前面列出的化学反应式（6-36）、式（6-46）、式（6-48）、式（6-49）可知，酸矿混合反应生成四氟化硅、氟化氢和氟硅酸。以气相形式逸出的主要是四氟化硅，只有当磷矿中含硅量过低不足以生成四氟化硅时，一部分氟才会以氟化氢逸出。氟硅酸与矿中带入的 Na^+、K^+、Ca^{2+} 结合成氟硅酸盐，大部分氟则以这些氟硅酸盐或氟硅酸的形态存留于重钙肥料中。氟化氢较四氟化硅具有更强的腐蚀性，而且由于氟化氢在氢氟酸溶液上方的蒸气压较大，气体吸收较四氟化硅更为困难，所以并不希望更多的氟以氟化氢形式逸出。为了解决这个问题，搭配含硅量较高的磷矿或添加含硅物质（如硅藻土、硅砂等）。四氟化硅的蒸气压是随着氟硅酸浓度的升高而显著增高的。蒸气压高有利于气体的逸出，氟的逸出率就高。相反，四氟化硅的蒸气压高又说明当用水吸收成氟硅酸时四氟化硅难以吸收完全。

有研究表明四氟化硅的蒸气压随着温度的升高而增大，在 85℃以下时增加不大，在 85℃以上时则急剧增加[4]。

重钙生产中，初始磷酸浓度通常为 38% ～ 50% P_2O_5（52.45% ～ 69% H_3PO_4），氟硅酸的浓度取决于反应物料量及其所带入的氟和钠、钾含量。通过计算，其液相中 H_2SiF_6 浓度约为 0.2% ～ 0.5%，并且随着四氟化硅的逸出还会逐渐降低。化成法的反应温度为 50 ～ 80℃，熟化温度为 40 ～ 60℃；料浆法的反应温度为 90 ～ 95℃，所以重钙生产中氟的逸出率较普钙生产要少得多，以反应过程为例，前者为 2% ～ 9%，后者为 35% ～ 40%。但在造粒干燥过程中，由于物料温度升高到 100 ～ 110℃，氟的逸出率剧增。

用不同生产方法和不同原料时，各过程的氟逸出率见表 6-13。

表6-13　重钙生产中的氟逸出率（占进入酸、矿总氟量的百分数）　单位：%

方法	酸矿种类	混合化成	熟化	造粒干燥	备注
化成法	大峪口酸＋昆阳矿	3.45	1.086	11.54	国外某公司基础设计
	上蒜矿	3.3	4.0	12.1	国外某公司基础设计
	大峪口酸＋宜昌矿	8 ～ 9	8 ～ 12	12	评价试验
	苏联卡拉塔乌矿	0.4 ～ 0.8	0.5 ～ 1.5	15 ～ 20	

续表

方法	酸矿种类	混合化成	熟化	造粒干燥	备注
料浆法	摩洛哥矿	3.9		30.9	伊拉克阿尔卡姆厂
	大峪口酸＋王集一层矿	11.9		38.9	评价试验
稀酸返料固化法	昆阳矿	9	0.4	16	中间试验

气相逸出的氟，无论从防止环境污染还是从资源综合利用的角度考虑，都必须加以处理或回收。通常的办法是用水吸收制成中间产品氟硅酸，然后进一步加工成各种氟化物或作为污水进行处理后排放。吸收反应式如下：

$$3SiF_4+3H_2O \rightleftharpoons 2H_2SiF_6+SiO_2\cdot H_2O \quad (6\text{-}56)$$

温度降低平衡向右移动，故较低的液相温度对 SiF_4 的吸收有利。另外，从表 6-15 中氟硅酸溶液上方的氟含量（蒸气压）亦可看出，溶液温度高于 60℃时氟含量显著增高，说明含氟气体较难被吸收完全。

如前所述，在混合化成工序氟的逸出率不高，排出气体含氟浓度很低，用水吸收难以制得用于加工成氟盐所需浓度的氟硅酸。造料干燥工序中氟的逸出率虽然较高，但由于气量很大，气体含氟浓度仍然很低，而且气体温度较高，从热平衡考虑，若不另外移除热量也难以制得所需浓度的氟硅酸。除此之外，气体中不可避免地还夹带少量的磷矿、重钙粉尘，在吸收过程中它们会进入氟硅酸中，带入 P_2O_5 杂质。用这种氟硅酸无法制得合格的氟化铝、冰晶石产品。

现在大多数工厂都将含氟气体的洗涤液返回到反应或造粒工序使用，既免除了废液的处理排放，保护了环境，又可在某种程度上促进磷矿分解，稍微节约磷酸用量。只是一部分氟在系统内循环，氟的逸出量和处理量都增大了。最终的结果是绝大部分氟仍旧回归产品，随着肥料分散到田间。

6.2.3 生产工艺与设备

6.2.3.1 生产方法与工艺流程

生产重钙的方法按原料磷酸浓度分为浓酸法和稀酸法，依据原料来源分为热法磷酸法和湿法磷酸法，从工艺特点上可分为化成法、料浆法、鲜肥直接造粒法和稀酸返料固化法等。

化成法（又称浓酸固化法）应用得最早，它是参照普钙生产技术发展起来的，一些国家（例如苏联、法国）为适应某些反应活性不好的磷矿而一直沿用此技术。20 世纪 50 ～ 70 年代，料浆法在美国得到特别迅速的发展，几乎完全取代了化成法，主要原因是所使用的磷矿反应活性较好。鲜肥直接造粒法至今没有得到很大的发展，它需要使用反应活性极好的磷矿，既要有足够的磷矿分解率又要保证鲜肥有良好的物理性质，便于造粒和干燥。稀酸返料固化法虽然对某些反应活性不太好的磷矿适应性较好，但流程较长，设备较多，在一定程度上限制了它的发展。目前世界上运用最多且比较成熟的是化成法和料浆法。

（1）化成法 化成法中著名的生产流程有：法国库尔曼（Kuhlman）流程、美国 TVA 流程、勃洛德菲尔德（Broadfield）流程、莫里兹史坦德（Moritz-Standert）流程和法国格兰德帕罗伊塞（Grande Paroisse-AZF）流程等。这些流程的工艺过程都很相似，主要差别在于所采用的混合和化成设备不同。

化成法的基本过程是：用较浓的磷酸（48% ～ 54% P_2O_5）和磨细的磷矿粉在混合机内混合并初步反应生成料浆，然后在化成机内继续反应和固化，成为多孔状的物料；经机械切碎或在运动中破碎成细粒状产品，然后从化成机卸出转运到仓库内进行熟化；在较长的熟化期间，磷矿的分解反应继续缓慢地进行，最终达到比较完全的程度。熟化后的产品可以作为粉状肥料直接出售，也可以进一步加工为粒状产品。

熟化物料送去造粒前需经粗略破碎以减少团块，然后和后处理系统来的细碎物料（返料）一起加入造粒机。当熟化物料中游离磷酸浓度过高时，还需加入一定量的中和剂予以中和。在造粒机内加入适量的水或来自尾气洗涤系统的洗涤液润湿物料，以形成有一定液相量的黏结剂。有时也加入一些蒸汽，提高物料温度并增加液相量。物料在造粒机内不断翻转滚动，由小颗粒互相黏结团聚成大颗粒，然后从造粒机中卸出送入干燥机，用热气体将湿粒子中的水分加热蒸发，得到的干燥产品送去筛分成为三种颗粒：大颗粒、合格颗粒、不合格的细粉。将大颗粒破碎后和细粉一起作为返料返回造粒机重新造粒，合格颗粒则进入冷却机用冷空气使其冷却到允许的温度以下，以防止产品在贮存中结块和满足包装材料所能承受的温度。

反应、造粒、干燥过程中逸出的气体以及各处通风除尘气体中，均含有一定量的氟、粉尘和蒸汽等，将其在洗涤系统中用水洗涤净化。然后气体排空，洗涤液则返回造粒机利用，或作为污水经处理后排放。

化成法的优点：①对磷矿的适应性较好，可以使用反应活性稍低的磷矿；②由于有足够的反应和熟化时间，熟化物料的温度和液相 P_2O_5 浓度合适，有利于后期反应，故可得到较高的磷矿分解率（一般为 90% ～ 95%）；③熟化物料造粒时返料量可降低到最低限度，因为返料量的多少取决于造粒和干燥后合格颗粒的比例，而不是造粒物料的水分平衡，故后处理系统的设备较小，可节省投资和能耗；④生产过程简单，容易操作控制；⑤可生产粉状产品，也可生产粒状产品。

化成法的主要缺点：①需要庞大的熟化仓库，占地面积很大、投资较多；②在熟化仓库内有微量的氟逸出，较难捕集处理；③粒状产品外观不够圆整，强度低。

几种化成法流程所用的主要设备见表 6-14。

表6-14 几种化成法流程所用主要设备

流程	混合机	化成机	仓库机械	造粒机	干燥机	冷却机
库尔曼	透平式	皮带				
TVA	锥形	皮带				
勃洛德菲尔德	卧式	链板				
莫里兹史坦德	立式	立式回转	桥式抓斗吊车	转鼓	圆筒	圆筒
AZF	单轴卧式	卧式回转	前端装载机	转鼓	圆筒	沸腾床

化成法工艺流程见图 6-26。

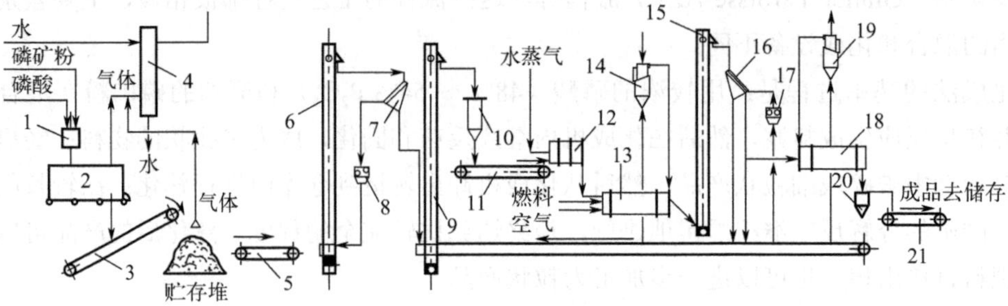

图 6-26　化成法重钙生产工艺流程图

1—混合器；2—化成室；3,5,11,21—皮带输送机；4—气体洗涤塔；6,9,15—斗提机；7,16—振动筛；8,17—破碎机；10—返料储斗；12—造粒机；13—干燥机；14,19—旋风分离器；18—冷却机；20—成品储斗

（2）料浆法　料浆法（或称稀酸返料造粒法）典型的流程如图 6-27 所示。将磷酸和磷矿粉或磷矿浆加入串联的若干个反应槽内进行混合反应，反应生成流动性良好的料浆，用料浆泵送去造粒机直接造粒。它与化成法的主要区别是采用浓度较低的磷酸，系统水分含量高，故允许较长时间搅拌混合物料仍无固化。料浆具有较好的流动性，便于输送和撒布。

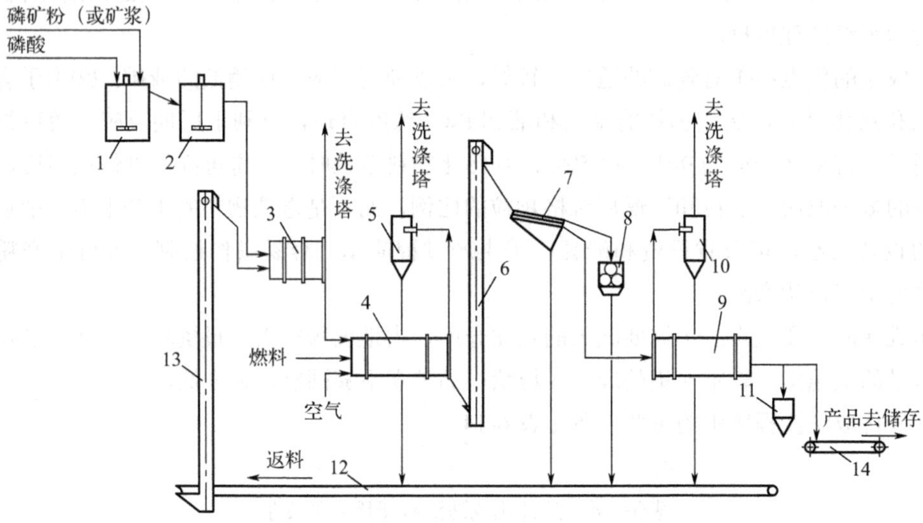

图 6-27　料浆法重钙生产工艺流程图

1,2—反应槽；3—造粒机；4—干燥机；5,10—旋风分离器；6,13—斗提机；7—振动筛；8—破碎机；9—冷却机；11—成品储斗；12,14—皮带输送机

在造粒机内必须加入足够的经过干燥的返料作为料浆造粒的载体。把料浆撒布在翻转滚动着的返料层上，经过反复涂布，小颗粒一层一层增厚长大，成为合乎规格的颗粒。为了满足供涂布用的干物料的表面积和降低混合料的水分，返料量必须相当大。此时，成粒物料的

特征是平均含水量（或液相量）很低，而粒子表层潮湿，在短时间内表层的液相还来不及向粒子内部扩散。

湿粒子的干燥、筛分、破碎、冷却以及尾气处理等工序与化成法类似。

料浆法流程所用的反应槽是带搅拌器的立式圆筒形槽，两个或三个串联排列。造粒设备先期采用单轴或双轴捏合机造粒，后来发展为多数采用的转鼓式造粒机。干燥作业多采用普通圆筒干燥机，也有采用喷浆造粒干燥机的。

料浆法采用的是较低浓度的磷酸，氢离子浓度较低，因而用其分解磷矿时反应速率较低。料浆法的磷矿分解率，除反应活性特别好的磷矿外一般较低，只有当料浆在造粒干燥过程中水分蒸发，液相 P_2O_5 浓度提高时，磷矿分解率才会得到比较迅速的提高。

料浆法流程与磷酸二铵的生产流程非常相似，其生产装置具有相当的灵活性，可以很方便地转产磷酸二铵和磷酸一铵或以它们为基础的复混肥料，以适应肥料市场的变化。

料浆法的优点：①可以用浓度较低的磷酸，在磷酸浓缩部分可减少负荷，节省蒸汽消耗；并且由于浓缩终点浓度降低、黏度减小，杂质析出较少，生产操作较为容易。②流程连续，一步制成粒状产品，装置紧凑占地少，无需庞大的熟化仓库。③系统密闭，各处逸出的氟易捕集处理；产品外观好、强度高，对运输贮存和施肥撒播更为有利。④生产装置灵活性大，可以方便转产磷酸铵或以磷酸铵为基础的复混肥料。

料浆法的缺点：①对磷矿的适应性差，必须用反应活性很好的磷矿才能制得高质量的产品。②反应时液相 P_2O_5 浓度低，反应时间比化成法短，故磷矿分解率通常比化成法低，在相同原料条件下料浆法的磷矿分解率比化成法要低 5% ～ 10%。若用反应活性差的磷矿则磷矿分解率极低，料浆和造粒物料中游离酸浓度很高，使生产过程操作困难。③为了降低造粒物料的含水量到适合于造粒的水平，必须添加大量的返料，导致干燥、筛分、破碎和运输单元设备庞大，相应地增加了投资和动力消耗。④料浆含水量高，干燥负荷较大，干燥过程的燃料消耗量较大。⑤料浆法的投资和生产成本比化成法稍高。

（3）鲜肥直接造粒法　鲜肥直接造粒法是在化成法的基础上衍生出来的，也可以说是化成法的某种改进。其主要目的在于克服化成法需要很长的熟化期这一缺点。此法与化成法类似，采用较浓的磷酸（48% ～ 54% P_2O_5）为原料，同样有混合化成工序。为了得到高的磷矿分解率，磷矿粉有时磨得更细，化成时间更长。自化成室出来的物料（鲜肥）不经过熟化，直接送去造粒。造粒、干燥、破碎和筛分过程与前述化成法相同。

由于取消了熟化过程，所以磷矿分解反应在混合化成阶段应大部分完成，使磷矿分解率达到 80% ～ 85%，在造粒和干燥工序中实际上磷矿分解率增长得极为有限。可将控制干燥产品的含水量稍高（4% ～ 6%）作为一种弥补办法，使产品在贮存中仍有可能缓慢地熟化，进一步提高磷矿分解率。

必须采用杂质含量很少并有很好反应活性的磷矿，才能制成物理性质良好的化成物料，即游离磷酸含量少、干燥且松散、适宜造粒的物料。

此法的优点：①流程连续，一步制得粒状产品；②无需庞大的熟化仓库，氟的捕集处理方便。

此法的缺点：对原料质量的要求很高，鲜肥物理性质的好坏很大程度上取决于造粒和后处理系统能否正常操作。

苏联所采用的鲜肥直接造粒法生产重钙的工艺流程如图 6-28 所示。

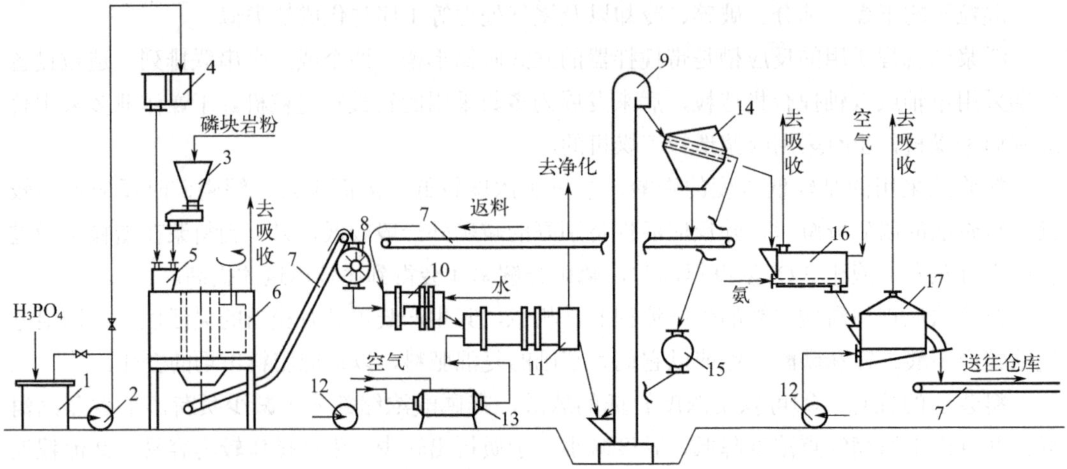

图 6-28　鲜肥直接造粒法重钙生产工艺流程图

1—酸槽；2—泵；3—计量器；4—流量计；5—混合器；6—化成室；7—输送机；8—打散机；9—提升机；10—转鼓造粒机；11—转筒干燥机；12—通风机；13—燃烧炉；14—筛子；15—破碎机；16—氨化器；17— 沸腾冷却器

（4）稀酸返料固化法　采用浓度较低的磷酸（30% ～ 42% P_2O_5）和磷矿粉反应，生成的料浆因液相过多而不能固化，为此加入一定量的由熟化物料经干燥后制成的返料，使料浆的含水量降低到能够形成固化物料的程度。料浆在化成室内继续反应和固化，然后卸出转移到熟化仓库内，经过较短时间的熟化后，作为粉状产品直接出售，或进一步加工为粒状产品。

加入返料不仅降低了系统中的水分，也提高了 P_2O_5 含量，使磷矿的分解处于最优的液相含量和磷酸浓度范围内，加速磷矿的分解反应，故能在较短的化成和熟化时间内达到较高的磷矿分解率。

熟化物料的造粒、干燥、筛分、冷却与化成法相同。

此法的优点：①对磷矿的适应性较强，可以使用某些反应活性不够好的磷矿；②可以使用浓度较低的磷酸，特别是磷酸浓缩比较困难时此法更为有利；③大大缩小熟化仓库，可降低造价。

此法的缺点：①流程较长，需要一套制备返料的干燥系统，增加了设备和投资；②实质上从磷酸带入的多余的水是借助于物料干燥除去的，虽然节约了磷酸浓缩时的蒸汽用量，但增加了干燥用燃料消耗。

采用稀酸返料固化法生产重钙的工艺流程如图 6-29 所示。

6.2.3.2　生产工艺条件

磷酸分解磷矿的反应速率和完全程度主要受磷矿的反应活性、组成、细度，磷酸浓度，磷酸用量，反应温度，反应时间等影响。重钙典型的生产工艺控制条件（不同磷矿产地工艺条件有所不同）见表 6-15。

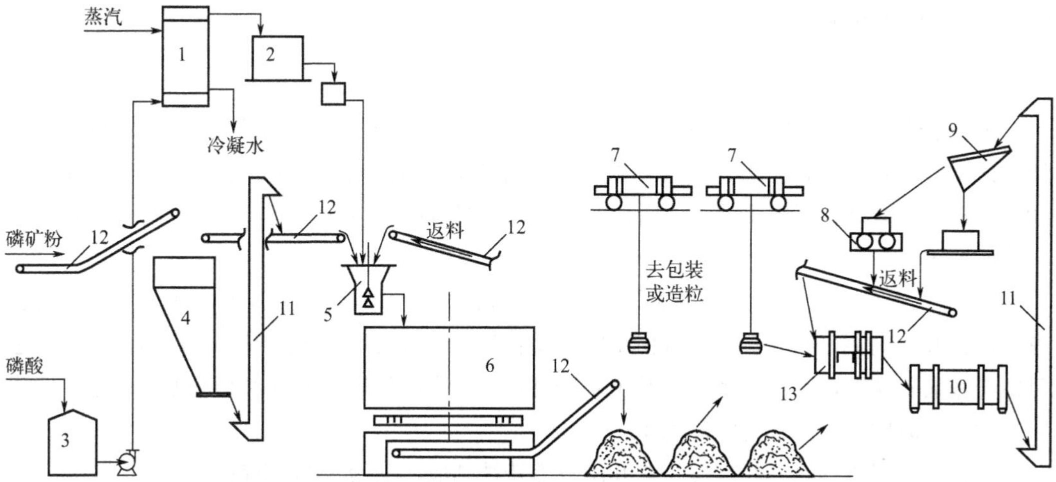

图 6-29　稀酸返料固化法重钙生产工艺流程图

1—加热器；2—高位槽；3—磷酸贮槽；4—矿粉贮斗；5—混合机；6—化成室；7—桥式抓斗吊车；8—破碎机；9—筛子；10—干燥机；11—斗提机；12—皮带输送机　13—造粒机

表6-15　重钙的典型生产工艺控制指标

工艺控制指标	化成法	料浆法
磷酸 P_2O_5 的质量分数 /%	48 ～ 54	30 ～ 42
磷酸温度 /℃	70 ～ 80	80 ～ 90
磷酸中 H^+ 的质量分数 /%	≥ 0.6	≥ 0.5
磷矿 P_2O_5 的质量分数 /%	≥ 32	≥ 32
磷酸用量 / 理论用量 /%	95 ～ 100	90 ～ 95
混合时间	10 ～ 15s	90 ～ 120min
磷矿细度（-200 目）/%	≥ 90	≥ 90
化成时间 /min	20 ～ 40	
熟化时间 /d	2 ～ 14	
熟化温度 /℃	45 ～ 60	
造粒物料中水的质量分数 /%	10 ～ 12	4 ～ 6
造粒返料质量比	（1.5 ～ 2.0）∶1	（8 ～ 10）∶1
造粒停留时间 /min	4 ～ 5	
造粒物料温度 /℃		85 ～ 90
干燥机气体进口温度 /℃	≥ 400	≥ 400
干燥机气体出口温度 /℃	100 ～ 110	100 ～ 110
干燥机出料温度 /℃	90 ～ 100	90 ～ 95
干燥停留时间 /min	20 ～ 25	20 ～ 25
干燥机出料中水的质量分数 /%	≤ 3	≤ 4
冷却机出料温度 /℃	40 ～ 45	40 ～ 45

6.2.3.3 典型设备

（1）混合器

① 透平混合机　图 6-12 所示为一台下传动式透平混合机。在圆柱形壳体中装有搅拌桨，透平式桨叶有两层。料浆出口处设有闸门，可通过调节料面高度控制混合时间为 5 ～ 10s 或 10 ～ 15s。壳体材料可用不锈钢、碳钢衬胶或碳钢衬辉绿岩混凝土等，桨叶用耐腐蚀耐磨的高铬或高镍铬合金、刚玉等制成。

② 卧式混合机　卧式混合机见图 6-11，在 U 形外壳中装有一根方形截面主轴，轴上装有推进桨和反向桨，当主轴旋转时由桨叶搅动物料向前或向后以达到混合的目的。主轴转速可由变速装置调节，壳体盖上设有几个磷酸进口，改变磷酸进入位置和变更主轴转速可调节物料的混合时间，一般混合时间为 10 ～ 15s。

壳体材料用碳钢衬胶和碳砖，桨叶用特殊铸铁制成，轴为 316L 不锈钢制造的。

③ 锥形混合器　锥形混合器的壳体为敞口圆锥体（见图 6-13）。磷矿粉从中部落下，借助转向器向四周分配，进酸管沿四周从上部进入。喷嘴呈切线方向安装，使喷出的酸沿切线形成旋涡。出料短管的尺寸必须选择合适，直径过大存留不住料浆，形成不了旋涡状料面，直径过小来不及排料，极易堵塞和溢料。

锥形混合器通常用 316L 不锈钢制成。

（2）化成设备

① 立式回转化成室（莫里兹史坦德流程）　立式回转化成室见图 6-14，立式圆筒体和底板为回转体，由传动装置通过大涡轮或针轮驱动。顶盖和中心管为固定件，筒体与中心管之间的环室容纳物料。在环室平面的 1/4 区域内装有切削器，它的本体和传动装置均固定在顶盖上。在切削器与料浆入口处之间有一固定在顶盖上的弧形护板，将切削器与料浆隔开。随着筒体回转，落入化成室的料浆逐渐固化，最后被切削器切碎经中心管排出。物料停留时间一般为 30 ～ 60min。

化成室筒体和底板材料为碳钢内衬辉绿岩钢筋混凝土。切削器刀片容易磨损和腐蚀，需用刚玉、高铬钢、高镍铬合金等制成。回转筒体与固定顶盖之间用砂或油密封。

② 皮带化成机　皮带化成机（见图 6-15）和普通皮带输送机类似，由头轮、尾轮、托辊、胶带、机架等构成。进料端用槽形托辊，有利于承受料浆，出料端用平行托辊，有利于固化物料的碎裂和切削。头轮上方设有切削器，将物料切碎再转运至熟化仓库。胶带上面设有密封罩，以便收集化成过程中逸出的含氟气体。根据物料所需的停留时间控制胶带的运行速度，停留时间一般为 10 ～ 20min，带面上的料层平均厚度约 150 ～ 250mm，胶带张紧采用尾轮车式重锤拉紧装置。

为防止腐蚀，头轮、尾轮和托辊表面都衬橡胶。橡胶带采用能耐 100℃温度下磷酸腐蚀的橡胶，通常用氯丁橡胶或丁基橡胶，天然橡胶也可采用只是使用寿命较短。切削器刀片用酚醛层压板、刚玉、高铬钢、高镍铬合金等材料制成。

③ 链板化成机　链板化成机（见图 6-16）类似于普通的链板输送机。在牵引的链板上固定有平板、鳞板或浅槽板，用于承载物料。加入的料浆随着链板向前移动而逐渐固化，抵达头轮处由切削器切碎后落下排出。链板面上设有抽风罩，起挡料和收集含氟气体的作用。

链板面上物料的高度最高可达 600 ～ 800mm，物料停留时间在 20 ～ 30min，甚至更长。

链板用碳钢制，板面需涂环氧、酚醛、呋喃树脂胶泥等防腐，切削器刀片用酚醛层压板、刚玉、高铬钢或高镍铬合金制成。

④ 卧式回转化成机　图 6-30 所示的卧式回转化成机是一台回转圆筒设备，内部无抄板、刮刀等部件，进料端盖板与卧式混合机直接相连。料浆进入后，随着筒体旋转向前运动而逐渐固化，并因物料翻动跌落而自行破碎，最后由出料端排出。筒体内壁上装有挠性橡胶板。筒体每旋转一周橡胶板上下活动一次，使黏结的物料松动抖落。橡胶板与筒体之间留有小孔，供橡胶板活动时呼吸之用。筒体通过传动装置和大小齿轮转动，筒体转速可调，物料停留时间在 10 ～ 20min，可达到不同反应特性的磷矿所需要的化成时间，以制得物理性质良好、粒径尽可能小的化成物料。

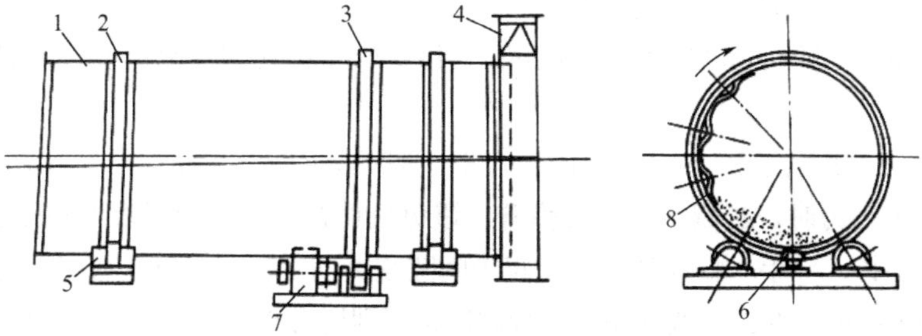

图 6-30　卧式回转化成机

1—筒体；2—滚圈；3—大齿轮；4—出料箱；5—托轮；6—挡轮；7—传动装置；8—挠性橡胶板

筒体由碳钢制成，挠性橡胶板为耐温耐腐蚀的丁基橡胶制成的，进料端盖板和出料端挡圈用 UB6 或 316L 不锈钢制成，出料箱用碳钢衬橡胶制成。

（3）造粒机

① 转鼓造粒机　转鼓造粒机基本形式与卧式回转化成机类似，也是回转圆筒设备，无抄板和刮刀，圆筒内壁装有挠性橡胶板以防止物料黏结。靠近进料端盖板处设有洗涤液喷嘴，洗涤液由此喷洒到料层上。靠近转鼓轴线处有一蒸汽总管，再分为若干带有喷嘴的支管。低压蒸汽可由此喷入料层的表面或中部。蒸汽总管可在一定的角度内回转，以调节蒸汽的喷入位置。润湿的物料借助于不断地翻转和滚动黏结团聚成所需要的颗粒。

通过更换驱动装置中的皮带轮可以将筒体转速调节成几档，以适应所需要的最优的造粒时间。通常物料停留时间约 4 ～ 5min。

筒体材料为碳钢，挠性橡胶板为丁基橡胶，进料端盖板、挡圈和蒸汽喷管等用 316L 不锈钢制成，液体喷管、喷嘴材料为 UB6 不锈钢，出料箱用碳钢衬胶制成。

② 捏合机（或称双轴造粒机）　见第 5 章相关内容。

③ 喷浆造粒干燥机　喷浆造粒干燥机可生产磷酸铵（DAP 或 MAP），也可生产重钙，见第 5 章相关部分。

（4）干燥机　图 6-23 所示是一台回转干燥机。筒体倾斜，内壁靠近进料端设有螺旋形进料抄板，可加快物料向前推进，其余为升举式抄板，将物料抄起撒扬，利于传热传质。为了减少湿物料黏结，在进料端筒体外壁装有击锤，随着筒体旋转自动敲击。出料端设有格栅，可将大块物料分离单独排出。

通过电动机、减速箱、齿轮驱动筒体旋转。由于筒体旋转和抄板的撒扬作用，物料自进料端流向出料端期间，物料不断与热气体接触而自身得以干燥。用于重钙的干燥机多采用顺流干燥方式，即热气体与湿物料自同一端进入，这样物料不致过热失去结晶水。

干燥机零部件均由不同品种的碳钢制成。

（5）破碎机

① 链式破碎机　见本书第 4 章。

② 三辊式破碎机　图 6-31 所示为一种三辊式破碎机。自上而下装有 1#、2#、3# 三个辊子。三个辊子等直径、等转速。1# 及 3# 为固定式辊子，表面有纵向沟槽，2# 为活动式辊子，表面有棱形网状沟槽。辊子之间的间隙通过手动调节杆上螺丝滑块来调节。由液压系统的油压力驱动千斤顶，维持活动式辊子与两个固定式辊子之间的压力。通常 1# 和 2# 辊子的间隙为 10mm，2# 和 3# 辊子的间隙为 1 ～ 4.2mm。每对辊子都相对旋转，由电动机通过皮带轮带动。

物料经过 1#、2# 辊子和 2#、3# 辊子的间隙，两次碾压后自下部排出。当遇有坚硬的大块物料，出现过大压力时，2# 辊子会自动弹开，避免机件损坏。当辊子表面黏结有硬块需要清理时，则停止加料，并手工摇动调节杆使辊子间隙减少到零，利用碾压力将硬物料挤碎脱落，达到清洁辊子表面的目的。实践证明，这种破碎机特别适合于重钙一类具有黏性的物料。

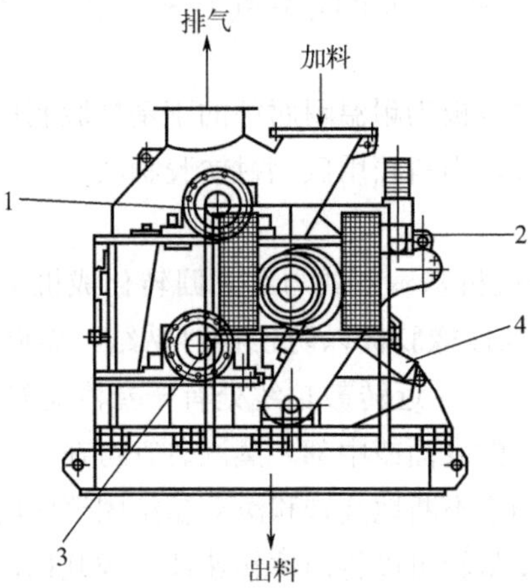

图 6-31　三辊式破碎机结构示意图

1—1# 辊子；2—2# 辊子；3—3# 辊子；4—液压张紧调整缸

辊子材料为硬度高耐磨的铸铁，如含铬铸铁或铸钢。

（6）振动筛

① 带振打球振动筛　图 6-32 所示的振动筛是整体振动式的，即壳体和筛网一起依靠偏心轴和不平衡飞轮产生的振动而振动。筛网为单层或双层，每层筛网下面有许多方格。每格装有钢衬橡胶的弹性小球，借助筛子振动球从下面振打筛网，达到自动清扫筛网的目的。筛

体通过弹簧支座和橡胶减震器安装在支架上，电动机与筛体脱开，安装在固定底座上，由皮带驱动主轴旋转。

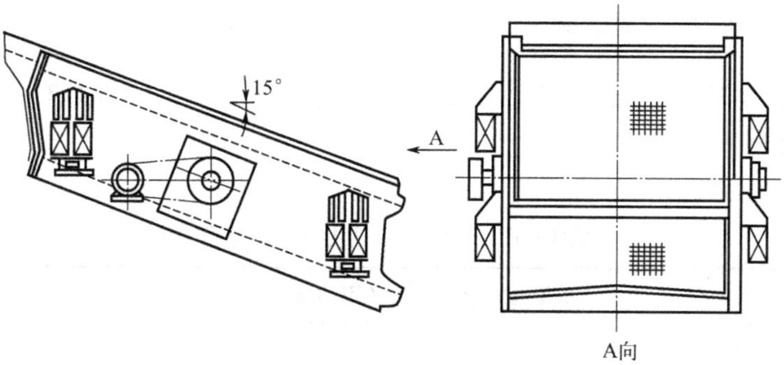

图 6-32 振动筛外形图

筛子壳体由碳钢制成，筛网由高强度钢或不锈钢制成。

② 振网筛 见第 4 章相关部分。

（7）冷却机

① 回转冷却机 回转冷却机结构类似于回转干燥机，为一卧式回转圆筒，在进料端内壁设有螺旋形进料抄板，其余为升举式抄板。冷空气从出料端进入，与热的重钙逆流接触换热，使物料冷却。

当进入的冷空气无需任何预先处理时，通常的出料箱也可省去，让冷空气直接吸入。物料在冷却机中不断升举落下和互相摩擦，会使一部分颗粒粉碎，冷却机出料中细粒组成会比进料稍有增加。

冷却机的各种零部件都用碳钢制成。

② 流化床冷却器 见第 4 章相关内容。

③ 氨化冷却机 图 6-33 所示为一台氨化冷却机，用于重钙半成品的中和和冷却。此机结构为一回转圆筒设备，用挡圈分隔成 4 个舱。靠近进料端的三个舱，每一个舱内包含一段升举式抄板区和一段无抄板区，前者起撒扬冷却物料作用，后者让通氨管插入位于筒体下部

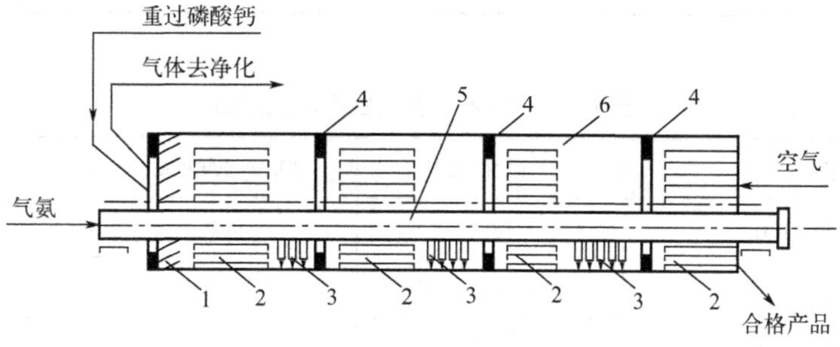

图 6-33 氨化冷却机

1—布料抄板；2—升举式抄板；3—通氨嘴；4—挡圈；5—总氨管；6—筒体

的料层中进行氨化。第 4 个舱全部为升举式抄板，完全为了冷却目的。在第 1 个舱进料处还设有螺旋形进料抄板，加速物料向前推进。

氨化冷却机的筒体和抄板等用碳钢制，通氨管和喷嘴用不锈钢制。

6.2.3.4 消耗定额及产品能耗

生产重钙的消耗定额随着不同生产流程、规模和矿种而异，几组有代表性的数据见表 6-16、表 6-17。

表6-16 化成法重钙生产消耗定额

项目	莫里兹史坦德	AZF（设计）	AZF（推算）	TVA
生产规模 /(万吨 / 年)	10 ～ 45	56	56	5
生产规模 /(t/d)	334 ～ 500	1867	1867	167
一次矿含 P_2O_5/%	上蒜，32.83	大峪口，32.45	大峪口，32.45	热法酸
二次矿含 P_2O_5/%	上蒜，32.83	昆阳，28.29	王集，32.76	开阳，31
数据来源	生产	设计	试验数据推算	设计
定额基准	1t 粒状重钙	1t 粒状重钙	1t 粒状重钙	1t 粉状重钙
磷矿粉（30%P_2O_5 计）/t	0.407	0.412	0.389	0.44
磷酸（100%P_2O_5 计）/t	0.382	0.346	0.352	0.352
石灰石粉 /kg		33	29	
燃煤 /kg	43.4	45.6	45.6	
添加剂 /kg		0.125	0.195	
工艺水 /m^3	5.242	0.2	0.2	0.1
电 /(kWh)	55.07	24	24	4.26
蒸汽 /t	0.078	0.125	0.125	0.045
压缩空气（标）/m^3		30.35	30.35	
仪表空气（标）/m^3		2.04	2.04	

表6-17 料浆法重钙生产消耗定额

项目	Jacobs	Davy Mckee	Norsk Hydro
生产规模 /(t/d)	1880	1880	960×2
一次矿含 P_2O_5/%	大峪口，32.45	大峪口，32.45	摩洛哥
二次矿含 P_2O_5/%	昆阳，28.29	晋宁≥32	摩洛哥

续表

项目	Jacobs	Davy Mckee	Norsk Hydro
数据来源	国外资料	国外资料	伊拉克 Alkaim 工厂
定额基准	产品中 1t 有效 P_2O_5	1t 重钙产品	产品中 1t 有效 P_2O_5
磷矿（100%P_2O_5 计）/t	0.296	0.15	0.285
磷酸（100%P_2O_5 计）/t	0.706	0.32	0.742
消泡剂	0.5kg	2L	
燃煤 /kg	119	40.4	
工艺水 /m^3	0.4	0.3	
冷却水 /m^3		8.9	
电 /(kWh)	116	114.8	
蒸汽 /kg	200	33.8	
压缩空气（标）/m^3		5.3	
仪表空气（标）/m^3		0.8	

6.2.4 技术展望

早期重钙的生产方法与普钙生产方法类似，采用经过浓缩的磷酸分解磷矿，用间歇式混合机和车厢化成室，半成品自化成室卸出并在仓库内熟化后便成为最终产品。20 世纪 40 年代以后，各种连续生产的化成法流程相继出现，这些流程基本是相同的，即酸矿连续混合反应成料浆，然后进入化成机固化，在仓库内熟化，最后经造粒干燥制成粒状产品。

1923 年，Meyers 开创了料浆法工艺，用稀磷酸与磷矿反应制得料浆，在第一段干燥机中浓缩料浆，卸入地坑冷却固化，然后在第二段干燥机中经干燥成为固体粉、粒状产品。30 ～ 40 年代料浆法工艺有了许多改进，具有代表性的是 Dorr-Oliver（Jacobs Dorrco）流程，其特点是磷酸和磷矿反应生成的料浆与返料一起在捏合机或转鼓内造粒，然后经干燥制得粒状产品。50 ～ 70 年代美国普遍采用此种方法建设重钙工厂。与此同时，苏联则多采用立式混合机 + 回转化成机的化成法工艺，以希宾磷灰石精选矿为原料生产重钙。自 70 年代以来法国 AZF 工艺取得很大进展，在法国和发展中国家建设了一批装置。

中国重钙的生产是在普钙的基础上发展起来的，由于化成法制造重钙的过程基本上与普钙相同，容易被人们所认识，所以很自然地优先发展了此法。

目前，重钙生产还有如下升级技术：

（1）氯化钙制备重钙　在 $CaCl_2$ 亚熔盐体系状态下，$CaCl_2$ 与 H_3PO_4 在 140℃以上进行反应，反应生成的 HCl 大量挥发，使该反应迅速正向进行，得到大量的重钙且纯度较高。本工艺能有效利用氯化钙来制备重钙，解决了盐酸分解磷矿生产重钙过程中，副产大量经济效益较低的氯化钙问题，并通过收集反应过程中释放出的 HCl 气体进行循环利用，解决使用盐酸分解磷矿中消耗大量盐酸的问题[10]。

（2）利用萃余酸生产含单质硫的重钙　本工艺利用重钙生产设备，将单质硫黄、表面活性剂与萃余酸置于乳化机内混合，使硫黄充分均质、分散、乳化于萃余酸原料后再与磷矿浆反应，然后进行造粒、干燥、筛分，以获得均匀分散有单质硫的重钙复合肥料[11]。本工艺安全、简单，利用萃余酸作为原料可节约生产成本，通过乳化机将单质硫黄均匀分散于肥料颗粒中，减少返料，大大提高生产效率，制得的复合肥料产品能够协同促进作物生长，具有良好的应用前景。

6.2.5　产品发展前景

将重钙与其他基础肥料混合，可加工成各种类型的复混肥料，如重钙与氯化铵、钾盐匹配生产氯化铵系通用肥；重钙与硝酸铵、钾盐匹配生产硝酸铵系高浓度复混肥；重钙与尿素、钾盐匹配生产尿素系高浓度复混肥等。此外，我国有许多利用普钙为原料生产饲料级磷酸氢钙的小型装置，由于普钙有效磷低、残渣多，用重钙替代，可以简化生产过程，提高磷得率，降低产品成本。因此进行技术升级，提高产品质量是延长产品寿命的关键所在，也是增强企业核心竞争力的有效手段。

6.3　富过磷酸钙

6.3.1　产品概况

富过磷酸钙，简称富钙，英文缩写为 ESP。

（1）产品成分　富钙由硫酸和磷酸的混酸分解磷矿制成，产品的主要成分是一水磷酸一钙和硫酸钙。

（2）产品物化性质　富钙为灰白色粉末，是一种水溶性速效磷肥，吸湿性介于普钙与重钙之间。富钙有效 P_2O_5 含量一般为 20% ～ 35%，比普钙约高 1 倍。

（3）产品用途　富钙主要成分是磷酸一钙和硫酸钙，其有效 P_2O_5 含量介于普钙和重钙之间，富钙不但可以提供大量元素磷，还能提供中量元素硫，是一种中等浓度的含有磷、硫两种养分的水溶性磷肥，可用作基肥、追肥或种肥。硫元素对改良土壤性状结构和强化植物纤维生长有重要作用，可以提高农作物抗风和抗倒伏能力。富钙产品中因含有中量元素硫，特别适合施用于某些缺硫土壤和喜硫作物，具有显著的增产效果。同时富钙为酸性肥料，尤其适用于我国西北、华北等碱性土壤地区。

6.3.2　生产原理

用硫酸和磷酸的混合酸分解磷矿制取富钙的化学原理与普钙相同。其主要化学反应分两个阶段进行，第一阶段是硫酸与磷矿反应生成磷酸和半水硫酸钙：

$$Ca_5(PO_4)_3F+5H_2SO_4+\frac{5}{2}H_2O = 3H_3PO_4+5CaSO_4 \cdot \frac{1}{2}H_2O+HF \quad (6\text{-}57)$$

此反应为放热反应，随着反应进行，料浆温度迅速上升，半水硫酸钙结晶转变为无水硫酸钙：

$$CaSO_4 \cdot \frac{1}{2}H_2O = CaSO_4+\frac{1}{2}H_2O \quad (6\text{-}58)$$

当硫酸完全反应后，第二阶段的反应开始，即混合酸中的磷酸和第一阶段反应生成的磷酸分解磷矿生成一水磷酸一钙：

$$Ca_5(PO_4)_3F+7H_3PO_4+5H_2O = 5Ca(H_2PO_4)_2 \cdot H_2O+HF \quad (6\text{-}59)$$

生成的一水磷酸一钙开始处在溶液中，当溶液被一水磷酸一钙饱和时，一水磷酸一钙便开始结晶析出。第一阶段反应速率较快，在混合机和化成室中完成。第二阶段反应速率较缓慢，在化成室中开始，而后在熟化仓库中完成。

富钙的总反应式为：

$$3Ca_5(PO_4)_3F+7H_2SO_4+7H_3PO_4+8H_2O = 8Ca(H_2PO_4)_2 \cdot H_2O+7CaSO_4+3HF \quad (6\text{-}60)$$

用硫酸和磷酸的混合酸分解磷矿时，磷矿中的杂质也与酸作用，发生各种副反应，主要的副反应有：

碳酸盐（$CaCO_3$、$MgCO_3$）与硫酸作用生成硫酸盐，并放出 CO_2 气体：

$$CaCO_3+H_2SO_4 = CaSO_4+CO_2\uparrow+H_2O \quad (6\text{-}61)$$

$$MgCO_3+H_2SO_4 = MgSO_4+CO_2\uparrow+H_2O \quad (6\text{-}62)$$

倍半氧化物（Al_2O_3 和 Fe_2O_3）与硫酸反应生成硫酸盐，在第二阶段反应中，生成的硫酸盐又与磷酸一钙反应生成磷酸盐：

$$Al_2O_3+H_2SO_4+Ca(H_2PO_4)_2 = 2AlPO_4+CaSO_4+3H_2O \quad (6\text{-}63)$$

$$Fe_2O_3+H_2SO_4+Ca(H_2PO_4)_2 = 2FePO_4+CaSO_4+3H_2O \quad (6\text{-}64)$$

硅酸盐（$NaAlSiO_4$）被硫酸分解析出硅酸：

$$2NaAlSiO_4+4H_2SO_4 = Na_2SO_4+Al_2(SO_4)_3+2H_2SiO_3+2H_2O \quad (6\text{-}65)$$

生成的硫酸盐在第二阶段与磷酸一钙反应生成酸式盐：

$$Na_2SO_4+Ca(H_2PO_4)_2 = 2NaH_2PO_4+CaSO_4 \quad (6\text{-}66)$$

$$Al_2(SO_4)_3+3Ca(H_2PO_4)_2 = 2Al(H_2PO_4)_3+3CaSO_4 \quad (6\text{-}67)$$

随着第二阶段反应的进行和液相中游离磷酸浓度的降低，铁、铝的酸式盐转变为难溶的中性磷酸盐：

$$Al(H_2PO_4)_3+2H_2O = AlPO_4 \cdot 2H_2O+2H_3PO_4 \quad (6\text{-}68)$$

析出的硅酸与氟化氢作用生成 SiF_4：

$$4HF+H_2SiO_3 = SiF_4+3H_2O \quad (6\text{-}69)$$

SiF_4与水蒸气作用生成氟硅酸：

$$3SiF_4+3H_2O=\!=\!=2H_2SiF_6+H_2SiO_3 \tag{6-70}$$

6.3.3 生产工艺与设备

6.3.3.1 生产方法与工艺参数的确定

（1）富钙的生产方法　富钙的生产主要采用混酸法生产工艺。

混酸法是直接采用硫酸和磷酸的混合酸分解磷矿。混酸法的工艺流程与普钙的流程相似，只是操作条件有所不同。

混酸法具有磷矿转化率较高、生产能力大、质量稳定、对磷矿适应性强等特点。采用不同的硫酸、磷酸比例的混酸可以制得不同有效磷含量的富钙产品。

（2）富钙生产主要工艺参数的确定

① 混酸用量

a．与普钙相同的混酸用量计算方法　按矿中P_2O_5、CO_2、Fe_2O_3、Al_2O_3四种组分的含量可以计算出混酸的理论用量，生产富钙时可用下式计算混酸理论用量：

$$W=S(1+X)$$

式中　W——分解100份重量磷矿所需要的100%浓度混酸的理论用量；

S——混酸中浓度为100%的硫酸份数；

X——磷酸对硫酸的取代率（$X\leqslant 1$）。

当X=0，即无磷酸代替时，W=S，即为制造普钙的硫酸理论用量。

b．与重钙相同的混酸用量计算方法　按矿中P_2O_5、CaO、MgO、Fe_2O_3、Al_2O_3的含量和混酸中H^+的质量分数，用下式计算混酸理论用量：

$$n=\frac{\left[\frac{2w(\mathrm{CaO})}{56.1}+\frac{2w(\mathrm{MgO})}{40.3}+\frac{2w(\mathrm{Fe_2O_3})}{159.7}+\frac{2w(\mathrm{Al_2O_3})}{102}-\frac{2w(\mathrm{P_2O_5})}{142}\right]\times 100}{[\mathrm{H^+}]}$$

式中　n——分解100份重量干基磷矿需要的混酸理论用量；

$w(\mathrm{CaO})$、$w(\mathrm{MgO})$、$w(\mathrm{Fe_2O_3})$、$w(\mathrm{Al_2O_3})$、$w(\mathrm{P_2O_5})$——磷矿中各组分的质量分数，%；

$[\mathrm{H^+}]$——混酸中第一氢离子浓度，%。

混酸理论用量并不一定符合实际需要，还应通过模拟试验求得合适的混酸用量作为混酸实际用量，以便指导生产。

② 混酸浓度　混酸浓度主要取决于硫酸浓度、磷酸浓度和磷酸代替量。磷酸中除H_3PO_4外，还含有游离硫酸、氟硅酸以及溶解的磷酸盐。为方便起见，在计算混酸浓度时，磷酸浓度只是H_3PO_4的浓度，忽略其他组分。若硫酸总量为100%时，混酸浓度可按下式计算：

$$c_{\mathrm{m}}=\frac{2X+(100-X)}{\frac{2X}{c_{\mathrm{P}}}+\frac{100-X}{c_{\mathrm{S}}}}\times 100\%=\frac{100+X}{\frac{2X}{c_{\mathrm{P}}}+\frac{100-X}{c_{\mathrm{S}}}}\times 100\%$$

式中 c_m——混酸实际浓度，%；

X——磷酸代替量，%；

c_P——磷酸浓度，%；

c_S——硫酸浓度，%。

③ 混酸温度 磷酸与硫酸混合时，硫酸因被稀释而放出大量的热量，可使混酸温度最高升至90℃左右。

④ 磷矿分解率的计算 富钙中的有效 P_2O_5 不仅由酸分解磷矿所得，部分也来自混酸中的磷酸。因此，在计算生产富钙的磷矿分解率时，应从半成品或成品中的有效 P_2O_5 减去由混酸带入的有效 P_2O_5。可用下述公式计算：

$$\eta=\left(1-R\frac{a-b}{a}\right)\times 100\%$$

式中 η——磷矿分解率，%；

a——半成品或成品中总 P_2O_5 的含量，%；

b——半成品或成品中有效 P_2O_5 的含量，%；

R——$\dfrac{\text{混酸中}P_2O_5\text{量}+\text{磷矿中带入的}P_2O_5\text{量}}{\text{磷矿中带入的}P_2O_5\text{量}}$，

不加磷酸时，混酸中 P_2O_5 量为0，R=1，算得的磷矿分解率即为制造普钙时的分解率。

6.3.3.2 生产工艺条件

（1）原料酸中氢离子浓度 原料酸中 $[H^+]$ 太低，液相反应活性不够，不能得到固化的料浆；但若 $[H^+]$ 太高，液相反应活性太大，酸与矿快速反应，易形成细小的硫酸钙结晶，这些细小的硫酸钙结晶会包裹在未反应的磷矿表面而形成一层钝化膜，从而阻止了反应的继续进行，同样得不到固化的物料。因此只有在一定混酸浓度范围内，才能得到较好的反应结果。要达到磷矿有足够高的分解率和生成固化料浆的目的，氢离子浓度宜控制在0.8%～1.2%范围内。

（2）料浆中水含量 为了制得固化料浆，必须控制系统中的水含量。料浆固化所允许的水含量范围随磷酸对硫酸的取代率不同而变化。取代率为30%时，水含量为22%～35%，料浆可固化。水含量适当，混合反应后水贮存于矿物晶间有利于扩散的进行，有利于反应。水含量>45%时，料浆中水分不能在化成工序被蒸发，反应料浆不能固化；水含量<25%时，酸矿反应没有足够的液相，不利于酸向矿物表面扩散，阻碍了反应的进行，使大量游离酸停留于产品中，产品物性差，不能固化。一般控制水含量在25%～45%范围内能制得固化的料浆。

（3）混酸中硫酸浓度 混酸中硫酸的最小浓度和最大浓度与混酸中磷酸对硫酸的取代率有关，为制得固化料浆，在一定取代率下，混酸中的硫酸必须控制在一定浓度范围，一般以控制在75%～76%为宜。

（4）磷酸代替量 在富钙生产中，由于磷酸只是部分代替硫酸，并且两份磷酸才与一份硫酸相当。虽然产品中有效 P_2O_5 含量的高低与磷酸代替量有直接关系，但是加入的磷酸如果是浓度为20%～30% P_2O_5 的稀酸，随稀酸带入的大量水分将转移到成品中，使成品的物理性能受到影响。而且水分过多时，有效 P_2O_5 含量提高不多。所以，磷酸代替量应根据磷矿质量、磷酸浓度、硫酸浓度和对成品的要求等诸多因素通过试验确定，一般在 10% ～ 20% 之间。

6.3.3.3 典型设备

混酸法工艺流程与普钙流程相同，工艺设备也相同，详见 6.1.3.4 节内容。

6.3.4 技术展望

富钙的生产研究始于 1926 年，在普钙生产流程基础上加以改造的富钙生产原始流程 [12] 如图 6-34 所示。

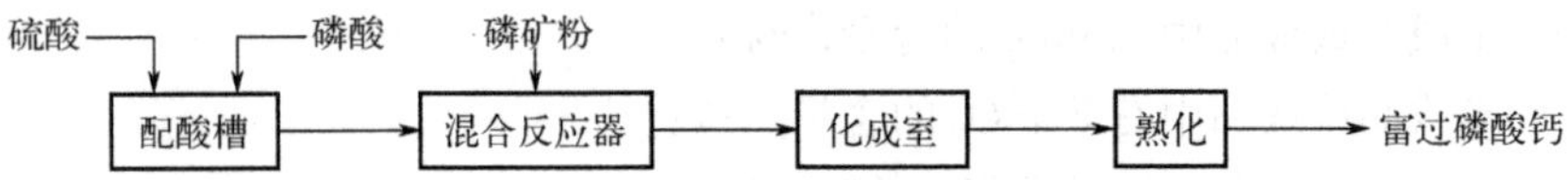

图 6-34 富钙生产原始流程

该工艺有如下特点：①使用高浓度的磷酸；②工艺操作条件的控制范围比普钙窄；③熟化周期比普钙长；④有效 P_2O_5 含量比普钙高。

随着磷肥工业的发展和磷矿开采的贫化，合理利用磷矿资源，用中低品位磷矿生产较高浓度的磷肥，日益受到重视，富钙生产有了一些改进技术 [13]：

（1）利用废酸生产富钙的技术　富钙生产成本高是由于使用了价格高的硫酸和磷酸，实际上富钙生产对酸的纯度要求并不是很高。本工艺采用废硫酸和废盐酸的混合酸，来代替原来富钙生产所需的磷酸分解磷矿，从而降低成本。该工艺路线如下：废盐酸进入由挡板分开的双室混合器的第一室，一定数量的磷灰石也进入第一室发生分解反应；生成的料浆从挡板上面自动溢流到混合器的第二室，向第二室加入废硫酸；第二室得到的料浆流入沉淀池进行液固分离得到液相磷酸，液相磷酸流入酸混合器；在酸混合器中加入废硫酸，磷酸和硫酸的混合酸进入主混合器，并加入磷灰石反应，制得的料浆送化成室，熟化后得到富钙产品。其工艺流程图如图 6-35 所示：

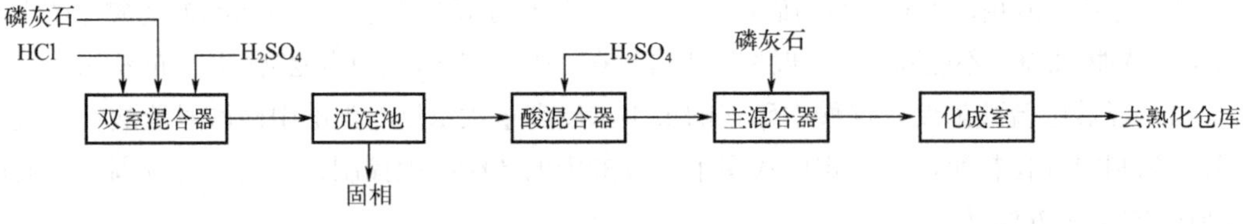

图 6-35 利用废酸生产富钙的工艺流程

（2）含氨富钙技术　该工艺是用硫酸铵溶液代替磷酸与硫酸混合制取富钙，最大特点是硫酸铵能提高磷矿的分解率。其主要原因在于含氮液相中 NH_4^+ 有助于硫酸钙结晶的长大，它们疏松地分布在磷灰石细粒上，形成孔隙，提供了酸扩散的通道，使硫酸能顺利进入磷灰石细粒深处，从而提高磷灰石分解率和有效 P_2O_5 含量，而且还可以节约约 20% 的磷灰石原料。

（3）生产含微量元素富钙的技术　在富钙生产中加入微量元素，将单一的富钙产品转化为多效多元化的产品，满足植物生长不同时期对营养元素的需求，也提高了企业的经济效益。

（4）利用萃余酸或淤渣磷酸生产富钙的技术　以萃余酸或淤渣磷酸为原料，通入蒸汽使磷酸温度达到 55 ～ 65℃，然后加入磷矿粉混合，在混合器中磷矿粉与磷酸混合反应约 30s 后加入 98% 浓硫酸，硫酸用量按照与磷酸混合时的混酸浓度为 62% ～ 68% 计算得到，将硫酸、磷酸和磷矿粉在混合器中剧烈搅拌约 1min 后，料浆流入化成室固化，固化时间为 30 ～ 40min，固化温度为 95℃，再堆存、熟化后，粉状物料加水造粒，经干燥、筛分得到富钙产品[14]。

本工艺可以使用含杂质、含固量较高的萃余酸或淤渣磷酸作为原料。若磷酸浓度较低，则可以通过改变磷酸和硫酸的添加顺序，缩短反应时间。本工艺得到的富钙产品有效 P_2O_5 含量为 34% ～ 35%，水溶 P_2O_5 含量为 30% 以上。

（5）采用中低品位磷矿添加硫酸钙生产富钙的技术　本工艺路线如下：将 P_2O_5 含量为 25% ～ 27% 的中低品位磷矿制成 80% 通过 200 目细度的磷矿粉，将磷矿粉、磷酸（浓度为 45% 左右）和硫酸钙按一定比例加入混合器内进行固液反应，控制游离酸浓度在 10% ～ 12%。反应后将物料进行堆放、熟化、翻堆、碾压，得到的半成品经造粒、干燥、筛分、破碎、冷却后得到富钙产品[15]。

本工艺可以使用中低品位磷矿，工艺简单，生产成本低。

（6）采用隐形酸分解磷矿生产富钙的技术　本工艺采用隐形酸（NH_4Cl）在氯化钙亚熔盐体系中分解磷矿粉制富钙，具体工艺路线如下；将磷矿粉浆加入氯化铵饱和溶液中搅拌化浆，得到磷矿粉浆；将磷矿粉浆加入氯化钙亚熔盐中搅拌均匀得到料浆；将料浆进行过滤得到滤渣，将滤渣送入干燥机干燥得到富钙产品[16]。

本工艺可得到 $Ca(H_2PO_4)_2$ 和酸不溶渣（主要成分 $SiO_2 \cdot nH_2O$）。因酸不溶渣中含有多种植物营养元素，可作为富钙产品出售。本工艺所得富钙产品中 P_2O_5 含量＞40%，生产过程中无其他工业废渣产生。

6.3.5 产品发展前景

用富钙代替普钙制作复混肥，可提高复混肥中有效成分，且能在复混肥生产中替代价格更高的磷酸铵或重钙生产中等浓度肥料，降低生产成本。富钙还可作为中间产品进行深加工，生产饲料级磷酸氢钙等磷酸盐产品，从而扩大产品使用范围，提高经济效益，更好地适应市场竞争。

我国磷矿资源丰富，但杂质含量低、反应活性好的高品位矿少，主要是矿质较差、杂质含量较高的中品位磷矿，以这种磷矿来生产磷酸铵和重钙要经过选矿过程，增加了投资，用来生产普钙又不经济，因此，用中品位磷矿来生产富钙，是适合中国磷矿资源特点和国情的较好的一条工艺路线。

参考文献

[1] 贡长生，等．现代磷化工技术与应用（上册）．北京：化学工业出版社，2013.

[2] 夏永姝，钟耀荣，樊春升．尿素过磷酸钙复肥生产工艺．IM&P 化工矿物与加工，2001, 30(11): 14-15.

[3] 江善襄，等．磷酸、磷肥和复混肥料．北京：化学工业出版社，1999.

[4] 南京化学工业公司设计院．普通过磷酸钙工艺设计手册．北京：化学工业出版社，1983.

[5] 丁德承，邱红侠，朱亚，等．无化成熟化过磷酸钙生产技术的开发和应用．磷肥与复肥，2012, 27(4): 22-24.

[6] 李惠跃．普钙厂技术改造的可靠途径．化肥工业，2000, 27(2): 3-6.

[7] 杨波，季晓晖．用陕南低品位磷矿生产合格普钙新工艺．汉中科技，2012(2): 64-65.

[8] 张文辉，谷守玉，李华，等．磷矿粉一步法制粒状过磷酸钙及其工艺．中国，CN1085639C. 2002-05-29.

[9] 姚永发，等．磷酸 磷铵 重钙技术与设计手册．北京：化学工业出版社，1996.

[10] 吴有丽，项双龙，何润林，等．一种使用氯化钙制备重过磷酸钙的方法．中国，CN108584897A. 2018-09-28.

[11] 罗建洪，舒爱桦．一种利用萃余酸生产含单质硫的重过磷酸钙的制备方法．中国，CN111533614A.2020-08-14.

[12] 霍丹群，涂敏瑞，侯长军．国外富过磷酸钙生产技术动态．化工时刊，1996, 5 (10): 23-25.

[13] 霍丹群，涂敏瑞，侯长军．富过磷酸钙生产技术的研究进展．四川轻化工学院学报，1996, 2 (9): 26-31.

[14] 胡宏，杨三可，解田，等．一种高浓度富过磷酸钙磷肥的生产方法．中国，CN101367672B. 2010-12-15.

[15] 陈爱中，刘兵．一种富过磷酸钙的制备方法．中国，CN104071757B.2016-08-24.

[16] 吴有丽，项双龙，廖吉星，等．一种富过磷酸钙的制备方法．中国，CN108455546A.2018-08-28.

中国肥料研究与应用全书

Books of Fertilizer Research and Application in China

FERTILIZER

第 7 章

热法磷肥

7.1 钙镁磷肥

7.1.1 产品概况

7.1.1.1 产品成分

钙镁磷肥是将磷矿石和助熔剂（简称熔剂，蛇纹石、白云石、硅石等含镁、钙、硅元素的矿石），在高炉、电炉或平炉中，利用焦炭（或无烟煤）、电能、重油或燃气（黄磷尾气、焦炉气、天然气）等能源，在1400℃以上的高温下熔融形成熔（融）体，再经水淬急（骤）冷、干燥和研磨，所形成的一种含有磷酸根离子（PO_4^{3-}），具有硅铝酸盐玻璃体结构，砂粉状或粒状，弱碱性、枸溶性的含磷、钙、镁、硅等多种作物营养元素的肥料。

钙镁磷肥在美国、苏联被称为“熔融含镁磷肥”（fused calcium magnesium phosphate，FMP或FCMP），以区别烧结法制得的产品；在日本、韩国被称为“熔成磷肥”，简称“熔磷”[1]。

钙镁磷肥没有明确的分子式和分子量，主要成分有$Ca_3(PO_4)_2$、$CaSiO_3$和$MgSiO_3$。钙镁磷肥产品所含的元素成分来自原料磷矿石、助熔剂和燃料，除含有磷、钙、镁、硅等主要元素外，还含有少量铁、铝、锰、镍、铜、氟和稀土等成分。钙镁磷肥生产工艺可使用含P_2O_5 16%以上的磷矿原料，得到的产品含枸溶性P_2O_5 12%～25%、K_2O 0.5%～5%（K_2O含量>2%称为含钾钙镁磷肥）、MgO 8%～20%、CaO 25%～40%、SiO_2 20%～35%（其有效性高达99%），以及微量FeO 1%～2%（二价铁与镁、氮协同作用，可增加作物的叶绿素含量）、Mn 300～800mg/kg、Zn 50～210mg/kg、Cu 10～66mg/kg。

7.1.1.2 产品物性

钙镁磷肥在水中溶解度很小，饱和水溶液中质量浓度为P_2O_5 1～2mg/L，MgO 2～20mg/L，CaO 10～100mg/L；90%以上可溶于质量浓度为2%的柠檬酸水溶液中，属缓效枸溶性磷肥，呈碱性（pH 8.0～8.5），适合作为基肥，对酸性土壤及对磷素较为敏感的作物更为合适。与一般的硅钙肥不同，钙镁磷肥中的硅、钙几乎全部被作物根系所吸收。

根据原料和操作条件的不同，钙镁磷肥产品呈浅绿、深绿、灰白和黑褐等不同颜色，产品不吸湿、不结块、无毒、对包装材料无腐蚀，可以长期贮存，不会因放置条件变化而变质。

钙镁磷肥的堆密度和休止角以及不同炉料组成的熔点和黏度如表7-1、表7-2所示[2]。

表7-1 钙镁磷肥的堆密度和休止角

名称	堆密度（自然堆放）/(kg/m³)	堆密度（稍加振动）/(kg/m³)	休止角/(°)
含水半成品（含水7%～10%）	750～800		40～42
干的半成品	1100～1500	1400～1800	35～40
成品	1200～1300	1400～1500	30～35

注：钙镁磷肥在常温时的真密度在3000kg/m³左右，1385℃时熔体的真密度在2850kg/m³左右。

表7-2 不同炉料组成的熔点和黏度（t_3是熔点）

炉料组成 /%							熔化性温度 t_s/℃	t_s 下黏度 /(Pa·s)	t_3/℃	t_s-t_3/℃
P_2O_5	K_2O	CaO	MgO	SiO_2	FeO	Al_2O_3				
21.13	0	44.2	8.88	22.11	0.32	3.80	1470	2.2		
15.74	0	28.0	16.92	31.74	1.97	4.55	1261	1.1		
14.47	2.19	27.31	14.68	28.27	2.76	5.35	1363	0.49	1237	126
12.40	2.69	24.79	15.83	30.38	3.01	5.99	1322	0.69	1242	80
11.43	5.27	20.87	8.98	35.83	3.22	9.37	1347	2.15	1297	50

注：熔化性温度是炉渣从不能流动转变为能自由流动时的温度。

对钙镁磷肥成品的 X 射线衍射分析中没有发现 $Mg_3(PO_4)_2$ 晶格存在，证明钙镁磷肥中的 P_2O_5 具有能被作物吸收的可溶性，不是由于 $Ca_3(PO_4)_2$ 与 Mg_2SiO_4 发生离子置换反应生成可溶性 $Mg_3(PO_4)_2$，而是由于生成无定形玻璃体。用显微镜观察，该磷肥的玻璃化（无色透明）程度越高，则其转化率也越高，可溶性也越好。但要使钙镁磷肥形成玻璃体，就必须将熔体骤冷到 700℃以下，使 $[SiO_4]$、$[AlO_4]$ 等四面体缩合成链状或网状结构 $[RO_4]_n$，阻止氟磷酸钙结晶，使 PO_4^{3-} 被分散、阻隔在 $[RO_4]_n$ 链状或网状结构之间。以玻璃体存在的钙镁磷肥属于热力学中的介稳态。当其重新加热到一定温度后，该玻璃体开始被破坏，玻璃体质点重新排列并向结晶态的氟磷酸钙转变，发生钙镁磷肥反玻璃体（失透）的退化过程，使钙镁磷肥中的枸溶性 P_2O_5 含量下降，反玻璃体温度在 700 ～ 1200℃，生产过程应避免该现象的发生。钙镁磷肥枸溶率和温度的关系，钙镁磷肥的溶出率和其细度、溶解时间的关系如表 7-3 和表 7-4 所示[2]。

表7-3 钙镁磷肥枸溶率与温度的关系

项目	温度 /℃					
	18	650	750	850	950	1050
总 P_2O_5 含量 /%	16.55	16.53	16.52	16.57	16.59	17.00
枸溶性 P_2O_5 含量 /%	16.15	16.34	16.24	9.25	5.32	4.52
枸溶率 /%	97.58	98.85	98.31	55.82	32.07	26.58

钙镁磷肥中主要氧化物成分形成玻璃体的能力和作用如下：

（1）P_2O_5 在磷酸盐玻璃体中，P_2O_5 是主要的玻璃体形成物。P^{5+} 半径为 0.34×10^{-10}m，磷对氧的配位数是 4，以磷氧四面体 $[PO_4]^{3-}$ 的形式形成多维无序网络。在钙镁磷肥中，由于过量氧离子的存在，同时 P—O 间的键能大于 Si—O 之间的键能，磷离子夺取 4 个氧离子，以单独的磷氧四面体 $[PO_4]^{3-}$ 存在，而不会形成 $[PO_4]^{3-}$ 磷氧四面体网络。

（2）SiO_2 在硅酸盐玻璃体中，SiO_2 是主要的玻璃体形成物。Si^{4+} 半径为 0.41×10^{-10}m

表7-4　不同条件下钙镁磷肥的溶出率

单位：%

化学组成			质量分数为 2% 的柠檬酸 150mL，振荡 60min		质量分数为 2% 的柠檬酸 150mL，振荡 30min		中性柠檬酸铵，人工振荡		中性柠檬酸铵，电磁搅拌	
P_2O_5	MgO	SiO_2	产品细度在 20 ~ 25 目	产品细度在 35 ~ 40 目	产品细度在 35 ~ 40 目	产品细度在 60 ~ 70 目	产品细度在 100 ~ 120 目	产品细度在 170 ~ 200 目	产品细度在 100 ~ 120 目	产品细度在 170 ~ 200 目
13.5	15.3	34.7	61.0	80.9	59.1	75.3	16.5	26.5	30.9	47.3
16.1	19.2	34.9	55.6	94.7	48.2	72.2	35.5	46.2	54.0	72.6
16.1	20.0	32.4	66.3	90.4	60.3	83.7	36.3	45.7	77.5	86.1
18.3	18.0	30.0	76.1	94.3	66.8	89.9			89.1	98.2
18.3	20.0	27.5	81.3	98.3	73.6	93.5			96.3	98.3
18.3	22.0	25.9	85.0	98.7	75.1	95.5			99.1	97.9
19.7	16.0	30.2	76.3	93.0	69.2	92.9	48.0	62.0	77.8	87.4
19.7	18.2	26.8	82.8	97.6	76.7	95.5	46.9	61.9	91.1	97.4
19.7	20.3	24.4	86.2	98.6	78.6	97.0	31.2	37.2	99.6	99.8
21.6	17.7	22.0	91.1	99.2	84.2	98.9	45.3	54.7	96.5	98.3

（在炉料中，Si^{4+} 半径最小），电荷数最多，硅对氧的配位数为 4，它和氧负离子具有最大的结合力。以硅氧四面体 $[SiO_4]^{4-}$ 的形式形成多维无序网络，网络大小取决于 O/Si 原子比。如果炉料中 SiO_2 含量少，就会因为玻璃体网络太小使产品易析出氟磷酸钙晶体，使磷的枸溶率下降。反之，如果炉料中 SiO_2 含量太多，就会因为网络太大，使被分散、阻隔在玻璃体网络中的 $[PO_4]^{3-}$ 不容易溶出，枸溶率同样会下降。我国高炉法钙镁磷肥中 SiO_2 含量一般在 24% ～ 32% 之间，一定量的 SiO_2 对氟磷酸钙的脱氟过程起着极为重要的作用，同时与 CaO、MgO 组成低熔点化合物。当 SiO_2 含量过多（＞32%）时熔体熔点和黏度上升，从而带来高炉操作不顺和 P_2O_5 转化率降低。SiO_2 含量过高时，在还原气氛中，特别在碳素存在时，磷酸盐会被还原成元素磷从气相逸出，造成磷损；SiO_2 含量过低时，产品中 P_2O_5 转化率也不高。

（3）CaO　在钙镁磷肥玻璃体结构中，钙全部以 Ca^{2+} 的形式存在于玻璃体网络结构之外，主要在 $[PO_4]^{3-}$ 的周围形成 Ca-PO_4 或 F-Ca-PO_4 基团。Ca^{2+} 半径为 0.98×10^{-10}m，钙对氧的配位数是 8。因为炉料中 CaO/P_2O_5 的分子个数比大于 3，所以和 PO_4^{3-} 结合后多余的 Ca^{2+} 会出现在 $[SiO_4]^{4-}$ 四面体周围，起着隔断网络的作用。在均一液相熔料中，凡是使复杂长大的硅氧阴离子解体成简单的硅氧阴离子的因素都将使黏度下降，离子半径愈大，电荷量愈小的阴离子因为与氧的结合力弱，它的氧化物带入熔料后其中的氧就能破坏复合硅氧阴离子。增加 CaO 用量，则使得具有较大离子半径和较小单键强度的 Ca^{2+} 进入，破坏了复合的硅氧阴离子，降低熔料的黏度。用高品位磷矿、白云石配料的钙镁磷肥炉料，不加硅砂，CaO 使钙镁磷肥炉料熔点升高，炉料中磷的转化率下降，黏度增加；使用高硅质低品位磷矿时，增加 CaO 用量可以降低炉料的黏度，有利于磷的转化率的提高。

（4）MgO　在钙镁磷肥玻璃体结构中，90% 左右的镁以 Mg^{2+} 的形式存在于玻璃体网络之外，并主要存在于硅氧四面体 $[SiO_4]^{4-}$ 的周围，Mg^{2+} 配置在 $[SiO_4]^{4-}$ 四面体和 $[PO_4]^{3-}$ 四面体周围形成不对称电场，可以使 $[SiO_4]^{4-}$ 由共价键变为极性共价键，同时增加了 PO_4^{3-} 排成 $Ca_3(PO_4)_2$ 或磷灰石结晶的阻力，构成 MgO-SiO_2 低熔点体系从而降低炉料的熔点，扩大配料的熔化区域，因而可以使肥料中含磷较高而不影响转化率。Mg^{2+} 的半径为 0.65×10^{-10}m，镁对氧的配位数为 6。由于降低了熔料的熔点，增加了熔料的流动性，有利于高炉的操作，又由于 Mg—O 单键强度低，钙镁磷肥中的 Mg^{2+} 用 2% 柠檬酸溶解时（或在土壤中被植物根部分泌的有机酸溶解时）Mg—O 比较容易打开而断裂成较小的链，所以 MgO 的作用还有当熔料在骤冷时，部分 Mg^{2+} 进入玻璃体网络，构成平面网络，抑制氟磷酸钙的结晶，有利于 PO_4^{3-} 的溶出，从而对提高 P_2O_5 的枸溶性有着良好的影响。在一定的范围内，MgO 起着十分有利的作用。

（5）Al_2O_3　在钙镁磷肥玻璃体结构中，铝大部分以铝氧四面体 $[AlO_4]^{5-}$ 的形式与 $[SiO_4]^{4-}$ 构成硅铝酸网络，从而使玻璃体结构得到强化，阻碍 PO_4^{3-} 的溶出，降低了熔融炉料的流动性。钙镁磷肥中 Al_2O_3 含量一般小于 10%，对磷的转化率影响不大。Al^{3+} 的半径为 0.50×10^{-10}m，铝对氧的配位数是 4 或 6。当大量 Al_2O_3 存在时，会引起 3 个负面影响：Al_2O_3 进入玻璃体中成为网络型，因为 Al^{3+} 半径小，电荷数比较多，它可以和氧组成铝氧复合负离子 $[AlO_4]^{5-}$ 或 $[AlO_4]^{-}$ 而进入玻璃体网络，提高了玻璃体的耐蚀性，降低了 P_2O_5 的溶解率；Al_2O_3 的大量进入，熔料的离子间内摩擦增加，熔融炉料熔点升高，呈黏稠状（黏度增加），高炉无法正常操作；Al_2O_3 过剩（大于 20%）时，Al_2O_3 与 MgO 结合生成熔点很高的尖晶石（$MgO \cdot Al_2O_3$），不仅消耗 MgO，使熔融炉料流动性变差，而且水淬后的水冷物粒子较粗，冷却变慢，容易生成氟磷酸钙结晶，造成 P_2O_5 转化率下降。

（6）FeO 存在于磷矿及硅酸镁矿中，在钙镁磷肥玻璃体结构中，铁大部分以 FeO 的形态存在，Fe^{2+} 半径比 Mg^{2+} 半径大一些，在玻璃体中 Fe^{2+} 取配位数为 6 而处于网络空穴中，Fe^{2+} 起着和 Mg^{2+} 相似的作用，可以降低炉料的熔点，而且大部分处于玻璃体网络之外，起调整物的作用，不过 Fe^{2+} 效果没有 Mg^{2+} 好。Fe^{2+} 的半径为 0.83×10^{-10}m，Fe^{3+} 的半径为 0.67×10^{-10}m，铁对氧的配位数为 6。在平炉法（电炉和还原焰）生产中，Fe_2O_3 几乎 95% 以上被还原成 Fe^{2+}。它们在产品中 Fe_2O_3/（$FeO+Fe_2O_3$）质量比＜4%，用高炉法（焦炭或煤气）所得产品中 Fe_2O_3/（$FeO+Fe_2O_3$）质量比＜40%，因此，钙镁磷肥中氧化铁主要以 Fe^{2+} 形态存在。Fe^{3+} 半径比 Al^{3+} 半径大些，在磷肥中它所起的作用与 Al^{3+} 一样，随着 Fe^{3+} 的含量增加，P_2O_5 转化率开始下降。原因是一部分形成 $MgO \cdot R_2O_3$ 型尖晶石，消耗了 MgO，其余部分进入玻璃体网络中形成 RO_4 四面体，增强了玻璃体的耐蚀性，同时这些进入的离子团又会使熔融炉料黏稠起来，不能很好地进行水淬，使整个组织结晶化，析出氟磷酸钙，导致 P_2O_5 转化率降低。

（7）F 在钙镁磷肥玻璃体结构中，F^- 主要分布在 Ca^{2+} 的周围，构成 F-CaO 基团。F^- 的半径为 1.33×10^{-10}m。氟主要来源于磷矿石，钙镁磷肥中一般含氟 1% ～ 3.9%，氟的存在会加速玻璃体中氟磷酸钙晶体的析出。

7.1.1.3 产品用途

我国农业生产中长期施用大量磷酸铵产品，只能为作物提供氮和磷，而农作物每年从土壤中带走大量磷、氮、钾、钙、镁、铁、锌、硫等元素，土壤得不到中微量元素的补充而酸化、板结，肥力下降，严重影响农业健康发展。目前我国磷资源贫化加速，磷矿平均 P_2O_5 含量为 16.85%，P_2O_5 含量大于 30% 的富矿仅占探明储量的 6.6%，50% 的磷矿品位 P_2O_5 含量小于 18%，且高硅含量的中低品位磷矿资源较多。中低品位磷矿通过选矿，进而生产湿法磷酸及磷酸铵产品，在技术、经济、环境上也存在一定问题。由于湿法磷肥多为酸性水溶性肥料，长期使用会导致土壤酸化、板结，肥效降低；生产湿法磷酸产生大量磷石膏（每生产 1t P_2O_5 副产磷石膏约 5t），多数堆存处置，占用土地资源的同时，给环境带来危害。

在我国钙镁磷肥虽属低浓度磷肥，有效 P_2O_5 含量为 12% ～ 25%，但不是低效磷肥，除磷营养元素外，还含有钙、镁、硅、铁、锌等多种中微量元素营养成分，可以有效弥补施用磷酸铵的不足。钙镁磷肥中有效 SiO_2 含量为 20% ～ 35%，SiO_2 的有效性胜过其他硅肥，非常适用于水稻、甘蔗、玉米、三七、土豆等喜硅作物。硅还可以钝化土壤重金属，改良土壤，有效降低稻谷中镉等重金属有害物质含量。钙镁磷肥具有以下特点：① 既可直接施用，又可作混配肥的原料，目前以它为基础肥料的下游产品有十多种；② 可利用中低品位磷矿，尤其是湿法磷肥不能用的高硅低品位磷矿，有利于磷矿资源的合理利用；③ 可改良土壤，降低土壤酸性；④ 投资少，工艺简单，生产成本低，售价低；⑤ 装置具有多功能性，不仅可以生产钙镁磷肥，还可以生产含硅、钙、镁、钾等多元素的农作物生长增效剂。基于以上特点，利用中低品位磷矿生产钙镁磷肥不失为我国磷化工可持续发展的一条途径，钙镁磷肥在我国仍有较好的存在空间和市场前景。

作物在生长过程中的某个时期对某种养分的需求很敏感，这个时期称为此种养分的营养临界期。如玉米在五叶期以前，小麦、水稻在分蘖期，棉花在二、三叶期，对磷素养分的需求很敏感，称为该作物的磷素营养临界期。如果此时磷养分供应缺乏，则其生长发育将受到严重抑制，即使以后改善了养分供应状况也难以弥补这种损失。

（1）钙镁磷肥是一种含磷多元素枸溶性肥料 钙镁磷肥不仅含有磷元素养分，还可作为中、微量元素肥料使用，能够保持土壤和作物的营养供需平衡。钙镁磷肥中含有植物所需的多种营养元素，其中必需元素 7 种，有益元素 2 种，对作物的增产增收效果很明显，是不可多得的多元素特殊磷肥。它可用于油菜、蚕豆等幼苗撒肥，可促进幼苗生长和防冻防虫；与农家肥堆捂后施用可增加肥效；不仅适用于酸性土壤，在碱性土壤上施用也仍有效；用于经济作物，可改善品质，提高商品的价值；采用递减量施肥方法，可节约肥料，提高肥料利用率；等等。

钙镁磷肥中 90% 以上的钙、镁、硅可溶于浓度为 2% 的柠檬酸（即枸橼酸）中，表明其具有枸溶性，其酸度与作物根部及微生物群代谢分泌释放出的 CO_2 遇水形成的碳酸相当。钙镁磷肥中硅元素以 3 ～ 5 个硅氧四面体的形式被作物根部所吸收，硅氧四面体短链沉积在植物细胞壁的表面角质层内，既可以增强作物对病毒引起病害（如稻瘟病、白粉病）的抵抗力，又可增强细胞壁强度，使植物机械组织发达、茎叶直立、株型挺拔，提高其抗倒伏能力。硅还能抑制二价铁的过剩吸收，减少其在土壤中的流失和被土壤固定，同时活化土壤中的磷，提高磷肥利用率。钙镁磷肥中的铁、锰、锌也呈枸溶性，同样不易被土壤固定，又可被植物吸收利用。钙镁磷肥可显著提高和改善作物的品质。钙镁磷肥含有植物所需的多种中、微量元素，配合氮肥、钾肥及复混肥施用，更有利于作物的生长。施用钙镁磷肥后，油菜表现出产量增加、籽粒饱满、出油率高；玉米籽粒丰满、产量高；果树（如梨树、橘子树）挂果率高，果实糖分及维生素 C 含量高、质脆味甜；红薯、马铃薯茎块硕大、味香甜；萝卜水分多、味甜、质嫩、耐养，可推迟木质化，有利于制丝加工；烤烟长势茂盛、病斑少、叶片厚、烟叶青秀、落黄一致，有利于得到成熟烟叶，上等烟叶比例增幅较大。钙镁磷肥的水溶液呈微碱性，pH 值在 8.0 ～ 8.5 左右，与石灰质土壤的 pH 值相近。因此，种子、幼根、幼苗与钙镁磷肥接触时不会受到伤害，可作为沾根肥、拌种肥、撒苗肥、基肥使用。钙镁磷肥中各营养元素的生理作用如下：

① 作物大量营养元素：磷、钾 磷与氮、钾是植物生长需要的三大营养元素。磷是核酸及核苷酸的组成部分，是组成原生质和细胞核的主要成分。施用磷肥可促进作物果实饱满，产量提高。钾能调节原生质的胶体状态和提高光合作用的强度，与作物体内糖类的形成和运输有密切关系，对作物的氮代谢也有良好的影响。钾还能增强作物的抗逆力，减轻病害，防止倒伏。

② 作物中量营养元素：硅、钙、镁 硅是植物生长需要的第四大营养元素。对植物的作用主要是增强作物的抗病菌能力，对农作物的增产有着异常神奇的效果。钙能增强作物对病虫害的抵抗力。CaO 能中和土壤酸性，起到改良土壤的作用。镁能促进磷酸酶和葡萄糖的活化，有利于单糖的转化和对磷素的吸收，在碳水化合物代谢过程中起着很重要的作用。

③ 作物微量营养元素：铁、锰、铜、锌、钼　铁是叶绿素形成不可缺少的元素，直接或间接地参与叶绿体蛋白质的形成。作物体内许多呼吸酶都含有铁，它能促进作物呼吸，加速生理的氧化。锰是酶的活化体，与作物的光合、呼吸以及硝酸还原作用都有密切的关系。锰与叶绿素的形成也有一定的关系。铜是作物体内各种氧化酶活化基的核心元素，在催化作物内氧化还原反应方面起着重要作用，能促进叶绿素的形成。含铜酶与蛋白质的合成有关。锌是作物体内碳酸酐酶的组成成分，能促进碳酸分解过程。与作物光合、呼吸以及碳水化合物的合成、运转等过程有关。作物体内生长素的形成与锌有关。钼是作物体内硝酸还原酶的组成成分，参与硝酸态氮的还原过程。钼还能提高根瘤菌和固氮菌的固氮能力。

（2）钙镁磷肥与农家肥堆捂后可制备无机 - 有机肥料[3]　将钙镁磷肥和农家肥堆捂后施用的好处：一是活化磷等养分，增加肥效；二是可避免风大地区或刮风季节施肥，因刮风造成的困难和肥料飘散。钙镁磷肥与农家肥（厩肥、堆肥）堆捂，由于农家肥含有较丰富的微生物，在堆捂发酵过程中会产生大量的碳酸，使部分枸溶性磷经过酸解转变为水溶性磷。这种肥料施入土壤后，可增加作物前期磷元素的供给，使磷供给不再仅受土壤酸和植物根酸的调控，加上钙镁磷肥和有机肥的联合效应，能显著增加肥效。

（3）钙镁磷肥用于催熟新垦生荒地　以往催熟生荒地所用肥料大多数是生理酸性的，长期施用会导致土壤 pH 值下降。在新垦生荒地山地果林、草场上施用钙镁磷肥，因为钙镁磷肥含有多种营养元素，特别是大量镁营养元素对植物生长有利，肥效很好，可迅速提高土壤肥力。长期施用重钙，会造成土壤板结，透气性差；施用钙镁磷肥则可使土壤疏松透气、肥力增高。钙镁磷肥与酸性肥料同时施用，可以中和来自肥料的酸，维持土壤 pH 值平衡，为作物生长创造良好的土壤环境，利用钙镁磷肥中的 Ca、Mg 可以改良土壤。在碱性土壤上 3 年的跟踪试验表明，施用钙镁磷肥可维持土壤 pH 值不变。韩国、日本利用钙镁磷肥改良土壤，效果很好。

（4）钙镁磷肥作为复合肥生产原料的应用[4-6]

① 与复合肥混配需注意产品中磷的水溶率　不同形态磷肥的有效性机理不同，其施用效果也不同。水溶性磷能满足作物苗期对磷素的营养需要，因此普通复合肥质量标准对磷的水溶率有一定要求。钙镁磷肥的枸溶性磷可持久地满足作物生长的需要，以钙镁磷肥为磷源的复合肥质量标准中，虽然对磷的水溶率没有要求，但考虑到磷素肥料对作物苗期的作用，仍需要重视产品中磷的水溶率。如果能将枸溶性磷和水溶性磷结合，缓效和速效相济，可保证作物整个生长期的磷素营养。枸溶性磷比水溶性磷的价格低，控制磷的水溶率，配入适当的钙镁磷肥可使复混肥成本有所下降。

② 作为过磷酸钙或重钙中游离酸的中和剂　以粉状过磷酸钙或重钙为磷源生产复混肥，常用钙镁磷肥作中和剂消除过磷酸钙或重钙中的游离酸。如果钙镁磷肥中和剂添加过量，则会降低过磷酸钙或重钙中的水溶性 P_2O_5 含量，甚至有效 P_2O_5 退化到难溶性磷。100 份过磷酸钙或重钙中游离 P_2O_5 每降低 1%，需一级品钙镁磷肥 0.91 份。

③ 作为复合肥造粒的离析剂　钙镁磷肥是玻璃体砂性粉状肥料，具有良好的离析抗黏结作用。由于许多肥料遇水时都具有黏结性，在作为复合肥生产原料造粒过程中容易出现相互黏结现象，而使造粒合格率和产量降低，故在生产中需加入少量离析剂使造出的颗粒之间不发生黏结。钙镁磷肥是很好的离析剂，其不仅解决了造粒中的粒子相互黏结问题，而且使

粒子表面光滑，产率大幅提高，返料量大幅下降，且不引入有害元素，不影响肥料粒子崩解速度。钙镁磷肥相对价格较低，作为离析剂不仅降低成本，而且还引入了植物所必需的多种营养元素，从而增加了复合肥肥效。选用钙镁磷肥作为复合肥生产造粒的离析剂，基本上解决了肥料的黏结问题，其节能降耗效果十分显著。

（5）作为土壤改良剂和调理剂　我国农田土壤存在的主要问题是盐碱化、酸化、元素失衡、重金属污染、有机质流失等。钙镁磷肥是微碱性肥料，在酸性土壤中施用钙镁磷肥，可改善土壤的酸性，使土壤不结块、不板结。钙镁磷肥具有改良土壤的功能，是土壤良好的调理剂。

土壤本身无论是酸性、碱性还是中性，植物根酸及微生物群代谢时所产生的碳酸使植物根部周围均呈酸性。这些根酸可使钙镁磷肥中枸溶性成分溶解并被植物吸收，故在碱性土壤上施用钙镁磷肥对农作物的生长同样有效。作物生长前期，土壤酸占主导地位，酸性土壤比碱性土壤的肥效稍好；到了中后期，作物根系发达，植物根酸占主导地位，碱性土壤与酸性土壤的肥效无明显差异。

① 酸性土壤改良剂　土壤酸化是土壤中碱性（盐基）离子逐渐淋失，残存的氢离子或铝离子增多的过程。造成土壤酸化的原因：降水量大、集中淋溶作用造成镁、钙、钾等碱性（盐基）离子大量流失，这是土壤酸化的根本原因；传统农业措施的缺失使耕地土壤养分失衡，这是造成土壤酸化的主要原因；长期大量施用化肥（主要是铵态氮肥），这是造成土壤酸化的重要原因。另外，酸雨也导致土壤酸化，土壤中有机质含量下降导致缓冲能力降低，土壤酸化加重。

钙镁磷肥是碱性肥料，但碱度小于常用的酸性土壤改良剂石灰，不会杀灭土壤微生物，不会破坏土壤结构；可提高土壤 pH 值，增加土壤盐离子代换量和盐基饱和度，增加土壤养分，培肥土壤，加速土壤熟化；能向土壤中补充镁和钙，特别适用于南方钙镁淋溶比较严重的酸性红壤土；可降低铝毒活性和土壤溶液中锰离子浓度，减轻红壤土的铝毒、锰毒，从而促进作物生长。

② 碱性土壤改良剂　盐碱地是指土壤中含盐 0.3% 以上，或者土壤胶体吸附一定数量的交换性钠、碱化度在 20% 以上，对作物正常生长有害的土壤。钙镁磷肥中的钙、镁离子和硅酸根离子进入土壤后，可与盐碱地中大量积聚的钠离子发生置换反应，降低钠离子的活性，使其危害减轻，起到改良盐碱地的作用；使植物机体强健，增强作物生理调控能力、抗逆能力和抗盐能力；缓解植物盐胁迫，提高盐胁迫下水稻发芽率和根、茎、叶生物量，同时提高盐胁迫下根系的活力。

③ 良好的土壤重金属污染修复剂　重金属是指相对密度大于等于 5.0 的金属，土壤重金属污染指 Cd、Hg、Cr、Pb、Ni（或以离子形式）等对土壤的污染，这些元素在过量情况下有较大的生物毒性，并可通过食物链对人体健康带来威胁。土壤重金属污染的特点：不能被微生物降解，是长期存在的污染物；长期存在于土壤中，浓度多成垂直递减梯度分布；在土壤中有较大的溶解度和迁移活性；重金属的形态不同，其活性与毒性不同，土壤氧化还原电位、pH 以及颗粒物、有机质含量等条件影响其在土壤中的迁移和转化。钙镁磷肥的施用提高了土壤 pH 值，可降低重金属的生物效应，降低作物对 Cd 等重金属的吸收量。硅酸根离子可与 Cd 等重金属发生化学反应，形成新的不易被植物吸收的硅酸镉等化合物而沉淀下来，从而减轻重金属对作物的污染。硅抑制水稻吸收 Cd 的作用尤为明显，在钙镁磷肥施用量达

到一定程度时，Cd对水稻的生长和产量已无明显的不良影响。

7.1.1.4 产品标准

钙镁磷肥国家标准GB/T 20412—2021如表7-5和表7-6所示。

表7-5 粉状或砂状钙镁磷肥的技术指标（GB/T 20412—2021）

项目		指标		
		Ⅰ型	Ⅱ型	Ⅲ型
有效五氧化二磷（P_2O_5）/%	≥	18.0	15.0	12.0
水分（H_2O）/%	≤	0.5		
有效钙（Ca）/%	≥	20.0		
有效镁（Mg）/%	≥	6.0	5.0	4.0
可溶性硅（SiO_2）/%	≥	20.0		
细度（通过0.25mm试验筛）/%	≥	80		

注：1. 产品按肥料合理施用原则和满足不同养分配比的复合肥料生产需求分为Ⅰ型、Ⅱ型和Ⅲ型。
2. 砂状产品细度指标不做要求，其细度由供需双方合同约定。

表7-6 颗粒状钙镁磷肥的技术指标（GB/T 20412—2021）

项目		指标		
		Ⅰ型	Ⅱ型	Ⅲ型
有效五氧化二磷（P_2O_5）/%	≥	17.0	14.0	11.0
水分（H_2O）/%	≤	1.0		
有效钙（Ca）/%	≥	19.5		
有效镁（Mg）/%	≥	6.0	5.0	4.0
可溶性硅（SiO_2）/%	≥	19.0		
粒度（2.00～4.75mm）/%	≥	90		
颗粒平均抗压碎力/N	≥	15		
溶散率/%	≥	85		

注：1. 产品按肥料合理施用原则和满足不同养分配比的复合肥料生产需求分为Ⅰ型、Ⅱ型和Ⅲ型。
2. 粒度也可按供需双方合同约定的指标执行。

7.1.2 钙镁磷肥工业发展概况

7.1.2.1 国外发展历程

德国的阿瑟·舒利德博士于1939年在实验室中，用磷矿石配入蛇纹石、硅石原料在

1450℃熔融，经水淬后首次得到含26.5%有效P_2O_5玻璃体的钙镁磷肥产品，并取得专利权。

法国从1939年开始研究钙镁磷肥，但仅停留在中试阶段，原因是炉衬腐蚀的技术问题没能解决，成本比当时工业化的钢渣磷肥高。

美国于20世纪40年代在法国工作的基础上对钙镁磷肥作了进一步研究，田纳西河流域管理局（TVA）在研究脱氟磷酸三钙时，耐火材料镁砖熔融于熔料中，水冷管又被烧穿，高温熔料经过水淬，得到了枸溶性磷肥。1943年美国沃沙和布莱吉用高品位磷矿、橄榄岩、硅砂作为原料，在电炉中进行半工业性实验，制得含21.4%有效P_2O_5的钙镁磷肥。1946年，美国Parmanente冶金公司用磷矿石和蛇纹石作为原料，用电炉法工业化生产出商品名为“Thermo-Phos”的钙镁磷肥产品。随后，美国锰制品和喀塞公司各建成9万吨/年的钙镁磷肥生产装置。

日本于1950年开始建设年产5万吨的钙镁磷肥工业生产装置，1960年其达到40万吨规模。之后，钙镁磷肥作为土壤改良剂又得到了发展，在1968～1977年，钙镁磷肥产量在40万～60万吨之间。1986年日本钙镁磷肥产量约为35万吨，占其磷肥总产量的10%，但到2000年降至10万吨左右。

日本、巴西、南非主要采用电炉法生产，电耗在700～2100kWh/t，电炉容量越大，则电耗越低，电炉法熔料中没有燃料灰分带入，产品质量高，操作环境好，易于操作控制。日本、韩国采用平炉法生产，能耗为180L/t（以重油体积计）。

7.1.2.2　国内发展历程

1949年新中国成立后，针对我国磷矿杂质含量较高、硫资源不足的资源现状，提出我国磷肥生产主要采用酸法的过磷酸钙和热法的钙镁磷肥并举的发展路线，其中钙镁磷肥生产在20世纪50年代主要采用电炉法，到70年代高炉法几乎完全取代了电炉法，同时出现了旋风炉技术[7]。1956年，我国第一套平炉法钙镁磷肥工业生产装置在四川乐山磷肥厂建成，年生产1614t。南京化工设计院在1957年设计了电炉法、平炉法和高炉法3套工业性钙镁磷肥中试装置，其中采用200kW电炉的电炉法中试装置建成后一次投料成功。杨明伟[7]参照波兰熔制铸石的立式直筒炉，并借鉴杭州农药厂冲天炉试烧钙镁磷肥的经验，提出了采用水冷夹套炉体的设计方案。北京化工实验厂和浙江兰溪化肥厂在1958年先后建成采用冷风直筒型水冷夹套高炉生产钙镁磷肥装置，北京化工实验厂高炉ϕ1.2m、高2.8m，产量为30～40t/d，标志着高炉法钙镁磷肥工艺在我国正式出现。上海化工研究院于1974年在武昌发电厂开发了旋风炉法生产钙镁磷肥技术。该技术将磷矿粉和配料加入煤粉中，采用1台75t/h蒸汽旋风炉在产汽发电的同时副产钙镁磷肥5万吨/年。杨明伟[7]在1981年通过对磷矿、蛇纹石、白云石和焦炭化学组分、用量及其中各种杂质与配料的相互影响关系研究分析，获得了最优化配料数据，按该最优化配料生产的钙镁磷肥产品中有效磷比传统计算配料方法提高1%～2%。

我国在高炉法钙镁磷肥的研究、生产方面具有许多成熟经验，生产配料、工艺和能耗均处于世界先进水平。高炉法钙镁磷肥先进企业能耗可以降至5.6GJ/t，能耗一般低于电炉法和平炉法，具有相对较大的竞争优势。钙镁磷肥生产应用中也存在不足，例如：粒径超过

175μm（80 目）的钙镁磷肥生产过程中耗电多、粉尘排放量大，需改进和提高。

郑州工学院（现郑州大学）许秀成教授创新钙镁磷肥生产基础理论、提升原料资源利用效率、优化产品品质预测技术，基于玻璃体结构的“网络 - 晶子”学说，提出以“Ca-PO_4-F”形成近（短）程有序的雏晶（子），以及以“$[SiO_4]_n$、$[AlO_4]_n$”形成远（长）程无序的网络，通过控制网络和雏晶成长为合适的尺度，实现网络与晶子矛盾的对立与统一，共同构建自洽性良好的钙镁磷肥玻璃体结构，并指出钙镁磷肥生产的核心目标是构建合适大小的网络，该网络既要能够阻止雏晶长大，又要使雏晶易于被作物根系吸收利用[8]。针对我国不同磷矿矿种，尤其是酸法磷肥工艺无法利用或磷矿开采废弃的中低品位磷矿资源，绘制了“熔点 - 玻璃体结构因子配料图”，建立了表征玻璃体网络大小的物理模型和数学模型，创立了以理论分析为基础的“钙镁磷肥玻璃体结构因子配料方法”及配料模数上下限区间范围。该理论和技术先后对推动全国钙镁磷肥厂利用含 $P_2O_5$16% ～ 24% 的低品位磷矿，生产出含有效 $P_2O_5$12% ～ 18% 的钙镁磷肥，产生了巨大的经济和社会效益。

郑州工学院（现郑州大学）汤建伟等在国家“七五”科技攻关项目“磷肥微观决策支持系统 - 钙镁磷肥子系统设计”中，基于原料资源种类的多样性、组分的波动性，根据“钙镁磷肥玻璃体结构因子配料方法”“余钙碱度”以及若干质量比值等配料模型参数的多重约束限制条件，注入高炉法钙镁磷肥生产技术专家决策经验，采用模糊数学评判技术，编制开发了指导钙镁磷肥生产过程中，优化磷矿与助熔剂原料、燃料的配比，产品成分预测控制，工艺物料和能量消耗，操作顺行，以及经济评价分析建议等项内容的“钙镁磷肥配料工艺软件 FMP-TS V1.0”子系统，在 1992 年获得国家首批计算机软件著作权（编号 920024）[9]。

7.1.3 生产原理

钙镁磷肥是含有中、微量营养元素的磷肥品种，其生产工艺对原料磷矿品位要求低、适应性广，是利用中低品位磷矿较为理想的一种磷肥生产工艺。

磷矿原料主要以氟磷酸钙 $[Ca_5(PO_4)_3F]$ 晶体形式为主，属于水和质量分数 2% 柠檬酸难溶性物质，作物一般难以吸收利用。钙镁磷肥的生产难点在于原料磷矿氟磷酸钙的熔点高达 1650℃，由于磷矿熔点高，为使其熔融并保持顺行操作状态，需使熔体温度达到 1750 ～ 1800℃。熔融过程不仅能耗较高，而且也会出现熔融物料黏度高，操作不够顺行等困难。利用热能将磷矿加热到熔点以上使其高温熔融，熔融状态的氟磷酸钙可解离为 Ca^{2+}、F^-、PO_4^{3-}，但是当其缓慢冷却至熔点以下时，上述离子又会重新结合恢复成氟磷酸钙晶体，仍然难以被作物吸收利用。由于氟磷酸钙的能位低，熔融离子再重新生成氟磷酸钙结晶是一个高度自发的过程。当熔融体炉料从炉中流出后，随着温度降低到凝固点，若缓慢冷却将析出氟磷酸钙与镁橄榄石晶体，使磷元素又回到各离子初始的热力学稳定状态，恢复成的氟磷酸钙和镁橄榄石的晶体与磷矿一样，属于水和 2% 柠檬酸难溶性物质，作物一般难以吸收利用，没有肥效。

钙镁磷肥生产过程中需加入含钙、镁、硅的硅酸镁矿（如蛇纹石、白云石、硅石、橄榄岩、滑石等）作为助熔剂，从而实现降低能耗的工业化生产。助熔剂原料主要是硅酸镁矿，

高温下解离成 Mg^{2+} 及各种硅酸盐阴离子基团（$[SiO_4]^{4-}$、$[Si_2O_7]^{6-}$ 等），Fe_2O_3、Al_2O_3 等解离成 Fe^{3+}、Fe^{2+}、Al^{3+} 和相应的阴离子基团（$[FeO_4]^{5-}$、$[AlO_4]^{5-}$ 等）。一定量的 Ca^{2+}、Mg^{2+}、Si^{4+} 在高温熔融体中形成不对称电场作用，进入温度相对较低的低温共熔区，熔点可降低至 1250 ～ 1350℃，熔融温度可降低 300 ～ 400℃，将显著减少生产能耗；向磷矿中加入能和熔融磷矿形成硅酸盐或硅铝酸盐网络的氧化镁等助熔剂，使磷矿熔融状态下解离的 Ca^{2+}、F^-、PO_4^{3-} 在冷却过程中进入该硅酸盐玻璃体网络结构，从而使 PO_4^{3-} 变为可被作物吸收的有效磷。

当磷矿和助熔剂被加热熔融后，用冷却水将熔融体水淬而急速冷却时，熔融体黏度急剧增加。熔融体中的硅酸盐将以硅氧四面体 $[SiO_4]^{4-}$ 的形式结成网状或链状结构，磷矿氟磷酸钙晶体中经高温解离的 Ca^{2+}、F^-、PO_4^{3-} 等离子来不及重结晶就被冻结锁定在硅酸盐的玻璃体网络中，进而形成非晶态的玻璃体网络，阻碍了氟磷酸钙晶体的重新形成。通过形成钙镁磷肥玻璃体后的结构因素、单键强度，可以判定钙镁磷肥中各组分的形态及其在玻璃体结构中起的作用。处于该玻璃体网络内的 Ca^{2+}、F^-、PO_4^{3-}、Mg^{2+}、K^+ 等营养元素，可以被作物根部分泌的弱酸缓慢溶解，进而被植物吸收。

在熔融状态下，炉料中的磷矿、硅石和水分发生如下反应：

$$4Ca_5(PO_4)_3F + SiO_2 + 2H_2O \longrightarrow 6Ca_3(PO_4)_2 + Ca_2SiO_4 + 4HF$$

$$4Ca_5(PO_4)_3F + 2SiO_2 \longrightarrow 6Ca_3(PO_4)_2 + Ca_2SiO_4 + SiF_4$$

由于炉内呈还原气氛，蛇纹石中的杂质（Fe_2O_3、NiO、Cr_2O_3）会被还原成镍（铬）磷铁而沉积在炉底，作为副产品排出：

$$Fe_2O_3 + 3CO \longrightarrow 2Fe + 3CO_2$$

$$NiO + CO \longrightarrow Ni + CO_2$$

$$Cr_2O_3 + 3CO \longrightarrow 2Cr + 3CO_2$$

当焦炭过量时，炉内会有少量的磷（P_2）被还原出来并随炉气排出，造成损失：

$$Ca_3(PO_4)_2 + 3SiO_2 + 5C \longrightarrow P_2 + 3CaSiO_3 + 5CO$$

焦炭燃烧产生的水分、空气带入的水分、氟气及燃烧产生的煤气一起从炉顶排出。

7.1.4　原料及燃料选用和消耗

7.1.4.1　原料、燃料选用

高炉法生产钙镁磷肥的主要原料是磷矿，其次是作为助熔剂的含镁矿和含硅矿，还有焦炭或无烟煤燃料。

（1）磷矿石和助熔剂

① 磷矿原料　我国磷资源主要以中低品位胶磷矿为主，如采用酸法工艺生产磷酸和高浓度磷复肥，一般要先开展胶磷矿选矿，提高进入萃取槽原料胶磷矿品位。胶磷矿选矿难度大，不但增加成本，而且还造成胶磷矿中所谓杂质（除磷之外的其他元素）以工业固废形式

进入副产磷尾矿，严重浪费恰恰是农业所需的中微量元素磷肥资源，用这种磷矿生产钙镁磷肥，则工艺较为简单、经济。

钙镁磷肥生产通过合理选择磷矿，搭配助熔剂原料，或掺烧部分中高品位磷矿，可以使原料磷矿含磷达到 16% ～ 18% P_2O_5 来充分利用这一其他磷肥制造工艺难以直接采用的低品位磷资源。我国水溶性钾资源缺乏，在钙镁磷肥生产过程中，可以掺烧部分钾长石，以充分利用难溶性钾资源。钙镁磷肥在高温烧制过程中，可以去除部分重金属，有利于无公害施肥。

我国有丰富的适合生产钙镁磷肥的高镁、高硅中低品位磷矿。这些高镁、高硅低品位磷矿石无法直接生产其他酸法磷肥，如过磷酸钙、重钙或湿法磷酸，因而价格相对较低，用于生产钙镁磷肥既降低了成本，又综合利用了磷矿资源，避免了资源的浪费。我国盛产磷矿的云南、湖北、四川、贵州等省份均有高镁、高硅磷矿，有的磷矿中镁、硅含量都很高，只需添加少量的镁或硅助熔剂即可满足钙镁磷肥的生产要求。

生产钙镁磷肥对磷矿原料的要求和湿法磷肥不同，对磷矿中 P_2O_5 含量的要求不高。钙镁磷肥生产要求磷矿或其与助熔剂、燃料复配后形成的入炉物料（炉料）含有利于钙镁磷肥生产的 MgO、Fe_2O_3、SiO_2、Al_2O_3 等组分，降低炉料熔点，炉料熔点低可以降低操作温度，减少能耗，延长高炉的寿命；炉料具有比较好的化学和热稳定性，粒度在 10 ～ 120mm，最好是 50 ～ 120mm，合适的块度搭配、较好的机械强度，有利于炉气分布均匀，减小气体通过料柱的阻力；炉料水分要低，水分低可以减少水分汽化带走的热量，例如磷矿、蛇纹石含水 5%，焦炭含水 8%，则水汽化带走的热量要占总热量的 5% 左右 [10]。

磷矿及炉料中的物质及其含量不同，其作用也不同。MgO 可以降低炉料熔点，MgO 含量在 6% ～ 10% 的磷矿，属于自熔性磷矿；SiO_2 含量在 12% ～ 20% 的磷矿是生产钙镁磷肥最好的原料；磷矿中的 Fe_2O_3 在高炉内会被还原成 FeO 或 Fe，FeO 和 MgO 的作用相似，也能够降低炉料熔点，但是铁会和磷结合生成磷铁，造成磷的损失（磷损）；Al_2O_3 含量不大于 5% 时，其也可以起到降低炉料熔点的作用。因此，应结合磷矿中的各种组分来合理选择生产钙镁磷肥的磷矿，而非 P_2O_5 含量越高越好。如陕西金家河磷矿（P_2O_5 18.03%、CaO 33.92%、MgO 7.63%、SiO_2 15.80%、Fe_2O_3 2.07%、Al_2O_3 3.16%、灼失 15.75%），配 23% 的燃料，就可以制备总 P_2O_5 含量大于 20%、有效 P_2O_5 含量大于 18% 的钙镁磷肥。

② 助熔剂（熔剂）原料　磷矿中除了 P_2O_5 外，还有一些其他氧化物，如酸性氧化物 SiO_2，碱性氧化物 Al_2O_3、Fe_2O_3、CaO、MgO 等，这些物质单独存在时，其熔点都较高。只有将酸性氧化物和碱性氧化物按照一定规律模数（或比例参数）组合，且此规律模数正好位于低共熔区间范围内，混合物料的熔点才会降低，其才可能在高炉中熔化，形成流动性好的熔料，从高炉中顺畅流出，达到高炉顺行的操作状况。然而，磷矿原矿自身酸性氧化物和碱性氧化物组合的规律模数（或比例参数）往往不在低共熔区间范围内，很难符合在高炉中低熔点熔融，且流动性好的高炉顺行操作状况要求。因此，除了磷矿外，还必须另外加入一些含硅镁矿物添加物，使得配成的炉料符合这些规律模数（或比例参数），在配料熔点相图中进入较低的共熔点区，以便在高炉中完全熔化，这些添加物起到了降低炉料熔点的作用，被称为助熔剂（或简称为熔剂）。可用作钙镁磷肥助熔剂的种类有很多，

如蛇纹石、橄榄石、白云石、硅石、滑石、菱镁矿及其他含镁含硅矿渣，最常用的助熔剂是蛇纹石、白云石和硅石。蛇纹石分布在包括云南、江西等在内的十几个省（自治区），白云石和硅石则遍布全国。对于熔剂来说，要求杂质越少越好，既可以减少熔剂用量，又简化配料手续，有利于高炉生产顺行。有害杂质（如 Al_2O_3）不能太多，否则会给生产带来很大的困难。

a. 蛇纹石　主要成分是含有结晶水的硅酸镁（Mg_2SiO_4），化学分子式为 $3MgO \cdot 2SiO_2 \cdot 2H_2O$。纯净的蛇纹石含 SiO_2 44.1%、MgO 43%、结晶水 12.9%。工业用的蛇纹石含 SiO_2 35% ～ 40%、MgO 30% ～ 38%，还常含有铁、钴、镍、铬及少量铂、铑、铱等金属元素。蛇纹石的颜色为绿色或蓝灰色，硬度在 2 ～ 2.5，性脆、易折断，断口呈脂肪状、绢纺状，或显蜡状、土状光泽，手摸有光滑感觉。由于蛇纹石中 MgO 和 SiO_2 含量较高，而且 SiO_2 含量很适合于钙镁磷肥玻璃体对硅的需要，特别适合作为助熔剂使用，大部分高炉法钙镁磷肥企业均选择蛇纹石作为助熔剂使用。用蛇纹石作助熔剂，炉料熔点低，流动性好。同时蛇纹石中一般含有 0.23% 左右的镍，副产镍铁回收富集镍提高综合效益，可以降低磷肥成本。如果用高、中品位磷矿生产，最好选用蛇纹石作熔剂，因为蛇纹石不仅氧化镁含量高，而且硅含量也很适合钙镁磷肥玻璃体对硅的需要。但对于高硅质磷矿来说，就不能硬性采用蛇纹石作助熔剂，否则将使磷矿贫化率升高。

b. 橄榄石　晶体物质，是硅酸镁（Mg_2SiO_4）和硅酸铁（Fe_2SiO_4）的混合物，纯净的橄榄石含 MgO 45% ～ 50%、SiO_2 42% ～ 43%、FeO 8% ～ 12%。工业用的橄榄石常含有少量铁、钴、镍等金属元素。橄榄石的颜色为黄绿色，有玻璃光泽，硬度在 6.5 ～ 7，比蛇纹石硬 2 ～ 3 倍，相对密度在 3.3 ～ 3.5，比磷矿石略大，熔点在 1330 ～ 1911℃。除了橄榄石外，自然界还有镁橄榄石，含 MgO 最高可达 57.1%；铁橄榄石，含 FeO 最高可达 76%，不可以作为助熔剂使用。

c. 白云石　主要成分是碳酸钙和碳酸镁，化学分子式为 $CaCO_3 \cdot MgCO_3$。纯净的白云石含 CaO 30.4%、MgO 21.7%、CO_2 47.8%。工业用的白云石含 CaO 30% ～ 32%、MgO 19% ～ 21%，常含有硅、铁、铝、锰等。白云石呈现灰白色，有时微带浅黄、浅褐或浅绿色，有玻璃光泽，性脆，其外形与菱镁矿相近，相对密度在 2.8 ～ 2.9，比菱镁矿略小。白云石中 MgO 含量低于 17% 时，就不宜作为助熔剂。白云石中仅有很少的 SiO_2 存在，在用它作助熔剂时需配加硅石。如果使用硅质磷矿石，则可少加或不加硅石。高硅质磷矿，一般配用白云石作助熔剂，虽然熔点高，$CaCO_3$ 和 $MgCO_3$ 热分解要消耗一部分热量，焦比升高，炉料流动性要差一些，但磷矿贫化率可降低。作熔剂的白云石都应该有适当的块度，块度越大，则分解速率越低。块度过大时其不能在 800 ～ 900℃下完全分解，在 900℃时，直径为 3cm 的白云石分解速率只有 1cm 的 40%，2cm 的 45%。太大的白云石，其中 $CaCO_3$ 和 $MgCO_3$ 要在 1000℃以上的高温区才能完全分解出 CO_2，并与燃料炭发生吸热还原反应生成 CO，这样不仅会直接降低炉缸温度，还增加焦炭和热量额外消耗，造成双重损失。由于磷肥高炉一般都是矮胖型小高炉，炉料在炉内停留时间较短，还应适当降低入炉白云石和磷矿的块度，对保持炉缸高温很有益处。有效容积在 $55m^3$ 以下的高炉，入炉白云石块度为 10 ～ 30mm。

d. 硅石　称为硅砂或石英，其主要成分是二氧化硅，化学式为 SiO_2。普通硅石含 SiO_2

95%以上，石英含 $SiO_2$98%以上，相对密度为2.65。纯净的硅石无色，存在杂质时有红、黄、蓝、黑、褐、紫、绿等颜色。硬度大，性脆，有玻璃体、脂肪光泽。硅石 SiO_2 含量低于90%时，就不宜作为助熔剂，只能与菱镁矿或白云石配合在一起使用而且有害杂质（如 Al_2O_3）如果太多，就不宜作为助熔剂，否则会给生产带来很大的困难。

e．菱镁矿　称为镁矿、镁石和菱苦土，主要成分是碳酸镁，化学式为 $MgCO_3$。纯净的菱镁矿含MgO 47.6%、CO_2 52.4%，还常含有硅、铁、锰等杂质。菱镁矿为白色或灰白色致密块状，与素瓷相像，有玻璃光泽，相对密度在2.9～3.1。煅烧后放出 CO_2，仅剩下MgO成分。菱镁矿仅含有MgO成分时，不能单独用作熔剂，在用其作熔剂时，需加一定含量的硅砂（含 SiO_2）。菱镁矿在工业上主要用作碱性耐火材料和冶金铸模的原料。

f．滑石　主要成分是MgO和 SiO_2，含有少量结晶水，化学式为 $3MgO \cdot 4SiO_2 \cdot H_2O$。纯净的滑石含MgO 31.7%、$SiO_2$ 67.5%、结晶水4.8%，还常含有铁、铝、镍等杂质。滑石性软，用手摸时有润滑的感觉，所以叫滑石。有浅绿、白色、浅黄和浅褐色，外观呈片状，有薄片、块状、纤维状等数种。硬度低，很容易破碎，常磨成滑石粉使用。加热后裂成片状，相对密度比磷矿略低，为2.7～2.8。滑石在工业上有广泛的用途，是很重要的工业原料。由于其氧化镁含量低，容易破碎，一般不宜用作熔剂。

对于一种熔剂来说，要求杂质越少越好，这样既可以减少熔剂用量，又可以简化配料步骤，有利于高炉生产顺利进行。如果用高、中品位磷矿生产，最好选用蛇纹石作熔剂，因为蛇纹石不仅氧化镁含量高，而且硅含量也很适合钙镁磷肥玻璃体对硅的需要。许多高炉法钙镁磷肥企业为促进资源综合利用，以磷矿的顶、底板以及部分工业废渣作为钙镁磷肥的助熔剂，从降低熔点、节能和提供有效组分的角度出发，选择蛇纹石、橄榄石作为助熔剂效果较好，但最终还是以经济性确定。由于钙镁磷肥高炉料柱低，矿石在高炉内停留时间短，矿石的粒度不能太大，要求助熔剂的粒度、热稳定性与磷矿相近，特别是白云石的粒度要求在10～30mm。选取合适的熔剂时要综合考虑，既要利于生产，有利于降低成本，也要运输方便，最好是合理利用本地资源，降低生产成本。表7-7中是一些助熔剂的组成。

表7-7　助熔剂组成

名称	化学组成/%						
	MgO	SiO_2	CaO	Fe_2O_3	Al_2O_3	灼失	其他
蛇纹石	35.66	35～40	4.89	7.8	7.8	14.0	NiO 0.23
橄榄石	39.32	37.81	0.53	8.37	0.86	11.74	NiO 0.29，Cr_2O_3 0.33
白云石	19.91	0.77	30.03	0.33	0.13	44.39	
滑石	33.24	46.53	—	9.28	—	6.71	
低磷白云石	19.95	2.66	30.32	0.94	0.55	44.37	P_2O_5 0.92
铬铁矿渣	30	10	30.4	5～10	5～8	—	Cr_2O_3 2～5

续表

名称	化学组成/%						
	MgO	SiO_2	CaO	Fe_2O_3	Al_2O_3	灼失	其他
硼镁矿渣	31.42	7.85	9.81	5.97	3～4	41.13	B_2O_3 1.15
硅石	0.32	97.92	0.51	0.58	0.38	0.28	
钾长石	0.34	64.82	0.10	—	17.62	1.50	K_2O 11.13
含磷海绿石	1.03	63.15	7.78	8.88	9.61	2.92	P_2O_5 5.50，K_2O 4.82

（2）高炉燃料　钙镁磷肥生产需要1400℃左右的高温，需消耗大量的热能。高炉法、平炉法和旋风炉法均由碳及碳氢化合物燃烧提供热量，电炉法由电能提供热量。

高炉法生产钙镁磷肥是靠燃料燃烧放出的热量来加热和熔化原料的。高炉对于燃料有一定的要求：要有很高的发热量，并且有高燃烧温度；燃料要尽量纯净，含灰及有害杂质尽量低；要有足够的机械强度，不会在高炉内变成细小的粉粒；有足够的孔隙率，尽量有足够的燃烧面积；价格便宜，运输方便。根据生产试验，可以作为高炉燃料的主要是焦炭。如果高炉经过特殊设计，也可以用无烟块煤或其他型焦代替焦炭。对煤、焦的要求是固定碳含量要高，灰分低，粒度在50～200mm，无烟煤的热稳定性要好。它不仅可以提供热量，而且是炉料矿石熔融段必不可少的骨架。高炉法生产钙镁磷肥过程中，在还原段过程消耗4%～6%的焦炭，燃料率（焦炭/矿石，质量分数）为20%左右；在熔融段焦炭与渣量的比只有0.3，骨架差，透气性也不好，容易发生事故。

在高炉中不同燃烧带，焦炭的燃烧通常按下面反应式进行：

$$C+O_2 \longrightarrow CO_2+401.7kJ \tag{7-1}$$

$$CO_2+C \longrightarrow 2CO-165.7kJ \tag{7-2}$$

当赤热炭层足够厚时，以上两个反应可合并为：

$$2C+O_2 \longrightarrow 2CO+236kJ \tag{7-3}$$

在高炉中，当鼓风量一定时，风口附近赤热炭量决定了燃烧带的状况。在炼铁高炉中，燃料率高，风口附近的赤热炭量多，燃烧按照反应式（7-3）进行，焦炭“完全煤气化”；在钙镁磷肥生产高炉内，燃料率低，且焦渣比小，熔料阻止部分CO_2与焦炭接触反应，按式（7-1）燃烧得到的CO_2只有一部分被C还原，焦炭燃烧是“部分煤气化”。

① 高炉熔融对燃料的质量要求　钙镁磷肥生产虽然比炼铁对焦炭的质量要求低一些（如含硫、磷等影响不大），但仍然对焦炭有一定物化性能的要求，主要是焦炭质量（机械强度、粒度、孔隙率等）和焦炭化学成分（固定碳、挥发分、灰分、水分）的要求。

a．焦炭质量

（a）机械强度　焦炭最重要的物理力学性质。因为焦炭由制成到入炉要经过多次搬运，在搬运中要受到落下、冲击和摩擦作用，同时在高炉内还要受到高温和挤压、冲刷作用。机械强度不好的焦炭在这些复杂力的作用下将被粉碎，增加了炉尘吹出难度和恶化炉料透气性，严重时会引起高炉结瘤和恶性事故。为此，高炉对焦炭的要求是具有良好的机械强度、孔隙率分布均匀、裂纹少、形状规则和熔结良好。

（b）粒度　对炼铁行业，粒度小于 25mm 的焦炭叫焦丁（碎焦），不能作为高炉燃料。但对生产钙镁磷肥的小高炉来说，即使粒度小于 25mm 的焦炭，也可用作燃料。焦炭粒度控制在 10 ～ 100mm 之间比较合适，粒度小于 10mm 的焦末可用作粉矿烧结的燃料。

（c）孔隙率　焦炭中有许多孔隙，孔隙率是指全部焦炭体积中孔隙所占体积百分比。焦炭的孔隙率一般为 30% ～ 60%，孔隙率太大的焦炭会影响机械强度；而非常坚硬密实、孔隙率太小的焦炭又会影响煤气的通过，降低燃烧强度。

b. 焦炭化学成分

（a）固定碳　固定碳是焦炭中能燃烧的成分，要求含量愈高愈好，这样可使焦炭有较大的发热量。焦炭中固定碳量一般在 80% ～ 90% 之间，有些土焦的固定碳量低于 80%。一般来说，如果固定碳量低于 65% 就不适合作高炉燃料。

（b）挥发分　焦炭在加热时经分解而逸出的气体称为挥发分。挥发分含量不宜太高，虽然挥发分本身也可燃烧，但挥发分含量太高，会降低焦炭本身的强度，在高炉内易碎成焦末。焦炭中挥发分含量一般在 0.5% ～ 2%，但也有的土焦挥发分含量大于 4%。

（c）灰分　焦炭燃烧完毕后剩余的物质叫灰分。这是焦炭中不能燃烧的部分，灰分多了会降低焦炭中的含碳量和影响焦炭的强度，同时灰分中含有大量的 Al_2O_3（占灰分的 30% ～ 35%），如果灰分进入到熔料中，会严重影响熔料的流动性。焦炭的灰分含量一般为 10% ～ 20%，但有的土焦中灰分含量高达 25%。焦炭中灰分要求愈少愈好。

（d）水分　焦炭中水分含量一般为 4% ～ 15%，水分本身对高炉没有什么不良影响，但当加入高炉的焦炭以重量计算时，水分的波动在操作上应该被考虑，以便稳定高炉操作。

② 以煤代焦炭　随着工业的发展，对焦炭的需求量愈来愈大。为了发展磷肥工业，充分利用煤炭资源，就地取材，降低生产成本，许多工厂采用无烟块煤（即白煤）代替焦炭作燃料，获得了很好的效果。

用无烟块煤作高炉燃料代替焦炭有以下特点：储量丰富，分布广泛，几乎全国各地都有；价格低廉，一般为焦炭的三分之一；无烟块煤块度适中，一般为 20 ～ 120mm，不需要额外加工；无烟块煤的固定碳量高，一般在 80% 左右，挥发分含量在 10% 以下，灰分含量在 10% ～ 16% 之间，化学成分好；无烟块煤的燃点一般都在 700℃左右，有利于热量集中于高炉下部，提高炉缸温度，有利于高炉操作。

采用无烟块煤（即白煤）代替焦炭也存在着很大的缺点：无烟块煤的相对密度比焦炭高一倍，孔隙率仅为 2% ～ 4%（焦炭的为 30% ～ 60%），因此用作燃料时燃烧强度低，高炉透气性差，引起炉内风压上升，炉料下降变慢，高炉产量低；有些地方的无烟块煤热稳定性差，在炉内突然受热时易碎裂成粉末。加上无烟块煤本身机械强度又比焦炭低得多，用它代焦时，在高炉内会产生大量粉煤，使高炉透气性恶化。煤粉混入炉料中，使熔料流动性变差，炉缸容易堆积，引起操作困难。

为了克服以上缺点，磷肥工作者经过多年摸索，从设计和操作上找到了一些较好的方法，如加强炉料管理，尽量使入炉矿石块度适当；适当加大鼓风量和尽量提高热风温度；设计高炉时，适当扩大炉缸直径和降低整个炉子的有效高度，适当加大风口角度等。对于热稳定性差的无烟块煤，可在入炉前进行处理，方法是在隔绝空气或部分燃烧的条件下，将无烟块煤慢慢加热到一定温度，然后慢慢冷却。经验证明，经过这样处理以后，能增强煤的热稳定性，使它们进入高炉后，不致因突然受热而碎裂。北京化工设计院和北京化工实验厂将无烟块煤进行低温处理之后，耐爆性得到显著提高。

7.1.4.2 原料及燃料配料参数计算

钙镁磷肥生产中炉料配料是非常重要的一环，也是提供低熔点入炉炉料的第一步。合理的配料是获得优质、低耗、高产钙镁磷肥的先决条件。钙镁磷肥的优化配料应遵循以下原则：炉料熔点低、熔融体黏度低、能耗低；利用含镁硅较高的中低品位磷矿生产出有效 P_2O_5 含量较高的磷肥；利用工业废料、废渣作助熔剂。

钙镁磷肥生产中，通过合理选择中低品位磷矿或掺烧部分中高品位磷矿，与不同含镁硅钙矿物助熔剂搭配，入炉炉料符合某种入炉原料配料经验参数范围。在优化配料时，要尽可能利用其他（酸法）磷复肥生产工艺难以直接利用的磷含量在 16% ～ 18% P_2O_5 以上的中低品位磷矿。根据原料成分，配出含磷高、焦耗低、易熔融、易操作、利于骤冷、易烘磨、转化率高的混合炉料。不同的配料比例导致不同的熔点、焦耗和产品质量。钙镁磷肥生产入炉物料配料熔点图如图 7-1 所示。

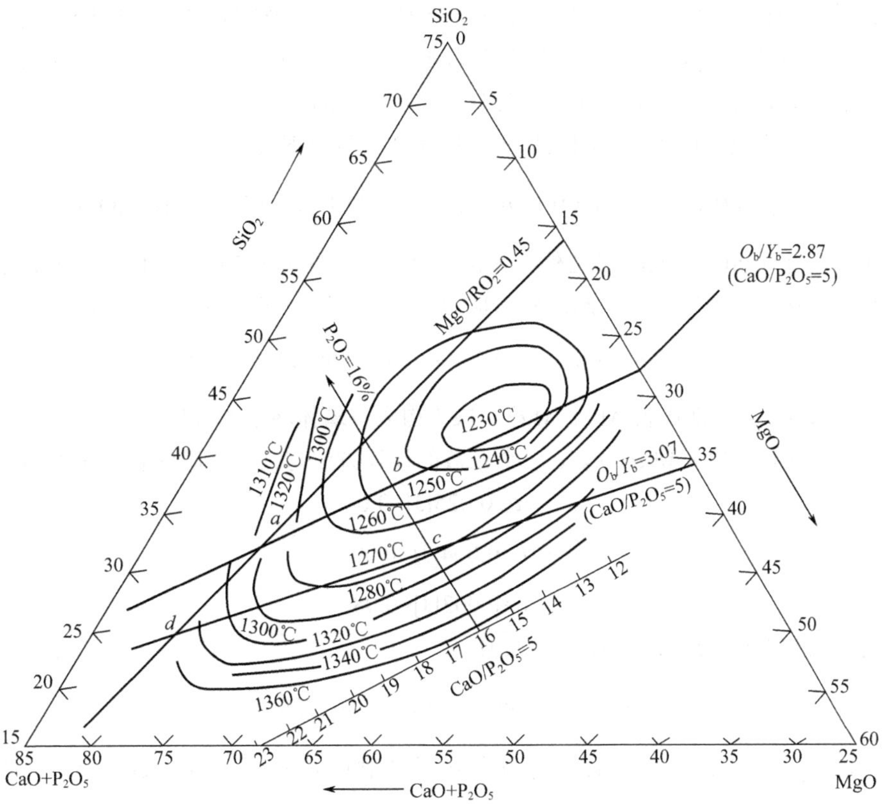

图 7-1 钙镁磷肥生产入炉物料配料熔点图

钙镁磷肥生产的入炉物料配料方法主要有经验参数法、余钙碱度法和玻璃体结构因子配料法3种方法[11]。

（1）经验参数法　结合实验研究以及工厂实际生产经验，所得出的一些经验参数和公式，用于钙镁磷肥生产配料。如将镁硅摩尔比即 MgO/SiO_2 摩尔比控制在 0.45 ～ 1.30 范围，以 MgO/SiO_2 摩尔比控制在 0.80 ～ 1.10 范围为最佳，镁磷摩尔比即 MgO/P_2O_5 摩尔比控制在 1.4 ～ 3.8 范围等。

（2）余钙碱度法　在钙镁磷肥生产长期实践经验基础上，借鉴钢铁生产控制炉渣碱度的配料经验模数的配料方法只适用于原料成分稳定的企业，不适用于新建企业以及原料成分不稳定的企业。余钙碱度（R）是炉料中除了与 P_2O_5 结合成 $3CaO \cdot P_2O_5$ 以外的 CaO 及 MgO 之和与 SiO_2 的摩尔比。我国高炉法钙镁磷肥的余钙碱度（R）控制在 0.85 ～ 1.55 范围，以控制在 0.95 ～ 1.20 范围为最佳。余钙碱度计算式如下，其中各金属和非金属氧化物物质的量均以 mol 为单位表示。

余钙碱度：
$$R = \frac{n(\mathrm{CaO}) - 3n(\mathrm{P_2O_5})}{n(\mathrm{SiO_2})}$$

（3）玻璃体结构因子配料法　该理论及配料方法由许秀成教授提出。通过控制钙镁磷肥玻璃体网络的大小确定配料模数范围，当玻璃体网络太小时，不足以阻止氟磷酸钙晶体生长，呈现“反玻璃化（失透）”状态；当玻璃体网络太大时，玻璃体结构又得到强化，阻碍 P_2O_5 等营养物质的析出。因此，需要形成一个大小合适的玻璃体网络。硅酸盐玻璃体的大小由 O/Si 的比值确定，O/Si 的比值从 2 变为 4，玻璃体结构从三维空间扩展的架状网络变为一个单独的 $[SiO_4]^{4-}$ 四面体。钙镁磷肥中，不是所有的氧都会进入网络，应该减去与磷结合的氧。因此，构成玻璃体网络的氧物质的量（O_b）可由下式求出：

$$O_b = n(\mathrm{CaO}) + n(\mathrm{MgO}) + 2n(\mathrm{SiO_2}) + 3n(\mathrm{Al_2O_3}) + n(\mathrm{FeO}) - 3n(\mathrm{P_2O_5})$$

钙镁磷肥除了 Si^{4+} 构成网络之外，大部分 Al^{3+}、少部分的 Mg^{2+} 及 Fe^{2+} 等阳离子也能与氧形成四面体从而形成网络。因此，构成玻璃体网络的阳离子物质的量（Y_b）可由下式求出：

$$Y_b = n(\mathrm{SiO_2}) + 2an(\mathrm{Al_2O_3}) + bn(\mathrm{MgO}) + cn(\mathrm{FeO})$$

式中，a、b、c 分别代表 Al^{3+}、Mg^{2+}、Fe^{2+} 构成玻璃体网络的含量。

安藤淳平通过研究发现 a、b、c 三个系数的计算方法与钙镁磷肥的表观碱度 [J] 有关：

$$a=0.025[\mathrm{J}]-0.6$$

$$b=0.004[\mathrm{J}]-0.09$$

$$c=0.003[\mathrm{J}]-0.08$$

钙镁磷肥的表观碱度 [J] 可按下式求出：

$$[\mathrm{J}] = w_{\mathrm{CaO}} + w_{\mathrm{MgO}} + 0.7w_{\mathrm{FeO}} + 0.25w_{\mathrm{Al_2O_3}}$$

式中，w_{CaO}、w_{MgO}、w_{FeO}、$w_{\mathrm{Al_2O_3}}$ 分别是钙镁磷肥中 CaO、MgO、FeO、Al_2O_3 的质量分数，%。

以 O_b 和 Y_b 分别代替 O/Si 中的氧、硅，则 O_b/Y_b 就可以反映钙镁磷肥玻璃体网络的大小。

O_b/Y_b 被称为玻璃体结构因子，可由下式求出：

$$\frac{O_b}{Y_b}=\frac{n(\mathrm{CaO})+n(\mathrm{MgO})+2n(\mathrm{SiO_2})+3n(\mathrm{Al_2O_3})+n(\mathrm{FeO})-3n(\mathrm{P_2O_5})}{n(\mathrm{SiO_2})+2an(\mathrm{Al_2O_3})+bn(\mathrm{MgO})+cn(\mathrm{FeO})}$$

O_b/Y_b=2 反映的是三维空间扩展的架状网络；O_b/Y_b=2.5 反映的是二维空间延展的平面网络；O_b/Y_b=3 反映的是一维空间延展的链状网络；O_b/Y_b=4 反映的是一个单独的 [RO_4] 四面体：

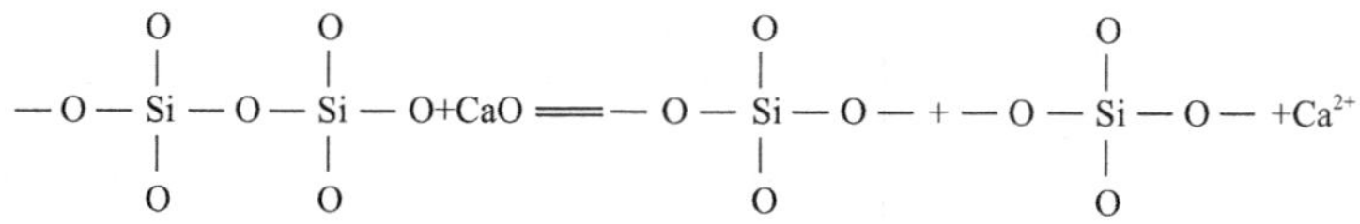

钙镁磷肥产品的质量取决于 $[RO_4]_n$ 四面体的缩合度，即玻璃体网络的大小。如果网络太小，熔体聚冷后无法形成玻璃体，氟磷酸钙会重新结晶而失去肥效；如果网络太大，被包围在网络中的 $[PO_4]^{3-}$ 难以溶出，同样没有肥效。O_b/Y_b 增大，即氧离子数增加，$[RO_4]_n$ 四面体缩合度降低，也就是网络变小；O_b/Y_b 降低，即网络变大。通过对国内外 690 个钙镁磷肥实际样品的 O_b/Y_b 与磷矿转化率的概率分布曲线整理分析，确定玻璃体结构因子 O_b/Y_b 的适宜配料范围是 2.87 ～ 3.07。

钙镁磷肥生产的入炉物料配料的 3 种方法中，余钙碱度是生产上常用的配料计算控制指标，它也是建立在玻璃体网络结构理论基础之上的，与玻璃体结构因子有着相似的理论依据。碱度改变造成炉渣中硅氧四面体 $[SiO_4]_n$ 缩合度不同，从而使炉渣的流动性发生变化。碱度提高，即在熔体中增加 CaO 或类似氧化物，Ca^{2+} 处于网络的空穴中，O^{2-} 则进入网络使 $[SiO_4]_n$ 发生解体。表 7-8 是碱度与熔体结构的关系。

表7-8 O/Si对应熔体中的结构关系

O/Si	结构	硅酸盐离子
2∶1	四面体各个角共用 O^{2-}	无限大网络
5∶2	每个四面体断开一个键	$[Si_6O_{15}]^{6-}$ 或 $[Si_8O_{20}]^{8-}$
3∶1	每个四面体断开两个键（环状）	$[Si_3O_9]^{6-}$ 或 $[Si_4O_{12}]^{8-}$
7∶2	每个四面体断开三个键（链状）	$[Si_2O_7]^{6-}$
4∶1	所有键都断开	分散的 $[SiO_4]^{4-}$ 四面体

碱度增加，碱性氧化物提供的氧离子增多，熔体中氧、硅离子的比值 O/Si 增大，$[SiO_4]_n$ 的缩合度降低，网络变小，复杂的四面体变为简单的四面体。熔体内这种结构的变化，使熔体内的摩擦力减小，熔体的流动性得到改善；相反，碱度降低，网络增大，熔体的流动性就会变差。

余钙碱度与枸溶率的关系可按照样品中枸溶率大于确定值 M 的出现概率来统计，当 Al_2O_3 含量＜5% 时，取 M=96%；Al_2O_3 含量＞5% 时，取 M=94%。按样品枸溶率的大小，分段统计不同余钙碱度 B 区间内 C/T ≥ M 和 C/T<M 的数量，结果如表 7-9 所示。

表7-9　不同B值下C/T≥M的概率分布

B 值范围	总值	C/T ≥ M 的个数	C/T<M 的个数	C/T ≥ M 的概率 /%
0.80 ～ 0.85	8	4	4	50.0
0.85 ～ 0.90	14	3	11	21.4
0.90 ～ 0.95	21	10	11	47.6
0.95 ～ 1.00	36	24	12	66.7
1.00 ～ 1.05	47	38	9	80.9
1.05 ～ 1.10	55	41	14	74.5
1.10 ～ 1.15	75	54	21	72.0
1.15 ～ 1.20	76	63	13	82.9
1.20 ～ 1.25	85	57	28	67.1
1.25 ～ 1.30	50	35	15	70.0
1.30 ～ 1.35	55	40	15	72.7
1.35 ～ 1.40	36	25	11	69.4
1.40 ～ 1.45	26	15	11	57.7
1.45 ～ 1.50	25	17	8	68.0
1.50 ～ 1.55	13	10	3	76.9
1.55 ～ 1.60	6	1	5	16.7

当以样品枸溶率 C/T ≥ M 出现的概率大于 70% 作为考核指标时，余钙碱度的最优配料范围是 0.95 ～ 1.40。在此范围内，余钙碱度与平均枸溶率的关系如表 7-10 所示。

表7-10　余钙碱度和平均枸溶率的关系

余钙碱度 B	0.95 ～ 1.00	1.00 ～ 1.05	1.05 ～ 1.10	1.10 ～ 1.15	1.15 ～ 1.20	1.20 ～ 1.25	1.25 ～ 1.30	1.30 ～ 1.35	1.35 ～ 1.40
C/T	97.7	98.1	98.0	97.2	97.8	96.5	96.7	96.8	96.2

采用线性回归分析的数学方法整理上述数据，在 B=0.95 ～ 1.40 范围内，余钙碱度与枸溶率的线性回归方程：

$$\widehat{Y} = 102.39 - 4.4X$$

当配料中 Al_2O_3、MgO、FeO 的数值可忽略不计时，玻璃体结构因子等于余钙碱度加常数 2，即 $O_b/Y_b=B+2$。

7.1.5 生产能耗

钙镁磷肥生产中，高炉部分能耗占总能耗80%左右。降低高炉熔融过程的焦耗是节能的主要方法之一，以高炉法钙镁磷肥理论焦耗为例进行介绍。钙镁磷肥熔融过程理论耗热量是指加热各种原料所耗热量以及所需的反应热、相变热。

磷矿耗热量分析如下：

以磷矿、蛇纹石、硅石为原料生产钙镁磷肥时，炉料的差热分析曲线（图7-2）表明：500℃以下主要是矿石中游离水的蒸发过程；575℃时，SiO_2晶型发生转变，为吸热过程，相变热为12.6kJ/kg；600～700℃时，蛇纹石（$3MgO \cdot 2SiO_2 \cdot 2H_2O$）开始失去结晶水，生成非晶质的硅酸镁（$3MgO \cdot 2SiO_2$）；800℃左右时，非晶质的硅酸镁转变为结晶态的正硅酸镁（Mg_2SiO_4）和偏硅酸镁（$MgSiO_2$）；950℃左右时，磷矿中的碳酸盐（$CaCO_3$、$MgCO_3$）分解放出CO_2；1000℃以上时，炉料开始烧结、软化、熔融。

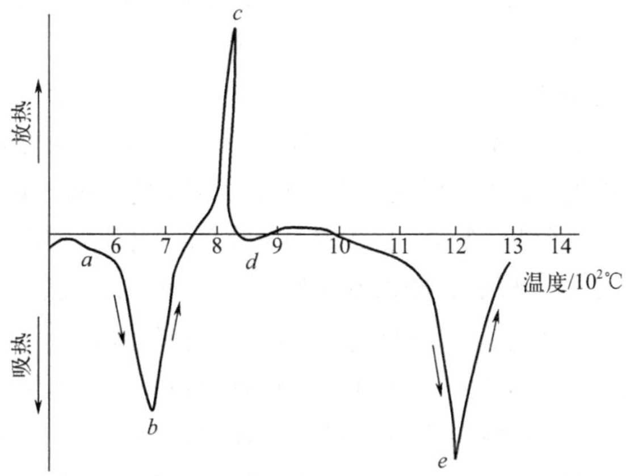

图7-2 钙镁磷肥炉料的差热分析曲线

钙镁磷肥组成：P_2O_5 20%、CaO 30%、MgO 17.4%、SiO_2 26.5%、F 1.94%

通过差热分析研究得知，含碳酸盐少的磷矿（例如：江西朝阳磷矿，含P_2O_5 19.01%、烧失量3.10%），在加热至1000℃之前，差热曲线上无明显的吸热或放热峰，加热过程中所耗热量仅为物理显热；含P_2O_5 29.38%、烧失量7.05%的开阳磷矿，差热曲线在740℃出现微小吸热峰；而将含P_2O_5 10.10%、烧失量13.60%的湖北大峪口低品位磷矿加热至730～800℃，差热曲线上出现吸热峰（773℃峰值最大），至880～1070℃又出现另一吸热峰（938℃峰值最大）。这是因为与磷矿共生的白云石（$CaCO_3$、$MgCO_3$）、方解石（$CaCO_3$），在730～1070℃之间受热分解，放出CO_2而吸热。

假设磷矿中烧失量全部为CO_2且主要来源于白云石，当磷矿中白云石分解为CaO、MgO、CO_2后，它们进一步与磷矿中SiO_2作用，生成$CaMg(SiO_3)_2$。整个过程的耗热量可按3013.8kJ/kg CO_2计算。设磷矿含烧失量为P，加热分解的平均温度为900℃，磷矿入炉温度为t_p，高炉出料温度为$t_{熔出}$。分解前磷矿平均比热容为1.05kJ/(kg·℃)，分解后平均比热容为1.34kJ/(kg·℃)。则每公斤磷矿耗热量q_p可由下式求得。

$$q_p = 1 \times (900 - t_p) \times 1.05 + 3013.8 \times \frac{P}{100} + \left(1 - \frac{P}{100}\right)\left(t_{熔出} - 900\right) \times 1.34$$

由上式可知，磷矿耗热量随高炉出料温度及磷矿中烧失量（P）升高而增加，随磷矿入炉温度升高而降低。因此，降低炉料熔点、降低操作温度、预热磷矿，均可降低 q_p。但是必须指出，含烧失量高的磷矿，通常含 MgO 也高，熔点低，可以少加助熔剂，总耗热量并不增加，而且略有降低。

7.1.6 生产工艺与典型设备

7.1.6.1 生产工艺

将磷矿与助熔剂（蛇纹石、白云石、硅石等其他硅镁矿石）等炉料在熔融炉中进行高温（1400℃以上）熔融，熔融体经水淬骤冷，形成一种稳定的无定型玻璃体，通过烘干、磨细，即为钙镁磷肥成品。钙镁磷肥生产的基本流程为：原料磷矿破碎成为块矿或粉状磷矿造块、磷矿和熔剂矿石高温熔融、熔融体水淬急冷、沥水、干燥、研磨、包装等。

常见的钙镁磷肥生产熔融炉为高炉。我国钙镁磷肥生产目前已全部改用高炉法，燃料主要是焦炭或无烟煤。熔融炉也可采用电炉、平炉或旋风炉，并由此衍生出不同的生产工艺：电炉法、平炉法或旋风炉法。其不同之处在于熔融炉型以及所用能源的不同，高炉法、平炉法、旋风炉法所用燃料主要是焦炭、无烟煤或重油，电炉法用电能。钙镁磷肥生产对磷矿的要求较低，不适宜生产过磷酸钙、重钙的含铁、铝、镁杂质较多的中低品位磷矿也可使用。

（1）高炉法　将一定量的磷矿、助熔剂（蛇纹石或硅石、白云石等）、燃料（焦炭或无烟煤）分别加入料车。料车经卷扬机升至高炉顶部将炉料加入料钟，通过料钟将炉料撒入高炉内。经过热风炉顶预热过的空气从高炉底部的炉缸风口送入，使焦炭或无烟煤燃烧产生高温并生成煤气。炉料在下降的过程中被上升的高温煤气预热、软化、熔融、过热，最终从高炉底部的料口放出。放出的熔融料经水淬、沥水、干燥、球磨后包装为成品。炉内被还原出的磷铁（含磷镍铁或含磷铬铁）沉入缸底部，作为副产品排出；炉顶逸出的煤气经除尘、净化除氟后送去热风炉燃烧，用来预热进入高炉的空气，多余的煤气可作为干燥产品的热源。高炉法生产钙镁磷肥的工艺流程如图 7-3 所示。

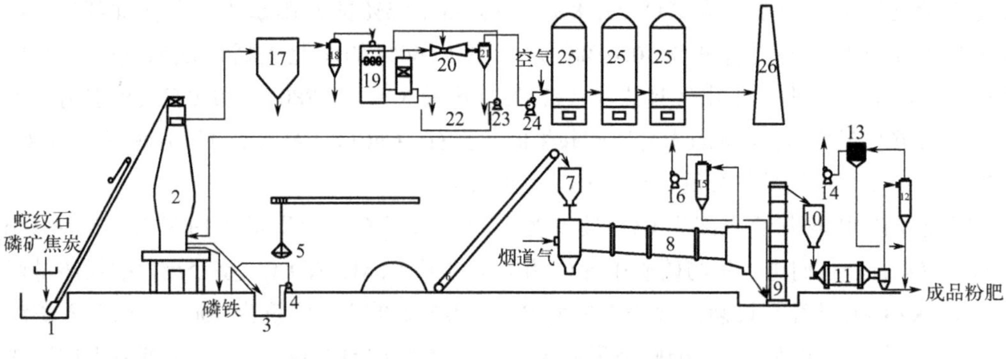

图 7-3　高炉法生产钙镁磷肥工艺流程图

1—料车；2—高炉；3—水淬池；4—水淬水循环泵；5—抓斗起重机；6—皮带运输机；7,10—料仓；8—回转干燥机；9—斗式提升机；11—球磨机；12,15,18—旋风除尘器；13—布袋除尘器；14,16,24—风机；17—重力除尘器；19—喷杯洗涤器；20—文丘里洗涤器；21—湿旋风；22—中和沉淀池；23—污水循环泵；25—热风炉；26—烟囱工艺过程说明：① 统矿入炉工艺流程：原料矿经破碎、称量、提升入炉、炼肥、熔料水淬、水肥沥净、烘干、磨粉等工序制成成品并包装。② 块矿加烧结矿入炉工艺流程（图 7-4）。

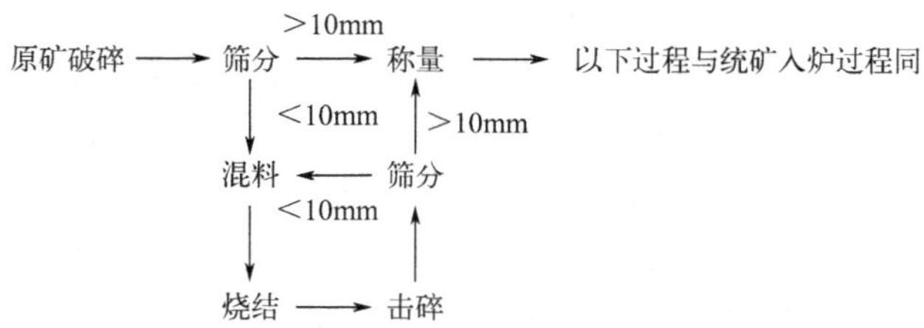

图 7-4　块矿加烧结矿入炉工艺流程

高炉法生产钙镁磷肥的过程属于热法加工过程。因此，生产过程控制以降低能耗为主要目的。主要措施是装置稳定运行、高风温、大风量和高燃烧强度。在高炉中，焦炭的燃烧主要集中在炉底风口附近，此处为高温区。炉料在高温区熔融并过热，然后排出炉外，在其上方形成空间，使炉料得以不断下降。焦炭燃烧产生的煤气上升，使炉料得到预热。合理的装料操作是保证炉料在炉内分布均匀、炉料顺利下行、煤气顺利上升的基础，是杜绝悬料或塌料事故、保障正常稳定运行的关键。大小适中、均匀的炉料，有利于减少煤气通过料柱的阻力。装料有“正装”和“倒装”两种方法。“正装”是按照助熔剂、磷矿、焦炭的顺序装入高炉；这种方法炉内边缘的矿石较多，焦炭大部分落在高炉的中心位置；因为焦炭的透气性比磷矿和助熔剂好，煤气容易从中心部位通过。“倒装”是按照焦炭、助熔剂和磷矿的顺序加入炉中，焦炭主要落在高炉边缘位置，磷矿滚向高炉中心位置；煤气容易均匀地从下往上通过料层。实际生产中，还要结合高炉炉型以及生产时的炉况，原料品种、质量、批量、粒度等条件，选择合理的装料操作，使煤气在炉内顺利上升，分布均匀，逐步降温。

降低高炉炉气出口温度是降低燃料消耗的关键。在合适的料柱下，将炉料和煤气进行充分热交换，降低高炉炉气的出口温度（炉气出口温度为 200℃时，炉气带走的热量占总热量的 8.76%；炉气出口温度降到 100℃时，炉气带走的热量占总热量的 3.95%）。生产中一般控制高炉炉气出口温度在 150℃以下。利用高炉煤气燃烧，提高高炉进口热风温度。一般情况下，高炉进口热风温度为 200℃时，热风带入的热量占总热量的 7%；高炉进口热风温度提高到 350℃时，热风带入的热量占总热量的 12%。通常，热风温度每提高 100℃，吨肥产品可降低焦耗 12 ～ 15kg。利用燃烧高炉产生的煤气加热入炉空气可降低焦耗。一般采用管式热风炉将热风加热到 350℃左右，采用蓄热式热风炉可以将热风加热到 600℃以上。

熔融物料（即熔料）从高炉排出后，必须立即用大量的带压水使熔料从 1450℃骤然冷却至 500℃以下，称为“水淬”。水淬的目的是使熔融物料骤然冷却、固化并破裂，防止熔融物料出现“反玻璃化”现象，析出氟磷酸钙晶体，从而获得完全玻璃态的钙镁磷肥。水淬后的物料被称为半成品或粗肥（20 ～ 80 目间的粒子占 90%），用抓斗起重机或捞料沥水式提升机从水淬池捞出堆置、沥水。这种粗肥的含水量一般为 12% ～ 25%。由于钙镁磷肥是玻璃体，所含水分主要是表面游离水，在沥水场堆置 6 ～ 8h，粗肥的含水量可降至 5% ～ 7%，然后送去干燥。水淬的水量和水压取决于热平衡和钙镁磷肥的产品粒度。将熔料冷却到500℃以下，大约需要用水量12t/t，但实际生产的水淬水量是15～30t/t。水淬水压应该满足将凝固的熔料击碎到90%以上通过20目筛（被20目筛截留的大粒子，内部不能迅速冷却，P_2O_5转化率降低）。但是如果水压太高，不仅会增加动力消耗，而且容易生成较多的玻璃体纤维料（俗称棉花料），影响后续干燥和球磨的效率。生产中的水淬水压一般是0.15～0.5MPa。另外水量和水压还和配料有关系。对以蛇纹石为助熔剂、配料参数O_b/Y_b小于2.95、有效P_2O_5含量小于15%的钙镁磷肥，因为析晶能力差，可以采用少量、低压的水；相反，对以白云石和硅石为助熔剂、配料参数O_b/Y_b接近3.07、有效P_2O_5含量大于18%的钙镁磷肥，因为容易析出氟磷酸钙晶体，应该使用较多水量和较高的水压。国内高炉法钙镁磷肥一般采用水淬槽将熔料水淬骤冷并破碎成细粒，为了保证高炉法钙镁磷肥的转化率大于等于95%，生产厂一般采用较高的水淬水压和较大的水量，水淬循环水泵电耗达到12～20kWh/t，采用日本川崎公司的水淬盘生产砂粒状钙镁磷肥可以减少能耗。

干燥通常使用回转干燥机，利用高炉煤气或燃煤产生的热烟气，在干燥机内与半成品顺流接触。因为高温烟气首先接触的是含水量较高的半成品，半成品本身的温度通常不会超过300℃，不会发生钙镁磷肥的“反玻璃化”现象。适当提高烟气温度，有利于提高干燥机的生产强度，从干燥机出来的半成品含水量小于0.5%。干燥工序也可采用停留时间短、气流速度相对较高的流态化烘干机。一台0.78m×4.7m的流态化烘干机，干燥钙镁磷肥的能力为18～20t/h，与一台ϕ2.4m×18m回转干燥机的能力相当。与回转干燥机相比，流态化烘干机的投资仅为它的23%、电耗为它的40%、煤耗为它的25%、占地面积为它的20%。干燥后的物料经磨细至80%通过60目筛，然后计量、包装为成品。经水淬骤冷的钙镁磷肥属于玻璃体，脆性大，表面有很多细微裂纹（0.2～3μm）。因此，选用以撞击为主的短筒球磨机为宜。球磨机的效率与要求的产品细度、半成品粒度、水分、含磷铁量有关。控制半成品的粒度为−20～+40目，特别要注意避免水淬形成纤维状玻璃体毛，利用电磁分离器分出半成品中的磷铁可显著提高球磨机的效率。为了降低干燥、球磨工序的能耗，半成品粗肥的干燥大部分采用燃煤作热源的转筒烘干。利用副产煤气，采用流化干燥是综合利用高炉尾气的有效途径；采用直接制粒、自然干燥也可以大幅度降低能耗。

高炉法生产钙镁磷肥具有规模大，能耗低（5.6GJ/t），设备比较简单，操作技术容易掌握，基建投资费用较少，产量大，可用无烟煤和焦炭作燃料，生产成本低等优点。其缺点是不能只用矿粉和细颗粒矿生产。高炉法钙镁磷肥是耗能较大的主要磷肥品种之一，热能节能潜力大。国内高炉法生产钙镁磷肥的原料路线是把统矿筛分，小于10mm的碎矿采用简易抽风烧结，然后把烧结块矿配合大于10mm的原矿入炉生产钙镁磷肥（称“精料”入炉路线）。“精料”入炉的原料路线可降低高炉法钙镁磷肥焦耗，明显提高工厂的经济效益。

国内“精料”入炉路线的高炉钙镁磷肥生产强度为3.13t肥/(m^2·h)，主要钙镁磷肥厂生产强度与焦比的关系如表7-11所示。

表7-11　生产强度和焦比的关系

焦比/(kg/t肥)	<150	200	200～250	>300
生产强度/[t肥/(m^2·h)]	>3.5	3～3.5	2～3	<2

简易烧结炉的生产强度：125kg 烧结矿 /(m^2 · h)（包括辅助时间)。高炉化学反应和工艺条件均以正常生产条件为准，烧结车间单个烧结炉的操作周期如表 7-12 所示。

表7-12　单个烧结炉操作时间表

操作程序	加生料	点火	烧结	冷却	卸熟料	共计
时间 /min	10	15	90	35	10	160

烧结着火温度为 650℃，烧结最高温度为 1300℃，点火抽风强度为 325m^2/h（高炉煤气含 CO 14%），烧结抽风强度为 267.2m^2/h（烟气）。

对高炉法钙镁磷肥来说，如果焦炭热值按 28500kJ/kg 计算，理论焦耗为 77kg/t，即折纯焦耗为 375kg/t。目前国内钙镁磷肥的实际折纯焦耗高达 890kg/t，热效率仅为 42.1%，存在较大的节能空间。

中国科学院南京土壤研究所通过对不同粒度钙镁磷肥的肥效试验发现，20 ～ 70 目直至 300 目的范围内，钙镁磷肥在红壤中对大豆、早稻和荞麦等作物的肥效没有显著不同。因此，也可以通过直接施用不需要研磨的砂状钙镁磷肥来降低能耗。

干燥、球磨过程产生的粉尘，高炉煤气中含氟气体及粉尘，均通过除尘、脱氟设备进行处理，使气体中有害物质含量达到排放标准，经过燃烧回收热能（热风炉预热入炉空气）后再排入大气。生产中产生的污水，经过处理后封闭循环。产生的废渣，可掺入成品中。

（2）电炉法　电炉法的特点是以三相（交流电）电极产生电弧高温促使高熔点炉料（磷矿和含镁硅酸盐矿）能得到充分的熔融而制得高质量的钙镁磷肥产品。其原因是电炉不用燃料，没有燃料灰分掺入肥料而影响质量。因此，对于同样品位的磷矿来源，电炉法产品中 P_2O_5 含量比其他方法高。

电炉的外壳是钢板制成的，炉壁高温熔区衬碳砖，低温区衬耐火砖，炉底也衬耐火砖（或衬耐热材料）。耐火砖及碳砖，炉壳与碳砖或耐火砖之间填以耐火砖粉作缓冲膨胀之用。炉体下部有两个同高度的出料口。三根石墨成碳质电极从炉顶部插入，作为导电体。电极周围设有矿石炉布料口，旁边装有排气管道。

从高压输电线送来的高压电，先经变压器变压降为低压电，然后经过导线送至石墨电极的上端（小电炉常用电压为 100V 左右，大电炉为 360 ～ 420V）。电极上端使用电极夹持器固定，电极下端通过炉料伸入熔融体内，使炉内工作温度保持在 1500 ～ 1600℃之间。

将一定量的砂粒状磷矿和 10 ～ 30mm 的细块状助熔剂（蛇纹石、橄榄石和硅石）混合成炉料，送入储料斗；炉料定期加入电炉内熔融（温度 1350 ～ 1500℃）；将熔融炉料连续或间歇排出，用 0.2 ～ 0.6MPa 压力水水淬，熔料温度骤降至 700℃以下，碎裂成砂粒状随水淬水进入水淬池；将水淬池内砂粒状半成品钙镁磷肥捞出、沥水、烘干、筛分后包装可直接作为砂状钙镁磷肥（粒度 2 ～ 4mm 或 0 ～ 5mm 等规格）成品。也可将半成品钙镁磷肥球磨到 80% 通过 25 目筛后包装，作为粉状钙镁磷肥成品。电炉法工艺流程示意如图 7-4 所示。

电炉法工艺电炉温度高，炉料熔融充分，流动性好，对水淬有利；电炉法熔料中没有燃料灰分带入，产品五氧化二磷品位高，操作环境好，易于操作控制；矿粉和细粒都可加入到电炉中，流程短、建设投资低、产品质量高、尾气量小且容易处理。采用电炉法生产的主要是日本、巴西、南非等国家，产品耗电量为700～2100kWh/t，电炉容量越大，则电耗越低。缺点是能耗较高，生产成本高，热利用率低（23%～25%），经济上无法与高炉法竞争。我国在20世纪70年代末基本淘汰了电炉法。

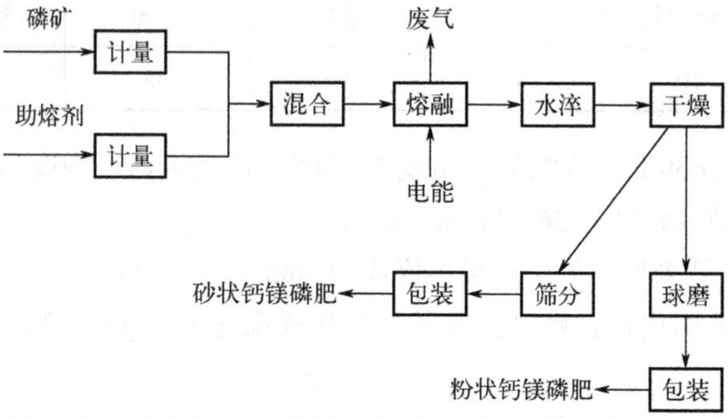

图7-4 电炉法生产钙镁磷肥工艺流程示意图

（3）平炉法 将一定量的粉状或块状磷矿和助熔剂混合后加入炉内；将煤粉或柴油、天然气等燃料，与预热的空气喷入平炉内燃烧，产生的高温使炉料熔融；炉内产生的废气经沉降室除尘后，先进入蓄热室换热（用来加热助燃空气），然后用废热锅炉进一步回收热量，最后进入洗涤塔，使废气中的氟和石灰反应生成氟化钙；氟化钙经过沉淀、过滤、烘干后作为副产品出售；平炉内排出的熔料经过水淬后捞出、沥水、烘干、球磨、包装后即作为成品。只有日本、韩国采用平炉法生产，能耗为重油180L/t。生产工艺如图7-5所示。

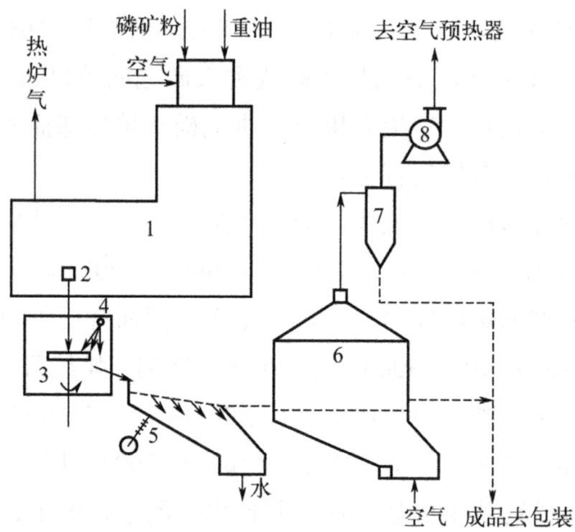

图7-5 日本川崎公司生产（平炉法）钙镁磷肥工艺流程图

1—熔融炉；2—放料口；3—水淬造粒盘；4—水淬喷嘴；5—振动筛；6—流化冷却器；7—旋风分离器；8—风机

与常规的水淬槽不同，日本川崎公司利用旋转圆盘进行水淬。控制圆盘转速、淬水量、熔融物料与水的接触时间，使熔融物料迅速冷却成粒子并保留一定的温度，然后在振动筛上与水分离，借助物料自身的余热使其干燥。85% 的物料通过 28 目筛，可直接用于施肥或作复混肥掺和料。采用本方法，可控制产品粒度，减少水淬、堆置沥水，干燥场地，节省建设投资及干燥的能耗，适合砂状钙镁磷肥生产。

平炉法和高炉法在工艺上差异不大。平炉法的优点在于生产流程短，不需要配置安装复杂的电气设备系统；能用磷矿粉或细粒磷矿和助熔剂入炉生产，对矿石粒度和机械强度没有要求；燃料适应性广，天然气、重油、煤粉均可作为燃料，燃料可充分燃烧，通过热回收装置（蓄热室、废热锅炉）回收热量，热利用率可以达到 30% ～ 50%，理论能耗低于高炉法。缺点是砌平炉需要大量的耐火材料（每吨产品需消耗 20 ～ 30kg）；炉衬腐蚀严重，维修费用高，生产强度小于高炉法，实际能耗接近高炉法，建设投资也高于电炉法。仅有日本、韩国建有平炉法生产装置。

（4）旋风炉法　旋风炉的主要优点是燃料（煤粉）燃烧完全，炉气温度高和热利用率高，特别是粉碎原料（磷矿、含镁硅酸盐矿）和煤作燃料时，为解决粉矿的利用（减免制团烧结）和节省焦炭开辟了极为有利的途径。

旋风炉结构有立式和卧式两种，立式旋风炉较易操作，目前国内发电厂大多采用立式旋风炉。因此利用发电厂立式旋风炉副产钙镁磷肥，既可供蒸汽发电又可副产磷肥，热量得以充分利用，这样达到一炉两用，生产成本大为降低，经济合理、上马快。电厂旋风炉副产钙镁磷肥现已投入工业化规模的试生产。旋风炉系由无缝锅炉管围成，内焊销钉并涂有防腐层（碳化硅或磷酸铝），防止熔融磷酸盐的侵蚀。

我国从 1958 年开始研究旋风炉制备钙镁磷肥工艺。1973 年武昌发电厂利用 1 台产汽能力为 75t/h 的燃煤立式旋风炉，进行了副产钙镁磷肥和脱氟磷肥的工艺试验，工艺流程如图 7-6 所示。

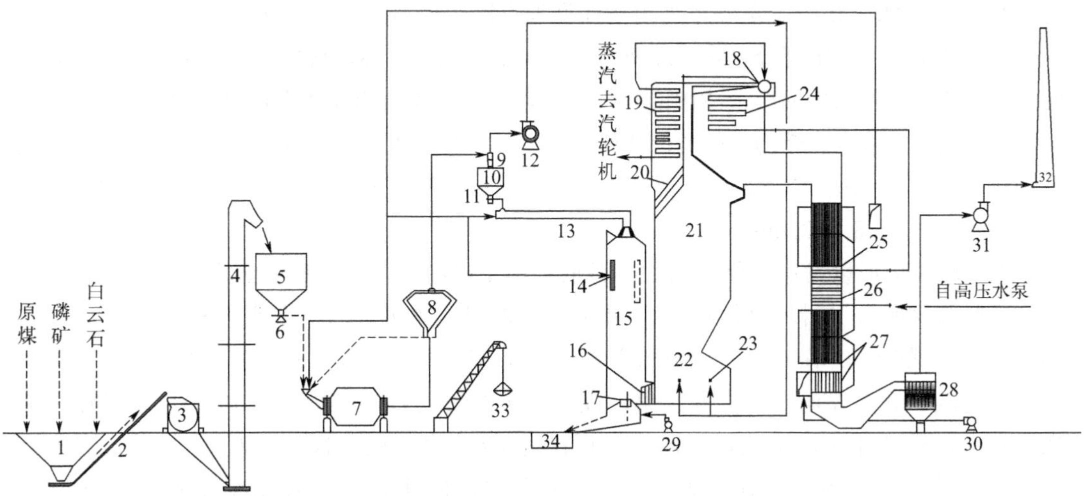

图 7-6　旋风炉制备钙镁磷肥工艺流程图

1—地下料斗；2—皮带运输机；3—锤式粉碎机；4—斗式提升机；5—原料仓；6,11—圆盘加料机；7—热风扫球磨机；8—粗粉分离器；9—旋风分离器；10—细粉仓；12,30,31—风机；13—叶片燃烧器；14—二次风口；15—旋风筒；16—捕渣管；17—渣口；18—汽包；19—蒸汽过热器；20—凝渣管；21—冷却室；22—燃烬室；23—三次风口；24—高温段省煤器；25—高温段空气预热器；26—低温段省煤器；27—低温段空气预热器；28—多管旋风除尘器；29—水淬泵；32—烟囱；33—半成品抓斗；34—沉渣池将磷矿、白云石和原煤分别称量后，在地下料斗混合；然后用皮带运输机，送入锤式粉碎机破碎；破碎好的物料用斗式提升机送到原料仓，再经圆盘加料机送入热风扫球磨机研磨；磨到一定细度后，物料被气流送到粗粉分离器；分出的粗粉返回球磨机继续研磨，细粉随气流进入旋风分离器，经旋风分离器分离后进入细粉仓；细粉仓中的细粉用圆盘加料机控制流量，用一次风（占总空气量的 20% ～ 30%）将细粉吹入叶片燃烧器，进入旋风炉内燃烧；在旋风分离器中分离出细粉后的气流，用风机从三次风口吹入燃烬室；在旋风筒的上部，经二次风口送入二次空气（二次空气占总量的 70% ～ 80%）；二次空气以 70 ～ 100m/s 的速度从旋风筒上部沿切线方向吹入，使炉内形成强烈的旋转气流，强化了煤粉的燃烧过程；与此同时，随一次风带入的炉料，在离心力的作用下，抛向炉壁而熔成薄膜，并以螺旋方式沿壁向下缓慢流动。在二次风口附近，燃烧温度达到 1420 ～ 1560℃，比炉料温度高 110 ～ 250℃。因此，炉料熔融过热充分。因为熔融层薄，大量助燃空气带入水分，有利于脱氟，熔料脱氟率大于 85%。旋风炉钙镁磷肥的含氟量仅为 0.1% ～ 0.3%。因此，旋风炉也用于生产脱氟磷肥。旋风筒壁的熔料缓慢下流至底部渣口，随气流挟带的熔料，被捕渣管挡下。出渣口的熔料用 0.2 ～ 0.4MPa 压力的水进行水淬，粗肥流入沉渣池，并通过半成品抓斗送去沥水、干燥、磨细为成品。

炉气的热量传递给旋风炉的水冷管壁以产生中压蒸汽，蒸汽再经换热器后，温度达到 400℃，压力达到 4.0MPa，送汽轮机发电。高温烟气从旋风筒下部先后经捕渣管进入燃烬室，在三次风助燃下，烟气中的少量煤粉进一步燃烬。烟气经冷却室、凝渣管、蒸汽过热器、高温段省煤器（加热锅炉给水）、高温段空气预热器、低温段省煤器、低温段空气预热器回收热量，然后，烟气再经多管旋风除尘器除尘，洗涤塔洗涤后排入大气。

从多管旋风除尘器中收集到的细粉含有磷、钾营养成分，可以作为窑灰磷钾肥（含枸溶性 K_2O 1% ～ 2%）出售。洗涤塔采用喷杯型吸收塔，用循环水洗涤含氟气体。在不断补充新鲜水的情况下，引出部分含氟洗涤液用石灰乳中和处理，然后排放。旋风炉有立式、卧式两种。立式旋风炉操作简单，我国的电厂采用较多，旋风筒的高和直径比一般为 3 ～ 4。旋风筒采用锅炉钢管水冷壁围成的圆筒状燃烧室，靠炉膛的水冷壁上焊有销钉，用来固定碳化硅炉衬。炉衬以磷酸 - 磷酸铝溶液为胶结剂，将几种不同粒度的碳化硅按一定比例混合均匀后捣固而成，厚 18 ～ 25mm。

电厂旋风炉原以发电、供汽为主，目前采用肥电结合，联产电、蒸汽、钙镁磷肥（也可副产脱氟磷肥）。炉料中煤用量大，相应带入的煤灰也多。煤灰主要含 SiO_2、Al_2O_3，玻璃体网络形成物多。因此，适合选用高镁、低硅磷矿，并采用白云石为助熔剂。据上海化工研究院在武昌发电厂的实验结果，煤∶磷矿∶白云石的质量比以 12∶6∶1 最佳。旋风炉法与高炉法相比，每吨钙镁磷肥煤耗仅为 1/8，生产成本仅为 1/2，是一种很有发展前景的方法。但是该方法存在矿、煤混磨易分层，碳化硅炉衬易脱落，含氟烟气量大，烟气含氟浓度低，处理难度大等问题。平炉和旋风炉本身排出的尾气接近熔融温度，必须设有颇为庞大的热能回收和利用的装备，相比之下，钙镁磷肥生产只能处于附属地位。发电旋风炉虽可利用已有装备副产钙镁磷肥，但毕竟会带来一些不利因素，电厂也不愿为此影响安全供电的大局。故平炉和旋风炉两方法都只作为探索，没有实际推广价值。

7.1.6.2　典型设备

（1）高炉　钙镁磷肥生产用高炉和炼铁高炉相似，由于二者熔炼过程不同，结构上也略有差别。高炉外壳用钢板焊接，内衬为耐火砖，通常呈腰鼓形，由炉缸、炉腹、炉腰、炉身和炉喉五部分构成，如图 7-7 所示。

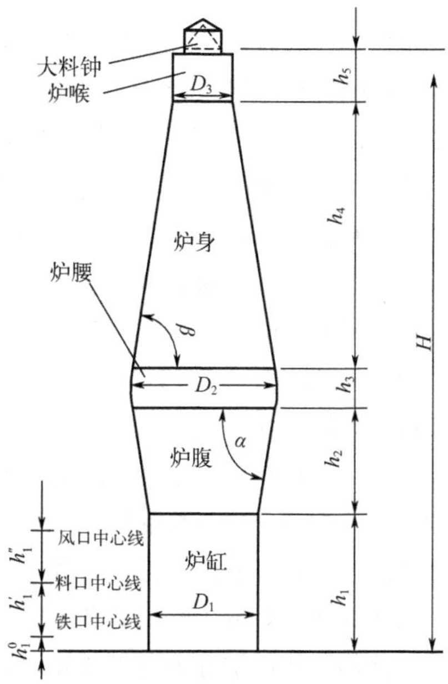

图 7-7　腰鼓型高炉内形示意图

H—高炉总高度；h_1—炉缸高度；h_2—炉腹高度；h_3—炉腰高度；h_4—炉身高度；h_5—炉喉高度；h_1^0—死铁层高度；h_1'—铁口中心线至料口中心线高度；h_1''—料口中心线至风口中心线高度；D_1—炉缸直径；D_2—炉腰直径；D_3—炉喉直径；α—炉腹角；β—炉身角

炉缸位于高炉最下面，呈直筒形，从下到上分别设置有铁口、料口和风口。因为铁水密度比较大，积存在炉缸最底部，因此铁口位置最低；炉料在它上面，料口居中；风口设置在炉缸上面。热空气从风口鼓入后，燃料主要在风口附近燃烧，炉料熔融后在炉缸下面过热，熔料和铁水分别从料口、铁口间歇或连续放出。铁口下面一般留有 50 ～ 150mm“死铁层”。料口到铁口的距离，依据铁水量和出铁次数确定。风口到料口的距离应该保持存料时间在 15min 以上。风口中心线到炉腹下面保留 200 ～ 400mm 的距离。

炉缸直径（D_1）是高炉最重要、最基本的参数，它和高炉产量直接相关，可由下式求出：

$$D_1 = \sqrt{\frac{\bar{W}K}{6\pi\iota}}$$

式中　$\bar{W}$——粗肥日产量，t/d；

K——实物焦比，kg/t；

ι——焦炭燃烧强度，kg/(m^2·h)，ι一般取 500 ～ 800kg/(m^2·h)。

炉缸上面是炉腹，因为焦炭的大量燃烧，煤气温度迅速升高，体积增大，要求炉截面不断增大；炉料在炉腹上面开始熔融，炉料体积收缩，要求炉截面向下逐渐缩小，炉腹的形状刚好符合煤气和炉料在炉内的运动规律。炉腹的上面是炉腰，是向上扩大的炉腹和向下扩大的炉身之间的过渡段。炉腰上面的炉身是煤气预热炉料区。煤气将其显热传递给炉料，煤气温度下降，体积变小。因此，炉身的炉型应该从下往上缩小。炉料被加热，体积略有增大，要求炉身自上而下扩大。高炉的最上段是炉喉，呈圆筒形，直径和炉缸相近或略小。它的主要作用是支撑下料装置（大料钟），并使炉料分布均匀。

根据所用原料和燃料的不同，生产钙镁磷肥的腰鼓型高炉分为瘦长型、矮胖型、特矮胖型三类。它们根据高炉有效高度 H_u 和炉腰直径 D_2 之比来区分。有效高度是指开启位置的大料钟下缘到铁口中心线之间的高度。瘦长型高炉的 H_u/D_2 为 3.5 ～ 4.2，炉腹角 α 为 82°～ 86°，炉身角 β 为 84°～ 87°。它适合用于原料是“精料”，粒度均匀，燃料采用冶金焦，机械强度高的场合。这种炉型虽然料柱高，但料层阻力小，炉料能得到充分的预热，出炉煤气温度低，热利用率高。我国大部分高炉属于矮胖型高炉。它比较适合半精料，并使用土焦和煤焦搭配。其 H_u/D_2 为 3 ～ 3.5，炉腹角 α 为 80°～ 87°，炉身角 β 为 83°～ 85°。特矮胖型高炉的 H_u/D_2 为 2 ～ 2.6，炉腹角 α 为 63°～ 70°，β 为 74°～ 82°。它比较适合无烟块煤部分或全部代替焦炭的场合，又被称为烧块煤型高炉。

（2）热风炉　热风炉是高炉法生产钙镁磷肥节能降耗的主要设备。它主要是利用高炉副产煤气在热风炉燃烧后产生的高温，加热来自风机的冷空气，使入炉风温升高，也可通过提高风口焦炭燃烧温度，增加熔料的过热程度和流动性，有利于提高半成品的转化率。热风炉分为换热式和蓄热式两大类。换热式热风炉分为烟囱式和管式两种，烟囱式热风炉换热效率较低，已经被管式热风炉取代。蓄热式热风炉分为考贝式和球式两种。

高炉法钙镁磷肥副产煤气 1200 ～ 1500m^3/t 钙镁磷肥，其中 CO 体积分数为 10% ～ 18%，热值约为 1500 ～ 2800kJ/m^3。另外，还含有 10 ～ 80g/m^3 的粉尘，0.2 ～ 3g/m^3 的氟。为了避免积灰，提高换热式热风炉的换热效率，延长清理周期，高炉煤气经重力除尘、喷淋洗涤后，可将粉尘含量降至 0.2 ～ 0.6g/m^3，F 含量降至 0.1 ～ 0.2g/m^3。对于蓄热式热风炉，需要将煤气中粉尘含量降至 0.05g/m^3 以下，才能保证热风炉的正常运行。

① 管式热风炉　管式热风炉的外墙由红砖、耐火砖和绝热材料组成，内部用铸铁管或无缝钢管并列数排，呈直线式或波浪式排列，管径在 150 ～ 250mm。在热风炉的前端，在燃烧室的上部设烧嘴，使高炉煤气燃烧，热烟气在列管外部降温后由烟囱放空。冷空气走管内被加热，升高到 300 ～ 400℃。由于高炉煤气（干煤气，未经除尘洗涤）经重力和旋风除尘后，仍不能避免带有粉尘，影响管壁的换热。所以，管式热风炉在使用一段时期后，风温会明显下降。因此，热风炉必须停产清灰。清灰周期一般是 1 ～ 2 个月。管式热风炉一般有 3 台，其中一台供清灰时备用，另外两台一般串联使用。

② 考贝式热风炉　考贝式热风炉外壳由钢板焊成，内壁砌有耐火砖，在耐火砖和外壳间用硅藻土作为隔热层；炉子的高度和直径比接近 5∶1；炉内用耐火砖砌有隔墙，分隔为燃烧室和蓄热室两部分；燃烧室面积约为炉子圆周面积的 1/3。在蓄热室内部用五孔格子砖或者平板格子砖装填，并架在炉箅和支柱上；燃烧室的侧墙装有煤气燃烧器和风机。结构示意图如图 7-8 所示。

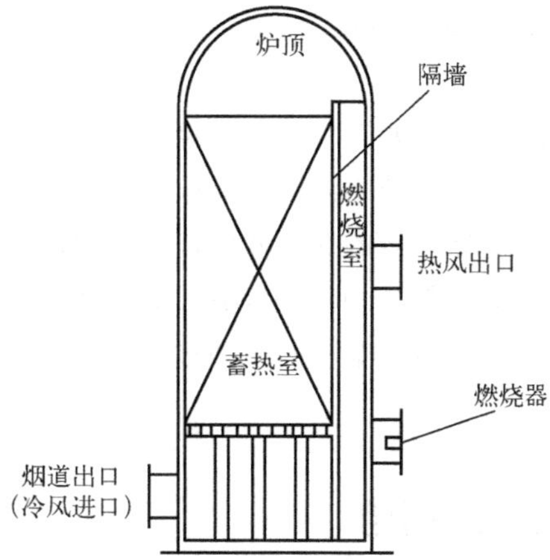

图 7-8　考贝式热风炉示意图

蓄热式热风炉采用周期性作业，“燃烧”“送风”两个阶段交替进行。在燃烧期，经净化的高炉煤气在燃烧室燃烧（正常燃烧时，热风炉炉顶温度在 800 ～ 900℃，尾气温度在 250 ～ 300℃），热烟气加热格子砖，并将热量存蓄在格子砖内，废气从烟囱放空。当格子砖加热到一定温度后，切换气体流向，通入空气，进入送风期。空气被格子砖加热，热空气通过热风管进入高炉。当格子砖释放热量冷却到一定的温度后，再次切换气体流向，转入燃烧期。操作周期一般是 6h，燃烧蓄热 4h，送风 2h；如此反复交替进行。通常情况下，每座高炉配置 3 座热风炉。两座热风炉处于燃烧期，另一台处于送风期。

考贝式热风炉中每立方米高炉有效容积需要 100 ～ 180m^2 的受热面积，每座热风炉受热面积是总受热面积的 1/3，热效率为 55% ～ 60%，热风温度在 600℃以上。为了防止炉尘沉积在格子砖内引起堵塞，要求进入考贝式热风炉的粉尘含量降到 50mg/m^3 以下。

③ 球式热风炉　球式热风炉是用自然堆积的耐火球代替整齐堆砌的格子砖的蓄热式热风炉。它的结构如图 7-9 所示。

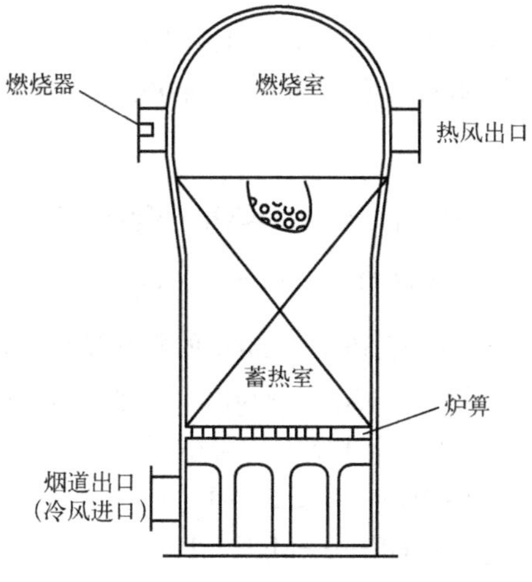

图 7-9　球式热风炉示意图

球式热风炉燃烧室在炉的顶部半球状空间内，结构紧凑。由于钙镁磷肥高炉煤气与炼铁高炉煤气相比，CO 含量少，热值低。为了使煤气顺利燃烧，在开炉点火初期，必须先将球式热风炉顶部燃烧室加热到 700 ～ 800℃后，再转烧高炉煤气，炉顶温度最好控制在 900℃以上。一般球式热风炉有三座，它的使用方法和操作制度和考贝式热风炉相似。

等体积耐火球的蓄热面积是格子砖的 3 ～ 4 倍，即相同蓄热面积的球式热风炉比考贝式热风炉小，投资费用低。但是球式热风炉热烟气流经的球间缝隙比考贝式小，对炉尘的要求也更严，特别是当热球胀裂成小块时，烟气流阻力过大会破坏正常运行，所以采用球式热风炉的企业不多。

7.1.7 清洁生产工程及资源利用

7.1.7.1 氟处理及回收[12]

在高炉法生产钙镁磷肥的过程中，磷矿、助熔剂和燃料在高温熔融作用下，会产生大量 HF、少量的 SO_2 和 H_2S 并进入尾气中。由于磷矿品位及组成、助熔剂种类和钙镁磷肥产品品位不同，排放尾气的含氟量也会有所差异，含氟量一般为 0.5 ～ 3g/m^3。含氟尾气对环境的危害和污染是钙镁磷肥生产中的严重问题。在生产钙镁磷肥的过程中，磷矿中的部分氟以气态化合物的形式逸出，其反应式是：

$$2Ca_5F(PO_4)_3 + SiO_2 + H_2O \longrightarrow 3Ca_3(PO_4)_2 + CaSiO_3 + 2HF\uparrow$$

当水蒸气较少时，同时发生下列反应：

$$4Ca_5F(PO_4)_3 + 3SiO_2 \longrightarrow 6Ca_3(PO_4)_2 + 2CaSiO_3 + SiF_4\uparrow$$

高炉法钙镁磷肥生产过程氟的逸出率因入炉原料而异，主要影响因素是助熔剂。以蛇纹石作助熔剂，煤气中含氟量高，一般为 1 ～ 3g/m^3，氟逸出率为 30% ～ 60%；以白云石和硅石作助熔剂，煤气中含氟量低，一般为 0.2 ～ 0.5g/m^3，氟逸出率小于 10%。云南省光明磷矿厂技改后的二号高炉在使用蛇纹石和白云石作助熔剂时，煤气中含氟量为 1.85g/m^3，介于上述两者之间。以白云石和硅石作助熔剂，氟逸出率降低的原因是：在 720 ～ 750℃时，白云石中的 $MgCO_3$ 首先分解；到 900 ～ 920℃时，$CaCO_3$ 大量分解。反应式如下：

$$CaMg(CO_3)_2 \longrightarrow CaCO_3 + MgO + CO_2\uparrow$$

$$CaCO_3 \longrightarrow CaO + CO_2\uparrow$$

在高温和水蒸气的作用下，约有 30% ～ 50% 的氟在磷矿熔融过程中逸出而进入煤气，在上升过程中与 CaO、MgO 作用生成 CaF_2、MgF_2，少部分则被炉料的其他部分所吸附，在熔融区很快与炉料共熔成钙镁磷肥，余下的少量氟随煤气离开高炉。其反应式为：

$$CaO + 2HF \longrightarrow CaF_2 + H_2O$$
$$MgO + 2HF \longrightarrow MgF_2 + H_2O$$
$$CaCO_3 + 2HF \longrightarrow CaF_2 + H_2O + CO_2\uparrow$$

钙镁磷肥高炉煤气的特点是气量大，含尘量高，一氧化碳和氟含量低。要利用煤气的化学热和消除污染，必须对高炉煤气进行净化。一般先用干法（重力和旋风除尘），将大部分尘除去，然后采用旋喷吸收塔、文式管洗涤器和挡板除沫器等将氟、余下的细尘和液沫除去。少量的 SO_2 和 H_2S 有害气体会随着氟一同被处理，净化系统中含氟污水经电石渣或石灰乳中和处理后，氟转入固相成为不溶性的氟盐。经净化后的煤气在热风炉中燃烧并回收热量，然后放空。排出的废气达到国家排放标准。目前执行的国家排放标准为《大气污染物综合排放标准》（GB 16297—1996），其中要求氟化物浓度不超过 9mg/m^3，不同排气筒高度的最高允许排放速率（kg/h）还有要求。根据化学肥料工业大气污染物排放标准征求意见稿，氟化物浓度控制限值为 7mg/m^3，新、改、扩建项目建议按照 7mg/m^3 进行控制。国内磷肥厂脱氟流程主要有以下几种。

（1）脱氟流程 A　高炉尾气由下降管进入重力除尘器、旋风除尘器，大部分粉尘除去后，尾气进入空塔洗涤，再进入旋流板塔洗涤并除雾，然后进入蓄热式热风炉中燃烧，废气最后经烟囱排空。

主要设备：旋流板塔内装旋流塔板 4 块，在塔上部还装有 1 块除雾板，该塔设计的关键在于叶片的倾角和塔板的开孔面积，穿孔气荷因子一般为 10 左右，使气体形成旋流不致漏液，传质过程得到强化。

流程特点：流程中增加空塔洗涤，主要起除尘和降温作用，有利于旋流板塔对氟的吸收。旋流板塔处理气量大，除氟和尘的效率都高。重力除尘器进口含尘量为 30g/m^3，净化后含尘量为 0.6 ～ 0.7g/m^3，总除尘效率为 97.66%。采用蓄热式热风炉，用旋流板代替文氏管系统的阻力降为 2842 ～ 3038Pa（290 ～ 310mmH_2O），其中旋流板的阻力降为 1372 ～ 1568Pa（140 ～ 160mmH_2O）。该流程对于风机能力小、炉顶密封性较差的小高炉来说是可取的。

（2）脱氟流程 B　高炉尾气经过重力除尘器，进入旋流板洗涤塔（9 块塔板）；然后再进入文氏管，由文氏管进入旋流板除雾器，除雾后的尾气进蓄热式热风炉燃烧，废气最后经烟囱排空。

主要设备：文氏管是化工、冶金等行业广泛用来洗涤除尘的设备，结构简单。

流程特点：高炉容积为 43m^3，风机压力为 0.8kg/cm^2，风量为 300m^3/min，炉顶尾气压力一般为 0.25 ～ 0.3kg/cm^2，采用炉顶高压操作，生产强度为 4.3t/(m^2·h)。由于炉顶压力高，所以可容许脱氟系统阻力降大而又不影响高炉系统正常运行。采用了文氏管和旋流板洗涤塔串联的脱氟流程，脱氟效率较好，脱氟效果如表 7-13 所示。

表7-13　脱氟设备尾气含氟量测试结果

测试结果	重力除尘器进口	旋流板洗涤塔出口	文氏管出口	除雾器出口
含量 /(g/m^3)	1.98 ～ 2.71	0.43 ～ 0.57	0.09 ～ 0.11	0.009 ～ 0.018
总脱氟率 /%	99.3 ～ 99.5			

系统主要设备阻力降：旋流板洗涤塔 4410 ～ 5390Pa（450 ～ 550mmH_2O）、重力除尘器 3920 ～ 4900Pa（400 ～ 500mmH_2O）、文氏管 9800 ～ 14700Pa（1000 ～ 1500mmH_2O）。

总阻力降为 18620 ～ 24500Pa（1900 ～ 2500mmH_2O）。所以只有采用炉顶压力高的高炉的生产厂才有可能采用该脱氟流程。几种脱氟工艺设备如表 7-14 所示。

表7-14 几种脱氟设备比较

项目	湿式重力除尘器串联喷射吸收塔	湿式旋风水膜吸收塔	湿式旋风洗涤器 2 个串联	空塔串联填料塔	空塔串联旋流板洗涤塔	旋流板洗涤塔串联文氏管
吸收率 /%	80 ～ 94	70 ～ 90	80 ～ 95	70 ～ 95	80 ～ 97	99 以上
阻力降 /mmH_2O	80 ～ 150	80 ～ 120	140 ～ 300	140 ～ 300	180 ～ 240	1400 ～ 1900
投资	低	最低	一般	最大	较大	较大
操作	易	最易	易	易	一般	一般
问题	塔上部填料部分易堵需清理	需注意水膜分配均匀	水压要大于 2kg/cm^2	不能断水否则会使填料处堵塞	塔板要进行防腐处理	液体中镁、钙离子多时，会堵塞喷嘴

在设备选择方面，旋流板洗涤塔、湿式旋风水膜吸收塔、喷射吸收塔、文氏管等都是较为简单的设备，也易防腐，只要操作得当，脱氟效率也都很高。此时烟囱高度需达到 60m 以上。

根据实践经验，要消除高炉法钙镁磷肥对环境的污染，有效的措施是：① 坚持煤气净化，把尘、氟的净化效率控制在 99% 以上。含氟污水用石灰乳或电石渣中和处理，液固分离后，清水封闭循环不外排，沉渣返回半成品进入钙镁磷肥成品。② 水淬水和冷却水分别实行封闭循环不外排。③ 减少扬尘点，根据不同的尘源分别设置不同的除尘装置，把除尘效率控制在 99% 以上。④ 加强工艺管理，提高设备完好率，把无组织排放量控制在 1% 以下。

7.1.7.2 镍磷铁渣资源回收

用蛇纹石作助熔剂生产钙镁磷肥时，因为蛇纹石中含 Ni 0.2% 左右，蛇纹石和磷矿中又含有 7% ～ 10% 的氧化铁，这些镍和铁的氧化物，在高炉中熔炼钙镁磷肥的同时被还原成了液态的金属镍和铁。磷矿中的部分磷酸钙也被碳还原成了元素磷，金属镍和铁再与元素磷化合就会生成镍磷铁，因为和钙镁磷肥的密度不同而沉积于炉底，定时排出炉外回收。每生产 1t 钙镁磷肥可回收镍磷铁 10kg 左右。镍磷铁含有稀贵金属镍，如果钙镁磷肥生产中能够予以回收副产镍磷铁，对提高钙镁磷肥生产综合效益具有非常积极的意义。

（1）镍磷铁的形成　磷矿、蛇纹石和焦炭入炉后，在高炉的上部进行预热、脱水、分解和烧结等过程，镍和铁等化合物的还原反应主要集中在高炉下部的过热带和熔融带。在 1400℃以上的高温区，熔融的 $NiSiO_3$ 首先和炉料中的 CaO 反应，生成 NiO 和 $CaSiO_3$，NiO 进而被 C 和 CO 还原成金属镍：

$$NiO+C \longrightarrow Ni+CO\uparrow$$

$$NiO+CO \longrightarrow Ni+CO_2$$

虽然氧化亚铁比氧化亚镍的还原性差，但在炉内高温、还原气氛和大量焦炭的作用下，矿石中的Fe_2O_3和被还原了的FeO仍然有一部分被还原成金属铁。其一部分从NiO中置换出Ni生成FeO，一部分又被氧化，生成FeO进入磷肥。炉料中的部分$CaCO_3$在C和SiO_2的作用下，生成CO和$CaSiO_3$，一部分P和Ni、Fe化合生成了Ni_3P和Fe_3P。

（2）镍磷铁的炉外回收　钙镁磷肥生产过程中，回收镍磷铁是依赖金属相（镍磷铁）和渣相（熔融磷肥）存在密度差而实现的。要达到回收镍磷铁的目的，必须使镍磷铁与钙镁磷肥充分地凝聚、分离、沉降。镍磷铁在钙镁磷肥中的分散和凝聚过程，在雷诺准数$Re \leqslant 0.2$的条件下，应在一定程度上遵循质点重力沉降规律。所以两者的密度差别越大、熔料的黏度越小、质点的粒子越大，质点的沉降速度也就越快，沉积于炉底的镍磷铁也就越多，回收量也就越多。同时还要控制铁水在炉缸内有充分的沉降时间（约30min）以汇集一定的数量。镍磷铁每隔2h出铁一次，在出铁时，先用电钻或钢钎打开高炉铁口$\phi 30 \sim 40$mm，炽热的钙镁磷肥熔体和镍磷铁一并流入撇渣器，直到铁口喷出火舌（煤气）时，标志着铁已出完，即用堵口器中的堵口泥将铁口堵塞。流入撇渣器的熔体中，上层为钙镁磷肥熔融料，由撇渣器不断流入水淬槽，通过水淬骤冷制成钙镁磷肥半成品（粗肥）；下层为镍磷铁熔融体，经撇渣器下部流入分铁沟，再经适当分层，下层铁水流入铸铁模中冷却成块状产品，上层带有少量磷肥的铁水流入另一砂池，冷却后返回高炉熔炼再回收。

（3）副产镍磷铁的焦比和矿耗　在生产钙镁磷肥的过程中，生成镍磷铁也是需要消耗磷矿、焦炭和其他辅助材料的，在钙镁磷肥的统计规范中，这些消耗均一并计入了磷肥消耗，回收镍磷铁变成了无需消耗的副产品，这是不合理的。为了明确镍磷铁消耗磷矿石和焦炭的情况，以生成镍磷铁的含磷量及其耗热量，计算每吨镍磷铁的磷矿和焦比消耗。

① 计算依据　计算以产出1000kg镍磷铁为基准；根据高炉炼铁的耗热量计算方法计算各元素的热量消耗；根据镍磷铁的成分计算各元素的还原数量；全部元素的还原数量均按直接还原计算。

② 镍磷铁的化学成分　Fe 76.94%、Ni 3.57%、P 18.69%、Si 0.30%、S 0.40%、Mn 0.10%。

③ 各元素的还原耗热量　Fe的还原耗热量：焦炭灰中的铁，磷矿和蛇纹石中的铁，都以硅酸亚铁（Fe_2SiO_4）的形式存在，所以按硅酸亚铁还原计算。在高炉法制钙镁磷肥的情况下，因为有大量的CaO存在，所以还原作用更容易，因为CaO可以分解硅酸盐，同时放出热量。反应过程可用下式表示：

$$Fe_2SiO_4+2CaO = Ca_2SiO_4+2FeO \quad +91797kJ$$

$$2FeO+2C = 2Fe+2CO\uparrow \quad -307440kJ$$

$$Fe_2SiO_4+2CaO+2C = 2Fe+Ca_2SiO_4+2CO\uparrow \quad -217526kJ$$

Ni的还原耗热量：Ni与Fe有相似的物理化学性质，从硅酸镍中得到NiO，然后被C直接还原成Ni的反应可用下式表示：

$$Ni_2SiO_4+2CaO \longrightarrow Ca_2SiO_4+2NiO+90082kJ$$

$$2NiO+2C \longrightarrow 2Ni+2CO\uparrow \quad -298974kJ$$

$$Ni_2SiO_4+2CaO+2C \longrightarrow 2Ni+Ca_2SiO_4+2CO\uparrow \quad -208865kJ$$

Mn 的还原耗热量：炉料中有 CaO 存在，锰在硅酸盐中被还原的反应可以下式表示：

$$MnSiO_3+CaO \longrightarrow CaSiO_3+MnO+58394kJ$$
$$MnO+C \longrightarrow Mn+CO\uparrow -288403kJ$$
$$MnSiO_3+CaO+C \longrightarrow Mn+CaSiO_3+CO\uparrow -229409kJ$$

P 的还原耗热量：炉料中含有大量的二氧化硅，SiO_2 极大提高了 $Ca_3(PO_4)_2$ 的氧化性，同时改变了还原过程，在 1200 ～ 1500℃温度下，用碳还原的反应按下式进行：

$$Ca_3(PO_4)_2+5C = 3CaO+2P+5CO\uparrow$$

磷酸钙遇到二氧化硅时会加速还原过程，在这种情况下磷的还原可用下式表示：

$$2Ca_3(PO_4)_2+3SiO_2 \longrightarrow 3(CaO)_2 \cdot SiO_2+2P_2O_5-917466kJ$$
$$2P_2O_5+10C \longrightarrow 4P+10CO\uparrow -1921293kJ$$
$$2Ca_3(PO_4)_2+3SiO_2+10C \longrightarrow 3(CaO)_2 \cdot SiO_2+4P+10CO\uparrow -2838760kJ$$

Si 的还原耗热量：在 1360℃时按下列反应，可以用碳将硅还原出来。

$$SiO_2+2C \longrightarrow Si+2CO\uparrow -627977kJ$$

去 S 耗热量：在镍磷铁中，虽然含硫量仅有 0.4%，但加入炉料中的硫酸盐及硫化物，都必须在还原后才有可能与镍磷铁和炉渣（钙镁磷肥熔料）生成硫化物，或者以 H_2S 及 SO_2 的形态挥发，所以应按去 S 后生成的硫化物计算。

磷肥焦比以 200kg/t 肥计，焦炭含 S 以 1% 计；磷肥熔料中含 S 0.25%；肥铁比是 100∶1（即 100t 磷肥产出 1t 镍磷铁）；磷肥消耗磷矿 1000kg/t（P_2O_5 含量以 17% 计）；磷肥消耗蛇纹石 250kg/t；磷矿和蛇纹石均含 S 0.05%。

磷肥熔料脱 S 和镍磷铁中 S 的耗热量：根据炉渣（熔料）及镍磷铁中硫化物的平均生成热 2.01×10^5kJ/kmol，计算每 kg S 的耗热量为 6.28×10^3kJ，磷肥熔料去 S 耗热量为 1.57×10^8kJ，镍磷铁去 S 耗热量为 2.51×10^4kJ；消耗在各元素还原及熔料和镍磷铁去 S 的热量合计量为 7.51×10^6kJ。镍磷铁带走的热量：镍磷铁的平均热焓为 1.13×10^3kJ/kg，则 1000kg 镍磷铁带走的热量为 1.13×10^6kJ，冶炼生成 1000kg 镍磷铁消耗总热量为 8.64×10^6kJ。

④ 焦比计算　根据消耗的总热量计算焦比，炉内碳素平均发热量为 2.51×10^4kJ/kg，焦炭固定碳平均达到 80%。则冶炼 1000kg 镍磷铁的焦比为 430.28kg。

⑤ 磷矿消耗量的计算　磷矿中含 P_2O_5 以 17% 计。因为 1000kg 镍磷铁中的含 P 量为 186.96kg，因此消耗 P_2O_5 428.06kg，需要磷矿石 2518kg/t 镍磷铁。若以含 $P_2O_5$30% 的标准磷矿计算，则需标准磷矿 1462.87kg/t 镍磷铁。

⑥ 焦比和矿耗的分析　根据以上计算的焦比和磷矿消耗量为炉内生成 1t 镍磷铁的消耗量，产出 1t 镍磷铁需要消耗焦炭 430.28kg，消耗含 $P_2O_5$17% 的磷矿 2518kg（如需要含 $P_2O_5$30% 的标准磷矿 1462.87kg）。由于炉缸受到渣、铁分层沉降的影响，生成的镍磷铁不可能全部沉入炉底回收，会有一部分被磷肥熔料带走。一般来说，回收的镍磷铁仅为生成镍磷铁的 50% 左右。在高炉冶炼的情况下，不仅有各元素的还原耗热，同时还有煤气、冷却水及其他散热，加入高炉中焦炭发热量的炉内利用率一般仅能达到 70% 左右。所以，回收 1t

镍磷铁实际消耗焦炭 1229.37kg，消耗磷矿 5036kg；若以含 $P_2O_5$30% 的标准磷矿计算，则磷矿消耗量是 2853.74kg。

⑦ 回收镍磷铁的成本和价值　根据以上计算得出的焦比和磷矿消耗，加上人工、电力和辅助材料费用，按照厂内用料价格计算，可知回收 1t 镍磷铁的成本。

（4）平炉吹炼一次合金　除了上述高炉法钙镁磷肥副产镍磷铁回收 Ni 以外，为了提高镍磷铁中的 Ni 含量，也可以首先在平炉中吹炼成一次合金，即先除去部分的铁和磷，使合金含 Ni 达到 50% 以上。

① 平炉吹炼原理　在镍磷铁中，3 个元素 Ni、P 和 Fe 占了 90% 以上，它们主要以磷的化合物存在，稳定性按照 $Ni_3P \rightarrow Co_3P \rightarrow Fe_3P \rightarrow Cu_3P$ 的顺序排列。在足够 SiO_2 存在的情况下，向熔化的镍磷铁中鼓入空气，Fe_3P 被氧化成 $2FeO \cdot SiO_2$ 和 P_2O_5 进入炉渣。其他金属元素 Ni、Cu 也参与氧化，但遇到金属铁和磷时又被还原，这样使镍得到富集。将镍磷铁在平炉中进行氧化吹炼，使 Fe、P 等元素被氧化造渣，因 Ni 不易被氧化而达到富集。经平炉吹炼后，一次合金中含 Ni 可达 50% ～ 60%，炉渣中含 FeO50%、$SiO_2$16% ～ 20%、$P_2O_5$18% ～ 24%。经水淬处理后，渣中 P_2O_5 为枸溶性的，转化率达 95% 以上，是良好的磷肥。在平炉中化学反应如下：

$$\text{去铁反应：} 2Fe+O_2 \longrightarrow 2FeO$$

$$\text{去磷反应：} 4FeP+7O_2 \longrightarrow 4FeO+2P_2O_5$$

由于氧化铁不稳定，加入河沙（SiO_2），使之生成 $2FeO \cdot SiO_2$。即：$2FeO+SiO_2 \longrightarrow 2FeO \cdot SiO_2$。还有：$3FeO+P_2O_5 \longrightarrow 3FeO \cdot P_2O_5$。

在铁、磷被氧化的同时，少量 Ni 也被氧化：$2Ni+O_2 \longrightarrow 2NiO$。

由于平炉熔池内有大量的铁、磷存在，氧化镍（NiO）被还原：

$$NiO+Fe \longrightarrow Ni+FeO$$

$$9NiO+2Fe_2P \longrightarrow 9Ni+4FeO \cdot P_2O_5$$

平炉吹炼优点如下：炉体结构简单，处理量大，造价低，24h 可处理镍磷铁 12 ～ 15t，符合多、好、快、省的建设原则；不需要外加热源，平炉在吹炼过程中，由于铁磷进行氧化反应，放出大量的热，所以在吹炼过程中不需外加热源；综合利用好，不但使镍得到富集，而且炉渣经水淬后可作磷肥使用，每处理 1t 镍磷铁，可得 1.2 ～ 1.5t 磷肥；经济效益好，镍的回收率高达 95%。

以水冷风管代替一般钢管吹炼，可使钢材消耗大大降低。原来生产 1t 镍需 1 ～ 1.2t 钢材，采用水冷风管后仅需 0.1t 左右的钢材。既节约了钢材，又改善了平炉吹炼条件。

② 平炉吹炼要点　平炉吹炼镍磷铁是依赖镍磷铁氧化放热自热进行。在初开炉时用木柴烤炉后，先喷油熔化炉料的一个点，稍许鼓风吹炼，随着炉温提高后，加入生料和造渣石英砂转入正常操作。当含 Ni 量富集到 50% 左右时，便可打开铁口放出合金，但炉内应留少量熔化的铁水作为母液，继续加入主料即为第二炉次的开始，如此循环操作直至计划停炉。

③ 平炉的主要技术经济指标　因为圆形平炉的熔化中心到各个炉门距离都相等，没有死角，散热面积小，炉内温度均匀，吹炼能力可达 2 ～ 2.5t/(m²·d)。一次合金 Ni 含量一般都在

50%左右，最高可达80%，含磷量可降至3.24%。采用水冷炉壳，炉龄一般都能达到100d以上。

（5）电炉炼制二次合金

① 基本原理　在平炉中，熔体内大量的Fe被氧化并与SiO_2成渣被除去，熔体中Ni的含量上升，P含量下降，这样的炉料几乎是Fe-Ni二元合金，熔点在1400℃以上，在无外来热源的条件下，平炉吹炼便难以继续进行。采用电炉，既可使吹炼继续进行，进一步提高Ni的含量，同时又可以有足够的温度浇铸阳极板以达到成型目的。

在电炉吹炼中，除按平炉吹炼加入SiO_2，以除去FeO继续提高品位之外，还需加入CaO，使一次合金中Fe_3P和$FeO \cdot P_2O_5$含有的P生成$CaO \cdot P_2O_5$除去。最后在二次合金中，Ni的含量可以提高到75%以上，即可浇铸阳极板送去电解精炼。

② 电炉的技术特性　电炉吹炼所用电炉是长春电炉厂生产的标准设备，型号HX-0.5，额定容量为0.5t，最大容量为0.75t。变压器型式是HS3-1000/6.3（三相），额定容量为650kVA，低压侧电压为200V，低压侧电流为1876A或1083A，高压侧电流为5957A，高压侧电压为6300V，频率为50Hz，允许过载负荷为20%。炉料靠电极与金属炉料之间形成电弧产生高温，进行熔化和精炼。电极为ϕ150mm的石墨电极，电极行程为950mm，最大上升速度为2～3m/min，最大下降速度为1～2m/min。

③ 电炉的主要技术经济指标　炼制阳极板的主要技术经济指标如表7-15所示。

表7-15　电炉主要技术经济指标

项目	指标
进料品位 Ni/%	49.00
产品品位 Ni/%	75.80
渣中 Ni 含量 /%	1.15
镍直收率 /%	89.50
镍入渣率 /%	3.20
造渣率 /%	54.70
熔剂率 /%	11.50
日处理量 /t	1.551
日产量 /t	0.914
1t 二次合金消耗材料	
镁砂 /t	0.171
石英砂 /t	0.68
电 /kWh	4098
电极 /kg	207
泡花碱 /t	0.095

（6）镍铁阳极板的电解精炼　由于阳极板中存在有大量杂质，因此必须通过电解精炼才能获得高纯度的电解镍，并且回收阳极板中的钴等贵重金属。

① 电解工艺原理及过程　镍铁阳极板电解时，槽内阴极和阳极分别并联，槽与槽间串联，阴极液与阳极液用耐酸过滤隔膜或布分开。经过净化的阴极电解液连续不断流入隔膜袋，并保持高于阳极电解液面一定的液面差，以使阴极电解液通过隔膜不断地向阳极循环，以保证获得纯净的阴极镍。

电解槽流出的电解液，带有铁、铜、钴等杂质，必须送去净化处理。净化电解液的好坏直接影响电解镍的质量。为了补充电解液中镍离子的消耗，必须不断补充新造的镍离子浓度高的电解液，通常生产中新造液与电解槽阳极出液一并送去净化处理。

② 电解装置及主要设备　电解槽用混凝土浇制而成，槽内装阴极和阳极板，以木质架构成，槽上加垫塑料铺的绝缘平面，以便铺设铜排与铜管及电解液管道。采用不锈钢板作母板，放于隔膜袋内制取始极片作阴极。主要设备为硅整流器。

③ 电解液的制取（酸性造液）　造液槽是无隔膜袋的电解槽，槽内安放 13 对阳极板作为阴极与阳极（阳极可用电解残极代替），加纯净水约 1300kg，配入工业盐酸 525kg，控制电流为 1800A，酸量为 30 ～ 50g/L，废液加入时须调整酸量，最终溶液 Ni ≥ 100g/L，酸量为 5 ～ 10g/L，然后将电解液送去净化。

④ 电解作业　将整理好的阳极板置于有电解木架和隔膜袋的电解槽中，初开槽时，以不锈钢板放入袋内作阴极制取电解始极片，正常生产中始极片的制作系在生产过程中附带制取。从高位槽不断以纯净合格的电解液流入隔膜袋而获得高纯度的阴极镍板。

⑤ 电解镍的技术经济指标　电解镍主要技术经济指标如下：阳极电流效率为 96%，阴极电流效率为 70%，电耗 1431kWh/t 电解镍阳，极泥率为 15%。

⑥ 电解车间　电解车间包括 3 个部分，造液部分：将阳极板放入造液槽，加水和盐酸。通电进行造液，阳极板中铜、镍、铁等元素进入电解液，其他不溶元素进入阳极泥；电解液净化部分：将废电解液和造液槽电解液中的杂质除掉，控制元素有铁、钴、铜、锌；电解部分：采用隔膜电解，液位差保持在 30 ～ 50mm，电解槽温度为 65℃，pH=4.5 ～ 4.8。这样可得纯的阴极镍板。

以上流程用图 7-10 表示。

（7）电解操作要点　阳极成分：

Ni	Co	Cu	Zn	Pb	C
≥ 80	2	2	≤ 0.004	≤ 0.003	≤ 0.05

阳极尺寸：570mm×314mm×40mm；阴极尺寸：690mm×740mm。

电流密度：220 ～ 270A/m^3；电流强度：2400 ～ 3000A；槽电压：1.8 ～ 3.5V；加温缸温度：85 ～ 90℃。

电解槽温度：65 ～ 75℃；加温缸 pH 值：4 ～ 4.8；隔膜内含镍：＞45g/L；每只隔膜循环速度：4 ～ 8L/h；隔膜内 pH：4.5 ～ 5.0；阳极对数：12 对 / 槽；阴级块数：11 块 / 槽；阴极板水位差：30 ～ 50m/m；母板停留时间：8 ～ 10h；阴极停留时间：3 ～ 5d；刮阳极泥周期：

6～10d；始极片盐酸处理：pH≤0.5 2min；阴极出槽后清洗一次：温度为65～75℃，时间为5～10min；阴极出槽后清洗二次：温度为75～80℃，时间为5～8min；电解槽清理周期：30～40d/次；阴极成分：符合国家镍-1～镍-0。

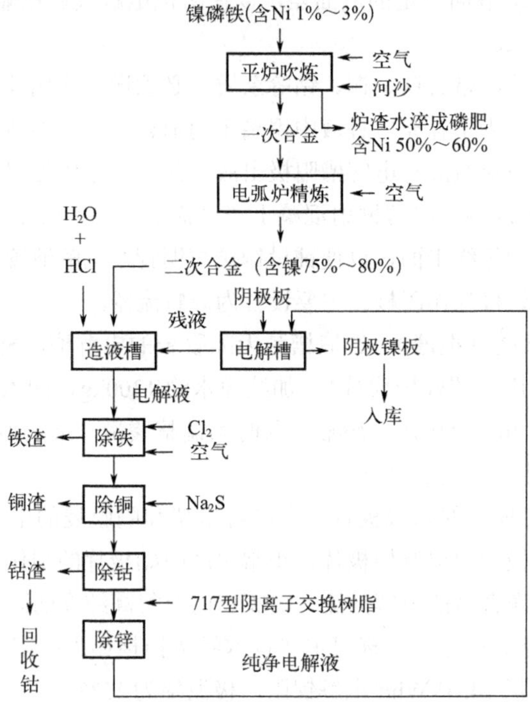

图7-10 镍磷铁中提炼金属镍的工艺流程

（8）消耗定额与成本 每吨纯镍主要原材料消耗定额为：

镍磷铁66.6t（含Ni3%，相当于2吨纯金属量）；钢材普通钢管0.4t，水冷吹风管及设备维修用；铜材紫铜管及扁铜0.05t，导电铜棒及吊阳极、阴极用；塑料聚氯乙烯软硬极；木材樟木、杉木等0.4m^2；工业用耐酸尼龙布及帆布300m，原滤机等用；生铁0.2t、液氯1.0t、盐酸5t、硼酸0.3t、硫化碱0.5t、纯碱4t、烟煤12t；阴离子交换树脂717型0.015t。

7.1.8 技术经济指标

（1）生产技术经济指标 高炉法生产钙镁磷肥的技术经济指标有燃料率、焦比、产率、转化率、原料耗率、镍回收率、高炉生产强度和劳动生产率等。

① 燃料率 燃料率是指同一批炉料中，燃料质量与矿石质量的百分比，燃料率越低，焦比也越低，焦耗就越少。

$$燃料率(\%)=\frac{一批料中焦炭质量（kg）}{一批料中矿石质量（kg）}$$

② 焦比　焦比是生产 1t 粗肥所消耗的焦炭数量。

$$焦比(t/t粗肥)=\frac{焦炭消耗量（t）}{同一时间粗肥产量（t）}$$

③ 产率　产率是消耗 1t 矿石（包括磷矿和助熔剂）所获得的粗肥产量，它是衡量矿石或肥程度的指标，又称为粗肥回收率。

$$产率(\%)=\frac{高炉粗肥产量（t）}{同一时间矿石消耗量（t）}$$

在原（燃）料条件不变的情况下，产率越高，表示炉尘吹出量和肥料流失量越少。产率高低与入炉矿石的性质（精矿或通矿）有关。一般情况，精矿入炉的产率高于通矿入炉的产率。

④ 转化率　熔融钙镁磷肥的转化率又称为枸溶率。它是肥料中的有效五氧化二磷含量和总五氧化二磷含量的百分比。

$$转化率(\%)=\frac{有效五氧化二磷含量}{总五氧化二磷含量}$$

转化率是熔融磷肥质量的重要指标。一般来说，磷肥转化率越高，磷矿的利用率就越高，肥料的质量越高，制肥的技术经济指标也越好。

⑤ 原料耗率　原料耗率又称为原料定额。它是指每生产 1t 实物磷肥半成品或每生产 1t 标准磷肥半成品所消耗的磷矿和助熔剂的量。

$$磷矿耗率［t/t实物（标准）磷肥］=\frac{消耗的磷矿石量}{生产的实物磷肥量}$$

$$助熔剂耗率［t/t实物（标准）磷肥］=\frac{消耗的助熔剂量}{生产的实物磷肥量}$$

磷矿石和助熔剂的质量也有高低。目前我国尚无磷矿石和助熔剂的含量标准，暂定含 P_2O_5 30% 的磷矿石作为计算标准。

$$标准磷矿耗率（t标矿/t标肥）=\frac{消耗的实物磷矿量\times\dfrac{实物磷矿含磷量}{0.30}}{生产的标准磷肥量}$$

实物磷矿（或助熔剂）耗率可由实物磷肥生产量和消耗的磷矿石（或助熔剂）量直接求出。标准磷矿（或助熔剂）耗率可由上式计算。

矿石的耗率越低，说明磷矿石和助熔剂的利用率高，它与粗肥的质量和产率（吹损、流损）有关。

⑥ 镍回收率　高炉法生产钙镁磷肥，如果用蛇纹石作熔剂配料，不仅能得到磷肥产品，还能得到副产品——镍磷铁，镍磷铁中含镍总量和入炉原料中含镍总量的百分比称为镍回收率。

$$镍回收率（\%）=\frac{镍磷铁中含镍量}{入炉原料中含镍量}$$

镍回收率越高，镍磷铁的产量越高，回收镍越多，越有利于降低磷肥产品的成本。

⑦ 高炉生产强度　钙镁磷肥高炉的生产强度可用每平方米高炉炉缸截面积或每立方米

高炉有效容积在单位时间内的产肥量来表示。

$$高炉生产强度[t粗肥/（m^2·昼夜）]=\frac{每昼夜高炉粗肥产量}{炉缸截面积}$$

$$=0.053\times\frac{每昼夜高炉粗肥产量}{风口对径^2}$$

⑧ 劳动生产率　钙镁磷肥生产厂主要采用全员劳动生产率和工人实物劳动生产率来表示这一指标。

$$全员劳动生产率=\frac{磷肥实物产量（或总产值）}{磷肥实物产量（或总产值）占用职工平均人数}$$

$$工人实物劳动生产率=\frac{磷肥实物产量（或总产值）}{磷肥实物产量（或总产值）公用工人和徒工平均人数}$$

（2）钙镁磷肥装置与磷酸铵装置综合比较　生产湿法磷酸需要中高品位磷矿（$P_2O_5\geqslant 28\%$），对磷资源的需求较高，装置及运行投资也很大。钙镁磷肥是枸溶性碱性肥料，可用含 $P_2O_5$16%～18% 的低品位磷矿生产，对磷资源的利用更合理。云南、贵州、四川、湖北地区目前有大量中低品位磷资源，且 SiO_2 含量较高（含 $SiO_2$15%～20%），是很好的钙镁磷肥生产原料。在磷资源地区建设钙镁磷肥装置优势明显。以 30 万吨 / 年为例，钙镁磷肥装置与磷酸铵装置综合比较见表 7-16。

表7-16　钙镁磷肥装置与磷酸铵装置综合比较

产品	投资 / 亿元	建设周期 / 年	产值估算 / (亿元 / 年)	磷矿 $w(P_2O_5)$ /%	占地面积 /hm^2	综合能耗 /(kJ/t)	投资回收期 / 年
磷酸铵	10	3	9.0	≥ 28	30	20.90×10^6	8 ～ 10
钙镁磷肥	1	1	2.2	≤ 20	10	4.18×10^6	3

建设同一规模钙镁磷肥与磷酸铵装置，钙镁磷肥装置综合效益优势明显，尤其是对于中低品位磷资源较多的磷资源地区。钙镁磷肥装置环保效益好，无废渣、废水排出，废气中有害成分氟［ρ（F）≤ 3mg/m^3］和粉尘［ρ（粉尘）≤ 120mg/m^3］均满足国家排放标准［ρ（F）≤ 9mg/m^3，ρ（粉尘）≤ 120mg/m^3］；节能，每吨肥料能耗仅 4.18×10^6kJ；效益好，每吨钙镁磷肥可产生 100 ～ 150 元的利润，30 万吨 / 年装置每年可产生 3000 万～ 4500 万元利润。

综上，利用中低品位磷资源建设钙镁磷肥装置，投资少，见效快，无废水、废渣排放，废气达标排放，是节能环保的好项目，且钙镁磷肥市场前景好，适宜在磷资源地区推广建设。

7.1.9　技术发展展望

钙镁磷肥生产技术的发展应结合钙镁磷肥产业自身特点，重点从原料、工艺、装备技术改造，以及在产品应用、市场名牌建设等做好工作，扬长避短，逐步完善全产业链过程。

（1）发挥低浓度磷肥工艺对中低品位磷资源的适应性[13-15]　采用品位较低、杂质含量较高的磷矿（P_2O_5 ≤ 20%）或磷矿剥离废弃物、磷尾矿（如云天化集团采用反浮选工艺选别中低品位磷的磷尾矿，含 P_2O_5 8% ～ 13%、SiO_2 8% ～ 16%，属高镁低品位磷矿，尾矿排放量超过 400 万吨 / 年），以及钾长石等难以利用的资源，直接生产过磷酸钙、钙镁磷肥等低浓度磷肥，不与高浓度磷复肥争原料。

（2）开发绿色、节能、环保、高效的钙镁磷肥工艺　应优化钙镁磷肥生产装置，加强节能、环保技术改造，提高钙镁磷肥产品附加值，如推广考贝式热风炉等节能技改措施，确保废水、废渣循环使用，同时副产镍磷铁、磷铁等附加值高的副产品。

（3）研发生产物性优良的粒状过磷酸钙、钙镁磷肥或其复合产品[16]　研发生产具有高强度、速分散、低稀释特性的颗粒状过磷酸钙、钙镁磷肥或过磷酸钙与钙镁磷肥，或有机肥复合产品，改善低浓度产品物性，降低施肥成本，减轻施肥难度，提高机施率，实现资源能源节约、提高肥料利用率。

（4）除规定 P_2O_5 外，还应标明中微量元素含量，并应在售卖时计价　我国钙镁磷肥产业发展的基础是要借鉴日本等先进国家的经验，强化中微量元素的作用，生产含有效 P_2O_5、SiO_2、MgO、碱分 (CaO + 1.39MgO) 为 40% 左右的产品。该产品特别强调 SiO_2 的吸收率高，对减轻病虫害感染、水稻倒伏特别有利，同时具有土壤调理剂的功效，近十年在日本得到较好推广。

7.1.9.1　工艺技术和产品创新

钙镁磷肥工艺技术创新。研究原料结构的改变与合理配伍 (钾长石、白云石等)，使用中低品位磷矿作为高炉法原料；研究替代焦炭的可行性与能量回收利用，如黄磷尾气代替焦炭，生产成本可降低 1/3 左右；磷渣与钙镁磷肥进行配比，实现部分磷渣高值化利用，节能减排，促进钙镁磷肥产业进一步发展[17]。

钙镁磷肥产品工程创新。由于钙镁磷肥的养分是以枸溶性形态存在，粉状产品有利于肥效的发挥，但无法实现机械化施肥，施用不便且易扬尘。将粉状钙镁磷肥制成粒状钙镁磷肥 (颗粒直径在 2 ～ 4mm)，便于施用，而且可以减少运输、贮存和施用时的扬尘损失；也可与其他基础肥料掺合，以满足对钙、镁、硅营养元素的需要；在成粒过程中，也可以添加微量元素，制成含多种中微量元素的钙镁磷肥；也可作为智能配肥站配方掺混 BB 肥或机械化配肥的原料。

钙镁磷肥应用功能创新。从产业定位上，与中低品位磷矿中共伴生资源利用相结合，发展农业需求的产品。在钙镁磷肥的基础上，添加植物所需的微量元素，使得钙镁磷肥能够升级为功能化植物营养调理品，提供磷素、中微量元素，具有调理土壤和调理植物的功能以及实现产品颗粒化；需制定产品新标准，体现出钙镁磷肥产品优势。

（1）窑炉法钙镁磷肥生产原理　高炉法钙镁磷肥生产工艺的缺点主要是所用原料、燃料必须是块状（颗粒粒径必须大于 20mm），粉矿由于影响进风不能使用，造成资源浪费，生产中粉尘多、噪声大，环境污染严重，劳动强度大等。黄磷是用磷矿和硅石，以焦炭为还原剂在电炉中反应，得到磷蒸气，水冷回收而得，每生产黄磷 1t 排放尾气约 2500m^3，尾气含 CO 85% ～ 90%。目前，与黄磷工业耦合的循环经济技术在传统高炉生产方面取得新突破。利用黄磷尾气作为钙镁磷肥生产热源，同时将各种磷资源，如中低品位磷矿、磷尾矿和磷渣等作为原料，制备中微量元素肥料或调理剂，降低生产成本，保护生态环境。黄磷联产钙镁磷肥新工艺采用黄磷尾气代替焦炭在换热式窑炉中生产钙镁磷肥。该工艺优点：采用黄磷生产所产生的尾气代替焦炭，变废为宝，既解决了黄磷尾气对环境的污染问题，又节约了占钙镁磷肥成本30%的焦炭燃料；黄磷生产原料要求粒径大于15mm，因此将产生大量的粉矿（焦炭粉、磷矿粉、硅石粉等），这些下脚料可全部用于生产钙镁磷肥，无废渣排放；用窑炉代替高炉，用黄磷尾气代替焦炭后，劳动条件得到改善，噪声、粉尘大大减少；由于以黄磷尾气为热源，热值高，生产中温度容易调控，产品P_2O_5含量可以达到18%以上。

① 黄磷尾气作钙镁磷肥生产热源可行性　黄磷生产原料在电炉中被焦炭还原为磷蒸气，同时生成CO，磷蒸气通过冷凝塔冷却为液态磷，不能被水吸收的气体则作为废气放空。黄磷尾气的主要成分为CO，并含有水蒸气以及少量的CO_2、O_2、H_2、CH_4、N_2、P_4、H_2S、SiF_4等，尾气中各种成分的含量与原料成分有直接关系。原料中的氟有70%存在于炉渣及磷泥中，30%存在于磷炉气中，原料中的碳基本上以气体形式从电炉中挥发出来（CO和CO_2），有36%的硫存在于尾气中。

原料成分变化对磷炉气成分有一定的影响，但对主要成分CO的含量影响不大，CO体积分数约为89%。黄磷尾气由于含有较多的CO（体积分数为85%～89%），热值很高。参照国内同类型厂的数据，发生炉煤气中CO体积分数约为22%。黄磷尾气燃烧热为发生炉煤气燃烧热的2.4倍。黄磷尾气的燃烧温度完全可以满足钙镁磷肥生产过程中磷矿石和助熔剂达到熔融温度的要求。因此，选用黄磷尾气替代焦炭有充分的理论依据。

② 窑炉法生产钙镁磷肥工艺流程　用球磨机将磷矿、硅石、白云石（或蛇纹石、钾矿）磨细，按一定比例配料，并加入活化剂，通过运输机输送到窑炉加料口，加入窑炉，在窑炉中经过高温熔融后从出料口出料，再经过高压水冷却水淬，进入捞料池，通过抓斗捞出，运到沥水场进行沥水，沥水后经皮带运输机送到烘干房进行干燥，再进入球磨机磨细，最后包装、堆存。窑炉产生的废气经除氟后放空。窑炉法生产钙镁磷肥工艺流程见图7-11。

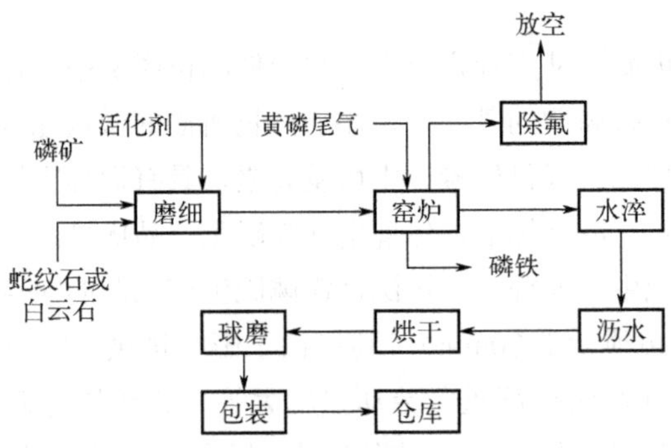

图7-11　窑炉法生产钙镁磷肥工艺流程

（2）发展窑炉法钙镁磷肥的意义　我国钙镁磷肥生产采用高炉法工艺，相比湿法磷酸和高浓度磷复肥产业，该工艺运行过程中高温熔融、水淬冷却、烘干、磨细等工序电耗、能耗高，磨细粉尘、高炉尾气、水淬水等污染严重，为保证高炉的透气性，磷矿、助熔剂（硅石、蛇纹石、白云石）、燃料等需块矿入炉，造成细粒粉尘资源大量浪费，产品磷含量低且产品为枸溶性，磷肥经济效益不断下降，鉴于上述原因，近年来高炉法钙镁磷肥产量迅速下降，产能大幅萎缩。

窑炉法生产钙镁磷肥较高炉法具有九大创新点：①可用中低品位磷矿、粉矿及黄磷生产下脚料为原料；②用黄磷尾气代替焦炭，生产成本降低 1/3 以上；③用黄磷尾气代替焦炭，减少了粉尘、CO、SO_2 的排放，改善了操作环境及大气环境；④由于窑温较高炉高，操作顺序易控制，可根据需要加入中微量元素，生产多元钙镁磷肥，做到一炉多用；⑤由于窑炉温度高，可生产高碱度高质量钙镁磷肥用于出口；⑥窑炉装置造价低，不到高炉的 1/2，建设周期短；⑦窑炉法生产钙镁磷肥可实现机械化、自动化生产；⑧黄磷尾气得到充分的利用，解决了黄磷企业尾气排放污染大气的问题；⑨该技术实现了节能减排、循环利用的目的，窑炉法较高炉法节能 50% 以上。因此，利用黄磷尾气窑炉法生产钙镁磷肥实用价值大，发展潜力无限，是对钙镁磷肥生产方法的重大创新，为我国钙镁磷肥创新发展开辟了一条新的途径。生产实践证明，新工艺技术先进，环保及经济效益好，深受黄磷和钙镁磷肥生产企业欢迎。该技术的推广应用，可使我国困境中的钙镁磷肥产业重新焕发青春，为农业现代化做出贡献。

7.1.9.2　镍磷铁综合回收

（1）纯碱灼烧再加氨浸取法（见图 7-12）　镍磷铁粉碎后，首先加入一定比例的纯碱，混合均匀后高温灼烧，然后用水浸取，反应生成的磷酸三钠溶于水中，过滤，滤液冷却后析出磷酸三钠晶体，经离心分离得到十二水磷酸三钠。滤渣主要是铁的氧化物及镍，加氨水、碳酸铵，镍因可与氨形成配合物而溶在水中，铁等杂质保持为固态，经过滤，分离出镍氨溶液，加热蒸发驱除氨后析出碳酸镍晶体，过滤得到固体，滤液可返回使用。分离出镍氨溶液的渣则成为仅含有铁元素的固体。

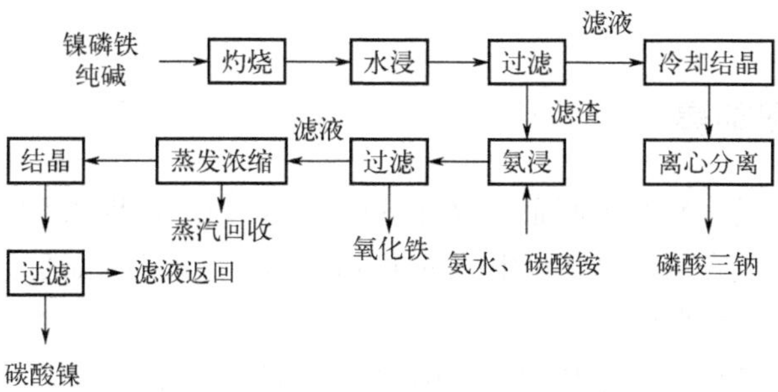

图 7-12　纯碱灼烧再加氨浸取法流程图

（2）先氨浸再加纯碱灼烧法（见图 7-13）　镍磷铁粉碎后，加入氨水、碳酸铵溶液，加热强力搅拌，提取镍后过滤，滤液为镍氨配合物溶液，加热蒸发氨气后析出碳酸镍晶体。氨浸后的滤渣，可按 0.8 的质量比例配入纯碱，在 850℃左右灼烧 1.5h，磷铁中的磷转化为磷酸三钠，用热水浸取，滤液冷却后析出晶体，离心分离得到十二水磷酸三钠固体。水浸后的滤渣即为氧化铁。

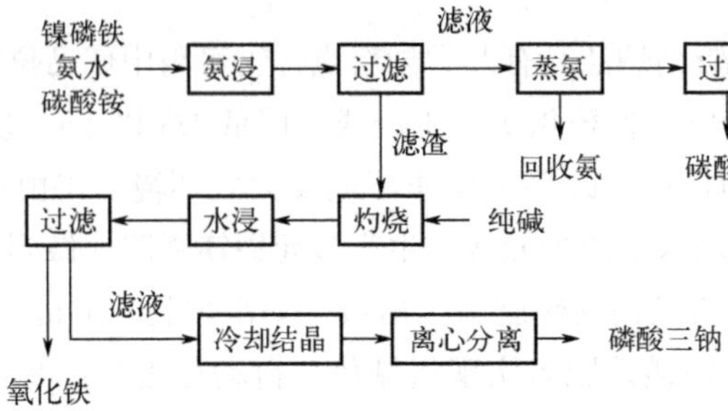

图 7-13　先氨浸再加纯碱烧灼法流程图

（3）硫酸酸解法（见图 7-14）　镍磷铁用硫酸溶解，同时加入过氧化氢，确保磷氧化为磷酸，反应一段时间后，酸度下降，pH 上升，进入溶液的铁会水解形成氢氧化铁沉淀下来。过滤去掉氢氧化铁沉淀。滤液中加入碳酸钠，生成碳酸镍沉淀，过滤即得碳酸镍产品。滤液中继续加碳酸钠可调节 pH 值，中和到磷酸氢二钠，最后冷却析出晶体，离心分离得到磷酸氢二钠。

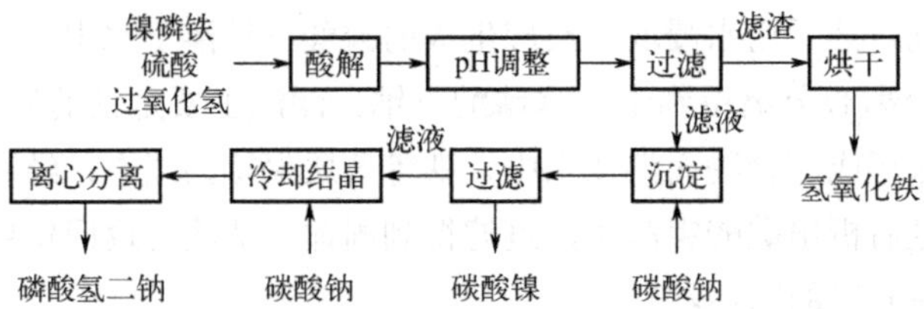

图 7-14　硫酸酸解法流程图

7.1.10　产业发展前景

近几年来，我国钙镁磷肥生产企业数量不断缩减、总产量也在不断下降。2011 ～ 2018 年我国钙镁磷肥的产量在磷肥总产量中的占比（以 P_2O_5 计）为 1% 左右，其中 2018 年的占比为 0.96%，市场占有率偏低。

我国钙镁磷肥产量继续呈逐年下降态势，尽管面临巨大压力，但一些磷肥企业仍然顽强地坚持，他们重视产品质量，积极开展农化服务，打造产品品牌，树立企业形象，为低浓度磷肥留下了“星星之火”。据不完全统计，近年来钙镁磷肥生产实物量维持在 90 万吨左右，主要生产企业有贵州省天峰化工、瓮安兴农、胜境化建、新华、黔龙组合等，云南省光明磷化工等 8 家，湖北省浩轮农科、高园、金山、王集、鹰子嘴、上大堰、金明珠等，广西鹿寨等企业。

我国的钙镁磷肥生产大部分采用高炉法，在一定的生产规模下能耗要低于平炉法和电炉法，在国际上比较有竞争力。我国长期向马来西亚、韩国和日本等国出口钙镁磷肥；向马来西亚出口的钙镁磷肥（15% P_2O_5）主要用于油棕的种植；向韩国和日本出口的是砂状钙镁磷肥（18% ～ 20% P_2O_5），每年可达数万吨。与复混肥的互补作用将为钙镁磷肥赢得新的市场。

在重视三元复合（混）肥的施用时，钙镁磷肥是一种最好的综合性中微量元素肥料。钙镁磷肥既是一种磷肥，又是一种综合性的中微量元素肥，能较好地弥补耕地因施用高浓度三元复合（混）肥及长期连作造成的中微量元素的不足。

钙镁磷肥中所含中微量元素在专用肥配方中得到应用。在复混肥的配方中，针对一些作物的特殊需要，钙镁磷肥中的中微量营养元素对作物生长有极大促进作用。

钙镁磷肥的肥效受细度和土壤条件的影响较大，细度越大，利用率越高。因其属枸溶性缓释磷肥，后效较好，在酸性土壤中肥效远远超过过磷酸钙。钙镁磷肥宜作基肥，应适当深施；也可用作追肥，但应尽早施用；在不直接接触种子和用量不大的情况下，也可用于蘸秧根和种肥。钙镁磷肥用作果树肥在南方、北方均有报道，其中南方的广西、福建推广应用较为普遍。主要用于荔枝、柑橘、龙眼、梨子、苹果、甘蔗、中药材等经济作物的种植。以钙镁磷肥代替过磷酸钙堆制的培养料，使蘑菇产量约提高 5%，且菇质改善；可减少辅助材料石灰消耗量；尤其在后期，培养料的 pH 值降低，利于蘑菇生长。钙镁磷肥作为食用菌培养料磷素营养源试验的成功，为该肥的用途开辟了一个新的领域。

钙镁磷肥产业在我国降而不倒的原因：

（1）改良土壤　钙镁磷肥属于枸溶性肥料，含有的 P_2O_5 是枸溶性磷，不会流失或被土壤固定，肥效持久，所含养分能被作物根部分泌的弱酸所溶解，适合于大多数作物及土壤。肥料本身呈弱碱性，更适宜于酸性和中性土壤，其自身玻璃体性质对于改善山区及丘陵地带黏性较大的土壤有良好的效果。

（2）多种营养成分　钙镁磷肥除了能提供磷元素外，还能提供植物生长所必需的镁、钙、硅等中量元素以及铜、锌、铁、锰、硼等微量元素，如 CaO（25% ～ 38%）、MgO（8% ～ 20%）、SiO_2（20% ～ 35%）；硅元素被农作物吸收后能在植物表面形成有效的保护层，抵御病菌类的侵扰。钙镁磷肥还具有不挥发、不易流失、肥效长等特点。

（3）合理利用低品位磷矿资源　过磷酸钙用 P_2O_5 23% ～ 26% 的磷矿才能生成 $P_2O_5 \geqslant 12\%$ 的合格品；而钙镁磷肥用 P_2O_5 16% ～ 22% 的原矿（且含镁越高越好）就能生成含 P_2O_5 12% ～ 18% 的合格品或优等品。

（4）钙镁磷肥工艺简单、生产装置投入低　相比于高浓度肥料（磷酸铵、复合肥等）生产装置，钙镁磷肥生产装置投资少，生产周期短，流动资金占有量少。钙镁磷肥价格便宜，售价只有高浓度磷酸铵价格的 30% ～ 50%，比尿素还要便宜。

从供给侧和需求侧分析，低浓度磷肥仍具有强大的复兴动力。一方面，作为供给侧的磷肥生产企业认为，低浓度的钙镁磷肥生产工艺和产品的优点都极为突出：生产工艺对磷矿的适应性较强，不需选矿，可以直接合理利用中低品位磷矿，基本没有固体废弃物排放；产品含有中、微量元素，与高浓度磷肥（重钙、磷酸铵）等产品比较，可以满足作物对中、微量营养元素需求，改善作物品质，提高作物产量，改善土壤结构。这些优点非常符合产业资源节约、高效利用、低碳环保等新型绿色产业体系的要求。另一方面，作为需求侧的农业部门强调："调整化肥使用结构不仅要优化氮磷钾配比、促进大量元素与中微量元素配合，还要适应现代农业发展需要，引导肥料产品优化升级，大力推广高效新型肥料"。长期以来，中微量元素没有作为土壤施肥所必须补充的营养元素，需要转变传统的不平衡、不协调、不可持续的粗放制造和使用方式，适当补充土壤中微量元素养分是现实和客观的要求，低浓度磷肥过磷酸钙、钙镁磷肥含有中、微量元素，恰恰符合农业施肥的要求。钙镁磷肥含多种营养元素，可作为有机或无机复合（混）肥辅料提供作物所需的硅、镁、钙等中量元素。

钙镁磷肥常作为经济作物的专用基肥（底肥）使用，如广东、海南、广西和江西等省（自治区）的桉树种植，云南、贵州、湖南和江西等省的烟草种植，贵州省的茶叶产业，均需要钙镁磷肥作基肥；供应广西糖厂、农场和林场肥料的复混肥生产厂家购买钙镁磷肥作为原料。钙镁磷肥更为适合酸性土壤及对磷素较为敏感作物，与一般硅钙肥不同，钙镁磷肥中的硅、钙几乎能够全部被作物根系吸收。钙镁磷肥中的磷能促进作物根系发达、早熟、穗多壮籽、抗旱、抗寒，增加块根作物（如薯类）中糖和淀粉的含量；镁被农作物吸收后，成为叶绿素组成，加强光合作用；硅被农作物吸收后，作物植株纤维组织生长，获得抗病、防止倒伏的能力。玻璃体在土壤中很稳定，溶解度很低，不为水所溶淋损失。植物根部具有趋肥性，当根毛接触到玻璃体时，根部所分泌的弱酸将钙镁磷肥溶解成为离子（根部所分泌的弱酸以 2% 柠檬酸溶液表达，由于柠檬酸在日本称为枸橼酸，所以能溶于柠檬酸中的养分称枸溶性养分），根部所分泌的弱酸可将 SiO_2 溶解成为 3 ～ 5 个硅氧四面体相连的短链，短链总长度约为 1 纳米，能为作物吸收利用。钙镁磷肥中的硅、钙、镁的弱酸溶解性分别为 99%、95%、93%；而炼铁高炉水淬渣中 SiO_2、CaO、MgO 的酸溶性仅分别为 55%、73%、61%。中微量元素的有效性高是钙镁磷肥的重要特性。钙镁磷肥可使板结土壤恢复团粒结构，弱碱性可以改良酸性土壤。

无论是供给侧还是需求侧，都对钙镁磷肥的优点给予肯定，认识也是高度一致的，低浓度的钙镁磷肥不是落后的、应予以淘汰的产品。在新时代我国高浓度磷复肥已经全面赶超世界先进水平的条件下，对钙镁磷肥生产工艺和产品质量都提出了新的要求，而发挥中微量元素营养作用，达到大量元素肥料减施增效，正是钙镁磷肥再创辉煌的复兴动力。钙镁磷肥作为传统产业，只有实现转型升级，才能迎来新春。

7.2 其他热法磷肥

钙镁磷肥生产工艺是主要的磷矿加工热法工艺之一，其他热法工艺生产的磷肥产品还有：脱氟磷肥，是将磷矿石与硅石的混合物在 12% ～ 14% 水蒸气的情况下高温烧结以破坏磷矿的结构和脱去氟而制得的枸溶性磷肥，有效 P_2O_5 含量为 20% ～ 28%；钢渣磷肥，是由高磷生铁在炼钢时排出的碱性炉渣，经过磨细而成，有效 P_2O_5 含量为 12% ～ 18%；钙钠磷肥，是由磷矿粉与纯碱和硅石粉在高温下烧结而制得[18-19]。

7.2.1 脱氟磷肥

脱氟磷肥（defluorinated phosphate），又被称为脱氟磷酸钙，是以磷矿为主要原料，加入少量磷酸或磷酸盐和适量添加剂，在1250℃以上的温度下脱氟制得。脱氟磷肥是由磷酸三钙[$Ca_3(PO_4)_2$]和硅酸钙（$CaSiO_3$）组成的固熔体，含P_2O_5 20%～28%，不溶于水，能溶于0.4%盐酸和柠檬酸盐。生产方法有烧结脱氟法和熔融脱氟法，由于生产工艺的不同，还有磷酸钠钙（$CaNaPO_4$）、磷酸三钙、硅酸钙等构成的固溶体。

（1）烧结脱氟磷肥　磷矿粉加入某些配料后制成粒状物料，在高温下烧结脱氟，可制成烧结脱氟磷肥产品。烧结脱氟过程可以在回转窑中进行，也可以在沸腾炉中进行，在技术上，回转窑较为成熟可靠，能量和动力消耗也较小。烧结脱氟磷肥的组成因加工方法不同而有所不同，主要有效成分是α-$Ca_3(PO_4)_2$；如配料中含有钠盐，就生成枸溶性$CaNaPO_4$。此外还含有Ca_2SiO_4、$CaSiO_3$、SiO_2等。有效P_2O_5含量因所用磷矿品位和配料方法不同而异，一般含P_2O_5 20%～28%，也可以制得有效P_2O_5含量高达32%～38%的产品。如一种工艺是将磷矿粉与少量碳酸钠（或硫酸钠）和少量湿法磷酸混合，在回转窑内以石油或天然气为燃料于1350℃煅烧，熔块冷却后磨细即得产品。

磷矿粉加入某些配料后制成粒状物料。由于配料不同，过程中发生的化学反应和要求的操作温度也不相同。适宜的操作温度应是炉料的烧结温度略高于炉料开始软化的温度，但又不能过分接近炉料的熔融温度，以免使炉料黏结或粘壁，保证过程能正常进行。在炉料恰好烧结的温度下，各种化学反应进行得最好，其转化率最高。对炉料的要求是烧结温度尽可能低，熔融温度尽可能高，当这两者温度差足够大时，才可能有较宽的操作温度范围，这是各种配料方法需要考虑的主要问题。烧结脱氟磷肥生产配料方法有多种，主要有低硅法、高硅法和芒硝-磷酸法3种。

① 低硅法　磷矿粉配入少量硅石粉，混合后在高温和水蒸气存在下进行脱氟反应，生成的磷酸三钙为高温型α-$Ca_3(PO_4)_2$，熟料用气流或喷水迅速冷却，使其中的磷酸三钙保持为高温型变体，即可制得枸溶性脱氟磷肥产品，产品可以用作动物饲料添加剂。其反应式如下：

$$Ca_5F(PO_4)_3+H_2O \longrightarrow Ca_5(OH)(PO_4)_3+HF$$
$$4Ca_5(OH)(PO_4)_3+SiO_2 \longrightarrow 6Ca_3(PO_4)_2+Ca_2SiO_4+2H_2O$$

加入少量硅石促使不溶性的羟基磷灰石$Ca_5(OH)(PO_4)_2$分解转变为磷酸三钙；同时也可适当降低炉料的烧结温度，加快反应进行。当以回转窑生产时，低硅法的操作温度为：火焰温度1500～1600℃，物料温度1400～1450℃。低硅法烧结脱氟磷肥的配料中所加入的硅石粉约为磷矿粉质量的2%～4%。进入回转窑的炉料可以是浆状，也可以是粒状。若采用粒状物料，则需加入纸浆废液或其他适当的黏合剂成粒。由于加入配料较少，产品有效P_2O_5含量较高。而炉料熔点较高（约1600℃），不会发生熔结现象，因而脱氟反应可以顺利进行。

② 高硅法　含P_2O_5 30%左右磷矿粉中添加大量硅石粉，在高温和水蒸气存在下进行脱

氟反应制得产品。其主要化学反应与低硅法相同，操作温度也基本相同。天然磷矿石一般熔点较低，配入大量硅石的目的是提高炉料熔点，保证反应过程和烧结炉操作顺利进行。由于加入大量硅石，产品有效成分含量较低，一般总 P_2O_5 含量为 20% ～ 21%，有效 P_2O_5 含量为 19% ～ 20%，含氟<0.1%。

③ 芒硝 - 磷酸法　采用芒硝 - 磷酸法制取烧结脱氟磷肥时，配料中除了添加芒硝和磷酸外，一般还加入一定比例的焦炭粉或煤粉。产品由枸溶性的 α-$Ca_3(PO_4)_2$、$Ca_4P_2O_9$、$CaNaPO_4$ 和 Ca_2SiO_4 等组成。一般认为发生下列反应：

$$Na_2SO_4 + 2C \longrightarrow Na_2S + 2CO_2\uparrow$$
$$2Na_2S + 3O_2 = 2Na_2O + 2SO_2$$
$$Ca_5F(PO_4)_3 + H_2O \longrightarrow Ca_5(OH)(PO_4)_3 + HF$$
$$2Ca_5(OH)(PO_4)_3 \longrightarrow 2Ca_3(PO_4)_2 + Ca_4P_2O_9 + H_2O$$
$$4Ca_5(OH)(PO_4)_3 + SiO_2 \longrightarrow 6Ca_3(PO_4)_2 + Ca_2SiO_4 + 2H_2O$$
$$Ca_3(PO_4)_2 + Na_2O \longrightarrow 2CaNaPO_4 + CaO$$
$$2CaO + SiO_2 \longrightarrow Ca_2SiO_4$$

磷矿粉、无水芒硝和石英粉、焦炭粉按一定比例在混料机中混合后送至盘式造粒机，喷洒磷酸或水造粒。粒状生料从回转窑尾端进料管进入回转窑。回转窑体用钢板制成，内衬耐火砖，高温带内衬高铝砖。转速为 0.3 ～ 1r/min。回转窑头前端装有重油喷嘴，用压缩空气使重油喷入窑内燃烧；二次空气从窑头四周环隙吸入。炉料在转窑回转过程中逐渐向窑头运动，经过预热进入高温带煅烧。炉料在窑内总停留时间为 2 ～ 3h，高温带停留时间约 0.5h。烧成熟料从窑头卸出，经冷却后送去研磨包装即为产品。窑尾排出的尾气经除尘和洗涤除氟后放空。

采用芒硝 - 磷酸法配料时，通常应控制 Na_2O/P_2O_5 摩尔比和剩余钙硅比。剩余钙硅比是指炉料中除了和 P_2O_5、Al_2O_3、Fe_2O_3 等酸性氧化物结合的 CaO（+MgO）以外的 CaO（+MgO）与 SiO_2 的摩尔比。当用含 P_2O_5 31% ～ 32% 的磷矿生产时，每 100 份磷矿配入的无水芒硝为 16 ～ 18 份，磷酸（按 P_2O_5 计）为 8 ～ 10 份，焦炭粉为 4 ～ 6 份。采用芒硝 - 磷酸法生产时，通常炉料最高温度仅为 1300 ～ 1350℃，比低硅法降低了 100 ～ 150℃，可以大大降低能耗。加入的芒硝在反应过程中生成 Na_2O，具有很高的反应活性，可降低烧结脱氟过程的反应温度；配料中加入焦炭粉的目的是加速芒硝的还原分解；添加磷酸，一方面可提高产品品级，同时可作为粉料造粒的黏结剂。我国曾进行过用水代替磷酸造粒的试验研究，取得了良好结果，同样能保证烧结炉正常操作，并可在较低的烧结温度下达到很高的转化率（95% ～ 98%）。但操作温度范围比添加磷酸窄，弹性较差。

（2）熔融脱氟磷肥　熔融脱氟磷肥的生产方法是选用熔点较低（≤ 1400℃）的磷矿，不添加配料，磷矿在高温熔融条件下与水蒸气接触进行脱氟。其化学反应与低硅法烧结脱氟磷肥基本相同。熔体经水淬后形成含部分高温型磷酸三钙结晶的玻璃体肥料产品。

熔融脱氟磷肥的生产方法和钙镁磷肥相似，都经过炉料熔融和熔体水淬骤冷两个主要工序。由于不加配料，产品 P_2O_5 含量较高，而含氟<0.1%，可用作动物饲料添加剂。熔融脱氟磷肥可以在竖炉或旋风炉中生产，但用旋风炉生产较为优越。用竖炉生产时，存在炉壁腐

蚀和结料问题，而且脱氟率和转化率等指标也不理想。

7.2.2 钢渣磷肥

钢渣磷肥，是含磷生铁在托马斯炼钢炉中生成的含磷渣，故又称为碱性炉渣、托马斯渣或托马斯磷肥。典型组成为：P_2O_5 15% ～ 20%、CaO30% ～ 50%、SiO_2 4% ～ 6%、MnO 3% ～ 6%、Fe 9% ～ 13%、MgO 2% ～ 4%、Al_2O_3 0.5% ～ 2.5%。产品是 80% 通过 100 目筛的细粉，呈灰黑色，堆密度为 $2t/m^3$。钢渣磷肥的化学成分因生铁质量，助熔剂种类和数量及工艺条件不同而异。加足量 SiO_2 时，其主要成分为硅磷酸钙（$5CaO \cdot P_2O_5 \cdot SiO_2$ 和 $7CaO \cdot P_2O_5 \cdot 2SiO_2$）；加 SiO_2 量不足时，则为磷酸四钙（$Ca_4P_2O_9$）。钢渣磷肥中的磷酸盐不溶于水，但能溶于 2% 柠檬酸溶液，是枸溶性肥料，呈碱性，适用于酸性土壤，可作基肥。产品尚无统一质量指标，暂定为一级品有效 P_2O_5 含量≥ 14%，二级品有效 P_2O_5 含量≥ 10%，转化率在 90% 以上。其反应式为：

$$Ca_4P_2O_9 \cdot CaSiO_3 + 6CO_2 + 4H_2O \longrightarrow 2CaHPO_4 + 3Ca(HCO_3)_2 + SiO_2$$

$$Ca_4P_2O_9 + 2H_2O \longrightarrow Ca_3(PO_4)_2 \cdot H_2O + Ca(OH)_2$$

$$Ca_3(PO_4)_2 \cdot H_2O + H_2CO_3 \longrightarrow 2CaHPO_4 + CaCO_3 + H_2O$$

$$2CaHPO_4 + 2H_2CO_3 \longrightarrow Ca(H_2PO_4)_2 + Ca(HCO_3)_2$$

钢渣磷肥散落性好，但粉末易飞扬，在贮运过程中应注意防止风吹雨淋，不要与过磷酸钙等水溶性磷肥混合贮存，以防降低其有效性。人力装卸时，须戴口罩和手套，以减少对皮肤的刺激作用。

钢渣磷肥适用于酸性土壤，施入土壤后主要依靠土壤酸度和根的酸性分泌物溶解，转化为植物能吸收和利用的磷。其不仅为植物提供养分，还可减少土壤酸性。据试验，钢渣磷肥具有 60% ～ 80% 的中和能力（以碳酸钙为 100%），因此，其肥效优于过磷酸钙。也可施于中性土壤，但肥效不及过磷酸钙快。适于多数作物施用，尤其对喜钙、需硅作物（如豆类、水稻）施用效果更佳，但对嫌钙作物如马铃薯施用后会影响其品质。钢渣磷肥最宜用作基肥，一般撒施后再耕翻入土。作种肥或追肥时，应避免与种子和茎叶直接接触，以免影响发芽和灼伤茎叶。追肥要早施，可采用条施或穴施等，施用量为 300 ～ 600kg/hm^2（肥料含 P_2O_5 12% ～ 16%）。可与生理酸性或酸性肥料如氯化钾、硫酸铵等配合施用，但不可与水溶性磷肥和铵态氮肥混合施用，以免降低肥效。在施用前，可与新鲜有机肥料混合堆腐，可以提高钢渣磷肥的有效性；但不能与腐熟有机肥料混合施用，以免引起氮素挥发损失。根据我国 8 个省（自治区）40 多个试验点，含有效磷 (P_2O_5)15.4% ～ 17.6% 的钢渣磷肥施在缺磷土壤上，对麦、稻、油、棉、豆类等作物均有增产效果；在中性土壤及东北的黑土上，当年肥效不及过磷酸钙，但后效较长；在酸性黄、红壤及东北的白浆土上，肥效高于过磷酸钙；在贫瘠砂土上肥效也显著。

7.2.3 钙钠磷肥

钙钠磷肥（sintered calcium sodium phosphate fertilizer）是以磷矿、硅砂和纯碱为原料，在 1150 ～ 1250℃下经高温烧结制得的，故又称烧结钙钠磷肥。在欧洲，因最早在德国雷诺尼亚工厂生产而得名雷诺尼亚磷肥（Rhenania phosphate），是一种热法磷肥。有效成分是磷酸钠钙 ($CaNaPO_4$)，含 P_2O_5 28% ～ 30%，溶于中性枸橼酸铵溶液，属于枸溶性磷肥。钙钠磷肥主要成分是原硅酸钙 (Ca_2SiO_4) 和磷酸钠钙（$CaNaPO_4$) 的复盐，并含有铝、铁和氟等杂质。灰白色粉末，不结块、不吸水、不含酸性物质。虽然含有一定量的氟化物，但并不影响其肥效。钙钠磷肥适用于中性和酸性土壤，在施用等量有效 P_2O_5 的情况下，它的肥效与过磷酸钙相当。

7.2.4 偏磷酸盐

偏磷酸盐 [20-21] 的通式为 $(MPO_3)_n$，一般是聚集成环状的化合物，常见的有二聚体 (六元环) 、四聚体 (八元环) 、多聚体等。多聚体不具备确定的晶体结构，又称磷酸盐玻璃体；纯品含 P_2O_5 71.7%，工业产品约含 P_2O_5 65% ～ 68% ；不溶于水，但在土壤中或水中能缓慢水解而生成水溶性磷酸盐。偏磷酸盐常由正磷酸盐脱水制得，其主要品种为三偏磷酸、四偏磷酸、六偏磷酸的钠盐等。它们主要用于肥料、食品、水处理、印染、采矿等行业。

7.2.4.1 三偏磷酸钠

三偏磷酸钠主要应用在鱼畜饲料药剂维生素 C 三聚磷酸酯、汽胀法洗涤剂和改性淀粉的制造等 3 个工业领域。Fleitmann 和 Henneberg 于 1848 年发表了三偏磷酸钠制法，1875 年 Liudbom 第一次指出其为六元环状结构。

（1）结构和性质　三偏磷酸钠：无水物分子式为 $(NaPO_3)_3$，晶体堆积密度为 1.3 ～ 1.52g/cm^3，折射率为 1.478，其结构为稳定的六元环状结构。熔点为 627.6℃，分子量为 305.94，密度为 2.54g/cm^3，是具有 $NaPO_3$- Ⅰ、$NaPO_3$- Ⅱ和 $NaPO_3$- Ⅲ 3 种晶型，易溶于水的白色粉末，具有一定的腐蚀性。30℃以上水中溶解度大于 30%，35℃以上时变为不稳定的水合物。3 种晶体六水合物的形式 $Na_3P_3O_9 \cdot 6H_2O$、一水合物的形式 $Na_3P_3O_9 \cdot H_2O$ 和无水物 $Na_3P_3O_9$ 都可以从水中生成。

（2）制备原理　$Na_3P_3O_9$- Ⅰ型也称库诺尔盐（Knorr's salt），性质比较稳定，有以下几种生产方法。

① 磷酸二氢钠脱水缩合工艺法　首先利用氢氧化钠或碳酸钠与磷酸进行中和反应，制得磷酸二氢钠水溶液，除去杂质后蒸发干燥或结晶为无水磷酸二氢钠：

$$NaOH + H_3PO_4 \longrightarrow NaH_2PO_4 + H_2O$$

$$Na_2CO_3 + 2H_3PO_4 \longrightarrow 2NaH_2PO_4 + CO_2\uparrow + H_2O$$

然后在微型回转聚合机内将磷酸二氢钠加热脱去结构水，生成酸式焦磷酸钠：

$$2NaH_2PO_4 \longrightarrow Na_2H_2P_2O_7 + H_2O$$

然后再进一步加热到 260 ～ 320℃，脱水缩合生成三偏磷酸钠 - Ⅱ型：

$$3Na_2H_2P_2O_7 \longrightarrow 2(NaPO_3)_3 + 3H_2O$$

最后加热至 520℃左右，生成三偏磷酸钠 - Ⅰ型。

② 六偏磷酸钠退火工艺法　首先利用氢氧化钠或碳酸钠与磷酸进行中和反应，制得磷酸二氢钠水溶液，中和度调整后，将物料送入高温炉在 800 ～ 1050℃进行聚合反应，然后

骤冷为玻璃体。其反应式如下：

$$NaOH+H_3PO_4 \longrightarrow NaH_2PO_4+H_2O$$

$$Na_2CO_3+2H_3PO_4 \longrightarrow 2NaH_2PO_4+CO_2\uparrow+H_2O$$

$$6NaH_2PO_4 \longrightarrow (NaPO_3)_6+6H_2O$$

最后，将玻璃体六偏磷酸钠在500℃高温炉内进行回火复聚生成三偏磷酸钠-Ⅰ型：

$$(NaPO_3)_6 \longrightarrow 2(NaPO_3)_3$$

③ 偏磷酸钠聚合法　首先将磷酐（P_2O_5）和碳酸钠按一定比例进行混合反应生成偏磷酸钠：

$$Na_2CO_3+P_2O_5 = 2NaPO_3+CO_2\uparrow$$

然后将偏磷酸钠进一步加热到500℃进行缩聚生成三偏磷酸钠-Ⅰ型：

$$3NaPO_3 \longrightarrow (NaPO_3)_3$$

④ 焦磷酸钠反应法　首先将氯化铵和食品级焦磷酸钠按照摩尔比配料，然后在水溶液中进行中和反应，随后进行脱水干燥、420℃高温烘烤反应。最后将经过高温反应的生成物投入水中溶解、浓缩、分离，得到含六个结晶水的三偏磷酸钠-Ⅰ型$Na_3P_3O_9 \cdot 6H_2O$。其反应式如下：

$$3Na_4P_2O_7+6NH_4Cl \longrightarrow 2Na_3P_3O_9+6NaCl+6NH_3\uparrow+3H_2O$$

以上4种方法中，第3种方法采用五氧化二磷，产品在加工中杂质难以脱除，达不到食品级质量要求；第4种方法工艺复杂，产品中的氯化钠难以彻底清除，而且成品是水合物。第1种的磷酸二氢钠脱水缩合工艺法和第2种的六偏磷酸钠退火工艺法有工业生产实际意义，所以选取这两种方法进行介绍。

（3）生产方法及设备

① 磷酸二氢钠脱水缩合工艺法　工艺过程如下：利用碳酸钠或氢氧化钠与磷酸进行中和反应，反应到第一次中和值后，加入催化剂，然后调整中和度为终点值。将生成的磷酸二氢钠溶液中的杂质除去，再送入干燥塔脱水生成无水磷酸二氢钠；将无水磷酸二氢钠送入回转聚合机，中心物料反应温度为420℃、物料表面辐射温度为560℃时进行缩合反应4h，然后经冷却、粉碎得到三偏磷酸钠成品。三偏磷酸钠含量为75%～80%，水不溶物含量为11.2%～15%，pH值4.8～5.2。

工艺过程评价：工艺成熟，有丰富的指导生产的技术理论。选用设备有中和反应釜、回转聚合机、粉碎机、脱水干燥器及回收装置等。该法对缩合反应温度要求比较严格，无水磷酸二氢钠在200℃左右会脱水结团，在300～340℃时会生成三偏磷酸钠-Ⅱ型，三偏磷酸钠-Ⅱ型完全转化必须在500～520℃进行，而且物料必须处于翻滚状态，才能使之转化为三偏磷酸钠-Ⅰ型。而生产设备虽然可以完全达到良好翻滚状态，但物料温度达不到有效控制。该工艺主要问题是生产操作控制困难，产生的废渣太多，能耗高，产品品质不高。

② 六偏磷酸钠退火工艺法　工艺过程如下：它是目前最有效的生产方法，工艺简单、易操作，产品质量完全取决于六偏磷酸钠的质量。设备有中和反应釜、聚合炉、回火炉和粉

碎机等。利用碳酸钠或氢氧化钠与磷酸进行中和反应，然后在聚合炉脱水熔聚生成六偏磷酸钠，骤冷后加入回火炉在500～520℃下进行复聚，最后经冷却、粉碎得到三偏磷酸钠成品。三偏磷酸钠含量为92%～95%，水不溶物含量≤0.2%，pH值7.2～8.5。

工艺过程评价：主要原料为[$(NaPO_3)_6$] ($P_2O_5$68%)，原料消耗定额为1.035t/t。该法生产过程主要受以下因素影响，六偏磷酸钠的中和度、六偏磷酸钠的颗粒度、六偏磷酸钠平均聚合度、退火复聚的温度。

a．六偏磷酸钠的中和度　六偏磷酸钠的中和度在pH 3.6～4.8范围内时都能生产出符合国标的三偏磷酸钠产品。钠磷比大于1的六偏磷酸钠，五氧化二磷含量低，pH值高，制得的三偏磷酸钠含量低，水不溶物少。钠磷比小于1的六偏磷酸钠，五氧化二磷含量高，pH值低，制得的三偏磷酸钠含量也低，水不溶物含量高。钠磷比越接近1，制得的三偏磷酸钠含量越高，pH值与水不溶物也不容易超标。因此用于生产三偏磷酸钠的六偏磷酸钠，其钠磷比要接近1，pH控制在4.2～4.4。

b．六偏磷酸钠的颗粒度　六偏磷酸钠有粉末、细粒、大颗粒和片状四种颗粒状态。颗粒度会影响三偏磷酸钠的生产。粉末反应时间较短，但熔融温度低，易吸潮，在聚合炉内易发黏粘壁，生产难以连续进行，水不溶物含量高，产品pH超标；大颗粒和片状易聚合不均匀，水不溶物与pH容易超标；细粒聚合均匀，流动性较好，较适宜复聚成三偏磷酸钠。实践证明，颗粒度35目以上低于5.0%、100目以下在45%～60%的六偏磷酸钠作为原料生产的三偏磷酸钠质量最好。

c．六偏磷酸钠平均聚合度　六偏磷酸钠平均聚合度受中和度、聚合温度和时间等因素的影响。随着六偏磷酸钠平均聚合度的增加，三偏磷酸钠含量呈先增加后降低的趋势。平均聚合度较低时，三偏磷酸钠含量低。六偏磷酸钠平均聚合度过高、过低都不利于三偏磷酸钠含量的提高，水不溶物和pH也易超标。实践证明，较适合生产三偏磷酸钠的六偏磷酸钠平均聚合度为16～21。

d．退火复聚的温度　退火复聚的温度越高，时间越短，三偏磷酸钠、水不溶物与pH增加缓慢；反之复聚温度越低，时间越长，产品的水不溶物与pH容易超标。但温度过高，六偏磷酸钠会熔融黏附在聚合炉内，使生产无法进行。生产时以不出现熔融现象的温度为宜，可以通过调节参数如聚合炉转速等来达到调整温度的目的。如果出料口物料有玻璃体状六偏磷酸钠，可以升高温度或延长反应时间；如果产品中水不溶物多或pH高，则要降低温度，缩短复聚时间。由于原料的差异，退火复聚的温度为240～400℃，时间为30～60min，制备的三偏磷酸钠产品含量>95%、pH=7～8。

（4）磷酸二氢钠脱水缩合工艺法和六偏磷酸钠退火工艺法比较　两种工艺生产的三偏磷酸钠质量指标的比较见表7-17。

表7-17　两种方法生产三偏磷酸钠的比较

检测项目	生产工艺方法	
	磷酸二氢钠脱水缩合工艺法	六偏磷酸钠退火工艺法
P_2O_5 含量（≥68%）	平均68.2%	平均68.2%
有效 P_2O_5 含量（≥64%）	52.00%	65.2%

续表

检测项目	生产工艺方法	
	磷酸二氢钠脱水缩合工艺法	六偏磷酸钠退火工艺法
1% 水溶液 pH（6.5 ～ 8.5）	4.85 ～ 5.2	7.8 ～ 8.2
水不溶物含量（≤ 0.8%）	12% ～ 15%	0.2%
砷（以 As 计）含量（≤ 0.0003%）	0.00002%	0.0002%
重金属（以 Pb 计）含量（≤ 0.001%）	0.001%	0.001%
氟化物（以 F 计）含量（≤ 0.002%）	0.002%	0.002%
外观（白色粉末）	过 60 目	过 80 目

（5）产品用途和质量标准

① 产品用途　三偏磷酸钠主要应用在制备维生素 C 三聚磷酸酯、制备汽胀法洗涤剂、食品工业改性剂、制备交联改性淀粉等领域。

a. 制备维生素 C 三聚磷酸酯　维生素 C 又称抗坏血酸，是人类及水产动物不可缺少的维生素之一，是水产动物饲料中必须添加的一种物质；另外维生素 C 还广泛应用于医疗、造纸、饮料、塑料加工、电镀等领域。维生素 C 分子具有活性连烯二醇结构，易受到光、热、氧、湿度、温度、金属离子的影响而遭到破坏。目前维生素 C 衍生物主要有维生素 C 钾、维生素 C 钠、维生素 C 硫酸酯、维生素 C 磷酸酯等，维生素 C 钾、维生素 C 钠易被氧化和吸潮。维生素 C 磷酸酯有单酯、二酯和三酯，单酯在饲料中磷酸酯酶的作用下，水解成抗坏血酸和磷酸，使其稳定性消失；二酯较难大量合成，不易推广；因此最受关注的维生素 C 衍生物是维生素 C 三聚磷酸酯，其反应机理是利用三偏磷酸钠将维生素 C 上不稳定的羟基酯化生成磷酸酯，以达到抗氧化的目的。

b. 制备汽胀法洗涤剂　洗涤剂是由表面活性剂（如烷基苯磺酸钠、脂肪醇硫酸钠）、助剂（如三聚磷酸钠）和辅助剂配制合成的一种洗涤用品。在配料过程中，以三偏磷酸钠代替三聚磷酸钠，然后加入氢氧化钠，使三偏磷酸钠转变成三聚磷酸钠，反应过程产生的大量反应热，使料浆中的水分汽化，料浆成为多孔的固体颗粒，经筛分出大颗粒，得到颗粒状洗涤剂。

c. 食品工业中可用作淀粉改性剂、果汁饮料防浑剂、肉制品保水剂、黏合剂、分散剂、稳定剂，防止维生素分解和食品变色等。

d. 制备交联改性淀粉　反应机理是三偏磷酸钠和淀粉通过交联反应使两个及以上的淀粉分子之间“架桥”得到淀粉衍生物。淀粉经交联后，黏度得到提高，具有更好的抗加工强度，对酸碱的稳定性和耐热性得到提高，不易糊化，口感更加细腻，在食品加工行业具有广阔的应用前景。三偏磷酸钠在国外可被用作食品添加剂，利用其制备的交联淀粉，只要结合磷量≤ 0.04% 即可符合变性淀粉的法规要求。三偏磷酸钠是固体，食用方便，而且反应速率易控制，因此三偏磷酸钠是目前最好的食用淀粉交联剂。

② 质量标准　六偏磷酸钠的国家标准规定以沉淀法测定的总磷酸盐含量（以 P_2O_5 计，%）来表示六偏磷酸钠的含量，且 P_2O_5 指标范围在 68.0% ～ 70.0%，与 FCC 标准规定的三偏磷酸钠含量（以 P_2O_5 计，%）范围相同。如果三偏磷酸钠产品中含有未反应完全的

六偏磷酸钠，采用 FCC 标准就无法准确反映三偏磷酸钠的纯度。因此，该标准不适用于六偏磷酸钠退火工艺法生产的三偏磷酸钠产品。为了解决这一问题，需要寻找一种分析方法来测定三偏磷酸钠的含量。由于缺少统一的国家标准，各企业只能自定分析方法。

7.2.4.2 四偏磷酸钠

1840 年 Fleitmann 第一次制得了四偏磷酸盐；1880 年 Glatzel 提出了其环状结构模型；1892 年 Tammann 确定了现在这一名称；1903 年 F.Warschauer 首次通过硫化钠和铜盐反应制得四偏磷酸钠；1937 年 Bonneman 用同样的方法制得四偏磷酸钠，确定了其分子量，并通过 X 射线衍射确定了其无水物和四水物的结构。

（1）结构和性质　四偏磷酸钠（sodium tetrametaphosphate）：分子式为 $Na_4P_4O_{12}$，分子量为 407.85，pH 6.6，白色粉末，易溶于水，加热到 260 ～ 280℃可分解为长链高分子量的偏磷酸盐（Maddrell’ s salt）。可以以四水合物（$Na_4P_4O_{12}\cdot 4H_2O$）和十水合物（$Na_4P_4O_{12}\cdot 10H_2O$）两种水合物稳定存在。$Na_4P_4O_{12}\cdot 4H_2O$ 熔点是 620℃，在 116℃左右失去结晶水。此外，四偏磷酸钠在碱性溶液中会发生水解生成四聚磷酸钠，然后进一步裂解为正磷酸根离子。四偏磷酸钠有舟形和椅子形两种晶型。四偏磷酸盐结构分析：①四偏磷酸的滴定曲线及核磁共振谱表明，所有的磷原子都处于中间基的位置；② X 射线衍射分析表明四偏磷酸根离子为 4 个 PO_4 基共有氧原子的环状结构；③四偏磷酸及其钠盐电导率测定表明，其解离成一价的阳离子和四价的阴离子；④由五氧化二磷水解得到的四偏磷酸收率高。四偏磷酸钠的分子结构见图 7-15。

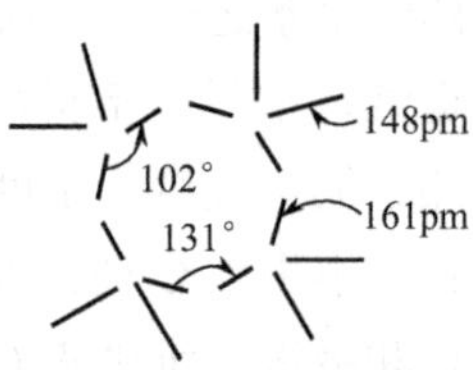

图 7-15　四偏磷酸钠的分子结构图

（2）四偏磷酸钠制备方法　四偏磷酸钠（$Na_4P_4O_{12}\cdot 4H_2O$）的制备方法，在利用五氧化二磷水解法制备四偏磷酸钠之前，主要是利用金属的酸性正磷酸盐加热脱水制备其四偏磷酸盐。铜、镁、钡、镍、钴、铁、锌、锰、铅、铝等四偏磷酸盐，可用相应的酸性正磷酸盐与少量的磷酸加热脱水制得。四偏磷酸钠主要有以下三种制备方法。

① 氢氧化钠（NaOH）或碳酸氢钠（$NaHCO_3$）溶液与五氧化二磷（P_2O_5）反应法　将五氧化二磷加入水中分解为四偏磷酸，水解反应机理：五氧化二磷为六方晶型（H 型），具有 P_4O_{10} 的分子结构，其在水中反应依次生成超磷酸、四偏磷酸。四偏磷酸与氢氧化钠（NaOH）或碳酸氢钠（$NaHCO_3$）溶液反应生成四偏磷酸钠。反应式如下：

$$4NaOH+P_4O_{10}+2H_2O \longrightarrow Na_4P_4O_{12}\cdot 4H_2O$$

$$4NaHCO_3+P_4O_{10}+2H_2O \longrightarrow Na_4P_4O_{12}\cdot 4H_2O+4CO_2\uparrow$$

② 磷酸与磷酸氢二钠（Na_2HPO_4）加热反应法　将磷酸与磷酸氢二钠（Na_2HPO_4）加热至 400℃，然后缓慢冷却制得四偏磷酸钠（$Na_4P_4O_{12}$）：

$$2Na_2HPO_4+2H_3PO_4 \longrightarrow Na_4P_4O_{12}+4H_2O$$

③ 氧化铜或者氧化铅与磷酸加热反应法　将氧化铜或者氧化铅与过量的磷酸加热至 350 ～ 400℃，反应得到四偏磷酸铜或者四偏磷酸铅，然后加入硫化钠溶液中反应得到四偏磷酸钠：

$$4H_3PO_4 + 2CuO \longrightarrow Cu_2P_4O_{12} + 6H_2O$$
$$4H_3PO_4 + 2PbO \longrightarrow Pb_2P_4O_{12} + 6H_2O$$
$$Cu_2P_4O_{12} + 2Na_2S \longrightarrow Na_4P_4O_{12} + 2CuS\downarrow$$
$$Pb_2P_4O_{12} + 2Na_2S \longrightarrow Na_4P_4O_{12} + 2PbS\downarrow$$

（3）四偏磷酸钠产品用途　四偏磷酸钠主要用作水处理剂、家用洗涤剂助剂，在家禽、肉类、鱼类、加工乳酪等食品中作为乳化剂或螯合剂等。此外，还可用作金属表面处理剂、纺织品加工助剂以及牙膏中的磨料等。四偏磷酸钠也可作为食品添加剂在替代乳制品中使用，主要起到以下作用：①提高蛋白质对钙离子的稳定性；②提高蛋白质的热稳定性；③改变食品体系 pH 值缓冲能力，维持酸碱度稳定；④改变蛋白质的黏结能力，并提高稳定性；⑤延缓超高温（UHT）处理的替代乳制品中明胶的老化。

7.2.4.3 六偏磷酸钠

六偏磷酸钠 $(NaPO_3)_6$：分子量为 611.82，相对密度为 2.484，在空气中易潮解，易溶于水，20℃时在水中的溶解度为 973.2g/L，80℃时为 1744g/L；不溶于有机溶剂；1% 的六偏磷酸钠溶液的 pH 为 5.5 ～ 6.5。

六偏磷酸钠是由磷酸二氢钠加热、脱水、熔聚、骤冷形成的透明玻璃体状粉末或鳞片状固体，是 Na_2O/P_2O_5 分子比接近于 1 的玻璃体状磷酸盐，又被称为“格雷哈姆”盐，是由 Graham 于 1832 年将磷酸二氢钠加热熔融并使熔融物迅速冷却而制得。利用氨溶液处理时，5/6 的钠能被铵离子置换，所以被误认为是六元体，被称为六偏磷酸钠。后来通过超速离心分离法和扩散法等对高分子缩聚磷酸盐的分子量测定，才得知六偏磷酸钠是由 PO_4 四面体构成的长链状阴离子盐的混合物，其主链末端有弱酸性 OH 基，通式为 $Na_nH_2P_nO_{3n+1}$，结构如下：

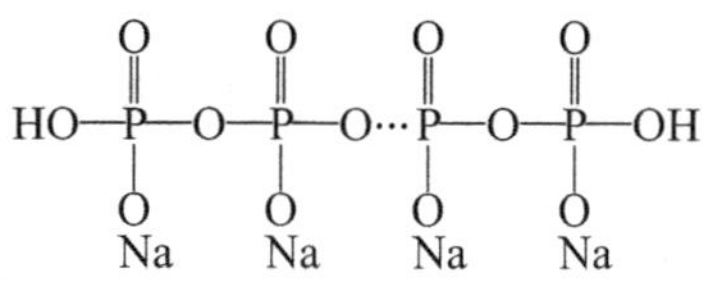

20 世纪 30 年代，六偏磷酸钠在自来水处理中可以克服“红水”现象，此后才得到真正的大量应用。目前主要应用于循环水处理、食品、采矿、钻井、纺织印染等诸多方面。

（1）六偏磷酸钠的结构和性质

① 六偏磷酸钠的结构　六偏磷酸钠是玻璃体状磷酸钠盐系列中的一种，是 Na_2O/P_2O_5 在 1.0 ～ 1.7 范围聚磷酸盐熔融、骤冷所形成的物质。由 Na_2O/P_2O_5 比决定是由长链状聚磷酸盐组成还是以超磷酸盐状态存在。六偏磷酸钠是 $Na_2O/P_2O_5\approx1$ 的缩聚磷酸盐，为 $Na_2O\cdot P_2O_5$ 的水溶性玻璃体格雷哈姆盐，由 90% 以上的高分子链状聚磷酸盐及百分之几的环状聚磷酸盐组成。格雷哈姆盐中通常含 5% ～ 10% 的三偏磷酸钠或四偏磷酸钠，五偏磷酸钠及六偏磷酸钠含量较少，也有极少量的网状结构磷酸盐。玻璃体结构根据 Na_2O/P_2O_5 比（R）的不同变化如下。

(1) $R>1$

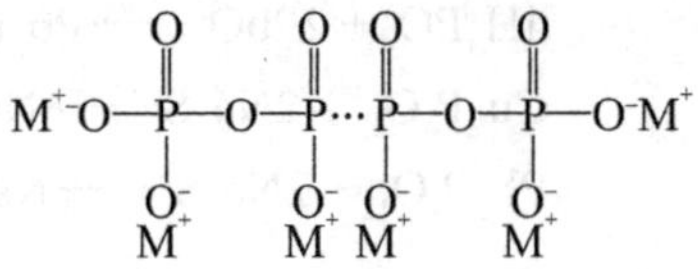

(2) $R=1$

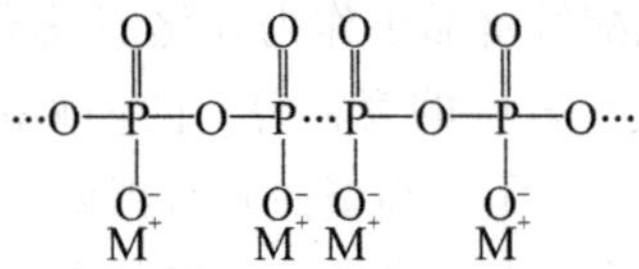

(3) $R<1$

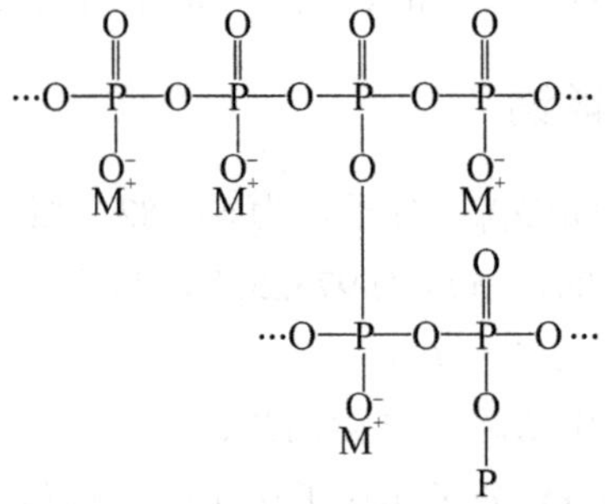

由上可知磷酸盐玻璃体有四个基本构成单位：

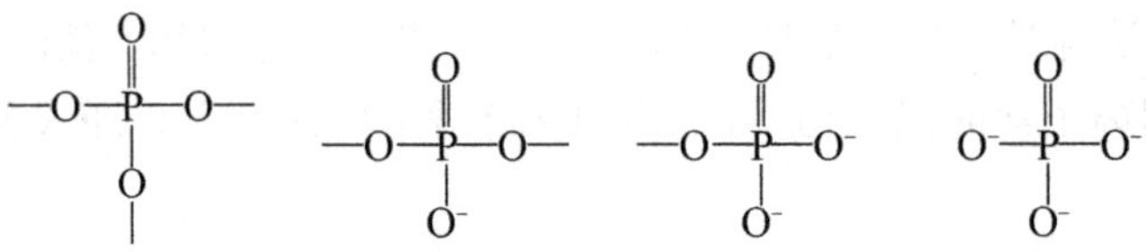

(a)　(b)　(c)　(d)

（a）为分支点基团，（b）为中间基团，（c）为末端基团，（d）为正磷酸基团。

② 六偏磷酸钠的性质

a．水解性　六偏磷酸钠作为高分子链状聚磷酸盐，在水中易发生水解反应。六偏磷酸钠在碱性环境中长期煮沸会发生以下两个反应。

水解成三偏磷酸盐：$3(NaPO_3)_6+12H_2O \longrightarrow 2(NaPO_3)_3+12NaH_2PO_4$

水解成正磷酸钠盐：$(NaPO_3)_6+6H_2O \longrightarrow 6NaH_2PO_4$

六偏磷酸钠在中性稀溶液中比浓溶液中水解速率快。水解的最终产物为正磷酸盐。长链状（n=138）偏磷酸盐的水解产物是正、偏磷酸盐，在中性或碱性的 NaCl 或 $NaNO_3$ 盐溶液中水解缓慢，水解时从长链的末端断开，形成小环三偏磷酸盐。

b．络合性　磷酸盐能形成可溶性的络合物离子。环状（偏磷酸盐）很难生成络合物，而链状磷酸盐易生成可溶性络合物。聚磷酸盐几乎可与所有金属离子生成络合物。金属离子决定了聚磷酸盐金属络合物的离解总量。聚磷酸盐与金属钴、镍、铁的络合能力非常强，与碱土金属钙、镁生成的络合物可部分分解，与碱金属钠、钾、锂及铵的络合能力更弱，与铵根离子完全不能络合。平均聚合度对聚磷酸盐生成络合物的能力影响不大，长链状聚磷酸盐和二磷酸盐络合能力接近。聚磷酸盐络合时，发挥作用的只有P—O—P键，此键不受因生成小环形成空间的限制。向聚磷酸盐溶液中缓慢加入多价金属离子时，先生成沉淀后溶解，从而形成可溶性络合物。碱金属离子与焦磷酸盐生成络合物时，金属原子与三个氧原子构成环状结构（结构Ⅰ），组成为$[M(H_2P_2O_7)_2]^{3-}$；与三聚磷酸盐生成络合物时，氢原子与未与金属相连的磷四面体相连接（结构Ⅱ）。三聚磷酸阳离子为三配位基，与Ca^{2+}、Mg^{2+}的三聚磷酸盐络合结构分别如结构Ⅲ、Ⅳ所示。

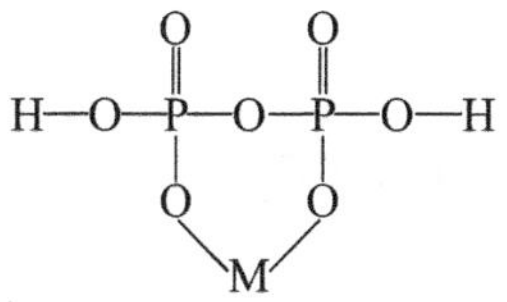
Ⅰ

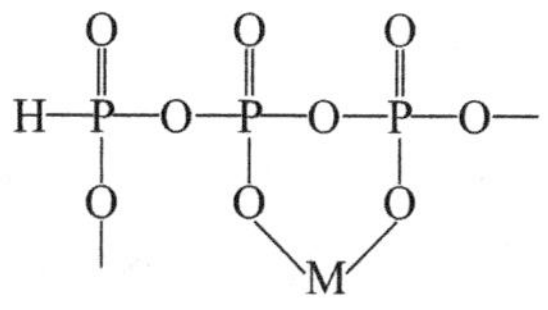
Ⅱ

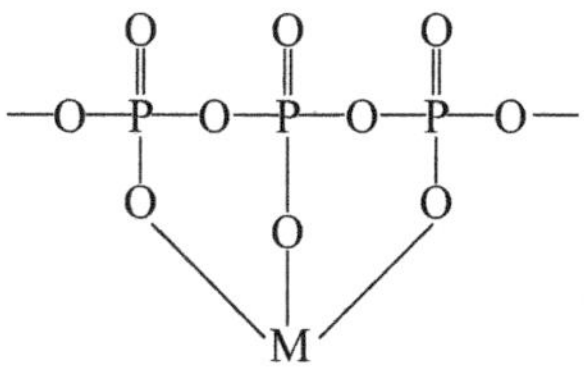
Ⅲ

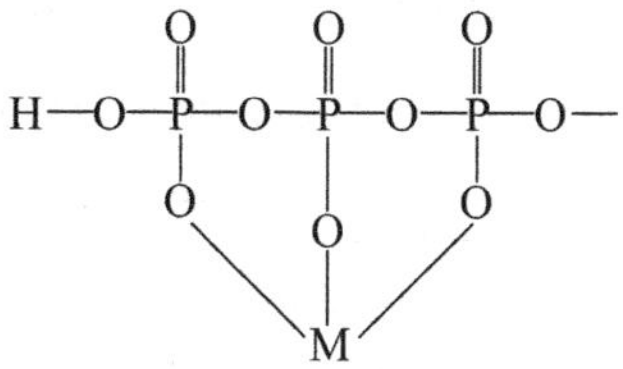
Ⅳ

c．胶体性质　长链聚磷酸盐在纯水溶液中并不表现出胶体性质，但当磷原子数过多时，将强烈地吸附在表面发生胶体效应，其最众所熟知的胶体作用是反絮凝现象。聚磷酸盐还具有在水介质中使无机物呈胶体状悬浮的能力，可将聚磷酸盐作为一种亲水性表面活性剂。

d．溶解度和吸湿性　磷酸盐玻璃体结构为三维结构，使得磷酸盐玻璃体溶于水的速度极慢。在磷酸盐玻璃体存在时，金属离子在水中的溶解度极低。六偏磷酸钠在聚磷酸盐中吸湿性最强。包装宜采用塑料薄膜、密封结实。几种常见磷酸盐在空气中的吸湿情况如表7-18所示。

表7-18　几种磷酸盐在空气中的水分吸收情况

磷酸盐	空气的相对湿度 /%	经一定时间后吸收水分 /%				
		22h	72h	144h	240h	360h
焦磷酸盐	79.4	0.2	0.9	2.7	8.2	10.7
三聚磷酸盐	79.4	0.3	1.2	3.7	9.1	12.8
六偏磷酸盐	79.4	4.1	12.6	21.9	29.2	32.7

六偏磷酸钠也是一种优良的沉淀剂。当与其他化合物或离子结合时，可生成两种形式沉淀：絮凝状物或凝胶状物。六偏磷酸钠与铝、锶、银、钡和亚汞盐形成絮凝状物。与钙、铜、镍、锰、铁和汞盐形成凝胶状或油状物。六偏磷酸钠与阴离子染料或蛋白质在等电点以下形成沉淀，也可与高分子量的阴离子如含长链有机团的季铵离子形成沉淀。

（2）六偏磷酸钠制备原理

① 磷酸二氢钠法　磷酸二氢钠法是以热法磷酸为原料，纯碱或烧碱与磷酸进行中和反应，经喷雾、干燥、脱水、高温聚合、骤冷制得片状六偏磷酸钠。

② 磷酐法　磷酐法首先是将黄磷加热熔融、氧化燃烧生成中间产品磷酐，再将纯碱与磷酐进行高温聚合、骤冷得到片状六偏磷酸钠。

③ 磷铁法　以电炉黄磷副产磷铁为原料，与纯碱混合焙烧、热水浸出、净化后得到磷酸三钠，然后经过中和、真空浓缩、结晶、喷雾干燥、脱水聚合生成六偏磷酸钠。该工艺可分段制得无水磷酸一钠、二钠、三钠，六偏磷酸钠等多种产品。

（3）六偏磷酸钠生产方法及设备

① 磷酸二氢钠法　用磷酸和纯碱进行中和反应制取磷酸二氢钠溶液，经高温加热脱水缩聚成六偏磷酸钠。化学反应式为：

$$2H_3PO_4 + Na_2CO_3 \longrightarrow 2NaH_2PO_4 + H_2O + CO_2\uparrow$$
$$2NaH_2PO_4 \xrightarrow{\triangle} Na_2H_2P_2O_7 + H_2O$$
$$nNa_2H_2P_2O_7 \xrightarrow{700℃} 2(NaPO_3)_n + nH_2O$$

磷酸二氢钠加热脱水聚合成 SHMP 的历程可以表示为：

$$2NaH_2PO_4 \xrightarrow{150\sim160℃} Na_2H_2P_2O_7 + H_2O$$
$$nNa_2H_2P_2O_7 \xrightarrow{260\sim300℃} 2(NaPO_3)_n\text{-III} + nH_2O$$
$$(NaPO_3)_n\text{-III} \xrightarrow{360\sim430℃} (NaPO_3)_n\text{-II}$$
$$(NaPO_3)_n\text{-II} \xrightarrow{400\sim450℃} Na_3P_3O_9\text{（环状）}$$
$$Na_3P_3O_9 \xrightarrow{625℃} \text{熔融物} \xrightarrow{\text{骤冷}} (NaPO_3)_n$$

六偏磷酸钠是由不同聚合度的长链聚磷酸钠盐和少量环状偏磷酸盐组成的混合物。不同的工艺条件制得不同聚合度的六偏磷酸钠。聚合度n=15～20的六偏磷酸钠可用作水处理剂；聚合度n = 30～50一般用作浮选剂；更高的聚合度则可用作钻井泥浆分散剂。聚合温度、中和度、聚合时物料表面的蒸汽分压、熔融物冷却速度等因素均影响六偏磷酸钠质量。磷酸二氢钠法生产六偏磷酸钠的工艺流程见图 7-16。

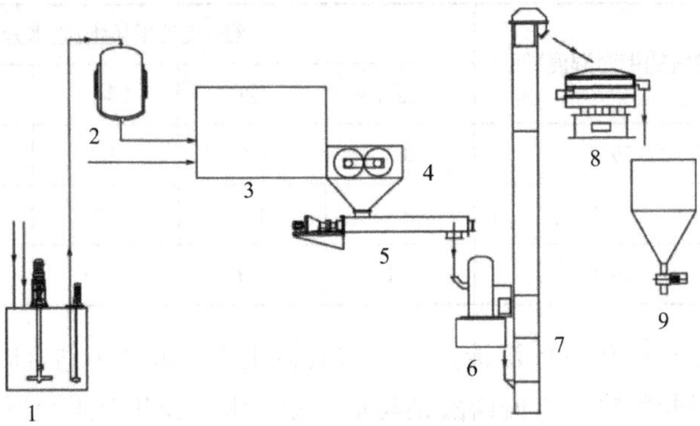

图 7-16　六偏磷酸钠生产工艺流程

1—中和釜；2—高位槽；3—熔聚炉；4—骤冷器；5—螺旋输送机；6—粉碎机；7—斗提机；8—旋振筛；9—料仓

② 五氧化二磷法　将 Na_2CO_3 和 P_2O_5 按一定比例混合，使 Na_2O/P_2O_5=1～1.1，经高温缩聚、骤冷制得六偏磷酸钠。其反应式为：

$$P_4+5O_2 \longrightarrow 2P_2O_5$$
$$nP_2O_5+nNa_2CO_3 \xrightarrow{\triangle} 2(NaPO_3)_n+nCO_2\uparrow$$

具体方法分为坩埚熔聚法和磷燃烧中和一步法。磷燃烧中和一步法生产过程难以控制，导致六偏磷酸钠产品质量不够稳定，因此工业上主要采用磷酸二氢钠法。

③ 磷酸 - 食盐法　我国有丰富的食盐资源，可以利用 NaCl 和 H_3PO_4 进行缩聚反应制备聚磷酸钠，不但可以节约纯碱或烧碱，而且可回收副产的盐酸。在 240℃左右发生以下复分解反应：

$$H_3PO_4+NaCl \xrightarrow{\triangle} NaH_2PO_4+HCl\uparrow$$

380℃以上时，发生脱水缩聚反应：

$$nNaH_2PO_4 \xrightarrow{\triangle} (NaPO_3)_n+nH_2O$$

④ 原料消耗定额　每吨六偏磷酸钠成品的主要原料消耗见表 7-19。

表7-19　主要原料消耗量　　单位：t/t

原料	五氧化二磷法	磷酸二氢钠法
黄磷（P_4，99.9%）	0.359	
Na_2CO_3(98%)	0.544	0.544
H_3PO_4(85%)		1.180

（4）产品用途和质量标准

① 产品用途　六偏磷酸钠在食品工业中主要用作水分保持剂和品质改良剂；可与氟化钠加热制造单氟磷酸钠；作为阻垢剂广泛应用于水处理行业；还用作缓蚀剂，浮选剂，分散剂等；用作铜版纸生产浆料扩散剂；还能用于洗涤器皿和化学纤维中除去浆粕的铁离子；石油工业中用于控制石油钻井时钻探管的防锈和调节泥浆的黏度。

② 质量标准　我国关于工业级和食品级六偏磷酸钠的相关标准见表 7-20 和表 7-21。

表7-20　工业级六偏磷酸钠的指标（HG/T 2519—2017）

项目	指标	
	一等品	合格品
总磷酸盐（以 P_2O_5 计）/%	68.0	65.0
非活性磷酸盐（以 P_2O_5 计）/%	7.5	10.0
铁（Fe）/%	0.03	0.10
水不溶物 /%	0.04	0.10
pH（10g/L）	5.8 ～ 7.0	
溶解性	合格	

表7-21 食品级六偏磷酸钠的指标（GB 1886.4—2020）

指标名称		指标
总磷酸盐（以 P_2O_5 计），w/%	≥	67.0
非活性磷酸盐（以 P_2O_5 计），w/%	≤	7.5
铁（Fe）浓度 /（mg/kg）	≤	200
水不溶物，w/%	≤	0.06
pH（10g/L 溶液）		5.0 ～ 7.5
砷（As）浓度 /（mg/kg）	≤	3.0
重金属浓度（以 Pb 计）/（mg/kg）	≤	10
铅（Pb）浓度 /（mg/kg）	≤	4.0
氟化物（以 F 计），w/%	≤	0.003
烧灼失量，w/%	≤	1.0

7.2.4.4 其他偏磷酸盐

（1）偏磷酸钙　偏磷酸钙的分子式是 $Ca(PO_3)_2$，纯品含 $P_2O_5$71.7%、CaO28.3%，P_2O_5 与 CaO 摩尔比为 1.0。工业品偏磷酸钙是由磷在空气中燃烧生成的 P_2O_5，在高温和水蒸气作用下和磷矿粉反应制得。偏磷酸钙有结晶状和玻璃体态两种。结晶状 $Ca(PO_3)_2$ 为白色，不溶于水和中性柠檬酸铵溶液，无肥料价值。偏磷酸钙熔融物经过快速冷却即可生成玻璃体态，产品带有浅绿色，含 P_2O_5 约 65%，可溶于中性柠檬酸铵溶液，是一种高浓度枸溶性磷肥，也是一种无机盐原料。偏磷酸钙可能是一种聚合物 $\{[Ca(PO_3)_2]_n\}$，但聚合程度还不清楚，也就是说 n 是一个未知数，在空气中有微吸湿性。

（2）偏磷酸钾　偏磷酸钾的分子式是 KPO_3，纯品含 K_2O39.87%、$P_2O_5$60.13%，微溶于水，易溶于草酸铵溶液。工业品是白色粉末，含 P_2O_5 约 57%、K_2O37%，不结块，不吸湿，可与硫酸铵、硫酸钾、硝酸铵或尿素混合作为肥料，或与硝酸铵共熔后制成粒状混合肥料。偏磷酸钾既是一种高浓度复合盐，也是一种无机盐原料。美国以偏磷酸钾作肥料在 12 个州进行过大量的田间试验，其肥效相当于重过磷酸钙。

（3）偏磷酸铵　偏磷酸铵的分子式是 NH_4PO_3。工业品偏磷酸铵呈粒状，含 NH_4PO_3 80% ～ 86%、N 约 16.7%、P_2O_5 73%，其中 51% 为水溶性、22% 为枸溶性。偏磷酸铵易溶于水，其水溶液 pH 为 6.0 ～ 6.5，稍有吸湿性，不结块，松密度 0.4g/cm^3，无腐蚀性，在常温不分解，不挥发，有良好的化学稳定性。偏磷酸铵既是一种高浓度氮磷复合肥料，也是混合肥料的基础肥料；偏磷酸铵也是一种无机磷阻燃剂。将元素磷在空气中燃烧生成的 P_2O_5，在高温和水蒸气作用下与氨气反应，即可制得偏磷酸铵。

目前我国六偏磷酸钠的产量已有一定规模，但三偏磷酸钠的产量较少，且多为间歇式生产。总之，偏磷酸盐的生产在国内还处于起步阶段，研究偏磷酸盐制备原理和分析检测方法，探索其最佳制备工艺条件，并将其应用到生产，以满足市场对该类产品日益增长的需求，具有十分重要的意义。

参考文献

[1] 张宝林. 钙镁磷肥. 化工矿山技术，1996(2): 43-44.
[2] 贡长生. 现代磷化工技术和应用. 北京：化学工业出版社，2013.
[3] 张允湘. 磷肥及复合肥料工艺学. 北京：化学工业出版社，2008.
[4] 江善襄. 磷酸、磷肥和复混肥料. 北京：化学工业出版社，1999.
[5] 崔英德. 复合肥的生产与施用. 北京：化学工业出版社，1999.
[6] 方天翰. 复混肥料生产技术手册. 北京：化学工业出版社，2003.
[7] 孙志立，姚之琦. 钙镁磷肥的贡献与发展思考. 化肥工业，2017, 44(5): 1-4, 50.
[8] 许秀成. 钙镁磷肥玻璃体结构理论及其应用. 郑州工学院学报，1982(2): 1-10.
[9] 汤建伟. 磷肥工业数据库与钙镁磷肥工艺软件开发. 郑州：郑州工学院，1992.
[10] 张光荣，刘庭章，芦又新，等. 高炉法钙镁磷肥. 江西鹰潭磷肥厂，1982.
[11] 熊家林. 磷化工概论. 北京：化学工业出版社，1994.
[12] 戴德深. 钙镁磷肥炉内脱氟. 化肥与催化，1992(2): 45-47.
[13] 汤建伟，许秀成，化全县，等. 新时代我国低浓度磷肥发展的新机遇. 磷肥与复肥，2018, 33(5): 8-15.
[14] 黄安智. 利用中低品位磷矿建设节能环保钙镁磷肥装置. 磷肥与复肥，2021, 36(10): 30.
[15] 汤建伟，兰方杰，化全县，等. 不同助熔剂对磷矿熔融特性影响研究. 化工矿物与加工，2016, 45(9): 9-12, 19.
[16] 徐静安，潘振玉. 复混肥和功能性肥料生产新工艺及应用技术丛书——生产工艺技术. 北京：化学工业出版社，2009.
[17] 匡晓静. 利用黄磷尾气窑炉法生产钙镁磷肥技术. 磷肥与复肥，2018: 33(1): 20-22.
[18] B.H. 科契考夫. 磷肥手册. 北京：化学工业出版社，1988.
[19] 谢为杰. 化肥工业大全. 北京：化学工业出版社，1988.
[20] 钟本和，方为茂，任建新，等. 偏磷酸盐的介绍. 磷肥与复肥，2014, 29(1): 51-54.
[21] 汤德元，等. 磷、磷肥和磷酸盐生产工艺. 贵阳：贵州科技出版社，1990.

中国肥料研究与应用全书

Books of Fertilizer Research and Application in China

FERTILIZER

第8章

其他磷酸盐肥料

8.1 磷酸二氢钾

8.1.1 产品概况

磷酸二氢钾为白色结晶或粉末，分子式为KH_2PO_4，分子量为136.09，在空气中稳定，溶于水，水溶液呈弱酸性，1%磷酸二氢钾溶液pH值为4.60，不溶于醇，有一定吸湿潮解性，在水中的溶解度大（表8-1）。熔点是252.6℃，加热至400℃时，熔成透明液体，冷却后固化为不透明玻璃状物质偏磷酸钾（KPO_3）[1]。

表8-1 磷酸二氢钾在水中溶解度

温度/℃	20	30	40	50	60	70	80	90	100
KH_2PO_4含量/%	18.45	21.90	25.10	29.30	33.40	37.40	41.30	45.50	49.07

平均比热容为0.83J/（g·℃）（33℃），溶解热为−4.78kcal/mol。

磷酸二氢钾现行标准分为肥料级（HG/T 2321—2016）、工业级（HG/T 4511—2013）。肥料级磷酸二氢钾适用于农业用的磷酸二氢钾肥料产品，质量要求见表8-2[2]。

表8-2 肥料级磷酸二氢钾标准（HG/T 2321—2016）

项目		指标		
		优等品	一等品	合格品
磷酸二氢钾（KH_2PO_4）/%	≥	98.0	96.0	94.0
水溶性五氧化二磷（P_2O_5）/%	≥	51.0	50.0	49.0
氧化钾（K_2O）/%	≥	33.8	33.2	30.5
水分/%	≤	0.5	1.0	1.5
氯化物（Cl）/%	≤	1.0	1.5	3.0
水不溶物/%	≤	0.3		
pH值		4.3～4.9		
砷及其化合物（以As计）/%	≤	0.0050		
镉及其化合物（以Cd计）/%	≤	0.0010		
铅及其化合物（以Pb计）/%	≤	0.0200		
铬及其化合物（以Cr计）/%	≤	0.0500		
汞及其化合物（以Hg计）/%	≤	0.0005		

工业级磷酸二氢钾主要用作医药中间体、缓冲剂、培养剂等的原料，质量要求如表 8-3 所示[3]。

表8-3　工业级磷酸二氢钾标准（HG/T 4511—2013）

项目		指标		
		优等品	一等品	合格品
磷酸二氢钾（KH_2PO_4）（以干基计）/%	≥	99.0	98.0	97.0
氧化钾（K_2O）（以干基计）/%	≥	34.0	33.5	33.0
水分 /%	≤	0.5	1.0	2.0
氯化物（以 Cl 计）/%	≤	0.05	0.2	—
铁（Fe）/%	≤	0.003	0.008	—
砷（As）/%	≤	0.005	0.015	—
重金属（以 Pb 计）/%	≤	0.005	0.008	—
水不溶物 /%	≤	0.1	0.2	0.5
pH（30g/L 溶液）		4.3 ～ 4.7		

磷酸二氢钾在工业、农业、医药、食品等行业均有较为广泛的应用，其中在农业上的应用占磷酸二氢钾总产量的 80% 以上[4-5]。

磷酸二氢钾总养分 86（0-52-34），养分含量高，它是一种高浓度的磷钾复合肥、优质无氯钾肥，既提供磷也提供钾，适用于各种土壤和作物。磷酸二氢钾不仅可使作物显著增产、抗旱、耐寒，促进作物对氮、磷的吸收，通过快速补磷，提高作物产量和千粒重，还具有防治作物病虫害、减轻病虫害发生、延长叶片功能等特殊作用。磷酸二氢钾盐值极低，它是理想的叶施肥料，广泛用于浸种、浸根、药物拌种、浇灌和叶面喷施，对农作物加速灌浆、促进代谢、抵御干热风及防止倒伏等方面均有显著效果。磷酸二氢钾可广泛施用于各种粮食、经济作物及瓜果、蔬菜等，如水稻、小麦、玉米、甘蔗、大豆、棉花、亚麻、水果、蔬菜和烟草等各种作物，尤其适用于烟草、柑橘、茶叶等忌氯作物，是农业农村部指定推广发展的优良化肥品种。

磷酸二氢钾是制造磷酸氢二钾、磷酸三钾、缩聚磷酸钾、偏磷酸钾和其他钾盐的原料，是酿造酵母的培养剂、强化剂、膨松剂和发酵助剂等。发酵工业中，用作细菌培养剂、缓冲调节剂和营养剂，主要用于味精、酒、酒精、柠檬酸、酶制剂、酵母、淀粉和糖等的生产。

在食品工业中，食品级磷酸二氢钾主要用于制造烘焙物、味精、发酵粉等，还用于青霉素、土霉素、鸡苷等的生产。

在饲料工业中，磷酸二氢钾主要作为磷、钾矿物质元素添加剂，特别是在鱼饲料中得到普遍应用。

8.1.2 生产原理

磷酸二氢钾的生产方法可以分为中和法、溶剂萃取法、复分解法、其他方法。

8.1.2.1 中和法

利用酸碱中和原理，使钾离子（氢氧化钾或者碳酸钾）对磷酸进行第一取代，生成的盐类即为磷酸二氢钾。磷酸可以采用热法磷酸或工业湿法净化磷酸，现阶段由于工业湿法净化磷酸成本低于热法磷酸，主要以工业湿法净化磷酸和碱（氢氧化钾或碳酸钾）反应制备，其化学反应方程式如下：

$$KOH+H_3PO_4 = KH_2PO_4+H_2O \tag{8-1}$$

$$K_2CO_3+2H_3PO_4 = 2KH_2PO_4+H_2O+CO_2\uparrow \tag{8-2}$$

中和法是目前国内主流的磷酸二氢钾生产工艺，约占总产量85%以上。该工艺的主要优点是：工艺流程短，易于控制，易于实现装置大型化。但由于该工艺以工业湿法净化磷酸和氢氧化钾或碳酸钾碱液为原料，生产成本较高。随着湿法磷酸直接制备磷酸二氢钾技术的发展，中和法将缺乏足够的市场竞争力。

8.1.2.2 溶剂萃取法

以磷酸、氯化钾、氨气为主要原料，采用溶剂萃取工艺生产磷酸二氢钾，萃取剂一般为有机叔胺类萃取剂，如三烷基叔胺（N235）、三辛胺（TOA）等。磷酸首先与氯化钾混合，再经有机萃取剂萃取混合溶液中的HCl，水相即为磷酸二氢钾料液，有机相经含NH_3溶液反萃后得到氯化铵，其化学反应方程式如下[6]：

$$R_3N\text{（有机相）}+H_3PO_4+KCl = [R_3NH]Cl\text{（有机相）}+KH_2PO_4 \tag{8-3}$$

$$[R_3NH]Cl\text{（有机相）}+NH_3+NH_4Cl = R_3N\text{（有机相）}+2NH_4Cl \tag{8-4}$$

近年来，溶剂萃取法磷酸二氢钾工艺得到了较快发展，特别是直接以湿法磷酸和氯化钾为原料的溶剂萃取法，具有明显的成本竞争优势，产品质量达到肥料级磷酸二氢钾标准（HG/T 2321—2016）优等品的质量要求，有很强的竞争优势。

8.1.2.3 复分解法

氯化钾与磷酸或其酸式盐进行化学反应，以氯化钾替代氢氧化钾生产磷酸二氢钾，以降低生产成本。根据所用原料的不同，复分解法可以分为磷酸与氯化钾、磷酸一铵与氯化钾、磷酸二氢钠与氯化钾的复分解反应。其化学反应方程式如下：

$$H_3PO_4+KCl = KH_2PO_4+HCl\uparrow \tag{8-5}$$

$$NH_4H_2PO_4+KCl = KH_2PO_4+NH_4Cl \tag{8-6}$$

$$NaH_2PO_4+KCl = KH_2PO_4+NaCl \tag{8-7}$$

磷酸和氯化钾工艺，存在高温下的氯化氢腐蚀问题。磷酸二氢钠和氯化钾工艺，技术经济性较差，未能实现规模化生产。磷酸一铵和氯化钾工艺，所得产品纯度偏低，一般仅能达到 92%，磷收率也偏低，一般作为大量元素水溶肥或复合肥的生产原料使用。

8.1.2.4　其他方法

磷酸二氢钾制备方法还有很多，如离子交换法、电渗析法、磷酸脲法、直接法、磷酸一铵法、磷酸二氢钙法等。

（1）离子交换法　采用磺化聚苯乙烯型阳离子交换树脂，以氯化钾溶液和磷酸一铵溶液为原料，对阳离子交换树脂进行置换，使树脂由钾型转变为铵型，再由铵型转变为钾型，反复循环。阳离子交换树脂交换的是溶液中的阳离子，把阴离子留在溶液中，即为副产氯化铵，解析下来的阳离子生成磷酸二氢钾，其化学反应方程式如下[7]：

$$R\text{-}SO_3\cdot K + NH_4H_2PO_4 = R\text{-}SO_3\cdot NH_4 + KH_2PO_4 \qquad (8\text{-}8)$$

$$R\text{-}SO_3\cdot NH_4 + KCl = R\text{-}SO_3\cdot K + NH_4Cl \qquad (8\text{-}9)$$

该法与磷酸一铵和氯化钾的复分解工艺相比，可以得到高纯度磷酸二氢钾产品，KH_2PO_4含量可达98%以上。但该法存在的主要问题是磷酸二氢钾溶液、氯化铵溶液浓度低，系统蒸发量太大，能耗过高，一直未能实现工业化生产。

（2）电渗析法　以氯化钾和磷酸为原料，利用离子交换膜在电场作用下制备磷酸二氢钾。在阳极室通入净化的 KCl 溶液，阴极室通入 H_3PO_4，在电场作用下，K^+ 穿过阳离子交换膜，由于阳极膜的选择透过性质，Cl^- 不能穿过阳极膜，从而在阳极上放电生成 Cl_2 排出。在阴极室里 H_3PO_4 离解为 H^+ 和 $H_2PO_4^-$，H^+ 向阴极移动，在阴极上结合电子变成 H_2 排出。进入阴极室的 K^+ 与阴极室的 $H_2PO_4^-$ 结合为 KH_2PO_4，其发生的离子迁移和电极反应过程如下[8]：

阳极室：$2Cl^- - 2e^- = Cl_2\uparrow$（阳极氧化），$K^+$ 透过阳离子交换膜进入阴极室

阴极室：$2H^+ + 2e^- = H_2\uparrow$（阴极还原）

$$K^+ + H_2PO_4^- = KH_2PO_4 \qquad (8\text{-}10)$$

该法是对离子膜法电解制氢氧化钾技术的改进，存在的主要难题是离子交换膜的选择与寿命。电流效率、槽电压等制约了该法的实际应用，目前仅处于实验室研究阶段。

（3）磷酸脲法　以湿法磷酸、尿素、氢氧化钾为原料，湿法磷酸与尿素首先合成中间体磷酸脲，经分离后制得磷酸脲结晶，然后磷酸脲与氢氧化钾溶液反应，生成磷酸二氢钾，主要化学反应方程式如下[9]：

$$H_3PO_4 + CO(NH_2)_2 = CO(NH_2)_2\cdot H_3PO_4 \qquad (8\text{-}11)$$

$$CO(NH_2)_2\cdot H_3PO_4 + KOH = KH_2PO_4 + CO(NH_2)_2 + H_2O \qquad (8\text{-}12)$$

该法相比传统中和法工艺，以磷酸脲代替工业湿法净化磷酸，即利用湿法磷酸与尿素生成磷酸脲复盐结晶，达到对湿法磷酸净化的目的，有利于降低生产成本，KH_2PO_4 含量可达 98% 以上，磷收率大于 70%。该法存在湿法磷酸脲母液与含尿素母液进一步回收与利用问题。由于钾来自于氢氧化钾，产品成本竞争力不强。

（4）直接法　以磷矿、硫酸、氯化钾为原料生产磷酸二氢钾。硫酸与氯化钾反应生成硫酸氢钾，硫酸氢钾再与硫酸、磷矿粉一起反应生成含 KH_2PO_4 的磷酸溶液，用甲醇沉淀

KH_2PO_4 母液，甲醇经蒸馏回收，循环使用，同时得到部分磷酸，其主要化学反应方程式如下[10]：

$$KCl+H_2SO_4 = KHSO_4+HCl\uparrow \quad (8\text{-}13)$$

$$KHSO_4+Ca_3(PO_4)_2+2H_2SO_4+2H_2O = KH_2PO_4+H_3PO_4+3CaSO_4\cdot 2H_2O\downarrow \quad (8\text{-}14)$$

该法可得到磷酸二氢钾及较为净化的磷酸；但该法工艺流程长，腐蚀程度大，结垢严重，特别是随着磷矿石的贫化，该法整体磷收率、钾收率偏低，磷酸二氢钾品质不高。另外，用甲醇沉淀法生产磷酸二氢钾随着磷矿的贫化，在生产实践中存在诸多问题。

（5）磷酸二氢钙法　以普钙（或重钙或饲料级磷酸二氢钙）和硫酸钾为原料，利用磷酸二氢钙水溶性特点，将其与硫酸钾溶液混合，生成磷酸二氢钾和硫酸钙沉淀物，经分离制得磷酸二氢钾，其反应方程式如下所示[11]：

$$Ca(H_2PO_4)_2\cdot H_2O+K_2SO_4 = CaSO_4\downarrow +2KH_2PO_4+ H_2O \quad (8\text{-}15)$$

$$Ca(H_2PO_4)_2 = CaHPO_4\downarrow +H_3PO_4 \quad (8\text{-}16)$$

$$K_2SO_4+CaSO_4+H_2O = K_2SO_4\cdot CaSO_4\cdot H_2O \quad (8\text{-}17)$$

该法操作简单，但副产大量石膏；所得磷酸二氢钾溶液杂质含量较高，净化工艺复杂，难以得到高品质磷酸二氢钾产品，磷收率、钾收率均偏低，经济性较差。

（6）磷酸一铵法　以磷酸一铵溶液和氢氧化钾溶液为原料，生成磷酸二氢钾溶液和氨气，氨气回收至磷酸一铵溶液循环使用，其反应方程式如下所示[12]：

$$KOH+NH_4H_2PO_4 = KH_2PO_4+H_2O+NH_3\uparrow \quad (8\text{-}18)$$

该法相对传统中和法工艺，以磷酸一铵代替工业湿法净化磷酸，即利用湿法磷酸与氨反应生成磷酸一铵溶液。在该过程中，湿法磷酸中大部分杂质以沉淀形式析出，达到对湿法磷酸初级净化的目的，所得 KH_2PO_4 含量可达 98% 以上。该法的关键在于氨脱除杂质的彻底程度。由于工艺流程长，能耗高，且钾来自于氢氧化钾，因此产品成本竞争力有限。

8.1.3　生产流程与典型设备

根据磷酸二氢钾的生产方法，重点对已实现工业化生产的中和法、溶剂萃取法、复分解法以及其他典型方法的生产流程以及典型设备进行阐述。

8.1.3.1　生产流程

（1）中和法　最有代表性的是以 75%H_3PO_4 或 85%H_3PO_4 工业净化磷酸和 KOH 碱液为原料的中和法工艺路线。

将工业净化磷酸、浓缩磷钾液送入中和反应槽进行中和反应，控制料液 pH 4.4 ～ 4.8，反应温度在 90 ～ 100℃，料浆相对密度为 1.38 ～ 1.40；中和完毕后在闪冷结晶器中闪冷结晶，维持结晶器真空度在 60 ～ 70kPa，温度在 50 ～ 52℃。也可以通过冷却结晶获得磷酸二氢钾产品，冷却结晶温度在 40 ～ 45℃；所得结晶晶浆经稠厚器增稠后，送入离心机进行离心分离，将分离所得磷酸二氢钾湿晶体送入振动流化床进行干燥，得到磷酸二氢钾产品。离心分离所得磷酸二氢钾母液中加入 KOH 碱液，调节 pH 值为 9 ～ 11，经板框压滤机得磷钾清母液，送入三效真空浓缩装置进行浓缩，将所得浓缩磷钾液送入中和反应槽实现循环利用[13]。

中和法工艺流程方框图如图 8-1 所示。

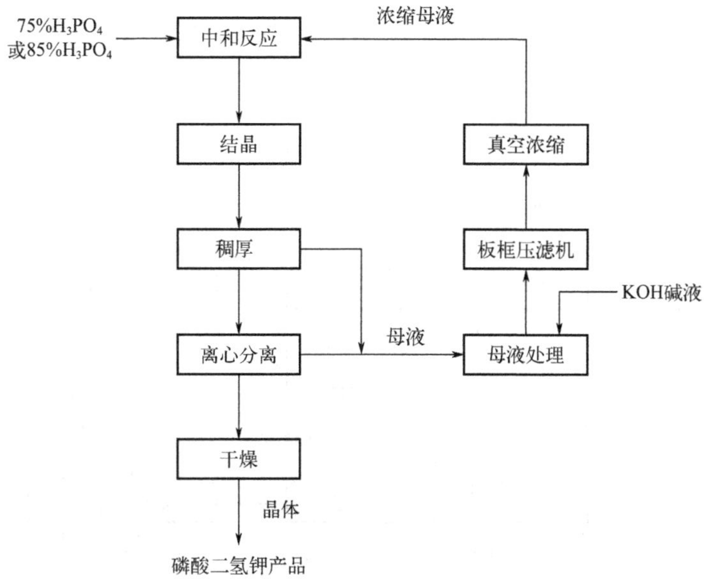

图 8-1　中和法磷酸二氢钾工艺流程图

吨产品主要消耗指标见表 8-4。

表8-4　中和法磷酸二氢钾主要消耗指标

原料名称	规格	单位	单耗	备注
工业净化磷酸（以 P_2O_5 计）	75%H_3PO_4/85%H_3PO_4	t	≤ 0.53	工业级
氢氧化钾溶液	48%KOH	t	≤ 0.42	工业级
电		kWh	≤ 60	
蒸汽	0.5MPa	t	≤ 1.30	
水		m^3	≤ 0.80	

（2）溶剂萃取法　根据原料磷酸的不同，分为工业净化磷酸溶剂萃取法和湿法磷酸溶剂萃取法，直接以湿法磷酸、氯化钾、氨为原料，具有更加明显的成本竞争优势，是溶剂萃取法磷酸二氢钾的主流工艺。

以湿法磷酸、氯化钾和氨为原料的溶剂萃取法，同时副产氯化铵、磷钾肥。溶剂萃取法工艺流程方框图如图 8-2 所示。向 25% ～ 47%P_2O_5 湿法磷酸中加入磷矿浆脱硫，经沉降后制得脱硫清酸，再向脱硫清酸中加入粉状活性炭脱色，经压滤制得预处理酸。

将预处理酸、氯化钾洗液、磷酸二氢钾母液、水等混合制得溶配液，控制溶配液相对密度为1.16～1.18，然后按一定相比加入萃取剂进行萃取反应，经萃取分相所得水相即为磷酸二氢钾料液，控制料液pH 4.5～5.0，温度为45～50℃，将该料液经压滤后所得磷酸二氢钾滤液进行三效真空浓缩，控制浓缩液出料相对密度为1.36～1.40，送至结晶器进行冷却结晶，冷却结晶温度在40～45℃，所得晶浆经稠厚器增稠后，经离心分离、流化干燥制得磷酸二氢钾产品。

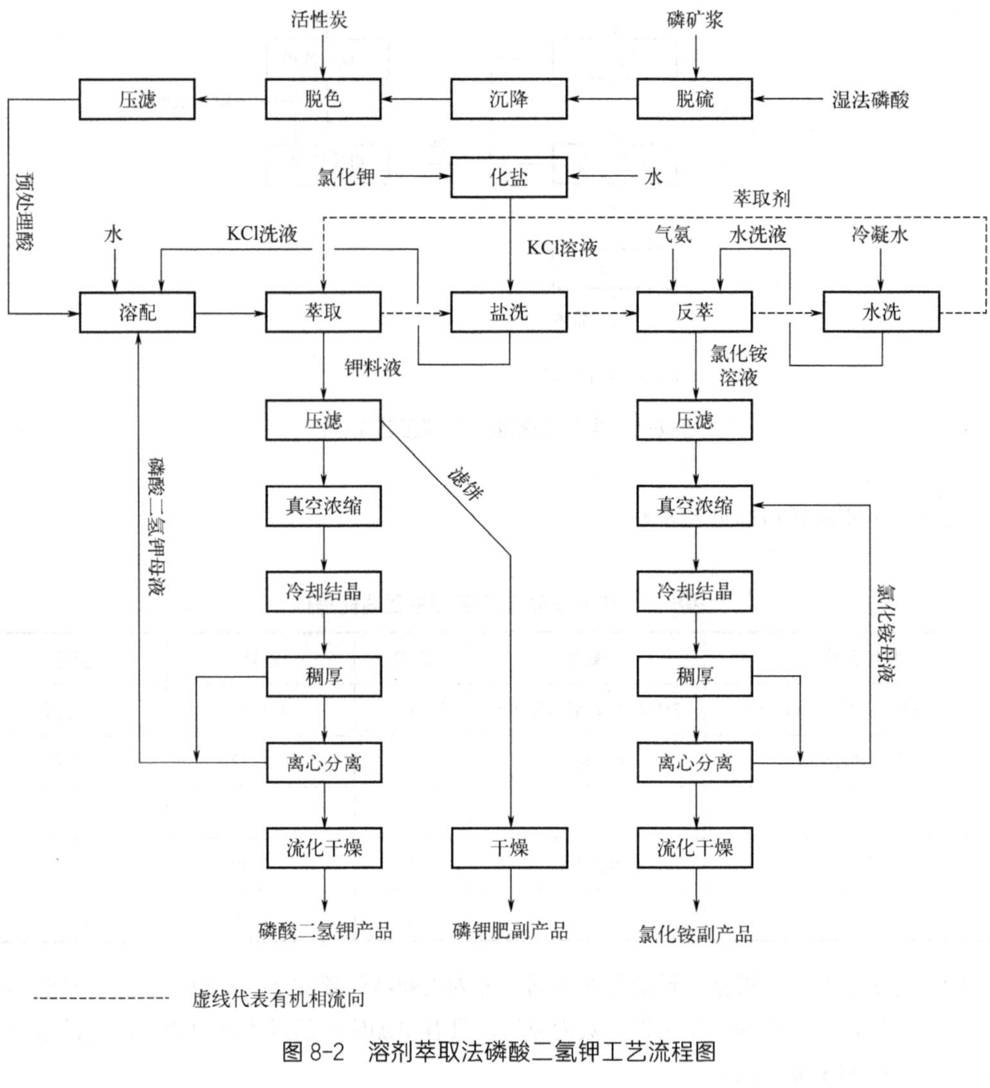

图8-2 溶剂萃取法磷酸二氢钾工艺流程图

稠厚及离心过程所得磷酸二氢钾母液返至溶配工段，循环利用。

钾料液压滤过程所得磷钾肥湿滤饼，通过 400 ～ 500℃热炉气直接换热干燥，制得粉状磷钾肥副产品。

氯化钾与水配成 12% ～ 15% 氯化钾溶液，该溶液首先洗涤富含盐酸的有机相，所得氯化钾洗液返至溶配工段，洗涤后的有机相经含 1.5% ～ 2%NH_3 的氨水反萃得氯化铵溶液，反萃后有机相再用冷凝水洗涤，水洗液返至反萃工段；洗涤后萃取剂返至萃取工序循环使用，反萃过程所得水相含 16% ～ 20% 氯化铵溶液经压滤、两效真空浓缩，浓缩液出料相对密度控制为 1.32 ～ 1.36，送至结晶器进行冷却结晶，冷却结晶温度为 35 ～ 40℃，所得晶浆经稠厚器增稠、离心分离、干燥制得氯化铵副产品。

吨产品主要消耗指标见表 8-5。

表8-5 溶剂萃取法磷酸二氢钾主要消耗指标

原料名称	规格	单位	单耗
预处理酸（以 P_2O_5 计）	40%P_2O_5	t	≤ 0.75
氯化钾	98%KCl	t	≤ 0.73
气氨	99%NH_3	t	≤ 0.18
萃取剂		kg	≤ 13
活性炭		kg	≤ 6
磷钾肥副产品		t	≤ 0.45
氯化铵副产品		t	≤ 0.55
煤		t	≤ 0.20
电		kWh	≤ 630
蒸汽	0.5MPa	t	≤ 6.0
水		m^3	≤ 10

（3）以湿法磷酸为原料制备磷酸一铵与氯化钾（氢氧化钾）的生产工艺

① 以湿法磷酸为原料的磷酸一铵与氯化钾复分解法工艺　磷酸一铵与氯化钾反应制取磷酸二氢钾，是典型的复分解法工艺。

在 20% ～ 25%P_2O_5 湿法磷酸中加入磷矿浆进行脱硫，经沉降后加入氯化钾脱氟，分离后制得预处理酸。向预处理酸中通入气氨进行中和反应，中和至料浆 pH 值 4.6 ～ 6.5，中和完毕后进行压滤，向所得磷铵滤液中加入氯化钾于 90 ～ 100℃下反应 2h，再过滤后所得滤液采用工业净化磷酸调节 pH 值至 4.3 ～ 4.8，然后经真空浓缩、冷却结晶、离心分离、流化干燥制得磷酸二氢钾产品。采用重结晶流程可进一步提高磷酸二氢钾纯度。中和过滤所得滤渣用于生产复合肥，增稠后母液经浓缩后用于生产氯基氮磷钾复合肥。复分解法工艺流程方框图如图 8-3 所示 [14]。

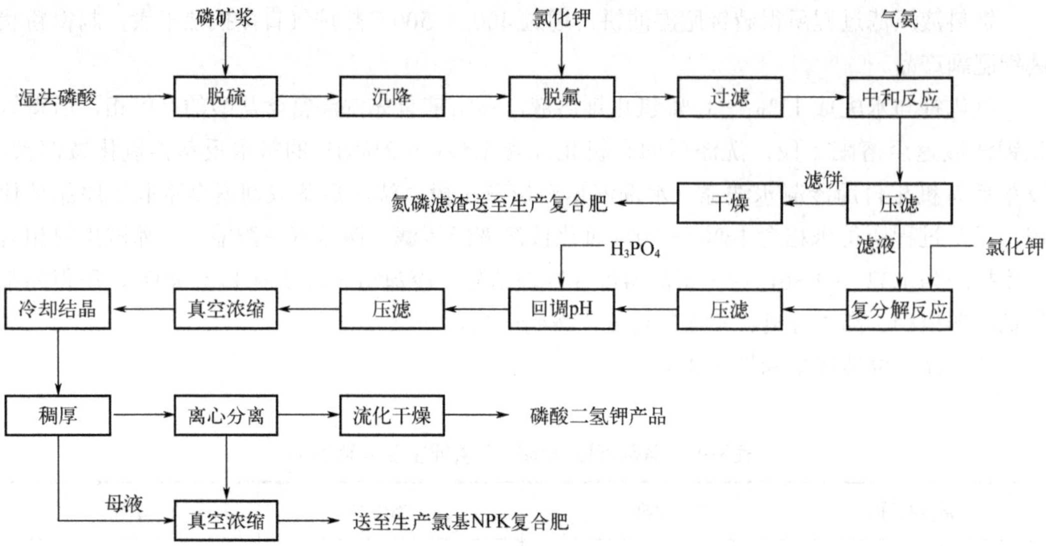

图 8-3 复分解法生产磷酸二氢钾工艺流程图

吨产品主要消耗指标见表 8-6。

表8-6 以气氨净化湿法磷酸生产磷酸二氢钾主要消耗指标

原料名称	规格	单位	单耗
预处理酸（以 P_2O_5 计）	25%P_2O_5	t	≤ 1.08
气氨	99%NH_3	t	≤ 0.26
氯化钾	98%KCl	t	≤ 0.85
工业净化磷酸	85%H_3PO_4	t	≤ 0.13
滤渣副产品		t	≤ 0.80
氯基复合肥副产品		t	≤ 1.20
煤		t	≤ 0.25
电		kWh	≤ 280
蒸汽	0.5MPa	t	≤ 1.6
水		m^3	≤ 6

② 以湿法磷酸为原料的磷酸一铵与氢氧化钾生产工艺　以湿法磷酸和气氨反应制备的磷酸一铵溶液，与氢氧化钾中和反应制备磷酸二氢钾[12]。向 25%P_2O_5 湿法磷酸中加入磷矿浆进行脱硫，反应温度在 65 ～ 75℃，经沉降后制得预处理酸。

向预处理酸加入工艺水调节酸液相对密度为 1.19 ～ 1.21，通入液氨或气氨进行中和反应，控制料浆中和度为 1 ～ 1.05，反应完毕后，进行压滤，滤液为磷酸一铵，滤饼送去生产复合肥。

向滤液中加入 48% 氢氧化钾碱液，控制磷酸一铵与氢氧化钾摩尔比为 1∶1.05，反应温度为 100 ～ 115℃，反应时间为 2h，反应过程中生成的含氨尾气送至尾气洗涤系统，采用预处理酸进行吸收；反应完毕后压滤，所得磷酸二氢钾溶液经真空浓缩至相对密度为 1.50，蒸汽浓缩至相对密度为 1.65，经冷却结晶，结晶温度控制在 40 ～ 50℃，经稠厚、离心分离、干燥制得磷酸二氢钾产品，所得母液返回磷酸二氢钾中和反应工序。工艺流程方框图如图 8-4 所示。

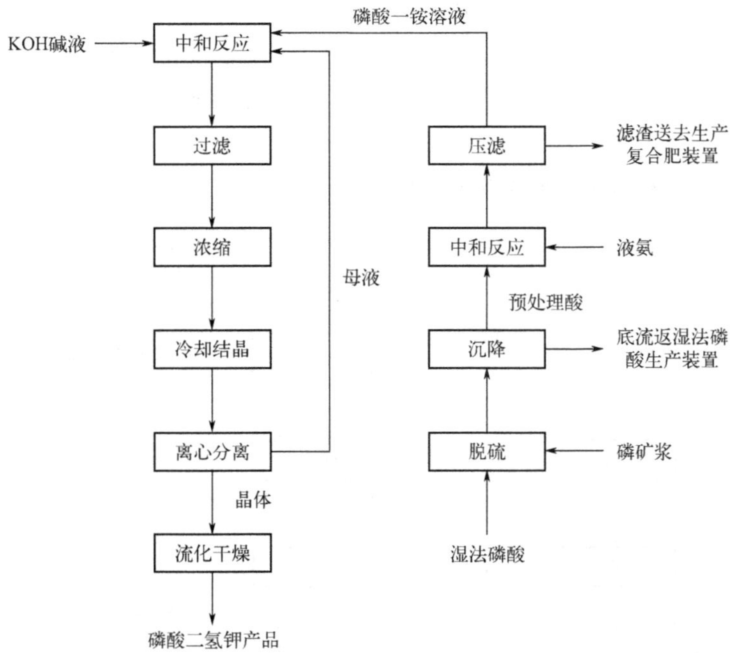

图 8-4　磷酸一铵法生产磷酸二氢钾工艺流程图

每吨产品主要消耗指标见表 8-7。

表8-7　以液氨净化湿法磷酸生产磷酸二氢钾主要消耗指标

原料名称	规格	单位	单耗
预处理酸（以 P_2O_5 计）	25%P_2O_5	t	≤ 0.83
液氨	≥ 99%NH_3	t	≤ 0.065
氢氧化钾	48%KOH	t	≤ 0.45
滤渣副产品		t	≤ 0.60
煤		t	≤ 0.13
电		kWh	≤ 260
蒸汽	0.5MPa	t	≤ 0.60
水		m^3	≤ 6

（4）磷酸脲法　以 47% ～ 50%P_2O_5 湿法磷酸、尿素、氢氧化钾为原料，首先将湿法磷酸与尿素、含尿素母液进行反应，合成磷酸脲，控制磷酸与尿素摩尔比为 1∶(1 ～ 1.05)，反应温度控制在 70 ～ 80℃，反应时间大于 1h，反应完毕后，经真空浓缩，控制真空度在 65 ～ 75kPa，温度≤ 80℃；然后进行冷却结晶，结晶温度约 40℃，经离心分离制得磷酸脲结晶，所得磷酸脲母液送去生产 NPK 复合肥。

将所得磷酸脲结晶与 KOH 碱液进行中和反应，生成磷酸二氢钾结晶及尿素溶液，控制磷酸脲与氢氧化钾总摩尔比为 1∶1，pH 4.5 ～ 5.0，反应温度在 75 ～ 85℃；反应后冷却结晶，结晶温度在 35 ～ 40℃，经稠厚、离心分离、流化干燥制得磷酸二氢钾产品，所得母液返回磷酸脲合成工序[9,15]。

磷酸脲法工艺流程方框图如图 8-5 所示。

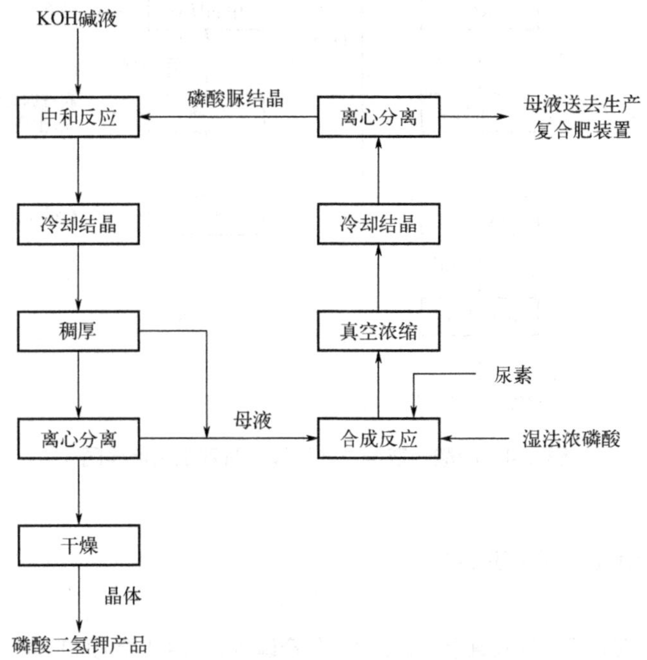

图 8-5　磷酸脲法生产磷酸二氢钾工艺流程图

每吨产品主要消耗指标见表 8-8。

表8-8　磷酸脲法生产磷酸二氢钾主要消耗指标

原料名称	规格	单位	单耗
湿法浓磷酸（以 P_2O_5 计）	48%P_2O_5	t	≤ 1.10
尿素	46%N	t	≤ 0.35
氢氧化钾	48%KOH	t	≤ 0.56
NPK 副产品		t	≤ 1.20

续表

原料名称	规格	单位	单耗
煤		t	≤ 0.16
电		kWh	≤ 220
蒸汽	0.5MPa	t	≤ 1.2
水		m^3	≤ 2

8.1.3.2　典型设备[16-18]

磷酸二氢钾的生产工艺较多，但很多单元过程是具有共性的，如浓缩、结晶、离心分离、流化干燥等，大多是常规通用设备，这里重点介绍结晶器。

磷酸二氢钾结晶采用搅拌罐式结晶槽和连续结晶器，搅拌罐式结晶槽适用于小规模生产，为间歇操作。大规模生产一般使用连续结晶器，连续结晶器可以实现连续式生产，生产能力大，操作稳定。目前在磷酸二氢钾生产装置上得到应用的结晶器主要有 DTB 真空结晶器和 OSLO 冷却结晶器。

（1）DTB 真空结晶器　DTB 是 draft tube baffle（Crystallizer）的缩写，即遮挡板与导流筒的意思，简称“遮导式”结晶器，属于典型的晶浆内循环结晶器；具有生产强度大，结晶器性能良好，不易结疤，晶粒粗大，连续操作，运行稳定，能耗低，操作简单，运行可靠，故障少等优点。

DTB 真空结晶器（图 8-6）主要由桨叶驱动器、导流筒、裙式挡板、螺旋桨等组成。在

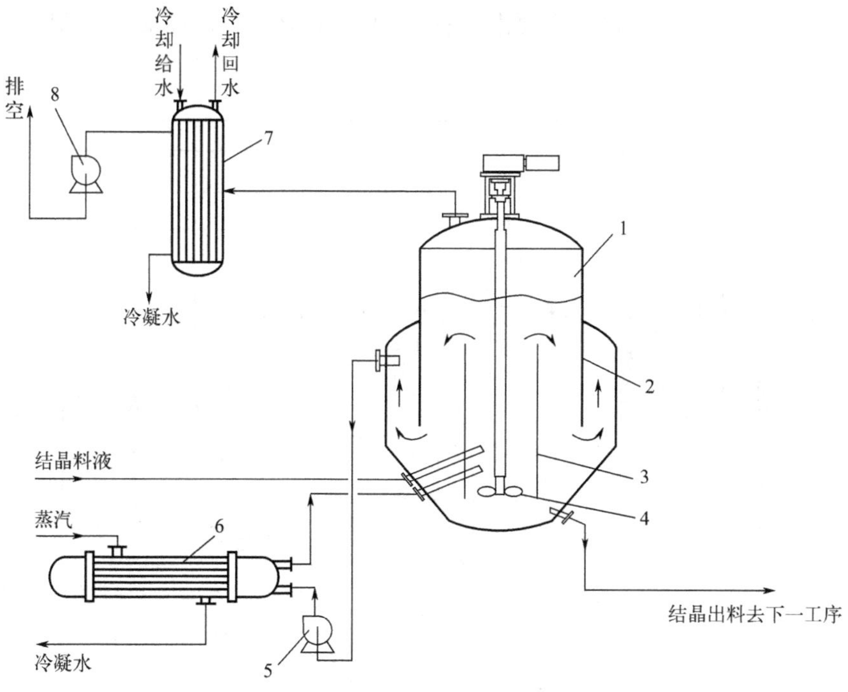

图 8-6　DTB 真空结晶器示意图

1—DTB 结晶器；2—挡板；3—导流筒；4—螺旋桨；5—细晶消除泵；6—细晶消除器；7—冷凝器；8—真空泵

DTB 结晶器中部设有一导流筒，导流筒内下部设有螺旋桨。导流筒四周设有一圆筒形挡板。挡板把结晶器分成晶体生长区和澄清区。挡板与器壁之间的环隙为澄清区。澄清区顶部设有溢流口，连接细晶消除泵和细晶消除器，结晶器的上部设置真空系统，其结构组成如图 8-6 所示。

DTB 真空结晶器是集内循环、外循环、晶体分级等功能于一体的连续结晶设备，操作时高温料液连续加入导流筒底部，与循环管内夹带有细晶的清液混合，混合后的悬浮液由螺旋桨推动，沿导流筒由底部上升至结晶器的液体表面进行闪发、冷却，然后沿导流筒与挡板之间的环形通道流至器底，之后又被吸入导流筒的下端，形成了内循环通道，部分溶质在悬浮颗粒表面沉积，使晶体长大，悬浮液混合均匀，给晶体创造了良好的生成环境。在结晶器的澄清区，大部分晶体被沉降分离，从结晶器底部排出送至下一工序。

DTB 真空结晶器除内循环通道外，还设有外循环通道，用于消除过量的细晶，以及产品粒度的淘洗。外循环通道设置细晶消除器，含有细晶的清液通过溢流口经细晶消除泵打入细晶消除器，细晶消除器的溶液被蒸汽加热使细晶溶解，然后进入导流筒下端，参与进一步循环。外循环强化了结晶器混合效果，最大程度避免了结疤。

在 DTB 结晶器内维持较高的真空度，此时对应的溶液沸点温度低于原料液的温度，溶液绝热闪蒸冷却到与器内绝压相对应的沸点温度，结晶器上部闪蒸产生的二次蒸汽进入冷凝器，在冷凝器中被冷凝为冷凝水，不凝性气体经真空泵排空。

（2）OSLO 冷却结晶器　OSLO 冷却结晶器也称为 Krystal 结晶器或粒度分级型结晶器，属于典型的母液循环式结晶器。其主要特点是过饱和度产生的区域与晶体生长区分别设置在结晶器的不同区域，晶体在循环母液流中流化悬浮，为晶体生长提供了一个良好的条件，所得晶体大而均匀。

OSLO 冷却结晶器（图 8-7）主要由结晶室、中央循环管、循环泵、外循环冷却器（简

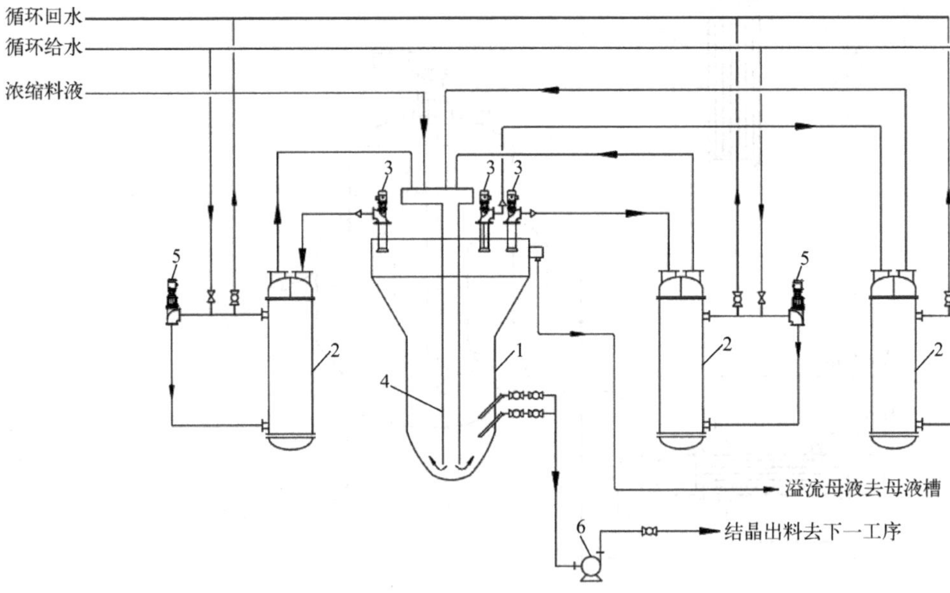

图 8-7　OSLO 冷却结晶器流程示意图

1—结晶室；2—外循环冷却器；3—外循环泵；4—中央循环管；5—冷却水循环泵；6—结晶出料泵

称外冷器）等组成。结晶室底部为圆弧形，改善了料液在结晶器内流动状态，不形成死区，上部扩大断面可以使晶体沉降下来，不参与循环，减少了二次成核机会。在 OSLO 冷却结晶器上部设置有外循环泵，与外冷器形成一个强制外循环，将冷却后料液送入中央循环管，澄清区顶部设有溢流口，其流程如图 8-7 所示。

OSLO 冷却结晶器是集母液循环、晶体分级等功能于一体的连续结晶设备，操作时澄清母液在结晶室顶部经外循环泵送入外冷器，被循环水间接冷却后，产生一定的过饱和度，然后与热浓料液混合后通过中央循环管流至结晶室底部，转而进入结晶室向上流动。在结晶室中，液体向上的流速逐渐降低，由于向上流体曳力与结晶重力的相互作用，悬浮晶体的粒度越往上越小，溶液在向上穿过晶体悬浮床时，过饱和度逐渐降低；当溶液达到结晶室顶层时，基本上不含晶粒，澄清的母液在结晶室的顶部经外循环泵送入外冷器冷却后，又与热浓料液进行混合，再进入中央循环管。粒度较大的晶体富集于底层，与中央降液管中流出的过饱和度较大的溶液接触，为晶体生产提供较好的条件，能够生产出粒度较大且均匀的晶体。控制循环液量与进料量之比为 50 ～ 200。

外冷器一般为列管式换热器，采用冷却水冷却，冷却水自外冷器的壳程进入。为了减少外冷器冷却面的结晶垢，要求母液与冷却剂之间的温度差控制在 2℃以内，可通过冷却水的强制循环，增加传热系数，降低传热温差，减少传热面结晶垢。

8.1.4　技术展望

《化肥工业发展规划》明确提出，重点开发推广水溶肥，结合微灌、滴灌、喷灌等技术大力推广水肥一体化技术。农业农村部出台《水肥一体化技术指导意见》，将水肥一体化作为主推技术用以建设高效、可持续的我国现代农业体系。在节水农业与水肥一体化政策的大力倡导与推动下，水溶性肥料产业发展迅猛，已成为肥料发展的主要方向之一。而磷酸二氢钾作为高端优良的全水溶性磷钾复合肥料，具有广阔的发展前景。

目前磷酸二氢钾生产工艺虽然较多，但最具代表性的工艺主要为中和法和溶剂萃取法，其他工艺主要是基于中和法工艺基础上的改良，比如以磷酸脲或磷酸一铵替代工业湿法净化磷酸生产磷酸二氢钾，其竞争力弱，推广前景非常有限。

中和法是目前磷酸二氢钾主流生产工艺，约占磷酸二氢钾总产量 85% 以上，该法工艺简单，投资少，产品质量高，但缺点是生产所用原料价格高，能耗高，原料成本占产品制造成本 90% 以上，产品受原料价格影响很大。通过外购工业净化磷酸和氢氧化钾生产磷酸二氢钾的企业将会逐渐失去成本竞争力。

溶剂萃取法是磷酸二氢钾未来的主要生产工艺，该法以湿法磷酸、氯化钾、氨气为原料，采用溶剂萃取工艺生产磷酸二氢钾，产品质量可以达到肥料级磷酸二氢钾标准（HG/T 2321—2016）优等品的质量要求。虽然该工艺与中和法相比，工艺流程长，投资高，但该法以湿法磷酸、氯化钾为原料，操作温度较低，大幅度降低了磷酸二氢钾生产成本和产品能耗，装置副产肥料级氯化铵和磷钾肥，可用于生产复合肥料。

连续化、大型化、智能化是磷酸二氢钾工艺与设备的发展方向。

8.2 硫磷酸铵

8.2.1 产品概况

硫磷酸铵（ammonium phosphate sulfate）是硫酸铵和磷酸铵的复合产品，是一种含有氮、磷、硫的高效复合肥料，简称硫磷铵；主要成分为磷酸铵［$NH_4H_2PO_4$及$(NH_4)_2HPO_4$］和硫酸铵［$(NH_4)_2SO_4$］，一般N含量为16%，有效磷（P_2O_5）含量为20%，总硫含量为11%。硫磷酸铵为无色斜方晶体，密度为$1.769g/cm^3$(20℃)，熔点为146.9℃，吸湿性小，易溶于水，溶解度为70.6g/100mL(0℃)，溶液呈酸性；封闭加热时熔点为513℃，敞开加热至100℃时开始分解成酸式硫酸铵。硫磷酸铵外观为粒状，含杂质时呈灰白、黄棕、浅绿等色。

把硫磷酸铵放在烧红的木炭上，即呈沸腾状，但较磷酸铵弱，有气泡产生，有氨味。硫磷酸铵遇碱性物质发生化学反应放出氨，所以石灰实验有氨味产生。把少量硫磷酸铵放在经过净化处理的铜片上，放在火上灼热，有强烈的氨味，若继续强火灼烧，有强烈的二氧化硫气味产生。

硫磷酸铵是一种广谱肥料，适用于各种农作物（小麦、番茄、大麦、油菜、土豆、玉米、水稻、大豆、棉花、花生等大田粮食作物）、经济作物和瓜果蔬菜等。

硫磷酸铵适用于含钾较多的土壤，尤其适合于盐碱地，可作基肥、种肥、追肥。种肥施用时应距种子5～6cm，以免灼伤种子；基肥于播种前耕耙时施入，使之与土壤充分混合并达到一定深度（耕作层3～15cm），以促进化肥的分解转化；追肥在作物早期施用最好，施肥后覆土可增加肥料利用率。硫磷酸铵中不含钾，在施用时应配施适量钾肥，尤其在盐渍化土壤上更应该注意平衡施肥。

硫磷酸铵与磷酸铵最大的区别在于增加了硫元素。硫是植物生长必需的营养元素之一，是继氮、磷、钾之后的第4位营养元素。硫对农作物生长十分有益，在植物新陈代谢中具有多种作用，在氨基酸、蛋白质形成过程中起重要作用，对作物油脂、维生素及葡萄糖合成具有较大影响。不同作物推荐施硫肥量不同，同时硫肥应与氮、磷、钾肥配合使用，达到养分平衡。潮湿地区土壤缺硫，更需补充硫元素。因此，硫磷酸铵作为同时含有N、P、S的高效复合肥，适用于玉米、大豆、小麦、油菜、甘蔗、萝卜等多种农作物，能够改善作物品质，提高作物产量[19]。硫磷酸铵比磷酸铵氮磷比值更大，且含有中量营养元素硫，肥效在化肥中名列前茅。

亚洲是最大的缺硫地区，东南亚一带缺硫地区巨大，而我国约有400万公顷的耕地缺硫，超过耕地总面积的30%。硫磷酸铵肥料在目前传统磷酸二铵产能严重过剩、复合肥市场较好的情况下，利用现有的磷酸铵装置生产[20]，不但可以满足市场需求，而且可为企业创造一定的经济效益。

硫磷酸铵在30℃下的临界相对湿度为76%，是复合肥料中吸湿性较小的品种，便于贮存施用。对于大多数作物，每千克土壤有效硫的临界值为 10 ～ 12mg，低于临界值土壤缺硫，作物施用硫肥具有明显增产效应。

我国生产硫磷酸铵的企业不多，没有硫磷酸铵产品的国家和行业标准。安徽六国化工股份有限公司主持起草制定了安徽省地方标准《硫磷铵》DB34/T 1642—2012，于 2012 年 6 月 28 日起在该省施行，包含硫磷酸铵产品外观要求、总养分、总氮、有效磷、水溶性磷占有效磷百分率、总硫、水分、粒度等技术指标要求（表 8-9）。

表8-9　硫磷铵产品质量（DB34/T 1642—2012）

项目		指标
总养分 ($N+P_2O_5$)①/%	≥	36.0
总氮 (N)/%	≥	16.0
有效磷 (P_2O_5)/%	≥	20.0
水溶性磷占有效磷百分率 /%	≥	75
总硫 (S)/%	≥	11.0
水分 (H_2O)②/%	≤	2.5
粒度 (1.00 ～ 4.00mm)/%	≥	80

①组成产品的单一养分测定值与标明值绝对负偏差不应大于 1.5%。

②水分为出厂检验项目。

8.2.2　生产原理

工业上将氨通入磷酸和硫酸的混酸制取硫磷酸铵，亦可用酸性硫酸铵母液分解磷矿粉制取液体硫磷酸铵。湿法磷酸与硫酸的混酸和氨计量后连续加入反应器中，形成料浆，与后工段筛分的返料或其他干配料，加入特殊设计的卧式双轴混合器内造粒，然后干燥、筛分，制出合格成品。

生产硫磷酸铵的方法主要有直接氨化法和石膏转化法。利用液氨与磷酸和硫酸的混酸通过中和反应制硫磷酸铵的方法称为直接氨化法。化学反应方程式如下：

$$H_2SO_4+2NH_3 = (NH_4)_2SO_4 \tag{8-19}$$

$$NH_3+H_3PO_4 = NH_4H_2PO_4 \tag{8-20}$$

$$2NH_3+H_3PO_4 = (NH_4)_2HPO_4 \tag{8-21}$$

石膏转化法是利用磷石膏与碳酸铵溶液反应，制得硫酸铵，硫酸铵再与磷酸铵反应制得硫磷酸铵产品。石膏与碳酸铵的复分解反应为：

$$CaSO_4 \cdot 2H_2O+(NH_4)_2CO_3 = (NH_4)_2SO_4+CaCO_3\downarrow +2H_2O \tag{8-22}$$

石膏的转化程度与 $CaSO_4 \cdot 2H_2O$ 及 $CaCO_3$ 在硫酸铵溶液中的溶解度有关，由于 $CaCO_3$ 溶解度比 $CaSO_4 \cdot 2H_2O$ 溶解度小得多（常温下，$K_{sp,\ CaSO_4 \cdot 2H_2O}=6.1\times10^{-5}$，$K_{sp,\ CaCO_3}=4.8\times10^{-9}$），

反应推动力很大。在此多相反应过程中，由于生成碳酸钙结晶，溶液中 Ca^{2+} 浓度降低，使得 $CaSO_4 \cdot 2H_2O$ 不断溶解，足量的碳酸铵使得 $CaSO_4 \cdot 2H_2O$ 较完全地转化为 $CaCO_3$ 结晶。

由 25 ～ 100℃条件下的 $CaSO_4$-$(NH_4)_2SO_4$-H_2O 三元体系相图（图 8-8）可以看出，在此体系中存在三个复盐区：

$CaSO_4 \cdot (NH_4)_2SO_4 \cdot H_2O$ 一钙复盐区 (ABCD)

$2CaSO_4 \cdot (NH_4)_2SO_4$ 二钙复盐区 (HIBJ)

$5CaSO_4 \cdot (NH_4)_2SO_4 \cdot H_2O$ 五钙复盐区 (EFBG)

石膏法制硫酸铵反应条件为温度 50 ～ 60℃，硫酸铵质量分数为 35%。根据图 8-8，在此条件下不生成 $2CaSO_4 \cdot (NH_4)_2SO_4$ 复盐，而 $5CaSO_4 \cdot (NH_4)_2SO_4 \cdot H_2O$ 复盐的生成速率缓慢，因此，在此生产操作条件下仅可能生成 $CaSO_4 \cdot (NH_4)_2SO_4 \cdot H_2O$ 复盐。$CaSO_4 \cdot (NH_4)_2SO_4 \cdot H_2O$ 复盐为细针状晶体，混杂在碳酸钙结晶中，过滤时易堵塞滤布，需降低过滤强度；同时，由于 $CaSO_4 \cdot (NH_4)_2SO_4 \cdot H_2O$ 复盐中含有硫酸钙和硫酸铵，降低石膏的转化率，导致硫酸铵损失。

日本星野道男和掘省一郎的工作指出[21]，当石膏量过剩，即 $(NH_4)_2SO_4$ 用量不足时，形成 $CaSO_4 \cdot (NH_4)_2SO_4 \cdot H_2O$ 复盐。国内研究成果发现随着碳酸铵用量增加，磷石膏转化率和碳酸钙洗涤率都相应增大。碳酸铵用量是防止形成 $CaSO_4 \cdot (NH_4)_2SO_4 \cdot H_2O$ 复盐和提高石膏转化率的主要控制因素，在生产中通过调节液相中 CO_3^{2-} 含量进行控制。

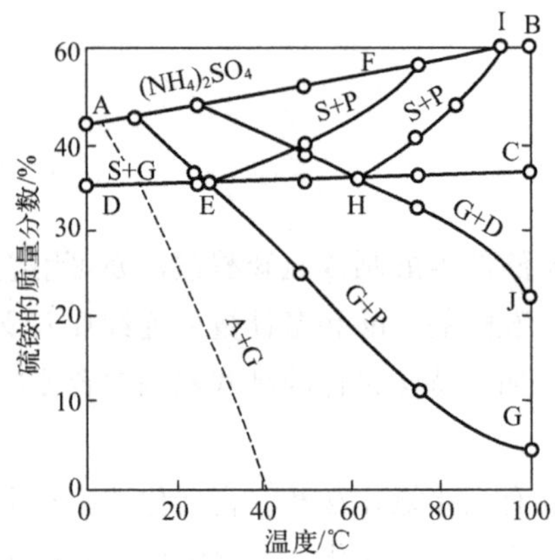

图 8-8 $CaSO_4$-$(NH_4)_2SO_4$-H_2O 系统图[22]

A—$CaSO_4$; G—$CaSO_4 \cdot 2H_2O$; S—$CaSO_4 \cdot (NH_4)_2SO_4 \cdot H_2O$; D—$2CaSO_4 \cdot (NH_4)_2SO_4$; P—$5CaSO_4 \cdot (NH_4)_2SO_4 \cdot H_2O$

8.2.3 生产流程与典型设备

8.2.3.1 生产流程

（1）直接氨化法 用氨中和硫酸和磷酸的混酸制硫磷酸铵时，可以使用含 P_2O_5 28% ～ 32% 的稀磷酸与 98% 的浓硫酸制成混酸，经过预中和，送入转鼓氨化粒化器进一步氨化制成颗粒状硫磷酸铵产品。由于硫酸浓度高和氨化反应时放热量大，故可以省去稀磷酸浓缩工序，简化生产工艺流程。此工艺操作简单、易于控制，我国长沙化工厂曾采用此流程生产硫磷酸铵。

目前国外硫磷酸铵一般是在管式反应器内用气氨中和磷酸与硫酸的混酸，中和料浆喷入转鼓氨化粒化器内与返料混合，经再次氨化成粒制得。国内部分磷化工企业利用磷酸二铵装置生产硫磷酸铵，技术关键为管式反应器的改进，酸浓度、中和度及返料比的控制。2007年安徽六国化工股份有限公司开发出总养分 ($N+P_2O_5$) 为 36% 的硫磷酸铵生产技术（图 8-9），通过加入浓硫酸，并对中和度、温度等进行控制，实现了用磷酸二铵装置生产硫磷酸铵。

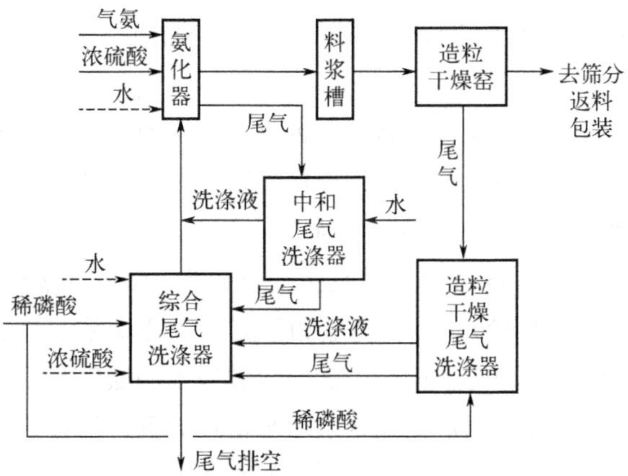

图 8-9 总养分 ($N+P_2O_5$) 为 36% 的硫磷酸铵中和、洗涤工艺流程图 [23]

瓮福达州化工有限责任公司利用磷酸二铵装置在 2013 年试生产了 N-P_2O_5-K-S 14-34-0-8 和 16-20-0-13 两种硫磷酸铵肥料产品，工艺流程图见图 8-10。原料磷酸、液氨、硫酸在管式反应器反应后进入造粒机，经过干燥、筛分，得到合格颗粒产品；过细的颗粒和经破碎的过大的颗粒返回造粒机。尾气洗涤后的洗涤液在管反槽中与磷酸混合，从而控制进入管式反应器的磷酸浓度。

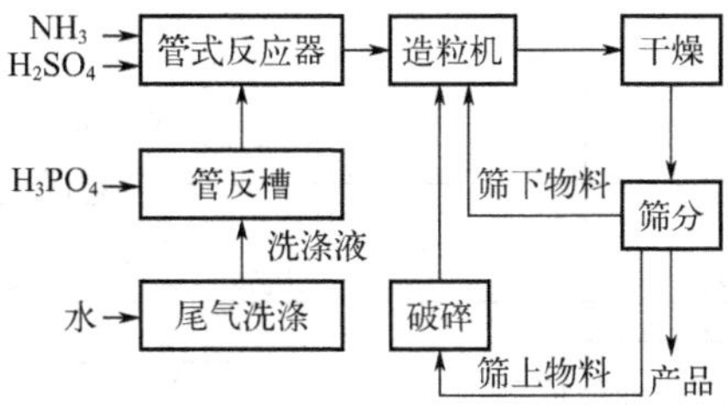

图 8-10 利用磷酸二铵装置生产硫磷酸铵肥料的工艺流程 [19]

此外，与上述基于磷酸二铵装置生产硫磷酸铵不同，湖北三宁化工股份有限公司 2011 年开发出利用 S-NPK 装置生产总养分 ($N+P_2O_5$)36% 硫磷酸铵的专利技术（图 8-11），并成功转化实施。该技术利用 S-NPK 装置，以稀磷酸（21% P_2O_5）、浓硫酸（98% H_2SO_4）和氨气为原料生产硫磷酸铵。浓硫酸分三个点加入系统，保证系统热稳定性，防止设备和管道腐蚀；采用稀磷酸加入系统，不引入一次水来稳定浓硫酸遇水释放的热效应及料浆固含量。

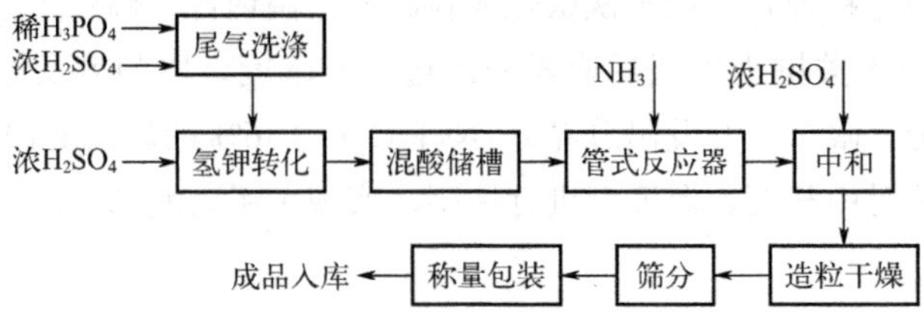

图 8-11　利用 S-NPK 装置生产硫磷酸铵的工艺流程图 [24]

云南三环中化化肥有限公司通过对磷铵装置进行技术改造，添加磷石膏、硫黄等含硫原料，采用管式反应器工艺，实现了利用大型磷铵装置生产含硫磷酸铵的新型肥料产品。即在磷酸和氨中和反应基础上，加入适量硫酸、硫黄、磷石膏等含硫原料，严格控制料浆中和度（氨与磷酸的摩尔比）为 1.05±0.05，产物主要含磷酸一铵、硫酸铵等物质。APS 产品采用管式反应器生产工艺（图 8-12），原料磷酸和硫酸加入洗涤系统与工艺水混合后，洗涤吸收生产过程中造粒、干燥、冷却等工序产生的粉尘和逸出的氨气，形成具有一定中和度的洗涤液，送入管式反应器槽。液氨由液氨输送泵送至造粒装置，经计量后加入到管式反应器和造粒机；将管式反应器槽中的洗涤液调整至所需相对密度后，用泵输送，通过流量计计量后加入管式反应器，与液氨进一步反应生成所需 $n(N)/n(P)$ 的磷铵料浆，喷洒至造粒机固体物料床层进行涂布造粒，并与通过氨分布器加入造粒机的液氨进行二次氨化反应，使造粒机出口的物料达到所需的 N/P 摩尔比。磷石膏通过与系统循环返料一起作为造粒母料加入系统之中。生产高硫产品时，加入硫黄，硫黄用液硫泵输送，经流量计计量后送至造粒机；液硫可以经管式反应器与磷铵料浆混合，也可直接喷涂在物料上，制得含单质硫和硫酸根离子的物料。然后，经过干燥、筛分、破碎、冷却、包裹等工序制得所需产品。每生产 1t APS[7-40-0-5(S)] 产品，消耗磷石膏约 200kg ；年产 60 万吨装置正常运行时，磷石膏的添加量为 13 ～ 15t/h，为磷石膏利用开创了新途径。

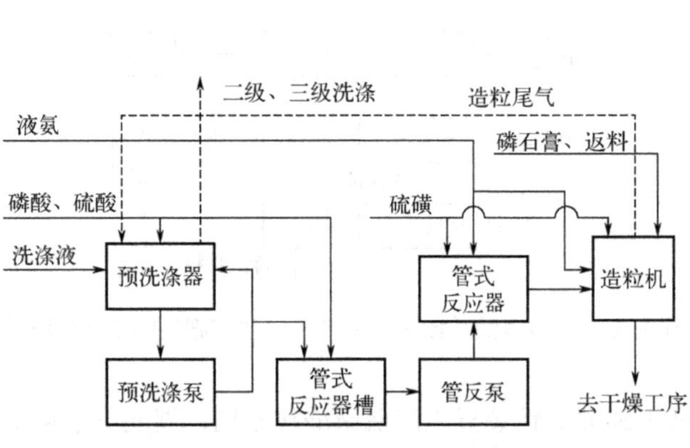

图 8-12　APS 产品典型生产工艺流程图

安徽六国化工股份有限公司为适应36%硫磷酸铵生产，对原磷铵装置进行了局部改造[25]。具体做法如下：①增大硫酸输送管径；②增设硫酸加压泵，增加硫酸输送到洗涤槽的硫酸管线；③调整返料量，满足生产负荷加大的需求，达到筛分的高效率；④洗涤槽材质改为904L不锈钢，满足硫酸加入后的耐腐蚀要求；⑤增加计量仪表，如流量计、压力表、温度计、电动调节阀、DCS等，进行自动化控制；⑥增设污水回收管线，将装置内所有污水、冷却水回收利用。

（2）石膏转化法　用湿法磷酸副产磷石膏与碳酸铵溶液反应，使其转化生成硫酸铵溶液，经浓缩、干燥制得硫酸铵粉料，粉状硫酸铵与返料一起送入转鼓氨化粒化器，另外，以湿法磷酸和氨为原料，预中和到中和度为0.5～0.6后送入管式反应器反应后喷入转鼓氨化粒化器（湿法磷酸和氨为原料制取磷酸铵详见第4章）。在转鼓氨化粒化器中其与硫酸铵粉料和返料混合造粒，经干燥制得硫磷酸铵产品。

石膏转化法制硫磷酸铵的工艺流程框图示于图8-13。

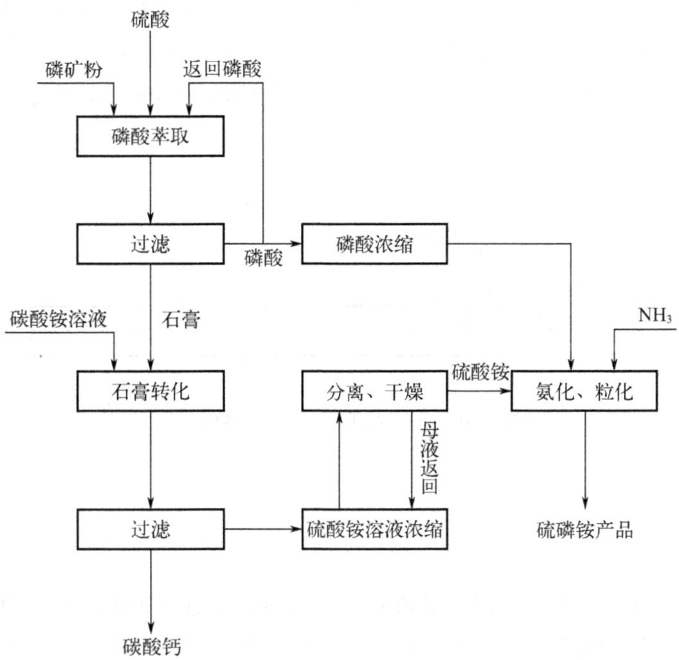

图8-13　石膏转化法制硫磷酸铵工艺流程简图[22]

湿法磷酸生产过程产生的磷石膏，用水洗去水溶性P_2O_5和除去细小悬浮的泥质。洗净的石膏经计量后送入石膏转化器，加入碳酸铵溶液并用氨水调整转化液的pH值，进行复分解反应。将完成转化反应的料浆送入过滤机，滤渣碳酸钙可用于制造水泥或脱硫吸收剂。含35%～38%$(NH_4)_2SO_4$滤液经浓缩、结晶、分离、干燥制得粉状硫酸铵。将粉状硫酸铵送到转鼓氨化粒化器与磷酸铵混合造粒制成硫磷酸铵产品。石膏转化是该工艺的技术关键。

石膏转化法制硫磷酸铵是一种符合我国国情的肥料生产工艺，可以将磷石膏转化为建材行业的碳酸钙原料、硫作为硫磷酸铵的原料，可使原来在贮存和使用过程中氮损失大、氨利用率低的碳酸铵改产为有效养分高、氮利用率高且氮磷比适宜的复合肥料硫磷酸铵。但该法流程长，氨回收率较低，成本高。

8.2.3.2 典型设备

管式反应器是硫磷酸铵产品的典型设备，具有投资省、操作简单、能耗低、产品质量好等优点。目前大多数磷酸铵企业使用的传统管式反应器以美国 TVA 十字管式反应器、法国 AZF 管式反应器等为代表，其材质一般为 316L 不锈钢。生产 DAP 时料浆中和度较高，反应后料浆 pH 一般为 8.0 ～ 8.5，腐蚀性较弱，316L 不锈钢材质可长期安全使用。但 316L 不锈钢材质不适用于生产硫磷酸铵肥料，因为硫磷酸铵肥料生产时需加入大量浓硫酸，浓硫酸的稀释热、与 NH_3 的反应热使管式反应器内物料温度急剧升高，反应过程中还含有大量游离酸，料浆 pH 为 5.0 ～ 5.5，对管式反应器腐蚀性很强，甚至导致设备腐蚀变薄穿孔。

瓮福达州化工有限责任公司对管式反应器进行了改进，改进后的管式反应器反应混合段采用钢衬聚四氟乙烯材质，伸入造粒机内的延长段采用 316L 不锈钢。管式反应器设有磷酸、硫酸、液氨加入点，3 种物料分别进入混合头，快速反应后经喷口喷出。磷酸、硫酸、液氨加入点均在造粒机进料端外面，以利于检修；管式反应器伸入造粒机内的延长段，水平安装。蒸汽管与磷酸管相连，用于管式反应器结垢后对堵塞物的吹扫。改进后的管式反应器结构见图 8-14。

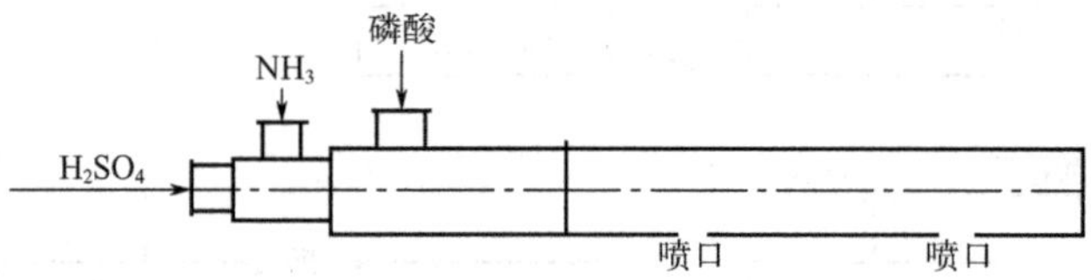

图 8-14 改进后的管式反应器结构[26]

8.2.4 技术发展展望

（1）开发基于磷酸铵生产流程，以磷石膏、渣酸、废氨水等副产品为原料的生产工艺 磷石膏是湿法磷酸生产的副产品，是可利用的硫源。从中、长期看，资源类产品的利用将呈上升态势，以湿法磷酸的渣酸为原料生产硫磷酸铵不失为一种资源梯级利用方式。目前硫磷酸铵的生产大多数基于磷铵工厂[23]，开发基于磷石膏、渣酸等副产品为原料的硫磷酸铵生产工艺，在制造硫磷酸铵肥料的同时，可以促进磷石膏的资源化利用、消纳渣酸等副产品，提高资源的有效利用率，在为工厂产生经济效益的同时节省成本[27,28]。但是，需要注意的是，渣酸含有大量的杂质和重金属，影响化肥的品质与质量，需要采用新技术脱除对农作物的有害元素。

（2）研制基于硫磷酸铵的长效、多功能性复合肥料 使用物理、化学、生物等手段，研制缓释控释硫磷酸铵复合肥，使肥料养分缓慢释放，提高肥料的利用率；螯合作物生殖生长、营养生长过程中必需的 Ca、Mg、Fe、Zn、B、Mo 等中微量元素，改善作物缺乏中微量元素而导致的生理病害[29]；添加黄腐酸、生物菌剂等有机助剂，研制具备壮苗、抗病、增产、改良土壤等作用的多功能复合肥；添加钾盐生产各种不同养分比例的多元复合肥料。

8.3 磷酸铵镁

8.3.1 产品概况

磷酸铵镁（$MgNH_4PO_4 \cdot 6H_2O$）俗称鸟粪石，英文名称为magnesium ammonium phosphate，分子量为245.41，折射率为1.496，相对密度为1.711，常温下在水中的溶度积为2.5×10^{-13}，为无色斜方系晶体或白色结晶粉末，易溶于热水和稀酸，微溶于冷水，不溶于乙醇、磷酸钠或磷酸铵的水溶液，遇碱容易分解，在空气中不稳定，在100℃失水变为无水盐，加热至熔化会分解成焦磷酸镁。

磷酸铵镁可用作肥料、饲料添加剂，也可用于涂料、氨基甲酸酯、软泡阻燃剂的制造[30]。

磷酸铵镁含有丰富的植物生长所必需的营养元素N、P及产生叶绿素所必需的营养物质Mg^{2+}，具有无机复合肥的性能，是一种枸溶性肥料；因此，作为缓释肥施用是其最有效利用方式，该种肥料在中性及弱碱性的环境溶解度很低，能在植物生长过程中缓慢释放营养物质，肥效期长且稳定，肥料利用率高，从而可使施用量和施肥次数大大减少；其产品粒径不同，硝化速率有所差别，可通过控制粒径大小满足作物对养分的需要。磷酸铵镁在国外已被用作长效无机氮磷肥，主要用于草坪、果树、花卉等[31-32]。

磷酸铵镁可作基肥、追肥，促进作物生长，增强抗病能力，提高瓜果、蔬菜、花卉等的品质和产量，使作物的果实色泽更鲜艳，味道更醇美，营养更丰富。磷酸铵镁宜与其他肥料一起配合施用，作基肥时，宜在酸性土壤上浅施，按镁计算，一般施用1～1.5kg/亩。施用1次可满足作物整个生长期对营养的需求，不需追肥。即使用量过大，也不易使作物发生烧苗、徒长、倒伏等现象，甚至几年的用量一次施入，也不会引起烧苗。用于蔬菜和禾谷类作物时，应掺混一些速效性化学氮肥。作追肥时宜早施。磷酸铵镁具有缓释性、不易淋失特点，特别适用于缺镁、易淋失养分的沙质土壤和缺镁、高温多雨的南方红壤土。

磷酸铵镁在水中溶解度极低，可用作长效肥料的包膜材料（添加剂）。施用后，在土壤中可以贮存氮，并在微生物的作用下逐步发生硝化作用，缓慢分解，可以大大减少肥料中的氮、磷进入附近水体，防止富营养化的发生。磷酸铵镁在缓释性能上优于包硫尿素，且整个包膜均为植物营养成分，施入土壤后不会造成任何残留，在防止二次污染上优于聚合物包膜肥料。日本采用磷酸铵镁涂覆水溶性颗粒肥料表面，以延长贮存稳定期及提高肥料利用率。国内为了减少碳酸氢铵肥料的挥发和提高其肥效，在含水3%～5%的碳铵中添加5%～9%的磷酸铵镁制成长效碳酸氢铵，使碳铵具有较好的稳定性和肥效。郑州乐喜施磷复肥技术研究推广中心以磷酸铵镁为包裹层主体研制的乐喜施（LUXECOTE@）系列控制释放肥料，在澳大利亚、美国、新加坡等国用于高尔夫球场、运动场、景观草坪，取得了良好效果；法国使用磷酸铵镁使马铃薯增产 1 倍，小麦增产 50%，三叶菜和蔬菜作物增产 40%。用于夏玉米一次性全量基肥与常规施肥相比，节肥 1/3 ～ 1/2；经水稻一次性基施田间对比试验表明，可节肥 1/3。

8.3.2 生产原理

磷酸铵镁结晶的形成机理是当溶液中 Mg^{2+}、NH_4^+、PO_4^{3-} 三种离子的活度积大于磷酸铵镁的溶度积常数 K_{SP} 时，就会自发沉淀生成磷酸铵镁沉淀：

$$Mg^{2+} + PO_4^{3-} + NH_4^+ + 6H_2O \longrightarrow MgNH_4PO_4 \cdot 6H_2O\downarrow \tag{8-23}$$

$$Mg^{2+} + HPO_4^{2-} + NH_4^+ + 6H_2O \longrightarrow MgNH_4PO_4 \cdot 6H_2O\downarrow + H^+ \tag{8-24}$$

$$Mg^{2+} + H_2PO_4^- + NH_4^+ + 6H_2O \longrightarrow MgNH_4PO_4 \cdot 6H_2O\downarrow + 2H^+ \tag{8-25}$$

同时，溶液中还会发生以下副反应：

$$Mg^{2+} + 4H^+ + 2PO_4^{3-} \longrightarrow Mg(H_2PO_4)_2\downarrow \tag{8-26}$$

$$Mg^{2+} + 2H_2O \longrightarrow Mg(OH)_2\downarrow + 2H^+ \tag{8-27}$$

$$Mg^{2+} + H^+ + PO_4^{3-} \longrightarrow MgHPO_4\downarrow \tag{8-28}$$

$$3Mg^{2+} + 2PO_4^{3-} \longrightarrow Mg_3(PO_4)_2\downarrow \tag{8-29}$$

其中，$K_{SP}=[Mg^{2+}][NH_4^+][PO_4^{3-}]$

当 $[Mg^{2+}]$、$[PO_4^{3-}]$、$[NH_4^+]$ 的乘积大于 K_{SP} 的数值时，溶液出现过饱和，磷酸铵镁结晶沉淀。磷酸铵镁溶度积常数的研究如表 8-10 所示。从表 8-10 可以看出，磷酸铵镁溶度积很低，只要具备 $[Mg^{2+}]$、$[PO_4^{3-}]$、$[NH_4^+]$ 离子浓度条件，很容易形成磷酸铵镁晶体。不同研究人员得到的磷酸铵镁溶度积有细微差别，这是由实验误差造成的。

表8-10 磷酸铵镁溶度积常数[33]

研究人员	K_{SP}	pK_{SP}
Bube	2.50×10^{-13}	12.60
Taylor	7.10×10^{-14}	13.15
Borgerding	3.90×10^{-10}	9.40
Burns 和 Finlayson	7.50×10^{-14}	13.12
Loewenthal	2.50×10^{-13}	12.60
Buchanan	4.32×10^{-13}	12.36
Aage	1.15×10^{-13}	12.94
Ohlinger	5.49×10^{-14}	13.26

Mg^{2+}-NH_4^+-PO_4^{3-}-OH^--H_2O 体系中不同条件下生成的产物如图 8-15 所示。从图中可见，过量的铵离子和适宜的 pH 值与 Mg/P 摩尔比有利于磷酸铵镁的选择性沉淀。

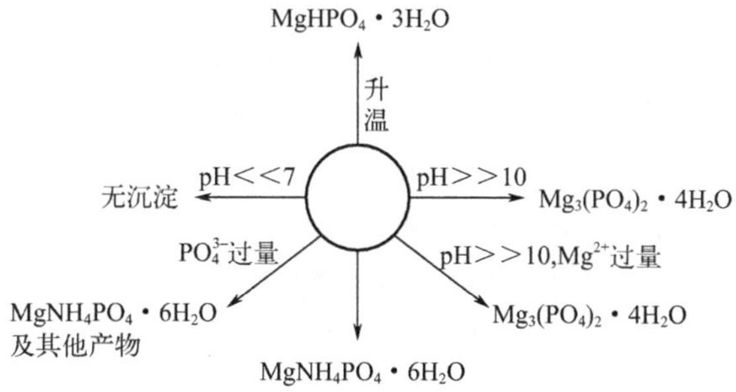

图 8-15　不同条件下 Mg^{2+}- NH_4^+ -OH^--H_2O 体系生成的产物

8.3.3　生产流程与典型设备

磷酸铵镁制备技术最早可追溯到 1789 年 A.F. deFourcroy 通过处理磷酸镁和水溶性磷酸铵第一次制得磷酸铵镁，开启了磷酸铵镁肥料的发展历程 [34]。1933 年 Friedrich 用磷酸钾和氯化镁及氨气在 90℃条件下反应制得了磷酸铵镁；Ishizaka、Seiichi 和 Lwata 在 1958 年提出利用磷酸和氨处理海水制成磷酸铵镁肥料。此外，还有利用氨、磷酸和氧化镁、氢氧化镁或碳酸镁直接制备磷酸铵镁，以及利用镁盐、氨和磷酸制备磷酸铵镁等制备技术。具有代表性的是 Maclntire 和 Marshall 用磷酸先处理橄榄石（一种含镁的硅酸盐矿物），经过氨化制得磷酸铵镁；Sueta 和 Hamamoto 在室温下把磷酸钙、氯化镁和碳酸铵混合溶解，过滤、烘干后，制得含磷酸铵镁的肥料；Beesson 和 Ross 通过白云石与磷酸氢钙反应然后氨化制得了磷酸铵镁混合肥料 [31]。

然而，磷酸铵镁的技术发展却是伴随着废水中氮磷的高效去除不断进步的。目前，含氮磷废水的处理方法很多，例如离子交换吸附法、膜法、化学沉淀法等，但这些方法均有不同程度的缺点，尤其对于含高浓度氨氮和磷酸盐的废水，一般的生化方法处理效果不够理想，很难达到排放标准，且常常伴随着二次污染、能耗高、处理能力有限或设备内部易结垢等问题。1939 年 Rawn 等人发现污泥消化液管道中经常结晶形成磷酸铵镁。1963 年在 Hyperion 污水处理厂污泥消化池滤网下发现磷酸铵镁沉积物，且稀释消化污泥可以缓解该沉积物的积累；5 年后，由于消化污泥管道中磷酸铵镁的沉积，管道通径从 12 英寸（1 英寸 =0.0254m）变成了 6 英寸，使得污泥输送过程不得不由依靠重力自流改为依靠泵输送实现；但与此同时，也发现磷酸铵镁的生成可以降低污水中磷、氮含量，削减污泥脱出水回流的磷、氮负荷，进而提高出水水质 [30]。

20 世纪 60 年代以来，人们开始研究应用磷酸铵镁沉淀法脱除和回收废水中的氮磷，它基于水体中的 NH_4^+、PO_4^{3-} 及 Mg^{2+} 可生成 $MgNH_4PO_4 \cdot 6H_2O$ 沉淀的原理，去除废水中高浓度的氨氮和磷酸盐。该技术被广泛用于污泥回流液、高浓度化工废水、垃圾渗滤液、生活污水以及畜禽养殖等行业废水的处理；与传统活性污泥法相比，该方法可使污泥体积减少 49%，具有较强的优越性。目前，美国、荷兰、英国、日本、澳大利亚等国采用磷酸铵镁沉淀法直接从污水处理的厌氧池上清液、污泥消化上清液和污泥脱水上清液回收磷氮，并成功将其推向肥料市场。国内磷酸铵镁沉淀法回收磷的研究尚局限于实验室，污水处理厂回收磷还处于起步阶段，基本没有磷回收的反应器在实际中大规模应用的案例，仍局限于对影响磷回收的各参数的研究，对低磷废水进行磷回收的研究也很少。

利用磷酸铵镁沉淀法处理氨氮废水，理论上每回收 1kg 氨氮，需要 1.71kg 镁、2.21kg 磷及一定量 NaOH 溶液，同时可生成 7.59kg 磷酸铵镁沉淀。若废水中磷含量为 4 ～ 14mg/L，通过磷酸铵镁结晶回收废水中磷，大约 $100m^3$ 污水可结晶生成 1kg 磷酸铵镁。磷酸铵镁沉淀法和生化处理法相比，每年从 $100m^3/d$ 规模污水处理厂产生的磷酸铵镁可满足 $2.6hm^2$ 土地肥料需求。如果在世界范围内从污水处理厂回收磷酸铵镁，假设每天废水排量为 6000 万 m^3，每年可回收 63 万吨 P_2O_5，减少 1.6% 磷矿石的开采。如果废水中氮、磷浓度同时较高，只需加镁盐回收磷酸铵镁。

磷酸铵镁沉淀法脱氮脱磷工艺具有脱除效率高、反应速率快、操作方便、设备简单等特点。磷酸铵镁的生产工艺流程如图 8-16 所示。

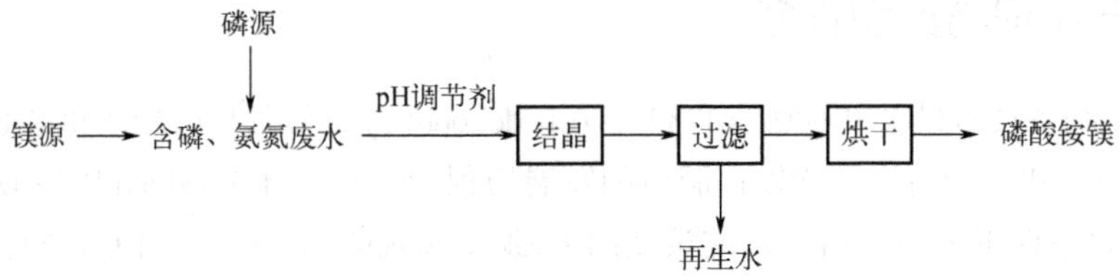

图 8-16　磷酸铵镁生产工艺

影响磷酸铵镁结晶的主要因素有 pH 值、反应物物质的量之比、反应时间、搅拌强度、镁源、CO_3^{2-} 浓度等。

（1）pH 值　由于生成磷酸铵镁的反应有 H^+ 生成，如果反应溶液体系的 pH 值太低，反应会向逆反应方向进行，而且在低 pH 值条件下，容易生成 $Mg(H_2PO_4)_2$ 沉淀，不利于磷酸铵镁的生成；如果反应溶液体系的 pH 值太高，溶液中的氨氮会生成氨水，并以氨气的形式逸出到空气中，并且随着 pH 值的增大，正磷酸盐的浓度将增大，就会生成溶度积更小的 $Mg_3(PO_4)_2$ 沉淀以及 $Mg(OH)_2$ 沉淀，都不利于磷酸铵镁的生成。

当 pH 值在 7.0 ～ 10.0 的范围内，磷酸铵镁在水中的溶解度随着 pH 值的升高而降低；但当 pH 值升高到一定值时，磷酸铵镁的溶解度会随着 pH 值的升高而增大。这是因为在 pH 值较高的情况下，PO_4^{3-} 的平衡浓度会增加，而 Mg^{2+} 和 NH_4^+ 的平衡浓度则会下降，因此在磷酸铵镁的形成过程中，存在一个最优的 pH 值，使磷酸铵镁的溶解度达到最小值。目前研究者们用磷酸铵镁沉淀法处理各种类的污水，所得到的最佳 pH 值有一定差别，但大多在 8.5 ～ 10.5 之间。

（2）反应物物质的量之比　磷酸铵镁沉淀法中三种物质的理论物质的量之比为 1∶1∶1，但磷酸盐在溶液中有很多存在形式，镁离子也有几种存在形式，按照理论物质的量之比很难得到好的磷回收效果。增大溶液中 Mg^{2+}、NH_4^+ 的浓度，可以提高磷的回收率。废水中的氨氮和磷酸盐初始浓度不同，所得到的最佳物质的量之比也不同，见表 8-11。

表8-11 MAP技术脱氮除磷最佳沉淀剂物质的量之比[35]

研究人员	沉淀剂最佳物质的量配比	废水总类	目标物质
Zhang	Mg∶N∶P=1.15∶1∶1	垃圾渗滤液	NH_4^+
Di Iaconi	Mg∶N∶P=2∶1∶1	垃圾渗滤液	NH_4^+
Warmadewanthi	Mg∶N∶P=2.5∶15∶1	半导体生产废水	PO_4^{3-}
Liu	Mg∶P=1.3～1.5∶1	尿液废水	NH_4^+、PO_4^{3-}
Burns	Mg∶P=1.6∶1	养猪废水	PO_4^{3-}
Celen	Mg∶N∶P=1.2∶1∶1.2	厌氧上清液	NH_4^+
Huang	Mg∶N∶P=3.5∶1∶1.05	厌氧上清液	NH_4^+
Antonini	Mg∶P=1.5∶1	尿液废水	NH_4^+、PO_4^{3-}
李秋成	Mg∶P=1.0～1.2∶1	合成尿液废水	PO_4^{3-}

（3）反应时间　反应时间一般取决于晶体的成核速率和生长速率，受表面扩散、溶液过饱和程度及传质效率的影响。磷酸铵镁晶体的反应时间非常迅速，晶体成长和脱磷效果没有直接关联，但晶体粒径会随着反应时间的增加而增大。

（4）搅拌强度　混合能是溶液中参加反应的离子的混合速度和程度，通过搅拌强度和混合时间来控制。增大混合能，可缩短磷酸铵镁的诱导时间，加快晶核形成，促进晶体生长。但是混合能不能过大，一定的混合时间下，混合能越大，需要的搅拌强度越大，而过大的搅拌强度容易造成氨的挥发，并且会打碎晶体，破坏沉淀体系，不利于沉降性能较好的磷酸铵镁沉淀生成，造成能量浪费，影响磷的回收。

（5）镁源　大多数研究中投加的镁源为 $MgCl_2$，也有采用 $Mg(OH)_2$、$MgCO_3$、$MgSO_4$、海水、盐卤等的。其中 $Mg(OH)_2$ 不仅可以作为镁源，还可以调节 pH 值，但双重作用的比例不易调控，且其溶解性较差。$MgCl_2$ 溶解性较好，利用价值较高，但处理成本稍高，同时带来氯离子的污染问题。因此寻找廉价高效环保的镁源非常重要。

（6）CO_3^{2-} 浓度　CO_3^{2-} 浓度对磷酸铵镁反应的影响主要表现在两方面：一是碳酸盐和碳酸氢盐能提高碱度，有利于磷酸铵镁结晶；二是 Mg^{2+} 与 HCO_3^- 发生反应，生成 $MgHCO_3^+$，从而使磷的脱除率降低，实际哪种作用占优势，可能与所控制的溶液 pH 值有关。

8.3.4 技术展望

国外在磷酸铵镁制备技术和工艺方面进行了大量研究，并申请了多项发明专利。例如，苏联 735584 号发明专利对磷酸铵镁的合成工艺进行了详细报道。美国也曾报道了生产粒状磷酸铵镁的专利，在该专利所描述的生产过程中，纯氨、氢氧化镁和磷酸被连续不断地送入造粒反应器，而产品则借助滚筒式烘干机烘干、冷却后被送入存储容器，将过大及过小的产品回收；然后，从烘干机和冷却器出来的气体通过旋风分离器回收固体产品，并经水洗进一步回收固体产品及氨。国内对于磷酸铵镁的研究和其生产起步较晚，20 世纪 80 年代以来，许多大学和科研机构对磷酸铵镁的制备技术进行了研究，例如，河北省廊坊地区化工研究所用重碱过滤母液及由普钙中萃取磷酸制取磷酸铵镁；华东理工大学研制出湿法制取磷酸铵镁的新工艺；郑州大学磷复肥研究所对磷酸铵镁的反应体系进行了相平衡测定。鉴于磷酸铵镁作为肥料具有良好的应用效果与价值，未来研发制备过程简单、能耗低、设备适应性广、生产成本低的技术方法，将是磷酸铵镁肥料产业化与推广应用的关键。

随着研究的深入和技术的不断进步，磷酸铵镁脱氮除磷技术在逐步走向成熟的同时，也存在许多亟需解决的问题。例如，废水中氨和磷酸盐比例不平衡致使不能获得较高的氮磷去除率，加入的沉淀药剂成本较高，垃圾渗滤液的处理所造成的盐度过高等问题。因此，未来在废水处理方面，仍需要加强以下研究：磷酸铵镁脱氮除磷技术相关机理；废水中 Mg^{2+}、NH_4^+、PO_4^{3-} 的最佳比例；廉价替代药剂开发；废水中其他物质对磷酸铵镁沉淀法回收氮磷的影响机理；磷酸铵镁结晶成套装置开发。

8.4 磷酸脲

8.4.1 产品概况

磷酸脲（urea phosphate），又称尿素磷酸盐，英文缩写为UP，分子式为 $CO(NH_2)_2 \cdot H_3PO_4$，分子量为158.07，密度为1.74g/cm^3，熔点为117.3℃，是一种配位化合物，其结构式如图8-17所示。磷酸脲理论含N 17.7%，含 P_2O_5 44.9%，N∶P_2O_5（*w*/*w*）=1∶2.54。磷酸脲是以磷酸和尿素为原料制备的磷酸复盐，纯净的磷酸脲为无色透明棱柱状晶体，易溶于水和乙醇，不溶于醚类、甲苯、四氯化碳和二噁烷。磷酸脲水溶液呈酸性，1.0%磷酸脲溶液pH值为1.89。磷酸脲可作为速效、水溶性、高浓度的酸性二元复合肥料，为作物和土壤提供了酸性环境，特别为盐碱地区的粮食增产增效提供保障。

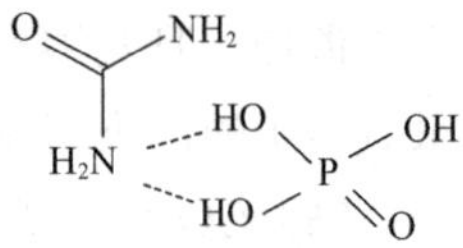

图8-17 磷酸脲的化学结构式

磷酸脲的物化性质主要有水溶性、热稳定性等。

（1）水溶性 磷酸脲在水中有较好的溶解性，溶解度随温度的升高而增大。磷酸脲在水中的溶解度见表8-12。

表8-12 磷酸脲的溶解度

温度/℃	0	5	10	15	20	25
溶解度/(g/100g)	54.56	60.36	75.13	83.59	97.05	112.90

采用Apelblat方程即式（8-30）拟合磷酸脲的溶解度，结果见图8-18和表8-13。

$$\ln x = A + \frac{B}{T} + C\ln T \tag{8-30}$$

式中，x 为摩尔分数，%；T 为绝对温度，K；A，B，C 为参数。

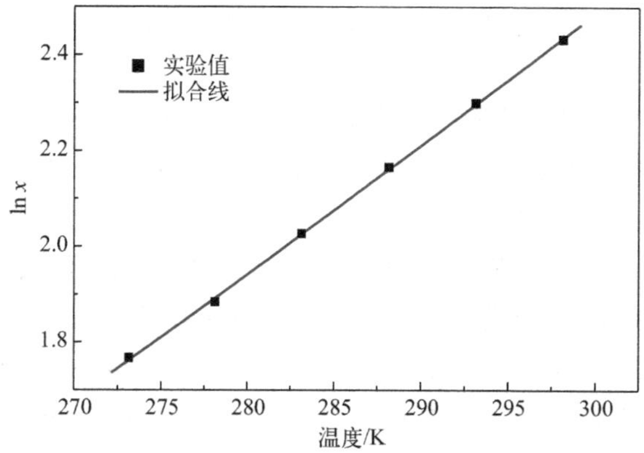

图 8-18　Apelblat 方程拟合磷酸脲溶解度

表8-13　磷酸脲溶解度拟合结果

方程	A	B	C	R^2
Apelblat	−130.27	3810.27	21.05	0.9993

根据磷酸脲溶解度的 Apelblat 拟合方程中的常数 A、B、C，结合以下方程计算各温度下溶液的 ΔH_d、ΔS_d 及 ΔG_d。结果列于表 8-14。

$$\Delta H_d=R_0T/(C-B/T) \tag{8-31}$$

$$\Delta S_d=R_0(A+B+C\ln T) \tag{8-32}$$

$$\Delta G_d=-R_0T(A+B/T+C\ln T) \tag{8-33}$$

式中　ΔH_d——摩尔溶解焓，J/mol；

ΔS_d——摩尔溶解熵，J/(mol · K)；

ΔG_d——摩尔溶解吉布斯自由能，J/mol；

R_0——理想气体常数，J/(mol · K)；

A、B、C——Apelblat拟合曲线方程中的常数。

表8-14　磷酸脲溶液热力学参数

T/℃	ΔH_d/(J/mol)	ΔS_d/[J/(mol·K)]	ΔG_d/(J/mol)
0	319.84	73.76	−4020.55
5	314.59	76.93	−4397.30
10	310.04	80.05	−4789.78
15	306.10	83.11	−5197.71
20	302.69	86.12	−5620.83
25	299.74	89.08	−6058.87

由表 8-14 可知，随着温度的升高，摩尔溶解焓逐渐减小，摩尔溶解熵逐渐增加，摩尔溶解吉布斯自由能逐渐减小。磷酸脲在水溶液中的 $\Delta H_d > 0$，表明溶解过程吸热；$\Delta S_d > 0$，表明溶解速率快；$\Delta G_d < 0$，表明溶解过程是自发的。因此，磷酸脲在水中的溶解是吸热、自发且快速溶解的过程。

（2）热稳定性　磷酸脲水溶液中尿素分解动力学表明，50 ～ 60℃时尿素有少量分解成二氧化碳和氨气。当磷酸脲浓度为 58% 时或温度在 90℃以上时，尿素分解率最高，在 90 ～ 100℃时分解率与溶液中磷酸脲的浓度无关，并随时间的延长而下降。水分对磷酸脲熔点和熔融物黏度影响明显，磷酸脲熔点和黏度随水分增加而明显降低。由于氨基结构不稳定致使磷酸脲的热稳定性较差，熔融时发生热分解放出 CO_2 和 NH_3。产品在 120℃以下稳定；在 120 ～ 126℃之间缓慢分解，温度越高，分解越快；在 128 ～ 185℃分解生成偏磷酸铵；在 220 ～ 450℃分解生成偏磷酸并放出氨气；温度高于 445℃时，偏磷酸分解生成 P_2O_5 蒸气。

磷酸脲可以作为水溶肥、饲料添加剂、聚磷酸铵中间体、阻燃剂、灭火剂、金属表面处理剂、发酵剂、清洗剂以及水处理剂等 [36-37]。

磷酸脲是一种酸性、高浓度、高效氮磷复合水溶肥，总营养元素达到 62% 以上，能够降低碱性土壤 pH，抑制氨氮挥发，防止钙、镁、铁沉淀，提高养分利用率 [38-40]，与喷灌和滴灌技术结合，可达到节约水资源与控制肥料释放的双重生态环保效果。磷酸脲除可作肥料直接施用外，还可以与硝酸铵、磷酸钾、硫酸钾、氯化钾、尿素等混合生产水溶性复合肥料，也可加入铁、锌、铜、镁等微量元素制备多营养元素复合肥料。不仅可以满足“节水灌溉、随水施肥”的总体要求，还可以有效降低盐碱质土壤 pH 值，抑制氨态氮的挥发，活化土壤中钙、镁、铁等微量元素，提高养分利用率，有效改良碱性土壤。以磷酸脲为基肥，掺混其他中微量元素，可以制得包含多种元素的复合肥。磷酸脲可以直接喷施或与杀虫剂、除草剂等同时喷洒 [41]。

磷酸脲可作为反刍动物的饲料添加剂及青贮饲料的保藏剂。我国饲料添加剂达 300 多种，其中磷酸脲作为反刍动物的饲料添加剂，可为畜禽提供非蛋白氮和磷，其效果及安全性远远优于尿素等，且更容易被动物吸收，并在反刍动物的增重及个别动物的产奶量方面效果明显。同时，在产奶动物的实验过程中发现，磷酸脲可以促进动物对钙的吸收，在一定程度上提高了奶的品质。磷酸脲作为保藏剂时，将磷酸脲溶于水，均匀喷洒在青贮饲料上，保持了弱酸性特征，可以有效保存饲料中的胡萝卜素等养分，使青贮饲料保持较好的外观，减少或阻止饲料发生霉变，提高青贮饲料品质并一定限度提高其营养价值。

磷酸脲是合成聚磷酸铵的中间体之一，合成的聚磷酸铵聚合度低，可作为水溶肥。

磷酸脲可用于木材及木材制品阻燃。经磷酸脲水溶液处理的木材或木制品，在 210℃下不易燃烧。除了对常见的易燃物进行阻燃处理，磷酸脲还可以作为耐火材料的中间体，具有价廉、性能好的优势。鉴于磷酸脲的阻燃性能及良好的水溶性，其可与常见的清洗剂混合，在清洗过程中附着于清洗物上形成一层阻燃膜，达到阻燃效果。另外，磷酸脲可和硅制品及碱金属的碳酸盐复合，制成具有较强灭火和阻燃能力的球状或粉状物，是一种新型的灭火或阻燃剂 [42]。

NY/T 917—2004《饲料级　磷酸脲》以及 GB/T 27805—2011《工业磷酸脲》，对磷酸脲相关指标要求如表 8-15 所示。

表8-15　磷酸脲产品标准

项目		NY/T 917—2004		GB/T 27805—2011
		饲料级磷酸脲一级	饲料级磷酸脲二级	工业级磷酸脲
五氧化二磷（P_2O_5）/%	≥	—	—	44.0
总磷（P）/%	≥	19.0	18.5	—
总氮（N）/%	≥	17.0	16.5	17.0
水不溶物 /%	≤	0.5	0.5	0.1
干燥减量 /%	≤	—	—	0.5
水分 /%	≤	3.0	4.0	—
氟（F）/%	≤	0.18	0.18	0.05
砷（As）/%	≤	0.002	0.002	0.01
重金属（以 Pb 计）/%	≤	0.003	0.003	0.003
pH（10g/L 水溶液）		—	—	1.6 ～ 2.4
pH（1.0% 水溶液）	<	2.0	2.0	—

注：一表示无要求。

8.4.2　生产原理

磷酸和尿素在一定温度下混合后，尿素分子中的氮原子会通过 sP^3 杂化分别与两个氢原子、一个碳原子成键，由于氮原子还有一对孤对电子，它会与磷酸上的氢原子形成共价键，从而生成磷酸脲分子。磷酸尿素法合成磷酸脲的反应式如图 8-19 所示[43]。

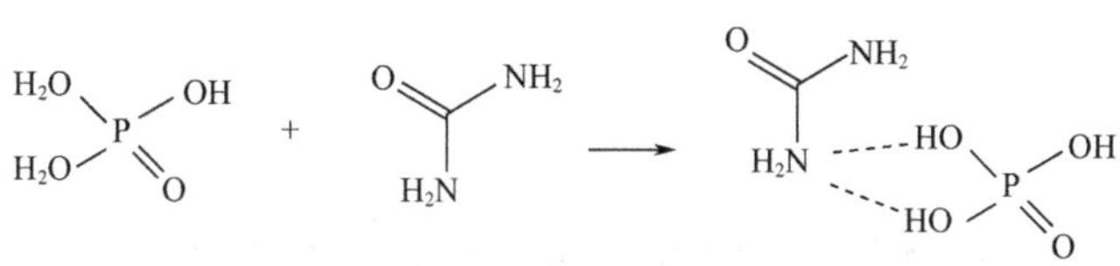

图 8-19　磷酸与尿素合成磷酸脲反应式

磷酸脲是由磷酸和尿素等摩尔反应生成的络合物，反应方程式为：

$$H_3PO_4+CO(NH_2)_2 \longrightarrow CO(NH_2)_2 \cdot H_3PO_4 \tag{8-34}$$

该反应为放热反应，在溶液中反应焓 ΔH=−28.93kJ/mol，溶解焓为 32.8kJ/mol[44]，形成磷酸脲的结晶焓为 −1655kJ/mol。磷酸脲的标准生成热 $\Delta H^{\ominus}_{298.6}$=1646.5kJ/mol，标准生成熵 $\Delta S^{\ominus}_{298.6}$=200.09kJ/mol，溶于水后分解为尿素和磷酸。

8.4.3　生产流程与典型设备

磷酸脲最早由德国巴斯夫公司于 1914 年申请专利。20 世纪 40 年代末期，德国、美国等国家的学者开始研究以尿素和磷酸为原料合成磷酸脲；60 年代，系统研究了磷酸脲的结构、物化性能、制备工艺及应用；70 年代，工业化生产的磷酸脲作为一种饲料添加剂和高效复合肥被广泛应用。

磷酸脲生产工艺按操作方式分为间歇式和连续式；按原料来源可分为聚合磷酸法、湿法磷酸法和热法磷酸法。我国磷酸脲的生产主要以热法磷酸为原料，但热法磷酸能耗高，致使生产成本过高，限制了磷酸脲的生产和应用 [45]。聚合磷酸法是将预热的聚磷酸和结晶尿素经熔融、混合、反应、结晶、造粒和破碎，制得磷酸脲产品。

8.4.3.1 湿法磷酸法

湿法磷酸法制备磷酸脲主要有两种工艺流程。一种是湿法磷酸净化制备磷酸脲工艺，工艺流程如图 8-20 所示。薛河南 [46] 对热法磷酸和湿法净化磷酸制备磷酸脲的生产成本进行对比分析，发现以湿法磷酸净化制得的工业净化磷酸生产磷酸脲具有较为明显优势，单位磷酸脲生产成本可降低约 400 元。

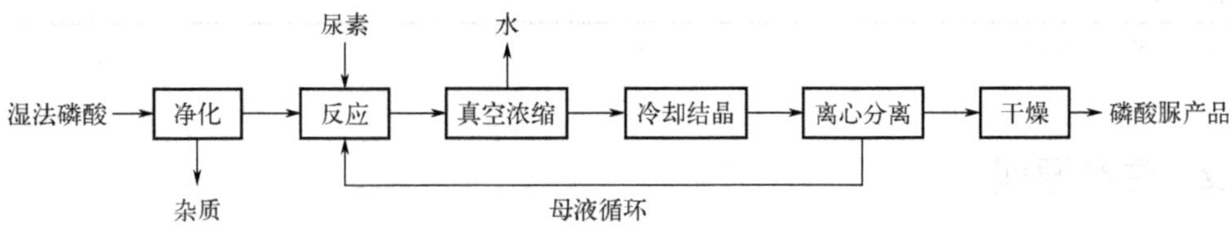

图 8-20 湿法磷酸净化制备磷酸脲工艺流程图

另一种是湿法磷酸直接制备磷酸脲工艺，如图 8-21 所示。该工艺还处于实验室研究开发阶段，近年来以湿法磷酸直接制备磷酸脲工艺研究较多。

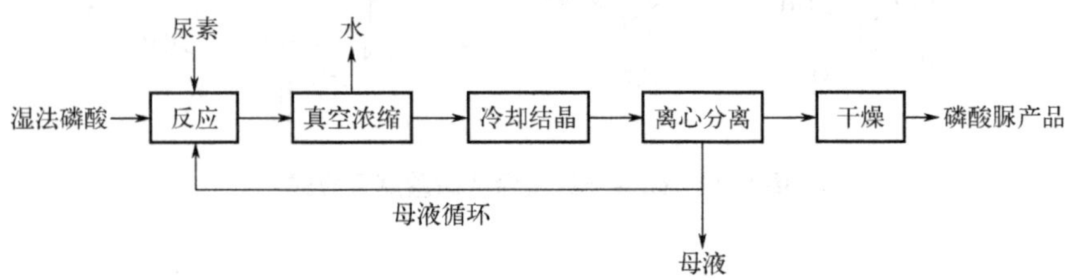

图 8-21 湿法磷酸直接制备磷酸脲工艺流程图

目前，用湿法净化磷酸生产的磷酸脲产品质量已达到热法磷酸法的水平，主要合成方法如下所述 [10-12]。

（1）一段法 美国 TVA 以北卡罗来纳州的磷矿酸解制得的 54.2% P_2O_5 的湿法磷酸为原料制备磷酸脲。将湿法磷酸连续通过冷却器冷却到 0℃，然后与尿素同时进入混合结晶器，结晶器具有外循环冷却水夹套，维持 20℃的物料温度。在磷酸脲结晶器的底部分级沉淀，间歇引至离心机进行液固分离。部分母液重新循环到结晶器中，以增加悬浮液的流动性，剩余母液制成悬浮或颗粒肥料。此法对湿法磷酸中杂质的去除率达 85% ～ 90%，80% 的 P_2O_5 形成磷酸脲产品，产品组成为 44.5%P_2O_5、17.7%N、0.01% ～ 0.16%Fe_2O_3、0.05% ～ 0.07%Al_2O_3 和 0.08% ～ 0.12%MgO，晶体平均尺寸约为 300μm。工艺流程图如图 8-22 所示。

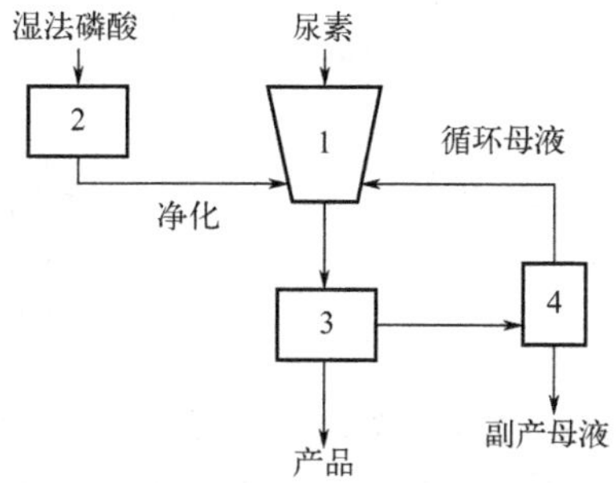

图 8-22　一段法制备磷酸脲工艺流程图

1—混合结晶器；2—冷却器；3—离心机；4—磷酸脲母液储槽

（2）二段法　苏联某企业 100t/d 试验装置采用 69% 的尿素水溶液和 50% P_2O_5 的湿法磷酸为原料，在 110℃下于混合反应器中反应，反应溶液用泵送去蒸发浓缩后，经结晶、离心分离、烘干后制得磷酸脲成品。一次结晶所得产品颗粒较细，且杂质含量较高，可加工为氮磷或氮磷钾复合肥或对其进行二次结晶，结晶母液可返回混合反应器循环利用或者作为液体肥料施用。该法工艺合理，可连续操作，对原料要求低，但能耗较高。其工艺流程如图 8-23 所示。

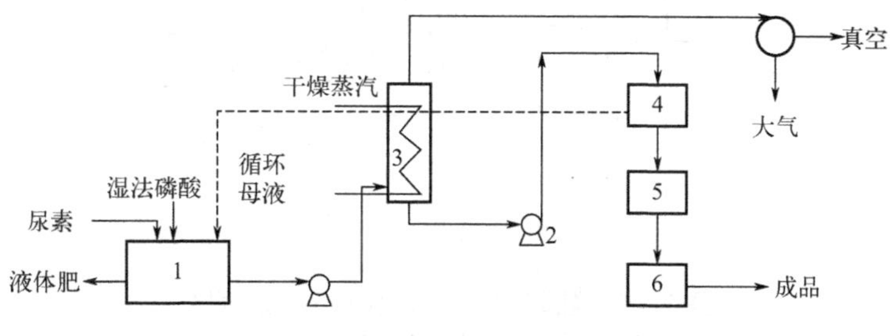

图 8-23　二次结晶法制备磷酸脲工艺流程图

1—混合反应器；2—泵；3—真空装置；4—结晶器；5—离心机；6—干燥器

美国 TVA 的 Lewls 等人开发了低能耗两段连续生产工艺。在 0.5 ～ 3.2kg/h 装置中将 54%P_2O_5 湿法磷酸和尿素按摩尔比为 1∶1 进行混合，加入到一段反应结晶器中，控制温度为 32℃，搅拌 1h 后，进入二段结晶器，冷却到 20℃，保持 1 ～ 2h，待磷酸脲晶体充分析出后，经离心机分离得到磷酸脲晶体，部分母液循环至一段反应结晶器，以增加磷酸脲溶液在设备管道中的流动性，促使产品从母液中结晶析出，其循环母液量与加入原料（磷酸和尿素）的质量比为 2∶1。该法的原料利用率达到 80%，其余 20% 的原料和 85% 的无机杂质及含氮物质则留在母液中。该法使用的磷酸浓度较高，工艺流程见图 8-24。

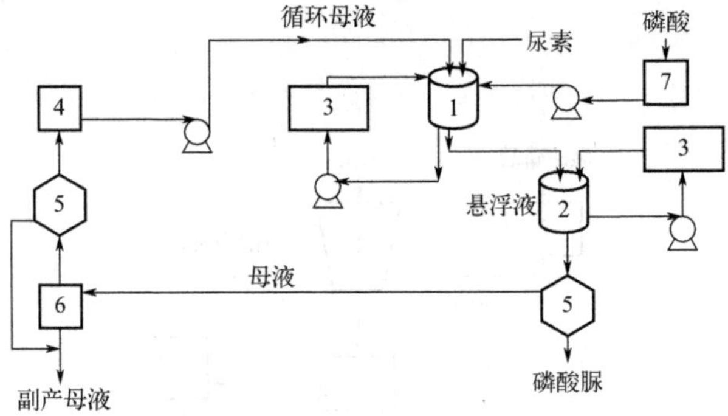

图 8-24　二段法连续生产磷酸脲工艺流程图

1—一段反应结晶器；2—二段反应结晶器；3—制冷装置；4—循环母液储槽；5—间歇式离心机；6—缓冲清槽；7—磷酸储槽

（3）澄清磷酸法　波兰弗罗茨瓦夫工学院的学者从酸解磷矿得到的湿法磷酸中取出少量澄清磷酸（40%P_2O_5，悬浮物 0.3%）为原料，与尿素混合制取饲料级磷酸脲添加剂。沉淀槽中余下的磷酸沉淀物，以及经离心机分离后的母液，均输送到肥料生产系统中。该工艺需对湿法磷酸进行预处理，得到澄清的磷酸溶液。工艺流程图见图 8-25。

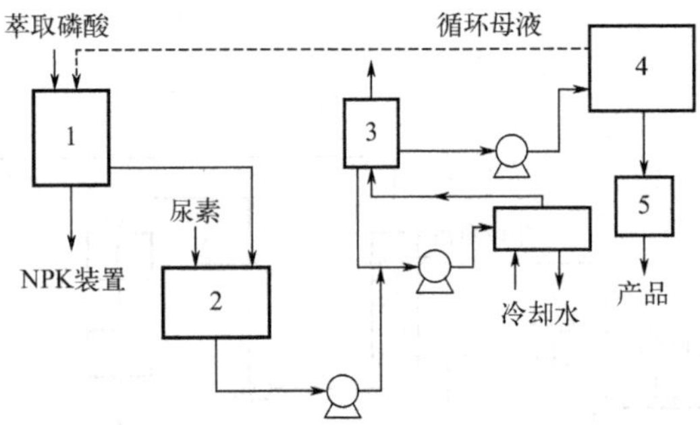

图 8-25　澄清磷酸生产磷酸脲工艺流程图

1—沉淀槽；2—反应器；3—结晶器；4—离心机；5—干燥器

（4）浓缩结晶法　意大利的 S.Cavallero 等[47]以稀磷酸（25% ～ 28%P_2O_5）为原料，经分步浓缩和冷却结晶制取磷酸脲。稀磷酸用氢氧化钠预处理，除去 H_2SiF_6 杂质，加入间歇反应槽熔融尿素中，形成完全溶解的磷酸脲稀溶液；将该稀溶液送入预热器和在溶液温度为 60℃下操作的真空浓缩器中；浓缩后的溶液在常压下于结晶器中从 60℃冷却到 20℃，析出大约 30% 的磷酸脲结晶，料浆送去母液澄清槽，经沉淀、分离、洗涤、干燥、包装得成品。洗涤液与母液汇合返回反应槽或用于生产液体肥料。此法可直接使用二水法萃取磷酸为原料制备磷酸脲，但工艺流程复杂，如图 8-26 所示。

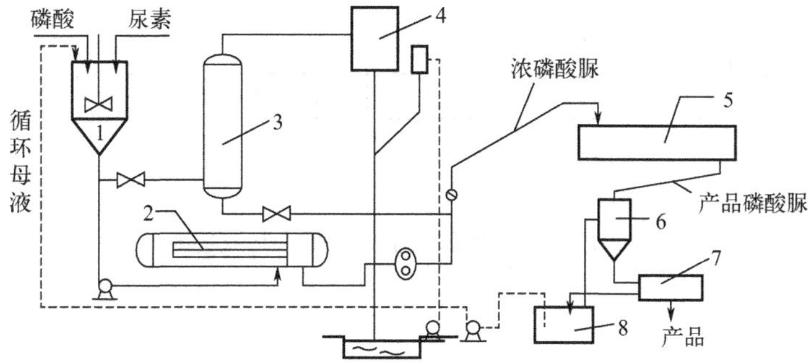

图 8-26　浓缩结晶法生产磷酸脲工艺流程图

1—间歇反应槽；2—预热器；3—真空浓缩器；4—冷凝器；5—结晶器；6—母液澄清槽；7—洗涤器；8—母液储槽

（5）湿法精制磷酸法　云南三环化工有限公司磷酸脲生产工艺：将来自精制磷酸厂的精制磷酸（75%H_3PO_4）经泵送入反应槽计量，磷酸与尿素（46%N）按摩尔比 1∶1 比例加入反应槽反应，利用蒸汽加热控制反应槽料浆温度为 70℃ ±2℃；反应完成后停蒸汽加热，开启夹套冷却水，将料浆冷却至 35℃以下，析出磷酸脲结晶，结晶时间为 3h；进入离心机分离，母液进入母液槽经活性炭过滤，再经压滤机压滤，压滤后滤液由液下泵送至真空浓缩系统，浓缩后返回反应槽参与新一轮的反应结晶。离心分离得到的磷酸脲结晶（半成品）由螺运机进入流化床干燥，干燥后的磷酸脲晶体通过成品斗提机输送到振动筛筛分，合格的晶体进入成品仓，包装后得到成品。流化床干燥过程中产生的粉尘经旋风分离器除尘处理后，合格尾气排空。工艺流程见图 8-27。

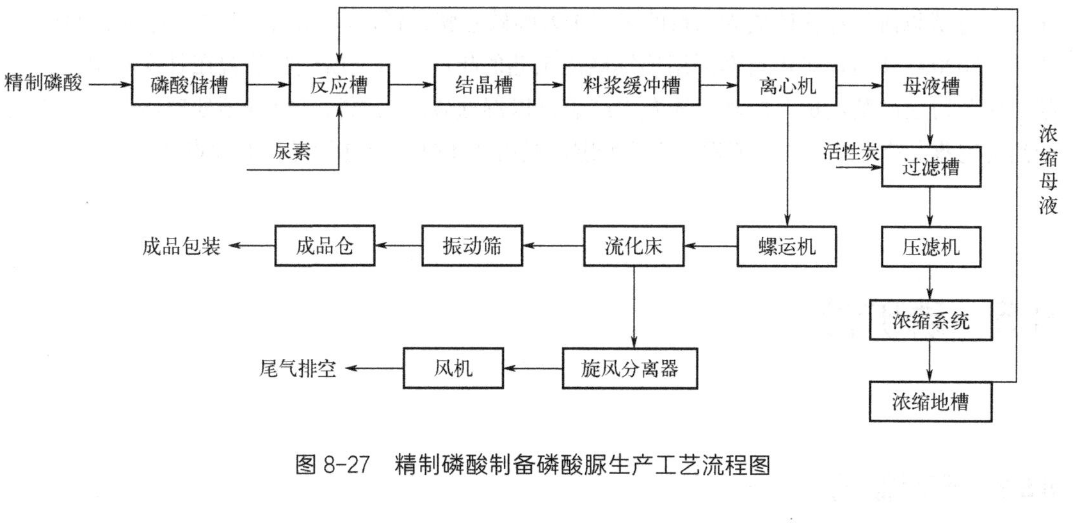

图 8-27　精制磷酸制备磷酸脲生产工艺流程图

8.4.3.2　热法磷酸法

热法磷酸纯度高，采用热法磷酸为原料制磷酸脲，流程简单，易于控制，但成本高于湿法磷酸。热法磷酸（85%H_3PO_4）和尿素按等摩尔比加入反应器，在一定温度下尿素溶解于酸中，待反应完全后停止加热，逐渐冷却使之析出结晶，然后经脱水、烘干即得产品磷酸脲[40]。热法磷酸法制备磷酸脲的工艺流程如图 8-28 所示。

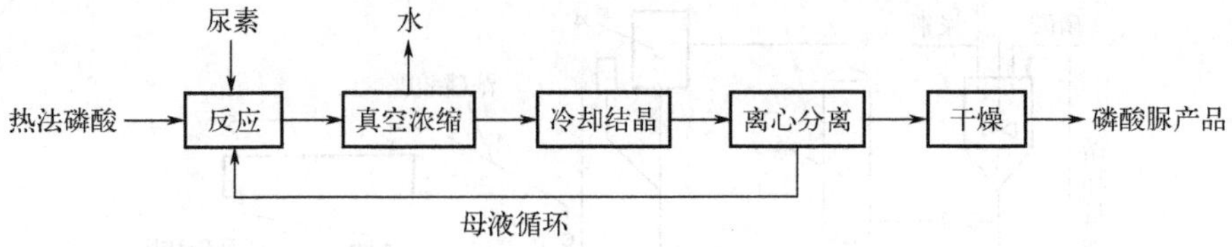

图 8-28　热法磷酸制备磷酸脲工艺流程图

8.4.4　技术展望

在尿素实现大规模生产和成本显著降低后，磷酸脲才真正走向工业化并应用于工农业生产与饲养业中。目前，美国、意大利、俄罗斯、匈牙利、波兰等一些国家都建设了相应的工业生产装置。我国对磷酸脲的研发始于 20 世纪 80 年代，上海化工研究院 1984 年开始研究湿法磷酸和热法磷酸直接与尿素反应、结晶制备磷酸脲的工艺技术。云南省化工研究所 1988 年首先研制出以热法磷酸为原料的磷酸脲工艺技术，建成年产 100t 的生产装置，并在全国范围内推广使用磷酸脲技术，开创了我国磷酸脲产业化的先河。目前，国内磷酸脲主要生产厂家集中在四川和云南，年产能在 0.5 万～ 1 万吨。生产厂家有：四川蜀灿化工有限责任公司、什邡川西兴达化工有限公司、四川蓝剑化工（集团）有限责任公司、云南常青树化工有限公司等。企业大多以热法磷酸为原料间歇生产，云南常青树化工有限公司以湿法磷酸为原料，将湿法磷酸进行预处理后采用间歇法生产磷酸脲，其以磷酸脲为主要原料生产的两款产品"降碱灵"和"磷酸脲复合肥"在新疆地区销售较好。瓮福达州化工有限责任公司于 2015 年建成以湿法净化磷酸为原料的年产 1 万吨磷酸脲装置，后因产能及成本问题于 2017 年停产。2020 年 4 月，国内首套采用连续结晶工艺的年产 2 万吨磷酸脲装置在甘肃瓮福化工有限责任公司生产基地试车成功。该套生产装置以湿法磷酸为原料，经过预处理后，采取连续绝热真空蒸发冷却结晶工艺流程生产磷酸脲，具有成本低及可连续操作的优点[41, 48]。

8.5　磷矿粉

8.5.1　产品概况

磷矿粉作为磷肥直接施用已经有一百多年的历史。19 世纪末期，国际上已经有关于磷矿粉肥效试验的报道，但是对磷灰石组成和结构与肥效关系的研究起始于 20 世纪初。我国磷矿粉肥效试验首次报道在昆阳磷矿发现不久后 1941 年的《土壤季刊》[49]。近年来，大量学者主要从磷矿粉结构、组成、粒径与肥效的关系，不同植物对磷矿粉的吸收效能，土壤对磷矿粉的分解作用等方面开展研究；研究表明，磷矿粉肥的肥效主要取决于磷矿活性、土壤酸碱度、植物对磷吸收的生理特性。

土壤 pH、质地、有机质、速效磷和交换性钙量等土壤性质是影响磷矿粉肥效的一个重要因素。理论上，土壤 pH 与磷灰石在土壤液相中磷酸 - 氢根离子活度的相关方程可表示为 $p[HPO_4^{2-}]=2pH-5.18$[50]，表明磷矿粉在土壤中的溶解度与土壤酸碱度直接相关，土壤酸度越大，pH 越低，磷灰石中溶解出的磷酸 - 氢根离子就越多，磷矿粉在土壤中的溶解性就越强。磷矿粉施入土壤后磷的有效性，首先由其在土壤中的溶解度决定，即能否提供足够浓度的磷酸二氢根离子（$H_2PO_4^-$）供植物吸收。一般来说，磷矿粉在酸性土壤中磷的有效性较强，而在石灰性和微碱性土壤中较弱。大多数热带地区土壤中铁铝化合物高度富集，磷肥施入土壤后速效磷极易被固定，磷肥利用率极低。磷矿粉在酸性土壤中施用的供磷能力一般都在中等以上。

由于磷酸钙的稳定性，单一磷矿粉不能作为肥料使用，需要通过活化和改性，产物呈中性或者微酸性，才能作为缓释肥料作用于作物。磷矿粉在酸性土壤中具有较好作用，诸如温室蔬菜种植微环境酸性土壤，土壤性质较差的农业生产，磷矿粉不仅能提供养分，还具有改良土壤的作用。在高尔夫球场草地、公园绿化等观赏种植中，磷矿粉作为一种长效肥料，也有一定的应用潜力。

影响磷矿粉肥效的另一个重要因素是植物对磷吸收的生理特性。大量田间试验表明，豆科绿肥、荞麦和油菜等作物吸磷能力较强，相对肥效在 70% ～ 80%；玉米、马铃薯、甘薯和芝麻等作物吸磷能力中等，相对肥效在 50% 左右；谷子、小麦和水稻的吸磷能力较弱，相对肥效在 30% 以下。

8.5.2　生产原理

磷矿活性是影响磷矿粉肥效的最关键因素，为了提高植物对磷矿粉肥的利用率和肥效，人们对磷矿活性开展了系列研究。电子显微镜观测结果表明，凡是直接施用效果好的磷矿粉，结晶形状非常模糊，结构疏松呈现泡沫状，晶粒大小都在 0.5μm 以下，并且这一类磷矿都是近代沉积物，典型代表是广西的溶洞型磷矿和西沙群岛的鸟粪磷矿；反之，凡是直接施用效果很差的磷矿粉，其片状结晶棱角非常清晰，晶体结构致密，晶粒在 3 ～ 10μm，如江苏锦屏与安徽肥东的变质岩磷矿。我国大部分磷矿介于上述两者之间，磷矿有明显晶形，棱角不清楚，晶粒介于 0.5 ～ 3μm 之间。

研究进一步表明，无论哪种类型的磷矿，其代表性的主要矿物是氟磷灰石，但是，在沉积岩形成过程中由于地质环境的变化，氟磷灰石可发生一系列同晶置换，其中 PO_4^{3-} 四面体被 CO_3^{2-} 及 F^- 置换对其性质影响很大。对磷矿粉增产起主导作用的是 Da_0 和 Dc_0，即最能评价磷矿粉肥效高低的是磷灰石晶粒的比表面积大小。CO_3^{2-} 与 a_0、Da_0 和 Dc_0 均呈极显著的负相关，CO_3^{2-} 置换量越高，作物吸磷量或增产率越高，置换量高的如广西德保、安徽凤台、云南昆阳与晋宁、贵州开阳、江西朝阳等磷矿粉，直接施用的效果相对较好。

8.5.3　生产工艺

磷矿主要的活化途径有化学活化、物理活化、机械活化、有机无机活化剂活化、生物活化等。

（1）化学活化　部分酸化磷肥采用硫酸、硝酸、磷酸或盐酸作为酸化剂，一般加入理论用酸量的 20% ～ 60%，将低品质磷矿粉部分酸化形成部分水溶性和枸溶性磷。生产过程中可以加入氮、钾肥以制成多元素复合肥料。生产这种磷肥对磷矿的品位和枸溶性要求不高，耗酸量较少，能显著提高低品质磷矿粉肥料的肥效。

（2）物理活化　将酸溶性或水溶性磷肥与中低品位磷矿粉掺混后施入土壤，或者将酸性磷肥与磷矿粉经挤压造粒后施用，都可以不同程度地提高磷矿粉的肥料和养分利用率。此外，将磷矿粉与硫黄、硫铁矿等酸化剂混合后施用，也可提高磷矿粉肥效。

（3）机械活化　机械活化是利用机械能来诱发化学反应，诱导材料组织、结构和性能变化的一种材料改性技术，又可称为机械化学活化。机械化学，或者是力化学、机械力化学，是德国科学家 Ostwald 在 20 世纪初提出来的，是化学的一个分支，着重研究物质在受到机械力作用时发生的化学或物理化学反应，涉及到表面化学、固体力学、粉体科学、应用化学和矿物加工等多个学科与领域。机械活化具有工艺流程短、不使用溶剂或气体反应、可实现亚稳态生产等优点，被广泛应用到多个领域。

20 世纪 50 年代机械活化技术最早在矿物学领域应用，随后，机械活化作为直接处理中低品位磷矿的一种重要手段，受到业界的关注。相对于磷矿制备湿法磷酸工艺，该技术无需浮选，可避免使用硫酸，简化反应过程，减少环境污染，大幅度降低生产成本，机械活化技术是一种简单、清洁、生态的加工方法。

俄罗斯科学院西伯利亚分院对机械活化设备的效果、加工原理以及磷矿粉物理性质、化学性质、晶体结构特征等方面的变化进行了系统研究。国内清华大学、山东农业大学等采用机械活化技术对磷矿粉进行改性，提出了微晶化磷矿粉、超微细磷矿粉等概念；中国科学院沈阳应用生态研究所提出原生磷肥概念，即利用机械化学原理，通过超细加工激发磷矿粉使之与活化剂发生融合反应，对磷矿粉进行直接加工可形成具有较高活性的新型磷肥。

机械活化磷矿粉是通过球磨使磷矿粉粒度变小，比表面积增加，产生晶格畸变或结构缺陷使磷矿粉处于无定型状态，进而提高磷矿粉中磷灰石的反应活性。许多文献研究结果表明，机械活化具有如下共同特征：表面结构和化学组成发生变化，形成表面和体相缺陷，晶型转变，表面键断裂，引起表面能量改变。可能诱发在通常化学条件下难以或不能进行的反应。

电子扫描显微镜结果显示，机械活化后磷矿粉有更多的松散结构和模糊的表面边界，粒度大幅度减小到 100μm 以下。与不经任何处理的磷矿粉相比，机械活化磷矿粉可以显著增加枸溶性磷，含量最高可达 40% ～ 60%，可能是由于氟磷灰石在机械活化过程中发生了 B 型同晶替代。对沉积型、岩浆型、变质型三种类型的中低品位磷矿进行机械活化，用不同有机酸连续浸提 6 次均有磷溶出，且机械活化磷矿粉的总释磷量始终高于未活化磷矿粉。红外光谱分析结果表明，超微细活化磷矿粉中与 PO_4^{3-}、HPO_4^{2-} 相关的特征吸收峰强度较未活化磷矿粉显著增大，且生成了与 PO_4^{3-}、HPO_4^{2-} 相关的新特征吸收峰，使磷矿粉中的磷向有效态转变。

（4）有机无机活化剂活化　将中低品位磷矿与有机无机活化剂混合后直接施用，可以有效避免传统的硫酸处理或高温加工等生产过程污染物的产生。无机活化剂一般为沸石粉、膨润土、蛭石等具有特殊结构的无机矿物质，具有较高的比表面积、较强的离子交换能力，能促进磷矿粉中磷的释放，大大减少磷的流失和水溶性磷的固定。有机活化剂包括腐植酸、木质素、糖醛渣、γ-聚谷氨酸、味精废液等含有大量羟基、羧基和胺基等活性基团的有机物，可有效降低土壤对磷的吸附和解吸，并通过对金属离子的螯合作用提高难溶性磷的有效性。

（5）生物活化 生物学上磷矿粉与有机废弃物堆肥能促进磷矿粉溶解，其机理是在堆肥过程中，有机物逐渐降解，包括真菌、细菌和放线菌在内的微生物代谢活动加剧，在代谢过程中产生大量的有机酸和腐殖质等有机螯合物质，与钙、铁、铝等离子发生螯合作用，促进磷矿粉溶解，有机酸和腐殖质为多元弱酸，对磷矿粉具有缓慢酸解的作用，促进磷素缓慢释放。

8.5.4 技术展望

我国低品位磷矿储量大，经济利用成本高，其不可再生资源禀性决定了其在农业生产中将发挥重要作用。然而磷矿粉作为一种含磷矿物，化学性质稳定，肥料与植物营养学领域的学者一直在探索提高磷矿肥直接施用的肥效，探究矿物结构与作物需肥规律、土壤供肥特性以及气候条件、病虫草害等微区域生态特征的关系；以作物全生育期为时间跨度，综合物理、化学、生物技术的应用，提升磷矿肥施用效果。

8.6 磷酸基复合肥

复合肥料是氮、磷、钾三种养分中，至少有两种养分标明量的、由化学方法和（或）物理方法制成的肥料，其中的磷酸基复合肥是指以磷酸或磷矿作为磷素来源生产的复合肥料。广义的磷酸基复合肥包括磷酸一铵、磷酸二铵、磷酸基 NPK 复合肥、硝酸磷肥、磷酸二氢钾等二元或三元复合肥料，狭义的磷酸基复合肥是指以磷酸或磷矿作为磷素来源生产的 NPK 复合肥料，即磷酸基 NPK 复合肥料。

本节着重介绍以湿法磷酸、氨、硫酸钾或氯化钾，以及硫酸等为原料，采用传统料浆法、料浆浓缩法及氯化钾低温转化法生产磷酸基复合肥的工艺技术。

8.6.1 产品概况

氮、磷、钾元素是磷酸基复合肥料的主要营养成分，由于采用的原料及工艺不同，磷酸基复合肥的产品组成也不一样，一般含有 NH_4^+、PO_4^{3-}、K^+、Cl^- 或 SO_4^{2-} 等，因产品中氯离子含量不同，通常又分为硫基 - 磷酸基复合肥（Cl^- 含量≤ 3%）、氯基 - 磷酸基复合肥（低氯产品 Cl^- 含量≤ 15%、中氯产品 Cl^- 含量≤ 30% 和高氯产品 Cl^- 含量＞30%）。如果生产过程中添加或有效活化了磷矿中的其他营养元素，则产品中还会含有相应的钙、镁、铜、铁、锰、锌、硼或钼等中微量元素。

磷酸基复合肥生产中，原料配方不同，产品的氮磷钾养分比例也不同。典型的产品 N∶P_2O_5∶K_2O 比例为 15∶15∶15，实际的氮磷钾养分比例依据作物与市场需求确定，采用不同配方生产不同养分比例的产品，以满足各类土壤和不同作物对产品的需求。按照复合（混）肥国家标准《GB/T 15063—2020 复合肥料》（表 8-16）分类，总养分（N+ P_2O_5+ K_2O）≥ 40% 的为高浓度产品，40%＞（N+ P_2O_5+ K_2O）≥ 30% 的为中浓度产品，30%＞（N+ P_2O_5+ K_2O）≥ 25% 的为低浓度产品。

与其他复合肥一样，磷酸基复合肥的物化性质有水溶性、吸湿性、结块性、分散性、热稳定性以及化学特性等。

表8-16 复合（混）肥国家标准（GB/T 15063—2020）的技术指标[51]

项目			指标		
			高浓度	中浓度	低浓度
总养分①（N+P_2O_5+K_2O）/%		≥	40.0	30.0	25.0
水溶性磷占有效磷百分率②/%		≥	60	50	40
硝态氮③/%		≥	1.5		
水分④（H_2O）/%		≤	2.0	2.5	5.0
粒度⑤（1.00 ～ 4.75mm 或 3.35 ～ 5.60mm）/%		≥	90		
氯离子⑥/%	未标“含氯”的产品	≤	3.0		
	标识“含氯（低氯）”的产品	≤	15.0		
	标识“含氯（中氯）”的产品	≤	30.0		
单一中量元素⑦（以单质计）/%	有效钙	≥	1.0		
	有效镁	≥	1.0		
	总硫	≥	2.0		
单一微量元素⑧（以单质计）/%		≥	0.02		

① 组成产品的单一养分含量不应小于 4.0%，且单一养分测定值与标明值负偏差的绝对值不应大于 1.5%。

② 以钙镁磷肥等枸溶性磷肥为基础磷肥并在包装容器上注明“枸溶性磷”时，“水溶性磷占有效磷百分率”项目不做检验和判定。若为氮、钾二元肥料，“水溶性磷占有效磷百分率”项目不做检验和判定。

③ 包装容器上标明“含硝态氮”时检测本项目。

④ 水分以生产企业出厂检验数据为准。

⑤ 特殊形状或更大颗粒（粉状除外）产品的粒度可由供需双方协议确定。

⑥ 氯离子的质量分数大于 30.0% 的产品，应在包装容器上标明“含氯（高氯）”；标识“含氯（高氯）”的产品氯离子的质量分数可不做检验和判定。

⑦ 包装容器上标明含钙、镁、硫时检测本项目。

⑧ 包装容器上标明含铜、铁、锰、锌、硼、钼时检测本项目，钼元素的质量分数不高于 0.5%。

磷酸基复合肥的氮磷钾养分含量高，养分全，浓度高，品种丰富，无毒副作用，施用后，可迅速补充土壤中的钾、锌、硼等多种元素，调整土壤结构，增强地力，有抗旱保湿、抗倒伏作用，长期使用能改良土壤，提高产量；产品多为颗粒状，一般吸湿小，不结块，物理性状好，便于储存和机械化施肥。磷酸基复合肥可以作种肥、基肥、追肥施用。施用后不会造成土壤板结，不仅适用于小麦、水稻、玉米、花生等各种农作物，而且适用于果树、蔬菜、烟草、大蒜、大姜等经济作物，农产品的口味、色泽、外观更好。

8.6.2 生产原理

磷酸基复合肥生产方法可分为传统料浆法、料浆浓缩法和氯化钾低温转化法。传统料浆法、料浆浓缩法生产的磷酸基复合肥产品中的钾素来自原料氯化钾或硫酸钾，氯化钾或硫酸钾以物理方式添加，生产过程中不参与化学反应；氯化钾低温转化法中的钾素来源于氯化钾，生产中先在 130℃相对较低的温度下将氯化钾脱去氯离子转化为硫酸氢钾（$KHSO_4$），再与磷酸和氨反应制成硫基 - 磷酸基复合肥。

（1）传统料浆法　以 46%P_2O_5 的湿法磷酸为原料，在预中和、管式反应器或加压反应器中进行氨化，所得氨化料浆与含硫酸钾 / 氯化钾的返料在造粒机中进行喷浆造粒，干燥得到磷酸基氮磷钾复合肥。氨与磷酸反应制得磷酸铵，硫酸钾 / 氯化钾不参与化学反应，主要的化学反应与生产磷酸铵一致：

$$H_3PO_4 + NH_3 \longequal NH_4H_2PO_4 \tag{8-35}$$

$$NH_4H_2PO_4 + NH_3 \longequal (NH_4)_2HPO_4 \tag{8-36}$$

生产过程中，尾气洗涤工序可加入少量硫酸，防止系统结垢及调节产品养分，此部分硫酸与氨反应生成硫酸铵：

$$H_2SO_4 + 2NH_3 \longequal (NH_4)_2SO_4 \tag{8-37}$$

（2）料浆浓缩法　生产原理与传统料浆法相同，但生产过程中一般直接以二水湿法工艺生产的 20% ～ 24%P_2O_5 稀磷酸为原料，在中和槽或快速氨化蒸发器中进行氨化，再将中和料浆蒸发浓缩，降低含水量；浓缩后的磷铵料浆与含硫酸钾 / 氯化钾的返料在造粒机中经喷浆造粒干燥，得到磷酸基氮磷钾复合肥。该工艺适用于以中低品位磷矿生产的磷酸作为原料的情况。

（3）氯化钾低温转化法　氯化钾低温转化法是以氯化钾为原料，氯化钾与硫酸低温反应转化成 $KHSO_4$ 后与磷酸混合，再与氨反应得到磷酸基复合肥（也称为硫基复合肥，或硫基 - 磷酸基复合肥），生产原料为：浓硫酸（≥ 98%H_2SO_4），氯化钾（≥ 95%KCl），稀磷酸（20% ～ 30%P_2O_5），液氨（≥ 99.5%NH_3）。主要化学反应式如下：

氯化钾与硫酸在约 130℃反应生成硫酸氢钾，同时产生氯化氢气体。

$$H_2SO_4 + KCl \longequal KHSO_4 + HCl \tag{8-38}$$

硫酸氢钾与氨反应生成硫酸钾和硫酸铵，同时在反应式（8-38）中多余的硫酸与氨反应生成硫酸铵；混合料液中的磷酸与氨反应生成磷酸一铵，其中一部分进一步氨化生成磷酸二铵。

$$2NH_3 + 2KHSO_4 \longequal (NH_4)_2SO_4 + K_2SO_4 \tag{8-39}$$

$$H_2SO_4 + 2NH_3 \longequal (NH_4)_2SO_4 \tag{8-40}$$

$$H_3PO_4 + NH_3 \longequal NH_4H_2PO_4 \tag{8-41}$$

$$NH_4H_2PO_4 + NH_3 \longequal (NH_4)_2HPO_4 \tag{8-42}$$

除以上主反应外，湿法磷酸中的 Fe_2O_3、Al_2O_3、MgO 和 F 等杂质也将参与化学反应，基本原理与第 4 章磷酸铵的副反应一致。

该工艺的副产品盐酸由式（8-38）反应产生的氯化氢气体经冷却后用水吸收而成。

8.6.3 生产流程与典型设备

国内复合肥料生产工艺分为料浆法、团粒法、熔体法和混合法工艺（见图 8-29）。

料浆法工艺是指氮、磷、钾 3 种养分，至少有 2 种养分来源并通过化学和（或）物理方法制成料浆的造粒工艺[52]。料浆法按照复合肥生产工艺技术和核心设备不同又分为：氨化粒化工艺（槽式反应工艺、管式反应工艺）、转鼓造粒工艺（管式反应工艺、料浆浓缩工艺）、喷浆造粒工艺（料浆浓缩工艺、低温转化工艺）。

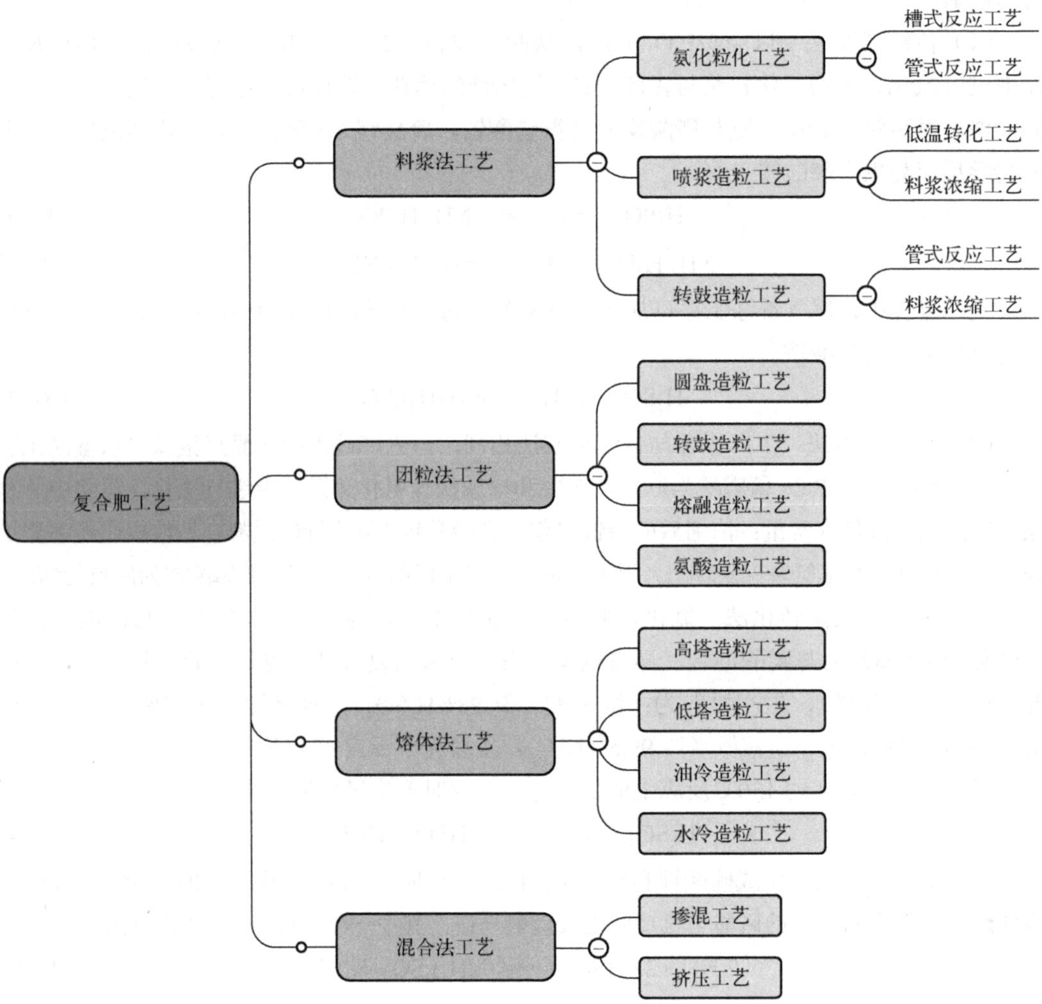

图 8-29 复合肥料生产工艺

料浆法工艺技术要求高，生产工艺比团粒法、熔体法、混合法工艺等更复杂。该工艺在欧美等国家主要是伴随磷酸及磷酸铵工艺发展起来的，但其中的料浆浓缩法工艺、盐酸低温转化法工艺则是我国在引进消化技术的基础上不断创新、自主开发的生产技术。20 世纪 90 年代，我国磷酸基复合肥生产技术进入快速发展阶段，传统料浆法 DAP/NPK 单系列能力达到 60 万吨 / 年，料浆浓缩法 MAP/NPK 单系列能力达到 30 万吨 / 年，氯化钾低温转化技术每年生产的硫基 - 磷酸基复合肥单系列能力达到 20 万吨[53]。

本节着重介绍料浆法磷酸基复合肥生产工艺。该工艺以氯化钾 / 硫酸钾中 K_2O 养分进入产品的方式不同（物理添加或化学反应）可以分为三种制备方法：①传统料浆法 + 氯化钾 / 硫酸钾；②料浆浓缩法 + 氯化钾 / 硫酸钾；③氯化钾低温转化法。方法①和②与第 4 章关于磷酸铵（DAP/MAP）的生产工艺基本一致，不同之处是在磷酸铵生产装置的返料中加入氯化钾 / 硫酸钾，并依据计量添加氯化钾 / 硫酸钾及其他原料量的多少，得到不同规格的磷酸基复合肥产品；方法③是采用化学方法用硫酸将氯化钾转化为硫酸氢钾，进而得到硫基 - 磷酸基复合肥料。

8.6.3.1　生产工艺

（1）传统料浆法工艺　传统料浆法工艺是以约 46%P_2O_5 的湿法磷酸、氨（液氨或气氨）为原料，反应制成的磷酸铵料浆喷洒在由钾盐（氯化钾 / 硫酸钾）和返料组成的转鼓造粒机料床上，经二次氨化进行喷浆造粒，得到磷酸基复合肥。根据磷酸氨化时反应器不同，如预中和、管式反应器或加压反应器，肥料生产方式有所不同，常见的工艺为：转鼓氨化粒化工艺和管式反应器 - 转鼓造粒工艺［双管反应器工艺、单管一步反应器工艺（造粒机内无需二次氨化）］等。

传统料浆法工艺的主要优点：产品质量好，颗粒强度较高，单系列装置规模大，配方和品种更换灵活。主要缺点：装置建设投资大，使用浓磷酸为原料。

a．转鼓氨化粒化工艺　在复合肥生产过程中，当磷酸与氨发生化学反应放出的反应热不足以使物料温度达到 80 ～ 100℃，物料难以造粒时，通过适当增加氨量，同时添加硫酸以增加反应热而形成化学反应物料造粒的方法，称为氨化粒化工艺。该工艺将化学反应与造粒过程有机结合，充分利用化学反应热降低物料的湿含量，节约能耗，降低生产成本。氨化粒化器可以用双轴造粒机并增设氨分布器，但工业装置多采用转鼓氨化粒化器。大型转鼓氨化粒化器剖视图见图 8-30，转鼓氨化粒化法生产复合肥料工艺流程见图 8-31[54]。

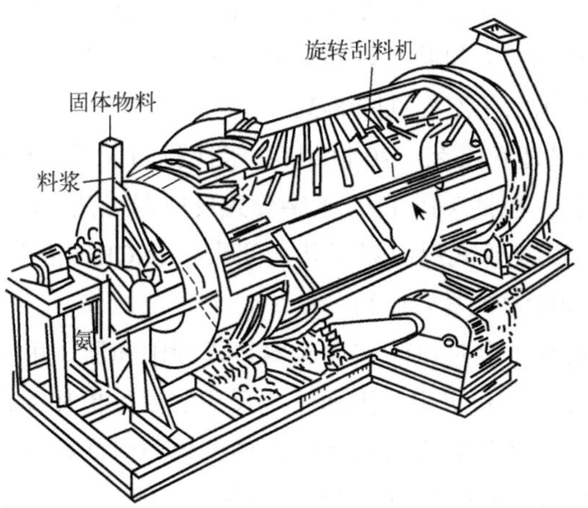

图 8-30　大型转鼓氨化粒化器剖视图

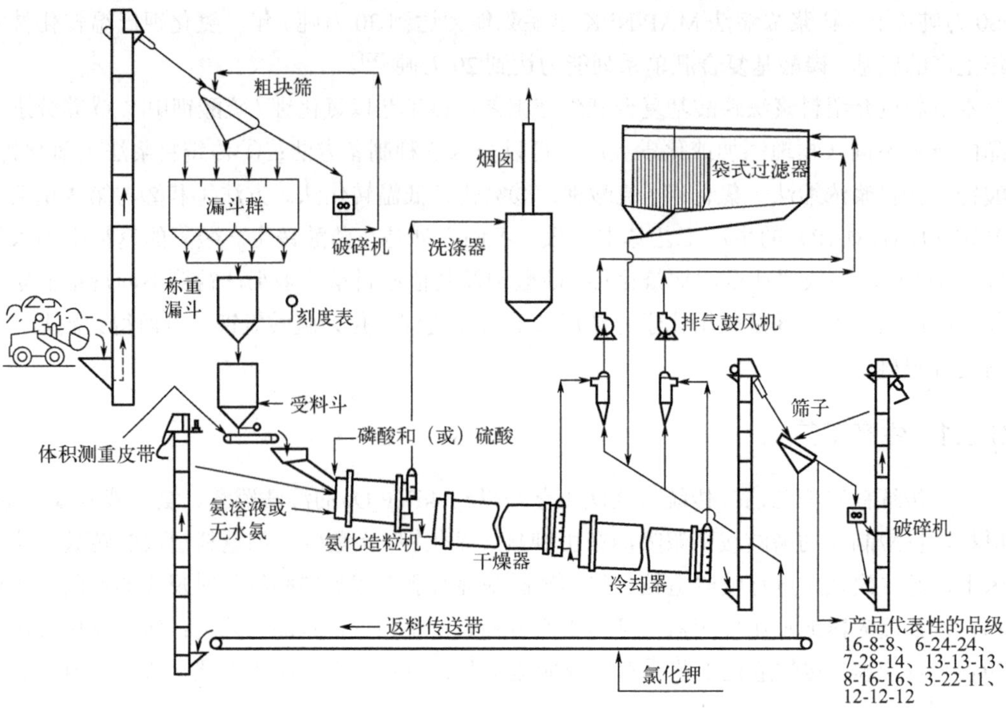

图 8-31　转鼓氨化粒化法生产复合肥料工艺流程

转鼓氨化粒化工艺中的“预中和 - 转鼓氨化粒化”工艺是我国 20 世纪 80 年代引进的复合肥料生产工艺。磷酸基 NPK 肥料生产时在预中和反应器按照所需的配比加入 NH_3 和 H_3PO_4 控制料浆中和度，在反应器加入磷酸的同时加入硫酸，制成料浆喷洒在造粒机中的返料床上，造粒机中进一步通氨进行二次氨化，并将所需的钾盐随返料一起加入转鼓氨化粒化器中，物料在旋转的转鼓氨化粒化器中相互摩擦、混合逐渐团聚成粒，湿颗粒物料从转鼓氨化粒化器落入干燥机干燥后，冷却、筛分得到产品，尾气进入洗涤装置。

预中和 - 转鼓氨化粒化工艺中进入造粒机的料浆水分含量比较高，需要较高的返料比，对干燥强度的要求也较高；该工艺尤其是在造粒机内的二次氨化属于气固反应，造粒过程中的氨逸出率较大；造粒机内装有氨化器、料浆管、大梁等内件[55]。

预中和 - 转鼓氨化粒化工艺流程见图 8-32。

b．管式反应器 - 转鼓造粒工艺　20 世纪 90 年代我国采用引进技术建设了 10 套不同管式反应器的复合肥料装置，包括美国 TVA 十字管式反应器工艺、法国 AZF 双管反应器工艺、西班牙 TR 公司 ESPINDESA 管式反应器工艺、西班牙 INCRO 混合管式反应器工艺等装置。总设计生产能力约年产 300 万吨复合肥料[52]。

管式反应器 - 转鼓造粒工艺是以管式反应器替代预中和器，可使用浓磷酸，生成的料浆可借助自身的压力直接喷入造粒机中，因而管式反应器流程更加简化、节能显著。该工艺的特点：①配方调整灵活：由于原料在管式反应器中的停留时间极为短暂，仅几秒钟即以料浆形式喷出，因此可以根据市场或客户的需要更换生产的肥料品种或规格，不会因为配方更改，导致产生废料造成损失。②能耗低：能够充分利用酸与氨的中和热蒸发由原料带入的水分，因而返料量大大减少，干燥负荷下降，节约能耗。原用预中和 - 转鼓氨化粒化流程的装置，以管式反应器取代预中和器改造后，生产能力提高约 1 倍。③投资省：新建相同产能的复混肥装置比预中和 - 转鼓氨化粒化流程的减少投资约 1/4。

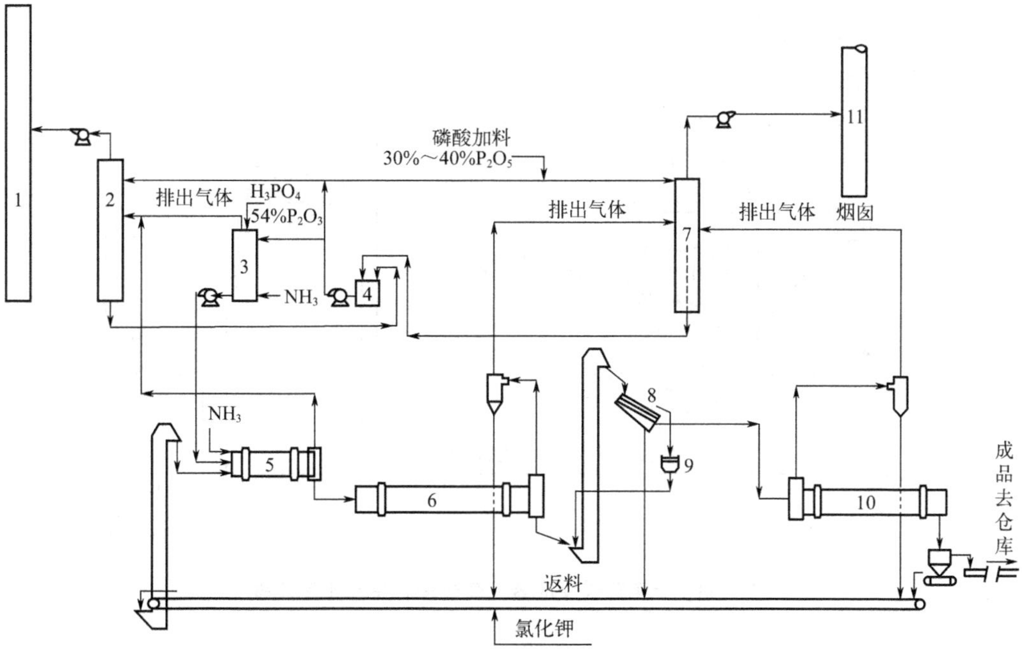

图 8-32 预中和 - 转鼓氨化粒化流程图

1,11—烟囱；2,7—洗涤器；3—预中和器；4—缓冲槽；5—粒化器；6—干燥机；8—筛子；9—破碎机；10—冷却器

美国 TVA 管式反应器工艺广泛应用于磷酸铵系列复合肥和 NPK 复合肥料的传统料浆造粒装置。通常使用管式反应器的生产方式是：用约 46%P_2O_5 以上的磷酸和部分氨（按磷酸一铵或磷酸二铵生产，控制 NH_3/H_3PO_4 质量比）在管式反应器内反应，生成的料浆直接喷入造粒机中造粒，再通过埋在造粒机颗粒层中的氨分布管进一步氨化得到磷酸一铵或磷酸二铵的颗粒肥料，钾盐在造粒机进料端加入时可以生产 NPK 肥料。造粒机出口的颗粒经筛分取出成品，细粉及大颗粒经破碎后作为返料返回造粒机进口端，造粒和干燥过程中逸出的氨和粉尘经喷淋稀磷酸的洗涤器逆流洗涤后，返回管式反应器或者造粒机中。

十字管式反应器是在管式反应器上增设一个硫酸进口管，以便硫酸与磷酸同时进入十字管式反应器与氨反应。反应生成的熔体喷入转鼓造粒机，与返料及其他原料一并造粒。十字管式反应器 - 转鼓造粒生产工艺流程图见图 8-33。

十字管式反应器 - 转鼓造粒生产工艺流程：磷酸自洗涤器加入，洗涤回收由转鼓造粒机、干燥机（冷却机）逸出的氨和粉尘后，经酸预热器加热，计量后加入十字管式反应器。计量后硫酸与洗涤磷酸同步从另一侧加入十字管式反应器；液氨和少量的水（或洗涤酸）自十字管式反应器的底部加入。磷酸与硫酸的混酸和氨高速通过管式反应器时迅速混合和反应，并喷淋在转鼓造粒机内的返料上，返料由加有钾盐的筛分 / 破碎的小颗粒组成。由于转鼓造粒机的转动，物料不断翻动，在涂布和黏结的双重作用下形成较大颗粒，后续的干燥、冷却、筛分等，均与一般的工艺流程相同。

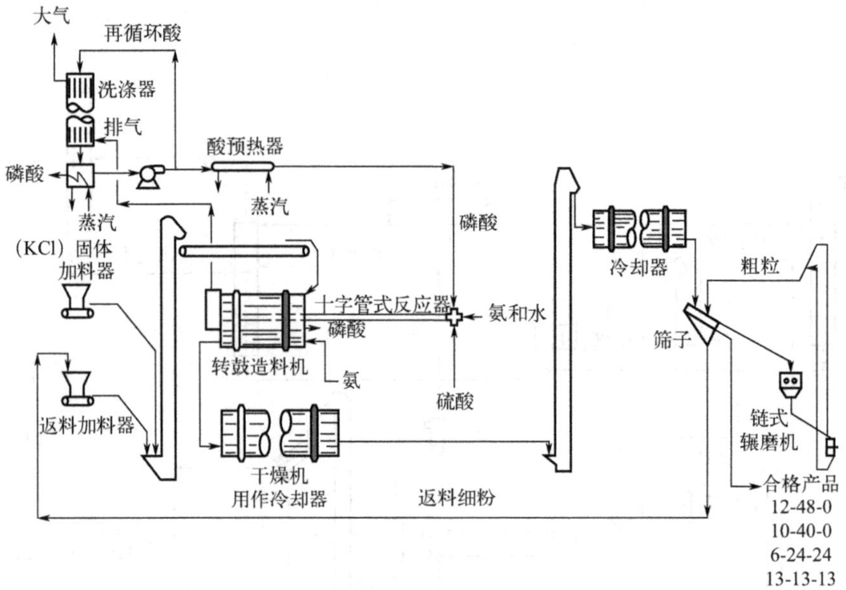

图 8-33　十字管式反应器 - 转鼓造粒生产工艺流程

双管式反应器工艺是 20 世纪 70 年代法国氮素和化学品公司（CdFChimie AZF）开发的磷酸铵和 NPK 复合肥料生产工艺，特点是将 2 根管式反应器分别装在造粒机和干燥机中，最后制得粒状肥料。该工艺可以使用气态氨或液态氨为生产原料，氨、硫酸、磷酸在管式反应器内发生中和反应，反应后料浆作为液相喷到造粒机和干燥机内与固体原料和返料进行造粒，并且在氨喷轴内通入一定量的氨，确保硫酸和磷酸反应完全，出造粒机的物料通过干燥、破碎筛分、冷却、包裹得到成品。流程示意见第 4 章磷酸铵 4.6.1 传统法磷酸二铵生产工艺。

20 世纪 90 年代，我国引进 AZF 工艺建成投产的复合肥料工艺装置，主要有中国 - 阿拉伯化肥有限公司 60 万吨 / 年 NPK 复合肥或 48 万吨 / 年 DAP 装置、金昌 12 万吨 / 年 DAP 装置。中 - 阿 AZF 工艺装置自 1991 年初投产后运行状况良好，产量逐年上升，其干燥机在干燥季节可以不需要由外界提供热炉气。

1997 年中 - 阿公司将引进的“双管反应器 - 转鼓氨化粒化”工艺改进为“单管反应器 - 转鼓氨化粒化”工艺，主要改进与创新：一是用液氨代替气氨，实现“单管反应器 - 转鼓氨化粒化”生产 DAP（停用 MAP 管式反应器），简化了流程和生产操作；二是采用 MAP 代替部分磷酸，48 万吨 / 年 DAP 装置产出了 72 万吨 NPK 复合肥，大幅度降低了生产成本 [56]。中 - 阿公司改进后的“单管反应器 - 转鼓氨化粒化”工艺流程见图 8-34。

管式反应器 - 转鼓造粒流程、十字管式反应器 - 转鼓造粒流程和双管式反应器流程（AZF）各具特色，这 3 种流程的共同特点是均有管式反应器，但管式反应器形式不同。

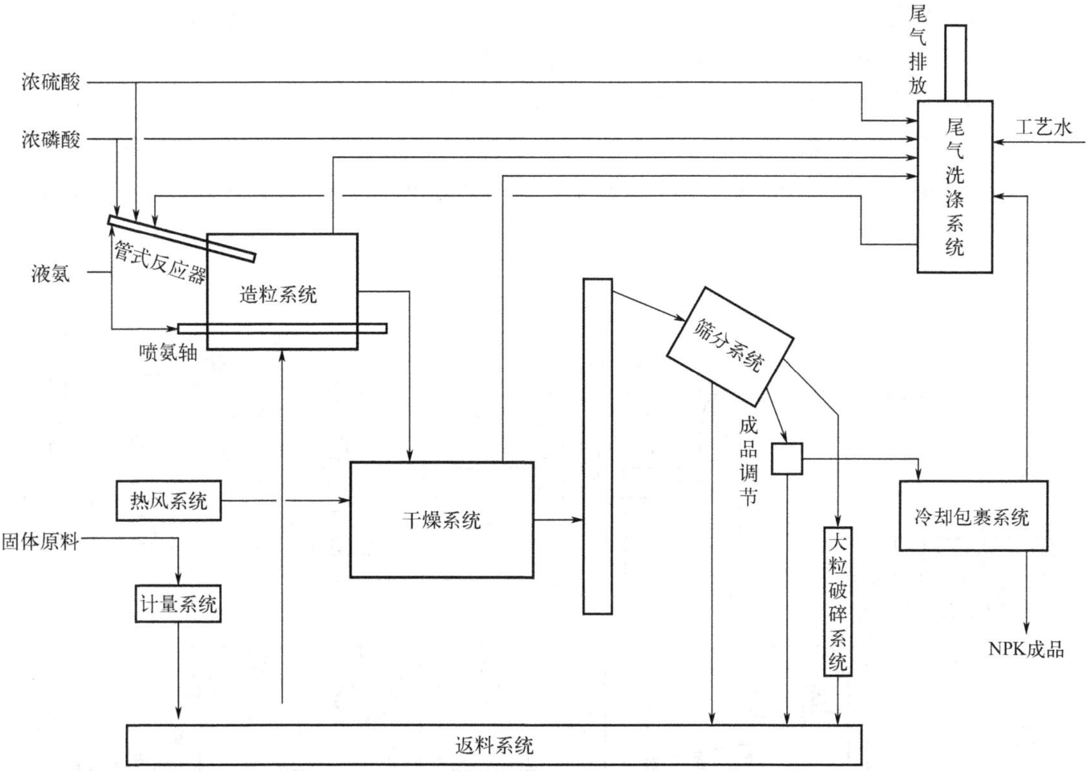

图 8-34　中 - 阿公司改进后的“单管反应器 - 转鼓氨化粒化”工艺流程

管式反应器工艺虽然在能耗、物耗、操作、投资等方面有明显的优点，但目前世界上的管式反应器工艺仍然需要在造粒机内进行气固相二次氨化反应，仍然未能解决造粒机中氨逸出率高以及设备运转率不高等问题。西班牙 ESPINDESA 单管反应器工艺虽然避免了转鼓造粒机内的二次氨化过程，造粒机内件大为减少，但由于一步氨化需要较高的中和度，造粒过程中的氨逸出率更高，其逸出量要大于预中和 - 转鼓氨化粒化工艺或其他管式反应器工艺，该工艺在一定的装置设备性能条件下造粒出料水分仍然较高，产品水分难以达到要求。在各种管式反应器生产 NPK 复合肥的工艺中，因受反应热平衡和高温腐蚀的影响，直接使用硫酸的量均受到较大的限制，一般均需在返料中补充大量的固体氮肥 [55]。

c.DAP 装置改产 NPK 复合肥生产工艺流程案例　将大型 DAP 装置改产 NPK 复合肥，主要是改进固体原料配制系统，工艺流程见图 8-35。

原料配制（固体原料系统）：用带式输送机把固体原料从各储斗送至生产装置。常用的固体原料有硫酸铵、尿素、钾盐和填料等。固体原料储斗设计要避免内部“架桥”和堆积。每个储斗下面设置 1 台可调皮带喂料机，喂料机安装负载传感器和速度控制器自动控制给料量。电子皮带秤送来的固体物料卸到原料收集带式输送机后，进入造粒机斗提机溜槽与系统返料混合。

工艺配置与造粒：根据 NPK 复合肥配方差异，工艺路线围绕管式反应器或管式反应器 + 预中和器进行配置。造粒机中平行安装 1 台管式反应器时，可以仅用管式反应器（不用预中和器）生产 NPK 系列肥料，此生产流程中，液氨和磷酸在管式反应器中发生中和反应，根据产品等级，将管式反应器得到的N/P摩尔比为1.0～1.6的料浆喷到造粒机固体床层上，正常的返料质量比约为2.4∶1.0。如果采用管式反应器+预中和器流程生产，根据各点的N/P摩尔比参数，将所需的氨分别加入管式反应器、预中和器和造粒机，磷酸分别加入管式反应器和预中和器。反应逸出的氨在洗涤系统中回收并随洗涤液返回反应系统，洗涤系统加入的水量由产品配方与原料所决定。造粒完成后，产品通过重力进入干燥机中，经干燥、筛分，合格产品进入成品包装工序。

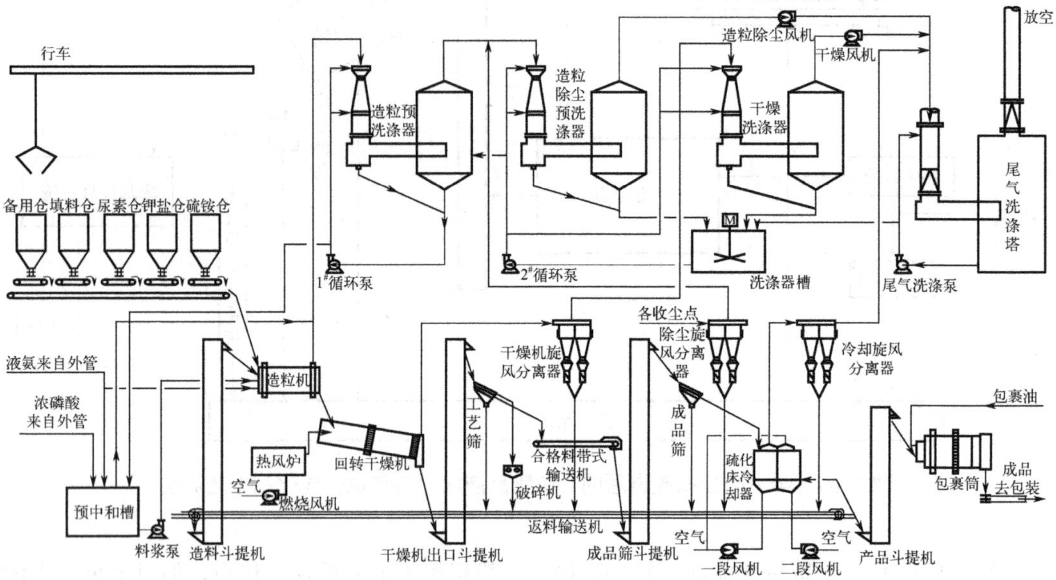

图8-35　大型DAP装置改产NPK复合肥生产工艺流程

DAP装置改产磷酸基NPK复合肥可选择以下工艺路线：(a) 混合工艺［管式反应器(PR)+预中和器(PN)]：当没有使用固体硫酸铵或尿素，且硫酸加入量特别大时，采用该工艺。原料主要有氨、磷酸、硫酸和钾盐；预中和器将承担约70%的料浆生产，剩余的负荷由管式反应器完成。(b) 管式反应器工艺：当使用尿素或固体硫酸铵时，采用该工艺，管式反应器承担所有料浆的生产。洗涤系统与整个装置采用一体化设计，从而避免对其他设备的影响，当用易溶原料进行操作时，从洗涤系统回收的水量最小。

（2）喷浆造粒工艺　在有返料的情况下，喷浆造粒和干燥过程合并在一个回转筒中完成颗粒肥料生产的工艺，称为喷浆造粒工艺。进入造粒机的大部分物料是料浆形式，料浆通常用磷酸或硫酸（或这些酸的混合物）与氨和（有些情况下）磷矿石反应制备。该工艺在造粒前可把固体物料钾盐加入到料浆里，或者在造粒中将其与料浆混合，以生产出各种不同组分的磷酸基NPK复合肥料。相关内容也可见第4章和第5章。

喷浆造粒干燥机中，中和料浆迎着转鼓中固体下落料所形成的帘幕喷散，形成雾状飞沫，同时吹入干燥用的热炉气。因为颗粒多次循环通过喷雾区之后才离开转鼓，所以能够达到分层造粒，并使水分迅速蒸发。在料浆中的水分含量低时，绝大部分产品符合尺寸规格，仅有一小部分需要作为返料再循环。用这种方法生产出来的颗粒具有很好的性能，颗粒大小可以根据需要进行调节，典型的尺寸是 2 ～ 4mm。当料浆中含水量较高时，返料比增大，将加重返料运输、筛分和大颗粒破碎的负荷，增加投资成本和能耗。

20 世纪 80 年代中期的喷浆造粒干燥机与早期相比，其内部功能已扩展至造粒、干燥、内部返料、内部筛分。在喷浆造粒干燥机内部进行的热交换分为 3 个区域：①料浆喷布区，即料幕前的雾状喷舌充分扩展，喷成雾状的液滴在固相粒子自由空间进行预干燥；②喷舌料幕区，即被喷嘴分散的料浆黏附在返料粒子上，同时进行干燥；③成品粒子干燥区，即在该区域进行粒子的后干燥（再干燥区域）。在磷酸铵生产工艺中，一部分化学反应可以在喷浆造粒干燥机完成，循环返料加入造粒机，且返料量要充足，以便将液相减少到造粒需要的程度。该喷浆造粒干燥机具有造粒、干燥、分级、返料功能，极大地改善了磷复肥的生产环境，但缺少内破碎及冷却功能。喷浆造粒干燥机结构示意见图 8-36[57]。

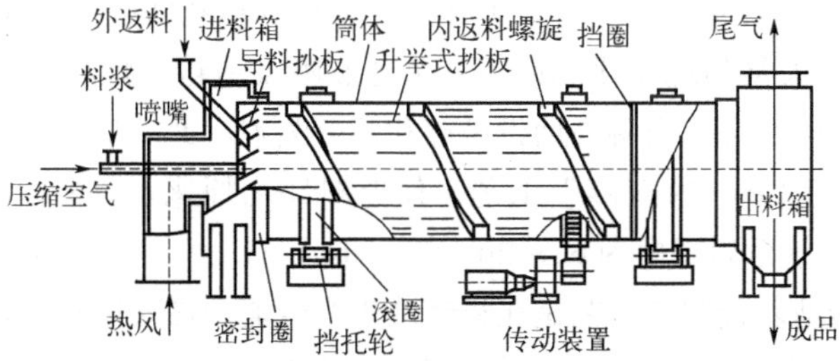

图 8-36　喷浆造粒干燥机结构示意图

双转鼓喷浆造粒干燥机是苏格兰农用工业公司（Scottish Agriltural Industries）开发的，该喷浆造粒干燥机在造粒过程中同时进行干燥，具有内循环的双转鼓。双转鼓内返料生产硝磷铵钾的工艺流程见图 8-37[55]。

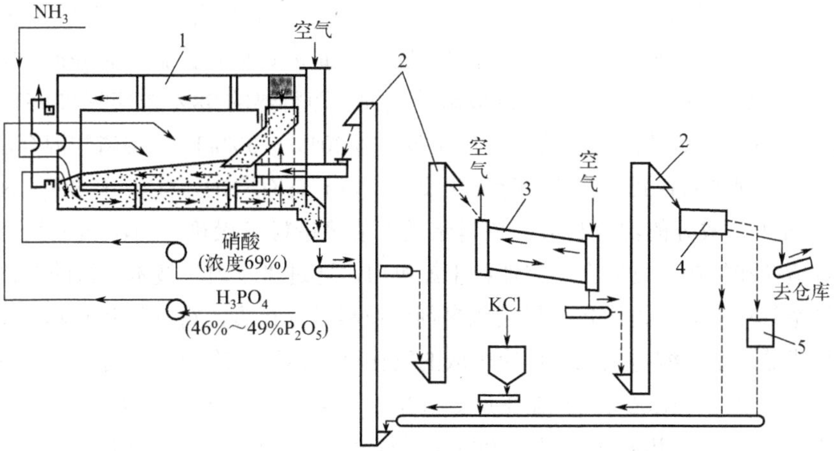

图 8-37　双转鼓内返料生产硝磷铵钾的工艺流程图

1—造粒机；2—提升机；3—冷却转鼓；4—筛；5—破碎机

含水约 10% 的磷酸铵、硝酸铵高温混合料浆通过在外转鼓内旋转床下的分布器喷入造粒机，从外转鼓出来的颗粒借助内部的料斗提升，并把物料卸到内转鼓，在此加入钾盐和返料。内转鼓的出料则依靠重力卸到外转鼓，以此来维持内循环；一台外转鼓直径为 4.6m，长为 9.1m，内转鼓直径为 2.7m，转速为 14r/min 的双转鼓造粒干燥机，其内循环量估计为 500t/h。把热炉气吹入外转鼓，用于干燥；从外转鼓来的一小部分产品卸出，经过 1.5 ～ 3.5mm 筛孔的筛，将小于尺寸规格的和破碎了的大颗粒经返料系统返回内转鼓。根据产品规格的不同，产品含水 0.3% ～ 0.8%，温度为 75 ～ 95℃，经冷却设备和转筒包裹机冷却、调理后包装。产品规格从 15.5-15.5-21 到 27-7-7 不等。

（3）料浆浓缩法工艺　料浆浓缩法工艺为我国自主研发，适用于以中低品位磷矿为原料生产磷酸基复合肥料。20 世纪 80 年代成都科技大学（现四川大学）自主开发了料浆浓缩法磷酸铵生产工艺，该工艺立足于我国磷矿资源品位低、杂质含量高的特性，以湿法生产的稀磷酸为原料，在中和槽氨化，再将中和料浆蒸发浓缩，以降低含水量，经喷浆造粒干燥制粒状磷酸一铵（磷酸二铵），或喷雾干燥、流化造粒干燥制粉状磷酸一铵（磷酸二铵）。

1991 年成都科技大学和遵化化肥厂等参考苏联喷浆造粒干燥机增设内分级和内返料的经验，在内返料的基础上又在设备内增设破碎和筛分装置，此后进一步发展形成“三内”技术，即“内返料、内筛分、内破碎”工艺，使返料比由原来的（3 ～ 4）∶1 降到 0.5∶1，技术不断成熟，NPK 单系列规模为 6 ～ 20 万吨 / 年。

料浆浓缩法磷酸基复合肥料工艺是在料浆法生产磷酸一铵（磷酸二铵）工艺基础上，在装置返料系统中加入氯化钾 / 硫酸钾，通过调整氯化钾 / 硫酸钾添加量，得到不同规格的磷酸基复合肥产品。该工艺特点：与传统料浆法相比，可使用较低浓度的稀磷酸（20% ～ 22% P_2O_5）；对中低品位磷矿的适应性强；采用多效闪蒸技术，降低一次蒸汽用量。但产品中水溶性磷占比较低，氟含量略高。

料浆法工艺在第 4 章有详细的工艺介绍，本节不再赘述。

（4）氯化钾低温转化工艺　由于对氯敏感作物如烟草等不宜使用含氯化钾的复合肥料，故从 19 世纪末开始，各国有关硫酸钾的生产方法和工艺技术层出不穷。我国在这方面起步晚但发展快，20 世纪 90 年代初，山东红日化工集团（原山东临沂化工总厂）成功开发出低温转化氯化钾制备硫基 - 磷酸基氮磷钾复合肥料（简称硫基复合肥，S-NPK）技术。该产品的钾素来源是将氯化钾脱去氯离子制成硫酸氢钾，即将热的 98% 浓硫酸与 95% 氯化钾在 120 ～ 130℃反应，生成硫酸氢钾溶液，将此溶液与 20% ～ 30% P_2O_5 稀磷酸混合后与 99.5% 液氨（气氨）一同进入管式反应器进行氨化反应，得到含有 $(NH_4)_2SO_4$、K_2SO_4、$NH_4H_2PO_4$、$(NH_4)_2HPO_4$ 等主要成分的混合料浆，该料浆送入喷浆造粒干燥机，与添加了其他营养元素的返料混合造粒和干燥。物料在喷浆造粒干燥机内，通过“三内”技术制得的合格粒料进入冷却机，经空气冷却后，再送包裹机用包裹剂对粒料进行包裹，得到粒状硫基 - 磷酸基氮磷钾复合肥料成品；浓硫酸与氯化钾反应生成的氯化氢气体经过冷却后，用水吸收成盐酸，作为副产品[58-59]。氯化钾低温转化料浆生产 S-NPK 工艺流程示意见图 8-38。

一定量浓硫酸在加热釜中加热至 90℃，与定量的氯化钾在转化槽中进行反应，得到硫酸氢钾溶液和氯化氢气体。硫酸氢钾溶液溢流至混酸槽与磷酸混合，经计量，与来自液氨罐区的计量液氨分别进入管式反应器反应。从管式反应器末端喷出的料浆进入转鼓造粒机内和返料混合造粒。造粒后的湿物料送到干燥机。干燥过程所需的高温，由煤在热风炉中所产生的高温炉气提供，用一台喷射引风器将冷热气流充分混合，配成所需气量和温度（450～550℃）的工作热气流，与物料并流进入干燥机。干燥后的物料经斗提机进入一台双层筛，上层将大于4.75mm的大颗粒筛除，大颗粒经破碎后由原料皮带返回造粒机；下层筛将小于2mm的细料筛除，筛下的细粉亦返回造粒机；工艺筛中间出来的进入冷却机。一般还设有一台成品筛对产品进一步筛分，使产品粒度更加均匀，筛上的颗粒即为成品，如有需要也可增加包裹机涂油后再包装。

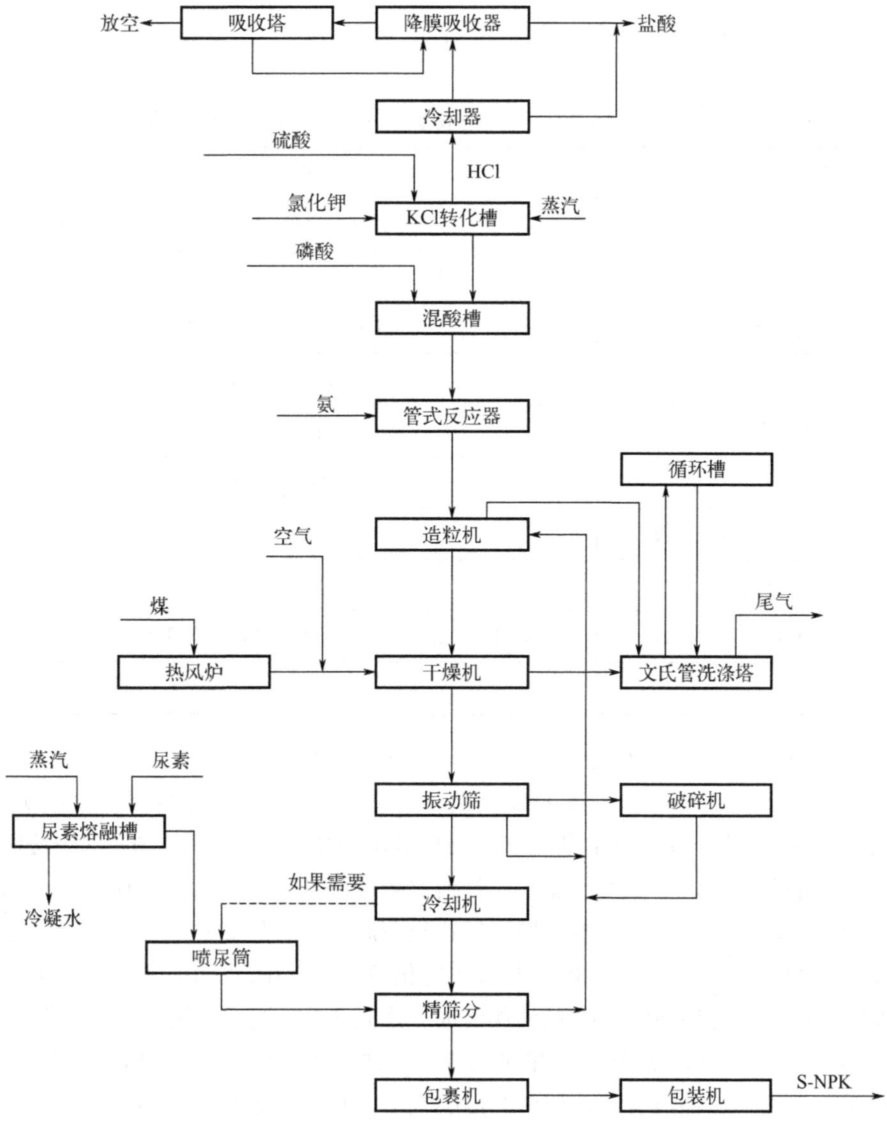

图8-38　氯化钾低温转化料浆生产S-NPK工艺流程示意图

氯化氢气体经含有盐酸及少量硫酸的洗涤液冷却后进入二级降膜吸收器，生成盐酸，气体再经串联的两个吸收塔用水依次逆流洗涤达标后放空。

氯化钾低温转化工艺的优点：a. 直接使用稀磷酸为原料，二水萃取磷酸不需要浓缩，节省投资和能耗，生产成本低。b. 将硫酸钾、磷酸铵和氮磷钾复合肥料生产有机结合起来，工艺流程大大简化。c. 生产调整灵活，生产配方不同，硫基 - 磷酸基复合肥氮磷钾的比例也不相同。d. 产品中氯离子的含量不超过 3%，对农作物的适应性强，颗粒养分均匀、强度高、物性好。主要缺点：产品中 N 含量较低，生产品种类型受到一定限制。

氯化钾低温转化生产硫基 - 磷酸基氮磷钾复合肥的关键是控制氯化钾低温转化工序中氯化钾的转化率，其高低直接影响产品中氯离子含量。影响转化反应的重要因素有反应时间、反应温度、硫酸浓度、硫酸过量程度、硫酸与氯化钾比例、搅拌强度等。低温转化氯化钾制硫基 - 磷酸基氮磷钾复合肥生产的工艺操作条件见表 8-17。

表8-17 低温转化氯化钾制硫基-磷酸基氮磷钾复合肥生产的工艺操作条件

工艺项目	工艺操作条件
氯化钾	≥ 60%K_2O，H_2O 含量≤ 1%，粒度≤ 2mm
硫酸	98%（或 93%）H_2SO_4，温度为 90 ～ 100℃
反应温度及反应时间	120 ～ 130℃，90 ～ 100min
磷酸	20%±1% P_2O_5
中和度	$n(NH_3)/n(H_2SO_4)$=1.1 ～ 1.2
中和料浆	28% ～ 32% H_2O
喷浆造粒干燥机进口炉气温度	450 ～ 550℃
出口尾气温度	65 ～ 75℃
产品硫基 - 磷酸基氮磷钾复合肥	（N + P_2O_5+K_2O）含量≥ (45±1)%，S 含量≥ 12%，Cl 含量≤ 2%
副产品盐酸	HCl 含量≥ 30%

生产中一般采用 98% 的浓硫酸，反应温度控制在 130℃左右，硫酸过量约 10%，这样的操作条件可使氯化钾转化率达到 90% 以上。反应温度过低，氯化钾转化率则明显下降，产品中氯离子含量增加。如果氯化钾与硫酸反应放出的热量不能维持 130℃的反应温度，可向转化槽直接通入蒸汽，但蒸汽的加入会使料浆浓度降低，影响后续造粒过程；也可对硫酸进行预热来提高和维持反应温度。增加转化反应时间，可提高转化率，一般转化时间为 1.5 ～ 2h。氯化钾转化过程中，$KHSO_4$ 料浆出转化槽后迅速降温发生结晶堵塞是制约生产的一个重要因素，应控制 $KHSO_4$ 料浆的液相组成，降低其结晶温度以保障生产正常进行 [60]。

使用 20% ～ 22% P_2O_5 磷酸，固相量为 5% ～ 8%，中和度控制在 1.05 ～ 1.1。较高的中和度虽然可以提高产品氮含量，但中和度提高后，料浆中各种杂质不断析出，形成固相物，使料浆黏度增加，导致喷头出口的物料难以分散，使造粒过程恶化。在混酸与氨反应过程中，反应温度可达 140℃，高温料浆通过喷头闪蒸后，料浆含水量可从约 50% 降至 30%，可直接造粒。由于氨与混酸的反应速率很快，目前一般采用管式反应器，既简化了生产流程，又减少了设备投资及维护费用；管式反应器压力在 0.2 ～ 0.5MPa，返料比为 4 ～ 5 倍。

低温转化部分溢出的 HCl 气体温度约 100℃，经循环冷却液直接冷却后降至 70℃以下，冷却液循环使用，并通过石墨换热器降温。这部分冷却液为含有少量硫酸的盐酸，如果对盐酸品质要求不高，可直接作为盐酸产品销售或使用；如果对盐酸品质要求较高，则需进一步处理。HCl 气体吸收温度一般控制在 60℃以下，较低的温度有利于提高 HCl 气体的吸收率。盐酸质量分数一般控制在 31% 左右。

氯化钾低温转化法消耗指标见表 8-18[59]。

表8-18 氯化钾低温转化法消耗指标

序号	名称及规格	单位	吨产品消耗量	序号	名称及规格	单位	吨产品消耗量
1	磷酸（100%P_2O_5）	kg	155	6	水	t	0.05
2	液氨（≥ 99.8%NH_3）	kg	188	7	电	kWh	30
3	氯化钾（60%K_2O）	kg	263	8	煤（4500kcal/kg）	kg	30
4	硫酸（98.0%H_2SO_4）	kg	280	9	蒸汽（<0.5MPa）	t	0.05
5	防结块剂	kg	1.5	10	副产盐酸（100%HCl）	kg	129

注：1kcal=4.1840kJ。

采用常压两步中和喷浆造粒工艺，中和度不宜过高，产品的 N 含量较低；入造粒机的料浆水分含量较高（氯化钾低温转化法生产硫基NPK复合肥尤其如此），干燥系统设备庞大，设备生产能力低；采用该工艺生产 NPK 复合肥时难以补充其他固体氮肥[56]。

采用 MAP 料浆替代稀磷酸，即按照配方把 MAP 料浆与系统洗涤液制成流动性良好的料浆替代稀磷酸，与熔融状态硫酸氢钾混合后再与氨反应，然后进行喷浆造粒，可进一步提高工艺的适应性，大幅度降低 NPK 复合肥料的原料成本。

8.6.3.2 主要设备

主要设备有管式反应器、造粒机、干燥机、冷却机、工艺筛、成品筛、包裹机、破碎机、热风炉等，大部分设备与磷酸铵设备或复合肥生产设备相同，详见第 4 章磷酸铵。其中硫基 - 磷酸基氮磷钾复合肥料的主要设备除以上设备外，还有低温转化槽、盐酸吸收器等。

8.6.4 技术展望

磷酸基复合肥的发展与农业发展密切相关，专用化、复合化、高效、安全、环保是其发展的主要方向。

（1）施用专用化 我国农业的集约化、专业化发展，需要施用相应的专用肥料，如一次性施肥技术（轻简施肥）、种肥同播等，满足省时、省工的要求。

（2）功能复合化 现代农业生产要求复合肥料应具有多种功效，以满足作物生长的需求。重点发展有机 - 无机复混肥料、生物有机肥料，以提高我国有机废弃物资源利用率、缓解肥料资源压力、减轻污染。应开发具有保水、抗病、除草等多功能的新型复合肥料，未来对添加有中、微量元素的多功能复合肥料的需求将不断增加。

（3）高效长效化　随着现代农业的不断发展，对肥料的效能和有效期均提出了更高的要求，肥料需满足不同作物的需求，并提高肥料利用率，实现作物的优质、高产，且对环境友好、生产工艺简单。以磷酸基复合肥料为基础，研发安全、环保、生产工艺简单的缓（控）释肥料、水溶性肥料和增值肥料是发展的方向之一。

（4）在满足植物营养需求的前提下，开发利用率高的肥料配方、工艺技术、设备技术，是肥料施用专用化、功能复合化、高效长效化的必然要求。

8.7　肥料级磷酸氢钙

8.7.1　产品概况

肥料级磷酸氢钙是饲料级磷酸钙盐生产过程中脱氟与脱杂工段的副产物，也称为白肥，属于一种养分较低的磷肥，磷主要为枸溶性磷，含有较多的氟、重金属、硫酸根离子等。

产品特点：有效磷占总磷的45%左右，水溶性磷和枸溶性磷搭配合理。肥料级磷酸氢钙施入土壤后，水溶性磷形成速效养分，满足作物前期生长需要，枸溶性磷缓慢释放，为作物中后期生长提供养分。

肥料级磷酸氢钙的产品质量指标要求见表8-19。

表8-19　肥料级磷酸氢钙标准（HG/T 3275—1999）

项目		指标		
		优等品	一等品	合格品
有效五氧化二磷 (P_2O_5) 含量 /%	≤	25.0	20.0	15.0
游离水含量 /%	≤	10.0	15.0	20.0
pH(5g 试样加入 50mL 水中)	≥	3.00		

肥料级磷酸氢钙主要用作复混肥生产原料，也可直接施用于农田，但应避免施用于北方干旱或者有盐碱趋势的土壤，否则会加剧土壤的盐碱化，造成土壤板结。相比过磷酸钙，肥料级磷酸氢钙水溶性磷含量低，是一种缓效态磷肥，肥效慢而长；其游离酸、水分含量低，颜色白，颗粒细，更易作为复混肥生产的原料，可以提高复混肥外观质量；且S、Ca、Mg、Fe、活性Si等中微量元素含量丰富，可对各种微量元素进行补充。但肥料级磷酸氢钙的使用受到土壤条件限制，在酸性土壤中，肥料级磷酸氢钙的磷养分易于释放；在中性土壤，因为植物根部会释放一些有机酸，肥料级磷酸氢钙靠近植物根部时也会有一定的肥效；而如果在碱性土壤施用，肥料级磷酸氢钙几乎没有肥效。

8.7.2 生产原理

肥料级磷酸氢钙是饲料级磷酸钙盐生产过程中脱氟与脱杂工段的副产物，其脱氟工艺原理为采用沉淀剂（一般是钙的化合物）与氟生成难溶物除去氟。稀酸中的氟与钙生成难溶的氟化钙沉淀［式（8-43、式（8-44)］。氟化钙25℃时溶度积 $K_{sp} = 3.95\times10^{-11}$，在水中溶解度极小，100g水中只溶解0.0016g，利用氟化钙的难溶特性，使其从稀磷酸溶液中沉淀而分离除去。钙的加入，不仅使氟与钙生成难溶化合物，同时也使稀磷酸中的氢离子被部分中和，导致溶液pH值升高。

碱性钙化合物来源于煅烧石灰石产生的生石灰，经水消化过滤后生成石灰乳 $[Ca(OH)_2]$ 悬浮液。反应式（8-45）、式（8-46）表明，$Ca(OH)_2$ 可与稀磷酸中的氟化物反应生成氟化钙沉淀，其他杂质离子也形成磷酸盐沉淀。

$$H_2SiF_6+3Ca(OH)_2 = 3CaF_2\downarrow +SiO_2\cdot 4H_2O \tag{8-43}$$

$$2HF+ Ca(OH)_2 = CaF_2\downarrow +2H_2O \tag{8-44}$$

$$H_3AlF_6 +3\,Ca(OH)_2+ H_3PO_4 = 3CaF_2\downarrow + AlPO_4\downarrow +6H_2O \tag{8-45}$$

$$H_3FeF_6 +3\,Ca(OH)_2+H_3PO_4 = 3CaF_2\downarrow +FePO_4\downarrow +6H_2O \tag{8-46}$$

$Ca(OH)_2$ 同时还与一部分磷酸发生反应，生成 $Ca(H_2PO_4)_2\cdot 2H_2O$（水溶性磷）：

$$2H_3PO_4+ Ca(OH)_2 = Ca(H_2PO_4)_2\cdot 2H_2O \tag{8-47}$$

因 $Ca(OH)_2$ 与磷酸反应总是处于界面过饱和状态，伴随发生反应：

$$H_3PO_4+ Ca(OH)_2 = CaHPO_4\cdot 2H_2O\downarrow \tag{8-48}$$

$CaHPO_4\cdot 2H_2O$ 是白肥中有价值的有效成分，为枸溶性磷。磷酸中的硫酸也参与反应，生成细小的二水硫酸钙沉淀：

$$H_2SO_4+ Ca(OH)_2 = CaSO_4\cdot 2H_2O\downarrow \tag{8-49}$$

硫酸根离子含量的高低影响脱氟效率和脱氟酸质量。硫酸根离子含量高时，必然造成硫酸钙沉淀量多，产生的固相多，使石灰乳分散受阻，过饱和度增大，引起反应式（8-48）的倾向增大；同时硫酸钙沉淀量增加，使得滤饼总持液量增加，带走的有效磷增多。

肥料级磷酸氢钙主要来源于稀酸法脱氟工段，其次来源于浓酸法脱氟工段。

稀磷酸化学脱氟的主要副反应为反应式（8-48），其占比的多少，直接影响稀酸法饲料级磷酸氢钙的磷收率。而反应式（8-45）、反应式（8-46）除杂工艺取决于稀磷酸中铁、铝化合物的含量；而反应式（8-49）会增加白肥的量。这些反应结果是造成稀磷酸沉淀脱氟与脱杂生产工艺中磷收率低、生产成本上升的主要因素，是湿法磷酸稀酸沉淀法净化的核心与关键。

采用石灰乳 $Ca(OH)_2$ 中和沉淀氟与杂质时，生成的主要沉淀物质包括两类：

第一类是非磷酸盐型沉淀，如 CaF_2、$SiO_2\cdot 4H_2O$、$CaSO_4\cdot 2H_2O$。

第二类是磷酸盐型沉淀，如 $AlPO_4$、$FePO_4$、$CaHPO_4\cdot 2H_2O$。

第一类非磷酸盐型沉淀中的 CaF_2 和 $SiO_2\cdot 4H_2O$ 为沉淀氟化物产生的目的产物，理论上不带走磷酸中的磷；第二类磷酸盐型沉淀中的 $AlPO_4$ 和 $FePO_4$ 既是沉淀氟的目的产物(AlF_6^{3-}、FeF_6^{3-})，也是因沉淀氟而解离共沉淀产生的磷酸盐伴生物，带走稀磷酸中与之相对应的磷。$CaHPO_4\cdot 2H_2O$ 在沉淀物中占有的比例，直接影响到稀酸法沉淀脱氟工艺的磷收率，即饲料级磷组分和肥料级磷组分的分配。

式（8-43）～式（8-49）不仅受稀磷酸溶液中各组分含量的影响，与反应过程中稀磷酸溶液中氢离子浓度也密切相关。如图 8-39 所示，pH 值 1.0 ～ 1.4 时，磷酸中的氟含量变化较小，降低幅度约 5%；pH 值 1.4 ～ 1.8 时，磷酸中的氟含量开始下降，降低幅度约 15%；pH 值 1.8 ～ 2.2 时，磷酸中的氟含量急剧下降，降低幅度约 70%，氟含量大约下降了 88%；在 pH 值 2.2 ～ 2.6 时，磷酸中的氟含量下降趋势减缓，总降低幅度约 8%，但是氟浓度却发生了数量级的变化，氟含量在此区间又下降了 80%；其后随溶液 pH 值的提高，溶液中氟含量几乎不再变化。不同磷矿因其杂质含量差异，所生产稀磷酸中的杂质和磷酸的浓度也不同，采用稀磷酸化学沉淀脱氟时的 pH 值变化曲线不同，但其变化趋势一致。

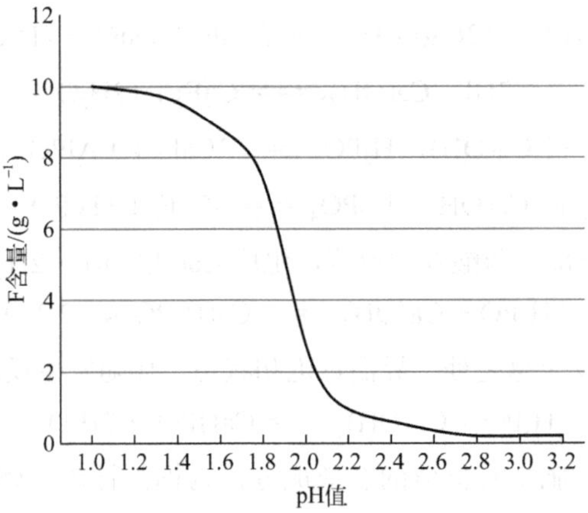

图 8-39 稀磷酸脱氟沉淀过程中氟含量与酸中 pH 值的变化曲线

氟含量与稀磷酸的 pH 值变化特性，即是中和氟化物的氟沉淀规律[61]，也可以看作是酸与碱中和引起氟含量的突变特性。由于稀磷酸中的氟化物主要以酸性化合物形态存在，如 HF、H_2SiF_6、H_3FeF_6、H_3AlF_6，因此无论采用碳酸钙粉还是石灰乳进行中和沉淀脱氟时，除上述生产原理列出的化学反应式外，还伴随大量的中间反应，如铁、铝、硅的氟化物(H_3FeF_6、H_3AlF_6、H_2SiF_6)，它们是氢离子中和以及络合离子多级电离而逐步反应的沉淀过程，依据酸中各离子活度及赋存状态的不同而不同。氟化合物的逐渐沉淀变化过程如下：

① pH 值小于 1.4 时，氟化物的第一个氢离子被中和，稀磷酸中的氟化物变化为 F^-、$HSiF_6^-$、$H_2FeF_6^-$、$H_2AlF_6^-$。能引起氟沉淀的物质，可判断为中和 HF 后留下的 F^-。

② pH 值 1.4 ～ 1.8 时，继续中和 $HSiF_6^-$、$H_2FeF_6^-$、$H_2AlF_6^-$ 中的氢离子，稀磷酸中的氟化合物变化为 SiF_6^{2-}、FeF_6^{3-}、AlF_6^{3-}，石灰乳或碳酸钙颗粒表面 pH 值过高，扩散速率低于反应速率，部分氟沉淀；随着 pH 值升高，脱氟速率缓慢增加。

③ pH 值 1.8 ～ 2.2 时，溶液中的 SiF_6^{2-}、FeF_6^{3-} 迅速解离，并生成 CaF_2、$SiO_2 \cdot nH_2O$、$FePO_4$ 沉淀，大部分氟在此范围被沉淀，形成溶液中氟含量变化斜率最陡的下降曲线。

④ pH 值 2.2 ～ 2.6 时，几乎仅有少量 AlF_6^{3-} 被解离生成 CaF_2 和 $AlPO_4$，使其溶液中的氟含量符合饲料级产品的要求。这是由于解离 AlF_6^{3-} 中的 F^-，比解离 FeF_6^{3-} 中的 F^- 要难得多。一是络合稳定常数所致，AlF_6^{3-} 的络合稳定常数 ($pK_{稳}$=27) 大于 FeF_6^{3-} 络合稳定常数 ($pK_{稳}$

=23)，因此解离更难；二是溶度积所致，$AlPO_4$ 的溶度积 (K_{sp}=9.84×10^{-21}) 大于 $FePO_4$ 的溶度积 (K_{sp}=1.3×10^{-22})，因此沉淀更慢；三是沉淀 pH 值，在 0.1mol 理想溶液的浓度下 $FePO_4$ 的沉淀 pH 值为 2.3，$AlPO_4$ 的沉淀 pH 值则为 3.8，沉淀的 pH 值更高。

因此，湿法稀磷酸的沉淀脱氟条件（即肥料级磷酸氢钙的生产过程条件），与生成沉淀产物的溶解度有关，而且这些沉淀物质的溶解度受溶液酸碱度的影响较大。

浓酸法化学脱氟是基于氟的存在形态和氟硅酸盐在磷酸中的溶解度规律来进行的。由湿法磷酸中氟的存在形态可知，湿法磷酸中氟化物主要以氢氟酸和氟硅酸形式存在。磷矿中活性二氧化硅含量较高时，则氟化物主要以氟硅酸形式存在；在有金属离子存在时，则有氟金属络合物生成。一般采用钠钾盐与 SiF_6^{2-} 反应形成氟硅酸盐沉淀，达到脱氟的目的，但这仅能脱除氟硅酸，总的脱氟率仍达不到饲料级磷酸盐的要求。湿法磷酸中存在的 Fe^{3+}、Al^{3+}、SiO_3^{2-} 等离子，会使钠钾盐沉淀脱氟受到影响；若同步加入石灰等，调节 pH 值，则可实现深度脱氟，原理同稀磷酸中和沉淀脱氟。加入芒硝（硫酸钠）的反应如下：

$$6HF+SiO_2 \longrightarrow H_2SiF_6+2H_2O \tag{8-50}$$

$$H_2SiF_6 \longrightarrow SiF_4\uparrow+2HF \tag{8-51}$$

$$2H_2SiF_6+SiO_2 \longrightarrow 3SiF_4\uparrow+2H_2O \tag{8-52}$$

$$2Na^++SiF_6^{2-} \longrightarrow Na_2SiF_6 \tag{8-53}$$

除沉淀法脱氟以外，浓酸法脱氟还有浓缩脱氟和汽提脱氟两种形式，工艺流程如图 8-40 所示。浓酸法磷利用率≥ 95%。浓缩脱氟是指浓缩磷酸与 $Ca(OH)_2$ 混合后进入脱氟沉淀槽，脱氟沉淀反应充分后由压滤泵送入压滤机中进行固液分离，滤液即为脱氟磷酸；滤饼送入再浆槽用稀磷酸进行再浆用于晶种或生产氟硅酸钠副产品。

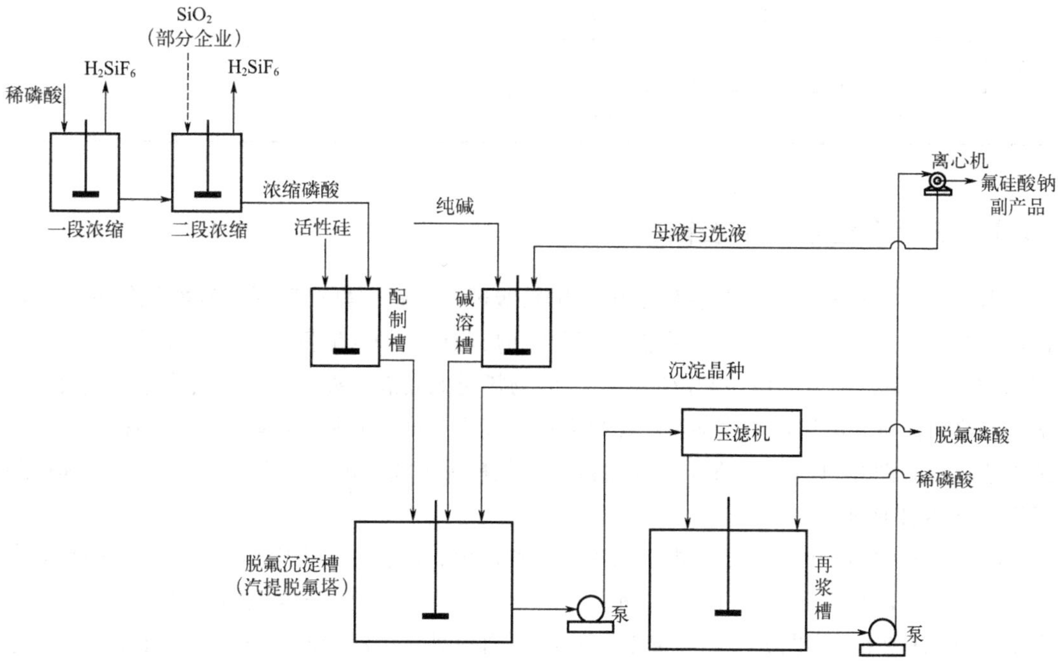

图 8-40　浓酸法脱氟工艺流程

浓酸法脱氟的氟收率约60%，具体收率与磷酸品质和工艺有关。主要在稀磷酸浓缩过程中回收，但浓缩后的磷氟比仍在100左右，需增加钠或钙脱氟工序[62]。

浓酸法汽提脱氟工艺主要是蒸汽间接加热，以水蒸气汽提带走磷酸中的SiF_4和HF气体，从而达到汽提脱氟的目的。汽提脱氟氟收率≥90%。根据浓缩磷酸中氟硅比值，在配制槽中加入活性硅进行溶解，使其中的游离HF生成氟硅酸，再通过升温和汽提的方式，使氟从磷酸中逸出并加以回收，该技术作业现场环境好，环境风险小，无肥料级磷酸氢钙产生，饲料级钙盐产品指标远远高于国家标准，工艺节能环保。浓酸法生产企业见表8-20。

表8-20　浓酸法饲料级磷酸钙盐生产工艺、厂家及负荷

序号	工厂名称	产能/万吨	实际产量/万吨	生产工艺	备注
1	云南磷化	50	53	二水稀酸-浓酸汽提脱氟，无白肥	
2	中化云龙	20	20	二水磷酸-浓酸化学脱氟，有白肥	满负荷，出口16万吨
3	川金诺	15	15	二水磷酸-浓酸化学脱氟；脱氟磷酸与DCP生产MDCP，有白肥	与MCP切换生产
4	金色田野	5	1	二水磷酸-浓酸化学脱氟，有白肥	主要出口
5	瑞呈	5	0.5	二水磷酸-浓酸化学脱氟；脱氟磷酸与DCP生产MDCP，有白肥	主要出口
6	立隆	3	0.5	二水磷酸-浓酸化学脱氟；脱氟磷酸与DCP生产MDCP，有白肥	主要出口
7	小计	98	90		
	其他	5	5		
	合计	103	95		

8.7.3　生产流程与典型设备

本节重点介绍石灰乳中和稀磷酸生产饲料级磷酸氢钙并副产肥料级磷酸氢钙的生产流程。经过磷矿浆脱硫的磷酸计量后进入一段中和反应槽，加入适量石灰乳进行反应，严格控制pH值和磷氟比；从一段中和反应槽出来的物料送入固液分离设备进行固液分离，反应合格的料浆自流进入澄清槽，底部沉渣经离心机分离得到产品肥料级磷酸氢钙。饲料级磷酸氢钙工艺流程如图8-41所示（图中，虚线范围为肥料级磷酸氢钙工艺流程图）。一段中和控制指标如表8-21所示。

经过一段中和的磷酸计量后进入二段反应槽，用石灰乳进一步中和；反应合格的料浆自流进入澄清槽，底部沉渣返回一段中和反应槽；上部清液经过计量后进入三段中和，用石灰乳中和至pH值6.3，母液P_2O_5含量小于1.0%，自流到三段澄清器；三段澄清器上部清液返回到磨矿工序，下部DCP结晶经离心机分离后烘干得到产品，清液返回三段澄清器。

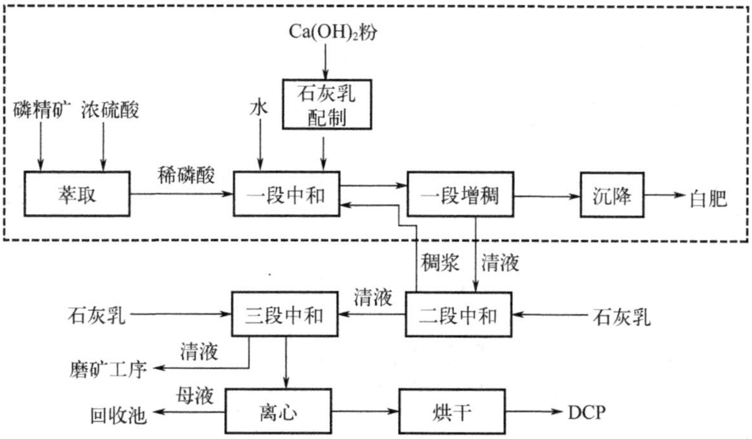

图 8-41　饲料级磷酸氢钙工艺流程图（虚线范围为肥料级磷酸氢钙工艺流程图）

表8-21　肥料级磷酸氢钙生产控制指标

工序	单位体积料浆磷酸质量 /(g/L)	石灰乳相对密度	pH 值	P_2O_5/F	其他
脱硫	130 ～ 140				SO_3 含量≤ 10mg/mL
一段中和	100	1.2 ～ 1.3	2.1 ～ 2.3	50 ～ 70	熟石灰粉相对密度为 1.3

8.7.3.1　肥料级磷酸氢钙生产工艺流程

（1）间歇中和沉淀生产饲料级磷酸氢钙副产肥料级磷酸氢钙工艺　间歇中和沉淀生产饲料级磷酸氢钙副产肥料级磷酸氢钙工艺流程如图 8-42 所示。将稀磷酸溶液放入带搅拌桨的脱氟槽中至规定液位，开启搅拌桨，然后加入石灰乳进行中和沉淀反应，调节溶液的 pH 值为 2.6，使磷酸中的氟含量降到较低水平，实现深度脱氟。待反应物料 pH 值稳定后，用泵将物料送入稠厚器中，控制稠厚器流量，连续排至压滤机压滤，上部清液送去母液回收中和槽。压滤机压滤后的滤饼经过干燥得到肥料级磷酸氢钙。滤液脱氟稀磷酸放入中和槽，加入石灰乳继续进行中和沉淀反应，调节 pH 值至 6.0 ～ 6.3，用泵将物料送入稠厚器，控制底部稠浆流量并连续排至带搅拌的稠浆槽中，上部清液送去母液回收中和槽。

从稠浆槽出来的稠浆物料，进入离心机进行离心过滤与脱水，滤液返回稠厚器与中和沉淀反应物料合并，再进行稠厚；滤饼含水量控制在≤ 25%，送入干燥机干燥，得到饲料级磷酸氢钙。干燥机主要有气流干燥机和回转滚筒干燥机，多数以气流干燥机为主。

从离心机送来的滤饼经过打散机后，直接进入气流干燥机进料口，控制进料口温度在 500℃以下，被干燥物料经过气流干燥机加速段与烘干气体接触，通过对流传热及传导传热的方式进行热交换，并迅速带入扩大干燥段蒸发其中的游离水；继续进入旋风分离器进行气固分离，温度控制在 100 ～ 120℃；从旋风分离器分离的固体进入产品皮带机，气体进入袋滤收尘器，温度控制在 80 ～ 105℃，将所有粉尘收下并进入产品皮带机，尾气排空。

皮带机将干燥的饲料级磷酸氢钙送入筛分机进行筛分，粗颗粒经过粉碎后返回筛分机，筛分出来的产品细度（−500μm 试验筛）≥ 95%，产品水分≤ 3.0%；送入包装仓后进行包装得到合格的饲料级磷酸氢钙产品。

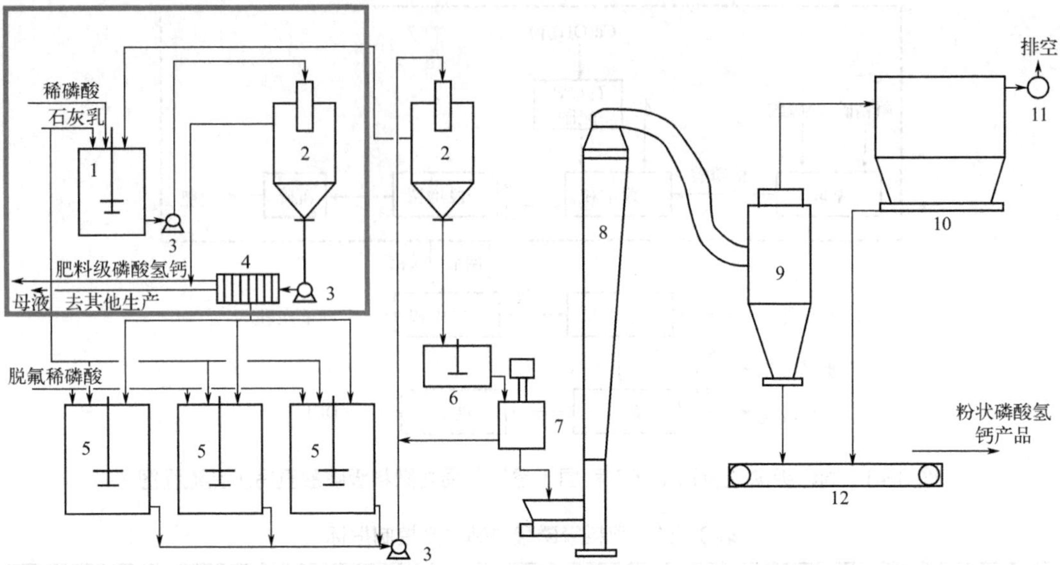

图 8-42　稀磷酸间歇中和沉淀生产饲料级磷酸氢钙副产肥料级磷酸氢钙工艺流程

1—脱氟槽；2—稠厚器；3—泵；4—压滤机；5—中和槽；6—稠浆槽；7—离心机；8—气流干燥机；9—旋风分离器；10—袋滤收尘器；11—风机；12—皮带机

从中和反应悬浮物料稠厚器分离出来的母液，送入母液回收中和槽并加入石灰乳，将溶液的 pH 值调节到 7 ～ 9，再送入母液稠厚器中进行稠厚；从稠厚器出来的母液的清液送回上述稀磷酸沉淀脱氟工序，稀释稀磷酸，或返回湿法磷酸生产工序作为工艺用水，或作为石灰乳制备用水，以保持水的循环利用，做到不外排[63]。从稠厚器底部排出的稠浆，主要组分为磷酸三钙或羟基磷酸钙，结晶沉淀细小，经过压滤机压滤后，用此工段的脱氟稀磷酸打浆后，按生产平衡分批送入产品中和槽。

（2）连续中和沉淀生产饲料级磷酸氢钙副产肥料级磷酸氢钙工艺　连续中和沉淀生产饲料级磷酸氢钙副产肥料级磷酸氢钙工艺流程如图 8-43 所示。连续法与间歇法的最大差别在于三个中和槽串联，分别控制三个中和槽的 pH 值为 4.8、5.4、6.0，总反应时间为 45 ～ 60min。用泵按投入的进料连续恒定转移中和沉淀反应后的悬浮液料浆至稠厚器，经稠厚器稠厚连续排至带搅拌桨的稠浆槽中，从稠浆槽出来的稠浆物料，进入离心机离心分离，清液返回稠厚器与中和槽物料混合，再次稠厚；控制滤饼含水量≤ 25%，然后依次进入气流干燥机干燥、旋风分离器与袋滤收尘器回收饲料级磷酸氢钙产品。饲料级磷酸氢钙生产线的稠厚器上部清液连续送去脱氟槽[64]。

从稠厚器底部排出的稠浆，经压滤机压滤后，得到副产品肥料级磷酸氢钙。

8.7.3.2　肥料级磷酸氢钙生产的主要设备

肥料级磷酸氢钙稀酸法是在低浓度磷酸下进行的中和反应，无高温、高压、高腐蚀的恶劣化学反应条件，但该反应是石灰乳或石灰石悬浮液颗粒的溶解，钙离子与磷酸中氟化物及铁铝磷酸盐沉淀的过程，需要充分的分散和传质，以减小颗粒界面反应膜的厚度，减小溶解与扩散阻力，降低过饱和界面上沉淀集聚产生的包裹；脱氟槽的结构设计与搅拌强度至关重要。以 30

万吨 / 年饲料级磷酸氢钙规模计，其主要设备有脱氟槽、稠厚器、离心机、压滤机、干燥机等。

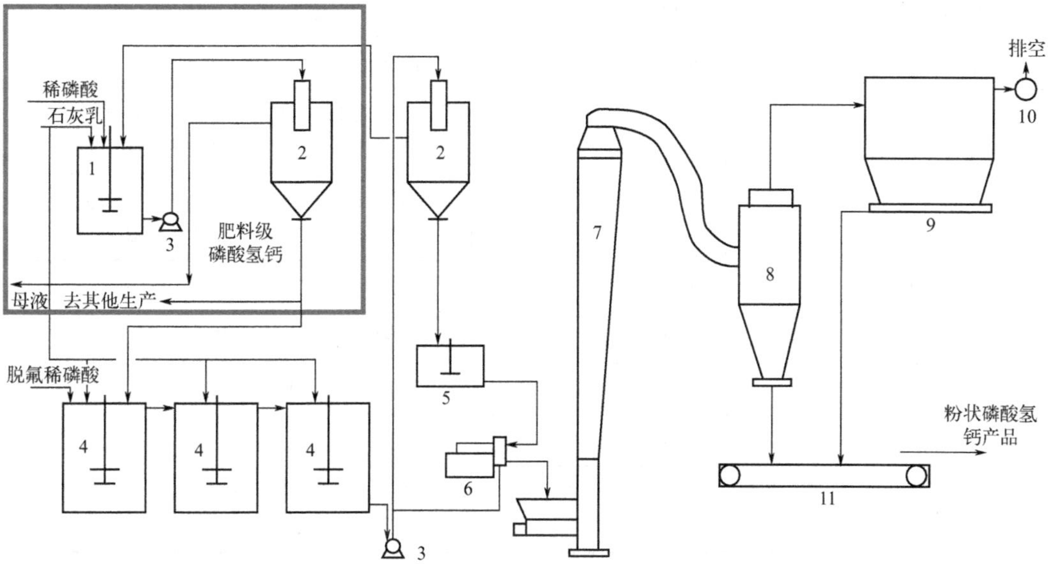

图 8-43　稀磷酸连续中和沉淀生产饲料级磷酸氢钙副产肥料级磷酸氢钙工艺流程

1—脱氟槽；2—稠厚器；3—泵；4—中和槽；5—稠浆槽；6—离心机；7—气流干燥器；8—旋风分离器；9—袋滤收尘器；10—风机；11—皮带机

其他相关设备见图 8-44 和表 8-22。

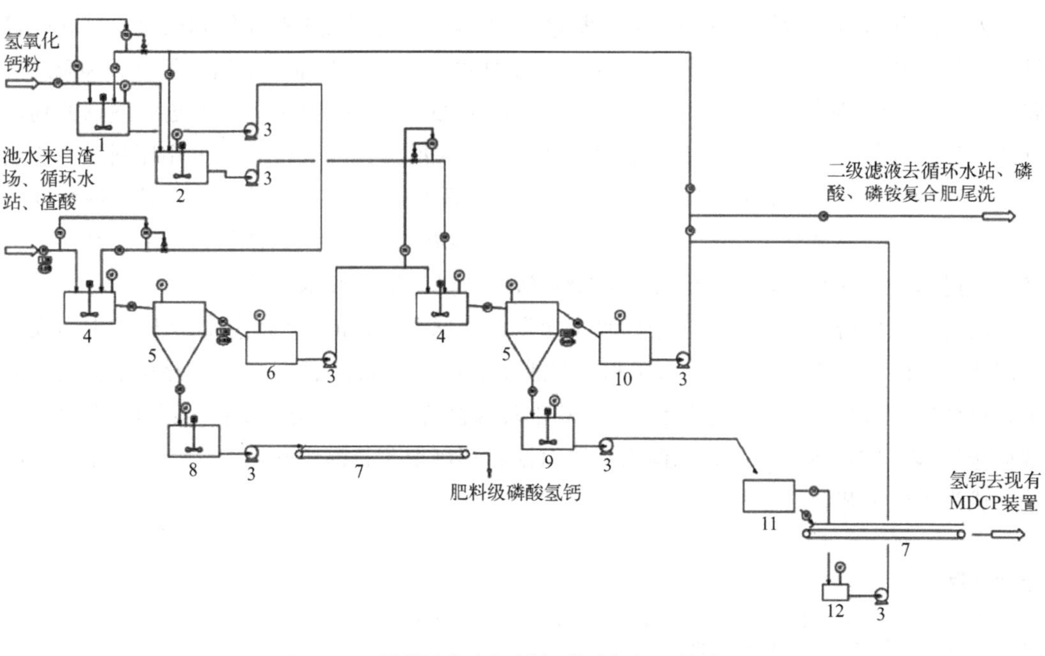

图 8-44　稀磷酸生产肥料级磷酸氢钙工艺流程图

1—石灰乳一级配置槽；2—石灰乳二级配置槽；3—泵；4—反应槽；5—沉降槽；6—清液收集槽；7—干燥输送机；8—底流槽；9—给料泵槽；10—澄清液槽；11—板框压滤机；12—滤液收集槽

表8-22　稀磷酸生产肥料级磷酸氢钙设备主要参数

设备名称	数量	规格	备注
石灰乳配置槽	2	810m^3	包括石灰乳一级 / 二级配置槽
泵	7	—	包括石灰乳输送泵 2 台、白肥输送泵 1 台、氢钙给料泵 1 台、一级 / 二级澄清液泵 2 台、板框滤液泵 1 台
搅拌器	5	—	包括石灰乳一级 / 二级配置槽搅拌器 2 台、白肥底流槽搅拌器 1 台、氢钙给料泵槽搅拌器 1 台、一级反应槽搅拌器 1 台
反应槽	2	600m^3	包括一级 / 二级反应槽
沉降槽	2	1000m^3	包括一级 / 二级沉降槽
澄清液槽	2	800m^3	包括一级 / 二级澄清液槽
白肥底流槽	1	20m^3	
干燥输送机	2	—	装机容量在 16kW 左右，包括白肥干燥输送机 1 台、氢钙干燥输送机 1 台

8.7.4　技术展望

稀酸法生产饲料级磷酸氢钙副产肥料级磷酸氢钙生产工艺，基本上都是以中低品位磷矿为原料，采用多级中和沉淀法生产，技术比较成熟，但磷利用率≤ 75%，且磷矿伴生的氟资源基本未回收利用，肥料级磷酸氢钙对土壤污染较大，作业环境差，资源与环境效益不高。

为提高肥料级磷酸氢钙的附加值，罗建洪[65]等利用肥料级磷酸氢钙制取氟化氢联产普钙及富钙，该工艺不但回收利用了氟化物，而且生产有效磷含量高的富钙肥料；刘晓[66]、张志杰[67]等利用肥料级磷酸氢钙生产过磷酸钙，降低过磷酸钙成本、改善过磷酸钙的物理性状；赵四方[68]等利用肥料级磷酸氢钙制备饲料级磷酸氢钙；田晗旭[69]利用肥料级磷酸氢钙与水泥制作复合胶凝体系，生产建筑砌块；孙天桥[70]等利用肥料级磷酸氢钙制磷酸并副产各种产品，提高产品价值；曾润国[71]等利用肥料级磷酸氢钙与磷酸氢盐制取精细磷化工产品，提高产品价值；汤建伟[72]等利用肥料级磷酸氢钙生产 NPK 复合肥。

氟是战略资源，据统计磷矿中的氟资源量占全球总氟量的 97%，因此从磷矿中回收氟是湿法磷酸的重大课题之一。稀酸中和沉淀法和浓酸中和沉淀法生产的肥料级磷酸氢钙中的氟、重金属含量都较高，不能满足日益严格的环保监管要求，氟资源没有得到有效利用。在磷矿选矿技术发展的推动下，浓酸汽提脱氟法将逐渐取代稀酸中和沉淀法和浓酸中和沉淀法，成为主流工艺。

参考文献

[1] 陈嘉甫，谭光薰．磷酸盐的生产与应用．四川：成都科技大学出版社，1989.

[2] 肥料级磷酸二氢钾标准：HG/T 2321—2016.

[3] 工业磷酸二氢钾标准：HG/T 4511—2013.

[4] 张志华．农作物超常量施用磷酸二氢钾增产技术应用．农业与技术，2015, 35(2): 21.

[5] 李伟．磷酸二氢钾的应用及市场分析．盐科学与化工，2019, 48(1): 7-9.

[6] 李海丽，曾波，杨燕．一种连续式制备磷酸二氢钾的方法：CN200610010782.2.2006.
[7] 雷武．离子交换法制取磷酸二氢钾．磷肥与复肥，1995, 3: 33-34.
[8] 范世林，路对庋，续喜莲．离子交换膜电渗析技术在制备磷酸二氢钾中的应用．化肥工业，1979：23-25.
[9] 雷云，马健，王慧英．磷酸脲复盐制磷酸二氢钾工艺条件研究．磷肥与复肥，2020, 35(4): 6-9.
[10] 上海化工研究院钾肥室．国外采用直接法制造磷酸二氢钾的研究．化肥工业，1978: 53-57.
[11] 吕莉，卢珂，罗洪波．磷酸二氢钙制备磷酸二氢钾过程研究．辽宁化工，2017, 46(12): 1147-1149.
[12] 杨建国，周文，曹宇，等．一种利用磷酸一铵清液制备磷酸二氢钾的方法：CN202011600005.X.2020.
[13] 薛河南，张应虎．净化湿法磷酸连续法生产磷酸二氢钾技术改造．磷肥与复肥，2019, 34(10): 21-24.
[14] 陈志，陈艳碧，项双龙．湿法磷酸直接制备工业级磷酸一铵并联产工业级磷酸二氢钾工艺技术研究．磷肥与复肥，2018, 33(2): 26-27.
[15] 李敬，刘安荣，王振杰，等．湿法磷酸合成磷酸脲的工艺研究．磷肥与复肥，2019, 34(11): 10-12.
[16] 丁绪怀，谈遒．工业结晶学．北京：化学工业出版社，1985.
[17] 贾瑾瑜，闫永娟．史昱．磷酸二氢钾连续结晶装置：CN201320178302.9.2013.
[18] 许晓玲 .OSLO 型蒸发结晶器在 Na_2SO_4 型卤水中的应用．中国井盐矿，2001, 32(2): 7-10.
[19] 张伟，黄京生．磷肥生产工艺．北京：化学工业出版社，2005.
[20] 冉瑞泉，颜克春．利用磷酸二铵装置氨酸法生产硫磷酸铵肥料的方法探讨．磷肥与复肥，2015, 30(2): 21-22.
[21] 秋山尧．复合肥料中的成盐反应．北京．化学工业出版社，1986.
[22] Arthur E. Hill, Nicholas S. Yanick. Ternary Systems: XX. Calcium Sulfate,Ammonium Sulfate and Water. J. Am. Chem. Soc., 1935, 57(4): 645-651.
[23] 龙文恒，马航，郭旭东，等．大型磷铵装置生产含硫磷酸铵产品技术开发．磷肥与复肥，2020, 35(10): 15-18.
[24] 蒋鑫华，谢晋，行景昆．磷复肥生产装置功能模块化组合技术应用研究．磷肥与复肥，2019, 34(11): 13-15.
[25] 徐景才．磷铵装置生产养分 36% 的硫磷酸铵．磷肥与复肥，2009, 24(5): 54-56.
[26] 冉瑞泉，颜克春．利用磷酸二铵装置氨酸法生产硫磷酸铵肥料的方法探讨．磷肥与复肥，2015, 30(2): 21-22.
[27] 曾志伟．硫磷酸铵复合肥生产技术及配方计算．磷肥与复肥，2012, 27(6): 58-59.
[28] 陈靖宇，堵志文，项铭．基于石膏法硫铵的硫 - 磷酸铵复合肥料生产．小氮肥设计技术，1987(1): 13-17.
[29] 史丹利化肥股份有限公司．中微量营养元素肥料研究与开发．北京：中国农业科学技术出版社，2014.
[30] 赵国军，冯军强．我国硝酸磷肥发展现状与建议．磷肥与复肥，2019, 34(10): 14-16.
[31] 孔殿超．鸟粪石沉淀法产物性质及其资源化利用的研究．合肥：合肥工业大学，2011.
[32] 胡慧蓉，郭安，王海龙．我国磷资源利用现状与可持续利用的建议．磷肥与复肥，2007, 33：1-5. 张福锁，张卫峰，马文奇，等．中国化肥产业技术与展望．北京：化学工业出版社，2007.
[33] 张涛．基于磷酸铵镁结晶法的氨氮回收技术过程研究．南京：南京大学，2011.
[34] 程芳琴，贺春宝．磷酸铵镁的性质、制备方法及应用．磷肥与复肥，2004, 19(4): 53-54.
[35] 李秋成．磷酸铵镁结晶法回收废水中高浓度氮磷技术研究．南京：南京大学，2012.
[36] 王敏．磷酸脲的用途和发展前景．化工生产与技术，2004, 11(3): 23-24.
[37] 胡秀英，马迪，顾磊磊．湿法磷酸制备磷酸脲的工艺优化研究．化工矿物与加工，2012, 1: 4-7.
[38] 王保明，吕中豪，李会勇，等．湿法磷酸制备磷酸脲的研究进展．无机盐工业，2020, 52(11): 1-5.
[39] 胡秀英，马迪，陈锦．杂质对磷酸脲结晶的影响．精细化工，2011, 28(11): 1107-1111.
[40] 李先清，周贵云．热法磷酸生产磷酸脲的工艺技术研究．无机盐工业，2019, 51(11): 59-61.
[41] 李会勇，汤建伟，解田，等．磷酸脲的应用及国内产业化概况．磷肥与复肥，2020, 35(11): 14-16.
[42] 李和平．精细化工工艺学．北京：科学出版社，2005.
[43] 张莉．磷酸脲的合成结晶过程机理及其聚合研究．郑州：郑州大学，2020.
[44] 张元勤，曾宪诚．磷酸脲离解反应的热力学研究．化学研究与应用，1992, 2: 91-95.
[45] 李纪伟，陈肖虎，王睿，等．湿法磷酸制取磷酸脲工艺优化及杂质行为研究．无机盐工业，2015, 47(2): 42-45.
[46] 薛河南．工业净化磷酸下游新型肥料开发竞争力分析及发展方向．硫磷设计与粉体工程，2015, 2: 9-12.
[47] Hodge C A, Motes T W. Production of high-quality liquid fertilizers from wet-process acid via urea phosphate. Fertilizer Research, 1994, 39(6): 59-69.
[48] 解田，段永华，胡宏，等．湿法磷酸悬浮净化制取磷酸脲的研究．无机盐工业，2008, 40(5): 16-18.
[49] 李庆逵．磷灰岩之肥效试验．土壤季刊，1941, 1(4): 48-56.
[50] 房娜娜．机械活化磷矿粉的磷释放特征及其机理研究．沈阳：沈阳农业大学，2020.
[51] 复合（混）肥国家标准 :GB/T 15063—2020.
[52] 高永峰．中国复合肥料产业发展报告 .
[53] 郑秀兴．复合肥料生产工艺的创新发展．磷肥与复肥，2021, 36(11): 1-6.
[54] 方天翰．复混肥料生产技术手册．北京：化学工业出版社，2003.
[55] 郑秀兴，洪细安，刘琨，等．预中和 - 单管二次氨化技术生产 DAP/NPK 复合肥工艺．磷肥与复肥，2000, 15(4): 20-23.
[56] 黄安智．大型磷酸二铵装置改产 NPK 复合肥的技术探讨．磷肥与复肥，2016, 31(11): 14-15.
[57] 丁德承，刘项．喷浆造粒干燥机在磷复肥生产装置上的发展应用及其工艺设计要素．化肥工业，2015(4): 7-12.
[58] 孙维波，应健康．硫酸钾复合肥转化装置技能技术研究．首届沂蒙科技论坛论文集，2008, 9: 291-294.
[59] 田富，张永胜，葛宝森．氯化钾低温槽式转化生产硫基三元复合肥设计及生产总结．磷肥与复肥，2001, 16(4): 49-53.
[60] 张允湘．磷肥及复合肥料工艺学．北京：化学工业出版社，2008：244, 267-272, 282-297.
[61] 张启万．沉淀法饲料磷酸氢钙装置磷酸脱硫脱氟探讨．四川化工，2016, 19(4): 40-45.
[62] 何宾宾，傅英，姜威，等．饲料级磷酸钙盐生产技术综述．磷肥与复肥，2020, 35(12): 24-26.

[63] 王波，周志鑫，许德华，等．渣酸制饲料级磷酸氢钙工艺研究．无机盐工业，2021(9): 1-8.
[64] 曾宪珠．饲料级磷酸氢钙烘干尾气回收利用装置: CN212594789U, 2020-07-10.
[65] 罗建洪，舒爱桦．白肥制氟化氢联产富钙及普钙工艺: CN110255502B. 2020-11-06.
[66] 刘晓，秦文玲．氢钙生产副产品白肥在料浆法重钙生产中的应用．四川化工，2016, 19(6): 51-53.
[67] 张志杰，刘伯峥，张学忠，等．一种改性白炭黑及其制备方法、硅橡胶: CN108559274B. 2021-05-04.
[68] 赵四方，王保明，刘咏，等．酸解白肥制备过磷酸钙新工艺研究．化工矿物与加工，2018, 47(5): 17-20, 27.
[69] 田晗旭，邓跃全，汪彬彬，等．水泥 - 白肥 - 硫酸渣基建筑砌块研究．混凝土与水泥制品，2016(11): 69-72.
[70] 孙天桥．一种白肥制磷酸的生产方法: CN113603070A, 2021-11-05.
[71] 曾润国，周桂民，冯发均，等．一种用肥料级磷酸氢钙制取精细磷酸钠盐的方法: CN103818891A, 2014-05-28.
[72] 汤建伟，化全县，刘咏，等．一种由白肥直接生产复合肥料的方法及由该方法生产的产品: CN107500935A, 2017-12-22.

中国肥料研究与应用全书

Books of Fertilizer Research and Application in China

FERTILIZER

第9章

磷肥与助剂

9.1 助剂定义与分类

肥料是以提供植物营养为主要功能的物料。肥料作为农业生产的重要投入品，被誉为“粮食的粮食”，在保证粮食安全、促进人类社会发展等方面做出了巨大贡献。

肥料助剂是肥料产业的重要组成部分，在改善肥料生产过程、提升肥料产品性状、提高产品质量和养分利用率、增加产品功能等方面具有不可或缺的作用；在帮助传统肥料生产企业降低能耗、提高生产效率、促进肥料产品结构调整和产业升级，以及机械化施肥、促进现代农业发展、提高资源利用率、减少肥料对环境的影响等方面具有十分重要的意义。化肥产业正在进入一个追求高质量发展的新阶段，在基础肥料需求得到满足的现阶段，市场需求开始转向，更高品质、更高效率、更具针对性的肥料产品逐渐走上舞台，肥料助剂的添加可发挥“四两拨千斤”的作用。

传统的肥料助剂是化肥生产过程中为保证生产顺利进行、改善产品性能所添加的功能性物料，其主要作用是降低化肥生产能耗、改善化肥性能和品质、提高化肥利用率、减少化肥施用量及其对环境的污染等，对于解决化肥生产、贮存、运输、销售和使用中发生的诸多问题具有重要意义。因此，助剂之于肥料，不能破坏其有效成分，同时有助于引导肥料行业向养分高效化、施用简便化、成本经济化、环境影响生态化等方向发展。

一直以来，助剂的种类及范围都随着新型肥料产品的升级而不断扩大。目前随着各种新型肥料的出现和发展，肥料助剂更多是为赋予产品某种或某些特殊功能而添加的功能性物质，如缓释剂、增效剂、营养剂、润湿剂、铺展剂、分散剂等。随着人们对植物生理认识的提高，一些物质如腐植酸、植物生长调节剂、有机小分子碳等因可以改善植物生长状况、增强作物抗逆性等而日益受到关注。随着各种新型肥料、特种肥料的蓬勃发展，助剂也由以前的功能型向营养型、引领型助剂发展。

中国科学院朱兆良院士曾提出“添加肥料助剂，是创制新型肥料行之有效的办法”。通过添加形式多样、种类各异的肥料助剂，生产企业仅需对生产装置进行少量的技术改造和工艺调整，即能实现肥料的提质增效，从而丰富现有产品结构，最大限度满足现代农业的需求。研发各种新型肥料助剂将在肥料提质增效进程中发挥重要作用。当前用于肥料产品的各种助剂产品正处于快速发展阶段，相比于欧美发达国家，我国肥料助剂行业起步较晚。

9.1.1 助剂定义

肥料助剂目前还没有公认的准确定义，一般认为凡是能改善肥料生产过程、优化肥料产品性能、提升肥料产品有效性同时又不破坏其有效成分、改善作物生长特性，对植物生长安全的添加剂，都可归类为肥料辅助剂或助剂[1]。

9.1.2 磷肥助剂与分类

磷肥是磷矿下游最重要的产品。目前国内的磷肥品种以高浓度磷酸一铵（MAP）和磷酸二铵（DAP）为主，可采用氨中和湿法磷酸制备。在磷肥生产过程中，硫酸分解磷矿制备磷酸是磷肥生产的前置环节，至关重要。目前国内磷矿以中低品位为主，一般经精选得到的更高品位的磷精矿用于湿法磷酸的生产。由于磷矿中杂质含量高，因此稀磷酸中杂质含量也较高，严重影响稀磷酸浓缩运行周期，在磷酸氨化生产磷铵的过程中，添加某些助剂则可使产品具有良好的理化性能，一些生产助剂的使用可以保证生产过程的顺利进行，提高生产效率。磷肥在生产和使用过程中，通过添加一些功能性和调节型助剂，减少磷的固定，提高磷肥的利用效率。

湿法磷酸、磷肥生产及使用各个阶段过程中，主要使用的助剂包括以下几种：

（1）生产性助剂

① 磷矿选矿用助剂：磷矿助磨剂、矿浆降黏剂、捕收剂、发泡剂、调整剂；

② 磷矿酸解过程助剂：结晶改性剂、消泡剂；

③ 过滤系统用助剂：阻垢分散剂、助滤剂；

④ 浓缩过程用助剂：阴离子表面活性剂、非离子表面活性剂；

⑤ 磷酸净化用助剂：絮凝剂（如聚丙烯酰胺、羧甲基纤维素）、脱氟剂和萃取剂；

⑥ 优化产品理化性能助剂：磷肥生产过程用防结块剂、造粒助剂等。

（2）功能性助剂

① 提高肥料利用率，如磷素活化剂、元素协同增效剂、螯合剂等；

② 具有植物营养功能的助剂；

③ 提升肥料应用性能的助剂。

（3）调节型助剂　调节型助剂主要有三种，分别是天然活性材料、植物生长调节剂和微环境的土壤调理剂，其有各自作用的途径与方式，具体如下：

① 具有特定成分的天然活性材料如腐植酸、氨基酸、黄腐酸、海藻酸、甲壳素、多聚糖等；复杂有机物如腐植酸类与木醋液等、寡糖多糖类如海藻酸与甲壳素等、游离与聚合氨基酸类、微生物菌剂如固氮菌类与生防菌类，以及其他如聚丙烯酰胺与月桂醇乙氧基硫酸铵等；

② 主要作用于微环境的土壤调理剂，如：矿物源、有机源、化学源土壤调理剂以及农林保水剂。此类助剂主要作用于作物与土壤微环境，特点在于可以与传统肥料混合一体化后使用，亦可根据作物对各类刺激剂的需求以及实际使用的机械化情况，脱离肥料单独喷施、灌根或滴灌使用，助剂主要作用于使用过程中，其主要产品需在农业农村部进行登记。

9.2　生产性助剂

磷酸生产过程常用的助剂类型及功能见表9-1，主要包括磷矿助磨剂、矿浆降黏剂、活化疏松剂、萃取消泡剂、磷酸阻垢剂、磷酸浓缩剂等，此类产品多为表面活性剂。早期该类产品多数靠进口，随着国内助剂企业研发实力的增强，国内外技术水平相近，且国产产品性价比较优。一般情况下，该类助剂用量小且效果明显。

表9-1　常见磷酸生产助剂

助剂名称	功能
矿石助磨剂	提高磨矿效率、降低电耗
矿浆降黏剂	增加多泥磷矿料浆流动性、减少磨矿过程中水使用量
活化疏松剂	提高过磷酸钙、重钙熟化速度和转化率，减轻结块程度
矿浆浓密剂	提高精矿浆浓密度及浓度，解决矿浆跑浑问题，使回水得以充分利用
萃取消泡剂	磷酸萃取生产过程中，抑制泡沫的产生及消除泡沫，提高生产效率
过滤助剂	提高磷酸过滤效率，降低磷石膏中游离磷的含量
磷酸阻垢剂	缓解/阻止磷酸在输送和浓缩过程结垢
磷酸沉降剂	加快磷酸中杂质沉降速度
磷酸脱色剂	剔除磷酸中碳化杂物，提高磷酸透光率
磷酸浓缩剂	提高磷酸浓缩效率，降低能耗

磷肥生产助剂主要包括防结块剂、造粒助剂、包裹剂和着色剂。

随着高浓度复合肥的发展，肥料结块已成为行业面临的主要问题之一，肥料结块给肥料贮存、运输、施用带来各种问题。根据肥料种类和生产工艺不同，防结块技术也有许多创新性发展。防结块剂主要是由惰性物质、无机盐类、表面活性物质、非表面活性剂或疏水性物质制成或复合而成。此类助剂是肥料领域长期应用的传统助剂，旨在改善产品理化性状，在保证生产工艺平稳、降低物料与能量消耗、利于产品运输等方面具有重要作用。因市场对安全产品、绿色产品的需要，这些助剂的研发和生产同样在进行转型升级，在保持原有功能的同时向营养化、功能化方向发展。

造粒助剂是肥料造粒过程中添加的、有助于肥料颗粒化的物质，如黏结剂、崩解剂。测土配方施肥、机械化施肥、种肥同播等技术的发展都对肥料颗粒提出了新要求，要求肥料颗粒强度大、不掉粉、遇水快速崩解等。市场上现有的产品如某科技股份有限公司生产的黄色造粒改良剂、绿色造粒改良剂，能降低料浆的表面张力，改善造粒，提高颗粒强度，降低现场粉尘和造粒系统的循环物料量，节约能耗。

包裹剂可提升产品防结块性能，明显抑制粉尘产生，增加产品流动性。目前包裹剂朝着营养化、功能化方向发展，具有抑制粉尘、解决结块、防止养分挥发、提高肥料颜色外观水平、提高与微量营养元素混配稳定性等功能的同时，补充作物所需的有益元素，增强作物抗病害、抗倒伏能力。市场上现有的产品如富邦生产的低熔点咖啡色多功能包裹剂、黄色多功能包裹剂、绿色多功能包裹剂，还有本色磷酸二铵（DAP）理想的化肥多功能包裹剂——无色多功能包裹剂等。

9.2.1　磷矿选矿助剂

我国是人口大国和农业大国，磷矿作为战略性资源，是生产磷肥的基础原料，从 2002 年起我国国土资源部便已将磷矿列为国民经济发展急缺的 20 种重要矿产资源之一[2]。2021

年 1 月 USGS 公布的矿产概要显示，全球总磷矿储量为 710 亿吨，我国磷矿储量位居全球第二，但仅占 4.69%，且我国磷矿大部分是不能直接利用的中低品位磷矿，一般需要经过选矿将 P_2O_5 富集，提升磷矿品位。

9.2.1.1　磷矿选矿的意义及目的

磷矿品位直接影响磷酸工厂的经济效益。磷矿 P_2O_5 含量越低，生产单位质量 P_2O_5 的经济效益越低，主要表现在反应槽容积利用系数、过滤机生产强度降低，设备动力、消耗指标升高，最终导致产量下降。在磷酸生产中，磷矿品位又是影响生产工艺条件的重要因素。当生产的磷酸浓度恒定时，磷矿的品位越低，按物料平衡计算允许加入系统的水量越少，导致 P_2O_5 夹在磷石膏中损失。因此，中低品位磷矿利用的有效途径是进行选矿富集，富集的方法包擦洗分级、重介质选矿、光电选矿、煅烧消化及药剂浮选等。

磷矿中含有多种杂质，如铁、铝、镁等金属阳离子化合物，阴离子化合物则有碳酸盐、硅酸盐、氟化物、氯化物和硫酸盐等，有的还含有有机物和放射性元素等。在湿法磷酸及磷铵类肥料生产中，这些杂质一般会增加酸的消耗、降低产品质量和增加产品成本，使装置生产能力下降，设备材料腐蚀加剧，降低装置开车率。磷矿中杂质含量高，还会使磷矿的反应过程及硫酸钙的结晶不能正常进行，甚至有可能根本生产不出磷酸，或杂质过多使稀磷酸无法浓缩或加工利用。

由此可见，磷矿中存在的各种杂质对磷酸及磷肥生产造成诸多不利影响，我国大部分磷矿必须经过富集才能够满足磷酸、磷肥生产的要求。磷矿选矿目的在于提高 P_2O_5 含量，降低有害杂质含量，以满足磷肥加工对原料的质量要求，并回收矿石中伴生的有益矿物（组分），使矿石利用更经济更合理。选矿是利用矿石结构构造特征和各种矿物的物化特性差异，如相对密度、可浮性、导磁性、导电性、热稳定性和颜色等，采用不同的选矿方法，达到矿物分离的目的。其中浮选法是利用矿物表面物理化学性质的差异使磷矿石中一种或几种组分通过物理吸附或者化学吸附附着于气泡上，上升至矿浆表面，将有用矿物与脉石矿物分离，从而使磷矿富集的过程。如正浮选工艺使硅质磷矿和沉积变质型硅—钙质磷灰岩富集获得精矿，反浮选使钙质磷矿石富集得到精矿，正 - 反浮选使含硅酸盐较高的钙镁混合型胶磷矿富集得到精矿，双反浮选使高硅镁型混合磷块岩富集得到精矿。其他工艺如擦洗脱泥可以使埋藏浅、经风化作用后碳酸盐流失、MgO 含量低、P_2O_5 品位高、倍半氧化物含量高的中高品位磷矿石富集得到杂质更少的精矿；焙烧消化使得钙质磷矿富集得到精矿。

磷矿资源利用应该从不同物化特性磷矿石的分选技术开始，在有限的矿源中分离出适应磷酸与磷肥生产的精矿，可以降低杂质 CaO、MgO、F^-、Cl^-、Fe_2O_3、Al_2O_3 等对磷酸和磷肥生产的影响，提高 P_2O_5 的利用率。因此，磷矿选矿工艺的研究与磷矿选矿药剂的应用研究对提高磷矿利用率具有重要意义，尤其是提高中低品位磷矿选矿效率，加大中低品位磷矿资源的开发利用，是应对我国磷矿资源富矿少、贫矿多的重要手段。

9.2.1.2　磷矿选矿助剂的作用原理

常见的选矿助剂根据作用不同可分为捕收剂、介质调整剂及抑制剂，其作用原理如下：

（1）捕收剂　分为阴离子、阳离子及两性捕收剂。阴离子捕收剂含有羧基，浮选时可通过吸附、化合等作用附着在矿物表面。阳离子捕收剂在水溶液中水解、电离形成带正电荷的脂肪酸胺根离子，主要通过物理吸附及半胶束吸附与矿物颗粒结合起到捕收作用。两性捕收剂既有阴离子官能团又有阳离子官能团，具有良好的水溶性和抗低温性，多数两性捕收剂能够在矿物表面发生静电吸附和化学吸附，同时可与部分金属离子发生螯合作用，选择性好。

（2）介质调整剂　矿物浮选时，矿浆 pH 值影响着矿物颗粒表面的电性及荷电程度。根据矿物的界面电现象，石英矿物的零电点为 1.3 ～ 3.7，磷矿物的零电点为 4.0 ～ 7.0，因此不同 pH 值下，两种矿物表面电荷的性质不同[3]。介质调整剂可以通过调整矿浆 pH 直接影响最终浮选指标。

（3）抑制剂　是增强物料亲水性、降低矿物可浮性的一种药剂，其抑制机理可分为两类[3]：第一类是在矿物表面形成亲水性薄膜，阻止捕收剂在矿物表面吸附，如水玻璃抑制石英；第二类是溶去矿物表面上吸附的捕收剂薄膜或溶去捕收剂作用的活性膜，使得捕收剂难以吸附在矿物表面上，如硫化钠抑制方铅矿。

9.2.1.3　选矿助剂的种类及特性

（1）捕收剂种类及特性

① 阴离子捕收剂　在胶磷矿浮选中，阴离子捕收剂是应用最广泛的一类，其具有较强的捕收性能，适用于磷矿正浮选和反浮选，具体表现为：在弱碱性矿浆溶液中可以有效捕收磷矿物；在酸性条件下与无机酸性磷矿物抑制剂配合使用，可捕收碳酸盐等脉石矿物[4]。代表性的阴离子捕收剂有油酸、氧化石蜡皂、妥尔油等，一般可从动植物中提取，来源广，价廉。其中脂肪酸类药剂是磷矿浮选中最常用的阴离子捕收剂：一方面，脂肪酸捕收能力强，但选择性较差；另一方面脂肪酸及其皂类在常温下水溶性较差，且不易分散，往往需要对矿浆进行升温处理才能达到较好的分选效果，从而增加了能耗，提高了生产成本。

因此目前对脂肪酸类药剂的研究主要集中在两点：其一是提高脂肪酸在常温条件下的水溶性和分散性，其二是尽可能提高其选择性。通过改性，可以实现常温浮选，节约选矿成本，提高精矿回收率。在这类捕收剂中，值得注意的是脂肪酸的二聚物和三聚物，它们以妥尔油脂肪酸为原料，在高温及黏土类催化剂作用下制成，该捕收剂与燃料油混用时，对磷灰石和硅质脉石的分离有较好效果。

② 阳离子捕收剂　主要用于反浮选脱除胶磷矿中的硅质脉石，主要有脂肪胺、醚胺和酰胺以及多胺、缩合胺等最常用的胺类以及其改性药剂，最典型的用来浮选硅质脉石矿物的脂肪胺类捕收剂主要包括十二胺盐酸盐、二甲基十八烷基胺以及十八胺盐酸盐[5]。醚胺与一般脂肪胺类捕收剂的不同之处是在胺的烷基上引入一个醚键，使得醚胺在矿浆中易于弥散。醚胺类捕收剂对硅酸盐矿物的捕收能力强，通常用于反浮选工艺脱硅，其捕收能力优于脂肪胺类捕收剂，用醚胺反浮选石英，得到的指标更好。

然而阳离子捕收剂在使用过程中普遍存在泡沫量大、消泡难的问题，给后续处理带来不便；再者矿泥的存在或物料粒度较细时，分选效果较差，因此在生产上极大限制了阳离子捕收剂的应用[3]。

③ 两性捕收剂　指分子结构上同时含有阳离子基团和阴离子基团的一类有机化合物。在碱性环境中体现出阴离子疏水特性，在酸性环境中则呈现为阳离子疏水特性，在等电点时，分子呈电中性，即两性捕收剂既有阴离子官能团又有阳离子官能团，具有良好的水溶性和抗低温性。多数两性捕收剂不受硬水和海水的影响或影响较小，能够在矿物表面发生静电吸附和化学吸附，同时可与部分金属离子发生螯合作用，选择性好[6]。正是由于其选择性良好，因此不需要额外加入抑制剂、激活剂等，只需在浮选时加入起泡剂和pH调整剂即可。应用较多的主要有氨基羧酸、氨基磺酸、氨基硫酸酯和氨基磷酸酯等。

④ 混合类捕收剂　近年来，对复杂中低品位胶磷矿的使用越来越多，单一的浮选药剂有时不能适应不同矿物的特性，难以符合选矿的工艺要求，因此针对脂肪酸类捕收剂选择性差、不耐低温、不耐硬水、药剂用量高等缺点，进行药剂混合，引入多种极性基团，其可以有效降低溶液表面张力，起到药剂的协同作用，使得药剂适应性增强，提高浮选效果[7]。

混合类捕收剂是由两种或两种以上脂肪酸与其衍生物或其他药剂通过一定比例配制而成[8]。浮选磷矿时，在脂肪酸类捕收剂中加入少量其他种类的表面活性剂产生协同效应，提高捕收性能，是实现磷矿常温浮选的有效方法。两种或两种以上表面活性剂按一定比例所形成的复配体系表面活性效果优于单一组分的性能。

⑤ 复配捕收剂　复配捕收剂是磷矿捕收剂中重要的一类捕收剂，因其中添加的一部分增效剂与捕收剂联合使用，弥补了捕收剂本身不耐低温、不耐硬水等缺点，使得复配捕收剂的效果要优于单一捕收剂。

以脂肪酸为例，脂肪酸及其皂类捕收剂在磷矿浮选中不可或缺，然而脂肪酸类捕收剂先天缺陷对浮选影响较大，利用改性方式以增强药剂效果，经济成本偏高，脂肪酸类捕收剂复配一定比例的表面活性剂成为一种增强浮选性能最简单有效的方式，复配的表面活性剂能够与捕收剂产生协同效应，显著增加药剂的溶解度和分散性，达到增强药剂浮选性能的目的，同时也避免了复杂改性处理的经济成本。现阶段，脂肪酸类捕收剂复配通常使用的增效剂主要有：燃料油、吐温80、PEO/PPO聚合物以及烷基酚乙氧基化物等。

⑥ 非离子型捕收剂　主要为烃类油及酯类，由于磷灰石的天然可浮性一般，所以此类捕收剂在浮选过程中消耗量较大。尽管如此，烃类油当前仍可作为增效剂与其他离子型捕收剂复配使用。

（2）介质调整剂种类及特性　为了提高磷矿浮选过程的选择性，加强捕收剂与目的矿物作用，在浮选过程中通常使用一定量的介质调整剂。介质调整剂主要有碳酸钠和氢氧化钠。

① 碳酸钠　磷矿浮选常用碳酸钠作介质调整剂。碳酸钠对矿浆pH值有缓冲作用，能更好地稳定其酸碱度，且可通过沉淀消除矿浆中钙镁等有害离子，以降低有害离子对脂肪酸类捕收剂的消耗。碳酸钠常与硅酸钠等配合使用以调整抑制作用的强度。此外碳酸钠也是良好的分散剂，防止矿浆中细泥的团聚，提高浮选过程的选择性。

② 氢氧化钠　作为碱性调整剂在实际浮选中得到广泛应用，但目前在磷矿选矿中较少运用。通常情况下，使用氢氧化钠作为介质调整剂时，用量相对较多，一般达到5～8kg/t，药剂成本相对较高。

（3）抑制剂种类及特性　由于磷矿的组分复杂，且常伴生脉石矿物如白云石、方解石等与磷灰石的可浮性接近，无论在酸性还是碱性条件下，单纯使用捕收剂难以达到分选目的，磷精矿达不到其工艺要求，因此在磷矿浮选中，加入合适的脉石矿物或含磷矿物抑制剂是必不可少的[7]。抑制剂的作用是破坏或减弱捕收剂对不需捕收矿物的上浮效果，抑制剂的研究包括反浮选磷灰石抑制剂和正浮选脉石矿物抑制剂的研究。

浮选中所使用抑制剂按作用矿物种类的不同可分为硅酸盐抑制剂、碳酸盐抑制剂及磷酸盐抑制剂3种。

① 硅酸盐抑制剂　含硅类矿物抑制剂多用在磷矿正浮选中，常用的含硅类矿物抑制剂为水玻璃（硅酸钠）和氟硅酸钠，此外，水玻璃也是良好的分散剂。

水玻璃的有用组分硅酸钠，即 $Na_2O \cdot nSiO_2$，实质为混合物，n 是比值，称为“模数”，n 越小，在水中的溶解度越大，但抑制效果越差；n 越大，在水中的溶解度越小，但抑制效果越好，我国选矿厂目前使用的水玻璃的模数一般在 2 ～ 3。通常认为，水玻璃在水中电离出的 $HSiO_3^-$ 和絮凝成的 H_2SiO_3 可以吸附在石英等脉石矿物的表面，同时有相当强的吸水性，从而使得矿物亲水而起到抑制作用；另外一种观点则是：水玻璃为混合物，在水中可电离出胶态的 SiO_2，这也是起抑制作用的有效成分之一。

氟硅酸钠也是应用较为广泛的硅酸盐抑制剂。文献显示，脂肪酸作为捕收剂时，氟硅酸钠能够优先从硅酸盐矿物表面解吸脂肪酸，但脂肪酸离子在目标矿物表面附着牢固，不被解吸，变相提高了捕收剂的浓度，因此可以促进这些矿物的选择性浮选，从而达到抑制脉石矿物的目的；另一种观点则是：氟硅酸钠（Na_2SiF_6）能够在水中电离出 Si^{4+}[9]，再经过水解生成 SiO_2 胶体，在矿浆中呈悬浮状态，吸附在矿物表面使得矿物亲水，从而起到抑制效果。

② 碳酸盐抑制剂　由于胶磷矿中碳酸盐矿物与磷矿物可浮选性接近，所以选择不同的抑制剂会对浮选效果产生决定性的作用。一般认为碳酸盐抑制剂是以物理或化学吸附的方式附着在碳酸盐矿物表面，从而起到抑制作用。目前白云石最好的抑制剂为羧甲基纤维素（CMC）。近年来，磷矿浮选中应用较成熟的含镁型碳酸盐矿物的抑制剂多为 S-711、S-217、S-804 等 S 系列，其主要成分分别是萘、粗菲及苯酚的磺化物与甲醛反应的产品药剂。

③ 磷酸盐抑制剂　国内磷酸盐抑制剂（磷灰石的抑制剂）主要为无机酸包括磷酸、硫酸、碳酸、焦磷酸等。磷酸盐抑制剂浮选效果良好且价格便宜，但酸的大量使用会对浮选设备造成一定程度的腐蚀，且要关注对操作人员的安全风险，目前磷的衍生物也是一个研究方向。

9.2.1.4 国内外研究应用情况

（1）捕收剂

① 改性脂肪酸类捕收剂　新型磷矿反浮选脱镁捕收剂 GYP，是一种通过脂肪酸改性制备而成的官能团阴离子表面活性剂，对白云石等碳酸盐矿物具有高效的捕收性能，具有易溶于水、选择性好、捕收力强等特点，还具有抗低温性能。在 pH 为 4.8 时，采用 GYP 捕收剂，混合酸（硫酸∶磷酸 =1∶2）作为抑制剂，闭路试验可获得 P_2O_5 品位为 33.26%、P_2O_5 回收率为 96.79%、MgO 含量为 0.74% 的优质磷精矿[10]。

通过三乙醇胺对油酸进行酯化改性，获得油酸酯化改性捕收剂浮选胶磷矿，在用量范围内胶磷矿纯矿物与改性捕收剂作用后接触角可达 87.23°（此时上浮回收率达 97.87%）；油酸酯化改性捕收剂引入亲水基团，其临界胶束浓度提高 19.58 倍，在水中溶解性增加，改性后的捕收剂分子提高了 30.81%[11]。

为解决某选矿厂油酸需要升温以及精矿难以得到合格指标的问题，对油酸进行硫酸皂化处理，采用硫酸皂化处理后的油酸作为捕收剂，可将磷精矿尾矿 P_2O_5 品位控制在 0.22% 左右，P_2O_5 回收率可达到 91.25%[12]；而新型改性脂肪酸捕收剂 DYX 和 DN-6 捕收剂在矿浆温度为 28℃时磷浮选回收率可达 97.59%，均具有较强的捕收能力[13]。

② 混合捕收剂　以正十二醇、酒石酸反应合成的表面活性剂复配到棉油酸皂中得到一种复配型捕收剂，用于四川清平地区中低品位胶磷矿，具有较强的捕收能力和较好的选择性[14]。以脂肪酸和具有抗低温作用的表面活性剂复合制备的新组合药剂 HXP-7，可实现低温条件下的磷矿选别[15]。

③ 胺类捕收剂　以贵州某高硅钙含镁低品位磷矿石为研究对象，对季铵盐类捕收剂 WFCA-1、醚多胺类捕收剂 T609、醚胺类捕收剂 GE609 的选磷效果进行了对比试验。结果表明，与季铵盐类捕收剂 WFCA-1 相比，T609 和 GE609 的浮选指标较好，但以 GE609 为捕收剂时，存在浮选泡沫量过多、泡沫较黏、消泡困难的问题，因此选择醚多胺类捕收剂 T609[16]。以十二胺、单氰胺和冰醋酸为原料合成的胍基阳离子捕收剂，引入胍基官能团后的新型捕收剂在浮选过程中所产生的泡沫少且易消，解决了胺类捕收剂存在泡沫多且黏、消泡难的问题[17]。

④ 两性捕收剂　采用由醚胺与油酸甲酯中不饱和烯烃的亲核加成反应制得的两性捕收剂 DZ-8，用于贵州某难选胶磷矿，对硅酸盐及倍半氧化物有很好的捕收能力和选择性，该合成药剂水溶性好、生产成本低、合成工艺简单。在弱酸性介质中，两性捕收剂 SB-116 可以浮出白云石以及含倍半氧化物的硅酸盐矿物，成功降低了正浮选无法脱出的含倍半氧化物的硅酸盐矿物的含量[18]。

（2）介质调整剂　为了清洁高效利用湿法磷酸生产得到的萃余酸，在磨矿细度、捕收剂用量、pH 几乎不变的条件下，萃余酸全部取代硫酸进行闭路浮选试验后，获得 P_2O_5 品位为 29.73%、MgO 含量为 0.78%，P_2O_5 回收率为 88.55% 的浮选精矿[19]。用萃余酸作为磷矿反浮选介质调整剂，用量远低于硫酸，为磷化工企业萃余酸循环利用提供了新思路。

（3）抑制剂　考察抑制剂海藻酸钠对磷灰石和方解石浮选的影响，当 pH 为 9 时海藻酸钠可强烈抑制方解石[20]。聚丙烯酸能有效地减少细粒菱镁矿的夹带行为，对细粒菱镁矿的抑制效果比水玻璃好。捕收剂油酸钠体系下 HEDP（羟基亚乙基二膦酸）抑制剂能较好实现磷灰石与方解石的分选分离[21]。

目前我国北方磷灰石多采用正浮选，云南贵州中品位胶磷矿采用反浮选，湖北、四川低品位胶磷矿采用正 - 反浮选，但正 - 反浮选的弊端是消耗大量的酸、碱和能源。胶磷矿是难选矿石，对技术研发的挑战较大，低消耗、低成本双反浮选药剂开发成为未来研究重点。

经过数十年努力，我国磷矿石浮选药剂理论研究、新材料开发与工艺水平有较大突破，浮选药剂处于全球领先水平且开始挤占海外市场。碳链分析、切割配位假设的提出，植物油副产品脂肪酸及改性脂肪酸应用，使药剂应用效果稳定、使用成本低。

9.2.1.5 性能评价方法

捕收剂的评价方法有浮选评价法、物理化学法和综合法（理论研究方法）[22]。

（1）浮选评价法　通过实际矿石的浮选试验评价捕收剂性能是目前应用最广泛的方法，也是比较成熟和实用的方法。实验室浮选试验可以不受生产条件的限制，运用各种简单的手段来模拟实际的浮选条件。通过浮选试验找到适宜于特定矿物的捕收剂或对不同捕收剂进行浮选性能比较，并分析捕收剂最佳用量及各种影响因素，可以用试验结果来评价捕收剂的性能，对多种捕收剂的低温性能、捕收性能等进行评价。

（2）物理化学法

① 通过极性基结构、非极性结构和二者在结构上的关系评价捕收剂的性能。捕收剂应该起码具备两种能力，第一是能亲固吸附在矿物表面上，第二是亲固后使矿物表面疏水程度增加。除了辅助捕收剂类非极性的烃油外，所有的捕收剂都是由能吸附在矿物表面上的极性官能团部分和能使矿物表面呈疏水性的非极性部分构成。因此，研究捕收剂极性基结构、非极性结构和二者在结构上的关系可以评价捕收剂的性能。

② 通过液相反应的物化判据评价捕收剂的性能。液相反应的物化判据也可用于浮选和浮选药剂的研究，使用它们来研究捕收剂的性能优点较为明显：可以判断浮选性能；能够表明浮选过程中药剂的作用机理；在不进行试验的情况下，只通过理论计算就可以推知药剂的某些性能；在一定理论数据的指导下，研究重点就变得明确，且还能减少工作量。

应用于物化判据的物化常数很多，例如：溶度积常数、络合物稳定常数、酸碱解离常数及表面化学中的临界胶团浓度、水油度（HLB）、电化学中的各种电位（氧化还原电位、电动电位、半波电位、电极电位）以及有机结构理论和量子化学中的各种判据。药剂分子与矿物表面金属离子生成难溶化合物的溶度积理论是应用最广泛的。这个理论的主要论点是：矿粒的浮选行为是由捕收剂与矿物表面的化学反应决定的，捕收剂与矿物表面的金属离子发生化学反应生成的产物的溶度积越小，表明作用力越强，所以用反应产物的溶度积的大小来衡量药剂的浮选作用能力是科学可行的。

（3）综合法　捕收剂评价的理论研究方法很多，常用的有：

① 通过测定矿物在捕收剂溶液中的润湿性质（润湿接触角或润湿热）来评价捕收剂。测定矿物表面与捕收剂作用后的接触角 θ，可以判断出捕收剂对矿物表面疏水性的改善程度，进而可以评价捕收剂的性能。

润湿接触角适用于具有光滑表面的固体，对于粉末状固体，常用润湿热来衡量液体对固体的润湿程度。在润湿某一介质时能量会发生变化，所以应该有一定量的热量释放出来，这种热量就叫做润湿热。在条件相同的情况下，润湿热值越大，说明药剂与矿物作用程度越大，即二者结合越牢固，有利于浮选进行。

② 通过捕收剂在矿物表面的吸附量评价捕收剂的性能。吸附是药剂与矿物表面最直接的作用方式，也是衡量药剂是否得到利用的一个有效标准，所以，研究浮选过程中捕收剂的吸附现象对探索浮选理论和指导浮选实践具有重要意义。目前，测定药剂在矿物表面吸附量的方法很多，较常用的有以下几种：

a．荧光光谱法　是根据浮选捕收剂在矿物表面吸附的荧光性质，利用荧光扫描法将标准浓度的捕收剂溶液的荧光强度信号与其对应的激发波长构成光谱图，这个信号强度值与捕收剂的浓度是成比例关系的，所以荧光光谱法可用于捕收剂在溶液中的浓度测定，通过测定捕收剂在溶液中的浓度可得到捕收剂在矿物表面的等温吸附量。

b. 红外光谱法 一种直接测量捕收剂吸附量的方法。红外区可利用的波长范围大概为2.5 ～ 50μm。用由计算机支持的现代红外光谱技术，只要有 1μg 待测物质存在于检测样中，就可以得到完整的红外谱图，从而使红外光谱法可以在许多种情况下用来测定矿物颗粒表面单分子层数量级的微量吸附物。红外光谱法用于药剂及其同矿物作用产物组成的测定，是较为有效的方法。黄药类捕收剂的红外光谱已有详尽的研究，油酸类、羟肟酸及其盐，其他捕收剂如脂肪胺、十二烷基苯磺酸钠等捕收剂的红外光谱也都有研究报道。

c. 紫外 - 可见分光光度法 即一种根据物质分子对波长为 200 ～ 760nm 范围内的电磁波的吸收特性所建立起来的一种定性、定量和结构分析方法。波长长（频率小）的光线能量小，波长短（频率大）的光线能量大。分光光度测量是关于物质分子对不同波长和特定波长处的辐射吸收程度的测量。

d. 染料 - 浮选剂络合物形成法 属于间接测量法，主要是利用捕收剂与特定的有机染料在溶液中形成有色络合物，而捕收剂的浓度与有色络合物的消光值成比例关系。根据这个原理可以形成比色或分光光度测定法。这类方法主要适用于脂肪酸类捕收剂、烃基磺酸盐和硫酸酯类的测定。而一般的显色剂有：曙红、溴酚蓝、甲基绿、亚甲基蓝等。

e. 燃烧法 测定脂肪酸类捕收剂在矿物表面的吸附量是一种较为简单实用的方法。燃烧法的基本原理是：将吸附了捕收剂的样品在适当温度下燃烧生成二氧化碳，然后分析产生的二氧化碳的量从而反推出样品上吸附的捕收剂的量。这种方法需要采用高精度的二氧化碳传感器，并配以高精度的气体流量计才能得到准确结果。与传统的溶剂萃取 - 紫外分光光度法测定脂肪酸类捕收剂吸附量的方法相比较，燃烧法测定脂肪酸类捕收剂在矿物表面的吸附量更简单易行。

9.2.2 结晶改性剂

湿法磷酸生产中磷矿的酸解和磷石膏的结晶是整个工艺过程的核心，生产中加入含有表面活性成分的结晶改性剂，能有效改变磷石膏晶形，提高菱形晶体的生成比例及增大磷石膏晶体颗粒的粒径。

9.2.2.1 磷酸生产中的硫酸钙结晶及影响因素

湿法磷酸生产的关键是在获得高 P_2O_5 转化率的同时，生成粗大易于过滤洗涤的磷石膏晶体。结晶是一个复杂的物理化学过程，特别是结晶过程中晶体的生长机理非常复杂，涉及多相、多组分体系的传热和传质过程以及表面反应过程。整个结晶过程与体系的流体力学及固、液两相的相互作用都有密切的关系。

硫酸钙的结晶过程在湿法磷酸生产过程中，发生的化学反应方程如下：

$$Ca_5(PO_4)_3F + 5H_2SO_4 + nH_2O = 3H_3PO_4 + 5CaSO_4 \cdot nH_2O + HF$$

根据湿法磷酸生产条件不同，会形成三种结晶沉淀物，包括二水硫酸钙、半水硫酸钙以及无水硫酸钙三种结晶化合物形态，其晶体常数及化学组成见表 9-2。硫酸钙结晶在形成过程中，需要经历粒子老化、聚结和破裂等过程，结晶过程还可以分为晶核形成阶段以及晶体生长阶段，其中，晶核的形成过程可分为初级成核以及二次成核两种模式。磷石膏晶体的颗粒大小、粒径分布和晶体形状等直接影响料浆过滤性能和晶间磷损失。典型的二水硫酸钙结晶为斜方晶体，长宽比为2∶3，但由于磷矿杂质含量不同、生产操作工艺条件不同，晶型有较大差异。对于普通的二水合物流程，其结晶大小一般在150μm左右；而对于等温反应流程来说，其结晶大小则可达到300μm以上。

表9-2 硫酸钙晶体常数及化学组成

结晶形态	晶系	密度/(g/cm^3)	理论化学组成		
			SO_3	CaO	H_2O
$CaSO_4$	斜方	2.99	58.8	41.2	0
$CaSO_4 \cdot 0.5H_2O$	六角	2.73	55.2	38.6	6.2
$CaSO_4 \cdot 2H_2O$	单斜	2.32	46.6	32.5	20.9

二水合物湿法磷酸生产能力提高的关键，在于生产过程中萃取槽内生成的二水硫酸钙结晶的性能。二水硫酸钙结晶的形状和大小将直接影响其过滤和洗涤性能，良好的硫酸钙结晶可大大提高过滤强度，增大洗涤效率，减少磷损失。细小、易碎的晶体在过滤时将严重堵塞滤布，降低过滤强度、加大磷的损失。硫酸钙结晶的形状和大小与结晶过程中各个条件的控制有关，如结晶温度、游离酸浓度、停留时间、搅拌速度等。在结晶过程中加入活性添加剂，可以有效提高晶体的成长速率，使晶体迅速长大。

9.2.2.2 结晶改性剂的作用原理

晶体的生长是通过在饱和溶液中离子或分子在晶体表面上吸附、有规则地排列堆积实现的。晶体的各晶面因晶面种类不同，离子或分子的排列方式不同，离子或分子从溶液中被吸附而堆积的速度也不同。而表面活性剂影响晶体生长的方式主要有三种：进入晶体；选择性吸附在一定界面上；改变晶面对介质的表面能。

硫酸钙结晶与酸分解磷矿生产过程中的工艺控制条件密切相关。硫酸钙结晶过程在磷矿颗粒表面进行时，在磷矿颗粒和溶液界面层会形成过饱和度很高的硫酸钙溶液，从而导致大量的硫酸钙细小结晶沉积于磷矿颗粒表面形成固态膜，包裹未反应磷矿颗粒，增大了酸向磷矿表面的扩散阻力，使磷矿的继续分解受到影响，减慢了磷矿的分解速度，甚至会终止酸解过程。

磷矿分解过程中固态膜的成因，以及形成膜的性质现在还不是很清楚，但它的表观现象已很明显。在磷矿分解过程的动力学研究中，将磷矿的溶解质量（或分解率）与溶解时间作图，就可得出溶解速度曲线，如图9-1所示，可分为三种情况：

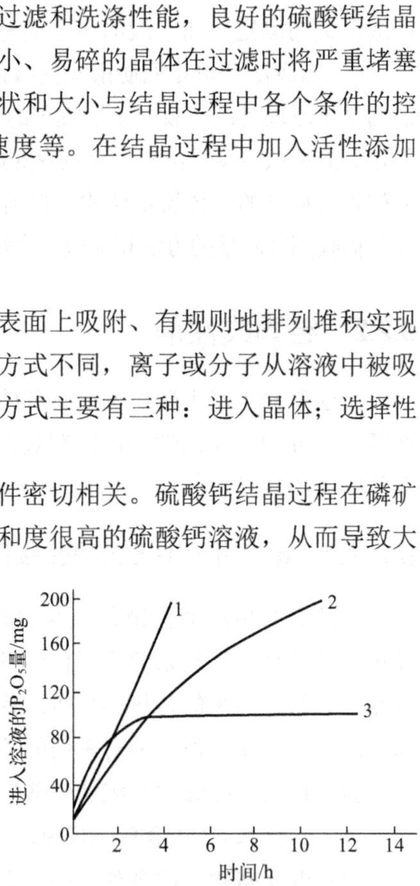

图9-1 磷矿溶解速度的示范曲线

曲线 1 表示分解过程，磷矿的溶解量随时间的增长呈线性增加，磷矿的溶解没有受阻，没有形成固态膜；曲线 2 表示磷矿的分解过程在一定程度上受到固态膜的影响，溶解速度随时间的延长而逐渐减缓；曲线 3 显示磷矿溶解到一定程度后就完全停止溶解，形成的固态膜是不可透过的，此种情况就称为钝化现象。

未反应磷矿颗粒被包裹的程度与固态膜的结构与硫酸钙结晶的形状和大小有关。如果结晶细小，所形成的固态膜结构致密，可透性差；相反，粗大的结晶将显著改善固态膜的可透性，能有效减小固态膜对反应速率的影响。因此选择结晶改性表面活性剂主要应根据结晶过程机理，选择分散性、凝聚性好、有高度润湿力的表面活性剂。

表面活性剂用于结晶改性的作用主要有以下三方面：

（1）抑制晶核生长　根据结晶成核理论，界面能越小的物质，成核位垒越小，越易成核。有些表面活性剂能显著改变溶液的表面自由能，并能被选择性地吸附在固体表面上，改变固体表面的热力学性质，从而影响结晶。所以添加一些可以提高界面能的表面活性剂，就可以使晶体的成核位垒提高，不易形成晶核，避免产生细晶过多的现象，从而提高磷石膏的过滤强度。

（2）影响结晶生长　二水硫酸钙晶体 X 轴方向最易长大，Y 轴方向次之，Z 轴方向的生长速度最慢。因此，晶体很容易长成针状，继续扩展则在 Y 轴方向长大成为薄板状。因为 X 轴方向的晶面具有特别的活性，吸附有机物等的能力也比其他晶面强，当溶液中加入活性添加剂后，其主要吸附在 X 轴方向的面上，阻止晶体在这个方向的长大，Y 轴、Z 轴方向的生长速度相对加快，结果就容易得到各个方向生长均匀的晶体。

（3）影响晶核生成和晶体成长的外部环境　添加合适的表面活性剂，可以降低磷矿颗粒附近的过饱和度，从而减少磷矿颗粒附近初级均相成核的概率，避免生成的细晶在矿粉表面沉积，提高磷矿的分解率。同时也可以改善料浆的黏度，提高晶体生长速度。

在磷酸生产中加入结晶改性剂能抑制晶核的生成，改变晶体外形，使硫酸钙晶体成长得更为粗大、均匀、稳定，使料浆易于过滤和洗涤，从而显著地提高过滤强度和石膏滤饼的洗涤率。

9.2.2.3　结晶改性剂的种类及特性

结晶改性剂种类很多，如表面活性剂、高醇硫酸酯及其盐类、活性二氧化硅和含铝化合物等。结晶改性剂多是阴离子型和非离子型表面活性剂，而很少是阳离子型。因为在低 pH 值溶液中固体表面通常带正电荷，所以阳离子型表面活性剂对结晶影响不大。

从应用效果来看，阴离子型和非离子型表面活性剂的作用效果非常明显，其对结晶过程的影响也因其类型的不同而有较大差异。添加非离子型表面活性剂可使硫酸钙形成团簇的聚晶；阴离子型表面活性剂、非离子型表面活性剂可使硫酸钙结晶由细小的针状结晶变成粗大的棒状结晶或块状的结晶；阳离子型表面活性剂对结晶影响不大。这是由于表面活性剂在不同晶面上的吸附改变了比表面能，从而改变了晶面的相对生长速度，使晶体的形态发生了改变。由于 NH_4^+ 的存在能增大硫酸钙的溶解度，降低过饱和度；SO_4^{2-} 的存在亦可降低溶液的过饱和度，减慢晶核形成的速度和控制结晶的速度，因此加入 $(NH_4)_2SO_4$ 可使硫酸钙结晶变成易于过滤和洗涤的稳定、粗大、均匀、整齐的棒结晶。

9.2.2.4 国内外研究应用情况

（1）磷酸结晶剂　在磷酸萃取过程中添加的改良剂种类有很多，有无机改良剂和表面活性剂。目前使用最多的是表面活性剂。

无机改良剂有活性硅、活性铝、无机盐类，如铵盐、硝酸盐、磷酸盐和聚磷酸盐等，具体如 $NH_4H_2PO_4$、NH_4NO_3、$(NH_4)_2SO_4$。研究表明多聚磷酸钠可以使二水硫酸钙结晶成块状，$(NH_4)_2SO_4$ 可使硫酸钙结晶成稳定、粗大、均匀、整齐的棒状结晶。

表面活性剂是一类加入少量即可显著降低液相界面张力、具有亲水和亲油两亲特性的物质，它可以改变体系的界面状态，从而产生润湿、增溶、乳化和破乳、起泡及消泡、分散和凝聚、洗涤去污、抗静电和杀菌等效果。表面活性剂主要分为阴离子、阳离子、两性离子、非离子表面活性剂、其他特种表面活性剂和功能性表面活性剂，对晶核形成、晶体成长、晶体形态均有重要影响。表面活性剂在结晶过程中的应用研究开展得较晚。

表面活性剂的加入可以改变二水硫酸钙的结晶情况，从而可以提高过滤洗涤性能。国外于 20 世纪 50 年代开始从事相关的研究工作，日本梶敬治等在磷酸萃取反应体系中加入少量的烷基苯磺酸作为表面活性剂，就能改善硫酸钙的结晶；美国道尔 - 沃里弗公司采用异丙基萘磺酸盐应用于湿法磷酸生产，可以形成粗大的石膏结晶。近年来，阳离子表面活性剂溴化十六烷基三甲铵（CATB）的加入能减少结晶诱导时间，增加表面能，大大减少细晶的生成。

国内于 20 世纪 80 ～ 90 年代开始从事表面活性剂在湿法磷酸萃取过程中对结晶影响的研究。可用于结晶改良的表面活性剂品种很多，阴离子表面活性剂主要有烷基硫酸盐、链烷基磺酸盐、芳基烷基磺酸盐；阳离子表面活性剂主要有季铵盐类表面活性剂。表面活性剂的加入可控制硫酸钙的成核条件、成核速度、晶面生长方向及速度，改变结晶形貌，抑制磷酸根离子进入硫酸钙的晶格中，减少晶间磷损失。

（2）过磷酸钙生产的结晶改进剂（活化疏松剂）　我国磷矿资源丰富但绝大部分为中低品位磷矿，不能直接用来生产高浓度磷复肥。传统的过磷酸钙生产工艺普遍为“供料—混化—熟化”模式，存在熟化期长、装置占地面积大、熟化库内产生的大量无组织释放气无法处理，导致生产环境恶劣、产品易结块等问题，给生产、销售及施用带来很大的困难。针对过磷酸钙生产中存在的问题，国内外已开发了许多新工艺，并取得了一定的成效。其中在反应过程中加入表面活性剂便是一种较为有效的方法。郑州大学开发的活化疏松剂（active porous agents，APA）的加入可改变硫酸钙晶体的晶形，使其由细小的针状晶体变为透过性较好的棱柱状晶体，增加固态膜的可透性，从而提高磷矿分解速度。

APA 的使用具有以下效果：①利用现有生产装置，添加适宜的 APA 后，均可生产出疏松不结块的过磷酸钙产品；② APA 对改善反应状况、结晶习性起到了良好的作用，能满足工业生产要求，产品物性稳定，不发生退化作用，为取消 6 ～ 30 天的堆置熟化期奠定了基础；③加入 APA 后，生产系统的动力消耗有明显降低。

国内过磷酸钙生产工艺路线可分为干法和湿法两种，干法工艺的适应性较强，而湿法

（矿浆浓酸法）工艺突出存在系统水平衡问题。郑州大学磷复肥研究团队提出了矿浆法生产新工艺，巧妙解决了系统减水及液相平衡问题，并在100万吨/年装置上进行了工业实践。郑州大学针对过磷酸钙生产存在的问题及现代农业发展对多营养元素的复合肥的农业需求，开发了清洁型硫酸脲复合肥料生产新工艺，以尿素硫酸溶液为酸解剂分解磷矿直接生产复合肥料。由于尿素在硫酸中形成络合物，反应相对缓和，反应过程中形成一些新的复合物结晶，不产磷石膏，晶型变大，所以不形成包裹，反应速率加快，同时含氟气体不从液固相中逸出，氟的主要赋存形式为氟硅酸脲。

9.2.2.5　性能评价方法

在湿法磷酸生产中，根据所用磷矿的特性，可有目的地选择结晶改性剂加入反应系统。对于CO_2和有机物含量较高的磷矿，反应系统中可能产生较多的泡沫，通常加入结晶改性剂抑制泡沫产生；加入结晶改性剂，一般可适当缩短物料在反应系统的停留时间。结晶改性剂加入量与技术经济指标呈非线性关系，通常通过试验确定合适的加入量，一般每吨矿添加0.1～1kg结晶改性剂。

表面活性剂作为结晶改性剂的性能评价，一般通过过滤得到结晶，并用无水酒精洗涤后烘干称重，通过显微镜观察晶形，同时通过激光粒度分布仪测定晶体的粒度分布状况。如对采用不同的活化疏松剂溶液作溶剂得到的硫酸钙结晶进行显微镜观察后发现，不同的溶剂条件，硫酸钙结晶具有明显不同的形貌。

在未来的研究中，应深度研究其作用原理，为湿法磷酸生产中二水硫酸钙结晶提供更全面的理论基础，减少磷石膏中未反应磷及共晶磷的损失，提高洗涤率和过滤强度，更好地指导工业生产。

9.2.3　造粒黏结剂

颗粒肥料是近代兴起具有极大竞争力的肥料系列品种。颗粒肥料的漂亮外观是其最初被开发的重要因素。此外，颗粒肥料是经均匀混合造粒的产品，可显著改善肥料不耐潮、易结块的性能，具有良好的物理性能和贮藏性能，可保证其养分均匀地被作物吸收。造粒成球是化肥生产过程中的关键工艺，而造粒黏结剂的有效利用更是造粒成球的关键之处。

9.2.3.1　肥料造粒过程中的黏结剂使用

造粒黏结剂是指在肥料造粒过程中添加的一类物质，起到黏结成球和提升颗粒强度的作用，可以提高造粒能力和颗粒结构质量并促进快速粒化，主要应用于磷酸盐、钾肥、NPK肥料造粒等。

随着肥料产品的发展和升级换代，造粒黏结剂也发展更新，新型造粒黏结剂被赋予了更多的意义和价值。

（1）增加肥料中营养元素　如含有中微量元素的造粒黏结剂，这类助剂在起到黏结成球和提升颗粒强度作用的同时，还具有增加肥料中微量元素的作用，通过造粒助剂加入作物生长所需要的中量元素、微量元素等营养物质，提升肥料产品的附加值。

（2）起到加速崩解、溶解作用　一些特殊的肥料，如速溶型圆颗粒肥料、崩解型圆颗粒肥料，对造粒黏结剂的要求更高，要使用崩解型的造粒黏结剂，这类助剂在造粒的过程中能够产生较好的黏结性，利于物料黏结成球；形成成品后，使物料能遇水快速溶解，起到加速粒子崩解、溶解的作用。

（3）增加肥料的缓释效应　缓释型造粒黏结剂大多具有多孔结构，在起到造粒成球作用的基础上，能利用自身的多孔结构吸附肥料组分或养分，达到缓慢释放养分的目的。如 Arkema ArrMaz 生产的微量营养素黏合剂也可用于肥料造粒，应用于大量营养素和微量营养素肥料，使微量营养素肥料混合物稳定释放 90 天。

（4）解决肥料塑性问题　在混合肥料造粒时物料的塑性很重要，由湿法磷酸制的磷酸铵，它所具有的塑性与其杂质含量成正比。缺乏塑性的混合肥料配制时可添加黏结剂，如黏土。

9.2.3.2　造粒黏结剂的作用原理

肥料造粒过程中肥料成粒机理过程主要包括润湿成核阶段、碰撞成长阶段与磨损破碎阶段，其主要原理图如图 9-2 所示。

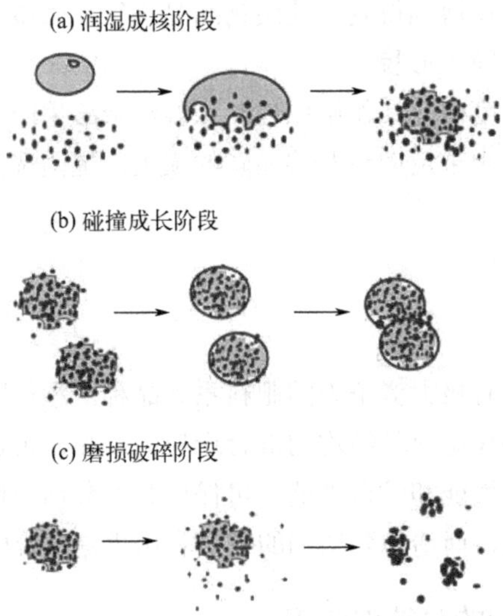

图 9-2　成粒机理图

造粒黏结剂主要起到黏合作用。黏合力分为内聚力和黏附力。内聚力指的是物质内部自身的凝合力，是由物质的性质、结构决定的。黏附力是黏结剂与物体互相吸引的作用力。黏结剂发生黏结作用主要有以下几种情况 [23]：

（1）吸附原理　当黏结剂与被粘物体相互接触时，它并不是完全吸附在物体表面，它像一滴水一样鼓在物体表面，如图 9-3 所示。在液体和固体接触的边缘，液面发生弯曲，液面的切线与固体表面形成夹角记作 θ。当三相作用力相互平衡时，则有 $\gamma_{SG}=\gamma_{SL}+\gamma_{LG}\cos\theta$，其中 γ_{SG}、γ_{SL} 和 γ_{LG} 分别为气 - 固、液 - 固和气 - 液界面的表面张力。若接触角 $\theta=0°$（接触面积最大），说明液体完全贴合在固体表面，表示完全润湿；若 θ<90°，表示可以润湿，且 θ 越小，润湿性越好；若 θ>90°，表示不易润湿，且 θ 越大，润湿性越差；若 θ=180°，表示完全不润湿。黏附力在微观角度上表现为化学键力或极性键力。

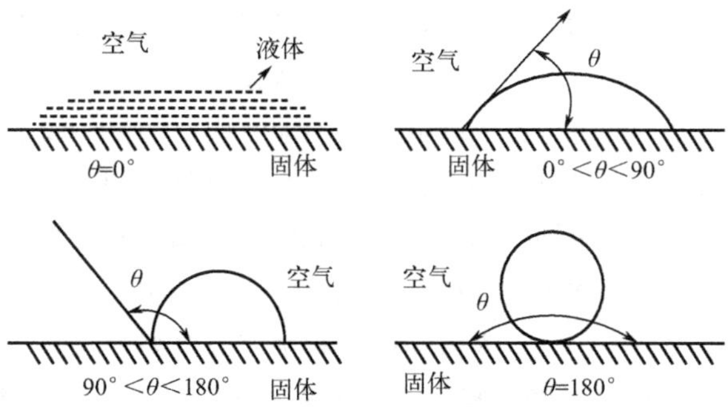

图 9-3 液体与固体的不同接触角

（2）扩散理论 大多适用于高聚物，是指黏结剂如气体扩散一样渗透进高聚物中。相应地，高聚物会出现类似溶解的现象，两者之间相互渗透而粘连在一起。

（3）静电理论 黏结剂与被粘物体是由于两者界面上双电层之间静电引力的作用而结合，这主要是物理行为。

（4）化学键理论 黏结剂与被粘物体表面发生化学反应，形成化学键而相互结合，但适用性比较小。

（5）机械结合理论 被粘物体表面粗糙，黏结剂镶嵌到这些凸凹表面或孔隙中，固化后黏结剂与被粘物体黏结在一起。这种理论只适用于表面粗糙多孔的材料。

当前，应用于工业生产的造粒技术可分为四大类型：团聚造粒、熔体凝结造粒、喷浆造粒、挤压造粒。

以团聚造粒为例说明该造粒过程的黏结剂作用机理。

团聚造粒是在造粒过程中粉料微粒在液桥和毛细管力的作用下团聚在一起形成微核，团聚的微核在容器低速转动所产生的摩擦力和滚动冲击力作用下不断地在粉料层中回转、长大，最后成为一定大小的球形颗粒。在成粒过程中一般要加入水、黏结剂等成粒材料，具体加入量及加入方式根据物料及造粒方法不同而有所变化。

团聚造粒是首先黏结剂中的液体将粉料表面润湿，使粉粒间产生黏着力，然后在液体架桥和外加机械力作用下形成颗粒，再经干燥后以固体架桥的形式固结。以上通过液体架桥形成的湿颗粒经干燥可以向固体架桥过渡，形成具有一定机械强度的固体颗粒。这种过渡主要有 3 种形式：① 将亲水性粉料进行造粒时，粉粒之间架桥的液体将接触的表面部分溶解，在干燥过程中部分溶解的物料析出而形成固体架桥；② 将非水溶性粉料进行造粒时，加入的黏结剂溶液作为架桥，靠黏性使粉末聚结成粒，干燥时黏结剂中的溶剂（多为水）蒸发，残留的黏结剂固结成为固体架桥；③为使含量小的粉料混合均匀，将粉料中的一些溶解于适宜的液体架桥剂中造粒，在干燥过程中溶质析出结晶而形成固体架桥。

9.2.3.3 造粒黏结剂的种类

（1）根据物料的溶解性分类　可以分为水溶性黏结剂和非水溶性黏结剂。水溶性黏结剂一般为有机物、可溶性盐、可溶性聚合物等，这类造粒黏结剂的使用方法灵活多变，可与造粒物料混合使用，也可配制成水溶液使用，如纤维素、腐植酸等；非水溶性黏结剂一般为非水溶性氧化物、盐类、黏土矿物等，这类造粒黏结剂只能与造粒物料混合使用，通过自身的黏结性、密度等提升造粒效果，这类物质一般价格较便宜，添加量较高，在提升造粒效果和颗粒强度的同时，还可以在一定程度上降低产品的配方成本和生产成本。

（2）根据物料来源分类　可以分为无机黏结剂和有机黏结剂。无机黏结剂主要包括膨润土、沸石粉、硅酸盐、轻钙、重钙、凹凸棒土、脱硫石膏和天然石膏等，大部分都是黏土矿物，黏土是层状硅酸盐和非晶体硅酸盐矿物的总称。在化肥生产中，无机黏结剂可以改善成粒率低、强度差、尺寸大小不一、工人劳动强度和生产成本高等问题。

无机黏结剂如轻钙、重钙、凹凸棒土、脱硫石膏和天然石膏等成粒效果较好，轻钙含量一般在 12% ～ 15% 时成粒效果较好，但颗粒较脆，硬度不够；天然石膏含量一般在 10% ～ 12% 时成粒效果比较好，颗粒的硬度也达到生产要求，但是天然石膏不可再生，且分布不广泛、价格较高，用作黏结剂会增加成本；黄色脱硫石膏和灰色脱硫石膏含量一般在 7% ～ 9% 时成粒效果比较好，颗粒的硬度也达到生产要求（氯化铵除外），不仅可以解决大量固体废弃物堆置占用土地的问题，还可以降低肥料的生产成本，最重要的一点是可以实现资源的二次利用，起到保护环境的作用，因此脱硫石膏作为化肥的固体黏结剂，有较好的实用价值和应用前景；凹凸棒土作为复合肥黏结剂在以氮、磷、钾为主要养分的复合肥中添加 5% ～ 10% 时，它兼有凹凸棒土和复合肥的特点，不仅养分全，有利于植物吸收，还具有保持肥效、增强肥效、补充微量元素、防止肥料流失、进一步改善土壤的优点。采用黏土类黏结剂由于无用成分增多，降低了有效成分含量，使生产能耗以及运输成本相对增加。

有机黏结剂主要包括复合淀粉胶黏剂类、树脂类、橡胶类等。将有机黏结剂添加到复合肥原料中，能够提高成粒率、减少返粒、替代黏土、降低综合成本；改善颗粒的强度与表面光洁度，无毒无害、环境友好；黏结力强，添加量少，添加量在 2% 左右；颗粒抗压力大，不易破碎，造粒效果更好。

9.2.3.4 国内外开发应用情况

化肥若想造成圆粒状通常需要添加黏结剂。在化肥生产过程中，造粒工序是颗粒化肥生产的关键，而黏结剂又是影响化肥颗粒化生产的关键因素。无机黏结剂在化肥造粒生产中是应用最早、最广泛的一种，主要有黏土、白垩土、高岭土、煤泥、苦土、海泡石粉、凹凸棒土、膨润土、磷石膏和钙镁磷肥等。

研究人员[24]对磷矿粉（研磨 4h）∶沸石 = 1∶30 和添加量分别为 5%、10%、15%、20% 的凹凸棒土的混合料在圆盘造粒机中进行造粒，烘干后测定其成粒率，结果显示，随着凹凸棒土添加量的增加，成粒率逐渐增大，添加量为 20%、15%、10% 的成粒率相比较 5% 添加量分别增加了 11.18%、9.06%、5.98%，由此可以推出：适宜添加量的凹凸棒土黏结剂可以有效提高颗粒肥料生产的成粒率。

此外，当凹凸棒土、淀粉、聚乙烯醇添加量均为10%时，三种黏结剂的造粒效果良好，但是相比较凹凸棒土，淀粉与聚乙烯醇的造粒效果更好，差异显著，成粒率分别增加了10.40%、21.05%。

有学者分别将经1mm筛分后的磷酸二铵（P）、磷酸二铵与硫酸钾混合物（PK，物料比例P∶K=1∶1）、尿素和磷酸二铵及硫酸钾混合物（NPK，物料比例N∶P∶K=3∶2∶1）置于圆盘造粒机中，启动造粒机，调节造粒机转速和圆盘倾角，用喷雾器将黏结剂（合成新型淀粉黏结剂，黏度为25mPa·s）喷入复混肥料，造粒7～10min；停止造粒，将颗粒从圆盘造粒机中取出，置于烘箱中烘干（温度要低于75℃）；将烘干后的颗粒过筛、分级，测定抗压强度，分析其颗粒性能，如表9-3所示[25]。

表9-3　黏结剂对不同化学肥料造粒颗粒性能的影响

肥料样品	成粒率/%	粒度（1～4.75mm）/%	粒度（<1mm）/%	粒度（>5mm）/%	抗压强度/N
P	87.4	82.9	12.6	4.4	19.3
PK	97.3	88.0	2.7	9.3	21.5
NPK	88.4	72.9	11.6	15.4	6.1

以合成黏度为25mPa·s的新型淀粉作为黏结剂，与磷酸二铵制得的颗粒肥料成粒率、粒度、抗压强度均较高，造粒效果好；与PK混合物的成粒效果最好，不仅成粒率高，而且抗压强度也大；与NPK的成粒率也较高，但大于5mm的颗粒比例较大，抗压强度较小。

除了无机黏结剂外，有机高分子化合物对有机复混肥成粒性及抗压强度更有利，但由于大多数人工合成的有机高分子化合物在施入土壤后易于残留，对后茬作物根系生长不利。对于天然有机黏结剂，淀粉胶是应用历史最为悠久的一种，由于其具有原料易得、价格低廉、无腐蚀无污染、强度高、质量轻、使用方便等优点，用量愈来愈大。目前世界上直接以淀粉为原料或对淀粉进行变性处理所得的黏结剂产品已有2000多种。

以羟乙基纤维素、羟丙甲基纤维素、聚乙烯醇（PVA）和羧甲基纤维素钠4种有机高分子化合物作为黏结材料进行沼渣肥料的造粒试验[26]，牛粪沼渣肥料造粒的成球率与黏结材料添加的质量分数成正相关关系，黏结材料的质量分数达到9.09%时，羟丙甲基纤维素作为黏结材料制备沼渣肥料颗粒的成球率达到76.19%，聚乙烯醇作为黏结材料制备沼渣肥料颗粒的成球率达到82.31%；肥料颗粒质量稳定，抗压强度满足要求。此外，造纸黑液中提取的木质素也可以作为肥料的黏结剂使用。

应现代农业对圆颗粒肥料的迫切需求，郑州大学在长期工作积累的基础上，针对钙镁磷肥、黄磷渣、硅钙钾镁肥等难以成粒的熔融矿质砂性材料，创新性地采用提高颗粒产品强度的黏结剂和促进遇水崩解的溶散剂联合作用机制，在实验室开发成功熔融矿质砂性物料基圆颗粒中微量元素肥及土壤调理剂生产工艺技术基础上，与湖北富邦科技股份有限公司合作，自主研发了独特的造粒、干燥工艺及设备，建成20万吨/年的自动化程度高、清洁环保、连续生产的转鼓造粒工业生产装置，并顺利达产，装置产品各项技术指标达到要求，成功解决了难以成粒的如钙镁磷肥、硅钙肥等砂性材料连续化生产这一长期困扰业界的关键技术难题，圆颗粒中微量元素肥料及土壤调理剂既能造成圆润均匀强度高的球形颗粒，施入土壤或遇水又能快速溶散。所选用的黏结剂、溶散剂来源广泛、添加量少、成本低，实现了该系列产品的低成本、连续性、规模化工业生产。产品含有丰富的磷、钙、镁、硅及微量元素，可定制化添加作物需要的其他中微量元素，利用营养元素间的协同增效作用，提高产品养分吸收利用率；可用于机械化施肥和智能配肥；产品呈弱碱性，安全环保，颗粒圆润，适宜混配，遇水完全溶散，利于作物吸收利用。

9.2.3.5 性能评价方法

黏结剂的性能评价主要是测定黏结剂的黏度、稳定性、生物毒性、形貌和结构等。

（1）黏度测定　通过黏度计直接测定[27]，可以用来判断黏结剂在颗粒肥料造粒中的作用效果。

（2）稳定性　定期测量黏结剂黏度，根据测量结果判断黏结剂的稳定性，是衡量黏结剂贮藏时间的重要标准，性能良好的黏结剂具有较长的贮藏时间。

（3）生物毒性　可用发芽率指数 GI 来表示。发芽率指数（GI）由下式确定：

$$\mathrm{GI}(\%)=\frac{\text{黏结剂溶液的种子发芽率}\times\text{种子根长}\times 100}{\text{蒸馏水的种子发芽率}\times\text{种子根长}}$$

从理论上讲，GI＜100% 时，就可以认为具有生物毒性；GI＞100% 时，可以认为对植物生长有促进作用[7]。

（4）形貌和结构分析　用扫描电镜对黏结剂涂层的干燥样进行观察，分析黏结剂在经过溶剂处理后结构的变化。用远红外扫描仪对黏结剂涂层干燥样观察，根据图谱分析黏结剂的性能[10]。

9.2.3.6 存在的问题

（1）无用成分多　无机黏结剂缺点是投入量大、无用成分多，限制了肥料的有效养分含量，在低含量肥料中颗粒溶解性不好，即无用成分加得越多，肥料的有效成分含量越低，生产不出高浓度的复混肥。例如，氮磷钾 (15-15-15) 三元复混肥，采用黏土类黏结剂造粒，返料率较高，一般为 30% ～ 50%，能耗增加，成本提高[28]。

（2）资源分布不均　由于资源分布的原因，钙镁磷肥多产于我国南方，而草炭、泥煤等的产量北方多于南方，即使是黏土，也不一定在生产厂附近就有资源，因此，铁路、公路运输量增加，生产成本也随之提高。

（3）无机酸类和无机盐类黏结剂有腐蚀性　常用的无机酸类（例如浓硫酸和浓磷酸）以及无机盐类黏结剂对造粒及烘干设备具有较强的腐蚀性，加工工艺也比较复杂，在很大程度上限制了无机酸类和无机盐类黏结剂的使用。

（4）有机高分子黏结剂残留　大多数人工合成的有机高分子化合物在施入土壤后易于残留，对后茬作物根系生长不利。采用酰胺类有机高分子化合物作为有机复混肥造粒黏结剂，由于有机物料及无机原料的水分常常变化，此类黏结剂在生产中添加量不易掌握，只凭经验操作，易增加烘干能耗，而且施入土壤后易于残留，对后茬作物生长不利。

（5）物理力学性能不佳　无机黏结剂在物理力学性能方面存在着黏结强度低、耐水性及抗热性差等缺点，应用受到了限制。黏土类矿物黏结剂存在的缺点：黏结性能差；分散性差，分布不均匀；干燥后，肥料颗粒表层黏土成粉状，易脱落，生产能力和生产合格率低；颗粒强度低，在储运过程中易发生破碎，增加了颗粒之间的接触面而容易结块，使得氮、磷、钾等养分的利用率不高；易造成土壤酸化板结，生物活性降低[29]。

9.2.4 消泡剂

消泡剂，是消除泡沫的一种助剂。在工业生产过程中，只要涉及到搅拌都会存在泡沫问题，这些工业生产过程中的泡沫可能会造成生产能力减小、原料浪费、反应周期延长、产品质量下降等。因此控制和消除有害泡沫具有极大的技术与经济意义。

9.2.4.1 磷酸生产中泡沫的产生、危害及起泡因素分析

泡沫本身是一种热力学不稳定体系，当气体进入含有表面活性剂的溶液时，便会形成长时间稳定的泡沫体系。

湿法磷酸生产中，当磷矿粉中碳酸盐和有机物含量较高时，磷矿粉与酸发生化学反应时产生大量 CO_2 气体。随酸解过程的激烈进行，CO_2 连续分散在含有有机物成分的反应液中，在料浆表面形成一个稳定的泡沫层，其体积通常可达反应液体积的 5% ～ 10%，对湿法磷酸生产带来许多不利影响。首先，影响磷矿粉的分散及酸解反应，造成生产能力下降；其次，泡沫层既降低了设备利用率，又使料位观察困难；最后，阻碍了反应过程中水分蒸发及热量移走，导致萃取槽反应温度升高，严重时泡沫会被大量带至尾气洗涤系统甚至漫槽，造成 P_2O_5 损失及环境污染[30]。

（1）湿法磷酸生产起泡因素分析　在湿法磷酸生产过程中，影响发泡的因素较多，简单归结为以下几点：

① 磷矿中的碳酸盐和有机物含量　这是影响发泡性能的重要指标。当碳酸盐和有机物含量很少时，酸解所产生的 CO_2 气体很少，形成的泡沫就很薄、很不稳定，即该磷矿的发泡性弱。

② 搅拌强度　搅拌强度不同则泡沫生成和消失的过程也不同，搅拌强度大，泡沫生成的时间延长，消失的时间缩短。

③ 磷矿粗细程度　磷矿越细比表面积越大，则发泡现象越剧烈，并且生成的泡沫层既厚又稳定。

④ 反应温度　反应温度对泡沫的消长有明显影响，这是因为液相黏度和表面张力与温度有关。反应温度过高或过低，均有利于抑制泡沫现象。

⑤ 磷酸料浆中 MgO 杂质含量和液相 P_2O_5 的含量　MgO 杂质和液相 P_2O_5 含量越高，则磷酸黏度越大，泡沫越稳定。并且硫酸含量越高，用量越大，则泡沫的稳定性越好。

（2）湿法磷酸生产泡沫过稳定性原因分析　我国磷矿资源以中低品位硅钙质磷块岩矿石

（即胶磷矿）为主，这些中低品位磷矿通常需要浮选才能满足湿法磷酸生产的要求。而磷矿在浮选过程中残留的有机物，如纸浆废液有捕收和起泡双重作用，其有效成分是脂肪酸和树脂酸及其皂。脂肪酸主要是直链不饱和酸，如油酸、亚油酸、亚麻酸等，树脂酸主要是脱氧松香酸、二氢松香酸。这些表面活性物质溶液的表面张力很低，当其存在于体系中，将大大降低泡沫体系的表面自由能；另外，当泡沫的液膜受到冲击时，在局部变薄处表面积增大，吸附的表面活性分子密度减少，表面张力升高，这就引起附近表面活性分子力图向变薄处迁移，使该处表面吸附分子恢复到原来密度，表面张力降低到原来水平。在迁移过程中活性分子携带邻近溶液一起移动，使变薄的液膜又增加到原有的厚度，维持泡沫的稳定，这种表面张力的修复作用是纸浆废液类表面活性剂维持泡沫稳定的因素之一。由于修复作用的存在，宏观表现为液膜有一定弹性。另外作为阴离子型表面活性剂的脂肪酸皂，由于吸附而富集于泡沫液膜两侧，使液膜两表面带负电荷，而反离子分散于液膜溶液中，形成表面双电层。当液膜变薄时，两表面电性相斥阻止其进一步变薄。这种电性相斥作用是纸浆废液类表面活性剂维持泡沫稳定的又一因素。从吸附膜的强度方面看，纯的离子型表面活性剂在气液界面吸附，由于存在极性基电荷的排斥作用，不能靠近，在气液界面排列较松散，形成的吸附膜黏度较低，强度较弱。而纸浆废液有效成分中既有离子型的脂肪酸皂又存在分子型的脂肪酸，它们在气液界面共吸附，分子型的脂肪酸穿插于脂肪酸根离子之间，形成复合物，定向排列较紧密，形成的吸附膜强度较大，导致泡沫寿命增加，这又是纸浆废液类表面活性剂维持泡沫稳定的因素之一，也是较重要的因素。

浮选是目前提高中低品位磷矿品位的主要技术手段，但是通过浮选后的磷矿残留了大量的浮选药剂，导致后续的湿法磷酸萃取工段产生大量的稳定泡沫，严重影响整个湿法磷酸生产。

9.2.4.2 消泡剂的作用原理

国外在 20 世纪 20 年代就开始了对消泡剂的研究，而国内则在 20 世纪 80 年代才开始使用，至今仍没有形成对消泡剂作用机理统一的认识。目前基本认同下面几种消泡剂消泡机理。

Denkovnd 从消泡物质表面张力比较低的角度出发，提出了“bridging - spreading”机理（“架桥 - 铺展”机理）。

L. Arnaudov 等[31]根据消泡速度的快慢，将消泡剂分为“快消泡剂”和“慢消泡剂”。“快消泡剂”液滴具有较低的进入能垒，因此，能在膜变薄的初期很容易在泡沫膜的表面上架桥。图 9-4 为油滴破坏泡沫的机理。在泡沫演化的早期阶段，液滴从泡沫膜中被喷射到邻近的高原边界。液体的排放导致高原边界逐渐变窄，并增加了毛细管压力，压缩了被捕获的液滴。当压缩毛细管压力超过某一临界值时，油滴进入高原边界表面，使附近的泡沫膜破裂，这取决于空气 - 水 - 油不对称膜的稳定性。

A. Dippenaar[17]提出的“bridging - dewetting”机理（“架桥 - 脱湿”机理）是从消泡剂液滴属于疏水型的角度出发的，它一旦在两个泡沫膜之间形成了油桥，就会在水相中脱湿。当消泡剂油滴变形时，它就会进入到泡沫膜的表面形成透镜的形状，透镜会被两端相反的泡沫膜脱湿。只要消泡剂能进入到泡沫膜的表面，上述两种机理就都可能会发生。

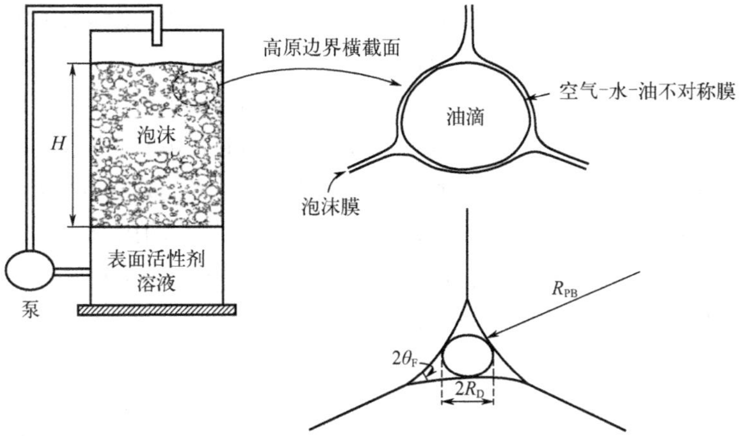

图 9-4　油滴破坏泡沫的机理

在一个给定的体系中，到底以哪一种机理消泡主要取决于脱湿和变形的速度，这也没有理论模型来说明，因此只能通过试验探索。高黏度的消泡剂油滴一般遵循“bridging - dewetting”机理，而低黏度的聚硅氧烷一般遵循“bridging-spreading”机理，因为低黏度的消泡剂油滴容易变形。另外，文献中还提出了“spreading-fluid entrainment”机理[32]，这个机理也是从消泡剂油滴的低表面张力角度出发的，认为消泡剂在泡沫膜表面能很快铺展。

消泡剂必须满足两个基本特性：不溶于或微溶于起泡介质；表面张力比起泡介质要低[33]。除此之外，还要求消泡剂具备消泡速度快、抑泡时间长、用量少、不会有副作用和环境友好等特性。

9.2.4.3　消泡方法及消泡剂的种类

消泡是泡沫稳定的反过程，它包括两方面的含义：一是“抑泡”，即防止气泡（或泡沫）的产生；二是“破泡”，即将已产生的气泡“或泡沫”消除。消泡方法根据原理不同主要分为机械消泡法和化学消泡法。实际应用一般是一种或两种方法混合使用。

（1）机械消泡法　借助机械力或压力变化使泡沫破裂，达到消泡目的。机械消泡装置类型又可分为专用除沫桨、破泡机和除沫式搅拌桨三种形式。其中，磷肥行业以除沫式搅拌桨应用居多，它是一种专门设计的搅拌器，在其上部接近液面处装有大型叶轮，叶轮的叶片经常在液体表面或浸没于液面下，叶轮的旋转速度足以使气体与液体被抛起，有助于气液分离。机械消泡的优点是消泡过程中不需添加任何物料，避免了因消泡剂的加入可能造成的污染，但在消泡效果上通常不如化学消泡迅速有效。另外，还需一定的设备投资和动力消耗。机械消泡法在国外湿法磷酸生产装置中应用较为普遍，例如普莱昂（Prayon）公司设计的萃取槽搅拌桨，不仅具有帮助磷矿粉和硫酸在介质中迅速分散的作用，还具有避免泡沫生成和有利于料浆冷却的功能。

（2）化学消泡法　主要指向体系中加入一定量的消泡剂，借助于添加化学试剂（如消泡剂）来消除泡沫。消泡剂主要通过降低液膜局部的表面张力、破坏界面膜弹性使液膜失去自修复功能、降低液膜黏度等作用来达到消泡效果。近年来在磷复肥行业大多采用化学消泡法。在实际应用中需要一种既能快速消除泡沫，又能长时间抑制泡沫的消泡剂。相比较而言，添加消泡剂的方法被认为是高效的方法。

泡沫是由于表面作用而形成的。当不溶性气体被周围的液体所包围时，瞬间生成疏水基伸向气泡内部，而亲水基伸向液体，形成一种极薄的吸附膜，由于表面张力的作用，膜收缩为球状，形成泡沫。一般认为各个气泡相交处存在着界面，界面处液体有流动的趋势，液膜逐渐变薄至一定程度时，表面张力降低，泡沫就会破裂。当加入消泡剂后，消泡剂因其较低的表面张力进入液膜，在溶液表面进行铺展，会带走邻近表面的一层溶液，使液膜局部变薄，泡沫破裂。化学消泡法过程示意图见图 9-5。

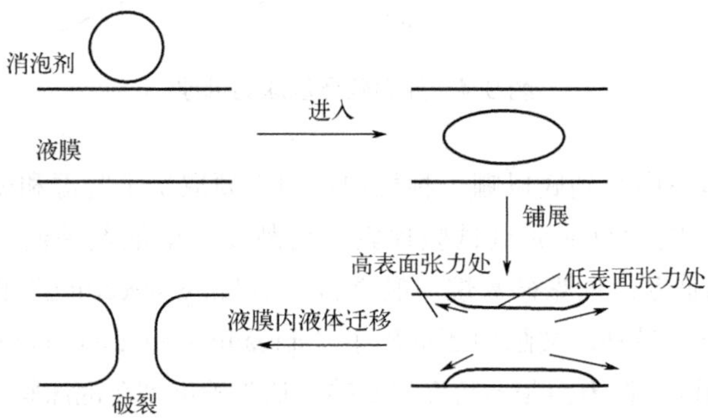

图 9-5　消泡剂的进入、铺展和泡沫的破裂示意图

在磷酸和硝酸磷肥生产过程中，“抑泡”过程是当加入消泡剂后，其分子杂乱无章地广布于液体表面，抑制形成弹性膜，即终止泡沫的产生。当体系大量产生泡沫后，加入的消泡剂分子立即散布于泡沫表面，快速铺展，形成很薄的双膜层，进一步扩散、渗透，以层状入侵，从而取代原泡沫膜薄壁。由于其表面张力低，便流向产生泡沫的高表面张力的液体，这样低表面张力的消泡剂分子在气液界面间不断扩散、渗透，使其膜壁迅速变薄，泡沫同时又受到周围表面张力大的膜层强力牵引，致使泡沫周围应力失衡，从而导致“破泡”。不溶于体系的消泡剂分子，再重新进入另一个泡沫膜表面，如此重复，所有泡沫全部覆灭。

（3）消泡剂的种类　从消泡剂的外观形态看，消泡剂可以分为固体消泡剂和液体消泡剂；从消泡物质的种类看，消泡剂可以分为有机硅型消泡剂、聚醚型消泡剂和矿物油型消泡剂等；消泡剂从属性上大体可分为油型、溶液型、乳液型、粉末型和复合型。

常用的消泡剂主要有三大类：有机硅型消泡剂、非硅型消泡剂和聚醚型消泡剂。有机硅型消泡剂以硅油为基础组分，复配适宜的乳化剂或无机填料。该类消泡剂具有较好的消泡效果，但硅油的乳化难度较大，易产生乳化不完全现象，严重影响消泡效果。非硅型消泡剂常指以脂肪酰胺及磷酸酯、脂肪醇、醚等有机化合物为主的一类消泡剂。该类消泡剂价格相对低廉，适合于发泡能力较温和的条件下使用，但对致密型泡沫的消除能力较差。聚醚型消泡剂是指分子量较低的聚氧乙烯 - 聚氧丙烯的嵌段共聚物，适用于各类水性、油性体系。该类消泡剂具有消泡效果好、抑泡持久的特点，但其缺点是破泡率低，系统一旦产生大量泡沫，不能有效地将泡沫消除，需要加一定量新的消泡剂才能解决问题。

9.2.4.4　国内外开发应用情况

用于湿法磷酸和硝酸磷肥生产过程中的消泡剂种类，国外主要有脂肪酸、脂肪醇、磷酸酯、脂肪酸酰胺等；国内一般用妥尔油松脂、妥尔油脂肪酸、油酸及其硫酸盐、国产 YX-1 和改性 YX-2 型以脂肪酸烷醇酰胺为主体的复合含油基型消泡剂。

（1）脂肪酸烷醇酰胺的制备　国内研究工作者以妥尔油脂肪酸与烷基醇胺经中和反应生成皂铵，该法合成的脂肪酸烷醇酰胺为同时具有疏水基团（脂肪烃基）和亲水基团（烷基醇）结构的非离子表面活性剂，在磷矿酸解的强酸性介质中，能有效降低体系的表面张力，达到消除泡沫的目的[34]。美国专利 US3437437 在磷矿和无机酸制备湿法磷酸萃取反应体系中加入脂肪酸烷醇酰胺来达到消泡的目的。该消泡剂是 1 ～ 4mol 由 4 ～ 18 个碳原子组成的饱和脂肪酸或 16 ～ 20 个碳原子组成的不饱和脂肪酸与 1mol 羟基胺反应的产物。考虑到经济性，脂肪酸一般选用妥尔油，以及妥尔油与饱和脂肪酸或不饱和脂肪酸的混合物。

（2）物理复配型消泡剂的制备　消泡活性成分大多不溶于水，为保证其充分发挥消泡作用，可将消泡剂进行乳化，使其能接触更多的泡沫表面。常采用加入表面活性剂或者乳化剂的方法来降低油相和水相间的表面张力，使油相泡沫成分在水相中分散成微液滴，并使消泡乳液具有一定的稳定性。

通常使用的非离子表面活性剂应具备如下优点：

① 对水硬度不敏感，可与酸性、碱性和两性离子表面活性剂互溶，且不易产生沉淀；

② 复配的表面活性剂还可产生协同效应；

③ 采用两种以上的表面活性剂混合物，要求表面活性剂成泡性小，选择一定 HLB 值（亲水疏水平衡值，也称水油度，其值越大亲水性越强，越小亲油性越强）的表面活性剂，一般 HLB 值为 8 ～ 10 较好。

美国专利 US3238142 认为妥尔油、松树油、燃料油、油酸等在很多领域作为常用的消泡剂效果不佳，且消耗量大，成本高。为达到更好的消泡效果以及节约成本，开发出了一种混合消泡剂，以妥尔油为主要原料，与乙烯基乳化剂复配，能较好地起到消泡作用。研究表明：将少量乙氧烷基醇加入妥尔油中，可使消泡效果提高 3 倍。美国专利 US3598755 则阐述了由 16 个或更多碳原子的醇与氧化丁烯醇复配得到的混合消泡剂，能有效减少酸性体系，尤其是磷矿与硫酸体系中产生的泡沫。美国专利 US4145310 以十二醇与磺化油（例如磺化煤油）按质量比 3∶5 制成混合消泡剂，按照 0.11% 的质量分数加入磷酸萃取体系，消泡能力较好。

（3）酯类消泡剂的制备　2- 乙基己醇和顺丁烯二酸酐在酸性催化剂的作用下，通过酯化反应得到琥珀酸酯，再与亚硫酸氢钠加成反应得到磺基琥珀酸酯。根据磷复肥生产过程中的消泡要求，以磺基琥珀酸酯为主要成分，附加表面活性剂和助溶剂复配作为复合型消泡剂。

美国专利 US4083936 在湿法磷酸的生产过程中以脂肪醇的磷酸酯作为消泡剂，其中脂肪醇可以为不同链长的混合醇，含有 16 ～ 26 个碳原子的脂肪醇磷酸酯，能有效发挥消泡作用。加入的有机物主要为妥尔油衍生脂肪酸和适当的分散剂或润湿剂的混合物。但这些物质会引起反应器橡胶衬里的剧烈膨胀和软化，使其失去附着力而脱落，造成设备的损坏。

（4）有机硅型消泡剂的制备　有机硅型消泡剂[35]具有消泡效能高、低毒、抗氧化、无味、无副作用等优点，但乳化问题复杂，若乳化不完全，使用时破乳将严重影响效果，因此出现了关于改性有机硅型消泡剂的研究。

以二甲基（硅）油和二氧化硅组成的硅膏为主体成分，以 Span-TVeen 为复合乳化剂、羧甲基纤维素钠（CMC）为增稠剂，制备得到复合型（TS）乳液有机硅消泡剂，它具有较好的水溶性[36]。将甲基硅油和气相法二氧化硅制得硅膏，再与聚醚硅油、复合乳化剂（由 SpanSO 与 Tween 80 组成）、羧甲基纤维素钠等复配，制得高效乳液型有机硅消泡剂，消泡效果好，它具有较好的离心稳定性和耐热稳定性，且在水中的分散性良好[37]。近年来也出现了很多通过改性合成的聚醚改性硅氧烷消泡剂，通过扬长避短，充分发挥了聚醚和有机硅型消泡剂的优点，制成了高效型消泡剂。但目前该类消泡剂大多应用于印染、造纸等行业，未见应用于湿法磷酸生产过程，因此可探索性采用该类消泡剂来解决湿法磷酸生产中的起泡现象。

目前，已有多种消泡剂应用于湿法磷酸和硝酸磷肥生产过程中，如妥尔油、妥尔油脂肪酸、油酸、磺化脂肪酸、磺化油酸、妥尔油的羟胺加合物、脂肪酸的碘化氢加合物、妥尔油的环氧乙烷加合物和长链醇等，其中大部分已商业生产。2017 年，中海油天津化工研究设计院有限公司魏青等开发了一种湿法磷酸生产用消泡剂，该消泡剂各组成原料的质量份数如下：聚醚 A 10 ～ 20 份、改性硅聚醚 1 ～ 5 份、活性载体 0.5 ～ 2 份、扩散剂 1 ～ 5 份、有机溶剂 5 ～ 20 份、去离子水 30 ～ 50 份。它可以在较低浓度强酸下保持良好的消抑泡效果，并且不影响磷酸的产品品质。2017 年云南磷化集团有限公司张晖等[38]也开发了一种湿法磷酸萃取用消泡剂，主要原料：聚醚类化合物为 10 ～ 60 份、抑泡剂为 10 ～ 15 份、表面活性剂为 10 ～ 20 份、水为 30 ～ 40 份。采用消泡和抑泡相结合的方法解决湿法磷酸消泡问题，生产过程简单，产品不影响磷酸质量，在萃取磷酸中消泡和抑泡效果好，原料来源广泛，价格低廉。

Arkema ArrMaz 生产的消泡剂可以用于湿法磷酸生产与肥料造粒过程中，提高生产能力和效率并改善搅拌 / 混合和料浆循环。主要在湿法磷酸生产的酸化 / 反应阶段，达到控制泡沫、避免可见排放、增加反应器循环、优化硫酸 - 矿石反应的目的；在肥料造粒过程中，增加加入到废气洗涤系统循环的消泡剂，有助于确保生态安全。富邦生产的消泡剂在 0.05‰～ 0.15‰添加量的情况下，即能实现良好的消泡作用；性质稳定，在酸碱性和高温条件下不易分解；分散性好、使用简单方便、用量少；对环境无污染。

9.2.4.5 性能评价方法

不同的起泡体系就要求有不同的消泡剂。消泡剂一般可从消泡性能、抑泡性能、相容性能、脱气性能、涂刷性能等方面进行评估。国外有学者单就消抑泡性能的测试进行过相关的研究和分析，方法主要有摇瓶法、循环鼓泡法、高速分散法、气体鼓泡法、振荡法等。

在湿法磷酸生产中，由于磷矿矿种及残留浮选药剂的不同，产生的泡沫数量和性质有很大差异，因而至今没有一个能准确反映泡沫现象的试验方法。据有关资料，目前国内采用较多的评价方法主要是挪威磷矿标准泡沫试验方法、墨西哥肥料股份公司磷肥消泡剂消泡性能评定要求、日本三井物产 MIYOSHI 油脂株式会社磷酸生产工程用消泡剂消泡性能试验法。

三种方法的共同点是通过空白试验和加消泡剂试验，得出时间与泡沫高度（或体积）的关系，即泡沫高度 - 时间曲线或泡沫体积 - 时间曲线，再根据评定标准比较两个试验形成泡沫的最大高度及泡沫消失所需时间，就可得出比较明确的结论。目前实验室一般常采用挪威磷矿标准泡沫试验方法[34]。

9.2.4.6　存在的问题及研发方向

消泡剂在我国磷复肥行业的应用研究起步较晚，由于磷矿品位的降低，目前的消泡剂难以满足生产需求，而且对适用于湿法磷酸生产的高效型消泡剂的相关研究较少。因此，对磷矿的发泡性能进行评价分析和消泡技术的应用显得尤为重要。

湿法磷酸生产中的发泡情况与磷矿石品位、反应速率、消泡剂种类等因素有关，导致目前湿法磷酸生产中的消泡技术仍然存在很多问题。

① 成本较高　目前市面上消泡剂的价格偏贵。据了解，某分公司所使用的消泡剂从市场上采购，生产成本每吨增加 30 元左右。

② 磷矿浮选使用药剂种类较多，起泡性强　在磷矿浮选工艺中常用到改性脂肪酸、醚胺类和磷酸酯类、油酸钠、脂肪酸甲酯磺酸钠等捕收剂，此外还会用到抑制剂、增效剂。这些物质大多为有机物，起泡性较强，导致浮选后残留在磷矿中的药剂成分复杂。因此，在湿法磷酸生产中要根据浮选过程残留的药剂，有针对性地开展消泡技术研究。

③ 研发力度薄弱　目前湿法磷酸生产消泡技术的研发力量薄弱，大多数生产企业直接从市场上购买现成的消泡剂。加之消泡剂、表面活性剂种类多，筛选出有效的消泡剂并能复配出较好消泡效果的混合消泡剂，需要一定的实验探究能力。

目前单组分的消泡剂已不能很好地满足消泡要求。对消泡剂改性和研究复配型消泡剂将是今后湿法磷酸消泡剂研究的重点。开发消泡剂应着重考虑以下问题：

① 成本低廉；

② 消泡剂应具有消耗量小、能充分发挥良好消泡效果的特征；

③ 消泡剂要具有环保性，解决消泡剂的损失、回收、循环使用等问题；

④ 消泡剂体系的理化性能稳定，复配型消泡剂各组分之间具有协同效应；

⑤ 消泡剂对后续产品是否有影响。

此外，考虑到化学消泡法的成本问题，也可考虑采用流体喷射和机械搅拌同化学消泡法并用，达到较好的消泡效果，开发出一种适宜的消泡剂进行化学消泡，并将物理方法与化学方法结合，以便于更好地为湿法磷酸生产过程服务。

9.2.5　助滤剂

化学助滤剂是指能够增加过滤速度或降低滤饼水分的药剂，又称为脱水助剂或过滤预处理药剂。

9.2.5.1　磷酸生产中料浆的过滤问题

磷酸生产过程中由于磷矿矿质不理想、磷石膏结晶过滤效果差，无法保证反应部分所需的回磷酸流量，导致反应槽的浓度上升，料浆黏度增大，系统极易堵塞，致使装置生产能力大大下降。同时二水法磷酸装置所生产的稀磷酸中的含固量较高，静置沉降后，大量继沉淀盐淤渣富集于槽底，这部分淤渣酸黏度较高，且其中的固体颗粒相当细小，目前直接用淤渣酸泵送到过滤机过滤，极易堵塞滤饼颗粒间缝隙和滤布滤孔，导致滤布的孔隙率下降，进而影响过滤效果。而且有相当一部分淤渣酸又会重复进入生产系统循环，最终恶化过滤效果，萃取部分所需的回磷酸量很难确保，投矿负荷不得不降至低限。时间越长，滤布孔隙率越小，最后不得不更换滤布，导致维修成本上升。

总体来看，制约磷酸生产负荷及过滤能力的主要问题是晶体颗粒细小。在湿法磷酸生产中，由于受各种因素的影响，晶体颗粒很难长成粗大、均匀的晶体，而是形成几种不同形状的晶体，其中细小、薄片状的晶体占有一定的比例，因为其晶体比较小，晶间空隙率相对较小，造成滤液及洗涤液不容易过滤，最终制约装置负荷及过滤能力。

添加助滤剂是一种改善过滤效果的方法。随着选矿工艺的持续发展，为达到有用矿物的充分单体解离，精矿产品的粒度变得越来越细，这些含有大量细小物料的悬浮液在过滤过程中，由于颗粒分散性强，容易堵塞过滤介质孔隙，增大过滤阻力等问题日益严重，通过添加适宜的助滤剂可大幅改善这些过滤过程中存在的问题。

9.2.5.2 助滤剂的作用原理

（1）介质型助滤剂　主要通过将悬浮液中的固体颗粒截留在过滤介质表面或其孔隙中，从而实现固液分离的目的。其作用机理可概括为深度效应作用、筛分作用和吸附作用。深度效应是指当固体颗粒粒度较小时，固体颗粒被截留在介质孔隙中的通道里，滤液通过通道，作用机理属于机械作用，受颗粒形状和孔隙大小影响。筛分作用属于表层过滤，当悬浮液中固体颗粒尺寸大于介质孔隙，固体颗粒被截留在介质表面形成滤饼层，滤液可通过介质，此时介质表面的滤饼层成为新的过滤介质层。吸附作用主要受到分子间力、Zeta 电位以及离子交换过程的影响，微细颗粒之间连同介质孔隙内壁由于表面性质的作用发生吸附，被截留至介质内部。

（2）表面活性剂型助滤剂　由于药剂本身所特有的“双亲结构”的性质，其在固液分离作业中应用较普遍。其作用机理可以从两个方面进行探讨：其一是作用于溶液方面，其二是作用于颗粒表面方面。对溶液的影响表现为降低溶剂的表面张力。当表面活性剂加入水中时，“双亲结构”中亲水基一侧伸入水中，而疏水一端则伸向空气中，在气液界面上表面活性剂分子定向排列，降低了界面张力。在溶液中，表面活性剂还具有一种特殊属性，即临界胶团浓度。当溶液中表面活性剂浓度超过临界胶团浓度时会形成胶团，极性基朝外，非极性烃链朝内并发生缔合现象，形成的集合体即胶团。一般而言表面活性剂溶液的许多重要功能都是通过胶团来实现的。表面活性剂“双亲结构”中亲固端通过物理化学方式吸附于固体颗粒表面，非极性端伸入溶液中。此时原本亲水的颗粒表面被表面活性剂分子替换成疏水表面，表面润湿性极大程度降低。微细颗粒间距较小，容易形成毛细管道状的通道，由于颗粒表面润湿性降低，原本颗粒间的部分毛细水也得以排出，进一步降低滤饼产品中的含水量。在细粒物料的过滤脱水过程中，助滤剂分子应以尽可能大的面积覆盖颗粒表面，否则颗粒局部的强亲水性仍会导致过滤通道的堵塞，影响脱水阶段的顺利运行，滤液排出变得困难。

9.2.5.3　助滤剂的种类及特性

常用的助滤剂主要可分为两类，一类是介质型助滤剂，多为粉末状或纤维状的颗粒，硬度较高；另一类是可溶于水的溶液型助滤剂，常见的凝聚剂、絮凝剂以及表面活性剂均属于此类助滤剂。

（1）介质型助滤剂　一类具有一定强度且形貌特征非固定的多孔型粒子，孔隙度高且透水性好。在过滤过程中主要起到扰动填充层的作用，由于介质具有不可压缩性，因此助滤剂可有效改善滤饼的透过度，降低滤液排出时受到的阻力。此外，由于介质型助滤剂的多孔性，其具有较高的孔隙度和较大的比表面积，通过对介质基体的改性可增强其对悬浮液中微细颗粒的截留能力，降低滤液中固体颗粒的含量，提升滤液的精纯度。硅藻土、珍珠岩是常见的介质型助滤剂。

（2）表面活性剂型助滤剂　通常用于过滤工艺中，通过降低滤液的表面张力、改善颗粒表面润湿性等方式，降低过滤过程中的阻力或提升过滤效率，降低滤饼中的含水量。

通常情况下将可溶于水的溶质加入溶剂中会使得溶剂的表面张力发生变化，具体表现为：使溶液表面张力升高，如强电解质类物质；使溶剂表面张力逐渐降低，如低碳醇等有机化合物；而有些物质，在较低的添加量下，就能使溶剂表面张力急剧下降，并随着用量继续增大表面张力缓慢降低或不变，如油酸钠这类药剂。

图9-6　表面活性剂分子结构示意图[39]

通常而言，具有第三种特性的物质被称为表面活性剂。表面活性剂分子的结构具有两个特点：第一，分子由两部分组成，如图9-6所示，一部分是非极性的亲油基团，另一部分是极性的亲水基团，即一端具有亲水性，另一端具有亲油性；第二，分子中亲水、亲油两基团的强度一致，达到“水油平衡”。常见的表面活性剂型助滤剂可以按照其极性基团的特点分为阴离子型、阳离子型和非离子型表面活性剂助滤剂。

添加助滤剂的目的就是要将料浆中细小、杂乱的碎晶生成絮凝体，即絮凝生成物。让这些絮凝生成物保留在滤饼内来除去滤液中的颗粒物，同时也使滤饼的孔隙率有所增大，从而提高过滤速率，增强过滤效果。而产生絮凝体的基本要求是使较小的颗粒聚集在一起，通常悬浮颗粒与胶体颗粒相似，即表面都带电荷，颗粒之间存在着排斥能和吸引能，起平衡稳定作用。排斥能与吸附层和扩散层界面上的电位（ξ电位）成正比，ξ电位愈高，排斥能愈大，颗粒愈难聚合。因此，在絮凝过程中，溶液中的无机离子和加入的絮凝剂均起了作用，前者中和颗粒表面电荷，降低ξ电位；后者由于对细小颗粒有强烈的吸附作用，通过黏结、架桥来促进微粒聚结而发生絮凝。助滤剂加入后，很快便生成絮凝体。采用助滤剂所能分离的最小粒级比自然沉降的要小，由于助滤剂能将细小的颗粒聚集在一起，形成絮凝体，其沉降速度要比单个颗粒快得多，从而提高分离效率。

9.2.5.4 国内外研究应用情况

为改善料浆过滤效果，提高过滤强度，从而提高装置产量，提高磷酸产品的质量，降低磷酸生产成本，可在料浆过滤过程中添加助滤剂。助滤剂有两种类型，即絮凝剂型助滤剂与表面活性剂型助滤剂。

絮凝剂型助滤剂与表面活性剂型助滤剂对脱水行为的影响各有其特点。絮凝剂型能提高过滤速度，但也许会引起滤饼水分的增高，表面活性剂型能降低滤饼水分，但对提高过滤速度作用不大。它们的混合使用往往能获得良好的助滤效果。

絮凝型助滤剂溶液与料浆混合点的位置对絮凝作用影响很大，如果在过滤前就加入絮凝剂并使其过久留在料浆里，助滤剂就会遭到料浆的破坏，这种破坏进行得相当快，一般不到4min。有效的混合方法是将助滤剂溶液从过滤的供料浆管道中加入，因为它们的混合十分容易，所以一般加入点是在过滤机的进料处[40]。

过滤系统中，由于酸解过程带来的微小结晶尺寸比较小，晶间空隙率相对较小，造成滤液及洗涤液不容易过滤，影响了整个磷酸装置的稳定生产，为改善料浆过滤效果，提高过滤强度，有必要在料浆过滤过程中添加助滤剂。

法国 CERPHOS 试验表明，在生产能力为 200t/d 的一套磷酸生产装置的过滤料浆中使用絮凝剂，使产量提高 50%，过滤强度（以 P_2O_5 计）从 3 ～ 3.5t/(m^2·d) 提高到 4 ～ 4.5t/(m^2·d)，且滤液十分清亮。江苏某化肥有限公司使用 SC-3450 絮凝剂，磷酸生产能力提高了近 13%，年增产磷酸 0.8 万吨。

9.2.5.5 存在的问题及发展方向

（1）助滤剂之间协同作用机理的研究，特别是高分子絮凝剂型和低分子表面活性剂型之间协同作用机理的研究；

（2）量子化学原理在研究各种类型助滤剂之间协同作用机理上的应用；

（3）助滤剂复配规律研究；

（4）设计新型助滤剂配方的基本原理的探讨；

（5）助滤剂混合的可能性及使用效果的预测研究。

总之，助滤剂混合使用是助滤剂研究的一个非常重要的方向，很有发展前景。

9.2.6 阻垢剂

难溶性无机盐的结垢一直是工业领域必须面对的严重问题，目前常用且经济的阻垢手段是利用化学药剂来抑制污垢的形成。阻垢剂能阻止无机盐类，尤其是 $CaCO_3$、$CaSO_4$、$Ca_3(PO_4)_2$、$Mg(OH)_2$ 等负溶解温度系数难溶盐的沉积成垢，目前在工业循环冷却水系统、海水淡化、锅炉、地热资源开发以及油气田等众多场合中得到了广泛应用。

9.2.6.1 湿法磷酸生产中结垢的产生及防止

湿法磷酸生产中磷石膏过滤环节易形成结垢物，结垢速率取决于磷矿种类、磷酸浓度和料浆特性，其中碱金属的氟硅酸盐（Na_2SiF_6 和 K_2SiF_6）会明显加剧管道结垢。磷酸装置中结垢最敏感部位是过滤系统，因为磷酸进入真空设备和管道时，被真空及其引起的急骤冷却效应突然冷却，致使大部分结垢发生在管网系统。其次在磷酸浓缩环节也易形成结垢物，主要结垢物有三种形式，即钙盐、氟盐、继沉淀。当浓缩到 45% P_2O_5 时，硫酸钙以二水物形式结晶；大于 45% P_2O_5 时，以无水物形式结晶；若含游离 H_2SO_4 低或者不足，磷酸一钙会从 54% P_2O_5 磷酸中沉淀出来。虽然钙盐的沉淀可以通过稀磷酸制取过程维持适当的游离 H_2SO_4 含量来避免，但其缺点是会使酸的沸点升高。氟盐包括氟硅酸钠、氟硅酸钾，这类盐一部分在蒸发器表面结垢，另一部分以大量的小晶体形式悬浮在溶液中。这些结垢影响磷石膏的过滤洗涤效果，降低生产能力。

在湿法磷酸生产中，管道结垢、堵塞一直是制约装置连续、平稳运行的重要因素，在过滤系统尤为突出，结垢物致密、坚硬，很难用一般的清洗方法清除，只能用手工机械清理。结垢物的存在造成了诸多弊端：首先，清理频繁，不但浪费人力物力，而且大大缩短装置清洗周期，降低装置开车率；其次，频繁的手工机械清理，使一些管道、设备的寿命缩短；最后这些结垢物集结在泵壳体、叶轮、仪表阀门、流量计等部位，常导致泵流量减少、仪表阀门失控、流量计显示不准等问题出现[41]。因此探索有效的防垢措施对湿法磷酸生产有着重要的现实意义。

防止湿法磷酸设备和管道结垢的措施有：

（1）减少过滤料浆的温度差，通常采用的办法一是设置中间料浆槽，料浆先进入中间料浆槽，使其温度降至 65℃左右并停留一段时间，使部分盐类的过饱和度消除后，再用泵送至过滤机过滤；二是在过滤机分配盘设置夹套，用蒸汽保温，减少料浆的温度差。

（2）添加晶种以消除氟硅酸钾（钠）过饱和度。

（3）添加阻垢剂是最有效、最有前途的防垢措施之一。

阻垢分散剂主要是针对湿法磷酸真空过滤系统氟硅酸钾（钠）结垢堵塞的问题。真空过滤过程中，由于温度降低，氟硅酸钾（钠）溶解度下降，使过饱和度增大，通过成核、晶体生长及在接触面沉积等过程而产生氟硅酸钾（钠）垢，所以在真空过滤系统需添加阻垢分散剂来阻止结垢。

9.2.6.2　阻垢剂的种类

阻垢剂分无机物与有机物两大类。无机阻垢剂主要选用硅、铝化合物，在实际生产中添加铝化合物可减少氟硅酸钾（钠）结垢，其添加量应根据所用磷矿而定，一方面应保证有较好的阻垢效果，另一方面对湿法磷酸生产没有明显不利影响。有机阻垢剂主要选用有机膦酸、磺酸、羧酸和高分子聚合物分散剂等及其组合物。早在 20 世纪 30 年代，无机阻垢剂就被用于阻止垢的形成，其阻垢机理也得到研究。然而，无机阻垢剂因效率过低同时可能造成水环境的二次污染而逐渐被有机阻垢剂取代。根据有机阻垢剂的发展历程和官能团类型，其可划分为以下几大类：天然高分子类阻垢剂、聚磷酸盐和有机膦酸盐类阻垢剂、羧酸均聚和共聚物类阻垢剂、磺酸共聚物类阻垢剂、磷酸羧酸类聚合物阻垢剂以及绿色环保型共聚物阻垢剂。天然高分子类阻垢剂具有来源广泛、易得、无毒且易降解的优点，常见的天然高分子处理剂如单宁、纤维素、淀粉、木质素、壳聚糖和腐植酸钠等在冷却水系统中控制水垢的产生和形成方面发挥过重要作用。

9.2.6.3 阻垢剂的作用原理

以阻垢剂分子中的羧基、膦酸基为主要功能基团，以基团与成垢离子间的离子键、库仑力和范德瓦尔斯力为动力来源，阻垢剂表现出多种阻垢作用。阻垢剂的阻垢机理可以分为下列几种类型：

（1）分散吸附　用阴离子型或非离子型聚合物把胶体颗粒包围起来，使其稳定在分散状态，这类药剂称为分散剂。由于物理或化学作用，阻垢剂分子被吸附到颗粒表面形成双电层，阻垢剂的链状结构可同时吸附多个相同电荷的晶粒，在静电作用下，晶粒相互排斥，避免进一步碰撞聚集形成大晶体。当吸附微晶后的大颗粒再碰到其他阻垢剂分子时，也会将已经吸附的微晶颗粒转移过去，从而使晶粒均匀分散在溶液中。例如聚磷酸盐、聚丙烯酸钠，经过其吸附，离解的羧基提高了结垢物质微粒表面的电荷密度，使这些微粒的排斥力增大，降低微粒的结晶速度，使晶体结构畸变而失去形成桥架的作用。如果循环水中这些聚合物浓度足够的话，则会使结垢物质保持分散状态。

（2）螯合增溶　把金属离子变成一种螯合离子或络合离子，就抑制了其和阴离子结合产生沉淀物，这类药剂称为螯合剂和络合剂。具有螯合作用的阻垢剂分子中一般含有两个或多个配位键，最典型的螯合剂为乙二胺四乙酸（EDTA）。EDTA 几乎可以同任何一种金属离子形成螯合物，金属离子和 EDTA 分子物质的量比为 1∶1。由于循环水中产生结垢的金属离子浓度都很高，采用螯合剂来防止结垢的办法，需要很高的剂量，因而是不现实的。对 Ca^{2+} 所产生的 $CaCO_3$ 和 $CaSO_4$ 结晶，用少量的分散剂，就足以抑制这些结晶颗粒的长大，防止其黏在金属表面上，比采用螯合剂的办法经济得多。

（3）晶格畸变　在碳酸钙过饱和溶液中，晶核的形成需要一定时间，晶核一旦形成就开始成长，在这个过程中，晶体表面上如果存在阻垢剂功能基团，并占据晶体生长的晶格点，晶格继续长大，阻垢剂的功能基团将被镶嵌在其中，从而形成不稳定的污垢晶体。当外部环境条件变化时，晶体在受到外部作用力时碎裂，从而形成外形不规则的小晶体。研究发现，羧基官能团会导致碳酸钙晶体的晶型发生变化，不添加阻垢剂时，碳酸钙晶体的晶型为方解石，而加入阻垢剂后，晶体中出现了文石，当阻垢剂添加量较多时，甚至出现了球霰石，晶体粒径也逐渐变小。但晶格畸变作用随阻垢剂类型不同而发生变化，如使 $CaCO_3$ 晶体畸变能力强的有 ATMP、HEDP 等阻垢剂，聚羧酸类化合物使晶体畸变能力不如磷酸类化合物，聚醋酸乙烯酯、聚丙烯酰胺等物质不会使 $CaCO_3$ 晶体产生畸变。

（4）利用高分子混凝剂的凝聚架桥作用，把胶体颗粒结成矾花，悬浮在水中。例如聚丙烯酰胺，通过桥架作用把水中悬浮物凝聚成较大颗粒，中和了悬浮物的表面电荷，减少了颗粒总表面积，密度也相应降低，于是絮凝物仍悬浮在水中，这些分散或悬浮在水中的颗粒，流经旁滤池或经排污被除去。

图 9-7 为水中阻垢剂阻垢机理示意图。Ca^{2+}、Mg^{2+} 与 CO_3^{2-}、SO_4^{2-} 经离子配对、聚合、成核，大晶体在聚集和沉积作用下形成规则的晶格，形成垢体。在水中加入阻垢剂，一部分

经阈值效应，晶体生长停止，活跃的晶体位置被阻塞；另一部分吸附了阻垢剂的微晶，在分散作用下，增加了晶体表面吸附的钙离子，阻止了水中晶体进一步团聚和生长。吸附了阻垢剂的微晶也可发生晶格畸变，由于微晶的晶格改变和分散，结垢沉积受到阻碍。

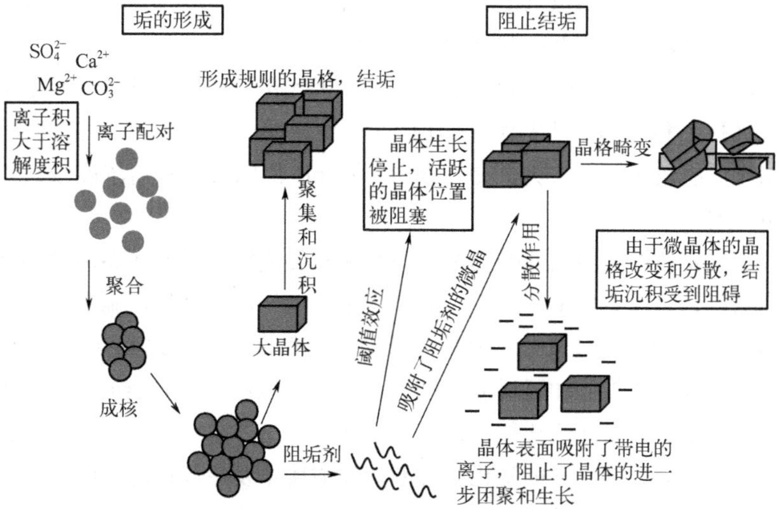

图 9-7　水中阻垢剂阻垢机理示意图[42]

9.2.6.4　国内外研究应用情况

阻垢剂的早期应用可追溯到20世纪30年代，当时所用的阻垢剂多为天然产物（如木质素和单宁等），在组成和性能上并不稳定。加酸（硫酸或盐酸）控垢也是这一年代所采用的方法之一。到了40年代，人们已经能够利用Langelier指数或Ryznar指数预测水的结垢倾向，但在技术上仍采用加酸调pH值的控垢手段。进入60年代，由于石油化工的大规模发展，对循环冷却水的水质提出了越来越高的要求，排放的废水对环境的影响也日渐受到重视。在此背景下，开发了合成水溶性聚合物、有机膦酸化合物（包括有机膦酸酯和有机膦酸盐等），开创了现代冷却水阻垢技术的新局面。其中，有机膦酸化合物的开发起源于核材料的萃取分离，几十年来它几乎已经成为磷系冷却水处理配方中难以取代的一员。1967年，人们又成功利用这些聚合物和有机膦酸化合物，开发出全有机非重金属冷却水处理方案，即有机膦酸盐、聚合物和天然有机物复合配方，首次提供了在碱性冷却水条件下抑制腐蚀和结垢的方法，这一技术上的突破，对冷却水处理技术的发展有特殊意义。70年代，阻垢剂得到迅猛发展，低分子量聚丙烯酸、水解聚马来酸酐及各种共聚物被用于磷系配方中。1977年，第一个可稳定磷酸钙的合成聚合物获得专利，随后短短几年，一些用于稳定硫酸钙、磷酸钙和用于分散铁氧化物以及作其他特殊用途的二元、三元共聚物纷纷出现并投入使用。这使得原有的无机磷药剂得到改进，在很大程度上克服了易产生磷酸钙垢的弊端。在有机膦药剂的开发方面，为了适应高浓缩倍数的需要，出现了2-膦酰基-丁烷1,2,4-三羧酸。进入80年代，使用包括稳定磷酸钙专用聚合物的碱性磷酸盐处理方案已经普及。80年代中期，2-羟基-

膦酰基乙酸（HPA）问世，组成了所期望的可与金属离子配方相抗衡的全有机水处理剂。由聚合物及有机膦组成的全有机配方受到高度重视，配方不断更新。90 年代，新开发的有机膦酸（盐）在阻垢、缓蚀及复配增效等方面均有明显提高，其主要特点是分子量增大，出现了大分子有机膦酸（盐），在国外已经商品化，并成为研究开发的重点。另外，稳定或分散水中多种沉积物的专用聚合物也已出现。由于全有机配方的全面实施和不断改进，全有机配方将是今后较长一段时期水处理剂发展的主要方向。

我国水质稳定剂的开发与研究始于 20 世纪 70 年代初，迄今已基本具有了国外先进国家所拥有的一般性技术和药剂，能够满足国内生产企业的应用需求，但在药剂品种和质量上，与国外先进国家尚有较大差距，尤其是在高温、高 pH 值以及沉积盐浓度较高的条件下使用的药剂，差距较大。

阻垢分散剂主要是针对湿法磷酸真空过滤系统氟硅酸钾（钠）结垢堵塞的问题，以含高钾、钠磷矿为原料时问题更严重。真空过滤过程中，由于温度降低，氟硅酸钾（钠）溶解度下降，使过饱和度增大，通过成核、晶体生长及在接触面沉积等过程而产生氟硅酸钾（钠）垢，所以在真空过滤系统需添加阻垢分散剂来阻止氟硅酸钾（钠）结垢。加入少量表面活性剂能显著提高料浆溶液的表面活化能，提高结晶成核位垒，防止氟硅酸钠结晶析出。在酸解槽中采用多功能表面活性剂，既能防止氟硅酸盐在酸解槽及后续过滤系统析出，又能改善酸解槽石膏结晶形态，提升过滤效果，具有较好的市场应用价值。加入添加剂是防止氟硅酸钠结晶析出最简便的方法，但要避免增加杂质，对后续生产造成影响。

目前，对湿法磷酸生产中氟硅酸钾（钠）垢的阻垢分散剂研究比较少。研究的阻垢分散剂主要为有机膦酸和聚羧酸（盐）。有机膦酸主要通过晶格畸变作用阻垢，当加入有机膦酸时，它被吸附于晶体表面的活性生长点上，抑制晶格按一定方向成长，使晶格歪曲，晶体发生畸变。聚羧酸（盐）型阻垢分散剂主要通过分散作用阻止结垢，聚羧酸（盐）电离成阴离子后有强烈的吸附性，能吸附于晶体表面，使其分散，同时还能吸附于设备和管线与介质的接触面上，形成一个吸附层，不仅能抑制晶体在接触面上沉积，还能使沉积物与接触面不能紧密结合，易于脱落。将聚羧酸（盐）和有机膦酸复配后使用，如氨基三亚甲基膦酸、膦羧酸、丙烯酸 - 丙烯酸酯 - 磺酸盐共聚物、十二烷基苯磺酸钠等复配，可提高阻垢性能，在最佳用量下，提高湿法磷酸过滤系统中氟硅酸钾（钠）的阻垢率，阻垢剂添加量一般在 50 ～ 100mg/kg，阻垢效果较好；性质稳定，在酸性和高温条件下不易分解；分散性好、使用简单方便、用量少；对环境无污染。

9.2.6.5 存在的问题及发展方向

国内外关于阻垢剂阻垢性能和阻垢机理的研究取得了丰硕成果，但仍有一些需要改进的地方。首先，天然阻垢剂单耗大、成本高，有待进一步对提取、改性和复配进行深入研究；其次，虽然有机膦阻垢剂较无机磷阻垢剂对水质有了较大改进，但随着环境保护要求的进一步提高，应进一步开发环保型的阻垢剂，使其具有阻垢性能高和对环境绿色化的双重功效。

对阻垢机理更深入、全面的认识，对于现有阻垢剂的合理使用、性能的改进以及对新型阻垢剂的开发都具有非常重要的指导意义。除了对现有阻垢机理总结，还可以从以下几方面进行更精确、详细的研究：

（1）关于阻垢剂的构效关系以及不同阻垢剂之间、阻垢剂与其他药剂之间的协同作用等的研究工作还相对薄弱。揭示阻垢剂构效关系对于新药剂的合成，如官能团优选、结构优化等有重要的指导意义，对于水处理剂的多功能化（一剂多效）更是必不可少的基础研究。目前的水处理剂大多为复合配方，对药剂之间协同作用的研究是配方优化的必然要求。

（2）结垢现象是表面与界面上产生新生固相的复杂热质传递与反应动力学的耦合过程，对于结晶垢，结垢过程还是晶体生长过程，其影响因素随实际工况而异。鉴于结晶垢的普遍性和严重危害性，对阻垢剂与生长晶体间作用机理的研究是一项非常实际的工作。

（3）继续开展对于阻垢性能的测定、评价以及阻垢作用机理的研究。鉴于静态法的局限性，有必要在模拟实际工况的动态法试验条件下开展研究，因为阻垢机理是阻垢作用的内因和外界条件的综合，在许多情况下，外界条件的影响非常显著，因而需要进行系统研究。在某种意义上讲，对阻垢机理的认识水平是水质稳定技术发展水平的重要标志。此外，由于结垢是一个多学科交叉渗透的复杂问题，在以阻垢为最终目的的研究探索中，多学科的协同研究是十分必要的。

9.2.7 浓缩助剂

湿法磷酸浓缩是磷酸生产过程的重要工序。二水物法工艺制得的稀磷酸浓度为20% ～ 28% P_2O_5；半水物工艺为40% ～ 45% P_2O_5。除了料浆浓缩法制磷酸铵可直接使用稀磷酸外，其他高浓度磷复肥的生产均需使用浓磷酸。

9.2.7.1 湿法磷酸浓缩过程中存在的问题

我国磷矿多属于中低品位磷矿，所得湿法磷酸含杂质较多，磷酸浓缩系统运行一定时间后，湿法磷酸中的氟硅酸盐就会聚集到换热器表面产生结垢，影响换热效果。一般工厂运行10 ～ 15天左右就需要清理一次，浓酸产量也会受到限制，结垢是磷酸产量的一个瓶颈。目前，磷酸生产厂主要是通过改变磷酸浓缩操作压力和操作温度来提高蒸发器的能力。为了改善磷酸浓缩操作过程，可以通过在磷酸浓缩过程中添加表面活性剂来提高磷酸浓缩蒸发强度、降低蒸汽消耗、提高浓缩磷酸质量，从而达到降低成本、增加企业经济效益的目的。

磷酸浓缩过程中，随着磷酸浓度增大，可溶性杂质离子达到过饱和而大量析出，形成垢层，严重影响换热器的换热效率，导致磷酸浓缩过程需要消耗更多的能量。另外，由于资源日益贫化，用于湿法磷酸生产的磷矿品位、品质下降，磷矿中杂质含量不断升高而导致结垢也越来越严重。

湿法磷酸中常含有氟硅酸，硫酸，铁、铝、镁的化合物和硫酸钙等杂质，这些杂质在蒸发浓缩过程中将产生许多不利因素：

（1）磷酸的腐蚀性增大；

（2）磷酸溶液的密度、黏度增大及沸点升高；

（3）浓缩酸中产生沉淀，一部分还会在传热面上生成垢物，从而降低传热效果；

（4）蒸发出的水汽含氟，需要进行吸收和处理。

目前磷酸浓缩是通过高温水蒸气热交换，蒸发出磷酸中的一部分水分来提高磷酸的浓度的，要消耗相当一部分能量，因此探索新的磷酸浓缩法或者添加浓缩助剂具有十分重要的现实意义。

9.2.7.2 浓缩助剂的作用原理

在磷酸浓缩过程中加入适量的浓缩助剂，可降低液体表面张力，减少蒸发阻力，使水分更易蒸发；并且可降低磷酸黏度，使其更易浓缩至50%以上的浓度；可防止浓缩设备及管道结垢。磷酸浓缩助剂用于磷酸蒸发浓缩工艺中，能够提高蒸发浓缩效率、降低能耗、阻止或延缓设备和管道结垢。

复配的磷酸浓缩助剂加入到磷酸液相中，由于氢键存在较大的共聚力，水在所有液体中具有最大的表面张力。当表面活性剂加入水相时，有机产品的分子进入水的表面，亲水基团朝向溶液，亲油基团朝向空气，表面为疏水基覆盖。由于氢碳的共聚力小于水分子，表面张力SFT降低。表面张力SFT降低与表面活性剂的种类直接相关。在相同浓度时，具有较大碳氢链疏水基的表面活性剂，SFT降低更多一些，于是水的表面张力降低，液相表面的内聚力也降低，水分蒸发更容易，促使磷酸的沸点降低，生产过程显热下降，节省能量。并且浓缩助剂中的有机膦酸电离成阴离子后，能吸附于晶粒上，使其呈分散态悬浮于溶液中，同时还能吸附于浓缩设备和管线的接触面上，形成一个吸附层。吸附层既能阻止晶粒在设备及管线表面沉积，又能降低沉积物与接触表面的附着力，使沉积物只能形成疏松的、非黏着性的垢层，易被液流冲掉，可以更好地起到延缓设备结垢、改善蒸发器换热效率、延长设备使用周期的作用。

9.2.7.3 国内外研究应用情况

国内外对浓缩助剂的研究较少，起步也较晚，一般都用表面活性剂作为浓缩助剂。国外开展过采用表面活性剂提高磷酸浓缩系统生产能力、降低能耗的研究。勃朗尼斯拉瓦·科皮利瓦和优瑞·舒瓦特斯曼开发了用于湿法磷酸浓缩的表面活性剂及其应用技术并已申请专利，该技术能显著提高$w(P_2O_5)$为52%～54%磷酸的产量，降低能耗，提高系统的开工率。巴西石油公司（Petro Bras）在应用表面活性剂增大磷石膏结晶率、提高过滤强度的同时，还进行了降低浓缩蒸汽消耗的工业生产试验，取得一定成果[32]。国内只有少部分研究者着重研究了几种表面活性剂对磷酸浓缩的影响，如添加阴离子表面活性剂十二烷基苯磺酸钠、非离子表面活性剂活性烷基苯酚聚氧乙烯醚（OP）、吐温对磷酸浓缩过程的影响。

磷酸浓缩助剂应具有以下特点：

（1）制备工艺简单，原料易得，价格低廉；

（2）可以直接添加于稀磷酸输送管道，分散良好，添加简单、方便；

（3）用量少，一般在200mg/kg左右即可，不会对磷酸品质产生不良影响；

（4）能加快磷酸中水分的蒸发速度，降低蒸发器的能耗，提高5%以上的蒸发效率，并能降低磷酸黏度，提高整个装置的生产能力，增加磷酸连续浓缩周期，延长2天以上的生产周期。

9.2.8 絮凝剂

9.2.8.1 湿法磷酸浓缩工序中的应用

磷酸过滤时穿滤的细小磷石膏，以及来自磷矿中可溶性杂质在磷酸浓度或温度变化过程中都将产生淤渣。目前，大多采用沉降分离的方法除去，可采用自然沉降或絮凝沉降。自然沉降速度较慢，且只适用于沉降颗粒较大的固体，对于固相粒度小的淤渣，应选择絮凝沉降的方法。絮凝沉降就是在酸液中加入适量的絮凝剂，如聚丙烯酰胺，使细小颗粒聚集在一起成为絮凝物。这种絮凝物的沉降速度要比单颗粒固体快得多，可提高沉降效率，分离出较小的颗粒，有效除去钙盐和继沉淀。

近年来，许多厂家在湿法磷酸浓缩工序添加絮凝剂以优化其生产工艺。加入絮凝剂可以加快磷酸中酸渣的沉降速度，降低浓磷酸的固含量；减少浓酸在储槽中的停留时间，使沉降后的磷酸更加清澈，在一定程度上解决了磷矿石品位下降而导致的磷酸质量变差等问题。

9.2.8.2 絮凝剂的作用原理

高分子型絮凝剂主要作用是在过滤过程的成饼阶段使颗粒絮凝，增大其表观粒径，提高沉降速度并缩短滤饼的成型时间。絮凝剂吸附于固体颗粒表面主要有以下几种途径：氢键吸附、静电力吸附以及化学吸附。

氢键吸附体现在如聚丙烯酰胺、淀粉等药剂分子中的—OH、—$CONH_2$等官能团，可与固体表面的氧形成氢键。

静电吸附体现在某些离子型絮凝剂可吸附于带电荷的颗粒表面，如阳离子型絮凝剂易吸附于带正电荷的铁矿表面，阴离子型絮凝剂易吸附于带负电荷的石英矿物表面，此时悬浮液中固体颗粒表面电位会因为絮凝剂的吸附而发生改变。

化学吸附则体现在某些高分子絮凝剂上含有羧基、羟肟基等活性官能团，这些官能团可通过与固体表面的化学键结合形成新的化学键，从而产生吸附。

高分子絮凝剂于颗粒表面的吸附状态并不固定，由于高分子絮凝剂分子链较长，其上携带的活性官能团多，往往一条分子链上不同位置的官能团可吸附若干微细颗粒而发生桥联作用，微细颗粒由于絮凝作用而形成絮团，如图 9-8 所示。

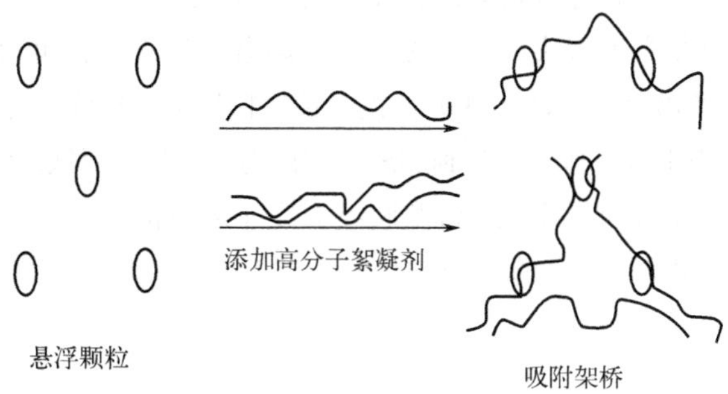

图 9-8　高分子絮凝剂吸附架桥过程[43]

9.2.8.3 絮凝剂的种类及特性

絮凝剂主要包括以下几类：无机絮凝剂、无机高分子絮凝剂、天然高分子絮凝剂以及人工合成高分子絮凝剂。无机絮凝剂常见药剂是含铁、含铝、含镁化合物，在溶液中促进颗粒凝聚，从而起到助滤作用，虽然成本低廉，但对温度以及 pH 等条件要求较高，并且对设备与环境会造成一定影响。无机高分子絮凝剂常见药剂有聚合氯化铝、聚合硫酸铝、聚合氯化铁，同无机絮凝剂相比，无机高分子絮凝剂由于分子量大，分子结构长，在城市污水处理等领域有着广泛应用[44]。天然高分子絮凝剂由于制备原料获取方便、生产成本低、环境友好且无污染、易降解等特点，在固液分离工艺中逐渐替代了无机絮凝剂。常用的天然高分子絮凝剂包括淀粉、壳聚糖、木质素、纤维素等类型[45]。此类絮凝剂主要通过对小麦、木薯等农产品进行加工而得，其分子结构中存在大量羟基等活性基团。相较于天然高分子絮凝剂，人工合成高分子絮凝剂在实际生产中用量大幅降低，沉降效果也有显著优势。此类絮凝剂种类繁多，化学性质稳定，可选择分子量种类齐全，在近几十年的生产实践中得到了充分检验。人工合成高分子絮凝剂可有效降低沉降时间，提升絮凝沉降速度，减轻设备工作负荷，强化流程生产效能。由于人工合成高分子絮凝剂的适用面广，可根据特种对象对絮凝剂进行改性，添加适宜的活性官能团，其选择性也是天然高分子絮凝剂所不具备的。

絮凝剂的种类在一定程度上决定于分子量的大小。分子量越大，形成的链越长，絮凝效果越好。对于大多数絮凝剂而言，用量越大，初期的沉降速度越快。但是到了沉降后期，这种趋势就会减缓。而对于少数絮凝剂，超过一定用量后并不能达到沉降速度无限加快的效果。因为絮凝剂用量过大时，酸中的电荷排布紊乱，难以将酸中的固形物沉降下来。所以，通过实验确定絮凝剂的适宜用量、达到较高的性价比是十分必要的。

影响絮凝剂沉降效果的因素是多方面的，温度、搅拌速度、磷矿石和磷酸质量等也会影响絮凝剂的效果，应根据这些条件的变化调整絮凝剂的添加方案，以达到最佳使用效果。

9.2.8.4 国内外研究应用情况

自 20 世纪 80 年代起，众多科研机构以及研究学者对人工合成新型絮凝剂进行了深入研究和探讨，根据研究对象的不同特性选取了具有针对性的活性基团，通过大量研发与实践获得了当前使用最为普遍的人工合成高分子絮凝剂。典型的人工合成高分子絮凝剂产品是聚丙烯酰胺（PAM）类，按照分子结构中所携带的活性官能团不同，聚丙烯酰胺又可细分为阳离子型聚丙烯酰胺、阴离子型聚丙烯酰胺、非离子型聚丙烯酰胺和两性型聚丙烯酰胺，其中使用较多的是阴离子型和非离子型聚丙烯酰胺。聚丙烯酰胺作为一种可溶于水的长链高分子化合物，其分子结构中的酰胺基（$—CONH_2$）可被多种物料吸附并形成氢键，具有很强的亲水性，在固液分离工艺中常应用于沉降作业，起到加速微细粒物料沉降、降低溢流固体含量、提升设备处理能力的作用。阴离子和阳离子型聚丙烯酰胺由于其自身携带正负电荷，在溶液中还能同带电胶粒或离子等产生静电作用，有利于微细粒的絮凝，加速沉降速度，从而起到助滤的效果。

9.2.8.5 发展建议

目前我国人工合成高分子絮凝剂仅有聚丙烯酰胺和羧甲基纤维素等几个品种实现商品

化。研究高效无毒的人工合成高分子絮凝剂，优化其合成工艺，降低成本是大势所趋。对于生物型絮凝剂，应该着手寻找价廉的培养基和控制絮凝剂发挥作用的最佳条件，对絮凝剂合成的条件及影响絮凝活性的因素进行深入研究，以符合工业化生产的要求。总的说来，高效、无毒、价廉、复合、多功能及适合工业化生产是絮凝剂行业的发展方向。

9.2.9　防结块剂

肥料结块问题一直是影响肥料质量的重要因素之一。肥料结块不仅给化肥的储存、运输带来很大麻烦，更重要的是给农业施肥带来不便。尤其是随着肥料由低浓度向高浓度方向发展，特别是含氮量的提高，加上外界环境条件的影响，肥料结块问题日益突出。肥料防结块剂不仅能有效解决肥料的结块问题，而且还能提高肥料的外观品质，因此，肥料防结块剂作为一种肥料添加剂被大多数国家所认可。

9.2.9.1　肥料结块现象及结块机理

（1）肥料结块现象　化肥在生产、贮存、运输、销售和使用的全周期，存在着吸潮、结块和粉化问题，如图 9-9 所示。对于复合肥而言，养分越高、配方越复杂的肥料越容易发生这些问题。近年来，随着农业现代化的发展，机械化施肥日益普遍，化肥结块不仅会影响施

图 9-9　复合肥料结块

肥效果，严重时还会导致机械故障。此外，粉化产生的粉尘撒落在植物叶面会引起烧伤事故，人员吸入还会危及人身安全。

造成肥料出现结块、粉化的原因如下[46]：

① 肥料受温度影响，颗粒内部水分移动，使肥料反复溶解、结晶，从而造成肥料粉化和结块；

② 肥料表面吸湿，盐分溶解，造成肥料粉化和结块；

③ 肥料储存过程中堆垛过高，承受压力大且堆放时间长，颗粒强度差而使肥料颗粒破碎，颗粒间比表面积增加，造成肥料粉化和结块。

粉状聚合化肥会发生无定形结块，结块过程可以通过肉眼识别。图 9-10 显示了一个典型结块过程中关键状态两个形态指标的变化：瞬时系统孔隙率与初始系统孔隙率的比值 P/P_0 和颗粒间桥直径与颗粒直径的比值 D_b/D_p。开始时单个粒子接触，由于没有液 / 固桥或变形，P/P_0 最高，D_b/D_p 最低；然后由于颗粒之间的液桥或表面变形等，发生桥接，它在颗粒间产生力，导致黏附，P/P_0 开始下降，而 D_b/D_p 显著上升；最终，基于桥接情况生成实体桥，粒子被转化成团块，此时 P/P_0 和 D_b/D_p 保持不变。

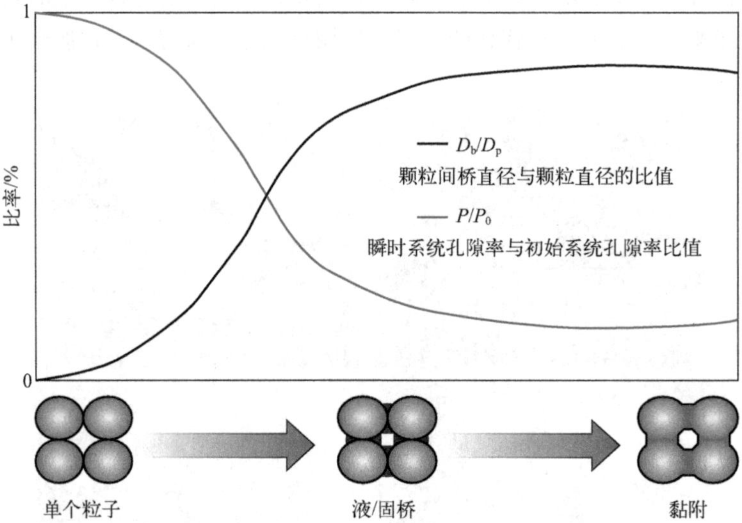

图 9-10 结块过程每个阶段系统孔隙率比值 P/P_0 和颗粒间桥直径与颗粒直径之比 D_b/D_p 的变化

（2）肥料结块机理　关于化肥结块的机理研究，人们从不同角度提出了一些理论解释，归纳起来主要有以下几种，这些结块理论具有通用性，可以在很大程度上对各种化肥的结块现象进行诠释。

① 毛细粘合理论　由于化肥组分大多具有较强的吸湿性，且化肥多为不同组分的混合体，其临界相对湿度要小于单一组分的临界相对湿度，即复合肥比单一组分肥料的吸湿性大，这加剧了其结块倾向。当其临界相对湿度低于空气湿度时，就会从空气中吸收水分，在化肥颗粒表面形成饱和的溶液膜。

1977 年 Gamondes 提出的毛细吸附理论认为，化肥吸收水分后，在其晶体表面形成一层薄膜，加快了毛细吸附，形成凹月形液面，驱使离子向颗粒接触点移动，在相邻颗粒间形成交联并黏结，导致产品结块。

设粒子是半径为 R（m）的球形，颗粒间接触面为环形，半径为 r(m)，根据 Laplace 公式，施于粒子使之粘在一起的黏附力 F(N) 为：

$$F=2\pi r\times 2\sigma/R$$

式中 σ——表面张力，N/m。

此力与蒸汽分压无关，取决于粒子大小和颗粒间的接触面积。因此增大颗粒尺寸、减小颗粒间的接触面积有利于降低粒子间的黏附力。

② 晶桥理论 Gamondes 又提出了另一种理论：晶体桥连理论。这种理论认为，化肥颗粒表面离子发生反复离解、溶解和再结晶，由于物相平衡作用，颗粒在接触点相连，从而导致结块。

当化肥颗粒吸收空气中的水分，或颗粒内部的水分扩散到表面时，就会在颗粒表面形成溶液膜，这种溶液的浓度取决于温度。温度的波动会导致溶解和结晶过程交替进行。有些化肥组分的溶解度随温度升高而增大，当环境温度降低时，颗粒间的溶液膜将变成过饱和溶液而析出晶体。或者当颗粒吸收的水分被蒸发或被其他干颗粒吸收时，这种溶液膜也会变成过饱和溶液而有新的晶体产生。随着时间的推移，这些晶体之间彼此结合形成晶桥，将化肥颗粒粘合在一起，逐渐形成大的团块。晶桥的强度取决于新生成晶体的形状、厚度和等轴程度。

③ 化学反应理论[47] 当空气湿度较大，或化肥在造粒过程中不同组分间的化学反应来不及完成时，化肥颗粒在贮存过程中会发生复分解反应生成复盐。这些反应发生在颗粒表面组分之间以及不同颗粒表面之间，伴随着反应放热与释放水分，可能引起颗粒表面之间的重结晶，形成晶桥而导致化肥结块。此外，随着热效应的产生，复盐组分可能发生变化，导致颗粒产品膨胀和收缩，从而使产品出现崩裂、粉化和结块现象。

④ 塑性变形理论[48] 该理论认为，结块伴随着形变，形变又会因受压而加剧；未经彻底冷却的化肥残余热量会从颗粒中心向外转移，如果这时化肥颗粒受到挤压就可导致形变，进而结块。在贮存过程中，如果堆积的压力过大，化肥颗粒的塑性变形就变大，颗粒间的接触面积也变大，晶粒之间的距离变小，分子引力增大，这就为其反应及重结晶创造了有利条件，使化肥很容易发生结块[49]。

9.2.9.2 肥料结块的应对措施

影响肥料结块的因素较多，无论内部因素还是外部因素，都与肥料的吸湿性有十分密切的关系。内部因素主要包括肥料粒度、颗粒强度和含水量，外部因素主要包括温度、压力、湿度以及储存时间。

由肥料结块的原因可知，防结块实质上就是要尽可能地减少肥料颗粒间“晶桥”的形成。此外，还需尽可能地减少颗粒间的黏结作用和减少产品的塑性变形。工艺上常用的防结块措施有：

① 对各种原料进行筛选相配，尽可能减少产品中复盐的生成。需根据原料的相配原理，对各种原料进行分析筛选。

② 提高产品抗压强度，减少颗粒的塑性瓦解。利用蒸汽对料浆进行间接加热，提高料

浆温度；同时在不增加液相量的前提下，增大造粒床层内蒸汽用量，提高返料温度，增大造粒物料间的黏结力，以提高颗粒强度。

③ 减少成品中的细粒含量，提高颗粒的圆整度，降低颗粒间的接触点数，增加振动筛以充分筛除成品中的细小粒子，以减轻结块的形成。

④ 在提高料浆温度和返料温度的同时，增加干燥机内热风量对物料进行充分干燥，降低肥料水分含量。

⑤ 利用一些表面活性材料如石蜡、塑料等在肥料表面形成一种疏水性薄膜，在肥料颗粒间起到物理性隔离作用。

可采用不同的工艺方法减少肥料的结块，如根据不同产品采用不同的干燥工艺降低产品水分；采用不同的冷却工艺降低产品下线时的温度；采用不同的造粒工艺得到均匀的、尺寸大的、强度高的肥料颗粒；改善包装条件，改进包装方法；控制产品贮存时的温度、相对湿度、堆积高度以及贮存时间等。然而，在正常生产情况下，防结块最为经济有效的措施是使用防结块剂[50]。

9.2.9.3 防结块剂的种类及应用

根据防结块剂的外观形态，其可分为粉状防结块剂和油状防结块剂，其中油状防结块剂包括液体防结块剂和膏体防结块剂。而根据防结块剂的添加形式，防结块剂可以分为内部防结块剂和外部防结块剂。

（1）粉状防结块剂和油状防结块剂　肥料防结块剂大体可以分为粉状、膏体和液体类。粉状防结块剂主要是滑石粉、高岭土、膨润土以及其他改性无机粉末复配而成的，膏体防结块剂主要是由牛脂伯胺类与油复配而得，液体防结块剂主要有乳化油类、表面活性剂类、高分子与表面活性剂复配类。

① 粉状防结块剂　粉状防结块剂如硅藻土、高岭土、黏土、沸石、凹凸棒土和滑石粉等无机材料经过改性后，附着在化肥颗粒表面，起到机械隔离的作用，达到抑制化肥结块的目的，是一种通用型防结块剂，基本适用于所有化肥，同时对环境基本无污染。

滑石是自然界中硬度最低的矿物原料之一，破碎和加工方便。硅藻土具有多孔性、较低的密度、较大的比表面积、相对的不可压缩性及化学稳定性。沸石具有吸附性、离子交换性、催化和耐酸耐热等性能，凹凸棒土则具有独特的分散、耐高温、抗盐碱等良好的胶体性质和较高的吸附脱色能力以及一定的可塑性及黏结力，且具有介于链状结构和层状结构之间的中间结构。

由于粉状防结块剂的原料都具有比较好的亲水性，而作为化肥防结块剂使用则要求具有比较好的疏水性，因此需对原料进行表面改性。目前主要的粉体改性方法及改性手段见表 9-4。

表9-4　粉状防结块剂原材料的改性方法

改性方法	方法概述
表面覆盖改性	将表面活性剂或偶联剂以吸附或化学键的方式与粒子表面结合，使粒子表面由亲水变为疏水，使粒子与聚合物的相容性得以改善

续表

改性方法	方法概述
机械化学方法	将比较大的粒子通过粉碎、摩擦等方法变得较小，在这个过程中粒子的表面活性变大，亦即表面吸附能力增强，易于吸附其他的物质
外膜层改性	将粒子表面活化处理后均匀地包覆一层聚合物，从而使粒子表面性质发生变化
局部活性改性	利用化学反应在粒子表面接枝上不同的官能团，使无机粒子与聚合物有更好的相容性，或参加聚合物的聚合反应，达到无机粒子与聚合物复合的目的
高能量表面改性	利用高能放电、紫外线、等离子射线等所产生的巨大能量对粒子表面进行改性，使其表面具有活性，提高粒子与聚合物的相容性
沉淀反应改性	利用沉淀效应对粒子表面进行包覆，从而达到改性的效果

一般化肥生产厂家都是将粉状防结块剂包裹在化肥颗粒表面，也有生产厂家是在生产过程中加入一些氧化钙、沸石粉、凹凸棒土等粉状防结块剂作为内添加剂。这些惰性物质的特点是能良好地黏附于化肥颗粒表面上，使化肥对水产生惰性，降低化肥颗粒的吸湿性[51]。

② 油状防结块剂　包括膏体和液体防结块剂。油状防结块剂主要成分包括表面活性剂和非表面活性剂两种。它们主要利用表面活性剂所具有的特殊的亲水亲油结构，通过包覆，在化肥表面形成一层疏水性的保护膜，减少颗粒之间的相互作用。通过在颗粒表面建立憎水性薄膜，减小固液间的界面张力和接触角，以改善化肥的结晶习性，在晶体内部干扰分子间力，改变化肥晶形，从而削弱析晶强度和结合力，降低晶体的表面能，从而大大减小产品的吸湿性，达到防结块的目的。

以最常用的表面活性剂——脂肪胺为例，它是一种有效的防结块剂成分，在一定条件下，脂肪胺的 $R(CH_2)_nNH_3^+$ 阳离子与化肥复盐结构中的 NH_4^+、Mg^{2+} 发生离子交换，导致晶体性质发生改变。没有添加防结块剂的结晶呈棒状结构，容易粘连架桥结成硬块，但添加脂肪胺后的结晶体呈绒毛状，晶桥变得十分脆弱，一碰就散，从而起到很好的防结块作用。

非表面活性剂则是一些没有表面活性的有机化合物，可以在化肥表面形成膜层阻止颗粒吸潮，包括矿物油、植物油、石蜡、高聚物等，也可以与惰性颗粒联合应用。

传统的油状防结块剂通常包括油类、石蜡、烷基胺等石油类产品，矿物油由于其性能稳定、疏水性好，是所有油类中用来包裹化肥的一种常见油脂，即许多厂家使用“胺片＋机油”的传统配方。

由于化肥种类的日益增加，以及对化肥水溶性、速溶性、漂浮性、残留物等指标的新需求，化肥防结块剂的形态也将不仅仅局限于液状 / 膏状和粉状。

（2）内部防结块剂和外部防结块剂　根据添加的方法，防结块剂还可以分为：内部防结块剂、外部防结块剂和其他没有合适分类的防结块剂。

① 内部防结块剂　主要是在肥料生产过程中使用，可改善吸湿性（提高临界相对湿度，或减缓吸湿速率）；增加肥料颗粒的强度、圆度或改变晶体形态。研究表明，某些无机物如硫酸铝（镁）、硝酸钾（镁、铝）、多磷酸铵（钾）、硼酸、氧化铜（铁、铝、镁）等，以及某些有机物如甲苯胺、偶氮苯等，对于防止化肥结块都有一定的作用。内部防结块剂主要有无机盐、有机物。

② 外部防结块剂　主要是包裹在肥料颗粒表面，形成一层保护膜，以阻断肥料晶桥的产生和饱和溶液的扩散，阻止肥料颗粒吸湿和结块[52]。所使用物料多半是吸附剂、粉剂、涂膜或疏水物质。按通常广泛应用的方法，常称为调理剂、扑粉剂或膨润剂，它们多数是粉剂。主要包括如下几种：

疏水性材料：a．惰性粉末，如黏土、硅藻土、滑石粉、沸石等；b．非表面活性剂（又称防水剂）。

表面活性剂：如阴、阳离子型表面活性剂，非离子型表面活性剂和两性离子表面活性剂等。

惰性物 - 表面活性剂复合型：将机械隔离和降低表面张力相结合，取得较好效果，如将烷基苯磺酸盐和膨润土等并用。

高分子 - 表面活性剂复合型：某些高分子化合物有防结块效果，主要是可以增加颗粒的强度。该类复合防结块剂是将水溶性或非水溶性高分子增溶于表面活性剂的浓溶液中，形成络合物，比分别使用其中单一成分具有显著的协同效应。

综合型防结块剂：包括高分子、表面活性剂及无机盐复配，或者惰性物、表面活性剂和无机盐复配等。

③ 其他　还有许多阻止肥料结块的物质，但尚没有合适的分类。例如用于颗粒表面喷涂的镁钠钙共熔物、偏磷酸铵、多偏磷酸钠、多元醇和无水盐类等，其中某些物质的防结块作用也可认为是对结晶习性的改善作用。

9.2.9.4　国内外研究应用情况

从 20 世纪 70 年代开始，出现了一系列复合肥外包裹技术，主要有扑粉、包膜等。最早是喷施滑石粉等润滑材料于复合肥表面。苏联 BoBKorpyd 用高分散的二氧化硅和碳酸铵的混合粉末包覆颗粒，但效果不良；法国纳瓦斯库斯发明采用油、蜡类的熔融物处理复合肥，但该物质热塑性范围小，使产品颗粒强度低，易粉化；日本岩崎衍治使用醛类化合物作为防结块剂，但低沸点醛和机油稀释剂挥发产生刺激性异味，有毒性；80 年代末德国 Blouin、Gullett 等研究了木质素磺酸钙及同类物处理肥料提高其防结块性和抗破碎性，克服了醛类的缺点，但使肥料变成褐色，导致农民难以接受；芬兰阿尔纳斯将溶入醚中的胺类阳离子和溶入甲醇中的羧酸阴离子生成的氨基二羧酸盐，溶入矿物油中包裹复合肥，虽然防结块效果较好，但是成本高，生产使用不方便，采用大量溶剂又不安全，故难以实际应用；日本仓田笃三则直接使用酰胺类化合物作为防结块剂主成分，但价格昂贵[53-56]。

国外目前普遍使用肥料防结块剂。如 Berol Nobel 公司的 Lilamin 涂包剂，用于硝酸铵等肥料，剂量为 0.05% ～ 0.12%；法国 CECASA 的 Fluidiram 表面活性剂，在正常情况下肥料大量堆积或袋装 6 个月不结块；美国 Desotoinc 的 Petro AG Special 水溶性防结块剂，普遍用于硝酸铵、磷酸铵和其他肥料，剂量为 0.025% ～ 0.05%；Francaise 的 Galory 防结块剂，适用广泛，剂量为 0.02% ～ 0.5%。

防结块剂的使用方法有喷雾、扑粉、喷雾和扑粉并用等方法，选择方法取决于所处理肥料的性质和采用的防结块剂类别，但是所有的非内部防结块剂必须均匀分布于肥料颗粒表面，一般都是在转动的包膜机内完成。如果采用扑粉方法，应调整扑粉机转数控制粉剂流量。较多的厂家选择喷雾和扑粉并用，这样效果更好，剂量应视当地气候条件和肥料组分性质来确定。某复混肥厂包涂系统流程及主要设备见图 9-11。

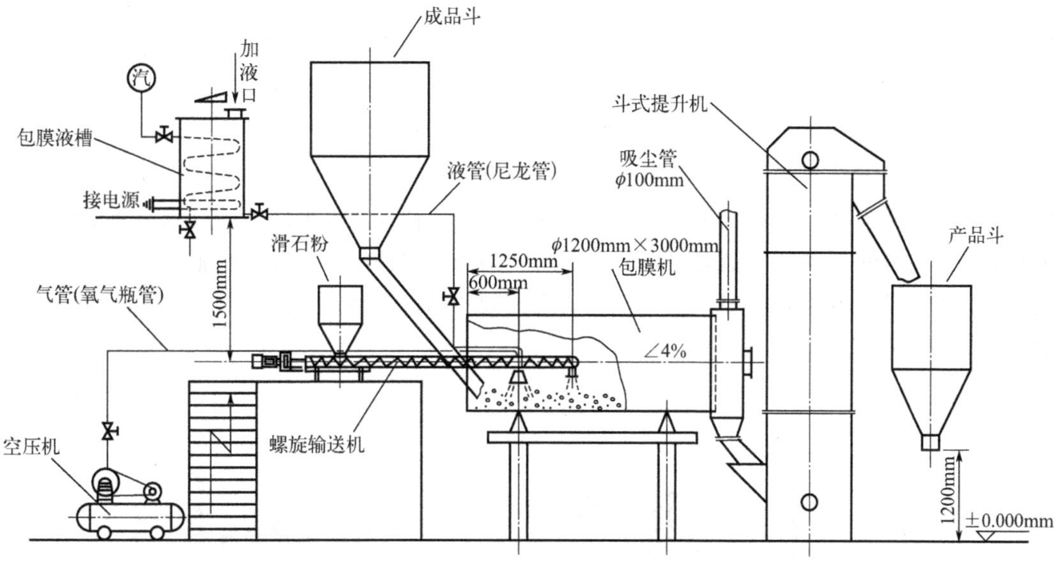

图 9-11 防结块剂表面处理工艺流程图

国内肥料生产企业对产品质量意识的提高，有力推动了国内肥料防结块剂的研究和应用，涌现出了许多防结块剂专业生产厂家。

9.2.9.5 防结块剂的评价方法

肥料添加防结块剂后，可以通过检测肥料的吸湿率、休止角、防结块率和锥入度来评价肥料抗结块性能，其中防结块率是评价防结块剂性能最重要的方法。然而，肥料结块是一个长期的过程，实验中模拟的温度、压力和湿度等条件难以与实际的肥料堆储条件一致，耗时长的缺点使得防结块剂的研发遇到了相当大的阻碍。因此，实验室快速判定肥料防结块剂效果的方法具有重要的现实意义。

（1）GB/T 33425—2016 化工产品中防结块剂抗结块性能的评价方法[57] 标准规定了防结块剂抗结块性能的评价方法，包括了吸湿率、休止角、防结块率和锥入度的测定。

① 吸湿率的测定 试料与防结块剂预混后，在设定温度和湿度下放置一定时间，通过质量的变化确定其吸湿率，从而评价防结块剂的抗结块性能。

② 休止角的测定 与防结块剂预混后的试料从设定高度落下，测定其自由流动后形成的休止角，通过休止角的大小评价防结块剂的抗结块性能。

③ 防结块率的测定 预混样经压样制备后，经机械振筛，称量未通过试验筛的试料的质量，通过计算得到防结块率，从而评价防结块剂的抗结块性能。

④ 锥入度的测定 防结块率测定中未通过试验筛的块状试料，测定其在一定荷载、时间及温度条件下的锥入度，锥入度大小反映结块的紧实度，从而评价防结块剂的抗结块性能。

（2）防结块的快速评价方法　加速结块的实验方法有很多种，且模拟肥料储存条件用时短、用量少，可以研究肥料结块的多种影响因素。D.E.Thompson 在 1972 年对大约 41 种加速结块方法进行了探讨，可作为控制肥料质量的依据。Thompson 认为加速结块实验的条件与实际肥料堆储条件应该相近。比如，肥料结块直接暴露在潮湿大气中进行比较，这样既与袋装化肥的储存方式相符，也与散装化肥堆内部的条件相符。加速结块实验条件要与传统堆包实验条件相同，避免水分进入。因此，实施加速结块实验的条件为：施加温度比正常情况要高；施加压力比正常情况要高；有规律地升降温度等[58]。

快速判定肥料防结块剂效果装置主要模拟肥料在仓储过程中的温度变化、湿度及受压强度，并将其适度放大，提高肥料内部物质反应速率，加快结块的形成，通过测量防结块率验证相关防结块剂的效果。该装置可以应用于新产品防结块性能的研究以及肥料防结块剂效果的评估，替代生产企业现阶段采用中试试验来评判和筛选防结块剂的方法，大大减少因此造成的各类成本浪费[58-59]。

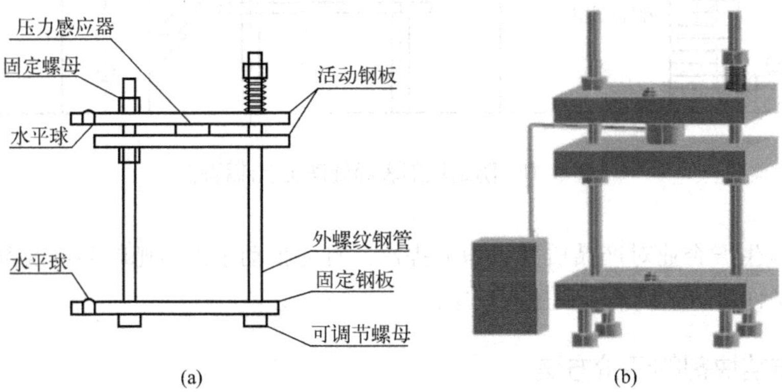

图 9-12　快速判定肥料防结块剂效果的装置图

图 9-12 为快速判定肥料防结块剂效果的装置图，图（a）中 3 块钢板自下而上分别为 1#、2#、3# 钢板，均为 1cm 厚的 304 不锈钢钢板。钢板表面光洁平滑，1# 钢板下方焊接 4 个可调节螺母进行水平调节，上方焊接 2 个垂直螺杆，同时配置水平珠进行水平调节；1# 钢板配置水平珠进行水平调节；2# 和 3# 钢板之间配备压力感应器，压力感应器数显屏和电源放置在压力装置旁边。图 9-12（b）是更为简易的测量判定装置，以砝码取代压力装置。实验时，将经过防结块剂处理的肥料样品装袋密封，置于下方两块钢板之间，在上方钢板上放置一定重量的砝码，弹簧受力而产生形变，利用螺帽使上方钢板处于平衡状态，此时肥料所受压力为上方两块钢板和弹簧以及砝码的重量。弹簧的作用是当肥料样品因受压而体积发生变化时，弹簧的弹性形变可保证其所受压力不发生变化。然后将该实验装置放入高低温湿热试验箱中，白天控制一定温度与湿度，晚上切断电源使其自然冷却至与外界相同的温、湿度环境。该实验过程可模拟实际储存过程，还可在恶劣条件下快速实现肥料的结块，全面科学地考虑了结块的主要外在因素。另外，由于此装置体积小，可在高低温湿热试验箱中同时进行多组实验，缩短了防结块剂的开发周期。

结块率的测定方法是将样品从 1m 高处正、反两面各自由摔落 1 次，拆包后用标准筛筛分，然后称量肥料的总质量以及过筛后结块肥料的质量，按下式计算结块率：

$$\eta=\frac{m}{m_0}\times100\%$$

式中　η——结块率，%；

m——过筛后结块肥料的质量，g；

m_0——肥料总质量，g。

9.2.9.6　存在的问题及展望

随着农业产业化的发展，机械施肥越来越普及，对肥料的要求日益严格；受肥料二次加工的发展及产品季节性消费的影响，肥料的贮存时间也在不断增加；全球气候变暖使得环境越来越潮湿，更会加重结块。因此，肥料防结块剂应用前景广阔。

目前，采用油状防结块剂包裹处理工艺较多，但机油 - 胺类防结块剂的防结块效果良莠不齐，其原料矿物机油难降解，且对人、动植物有害，世界上许多国家已制定法规限制矿物机油的使用，而且随着机油价格逐年上涨，机油 - 胺类防结块剂成本逐年升高；十八胺虽在一定时间后能降解，但降解产物含亚硝胺类成分，其为致癌类物质，长期使用也会对土壤造成污染，因此限制了其使用。粉状防结剂的缺点主要是载体多为非金属矿物，该载体自身不溶于水也无法降解，对环境影响较大，同时惰性粉体由于附着力差，使用效果较差。迄今为止，以植物油、非胺类表面活性剂为原料制备肥料防结块剂的研究未见报道。为了解决目前存在的问题，研究人员应研发环保且效果优异的肥料防结块剂。

综上所述，随着农业机械化、现代化施肥手段的应用和推广，面对肥料市场的激烈竞争局面，为适应环境保护、安全生产和提高肥料利用率的需要，肥料的防结块研究工作应遵循用量微化、性能高效化、成本低值化、性能用途多功能化、环保无害化的要求。

9.2.10　其他生产性助剂

9.2.10.1　助磨剂

为了达到提高磨机工作效率、降低生产成本、增加产量等目的，在磷矿加工过程中，特别是在磷矿磨矿过程中，需要添加一定量的助磨剂。

有试验表明，在不增加任何设备投入的前提下，在磨矿前段使用助磨剂，能降低矿浆水分，降低矿浆黏度，改善矿浆流动性，其减水、助磨作用对后续工艺也有非常积极的影响[60]。主要作用如下：矿浆含水量降低，流动性增加，可使装置产量增加，能耗降低。矿石细度提升，增加了矿石与硫酸之间的接触面积，加快其反应速率，缩短熟化期，提高转化率。

9.2.10.2　脱氟剂

氟化物是湿法磷酸的主要杂质之一，研究湿法磷酸的脱氟十分必要。湿法磷酸的脱氟方法主要有溶剂萃取法、浓缩法和化学沉淀法。溶剂萃取法和浓缩法的脱氟效果较好，但设备投资大，生产成本高；化学沉淀法脱氟简单易行，便于操作，且原料廉价易得，除氟效果可以达到饲料级磷酸氢钙生产要求，故目前多采用化学沉淀法对湿法磷酸进行脱氟。化学沉淀法除氟，即在湿法磷酸中加入钠盐或钾盐，使其生成 SiF_6^{2-} 盐沉淀，通过过滤除去以达到脱氟目的。钾盐的脱氟效果优于钠盐，但使用钠盐有利于降低生产成本，所以选择脱氟剂时，应优先选择钠盐。湿法磷酸脱氟剂常选用氯化钠、硫酸钠、碳酸钠和磷酸钠。前两者的价格便宜，但引入了氯离子和硫酸根离子杂质；后两者虽然对湿法磷酸无污染，但价格比较贵。使用碳酸钠作脱氟剂有不少优点：根据化学反应平衡移动原理，经分解后逸出二氧化碳，能使反应进行到底。另据报道：当湿法磷酸中 $w(F)$ 在 0.5% ～ 1.5% 时，使用磷酸钠不但脱氟效果显著，而且能够减少磷酸的损失，因而是一种优良的脱氟剂。

9.3 功能性助剂

大部分磷肥易溶于水，很容易与 Fe^{3+}、Al^{3+}、Ca^{2+} 和 Mg^{2+} 结合形成沉淀，导致土壤中磷酸根离子失活。磷素活化剂是向肥料中添加的某些材料，它能够改变传统磷肥的性质，减少土壤对磷的吸附固定，释放土壤中被固定的磷，促进磷在土壤中迁移转化。

植物营养功能助剂主要是指除氮、磷、钾之外的含中微量元素的助剂。中微量元素助剂按剂型可分为：粉剂、水剂、油剂；按功能可分为含不同中微量单体及复合体的粉体、水体及油体助剂产品。营养型助剂含有一定量的中微量元素或螯合元素、除草剂、杀菌剂等产品，与肥料混合，不破坏其特效成分，节约肥料使用量，补充其他养分，赋予产品额外的功能。肥料功能性助剂主要以提高肥料养分的利用率和提升肥料的物理稳定性为目的，控制养分的流失及保持液体肥料的均匀性，主要包括缓控释剂、悬浮剂、螯合剂等。

9.3.1 磷素增效剂

能被作物直接吸收利用的磷称为有效磷，包括水溶性磷和枸溶性磷。土壤溶液中 PO_4^{3-}、HPO_4^{2-} 和 $H_2PO_4^-$ 是易被农作物吸收利用的磷，其含量的高低直接影响土壤溶液中有效磷含量。有效磷的来源主要有两种方式：一是土壤中难溶形态磷在一定条件下转化为有效磷；二是人为施入的磷肥或有机肥，例如磷酸一铵（$NH_4H_2PO_4$）等磷肥或含有磷素的复合肥。磷肥进入土壤后经过一系列的反应，生成能被植物直接利用的磷酸根离子，能够显著影响土壤中有效磷的含量。

为补充植物生长发育所需的营养，通常施用磷肥或其他矿物肥料来补充有效磷。然而，只有 20% 的施入磷在早期被植物吸收，而其余的则积累在土壤中，称为遗留磷。在农业生产过程中，大量施用的磷肥在土壤中很快转化为农作物难以利用的形式，磷肥利用率低。磷素增效剂的使用正是为了降低磷肥在土壤中转化为难溶磷的速度、活化土壤中固定的遗留磷，避免土壤中有效磷含量不足，影响农作物的生长发育，提高磷素有效性。

9.3.1.1　磷素的特性

磷是植物生长发育的必需营养元素之一，又是不可再生的资源。全球每年都会施用大量的磷肥，其中 80% 以上的磷被土壤固定，但土壤中的有效磷含量仅占土壤中总磷的不到 0.1%，磷肥的当季利用率仅为 10% ～ 20%[67]。土壤中富积的磷未能被利用，不仅造成资源浪费，而且造成了一系列如水体富营养化的严重环境污染问题。磷肥施入土壤后，大部分磷会与土壤中的其他化合物迅速结合，发生吸附、沉淀等反应，以难溶的无机态和有机态富集于土壤当中，降低其生物有效性。

由于土壤特定的理化性质和磷酸盐的化学行为，当土壤施磷量较高时，土壤主要发生磷的吸附作用；而当土壤磷含量较低时，被土壤吸附的磷将会发生解吸过程。

土壤中磷的固定一般通过以下四种途径：

① 化学固定作用　土壤中水溶性磷与金属离子钙、铁、铝、镁、锰等发生反应，生成稳定态化合物；

② 吸附作用　土壤溶液中的磷被土壤颗粒吸附，难以被作物吸收利用；

③ 闭蓄作用　土壤中不溶性 Fe^{3+}、Al^{3+}、Ca^{2+} 等胶膜包裹磷酸盐使其失去有效性；

④ 生物固定作用　微生物新陈代谢过程中从土壤中吸收有效磷来满足生长需要，但此过程通常可逆。

土壤中磷素的释放作用主要是指土壤中难溶性磷转化为有效性磷的过程，主要包括：

① 难溶性磷酸盐的释放　土壤中的难溶性磷酸盐在有机酸、碳酸等酸性物质的作用下，转变为可溶性磷酸盐；

② 无机磷的解吸　土壤颗粒吸附态磷经过解吸作用，再次进入到土壤溶液。

无机磷的解吸作用是磷释放作用的重要机理之一，它是磷从土壤固相向液相转移的过程。无机磷或磷肥的沉淀物与土壤溶液共存时，土壤溶液中的磷因作物吸收而减少，破坏了原有的平衡，使反应向磷溶解的方向进行。当土壤中其他阴离子的浓度大于磷酸根离子浓度时，可通过竞争吸附作用，发生吸附态磷的解吸，吸附态磷沿浓度梯度向外扩散进入土壤溶液。

③ 有机磷的矿化　在磷酸酶等作用下有机磷转化为无机磷。

如何提高磷肥利用率和释放土壤中富积的磷，是目前研究的重要课题。通过施加磷素增效剂，将土壤中的难溶性磷转变为生物可利用的磷，不仅促进植物生长发育，还可提高肥料利用率，减少磷肥施用量，缓解我国磷资源不足的局面，对我国磷资源可持续利用具有长远的意义。

9.3.1.2　磷素增效剂的作用原理

磷素增效剂的研究是基于影响磷肥转化因素来进行的。环境因素对土壤磷的转化过程至关重要，其中 pH 值是影响磷有效性的决定性因素。当土壤 pH 在 6 ～ 7 范围内时，土壤磷具有最强的生物有效性；若土壤 pH 较高，磷通常以磷酸钙的形式被固定下来；而当 pH <6 时，磷的有效性主要取决于铝和铁等固相吸附或者共沉淀作用。在低 pH 值下，红磷铁

矿和铝铁矿都能释放出有效磷，且无定形的铁和铝磷酸盐可以转变为这两种形式。石灰性和中性土壤主要发生钙镁所控制的转化体系，磷酸钙（镁）类（Ca-P、Mg-P）是石灰性土壤中磷酸盐的主要形态。酸性土壤主要发生铁铝所控制的转化体系，磷酸铁（铝）类（Fe-P、Al-P）是酸性土壤中磷的主要形态。

磷素增效剂可通过酸碱溶解作用、络合反应、交换吸附效应、离子桥效应等方式，增加磷肥施用效率，提高有效磷浓度，实现节肥增产。例如：有机酸类增效剂主要是与土壤中被固定的磷素形成可溶的络合物和螯合物，或通过影响土壤的理化性质，从而提高土壤中微生物和酶的活性，起到刺激作物加大对磷的吸收能力的效果；菌根共生类增效剂则是通过和作物结合，促进根系延伸，增大吸收面积，增进解磷效应，在豆科植物中体现得尤为明显；沸石由于其结构特有的多空洞和孔道，具有较强的离子吸附和交换能力。

9.3.1.3　磷素增效剂的种类及研究进展

按照作用机理，可对磷素增效剂进行如下分类。

（1）低分子量酸性有机物质　常见的是有机酸，如柠檬酸、酒石酸、苹果酸、草酸等。早在 20 世纪 50 年代，国外就有人研究有机酸与阴离子养分的竞争吸附作用。Negarajah 等研究了有机酸和磷在三水铝石、针铁矿表面的竞争吸附与分解吸收，发现有机酸的存在能减少土壤对磷的吸附[61]。不同有机酸对石灰性土壤中磷活化能力大小顺序为草酸≥柠檬酸＞苹果酸＞酒石酸，而对于酸性土壤则为柠檬酸＞草酸＞酒石酸＞苹果酸[62]。

环境胁迫条件下，植物根系常常主动或被动释放大量的有机物质进入根际，它们不断地形成和产生，使这些有机酸和它们相应的阴离子具有十分重要的化学意义。研究者通过研究低分子量有机酸增加土壤磷素有效性的机理，发现主要通过以下几种途径来增加土壤磷素有效性。

① 有机阴离子能够与磷酸根离子竞争黏土矿物、碳酸钙和铁铝氧化物表面的吸附位点，减少磷酸根离子的吸附或者促进已经被吸附的磷酸根离子释放。在石灰性土壤中，磷酸钙、磷酸镁等化合物在柠檬酸、草酸和苹果酸的作用下会溶解，土壤 Ca^{2+}、Mg^{2+} 等阳离子数量增多，有机酸根离子会和磷酸根离子竞争吸附位点，促进磷酸根离子的释放；另外，有机酸和磷酸根离子竞争在 $CaCO_3$ 上的吸附位点，从而减弱土壤对磷酸根离子的吸附作用。

② 低分子量有机酸能够降低土壤的 pH 值，促进难溶形态磷溶解。低分子量有机酸在活化难溶形态磷的过程中，H^+ 起到的作用占全部效应的 25% ～ 40%。

③ 能够螯合土壤中的金属离子，例如钙离子、铁离子和铝离子。减少磷酸根离子与金属离子的接触，促进难溶性的磷酸钙盐、磷酸铁盐和磷酸铝盐释放磷酸根离子，能够提高土壤磷素的有效性。

（2）高分子有机化合物　高分子有机化合物与磷肥复合后能够竞争、掩盖土壤中磷的吸附位点，提高磷肥在施肥点的有效性，减少土壤对磷的固定，常见的高分子有机化合物包括腐植酸、木质素等。

腐植酸是一类高分子有机酸，是动植物残体经过微生物作用形成的一种特殊有机物质。腐植酸含有大量的官能团，例如，羧基、羟基、甲氧基、酚羟基以及一些含氮的环状基团，这些基团具有较强的离子交换和螯合金属离子能力，能够增强土壤酸碱缓冲能力、改善土壤理化性质和提高养分的有效性。早在二十世纪六七十年代，日本的桥本雄司就发现腐植酸能够提高磷肥在土壤中的有效性[63]；日本1979年就已批准硝基腐植酸磷肥作为国家法定的肥料品种；乌兹别克斯坦曾用15%～17%的腐植酸铵与过磷酸钙或重钙混合制造颗粒肥料；我国20世纪70年代后采用此种方法生产HA-P。

腐植酸对肥料的调控作用主要表现为对氮缓释、对磷活化、对钾增效[64]。磷肥中加入5.0%～10.0%活化腐植酸，可显著提高培养15～90d内土壤有效磷含量；添加10.0%的活化腐植酸处理，可以显著增加培养前期潮土Ca_2-P、Ca_8-P、Al-P和Fe-P含量以及培养后期Ca_2-P含量，并可增加红壤培养中后期Ca_2-P、Ca_8-P含量及前中期Fe-P含量；添加5.0%活化腐植酸处理，可以增加潮土整个培养期Ca_2-P含量及前期Ca_8-P和Fe-P含量，并可增加红壤培养后期Ca_2-P含量和中后期Ca_8-P含量；添加2.5%活化腐植酸处理，可以显著增加潮土整个培养期Ca_2-P含量和前期Ca_8-P含量[65]。

木质素是一种酚型网状结构的高分子有机物质，是土壤腐殖质的前体。木质素与腐植酸一样，分子中含有大量官能团，如羧基、羟基和酚羟基等。此外，木质素上有许多活性负电基团，对二、三价金属离子有较强的吸引力，木质素是一种酚型三度空间带分支的网状结构化合物。同时，木质素也是形成土壤腐殖质的基本材料，其在植物体内含量仅次于纤维素，约占植物重量的20%～30%。造纸工业产生的造纸黑液中含有大量的木质素，这些木质素多数由数个或数十个苯基丙烷组成，具有多种活性基团和较大的反应活性，表现出较强的螯合性能和胶体性质，除含有大量的酚羟基和醇羟基之外，还含有羧基和羰基，使木质素极易与金属离子发生螯合。目前，将木质素以及改性木质素作为肥料添加剂的应用研究刚刚起步，大多数研究集中于利用木质素与氮肥通过化学合成的方法生产缓释氮肥，直接将磷肥与木质素混施到土壤中的研究不多，且木质素对不同类型土壤磷素有效性的影响尚不清楚。通过将木质素与磷肥配施在石灰性土壤中，培养一段时间后发现木质素能提高磷肥的有效性，且在石灰性土壤中的效果要好于在红壤中的效果；用木质素活化土壤中的残留磷，发现添加木质素能够显著提高磷素活化量。

腐植酸和木质素都能够通过络合、整合和吸附作用与金属氧化物（例如氧化铝、氧化铁、二氧化硅和二氧化钛）相互作用，因此直接或间接影响土壤中磷酸盐的吸附和磷素有效性。Perassi等人[66]通过开展腐植酸与磷酸根离子在碳酸钙上的吸附实验，发现腐植酸能够和磷酸根离子竞争吸附位点；将木质素改性，发现改性后的木质素具有更强的金属离子螯合性能和与磷酸根离子竞争吸附位点的能力。

（3）生物磷素活化剂　利用微生物分泌的有机酸，一方面可以降低土壤pH值，另一方面与土壤中被固定的磷素形成可溶的络合物或螯合物，从而提高磷的有效性。解磷菌、VAM菌等这类真菌可以通过与作物形成共生关系，相对延伸根系的吸收面积，来达到增大根系吸收能力、促进磷活化、提高磷肥利用率的目的。

解磷微生物既可以通过酶类矿化有机磷，又可以分泌有机酸溶解无机磷。有机解磷微生物在新陈代谢过程中，可以分泌一些到胞外的酶类，如磷酸酶、植酸酶、核酸酶和脱氢酶等，来矿化有机磷化合物如核酸、磷脂等，起到溶磷作用。无机解磷微生物主要通过分泌有机酸，包括草酸、柠檬酸、乳酸、苹果酸、酒石酸、反丁烯二酸等，溶解一些难溶性的磷酸盐物质。此外，还有一些还原性细菌也可以起到活化磷素的作用，铁还原菌在土壤中还原磷酸铁时，可增大土壤溶液中磷的浓度。生物菌剂可以促进土壤中的磷素向易被作物利用的状态转化，减缓向缓效态、难溶态的转化，增加土壤中 Ca_2-P、Al-P、Fe-P 含量，降低土壤中 Ca_{10}-P、Ca_8-P 含量[67]。

（4）复杂有机物质　如有机肥、造纸造糖等工业有机废弃物等。有机肥腐解产物的碳水化合物和纤维素掩盖了黏土矿物的吸附位点，有机肥对磷酸铁的活化率可高达 30%。

（5）生长激素类　如 ABT 生根粉。ABT 生根粉是一种通过促进作物根系进一步生长，从而扩大作物对磷素的有效利用空间的化学物质。研究结果表明，ABT 生根粉浸种能显著增加小麦的根量和植株吸收磷的含量，显著提高作物对磷肥的利用率，但对土壤全磷无明显影响。

（6）高表面积与高表面活性物质　提高土壤中阴阳离子交换能力，减小磷肥在土壤中的固定速率。

生物炭作为一种高表面积与高活性物质，具有非常高的碳含量，并且具有非常稳定的有机碳，能够显著影响土壤的理化性质。生物炭可以通过影响土壤对磷的吸附解吸来影响磷素有效性。

沸石类物质包括天然沸石和交换性沸石两类，二者能够促进磷矿粉或土壤中磷素释放和有效化，其机理是斜发沸石上的吸附性阳离子，与磷矿石中 Ca^{2+}、Fe^{3+} 和 Al^{3+} 直接接触交换或溶液交换。沸石进入土壤中能够增加土壤的阳离子吸附能力，提高磷肥利用率。沸石由于内部结构多空洞和孔道，具有较强的离子交换和吸附功能，能显著提高磷矿粉的有效性，在含 Na^+ 较高的盐化潮土上施用，速效磷增加了 182.9%。膨润土与磷矿粉混合接触，在一定水分和温度条件下，磷矿粉中的钙离子被交换吸附填充在膨润土的晶层间隙，使其周围出现一个低钙环境，促进了磷素的吸收。

固体粉煤灰具有疏松多孔、颗粒内有蜂窝状结构等性质，以及含有未完全燃烧的碳和对作物有益的元素，所以作为优良的磷素增效剂和土壤改良剂，被广泛用于对中低产田的改造。粉煤灰对不同性质土壤中的磷都具有明显的活化作用，其有效磷的提高率在 13.59% ～ 22.61% 之间，同时又能够增加土壤中磷、硅的含量、提高土壤中微生物活性，有利于土壤的保温、保墒和养分的转化，为作物的生长创造良好的土壤环境。

（7）络合物类物质　常见的有 EDTA、GLDA（谷氨酸 *N,N*- 二乙酸，L-glutamic acid *N,N*-diacetic acid）、TIMA 等。

EDTA 具有优异的络合性能，是目前应用比较普遍的螯合剂。EDTA 能够有效地结合金属阳离子，且适用的 pH 值范围较宽。EDTA 可通过强烈的螯合作用与土壤中的难溶态磷发生反应，以此方式缓解土壤中磷的固定。

在当季东南景天添加 GLDA 土壤磷素活化剂，植物地上部 Zn、Cd 含量比对照处理分别增加了 53%、46%，东南景天对 Zn 和 Cd 的提取量分别是对照处理的 1.7 倍和 1.6 倍；GLDA 也可用于超富集植物，不仅改善土壤养分和促进植物生长，还可以提高植物对金属的提取量，可以考虑将土壤磷素活化剂应用在重金属污染土壤的植物修复中。TIMA 是以马来酸、乙烯醇、丙烯酰胺为单体，在催化剂作用下经过自由基反应制得的三元化合物。该三元化合物具有较强的螯合能力，能够螯合不同的金属离子，一般磷复肥中添加量为

0.3% ～ 0.5%，水溶性肥料中添加量为 3% ～ 5%，可减少有效磷的固定，促进固态磷向有效磷转化，提高作物对磷的吸收利用率。

9.3.1.4 磷素增效剂的应用效果

国内对磷素增效剂的应用效果进行了诸多研究，磷素增效剂对土壤磷素形态转化及其有效性有重要作用。如选取草酸、木质素、植酸酶和抗坏血酸四种磷素增效剂在北方低磷和高磷两种石灰性小麦土壤上进行磷素增效试验，结果表明：草酸和木质素对磷素增效效果较好，有效磷的主要来源是 H_2O 提取态磷、$NaHCO_3$ 提取态磷和 NaOH 提取态磷，主要由浓 HCl 提取态磷和残留态磷转化而来；草酸、木质素、植酸酶和抗坏血酸对低磷土壤中有效磷的活化率分别为 420%、122%、155%、82%，对高磷土壤中有效磷的活化率分别为 298%、95%、2%、5%[68]。我国南方红壤中加入不同的磷素增效剂进行试验，活化能力大小依次为：低分子量有机酸钠钙盐＞腐植酸＞腐植酸钠＞脲基甲酸乙酯；磷素增效剂可以提高红壤中的 Al-P、Ca-P 和 Fe-P 等无机磷含量。通过研究柠檬酸铵、腐植酸和增效剂（主要成分为木质素）三种磷素增效剂对黑土磷形态及有效性的影响，发现磷素增效剂能促进各形态无机磷之间的转化，活化能力随温度升高而逐渐降低[69]。

复合多种有益菌和抗生素的土壤磷素增效剂，集磷钾和微量元素活化为一体，可以有效改善土壤有机质含量，不同程度地增加土壤中速效氮、磷、钾的含量。在大豆作物上施用可以提高土壤无机磷总量，增强土壤磷素有效性，减少磷肥用量，促进作物生长发育和提高作物产量。施用生物菌剂的土壤磷素增效剂可促进番茄的生长发育，在茎粗、叶片长度、叶片宽度、株高和果实大小等性状上均好于对照。土壤磷素增效剂还能有效促进小麦、大豆、玉米生长发育，明显提高株高、粒重、产量等性状。

TIMA 磷素增效剂为郑州大学磷复肥团队开发，由企业实施产业化。磷肥中添加磷素增效剂 TIMA，可使马铃薯产量提高 7.5% ～ 12.0%；用磷酸一铵 + 磷素增效剂 TIMA 处理马铃薯，植株中 P 吸收量与单施磷酸一铵处理相比，增长率为 9.20%；用磷矿粉 + 磷素增效剂 TIMA 处理得到的 P 吸收量与单一磷矿粉处理相比，增长率为 8.68%[70]。

诸多研究表明，土壤磷素增效剂与磷肥、复合肥配合施用，可显著提高磷肥利用率，促使土壤中被固定的磷向有效磷转化，减少磷肥中的有效磷固定，可促进作物增产，同时可以改善土壤团粒结构，有利于保护土壤环境。磷素增效剂种类繁多，作为肥料添加剂使用，并无明确的检测方法，一般通过施用后考察作物的物理性状、肥效以及测定土壤中磷的形态来评价其作用效果。

9.3.1.5 发展方向

农作物生长过程中并不需要过多的磷，但是由于磷素存在不易移动与易固定的特性，导致磷的投入量远远高于实际需求量。开展磷素增效剂研究，探索控制磷固定及释放土壤中磷以供作物需要，是解决环境问题、降低磷投入量、缓解资源不足的一条合理途径。磷矿资源的局限性及环境的要求，也需要研究提出实用的磷增效技术，促使有限的磷在农业生产系统中循环。磷素增效剂正是可以加速磷素循环，提高磷利用率的一项关键技术措施，因此具有广泛的应用前景。

磷素增效剂的研究人员今后应在已有的工作基础上，加强机理和综合研究。研究热点会逐步转向新材料筛选与复合应用及相应机理研究方面，由侧重于生物释磷技术转向化学技术及综合技术发展。经过若干年后，磷肥施用量会有较大幅度的下降，趋于合理。

9.3.2 元素协同增效

植物所需的营养元素共有 17 种，其中碳、氢、氧三类营养元素一般不需要额外添加补充，仅凭借水和二氧化碳即可补充。其他营养元素几乎都来自土壤，需要进行额外添加补充。此外，根据最小养分定律，作物产量受土壤中相对数量最小的养分所制约，如果不针对性地加以补充，即使增加其他养分的施用量，也无法提高作物产量，只会浪费养分。因此，在农业生产中，要根据作物的需肥特征、土壤的供肥性能以及同元素之间的协同与拮抗效果，以合适的比例施用氮、磷、钾及中微量元素肥料，降低肥料用量，缓解肥料施用带来的各类风险与污染，减少最小养分对产量的制约，同时增加粮食产量。

9.3.2.1 氮磷钾协同增效

（1）氮磷协同　对农作物配合施加肥料有两方面效果，一方面肥料的施加可以为作物提供养分，促进作物的生长发育、产物积累；另一方面，两种肥料的相互促进作用可以增加土壤肥力，使肥料能发挥最大作用，减少浪费。氮肥和磷肥在植物的吸收和利用中相互配合和相互作用，是增加作物产量的重要手段之一。正常情况下，氮肥的使用会促进植物对磷的吸收和利用，所以，氮、磷肥的配合使用比单施一种肥料更能发挥作用。

合理的氮磷配施（N 150 ～ 300mg/kg、P_2O_5 200mg/kg）可增加土壤中 Ca_8-P、Al-P 的比例，降低植物难以吸收的潜在性磷源 Ca_{10}-P 比例，提高了土壤磷素有效性，促进了苹果幼苗生长及根系发育[71]。在滴灌棉田上单施磷肥或单施氮肥都没有获得较高的产量，但配合施用较单一施用增产幅度大。在氮肥不变的情况下，平均产量随着磷肥的增加而增加；在磷肥不变的情况下，平均产量随着氮肥的增加而增加，氮磷配合施肥情况下，施磷肥 360kg/hm^2 和尿素 600kg/hm^2 的处理组合获得了较高的产量。

进一步在小麦 / 玉米套作条件下研究氮磷比例的作用，获得了作物产量与氮、磷肥施用量的二次型回归模型，氮肥、磷肥及氮磷交互作用对产量产生显著影响，影响大小：氮磷交互作用＞氮肥＞磷肥。在施肥水平较低时，氮、磷肥表现出较好的协同促进作用，在达到产量极限值后，则表现为无效及拮抗作用；中氮中磷处理能较好地满足作物生长发育过程中对氮和磷的需求，提高作物对氮、磷的利用率；但随着施肥量的进一步增加，作物植株吸收量也增加，施肥效益降低，肥料利用率持续下降[72]。

（2）氮磷钾协同　大量研究表明，氮、磷、钾肥的互作效应对作物产量具有显著影响，且氮磷、氮钾和磷钾的互作效应各不相同。在氮磷交互作用较大时，当其中一种肥料投入量较低时，增加另一种肥料的投入能提高作物产量。当氮、磷肥用量处于低中水平时，两者对水稻产量表现为协同促进作用，施肥量超过一定水平后则表现为拮抗作用。在低氮条件下即使增施钾肥作物也难以增产，要保证产量的提高就必须将氮、钾肥用量保持在适宜的比例，因为氮和钾在植物代谢过程中有互补作用，不适宜的N/K比会阻碍生长发育。当钾水平较低而氮水平太高时会导致水稻减产，而当钾水平较高时氮水平在一定范围内越高产量越高。通过对玉米的研究发现磷钾肥的交互作用并不明显，钾肥对磷肥只是起辅助作用，磷水平较高时增施钾肥对产量影响不大。在低钾水平下适当增施磷肥可以弥补钾肥的不足；另外，磷钾互作效应表现出其中一种肥料用量越低，另一种肥料增产幅度越高的现象，这与氮磷、氮钾互作效应所表现的正好相反。总体来说，每个交互作用内都有其最佳交互区，不同目标产量有不同的最佳交互区，最佳交互区内又有最佳的交互点，故在农业生产中应根据当地的经济条件及目标产量来确定氮磷钾肥的最佳配施方案[73]。

有研究结果显示[74]，长期单施氮肥使得耕层土壤有机质含量低，而N、P、K化肥两者或三者之间配施均可提高土壤有机质含量，以NPK均衡施用效果最好。但是长期施用化肥特别是不均衡施用化肥，微量元素得不到补充，土壤有效态微量元素有下降的趋势，这有可能成为土壤养分新的限制因子，氮磷钾配施有机肥可以使土壤微量元素得到补充，维持或提高土壤有效态微量元素的含量。此外，过量施用氮肥时，深层土壤硝态氮累积量大幅增加，甚至超过单施氮肥处理，淋失风险大大增强。

总之，从长期来看，合理的施用无机肥料可能会维持土壤性质和生产能力，而对于我国复种指数高的集约种植地区，采用多元素化肥与有机肥配合施用，补充土壤里缺乏的中微量元素，更有利于农业的可持续发展。

9.3.2.2　中微量元素与磷的协同增效

磷与许多中微量元素如锌、硼和硅相互作用，从而影响磷对植物的有效性。

（1）磷锌协同　锌是植物正常生长发育不可缺少的微量元素。其参与叶绿素和生长素合成、植物蛋白质代谢、光合作用、呼吸作用等多种生化进程，同时又是多种酶的组成成分和活化剂。如锌是苹果酸脱氢酶、羧基肽酶和黄素酶等的组成成分。这些酶对植物体内的物质水解、氧化还原过程和蛋白质合成起着重要作用。

植物体内磷锌交互作用十分复杂。针对磷锌交互作用，国内外专家学者开展了广泛研究，研究结论仍存在争议，多数研究认为大量施用磷肥会抑制作物对锌元素的吸收，磷锌关系表现为拮抗作用；然而另一些研究认为施磷促进了作物对锌元素的吸收，磷锌关系表现为协同作用[75]。关于磷锌关系的影响因素，有研究者发现磷锌关系取决于介质中磷浓度，低磷时成协同关系，高磷时成拮抗关系[76]。

对于磷和锌，目前已报道有三种不同的相互作用类型：①高磷诱导的锌缺乏；②锌缺乏引起的磷过量累积；③磷缺乏引起的锌过量富集。

针对植物体内磷锌复杂的交互作用，对大豆进行磷锌配施，调节土壤中磷锌比例，增加土壤中锌和磷的可给性，满足了大豆磷锌营养需求，提高了大豆共生固氮能力，叶面积增加，叶绿素含量提高，明显地促进了大豆生长发育。还有学者研究了磷锌配施对花生不同生育期磷锌吸收、积累、分配及花生产量的影响，在相同磷用量下，增施锌肥对整个生育期花生各部位磷含量和花生生育后期磷积累量无显著影响，但显著增加了花生苗期和花针前期地上部及成熟期花生壳和花生仁的磷积累量、磷收获指数和荚果磷利用率[77]。花生体内磷锌相互作用大小受其生育期、生长部位和锌供应水平的影响，且施磷对锌的影响较施锌对磷的影响大。

有研究团队[78]开展了玉米施锌及锌磷配施对玉米产量的影响试验，结果表明：玉米施锌的增产效果显著，最高的为45kg/hm^2处理，产量为6965.3kg/hm^2，比对照组高1234.9kg/hm^2。且玉米锌磷配施处理的株高、茎粗、次生根数都比其他处理有显著提高，产量最高为7584.4kg/hm^2，比对照组高1854kg/hm^2。

（2）磷硅协同　由于硅与磷的化学性质比较相似，磷酸根离子与硅酸根离子又都是含氧酸根阴离子，当它们同时存在于土壤中时，有可能在土壤胶体表面产生竞争性吸附。当硅肥施入土壤后，占据了土壤中铁铝氧化物或黏粒表面的部分吸附位置，导致磷酸根离子吸附量减少，即硅通过占据磷的土壤矿物结合位点提高土壤磷的有效性。此外，土壤中的硅主要以单硅酸的形态存在，土壤中的硅酸可通过—OH吸附在各种氧化物及铁铝硅酸盐类矿物表面，占据部分吸附位点，减弱了土壤对磷的吸附能力，从而使磷更易从土壤中解吸。因此，硅对磷肥的利用率有着积极的影响。

硅在水稻生长发育、产量及抗逆性等方面的作用受到越来越多关注。硅能促进冠层的光合作用，增加水稻产量、增加水稻抗病性并缓解生物及非生物胁迫；施用硅肥能抑制水稻对镉、砷等重金属元素的吸收。硅和磷由于相似的化学性质存在肥效的互促关系，硅可缓解玉米的低磷胁迫，硅磷配施能改善土壤养分供应能力。硅充足的水稻生长健壮，茎秆充实度明显提高，而且茎秆对水分、无机盐等养分的输送畅通无阻。

硅、磷两种元素都是对作物生长十分重要的元素，两者之间的相互作用影响它们的生物有效性。以浙江上虞的水稻土为研究对象，研究了不同硅添加水平下，水稻土对磷的吸附与解吸行为。研究结果表明：土壤中加硅显著降低了土壤对磷的吸附量，且加硅量越大，土壤对磷的吸附量越小。土壤加硅减少了土壤磷的吸附并增加了土壤磷的解吸，从而增大了土壤磷的活性和生物有效性。

此外，硅通过上调磷酸基团吸收调节转运蛋白基因的表达，可以直接促进植物对磷的吸收，由于供给硅增强了苹果酸和柠檬酸盐的分泌，此行为也可以提高磷的有效性。对水稻来说，施用硅提高土壤的pH值，可以改变根际铝离子的类型（主要是Al^{3+}），从而保护水稻根系免受铝毒，间接增加了土壤有效磷的含量。

大量的试验结果表明，由于硅与磷在化学性质和结构上的相似性，硅磷配施可以相互促进肥效。然而从以往的研究工作可以发现，人们在研究硅磷两种元素相互影响、相互作用的关系时，往往忽略了土壤中硅磷的不同存在形态，而是将它们笼统地归为一类，未能明确施用硅和磷对土壤中不同形态磷与硅含量的影响。土壤中的无机磷可分为Ca-P、Al-P、Fe-P和O-P，而硅又可分为水溶性硅、活性硅和无定形硅。不同形态的硅、磷性质差异巨大，在促进硅磷肥效方面，其作用必然存在一定的差异。

虽有较多研究阐明硅元素对植物及土壤中磷元素的影响亦或是磷元素对植物及土壤中硅元素的影响，但是较少有针对硅肥与磷肥同时施加对植物及土壤中不同形态硅及磷有效性影响的研究[79]。胡克伟等人[80]采用室内培养试验，研究不同施硅和施磷处理对水稻土中硅、磷不同存在形态的影响，结果表明：硅的存在可以影响土壤中磷素的存在形态，施用硅肥可以增加土壤中Ca-P、Al-P和O-P的含量，减少土壤中Fe-P的含量，对土壤中Ca_8-P和Ca_{10}-P含量影响不明显；磷的存在可以改变土壤中硅的存在形态，施用磷肥一方面可以增加土壤中水溶性硅和活性硅的含量，另一方面可以降低土壤中的无定形硅含量，提高硅素的有效性。

（3）硼磷协同　在植物所必需的 14 种矿质元素中，硼通常以硼酸分子形态存在，很难直接与磷酸盐结合，但与磷营养之间存在着相互作用。目前为止对作物中硼和磷营养之间相互作用的报道相对较少。硼在生长介质中对植物从缺乏到毒害的浓度范围最窄：当土壤中有效硼含量低于 0.5mg/kg 时，即视为缺硼，此时植物易出现缺硼症状；当土壤中有效硼含量高于 1mg/kg 时，即视为硼丰富，此时敏感植物可能会发生硼毒害现象。因为硼酸溶解性较高且很容易淋溶损失，所以在降水较多的地区，容易发生硼缺乏现象，而降水量较少的地区，气候干燥使土壤中水分蒸发量显著增加，这导致硼在表层土壤累积量显著升高，从而极易对植物造成硼毒害。总体上，我国土壤的有效硼含量与地区降雨量多少密切相关：中南地区降雨多，有效硼浓度就整体偏低；而西北地区降雨少，则有效硼整体较为丰富。

硼是植物所必需的微量元素之一。植物体内硼的浓度在 2 ～ 100mg/kg 之间，它不仅参与核酸、蛋白质、碳水化合物、酚类化合物和激素的代谢，同时对于植物开花结果也至关重要。植物的生殖器官比营养器官对低硼胁迫环境更为敏感，如油菜的“花而不实”、棉花的“蕾而不花”，导致作物严重减产甚至颗粒无收[81-82]。

在低磷条件下，细胞壁组分的改变会影响植物体中磷的再利用。在缺磷胁迫下，在正常硼基础上增加硼的供应会增加一氧化氮的累积，进而提高根系细胞壁的果胶含量，果胶含量的升高促进根系细胞壁中磷的释放，从而根系会有更多的磷向地上部转运，最终缓解植株磷缺乏状况。

许多作物中的硼和磷营养之间存在着相互作用。胡萝卜悬浮细胞在缺硼胁迫条件下显著减少了对磷的吸收，缺硼导致菜豆根系对磷吸收的减少可在重新供硼 1 小时后恢复。在向日葵和玉米的根部也发现类似现象，缺硼对根系磷吸收的抑制可在施用硼后得到恢复，说明硼缺乏会迅速影响磷的吸收。

一些农作物叶片中的硼浓度会随供磷量的升高而降低。高磷供应会减轻烟草的高硼毒害，低磷会降低硼过量芥菜干重和种子产量，减少糖、有机磷和油含量，进一步增加叶片硼浓度，加剧芥菜的硼中毒效应。在高硼条件下，在正常磷基础上增加磷供应显著降低番茄叶片和根系的硼浓度，从而缓解高硼浓度对番茄生长和产量的不良反应。植物细胞里的硼主要存在于细胞壁中，而提高磷供应会显著增加拟南芥细胞壁中的硼浓度。硼磷之间的作用是广泛的，影响了相互之间的吸收、利用和代谢，但硼磷之间是协同作用还是拮抗作用，目前尚无明确的结论。

（4）铁等微量元素与磷的协同　磷与许多微量元素如铁和锰相互作用，从而影响磷对植物的有效性。铁缺乏导致植物体内磷大量累积甚至磷中毒，磷肥的大量供应会诱导植物体内铁浓度的降低甚至加重铁的缺乏，因此铁与磷互作对植物生长和作物产量存在拮抗作用。

9.3.3　其他助剂

9.3.3.1　具有植物营养功能的助剂

农作物生长除了需要氮、磷、钾等主要营养元素，还需要其他元素，这些元素需求量比较小，例如：钙、铁、硼、锌等。根据需求量不同划分，钙、镁、硫称为中量元素，硼、铜、铁、锌等用量少的称为微量元素。使用这些中微量元素生产的肥料统称为微肥，例如：钙肥、镁肥等。微量元素在植物体内对光合作用、碳水化合物的形成和运移、其他营养元素的吸收和输送以及繁殖器官的发育等均具有积极意义。例如：锌是叶绿素的重要组成部分，铁是合成叶绿素酶的重要催化剂，硼对花粉生长受精以及种子形成有激发作用等。中微量元素的这些功能是提高植株抗旱、抗热、抗寒、防冻等抗逆性的内在原因，因此中微量元素是植物生长不可或缺的成分。目前一些中微量元素以助剂的形式加入到肥料产品中，常见的中微量元素助剂按剂型可分为：粉剂、水剂、油剂；按功能可分为：含不同中微量单体及复合体的粉体、水体及油体助剂产品。一般将含有中微量元素的助剂产品以扑粉（粉剂）或包膜（水剂或油剂）的形式包膜到大量元素颗粒肥料的表面。

9.3.3.2 提升肥料应用性能的助剂

这类助剂主要以提高肥料的利用率及提升肥料的物理稳定性为功能，控制养分的流失及保持液体肥料的均匀性，如缓控释剂、悬浮剂、螯合剂等。肥料缓控释剂主要以包膜方式将缓控释材料包膜在颗粒肥料的表面，以控制养分的释放，其主要材料有：硫黄、不溶性无机盐、高分子树脂及改性的动植物油脂等。在肥料颗粒表面制备一层控释膜，这层膜可将高浓度的速效养分与土壤进行隔离，该膜层具有一定的孔隙结构，可有效地控制肥料养分缓慢释放。如果养分释放的速率与作物吸收的速率相匹配，就能达到精准施肥和肥料高效利用的目的，有效避免了肥料养分的流失。能够与肥料养分发生协同作用的材料，如：硫包衣、包裹肥等，可降解、成本低，可用于大田作物。

9.4 助剂与磷肥协同发展趋势

9.4.1 助剂产业存在的问题

近年来我国助剂产业发展较为迅速，但是除各领域龙头企业外，整体科研与创新能力偏弱，尤其是生物质与微环境功能性助剂尚处于快速发展期，企业生产规模相对较小，其市场的规范程度有待提高，相关标准及管理规范略显滞后。

（1）产品绿色化发展亟待增强。助剂一般添加量较少，在一定剂量范围内使用效果显著，但超过使用限量后，反而起到抑制作用。又如中微量元素化肥，施用一旦过量，容易引起肥害。另外，助剂多为有机高分子物质，其绿色高效低成本生产也亟需加强。

（2）对机理研究不够，创新能力相对较弱。

（3）标准规范与相关管理规范亟待完善。助剂标准制定滞后，导致肥料助剂使用混乱，一些企业利用这些漏洞，夸大宣传助剂的作用，严重影响有效安全助剂的推广。目前还没有相应的标准规定肥料中可以添加哪些助剂、添加的助剂限量指标等，检测技术的滞后也不利于肥料助剂市场的监督管理。

（4）推广与应用方面需要规范。由于农户对助剂不了解，一些添加有助剂的肥料价格虚高，偏离市场规律，不利于新型肥料的推广。

9.4.2　技术与政策措施

9.4.2.1　技术措施

（1）加大助剂及其原料的绿色环保与保障导向性研究。

（2）加大磷资源保障导向性助剂的研发。

（3）加大肥料产品结构调整导向性助剂的研发。

（4）加大精细磷酸及磷酸盐生产用助剂的研发。

（5）加大低浓度磷肥及多种磷素形态肥料生产用助剂的研发。

9.4.2.2　政策措施

（1）鼓励加大科技研发投入，培育技术创新型示范企业与创新领军人才，建立科技成果转化机制，搭建成果转化平台，形成有效的行业科技创新体系，引导政产学研用以及社会化资本的产业化融合。

（2）推动绿色发展体系规范生产工艺，加大产品机理、生产技术、检测方法、施用技术的研究与开发，推进助剂产品标准与使用规范的修订工作，规范助剂产品质量监督与研、产、销、用过程。

（3）加大对国内外先进、成熟技术的研判，加强知识产权保护意识，努力开发出一批世界领先水平的助剂产品及其配套应用技术。鼓励行业间融合，加强协调，拓展产业广度与深度。

（4）鼓励和支持企业、科研院所、行业组织等参与相关标准制定，发挥企业在标准制定中的重要作用，推进国家标准、行业标准、企业标准制定，发挥行业协会桥梁作用，协调各方制定满足市场和创新需求的团体标准。

9.4.3　助剂产业发展方向

农业生产中的作物营养、植保、土壤修复等都非常复杂，各类问题或因素交织在一起，需要提供“组合拳”解决措施。设施农业和规模化种植的兴起，种植户都希望肥料具备这样的“组合拳”性质，即：在作物营养上，不仅能给作物提供基本的氮、磷、钾营养，还能提供钙、镁、硫、锌、硼、铁等中微量元素营养；在植保上，能增强作物抗病害能力；在土壤修复与改良上，不仅能改善作物根际微生态环境，培养有益菌群，抑制病菌生长，而且能改善土壤团粒结构，协调土壤水肥气热[83]。

在农业绿色高质量发展的要求下，肥料助剂的创新及应用，将为肥料产品的升级提供更多的可能性和重要抓手。肥料助剂涉及肥料生产、储运以及使用全过程，可提高效率，助生产安稳长满；可优化品质，助产品提高质量；可绿色增效，助肥料提升利用率；可增加功能，助作物高产提质；等等。根据国家发展改革委《产业结构调整指导目录》等，以及我国“碳达峰、碳中和”发展目标，充分发挥肥料助剂在生产端、产品端以及使用端的关键作用，对肥料产业的高质量发展具有重要的意义。

清洁生产、循环经济仍是化工行业发展的主题，肥料行业通过添加助剂开发新型肥料的进程，在很大程度上将推动新一轮的产业耦合，单一肥料生产企业将向产业、产品耦合和循环经济一体化模式转变。“一体化”是指将多个具有价值的产业链整合在一起，未来的趋势是多产业联合的集群化生产，小型独立的生产线将在竞争中处于劣势，而产业横向多品种的耦合共生和纵向产业链的拓展延伸是增加产品附加值的有效途径。

9.5 发展建议

（1）提高自主创新能力与研发技术水平，助力肥料行业提升效率竞争力、成本竞争力、产品竞争力、服务竞争力以及安全竞争力等核心竞争力。加大肥料助剂的研究，建立科研机构、大型肥料生产企业及现代农业种植户联合研发平台，推进安全有效的肥料助剂的研发。

（2）加大肥料助剂宣传与科普力度，增进农户对肥料助剂的了解。

（3）借助行业协会力量，推动助剂标准的制定，整治行业乱象，引导行业健康发展。

（4）提高绿色发展水平，发展无毒无害、环境友好型助剂产品，推动肥料行业的高质量发展。建立助剂检测技术体系，制定有毒有害物质或易产生肥害的物质限量标准与检测方法，以利于行业监督；建立农业生态安全评价体系，评价助剂施用过程对环境、农产品质量等方面的影响。

（5）加强肥料助剂在市场上的监督管理，维护合法生产企业和种植户的利益。

（6）优化肥料助剂生产组织与布局结构，促进行业健康发展。

（7）顺应农业现代化发展模式转变，助力农业提质增产、农民降本增收。

安全有效的肥料助剂对农业生产节本、减排、提质、增效起着重要作用，希望业内形成合力，在肥料助剂研发、技术交流、生产使用、市场监管等方面共同合作，有序开展各项工作，促进肥料助剂及肥料产业的健康发展，支撑中国农业绿色发展计划，助力中国肥料走向国际，打造中国肥料品牌。

参考文献

[1] 阻垢剂的阻垢机理是什么？. 工业水处理，2015, 35(9): 10.
[2] 张汉泉，周峰，许鑫，等. 中国磷矿开发利用现状. 武汉工程大学学报，2020, 42(2): 159-164.
[3] 阮耀阳，肖春桥，张泽强，等. 磷矿浮选药剂研究进展. 武汉工程大学学报，2015, 37(5): 1-5.
[4] 李若兰，赵凤婷，何向文，等. 高镁（钙）质胶磷矿选矿工艺及药剂研究现状. 磷肥与复肥，2014, 29(3): 60-62.
[5] 周丽霞. 聚乙二醇（PEG）对磷矿阳离子反浮选的影响. 武汉：武汉工程大学，2019.
[6] 赵友男. 低品位胶磷矿重浮联合分选工艺研究. 徐州：中国矿业大学，2020.
[7] 黄靖宇. 胶磷矿捕收剂的制备、筛选及浮选性能研究. 武汉：武汉工程大学，2020.
[8] 高贺然. 胶磷矿与白云石表面捕收剂吸附特性与可浮性研究. 贵阳：贵州大学，2018.

[9] 杨林军，张允湘，黄隐华．阻垢分散剂对氟硅酸钾(钠)结晶过程的影响．化学工业与工程，2002(1): 1-5, 11.
[10] 齐越超，韩兆元，张发明，等．湖北某高镁质磷矿反浮选试验研究．有色金属(选矿部分), 2021(2): 136-139.
[11] 张华，杨稳权，赵凤婷，等．云南胶磷矿正浮选捕收剂合成与浮选机理研究．有色金属(选矿部分), 2021(2): 140-143.
[12] 孙佐浩，尹航，薛永娜，等．油酸硫酸化皂实验的研究．有色矿冶，2019, 35(5): 24-26.
[13] 南楠，朱一民，韩跃新，等．新型常温捕收剂 DN-6 对磷灰石的捕收性能研究．金属矿山，2020(4): 89-92.
[14] 罗惠华，童义隆，李成秀，等．一种新型磷矿捕收剂的研制与浮选性能．矿产综合利用，2018(4): 23-27.
[15] 杨聪，陈兴华，解文康，等．北方某中低品位磷矿低温浮选试验研究．化工矿物与加工，2017, 46(2): 1-4, 38.
[16] 杜橙幻，葛英勇，刘鸣．贵州某硅钙(镁)质磷矿石双反浮选试验．金属矿山，2019(1): 92-95.
[17] Dippenaar A. The destabilization of froth by solids .1. the mechanism of film rupture. International Journal of Mineral Processing, 1982, 9(1): 1-14.
[18] 杨婕，罗惠华，饶欢欢，等．一种新型两性捕收剂的制备及其浮选性能．武汉工程大学学报，2016, 38(1): 68-73.
[19] 张波，王静明，郑永兴．萃余酸在磷矿浮选中的应用．矿产保护与利用，2021, 41(1): 61-65.
[20] 钟春晖，冯博，张文谱，等．抑制剂海藻酸钠浮选分离磷灰石和方解石的作用及机理．中国有色金属学报，2021, 31(2): 490-498.
[21] 刘诚，郑云飞，杨思原．油酸钠体系下 HEDP 对磷灰石与方解石浮选分离的影响．中国有色金属学报，2021, 31(6): 1632-1638.
[22] 李防．磷矿浮选捕收剂的评价方法研究．武汉：武汉工程大学，2012.
[23] 郭晋瑜．肥料成粒相关影响因素的研究．太原：山西师范大学，2015.
[24] 潘贤斌．粒状土壤改良剂制备及其崩解性能研究．西安：西安建筑科技大学，2017.
[25] 李彦富，许鹏翔，李国学，等．淀粉基黏结剂在垃圾堆肥加工颗粒有机复混肥中的应用研究．农业环境科学学报，2008(2): 778-782.
[26] 时光营，王宇欣，赵亚楠，等．有机高分子材料添加对沼渣颗粒肥理化特性的影响．武汉：中国农业大学学报，2019, 24(3): 126-136.
[27] 刘峰．生物炭颗粒肥挤出滚圆成型装备与试验研究．武汉：华中农业大学，2016.
[28] 窦富根，邹燚，史吉平，等．二次加工的复混肥的发展趋势及造粒新技术．土壤肥料，1999(2): 3-5, 33.
[29] 崔建明．颗粒状肥料用粘结剂及其制备方法．中国 :CN201210536213.7, 2013.
[30] 胡义钰，方晓峰，倪双林，等．湿法磷酸生产中泡沫因素分析及消泡剂的开发现状．云南化工，2011, 38(2): 41-44.
[31] Arnaudov L, Denkov N D, Surcheva I, et al. Effect of oily additives on foamability and foam stability. 1. Role of interfacial properties. Langmuir, 2001, 17(22): 6999-7010.
[32] Aveyard R, Binks B P, Fletcher P D I, et al. Entry and spreading of alkane drops at the air surfactant solution interface in relation to foam and soap film stability. Journal of the Chemical Society-Faraday Transactions, 1993, 89(24): 4313-4321.
[33] 李春静，卢义和，宫素芝，等．聚醚改性聚硅氧烷消泡剂的合成及复配．河北化工，2005(5): 20-23.
[34] 戴劲松．以塔尔油脂肪酸制取磷矿酸解消泡剂．广东化工，1992(4): 36-37, 20.
[35] 徐飞飞．聚醚改性有机硅乳化剂的合成及在消泡剂中的应用．南京：南京林业大学，2012.
[36] 张国运，刘玉婷，魏昌波．复合型乳液有机硅消泡剂的研究．日用化学工业，2007(2): 128-130.
[37] 黄良仙，安秋凤，郭锟，等．高效乳液型有机硅消泡剂的制备及性能研究．陕西科技大学学报(自然科学版), 2009, 27(1): 37-40+5.
[38] 张晖，何宾宾，周琼波．一种湿法磷酸萃取用消泡剂及其制备方法 : CN106669238A. 2016-12-28.
[39] 胡筱敏，罗茜，王常任．表面活性剂型助滤剂助滤行为的研究．化工矿山技术，1994(4): 27-30.
[40] 孔令发．助滤剂在湿法磷酸中的应用．磷肥与复肥，2005(2): 32-35.
[41] 刘荆风，李维红，杨毅，等．中低品位磷矿生产湿法磷酸工艺条件及其问题优化．磷肥与复肥，2019, 34(4): 28-31.
[42] 柳鑫华，张怀芳，刘越，等．阻垢剂阻垢性能及阻垢机理的研究进展．材料保护，2021, 54(8): 150-157.
[43] 施春阳．微生物絮凝剂的研究和应用进展．污染防治技术，2013, 26(3): 4.
[44] 陶乃华，张鹏，朱希禄，等．高分子絮凝剂的研究进展．化工科技，2014, 22(1): 73-76.
[45] 李玉莹，王希越，张浩，等．絮凝剂在水处理技术中的应用．吉林化工学院学报，2020, 37(5): 16-19.
[46] 杨慧萍，王仁宗，田楠．复合肥料结块原因分析与防结剂应用．第四届全国磷复肥 / 磷化工技术创新(湛江)论坛论文集．广东湛江 . 2013: 458-460.
[47] 王维平，罗洪波，蒋绍志，等．复合肥料结块机理研究．磷肥与复肥，2010, 25(6): 24-25, 8.
[48] 靳玄烨，杨合乐．肥料结块原因与防结块研究进展．河北化工，2006(10): 23-24.
[49] 王宝安，梁红江，苏晓明．复合肥结块原因及解决方法．磷肥与复肥，2006(3): 47-49.
[50] 宋海香，孙保平，茹宗玲．防结块剂的研究方法和进展．化工进展，2001(6): 50-52.
[51] 王仁宗，阮自斌，何臣．粉状复合肥防结剂综述．全国第 14 届新型肥料技术及新工艺推介研讨会，中国河南商丘，2009.
[52] 李梅，张朝忠，姚丽萍．复混肥防结块剂的发展．化工进展，2003(7): 762-765.
[53] 殷海权，蔡剑斌．用于制备长贮存期松散性复合肥的防结块松散剂．中国 :CN1342628, 2001.
[54] 岩崎衍．肥料结块防止剂: CN86103193, 1986-05-08.
[55] 张天来．尿素防结块添加剂的研制及其防结块性能的研究．成都：四川大学，2003.
[56] 王春梅，赵天波，李凤艳，等．复合肥防结块剂技术的研究开发现状．磷肥与复肥，2008(1): 60-63.
[57] 福建达安能源实业有限责任公司，中海油天津化工研究设计院，国家无机盐产品质量监督检验中心．化工产品中防结块剂抗结块性能的评价方法．中华人民共和国国家质量监督检验检疫总局，中国国家标准化管理委员会 . 2016: 12.
[58] 高雪．硝基复合肥防结块剂技术的研究．秦皇岛：燕山大学，2017.
[59] 王刚，钱成洋，曾锐，等．一种快速判定肥料防结剂效果的简易装置．磷肥与复肥，2017, 32(11): 18-19.
[60] 廖雪华．助磨剂对磷矿石磨矿的影响研究．大众科技，2016, 18(1): 20-22.
[61] Nagarajah S, Posner A M, Quirk J P. Desorption of Phosphate from Kaolinite by Citrate and Bicarbonate1. Soil Science Society of

America Journal, 1968, 32(4): 507.
[62] Bhattacharyya P, Ghosh G. Phosphorus Use Efficiency in Brinjal with FYM and Sulphur. Journal of the Indian Society of Soil Science, 2001, 49(3): 456-462.
[63] 邱燕，张鼎华．南方酸性土壤磷素化学研究进展．福建稻麦科技，2003(3): 14-17.
[64] 王曰鑫，栗丽．腐植酸对化学肥料的增效作用研究．腐植酸，2007(2): 22-27.
[65] 刘文博，李絮花．腐植酸增效剂对不同类型土壤中磷素形态转化的调控．山东农业科学，2021, 53(8): 73-79.
[66] Perassi I, Borgnino L. Adsorption and surface precipitation of phosphate onto CaCO3-montmorillonite: effect of pH, ionic strength and competition with humic acid. Geoderma, 2014, 232-234: 600-608.
[67] 姜佰文，刘羚慧，陈晓武，等．生物菌剂对土壤无机磷活化效果的研究．东北农业大学学报，2014, 45(9): 62-66.
[68] 朱静．磷素活化剂对小麦土壤磷形态转化及活化效应研究．北京：北京林业大学，2018.
[69] 邱兰兰，石元亮，李斌，等．磷素活化剂对黑土磷形态及有效性影响的研究．中国土壤与肥料，2008(3): 12-16, 47.
[70] 申晓静，刘福琳，王雪玲．一种新型磷素活化剂的合成及应用．磷肥与复肥，2020, 35(10): 21-24.
[71] 张鑫．磷肥用量、氮磷配施和生草对土壤磷素形态和苹果磷素利用的影响．泰安：山东农业大学，2021.
[72] 刘德平，杨树青，史海滨，等．小麦 / 玉米套作条件下氮、磷配施的肥料效应研究．中国生态农业学报，2014, 22(3): 262-269.
[73] 王伟妮，鲁剑巍，何予卿，等．氮、磷、钾肥对水稻产量、品质及养分吸收利用的影响．中国水稻科学，2011, 25(6): 645-653.
[74] 刘恩科，赵秉强，胡昌浩，等．长期施氮、磷、钾化肥对玉米产量及土壤肥力的影响．植物营养与肥料学报，2007(5): 789-794.
[75] 孙琴，倪吾钟，杨肖娥，等．磷对超积累植物——东南景天生长和积累锌的影响．环境科学学报，2003(6): 818-824.
[76] 刘芳，刘忠珍，刘世亮，等．磷锌配施对石灰性土壤磷锌有效性及小麦对其吸收分配的影响．土壤通报，2012, 43(4): 929-933.
[77] 索炎炎，张翔，司贤宗，等．磷锌配施对花生不同生育期磷锌吸收与分配的影响．土壤，2020, 52(1): 61-67.
[78] 李晓华，高凤云，居立海，等．玉米施锌及锌磷配施的增产效果．农技服务，2012, 29(3): 298-299.
[79] 屠雯雯．硅磷配施对水稻土中不同硅磷形态含量及生物有效性的影响．杭州：浙江农林大学，2014.
[80] 胡克伟，肇雪松，关连珠，等．水稻土中硅磷元素的存在形态及其相互影响研究．土壤通报，2002(4): 272-274.
[81] 张秀省，沈振国，沈康．硼对油菜花器官发育和结实性的影响．土壤学报，1994(2): 146-152.
[82] 王运华，刘武定，皮美美．棉花潜在性缺硼与有效施硼的研究．中国农业科学，1985(2): 62-70.
[83] 张雪峰，周龙，王云江，等．肥料助剂的探讨．化肥工业，2019, 46(5): 16-22.

中国肥料研究与应用全书

Books of Fertilizer Research and Application in China

FERTILIZER

第10章

作物生产中磷肥高效利用途径

我国从 20 世纪 70 年代后期开始大规模使用磷肥，过量施用现象普遍。目前磷肥当季利用率低，粮食作物约为 20%，蔬菜果树则不足 10%；而残留在土壤中的磷还存在污染水体的风险。如何提高磷肥利用效率是关乎作物生产绿色提质增效的重大问题。

作物生产中使用的绝大多数化学磷肥的生产都是将磷矿通过强酸分解转化成水溶性磷酸盐的过程。对植物无效的磷灰石通过磷化工工艺转化成高磷浓度、高水溶性的磷肥施入农田以后，正磷酸根离子很容易与土壤中的二价和三价的金属阳离子发生沉淀反应，或者正磷酸被土壤胶体物理吸附失去活性，再次成为植物和微生物难以直接吸收利用的状态，如钙结合态、铁结合态、铝结合态等。在石灰性土壤中，正磷酸根离子与土壤中的钙离子发生化学反应形成磷酸钙盐，并且随时间的延长，沉淀中的钙磷元素比逐渐增加，最终转化为羧基磷灰石。为了维持生长需要，植物不得不消耗大量的光合产物，通过根系或菌根分泌物重新活化土壤中的难溶性磷。这个过程包括以下三种类型：①根系和菌根的根外菌丝分泌有机酸、质子去螯合或溶解那些与磷酸根离子结合的金属阳离子（如钙、镁、铁、铝等）；②根系和菌根的根外菌丝分泌磷酸酶（如磷酸单酯酶、磷酸双酯酶、植酸酶等）去水解土壤中含有磷酸单酯键、磷酸双酯键、植酸磷结构等有机磷酸盐；③根系和菌根的根外菌丝通过分泌低分子量碳水化合物招募并供养能够合成并分泌有机酸、质子、磷酸酶的解磷微生物，由解磷微生物活化土壤中的难溶性无机或有机磷酸盐。这种通过植物 - 微生物相互作用再一次活化被土壤固定了的肥料磷的过程需要消耗植物体内大量的光合产物和化学能（如 ATP）。如果磷肥施用量超过了植物生长的需要，会发生磷酸根离子的奢侈吸收，多余的磷素被储存在植物的液泡中成为植物体内的固定态磷，不直接参与光合、呼吸等生理代谢过程（图 10-1）。

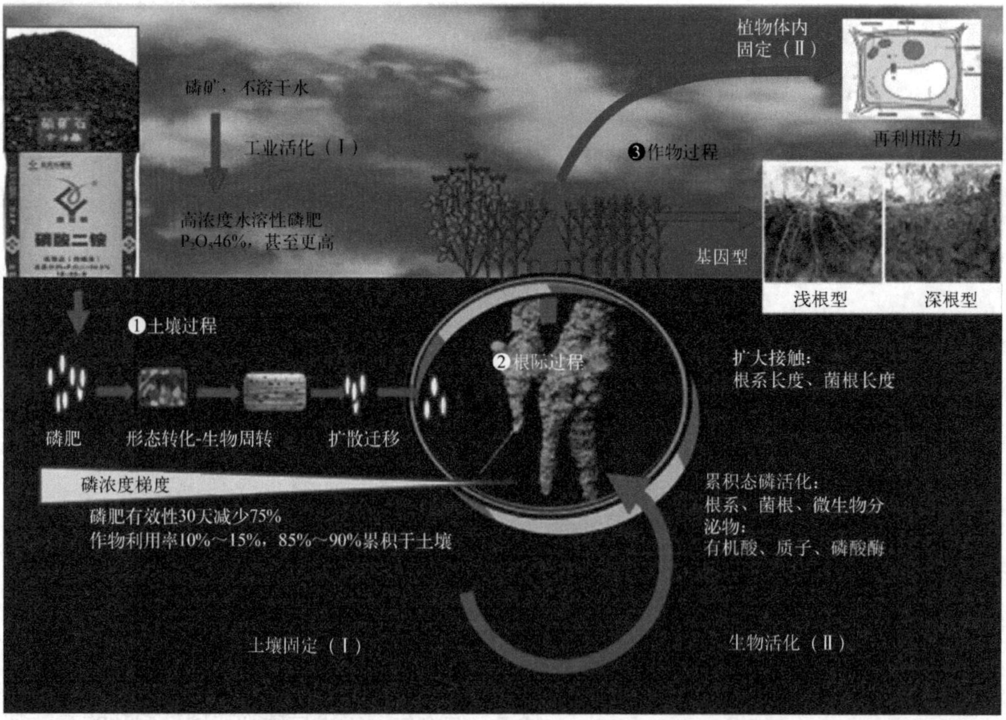

图 10-1　磷肥在完成作物生产周期中经历的多次活化 - 固定 - 再活化的过程

上述这种周而复始的磷灰石化工活化 - 肥料磷土壤固定 - 作物根系和微生物再次生物活化的磷酸盐生物有效性变化历程不仅消耗了更多的能量和磷矿资源，而且也消耗了作物体内大量的化学能（ATP）和碳水化合物（这部分光合产物本可以更多用于植株生物量积累和产量形成），牺牲了作物产量。如何根据土壤 - 作物体系的生产需求来定制磷肥产品的性质，从而最大限度地提高磷矿资源和磷肥的利用效率、降低工业生产过程和作物生产过程中磷素有效性的损失是一个需要磷化工行业和土壤肥料工作者跨界联合、共同解决的难题。尽管我国磷肥生产工艺和技术在过去 30 余年取得了长足的进步，但是磷肥产品在农业使用过程存在的诸多问题表明，要将磷化工行业的先进科技成果真正转化为作物生产中的磷肥利用效率提升的经济、环境生态和社会效益还有很长的路要走，磷肥产品和工艺的创新与农业生产的需求亟待深度融合。本章将从作物生产需求的角度介绍水溶性磷肥在土壤 - 作物体系中有效性转化、无效化阻控的途径，难溶性磷生物活化利用的机制，作物生产对磷肥的需求特征等方面新认识、新理念，为未来磷肥产品的研发提供支持。

10.1　土壤 – 作物系统中磷有效性及其损失途径

10.1.1　磷在作物生长和产量形成中的作用

磷是植物生长发育所必需的大量营养元素之一，是植物体内蛋白质、核酸、ATP 等重要有机化合物的主要组分；广泛参与植物体内绝大部分生理代谢过程（如光合作用和呼吸作用，能量储存和传递，氧化还原和信号转导等）；此外，磷还与植物的抗逆性（包括生物胁迫和非生物胁迫）、作物的产量和品质形成有着重要关系[1]。磷在植物基本生命活动的维持、生长和生殖过程中发挥着不可替代的作用。

植物能够吸收的磷的形态主要是正磷酸氢根离子（HPO_4^{2-} 和 $H_2PO_4^-$）。植物根系正常生长需要的供磷强度在 100μmol/L 以上，然而土壤溶液中正磷酸氢根离子的供应强度通常较低（一般浓度为 0.110μmol/L），难以满足植物的需求[2]。植物为持续地从土壤中获取磷，进化形成了多种适应性的策略。这些策略包括在低磷条件下改变植物根形态、调整生理属性以及形成与微生物的互作关系。陆地上三分之二的植物都是与丛枝菌根共生的植物，因此对于绝大多数陆地植物来说，它们从土壤中获取磷素有两条途径，一是根系直接吸收途径，二是菌根吸收途径。植物地上部光合作用和生长代谢对磷素的需求调控着地下的根系吸磷途径和菌根吸磷途径的磷吸收能力，即通过调节根系形态和根生理属性、菌根根外菌丝的形态和生理属性或者根系途径和菌根途径两个吸磷途径的协同性来实现高效获取磷的目的。在缺磷条件下，一方面植物根系会变细、变长，从而增加与土壤的接触面积和获取磷素的范围，进而提高土壤磷的空间有效性[3]；另一方面根系通过增加有机酸阴离子、磷酸酶、质子的分泌促进难溶性有机和无机磷源的活化，进而提高土壤难溶性磷的生物有效性[4]。菌根吸磷途径是建立在宿主植物与菌根真菌碳水化合物和磷素互惠交换的基础上的，菌根凭借庞大的根外菌丝网络增加了对根系无法得到的根际以外土体中磷源的获取数量，而植物则依据菌根吸磷途径提供的磷素数量而向菌根真菌奖励数量相当的碳水化合物[5-6]。

植物在适应土壤缺磷环境方面除具有调节自身根系或者共生菌根真菌的形态和生理特征的能力外，还能够通过招募解磷菌定殖在根系或者菌根菌丝表面，形成相对稳定的合作共同体，用根系或者菌丝分泌物激发解磷菌活化周转难溶性无机磷和有机磷的能力，从而提高土壤难溶性磷的生物有效性，满足解磷微生物、菌根真菌和植物三者对磷素的需求[7-8]。

10.1.2 土壤磷有效性和有效磷的供应强度

土壤有效磷是指土壤中可被植物根系或微生物直接吸收利用的磷酸盐，包括存在于土壤溶液中的水溶性磷酸盐、被土壤胶体吸附的磷酸盐。土壤磷的有效性是指土壤磷可被植物根系或微生物直接吸收利用的难易程度，有效性高意味着土壤磷容易被吸收利用。

评价土壤磷的有效性是一件困难的事。首先，有效性高低难以量化。由于正磷酸根离子的特殊性质，其在土壤胶体 - 溶液体系中存在复杂的多元性，与其他阳离子或化合物（比如螯合物）或土壤黏土矿物胶体颗粒的结合状态直接影响磷酸盐的有效性。其次，对土壤磷的有效性的评价通常都是定性评价。比如，在土壤总磷含量相同的条件下，碳酸钙或铁铝氧化物含量低的土壤胶体对正磷酸根离子的吸附能力弱，磷素的有效性较高；土壤黏粒含量低、偏砂性的土壤的磷素有效性通常要高于黏性土壤。最后，人们也尝试用一些量化指标反映土壤磷有效性的高与低，如土壤胶体对磷的吸附和解吸附能力、土壤胶体吸附态磷的饱和度、土壤有机质含量、土壤黏土矿物组成特征、黏粒或铁铝氧化物含量、土壤磷形态分级等，这些指标都能在一定程度上反映土壤磷素有效性的状态，但这些都是间接评价指标。

土壤有效磷量的评价采用不同的提取剂通过振荡、交换提取法将土壤中的水溶性磷以及胶体表面吸附的磷酸盐提取到溶液中，再通过比色法测定获得单位土壤重量的磷含量——即土壤有效磷的浓度（也称为供磷强度）。测定有效磷的提取剂因土壤 pH 值不同而不同，石灰性土壤和中性土壤通常采用 pH 8.5 的 0.5mol/L 碳酸氢钠溶液作为提取剂，而酸性土壤通常采用盐酸与氟化铵的混合液作为提取剂。除此之外，土壤有效磷的测定方法还有生物法、阴离子交换树脂法等，即用植物或者阴离子交换树脂作为提取剂。这些方法的共同特点是只能通过提取剂中磷的含量换算成单位重量土壤中可提取态的磷量，它反映的是提取剂在特定提取温度和时间条件下提取的土壤磷量，并不能反映土壤中可提取态磷的总量。因而，有效磷量是强度指标而不是容量指标。大量的田间试验结果表明，土壤供磷强度与作物产量之间存在很好的相关性。这种相关性可以通过直线加平台的模型来描述（图 10-2）。由于土壤供磷强度是随着磷肥在土壤中的积累量（磷肥施用量与作物磷素吸收量之差值）增加而逐渐增加的，因此在对有效磷缺乏的土壤进行肥力培育的过程需要过量施用磷肥。我国不同土壤类型有效磷供应强度培育所需的磷肥代价也是不同的。研究发现，我国 7 种典型农田土壤上肥料磷素盈余量和有效磷变化量均成极显著相关关系。农田每累积 229kg/hm^2 肥料磷（P_2O_5）可分别使新疆的灰漠土、北京的褐潮土、河南的潮土、湖南的酸性红壤、陕西的黄土、重庆的紫色土和吉林的黑土七类土壤有效磷浓度分别增加1.44mg/kg、1.60mg/kg、2.60mg/kg、2.75mg/kg、3.53mg/kg、4.44mg/kg 和 5.74mg/kg[9]。

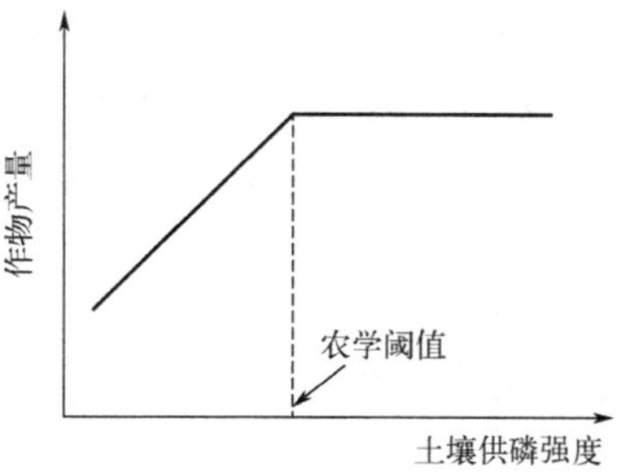

图 10-2 作物产量与土壤供磷强度或单位面积磷肥施用量关系模型

从植物可获取性角度来看，土壤磷的有效性包括生物有效性、化学有效性和空间有效性。土壤磷的化学有效性就是指上述可以被提取剂提取出来的土壤磷，是指化学形态上能够被植物的根系或者菌根真菌直接吸收的磷。尽管这些磷素在作物生长季是可以被植物直接吸收利用的，但是如果它们不能被作物根系或者菌根真菌吸收，那么对作物而言也是无效的。那些在空间上能够有机会被作物根系以及菌根真菌吸收的有效磷被称为是空间有效性磷。将磷肥施用在恰当的空间位置是实现磷肥高效利用的关键。生物有效性磷是指在作物生育期内能够真正被植物根系或者菌根真菌获取、进入作物体内的土壤磷素。在作物生产中，如果充分施用磷肥并且土壤中有效磷平均浓度很高，但是肥料磷的空间和时间分布与根系或菌根真菌的空间与时间分布不匹配，有效磷就无法被根系或菌根真菌所获取，作物依然会表现出磷素缺乏症状。这种由于空间和时间异质性所导致的作物缺磷往往是制约作物产量提高的主要因素。因此，保障作物生育期内有充足的生物有效性磷（即化学有效性磷和空间有效性磷恰当匹配）是磷肥管理的关键环节。

10.1.3 水溶性磷肥在土壤中有效性的损失

磷的生物有效性是土壤能够为植物提供可吸收利用态磷的能力的表征。在作物生产中，磷肥施入土壤立刻发生一系列复杂的化学、物理和生物化学反应，其导致肥料磷素的生物有效性逐渐降低，除少部分磷被土壤微生物固持暂时丧失有效性以外，其余绝大部分的磷的生物有效性在土壤中以物理吸附、化学沉淀等多种形式损失 [10]。

肥料中的水溶性磷酸盐在土壤中与金属元素发生化学沉淀作用并进一步转化成不溶于水的磷酸盐，或者被土壤胶体吸附转化成吸附态磷，或者与铁铝氧化物结合和反复包被形成闭蓄态磷，或者被土壤微生物吸收固持在细胞中转化成微生物磷，或者随地表水水平迁移出农田从而丧失对植物生物有效性的过程被称为肥料磷素在土壤中有效性损失过程。水溶性磷肥的有效性在土壤中的损失过程是非常迅速的。一方面，磷肥在施入耕作土壤后迅速与土壤中可溶态的 Fe^{3+}、Al^{3+}（酸性土壤）或 Ca^{2+}（石灰性土壤）发生沉淀作用而丧失生物有效性 [11-12]；另一方面，磷移动性差（一般仅移动 0 ～ 3cm，很难移动到 5cm 以下土层）导致大量磷素富集在土壤表层，造成土壤磷的生物有效性空间分配不均，使得土壤下层根系难以利用含量高的表层土壤有效性磷 [13]。模拟作物生产中的基肥施用方式将水溶性磷肥与石灰性土壤混匀后，通过 ^{32}P 示踪技术监测磷肥去向发现，磷肥与土壤接触后立刻用 0.5mol/L 的碳酸氢钠溶液提取，结果有 25% 的磷肥已经提取不出来了；1 个月以后再次提取，只能提取出磷肥总量的 25%，有 75% 的磷肥变成了无效态的；磷分级测定发现这些提取不出来的磷肥转化成了磷酸八钙型、磷酸铝型和磷酸铁型的难溶性磷 [14]。

磷肥有效性损失主要体现在化学有效性损失和空间有效性损失[15-17]。肥料磷素绝大多数是 - 水溶性的，进入农田以后有效性损失途径包括：①肥料磷素与土壤溶液中的二价和三价阳离子发生化学沉淀。②肥料磷素被土壤胶体物理吸附。③肥料磷素被土壤中的铁铝氧化物或者碳酸钙包闭变成闭蓄态磷。由于这些原因，肥料磷素在土壤移动性很差，这也造成磷肥颗粒在土壤中呈极不均匀的斑块状分布。④土壤微生物和动物的代谢需要获取磷素，因此磷肥也会被土壤生物固持。被固持在微生物体内的磷素被称为土壤微生物量磷。⑤径流损失。由于农田地面不平整加上地表水的冲刷（降雨、融雪、大水漫灌或者稻田泡水期）可能形成地表径流导致土壤颗粒上的磷素或者溶于水中的磷素随水流失到溪流和湖泊中累积，造成水体富营养化。⑥淋洗损失。在一些容重低、孔隙度大、对磷素化学固定和物理吸附能力弱的土壤（如高有机质含量的菜园土、沙土等）中，会出现肥料磷素随灌溉水或者在降水之后向深层移动，被淋洗到根层以外，不能再被植物吸收利用。淋洗的磷素如果进入地下水，则会污染地下水的质量（图 10-3）。

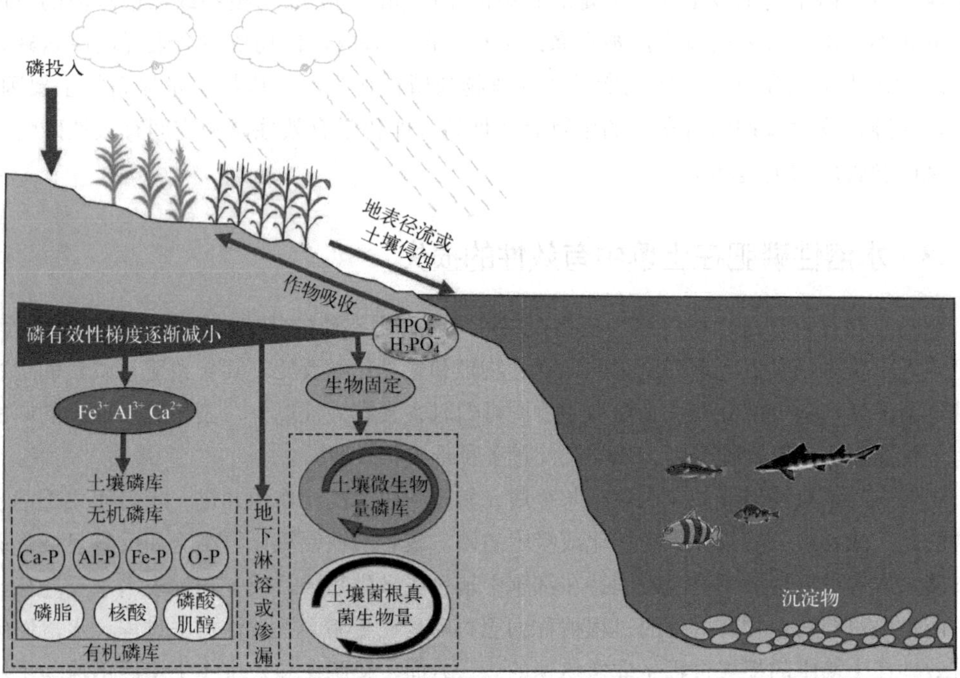

图 10-3　磷肥在土壤中有效性损失途径

10.1.4　水溶性磷在土壤中的物理吸附和化学沉淀作用

农业生产过程中使用的化学磷肥都是无机态的正磷酸盐或者聚磷酸盐。这些磷酸盐水解形成正磷酸根离子，很容易与土壤胶体表面和土壤溶液中的 Fe^{3+}、Al^{3+}、Ca^{2+}、Mg^{2+} 等阳离子发生沉淀反应，所形成的反应产物难溶于水[18]。以磷酸钙盐为例，K_{sp} 变异很大（表 10-1）。

表10-1 几种难溶性磷酸盐的溶度积常数

磷酸盐	英文名	溶度积常数 (K_{sp}, 25℃)
$CaC_2O_4 \cdot x\ H_2O$	calcium oxalate monohydrate	2.32×10^{-9}
$Ca_3(PO_4)_2$	calcium phosphate	2.07×10^{-33}
$Mg_3(PO_4)_2$	magnesium phosphate	1×10^{-25}
$MgNH_4PO_4$	magnesium ammonium phosphate	3×10^{-13}
$FePO_4$	iron(Ⅲ) phosphate	1.3×10^{-22}
$FePO_4 \cdot 2H_2O$	iron(Ⅲ) phosphate dihydrate	9.91×10^{-16}
$AlPO_4$	aluminium phosphate	9.84×10^{-21}

作为阴离子，正磷酸根离子不仅通过静电引力能被吸附在带正电荷的土壤矿物表面（如带正电荷的Fe/Al氧化物和氢氧化物表面）、有机物和层状硅酸盐边缘带正电荷的结合位点[19-20]，而且还可以通过多价金属阳离子吸附到带负电荷的表面[21]。这种通过静电引力发生的吸附为物理吸附（非专性吸附），其过程是可逆的，没有新化学键的形成。此外，磷酸根阴离子还可以在土壤黏土矿物或铁铝氧化物表面与金属原子结合的—OH或H_2O进行配位交换，发生化学吸附作用（即专性吸附），以配位键或化学键与土壤矿物表面结合，其过程是不可逆的，涉及新化学键的形成[22]。与物理吸附相比，化学吸附过程较慢，对磷的固定作用较强。

除吸附作用外，磷酸盐阴离子还极易与土壤中的二价和三价阳离子发生化学沉淀作用，生成难溶磷酸盐矿物[2]。土壤固相对磷酸盐离子的吸附作用和化学沉淀作用是磷在土壤中被固定而失去其生物有效性的重要原因。相应地，磷的解吸和溶解作为吸附和沉淀的逆反应则是磷从土壤固相表面再次进入土壤溶液的过程，它们是土壤中磷释放的重要机理。这些关键的固-液界面反应决定了土壤溶液中磷的浓度，进而影响磷在土壤中的化学迁移行为和生物有效性。

除溶液中磷酸根离子浓度以外，胶体表面磷酸根离子的吸附/解吸和沉淀/溶解平衡过程还受土壤溶液中其他阴离子的浓度、土壤pH和可溶态阳离子浓度等因素的控制。当土壤溶液中存在与磷酸根离子竞争配体交换的阴离子（例如柠檬酸盐或草酸盐）时，这些阴离子可通过竞争吸附作用优先与Fe^{3+}、Al^{3+}、Ca^{2+}形成稳定的配合体，导致吸附态磷酸根离子的解吸，解吸的正磷酸根离子形成浓度梯度扩散至根系或者菌根表面，进而被植物吸收利用[2]。

磷酸盐离子极易与可溶态的金属阳离子共沉淀，形成一系列含磷化合物，形成的矿物类型主要取决于土壤pH值。在中性和碱性土壤中，磷酸根离子与Ca^{2+}发生沉淀反应生成Ca_2-P，并且随着时间的推移，磷的生物有效性进一步降低，由最初不稳定的Ca_2-P逐渐向溶解度低的Ca_8-P转化，最终生成稳定的磷酸钙盐[14]。在酸性土壤中，由于铁铝氧化物的溶解度显著增加，Fe^{3+}和Al^{3+}可以大量存在于土壤溶液中，磷酸根离子与游离的Fe^{3+}和Al^{3+}阳离子形成磷酸铁铝、盐基性磷酸铁铝等[23]。

10.1.5 磷在土壤中的生物固持

当磷肥进入土壤以后被土壤生物吸收利用成为生物体内的磷，这部分被土壤生物固持的磷被称为土壤微生物生物量磷（又称土壤微生物量磷）。土壤微生物量磷是动态变化的活性磷库。微生物量磷库大小代表土壤磷素的生物有效性的高低，微生物磷活化和周转过程直接影响土壤磷有效性和植物磷有效性。然而，微生物磷的周转过程受土壤微生物的活性制约。土壤中 40% 以上的可培养微生物是解磷微生物，在土壤难溶性有机、无机磷酸盐转化为植物有效磷的过程中发挥着独特的作用。土壤微生物能够分泌质子、有机酸阴离子和铁载体等高效螯合物溶解无效态磷酸盐或分泌磷酸酶和植酸酶水解有机磷酸盐 [24-26]。

首先，在土壤 - 作物体系中，作物根系分泌物和细根的周转过程导致作物向根土界面不断输入低分子量的有机碳水化合物（也叫碳淀积过程），诱导了大量的土壤微生物群落在根土界面上定殖。其次，丛枝菌根真菌（简称 AM 真菌）也能分泌水溶性有机物，诱导微生物在菌丝际的定殖。根际和菌丝际微生物群落组成成员中既具有能够解磷的解磷细菌，又具有能够促进植物根系和菌根真菌生长的植物有益菌，它们在提高植物养分利用效率、保持植物健康和促进增产方面发挥着重要作用 [27-28]。同时，土壤微生物的生长需要磷素，在土壤磷素充足时，土壤微生物将更多的磷固持在微生物量磷库中，避免了水溶性磷在土壤的固定或随地表径流（如稻田排水）流失，降低了土壤 - 作物系统磷的损失 [29]；微生物生物量磷在微生物保持活性时对植物是无效的，当微生物死亡时便释放出来成为植物可以利用的有效磷 [30]。因此，微生物量磷也被看作是对植物潜在的、可以定量的有效磷库。微生物固持磷的库容量可以通过氯仿熏蒸法进行定量测定。

微生物固持的磷库随微生物生长或衰亡不断周转，从而影响土壤有效磷的供应强度。尽管土壤微生物量磷仅占土壤中总磷库的 1.6% 左右 [31]，但其周转快、易矿化，是土壤磷库中最为活跃的部分，能够随着微生物自身不断更新而周转释放出来供植物和土壤中其他的微生物吸收利用，时刻处于土壤磷素固定和周转的动态平衡中 [32-33]。据估计，我国北方农田典型土壤 - 作物体系中 0 ～ 30cm 土层的微生物量磷库为 40 ～ 84kg/hm^2，对当季作物磷营养的贡献可达 113% ～ 299%。而微生物固持的磷库与作物磷吸收量和作物产量之间是存在关联的，这种关联可以通过直线加平台的模型描述 [34]。

与土壤中具有解磷功能的微生物群落相比，土壤 AM 真菌在长期的进化中已丧失了腐生功能，不能够分泌磷酸酶来活化有机磷，但其能够侵染作物根系，通过在土壤中形成大量的根外菌丝网络扩大作物根系与土壤的接触面积，促进宿主作物对土壤有效磷的吸收 [35-36]。最近的研究估算了农田土壤 0 ～ 20cm 土层中 AM 真菌的根外菌丝有 12.6 ～ 25.2×10^{6}km/hm^2，其生物量可达 292 ～ 1062kg/hm^2，占作物地上部生物量的 1.1% ～ 20%。AM 真菌在帮助宿主植物获取磷的同时，其自身也固持了大量的磷素。在 0 ～ 20cm 土壤中，AM 真菌固持了 17 ～ 31kg/hm^2 氮和 1 ～ 3kg/hm^2 磷，且菌体内的氮浓度远高于作物地上部和籽粒 [37]。由于 AM 真菌体内固持的磷大多是以聚磷酸盐的形态存在的，故在测定土壤微生物生物量磷库时检测不到。因此，应重视土壤微生物量磷库和 AM 真菌生物量磷库在提高作物磷的生物有效性方面的作用。

10.1.6 土壤磷的径流和淋洗损失

如果磷肥用量大于作物吸磷量，所施用的磷肥在增加作物产量的同时也造成农田土壤磷素大量累积，这也增加了磷向水体迁移的风险。农田土壤中的磷主要通过地表径流引起的土壤侵蚀、渗漏以及农田排水等途径进入地表水体[17,38]。当土壤胶体上的吸附态磷超过胶体的最大吸附能力时，土壤胶体对溶液中磷的固持吸附作用减弱，降雨或灌溉过程会造成土壤溶液中的磷素向下迁移而发生淋洗损失[39]。此外，土壤磷素还可通过由作物根系、蚯蚓洞等产生的裂缝以优先流的方式随水向下迁移，甚至进入地下水[40]。

土壤中的磷主要以溶解态磷和颗粒态磷两种形态随地表径流向农田以外的环境中迁移。胶体态磷属于粒径较小的颗粒态磷，土壤胶体通常指直径在 1 ～ 1000nm 之间的土壤颗粒。胶体吸附有大量的磷酸盐，作为磷素的一种载体，在农田和水体磷素迁移过程中扮演着重要角色。胶体态磷的移动性显著大于粒径较大的颗粒态磷和溶解态磷，胶体态磷是磷素从土壤向河流、湖泊等地表水体运移的重要形式。我国农田每年流入水体中的磷量为 0.01 ～ 8.27kg/hm^2[41]。在我国南方水旱轮作体系中，颗粒态磷是磷素随地表径流迁移的主要形态，占总磷损失量的 14.4% ～ 90.5%；而在我国北方小麦 - 玉米轮作体系中，溶解态磷是磷素地下淋溶损失的主要形态，占总磷损失量的 48.2% ～ 91.7%[42]。

土壤磷素流失与土壤性质、施肥和降雨等诸多因素密切相关。土壤磷素水平是影响农田磷素流失的主要因素，当土壤有效磷含量超过某一临界值（即环境阈值）时，土壤磷素的淋洗流失风险明显增加。据统计，我国红壤、紫色土、棕壤、黄棕壤、黑土、水稻土、潮土、褐土、灌淤土和滨海盐土等 18 个土壤类型的磷素淋洗临界点处碳酸氢钠提取态磷浓度为 14.9 ～ 119.2mg/kg[43]。降雨是导致磷素流失的主要外在动力，降雨量直接影响地表径流流量的大小。土壤性质对土壤磷素流失也有重要影响，土壤中有机质和黏粒含量越高，土壤保水保肥能力越强，磷素越不容易流失。

减少土壤侵蚀造成的磷素对水环境污染风险的有效途径之一是平整土地、减少或阻止地表径流形成。从实践来看，生物篱或者植物缓冲带技术在减少地表径流方面的作用效果显著。即在坡度较大的农田、果园沿等高线按一定间距种植耐旱、矮杆、根系发达、富集磷素能力强的多年生植物，使之对地表径流形成拦阻带，实现固土保水、过滤径流泥沙中的磷素。为降低磷素淋洗，通常种植一些深根系、吸磷能力极强的多年生植物，通过生物篱植物对磷的吸收降低磷素淋失对环境的影响[44]。

10.2 磷肥加工过程的有益养分

湿法磷酸生产工艺已成为我国磷铵类肥料生产的主要方法[45]。磷铵类肥料生产包括磷矿的开采与浮选，磷酸的生产与磷石膏分离，磷酸的净化与氨化，氨化料浆的浓缩 / 造粒等过程。湿法磷酸生产磷铵类肥料，主要包括三步：第一步是磷矿的开采与浮选；第二步是硫酸酸解磷矿生成磷酸，同时副产磷石膏；第三步是磷酸的氨化与料浆浓缩，浓缩之后氨化生产肥料级磷酸一铵。浓缩后的磷铵也可再通入氨气中和，生产磷酸二铵。为了获得水溶性、纯度高的湿法磷酸、磷酸一铵以及满足容易造粒和造粒美观的磷酸一铵、磷酸二铵产品工艺的需求，需要反复除去磷酸料浆中的金属元素杂质。湿法磷酸中的杂质主要来自磷矿本身，包括 Ca^{2+}、Mg^{2+}、Fe^{3+}、Fe^{2+}、Al^{3+}、K^{+}、Na^{+}、F^{-}、SiF_6^{2-}、SO_4^{2-} 等杂质[46-47]，分离这些金属和非金属元素组成的化合物或复合物获得纯净的工业级磷酸难度大、成本高。同时，在去除所谓的工业“杂质”的过程中，也损失了大量的可用于作物生产的养分“资源”。

10.2.1　磷酸工艺生产中的作物必需或有益养分元素

料浆法磷酸工艺中所谓的“杂质”很多是作物的必需或有益营养元素。存在于湿法磷酸料浆中的钙、镁和硫等元素都是植物生长所需的营养元素。这些元素中的钙、镁等金属阳离子，在一定 pH 条件下又与磷酸根离子之间存在拮抗作用。在料浆 pH 值发生改变时，金属阳离子与磷酸根离子形成枸溶性甚至水不溶性的磷酸盐复合物，降低了磷肥产品的水溶性磷的含量。为了提高磷肥的水溶性，湿法磷酸生产农用磷铵肥料过程中，往往需要脱除铁、铝、镁等金属离子“杂质”。常用的方法包括物理吸附、化学沉淀、溶剂萃取和溶剂沉淀等，在去除“杂质”的过程中往往导致钙、镁等对植物有益的营养元素被部分去除，这对于肥料工业而言是一种经济上的损失，而从农业需求的角度来看也是一种资源浪费。未来磷肥加工工艺应设法减少植物必需和有益营养元素的损失，回收利用这些元素资源已成为近年来的关注热点[48-50]。

湿法磷酸生产中，磷矿中的镁离子几乎全部留存在磷酸中。镁的存在使磷酸中第一氢离子被部分中和，降低了溶液中 H^{+} 的浓度，不利于酸解反应。如果增加硫酸用量，又会导致 SO_4^{2-} 浓度过大，不但增加硫酸消耗，还会造成硫酸钙结晶困难。磷酸镁在磷酸中的溶解度很大，造成磷矿酸解过程中离子扩散困难和局部浓度不一致，影响硫酸钙结晶的均匀成长；磷酸浓缩后镁盐也不易析出，导致磷酸黏度增大、过滤困难等问题。同时，磷酸镁含量过高对肥料的造粒也有比较大的影响。此外，镁离子与磷酸会生成一部分枸溶性磷酸盐，降低磷肥产品的水溶性[5,51-52]。上述问题是当前磷铵工艺主张清除含镁化合物的重要原因。由于上述原因，通常会采取去除镁离子的措施。除去镁离子的工艺多采用沉淀法，工业磷酸中注入氨水，pH 升高过程中生成磷酸铵镁沉淀，即鸟粪石。磷酸铵镁一般以六水化合物的形式存在（$MgNH_4PO_4 \cdot 6H_2O$），含磷、氮养分及镁等中微量元素，是优良的缓释性肥料。

湿法磷酸生产磷铵类肥料、高纯度磷酸和高附加值磷酸盐的过程中，除杂过程将不可避免地产生大量含磷酸渣。我们对某企业磷铵生产线的酸渣进行了检测，各种元素的含量（mg/g）从大到小依次为 P 189.84，Mg 72.66，Al 38.85，Ca 29.53，Fe 19.97，Na 8.93，K 3.36，Mn 2.62，Zn 0.11，Cu 0.078，pH 值（水渣比 2∶1）为 3.50，磷酸盐的水有比（水溶磷与有效磷的质量比）为 0.486。钙和镁等元素对于南方酸性土壤防止酸化、提供营养都有很好的作用[53]。利用此类酸渣可以生产硝基磷酸铵镁新产品，提高所有营养元素而不仅仅是磷元素的利用效率[54]。也有研究表明，磷酸铵镁可作为原料加工缓释复合肥，磷的释放速度可以通过颗粒的大小来控制，大量施用也不会引起作物烧根[55]。

湿法磷酸料浆中除了含有磷、钙、镁、硫等植物生长必需的营养元素外，也含有硅等植物的有益营养元素。我国很多土壤 - 作物体系中，尤其是南方酸性土壤以及中性土壤都普遍存在缺镁、缺钙的障碍；南北方土壤中也普遍存在有效硫不足的问题；在盐碱地和水稻种植中使用含硅肥料能够提高作物抗盐碱和抗病能力、增加作物产量。磷肥生产中通过化学沉淀法处理并回收利用这些营养元素资源也已成为磷化工生产工艺改进的新方向。一个很好的成功案例是原位法生产磷酸一铵。它是利用“湿法磷酸原位法螯合 - 氨中和反应”技术直接生产含中微量元素的新型磷肥，充分利用了湿法磷酸中的所谓的“杂质离子”，减少甚至避免水不溶物的产生，产品中的磷为全水溶性，同时富含全水溶性的铁（Fe）、镁（Mg）、锌（Zn）、硼（B）、锰（Mn）等中微量元素[56]。未来湿法磷肥生产工艺的改进须考虑如何在最大限度保留钙、镁、硫、硅等植物必需或有益营养元素的前提下，实现正磷酸根离子的有效性、养分元素组成的均衡性、肥料产品造粒的均匀性等性状以满足作物生长需要。

10.2.2　减少磷肥加工过程中养分元素损失的途径

（1）添加螯合剂减少金属离子与磷酸根离子产生水不溶物　减少磷与中微量元素的拮抗，提高磷酸根离子和中微量元素的有效性是当前磷铵工艺改造和新产品创制的一个新的增长点。磷酸料浆中包含有大量金属元素，为了满足不同区域土壤补充锌、锰的需求，一些产品中添加了含有这些元素的盐，直接导致形成枸溶性或水不溶性的复合物。解决这一问题的思路是向磷酸铵料浆中添加一定量的螯合物螯合金属元素，从而保障金属元素和正磷酸根离子的水溶性以及对作物的有效性。例如，原位法磷酸一铵、锌工铵、铁工铵等磷铵肥料的衍生产品都是基于配位螯合原理，在磷肥生产过程中向料浆中添加二价和三价金属离子的螯合物，降低金属元素的活度，提高磷酸根离子的活度和磷肥的水有比而得到的。研究表明，螯合锌工铵能提高磷矿养分利用效率。螯合锌工铵在提高产品水溶性的前提下，还留存了约 0.5% 的微量营养元素。通过添加更大用量的螯合剂，甚至能螯合土壤和水中的钙、镁、铁等金属离子，减少磷肥在土壤中的固定[57]。

聚磷酸对二价和三价金属阳离子来说是很好的螯合剂。利用聚磷酸的螯合特征，将湿法磷酸中的二价和三价金属离子螯合，得到的产品称为原位法聚磷酸铵[58]。采用一步投料法将磷铵、尿素和硫酸镁充分混合后粉碎，再加入反应器中，原位螯合可制备含镁元素的水溶性聚磷酸铵肥料，产品的养分更加全面，养分资源利用效率更高[59]。这一新的技术思路为磷铵类肥料生产过程中，最大限度地将镁离子留存在磷酸料浆中提供了可能。

利用羧酸、腐植酸等磷素活化剂可以减缓肥料磷素有效性的损失速率。向磷肥中添加有机螯合剂也是减少肥料磷素有效性损失的可靠途径。植物和微生物代谢过程中形成的羧酸，例如苹果酸、葡萄糖酸、琥珀酸、草酸和柠檬酸等都具有很强的螯合能力，能保持肥料磷素对植物的有效性，减缓磷素被土壤中金属元素固定。腐植酸，尤其是黄腐酸通常作为螯合剂被添加到肥料中，制备腐植酸磷肥。然而腐植酸的成分、分子结构不稳定，用腐植酸作为磷肥的添加剂，其效果往往也不稳定。磷素活化剂分为三类：第一物理活化功能材料，如具有高表面积与高表面活性的沸石、粉煤灰及生物炭等对磷酸根离子有吸附作用的物质；第二化学活化功能材料，包括低分子量有机酸、腐植酸、作物残茬、有机肥等；第三生物活化功能材料，包括微生物菌剂与生物肥料等[60]。上述物质可以通过化学作用和生物相互作用来促进难溶性磷酸盐向水溶性形态转化，或者促进难溶性磷酸盐形态转化为生物有效性的磷酸盐形态。

（2）添加微生物活化剂促进磷酸盐生物固持与活化　微生物量磷既是土壤磷库，也是潜在的植物有效磷源，即使在高 Olsen-P 条件下也是如此。虽然植物和微生物之间可能存在磷竞争，但土壤微生物量磷的增加仍有可能为植物提供有效磷。土壤微生物量磷是指土壤中活体微生物（包括细菌、真菌、古菌、原生动物等）细胞中各种化合物磷的总量。微生物量磷库受到土壤湿度和温度、植物和微生物之间对磷的竞争以及矿质磷肥、有机肥料、秸秆和植物残体投入的影响。首先，土壤微生物量磷库可以持续缓慢释放，为植物提供有效性磷。定殖在根际中的微生物周转出的正磷酸根离子可以在被吸附到土壤胶体或者被金属元素钙沉淀固定之前被植物吸收，对于吸附和固定磷能力较强的酸性红壤而言更是如此。其次，微生物量磷库的容量、微生物量磷周转速率与其对作物供磷能力密切相关[61]。研究表明耕层土壤微生物量库的容量和作物磷吸收之间存在正相关关系，这种关系在灰漠土、塿土、潮土三种石灰性土壤上可以用直线加平台模型来定量描述，而在酸性红壤上则表现为显著的直线关系。基于这种定量关系，再结合作物产量和需磷量，可以将土壤微生物量磷作为反映土壤磷素肥力状况的指标[34]（表 10-2）。

表10-2　基于微生物量磷的土壤磷素肥力分级指标

相对产量			<70%	70% ~ 80%	80% ~ 90%	90% ~ 95%	>95%
磷素肥力等级			极低	低	中	高	极高
土壤 - 作物体系微生物量磷库/(kg/hm²)	红壤	玉米	<108	108 ～ 121	121 ～ 133	133 ～ 140	>140
	塿土	小麦	<43	43 ～ 49	49 ～ 54	54 ～ 57	>57
		玉米	<45	45 ～ 52	52 ～ 59	59 ～ 62	>62
	灰漠土	棉花	<24	24 ～ 28	28 ～ 32	32 ～ 33	>33
		玉米	<24	24 ～ 28	28 ～ 33	33 ～ 35	>35

注：表中数据是以 95% 相对产量对应的土壤微生物量磷值作为临界水平；不同土壤 - 作物体系 MBP 的临界值分别为，祁阳红壤，玉米 :133kg/hm²；杨凌塿土，小麦 :57kg/hm²，玉米 :62kg/hm²；乌鲁木齐灰漠土，棉花 :33kg/hm²，玉米 :35kg/hm²。

土壤微生物生物量磷是一个动态磷库，微生物对磷的固持或向土壤有效磷库的周转释放是可以调节的。碳是微生物发挥功能的能量基础，磷是微生物生长发育所需的关键元素，微生物解磷功能的发挥受土壤有机碳和磷的共同影响。土壤微生物量本身的碳磷比和土壤碳磷比对土壤累积态磷的活化与固持具有调控作用[61]。早在 1953 年 Black 和 Goring 就发现在分解作物秸秆过程中，当秸秆的碳磷比大于 300 时土壤微生物会固持磷，即发生土壤有效磷的净固持；当秸秆碳磷比小于 200 时，会发生微生物对土壤磷的净活化。在此之后，又有一些研究关注碳磷比与有机肥中磷素活化的关系、微生物量磷周转与土壤有机碳和有机磷比例的关系等[62-65]，随着生态化学计量学的发展，人们对碳磷比与微生物解磷功能之间的关系有了深入的认识。利用生态化学计量学原理，可将复杂的土壤生物化学过程简化为不同元素在不同组织水平的流动与重组，这为实现土著微生物活化周转累积态磷与高效利用提供了依据。Peng 等（2021）利用分布在我国湿润区（小麦 - 玉米轮作，湖南祁阳）、半干旱区（小麦 - 玉米轮作，陕西杨凌）和干旱区（玉米 - 小麦 - 棉花轮作，新疆乌鲁木齐）的三个长期试验，收集并测定不同施肥处理的根际和非根际土壤中微生物量的碳磷比（C∶P），同时用 ^{32}P 标记培养试验测定了微生物量磷的周转时间，进而计算土壤 C∶P（可溶性有机碳∶Olsen-P 之比值）和微生物量 C∶P 之间的化学计量比不平衡性与微生物量磷库周转时间之间的关系。研究发现，根际 $Soil_{C:P}/Micro_{C:P}$ 越小，稳态微生物量磷的周转越快；而且，微生物介导的 P 释放导致根系 - 土壤界面微生物生物量碳和磷含量解耦联。用土壤和微生物量的碳磷化学计量比不平衡性指数（$Soil_{C:P}/Micro_{C:P}$ 比值）可以作为预测微生物量磷库的周转速率的参数[61]。

磷肥施入土壤后，很容易被固定而失去活性。外源有机碳源的投入可以驱动微生物对有效磷的生物固持或者促进难溶性磷的生物活化，进而促进植物对磷的吸收，提高肥料磷的利用效率。一方面土壤微生物分泌质子酸化土壤、分泌有机酸阴离子螯合金属阳离子，活化难溶性磷；另一方面微生物也能分泌酸性磷酸酶、碱性磷酸酶、植酸酶等，水解土壤中难溶性的无机磷和有机磷。微生物吸收利用被活化了的有机磷或者无机磷形成微生物量磷库；在适当的 $Soil_{C:P}/Micro_{C:P}$ 比值条件下也可以周转到土壤有效磷库中为植物提供有效磷。因此，有机碳源和磷肥同时投入，能调控土壤微生物活化磷的能力，提高磷肥效率[66]。因此，在磷肥中添加碳源和开发有机磷肥是未来提高磷加工过程中元素利用效率的新途径。

（3）增加磷肥在土壤中的移动性　增加磷肥移动性也是降低磷肥损失的有效途径。在磷肥产品中添加表面活性剂，能增加磷在土壤中的移动性，提高磷利用效率。磷肥利用率低的主要原因之一是磷素在土壤中的移动性小[13]。表面活性剂是一类在较低浓度时就能够显著降低界面张力的化合物，可分为阴离子型、阳离子型及非离子型三类。常见的表面活性剂有土壤渗透剂、有机硅润湿剂、脂肪醇聚氧烷基醚、聚醚多醇和壬基酚聚氧乙烯醚等。表面活性剂通过多种途径进入土壤，即使在很低浓度也能通过与土壤表面反应对土壤的理化性质产生影响[67]。表面活性剂可以通过改变土壤的物理特性来降低或者消除土壤的斥水性，从而提高水肥在土壤中的入渗速率，增强磷的移动性，减少有益元素的损失。此外，提高土壤胶体的有机质含量可以降低磷肥的化学沉淀和专性吸附固定程度[68-69]。

在水溶性肥料颗粒表面包一层半透性或难溶性膜，使养分可以缓慢释放的肥料称为包膜肥料。成膜物质有很多种类，如硫黄、高分子聚合物、树脂、石蜡、沥青等。这些成膜物质包裹在水溶性磷肥颗粒表面，避免肥料与土壤和作物根系直接接触，水分进入薄膜内使养分溶解，渗透压升高，促使养分透过薄膜向土壤溶液扩散，或通过薄膜小孔向外缓慢释放，不断被作物吸收利用，增加了肥料移动性，减少磷肥固定，减少可溶性磷的淋失，有利于提高磷肥利用率，延长肥效。

10.3　作物生产过程中提高磷肥利用效率的途径

10.3.1　表征磷肥利用效率的指标

（1）磷肥当季利用率（PUE）　在施用磷肥的农田，作物体内的磷素有两个来源，即来自土壤固有的生物有效性磷库和来自新施入土壤的磷肥。为了评价磷肥被作物吸收利用的效率，提出了磷肥利用率的概念。磷肥利用率又称磷肥当季利用率，其含义是施入土壤的磷肥被作物吸收利用的百分比，反映当季作物对肥料磷素的吸收利用程度，是评价磷肥利用效率最常用的一个综合评价指标。磷肥利用率的计算方法是：

磷肥利用率（%）=作物体内来自肥料的磷量×100/磷肥施用量

如何区分作物体内来自肥料的磷量是保证磷肥利用率准确性的关键，为此人们提出了测定磷肥当季利用率采用同位素示踪法和差值法两种方法。

同位素示踪法是用 ^{33}P 或者 ^{32}P 直接标记水溶性磷肥（或者将水不溶性的磷酸盐放在慢中子反应堆中照射，将其中的非放射性磷元素 ^{31}P 转化为放射性的核素），通过计算植物体内磷同位素的放射性活度与施入土壤的磷肥的放射性活度百分比可以直接获得标记磷肥的利用率。其优点是能够精准区分作物体内磷素的来源，得到真正意义上的磷肥利用率。由于放射性同位素的使用存在安全限制，此方法不能用于大田测定。因此，农田中的磷肥利用率测定都采用差值法。

采用差值法区分作物体内来自肥料和土壤固有磷库的磷量通过设置施磷肥处理与不施磷肥处理来实现，即用施磷肥处理的作物吸磷量与不施磷肥处理的作物吸磷量的差值来代表作物吸收来自肥料的磷量。这一方法有一个前提，即假设植物从施磷肥处理与不施磷肥处理土壤吸收的来自土壤固有磷库的磷在数量上是相等的。其计算公式为：

磷肥利用率（%）=（施磷肥处理的作物吸磷量 − 不施磷肥处理的作物吸磷量）×100/ 磷肥施用量

公式中的作物吸磷量（kg/hm^2）=∑（作物地上部不同器官的生物量 × 不同器官磷的含量）。收获采样时，将植株按照不同的器官和组织（比如对谷类作物而言，包括茎、叶、花、穗轴、果皮、颖壳、籽粒等）分开，分别称重（kg/hm^2）、测量各自的磷含量（%），最后将不同器官组织的含磷量加在一起，就是作物吸磷量。

从上述计算公式可以看出，磷肥利用率的高低是由施磷肥处理的作物吸磷量与不施磷肥处理的作物吸磷量的差值和磷肥施用量共同决定的。差值大且施磷量低则磷肥利用率就高；施磷量不变的条件下，由于农田基础生产力（不施肥条件下的作物产量和磷吸收量）不断提升，施肥处理与不施肥处理产量和磷吸收量差值缩小，则磷肥利用率会表现为降低；只有差值增大而施磷量减少的条件下磷肥利用率才会表现为增加。因此，降低磷肥用量并保持作物不减产甚至增产是提高磷肥当季利用率的最佳策略。以色列作物生产中的磷肥利用率高达 43%，是文献报道的最高记录。其做法是将以各种途径（包括通过灌溉水、肥料甚至干沉降）输入农田的养分全部定量，从而大幅度降低了磷肥的用量，保证了作物生产中的较高的磷肥当季利用率。

磷肥当季利用率（PUE），受磷肥性质、施肥区和空白区作物产量水平、吸磷量、施磷量等因素影响。在我国，由于作物品种改良、农田土壤肥力的提升、病虫害防止和栽培技术的进步、农田基础设施的配套完善等原因，农田的基础生产力（即不施肥条件下的作物产量）在过去几十年里不断逐渐地提高；与此同时，磷肥产品和施肥技术的进步也使得施磷条件下的作物产量不断提升。因此，施磷区的作物吸磷量与不施磷区的作物吸磷量的差值增加量有限，磷肥大幅度过量施用最终导致磷肥当季利用率多年来始终维持在较低水平。

（2）磷肥偏生产力（PFP-P） 磷肥偏生产力即作物产量与施磷量的比值，反映了施用磷肥的作物生产率，受到产量水平和施磷量的影响。PFP-P 能够直接反映磷肥投入与产出比，比较容易为农户所理解和掌握。计算公式如下：

$$磷肥偏生产力(kg/kg) = 施磷区产量(kg/hm^2)/施磷量(kg/hm^2)$$

（3）磷肥农学效率（AEP） 磷肥农学效率指单位施磷量所增加的作物产量，是施肥增产效应的综合体现，磷肥施用量、管理措施都会影响磷肥农学效率。AEP 能直观地反映投入单位量的磷肥的增产率和净投入产出比，也很容易被农户理解。但是，操作不容易掌握，因为必须设置不施磷肥的空白处理。计算公式如下：

$$磷肥农学效率(kg/kg) = [施磷区产量(kg/hm^2)-不施磷区产量(kg/hm^2)]/施磷量(kg/hm^2)$$

（4）当季磷肥回收率 用作物地上部磷素吸收量与磷肥用量的百分比反映农田磷素输入与输出的平衡状况，将此指标定义为当季磷肥回收率（P recovery index, PRI）。该指数为 100% 表示农田磷素输入与输出处于平衡状态，小于 100% 代表存在磷素的盈余，大于 100% 则表示土壤磷素存在耗竭。在维持土壤磷库不耗竭、土壤供磷强度稳定的前提下，该指数越接近 100% 则反映出作物对磷肥的当季回收率越高；数值越远离 100% 则说明作物对磷肥的当季回收率越低。该指标同时受作物吸磷量和施磷量影响，能够反映作物产量水平、磷肥吸收效率和利用效率等综合效应。

$$当季磷肥回收率(\%) = 施磷区作物吸磷量(kg/hm^2)/施磷量(kg/hm^2)\times 100\%$$

（5）农田磷素表观平衡 农田磷素表观平衡，即磷肥用量与作物吸收量的差值，用于表征磷肥在农田的盈余状况。数值越大表示土壤磷素累积的越多，环境风险和经济损失越大；数值越接近于零表示磷肥在农田土壤中累积越少，环境风险和经济损失越小。

$$农田磷素表观平衡(kg/hm^2) = 施磷量(kg/hm^2)-作物吸磷量(kg/hm^2)$$

10.3.2 制约磷肥利用率提高的主要因素

磷肥 - 土壤 - 作物体系不匹配、过度依赖高浓度水溶性磷肥、忽视作物高效吸收利用磷的生物学潜力在磷肥高效吸收利用中的作用是导致我国作物生产中磷肥过量施用以及磷肥利用率低的主要原因。

（1）磷肥性质 - 土壤类型严重不匹配 磷肥品种与土壤酸碱度匹配对提高磷素有效性和利用率至关重要，磷肥性质与土壤类型不匹配是导致磷肥利用率低的首要原因。从磷肥性质看，目前肥料市场上主要的磷肥有酸性磷肥、碱性磷肥（钙镁磷肥和磷酸二铵）、中性磷肥和有机磷肥。从阻止磷肥有效性在土壤中固定损失的角度来看，我国北方的碱性土壤应该施用酸性磷肥、南方的酸性土壤应该施用碱性磷肥。然而这样一个看似常识性的简单问题却被肥料市场完全颠倒、扭曲了。当前，北方肥料市场上磷酸二铵占据主导地位，而以磷酸一铵为主要原料生产的各类复合（混）肥料占据了南方肥料市场。碱性肥料施入酸性土壤中，可中和土壤酸度、释放出磷，进而促进作物生长。短期培养试验发现，钙镁磷肥可有效提高酸性砖红壤（pH 5.67）和酸性水稻土（pH 5.81）pH 和有效磷含量[70]，在酸性土壤的水稻季和油菜季分别施用磷酸二铵和钙镁磷肥，均能有效提高作物产量和磷肥利用率。此外，有机肥料中含有较多的磷及解磷微生物，这些微生物的分泌物可活化土壤中的磷，提高土壤有效磷含量和磷肥利用率。

（2）磷肥生产中过度追求高水有比　磷肥生产中过度追求高水有比、销售环节过度宣传高水溶性特征、作物生产环节过度依赖高浓度水溶性磷肥是导致磷肥利用率低的重要原因。化学磷肥的生产是将磷矿通过强酸或热量转化成可被作物利用的水溶性磷酸盐的过程。高磷浓度、高水溶性的磷肥施入农田以后很容易发生土壤固定，快速转化为形态多样、难溶于水的磷酸盐，有效性损失率高达2/3（图10-1）。为了维持作物生长需要，作物不得不消耗大量的光合产物，通过根系分泌有机酸、质子、磷酸酶，或者通过招募并供养解磷微生物和菌根真菌等方式再一次活化无效化了的肥料磷。这种情形周而复始发生，从能源和磷矿资源消耗、磷矿开采与磷肥生产和使用过程中温室气体排放、磷石膏和酸液堆放等环境生态效应分析的角度来看，磷化工产业制造的磷肥水溶性越高，相应付出的资源环境代价越大。从作物生产需求端来看，磷肥的肥效与水有比之间并没有正相关性。有很多田间试验都表明，高水有比的磷肥，甚至全水溶的磷肥对作物的肥效并不比过磷酸钙、重过磷酸钙等磷肥更好（图10-4）。以磷肥的水有比作为平衡点是权衡磷肥加工工艺与成本、磷肥的资源环境代价、作物生产中的磷肥效率、企业的收益和农民的收益等诸多因素的抓手。但是，这个平衡点不仅仅是一个比值，而且还涉及磷酸盐的形态等因素。未来解决这一问题的出路在于磷肥产品和工艺的创新与农业生产的需求深度融合。

（3）养分管理忽视作物高效活化利用磷的生物学潜力　忽视作物高效活化利用磷的生物学潜力是作物生产环节中导致磷肥利用率低的关键因素。作物对磷的获取是通过根系和菌根两条相互独立的磷吸收途径完成的，根系和AM真菌都具有利用质子、有机酸、磷酸酶、糖类等物质直接活化难溶性磷，或者招募解磷微生物活化磷的能力[71]。作物吸收利用磷的能力存在遗传上的差异，在不同土壤供磷强度下，作物根系和AM真菌的形态、磷素在作物体内的利用效率都会做出适应性调整[72, 73]。这种调整是由作物以及解磷微生物自身的生物学特性所决定的，我们将作物自身以及根际和菌丝际定殖的解磷微生物活化利用土壤磷的能力统称为作物高效活化利用磷的生物学潜力。土壤供磷强度高或低都不利于生物学潜力的发挥，只有在适宜的土壤供磷强度（速效磷的农学阈值附近）下作物根系形态与生理、解磷微生物的功能、AM真菌生物量等磷吸收利用的性状才达到相对最高的状态，此时作物的产量潜力发挥至85%～90%。在华北平原潮土上的研究结果表明小麦-玉米轮作体系土壤有效磷维持在15mg/kg时AM真菌可以维持较好的生物学活性，且不会造成环境淋洗风险。因此，将土壤有效磷的供应强度控制在农学阈值附近，有利于作物高效活化利用磷的生物学潜力充分发挥。经过四十余年磷肥的大量使用，我国农田土壤平均有效磷已经达到了20mg/kg以上，而大多数土壤-作物体系的有效磷农学阈值也与这一数值接近。这意味着我国通过大规模的过量施用磷肥提升土壤磷素肥力水平的阶段性任务已经基本完成，未来农田的磷肥用量应当在考虑作物目标产量需磷量和将土壤有效磷水平维持在15～20mg/kg这两个前提下来进行总量控制，从而大幅度提高磷肥利用效率。如果再考虑有机替代技术的普及，将我国化学磷肥的平均用量在现有水平上降低30%是可行的。

（4）磷肥施用新技术与机械配套脱节　磷肥施用新技术主要包括磷肥作种肥技术、启动磷肥技术以及膜下滴灌技术。首先，磷肥作种肥是将肥料条施于种子侧下方（5～6cm）；启动磷肥是在作物播种或种子出苗前施用的少量肥料，类似于种肥，但是不与种子接触。研究表明磷肥作种肥被认为是提高早春土壤温度较低的季节磷肥有效性的重要措施。增加磷肥作种肥用量可提高棉花根系活力、氮磷吸收效率和产量[74]。然而磷肥作种肥技术却不能通过机械手段实现精准施用。将重过磷酸钙和硫酸铵作为启动肥施用可促进棉花苗期的根系在施肥区增生，增加根长密度和根表面积，同时，硫酸铵诱导根际土壤 pH 降低，也能促进棉花苗期根系的磷吸收和生长。在东北春玉米体系添加启动磷肥可以显著提高作物磷肥利用率，在播种前期低温条件下保证作物初期对磷养分的需求[9]。其次，液体肥直接通过高压注射器或管道精准饲喂到根部将极大提高肥效，降低肥料磷素有效性损失。将全水溶磷肥与膜下滴灌技术结合实现磷肥随水滴施能降低施肥环节的人力成本，显著提高肥料磷素在土壤剖面的空间移动性和生物有效性，提高磷肥利用效率，是大面积精准施肥技术应用最为成功的案例。然而，水肥一体化灌溉设备的安装及人工成本较高，缺少配套的智能机械工具。此外，适合我国农田大面积作业的液体肥注射施用的机械也呈现空白，这是未来值得发展的一个方向。

10.3.3 磷肥 - 土壤性质 - 作物体系匹配的原理

（1）磷肥性质与土壤性质匹配　目前主要的水溶性磷肥种类包括磷酸一铵、磷酸二铵、过磷酸钙、重过磷酸钙、聚磷酸铵、磷酸脲等，过磷酸钙和重过磷酸钙的有效成分为 $[Ca(H_2PO_4)_2 \cdot 2H_2O]$，磷酸一铵的有效成分为 $NH_4H_2PO_4$，磷酸二铵的有效成分为 $(NH_4)_2HPO_4$。这些磷肥的物理和化学性质，比如 pH、Ca∶P 比、溶解度、颜色等都存在较大差异。比如，磷酸一铵、过磷酸钙、重过磷酸钙、聚磷酸铵、磷酸脲呈酸性，磷酸二铵呈碱性。在不同土壤性质（比如酸性土壤或石灰性土壤）、不同的作物种植方式（比如旱作、淹水、水旱轮作）条件下，肥料磷素发生的生物和非生物转化、沉淀及吸附固定作用过程也不同。施入土壤中的磷肥由最初对植物有效性较高的亚稳态磷酸盐逐渐变成构溶态甚至难溶于水的稳态磷酸盐[75-76]，导致土壤磷库中磷酸盐的形态组成和各组分含量发生改变。

水溶性的磷肥的有效性在土壤中的无效化损失过程受土壤黏土矿物组成影响。在酸性土壤上，土壤无机磷库以难溶性铁结合态磷（Fe-P 型磷酸盐）、铝结合态磷（Al-P 型磷酸盐）和闭蓄态磷（被铁铝氧化物交替反复包被着的磷酸盐，O-P 型）为主。土壤风化程度越高，土壤中 Fe-P 型磷酸盐的含量越高。Fe-P 型磷酸盐有无定型磷酸铁（$FePO_4 \cdot xH_2O$）、晶型磷酸铁（如针铁矿、粉红铁矿等），铁结合态的磷酸盐的化学活性和溶解性随结晶程度的增加而降低。在石灰性土壤上，交换性钙是磷肥有效性损失的主控因子。正磷酸根离子在石灰性土中首先被方解石等碳酸钙矿物表面吸附，然后与矿物解离出的钙离子结合，短期内（几天到数周）从水溶态的 $Ca(H_2PO_4)_2$ 进一步转化为 $CaHPO_4 \cdot 2H_2O$ 和 $CaHPO_4$（Ca_2-P 型磷酸盐）。再经过数月，Ca_2-P 型磷酸盐进一步转化为溶解度更小的磷酸盐形态 [如 $Ca_8H_2(PO_4)_6 \cdot 5H_2O$ 等，Ca_8-P 型磷酸盐]，最后转化为更为稳定的磷灰石态的磷酸盐 [$Ca_{10}(PO_4)_6 \cdot (OH)_2$，$Ca_{10}$-P 型磷酸盐][77-78]。

不同性质的磷肥种类在酸性土壤中发生的形态转化和有效性损失过程存在差异。如磷酸一钙、磷酸一铵等酸性磷肥在土壤中吸水溶解后，肥料颗粒内 pH 大约为 1.5，促进土壤矿物中的 Fe、Al 溶解，在磷肥颗粒周围以及内部形成非晶质磷酸铁、磷酸铝沉淀，并随时间的延长进一步水解转化为晶质磷酸盐，如粉红磷铁矿和磷铝石等。这些磷酸盐如果再与氧化铁或氧化铝胶体结合，就可以被铁铝氧化物胶体包被成为闭蓄态磷酸盐（这个反应过程被称为磷酸盐在土壤中的闭蓄化过程）。与无机磷类似，有机磷酸盐（如植酸盐）在金属氧化物（如针铁矿、赤铁矿、水铁矿等）和黏土矿物（如高岭石、蒙脱石等）表面的吸附、解吸和沉淀反应控制该化合物在环境中的迁移转化过程和生物有效性。植酸在高岭石表面首先经历快速的初始吸附，然后是较长时间的慢速吸附。在 pH 2.5、4.0 和 5.5 条件下植酸在矿物表面转化为植酸铝沉淀，而在 pH 7.0 和 pH 9.0 时只有吸附态植酸没有沉淀生成。同时，还原条件下，植酸的固定特性增强[21, 77]。

在石灰性土壤中，过磷酸钙比磷酸二铵的肥效更高[79]，其原因与水溶性磷肥转化的最终产物有关。过磷酸钙呈酸性，能在较长时间内保持二水磷酸二钙 DCPD[$CaHPO_4 \cdot 2H_2O$] 状态，磷酸二铵呈碱性，与土壤接触迅速形成 OCP[$Ca_8H_2(PO_4)_6 \cdot 5H_2O$] 和 HA[$Ca_{10}(PO_4)_6(OH)_2$]，也会产生 $CaNH_4PO_4$。在石灰性土壤 - 作物体系中，为保持较高的肥料磷素的生物有效性，应避免施用碱性磷肥从而导致磷素被过多的交换性钙固定。

有研究表明，在铁氧化物含量高的酸性土壤中，施用磷酸二铵对作物的肥效大于磷酸一铵。在中性的黏壤土（pH 6.5 ～ 7.8）上比较四种磷肥（磷酸二铵、硝酸磷肥、重过磷酸钙和过磷酸钙）的肥效，发现磷酸二铵比其他磷肥延迟了玉米成熟，重过磷酸钙的增产效果最好[80]。在石灰性土壤上，与不施磷的对照处理相比，磷酸二铵与过磷酸钙对提高小麦 - 玉米轮作体系作物干重和产量的作用效果均优于硝酸磷肥[81]。在 pH 为 8.2、7.4、5.5 的土壤中添加 NH_4^+ 比 NO_3^- 更能促进玉米的磷吸收，而在 pH 4.2 的土壤中却没有显著差异。在碱性土壤中，玉米根表发现有 Ca 和 P 积累，在 pH 5.5 的土壤中有 Ca、Fe 和 P 的积累，而在 pH 4.2 的土壤中 Ca 和 P 在根表没有积累[82]。马铃薯虽然对磷敏感，但吸收能力较差，施水溶性磷肥的效果比颗粒磷肥更好。对磷反应较差的作物如冬小麦，由于冬季土温低，供磷能力差，而分蘖阶段作为关键时期，也需要注意多投入磷肥。土壤中的有效磷含量在 pH 6.5 附近最高。在中性土壤中，土壤无机磷库主要有铁磷、铝磷和钙磷三种形式，相比于其他土壤 pH 而言肥料磷素被土壤化学沉淀固定的程度较低，有效磷含量较高。

（2）磷肥性质与作物体系匹配　磷肥的使用除了考虑因土施肥以外，还要注意磷肥性质与作物种植体系也存在密切的关系。然而，针对不同的作物种类和种植方式应当施用不同形态的磷肥产品的常识往往很容易被人们忽视。磷肥性质与作物体系匹配的原理包括：

① 植物吸收磷的能力受土壤温度的影响。温度高则植物通过根系和菌根两途径获取磷的能力强，反之，温度低则植物通过根系和菌根获取磷的能力弱。比如，在同一块地里春玉米可能出现苗期缺磷症状，而夏玉米则不会。生产中使用启动肥技术增加春播作物根部有效磷的浓度，促进苗期生长，对夏玉米则无需强调使用启动肥。

② 作物种植方式强烈影响肥料磷素在土壤中的形态转化和有效性损失速率。以水旱轮作体系为例，在淹水条件下根层土壤处在还原状态，这有利于土壤中晶体态的磷酸铁向无定形的磷酸铁转化，或者三价铁状态被还原成为二价铁状态，从而增加了正磷酸根离子的溶解性。同时无定形铁含量逐渐增加，增强了对磷的固定作用，但土壤有效磷含量总体趋于增加。即淹水增加了对磷的固定，但无定形铁固定的磷易释放，这种固定相对于形成磷酸铁沉淀或结晶而言属于弱固定，生物有效性仍较高，土壤的供磷能力总体上是增强了。研究表

明，水稻淹水期间，厌氧条件增加了土壤中三价铁的还原，二价铁含量逐渐增加，晶质铁含量逐渐降低，同时无定形铁含量逐渐增加；水稻落干初期（49 ～ 63d）土壤对磷的固定能力减弱，$NaHCO_3$-P 升高，NaOH-P 降低；落干后期（63 ～ 84d），氧化铁的溶解结晶作用增强了固定磷的闭蓄化过程，$NaHCO_3$-P 降低，NaOH-P 升高[83]。因此，在水稻季土壤的有效磷供应强度高于旱作作物季。在水旱轮作体系中，磷肥管理往往采取“旱重水轻”的周年管理策略，即水稻季少施磷肥而旱作作物季要重施磷肥。

在水稻 - 油菜轮作体系中，钙镁磷肥、磷酸一铵、磷酸二铵等磷肥对油菜和水稻的肥效存在显著的差异。在水稻季施用磷酸一铵（MAP）的效果最好，而在油菜季施用钙镁磷肥的效果最好。钙镁磷肥在油菜季的肥效甚至高于水溶性磷肥磷酸一铵和磷酸二铵（表 10-3）。这一结果的启示是：即使在同一地块，针对不同作物种植体系需要施用不同品种的磷肥。一味地强调施用水溶性磷肥，并不能给农民带来更多的经济利益，相反会造成资源浪费和经济收益的损失。

表10-3　水稻-油菜轮作体系不同磷肥品种对两种作物的肥效

磷肥品种	水稻			油菜		
	产量 /(kg/hm^2)	增产率 /%	磷肥利用率 /%	产量 /(kg/hm^2)	增产率 /%	磷肥利用率 /%
不施磷	6556 c	—	—	1383 b	—	—
过磷酸钙	8149 ab	24.3	17.0	2270 a	64.1	27.6
钙镁磷肥	7132 bc	8.8	14.5	2422 a	75.1	31.4
磷酸一铵	7359 bc	12.2	16.0	2321 a	67.8	26.2
磷酸二铵	8629 a	31.6	26.7	2262 a	63.6	23.9

注：花岗片麻岩发育的水稻土，土壤 Olsen-P 含量为 12.9mg/kg，pH 为 5.2。数字后不同字母代表显著性差异。

③ 不同植物根系活化磷的能力差别很大。山龙眼科植物（如澳洲坚果）、白羽扇豆等能形成排根、分泌有机酸和磷酸酶，此类作物不需大量施用水溶性磷肥，施用枸溶性的钙镁磷肥就能很好地满足作物需要。

豆科作物活化难溶性磷的能力通常比禾本科作物更强。不同种植体系的磷肥利用效率和农学利用效率分析表明禾本科 / 豆科间作体系较单作体系提高磷肥利用率；根际活化磷能力强的豆科作物（蚕豆、鹰嘴豆）能增加间作体系对磷肥的利用。常规磷水平下，小麦蚕豆间作系统的磷吸收量是小麦和蚕豆单作系统磷吸收量的 1.04 倍；低磷水平下，间作系统的磷吸收量是小麦和蚕豆单作系统磷吸收量的 1.28 倍。因此，通过根际活化磷能力强的豆科与禾本科合理搭配，采用间作方式能提高对当季磷的利用。但采用间套作体系时，应注意作物和肥料的匹配。

④ 不同的植物对菌根的依赖性存在差异。同为禾本科作物的玉米、高粱、大麦、小麦，由于大麦和小麦对菌根的依赖性比较弱，菌根侵染率也较低，土壤有效磷供应强度的临界阈值也高于玉米和高粱两种菌根依赖性高的作物。在冬小麦 - 夏玉米轮作中，磷肥投入小麦作

基肥，玉米可利用磷肥后效。轮作体系中若前后茬作物对磷肥利用具有相似特性，磷肥应重点分配在越冬作物上。

（3）磷肥与氮素形态匹配　肥料磷素在土壤中的有效性保持与肥料中配伍的氮素形态密切相关。碱性土壤条件下施用铵态氮肥诱导酸化，既能够促进 Ca-P 型磷酸盐的活化，也能够阻控肥料磷素被土壤中的阳离子固定。酸性土壤上施用硝态氮肥可以诱导根际碱化，防止土壤酸化，同时促进土壤中的 Al-P 型磷酸盐的溶解。但是，北方地区的石灰性土壤施用铵态氮肥容易发生氨挥发损失，而南方地区的酸性土壤上施用硝态氮肥容易发生硝酸根离子随水淋洗损失。因此，在石灰性土壤上将含铵态氮的磷肥精准深施于根系周围，可以防止氨挥发损失；酸性土壤中施用含硝态氮的磷肥则既要考虑精准施于根际，同时还要控制硝态氮的释放，减少淋洗损失。

铵态氮诱导根际土壤酸化和硝态氮诱导根际土壤碱化的效应以及促进作物增产的效应与氮素形态也是密切相关的。由于大多数作物对氮素形态的偏好多倾向于硝态氮，植株体内过度累积铵态氮会导致铵毒害作用。同时，铵态氮在土壤中的硝化反应速率也很快，铵态氮转化成硝态氮以后就不能再发挥酸化根际和菌丝际的作用，从而也失去对难溶性无机磷的溶解作用。因此，在北方的旱地土壤中有效地发挥铵磷交互作用效应，既要考虑肥料中铵与磷元素比值也要考虑抑制铵态氮转化为硝态氮的酶促反应。

（4）肥料磷素供应与作物需磷规律匹配　肥料磷素供应与作物需磷规律匹配的基础是作物的生长发育（生物学）规律、作物磷养分需求规律、作物产量形成规律、土壤有效磷供应规律五个规律之间的协调，施磷肥的作用在于调节土壤有效磷供应强度。

作物干物质累积量和养分吸收量随时间的变化动态即生长发育规律和养分需求规律呈 S 形曲线，可以用 logistic 模型描述（图 10-4）。作物生长发育过程中有两个关键的时期，分别是养分临界期和营养最大效率期。

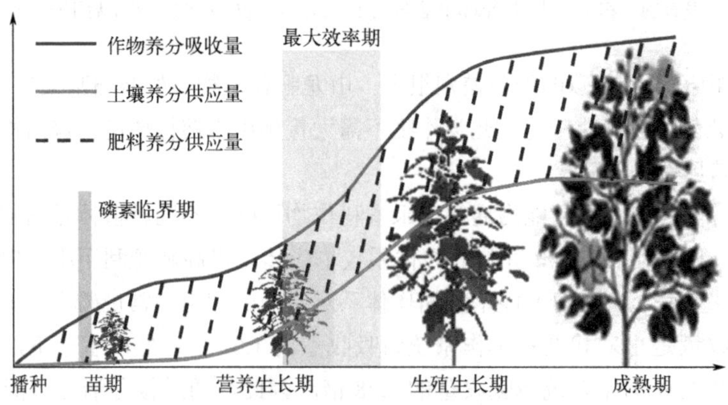

图 10-4　作物需磷规律与土壤、肥料磷素供应规律

① 作物的养分临界期是指作物在生长发育的某个时期虽然对养分需求量并不大，但是对养分是否充足供应的敏感度特别高。如果在临界期缺乏某种矿质养分元素，作物生长会受到抑制。这种抑制作用（尤其是对产量形成的影响）即使在后期补充供应了该养分也无法消

除。作物的养分临界期一般出现在生长初期，磷的临界期出现较早，多数农作物磷的临界期一般在出苗后3周左右。对小麦、玉米、油菜、棉花等作物而言，磷素临界期在三叶期。因此，在生产中磷肥常作种肥施用以保证作物生长初期获得足够的磷素。

② 作物营养最大效率期是指在作物生长发育的某个阶段无论是对养分的需求量还是作物吸收养分的速率和实际吸收量都是最大的，在这个时期所吸收的养分对作物生物量和产量潜力的实现能发挥最大效能。营养最大效率期一般出现在作物生长发育的旺盛期，即作物由营养生长转入生殖生长的阶段。禾谷类作物的氮磷钾营养最大效率期通常是同步的，比如小麦在拔节至抽穗期，玉米在大喇叭口期至抽雄期，棉花在花铃期。薯类作物磷的最大效率期在块根（茎）膨大期。这是由不同作物光合产物分配与转运特征决定的。作物在营养最大效率期对养分的需求量逐渐增大，养分吸收的能力最强，植株生长速率快，植株生长量增量大、养分需求量最大[13]。这一时期土壤有效磷的充足供应对于作物产量潜力的充分发挥是非常重要的，但是在这个时期追施磷肥也是难以操作的。即使是通过水肥一体化滴施或者冲施全水溶性的磷肥也很难发挥追施磷肥的肥效，其原因是正磷酸根离子在土壤中的迁移能力很弱，绝大部分磷肥都被积累在表层几厘米范围内[14]。

对于磷营养而言，除了需要关注不同作物磷养分临界期和最大效率期以外，还需要了解作物生育期内磷浓度的变化规律和磷养分临界期植株组织中的临界磷浓度（尽管作物关键组织，比如功能叶片或者繁殖器官中的磷浓度与作物生物量和产量并不一定存在相关性）以及不同营养元素之间的化学计量比（该指标反映作物体内不同营养元素的平衡关系）。作物苗期对磷比较敏感，苗期作物生物量小但组织中需要维持比较高的磷浓度以保证光合作用和其他代谢过程需求。苗期植株体内磷浓度对于后期各器官发育和产量形成是至关重要的。苗期缺磷导致地上部组织中磷浓度不足引起的残留效应可以被记忆，直接影响后期的产量形成，这便是作物养分临界期的含义。在养分临界期必须保证作物组织中磷浓度达到临界值以上。除此之外，过量施磷肥往往导致锌、铜等微量元素的缺乏，从而影响产量和品质形成。

不同作物的生长发育规律和磷营养需求规律既有共性又有特性。首先，所有作物在萌发和幼苗生长初期主要都是利用种子中储藏的磷素（植酸态磷）的，但是不同作物在这个阶段的持续时间是不同的。大粒种子（如玉米、花生）和小粒种子（如油菜）中的磷素对幼苗的供应持续时间也是不同的。其次，不同作物的生长发育规律也有共同点。苗期作物根系小，吸收磷的能力弱。菌根真菌或内生真菌的侵染对光合产物的竞争导致作物苗期根系生长缓慢。因此，与其他生育期相比苗期对土壤磷素供应强度的要求更高。生产中经常可以看到尽管施用了磷肥但是苗期的植株依然缺磷的现象；待到根系与菌根真菌或内生真菌共生体建成以后，作物从土壤获取磷的能力增强，叶片不再继续出现缺磷症状。即作物自身活化吸收磷的能力变得更强了。需要注意的是，这并不意味着苗期植株因缺磷所导致的养分临界期效应可以得以校正或补偿。因此，科学施磷肥要充分考虑作物生长发育规律和磷养分需求规律的匹配问题，才能保障高产。

作物主要从土壤中获取生长所需的磷，土壤有效磷供应状况是磷肥用量的重要参考依据。作物体内的磷一部分来自土壤有效磷库，另一部分来自施入土壤的肥料磷。提高磷肥利用效率的根本途径就是要让作物充分吸收土壤中固有的有效磷和当季施入土壤的肥料磷。常见的粮食、蔬菜和水果等农作物都具有根系和菌根两条磷素吸收途径。根系和菌根吸磷途径都能够通过分泌物招募具有解磷功能的微生物定殖、参与土壤难溶性无机和有机磷的活化与周转。根系、菌根和解磷微生物活化和周转土壤磷的能力与土壤对作物的供磷能力直接相关，将土壤供磷强度维持在农学阈值附近最有利于根系、菌根和解磷细菌三类生物活化利用磷潜力的充分发挥，从而达到在同等产量水平下化学磷肥的用量最小、磷肥利用效率最高的效果。表征土壤磷素供应随作物生育期变化的动态指标包括土壤有效磷的丰缺状况、土壤磷素的周年（或者生长季）供应量、土壤磷素供应的季节动态、土壤微生物量磷及其介导的磷周转率等。土壤胶体吸附和固定的磷在根系、菌根及其伴生的微生物组的共同作用下可缓慢转化成生物有效磷供植物利用。受季节、温度和湿度等因素影响，作物根系和微生物驱动的养分转化的强度和速率也跟作物养分需求规律一样随季节一起变化。因此，在明确了土壤供磷强度农学阈值的前提下，需要通过磷肥的施用量来调节土壤有效磷的季节性供应量和作物磷高效活化利用的生物潜力，从而实现土壤供磷规律与作物磷素需求规律的匹配。

通过施用磷肥保障作物养分临界期和营养最大效率期的适宜土壤供磷强度是实现肥料磷素供应与作物需磷规律匹配的途径。生产上通常的做法是将部分磷肥（30% ～ 70%）作基肥施用，提高深层土壤的供磷强度；将其余的磷肥（30% ～ 70%）在苗期以种肥方式施到种子下部 5 ～ 10cm，提高并维持幼苗根系周围较高的有效磷的供应强度。然而，在农田中的很多因素是不可预测和控制的，往往导致土壤养分供应强度不能实时满足作物生长发育和产量品质形成的需要、产量潜力不能得到发挥。科学施肥的目标就是协调作物对养分需求与土壤养分供应不匹配的矛盾。在上述规律的基础上，运用肥料磷有效性转化和作物活化利用规律，通过科学的养分管理“4R”技术（正确的肥料品种、正确的施肥时间、正确的施肥方法、正确的施肥量）充分调动作物活化利用肥料磷和土壤累积态磷的能力，用最小数量的磷肥来调控土壤养分供应强度、满足作物目标产量对磷养分的需求，实现对作物产量和品质形成的精准调节。

（5）肥料磷素供应与土壤微生物养分需求规律匹配　农田中除了植物需要磷养分以外还有一个很大的群体也需要磷养分，它们就是土壤微生物。植物为从土壤中获取有效的磷资源，进化形成多种适应性策略。除调节植物自身根系的形态和生理特征外，还能与土壤微生物形成共生或伴生关系，通过这些微生物的帮助来活化和吸收磷。在众多的土壤微生物中，丛枝菌根真菌（以下称为 AM 真菌）和解磷细菌是与磷的活化和周转密切相关的两类。AM 真菌可以和 80% 以上的陆生植物（包括大多数作物）形成共生关系，在土壤中形成大量纤细的菌丝，极大地扩展了根系吸收磷的范围 [28]。解磷细菌占土壤可培养细菌的 40% 以上，通过分泌质子、有机酸阴离子和磷酸酶等代谢产物活化土壤难溶性无机磷和有机磷，释放出无机磷供其自身和植物根系吸收。土壤中的这些功能微生物也会吸收利用施入土壤的有机和无机肥料，形成自身的生物量（即微生物量）。农田中的微生物生物量有多大？它们需要多少养分？它们的养分需求对于肥料养分用量的计算有什么影响？微生物量磷库的周转规律、周转通量对土壤有效磷库的贡献率及其与肥料磷素释放规律之间如何协同等等都是很容易被忽略的细节。未来的磷肥新品种开发、养分管理技术研发都应该考虑肥料磷素供应与土壤微生物养分需求规律匹配。

综上所述，未来满足作物生长、产量形成需求的磷肥品种创制必须考虑磷肥性质与土壤性质匹配、磷肥性质与作物体系匹配、磷肥与氮素形态匹配、肥料磷素供应与作物需磷规律匹配、肥料磷素供应与土壤微生物养分需求规律匹配的原理，同时还要遵循资源循环利用、土壤 - 作物体系磷肥零盈余、农田磷素零排放、作物单产持续提升等可持续发展的理念。第一，磷肥的设计应满足不同土壤 - 作物体系多重养分元素平衡。即，新型磷肥中不仅应含有磷，还应配合氮素，并针对南北方不同的土壤性质设计不同的氮磷形态和含量配比。例如，针对北方石灰性土壤应在磷肥中添加铵态氮并采用酸性磷肥为原料，而为南方酸性土壤设计肥料时应考虑硝态氮的加入和以碱性磷肥为原料。第二，为增加磷肥移动性和磷肥释放时间的可控制性，应针对不同土壤性质和作物体系设计不同包膜复合肥，如在南方的酸性土壤上添加避免形成磷酸铁铝沉淀或闭蓄态磷的助剂，在北方石灰性土壤上添加防止正磷酸根离子与游离钙离子沉淀、降低土壤对磷酸根离子的专性吸附的助剂，以减少磷肥有效性损失率。第三，肥料中添加有机羧酸或腐植酸等磷素活化剂是保持磷素有效性持续供应、提高磷肥利用率的有效手段，应尝试高效活化剂的组合，从物理吸附、化学沉淀、生物活化三条路径解决肥料磷素有效性损失率较高的问题。

10.3.4　基于土壤 - 作物体系生物学潜力最大化的磷肥用量的确定

磷肥是作物的“主粮”，施用磷肥是实现作物高产和稳产的重要途径。由于磷素在土壤中容易被固定，不合理的施用量和施用方法导致我国磷肥当季利用率低，既浪费了资源和能量也抑制了作物和有益微生物磷高效活化利用的生物学潜力的发挥，同时会对环境造成威胁。如图 10-1 所示，植物根系和菌根真菌能够通过直接分泌特定的有机物活化利用土壤磷或者通过招募解磷微生物来活化利用土壤难溶性磷。植物自身活化利用磷的能力、AM 真菌和解磷微生物活化利用磷的能力都与植物基因型、AM 真菌种类、解磷微生物的群落组成甚至土壤有效磷供应强度、土壤有机碳尤其是水溶性有机碳含量等因素直接相关。在自然界中往往能看到不同的植物种类所表现出的缺磷状态存在很大差别，比如在同一低磷土壤上有的植物表现出严重缺磷症状，而有些植物则没有丝毫的缺磷症状。这反映了不同植物磷高效活化利用的生物学潜力的差别。对农作物而言，磷高效活化利用的生物学潜力（以下简称磷高效生物潜力）是指作物高效活化吸收利用磷的遗传潜力以及菌根和解磷微生物高效活化周转和吸收磷能力的总称。由于大多数农作物都属于菌根植物（藜科、十字花科的作物是非菌根植物，如甜菜、菠菜、油菜、白菜、白萝卜等），因此这类作物从土壤获取磷的途径可以进一步分为根系吸磷途径和菌根吸磷途径。即，作物体内的磷来自这两个相互独立的吸磷途径各自的贡献。这两个吸磷途径活化吸收利用土壤磷的能力共同决定着作物磷高效生物潜力的大小。因此，作物磷高效生物潜力用如下公式表示：

作物磷高效生物潜力活化利用磷量 = 根系活化利用磷的能力 (R)+ 菌根活化利用磷的能力（AMF）+ 微生物活化利用磷的能力（PSB）

在此公式中，R 是指根系分泌物和根系形态变化主导的根际磷活化过程对作物磷吸收量的贡献；AMF 是指菌根植物的菌根吸磷途径通过菌丝分泌物和菌丝形态变化主导的菌丝际磷活化过程对作物磷吸收量的贡献；PSB 是指定殖在根系和菌丝表面的解磷细菌群落结构、微生物生物量和分泌物变化主导的磷活化过程对作物磷吸收量的贡献。

施磷量 = 作物目标产量需磷量 − 作物磷高效生物潜力活化利用磷量 + 磷肥有效性损失量

从原理上来讲，作物磷高效生物潜力越大，则肥料的使用量越小，磷肥的利用率就越高。施肥引起的土壤供磷强度的变化对作物磷高效生物潜力存在强烈的影响。当通过各种措施将作物磷高效活化利用的生物学潜力发挥到最大，并等于磷肥有效性在土壤中的损失量时，施磷量就等于作物目标产量需磷量，从而可以实现农田磷肥输入与输出平衡，即磷肥零盈余。

（1）磷肥施用量对作物磷高效生物潜力的影响　土壤中的供磷强度与作物磷高效生物潜力成负相关关系。磷肥施入土壤后转化成土壤磷，土壤供磷强度（也称土壤有效磷浓度）可以作为表征磷肥用量的土壤指标。很多研究表明作物根系分泌物数量、根系表面的磷酸酶活性等根系生理和形态相关的指标都随着土壤供磷强度的增加而降低，作物的磷肥当季回收率也随着供磷强度的增加而降低。如果将作物最高产量确定为100%产量潜力，当土壤供磷强度（Olsen-P浓度）在10～20mg/kg范围内时，棉花、玉米、大豆、小麦等大田作物的产量潜力可以达到80%以上（图10-5）。并且，在此土壤供磷强度下作物根长密度和土壤菌丝密度（即单位重量土壤中根系或菌根菌丝的长度）也最高，从而有利于磷肥利用率的提高。

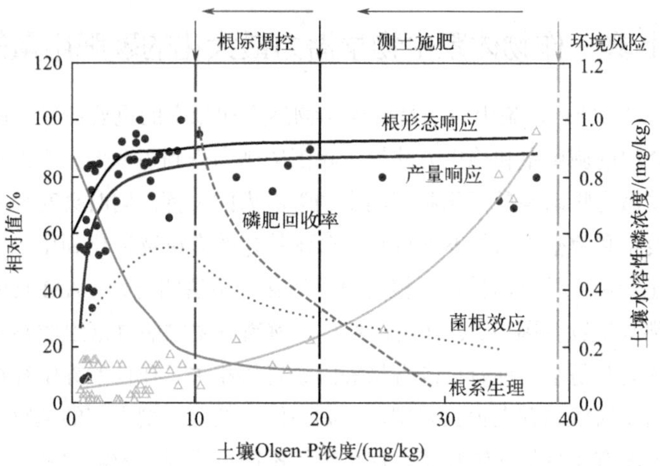

图10-5　土壤供磷强度（横坐标）对作物根系途径、菌根途径磷活化利用能力的影响

土壤供磷强度强烈影响菌根途径的贡献率。例如，澳大利亚学者2006年的一项研究发现，给土壤施用$CaHPO_4$、聚磷酸铵（APP）、H_3PO_4、Na_3PO_4四种磷肥，当磷肥用量（P，mg/kg）为0和20时，小麦的生物量和磷吸收量均随着施磷量增加而增加，但是菌根途径磷吸收量的贡献率由原来的80%下降为50%～65%（因肥料品种不同而有所差异）。中国农业大学2020年的试验发现，在低磷和高磷条件下菌根途径的贡献率远小于根系途径的，而在适宜供磷强度条件下菌根途径对作物磷吸收量的贡献率接近60%，而此时根系途径的贡献率只有40%。这意味着将土壤供磷强度调整为适宜供磷强度时能够充分发挥菌根的作用，从而减少作物生产对磷肥投入的依赖。玉米单位根系长度和单位菌丝长度的吸磷量均表现出随土壤供磷强度的增加而提高，然而当供磷强度由适宜水平（8mg/kg）提高至过量（50mg/kg）时，黄马牙和先玉335两个玉米品种的根系磷吸收效率增加幅度可达3～4倍，而先玉335的菌根途径的磷吸收效率只增加了10%，而黄马牙的菌根途径磷吸收效率则降低了20%。有意思的是供磷强度由极度缺磷（4.5mg/kg）提高到适宜水平（8mg/kg）时，两个玉

米品种的根系吸磷途径的磷吸收效率只提高了 40% ～ 80%，而相同条件下菌根途径的磷吸收效率却提高了 4 ～ 5 倍。这一证据有力说明菌根途径对过量施磷的响应更为敏感，供磷强度高于适宜水平时导致菌根吸磷能力大幅度下降。

微生物量磷库是土壤中的活性磷库，其介导的土壤磷生物周转是土壤有效磷库的重要补充，微生物量磷含量与作物磷吸收量和产量呈正相关性[34]。然而，土壤微生物对难溶性磷活化能力受土壤供磷强度增加的强烈抑制。微生物分泌的碱性磷酸酶活性以及微生物体内控制碱性磷酸酶合成、葡萄糖酸脱氢酶合成的 DNA 拷贝数与土壤供磷强度之间呈负相关性。因此，维持相对较低的供磷强度对于充分发挥解磷细菌活化难溶性磷的作用也是十分必要的。

（2）充分发挥作物磷高效生物潜力的磷肥用量的确定　磷肥用量推荐目前大多采用基于肥料效应曲线与恒量监控相结合方法建立的施肥指标。然而，由于忽视作物根系、菌根、解磷微生物活化利用土壤磷的能力对施磷量的强烈负响应及其对磷肥推荐用量的反馈作用，推荐量往往高于作物实际需磷量，使得农民在不知不觉中过量施用了磷肥，抑制了作物根系、AM 真菌、解磷微生物活化利用土壤磷的能力，并导致作物生产对化肥的依赖性越来越大。

在过去的 40 年间，由于过量施肥我国农田土壤磷素肥力有了极大提升（有效磷浓度平均为 24.7mg/kg），当前 35% 的农田土壤有效磷浓度较低（低于 15mg/kg）、45% 的农田土壤有效磷浓度处于适宜水平（15 ～ 25mg/kg），另有约 20% 农田土壤有效磷浓度较高（大于 25mg/kg）。这意味着我国通过大量施用磷肥提升土壤磷素肥力的阶段性任务已基本完成，当前农田的磷肥用量推荐应当在考虑作物目标产量需磷量和将土壤有效磷供应强度维持在 10 ～ 20mg/kg 这两个前提下来进行总量控制，从而大幅度提高磷肥利用效率。根据最近的一个连续 7 年的定位试验研究结果证明，在初始 Olsen-P 浓度为 16.3mg/kg 的石灰性土壤上种植棉花，以目标产量需磷量为推荐施磷量的处理维持了土壤供磷强度的稳定性，同时也实现了磷肥的输入量与棉花籽棉磷携出量的平衡，磷肥的表观回收率（即籽棉磷携出量与肥料磷施用量比值）达 94% 以上。这一结果显示了维持适宜的土壤供磷强度、充分发挥作物磷高效生物潜力，就可以实现磷肥利用效率的最大化。因此，未来农田的磷肥用量应当在考虑作物目标产量需磷量和将土壤有效磷水平维持在农学阈值附近这两个前提下来进行总量控制。

10.4 磷肥高效利用的微生物过程与靶向调控

10.4.1 磷肥高效利用的微生物过程

（1）菌根途径对作物磷营养贡献度的评价方法　AM 真菌是一类在 4.5 亿年前就与早期的陆生植物形成共生，能与大多数植物建立共生关系的真菌，它帮助植物从土壤中获取磷[84]。菌根途径可以吸收距离根表 11.7cm 的土壤磷素，显著增强了土壤磷素的空间有效性[36]。菌根途径与根系直接途径在获取磷方面存在很多相似之处：一方面 AM 真菌的菌丝有自身的磷吸收系统（如磷转运蛋白 *GvPT*、*GiPT* 等），根内菌丝还诱导被侵染的植物细胞的质膜上表达菌根专一性的磷转运蛋白（如 *MtPT4* 等）负责卸载来自 AM 真菌的体内磷。因此，如何定量评价 AM 真菌对植物磷吸收的贡献对于磷肥精准管理具有重要意义。

定量菌根途径贡献度的方法改进过程。最早的定量方法采用在灭菌的盆栽试验，通过接种和不接种 AM 真菌处理植物磷吸收量的差值来计算 AM 真菌对植物磷吸收的效应。由于菌根菌丝肉眼不可见，在 1980 年人们创建了用尼龙网隔开根系和菌丝生长的空间，从而对菌根途径进行定量分析的方法。用隔网根箱装置通过比较接种和不接种 AM 真菌时植株吸磷量的差值（差减法）得出 AM 真菌的贡献度大概在 60.2% ～ 79.5% 之间。2003 年澳大利亚科学家 Smith 等通过盆栽与 ^{33}P 标记结合建立了直接定量 AM 真菌对植物磷营养贡献度的新方法，发现菌根途径的磷贡献最大可达到 80%。2017 年 Smith 等进一步定量了土著 AM 真菌对棉花贡献度为 70% 左右。基于同位素标记的菌根贡献度评价方法在应用范围上存在局限性，尤其是在农田条件下进行大规模的 $^{33}P/^{32}P$ 同位素标记试验存在监管上的问题而无法开展。同时，但该方法的缺陷是假设盆栽中 AM 真菌在土壤中分布是均匀的。定量 AM 真菌在田间条件下的贡献也可采用通过在田间添加苯菌灵抑制土著 AM 真菌的活性来建立低侵染率的对照，并通过对照与处理的差值判断土著 AM 真菌群落的贡献。

（2）解磷微生物对作物磷高效利用的贡献　解磷微生物可以将土壤中的 Ca-P、Al-P、Fe-P 等难溶性无机磷酸盐转化为植物有效磷。微生物可以分泌低分子量的有机酸活化土壤中的磷，其机制主要包括：与磷酸根离子竞争矿物质的结合位点，将磷酸根离子释放出来，降低土壤的吸附作用；和金属离子螯合，含磷化合物溶解度增加，同时土壤表面正电荷降低，减少土壤对磷酸根离子的吸附固定；在石灰性土壤上通过降低土壤 pH 值，增加难溶性含磷化合物溶解度来活化磷。解磷微生物分泌的有机酸包括葡萄糖酸、乳酸、柠檬酸、草酸等，其中葡萄糖酸是活化难溶性磷酸盐的主要成分之一。

土壤解磷微生物通过分泌磷酸酶、植酸酶促进有机磷活化。磷酸酶分为酸性磷酸酶和碱性磷酸酶，目前发现的原核生物驱动磷周转的功能基因是碱性磷酸酶基因。磷酸酶通过水解磷酸单酯将底物分子上的磷酸基团除去，并生成磷酸根离子和自由的羟基；植酸酶是一类能够催化植酸或植酸盐释放正磷酸盐的磷酸水解酶，根据磷酸基团的结构和催化机制的不同可以将植酸酶分为四种类型，其中只有 β- 螺旋植酸酶在中性和碱性环境中都能表现出活性。参与有机磷周转的细菌碱性磷酸酶群落和 β- 螺旋植酸酶群落是一大类生理类群，编码这些酶的基因常被选作分子探针和引物设计的模板用于水体和土壤等多种生境下微生物群落组成的分析，而对于这些功能基因的定量表达研究还相对薄弱。例如，利用 *Streptomyces coelicolor* 菌株研究了 *phoD* 基因对不同磷水平的响应，结果表明 *phoD* 基因的表达受到供磷强度水平的调控，而且低磷强化了该基因的表达。同样，*Aphanothece halophytica* 菌株的 *phoD* 基因的相对表达量随着缺磷胁迫时间的延长而显著上调。近年来，长期肥料定位试验证明有机肥处理显著上调了土壤细菌 *phoD* 基因的表达，而且该基因的表达量与碱性磷酸酶活性呈现出显著的正相关关系，同时碱性磷酸酶活性又与土壤速效磷含量呈现显著的负相关关系。因此，可以推测 *phoD* 基因的表达量与土壤速效磷含量呈现显著的负相关关系，即 *phoD* 基因的上调表达能够加速土壤速效磷的耗竭。在有机肥的基础上又增加不同无机磷梯度的处理，结果表明随着磷水平的增加，土壤细菌 *phoD* 基因的转录表达显著下调，进一步

证明 *phoD* 基因的表达与无机磷水平之间存在负相关关系。

由于知识积累和技术研发的限制，以往关于原核生物磷酸酶编码基因的研究一直基于传统的纯培养法，最近十年来，分子生物学新技术的发展为环境微生物群落的研究提供了先进的工具，新研制了碱性磷酸酶基因的功能探针并将其应用于检验无机肥和有机肥施用对不同土壤碱性磷酸酶群落组成的影响，通过克隆发现碱性磷酸酶基因广泛分布于放线菌纲、α-变形菌纲、β-变形菌纲、γ-变形菌纲和蓝藻菌纲的微生物体内，这为深刻理解土壤碱性磷酸酶多样性提供了新的思路和技术手段。

10.4.2 磷肥高效利用的微生物靶向调控途径

（1）农田AM真菌高效吸收利用磷的调控途径

① AM真菌生物量在农田养分管理过程发挥的作用　农田土壤中AM真菌根外菌丝的生物量巨大且对生态系统中的养分循环发挥着重要的作用。AM真菌的生物量和养分需求量作为土壤肥力的养分库都被认为是不可忽略的，然而现在的作物生长和养分管理模型中都未考虑AM真菌的生长和养分需求。首先，AM真菌的生物量是相当大的，AM真菌的生长需要的植物光合碳数量也较大。研究表明AM真菌的生长要消耗植物高达20%的光合产物，通过 ^{13}C 标记试验发现AM真菌菌丝24h内需要吸收4.3%植物固定的碳。AM真菌包括根内结构和根外结构，根外结构生物量是根内结构的10倍以上，而孢子和菌丝体是AM真菌的主要根外器官，分别扮演着从土壤中吸收养分和储存碳水化合物及养分的功能，其生物量可以占到AM真菌总生物量的90%左右。据估计全球约有34Pg的植物根系被AM真菌侵染，其中有1.4Pg为AM真菌（约占4%）。全球约有3Pg以上的根外AM真菌的生物量，约占全球能被AM真菌侵染的根系总生物量的7%。其次AM真菌自身的生长发育需要养分，AM真菌生长过程中所固持的养分数量也是非常可观的，对氮磷的需求量均很大。因此，准确定量AM真菌的生物量对于理解作物碳分配、准确定量AM真菌体内的N、P等元素的含量、农田养分平衡乃至肥料养分的精准管理都具有重要的理论意义和实际应用价值。

② AM真菌影响因素　在农田生态系统中，影响根外AM真菌生物量的因素很多。首先由于AM真菌的根外菌丝分布在土壤中，不同的农业措施均会影响土壤中AM真菌的生物量和AM真菌对养分的吸收。一方面翻耕会破坏土壤中的菌丝网络，影响土壤表层和深层AM真菌繁殖体的生长及生物多样性，进而影响AM真菌的侵染和AM真菌对作物生长的贡献，而免耕能够保持地下的菌丝网络，维持较高的AM真菌的生物多样性、群落的结构和繁殖体数量，进而提高AM真菌对作物根系的侵染率、菌丝密度和孢子密度。另一方面作物间作或轮作模式也会影响土壤中AM真菌的群落结构。由于不同植物之间存在菌根依赖性的和对土壤中AM真菌群落的选择性的差别，因而间作和轮作制度均会显著影响土著AM真菌的生物多样性、群落结构和功能活性。例如，轮作前后茬均是菌根植物，尤其是菌根依赖性高的前茬作物能够为后茬作物培养大量的“菌剂”，促进土著的AM真菌对后茬作物的作用。其次，AM真菌与作物之间的共生关系具有双向选择性，不同作物种类与AM真菌的合作关系也存在显著的差异，由于共生关系的差异会影响植物的光合产物向共生体的分配比

例，进而影响根外AM真菌的生物量。低养分投入条件下选育的小麦品种较现代养分高投入条件下选育出的小麦品种具有更高的菌根依赖性，适应高肥力的玉米品种的生长和磷吸收对AM真菌的响应均低于适应低肥力的玉米品种。即在养分高投入的背景下获得的作物品种丢失了响应AM真菌的基因。最后，根外AM真菌对土壤中养分的浓度变化非常敏感（尤其是有效磷的浓度变化），在养分极度缺乏的土壤中，施肥可能也会提高AM真菌对作物的侵染率。但是，在正常肥力水平的农田施磷肥会降低作物的侵染率。此外，化学杀虫剂、杀菌剂、抗生素的使用同样会对AM真菌的生物量产生影响，农药（包括除草剂、杀菌剂和杀虫剂）对AM真菌的影响十分复杂。很多结果表明，并非所有的农药均抑制AM真菌的侵染和生长。杀虫剂对AM真菌无影响或影响较小，杀菌剂尤其是杀真菌剂对AM真菌的影响是最强烈的。叶面喷施或者处理种子的杀菌剂影响AM真菌侵染相对于灌根处理的要弱得多。灌根处理的杀菌剂，如苯菌灵能明显影响根内活性菌丝、丛枝、侵入点以及土壤中活性菌丝的数量，从而抑制菌丝吸收土壤磷。

③ 农田中调控AM真菌的活性与功能　菌根植物依靠根系途径和菌根途径从土壤中获取养分，菌根途径的贡献率可大于根系途径。然而相对于根系途径而言，对菌根途径养分吸收的性状与特征了解得较少，因此菌根途径对作物磷吸收的贡献是养分管理过程中容易被忽略的。调控农田AM真菌效应的途径应该包括接种菌剂和调整农业管理措施（包括栽培方式、耕作方式、肥料用量、农药种类等），用来实现增加土著AM真菌中的丰度和繁殖体数量、提高AM真菌活力的目的。一方面生产上试图通过AM真菌接种剂实现对AM真菌的调控目的，主要是提高作物的菌根侵染率，但是AM真菌接种剂在农业上并未广泛应用，原因是AM真菌不能离开宿主植物繁殖，一个繁殖周期需要4个月以上，繁殖效率低、规模小、成本高[78]；由于土著AM真菌的竞争，田间接种效果不稳定。另一方面通过农业措施的改变（表10-4）实现对土著AM真菌繁殖体数量与活性的调控。a. 短期休闲或少耕均可提高作物菌根侵染率。在磷肥用量适宜的前提下，调整轮作和间（套）作体系中的作物种类、采用少耕或者免耕等保护性耕作措施可以起到增加AM真菌繁殖体、保护AM真菌多样性、保证AM真菌菌丝网络完整的效果。b. 作物品种对AM真菌群落的响应不同。由于作物对AM真菌的响应存在遗传上的差别，因此在作物高产育种中充分考虑AM真菌与根系吸磷的互作关系，培育菌根依赖性强的品种可能是提高吸收磷效率的途径之一。c. 菌根途径对玉米地上部磷营养的贡献率大小受土壤供磷强度的强烈影响。相对于缺磷（Olsen-P 4mg/kg）和磷过量（Olsen-P 50mg/kg）的土壤条件而言，中等的供磷强度（速效磷含量为8mg/kg）条件下菌根途径的贡献率高达60%，此时根外菌丝长度最大[79]。在土壤速效磷为10～15mg/kg的条件下，农田中的土著AM真菌对玉米磷吸收量的贡献度为60%～80%，相当于每公顷施用30kg磷肥（以P计）的功效。该结果意味着在实际生产中将AM真菌的生长调节到最佳程度，可以起到磷肥减施增效的作用。

表10-4　农田土壤AM真菌群落功能调控

影响因素	低投入有机农业	高投入集约化农业
土壤养分状况	低	高
土壤障碍因子	主要是非生物胁迫，如养分缺乏、干旱等	主要是生物胁迫和非生物胁迫，如阶段性养分缺乏、土传病害、干旱等

续表

影响因素	低投入有机农业	高投入集约化农业
可检测的 AM 真菌生物多样性	高	低
土著 AM 真菌的繁殖体数量	多	少
菌根侵染率	高	低
AM 真菌的作用	改善营养、提高抗逆性（如干旱）	提高抗逆性（如干旱）、抗病性
实际应用中发挥 AM 真菌作用的途径	移栽作物的苗床接种；田间接种高效菌剂；使用化学物质（例如类黄酮）诱导 AM 真菌侵染；减少磷肥投入；与高菌根依赖性的作物间作、轮作；少耕或免耕；培育对 AM 真菌正响应的作物品种	

（2）解磷功能微生物靶向调控　土壤解磷功能微生物靶向调控是一种在充分理解了解磷微生物营养偏好和需求特性基础上建立的定向激发土壤微生物解磷活性与功能的调控技术。土壤微生物多种多样，如何能靶向调控土壤解磷功能微生物的活性和多样性，对提高土壤磷利用效率至关重要。根据微生物碳源利用特点和信号响应机制，可利用以下途径对微生物进行靶向调控。

① 碳源物质调控　碳是微生物必需的能源物质，同时也是土壤中匮乏的资源。土壤中碳含量较低时，大部分土壤微生物处于潜在活性状态[80]。当土壤中输入低分子量的碳源物质时，处于潜在活性状态的微生物会受到碳源刺激，迅速恢复活性，并在植物 - 土壤系统中发挥作用[81]。根系分泌物和菌丝分泌物是土壤碳输入的重要来源[82]。根系分泌物对土壤微生物群落的影响已有大量报道：用三种碳源物质模拟根系分泌物的研究结果表明，添加较高浓度（2mmol/kg）的碳源（碳源形式为葡萄糖、果糖和蔗糖）时，根际土壤碱性磷酸酶活性显著增加，土壤中具有解磷功能的微生物 *Saccharimonadales* 的丰度增加[83]。此外，菌根真菌分泌物对土壤微生物的影响也不容忽视。菌根真菌分泌物中的碳源物质不仅可以刺激土壤细菌的生长，还能增加土壤中解磷细菌数量[84]，通过这两种作用来提高解磷细菌分泌磷酸酶的活性，从而活化土壤中的有机磷，改善植物磷营养。利用分隔的装置和 ^{13}C-DNA-SIP 法，发现 AM 真菌菌丝分泌物被菌根真菌周围的解磷细菌利用，促进解磷细菌对土壤有机磷的活化[85]。最近的一项研究发现添加存在于丛枝菌根植物根系分泌物和菌根真菌分泌物中的果糖，可以通过改变细菌群落的组成，特别是通过增加糖化细菌的相对丰度来提高磷酸酶活性[86]。因此，添加活性碳化合物来模拟根系分泌物或者菌根真菌分泌物可以靶向调控根际微生物或者菌根真菌际微生物的结构和活性，进而提高土壤磷利用效率[87]。

② 信号物质调控　植物次级代谢产物可作为信号物质调控微生物的群落结构。植物次级代谢产物在微生物群落组成的构建中起着重要作用。通过非靶向代谢组学分析表明根组织和渗出液中含有多种不同分子的次级代谢产物。有研究利用花生 - 木薯的间作体系发现木薯根部的氰化物可以促进花生根部乙烯前体积累，上调乙烯相关基因表达，激发乙烯释放，调控花生根际微生物网络中的核心物种（*Catenulispora* sp.，属于放线菌）丰度，重塑微生物网络结构[88-89]。新构建的微生物组加速根际有机氮磷矿化，为花生地下部提供可利用磷养分，从而提高花生子代有效繁殖能力，进一步提高花生在间作模式下的生态适应性[90]。直

接施用水杨酸会影响土壤微生物，这表明水杨酸对微生物群落信号的独立效应[91]。另有研究表明外源茉莉酸施用可增加拟南芥根际微生物群落的α多样性，并丰富潜在的有益菌群，这种微生物组装可能是通过根系分泌物的变化间接实现的[92]。

③ 生态集约化调控　绿色施肥被认为是一种重要的农业管理措施，可以为植物生长提供养分。施用绿肥会将大量的新鲜有机质引入土壤中，这可能导致土壤养分转化和相关微生物的巨大变化。绿肥还田可以增加土壤微生物群落的规模和活性[93]，改变微生物群落组成，增加土壤细菌多样性。植物根系分泌物影响土壤微生物对养分的利用，从而决定了这些微生物的群落组成[94]。根系分泌物和植物残体为土壤微生物提供了物质和能量来源，从而增加了土壤微生物总数、微生物群落多样性和有益微生物数量[95]，例如豆科比禾本科能分泌更多的氨基酸、糖和类黄酮，有利于土壤微生物的生长和繁殖。研究表明绿肥处理增加了细菌多样性，且革兰氏阳性菌、球形节杆菌和芽孢杆菌的丰度特别高。同时，应用绿肥可以显著提高作物对土壤磷素养分的吸收利用，这主要是因为绿肥腐解过程中会产生大量有机酸，有机酸阴离子一方面可以促进土壤矿物风化，另一方面可以降低土壤对磷素的固持，提高土壤磷的溶解度和有效性，很好地促进土壤难溶性磷素的活化[96]。因此，施用绿肥能够使解磷细菌的多样性增强，土壤中磷的转化效果更好。

综上所述，根据根际和菌丝际两个区域的功能微生物碳源利用特点、生物特性、激素信号响应机制，通过碳源物质调控、信号物质调控以及生态集约化调控等途径对微生物进行靶向调控，进一步提高土壤磷素利用效率。

10.5　作物生产需求与磷肥和磷矿资源的高效利用

磷矿是一种具有战略意义的资源，主要用于生产磷肥。作为一种不可再生的矿产资源，磷矿的可持续开发与利用直接关系到国家乃至世界的粮食安全和环境的可持续发展。目前我国磷矿产业的发展形势不容乐观，磷矿资源丰富，储量居世界第二位，但我国的高品位磷矿资源较少，80%的磷资源为中低品位磷矿石（P_2O_5含量＜30%）[97]。此外，人口的增长驱使我国农业对磷肥的需求量急剧增加，磷肥产业整体趋向于高浓度磷肥的生产。然而，迅速增长的高浓度磷肥的产量导致我国磷矿开采与加工回收率降低、资源利用效率低、环境污染严重等问题，这与我国可持续的发展战略严重不匹配[98]。因此，不断提高资源利用率是目前的主要发展方向。随着高品位磷矿逐步耗竭，磷肥产业应当调整产业发展方向，充分利用中低品位磷矿，形成高低品位磷矿搭配的优化模式，更加注重磷在土壤中的转化和作物特性，坚持走绿色可持续的发展道路。因此，基于作物需求，量化磷资源在“磷矿开采-磷肥生产-作物生产”整个系统中磷的利用效率和环境效益，以实现磷矿资源高效利用和产业绿色发展，这对我国磷矿资源的可持续利用显得尤为重要。

利用物质流分析和生命周期评价的方法，以“磷矿开采-磷肥生产-作物生产”为系统研究边界（图10-6）解析我国区域磷资源在“磷矿开采-磷肥生产-作物生产”整个链条中的需求量；揭示磷资源在“磷矿开采 - 磷肥生产 - 作物生产“整个链条中的物质流动特征，明确磷在关键环节流动的损失和环境效应；基于作物需求，探索全链条磷资源高效利用途径。

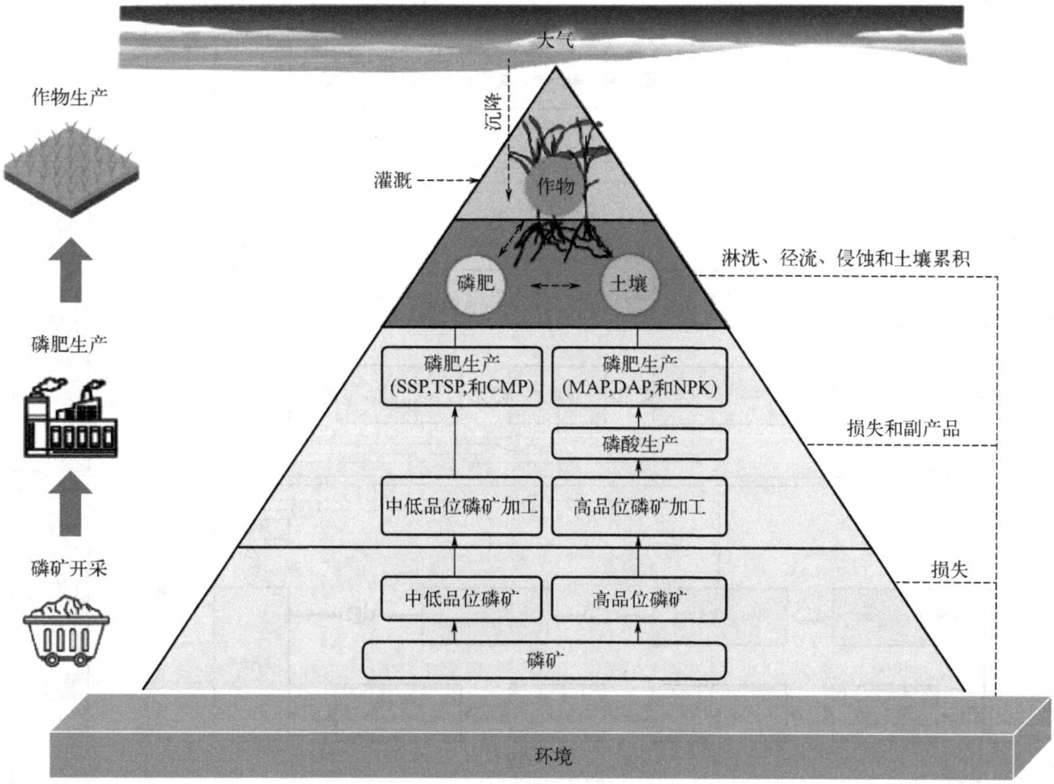

图 10-6 磷资源从磷矿开采到作物生产的系统边界

10.5.1 量化磷资源在整个磷供应链的流动

基于 2004 ～ 2015 年全国大量的田间试验，整合分析“ 磷矿开采 - 磷肥生产 - 作物生产”整个磷供应链条中磷的流动（图 10-7），明确了在我国磷肥的整个供应链中，磷肥的大量损失主要集中在作物生产阶段。在作物的生产环节中磷的损失量高达 65%，大量磷被累积到土壤中，造成整个链条磷的利用效率仅为 39%。而通过在作物需求端优化磷的管理可以有效地减少整个磷供应链条中磷的损失，提高全链条磷利用效率。其中，采用测土配方施肥技术（OPT1），能够显著降低整个磷供应链条中 37% 的磷损失，磷利用效率可提高至 57%。此外，通过磷肥恒量监控、高低品位磷肥配施技术，即增加低浓度磷肥比例减少高浓度磷肥比例以维持高、低浓度磷肥为 50∶50（OPT2），可进一步降低整个磷供应链中磷的损失量，减少磷供应链条中高达 93% 的磷损失，有效挖掘部分土壤中磷，提高磷的利用效率，维持作物高产。

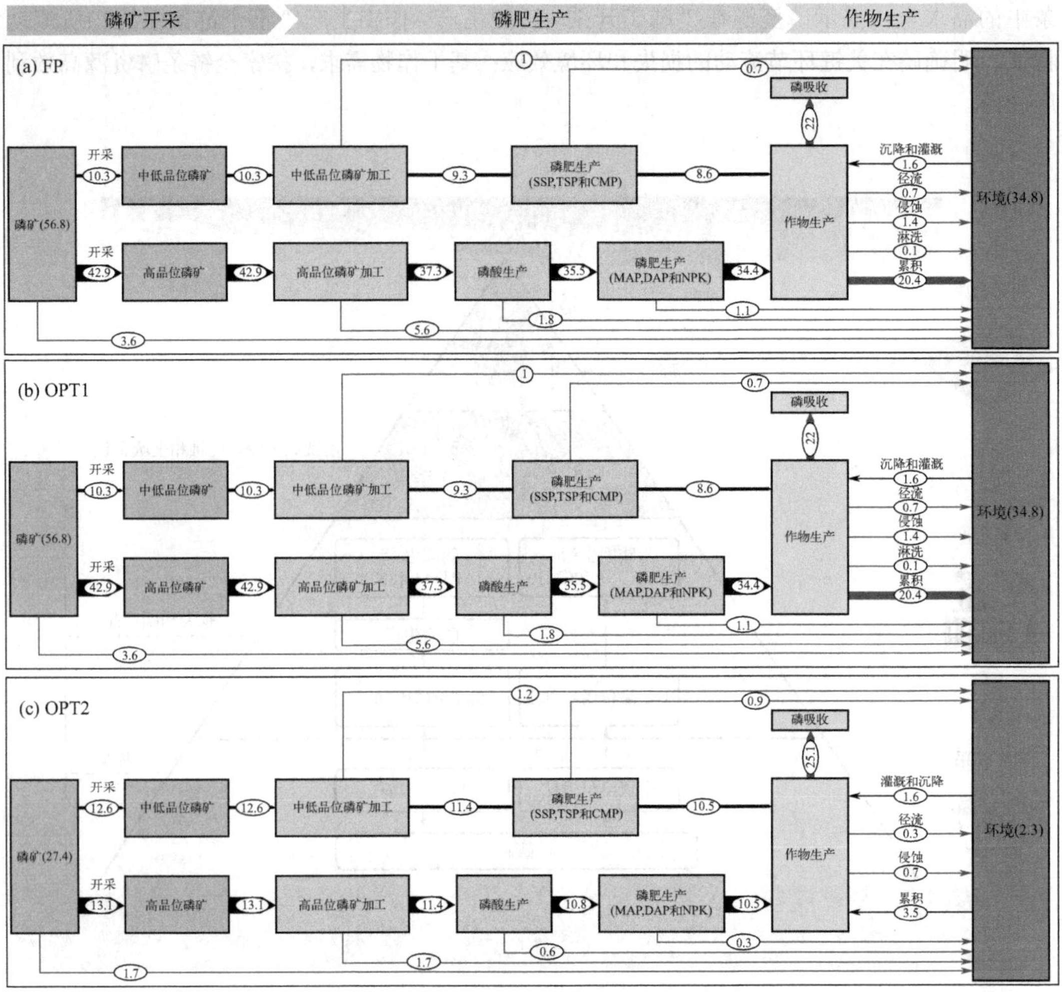

图 10-7　磷资源从磷矿开采到作物生产的磷流动（单位：kg/hm^2）

10.5.2　基于作物需求全链条磷供应链减磷潜力

根据作物对磷肥的需求量，预测满足 2030 年我国粮食需求将需要开采 5.0×10^6t 磷矿，其中，中低品位磷矿为 1.0×10^6t，高品位磷矿为 4.0×10^6t。基于作物需求端优化磷的管理（测土配方施肥技术和调整高低浓度比例的磷肥管理技术），可以有效降低我国的磷矿需求量。图 10-7 研究结果表明，在作物需求端通过磷的优化管理技术，总磷矿需求量可以分别减少 25% 和 57%。到 2030 年，采用测土配方施肥技术（OPT1）可以使我国粮食生产所需中低品位磷矿减少 30%，高品位磷矿减少 25%。采用磷肥恒量监控的技术，并且增加低浓度磷肥的比例，减少高浓度磷肥的比例，维持高、低浓度磷肥为 50∶50（OPT2）使我国粮食生产所需中低品位磷矿比农民习惯（FP）提高 70%，但所需高品位磷矿降低 75%。这将有助于缓解我国磷矿资源的危机。

10.5.3　基于作物生产需求全链条磷供应链温室气体减排潜力

作物生产端磷优化管理可以实现磷资源的高效利用，有效缓解我国磷矿资源的危机。在缓解磷矿资源危机的同时，在作物需求端调整磷肥管理策略，可以有效减少国家磷资源从磷矿开采到作物生产过程中潜在的温室气体排放总量，实现可持续发展。研究表明在作物需求端，通过恒量监控的技术，可以实现减少磷肥用量24%、保障粮食不减产、温室气体排放总量减少24%的目标；基于作物生产需求，利用恒量监控技术并考虑作物生物学潜力，同时将高、低浓度磷肥的比例调整为50：50，磷肥用量便可减少46%而粮食作物不减产，而温室气体排放总量可以减少56%，实现全链条磷资源的可持续发展（图10-8）。

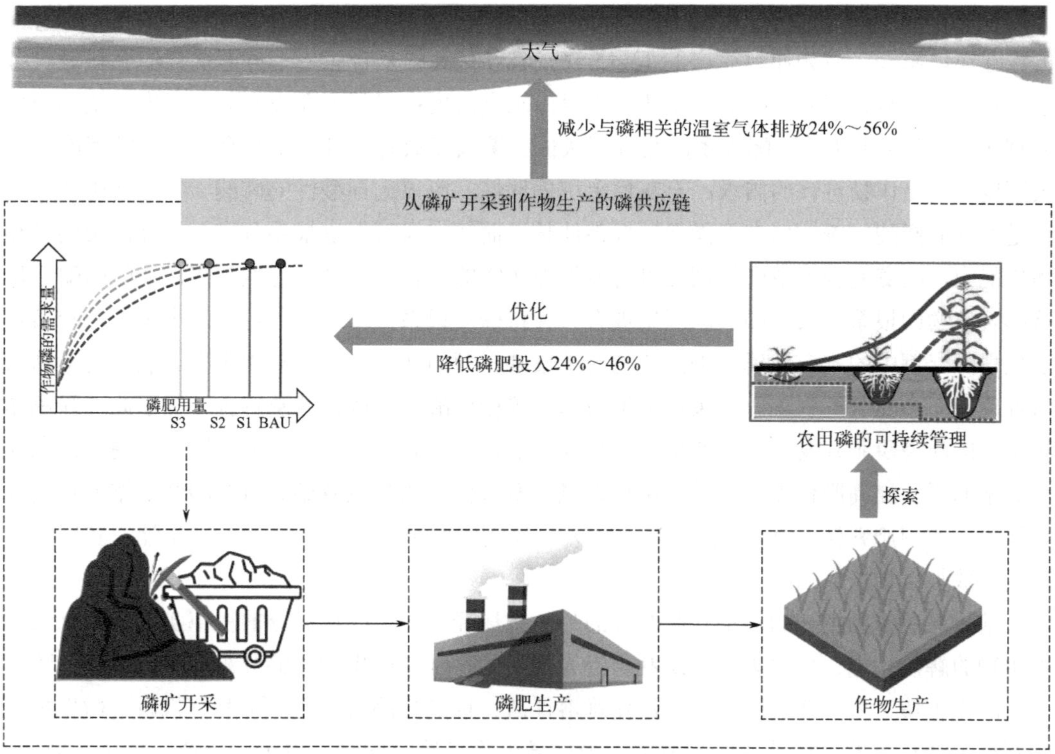

图10-8　基于作物生产需求磷矿资源的减排潜力

10.5.4　基于绿色作物生产的新型磷肥开发新思路

从植物矿质营养学说建立开始，人们就在作物生产中施用磷肥。磷肥在保证作物产量和品质方面具有不可替代的作用。磷肥几乎全部是由磷矿制造的，然而磷矿是不可再生的资源，磷矿资源的数量越来越少，磷肥需求量越来越大已成为不争的事实。磷肥施入土壤后很容易失去活性，导致大多数农作物的磷肥利用率都很低，磷肥被大量累积在土壤中。一方面造成不可再生的磷矿资源的严重浪费；另一方面也导致磷肥利用率普遍偏低，农业生产的环境和经济成本增加。在西欧，1965 年到 2007 年，累积在农田土壤中的磷高达 765kg/hm^2，我国农田土壤从 1980 年到 2012 年的磷素累积量为 841kg/hm^2，理论上可满足 5 ～ 12 年作物生长的需求。甚至有研究报道，全球农田土壤中累积的磷可以满足 100 年作物生产的需求。因此，当前的磷肥产品创新必须以高产作物的养分需求为目标，以最大化土壤磷素供应为核心，以充分发挥作物、菌根、解磷微生物的功能为途径，实现磷肥与土壤、作物和气候的匹配与协调。未来满足绿色作物生产需求的磷肥产品创制必须同时考虑磷肥性质与土壤性质匹配、磷肥与作物体系匹配、磷肥与氮素形态匹配、肥料磷素供应与作物需磷规律匹配以及肥料磷素供应与土壤微生物养分需求规律匹配等原理，选择适宜的磷肥形态，协同氮、磷的比例，增加有机碳源的投入，提高微生物对土壤累积态磷的活化，促进植物的磷吸收，实现“以碳换磷”和磷肥增效。

传统的磷肥以及含磷复合肥未能充分考虑作物养分需求以及肥料养分形态。北方市场上大量存在以磷酸二铵为原料生产的 15-15-15，18-18-18 的复合肥，一方面这样的肥料没有考虑作物对氮、磷、钾的养分需求规律，盲目追求高浓度；另一方面没有充分考虑土壤养分供应规律与肥料 - 土壤的匹配关系。北方石灰性土壤大多数有效钾含量较高，土壤钾库能在很大程度上满足作物对钾的需求；石灰性土壤偏碱性，应该选择酸性的磷酸一铵等磷肥形态而不是碱性的磷酸二铵。硝态氮能促进根系伸长，而铵态氮可促进根系分支，提高侧根数量和增生能力，改变复合肥中的铵硝比可有效调控作物的生长。磷肥中速效与缓效磷的匹配可显著影响植物的根系生长，如澳洲坚果拥有一种特殊的根系——排根，可分泌大量柠檬酸高效活化根际土壤中的难溶性磷，提高植物对土壤磷资源的活化、吸收利用效率。供应过量的水溶性磷反而会显著抑制澳洲坚果排根形成与分泌柠檬酸，造成植株磷毒害。基于此，绿色作物生产的新型磷肥开发：首先要根据作物养分需求规律确定适宜的氮磷钾比例，通过协调养分离子的平衡提高肥料效率；其次用铵态氮（石灰性土壤）或者硝态氮（酸性土壤）替代部分尿素，实现肥料铵 / 硝与磷的协同。此外，控制磷肥形态，速效与缓效磷搭配，实现肥料磷素释放与作物需求的匹配。

基于绿色作物生产的新型磷肥开发的另一条途径是通过肥料成分的变革实现最大化土壤微生物的解磷功能、挖掘累积态磷利用潜力的目的。土壤微生物能够分泌质子、有机酸阴离子，酸化土壤、螯合金属阳离子，活化难溶性磷；也能分泌磷酸酶，水解有机磷。微生物吸收利用被活化了的有机磷或者无机磷，形成微生物量磷的同时，也可以为植物提供有效磷。微生物量磷周转过程中，磷也会释放到土壤中，提高土壤磷的有效性。解磷细菌占土壤解磷微生物的 1% ～ 50%，而解磷真菌占土壤解磷微生物的 0.1% ～ 0.5%。在模拟培养试验和盆栽试验中，接种解磷微生物能够大幅度增加植物磷吸收并减少磷肥用量。市场上也有很多溶磷菌剂，然而在实际生产中，接种解磷微生物活化磷的效应并不显著，这主要是因为很难保证接种的菌剂成功在土壤定殖。通过调控肥料碳磷比，协调微生物对土壤难溶性磷的周转活化、微生物自身对磷的吸收以及作物磷吸收之间的平衡关系是新型磷肥创制的关键，其核心是通过投入可再生的碳源，最大化作物磷高效利用的生物学潜力，减少磷肥投入、提高肥料利用效率，增加作物产量。

10.6　磷肥性质检测新方法

10.6.1　田间分层取样测定磷肥在土壤剖面中的移动

（1）方法原理　根据施磷肥与不施磷肥处理的土壤速效磷浓度在土壤剖面上空间分布的差异来评价不同磷肥品种在土壤中的迁移特性（图 10-9）；再结合作物根系和菌根菌丝在土壤剖面上的空间分布规律，评价根系分布与肥料磷分布的匹配程度，比较不同品种磷肥在土壤中的迁移规律与肥效。

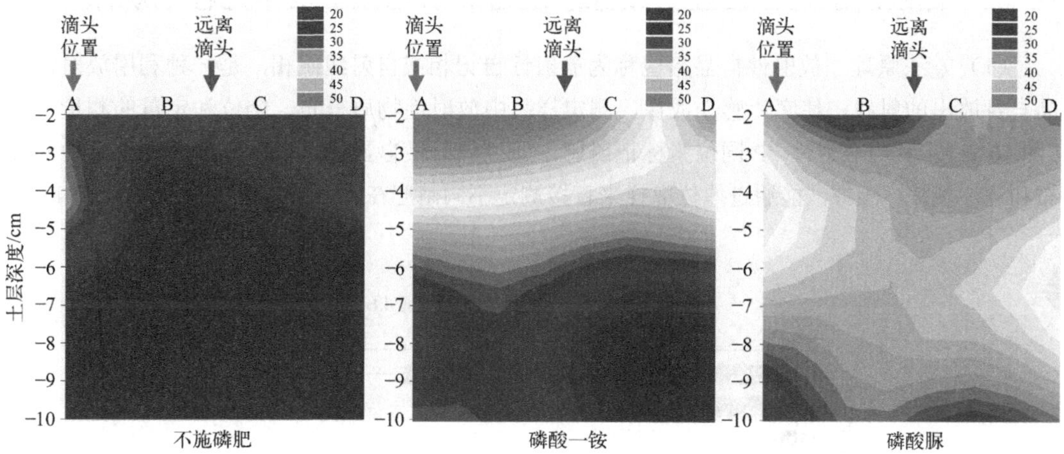

图 10-9　不同磷肥在土壤中的移动特性

（2）实验步骤

① 田间试验布置　田间试验采用生产上常规的膜下滴灌模式，按照试验目标设置处理，重复四次。其中施氮肥（N）225kg/hm^2，磷肥（P_2O_5）52.4kg/hm^2，钾肥（K_2O）62.2kg/hm^2。出苗水采用普通灌溉水滴灌，根据试验目标确定施磷肥的时间。

② 原位土壤样品采集与分析　原位土壤样品采集：在棉花盛铃期取原位土壤样品（一般取样时间在施磷肥之后的一周）。以滴灌带上的滴头为中心，横向、纵向分别取样（图 10-10）。

在 20cm×20cm×30cm 的土体中，单独挖出 5cm×5cm×5cm 的立方体土块，每个土块标明空间坐标后单独保存。根长密度测量：将采集的原位土壤样品过直径 1mm 筛，留在筛网上的土壤 - 根系混合样品用水冲洗，然后将根系保存在 −20℃，用 WinRHIZO 系统进行根长测定。

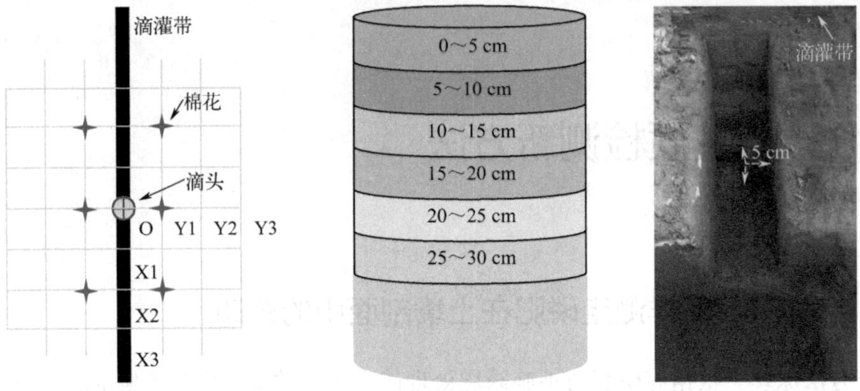

(a) 取样位置　(b) 取样土层　(c) 田间取样示意图

图 10-10　原位土壤采集示意图

10.6.2　储磷屏放射性自显影成像系统检测磷肥在土壤中的移动规律

（1）方法原理　放射性自显影也称为放射性自记相或自射线照相，是一种利用放射性样品自身放出的射线，使底片感光成像，测定样品中放射性物质分布、定位和定量的测量方法（图 10-11）。利用放射性 ^{32}P 同位素标记磷肥，通过放射性自显影可以研究磷肥在土壤中的分布和运移规律。该方法能通过原位取样来直接测定不同磷肥在土壤中的迁移距离（图 10-12）。

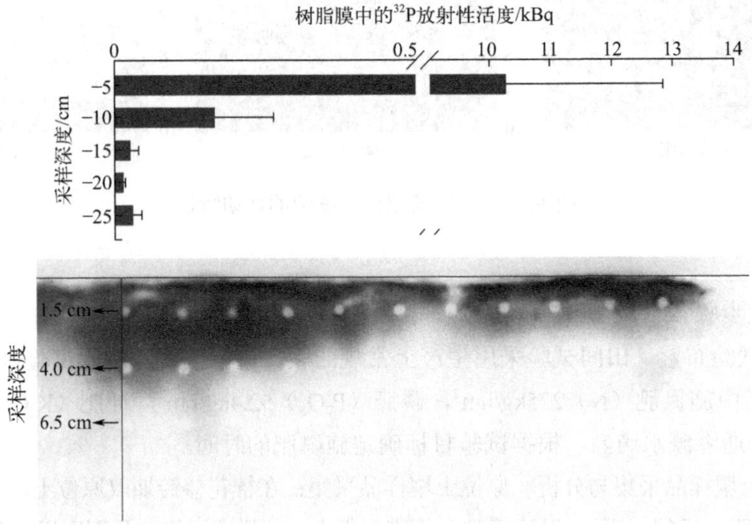

图 10-11　放射性同位素 ^{32}P 在不同土层的活度以及磷酸一铵在土壤中的空间分布

同位素储磷屏成像系统是一种用高效储磷屏代替放射自显影胶片来捕获和存储样品放射性的新型感光显影技术。该技术的基本原理是用磷光体晶粒铺就而成的储磷屏代替感光胶片

吸收 β 衰变的能量，将其以电子跃迁形成的势能形式稳固地存储下来；读取储磷屏信息时，在特定波长光的诱导下，存储的能量以特定波长光的形式释放出来，经光电转换后形成图像（图 10-12）。储磷屏上没有涂布磷元素，只是利用了一种稀土元素参与的磷光晶体（phosphor crystals）介导的磷光反应。具体来讲，同位素储磷屏是在聚酯支撑材料上均匀涂布一层光敏磷光晶体（photostimulable crystals，常见的一般为 $BaFBr:Eu^{2+}$，除 Br 外其他卤族元素也有应用），标记样品在储磷屏上曝光过程中，^{32}P 衰变发射 β 射线激发光敏晶体分子，使磷光晶体分子发生氧化反应，Eu^{2+} 转化为 Eu^{3+}，自由电子转移到磷光晶体“色心”的阴离子空轨道中［colour center，在 $BaFBr:Eu^{2+}$ 晶体中的色心是溴离子的最外层空轨道（bromine acancies）］，辐射能量被暂时储存。读取曝光后的储磷屏信息时，用红色激光扫描储磷屏对磷光晶体进行二次激发（PerkinElmer 的磷光检测系统产品使用 633nm 波长激光），此时电子离开色心阴离子空轨道跃迁回到 Eu^{3+} 离子轨道中，处于激发态的磷光晶体分子回到基态，储存的能量以光子形式释放出来；光电倍增管捕获 390 ～ 400nm 波长的激发光进行光电转换，计算机将电信号转换成图像，经进一步分析定量得到最终的储磷屏影像结果。同位素储磷屏用于放射信号采集时的灵敏度高，所需的曝光时间短，同时检测的线性范围远高于传统的胶片放射性自显影，可以对采集到的放射信号进行定量分析，结果判读客观、图像便于保存。储磷屏经二次激发后，磷光晶体分子回到还原态（基态），储磷屏可再次曝光使用，储磷屏的使用寿命能达到上千次。

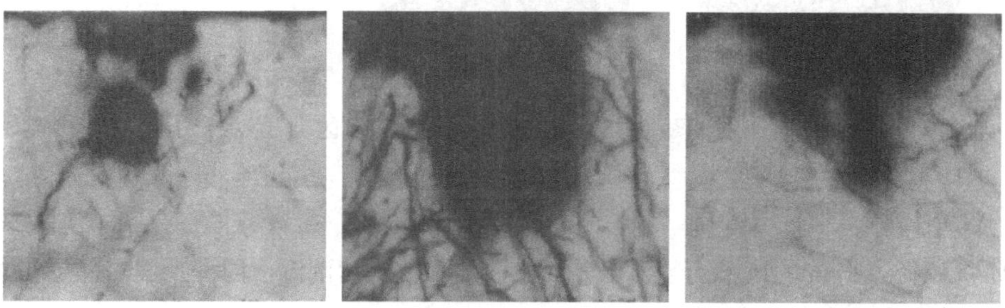

(a) 无载体 ^{32}P 溶液　　(b) 滴灌专用肥　　(c) 磷酸二铵

图 10-12　不同肥料在土壤中的移动距离比较

（2）实验步骤　储磷屏放射性自显影成像系统研究磷肥在土壤中移动规律的基本程序包括：拟定试验方案；准备供试根盒；^{32}P 示踪肥料制备；示踪肥料引入试验体系；示踪样品采集和压片曝光；图像扫描；数据处理与分析；储磷屏清洗、放射性废弃物处理等。具体操作方法如下：

① 拟定试验方案；

② 准备供试根盒；

③ ^{32}P 示踪肥料制备；

④ 示踪肥料引入试验体系；

⑤ 示踪样品的采集和压片曝光；

⑥ 图像扫描；

⑦ 数据处理与分析　通过 OptiQuant™ 图像分析软件读取图片信息；

⑧ 储磷屏清洗、放射性废弃物处理。

10.6.3 磷肥在土壤中的扩散可视化技术

（1）方法原理　本方法将磷肥在土壤中扩散的有效磷捕获至氧化铁滤纸上，利用孔雀石绿对滤纸进行染色，以创建肥料中磷在土壤中扩散的镜像。被氧化铁滤纸捕捉的磷经非酸性钼酸铵溶液的处理形成磷钼酸铵复合物，进一步经酸性钼酸铵溶液的处理形成不溶性硝基磷钼酸铵复合物，使用孔雀石绿试剂对不溶性硝基磷钼酸铵复合物进行染色即可得到高磷区域，用硫酸溶液溶解滤纸上其余氧化铁以便更好观察扫描（图 10-13）。利用快速无损的可视化技术显示肥料中磷扩散的范围和强度，探究土壤性质和肥料配方对磷扩散的影响，以及在土壤 - 肥料界面上磷肥的物理化学过程。

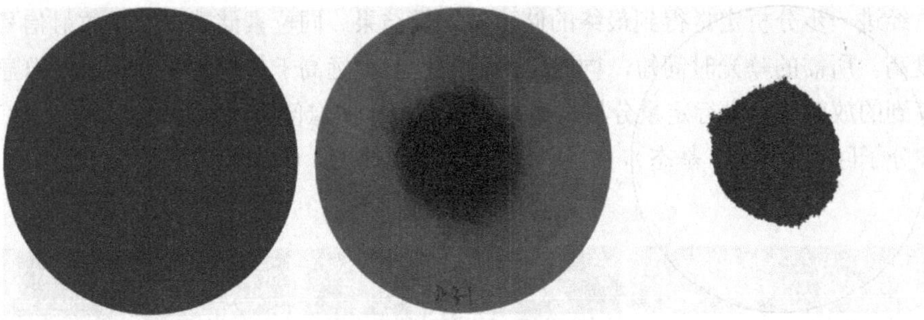

图 10-13　滤纸及可视化 P 扩散区

（2）实验步骤

① 将粒径＜2mm 的风干土装入培养皿中，加水使土壤潮湿，同一土壤需保持相同含水量，在培养皿中心施入含磷肥料。

② 将 Whatman No.1 9cm 滤纸浸入 0.37mol/L 硝酸铁溶液 15min 后取出，去除滤纸上多余液体，将滤纸浸没在 2.7mol/L 氨水中 15s 后，用去离子水漂洗，放置于干净平整处晾干，保存备用。

③ 用铅笔或不易溶于水的笔在氧化铁滤纸上做标记，用去离子水将氧化铁滤纸浸湿后，放在潮湿的土壤表面（标签面向土壤），确保土壤和氧化铁滤纸的密切接触。

④ 将氧化铁滤纸从土壤表面移除，经过去离子水冲洗后，将滤纸浸入 10g/L 钼酸铵溶液中 30min，再转移至 10g/L 钼酸铵 +1mol/L 硝酸溶液中浸泡 15min 后，将滤纸放在一个干净托盘中。

⑤ 将 1mL 的显色剂（4g/L 孔雀石绿 +1mol/L 盐酸）滴加在滤纸表面，确保显色剂均匀分布在滤纸上，显色 15min。对于较小的滤纸，试剂体积与滤纸表面积成比例减少。多余显色剂用去离子水漂洗干净，将滤纸转移到 1mol/L 硫酸中直至棕色消失（大约 10min 或更少），用去离子水漂洗干净，晾干。

⑥ 使用图像软件（GNU 图像处理程序）对滤纸进行扫描和分析。扫描图像转换为黑白

二值图像，使用一个颜色阈值（如在 0 ～ 255 尺度上的 120）和“直方图”命令量化高磷区域面积。

10.6.4　磷肥养分释放模拟技术

（1）方法原理　本方法用水或洗脱液连续冲洗肥料，将可溶性养分从肥料中溶解、分离出来。使用自动采样收集器连续收集液体样品，对肥料进行短期和长期的养分释放研究，实时评估养分动态释放。实际被测样品的总养分含量为溶解过程中释放养分量与溶液中剩余养分量总和。该方法通过动态监测肥料养分释放，评估包膜技术、肥料组成或肥料粒径等对养分释放速率的影响。

（2）实验步骤

① 聚乙烯（PE）管（外径 1.65cm，内径 1.5cm，长 15cm）经酸洗后用作灌注柱，柱内将 1g 肥料样品放于上下各 0.5g 硅烷化玻璃棉（准确记录质量）之间，肥料粒径在 2.8 ～ 3.35mm 为宜。柱底和柱顶通过连接管分别连接蠕动泵和自动采样收集器，并垂直固定（图 10-14）。

② 洗脱液为去离子水或用 0.1mol/L NaOH 调节 pH=6 的 $CaCl_2$ 溶液。蠕动泵将洗脱液泵入管道，转速设置为 10mL/h，溶液通过玻璃棉 - 肥料 - 玻璃棉从柱底泵到柱顶，通过自动采样收集器收集液体样品。

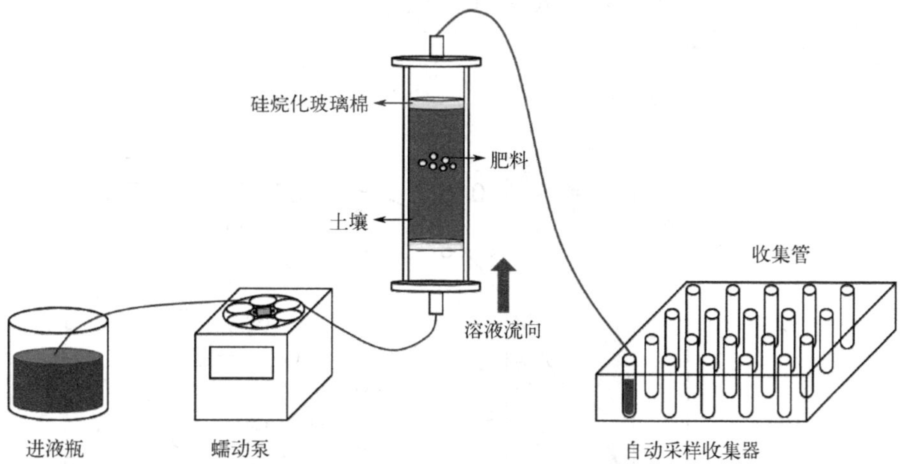

图 10-14　养分释放试验装置示意图

③ 对于溶解性较强的产品，通常运行 72 小时，对于释放较慢的产品，可以选择更长时间。前 10 小时收集的液体样品分别称重，以检查流动的一致性。13 ～ 24 小时的液体样品每间隔 2 小时收集一次，24 ～ 72 小时的液体样品每间隔 3 小时收集一次。收集样品的次数和数量根据肥料特性而不同。液体样品用 ICP-OES 或其他方法进行分析。

④ 排干灌注柱，将含有残留肥料的玻璃棉在 75℃烘箱中干燥过夜，称重，用王水消化后，用 ICP-OES 进行分析。

10.6.5 原位测定土壤磷素有效性的 DGT 方法

(1) 方法原理 薄膜梯度扩散方法(diffusive gradients in thin film, DGT)是一种原位被动采样技术。DGT 装置由滤膜、扩散膜和吸附膜以及固定这 3 层膜的塑料外套组成，其中滤膜主要作用是阻止待测环境中的颗粒物进入扩散膜，扩散膜能让溶液态的离子自由扩散，随即离子被捕获并在扩散膜上形成线性梯度分布，这种状态与植物根系在根区吸收离子时的状态非常相似，因此形成了一种原位测定离子生物有效性的方法(图 10-15)。DGT 的一个关键点就是能定量土壤溶液中的养分离子浓度，并通过模拟植物对营养元素的吸收过程来进行土壤养分生物有效性的研究。该方法可以更加真实有效地模拟土壤动态反应过程，并运用模型计算出土壤动态过程的动力学参数，从而更好地对土壤动态过程进行评估。因此，DGT 测试值不仅反映静态过程(土壤颗粒和土壤溶液)，还反映动态过程，也是 DGT 区别于其他养分测试方法的关键之处。与离子交换树脂法比，DGT 中 Fe 氧化物结合凝胶对土壤中磷有非常高的选择性而且不受阴离子的干扰。

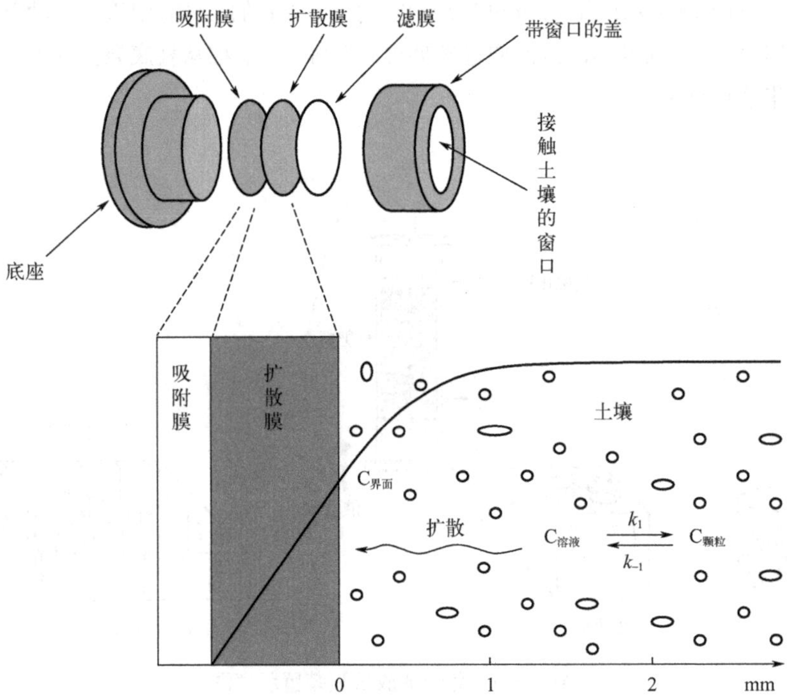

图 10-15 DGT 装置结构与工作原理简图(改编自罗军等, 2011)

DGT 所测的土壤 P 浓度 c_{DGT}(μg/L)是测量期间内 DGT 与土壤或沉积物界面的平均浓度:

$$c_{DGT} = M\Delta g/D_d AT$$

式中，M 是被 DGT 吸附的离子总量，ng，其可以通过酸洗脱法利用酸溶解吸附膜所吸附的待测元素，采用原子吸收光谱法(AAS)或者 ICP-MS 分析洗脱液中的待测元素，从而获得待测元素的量; A 是 DGT 的开口面积，cm^2; Δg 是扩散膜和滤膜的厚度，cm ; T 是

DGT 装置的测量时间，s；D_d 是待测元素在扩散膜里的扩散系数，cm^2/s，不同元素的扩散系数已通过实验测得，可以对照温度与扩散系数表获得。

该方法可以在尽量不扰动土壤溶液的前提下，原位测定土壤磷素的生物有效性，观察了解土壤溶液中 P 浓度和单位时间内从土壤固相释放的 P，并有效评估土壤磷素生物有效性，促进磷肥减施增效技术的应用推广。

（2）实验步骤

① 土壤有效态 P 测定　在室温下，将 600g 过 2mm 筛的风干土装入直径为 12cm、高为 12.5cm 的盆内，每盆添加超纯水使待测土壤持水量达到土壤饱和含水量，密封后平衡 24h，使土壤呈黏糊状且表面光滑。将 DGT 装置（直径 1.25cm）用超纯水冲洗后，用少量待测土壤轻轻涂抹于 DGT 装置窗口（滤膜处）表面，用手轻轻扭转将装置压入土壤表面，确保 DGT 装置和土壤密切接触 24h 后取出 DGT 装置，先用超纯水冲洗表面直至清洁，拆开 DGT 装置，取出吸附层，置于 5mL 离心管，加入 1mL 0.25mol/L H_2SO_4，确保吸附层完全被 H_2SO_4 浸没，振荡 24h 后从离心管中吸取样品稀释 5 倍，待测液采用孔雀绿法测定。

② 土壤有效态 P 分布测定　在农田灌水 1 天后把长条状 DGT 装置插入土壤（图 10-16），确保 DGT 装置上缘与土壤表面持平并与土壤紧密接触，24 小时后取出长条状 DGT 装置，先用超纯水冲洗表面直至清洁，拆开 DGT 装置，取出吸附层，用不锈钢刀片将吸附层分为 0～5cm、5～10cm、10～15cm 三部分，将每份吸附层置于 5mL 离心管，加入 1mL 0.25mol/L 的 H_2SO_4，确保吸附层完全被 H_2SO_4 浸没，振荡 24h 后从离心管中吸取样品稀释 5 倍，待测液采用孔雀绿法测定。

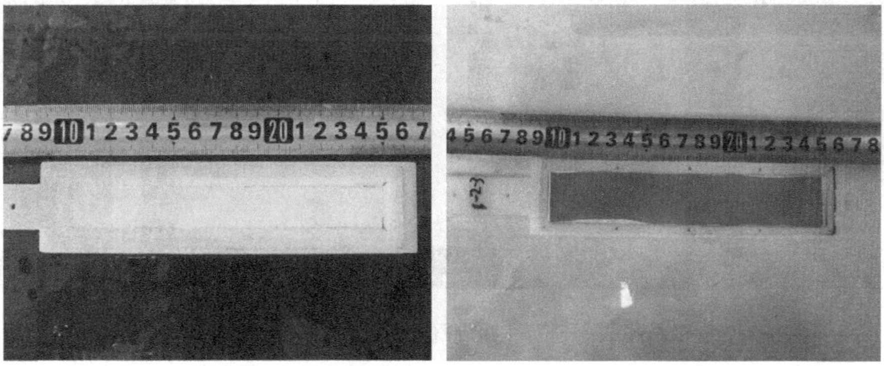

图 10-16　长条状 DGT 装置及 DGT 装置的吸附层

10.6.6　SEM-EDS 原位高分辨探索土壤有效磷的时空分布

（1）方法原理　FeO 纸膜联合扫描电镜 -X 射线能谱仪（SEM-EDS）原位高分辨探索土壤有效磷的时空分布的方法是利用 FeO 化合物对有效磷的化学吸附特性，来测试土壤 / 溶液中有效磷的含量变化；FeO 纸膜法在 20 世纪 80 年代就被报道是测定土壤 - 植株有效磷的方法，因其不同于传统化学浸提方法，采用类似于树脂吸附的方法来提取土壤溶液中的有效磷，对土壤理化性质干扰较少，而被有效应用于各类型土壤；用以往的 FeO 纸膜采样后，可通过酸浸提和比色法来获取 FeO 吸附的有效磷量，但不能得出微观下（mm 以内）土壤磷的原位空间变化。因此，在 FeO 纸膜方法基础上，探索出高分辨原位监测土壤有效磷分布方法对推动土壤肥料和植物营养研究领域的磷肥研究有重要意义。

（2）实验步骤　① FeO 纸膜的制备　将产品型号 Whatman No. 42 的滤纸浸入 0.37mol/L $FeCl_3$ 溶液中 3 个小时，取出晾干后，快速放入 2.7mol/L NH_4OH 溶液中（约 30s 取出），用蒸馏水轻柔冲洗滤纸表面，风干待用。

② 待测样品的采集　将制备好的 FeO 纸膜平铺在土壤有效 P 待测区域，与土壤表面之间进行紧密的粘合，室内可采用有机玻璃 /PVC 夹板固定 FeO 纸膜与待测区域土壤，同时保证土壤有效水分含量在 60% 以上。固定一定时间（如 24h）后，将 FeO 纸膜从土壤表面小心剥离取出，用蒸馏水轻柔冲洗，去除粘在 FeO 纸膜表面的土壤颗粒，放在干净的器皿中风干，等待扫描电镜 -X 射线能谱仪进行 P 元素的分析测定。其中依据试验设计中土壤有效 P 时空动态变化的需求，来灵活设置采样面积（空间）和采样频率（时间）。

③ 扫描电镜 -X 射线能谱仪 (SEM-EDS) 分析　将采集好的 FeO 纸膜依据分析需求进行灵活剪裁后，放入真空密封样品舱内，进行 SEM-EDS 联动分析。其中在成分元素分析上，除元素 P 外，同时可包含 N、Si、Al、Mg、Cl、Fe、Ca、K、Zn、Na、S 元素作为参照背景，O 和 C 元素因含量过高会掩盖 P 的含量被排除在元素分析外。具体试验步骤，可参照流程图 10-17。

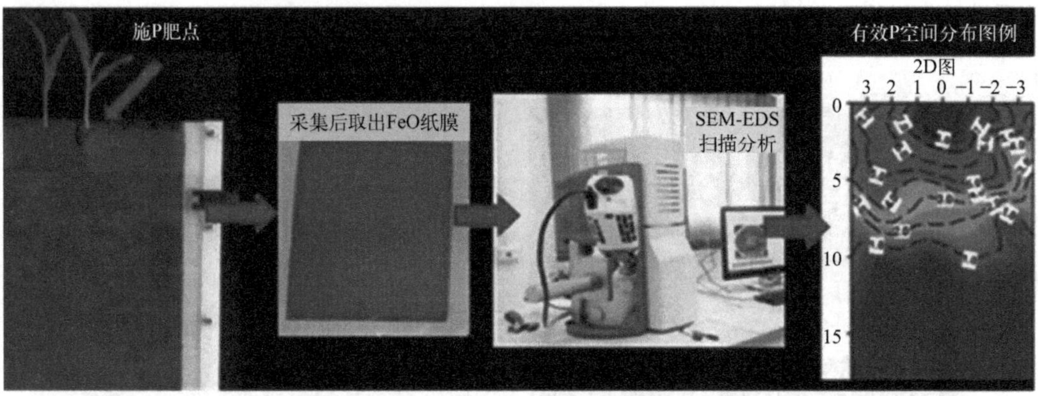

图 10-17　FeO 纸膜联合 SEM-EDS 原位监测土壤有效磷分布的流程示例图

10.6.7　磷肥养分径流损失模拟技术

此方法可以用于模拟实验室条件下的肥料养分径流损失，探究土壤性质和肥料特性对肥料养分径流损失的影响。

（1）方法原理　本方法模拟降雨的淋溶和冲刷作用使磷肥中的部分可溶性养分扩散进入水体，即由淋滤和地表径流造成磷损失（图 10-18）。径流收集器用于收集降雨产生的径流，每次降雨产生径流后收集径流水，测定液体样品的总磷浓度。磷损失率为磷损失量与磷施用量之比。

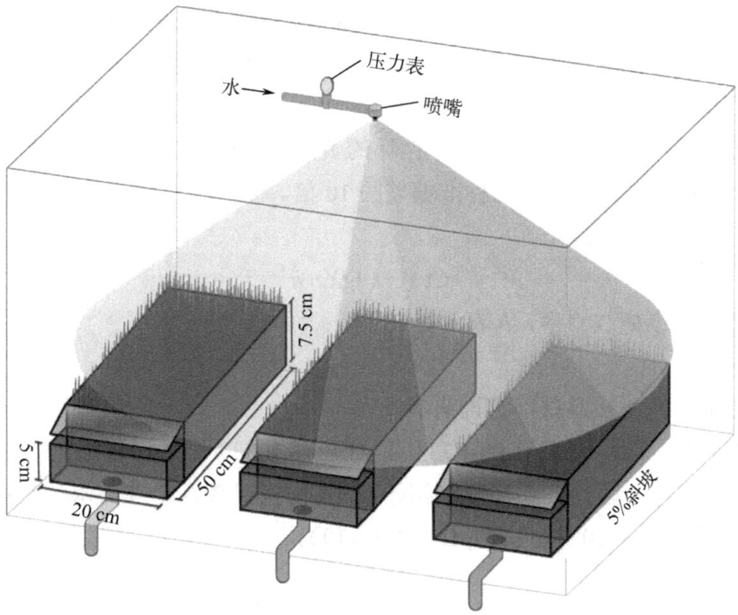

图 10-18　径流试验装置示意图

（2）实验步骤

① 准备过 2mm 筛风干土壤。

② 三个径流托盘（长 × 宽 × 高：50cm×20cm×20cm）与喷嘴相距 1.0m。径流托盘侧面为 5cm 高的径流收集器，收集器上放置盖子，以防止收集的液体样品被雨水稀释。

③ 在托盘中填充土壤，轻微夯实使土壤均匀密度达到 1.4g/mL，播种多年生黑麦草。

④ 托盘放置于温室中，定期浇水促进黑麦草生长，水量适宜防止地表径流或淋滤。播种后 14 天剪草，促进生根；30 天后，剪草至 5cm 高；次日，向盘中投施磷肥，磷肥添加量为 $40kg(P)/hm^2$（0.4g P/ 盘）；保证颗粒与土壤表面接触，以避免肥料颗粒移动到径流收集器。除施肥处理外，另设对照处理，托盘放置在斜坡上，坡度为 5%。

⑤ 施肥后 1 天、5 天、15 天、30 天分别进行 30min 模拟降雨（降雨强度为 98mm/h，P 含量＜0.01mg/L）。施肥后 1 天分别收集 0 ～ 5min、5 ～ 15min 和 15 ～ 30min 的液体样品，其余收集 0 ～ 30min 的液体样品。

⑥ 测定液体样品的体积和 pH，用 0.45mm 过滤器过滤液体样品，HNO_3 酸化后用 ICP-OES 分析。

磷损失率（%）=（施肥处理磷损失 − 对照处理磷损失）/ 磷施用量 ×100%

10.6.8　解磷细菌功能基因的定量分析方法

本方法用定量 PCR 技术分析土壤解磷细菌解磷功能基因表达量对土壤有效磷供应强度的响应。

（1）方法原理　绝对定量 PCR 技术是利用已知拷贝数的标准品作出标准曲线，通过测定未知样品的 Ct 值，从标准曲线上计算出该样品的起始浓度，实现对测定样本基因 mRNA、

DNA 分子拷贝数的绝对定量。测定样品时，标准品与未知样品同时进行 PCR 循环，根据未知样品的 Ct 值，结合标准曲线求得未知样品 cDNA/DNA 的起始拷贝数。循环阈值（Ct 值）是指 PCR 扩增过程中，扩增产物的荧光信号达到设定的阈值时所经过的扩增循环次数，具有重现性。荧光阈值是以 PCR 的前 15 个循环的荧光信号作为荧光本底信号，一般荧光阈值定义为 3 ～ 15 个循环的荧光信号的标准偏差的 10 倍。

拷贝数（X_0）计算方法：

$$\mathrm{Ct} = -k\ \lg X_0 + b$$

式中，k 表示标准曲线斜率，b 表示标准曲线截距。

（2）实验步骤

① DNA 提取　严格按照试剂盒说明书操作。

② 标准品制备　采用引物 ALPS-F733 和 ALPS-R1083 对 DNA 样品进行 PCR 扩增。

③ 标准曲线构建　通过公式计算出初始 DNA 的拷贝数，用双蒸水对其进行 10 倍系列稀释，使其范围在 10^2 ～ 10^8 拷贝数 /μL（图 10-19）。

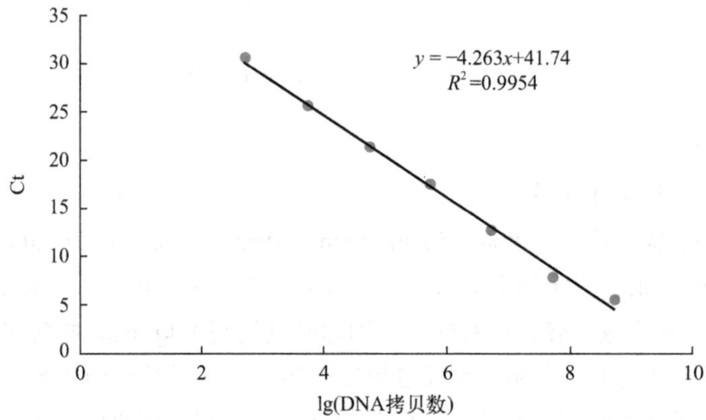

图 10-19　标准曲线

④ 定量 PCR　25μL 反应体系如下：2×SYBR real-time PCR premixture 13μL，引物 phoD-F733（10μmol）1μL，引物 phoD-R1083（10μmol）1μL，DNA 模板 1μL，双蒸水 9μL。将 PCR 溶液置于 Realtime PCR 仪上进行 PCR，反应程序：95℃ /5min，40 个循环 95℃ /15s，60℃ /30s，并在每次循环结束时收集荧光信号。溶解曲线数据收集在反应结束后温度从 60℃升到 95℃时，每升高 0.5℃收集一次荧光信号。

⑤ 扩增曲线、熔解曲线构建　扩增曲线（amplification plot，图 10-20）：PCR 过程中，以循环数为横坐标，以反应过程中实时荧光强度为纵坐标所作的标准曲线。扩增曲线显示两个阶段，即指数增长阶段和之后出现的非指数平台阶段。在指数增长阶段，每个循环 PCR 产物量大约增加一倍。然而，随着反应的进行，反应体系组成成分的消耗，其中的一种或多种成分限制反应。此时，产物量增长速度变慢，反应进入平台期。

熔解曲线（melt curve，图 10-21）：随温度升高 DNA 的双螺旋结构降解程度的曲线。总的 DNA 双螺旋结构降解一半的温度称为熔解温度（T_m），不同序列的 DNA，T_m 值不同。DNA 中 G-C 含量越高，T_m 值越高，成正比关系。熔解曲线如出现多峰，证明反应非特异或存在二聚体。

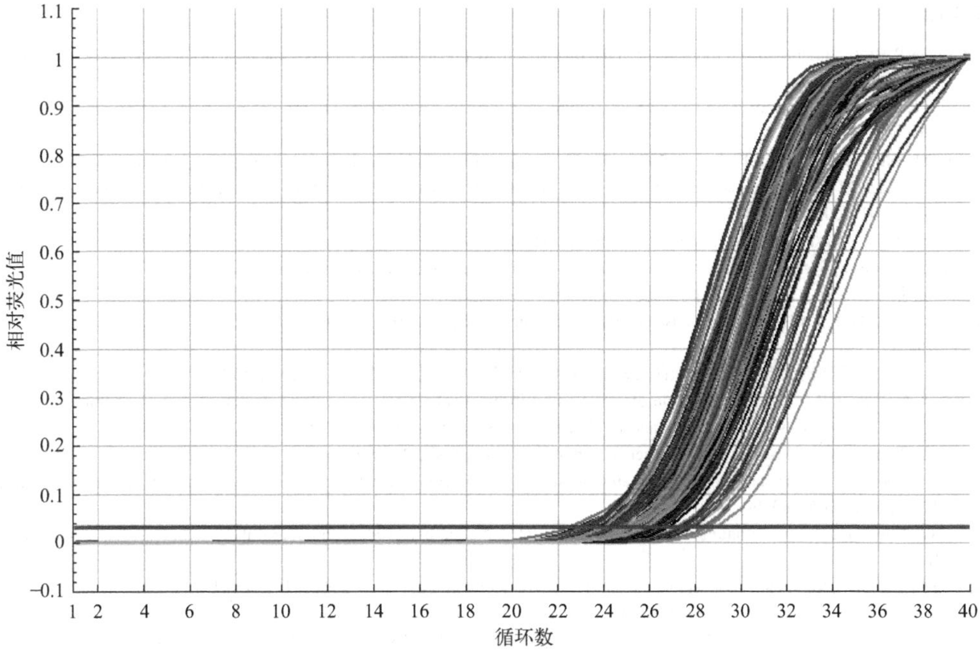

图 10-20　扩增曲线

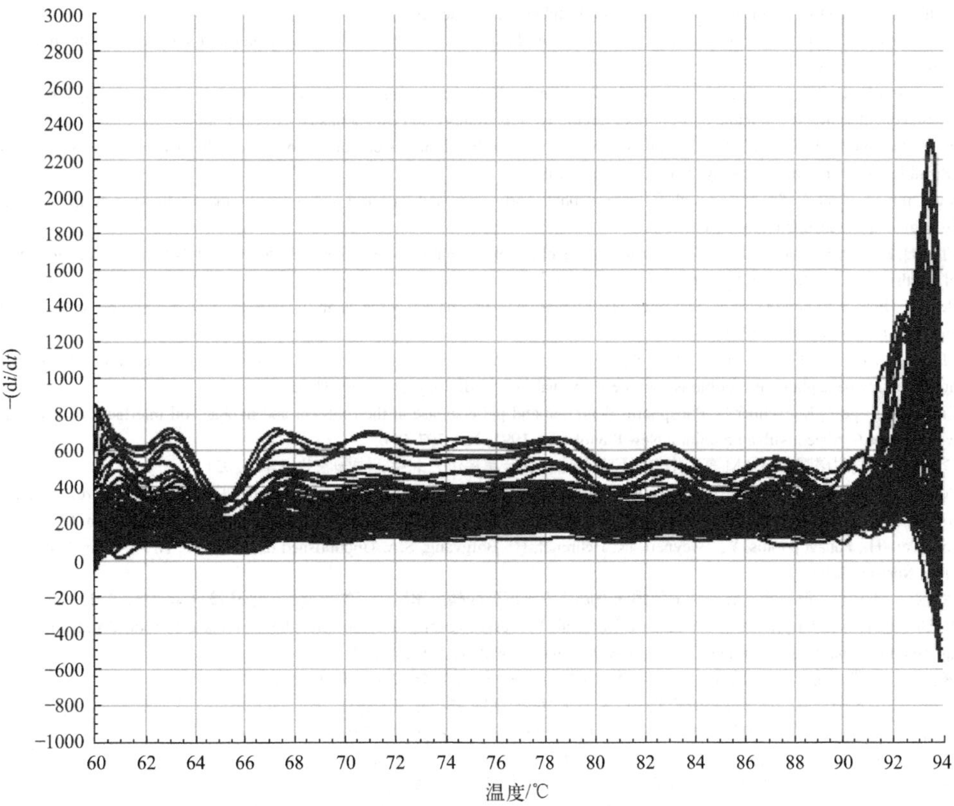

图 10-21　熔解曲线

参考文献

[1] Hinsinger P. Bioavailability of soil inorganic P in the rhizosphere as affected by root-induced chemical changes: a review. Plant and Soil, 2001, 237: 173-195.

[2] Lynch J P. Root phenotypes for improved nutrient capture: an underexploited opportunity for global agriculture. New Phytologist, 2019, 223: 548-564.

[3] Jones D L, Nguyen C, Finlay R D. Carbon flow in the rhizosphere: carbon trading at the soil-root interface. Plant and Soil, 2009, 321: 5-33.

[4] van der Heijden M G, Martin F M, Selosse M A, et al. Mycorrhizal ecology and evolution: the past, the present, and the future. New Phytologist, 2015, 205: 1406-1423.

[5] Sabannavar S J, Lakshman H C. Effect of rock phosphate solubilization using mycorrhizal fungi and phosphobacteria on two high yielding varieties of Sesamum indicum L. World Journal of Agricultural Science, 2009, 5: 470-479.

[6] 曹宁，陈新平，张福锁，等. 从土壤肥力变化预测中国未来磷肥需求. 土壤学报，2007, 44(3): 536-543.

[7] Roberts T L, Johnston A E. Phosphorus use efficiency and management in agriculture. Resources of Conservation and Recycling, 2015, 105: 275-281.

[8] 杨国江，彭懿，尹飞虎，等. 滴灌磷肥在灰漠土中运移的研究. 中国土壤与肥料，2020(6): 138-146.

[9] Berhe A A, Barnes R T, Six J, et al. Role of soil erosion in biogeochemical cycling of essential elements: carbon, nitrogen, and phosphorus. Annual Review of Earth and Planetary Sciences, 2018, 46: 521-548.

[10] Spohn M. Phosphorus and carbon in soil particle size fractions: A synthesis. Biogeochemistry, 2020, 147: 225-242.

[11] Celi L, Barberis E. Abiotic stabilization of organic phosphorus in the environment. In: Organic phosphorus in the environment. CABI Pub, Wallingford, 2005, 269-294.

[12] Gérard F. Clay minerals, iron/aluminum oxides, and their contribution to phosphate sorption in soils-A myth revisited. Geoderma, 2016, 262: 213-226.

[13] Kleber M, Sollins P, Sutton R. A conceptual model of organo-mineral interactions in soils: self-assembly of organic molecular fragments into zonal structures on mineral surfaces. Biogeochemistry, 2007, 85: 9-24.

[14] 严玉鹏，王小明，胡震，等. 磷酸根在矿物表面的吸附 - 解吸特性研究进展. 土壤，2021, 53(3): 439-448.

[15] Bergkemper F, Kublik S, Lang F, et al. Novel oligonucleotide primers reveal a high diversity of microbes which drive phosphorous turnover in soil. Journal of Microbiological Methods, 2016, 125: 91-97.

[16] Nannipieri P, Giagnoni L, Landi L, Renella G. Role of phosphatase enzymes in soil. Phosphorus in action. Springer Berlin Heidelberg, 2011.

[17] Smith S E, Read D J. Mycorrhizal Symbiosis. 3rd. London: Academic Press, 2008.

[18] Zhang L, Ding X D, Peng Y, et al. Closing the loop on phosphorus loss from intensive agricultural soil: A microbial immobilization solution?. Frontiers in Microbiology, 2018, 9: 104.

[19] Bünemann E K, Oberson A, Liebisch F, et al. Rapid microbial phosphorus immobilization dominates gross phosphorus fluxes in a grassland soil with low inorganic phosphorus availability. Soil Biology and Biochemistry, 2012, 51: 84-95.

[20] Xu X, Thornton P E, Post W M. A global analysis of soil microbial biomass carbon, nitrogen and phosphorus in terrestrial ecosystems. Global Ecology and Biogeography, 2013, 22(6): 737-749.

[21] Van Dinh M, Guhr A, Spohn M, et al. Release of phosphorus from soil bacterial and fungal biomass following drying/rewetting. Soil Biology and Biochemistry, 2017, 110: 1-7.

[22] Chen H, Zhao X R, Chen X J, et al. Seasonal changes of soil microbial C, N, P and associated nutrient dynamics in a semiarid grassland of North China. Applied Soil Ecology, 2018, 128: 89-97.

[23] Peng Y, Duan Y S, Feng G, et al. Soil microbial biomass phosphorus can serve as an index to reflect soil phosphorus fertility. Biology and fertility of soils, 2021, 57 (5): 671.

[24] Mai W X, Xue X R, Feng G, et al. Arbuscular mycorrhizal fungi-15-Fold enlargement of the soil volume of cotton roots for phosphorus uptake in intensive planting conditions. European Journal of Soil Biology, 2019, 90: 31-35.

[25] Li X L, George E, Marschner H. Phosphorus depletion and pH decrease at the root-soil and hyphae-soil interfaces of VA mycorrhizal white clover fertilized with ammonium. New Phytologist, 1991, 119: 397-404.

[26] 李晓斐. 不同供磷强度下 AM 真菌生物量和养分含量的定量评价. 北京：中国农业大学，2021.

[27] Schoumans O.F., Silgram M. (eds) Review and literature evaluation of nutrient quantification tools. EUROHARP report Schoumans, O.F., Silgram, M., Walvoort, D., Bouraoui, F., Andersen, H. E., Lo Porto, A., Reisser, H., Le Gall, G., Anthony, S., Silgram, M., Arheimer, B., Johnsson, H., Panagopoulos, Y., Zweynert, U., Behrendt, H., Borgvang, S.A. Unpublished data. 1-2003, NIVA report SNO 4739-2003, Oslo, Norway. 2003.

[28] 张经纬，曹文超，严正娟，等. 种植年限对设施菜田土壤剖面磷素累积特征的影响. 农业环境科学学报，2012, 31(5): 977-983.

[29] McDowell R W, Sharpley A N, Condron L M, et al. Processes controlling soil phosphorus release to runoff and implications for agricultural management. Nutrient Cycling in Agroecosystems, 2001, 59: 269-284.

[30] 曹文志，方婧，陈志彪. 我国农业系统氮磷流失的综合分析 . 2009 年农业环境科学峰会 .

[31] 习斌. 典型农田土壤磷素环境阈值研究—以南方水旱轮作和北方小麦玉米轮作为例. 北京：中国农业科学院，2014.

[32] 席雪琴. 土壤磷素环境阈值与农学阈值研究. 咸阳：西北农林科技大学，2015.

[33] 王智娟，韦昌桃. 湿法磷酸净化技术研究进展. 化工矿物与加工，2019, 48(10): 50-55.

[34] 张伟伟. 鸟粪石法回收利用废水中氮磷的工艺研究进展. 科技创新与应用，2012(6): 34.

[35] 路小彬，张杰，徐平，等. 高浓度磷氟砷磷化工废水的处理工艺. 武汉工程大学学报，2017, 39(6): 633-635.

[36] 倪晓棠，魏源送，王亚炜，等. 污水处理中鸟粪石法磷回收技术研究进展. 环境保护科学，2016, 42(6): 43-48.

[37] Abouzeid A-Z M. Physical and thermal treatment of phosphate ores - An overview. International Journal of Mineral Processing, 2008, 85(4): 59-84.
[38] Elmahdy A M, El-Mofty S E. Abdel-Khalek a bacterially induced phosphate-dolomite separation using amphoteric collector. Separation and Purification Technology, 2013, 102: 84-102.
[39] 王一锟，蔡泽江，冯固．不同磷肥调控措施下红壤磷素有效性和利用率的变化．土壤学报，2021: 1726.
[40] 李英翔，吴长莹，张必江，等．用湿法磷酸加工副产磷渣生产硝基磷酸铵镁．磷肥与复肥，2016, 31(4): 20-31.
[41] 张罡，何鸿斌．氯化镁废液制取磷酸铵镁．盐业与化工，2006, 36(3): 7.
[42] 程凤娴，黄旅文，蓝奕斌，等．原位法磷酸一铵与原位法聚磷酸铵对香蕉生长的影响．广东农业科学，2020, 47(8): 74-79.
[43] 李林颖．嘉施利锌工铵颠覆性工艺盐碱地的好选择．中国农资，2021(9): 15.
[44] 涂攀峰，余柚朴，姬静华，等．原位法聚磷酸铵与原位法磷酸一铵对玉米生长的影响．磷肥与复肥，2019, 34(12): 46-49.
[45] 杨升东，许德华，王辛龙，张志业．原位螯合制备含镁聚磷酸铵的工艺研究．无机盐工业，2019, 51(11): 46-49.
[46] Zhu J, Li M, Whelan M. Phosphorus activators contribute to legacy phosphorus availability in agricultural soils: A review. Science of the Total Environment, 2018, 612: 522-537.
[47] Peng Y, Duan Y S, Huo W G, et al. C:P stoichiometric imbalance between soil and microorganisms drives microbial phosphorus turnover in the rhizosphere. Biology and Fertility of Soils, 2022, 10.1007/s00374-022-01633-0
[48] 彭懿，张林，冯固．提高棉田磷肥利用效率的土壤微生物激发碳技术．磷肥与复合肥，2021, 36(2): 49-52.
[49] Jia L Q, Qu Z Q, Ouyang. Ecological behavior of linear alkylbenzene sulfonate (LAS) in soil-plant system. Pedosphere, 2005, 15(2): 216-224.
[50] 余小兰，杨福锁，周丹，等．钙镁磷肥对水稻土和砖红壤土壤化学性状的动态影响．江苏农业学报，2018, 34(5): 1042-1047.
[51] Wen Z H, Li H B, Shen Q, et al. Tradeoffs among root morphology, exudation and mycorrhizal symbioses for phosphorus-acquisition strategies of 16 crop species. New Phytologist, 2019, 223(2): 882-895.
[52] Deng Y, Feng G, Chen X P, et al. Arbuscular mycorrhizal fungal colonization is considerable at optimal Olsen-P levels for maximized yields in an intensive wheat-maize cropping system . Field Crops Research, 2017, 209: 1-9.
[53] Zhang W, Tang X, Feng X, et al. Management strategies to optimize soil phosphorus utilization and alleviate environmental risk in China. Journal of Environmental Quality, 2019, 48 (5): 1167-1175.
[54] 张少民，白灯莎·买买提艾力，刘盛林，等．根际启动肥能够提高棉花磷效率和产量．棉花学报，2020, 32(2): 121-132.
[55] 尹飞虎，康金花，黄子蔚，等．棉花滴灌随水施滴灌专用肥中磷素的移动和利用率的 32P 研究．西北农业学报，2005(6): 199-204.
[56] Devine J R, Gunary D, Larsen S. Availability of phosphorus as affected by duration of fertilizer contact with soil. Journal of Agricultural Science, 1968, 71: 359.
[57] 刘召慧，严玉鹏，谭文峰，等．红壤中磷形态分布的多表面模型预测 . 磷肥与复肥，2021, 36：5-7.
[58] Chien S H, Prochnow L I , Tu S, et al. Agronomic and environmental aspects of phosphate fertilizers varying in source and solubility: an update review. Nutrient Cycling in Agroecosystems, 2011, 89 (2): 229-255.
[59] 李青军，张炎，哈丽哈什·依巴提，等．膜下滴灌棉花对 3 种水溶性磷肥的利用效率和产量响应．棉花学报，2018, 30(2): 172-179.
[60] Azeem K, Khan A, Naz F, et al. The impact of different P fertilizer sources on growth, yield and yield component of maize varieties. , 2018.
[61] Amanullah M, Asif S S, Malhi R A, et al. Effects of P-fertilizer source and plant density on growth and grain yield of maize in Northwestern Pakistan. Journal of Plant Nutrition, 2009, 32: 2080-2093.
[62] 严玉鹏，王小明，熊娟，等．基于不同分析方法研究磷酸根在矿物表面吸附机制的进展．土壤学报，2020, 057(1): 22-35.
[63] Neumann G. Quantitative determination of acid phosphatase activity in the rhizosphere and on the root surface. In: Jones, D.L. (Eds.), 4.2 Biochemistry. In: Luster, J., Finlay, R. (Eds.), Handbook of Methods used in Rhizosphere Research Online Edition. 2006.
[64] Maldonado-Mendoza I E, Dewbre G R, Harrison M J. Expression of a glomus intraradices phosphate transporter gene (GiPT) in the extra-radical mycelium of an arbuscular mycorrhiza: regulation in response to phosphate. Molecular Plant-Microbe Interactions, 2001, 14: 1140-1148.
[65] 冯海艳，冯固，王敬国，等．植物磷营养状况对丛枝菌根真菌生长及代谢活性的调控．菌物系统，2003(4): 589-598.
[66] Smith S E, Smith F A, Jakobsen I. Mycorrhizal fungi can dominate phosphate supply to plants irrespective of growth responses. Plant Physiology, 2003, 133: 16-20.
[67] Samieh Eskandari, et al. Mycorrhizal contribution to phosphorus nutrition of cotton in low and highly sodic soils using dual isotope labelling (32 P and 33 P). Soil Biology and Biochemistry, 2017, 105 : 37-44.
[68] Jakobsen I, Abbott L, Robson A. External hyphae of vesicular-arbuscular mycorrhizal fungi associated with Trifolium subterraneum L. New Phytol, 1992, 120: 371-380.
[69] Jain R, Saxena J, Sharma V. Solubilization of inorganic phosphates by Aspergillus awamori S19 isolated from rhizosphere soil of a semi-arid region. Annals of Microbiology, 2012, 62(2): 725-735.
[70] Arwidsson Z，Johansson E, Kronhelm T, et al. Remediation of metal contaminated soil by organic metabolites from fungi I—production of organic acids. Water, Air, and Soil Pollution, 2010, 205: 1/4.
[71] Li X, Luo L, Yang J, et al. Mechanisms for solubilization of various insoluble phosphates and activation of immobilized phosphates in different soils by an efficient and salinity-tolerant Aspergillus niger strain An2. Applied biochemistry and biotechnology, 2015, 175(5): 2755-2768.
[72] Maougal R T, Brauman A, Plassard C, et al. Bacterial capacities to mineralize phytate increase in the rhizosphere of nodulated common bean (Phaseolus vulgaris) under P deficiency. European Journal of Soil Biology, 2014, 62: 8-14.
[73] Greiner R, Lim B L, Cheng C, et al. Pathway of phytate dephosphorylation by beta-propeller phytases of different origins. Can J Microbiol, 2007, 53(4): 488-495.
[74] Xiang C Y, Ma Y M, Tian X P. Effects of long-term culture and fertilization on the contents of forms of phosphorus and their availability

in albic soil. Acta Agron. Sin, 2005, 31: 48-52.

[75] Apel A K, Sola-Landa A, Rodríguez-García A, Martín JF. Phosphate control of phoA, phoC and phoD gene expression in Streptomyces coelicolor reveals significant differences in binding of PhoP to their promoter regions. Microbiology (Reading, England), 2007 ,153(Pt 10): 3527-3537.

[76] Kageyama Hakuto, et al. An alkaline phosphatase/phosphodiesterase, PhoD, induced by salt stress and secreted out of the cells of Aphanothece halophytica, a halotolerant cyanobacterium. Applied and Environmental Microbiology, 2011, 77(15): 5178-5183.

[77] Fraser T D, Lynch D H, Bent E, et al. Soil bacterial phoD gene abundance and expression in response to applied phosphorus and long-term management. Soil Biology and Biochemistry, 2015, 88: 137-147.

[78] Brito I, Goss M J, Alho L, et al. Agronomic management of AMF functional diversity to overcome biotic and abiotic stresses - The role of plant sequence and intact extraradical mycelium. Fungal ecology, 2019, 40: 72-81.

[79] Chu Q, Zhang L, Zhou J W, et al. Soil plant-available phosphorus levels and maize genotypes determine the phosphorus acquisition efficiency and contribution of mycorrhizal pathway. Plant and Soil, 2020, 449(1/2): 357-371.

[80] Babikova Z, Gilbert L, Bruce T J A, et al. Underground signals carried through common mycelial networks warn neighbouring plants of aphid attack. Ecology Letters, 2013, 16: 835-843.

[81] Baudoin E, Benizri E, Guckert A. Impact of artificial root exudates on the bacterial community structure in bulk soil and maize rhizosphere. Soil Biol. Biochem, 2003, 35: 1183-1192.

[82] Chen Y, Bonkowski M, Shen Y, et al. Root ethylene mediates rhizosphere microbial community reconstruction when chemically detecting cyanide produced by neighbouring plants. Microbiome, 2020, 8: 1-17.

[83] Cotton T E A, Pétriacq P, Cameron D D, et al. Metabolic regulation of the maize rhizobiome by benzoxazinoids. The ISME Journal, 2019, 13: 1647-1658.

[84] Eilers K G, Lauber C L, Knight R, et al. Shifts in bacterial community structure associated with inputs of low molecular weight carbon compounds to soil. Soil Biol. Biochem. 2010, 42: 896-903.

[85] Fauci M F, Dick R P. Soil microbial dynamics—short-term and long-term effects of inorganic and organic nitrogen. Soil Sci. Soc. Am. J., 1994, 58: 801-806.

[86] Hu L, Robert C A M, Cadot S, et al. Root exudate metabolites drive plant-soil feedbacks on growth and defense by shaping the rhizosphere microbiota. Nature Communications, 2018, 9: 2738.

[87] Isobe K, Tateishi A, Nomura K, et al. Flavonoids in the extract and exudate of the roots of leguminous crops. Plant Prod Sci, 2001, 4(4): 278-279.

[88] Isobe K, Tsuboki Y. Relationship between the amount of root exudate and the infection rate of arbuscular mycorrhizal fungi in gramineous and leguminous crops. Plant Prod Sci, 1998, 1(1): 37-38.

[89] Kautz T, Wirth S, Ellmer F. Microbial activity in a sandy arable soil is governed by the fertilization regime. Eur. J. Soil Biol, 2004, 40: 87-94.

[90] Lebeis S L, Paredes S H, Lundberg D S, et al. Plant microbiome. Salicylic acid modulates colonization of the root microbiome by specific bacterial taxa. Science, 2015, 349: 860-864.

[91] Manici L M, Caputo F, Babini V. Effect of green manure on Pythium spp. population and microbial communities in intensivecropping systems. Plant Soil,2004, 263: 133-142.

[92] Martens D A, Johanson J B, Frankeberger Jr, et al. Production and persistence of soil enzymes with repeated additions of organic residues. Soil Sci, 1992, 153: 53-61.

[93] Garbeva P, van Veen J A, van Elsas J D. Microbial diversity in soil,selection of microbial populations by plant and soil type and implications for disease suppressiveness. Annu Rev Phytopathol, 2004, 42: 243-270.

[94] Yim B, Nitt H, Wrede A, et al. Effects of soil pre-treatment with basamid® granules, Brassica juncea, Raphanus sativus, and Tagetes patula on bacterial and fungal communities at two apple replant disease sites. Front Microbiol, 2017, 8: 1604.

[95] Mönchgesang S, Strehmel N, Schmidt S, et al. Natural variation of root exudates in Arabidopsis thaliana—linking metabolomic and genomic data. Scientific Reports, 2016, 6: 29033.

[96] Fu H, Li H, Yin P, et al. Integrated application of rapeseed cake and green manure enhances soil nutrients and microbial communities in tea garden soil. Sustainability, 2021, 13: 2967-2967.

[97] 张亚明，李文超，王海军．我国磷矿资源开发利用现状．化工矿物与加工，2020, 49(6): 43-46.

[98] Li G, Huang G, Li H, et al. Identifying potential strategies in the key sectors of China's food chain to implement sustainable phosphorus Management: a review. Nutrient Cycling in Agroecosystems, 2016, 104: 341-359.

中国肥料研究与应用全书

Books of Fertilizer Research and Application in China

FERTILIZER

第 11 章

磷循环与磷资源可持续发展

磷广泛存在于动植物组织中，是构成生命的基石，具有不可替代性。磷应用非常广泛，目前，全球消耗的磷资源有 80% 用于生产磷肥[1]；此外，在材料、农药、医药、湿法冶金等领域也广泛使用磷资源，比如有机和无机磷化合物作为萃取剂、表面处理剂、表面活性剂、水处理剂、阻燃剂、光电材料等。然而由于磷资源的利用效率不高，一方面不可再生的磷矿石资源耗竭加快，另一方面过量的磷排入地表水环境，却因回收利用不足引发水体富营养化，破坏了水生态系统平衡。磷元素的循环不仅关系人类生命延续和生态系统健康，还与粮食安全、环境污染、磷资源可持续发展等全球性关键问题联系紧密。

11.1 磷素的形成

地壳中磷资源是可被人类作为资源加工利用的磷，含量约为 $2×10^{16}$ ～ $3×10^{16}$t，绝大部分以 0.1% 的浓度分散在花岗岩、玄武岩等火成岩中，地壳中磷是高度分散的，要使磷富集成为能被工业利用的矿体（P_2O_5含量＞11% 或者 P含量＞4.8%），磷含量需要富集到提高 50 倍以上。根据不同地质条件，关于磷矿形成主要有三种学说，分别是海底火山喷发作用带来磷的“火山说”、陆源吸收的“陆壳说”和低等藻类兴衰繁殖富集的“生物说”等。其中在地球出现生物之前，主要是火山喷发出的无机岩浆析出富集成矿，尤其是晚期析出的结晶，P_2O_5 含量一般大于 8%，最大能达 25%，称为磷灰石磷矿床。这种无机状态的磷酸盐通过风化作用，慢慢浸出，以 HPO_4^{2-}、$H_2PO_4^-$、PO_4^{3-} 形式，通过河流迁移进入湖泊、海洋，并以难溶性金属磷酸盐的形式在水中沉降或者进入水生生物的食物链。藻类出现后，大量繁殖吸收海水中的磷，形成有机磷酸盐，并通过光合作用增大 pH 值促进磷酸盐沉淀；藻类死亡腐解后，磷以 HPO_4^{2-} 形式再进入水中。经过藻类往复循环的生长繁殖和死亡腐解，海洋水体中逐渐积累大量的磷，从岩浆喷发到风化进入水体，再到水生生物利用，经过数千万年甚至数亿年的生物富集，海相中沉积形成的磷矿成为磷块岩。目前有工业价值的各种磷酸盐矿，以磷块岩和磷灰石为主，占据地壳中各种磷酸盐矿的 95%[2]。

当前世界上大多数磷矿资源来自于远古时期海洋大陆架环境的沉积型产物，不同于化石燃料可以找到其他的替代新能源诸如太阳能、风能等，磷矿资源是不可再生、不可替代的珍稀资源，且在地球上分布非常不均衡。随着全球磷肥及磷化工行业的发展，世界磷矿需求不断增长，引发了全球对磷矿开采寿命的预测。一些磷矿开采寿命预测的数据，从 30 年到 400 年不等，这些数据引发了全球学界对磷资源枯竭危机的关注。2007 年开始世界许多专家提出全球面临磷短缺的观点，并发起建立跨学科的多个综合平台——全球可持续磷峰会（Sustainable Phosphorus Summit,SPS）、可持续磷联盟（SPA）、欧盟可持续磷平台等，共同探讨磷矿开采、磷肥生产与利用、磷素环境效应与管理、磷资源循环的途径等，以期系统解决粮食安全、生态安全和磷资源可持续利用等问题。

我国磷矿基础储量达 32 亿吨，占全球的 4.61%，贫矿多、富矿少，难选矿多、易选矿少。在磷矿产量方面，近年来稳居世界第一，据国家统计局数据，2019 年磷矿石产量达

9332.4 万吨，以不到全球 5% 的资源供应全球 53% 以上的需求，资源保障不容乐观。因此，提高磷资源保护意识、和国际同行密切交流合作、并肩开展磷的循环研究，是实现磷资源可持续发展、造福子孙后代的大事。

11.2　磷素的循环过程

11.2.1　自然界磷循环

自然环境下，磷元素没有任何气体形式或蒸气形式的化合物，属于比较典型的沉积型循环物质，一般认为磷元素自然循环（图 11-1）包括陆地生态系统中的磷循环和水生生态系统中的磷循环两个部分。在人类文明起源之前，自然界中的磷循环主要由土壤、大气、内陆水体、海洋等主体组成，在陆地生态系统中岩石风化释放磷元素进入土壤，植物根系从土壤中吸收磷酸盐，随后草食性动物和肉食性动物通过食物链摄取身体所需的磷养分，动植物死亡后残体被微生物分解成磷酸盐，重新回到土壤并开始下一轮循环。因此在未受到人类活动干扰的陆地生态系统中，土壤、动植物以及微生物之间几乎是一个封闭的磷元素循环系统，磷损失量很小。陆地生态系统中的磷有一小部分会由于降雨冲洗和径流等作用而进入河流湖泊，磷在河流湖泊中迁移转化（主要包括沉积 / 再悬浮、与其他离子形成共沉淀、被水生动植物吸收利用等），最终储存于海底沉积物中，经较长时间的地质作用再次形成矿石。深海中沉积磷主要通过两条途径返回陆地生态系统：随海水上涌进入海洋表层的光合作用带，被那里的藻类和浮游植物重新利用；曾经被海水淹没的地区随着地壳抬升重新成为陆地，深海沉积物得以通过风化等作用进入土壤。另外，人类捕捞鱼虾以及海洋鸟类捕食水生生物也可以使一部分海洋磷返回陆地生态系统。在自然条件下，这个过程周期非常漫长，往往需要数百万年或者数亿年的时间。

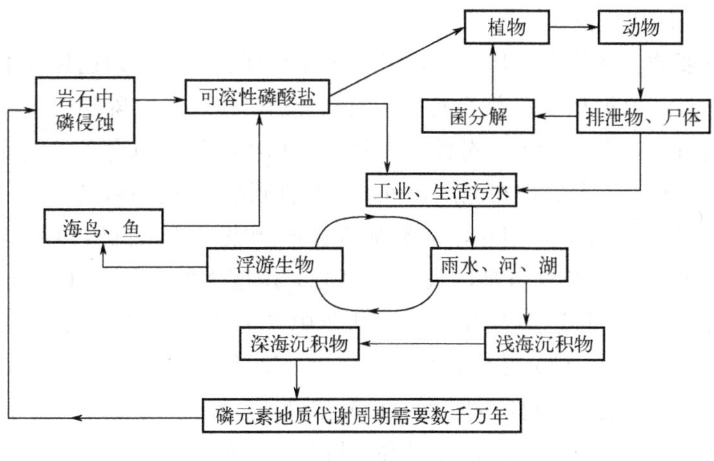

图 11-1　磷元素自然循环路线图

自然界中，陆地生态系统内部、水生生态系统内部以及水陆生态系统之间的全球磷物质流动比较稳定，通量大小也比较固定，磷循环能够良性运转；在一定范围内，诸如粪肥等人类活动虽然可能会对磷自然循环局部造成一些影响，但对全球磷循环实际上并不产生影响，人类、资源与环境三者之间还是能够维持协调友好的关系。

11.2.2 人类活动下磷循环

随着人口增加、生产力的进步和现代技术的快速发展，人类活动对自然界磷循环的干预行为日益凸显，特别是20世纪以来人类大量开采磷矿和大量排放含磷废物，强烈干扰了磷的自然循环过程，全球磷循环呈现出流动速度加快、迁移转化路径复杂化的特点。人类对磷资源的开发利用涉及生产生活的方方面面，从磷的全生命周期来看，其包含：磷矿开采、磷化工、农业种植、畜禽养殖、水产养殖、农产品加工、居民消费、废水处置和固废处置等多个磷循环的主体。磷元素从磷矿中被开采出来后，主要用于生产磷肥，还有部分用于生产动物饲料和磷化工产品；未被作物吸收的磷因雨水冲刷会成为地表径流的一部分，食物中未被人和动物吸收的磷在无污水处理情况下也会随排泄物进入地表水体；最后，磷随地表径流沿河流逐渐远离陆地而流入海洋。除海鸟在海边岩石上排泄粪便以及人类捕食海鲜外，从陆地进入海洋中的磷在相当长的地质演变期内很难再回到陆地。

11.3 磷的流动和影响因素研究

磷元素在自然界中的代谢通常需要数百万年的时间，而人类活动扰乱了磷的自然循环，对环境和社会发展造成了诸多不利影响。鉴于磷矿的耗竭危机和磷元素对人类社会的重要支持作用，从源头出发，对磷元素的循环过程和影响因素以及物质流分析进行研究，提出针对性的管理建议，对于做好磷资源节约保护、制定磷资源可持续利用战略意义重大，已越来越受到国内外学者关注和重视。

磷循环是重要的地球化学循环之一，吴金凤等[3]研究表明，磷循环并不是独立的循环过程，是与碳循环、氮循环等营养元素循环相耦合的。比如氮沉降加快营养元素循环，改变凋落物形成过程中的营养元素再分配，增加凋落物中的氮、磷含量。氮沉降还能影响土壤磷元素迁移与转化，主要表现在氮沉降可增加酸性磷酸酶的活性，提高土壤有效磷含量。此外，长期氮沉降会导致土壤酸化，能够加快被矿物吸附的无机磷溶解释放，对微生物群落也会产生影响。自工业化以来，大气中的CO_2浓度大幅增加，2017年初CO_2浓度为400cm^3/m^3，预计2050年将达到550cm^3/m^3。大气中CO_2浓度增加能够改变生态系统的磷营养循环过程，有研究表明，CO_2浓度升高可以增加土壤微生物生物量和碱性磷酸酶活性，提高土壤有效磷含量，促进植物对磷的吸收。CO_2浓度通过影响植物磷吸收从而调节土壤磷元素的输出；另外，大部分研究表明温度升高会降低植物的磷含量，并提高磷元素的吸收效率。全球变暖将影响土壤磷循环的机理，一是通过改变土壤理化性质影响磷循环；二是通过改变磷酸酶活性影响土壤磷元素的转化过程和土壤中的有效磷含量，进而影响土壤磷循环；三是土壤中的菌根对土壤磷元素的转化和固定具有重要作用。

11.3.1　农业系统中磷的循环流动

农业生态系统中的养分循环是联系土壤、作物、人的纽带，许多学者基于各种生态系统（如地球、陆地、国家）对磷循环开展了大量的研究，阐述了各组成部分中磷的数量及其相互间的转化速率。

11.3.1.1　磷肥残效与磷循环的研究

国内外对农业生态系统中氮的循环研究较多，而对磷的循环研究则相对较少。中国科学院沈阳应用生态研究所就有关磷肥残效和磷循环进行了长期研究，研究表明，6 年 1 次大剂量施磷并辅以每年有机肥还田的施磷模式，因土壤有效磷水平和施磷利用率较高而优于其他模式。人们通常只注意磷肥当年的利用率，因此人们就认为磷肥利用率很低，但如果考虑到磷肥的残效，则其总利用率不算很低。在有效磷含量低的缺磷土壤中，注重土壤中残留肥料磷的有效性转化，可以改善土壤中速效磷的浓度，这对在低磷地种植作物也有一定的指导意义[4]。

11.3.1.2　有机磷与磷循环的研究

植物能够利用的磷主要是无机态磷，尤其是水溶态磷。某些生态系统中，依靠落到土壤中的茎叶、留在土壤中的根系或加入土壤中的其他有机物的分解释放磷来维持磷的循环。通过土壤变化过程，剖面中有机质趋向积累，许多矿质磷也转化进入有机化合物中，土壤有机磷占全磷的 1/3 ～ 1/2；某些土壤的表层，有机束缚态磷有时可占全磷的 90%，这部分有机磷许多植物无法利用。因而，如何将土壤有机磷矿化并持续释放为植物可吸收利用的无机磷，对于磷的循环和提高磷的利用效率十分重要。研究指出[5]，微生物在磷的循环中起着十分重要的作用，一方面它可以通过生物固定作用，固定一部分有效磷，而这部分被固定的磷随着微生物的死亡被重新释放出来，转变为植物可利用的磷；另一方面，由于微生物的活动，土壤有机质或动植物残体中的磷转化成有效磷，供植物吸收利用。

11.3.1.3　有机肥料中的磷与磷循环的研究

出于农业绿色发展的需要，推广施用有机肥料，促进有机肥中磷素养分循环再利用，近年来受到国内外高度重视。秸秆类有机物中较多部分磷为有机磷，而一般动物废弃物、污泥、绿肥牧草、堆肥、鱼粉等中相当部分磷则为无机磷。土壤中各类有机磷大部分来自动植物残体和微生物；有机肥堆积过程中，其无机磷与有机磷均参与生物循环而不断转化，由于组成特性和环境等条件不同，转化趋向也有所不同。转化初期，大部分无机磷往往固定成有机磷即微生物磷，可能引起土壤有效磷的短期固定，但高峰过后，一定条件下可提高土壤磷的有效性。在中性和石灰性土壤中，有机肥的施用可降低磷的吸附结合，使土壤磷维持较高的活性水平；有效磷低的赤红壤中，有机肥料对磷具有保持或活化作用，对当季或后季作物有利。有机肥中磷养分的再利用对农业、环保、生态等方面都具有重要意义[4]。

11.3.2 陆地系统中磷的循环流动

物质流分析（MFA）是根据质量守恒定律，以实物的质量为单位，在一定的时间边界和空间范围内，对预先定义的经济社会系统进行的从物质采掘、生产、转换、消费和循环使用直至最终处置过程中存量和流量的系统性定量评估，它最先是从社会、工业代谢的相关研究发展而来，目前已成为包括过程控制、资源管理、废物处理、环境管理、产品设计和生命周期评价等各个领域中较为常见的决策支持工具之一。尽管对磷物质流研究的深度、问题和目的有所不同，但现有的磷物质流动模型结构却有着很大的相似性，流动模块中的子系统一般包含磷矿开采、磷肥生产、农业生产（作物种植、畜禽养殖、渔业、林业等）、其他工业生产（例如洗涤剂、食品添加剂、饲料、饲料添加剂等）、居民消费（包括食品和其他相关磷产品）以及废水废物的处理处置和排放。

加拿大 Smil 分析了全球磷的自然循环和人为循环，结果表明人类活动加速了磷的释放，2000 年全球磷循环强度是自然循环的三倍。瑞典 Dana Cordel 与澳大利亚 Stuart White 于 2009 年发表了《磷的故事 全球食品安全及思考》[2]，模拟计算了全球磷在食品和消费系统中的流向：

（1）全球每年开采磷矿 1750 万吨（以下以 P 计，折 1.336 亿吨标矿），其中 85% 生产肥料（约 1490 万吨），10% 用于工业（约 180 万吨），5% 用于生产饲料添加剂（约 90 万吨）。1490 万吨制得的磷肥施入土壤，1200 万吨被作物吸收（其中 700 万吨随作物收获，300 万吨损失，200 万吨返回土壤）。进入收获作物的 700 万吨中，350 万吨经二次加工进入食物商品，260 万吨做成动物饲料，还有 90 万吨为加工损失。食品系统中的磷被人享用的为 300 万吨，其中 150 万吨进入废水，120 万吨作为废弃物，还有 30 万吨被回收至土壤中。在畜牧系统中，磷输入和输出总量均为 1560 万吨，输入过程中放牧输入 1210 万吨，通过收获作物做成饲料输入 260 万吨，磷矿制得的饲料添加剂 90 万吨；输出过程中畜禽排泄物输出 1500 万吨，还有 60 万吨进入畜禽产品。

（2）磷的输入总量：全球循环体系中，磷矿开采输入 1750 万吨，牧场放牧输入 1210 万吨，共输入 2960 万吨。

（3）磷的输出总量：在各环节中输出到环境中的磷分别为，磷矿开采过程输出到环境 180 万吨，肥料生产过程中进入环境 90 万吨，耕作过程流失到水环境 800 万吨，由于植物病虫害、自然迫害、燃烧等进入环境 300 万吨，作物收获过程因损失进入环境 90 万吨，食物链损失进入环境 100 万吨，人类排泄物进入环境 150 万吨，垃圾废弃物填埋进入环境 120 万吨，还有 700 万吨通过非耕地土壤、水体等进入环境。通过各环节进入环境中的磷共计 2530 万吨，磷损失为 85.5%。因此，回收利用这些进入环境中的磷非常重要。

国内对磷物质流的循环也开展了大量的研究工作。

刘欣[1]研究了 1600 ～ 2012 年我国磷循环的格局演变，发现中国磷循环已从 1600 年左右以自然活动为主导的简单稳态模式，转变为当今以人为活动为主导的复杂格局，自然和人为磷流强度均有所增大，尤其自1978年实行改革开放政策以后，中国磷矿开采量快速增加，2012年开采磷矿石占全球总产量的40%，磷精矿产品的70%用于生产化肥，8%用于生产黄磷，4%用于生产饲料添加剂，剩余作其他用途。中国只有约4%的磷资源最终被人体摄入，略低于美国（5%）。耕地的磷输入强度约为80kg/hm^2，远超过作物的吸收范围，各个过程的磷利用效率均未达到全球领先水平。此外，食物磷中作物所占的比例由新中国成立初期的98%下降至2012年的76%。2012年中国各项涉磷活动共产生废物含磷量约10.37Tg/a，其中农业活动是最主要的贡献者，占比超过80%。长期的过量施肥导致农田土壤中磷赋存量从“耗竭态”转变为“蓄积态”。地表水体磷负荷也逐年增加，其主要贡献者已经从自然土壤渗滤径流转变为农业活动。

南京大学刘雪薇[6]采用“产品流 - 废物流 - 循环流”的磷流划分方法，按照磷矿石供应链上各人类活动类别梳理磷废物种类，核算1900～2015年各磷废物的产生量、循环量与排放量，结果表明：第一，农业种植是最大的磷排放源，虽然1980年之后在总量中的占比逐渐下降，但目前依然贡献了超过一半的磷排放量。畜禽养殖是第二大排放源，占总量的12%。自1980年以后的30多年间磷矿采选和磷化工生产的磷废物增长速度最快，二者在总排放量中的占比分别达到9%和7%，两个系统最主要的磷废物分别是磷尾矿和磷石膏。随着磷化工工业对矿石品质的要求不断提高，磷矿采选与磷化工生产的磷废物产生强度不断提高。水产养殖磷排放量也显著增长，目前占比达到9%，增长速度远超农业种植和畜禽养殖系统，目前这一增长趋势尚未减缓。居民消费磷废物增长速度较缓慢，对总排放的贡献占比不断下降，从1900年的7%下降到2015年的2%。居民消费磷废物的增长主要来自生活污水（除粪便）和生活垃圾的增加，其中城镇生活污水与生活垃圾的增长最为显著。第二，从循环角度，1900～2015年磷废物的循环量从9.0×10^5t/年增长到4.6×10^6t/年。磷废物总体循环率先缓慢上升后逐年下降，从1900年的75%降低到2015年的53%。磷废物循环量较大的子系统是畜禽养殖、农产品加工和农业种植，2015年这三个子系统的循环量约占磷废物循环总量的88%，其中农业种植系统循环率达到60%。

清华大学马敦超[7]从磷资源代谢的动态物质流角度，量化分析1980～2010年间我国磷矿石开采、磷化产品生产、含磷产品消费、含磷废物回收与排放等环节的动态演变特征，研究结果表明，我国含磷产品消费体系的磷养分输入从1980年的310.0万吨增长到2010年的1006.9万吨，但含磷废物循环利用率却从70.6%减少到43.9%，致使我国磷资源代谢浪费养分和污染环境的总体特征逐渐强化。

魏佑轩[8]收集了全国范围内1995～2013年间磷元素流动的基础数据，建立了磷元素在社会系统中的流动模型，对全国范围内的磷元素进行物质流分析。结果显示，进入社会系统中的磷是不断增加的，由1995年的313.9万吨增加至2013年的873.2万吨，其中85%左右的磷用于生产磷化肥。根据对各系统磷利用效率的分析可知，磷利用效率由高到低依次为：磷化工业＞农业种植＞农村居民生活＞家庭饲养＞规模养殖＞城市居民生活，各系统磷利用效率分别为91%～92%、90%～93%、80%～90%、50%～95%、3%～30%和1%～15%，磷的浪费主要出现在规模养殖和城市居民生活系统，是应该重点把控的磷消费系统。

11.4 磷回收与再利用案例

国内外的各种相关研究都已表明，从磷矿开采到进入食品和以其他磷化物形式被人类消费的循环过程中，磷的损失很大，需要加大磷的回收利用，尤其是回收利用粪肥、人类排泄物和食物残渣中的磷来降低对磷矿的开采强度。

国外尤其欧洲有较多的有关磷回收的实际应用案例，欧洲不仅在磷回收技术方面走在了世界前列，还率先颁布了各种法规和政策，欧盟2019年最新出台的《肥料产品法规》更是为磷回收产品自由进入市场流通打破了贸易壁垒。欧盟还为磷回收制定了统一标准，并建立了磷回收协作信息平台，使回收产物既有保障又有出路，有效推动了磷回收与再利用的付诸实施[9]。例如，2016年欧盟提出了新版《化肥管理条例》草案，正式提出了以回收磷制取磷肥的标准，还启动了以欧盟联合研究中心（JRC）为首的研究项目，旨在制定鸟粪石以及其他从污泥焚烧灰烬中回收营养物质的标准及规范，只有满足管理条例标准的回收产物才被视为“产品”，允许其在欧盟各国流通和贸易。欧盟还将磷酸盐列为20种关键原料之一，并将其应用范围从单一的化工行业延伸到水处理、食品和农业等行业予以全方位循环利用。有了统一的标准和规范，从污水/污泥或动物粪尿中回收磷的品质便可以得到保证，产品可以放心使用，经销商亦可以从中获利。

11.4.1 德国

德国完全依赖磷进口，磷被视为一种战略资源。德国早在2000年就已实现了污水脱氮除磷及其深度处理。污水中约90%的磷排至污泥之中。由于污泥焚烧后的灰分不能直接被土地利用，如灰分中的磷直接用于土壤，则植物很难吸收，不仅肥效低，而且还会引起土壤板结，因此德国近年又开发出诸多磷回收技术，在大规模工业化装置实施过程中积累了许多实践经验，其在磷回收领域的研究处于国际先进地位。

德国磷回收不但考虑了生态环保及经济因素，而且还制定了相应的法律框架和技术规范。德国环保部明确要求，需要从含有营养物的市政污泥中回收磷。在这一管理框架下，德国《循环经济法》自2012年6月1日开始生效，于2017年7月20日修订，其目的在于通过加强废物减量及废物回收，持续地改善废物管理中的环境及气候保护和资源化。

德国资源利用项目于2012年2月12日开始实施，目标是促进更加可持续地开采和利用自然资源，同时尽可能降低环境污染的风险。在这一背景下，德国政府开始执行以下计划：①加强农用和土壤利用的力度，使污泥中磷元素重新返回人与土地之间的循环利用圈；②推动从污泥中回收磷的研究和工业开发利用项目；③提高回收磷在传统磷生产中的应用比例；④将市政污水处理厂除磷工艺升级改造成能够为磷肥工业提供磷源的生产工艺；⑤在污泥热处理的情况下，尽可能将污泥单独焚烧，其灰烬单独填埋，便于日后重新取出进行磷回收利用；⑥在 2020 年之前将磷回收量提高至磷矿石进口总量的 50%。

2017 年 10 月 3 日德国环保部通过了对《污水污泥条例》的修订，修订的首要目标是回收污水污泥中磷等可再利用的成分；同时，限制传统的污泥直接利用方式，以减少土壤重金属等污染现象，并专门对各项重金属的含量指标做出限制（见表 11-1）。只有符合《污水污泥条例》及《肥料条例》的限值要求，才允许污水污泥排放并进行土壤利用[10]。

表11-1　《污水污泥条例》及《肥料条例》的重金属限值要求

参数	DS（溶解性固体）《污水污泥条例》限值 /(mg/kg)	DS（溶解性固体）《肥料条例》限值 /(mg/kg)
Pb		150
Cd		1.5
Cr		2
Cu		900
Ni		80
Hg		1
Zn	4000	
As		40
Tl		1
PCB（多氯联苯）	0.1	
PCDD（多氟代二噁英）		30
AOX（有机卤化物）	400	
B(a)P[苯并 (a) 芘]	1	

《肥料法案》于 2017 年 5 月 15 日进行了修订，其中特别规定了肥料、土壤改良剂、植物助剂和栽培基质的营销和使用要求。该法案的目的是确保作物的营养，维持并提高土壤肥力，防止或避免由本法案所指的肥料和其他基质对人类和动物造成危害。法案要求确保在农业生产中养分的可持续性及资源的高效利用，特别是应尽可能避免对环境的营养损失，要求施肥须有良好的专业作业，并须结合植物要求以及土壤在类型、数量和施用时间方面的养分要求。按照 2017 年 6 月 2 日生效的《肥料应用条例》，污水污泥属于有机肥料，污水污泥焚烧灰和磷回收中的各种回收物料被认定为磷酸盐肥料。

磷回收大多采用湿式化学法，如采用沉淀工艺回收磷酸铵镁（俗称鸟粪石）。湿式化学法通常可回收污水处理厂进水中 5% ～ 30% 的磷，因为大多数情况下仅回收了污泥液中的部分磷。该方法相对简单，成本也较低，回收产品作为氮磷化肥具有良好的植物吸收性。与湿式化学沉淀工艺相比，热处理工艺在技术上较为复杂，成本也相对较高，但能使污水处理厂进水中的磷回收率达 90% 以上，并可焚毁污水污泥中的有机污染物。目前，大多数含磷再生物的回收成本比磷肥的市场价格高出许多倍，只有湿式化学沉淀法才能相对经济地运行（见表 11-2）。

表11-2 湿式化学法与热处理法磷回收工艺比较

工艺	优点	缺点
湿式化学法	投资成本较低，操作相对容易；大多数回收产品具有良好的植物吸收性，可防止系统中的鸟粪石堵塞，并改善污泥脱水性能	回收率＜50%；仅适用于生物除磷系统
热处理法	回收率＞90%；可实现资源循环及能源利用；完全焚毁有机污染物；适合于所有污水污泥	投资成本较高；操作运行要求较高

11.4.2 瑞士

瑞士是欧洲第一个强制从污水 / 污泥、动物粪尿、动物骨粉中回收磷的国家，于 2016 年 1 月 1 日起开始实施，其目的是在瑞士建立一个磷元素封闭循环系统，即从农业中以作物形式收获的磷，最终在使用后（形成污水 / 污泥、动物粪尿、动物骨粉等）进行磷回收，并以此作为磷肥的生产原料，制成肥料后再次进入土地。苏黎世州率先制定了本州磷回收目标和方案，制定了磷肥产业的转型计划，旨在最大化实现磷回收，并要求达到以下目标：①保护现有矿产资源；②注重生态和资源使用效率；③污水和污泥的安全处置；④保护环境和生态多样性。为了实现上述目标，该州对各类磷回收方法进行了一系列可行性研究，认为从污泥焚烧灰烬中回收磷是该州最适宜的磷回收方法。因此，该州建立以污泥焚烧灰烬为主要原料的磷回收系统，磷回收率可达到 75% 以上。苏黎世州政府已经于 2015 年开始行动，计划在 8 年内合并其境内的小型污水处理设施，以便实施污泥处置和磷回收计划。该计划在实施初期将污泥焚烧灰烬分两部分处理，一部分直接用于磷肥生产，另一部分则暂时储存，待磷肥生产系统改进后再行利用，以降低生产成本。计算表明，瑞士全面实施磷回收后，完全可以取代其所依赖的磷矿石进口。

11.4.3 荷兰

荷兰作为污水处理行业的全球领跑者，在磷回收理念与技术研发方面一直遥遥领先。

2008 年荷兰政府研究组织 STOWA（荷兰水研究基金）已勾勒出未来污水处理厂框架，即未来污水处理厂将是营养物、能源与再生水的制造工厂，营养回收受到高度重视。许多荷兰污水处理厂着手开始大规模应用磷回收工艺，同时在荷兰政府主导下，依托荷兰营养物平台，提出了“2018 营养物计划”（Ambitie Nutriënten 2018）和“2050 荷兰循环计划”（Nederland circulair in 2050）。“2018 营养物计划”要求在两年内将其现有的营养物回收技术应用提升到一个新的水平，并可向其他国家提供技术支持和经验借鉴，具体如下：一是充分挖掘国内外市场，为市场提供最适宜的营养物回收产品；二是制定法律法规，促进营养物的回收利用，利用水务局等非政府组织普及相关知识和政策，说服民众愿意接受营养物回收产品；三是成立相关基金，支持各类试点项目；四是继续研发新的营养物回收技术；五是调研回收产物生产化肥的社会公认度，并制定对策提高回收产物的市场竞争力；六是建立回收产物的认证系统，设计相关肥料的绿色标识；七是向国际推荐荷兰营养物回收技术和管理经验。“2050荷兰循环计划”目标则更为宏伟，计划在2050年在荷兰全境实现“循环经济”。“2050荷兰循环计划”着眼于生物质、塑料、制造业、建筑业和消费者五大领域的优化改革。该计划旨在提高废物的再利用率，改变传统原料制产品再到废物的“线性经济”，实施提高原料成分再利用率的“再利用经济”，最终实现零废物产生的“循环经济”。根据计划将在2030年前减少荷兰50%的矿物原料、化石燃料和金属原料的使用，并在2050年实现“循环经济”。为了保证“计划”有效实施，荷兰政府提出5点具体措施：①立法保障，包括定义废物，以更好地回收各类副产品，并确立生产者担责、政府执法调查等制度；②市场激励，包括制定有针对性的价格激励计划、开拓新的循环经济模式等；③融资补助，分为政府和民间融资，为各类循环经济项目提供资金来源；④技术共享，促进循环经济网络中各部门、机构之间的技术、信息开放交流与共享；⑤国际合作，打造适宜的国际合作环境，包括法律环境和市场环境。

11.4.4 英国

英国磷肥生产原料磷矿石基本依赖进口，同时，磷也是英国水环境污染的关键因子。为此，英国环保局与各利益相关者协作，采取一系列措施（污水中回收磷、以堆肥等有机肥料替代矿物生产化肥等），以最大限度地减少化肥的使用量。早在2012年，英国环境部就开始着手制定条例，控制肥料使用和管理氮、磷等营养物，并根据英国国情对肥料的生产使用提出了3点原则：①避免污染水源；②保护环境和节约资源；③改进或提出新的肥料标准。依此3点原则，英国提出了许多磷回收与再利用计划。

在英国诸多磷回收和再利用计划中，以“零废物苏格兰”计划（ZeroWaste Scotland）最具代表性。“零废物苏格兰”计划由苏格兰政府主导，并与企业合作，旨在推动废物循环利用；在已确定的12种关键循环物中，磷排在首位。磷循环利用是该计划的重点，苏格兰政府与高地和岛屿企业组织（HIE）、创新英国（Innovate UK）等组织合作推出创新基金，并组织了奖金额高达80万英镑的技术大奖赛，旨在鼓励中小企业进军循环经济领域。

在积极扶持废物循环利用的同时，苏格兰政府也不忘推出强有力措施，以保证“零废物苏格兰”计划有序进行。自2016年1月1日起，苏格兰已全面禁止餐厨垃圾直接排入下水道的行为。苏格兰目前约有130万家庭的餐厨垃圾被收集后用于厌氧消化（产甲烷并回收污泥中的磷）或制造堆肥（有机质及营养物同时利用），让农民放心使用堆肥等回收肥料，最终实现“零废物苏格兰”计划。

11.4.5 丹麦

与其他欧洲国家不同，丹麦污泥处置方式以堆肥为主，经过巴氏消毒法处理后的堆肥在丹麦可以直接作为肥料使用。但丹麦对堆肥质量和使用限度有严格要求，政府规定堆肥中的病原体数量应小于 100 个 /g, 使用上限为 7t/(hm^2·a)。目前，丹麦市政污泥约有 50% 直接用于农业生产，另外 50% 以焚烧处理为主，焚烧灰烬大多也被用于磷回收。相比于其他欧洲国家，丹麦的磷回收目标似乎已经完成。但是，丹麦并不满足于此成就。作为欧洲最大的渔业国，丹麦已开始着手实现其水产养殖业的磷循环。

为实现可持续水产养殖，丹麦已开发了被认为是最具有可持续性的完全再循环系统（FREA）。这是一个基于水资源和营养资源再利用和水体污染控制的封闭系统，主要由鱼苗池、成鱼池、水循环系统、生物过滤系统、沉淀池、排水系统、曝气系统和进料系统组成。由于封闭系统可以实现水资源和磷的内部“小循环”，该系统与传统方法相比，不但用水量约为传统方法的 1/100，还可以回收 90% 以上的磷；除系统渗漏的部分外，系统内的磷基本可以完全回收。

11.5 我国含磷物质排放和回收利用现状

11.5.1 我国含磷物质排放现状

我国分别于 2007 年和 2017 年组织开展了两次全国污染源普查工作，总体来看，随着经济发展质量的提升，包括磷在内的污染物排放呈现大幅下降态势。根据国家统计局 2010 年公布的“一污普”数据，第一次普查（2007 年）总磷排放量为 42.32 万吨，农业源总磷排放量为 28.47 万吨，占全国总磷排放量的 67.3%，生活源总磷排放量为 13.8 万吨，占全国总磷排放量的 32.6%。农业源的磷排放量中，畜禽占比 56.3%＞种植业占比 38%＞水产养殖占比 5.5%。

“二污普”数据（2017 年）显示，磷的排放总量和行业分布出现了显著变化。一是总磷排放量下降。二污普中总磷排放量为 31.54 万吨 P_2O_5，下降 25.5%。二是农业领域中磷污染排放量显著下降，总磷排放 21.2 万吨 P_2O_5，较一污普排放下降 25.5%。其中种植业所排放的总磷有 7.62 万吨 P_2O_5，畜禽有 11.97 万吨 P_2O_5，水产养殖有 1.61 万吨 P_2O_5，分别占农业源排放的 35.9%、56.5% 和 7.6%。呈现出粮食增产但农业尤其是种植业磷排放下降的绿色发展态势。三是生活源污水磷排放也呈下降态势。二污普生活源磷排放量为 9.54 万吨 P_2O_5，占总磷排放量的 30%，较一污普下降 2.6 个百分点。

11.5.2 国内磷回收利用的现状和思考

磷的可持续供应问题在我国已经得到国家层面的高度重视，全国两次污染物普查摸清了包括磷在内的主要污染物的产生、排放情况，其中畜禽养殖业磷排放量最大，其次是生活污水、种植业和水产业。相比欧盟磷矿资源严重匮乏，我国磷矿资源相对丰富，对磷的回收利用并没有欧盟那么迫切，磷回收概念和研究多集中在学界，几乎还没有真正的实践案例，也没有建立磷回收市场，更没有像欧盟那样出台涵盖水处理、食品和农业等行业磷元素全方位循环利用的法律法规和标准规范，只是近些年在环境压力、绿色发展要求和政府推动下开展了一些工作，主要目的不是磷的回收利用。由于没有经济效益，动力不足，没有形成一个系统性的产业体系，所做工作主要集中在以下几个方面：

（1）加强源头磷矿资源管理保护。商务部自2009年起将磷矿石纳入出口配额许可证管理；2011年国土资源部、财政部和湖北省政府签订“关于建设矿产资源综合利用示范基地的合作协议”，把中低品位磷矿开发利用难的问题提升到了国家战略高度；国土资源部已经把含磷在内的24种矿产资源列入了战略性矿产目录，于2012年制定了《磷矿资源合理开发利用“三率”指标要求（试行）》，强化对磷矿资源的合理开发利用管理[3]。“十三五”期间，我国加大力度对磷矿行业进行整合，关闭过剩产能，进行矿山生态保护；磷矿主产区的政府相关部门，也纷纷出台相关政策，控制本地磷矿开采总量和限制外输量，力求实现磷矿资源的合理化开采与保护。

（2）积极推动农业畜禽粪便资源化利用和秸秆还田。2015年农业部制定了《到2020年化肥使用量零增长行动方案》，要求推进化肥减量增效、有机肥资源得到合理利用，畜禽粪便养分还田率达到60%，农作物秸秆养分还田率达到60%，用有机肥替代部分化肥。“十三五”期间，中央财政累计安排296亿元支持畜禽粪污资源化利用，实现了585个畜牧大县整县治理全覆盖；从2017年开始，每年选择100个重点县（市、区）开展有机肥替代化肥试点，每个试点县补助1000万元，之后使用有机肥替代化肥的作物种类和试点范围逐年扩大，减肥增效示范县也在不断扩大。据农业农村部数据，截至2020年底，我国化肥减量增效已顺利实现预期目标，化肥使用量显著减少，化肥利用率明显提升，水稻、小麦、玉米三大粮食作物化肥利用率达40.2%，比2015年提高5%；有机肥施用面积超过5.5亿亩次，比2015年增加约50%，畜禽粪污综合利用率达到75%，秸秆综合利用率达到86%。“十三五”以来，全国农业投入品减量化、生产清洁化、废弃物资源化成果显著，有力推动了畜禽粪便和秸秆中磷的资源循环利用。

（3）磷肥生产和施用环节，提倡工艺创新、加大磷资源高效利用。半水-二水法湿法磷酸工艺等先进工艺技术的推广应用，使磷酸生产中的磷得率提升了两个百分点左右；磷肥企业积极回收利用生产系统污水、磷石膏渗滤液等，防止水环境污染；利用热法、微生物法以磷尾矿生产低浓度磷肥或土壤调理剂的工艺技术日渐成熟；磷石膏的无害化处理正在行业内展开，其中的磷回收将会进一步提高；行业产品结构调整不断推进，高效新型磷肥产量不断增加，减肥增效效果显著。此外，近年来科学施肥的观念已经深入人心，从生产端到使用端已经形成共识，就是节约资源保护环境，推动化肥产业减量化、高效化、智能化，建设与环境和谐共生、资源可持续利用的行业发展格局。

（4）在城镇污泥处理方面进行了尝试，据郝晓地研究[11]，目前国内一些污泥焚烧装置没有考虑磷回收，例如《城镇污水处理厂污泥处理处置技术指南（试行）》中虽确立了污泥焚烧的市场地位，但在水泥窑中混烧被列为推荐工艺，混合污泥灰分建议直接用作水泥原料，导致灰分中的磷被固定到了水泥中，使其无法再回收利用。缺少立法、标准规范和政策引导是限制国内磷回收的重要因素。

目前国内学界和产业界就磷资源的重要性和加大资源保护方面已经达成共识，但像欧洲那样建立完善的磷回收利用市场还有漫漫长路，还要久久为功，需要国家层面做好磷资源循环利用的顶层设计和分层分阶段推进规划；从源头入手，提高磷矿开采的准入门槛；并设立专项，加大研发投入，支持涉磷产业链各个生产环节的减损和回收利用研究。就磷肥加工制造行业而言，从磷矿开采、选矿、磷酸生产、中低品位磷矿利用、磷石膏与尾矿中磷的回收等各个环节继续发力，开展工艺创新，提高磷资源高效利用。

11.6 展望

磷是地球上非常重要的不可再生资源，既是营养物，又是污染物。无节制使用、滥用磷矿一方面会使磷资源逐渐枯竭，另一方面农业面源以及城市点源又会导致地表水体富营养化现象加剧。基于可持续发展需要，全球愈来愈重视对磷资源的保护与回收利用。面对未来，应着眼于全产业链、全方位实现磷的回收利用，从点源入手充分挖掘磷素全生命周期内各环节高效利用与回收措施，发挥协同机制作用，实现磷素可持续发展。

综合来看，国内外磷资源的可持续利用除了依靠技术，更依赖政策、法律、标准、激励等的大力支持，相信随着科技的进步、研究的深入、人们对人与自然和谐发展认识的提高和观念的转变，磷的可持续发展问题会进一步得到解决。

参考文献

[1] 刘欣. 中国林循环格局演变及其资源与环境效应. 南京：南京大学，2017.
[2] 许秀成，侯翠红，等. 地球磷资源流与肥料跨界融合. 北京：化学工业出版社，2019.
[3] 吴金凤，等. 草地土壤磷循环及其对全球变化的响应. 中国草地学报，2021, 43(6): 102-111.
[4] 王艳红，陈金湘. 农田生态中磷循环及其模拟模型的研究现状. 作物研究，2007, 21(5): 775-778.
[5] 尹逊霄，等. 土壤中磷素的有效性及其循环转化机制研究. 首都师范大学学报，2005, 26(3): 95-97.
[6] 刘雪薇. 中国含磷废物产生格局与资源化潜力. 南京：南京大学，2020.
[7] 马敦超. 中国磷资源代谢的动态物质流分析及系统动力学模型研究. 北京：清华大学，2012.
[8] 魏佑轩. 基于物质流对中国磷元素代谢的时空特征分析. 沈阳：东北大学，2016.
[9] 郝晓地，等. 政策驱动欧洲磷回收与再利用. 中国给水排水，2017, 33(8): 35-42.
[10] 胡维杰，赵由才，甄广印. 德国污水污泥处理处置政策及磷回收技术解析与启示. 给水排水，2020, 46(6): 15-20.
[11] 郝晓地，郭小媛，等. 磷机下的磷回收策略与立法. 环境污染与防治，2021, 43(9): 1196-1200.